Lothar Papula

Mathematatik für Ingenieure 1

Die beiden Bände „Mathematik für Ingenieure"
werden durch eine Formelsammlung zu einem Lehrsystem ergänzt:

Lothar Papula

**„Mathematische Formelsammlung
für Ingenieure und Naturwissenschaftler"**

Mit zahlreichen Abbildungen und Rechenbeispielen
und einer ausführlichen Integraltafel

Lothar Papula

Mathematik für Ingenieure 1

Ein Lehr- und Arbeitsbuch für das Grundstudium

5., verbesserte Auflage

Mit zahlreichen Beispielen aus Naturwissenschaft und Technik, mehr als 460 Abbildungen und 302 Übungsaufgaben mit Lösungen

Friedr. Vieweg & Sohn Braunschweig / Wiesbaden

CIP-Kurztitelaufnahme der Deutschen Bibliothek

Papula, Lothar:
Mathematik für Ingenieure: e. Lehr- u. Arbeitsbuch für d. Grundstudium / Lothar Papula. – Braunschweig; Wiesbaden: Vieweg
(Viewegs Fachbücher der Technik)

1.–5., verbesserte Aufl. – 1990.
ISBN 3-528-44236-0

1. Auflage 1983
2., durchgesehene Auflage 1984, Nachdruck 1985
3., durchgesehene Auflage 1986, Nachdruck 1986, Nachdruck 1987
4., durchgesehene und erweiterte Auflage 1988, Nachdruck 1989
5., verbesserte Auflage 1990

Der Verlag Vieweg ist ein Unternehmen der Verlagsgruppe Bertelsmann International.

Umschlaggestaltung: Hanswerner Klein, Leverkusen
Satz: Vieweg, Wiesbaden
Druck und buchbinderische Verarbeitung: Lengericher Handelsdruckerei, Lengerich
Printed in Germany

ISBN 3-528-44236-0

Vorwort

Das zweibändige Werk **Mathematik für Ingenieure** ist ein Lehr- und Arbeitsbuch für das *Grundstudium* der technischen Disziplinen im Hochschulbereich und wendet sich daher vorwiegend an Studienanfänger.

Zur Auswahl des Stoffes

Bei der Auswahl des Stoffes wurden die Erfahrungen der letzten Jahre zugrunde gelegt und berücksichtigt. Unbestritten ist, daß die Studienanfänger über sehr *unterschiedliche* und in der Regel *nicht* ausreichende mathematische Grundkenntnisse verfügen. Gründe hierfür sind u. a.:

- Verlagerung der Schwerpunkte in der Schulmathematik;
- Abwahl des Faches Mathematik als Leistungsfach in der gymnasialen Oberstufe.

Ein nahtloser und erfolgreicher Übergang von der Schule zur Hochschule ist somit ohne *zusätzliche* Hilfen nicht gewährleistet. Sie bestehen in der Einbeziehung bestimmter Gebiete der „Elementarmathematik" in das Grundstudium.

In diesem ersten Band werden daher die folgenden Stoffgebiete behandelt:

– Allgemeine Grundlagen (u. a. Gleichungen und Ungleichungen, lineare Gleichungssysteme, binomischer Lehrsatz)
– Vektoralgebra
– Funktionen und Kurven
– Differentialrechnung
– Integralrechnung
– Unendliche Reihen und Taylor-Reihen

Band 2 enthält:

– Lineare Algebra (Matrizen, Determinanten, lineare Gleichungssysteme)
– Fourier-Reihen
– Komplexe Zahlen und Funktionen
– Differential- und Integralrechnung für Funktionen von mehreren Variablen (partielle Ableitungen, totales Differential, Doppel- und Dreifachintegrale, Linienintegrale)
– Gewöhnliche Differentialgleichungen
– Grundzüge der Fehler- und Ausgleichsrechnung
– Laplace-Transformation

Zur Darstellung des Stoffes

Bei der Darstellung des mathematischen Stoffes wurde von folgenden Überlegungen ausgegangen:

- Mathematische Methoden spielen in den naturwissenschaftlich-technischen Disziplinen zwar eine *bedeutende* Rolle, bleiben jedoch in erster Linie ein *Hilfsmittel*;
- Aufgrund der veränderten Eingangsvoraussetzungen darf der Studienanfänger nicht überfordert werden.

In diesem Werk wurde daher eine besonders einfache, anschauliche und allgemein verständliche Form der Darstellung des mathematischen Stoffes gewählt – unter weitgehendem Verzicht auf die sonst oft übliche mathematische Strenge. Anhand zahlreicher Beispiele und Abbildungen werden die mathematischen Begriffe, Sätze und Formeln näher erläutert. Zum Einüben und Vertiefen des Stoffes dienen die am Ende eines jeden Kapitels aufgeführten Übungsaufgaben. Im Anhang befinden sich die Lösungen, die zum Teil ausführlich kommentiert werden.

Zur äußeren Form

Zentrale Inhalte wie Definitionen, Sätze, Formeln und Zusammenfassungen sind besonders hervorgehoben:

- Definitionen sind *gerahmt;*
- Sätze, Formeln und Zusammenfassungen sind *gerahmt* und *grau* unterlegt;
- Anfang und Ende von Beispielen sind durch das Symbol ■ gekennzeichnet.

Bei der (bildlichen) Darstellung von Flächen und räumlichen Körpern wurden *Grauraster* unterschiedlicher Helligkeit verwendet, um besonders anschauliche und aussagekräftige Bilder zu erhalten.

Eine Bitte des Autors

Für Hinweise und Anregungen – insbesondere auch aus dem Kreis der Studenten – ist der Autor stets dankbar.

Ein Wort des Dankes ...

... an meine Frau Gabriele, die mit unermüdlicher Geduld und großer Sorgfalt die anfallenden Schreibarbeiten erledigt hat,

... an die Mitarbeiter des Verlages, ganz besonders aber an die Damen Brigitte Gödecke und Ute Hummert und die Herren Wolfgang Nieger und Ewald Schmitt, für die hervorragende Zusammenarbeit während der Entstehung und Drucklegung dieses Werkes.

Lothar Papula

Inhaltsverzeichnis

Inhaltsübersicht Band 2

I Allgemeine Grundlagen

1 Einige grundlegende Begriffe über Mengen

1.1 Definition und Darstellung einer Menge

> **Definition:** Unter einer *Menge* verstehen wir die Zusammenfassung gewisser, wohlunterschiedener Objekte, Elemente genannt, zu einer Einheit.

Mengen lassen sich durch ihre Eigenschaften beschreiben (sog. *beschreibende Darstellungsform*):

$M = \{x \mid x$ besitzt die Eigenschaften $E_1, E_2, \ldots, E_n\}$ (I-1)

Eine weitere Darstellungsmöglichkeit bietet die *aufzählende* Form:

$M = \{a_1, a_2, \ldots, a_n\}$ Endliche Menge (I-2)

$M = \{a, b, c, \ldots\}$ Unendliche Menge (I-3)

■ **Beispiele**

(1) $M_1 = \{x \mid x$ ist eine *reelle* Zahl und Lösung der Gleichung $x^2 = 1\} = \{-1, 1\}$

(2) $M_2 = \{x \mid x$ ist eine *natürliche* Zahl mit $-2 < x \leqslant 4\} = \{1, 2, 3, 4\}$

(3) $M_3 = \{x \mid x$ ist eine *ganze* Zahl mit $x^2 < 16\}$.
Zu dieser Menge gehören die Zahlen $-3, -2, -1, 0, 1, 2, 3$. In aufzählender Form lautet die Menge demnach:
$M_3 = \{-3, -2, -1, 0, 1, 2, 3\}$

(4) Menge der *natürlichen* Zahlen:
$\mathbb{N} = \{1, 2, 3, \ldots\}$ ■

Gehört ein gewisses Objekt a zu einer Menge A, so schreibt man dafür symbolisch

$a \in A$: a ist ein Element von A (I-4)

Die Schreibweise $b \notin A$ bringt dagegen zum Ausdruck, daß der Gegenstand b *nicht* zur Menge A gehört:

$b \notin A$: b ist *kein* Element von A (I-5)

Wir fassen die Lösungen einer Gleichung zu einer sog. *Lösungsmenge* $\mathbb{L}$ zusammen. Dabei kann der Fall eintreten, daß die Gleichung *unlösbar* ist: Die Lösungsmenge enthält dann überhaupt kein Element, sie ist *„leer"*. Eine Menge dieser Art wird als *leere Menge* bezeichnet und durch das folgende Symbol gekennzeichnet:

$\{\ \}$ Leere Menge (I-6)

■ **Beispiel**

Die quadratische Gleichung $x^2 + 1 = 0$ besitzt *keine* reelle Lösung. Ihre Lösungsmenge $\mathbb{L}$ ist daher die leere Menge:

$\mathbb{L} = \{x \mid x$ ist *reell* und Lösung von $x^2 + 1 = 0\} = \{ \}$ ■

Bei der Beschreibung von Funktionen benötigen wir Zahlenmengen, die sich als gewisse Teilbereiche der reellen Zahlen erweisen (sog. Intervalle). Dies führt zum Begriff der *Teilmenge:*

Definition: Eine Menge A heißt *Teilmenge* einer Menge B, wenn jedes Element von A auch zur Menge B gehört. Symbolische Schreibweise:

$$A \subset B \tag{I-7}$$

(gelesen: A ist in B enthalten)

In Bild I-1 ist dieser Sachverhalt in anschaulicher Form durch ein sog. *Euler-Venn-Diagramm* dargestellt:

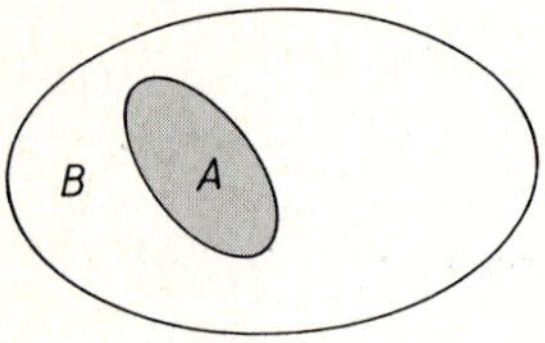

Bild I-1
Zum Begriff einer Teilmenge ($A \subset B$)

■ **Beispiele**

(1) $A = \{1, 3, 5\}$, $B = \{-2, 0, 1, 2, 3, 4, 5\}$

A ist eine *Teilmenge* von B, da die Elemente 1, 3 und 5 auch in der Menge B enthalten sind: $A \subset B$

(2) $M_1 = \{0, 2, 4\}$, $M_2 = \{2, 4, 6, 8\}$

Das Element $0 \in M_1$ gehört *nicht* zur Menge M_2. Daher ist M_1 *keine* Teilmenge von M_2. Symbolische Schreibweise: $M_1 \not\subset M_2$ ■

Definition: Zwei Mengen A und B heißen *gleich*, wenn jedes Element von A auch Element von B ist und umgekehrt:

$$A = B \tag{I-8}$$

(gelesen: A gleich B).

■ **Beispiel**

$A = \{0, 1, 2, 5, 10\}$, $B = \{10, 5, 2, 0, 1\}$

Jedes Element von A ist auch Element von B und umgekehrt. Daher sind die beiden Mengen *gleich:* $A = B$ ■

1.2 Mengenoperationen

Wir erklären die *mengenalgebraischen Operationen Durchschnitt* ($\cap$) und *Vereinigung* ($\cup$) sowie den Begriff der *Differenzmenge* (auch *Restmenge* genannt).

Definition: Die *Schnittmenge* zweier Mengen A und B ist die Menge aller Elemente, die sowohl zu A als auch zu B gehören:

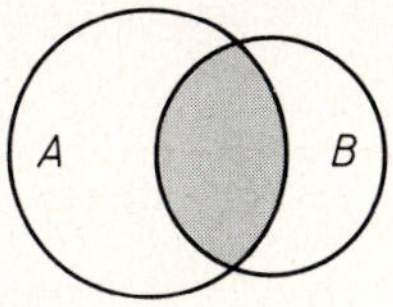

$$A \cap B = \{x \mid x \in A \ \text{ und } \ x \in B\} \tag{I-9}$$

(gelesen: A geschnitten mit B).

Bild I-2

■ **Beispiel**

Wir bestimmen diejenigen reellen x-Werte, die *zugleich* den beiden Ungleichungen $2x - 4 > 0$ und $x < 3$ genügen:

$2x - 4 > 0, \ 2x > 4, \ x > 2 : \mathbb{L}_1 = \{x \mid x > 2\}$
$x < 3 : \mathbb{L}_2 = \{x \mid x < 3\}$

Die Schnittmenge von $\mathbb{L}_1$ und $\mathbb{L}_2$ ist die gesuchte Lösungsmenge $\mathbb{L}$:

$\mathbb{L} = \mathbb{L}_1 \cap \mathbb{L}_2 = \{x \mid x > 2 \ \text{ und } \ x < 3\} = \{x \mid 2 < x < 3\}$

Besonders anschaulich läßt sich dieser Vorgang auf der *Zahlengerade* darstellen: die gesuchten Lösungen ergeben sich durch *Überlappung* der Teilmengen $\mathbb{L}_1$ und $\mathbb{L}_2$ (Bild I-3):

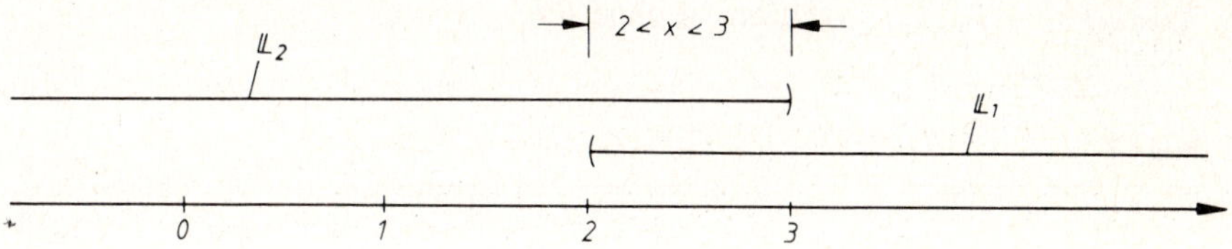

Bild I-3 ■

Definition: Die *Vereinigungsmenge* zweier Mengen A und B ist die Menge aller Elemente, die zu A *oder* zu B *oder* zu beiden Mengen gehören:

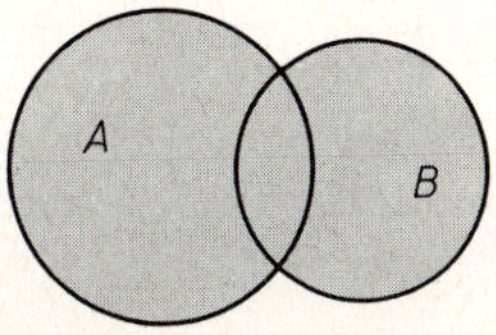

$$A \cup B = \{x \mid x \in A \ \text{ oder } \ x \in B\} \tag{I-10}$$

(gelesen: A vereinigt mit B).

Bild I-4

Anmerkung

Man beachte, daß auch diejenigen Elemente zur Vereinigungsmenge gehören, die zugleich Elemente von A und B sind (es handelt sich hier *nicht* um das „oder" im Sinne von „entweder oder").

■ **Beispiele**

(1) $A = \{1, 2, 3, 4\}$, $B = \{1, 5, 6, 7\}$
$A \cup B = \{1, 2, 3, 4, 5, 6, 7\}$

(2) $M_1 = \{x \mid 0 \leqslant x \leqslant 1\}$, $M_2 = \{x \mid 1 \leqslant x \leqslant 5\}$
$M_1 \cup M_2 = \{x \mid 0 \leqslant x \leqslant 5\}$ (Bild I-5)

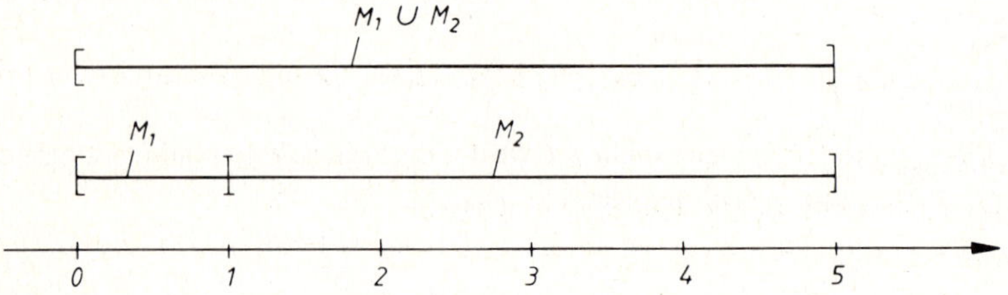

Bild I-5 ■

Definition: Die *Differenzmenge (Restmenge)* zweier Mengen A und B ist die Menge aller Elemente, die zu A, nicht aber zu B gehören:

$$A \setminus B = \{x \mid x \in A \text{ und } x \notin B\} \quad \text{(I-11)}$$

(gelesen: A ohne B).

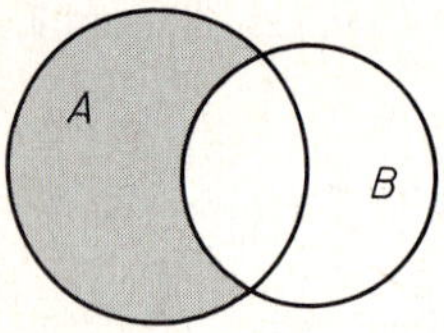

Bild I-6

■ **Beispiele**

(1) $\mathbb{N}_0 = \{0, 1, 2, \ldots\}$, $\mathbb{N} = \{1, 2, 3, \ldots\}$
Es gilt: $\mathbb{N} = \mathbb{N}_0 \setminus \{0\} = \{1, 2, 3, \ldots\}$

(2) $A = \{1, 5, 7, 10\}$, $B = \{0, 1, 7, 15\}$
$A \setminus B = \{5, 10\}$ ■

2 Die Menge der reellen Zahlen $\mathbb{R}$

2.1 Darstellung der reellen Zahlen und ihrer Eigenschaften

Grundlage aller Rechen- und Meßvorgänge sind die *reellen Zahlen*[1]. Sie lassen sich in anschaulicher Weise durch Punkte auf einer *Zahlengerade* darstellen (die Zuordnung ist *umkehrbar eindeutig,* Bild I-7):

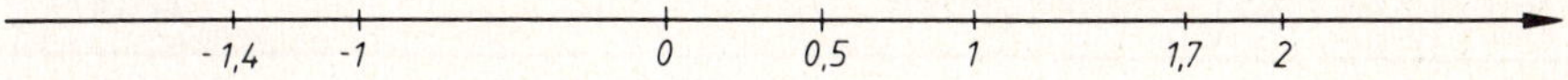

Bild I-7. Darstellung reeller Zahlen auf einer Zahlengerade

Positive Zahlen werden dabei nach *rechts, negative* Zahlen nach *links* abgetragen (jeweils vom Nullpunkt aus).

Auf der Zahlenmenge $\mathbb{R}$ sind vier Rechenoperationen, die sog. *Grundrechenarten,* erklärt. Es sind dies:

1. Die Addition (+),
2. Die Subtraktion (−) als Umkehrung der Addition,
3. Die Multiplikation (·), und
4. Die Division (:) als Umkehrung der Multiplikation.

Anmerkungen

(1) In einem Produkt wird meist der Multiplikationspunkt weggelassen: ab statt $a \cdot b$.

(2) Für einen Quotienten schreibt man statt $a : b$ meist $\frac{a}{b}$ oder auch a/b.

Die Grundrechenarten genügen dabei den folgenden *Grundgesetzen:*

Eigenschaften der Menge der reellen Zahlen

1. *Summe* $a + b$, *Differenz* $a - b$, *Produkt* ab und *Quotient* $\frac{a}{b}$ zweier reeller Zahlen a und b ergibt wiederum eine reelle Zahl.
   Ausnahme: Die Division durch die Zahl 0 ist *nicht* erlaubt.

2. Addition und Multiplikation sind *kommutative* Rechenoperationen:
   Für beliebige Zahlen $a, b \in \mathbb{R}$ ist stets:

$$\left.\begin{aligned} a + b &= b + a \\ ab &= ba \end{aligned}\right\} \textit{Kommutativgesetze} \qquad \text{(I-12)}$$

---

[1] Zu ihnen gehören:

1. alle endlichen Dezimalbrüche (einschließlich der ganzen Zahlen),
2. alle unendlichen periodischen Dezimalbrüche, und
3. alle unendlichen nicht periodischen Dezimalbrüche.

3. Addition und Multiplikation sind *assoziative* Rechenoperationen:
   Für beliebige Zahlen $a, b, c \in \mathbb{R}$ ist stets:

$$\left.\begin{aligned} a + (b + c) &= (a + b) + c \\ a\,(bc) &= (ab)\,c \end{aligned}\right\} \text{ Assoziativgesetze} \qquad \text{(I-13)}$$

4. Addition und Multiplikation sind über das *Distributivgesetz* miteinander verbunden:

$$a\,(b + c) = ab + ac \quad \text{Distributivgesetz} \qquad \text{(I-14)}$$

2.2 Anordnung der Zahlen, Ungleichung, Betrag

Unter den reellen Zahlen herrscht eine bestimmte *Anordnung* in dem folgenden Sinne: Zwei Zahlen $a, b \in \mathbb{R}$ stehen stets in genau einer der drei folgenden Beziehungen zueinander:

$a < b$ (a kleiner b)

Bild I-8

$a = b$ (a gleich b)

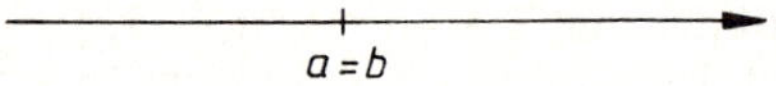

Bild I-9

$a > b$ (a größer b)

Bild I-10

Aussagen (Beziehungen) der Form $a < b$ oder $a > b$ werden als *Ungleichungen* bezeichnet. Zu ihnen zählt man auch die Relationen

$a \leqslant b$ (a kleiner gleich b, d.h. entweder $a < b$ oder $a = b$)

$a \geqslant b$ (a größer gleich b, d.h. entweder $a > b$ oder $a = b$)

Anmerkungen

(1) $a < b$ ($a > b$) bedeutet: Der Bildpunkt von a liegt *links (rechts)* vom Bildpunkt von b (vgl. hierzu die Bilder I-8 und I-10).

(2) $a = b$: Die Bildpunkte von a und b fallen zusammen (Bild I-9).

Unter dem *Betrag* einer reellen Zahl a wird der *Abstand* des zugeordneten Bildpunktes vom Nullpunkt verstanden (Bild I-11). Er wird durch das Symbol $|a|$ gekennzeichnet und ist stets positiv:

$$|a| = \left\{\begin{array}{ccc} a & & a > 0 \\ 0 & \text{für} & a = 0 \\ -a & & a < 0 \end{array}\right\}, \qquad |a| \geqslant 0 \qquad \text{(I-15)}$$

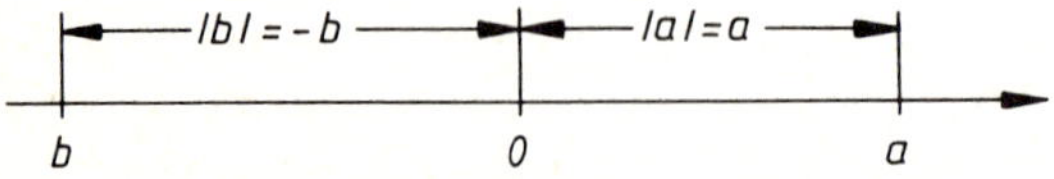

Bild I-11
Zum Begriff des Betrages einer Zahl ($a > 0$, $b < 0$)

■ **Beispiele**

$|3| = 3$, $|-5| = 5$, $|\pi| = \pi$, $|\cos\pi| = |-1| = 1$ ■

2.3 Teilmengen und Intervalle

Wir geben einige besonders wichtige und häufig auftretende Teilmengen von $\mathbb{R}$ an:

Spezielle Zahlenmengen (Standardmengen)

$\mathbb{N}_0 = \{0, 1, 2, \ldots\}$	Menge der natürlichen Zahlen einschließlich der Zahl 0
$\mathbb{N} = \{1, 2, 3, \ldots\}$	Menge der natürlichen Zahlen
$\mathbb{Z} = \{0, \pm 1, \pm 2, \ldots\}$	Menge der ganzen Zahlen
$\mathbb{Q} = \{x \mid x = \frac{a}{b}$ mit $a \in \mathbb{Z}$ und $b \in \mathbb{N}\}$	Menge der rationalen Zahlen
$\mathbb{R}$	Menge der reellen Zahlen

Bei der Beschreibung der Definitions- und Wertebereiche von Funktionen benötigen wir spezielle, als *Intervalle* bezeichnete Teilmengen von $\mathbb{R}$. Sie sind in der folgenden Tabelle zusammengestellt:

Zusammenstellung der wichtigsten Intervalle

1. *Endliche Intervalle* $(a < b)$

$[a, b] = \{x \mid a \leqslant x \leqslant b\}$	abgeschlossenes Intervall
$[a, b) = \{x \mid a \leqslant x < b\}$	halboffene Intervalle
$(a, b] = \{x \mid a < x \leqslant b\}$	halboffene Intervalle
$(a, b) = \{x \mid a < x < b\}$	offenes Intervall

2. *Unendliche Intervalle*

$[a, \infty) = \{x \mid a \leqslant x < \infty\}$

$(a, \infty) = \{x \mid a < x < \infty\}$

$(-\infty, b] = \{x \mid -\infty < x \leqslant b\}$

$(-\infty, b) = \{x \mid -\infty < x < b\}$

$(-\infty, 0) = \mathbb{R}^-$

$(0, \infty) = \mathbb{R}^+$

$(-\infty, \infty) = \mathbb{R}$

■ **Beispiele**

[1, 5]

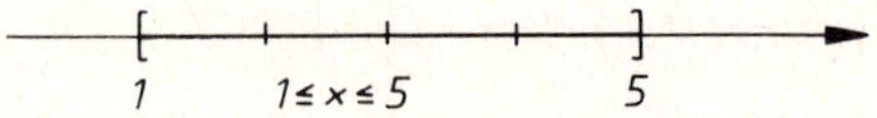

Bild I-12

(− 3, 2)

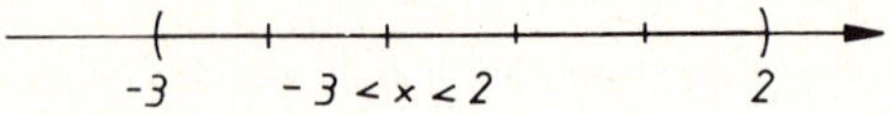

Bild I-13

(− ∞, 1]

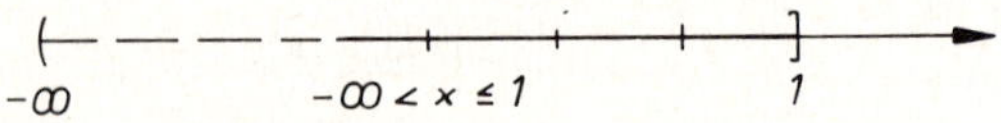

Bild I-14

(− 5, − 1]

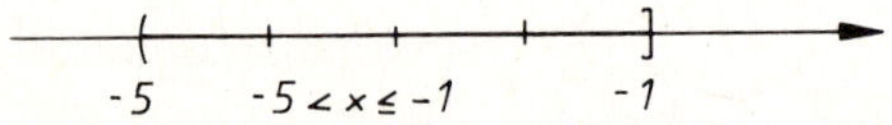

Bild I-15 ■

Anmerkung

Die in den Naturwissenschaften und der Technik verwendeten Symbole für Intervalle weichen häufig von den in der Mathematik üblichen Symbolen ab. So schreibt man beispielsweise für das Intervall $\{x \mid a < x < b\}$ meist in verkürzter Form $a < x < b$.

3 Gleichungen

In diesem Abschnitt behandeln wir einige, in den Anwendungen besonders häufig auftretende *Gleichungen mit einer unbekannten Größe.* Dazu gehören:

- *Lineare, quadratische* und *kubische* Gleichungen
- *Algebraische* Gleichungen höheren Grades
- *Bi-quadratische* Gleichungen
- *Wurzelgleichungen*
- *Betragsgleichungen*

Trigonometrische (goniometrische) Gleichungen, Exponential- und Logarithmusgleichungen werden in Kapitel III im Anschluß an die Darstellungen der entsprechenden Funktionen besprochen.

In vielen Fällen ist man bei der Lösung einer vorgegebenen Gleichung auf *Näherungsverfahren* angewiesen, da die Gleichung entweder *nicht exakt lösbar* ist oder aber der Lösungsmechanismus vom Aufwand her nicht vertretbar erscheint. Ein solches Standardverfahren der numerischen Mathematik ist beispielsweise das von *Newton* stammende *Tangentenverfahren,* das wir in den Anwendungen der Differentialrechnung in Kapitel IV ausführlich besprechen werden.

3.1 Lineare Gleichungen

Eine *lineare* Gleichung vom allgemeinen Typ

$$ax + b = 0 \qquad (a \neq 0) \tag{I-16}$$

besitzt genau eine Lösung

$$x_1 = -\frac{b}{a} \tag{I-17}$$

■ **Beispiel**

$$\begin{aligned} 3x - 18 &= -x + 6 \\ 4x &= 24 \\ x_1 &= 6 \quad \Rightarrow \quad \text{Lösungsmenge } \mathbb{L} = \{6\} \end{aligned}$$

■

3.2 Quadratische Gleichungen

Die allgemeine Form einer *quadratischen* Gleichung lautet:

$$ax^2 + bx + c = 0 \qquad (a \neq 0) \tag{I-18}$$

Sie läßt sich stets in die *Normalform*

$$x^2 + px + q = 0 \tag{I-19}$$

überführen. Die (formalen) Lösungen sind (sog. p, q-Formel):

Lösungen einer in der Normalform $x^2 + px + q = 0$ gegebenen quadratischen Gleichung

$$x_{1/2} = -\frac{p}{2} \pm \sqrt{\left(\frac{p}{2}\right)^2 - q} \tag{I-20}$$

Die Fallunterscheidung wird dabei anhand der *Diskriminante* $D = (\frac{p}{2})^2 - q$ vorgenommen:

$D > 0$: Zwei verschiedene reelle Lösungen
$D = 0$: Eine (doppelte) reelle Lösung
$D < 0$: Keine reellen Lösungen[2)]

■ **Beispiele**

(1) $-2x^2 - 4x + 6 = 0 \mid : (-2)$

$x^2 + 2x - 3 = 0$

$D = 4 > 0$: Zwei verschiedene reelle Lösungen

$x_{1/2} = -1 \pm \sqrt{4} = -1 \pm 2$

$x_1 = 1,\ x_2 = -3 \quad \Rightarrow \quad \mathbb{L} = \{-3, 1\}$

---

2) Die Lösungen sind (konjugiert) komplexe Zahlen. Sie werden in Band 2 gesondert behandelt.

(2) $3x^2 + 9x + 6{,}75 = 0 \mid : 3$

$x^2 + 3x + 2{,}25 = 0$

$D = 0$: Eine (doppelte) Lösung

$x_{1/2} = -1{,}5 \pm 0 = -1{,}5 \quad \Rightarrow \quad \mathbb{L} = \{-1{,}5\}$

(3) $x^2 - 4x + 13 = 0$

$D = -9 < 0$: Keine reellen Lösungen ■

3.3 Gleichungen 3. und höheren Grades

3.3.1 Allgemeine Vorbetrachtung

Eine *algebraische Gleichung n-ten Grades* ist in der Form

$$a_n x^n + a_{n-1} x^{n-1} + \ldots + a_1 x + a_0 = 0 \qquad (a_n \neq 0) \tag{I-21}$$

darstellbar. Sie besitzt *höchstens n* reelle Lösungen. Ist n ungerade, so existiert *mindestens* eine reelle Wurzel (Lösung). Für Gleichungen bis einschließlich 4. Grades lassen sich allgemeine Formelausdrücke herleiten, die die Berechnung der Lösungen aus den Koeffizienten der Gleichung ermöglichen. Als Beispiel führen wir die *Cardanische* Lösungsformel für eine Gleichung 3. Grades an. Leider jedoch sind diese Formeln in der Praxis zu schwerfällig, so daß man in der Regel auf andere Verfahren ausweicht (z.B. auf graphische oder numerische Näherungsverfahren, siehe hierzu das in Kapitel IV dargestellte *Tangentenverfahren* von *Newton*).

Ist eine Lösung x_1 bekannt, so kann die Gleichung n-ten Grades durch Abspalten des entsprechenden *Linearfaktors* $x - x_1$ auf eine Gleichung vom Grade $n - 1$ reduziert werden. Auf dieses Thema gehen wir im Zusammenhang mit den Polynomfunktionen ausführlich ein (siehe hierzu Abschnitt III.5).

Abschließend zeigen wir anhand von Beispielen, wie in *Sonderfällen* die Lösung einer Gleichung gelingt.

3.3.2 Kubische Gleichungen vom Typ $ax^3 + bx^2 + cx = 0$

Kubische Gleichungen der Form

$$ax^3 + bx^2 + cx = 0 \qquad (a \neq 0) \tag{I-22}$$

(das absolute Glied fehlt) lassen sich stets durch Ausklammern von x in eine *lineare* und eine *quadratische* Gleichung zerlegen:

$$x(ax^2 + bx + c) = 0 \quad \begin{cases} x = 0 \;\Rightarrow\; x_1 = 0 \\ ax^2 + bx + c = 0 \end{cases} \tag{I-23}$$

Eine Lösung liegt daher *stets* bei $x_1 = 0$, zwei weitere Lösungen *können* aus der quadratischen Gleichung resultieren.

■ **Beispiel**

$x^3 + 4x^2 + 3x = 0$

$$x(x^2 + 4x + 3) = 0 \quad \begin{cases} x = 0 \Rightarrow x_1 = 0 \\ x^2 + 4x + 3 = 0 \Rightarrow x_{2/3} = -2 \pm 1 \end{cases}$$

$x_1 = 0,\ x_2 = -1,\ x_3 = -3 \Rightarrow \mathbb{L} = \{-3, -1, 0\}$ ■

3.3.3 Bi-quadratische Gleichungen

Eine algebraische Gleichung 4. Grades vom speziellen Typ

$$ax^4 + bx^2 + c = 0 \qquad (a \neq 0) \qquad \text{(I-24)}$$

(es treten nur *gerade* Potenzen auf) heißt *bi-quadratisch* und läßt sich durch die *Substitution* $z = x^2$ in eine quadratische Gleichung überführen. Aus den Lösungen dieser Gleichung erhält man mittels $x^2 = z$ die Lösungen der bi-quadratischen Gleichung. Eine bi-quadratische Gleichung besitzt daher entweder *keine* reelle Lösung oder aber *zwei* oder *vier* reelle Lösungen.

■ **Beispiel**

$x^4 - 10x^2 + 9 = 0$

Substitution: $z = x^2$

$z^2 - 10z + 9 = 0 \Rightarrow z_{1/2} = 5 \pm 4$

$z_1 = 9,\ z_2 = 1$

Rücksubstitution mittels $x^2 = z$:

$x^2 = z_1 = 9 \Rightarrow x_{1/2} = \pm 3$

$x^2 = z_2 = 1 \Rightarrow x_{3/4} = \pm 1$

$\mathbb{L} = \{-3, -1, 1, 3\}$ ■

3.4 Wurzelgleichungen

Die bisher behandelten Gleichungen konnten durch sog. *äquivalente Umformungen* [3]) schrittweise vereinfacht und schließlich gelöst werden, ohne daß dabei Lösungen hinzukamen oder verschwanden. Bei *Wurzelgleichungen*, in denen die Unbekannte in rationaler Form innerhalb von Wurzelausdrücken auftritt, ist dies i.a. *nicht* der Fall, wie das folgende Beispiel zeigt:

■ **Beispiel**

$\sqrt{2x - 3} + 5 - 3x = 0$

---

[3]) Bei einer *äquivalenten* Umformung bleibt die Lösungsmenge einer Gleichung oder Ungleichung (bezüglich derselben Unbekannten) *unverändert* (Symbol: $\Longleftrightarrow$). Umformungen, die zu einer *Veränderung* der Lösungsmenge führen, heißen *nichtäquivalente* Umformungen.

Der Wurzelausdruck wird zunächst isoliert:

$$\sqrt{2x-3} = 3x-5$$

und anschließend durch Quadrieren beseitigt:

$$\sqrt{2x-3} = 3x-5 \mid \text{qu.} \quad \Rightarrow \quad 2x-3 = (3x-5)^2$$

Dieser Vorgang stellt jedoch eine *nichtäquivalente* Umformung dar. Die neue (quadratische) Gleichung besitzt *mehr* Lösungen als die ursprüngliche Wurzelgleichung, wie wir im folgenden zeigen werden:

$$2x-3 = (3x-5)^2 = 9x^2 - 30x + 25 \quad \Leftrightarrow$$
$$-9x^2 + 32x - 28 = 0 \mid : (-9) \quad \Leftrightarrow$$

$$x^2 - \frac{32}{9}x + \frac{28}{9} = 0 \quad \Rightarrow$$

$$x_{1/2} = \frac{16}{9} \pm \sqrt{\frac{256}{81} - \frac{28}{9}} = \frac{16}{9} \pm \frac{2}{9} \quad \Rightarrow$$

$$x_1 = \frac{18}{9} = 2, \quad x_2 = \frac{14}{9}$$

Dies sind die beiden Lösungen der *quadratischen* Gleichung. Sind sie auch Lösungen der vorgegebenen Wurzelgleichung?

Diese Frage kann nur durch eine *Probe*, d.h. durch Einsetzen der beiden Werte $x_1 = 2$ und $x_2 = 14/9$ in die *Wurzelgleichung* entschieden werden:

$\boxed{x_1 = 2}$

$$\sqrt{2 \cdot 2 - 3} + 5 - 3 \cdot 2 = 0$$
$$1 + 5 - 6 = 0$$
$$0 = 0 \quad \Rightarrow \quad x_1 = 2 \text{ ist eine Lösung}$$

$\boxed{x_2 = \frac{14}{9}}$

$$\sqrt{2 \cdot \frac{14}{9} - 3} + 5 - 3 \cdot \frac{14}{9} = 0$$
$$\frac{1}{3} + 5 - \frac{14}{3} = 0$$
$$\frac{2}{3} = 0 \quad \text{Widerspruch} \quad \Rightarrow$$
$$x_2 = \frac{14}{9} \text{ ist } \textit{keine} \text{ Lösung}$$

Die Wurzelgleichung $\sqrt{2x-3} + 5 - 3x = 0$ besitzt nur die Lösung $x_1 = 2$. ■

3.5 Betragsgleichungen

3.5.1 Definition der Betragsfunktion

Definitionsgemäß verstehen wir unter dem Betrag $|x|$ einer reellen Zahl x den Abstand der Zahl x von der Zahl 0 (Bild I-16):

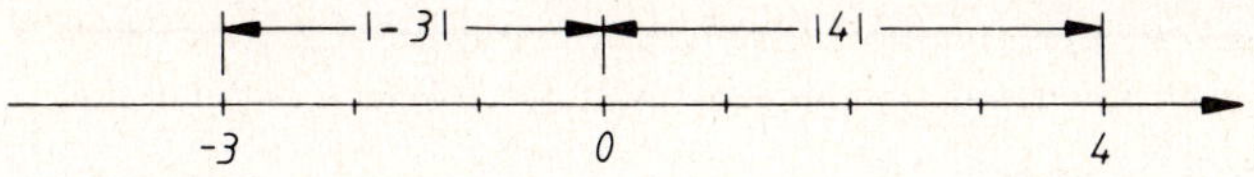

$|4| = 4$

$|-3| = 3$

Bild I-16

Der Abstand zweier Zahlen x und a auf der Zahlengerade ist dann $|x-a|$ (Bild I-17):

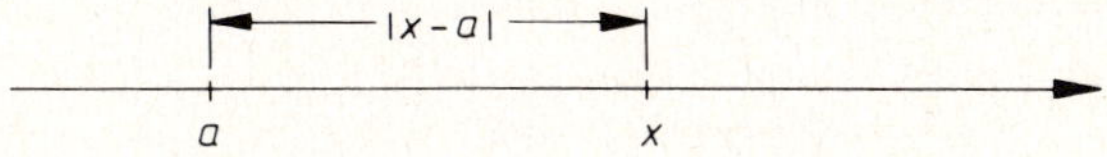

Bild I-17

Der Betrag $|x|$ einer reellen Zahl x kann als Funktion von x aufgefaßt werden. Dies führt zu dem Begriff der *Betragsfunktion:*

Definition: Unter der *Betragsfunktion* $y = |x|$ wird die für alle $x \in \mathbb{R}$ erklärte Funktion

$$y = |x| = \left\{ \begin{matrix} x \\ -x \end{matrix} \quad \text{für} \quad \begin{matrix} x \geqslant 0 \\ x < 0 \end{matrix} \right\} \qquad \text{(I-25)}$$

verstanden (Bild I-18).

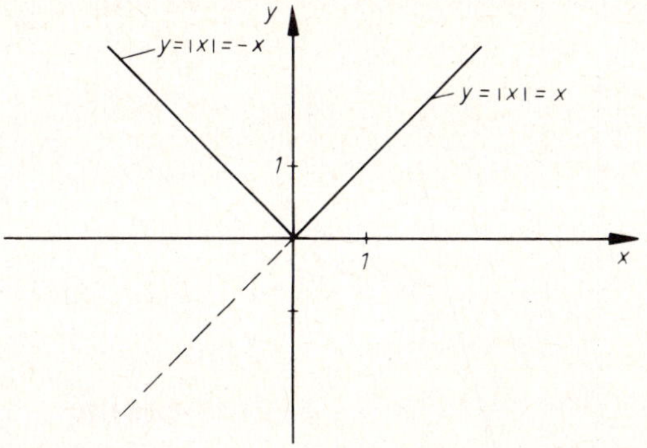

Bild I-18
Schaubild der Betragsfunktion $y = |x|$

Das Schaubild der Betragsfunktion $y = |x|$ erhält man aus der Geraden $y = x$, in dem man den *unterhalb* der x-Achse liegenden Teil der Geraden um die x-Achse nach oben klappt, d.h. an der x-Achse *spiegelt* (vgl. hierzu Bild I-18).

Diese Aussage läßt sich für eine beliebige in Betragsstrichen stehende Funktion verallgemeinern:

Zeichnerische Konstruktion der Funktion $y = |f(x)|$

Das Schaubild von $y = |f(x)|$ erhält man aus dem Schaubild von $y = f(x)$, indem man alle *unterhalb* der x-Achse liegenden Kurvenstücke an der x-Achse *spiegelt* und die *oberhalb* der x-Achse liegenden Teile unverändert beibehält.

■ **Beispiele**

(1) $y = |x-2| = \begin{cases} x-2 \\ -(x-2) \end{cases}$ für $\begin{cases} x \geqslant 2 \\ x < 2 \end{cases}$ (Bild I-19)

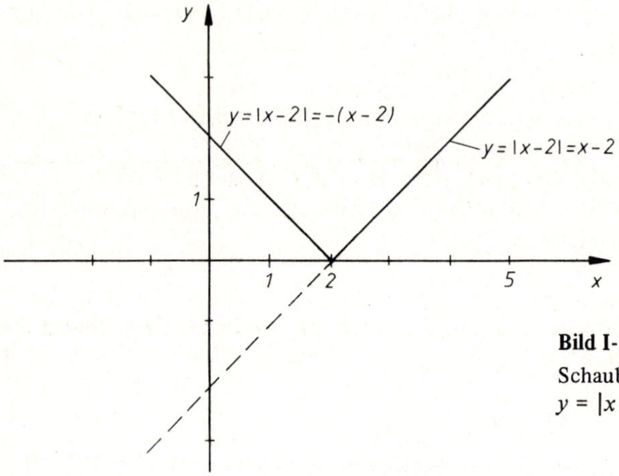

Bild I-19
Schaubild der Funktion
$y = |x-2|$

(2) $y = |x^2 - 1| = \begin{cases} x^2-1 \\ -(x^2-1) \end{cases}$ für $\begin{cases} |x| \geqslant 1 \\ |x| < 1 \end{cases}$ (Bild I-20)

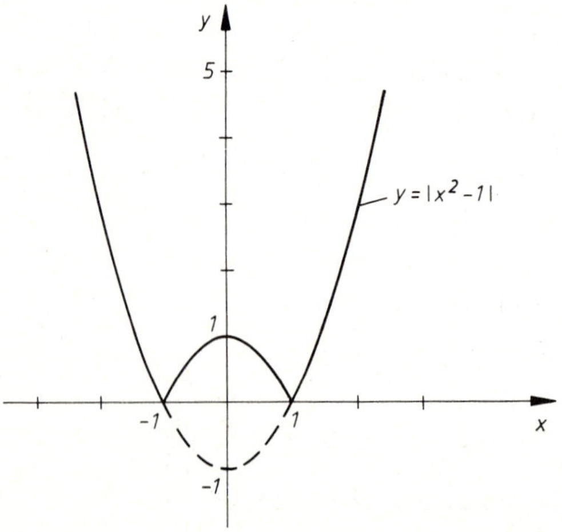

Bild I-20
Schaubild der Funktion
$y = |x^2 - 1|$

■

3.5.2 Analytische Lösung einer Betragsgleichung durch Fallunterscheidung (Beispiel)

Wir lösen die Betragsgleichung

$$|2x-1| = -x+1$$

rechnerisch durch *Fallunterscheidung:*

1. Fall: Für $2x-1 \geqslant 0$, d.h. $x \geqslant 0{,}5$ ist $|2x-1| = 2x-1$

$$\Rightarrow \quad |2x-1| = 2x-1 = -x+1 \quad \Rightarrow \quad x_1 = \frac{2}{3}$$

(Die Bedingung $x \geqslant 0{,}5$ ist erfüllt.)

2. Fall: Für $2x-1 < 0$, d.h. $x < 0{,}5$ ist $|2x-1| = -(2x-1)$

$$\Rightarrow \quad |2x-1| = -(2x-1) = -x+1$$

$$\Rightarrow \quad -2x+1 = -x+1 \quad \Rightarrow \quad x_2 = 0$$

(Die Bedingung $x < 0{,}5$ ist erfüllt.)

Die Betragsgleichung besitzt demnach die Lösungen $x_1 = \frac{2}{3}$ und $x_2 = 0$.

3.5.3 Lösung einer Betragsgleichung auf graphischem Wege (Beispiel)

Die Betragsgleichung

$$|x-2| = x^2$$

kann wie folgt auf graphischem Wege gelöst werden: Wir fassen die beiden Seiten der Gleichung als Funktionen von x auf und setzen:

$$y_1 = |x-2| \quad \text{und} \quad y_2 = x^2$$

Die Lösungen der Betragsgleichung sind dann die Abszissenwerte der Schnittpunkte beider Kurven (Bild I-21).

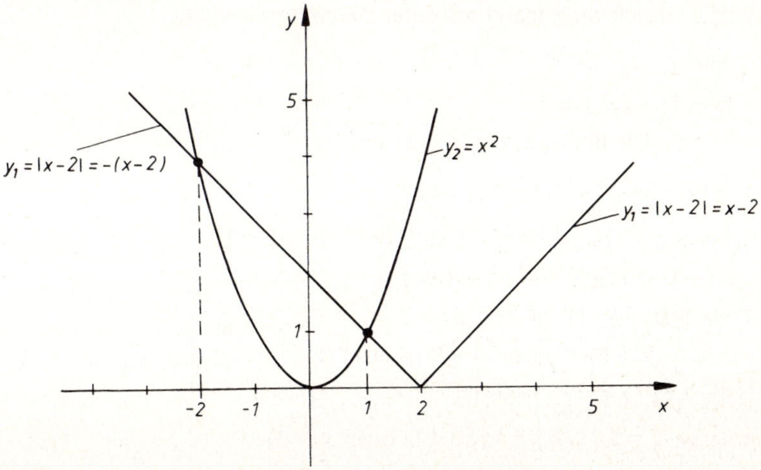

Bild I-21. Zur graphischen Lösung der Betragsgleichung $|x-2| = x^2$

Bei genauer Zeichnung können diese Werte direkt abgelesen werden. Rechnerisch erhält man sie nach Bild I-21 als Schnittpunkte der Geraden $y = -(x-2) = -x+2$ mit der Parabel $y = x^2$:

$$x^2 = -x + 2 \iff$$
$$x^2 + x - 2 = 0 \Rightarrow x_1 = -2,\ x_2 = 1 \Rightarrow \mathbb{L} = \{-2, 1\}$$

4 Ungleichungen

Wir beschäftigen uns in diesem Abschnitt mit *Ungleichungen,* die noch eine unbekannte Größe x enthalten. Die Lösungsmengen sind in der Regel *Intervalle.* Ähnlich wie bei einer Gleichung versucht man, die vorgegebene Ungleichung durch *äquivalente* Umformungen zu lösen. Dabei sind die folgenden Regeln zu beachten:

Äquivalente Umformungen einer Ungleichung

1. Addition (bzw. Subtraktion) eines *beliebigen* Terms $T(x)$ auf beiden Seiten;
2. Multiplikation (bzw. Division) beider Seiten mit einer positiven Zahl $K > 0$;
3. Multiplikation (bzw. Division) beider Seiten mit einer negativen Zahl $K < 0$, wobei die Relationszeichen der Ungleichung wie folgt zu ändern sind:

   Aus $<$ wird $>$,
   aus $\leqslant$ wird $\geqslant$,
   aus $>$ wird $<$,
   aus $\geqslant$ wird $\leqslant$.

■ **Beispiele**

(1) $|x-1| > 1$

Wir lösen die Ungleichung analytisch durch *Fallunterscheidung.*

1. Fall: Für $x - 1 \geqslant 0$, d.h. $x \geqslant 1$ ist $|x-1| = x - 1$

$\Rightarrow$ $|x-1| = x - 1 > 1$

$x > 2$ (Die Bedingung $x \geqslant 1$ ist erfüllt)

$\mathbb{L}_1 = \{x \mid x > 2\} = (2, \infty)$

2. Fall: Für $x - 1 < 0$, d.h. $x < 1$ ist $|x-1| = -(x-1)$

$\Rightarrow$ $|x-1| = -(x-1) = -x + 1 > 1$

$-x > 0 \mid \cdot (-1) \Rightarrow x < 0$

$x < 0$ (Die Bedingung $x < 1$ ist erfüllt)

$\mathbb{L}_2 = \{x \mid x < 0\} = (-\infty, 0)$

Lösungsmenge $\mathbb{L} = \mathbb{L}_1 \cup \mathbb{L}_2 = \{x \mid x < 0 \text{ oder } x > 2\}$

(2) $(x-1)^2 \leqslant |x|$

Wir lösen diese Ungleichung auf sehr anschauliche Weise wie folgt:
Linke und rechte Seite der Ungleichung werden als Funktionen von x aufgefaßt:

$y_1 = (x-1)^2$ (Parabel)

$y_2 = |x|$ (Betragsfunktion)

Lösungen sind dann alle x-Werte, in denen die Parabel *unterhalb* der Betragsfunktion bleibt: $y_1 \leqslant y_2$. Wir zeichnen beide Kurven und erkennen anhand des Bildes I-22, daß diese Bedingung zwischen den beiden Kurvenschnittpunkten erfüllt ist.

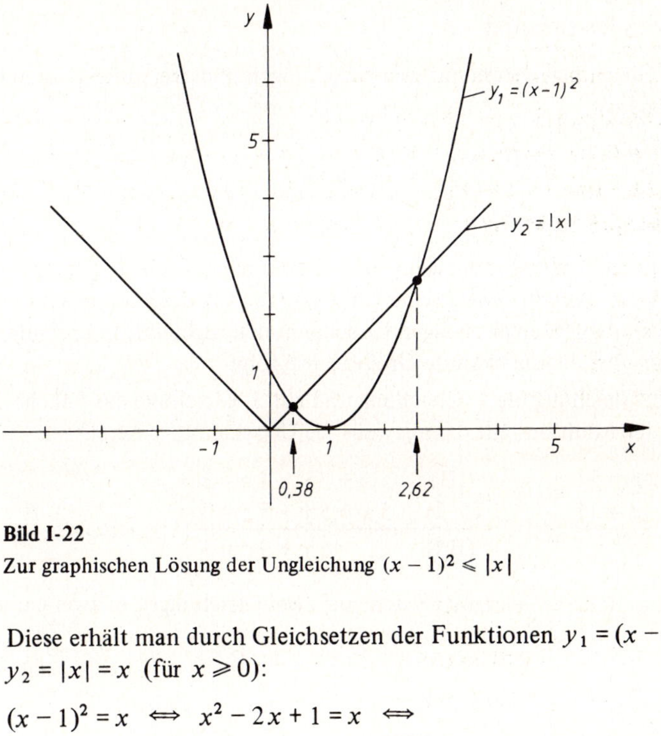

Bild I-22

Zur graphischen Lösung der Ungleichung $(x-1)^2 \leqslant |x|$

Diese erhält man durch Gleichsetzen der Funktionen $y_1 = (x-1)^2$ und $y_2 = |x| = x$ (für $x \geqslant 0$):

$(x-1)^2 = x \quad \Leftrightarrow \quad x^2 - 2x + 1 = x \quad \Leftrightarrow$

$x^2 - 3x + 1 = 0 \quad \Rightarrow \quad x_{1/2} = 1{,}5 \pm \sqrt{1{,}5^2 - 1} = 1{,}5 \pm 1{,}12 \quad \Rightarrow$

$x_1 = 2{,}62, \quad x_2 = 0{,}38$

Lösungsmenge: $0{,}38 \leqslant x \leqslant 2{,}62$ ■

5 Lineare Gleichungssysteme

In diesem Abschnitt behandeln wir das unter der Bezeichnung *Gaußscher Algorithmus* bekannte Verfahren zur Lösung eines *linearen Gleichungssystems.* Auf lineare Gleichungssysteme stößt man in den Anwendungen beispielsweise bei der Behandlung und Lösung der folgenden Probleme:

1. Berechnung der in einem *Fachwerk* auftretenden *Stabkräfte* (z.B. Kranausleger, Brücken);
2. Bestimmung der *Ströme* in einem *elektrischen Netzwerk* (s. Anwendungsbeispiel am Ende dieses Abschnitts);
3. Berechnung der *Eigenfrequenzen* eines *schwingungsfähigen Systems.*

5.1 Ein einführendes Beispiel

Es sei ein lineares Gleichungssystem mit drei Gleichungen und drei unbekannten Größen x, y und z vorgegeben:

$$\begin{array}{ll} \text{(I)} & -x + y + z = 0 \\ \text{(II)} & x - 3y - 2z = 5 \\ \text{(III)} & 5x + y + 4z = 3 \end{array} \qquad \text{(I-26)}$$

Das von *Gauß* stammende Verfahren zur Lösung eines solchen Gleichungssystems ist ein *Eliminationsverfahren,* das schrittweise eine Unbekannte nach der anderen eliminiert, bis nur noch eine Gleichung mit einer einzigen Unbekannten übrigbleibt. In unserem Beispiel eliminieren wir zunächst die unbekannte Größe x wie folgt:

Wir addieren zur 2. Gleichung die 1. Gleichung und zur 3. Gleichung das 5-fache der 1. Gleichung. Bei der Addition fällt dann jeweils die Unbekannte x heraus:

$$\begin{array}{ll} \text{(II)} & x - 3y - 2z = 5 \\ \text{(I)} & -x + y + z = 0 \\ \hline \text{(I*)} & -2y - z = 5 \end{array} \Bigg\} + \qquad \begin{array}{ll} \text{(III)} & 5x + y + 4z = 3 \\ (5 \cdot \text{I}) & -5x + 5y + 5z = 0 \\ \hline \text{(II*)} & 6y + 9z = 3 \end{array} \Bigg\} + \qquad \text{(I-27)}$$

Damit haben wir das lineare Gleichungssystem auf zwei Gleichungen in zwei Unbekannten reduziert:

$$\begin{array}{ll} \text{(I*)} & -2y - z = 5 \\ \text{(II*)} & 6y + 9z = 3 \end{array} \qquad \text{(I-28)}$$

Nun wird das Verfahren wiederholt. Um die zweite Unbekannte y zu eliminieren, addieren wir zur Gleichung (II*) das 3-fache der Gleichung (I*):

$$\begin{array}{ll} \text{(II*)} & 6y + 9z = 3 \\ (3 \cdot \text{I*}) & -6y - 3z = 15 \\ \hline \text{(I**)} & 6z = 18 \end{array} \Bigg\} + \qquad \text{(I-29)}$$

Die beiden eliminierten Gleichungen (I) und (I*) bilden zusammen mit der übriggebliebenen Gleichung (I**) ein sog. *gestaffeltes Gleichungssystem,* aus dem der Reihe nach von unten nach oben die drei Unbekannten x, y und z berechnet werden können:

Gestaffeltes System

$$\begin{array}{lrcrcrcr} \text{(I)} & -x & + & y & + & z & = & 0 \\ \text{(I*)} & & & -2y & - & z & = & 5 \\ \text{(I**)} & & & & & 6z & = & 18 \end{array} \qquad \text{(I-30)}$$

Aus der letzten Gleichung folgt $z = 3$. Durch Einsetzen dieses Wertes in die darüber stehende Gleichung erhält man für y den Wert -4. Aus der 1. Gleichung schließlich ergibt sich $x = -1$. Das vorgegebene lineare Gleichungssystem besitzt daher genau eine Lösung $x = -1$, $y = -4$, $z = 3$.

Um den aufgezeigten Lösungsweg zu verkürzen, wurde das folgende Rechenschema entwickelt, in dem die einzelnen Gleichungen nur noch in verschlüsselter Form durch ihre Koeffizienten und Absolutglieder (c_i) repräsentiert werden:

	x	y	z	c_i
(I)	−1	1	1	0
(II)	1	−3	−2	5
(III)	5	1	4	3

Um die Unbekannte x zu eliminieren, wird zur 2. Zeile die 1. Zeile und zur 3. Zeile das 5-fache der 1. Zeile addiert. Wir erhalten zwei neue (verschlüsselte) Gleichungen in den unbekannten Größen y und z:

	x	y	z	c_i
(I)	−1	1	1	0
(II)	1	−3	−2	5
(1 · I)	−1	1	1	0
(III)	5	1	4	3
(5 · I)	−5	5	5	0
(I*)		−2	−1	5
(II*)		6	9	3

Nun addieren wir zur 2. Zeile (II*) das 3-fache der 1. Zeile (I*) und erhalten in verschlüsselter Form eine Gleichung (I**) in der Unbekannten z. Das Rechenschema ist nun ausgefüllt und besitzt die folgende Gestalt:

	x	y	z	c_i	s_i
(I)	−1	1	1	0	1
(II)	1	−3	−2	5	1
(1 · I)	−1	1	1	0	1
(III)	5	1	4	3	13
(5 · I)	−5	5	5	0	5
(I*)		−2	−1	5	2
(II*)		6	9	3	18
(3 · I*)		−6	−3	15	6
(I**)			6	18	24

Eingebaut wurde noch als *Rechenkontrolle* die sog. *Zeilensummenprobe.* Die durch s_i gekennzeichnete letzte Spalte des Rechenschemas enthält jeweils die Summe aller in einer Zeile stehenden Zahlen (Koeffizienten und Absolutglied). Mit Hilfe der Zeilensummen lassen sich die einzelnen Rechenschritte wie folgt kontrollieren: Wir greifen als Beispiel die 3. Zeile heraus (III). Ihre Zeilensumme beträgt 13. Addiert man zur 3. Zeile das 5-fache der 1. Zeile, so erhält man die neue Zeile (II*) = (III) + (5 · I), deren Zeilensumme sich auf zwei Arten bestimmen läßt: Durch Addition der in der neuen Zeile stehenden Zahlen (Ergebnis: 18) sowie durch Addition des 5-fachen Zeilensummenwertes der 1. Zeile zum Zeilensummenwert der 3. Zeile ($13 + 5 \cdot 1 = 18$). Beide Rechenwege führen zum selben Ergebnis (Zeilensumme = 18).

Aus dem Rechenschema erhält man unmittelbar durch Zusammenfassung der *eliminierten* Zeilen (I) und (I*) und der letzten Zeile (I**) das *gestaffelte Gleichungssystem,* aus dem sich die Lösung ohne Schwierigkeiten berechnen läßt.

5.2 Der Gaußsche Algorithmus

Lineare Gleichungssysteme bestehen aus m Gleichungen in n unbekannten Größen x_1, $x_2, \ldots, x_n$. Innerhalb einer jeden Gleichung treten die Unbekannten dabei in *linearer* Form, d.h. in der 1. Potenz auf.

Definition: Das aus m linearen Gleichungen mit n Unbekannten $x_1, x_2, \ldots, x_n$ bestehende System

$$\begin{aligned} a_{11} x_1 + a_{12} x_2 + \ldots + a_{1n} x_n &= c_1 \\ a_{21} x_1 + a_{22} x_2 + \ldots + a_{2n} x_n &= c_2 \\ &\vdots \\ a_{m1} x_1 + a_{m2} x_2 + \ldots + a_{mn} x_n &= c_m \end{aligned} \qquad \text{(I-31)}$$

heißt ein *lineares Gleichungssystem.* Die reellen Zahlen a_{ik} ($i = 1, 2, \ldots, m$; $k = 1, 2, \ldots, n$) sind die Koeffizienten des Systems, die Zahlen c_i werden als Absolutglieder bezeichnet.

Ein lineares Gleichungssystem heißt *homogen,* wenn alle Absolutglieder $c_1, c_2, \ldots, c_m$ verschwinden. Andernfalls wird das Gleichungssystem als *inhomogen* bezeichnet.

Wir beschränken uns im folgenden auf den in den Anwendungen wichtigsten Fall eines *quadratischen* linearen Gleichungssystems, bei dem die Anzahl der unbekannten Größen mit der Anzahl der Gleichungen übereinstimmt ($m = n$):

$$\begin{array}{l} a_{11} x_1 + a_{12} x_2 + \ldots + a_{1n} x_n = c_1 \\ a_{21} x_1 + a_{22} x_2 + \ldots + a_{2n} x_n = c_2 \\ \vdots \\ a_{n1} x_1 + a_{n2} x_2 + \ldots + a_{nn} x_n = c_n \end{array} \qquad \text{(I-32)}$$

Die Koeffizienten a_{ik} des Systems lassen sich zu einer sog. *Koeffizientenmatrix* **A** zusammenfassen ($i, k = 1, 2, \ldots, n$):

$$\mathbf{A} = \begin{pmatrix} a_{11} & a_{12} & \ldots & a_{1n} \\ a_{21} & a_{22} & \ldots & a_{2n} \\ \vdots & & & \vdots \\ a_{n1} & a_{n2} & \ldots & a_{nn} \end{pmatrix} \qquad \text{(I-33)}$$

Sie enthält n Zeilen und n Spalten *(n-reihige quadratische Matrix).* Die n Unbekannten $x_1, x_2, \ldots, x_n$ fassen wir zu einem *Spaltenvektor* $\vec{x}$ (auch *Spaltenmatrix* genannt) zusammen, ebenso die n Absolutglieder $c_1, c_2, \ldots, c_n$ zu einem *Spaltenvektor (Spaltenmatrix)* $\vec{c}$:

$$\vec{x} = \begin{pmatrix} x_1 \\ x_2 \\ \vdots \\ x_n \end{pmatrix}, \qquad \vec{c} = \begin{pmatrix} c_1 \\ c_2 \\ \vdots \\ c_n \end{pmatrix} \qquad \text{(I-34)}$$

Der Spaltenvektor $\vec{x}$ heißt in diesem Zusammenhang auch *Lösungsvektor* des Systems.

Das quadratische lineare Gleichungssystem ist mit diesen Bezeichnungen in der wesentlich kürzeren *Matrizenform*

$$\mathbf{A}\vec{x} = \vec{c} \qquad \text{(I-35)}$$

darstellbar[4]). Um dieses System zu lösen, muß es unter Verwendung *äquivalenter Umformungen* in ein *gestaffeltes* System vom Typ

$$\begin{array}{r} a_{11}^* x_1 + a_{12}^* x_2 + \ldots + a_{1n}^* x_n = c_1^* \\ a_{22}^* x_2 + \ldots + a_{2n}^* x_n = c_2^* \\ \vdots \\ a_{nn}^* x_n = c_n^* \end{array} \qquad \text{(I-36)}$$

4) Die Schreibweise $\mathbf{A}\vec{x} = \vec{c}$ ist an dieser Stelle lediglich als eine *formale Kurzschreibweise* für ein lineares Gleichungssystem anzusehen. In Band 2 gehen wir auf die Matrizenrechnung noch ausführlich ein.

übergeführt werden, aus dem die n Unbekannten sukzessive berechnet werden können: zuerst x_n aus der letzten Gleichung, dann x_{n-1} aus der vorletzten Gleichung usw.
Als *äquivalente Umformungen* sind dabei folgende Operationen zugelassen:

Äquivalente Umformungen für ein lineares Gleichungssystem

1. Zwei Gleichungen dürfen miteinander *vertauscht* werden;
2. Jede Gleichung darf mit einer beliebigen von Null verschiedenen Zahl multipliziert werden;
3. Zu jeder Gleichung darf ein beliebiges Vielfaches einer *anderen* Gleichung addiert werden.

Wir geben nun eine kurze Beschreibung des von *Gauß* stammenden Rechenverfahrens, das die Überführung eines vorgegebenen linearen Gleichungssystems in ein *gestaffeltes* System ermöglicht. Dabei bedienen wir uns der in Abschnitt I.5.1 dargestellten verkürzten Schreibweise: jede Gleichung des Systems wird durch ihre Koeffizienten und ihr Absolutglied repräsentiert, die in Form einer Zeile angeordnet werden. Hinzu kommt (zur Rechenkontrolle) die Zeilensumme. Die oben genannten äquivalenten Umformungen für ein lineares Gleichungssystem gelten dann auch für die sie repräsentierenden *Zeilen* im Rechenschema.

Beschreibung des Eliminationsverfahrens von Gauß

(1) Im 1. Rechenschritt wird das lineare Gleichungssystem durch Eliminieren der Unbekannten x_1 auf $n-1$ Gleichungen mit den $n-1$ Unbekannten $x_2, x_3, \ldots, x_n$ reduziert. Dazu wird die 1. Gleichung (Zeile) mit dem Faktor $-\frac{a_{21}}{a_{11}}$ multipliziert und zur 2. Gleichung (Zeile) addiert, wobei die Unbekannte x_1 verschwindet. Ebenso verfährt man mit den übrigen Gleichungen (Zeilen). Allgemein addiert man zur i-ten Gleichung (Zeile) das $-\frac{a_{i1}}{a_{11}}$-fache der 1. Gleichung (Zeile) $(i = 2, 3, \ldots, n)$. Bei der Addition verschwindet jeweils die Unbekannte x_1 und mit ihr die 1. Gleichung (Zeile).

(2) Das unter (1) beschriebene Verfahren wird jetzt auf das *reduzierte System*, bestehend aus $n-1$ Gleichungen mit den $n-1$ unbekannten Größen $x_2, x_3, \ldots, x_n$ angewandt. Dadurch wird die nächste Unbekannte (x_2) eliminiert. Nach insgesamt $n-1$ Schritten bleibt eine einzige Gleichung (Zeile) mit einer Unbekannten (x_n) übrig.

(3) Die *eliminierten* Gleichungen (Zeilen) bilden zusammen mit der letzten Gleichung das *gestaffelte* Gleichungssystem, aus dem sich sukzessive die Unbekannten in der Reihenfolge $x_n, x_{n-1}, \ldots, x_1$ berechnen lassen.

Das beschriebene Verfahren wird als *Gaußsches Eliminationsverfahren* oder *Gaußscher Algorithmus* bezeichnet.

Anmerkungen

(1) Es spielt dabei *keine* Rolle, in welcher Reihenfolge die Unbekannten eliminiert werden.

(2) Der Gaußsche Algorithmus ist auch auf den allgemeinen Fall eines (m, n)-Systems anwendbar (m: Anzahl der Gleichungen; n: Anzahl der unbekannten Größen).

Lösungsverhalten eines linearen Gleichungssystems

Ein *inhomogenes* Gleichungssystem besitzt entweder genau eine Lösung oder unendlich viele Lösungen oder aber überhaupt keine Lösung. Treten *unendlich* viele Lösungen auf, d.h. ist das System nicht eindeutig lösbar, so ist mindestens eine der n unbekannten Größen $x_1, x_2, \ldots, x_n$ frei wählbar und wird in diesem Zusammenhang als *Parameter* bezeichnet. Die Lösungen des inhomogenen linearen Gleichungssystems hängen in diesem Fall noch von einem oder sogar mehreren Parametern ab. Beispiele hierzu folgen am Ende dieses Abschnitts.

Im Gegensatz zu einem inhomogenen linearen Gleichungssystems ist ein *homogenes* System *stets* lösbar. Es besitzt die Gestalt

$$\begin{aligned} a_{11} x_1 + a_{12} x_2 + \ldots + a_{1n} x_n &= 0 \\ a_{21} x_1 + a_{22} x_2 + \ldots + a_{2n} x_n &= 0 \\ \vdots \qquad\qquad\qquad\qquad & \vdots \\ a_{n1} x_1 + a_{n2} x_2 + \ldots + a_{nn} x_n &= 0 \end{aligned} \quad \text{oder} \quad \mathbf{A}\vec{x} = \vec{0} \qquad \text{(I-37)}$$

und damit in jedem Fall die sog. *triviale* Lösung

$$x_1 = 0,\ x_2 = 0, \ldots, x_n = 0 \quad \text{oder} \quad \vec{x} = \vec{0} \qquad \text{(I-38)}$$

Falls weitere Lösungen vorliegen, sind dies immer *unendlich* viele. Mit anderen Worten: Ein homogenes lineares Gleichungssystem besitzt entweder genau eine Lösung, nämlich die triviale Lösung $x_1 = x_2 = \ldots = x_n = 0$, oder aber unendlich viele Lösungen (mindestens ein Parameter). Wir fassen zusammen:

Lösungsverhalten eines linearen Gleichungssystems

1. *Inhomogenes lineares Gleichungssystem* $\mathbf{A}\vec{x} = \vec{c}$:

   Das System besitzt entweder genau eine Lösung oder unendlich viele Lösungen oder überhaupt keine Lösung.

2. *Homogenes lineares Gleichungssystem* $\mathbf{A}\vec{x} = \vec{0}$:

   Das System besitzt entweder genau eine Lösung, nämlich die triviale Lösung $\vec{x} = \vec{0}$, oder unendlich viele Lösungen (darunter die triviale Lösung).

Anmerkung

Diese Aussagen gelten auch für (m, n)-Systeme.

■ **Beispiele**

(1) Wir lösen das inhomogene lineare Gleichungssystem

$$\begin{aligned} x_1 - 3x_2 + 1{,}5x_3 - x_4 &= -10{,}4 \\ -2x_1 + x_2 + 3{,}5x_3 + 2x_4 &= -16{,}5 \\ x_1 - 2x_2 + 1{,}2x_3 + 2x_4 &= 0 \\ 3x_1 + x_2 - x_3 - 3x_4 &= -0{,}7 \end{aligned}$$

unter Verwendung des Gaußschen Algorithmus. Die Eliminationszeilen bezeichnen wir dabei der Reihe nach mit $\boxed{E_1}$, $\boxed{E_2}$ und $\boxed{E_3}$.

	x_1	x_2	x_3	x_4	c_i	s_i
$\boxed{E_1}$	1	−3	1,5	−1	−10,4	−11,9
	−2	1	3,5	2	−16,5	−12
$2 \cdot E_1$	2	−6	3	−2	−20,8	−23,8
	1	−2	1,2	2	0	2,2
$-1 \cdot E_1$	−1	3	−1,5	1	10,4	11,9
	3	1	−1	−3	−0,7	−0,7
$-3 \cdot E_1$	−3	9	−4,5	3	31,2	35,7
		−5	6,5	0	−37,3	−35,8
$5 \cdot E_2$		5	−1,5	15	52	70,5
$\boxed{E_2}$		1	−0,3	3	10,4	14,1
		10	−5,5	0	30,5	35
$-10 \cdot E_2$		−10	3	−30	−104	−141
			5	15	14,7	34,7
$2 \cdot E_3$			−5	−60	−147	−212
$\boxed{E_3}$			−2,5	−30	−73,5	−106
				−45	−132,3	−177,3

Das gestaffelte System lautet somit:

$$
\begin{array}{rcl}
x_1 - 3\,x_2 + 1{,}5\,x_3 - \,x_4 = -10{,}4 & \Rightarrow & x_1 = 0{,}808 \quad \uparrow \\
x_2 - 0{,}3\,x_3 + 3\,x_4 = 10{,}4 & \Rightarrow & x_2 = -0{,}184 \quad \uparrow \\
-2{,}5\,x_3 - 30\,x_4 = -73{,}5 & \Rightarrow & x_3 = -5{,}88 \quad \uparrow \\
-45\,x_4 = -132{,}3 & \Rightarrow & x_4 = 2{,}94
\end{array}
$$

Die eindeutig bestimmte Lösung ist $x_1 = 0{,}808$, $x_2 = -0{,}184$, $x_3 = -5{,}88$, $x_4 = 2{,}94$.

(2) Das homogene lineare Gleichungssystem

$$
\begin{pmatrix} 1 & 1 & -2 \\ 1 & -1 & -2 \\ 2 & 3 & -4 \end{pmatrix} \begin{pmatrix} x \\ y \\ z \end{pmatrix} = \begin{pmatrix} 0 \\ 0 \\ 0 \end{pmatrix}
$$

besitzt, wie wir zeigen werden, *unendlich* viele Lösungen. Das Rechenverfahren nach Gauß liefert zunächst:

	x	y	z	c_i	s_i
$\boxed{E_1}$	1	1	−2	0	0
	1	−1	−2	0	−2
$-1 \cdot E_1$	−1	−1	2	0	0
	2	3	−4	0	1
$-2 \cdot E_1$	−2	−2	4	0	0
		−2	0	0	−2
$2 \cdot E_2$		2	0	0	2
$\boxed{E_2}$		1	0	0	1
			0	0	0

Diese Zeilen sind zueinander *proportional*

Die letzte Zeile führt zu der Gleichung

$$0 \cdot z = 0$$

Sie ist für jedes $z \in \mathbb{R}$ erfüllt, d.h. die Größe z ist ein *frei wählbarer Parameter* (wir setzen dafür, wie allgemein üblich, $z = \lambda$).

Das *gestaffelte* System lautet damit:

$$\begin{aligned} x + y - 2z &= 0 \quad \Rightarrow \quad x = 2\lambda \\ y + 0 \cdot z &= 0 \quad \Rightarrow \quad y = 0 \\ 0 \cdot z &= 0 \quad \Rightarrow \quad z = \lambda \qquad (\lambda \in \mathbb{R}) \end{aligned}$$

Die sukzessiv berechnete Lösungsmenge ist $x = 2\lambda$, $y = 0$, $z = \lambda$ mit $\lambda \in \mathbb{R}$. So erhält man beispielsweise für $\lambda = 3$ die Lösung $x = 6$, $y = 0$, $z = 3$, für den Parameterwert $\lambda = -2{,}5$ dagegen die Lösung $x = -5$, $y = 0$, $z = -2{,}5$.

Anmerkung

Bereits nach der Durchführung des ersten Schrittes erkennt man, daß das vorliegende System *unendlich* viele Lösungen besitzt: Die beiden Zeilen (Gleichungen) $(-2; 0; 0)$ und $(1; 0; 0)$ (ohne Zeilensumme) sind einander *proportional* und repräsentieren damit in Wirklichkeit nur *eine* Gleichung. Man bezeichnet solche Zeilen bzw. Gleichungen als *linear abhängig*.

(3) Wir zeigen, daß das inhomogene lineare Gleichungssystem

$$\begin{aligned} -x_1 + 2x_2 + x_3 &= 6 \\ x_1 + x_2 + x_3 &= -2 \\ 2x_1 - 4x_2 - 2x_3 &= -6 \end{aligned}$$

nicht lösbar ist.

Der Gaußsche Algorithmus führt zu dem folgenden Schema:

	x_1	x_2	x_3	c_i	s_i
$\boxed{E_1}$	−1	2	1	6	8
	1	1	1	−2	1
$1 \cdot E_1$	−1	2	1	6	8
	2	−4	−2	−6	−10
$2 \cdot E_1$	−2	4	2	12	16
		3	2	4	9
		0	0	6	6

Die letzte Zeile führt zu der *widersprüchlichen* Gleichung

$$0 \cdot x_2 + 0 \cdot x_3 = 6$$

Da Produkte mit einem Faktor 0 stets verschwinden, ist die linke Seite dieser Gleichung für beliebige reelle Werte von x_2 und x_3 stets gleich 0:

$$0 \cdot x_2 + 0 \cdot x_3 = 6 \quad \Rightarrow \quad 0 = 6$$

Die Gültigkeit dieser Gleichung würde aber die Gleichheit der beiden Zahlen 0 und 6 bedeuten *(innerer Widerspruch)*. Das vorgegebene Gleichungssystem ist daher *nicht* lösbar.

(4) Wir behandeln zum Abschluß noch ein Beispiel für ein *nicht-quadratisches* lineares Gleichungssystem mit vier Gleichungen und drei Unbekannten:

$$\begin{aligned} -x + y - z &= -2 \\ 3x - 2y + z &= 2 \\ 2x - 5y + 3z &= 1 \\ x + 4y + 2z &= 15 \end{aligned}$$

	x	y	z	c_i	s_i
$\boxed{E_1}$	−1	1	−1	−2	−3
	3	−2	1	2	4
$3 \cdot E_1$	−3	3	−3	−6	−9
	2	−5	3	1	1
$2 \cdot E_1$	−2	2	−2	−4	−6
	1	4	2	15	22
$1 \cdot E_1$	−1	1	−1	−2	−3
$\boxed{E_2}$		1	−2	−4	−5
		−3	1	−3	−5
$3 \cdot E_2$		3	−6	−12	−15
		5	1	13	19
$-5 \cdot E_2$		−5	10	20	25
			−5	−15	−20
			11	33	44

Diese beiden Zeilen sind zueinander *proportional*

Das *gestaffelte* System besteht daher aus den Eliminationsgleichungen $\boxed{E_1}$ und $\boxed{E_2}$ und einer der beiden zueinander proportionalen Gleichungen:

Gestaffeltes System

$$\begin{aligned} -x+y-\ z &= -\ 2 \Rightarrow x=1 \\ y-2z &= -\ 4 \Rightarrow y=2 \\ -5z &= -15 \Rightarrow z=3 \end{aligned}$$

Das lineare Gleichungssystem besitzt daher genau eine Lösung:
$x = 1, \ y = 2, \ z = 3$. ■

5.3 Ein Anwendungsbeispiel: Berechnung eines elektrischen Netzwerkes

Das in Bild I-23 dargestellte *elektrische Netzwerk* enthält drei *Knotenpunkte* (a, b, c) und drei *Stromzweige* mit je einem ohmschen Widerstand[5]. I_a und I_b sind zufließende Ströme, I_c ein aus Knotenpunkt c abfließender Strom. Wir berechnen die in den Zweigen fließenden Teilströme I_1, I_2 und I_3 sowie den abfließenden Strom I_c für die vorgegebenen Werte.

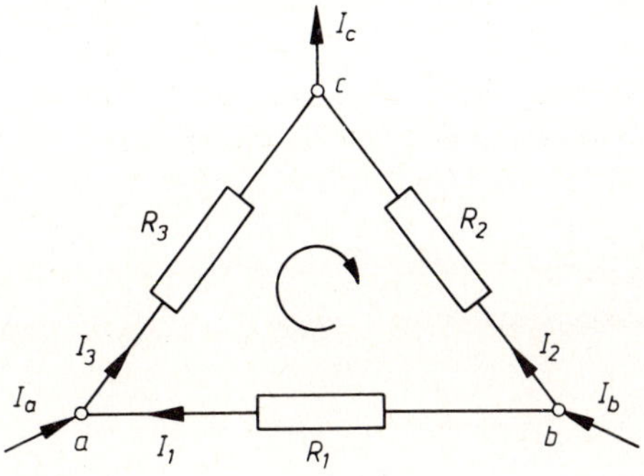

$R_1 = 1\ \Omega$
$R_2 = 5\ \Omega$
$R_3 = 3\ \Omega$
$I_a = 1\ \text{A}$
$I_b = 2\ \text{A}$

Bild I-23

Lösung:

Bei der Lösung der Aufgabe benutzen wir das *erste Kirchhoffsche Gesetz (Knotenpunktsregel): In einem Knotenpunkt ist die Summe der zu- und abfließenden Ströme gleich Null* (zufließende Ströme werden positiv, abfließende Ströme negativ gerechnet). Für die Knotenpunkte a, b und c erhalten wir dann:

$$\begin{aligned} &(a) \quad I_a + I_1 - I_3 = 0 \\ &(b) \quad I_b - I_1 - I_2 = 0 \\ &(c) \quad -I_c + I_2 + I_3 = 0 \end{aligned} \qquad \text{(I-39)}$$

---

[5] Knotenpunkt: Stromverzweigungspunkt
Stromzweig: Leitung zwischen zwei Knoten

Eine weitere Gleichung liefert das *zweite Kirchhoffsche Gesetz (Maschenregel): In jeder Masche*[6] *ist die Summe der Spannungen gleich Null.* Bei einem Umlauf in der eingezeichneten Richtung ist

$$(*) \quad R_1 I_1 - R_2 I_2 + R_3 I_3 = 0 \tag{I-40}$$

Die drei Teilströme I_1, I_2, I_3 lassen sich aus dem folgenden linearen Gleichungssystem, bestehend aus den umgestellten Gleichungen (a), (b) und (*), berechnen:

$$\begin{aligned} I_1 \qquad\quad - I_3 &= -I_a \\ -I_1 - I_2 \qquad\quad &= -I_b \\ R_1 I_1 - R_2 I_2 + R_3 I_3 &= 0 \end{aligned} \tag{I-41}$$

Mit den vorgegebenen Werten nimmt das System die folgende Form an:

$$\begin{aligned} I_1 \qquad - I_3 &= -1\text{ A} \\ -I_1 - I_2 \qquad &= -2\text{ A} \\ I_1 - 5I_2 + 3I_3 &= 0 \end{aligned} \tag{I-42}$$

Wir lösen das System unter Verwendung des *Gaußschen Algorithmus:*

	I_1	I_2	I_3	c_i
$\boxed{E_1}$	1	0	−1	−1 A
	−1	−1	0	−2 A
$1 \cdot E_1$	1	0	−1	−1 A
	1	−5	3	0
$-1 \cdot E_1$	−1	0	1	1 A
$\boxed{E_2}$		−1	−1	−3 A
		−5	4	1 A
$-5 \cdot E_2$		5	5	15 A
			9	16 A

Daraus ergibt sich das *gestaffelte* System

$$\begin{aligned} I_1 \qquad - I_3 &= -1\text{ A} \\ -I_2 - I_3 &= -3\text{ A} \\ 9I_3 &= 16\text{ A} \end{aligned} \tag{I-43}$$

mit der Lösung $I_1 = \frac{7}{9}\text{ A},\ I_2 = \frac{11}{9}\text{ A},\ I_3 = \frac{16}{9}\text{ A}.$

Für den abfließenden Strom I_c folgt aus Gleichung (c) schließlich

$$I_c = I_2 + I_3 = 3\text{ A} \tag{I-44}$$

---

6) Eine Masche ist ein geschlossener, aus Zweigen bestehender Komplex.

6 Der Binomische Lehrsatz

Unter einem *Binom* versteht man eine Summe aus zwei Gliedern (Summanden) der allgemeinen Form $a + b$. Die *n-te Potenz* eines solchen Binoms läßt sich dabei nach dem *Binomischen Lehrsatz* wie folgt entwickeln:

$$(a+b)^n = a^n + \binom{n}{1} a^{n-1} \cdot b + \binom{n}{2} a^{n-2} \cdot b^2 + \ldots + \binom{n}{n-1} a \cdot b^{n-1} + b^n \qquad \text{(I-45)}$$

($n \in \mathbb{N}$). Die Entwicklungskoeffizienten $\binom{n}{k}$ (gelesen: „n über k“) heißen *Binomialkoeffizienten*, ihr Bildungsgesetz lautet:

$$\binom{n}{k} = \frac{n(n-1)(n-2) \ldots [n-(k-1)]}{1 \cdot 2 \cdot 3 \ldots k} \qquad \text{(I-46)}$$

($k, n \in \mathbb{N}$; $k \leqslant n$). Ergänzend wird

$$\binom{n}{0} = 1 \qquad \text{(I-47)}$$

gesetzt. Mit Hilfe der *Fakultät* lassen sich die Binomialkoeffizienten auch wie folgt darstellen [7]:

$$\binom{n}{k} = \frac{n(n-1)(n-2) \ldots [n-(k-1)]}{k!} \qquad \text{(I-48)}$$

Wir fassen die wichtigsten Ergebnisse zusammen:

Binomischer Lehrsatz (für natürliche Exponenten *n*)

$$(a+b)^n = a^n + \binom{n}{1} a^{n-1} \cdot b + \binom{n}{2} a^{n-2} \cdot b^2 + \ldots + \binom{n}{n-1} a \cdot b^{n-1} + b^n =$$

$$= \sum_{k=0}^{n} \binom{n}{k} a^{n-k} \cdot b^k \qquad \text{(I-49)}$$

Die Berechnung der *Binomialkoeffizienten* $\binom{n}{k}$ erfolgt dabei nach der Formel

$$\binom{n}{k} = \frac{n(n-1)(n-2) \ldots [n-(k-1)]}{k!} \qquad \text{(I-50)}$$

---

7) $n!$ (gelesen: „n Fakultät“) ist *definitionsgemäß* das Produkt der ersten n natürlichen Zahlen:

$$n! = 1 \cdot 2 \cdot 3 \ldots n \qquad (n \in \mathbb{N})$$

Ergänzend setzt man: $0! = 1$.

Beispiele

$3! = 1 \cdot 2 \cdot 3 = 6$

$7! = 1 \cdot 2 \cdot 3 \cdot 4 \cdot 5 \cdot 6 \cdot 7 = 5040$

Anmerkungen

(1) Die Summanden in der Binomischen Entwicklungsformel (I-49) sind *Potenzprodukte* aus a und b, nach *fallenden* Potenzen von a geordnet. In jedem Potenzprodukt ist die *Summe der Exponenten* gleich n.

(2) Die Binomialkoeffizienten können auch nach der Formel

$$\binom{n}{k} = \frac{n!}{k!\,(n-k)!} \qquad \text{(I-51)}$$

berechnet werden.

(3) Wichtige *Eigenschaften* der Binomialkoeffizienten:

$$\binom{n}{k} = \binom{n}{n-k} \qquad \text{(Symmetrie)} \qquad \text{(I-52)}$$

$$\binom{n}{k} + \binom{n}{k+1} = \binom{n+1}{k+1} \qquad \text{(I-53)}$$

Weitere Formeln: siehe Formelsammlung.

(4) Ersetzt man in Formel (I-49) den Summanden b durch $-b$, so erhält man die Entwicklungsformel für die Potenz $(a-b)^n$.

(5) Läßt man für den Exponenten n der Potenz $(a+b)^n$ auch beliebige *reelle* Werte zu, so gelangt man zur *allgemeinen* (unendlichen) *Binomischen Reihe* (s. hierzu Abschnitt VI.3.2).

Pascalsches Dreieck

Die Binomialkoeffizienten $\binom{n}{k}$ können auch direkt aus dem folgenden sog. *Pascalschen Dreieck* abgelesen werden (*Bildungsgesetz*: Jede Zahl ist die *Summe* der beiden unmittelbar links und rechts über ihr stehenden Zahlen):

$$\begin{array}{ccccccccccccc|c}
 & & & & & & & & & & & & & \text{Zeile} \\
 & & & & & & 1 & & & & & & & 1 \\
 & & & & & 1 & & 1 & & & & & & 2 \\
 & & & & 1 & & 2 & & 1 & & & & & 3 \\
 & & & 1 & & 3 & & 3 & & 1 & & & & 4 \\
 & & 1 & & 4 & & 6 & & 4 & & 1 & & & 5 \\
 & 1 & & 5 & & 10 & & 10 & & 5 & & 1 & & 6 \\
1 & & 6 & & 15 & & 20 & & 15 & & 6 & & 1 & 7 \\
 & & & & & & & & \uparrow & & & & & \\
 & & & & & & & & \binom{6}{4} & & & & &
\end{array}$$

Der Koeffizient $\binom{n}{k}$ steht dabei in der $(n+1)$-ten Zeile an $(k+1)$-ter Stelle.

■ **Beispiele**

(1) Der Binomialkoeffizient $\binom{6}{4}$ steht in der 7. Zeile an 5. Stelle und besitzt demnach den Wert 15.

(2) $(a+b)^2 = a^2 + \binom{2}{1} ab + b^2 = a^2 + 2ab + b^2$ (1. Binom)

$(a-b)^2 = a^2 - \binom{2}{1} ab + b^2 = a^2 - 2ab + b^2$ (2. Binom)

(3) $(a+b)^3 = a^3 + \binom{3}{1} a^2 b + \binom{3}{2} ab^2 + b^3 = a^3 + 3a^2 b + 3ab^2 + b^3$

$(a-b)^3 = a^3 - \binom{3}{1} a^2 b + \binom{3}{2} ab^2 - b^3 = a^3 - 3a^2 b + 3ab^2 - b^3$

(4) $(2x \pm 5y)^3 = (2x)^3 \pm 3(2x)^2(5y) + 3(2x)(5y)^2 \pm (5y)^3 =$
$= 8x^3 \pm 60x^2 y + 150xy^2 \pm 125y^3$

(5) Wir berechnen den Wert der Potenz 104^3 mit Hilfe des *Binomischen Lehrsatzes*:

$$104^3 = (100+4)^3 = 100^3 + \binom{3}{1} 100^2 \cdot 4^1 + \binom{3}{2} 100^1 \cdot 4^2 + 4^3 =$$
$$= 1\,000\,000 + 3 \cdot 10\,000 \cdot 4 + 3 \cdot 100 \cdot 16 + 64 =$$
$$= 1\,000\,000 + 120\,000 + 4\,800 + 64 = 1\,124\,864$$ ■

Übungsaufgaben

1) Stellen Sie die folgenden Mengen in der *aufzählenden* Form dar:

$M_1 = \{x \mid x \in \mathbb{N} \text{ und } |x| \leq 4\}$
M_2: Menge aller *Primzahlen* $p \leq 35$
$\mathbb{L}_1 = \{x \mid x \in \mathbb{R} \text{ und } 2x^2 + 3x = 2\}$
$\mathbb{L}_2 = \{x \mid x \in \mathbb{R} \text{ und } 2x^2 - 8x = 0\}$

2) Bilden Sie mit $M_1 = \{x \mid x \in \mathbb{R} \text{ und } 0 \leq x < 4\}$ und $M_2 = \{x \mid x \in \mathbb{R} \text{ und } -2 < x < 2\}$ die folgenden Mengen: $M_1 \cup M_2$, $M_1 \cap M_2$, $M_1 \setminus M_2$.

3) Bestimmen Sie die durch $3n - 15 \leq 4$ definierte Teilmenge von $\mathbb{N}$ in *aufzählender* und *beschreibender* Form.

4) In welchen Anordnungsbeziehungen stehen die Zahlen $a = 2$, $b = -5$, $c = 8$ zueinander?

5) Skizzieren Sie die folgenden Zahlenmengen auf der Zahlengerade:

a) $(2, 10)$ b) $x > 2$ c) $-8 < x < 2$
d) $A = \{x \mid x \in \mathbb{R} \text{ und } 1 \leq x < 2\}$

6) Bestimmen Sie die *reellen* Lösungen der folgenden quadratischen Gleichungen:

a) $-4x^2 + 6x - 1 = 0$ b) $4x^2 + 8x - 60 = 0$
c) $x^2 - 10x = 74$ d) $x^2 - 4x + 13 = 0$
e) $-1 = -9(x-2)^2$ f) $x^2 + 9x = -19$
g) $5x^2 + 20x + 20 = 0$ h) $(x-1)(x+3) = -4$

7) Bestimmen Sie den Parameter c so, daß die Gleichung $2x^2 + 4x = c$ genau *eine* reelle Lösung besitzt.

8) Welche *reellen* Lösungen besitzen die folgenden Gleichungen?

a) $-2x^3 + 8x^2 = 8x$ b) $t^4 - 13t^2 + 36 = 0$
c) $x^3 - 6x^2 + 11x = 0$ d) $x^5 - 3x^3 + x = 0$
e) $2x^4 - 8x^2 - 24 = 0$ f) $(x-1)^2(x+2) = 4(x+2)$
g) $0{,}5(3x^2 - 6)(x^2 - 25)(x+3) = 0$

9) Lösen Sie die folgenden Wurzelgleichungen:

a) $\sqrt{-3 + 2x} = 2$ b) $\sqrt{x^2 + 4} = x - 2$
c) $\sqrt{x-1} = \sqrt{x+1}$ d) $\sqrt{2x^2 - 1} + x = 0$

10) Welche *reellen* Lösungen besitzen die folgenden Betragsgleichungen?

a) $|x^2 - x| = 24$ b) $|x+1| = |x-1|$
c) $|2x+4| = -(x^2 - x - 6)$ d) $|x^2 + 2x - 1| = |x|$

11) Bestimmen Sie die *reellen* Lösungsmengen der folgenden Ungleichungen:

a) $2x - 8 > |x|$ b) $x^2 + x + 1 \geqslant 0$
c) $|x| \leqslant x - 2$ d) $|x-4| > x^2$
e) $|x^2 - 9| < |x-1|$ f) $|x-1| \geqslant |x+2|$
g) $-x^2 \leqslant x + 4$ h) $\dfrac{x-1}{x+1} < 1$

12) Für welche $x \in \mathbb{R}$ erhält man *reelle* Wurzelwerte?

a) $\sqrt{2-x}$ b) $\sqrt{1+x^2}$ c) $\sqrt{4-x^2}$
d) $\sqrt{(1-x)(x+2)}$ e) $\sqrt[3]{x^2-1}$ f) $\sqrt{\dfrac{4-x}{x+2}}$

13) Lösen Sie die folgenden linearen Gleichungssysteme unter Verwendung des Gaußschen Algorithmus:

a)
$$\begin{aligned} 3x_1 - 3x_2 + 3x_3 &= 0 \\ 8x_1 + 10x_2 + 2x_3 &= 6 \\ -2x_1 + x_2 - 3x_3 &= 5 \end{aligned}$$

b)
$$\begin{pmatrix} 8 & 7 & -6 \\ 0 & -4 & 5 \\ -1 & 3 & 2 \end{pmatrix} \begin{pmatrix} x \\ y \\ z \end{pmatrix} = \begin{pmatrix} 3 \\ -3 \\ 9 \end{pmatrix}$$

c)
$$\begin{aligned} u + 5v + w &= -10 \\ -4u - 2v - 3w &= -10 \\ 3u + v - w &= -4 \end{aligned}$$

d)
$$\begin{aligned} 2x - 4{,}5y + z &= -14{,}115 \\ -3{,}2x - 4{,}8y - 8{,}1z &= -16{,}941 \\ 5{,}64x + y - 1{,}4z &= 11{,}2212 \end{aligned}$$

14) Zeigen Sie: Das lineare Gleichungssystem

$$\begin{pmatrix} 1 & 1 & 1 \\ -1 & 2 & 1 \\ 2 & -4 & -2 \end{pmatrix} \begin{pmatrix} x_1 \\ x_2 \\ x_3 \end{pmatrix} = \begin{pmatrix} -2 \\ 6 \\ -6 \end{pmatrix}$$

ist *unlösbar*.

15) Bestimmen Sie sämtliche Lösungen des homogenen linearen Gleichungssystems

$$\begin{aligned} x + y - z &= 0 \\ -x + 2y + 3z &= 0 \\ 3y + 2z &= 0 \end{aligned}$$

16) Lösen Sie das folgende lineare Gleichungssystem:

$$\begin{aligned} 2x_1 + x_2 + 4x_3 + 3x_4 &= 0 \\ -x_1 + 2x_2 + x_3 - x_4 &= 4 \\ 3x_1 + 4x_2 - x_3 - 2x_4 &= 0 \\ 4x_1 + 3x_2 + 2x_3 + x_4 &= 0 \end{aligned}$$

17) Zeige: Das homogene System

$$\begin{aligned} 2x_1 + 5x_2 - 3x_3 &= 0 \\ 4x_1 - 4x_2 + x_3 &= 0 \\ 4x_1 - 2x_2 &= 0 \end{aligned}$$

besitzt unendlich viele Lösungen.

18) Lösen Sie die folgenden nicht-quadratischen linearen Gleichungssysteme:

a)
$$\begin{aligned} x_1 - 2x_2 + 3x_3 - 2x_4 &= 15 \\ 2x_1 + 3x_2 - x_3 - 4x_4 &= 2 \\ 6x_1 + 16x_2 - 10x_3 - 12x_4 &= -22 \end{aligned}$$

b)
$$\begin{aligned} -x - y - z &= -6 \\ 4x + 5y + 3z &= 29 \\ 2x - 10y + z &= -35 \\ -3x - 2y + 3z &= -20 \end{aligned}$$

19) Berechnen Sie die folgenden Binomialkoeffizienten:

a) $\binom{13}{4}$ b) $\binom{10}{5}$ c) $\binom{13}{11}$

20) Welchen Wert besitzt der Binomialkoeffizient $\binom{n+k}{k+1}$?

21) Berechnen Sie die folgenden Potenzen unter Verwendung des Binomischen Lehrsatzes:

a) 102^4 b) 99^5 c) 996^3

22) Entwickeln Sie die folgenden Binome:

a) $(x+4)^5$ b) $(1-5y)^4$ c) $(a^2-2b)^3$

23) Berechnen Sie den Wert der folgenden Potenzen mit Hilfe des Binomischen Lehrsatzes auf *vier* Dezimalstellen nach dem Komma genau:

a) $1{,}03^{12}$ b) $0{,}99^{20}$ c) $2{,}01^8$

24) Wie lauten die *ersten fünf* Glieder der binomischen Entwicklung von $(2+3x)^{10}$?

25) Bestimmen Sie den jeweiligen *Koeffizienten* der Potenz x^5 in der binomischen Entwicklung von:

a) $(1-4x)^8$ b) $(x+0{,}5a)^{12}$

II Vektoralgebra

1 Grundlegende Begriffe

1.1 Definition eines Vektors

Unter den in Naturwissenschaft und Technik auftretenden Größen kommt den *Skalaren* und *Vektoren* eine besondere Bedeutung zu. Während man unter einem *Skalar* eine Größe versteht, die sich eindeutig durch die Angabe einer *Maßzahl* und einer *Maßeinheit* beschreiben läßt, benötigt man bei einer *vektoriellen Größe* zusätzlich noch Angaben über die *Richtung*, in der sie wirkt.

Definition: Unter *Vektoren* verstehen wir Größen, die durch Angabe von Maßzahl und Richtung vollständig beschrieben sind. Zu ihrer Kennzeichnung verwenden wir Buchstabensymbole, die mit einem Pfeil versehen werden:

z.B. $\vec{a}, \vec{b}, \vec{c}, \vec{r}, \vec{e}, \vec{F}, \vec{M}, \vec{E}$

Bild II-1

Ein Vektor $\vec{a}$ ist in symbolischer Form durch einen *Pfeil* darstellbar (Bild II-1). Die Maßzahl der Länge des Pfeils, der die Vektorgröße repräsentiert, heißt der *Betrag* des Vektors und wird durch das Symbol $|\vec{a}|$ oder a gekennzeichnet. Die Pfeilspitze legt die Richtung (Orientierung) des Vektors fest. Durch Betrag und Richtung ist der Vektor eindeutig bestimmt.

Anmerkungen

(1) Bei einer *physikalisch-technischen* Vektorgröße gehört zur vollständigen Beschreibung noch die Angabe der *Maßeinheit.* Daher verstehen wir unter dem Betrag eines *physikalischen* Vektors die Angabe von Maßzahl *und* Einheit.

Beispiel: Betrag einer Kraft $\vec{F}_1$: $|\vec{F}_1| = F_1 = 100$ N.

(2) Der Betrag eines Vektors $\vec{a}$ ist stets *positiv:* $|\vec{a}| = a \geqslant 0$.

Ein Vektor läßt sich auch eindeutig durch die Angabe von Anfangs- und Endpunkt festlegen (Bild II-2). Als Vektorsymbol verwendet man dann $\overrightarrow{PQ}$.

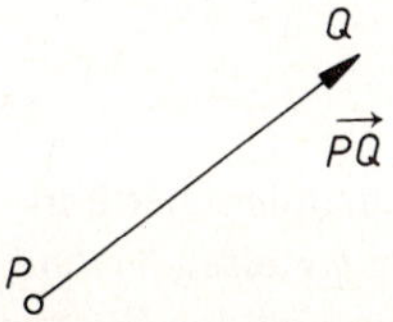

Bild II-2

■ **Beispiele**

Skalare: Masse m, Temperatur T, Zeit t, Arbeit W, Widerstand R, Spannung U, Massenträgheitsmoment J

Vektoren: Strecke (Weg) $\vec{s}$, Geschwindigkeit $\vec{v}$, Beschleunigung $\vec{a}$, Kraft $\vec{F}$, Impuls $\vec{p}$, Drehmoment $\vec{M}$, Elektrische Feldstärke $\vec{E}$, Magnetische Flußdichte (magnetische Induktion) $\vec{B}$ ■

In den Anwendungen wird noch zwischen *freien, linienflüchtigen* und *gebundenen* Vektoren unterschieden:

1. *Freie Vektoren* dürfen beliebig parallel zu sich selbst verschoben werden;
2. *Linienflüchtige Vektoren* sind längs ihrer Wirkungslinie beliebig verschiebbar (z.B. Kräfte, die an einem starren Körper angreifen);
3. *Gebundene Vektoren* werden von einem festen Punkt aus abgetragen (Beispiele hierfür sind der *Ortsvektor* $\vec{r}$, der vom Koordinatenursprung aus abgetragen wird, und der elektrische Feldstärkevektor $\vec{E}$, der jedem Punkt des Feldes zugeordnet wird).

Spezielle Vektoren

Nullvektor $\vec{0}$: Jeder Vektor vom Betrage Null, $|\vec{0}| = 0$, heißt *Nullvektor* (für ihn läßt sich *keine* Richtung angeben).

Einheitsvektor $\vec{e}$: Jeder Vektor vom Betrage Eins, $|\vec{e}| = 1$, wird als *Einheitsvektor* oder *Einsvektor* bezeichnet.

Ortsvektor $\vec{r}(P) = \overrightarrow{OP}$: Er führt vom Koordinatenursprung O zum Punkte P.

1.2 Gleichheit von Vektoren

Definition: Zwei Vektoren $\vec{a}$ und $\vec{b}$ werden als *gleich* betrachtet, $\vec{a} = \vec{b}$, wenn sie in Betrag und Richtung übereinstimmen (Bild II-3).

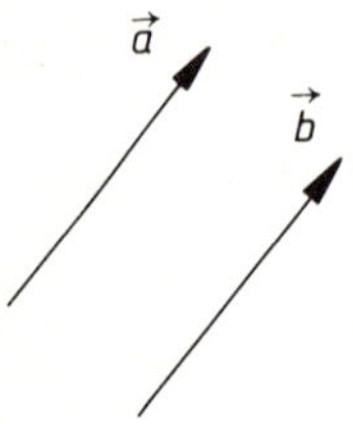

Bild II-3

Zum Begriff der Gleichheit zweier Vektoren

Vektoren sind demnach *gleich*, wenn sie durch *Parallelverschiebung* ineinander überführbar sind. Diese Art von Vektoren bezeichnet man als *freie* Vektoren. Im weiteren Verlauf der Vektorrechnung wollen wir uns ausschließlich mit den Eigenschaften und den Rechenoperationen dieser Vektorklasse auseinandersetzen.

■ **Beispiel**

Jeder der in Bild II-4 skizzierten Vektoren $\vec{a}_1$, $\vec{a}_2$, $\vec{a}_3$ und $\vec{a}_4$ läßt sich durch Parallelverschiebung in den Vektor $\vec{a}$ überführen. Sie werden daher verabredungsgemäß als gleich angesehen: $\vec{a}_1 = \vec{a}_2 = \vec{a}_3 = \vec{a}_4 = \vec{a}$.

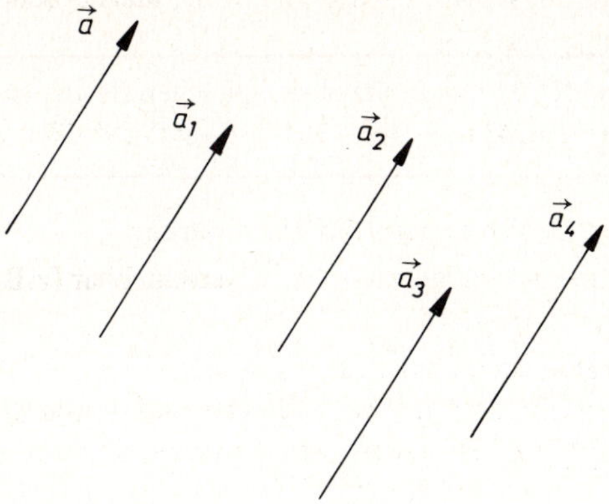

Bild II-4

■

1.3 Parallele und anti-parallele Vektoren

Definition: (1) Zwei Vektoren $\vec{a}$ und $\vec{b}$ mit *gleicher* Richtung (Orientierung) heißen zueinander *parallel* (Bild II-5). Sie werden durch das Symbol

$$\vec{a} \uparrow\uparrow \vec{b}$$

gekennzeichnet[1].

(2) Besitzen die Vektoren $\vec{a}$ und $\vec{b}$ die *entgegengesetzte* Richtung, so werden sie als zueinander *anti-parallel* bezeichnet (Bild II-6)[1]. Symbolische Schreibweise:

$$\vec{a} \uparrow\downarrow \vec{b}$$

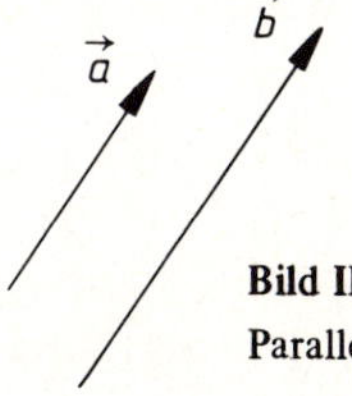

Bild II-5
Parallele Vektoren

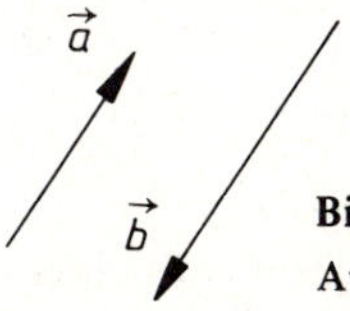

Bild II-6
Anti-parallele Vektoren

---

1) *Parallele* Vektoren werden auch als ***gleichsinnig parallel***, ***anti-parallele*** Vektoren auch als ***gegensinnig parallel*** bezeichnet.

Vektoren, die zueinander parallel oder anti-parallel orientiert sind, lassen sich stets durch Parallelverschiebung in eine gemeinsame Linie (Wirkungslinie) bringen und heißen daher auch *kollinear.*

Wir betrachten nun einen beliebigen Vektor $\vec{a}$. Den zu $\vec{a}$ anti-parallelen Vektor *gleicher* Länge bezeichnen wir als *inversen* Vektor (auch *Gegenvektor* genannt) und kennzeichnen ihn durch das Symbol $-\vec{a}$ (Bild II-7).

> Vektor $\vec{a}$ und *inverser* Vektor *(Gegenvektor)* $-\vec{a}$ besitzen den gleichen Betrag, jedoch die *umgekehrte* Richtung (Orientierung).

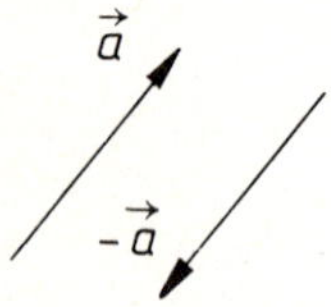

Bild II-7
Vektor und Gegenvektor (inverser Vektor)

■ **Beispiel**

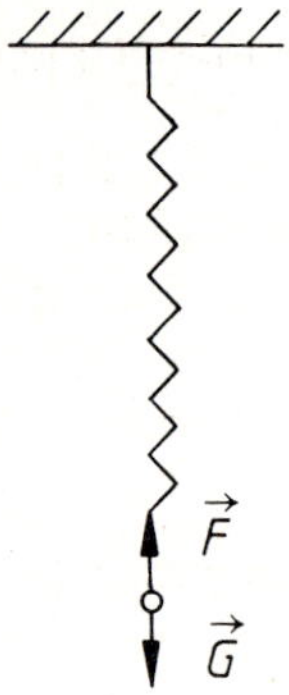

Eine elastische Schraubenfeder wird durch ein Gewicht $\vec{G}$ belastet und gedehnt (Bild II-8). Im Gleichgewichtszustand wird die Gewichtskraft $\vec{G}$ durch die Rückstellkraft $\vec{F}$ der Feder kompensiert. Der Vektor $\vec{F}$ ist der zu $\vec{G}$ *inverse* Vektor, d.h. es gilt $\vec{F} = -\vec{G}$.

Bild II-8

■

1.4 Vektoroperationen

Wir beschäftigen uns in diesem Abschnitt mit den elementaren Vektoroperationen. Dazu zählen wir:

1. Die Addition von Vektoren;
2. Die Subtraktion von Vektoren;
3. Die Multiplikation eines Vektors mit einer reellen Zahl (Skalar).

1.4.1 Addition von Vektoren

Aus der Mechanik beispielsweise ist bekannt, daß zwei am gleichen Massenpunkt angreifende Kräfte $\vec{F}_1$ und $\vec{F}_2$ zu einer resultierenden Kraft $\vec{F}_R$ zusammengefaßt werden können, die die gleiche physikalische Wirkung erzielt wie die beiden Einzelkräfte zusammen. Die Resultierende erhält man dabei durch eine *geometrische* Konstruktion, die unter der Bezeichnung *Parallelogrammregel* (Kräfteparallelogramm) bekannt ist und in Bild II-9 näher erläutert wird. Diese Regel stellt eine Anwendung einer allgemeinen Vorschrift dar, die aus zwei Vektoren $\vec{a}$ und $\vec{b}$ einen neuen Vektor erzeugt, der als *Summenvektor* $\vec{s} = \vec{a} + \vec{b}$ bezeichnet wird.

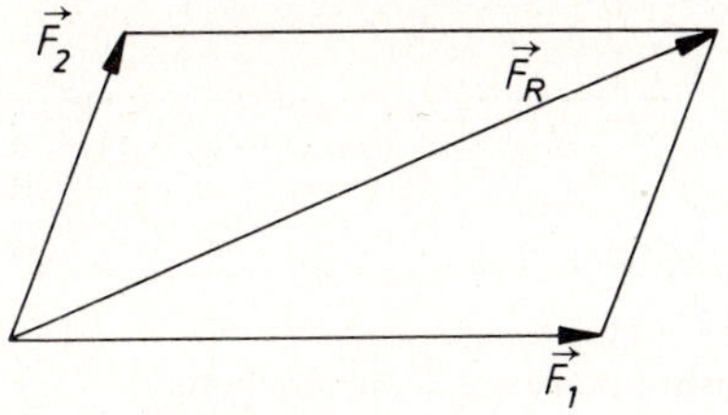

Bild II-9
Kräfteparallelogramm: $\vec{F}_R$ ist die Resultierende aus $\vec{F}_1$ und $\vec{F}_2$

Definition: *Addition zweier Vektoren*

Zwei Vektoren $\vec{a}$ und $\vec{b}$ werden nach der folgenden Vorschrift addiert (Bild II-10):

(1) Der Vektor $\vec{b}$ wird parallel zu sich selbst verschoben, bis sein Anfangspunkt in den Endpunkt des Vektors $\vec{a}$ fällt;

(2) Der vom Anfangspunkt des Vektors $\vec{a}$ zum Endpunkt des Vektors $\vec{b}$ gerichtete Vektor ist der Summenvektor $\vec{s} = \vec{a} + \vec{b}$.

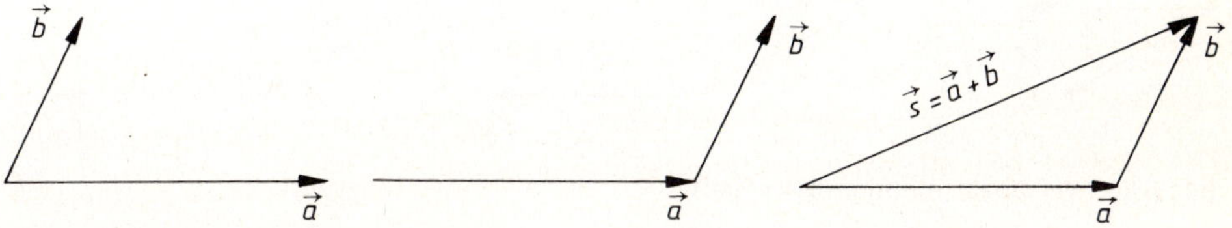

Bild II-10. Zur Addition zweier Vektoren

Der Summenvektor $\vec{s} = \vec{a} + \vec{b}$ läßt sich auch als gerichtete *Diagonale* in dem aus den Vektoren $\vec{a}$ und $\vec{b}$ konstruierten Parallelogramm nach Bild II-11 gewinnen.

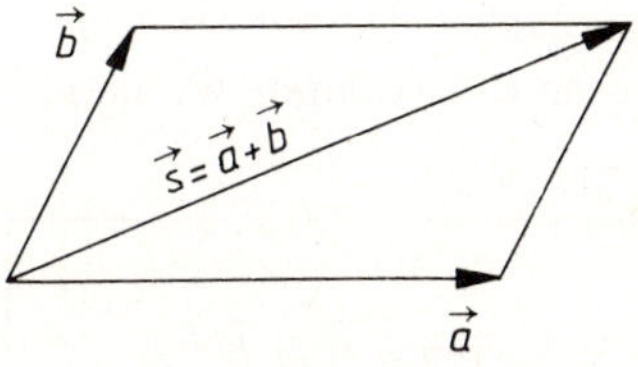

Bild II-11
Summenvektor $\vec{s} = \vec{a} + \vec{b}$ als gerichtete Diagonale im Parallelogramm

Die Addition von Vektoren unterliegt dabei den folgenden Rechenregeln:

$$\begin{aligned} &\textit{Kommutativgesetz} \qquad & \vec{a} + \vec{b} &= \vec{b} + \vec{a} \\ &\textit{Assoziativgesetz} \qquad & \vec{a} + (\vec{b} + \vec{c}) &= (\vec{a} + \vec{b}) + \vec{c} \end{aligned} \qquad \text{(II-1)}$$

Die Summe aus mehr als zwei Vektoren wird gebildet, in dem man in der bekannten Weise Vektor an Vektor setzt. Dies läßt sich durch Parallelverschiebung stets erreichen. Das Ergebnis dieser Konstruktion ist ein sog. *Vektorpolygon* (Bild II-12). Der Summenvektor („Resultierende" genannt) ist derjenige Vektor, der vom Anfangspunkt des ersten Vektors zum Endpunkt des letzten Vektors führt.

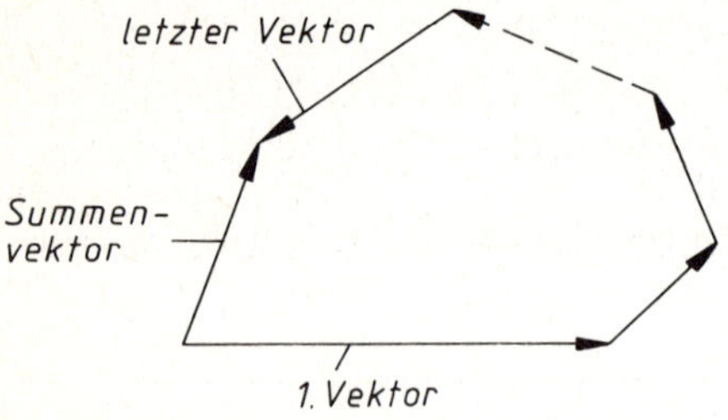

Bild II-12
Zur Konstruktion eines Summenvektors (Vektorpolygon)

In Bild II-13 wird die Addition dreier Kräfte $\vec{F}_1$, $\vec{F}_2$ und $\vec{F}_3$ zu einem resultierenden Kraftvektor $\vec{F}_R$ Schritt für Schritt vollzogen.

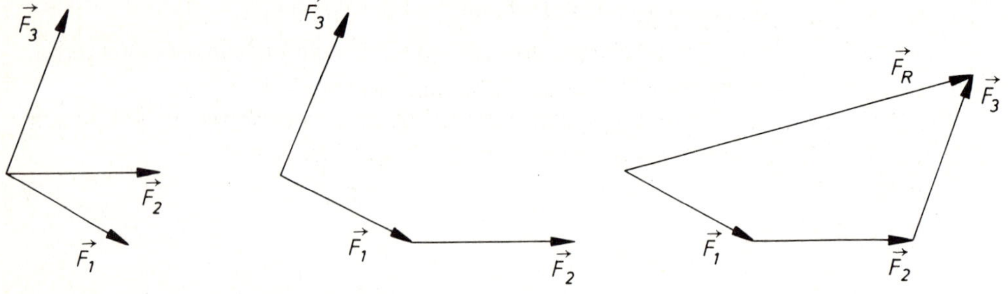

Bild II-13. Vektorielle Addition dreier Kräfte

Ist das Vektorpolygon in sich geschlossen, so ist der Summenvektor der Nullvektor. In der physikalischen Realität bedeutet dies stets, daß sich die Vektoren in ihrer Wirkung gegenseitig aufheben.

1.4.2 Subtraktion von Vektoren

Die Subtraktion zweier Vektoren läßt sich wie bei den reellen Zahlen als *Umkehrung der Addition* auffassen und damit auf die Addition zweier Vektoren zurückführen. Wir definieren:

Definition: *Subtraktion zweier Vektoren*
Unter dem *Differenzvektor* $\vec{d} = \vec{a} - \vec{b}$ zweier Vektoren $\vec{a}$ und $\vec{b}$ verstehen wir den Summenvektor aus $\vec{a}$ und $-\vec{b}$ ($-\vec{b}$ ist der zu $\vec{b}$ *inverse* Vektor):

$$\vec{d} = \vec{a} - \vec{b} = \vec{a} + (-\vec{b}) \qquad \text{(II-2)}$$

Seine geometrische Konstruktion erfolgt daher nach der folgenden Vorschrift:

Konstruktion des Differenzvektors $\vec{d} = \vec{a} - \vec{b}$ (Bild II-14)

1. Der Vektor $\vec{b}$ wird zunächst in seiner Richtung *umgekehrt:* Dies führt zu dem *inversen* Vektor $-\vec{b}$;
2. Der Vektor $-\vec{b}$ wird parallel zu sich selbst verschoben, bis sein Anfangspunkt in den Endpunkt des Vektors $\vec{a}$ fällt;
3. Der vom Anfangspunkt des Vektors $\vec{a}$ zum Endpunkt des Vektors $-\vec{b}$ gerichtete Vektor ist der Differenzvektor $\vec{d} = \vec{a} - \vec{b}$.

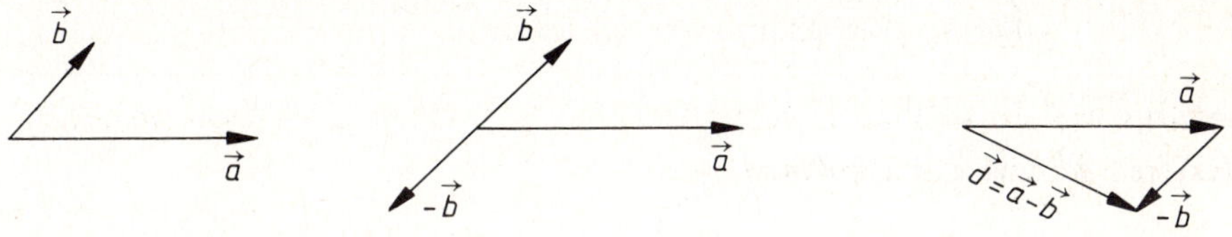

Bild II-14. Zur Subtraktion zweier Vektoren

Der Differenzvektor $\vec{d} = \vec{a} - \vec{b}$ läßt sich auch mit Hilfe der *Parallelogrammregel* konstruieren. In Bild II-15 ist diese geometrische Konstruktion näher erläutert.

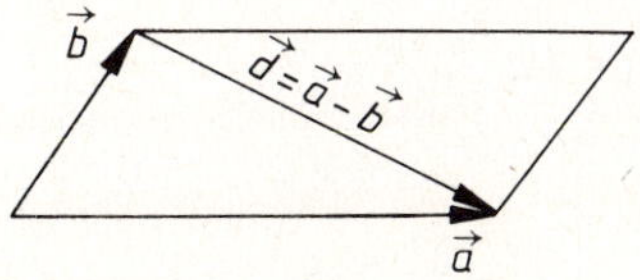

Bild II-15
Differenzvektor $\vec{d} = \vec{a} - \vec{b}$ als gerichtete Diagonale im Parallelogramm

Wir fassen zusammen:

Parallelogrammregel

Summenvektor $\vec{s} = \vec{a} + \vec{b}$ und Differenzvektor $\vec{d} = \vec{a} - \vec{b}$ lassen sich geometrisch als gerichtete Diagonalen eines Parallelogramms konstruieren, das von den beiden Vektoren $\vec{a}$ und $\vec{b}$ aufgespannt wird (Bild II-16).

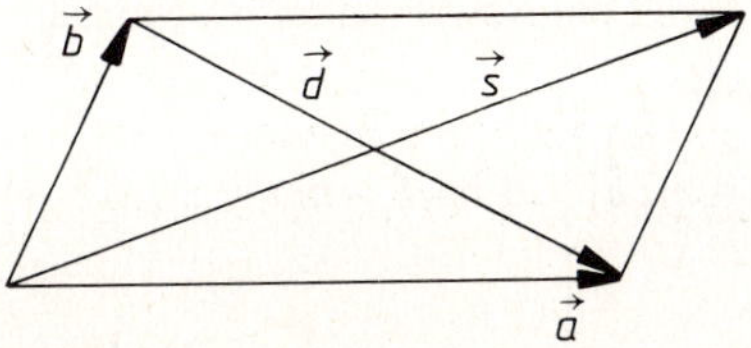

$$\vec{s} = \vec{a} + \vec{b}$$
$$\vec{d} = \vec{a} - \vec{b}$$

Bild II-16. Zur Parallelogrammregel

..4.3 Multiplikation eines Vektors mit einem Skalar

Definition: Durch Multiplikation eines Vektors $\vec{a}$ mit einer reellen Zahl (Skalar) λ entsteht ein Vektor $\vec{b} = \lambda \vec{a}$ mit den folgenden Eigenschaften:

(1) Der Betrag von $\vec{b}$ ist das $|\lambda|$-fache des Betrages von $\vec{a}$:

$$|\vec{b}| = |\lambda \vec{a}| = |\lambda| \cdot |\vec{a}| \qquad \text{(II-3)}$$

(2) Der Vektor $\vec{b}$ ist parallel oder anti-parallel zu $\vec{a}$ orientiert:

$$\lambda > 0: \quad \vec{b} \uparrow\uparrow \vec{a}$$

$$\lambda < 0: \quad \vec{b} \uparrow\downarrow \vec{a}$$

Für $\lambda = 0$ erhält man den Nullvektor $\vec{0}$.

Anmerkung

Die Vektoren $\lambda \vec{a}$ und $\vec{a}$ sind *kollinear.*

■ **Beispiele**

(1) Wir multiplizieren den Vektor $\vec{a}$ der Reihe nach mit den Skalaren 2, − 1,5 und 4 (Bild II-17):

$$2\vec{a}: \; 2\vec{a} \uparrow\uparrow \vec{a}, \qquad |2\vec{a}| = 2\,|\vec{a}| = 2\,a$$

$$-1{,}5\,\vec{a}: \; -1{,}5\,\vec{a} \uparrow\downarrow \vec{a}, \qquad |-1{,}5\,\vec{a}| = 1{,}5\,|\vec{a}| = 1{,}5\,a$$

$$4\vec{a}: \; 4\vec{a} \uparrow\uparrow \vec{a}, \qquad |4\vec{a}| = 4\,|\vec{a}| = 4\,a$$

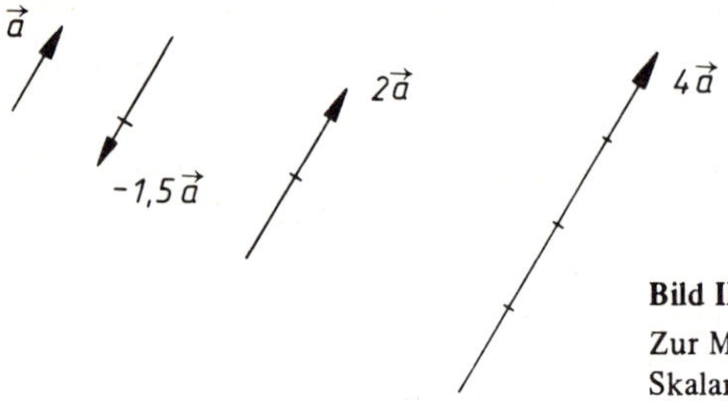

Bild II-17
Zur Multiplikation eines Vektors mit einem Skalar

(2) *Beispiele aus Physik und Technik:*

(a) Kraft, Masse und Beschleunigung sind durch die Newtonsche Bewegungsgleichung $\vec{F} = m\vec{a}$ miteinander verknüpft:

$$\vec{F} \uparrow\uparrow \vec{a} \;\; (\text{wegen } m > 0), \quad |\vec{F}| = m\,|\vec{a}|, \;\; \text{d.h. } F = ma$$

(b) Impuls: $\vec{p} = m\vec{v}$

$$\vec{p} \uparrow\uparrow \vec{v} \;\; (\text{wegen } m > 0), \quad |\vec{p}| = m\,|\vec{v}|, \;\; \text{d.h. } p = mv$$

(c) Ein geladenes Teilchen (Ladung q) erfährt in einem elektrischen Feld der Feldstärke $\vec{E}$ eine Kraft $\vec{F} = q\vec{E}$ *in* der Feldrichtung (positive Ladung) oder in der *Gegenrichtung* (negative Ladung):

$$q > 0: \vec{F} \uparrow\uparrow \vec{E}, \quad |\vec{F}| = q\,|\vec{E}|, \qquad \text{d.h. } F = qE$$

$$q < 0: \vec{F} \uparrow\downarrow \vec{E}, \quad |\vec{F}| = |q| \cdot |\vec{E}|, \qquad \text{d.h. } F = |q| \cdot E$$ ■

2 Vektorrechnung in der Ebene

Besonders anschaulich und übersichtlich ist die Vektorrechnung in der Ebene. Wir beschränken uns daher zunächst aus didaktischen Gründen auf die Darstellung der Vektoren und ihrer Rechenoperationen in der Ebene, wobei ein rechtwinkliges (kartesisches) Koordinatensystem zugrunde gelegt wird.

2.1 Komponentendarstellung eines Vektors

Das Koordinatensystem legen wir durch zwei aufeinander senkrecht stehende Einheitsvektoren $\vec{e}_x$ und $\vec{e}_y$ fest, die in diesem Zusammenhang auch als *Basisvektoren* bezeichnet werden (Bild II-18). Sie bestimmen *Richtung* und *Maßstab* der Koordinatenachsen.

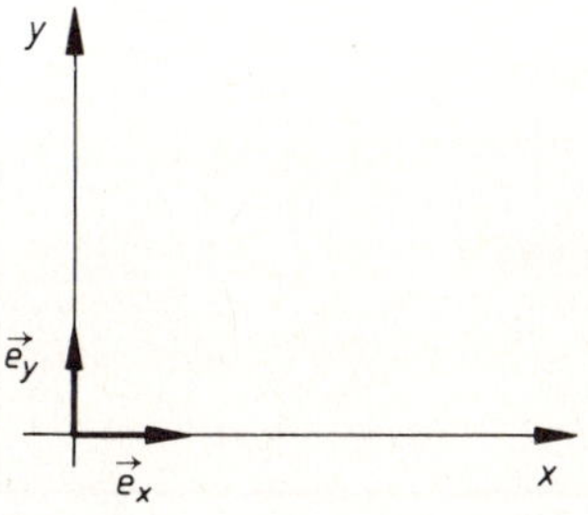

Bild II-18. Festlegung eines ebenen rechtwinkligen Koordinatensystems durch zwei Einheitsvektoren

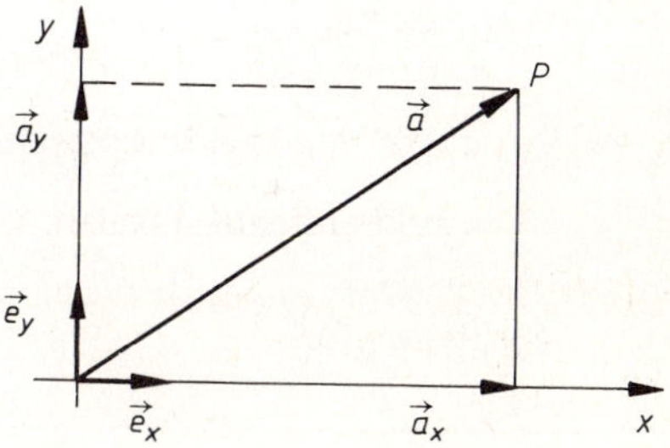

Bild II-19. Zerlegung eines Vektors in Komponenten

Wir betrachten nun einen im Nullpunkt „angebundenen“ Vektor $\vec{a}$. Die *Projektionen* dieses Vektors auf die beiden Koordinatenachsen führen zu den mit $\vec{a}_x$ und $\vec{a}_y$ bezeichneten Vektoren (Bild II-19). Der Vektor $\vec{a}$ ist dann als Summenvektor aus $\vec{a}_x$ und $\vec{a}_y$ darstellbar:

$$\vec{a} = \vec{a}_x + \vec{a}_y \tag{II-4}$$

Die durch Projektion entstandenen Vektoren $\vec{a}_x$ und $\vec{a}_y$ werden als *Vektorkomponenten* von $\vec{a}$ bezeichnet. Sie lassen sich durch die Einheitsvektoren $\vec{e}_x$ und $\vec{e}_y$ wie folgt ausdrücken:

$$\vec{a}_x = a_x\,\vec{e}_x\,, \qquad \vec{a}_y = a_y\,\vec{e}_y \tag{II-5}$$

a_x und $\vec{e}_x$ sind *kollineare* Vektoren, ebenso $\vec{a}_y$ und $\vec{e}_y$). Für den Vektor $\vec{a}$ erhält man somit die Darstellung

$$\vec{a} = \vec{a}_x + \vec{a}_y = a_x \vec{e}_x + a_y \vec{e}_y \tag{II-6}$$

Die *skalaren* Größen a_x, a_y sind die sog. *Vektorkoordinaten* von $\vec{a}$. Sie werden häufig auch als *skalare Vektorkomponenten* bezeichnet und stimmen mit den Koordinaten des Endpunktes P überein, wenn der Vektor vom Nullpunkt aus abgetragen wird. Die in Gleichung (II-6) angegebene Zerlegung heißt die *Komponentendarstellung* des Vektors $\vec{a}$. Bei fester Basis $\vec{e}_x$, $\vec{e}_y$ ist der Vektor $\vec{a}$ in umkehrbar eindeutiger Weise durch die Vektorkoordinaten a_x und a_y bestimmt. Daher schreibt man verkürzt in *symbolischer* Form

$$\vec{a} = a_x \vec{e}_x + a_y \vec{e}_y = \begin{pmatrix} a_x \\ a_y \end{pmatrix} \tag{II-7}$$

und bezeichnet das Symbol $\begin{pmatrix} a_x \\ a_y \end{pmatrix}$ als *Spaltenvektor*. Auch die Schreibweise in Form eines *Zeilenvektors* $(a_x; a_y)$ ist möglich. Wir werden jedoch zur Darstellung von Vektoren ausschließlich Spaltenvektoren verwenden.

Komponentendarstellung eines Vektors

$$\vec{a} = \vec{a}_x + \vec{a}_y = a_x \vec{e}_x + a_y \vec{e}_y = \begin{pmatrix} a_x \\ a_y \end{pmatrix} \tag{II-8}$$

$\vec{a}_x = a_x \vec{e}_x$, $\vec{a}_y = a_y \vec{e}_y$: Vektorkomponenten von $\vec{a}$

a_x, a_y: Vektorkoordinaten (skalare Vektorkomponenten) von $\vec{a}$

$\begin{pmatrix} a_x \\ a_y \end{pmatrix}$: Spaltenvektor

Ist der Vektor $\vec{a}$ durch den Anfangspunkt $P_1 = (x_1; y_1)$ und den Endpunkt $P_2 = (x_2; y_2)$ gegeben, so lautet die Komponentendarstellung folgendermaßen (Bild II-20):

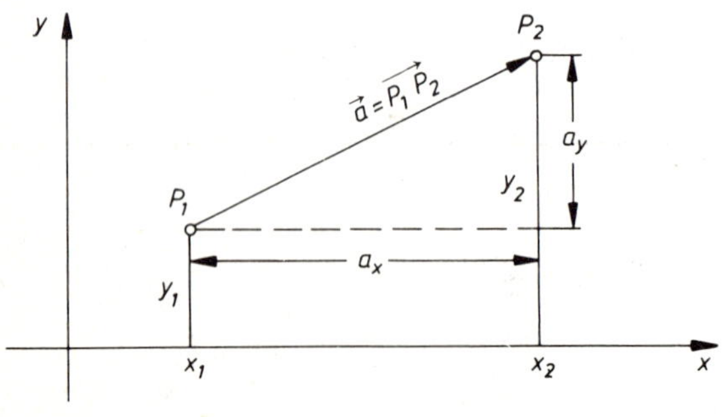

$$a_x = x_2 - x_1$$

$$a_y = y_2 - y_1$$

Bild II-20

Komponentendarstellung eines durch $P_1 = (x_1; y_1)$ und $P_2 = (x_2; y_2)$ festgelegten Vektors

$$\vec{a} = \overrightarrow{P_1 P_2} = (x_2 - x_1)\,\vec{e}_x + (y_2 - y_1)\,\vec{e}_y = \begin{pmatrix} x_2 - x_1 \\ y_2 - y_1 \end{pmatrix} \qquad \text{(II-9)}$$

Komponentendarstellung spezieller Vektoren

Der vom Koordinatenursprung zum Punkt $P = (x; y)$ führende *Ortsvektor* $\vec{r}(P) = \overrightarrow{OP}$ besitzt die Komponentendarstellung

$$\vec{r}(P) = x\,\vec{e}_x + y\,\vec{e}_y = \begin{pmatrix} x \\ y \end{pmatrix} \qquad \text{(II-10)}$$

(Bild II-21).

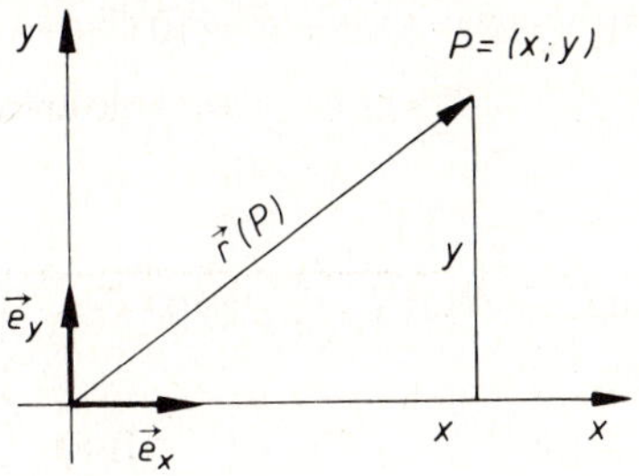

Bild II-21
Ortsvektor eines Punktes

Die Komponentendarstellung der *Basisvektoren (Einheitsvektoren)* $\vec{e}_x$, $\vec{e}_y$ lautet:

$$\vec{e}_x = 1\,\vec{e}_x + 0\,\vec{e}_y = \begin{pmatrix} 1 \\ 0 \end{pmatrix} \qquad \vec{e}_y = 0\,\vec{e}_x + 1\,\vec{e}_y = \begin{pmatrix} 0 \\ 1 \end{pmatrix} \qquad \text{(II-11)}$$

Der *Nullvektor* $\vec{0}$ ist in der Form

$$\vec{0} = 0\,\vec{e}_x + 0\,\vec{e}_y = \begin{pmatrix} 0 \\ 0 \end{pmatrix} \qquad \text{(II-12)}$$

darstellbar.

Betrag eines Vektors

Den *Betrag* eines Vektors $\vec{a}$ erhält man unmittelbar aus dem *Satz des Pythagoras* (Bild II-22):

Betrag eines Vektors

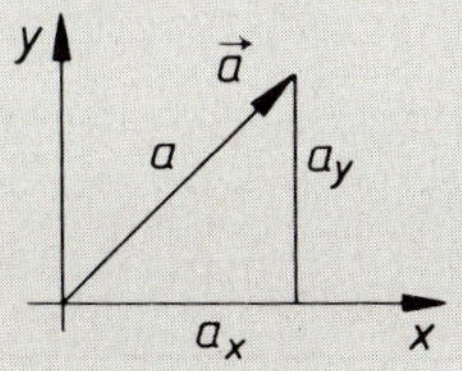

$$|\vec{a}| = a = \sqrt{a_x^2 + a_y^2} \qquad \text{(II-13)}$$

Bild II-22

Gleichheit von Vektoren

Zwei Vektoren $\vec{a} = \begin{pmatrix} a_x \\ a_y \end{pmatrix}$ und $\vec{b} = \begin{pmatrix} b_x \\ b_y \end{pmatrix}$ sind *gleich*, wenn sie in ihren entsprechenden Koordinaten übereinstimmen:

$$\vec{a} = \vec{b} \iff a_x = b_x, \; a_y = b_y \qquad \text{(II-14)}$$

■ **Beispiele**

(1) Der Ortsvektor des Punktes $P = (6; 8)$ lautet (vgl. Bild II-23):

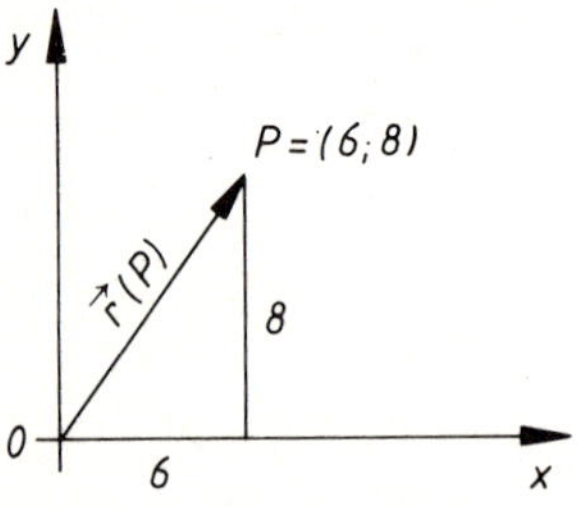

Bild II-23

$$\vec{r}(P) = \overrightarrow{OP} = 6\,\vec{e}_x + 8\,\vec{e}_y = \begin{pmatrix} 6 \\ 8 \end{pmatrix}$$

Sein Betrag ist

$$|\vec{r}(P)| = r(P) = \sqrt{6^2 + 8^2} = 10$$

(2) Der von $P_1 = (2; 4)$ nach $P_2 = (-4; 1)$ gerichtete Vektor $\overrightarrow{P_1 P_2}$ besitzt die folgende Komponentendarstellung (vgl. Bild II-24):

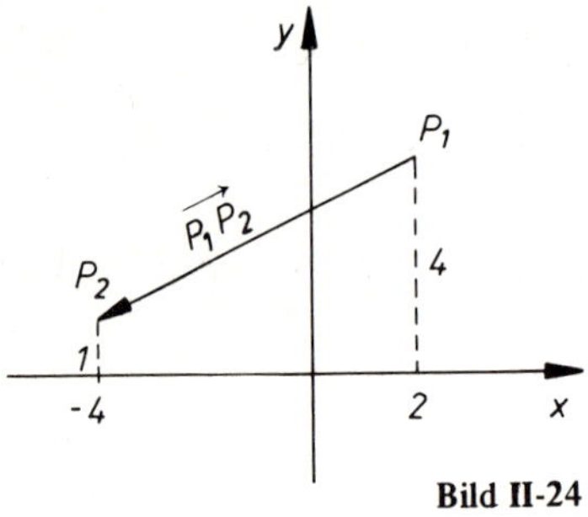

Bild II-24

$$a_x = x_2 - x_1 = -4 - 2 = -6$$

$$a_y = y_2 - y_1 = 1 - 4 = -3$$

$$\overrightarrow{P_1 P_2} = -6\,\vec{e}_x - 3\,\vec{e}_y = \begin{pmatrix} -6 \\ -3 \end{pmatrix}$$

Sein Betrag ist

$$|\overrightarrow{P_1 P_2}| = \sqrt{(-6)^2 + (-3)^2} = \sqrt{45} = 6{,}71$$

■

2.2 Darstellung der Vektoroperationen

2.2.1 Multiplikation eines Vektors mit einem Skalar

Die Multiplikation eines Vektors $\vec{a}$ mit einer reellen Zahl (Skalar) λ erfolgt *komponentenweise*, d.h. jede Vektorkoordinate wird mit λ multipliziert.

Multiplikation eines Vektors mit einem Skalar

Die Multiplikation eines Vektors $\vec{a}$ mit einem Skalar λ erfolgt komponentenweise:

$$\lambda \vec{a} = \lambda \begin{pmatrix} a_x \\ a_y \end{pmatrix} = \begin{pmatrix} \lambda a_x \\ \lambda a_y \end{pmatrix} \qquad \text{(II-15)}$$

■ **Beispiel**

$$\vec{a} = 4\,\vec{e}_x - 3\,\vec{e}_y = \begin{pmatrix} 4 \\ -3 \end{pmatrix}$$

$$6\,\vec{a} = 6 \begin{pmatrix} 4 \\ -3 \end{pmatrix} = \begin{pmatrix} 24 \\ -18 \end{pmatrix} = 24\,\vec{e}_x - 18\,\vec{e}_y$$

$$-10\,\vec{a} = -10 \begin{pmatrix} 4 \\ -3 \end{pmatrix} = \begin{pmatrix} -40 \\ 30 \end{pmatrix} = -40\,\vec{e}_x + 30\,\vec{e}_y$$ ■

2.2.2 Addition und Subtraktion von Vektoren

Aus Bild II-25 folgt unmittelbar, daß die Addition zweier Vektoren $\vec{a} = \begin{pmatrix} a_x \\ a_y \end{pmatrix}$ und $\vec{b} = \begin{pmatrix} b_x \\ b_y \end{pmatrix}$ *komponentenweise* geschieht:

$$\vec{a} + \vec{b} = \begin{pmatrix} a_x \\ a_y \end{pmatrix} + \begin{pmatrix} b_x \\ b_y \end{pmatrix} = \begin{pmatrix} a_x + b_x \\ a_y + b_y \end{pmatrix} \qquad \text{(II-16)}$$

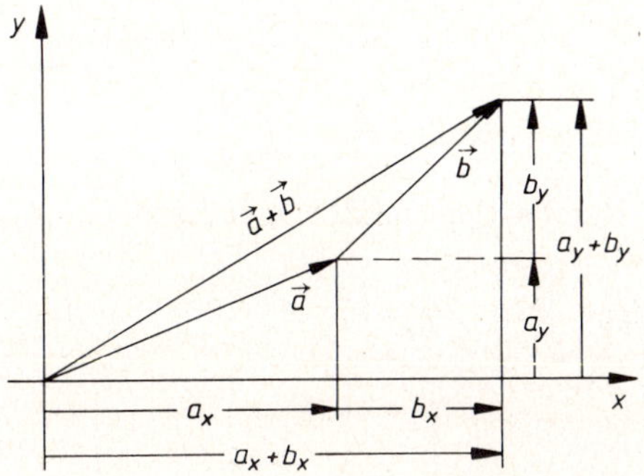

Bild II-25
Zur komponentenweisen Addition zweier Vektoren

Auch die Subtraktion zweier Vektoren erfolgt wegen $\vec{a} - \vec{b} = \vec{a} + (-\vec{b})$ *komponentenweise:*

$$\vec{a} - \vec{b} = \begin{pmatrix} a_x \\ a_y \end{pmatrix} - \begin{pmatrix} b_x \\ b_y \end{pmatrix} = \begin{pmatrix} a_x - b_x \\ a_y - b_y \end{pmatrix} \qquad \text{(II-17)}$$

Addition und Subtraktion zweier Vektoren

Vektoren werden komponentenweise addiert bzw. subtrahiert:

$$\vec{a} \pm \vec{b} = \begin{pmatrix} a_x \\ a_y \end{pmatrix} \pm \begin{pmatrix} b_x \\ b_y \end{pmatrix} = \begin{pmatrix} a_x \pm b_x \\ a_y \pm b_y \end{pmatrix} \qquad \text{(II-18)}$$

Anmerkung

Diese Regel gilt auch *sinngemäß* für *endlich* viele Vektoren.

■ **Beispiele**

(1) Gegeben sind die Vektoren

$$\vec{a} = 2\,\vec{e}_x - 3\,\vec{e}_y = \begin{pmatrix} 2 \\ -3 \end{pmatrix}$$

$$\vec{b} = -\vec{e}_x + 5\,\vec{e}_y = \begin{pmatrix} -1 \\ 5 \end{pmatrix}$$

$$\vec{c} = 3\,\vec{e}_x + 2\,\vec{e}_y = \begin{pmatrix} 3 \\ 2 \end{pmatrix}$$

Berechne den Vektor $\vec{s} = \vec{a} + 2\,\vec{b} - 5\,\vec{c}$. Welchen Betrag besitzt dieser Vektor?

Lösung:

$$\vec{s} = \vec{a} + 2\vec{b} - 5\vec{c} = \begin{pmatrix} 2 \\ -3 \end{pmatrix} + 2\begin{pmatrix} -1 \\ 5 \end{pmatrix} - 5\begin{pmatrix} 3 \\ 2 \end{pmatrix} =$$

$$= \begin{pmatrix} 2 \\ -3 \end{pmatrix} + \begin{pmatrix} -2 \\ 10 \end{pmatrix} + \begin{pmatrix} -15 \\ -10 \end{pmatrix} = \begin{pmatrix} 2-2-15 \\ -3+10-10 \end{pmatrix} = \begin{pmatrix} -15 \\ -3 \end{pmatrix}$$

$$|\vec{s}| = \sqrt{(-15)^2 + (-3)^2} = 15{,}3$$

(2) An einem Massenpunkt greifen gleichzeitig die Kräfte $\vec{F}_1 = \begin{pmatrix} 4\,\text{N} \\ 5\,\text{N} \end{pmatrix}$, $\vec{F}_2 = \begin{pmatrix} -2\,\text{N} \\ 3\,\text{N} \end{pmatrix}$ und $\vec{F}_3 = \begin{pmatrix} 4\,\text{N} \\ 1\,\text{N} \end{pmatrix}$ an. Durch welche resultierende Kraft $\vec{F}_R$ kann man sie ersetzen?

Lösung:

$$\vec{F}_R = \vec{F}_1 + \vec{F}_2 + \vec{F}_3$$

$$\vec{F}_R = \begin{pmatrix} 4\,\text{N} \\ 5\,\text{N} \end{pmatrix} + \begin{pmatrix} -2\,\text{N} \\ 3\,\text{N} \end{pmatrix} + \begin{pmatrix} 4\,\text{N} \\ 1\,\text{N} \end{pmatrix} = \begin{pmatrix} 4\,\text{N} - 2\,\text{N} + 4\,\text{N} \\ 5\,\text{N} + 3\,\text{N} + 1\,\text{N} \end{pmatrix} = \begin{pmatrix} 6\,\text{N} \\ 9\,\text{N} \end{pmatrix}$$

(3) *Schiefer Wurf:* Ein Körper wird unter dem Winkel α gegen die Horizontale mit einer Geschwindigkeit vom Betrage v_0 abgeworfen (Bild II-26). Bestimme die Komponentendarstellung des Geschwindigkeitsvektors $\vec{v}_0$.

Lösung:

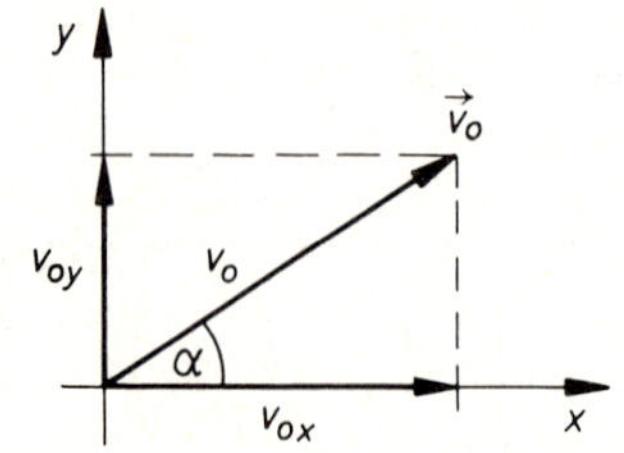

$$\vec{v}_0 = v_{0x}\,\vec{e}_x + v_{0y}\,\vec{e}_y = \begin{pmatrix} v_{0x} \\ v_{0y} \end{pmatrix}$$

Bild II-26

Aus dem rechtwinkligen Dreieck folgt unmittelbar:

$$\cos\alpha = \frac{v_{0x}}{v_0} \quad \Rightarrow \quad v_{0x} = v_0 \cos\alpha$$

$$\sin\alpha = \frac{v_{0y}}{v_0} \quad \Rightarrow \quad v_{0y} = v_0 \sin\alpha$$

Damit besitzt der Geschwindigkeitsvektor $\vec{v}_0$ die Komponentendarstellung

$$\vec{v}_0 = \begin{pmatrix} v_0 \cos\alpha \\ v_0 \sin\alpha \end{pmatrix} = v_0 \begin{pmatrix} \cos\alpha \\ \sin\alpha \end{pmatrix}$$ ■

2.3 Skalarprodukt zweier Vektoren

Als weitere Vektoroperation führen wir die *skalare Multiplikation* zweier Vektoren ein. Sie erzeugt aus den Vektoren $\vec{a}$ und $\vec{b}$ einen Skalar, das sog. *Skalarprodukt* $\vec{a} \cdot \vec{b}$ (gelesen: *a* Punkt *b*). In den Anwendungen treten Skalarprodukte z.B. bei der Definition der folgenden Größen auf:

1. *Arbeit einer Kraft* bei der Verschiebung einer Masse (wir kommen in den Anwendungsbeispielen darauf zurück);
2. *Spannung* (Potentialdifferenz) zwischen zwei Punkten eines elektrischen Feldes.

Definition: Unter dem *Skalarprodukt* $\vec{a} \cdot \vec{b}$ zweier Vektoren $\vec{a}$ und $\vec{b}$ wird das Produkt aus den Beträgen der beiden Vektoren und dem Kosinus des von den Vektoren eingeschlossenen Winkels φ verstanden (Bild II-27):

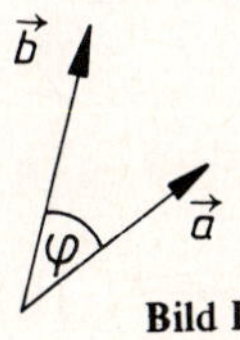

Bild II-27

$$\vec{a} \cdot \vec{b} = |\vec{a}| \cdot |\vec{b}| \cdot \cos\varphi = ab \cdot \cos\varphi \qquad \text{(II-19)}$$

$(0° \leqslant \varphi \leqslant 180°)$.

Anmerkungen

(1) Das Skalarprodukt ist eine *skalare* Größe.

(2) Statt $\vec{a} \cdot \vec{b}$ schreibt man häufig auch $(\vec{a}, \vec{b})$.

(3) Das Skalarprodukt $\vec{a} \cdot \vec{b}$ wird auch als *inneres Produkt* der Vektoren $\vec{a}$ und $\vec{b}$ bezeichnet.

Rechengesetze

Die Skalarproduktbildung ist sowohl *kommutativ* als auch *distributiv:*

Kommutativgesetz $\quad \vec{a} \cdot \vec{b} = \vec{b} \cdot \vec{a} \qquad$ (II-20)

Distributivgesetz $\quad \vec{a} \cdot (\vec{b} + \vec{c}) = \vec{a} \cdot \vec{b} + \vec{a} \cdot \vec{c} \qquad$ (II-21)

Ferner gilt für einen beliebigen Skalar λ:

$$\lambda(\vec{a} \cdot \vec{b}) = (\lambda\vec{a}) \cdot \vec{b} = \vec{a} \cdot (\lambda\vec{b}) \qquad \text{(II-22)}$$

Das Skalarprodukt $\vec{a} \cdot \vec{b}$ zweier vom Nullvektor *verschiedener* Vektoren kann nur verschwinden, wenn $\cos \varphi = 0$, d.h. $\varphi = 90°$ ist. In diesem Fall stehen die Vektoren aufeinander *senkrecht* (sog. *orthogonale Vektoren*, vgl. Bild II-28).

Orthogonalität zweier Vektoren

Zwei vom Nullvektor verschiedene Vektoren $\vec{a}$ und $\vec{b}$ stehen aufeinander *senkrecht*, wenn ihr Skalarprodukt verschwindet:

$$\vec{a} \cdot \vec{b} = 0 \iff \vec{a} \perp \vec{b} \qquad \text{(II-23)}$$

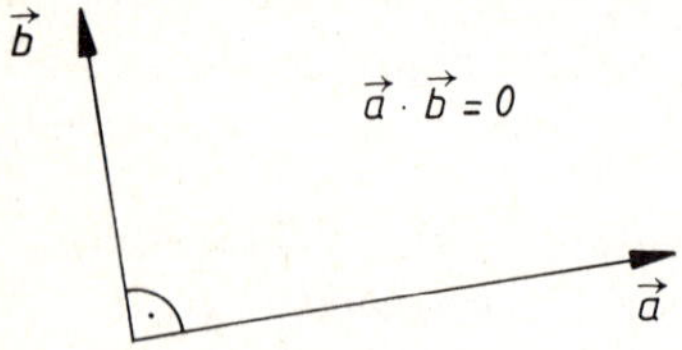

Bild II-28
Orthogonale Vektoren

Die Bedingung der *Orthogonalität* erfüllen beispielsweise die Einheitsvektoren $\vec{e}_x$ und $\vec{e}_y$:

$$\vec{e}_x \cdot \vec{e}_y = \vec{e}_y \cdot \vec{e}_x = 0 \qquad \text{(II-24)}$$

Das skalare Produkt eines Vektors $\vec{a}$ mit sich selbst führt zu

$$\vec{a} \cdot \vec{a} = |\vec{a}| \cdot |\vec{a}| \cdot \cos 0° = |\vec{a}| \cdot |\vec{a}| = |\vec{a}|^2 = a^2 \qquad \text{(II-25)}$$

Der Betrag eines Vektors $\vec{a}$ kann daher aus dem Skalarprodukt $\vec{a} \cdot \vec{a}$ berechnet werden:

$$|\vec{a}| = a = \sqrt{\vec{a} \cdot \vec{a}} \qquad \text{(II-26)}$$

So erhält man beispielsweise für die *Einheitsvektoren* (Basisvektoren) $\vec{e}_x$ und $\vec{e}_y$:

$$\left.\begin{aligned} \vec{e}_x \cdot \vec{e}_x &= |\vec{e}_x|^2 = 1 \\ \vec{e}_y \cdot \vec{e}_y &= |\vec{e}_y|^2 = 1 \end{aligned}\right. \qquad \text{(II-27)}$$

Das skalare Produkt zweier Vektoren $\vec{a} = a_x \vec{e}_x + a_y \vec{e}_y$ und $\vec{b} = b_x \vec{e}_x + b_y \vec{e}_y$ läßt sich auch direkt aus den Vektorkoordinaten (skalaren Vektorkomponenten) wie folgt berechnen (wir verwenden dabei die Rechengesetze (II-21) und (II-22):

$$\begin{aligned} \vec{a} \cdot \vec{b} &= (a_x \vec{e}_x + a_y \vec{e}_y) \cdot (b_x \vec{e}_x + b_y \vec{e}_y) = \\ &= a_x b_x \underbrace{(\vec{e}_x \cdot \vec{e}_x)}_{=1} + a_x b_y \underbrace{(\vec{e}_x \cdot \vec{e}_y)}_{=0} + a_y b_x \underbrace{(\vec{e}_y \cdot \vec{e}_x)}_{=0} + a_y b_y \underbrace{(\vec{e}_y \cdot \vec{e}_y)}_{=1} = \\ &= a_x b_x + a_y b_y \end{aligned} \qquad \text{(II-28)}$$

Berechnung des Skalarproduktes aus den skalaren Komponenten (Vektorkoordinaten)

$$\vec{a} \cdot \vec{b} = |\vec{a}| \cdot |\vec{b}| \cdot \cos \varphi = a_x b_x + a_y b_y \qquad \text{(II-29)}$$

Bei der Berechnung des von den beiden Vektoren $\vec{a}$ und $\vec{b}$ eingeschlossenen Winkels φ wird von dieser Beziehung Gebrauch gemacht. Man erhält

$$\cos\varphi = \frac{\vec{a}\cdot\vec{b}}{|\vec{a}|\cdot|\vec{b}|} = \frac{a_x b_x + a_y b_y}{\sqrt{a_x^2 + a_y^2}\cdot\sqrt{b_x^2 + b_y^2}} \qquad \text{(II-30)}$$

und somit durch *Umkehrung:*

Winkel zwischen zwei Vektoren (Bild II-27)

$$\varphi = \arccos\left(\frac{\vec{a}\cdot\vec{b}}{|\vec{a}|\cdot|\vec{b}|}\right) \qquad \text{(II-31)}$$

■ **Beispiele**

(1) Wir berechnen das Skalarprodukt der beiden Vektoren $\vec{a} = \begin{pmatrix} 3 \\ 2 \end{pmatrix}$ und $\vec{b} = \begin{pmatrix} -1 \\ 5 \end{pmatrix}$:

$$\vec{a}\cdot\vec{b} = \begin{pmatrix} 3 \\ 2 \end{pmatrix}\cdot\begin{pmatrix} -1 \\ 5 \end{pmatrix} = 3\cdot(-1) + 2\cdot 5 = 7$$

(2) Die Vektoren $\vec{a} = \frac{1}{\sqrt{2}}\begin{pmatrix} 1 \\ 1 \end{pmatrix}$ und $\vec{b} = \frac{1}{\sqrt{2}}\begin{pmatrix} -1 \\ 1 \end{pmatrix}$ sind *orthogonal*, d.h. zueinander senkrecht, da ihr skalares Produkt verschwindet:

$$\vec{a}\cdot\vec{b} = \frac{1}{\sqrt{2}}\begin{pmatrix} 1 \\ 1 \end{pmatrix}\cdot\frac{1}{\sqrt{2}}\begin{pmatrix} -1 \\ 1 \end{pmatrix} = \frac{1}{2}\begin{pmatrix} 1 \\ 1 \end{pmatrix}\cdot\begin{pmatrix} -1 \\ 1 \end{pmatrix} = \frac{1}{2}(1\cdot(-1) + 1\cdot 1) = 0$$

(3) Welche Winkel bildet der Vektor $\vec{a} = \begin{pmatrix} 2 \\ 1 \end{pmatrix}$ mit den beiden Koordinatenachsen (Bild II-29)?

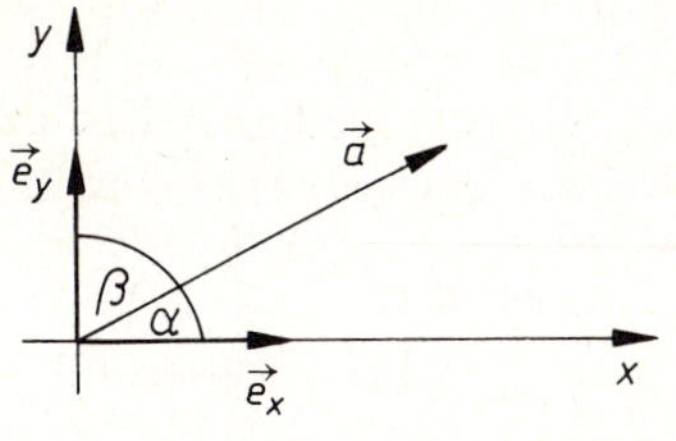

Bild II-29

Lösung: Die Winkel α und β erhalten wir durch skalare Multiplikation des Vektors $\vec{a}$ mit den Einheitsvektoren $\vec{e}_x = \begin{pmatrix} 1 \\ 0 \end{pmatrix}$ und $\vec{e}_y = \begin{pmatrix} 0 \\ 1 \end{pmatrix}$:

$$\cos\alpha = \frac{\vec{a}\cdot\vec{e}_x}{|\vec{a}|\cdot|\vec{e}_x|}, \qquad \cos\beta = \frac{\vec{a}\cdot\vec{e}_y}{|\vec{a}|\cdot|\vec{e}_y|}$$

$$\vec{a}\cdot\vec{e}_x = \begin{pmatrix} 2 \\ 1 \end{pmatrix}\cdot\begin{pmatrix} 1 \\ 0 \end{pmatrix} = 2, \qquad \vec{a}\cdot\vec{e}_y = \begin{pmatrix} 2 \\ 1 \end{pmatrix}\cdot\begin{pmatrix} 0 \\ 1 \end{pmatrix} = 1$$

$$|\vec{a}| = \sqrt{2^2 + 1} = \sqrt{5}\,, \qquad |\vec{e}_x| = |\vec{e}_y| = 1$$

$$\cos\alpha = \frac{2}{\sqrt{5}} \quad \Rightarrow \quad \alpha = \arccos\frac{2}{\sqrt{5}} = 26{,}6^\circ$$

$$\cos\beta = \frac{1}{\sqrt{5}} \quad \Rightarrow \quad \beta = \arccos\frac{1}{\sqrt{5}} = 63{,}4^\circ$$

Es ist $\alpha + \beta = 90^\circ$. ■

2.4 Ein Anwendungsbeispiel: Resultierende eines ebenen Kräftesystems

Wir behandeln ein Problem, das in der Technischen Mechanik von großer Bedeutung ist: die *vektorielle Addition* von mehreren an einem gemeinsamen Massenpunkt angreifenden (ebenen) Kräften zu einer resultierenden Kraft.

Graphische Lösung durch ein Krafteck

Es wird ein *Kräfteplan* erstellt: Er enthält die n angreifenden Kräftevektoren in einem geeigneten Kräftemaßstab[2]. Von $\vec{F}_1$ ausgehend wird zunächst der Kraftvektor $\vec{F}_2$ parallel zu sich verschoben, bis sein Anfangspunkt in den Endpunkt von $\vec{F}_1$ fällt. Anschließend verschieben wir $\vec{F}_3$ und bringen seinen Anfangspunkt mit dem Endpunkt von $\vec{F}_2$ zur Deckung. Auf diese Art und Weise wird Kraftvektor an Kraftvektor gereiht und man erhält ein sog. *Krafteck* (auch *Kräftepolygon* genannt). Die resultierende Kraft $\vec{F}_R$ ist der vom Anfangspunkt des Vektors $\vec{F}_1$ zum Endpunkt des Vektors $\vec{F}_n$ gerichtete Vektor (Bild II-30).

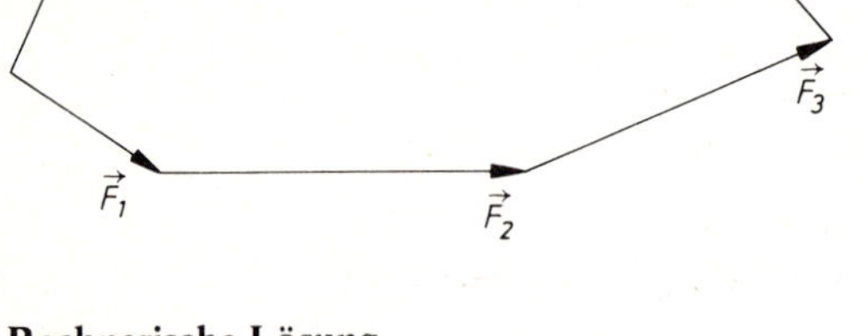

Bild II-30
Krafteck (Kräftepolygon)

Rechnerische Lösung

Die resultierende Kraft $\vec{F}_R$ ist die Vektorsumme aus den n Einzelkräften:

$$\vec{F}_R = \vec{F}_1 + \vec{F}_2 + \ldots + \vec{F}_n = \sum_{k=1}^{n} \vec{F}_k \tag{II-32}$$

[2] Der Kräftemaßstab regelt die Umrechnung von der Längen- in die Krafteinheit, z. B. 1 cm $\hat{=}$ 100 N.

■ **Beispiel**

Wir bestimmen graphisch und analytisch die Resultierende des in Bild II-31 skizzierten Kräftesystems.

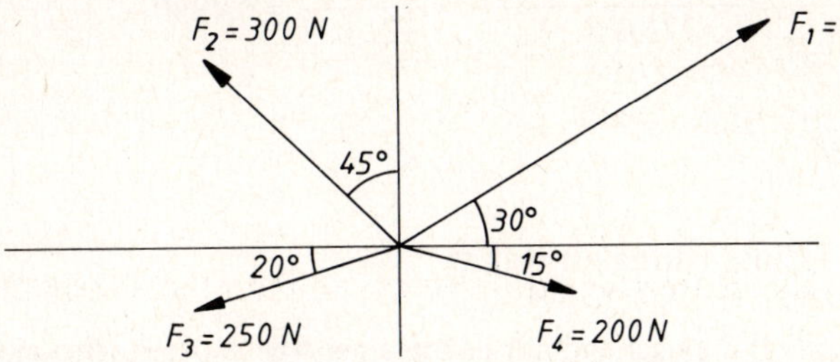

Bild II-31

Graphische Lösung (Bild II-32)

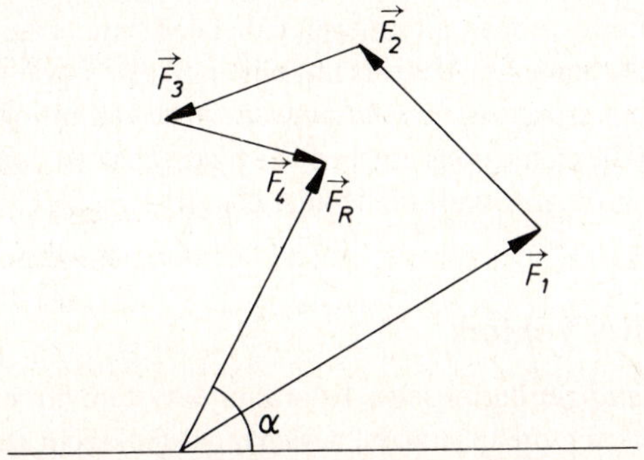

$F_R \approx 370$ N
$\alpha \approx 61°$

Bild II-32

Rechnerische Lösung

Wir berechnen zunächst anhand des Bildes II-31 die x- und y-Komponenten der vier Einzelkräfte und daraus die Resultierende $\vec{F}_R$:

$$\vec{F}_1: \quad F_{1x} = F_1 \cdot \cos 30° = 500 \text{ N} \cdot \cos 30° = 433 \text{ N}$$
$$F_{1y} = F_1 \cdot \sin 30° = 500 \text{ N} \cdot \sin 30° = 250 \text{ N}$$

$$\vec{F}_2: \quad F_{2x} = F_2 \cdot \cos 135° = 300 \text{ N} \cdot \cos 135° = -212{,}1 \text{ N}$$
$$F_{2y} = F_2 \cdot \sin 135° = 300 \text{ N} \cdot \sin 135° = 212{,}1 \text{ N}$$

$$\vec{F}_3: \quad F_{3x} = F_3 \cdot \cos 200° = 250 \text{ N} \cdot \cos 200° = -234{,}9 \text{ N}$$
$$F_{3y} = F_3 \cdot \sin 200° = 250 \text{ N} \cdot \sin 200° = -85{,}5 \text{ N}$$

$$\vec{F}_4: \quad F_{4x} = F_4 \cdot \cos 345° = 200 \text{ N} \cdot \cos 345° = 193{,}2 \text{ N}$$
$$F_{4y} = F_4 \cdot \sin 345° = 200 \text{ N} \cdot \sin 345° = -51{,}8 \text{ N}$$

$$\vec{F}_R = \vec{F}_1 + \vec{F}_2 + \vec{F}_3 + \vec{F}_4 = \begin{pmatrix} 433 \text{ N} \\ 250 \text{ N} \end{pmatrix} + \begin{pmatrix} -212{,}1 \text{ N} \\ 212{,}1 \text{ N} \end{pmatrix} + \begin{pmatrix} -234{,}9 \text{ N} \\ -85{,}5 \text{ N} \end{pmatrix} +$$
$$+ \begin{pmatrix} 193{,}2 \text{ N} \\ -51{,}8 \text{ N} \end{pmatrix} = \begin{pmatrix} 179{,}2 \text{ N} \\ 324{,}8 \text{ N} \end{pmatrix}$$

$$|\vec{F}_R| = \sqrt{(179{,}2\ \text{N})^2 + (324{,}8\ \text{N})^2} = 371{,}0\ \text{N}$$

$$\cos\alpha = \frac{\vec{F}_R \cdot \vec{e}_x}{|\vec{F}_R| \cdot |\vec{e}_x|} = \frac{\begin{pmatrix}179{,}2\ \text{N}\\ 324{,}8\ \text{N}\end{pmatrix} \cdot \begin{pmatrix}1\\ 0\end{pmatrix}}{371{,}0\ \text{N} \cdot 1} = \frac{179{,}2\ \text{N}}{371{,}0\ \text{N}} = 0{,}4830$$

$\alpha = \arccos 0{,}4830 = 61{,}1°$ ■

3 Vektorrechnung im 3-dimensionalen Raum

Nachdem wir uns in Abschnitt II.2 eingehend mit den in einer Ebene liegenden Vektoren und ihren Eigenschaften beschäftigt haben, gehen wir jetzt zur Darstellung von Vektoren im 3-dimensionalen Anschauungsraum (im folgenden kurz als Raum bezeichnet) über. Hier liegen die Verhältnisse ganz ähnlich. Zur Festlegung eines Vektors benötigt man jedoch eine weitere Komponente. Die Rechenoperationen unterliegen dabei den bereits aus der Ebene bekannten Regeln: die Multiplikation eines Vektors mit einem Skalar sowie die Addition und Subtraktion von Vektoren erfolgt *komponentenweise*. Die Definition des Skalarproduktes zweier Vektoren und die sich daraus ergebenden Eigenschaften behalten auch im Raum ihre Gültigkeit. Als neuer Begriff wird schließlich das aus zwei Vektoren gebildete *Vektorprodukt* eingeführt.

3.1 Komponentendarstellung eines Vektors

Wir legen der Betrachtung ein *rechtshändiges* kartesisches Koordinatensystem mit einer x-, y- und z-Achse zugrunde. Es wird durch drei paarweise aufeinander senkrecht stehende Einheitsvektoren $\vec{e}_x$, $\vec{e}_y$ und $\vec{e}_z$ festgelegt (Bild II-33)[3]. Richtung und Maßstab der Koordinatenachsen sind dadurch eindeutig bestimmt. Daher bezeichnet man die Einheitsvektoren in diesem Zusammenhang auch als *Basisvektoren*.

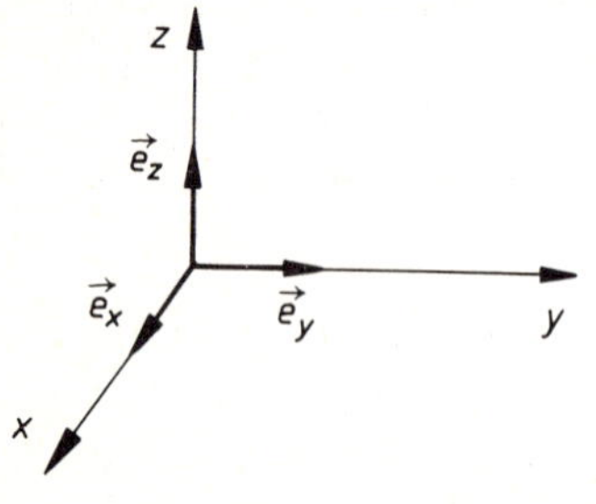

Bild II-33. Festlegung eines räumlichen rechtwinkligen Koordinatensystems durch drei Einheitsvektoren

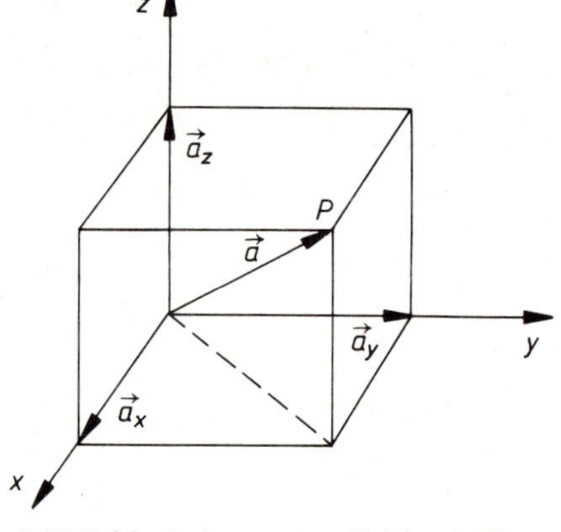

Bild II-34. Zerlegung eines Vektors in Komponenten

---

3) Statt $\vec{e}_x$, $\vec{e}_y$, $\vec{e}_z$ sind auch folgende Symbole üblich: $\vec{e}_1$, $\vec{e}_2$, $\vec{e}_3$ und $\vec{i}$, $\vec{j}$, $\vec{k}$.

Ein im Nullpunkt „angebundener" Vektor $\vec{a}$ ist dann in der Form

$$\vec{a} = \vec{a}_x + \vec{a}_y + \vec{a}_z \qquad \text{(II-33)}$$

darstellbar. Die als Vektorkomponenten von $\vec{a}$ bezeichneten Vektoren $\vec{a}_x, \vec{a}_y, \vec{a}_z$ sind die *Projektionen* des Vektors $\vec{a}$ auf die einzelnen Koordinatenachsen (Bild II-34). Sie liegen in der Richtung des jeweiligen Einheitsvektors. Daher gilt:

$$\vec{a}_x = a_x \vec{e}_x \qquad \vec{a}_y = a_y \vec{e}_y \qquad \vec{a}_z = a_z \vec{e}_z \qquad \text{(II-34)}$$

Für den Vektor $\vec{a}$ erhält man somit die *Komponentendarstellung*

$$\vec{a} = \vec{a}_x + \vec{a}_y + \vec{a}_z = a_x \vec{e}_x + a_y \vec{e}_y + a_z \vec{e}_z \qquad \text{(II-35)}$$

Die skalaren Größen a_x, a_y, a_z werden als *Vektorkoordinaten* oder *skalare Vektorkomponenten* von $\vec{a}$ bezeichnet. Wird der Vektor $\vec{a}$ vom Koordinatenursprung aus abgetragen, so stimmen die Vektorkoordinaten von $\vec{a}$ mit den Koordinaten des Endpunktes P überein. Bei *fester* Basis $\vec{e}_x, \vec{e}_y, \vec{e}_z$ ist der Vektor $\vec{a}$ in umkehrbar eindeutiger Weise durch die drei Vektorkoordinaten a_x, a_y, a_z bestimmt. Es genügt daher die Angabe der skalaren Komponenten in Form eines *Spaltenvektors:*

$$\vec{a} = a_x \vec{e}_x + a_y \vec{e}_y + a_z \vec{e}_z = \begin{pmatrix} a_x \\ a_y \\ a_z \end{pmatrix} \qquad \text{(II-36)}$$

Von der ebenfalls möglichen Darstellung durch einen *Zeilenvektor* $(a_x; a_y; a_z)$ werden wir keinen Gebrauch machen.

Komponentendarstellung eines Vektors

$$\vec{a} = \vec{a}_x + \vec{a}_y + \vec{a}_z = a_x \vec{e}_x + a_y \vec{e}_y + a_z \vec{e}_z = \begin{pmatrix} a_x \\ a_y \\ a_z \end{pmatrix} \qquad \text{(II-37)}$$

$\vec{a}_x = a_x \vec{e}_x$, $\vec{a}_y = a_y \vec{e}_y$, $\vec{a}_z = a_z \vec{e}_z$: Vektorkomponenten von $\vec{a}$

a_x, a_y, a_z: Vektorkoordinaten (skalare Vektorkomponenten) von $\vec{a}$

$\begin{pmatrix} a_x \\ a_y \\ a_z \end{pmatrix}$: Spaltenvektor

Anmerkung

Eine Vektorkoordinate wird dabei *positiv* gezählt, wenn die Projektion des Vektors $\vec{a}$ auf die entsprechende Koordinatenachse in die *positive* Richtung dieser Achse zeigt. Fällt der Projektionsvektor jedoch in die *Gegenrichtung*, d.h. in die *negative* Richtung der Koordinatenachse, so ist die entsprechende Vektorkoordinate *negativ*.

Sind Anfangspunkt $P_1 = (x_1; y_1; z_1)$ und Endpunkt $P_2 = (x_2; y_2; z_2)$ eines Vektors $\vec{a}$ bekannt, so lautet die Komponentendarstellung von $\vec{a} = \overrightarrow{P_1 P_2}$ wie folgt:

Komponentendarstellung eines durch $P_1 = (x_1; y_1; z_1)$ und $P_2 = (x_2; y_2; z_2)$ festgelegten Vektors

$$\vec{a} = \overrightarrow{P_1 P_2} = (x_2 - x_1)\vec{e}_x + (y_2 - y_1)\vec{e}_y + (z_2 - z_1)\vec{e}_z = \begin{pmatrix} x_2 - x_1 \\ y_2 - y_1 \\ z_2 - z_1 \end{pmatrix} \qquad \text{(II-38)}$$

Komponentendarstellung spezieller Vektoren

Der Ortsvektor des Punktes $P = (x; y; z)$ lautet:

$$\vec{r}(P) = \overrightarrow{OP} = x\,\vec{e}_x + y\,\vec{e}_y + z\,\vec{e}_z = \begin{pmatrix} x \\ y \\ z \end{pmatrix} \qquad \text{(II-39)}$$

Seine skalaren Komponenten stimmen mit den Koordinaten des Punktes P überein.
Für die drei *Basisvektoren (Einheitsvektoren)* $\vec{e}_x$, $\vec{e}_y$, $\vec{e}_z$ erhält man die Komponentendarstellung

$$\vec{e}_x = 1\,\vec{e}_x + 0\,\vec{e}_y + 0\,\vec{e}_z = \begin{pmatrix} 1 \\ 0 \\ 0 \end{pmatrix}$$

$$\vec{e}_y = 0\,\vec{e}_x + 1\,\vec{e}_y + 0\,\vec{e}_z = \begin{pmatrix} 0 \\ 1 \\ 0 \end{pmatrix} \qquad \text{(II-40)}$$

$$\vec{e}_z = 0\,\vec{e}_x + 0\,\vec{e}_y + 1\,\vec{e}_z = \begin{pmatrix} 0 \\ 0 \\ 1 \end{pmatrix}$$

Der *Nullvektor* $\vec{0}$ ist in der Form

$$\vec{0} = 0\,\vec{e}_x + 0\,\vec{e}_y + 0\,\vec{e}_z = \begin{pmatrix} 0 \\ 0 \\ 0 \end{pmatrix} \qquad \text{(II-41)}$$

darstellbar.

Betrag eines Vektors

Der *Betrag* eines Vektors $\vec{a}$ berechnet sich nach Bild II-35 aus dem rechtwinkligen Dreieck $OP'P$ unter Verwendung des *Satzes von Pythagoras:*

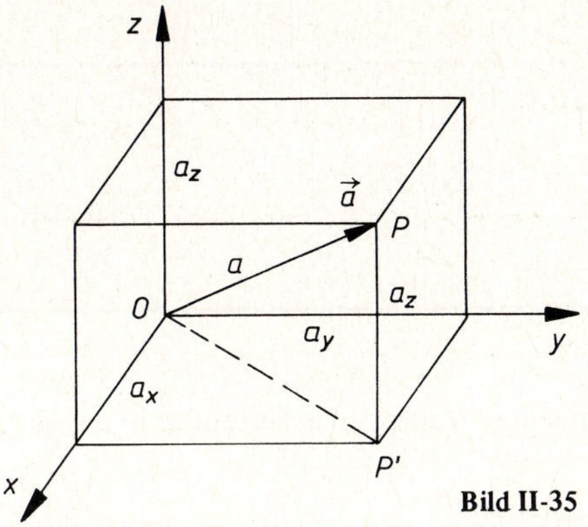

Bild II-35

$$|\overrightarrow{OP}| = a$$

$$|\overrightarrow{OP'}| = \sqrt{a_x^2 + a_y^2}$$

$$|\overrightarrow{P'P}| = a_z$$

$$a^2 = (\sqrt{a_x^2 + a_y^2})^2 + a_z^2 =$$

$$= a_x^2 + a_y^2 + a_z^2$$

$$|\vec{a}| = a = \sqrt{a_x^2 + a_y^2 + a_z^2} \qquad \text{(II-42)}$$

Betrag eines Vektors

$$|\vec{a}| = a = \sqrt{a_x^2 + a_y^2 + a_z^2} \qquad \text{(II-43)}$$

Gleichheit von Vektoren

Zwei Vektoren $\vec{a} = \begin{pmatrix} a_x \\ a_y \\ a_z \end{pmatrix}$ und $\vec{b} = \begin{pmatrix} b_x \\ b_y \\ b_z \end{pmatrix}$ sind *gleich*, wenn sie in ihren entsprechenden Komponenten übereinstimmen:

$$\vec{a} = \vec{b} \iff a_x = b_x, \quad a_y = b_y, \quad a_z = b_z \qquad \text{(II-44)}$$

■ **Beispiel**

Der Ortsvektor von $P = (3;\ -2;\ 1)$ lautet:

$$\vec{r}\,(P) = \overrightarrow{OP} = 3\,\vec{e}_x - 2\,\vec{e}_y + \vec{e}_z = \begin{pmatrix} 3 \\ -2 \\ 1 \end{pmatrix}$$

Sein Betrag ist

$$|\vec{r}\,(P)| = r\,(P) = \sqrt{3^2 + (-2)^2 + 1^2} = \sqrt{14} = 3{,}74$$ ■

3.2 Darstellung der Vektoroperationen

3.2.1 Multiplikation eines Vektors mit einem Skalar

Die Multiplikation eines Vektors $\vec{a}$ mit einem Skalar λ wird *komponentenweise* durchgeführt:

Multiplikation eines Vektors mit einem Skalar

$$\lambda \vec{a} = \lambda \begin{pmatrix} a_x \\ a_y \\ a_z \end{pmatrix} = \begin{pmatrix} \lambda a_x \\ \lambda a_y \\ \lambda a_z \end{pmatrix} \qquad \text{(II-45)}$$

■ **Beispiel**

$\vec{a}$ sei ein beliebiger vom Nullvektor verschiedener Vektor. Wie lautet der in die gleiche Richtung weisende Einheitsvektor $\vec{e}_a$?

Lösung: $\vec{a}$ und $\vec{e}_a$ sind (gleichsinnig) *parallele* Vektoren: $\vec{a} \uparrow\uparrow \vec{e}_a$. $\vec{a}$ besitzt die Länge $|\vec{a}|$, $\vec{e}_a$ die Länge 1. Daher gilt (vgl. Bild II-36):

$$\vec{a} = |\vec{a}|\, \vec{e}_a$$

und damit

$$\vec{e}_a = \frac{\vec{a}}{|\vec{a}|}$$

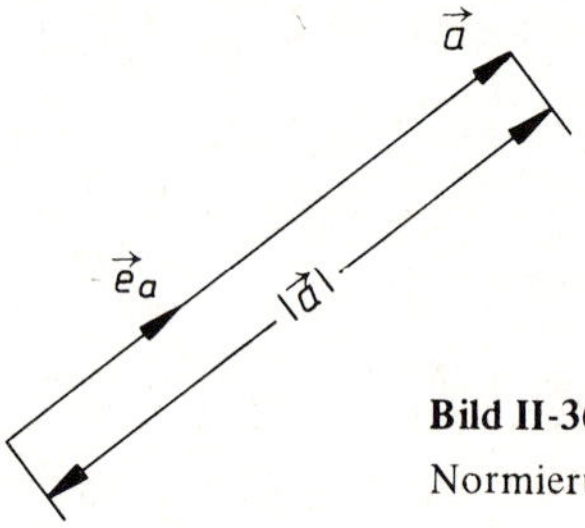

Bild II-36
Normierung eines Vektors

Diesen Vorgang bezeichnet man allgemein als *Normierung* eines Vektors. ■

3.2.2 Addition und Subtraktion von Vektoren

Die Addition und Subtraktion zweier Vektoren $\vec{a} = \begin{pmatrix} a_x \\ a_y \\ a_z \end{pmatrix}$ und $\vec{b} = \begin{pmatrix} b_x \\ b_y \\ b_z \end{pmatrix}$ erfolgt ebenfalls *komponentenweise:*

Addition und Subtraktion zweier Vektoren

$$\vec{a} \pm \vec{b} = \begin{pmatrix} a_x \\ a_y \\ a_z \end{pmatrix} \pm \begin{pmatrix} b_x \\ b_y \\ b_z \end{pmatrix} = \begin{pmatrix} a_x \pm b_x \\ a_y \pm b_y \\ a_z \pm b_z \end{pmatrix} \qquad \text{(II-46)}$$

■ **Beispiele**

(1) Berechne mit den Vektoren

$$\vec{a} = \begin{pmatrix} 2 \\ 3 \\ 4 \end{pmatrix}, \quad \vec{b} = \begin{pmatrix} 3 \\ 0 \\ 1 \end{pmatrix}, \quad \vec{c} = \begin{pmatrix} -4 \\ 1 \\ 5 \end{pmatrix}$$

die Summe $\vec{s} = 4\vec{a} + 3\vec{b} - 8\vec{c}$.

Lösung:

$$\vec{s} = 4\vec{a} + 3\vec{b} - 8\vec{c} = 4\begin{pmatrix} 2 \\ 3 \\ 4 \end{pmatrix} + 3\begin{pmatrix} 3 \\ 0 \\ 1 \end{pmatrix} - 8\begin{pmatrix} -4 \\ 1 \\ 5 \end{pmatrix} =$$

$$= \begin{pmatrix} 8 \\ 12 \\ 16 \end{pmatrix} + \begin{pmatrix} 9 \\ 0 \\ 3 \end{pmatrix} + \begin{pmatrix} 32 \\ -8 \\ -40 \end{pmatrix} = \begin{pmatrix} 8+9+32 \\ 12+0-8 \\ 16+3-40 \end{pmatrix} = \begin{pmatrix} 49 \\ 4 \\ -21 \end{pmatrix}$$

(2) Zeige: Die an einem Massenpunkt gleichzeitig angreifenden Kräfte

$$\vec{F}_1 = \begin{pmatrix} 20\,\text{N} \\ -11\,\text{N} \\ -3\,\text{N} \end{pmatrix}, \quad \vec{F}_2 = \begin{pmatrix} 4\,\text{N} \\ 8\,\text{N} \\ 9\,\text{N} \end{pmatrix}, \quad \vec{F}_3 = \begin{pmatrix} 1\,\text{N} \\ -10\,\text{N} \\ -4\,\text{N} \end{pmatrix}, \quad \vec{F}_4 = \begin{pmatrix} -25\,\text{N} \\ 13\,\text{N} \\ -2\,\text{N} \end{pmatrix}$$

heben sich in ihrer Wirkung auf.

Lösung: Die vier Kräfte heben sich gegenseitig auf, wenn die Resultierende $\vec{F}_R = \vec{F}_1 + \vec{F}_2 + \vec{F}_3 + \vec{F}_4$ den Nullvektor ergibt.

$$\vec{F}_R = \vec{F}_1 + \vec{F}_2 + \vec{F}_3 + \vec{F}_4 = \begin{pmatrix} 20\,\text{N} \\ -11\,\text{N} \\ -3\,\text{N} \end{pmatrix} + \begin{pmatrix} 4\,\text{N} \\ 8\,\text{N} \\ 9\,\text{N} \end{pmatrix} + \begin{pmatrix} 1\,\text{N} \\ -10\,\text{N} \\ -4\,\text{N} \end{pmatrix} + \begin{pmatrix} -25\,\text{N} \\ 13\,\text{N} \\ -2\,\text{N} \end{pmatrix} =$$

$$= \begin{pmatrix} 20\,\text{N} + 4\,\text{N} + 1\,\text{N} - 25\,\text{N} \\ -11\,\text{N} + 8\,\text{N} - 10\,\text{N} + 13\,\text{N} \\ -3\,\text{N} + 9\,\text{N} - 4\,\text{N} - 2\,\text{N} \end{pmatrix} = \begin{pmatrix} 0\,\text{N} \\ 0\,\text{N} \\ 0\,\text{N} \end{pmatrix}$$

(3) Welche Koordinaten besitzt der Punkt Q, der die Strecke von $P_1 = (-4; 3; 2)$ nach $P_2 = (1; 0; 4)$ halbiert (Bild II-37)?

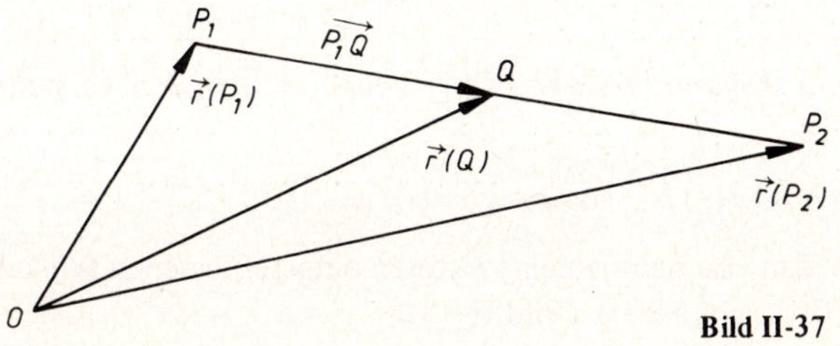

Bild II-37

Der Vektor $\overrightarrow{P_1 Q}$ ist parallel zum Vektor $\overrightarrow{P_1 P_2}$, jedoch nur von *halber* Länge. Daher gilt:

$$\overrightarrow{P_1 Q} = \frac{1}{2}\,\overrightarrow{P_1 P_2}$$

Aus der Skizze folgt ferner, daß $\vec{r}\,(Q)$ als Vektorsumme aus $\vec{r}\,(P_1)$ und $\overrightarrow{P_1 Q}$ darstellbar ist:

$$\vec{r}\,(Q) = \vec{r}\,(P_1) + \overrightarrow{P_1 Q} = \vec{r}\,(P_1) + \frac{1}{2}\,\overrightarrow{P_1 P_2}$$

Wir berechnen zunächst $\vec{r}\,(P_1)$ und $\overrightarrow{P_1 P_2}$:

$$\vec{r}\,(P_1) = \begin{pmatrix} x_1 \\ y_1 \\ z_1 \end{pmatrix} = \begin{pmatrix} -4 \\ 3 \\ 2 \end{pmatrix}$$

$$\overrightarrow{P_1 P_2} = \begin{pmatrix} x_2 - x_1 \\ y_2 - y_1 \\ z_2 - z_1 \end{pmatrix} = \begin{pmatrix} 1-(-4) \\ 0-3 \\ 4-2 \end{pmatrix} = \begin{pmatrix} 5 \\ -3 \\ 2 \end{pmatrix}$$

Für den Ortsvektor $\vec{r}\,(Q)$ erhalten wir

$$\vec{r}\,(Q) = \vec{r}\,(P_1) + \frac{1}{2}\,\overrightarrow{P_1 P_2} = \begin{pmatrix} -4 \\ 3 \\ 2 \end{pmatrix} + \frac{1}{2}\begin{pmatrix} 5 \\ -3 \\ 2 \end{pmatrix} = \begin{pmatrix} -4 \\ 3 \\ 2 \end{pmatrix} + \begin{pmatrix} 2,5 \\ -1,5 \\ 1 \end{pmatrix} =$$

$$= \begin{pmatrix} -1,5 \\ 1,5 \\ 3 \end{pmatrix}$$

Der Punkt Q besitzt daher die Koordinaten $Q = (-1,5;\ 1,5;\ 3)$. ■

3.3 Skalarprodukt zweier Vektoren

3.3.1 Definition des Skalarproduktes

Die in Abschnitt II.2.3 gegebene Definition des *skalaren* oder *inneren Produktes* zweier Vektoren läßt sich sinngemäß auch auf räumliche, d.h. 3-dimensionale Vektoren übertragen.

Definition: Unter dem *skalaren Produkt* zweier Vektoren $\vec{a}$ und $\vec{b}$ versteht man den Skalar

$$\vec{a} \cdot \vec{b} = |\vec{a}| \cdot |\vec{b}| \cdot \cos\varphi = ab \cdot \cos\varphi \qquad \text{(II-47)}$$

wobei φ den von den beiden Vektoren eingeschlossenen Winkel bedeutet $(0^\circ \leqslant \varphi \leqslant 180^\circ)$ (Bild II-38).

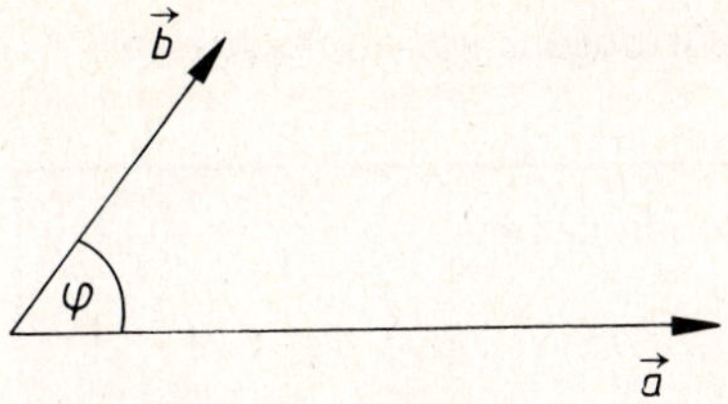

Bild II-38
Zum Begriff des Skalarproduktes zweier Vektoren

Die Skalarproduktbildung ist sowohl *kommutativ* als auch *distributiv:*

Kommutativgesetz $\vec{a} \cdot \vec{b} = \vec{b} \cdot \vec{a}$ (II-48)

Distributivgesetz $\vec{a} \cdot (\vec{b} + \vec{c}) = \vec{a} \cdot \vec{b} + \vec{a} \cdot \vec{c}$ (II-49)

Ferner gilt für einen *beliebigen* Skalar λ:

$$\lambda (\vec{a} \cdot \vec{b}) = (\lambda \vec{a}) \cdot \vec{b} = \vec{a} \cdot (\lambda \vec{b}) \quad \text{(II-50)}$$

Die *Orthogonalität* zweier vom Nullvektor verschiedener Vektoren $\vec{a}$ und $\vec{b}$ erkennt man daran, daß ihr skalares Produkt *verschwindet:*

Orthogonalität zweier Vektoren

Zwei Vektoren $\vec{a} \neq \vec{0}$ und $\vec{b} \neq \vec{0}$ stehen aufeinander *senkrecht,* wenn ihr Skalarprodukt *verschwindet:*

$$\vec{a} \cdot \vec{b} = 0 \iff \vec{a} \perp \vec{b} \quad \text{(II-51)}$$

Die drei Einheitsvektoren $\vec{e}_x, \vec{e}_y, \vec{e}_z$ bilden eine sog. *orthonormierte* Basis, d.h. die Vektoren stehen paarweise senkrecht aufeinander (*orthogonale* Vektoren) und besitzen jeweils den Betrag Eins (*normierte* Vektoren):

$$\vec{e}_x \cdot \vec{e}_y = \vec{e}_y \cdot \vec{e}_z = \vec{e}_z \cdot \vec{e}_x = 0 \qquad \vec{e}_x \cdot \vec{e}_x = \vec{e}_y \cdot \vec{e}_y = \vec{e}_z \cdot \vec{e}_z = 1 \quad \text{(II-52)}$$

Für den Sonderfall $\vec{a} = \vec{b}$ erhält man

$$\vec{a} \cdot \vec{a} = |\vec{a}| \cdot |\vec{a}| \cdot \cos 0^\circ = |\vec{a}| \cdot |\vec{a}| = |\vec{a}|^2 = a^2 \quad \text{(II-53)}$$

Der Betrag eines Vektors $\vec{a}$ läßt sich daher auch über das Skalarprodukt $\vec{a} \cdot \vec{a}$ berechnen:

$$|\vec{a}| = a = \sqrt{\vec{a} \cdot \vec{a}} \quad \text{(II-54)}$$

Das Skalarprodukt zweier Vektoren kann auch direkt aus den skalaren Komponenten bestimmt werden:

$$\begin{aligned}
\vec{a} \cdot \vec{b} &= (a_x \vec{e}_x + a_y \vec{e}_y + a_z \vec{e}_z) \cdot (b_x \vec{e}_x + b_y \vec{e}_y + b_z \vec{e}_z) = \\
&= a_x b_x (\vec{e}_x \cdot \vec{e}_x) + a_x b_y (\vec{e}_x \cdot \vec{e}_y) + a_x b_z (\vec{e}_x \cdot \vec{e}_z) + a_y b_x (\vec{e}_y \cdot \vec{e}_x) + \\
&+ a_y b_y (\vec{e}_y \cdot \vec{e}_y) + a_y b_z (\vec{e}_y \cdot \vec{e}_z) + a_z b_x (\vec{e}_z \cdot \vec{e}_x) + a_z b_y (\vec{e}_z \cdot \vec{e}_y) + \\
&+ a_z b_z (\vec{e}_z \cdot \vec{e}_z) = \\
&= a_x b_x \cdot 1 + a_x b_y \cdot 0 + a_x b_z \cdot 0 + a_y b_x \cdot 0 + a_y b_y \cdot 1 + a_y b_z \cdot 0 + \\
&+ a_z b_x \cdot 0 + a_z b_y \cdot 0 + a_z b_z \cdot 1 = \\
&= a_x b_x + a_y b_y + a_z b_z \qquad \text{(II-55)}
\end{aligned}$$

Dabei haben wir vom Distributivgesetz (II-49) und den Orthogonalitätseigenschaften (II-52) Gebrauch gemacht.

Berechnung des Skalarproduktes aus den skalaren Komponenten (Vektorkoordinaten)

$$\vec{a} \cdot \vec{b} = |\vec{a}| \cdot |\vec{b}| \cdot \cos \varphi = a_x b_x + a_y b_y + a_z b_z \qquad \text{(II-56)}$$

Der von den beiden Vektoren $\vec{a}$ und $\vec{b}$ eingeschlossene Winkel φ wird aus der Gleichung

$$\cos \varphi = \frac{\vec{a} \cdot \vec{b}}{|\vec{a}| \cdot |\vec{b}|} = \frac{a_x b_x + a_y b_y + a_z b_z}{\sqrt{a_x^2 + a_y^2 + a_z^2} \cdot \sqrt{b_x^2 + b_y^2 + b_z^2}} \qquad \text{(II-57)}$$

bestimmt. Wir erhalten durch *Umkehrung:*

Winkel zwischen zwei Vektoren (Bild II-38)

$$\varphi = \arccos \left(\frac{\vec{a} \cdot \vec{b}}{|\vec{a}| \cdot |\vec{b}|} \right) \qquad \text{(II-58)}$$

Ein Vektor $\vec{a}$ ist bekanntlich eindeutig durch *Betrag und Richtung* festgelegt. Die Berechnung des *Betrages* $|\vec{a}|$ erfolgt dabei nach Gleichung (II-43). Die *Richtung* des Vektors legen wir durch die Winkel fest, die der Vektor mit den drei Koordinatenachsen (d.h. mit den drei Basisvektoren $\vec{e}_x, \vec{e}_y, \vec{e}_z$) bildet. Wir bezeichnen sie der Reihe nach mit α, β und γ (Bild II-39). Sie lassen sich aus der Beziehung (II-57) berechnen, indem man für $\vec{b}$ der Reihe nach $\vec{e}_x, \vec{e}_y, \vec{e}_z$ setzt. So erhält man beispielsweise für den Winkel α zwischen Vektor $\vec{a}$ und x-Achse

$$\cos \alpha = \frac{\vec{a} \cdot \vec{e}_x}{|\vec{a}| \cdot |\vec{e}_x|} = \frac{\begin{pmatrix} a_x \\ a_y \\ a_z \end{pmatrix} \cdot \begin{pmatrix} 1 \\ 0 \\ 0 \end{pmatrix}}{a \cdot 1} = \frac{a_x}{a} \qquad \text{(II-59)}$$

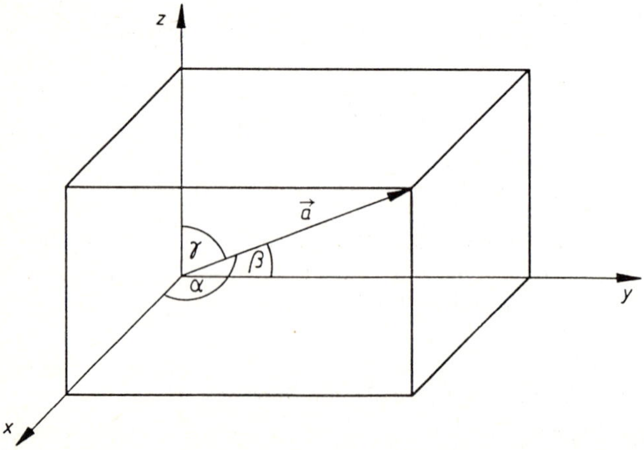

Bild II-39
Richtungswinkel eines Vektors

Analoge Gleichungen bestehen für die übrigen Winkel:

$$\cos\beta = \frac{a_y}{a}, \qquad \cos\gamma = \frac{a_z}{a} \tag{II-60}$$

$\cos\alpha$, $\cos\beta$ und $\cos\gamma$ werden als *Richtungskosinus* von $\vec{a}$ bezeichnet. Sie genügen der Bedingung

$$\cos^2\alpha + \cos^2\beta + \cos^2\gamma = \frac{a_x^2}{a^2} + \frac{a_y^2}{a^2} + \frac{a_z^2}{a^2} = \frac{a_x^2 + a_y^2 + a_z^2}{a^2} = \frac{a^2}{a^2} = 1 \tag{II-61}$$

Aus dieser Beziehung folgern wir: Die drei *Richtungskosinus* $\cos\alpha$, $\cos\beta$ und $\cos\gamma$ sind voneinander *abhängig*.

Richtungswinkel zwischen einem Vektor und den Koordinatenachsen (Richtungskosinus)

$$\cos\alpha = \frac{a_x}{a}, \qquad \cos\beta = \frac{a_y}{a}, \qquad \cos\gamma = \frac{a_z}{a} \tag{II-62}$$

$$\cos^2\alpha + \cos^2\beta + \cos^2\gamma = 1 \tag{II-63}$$

Sind von einem Vektor $\vec{a}$ Betrag und Richtung bekannt, so berechnen sich die Vektorkoordinaten nach (II-62) zu

$$a_x = a \cdot \cos\alpha, \qquad a_y = a \cdot \cos\beta, \qquad a_z = a \cdot \cos\gamma \tag{II-64}$$

■ **Beispiele**

(1) Wir berechnen nach Gleichung (II-58) den Winkel φ, den die beiden Vektoren

$$\vec{a} = \begin{pmatrix} 3 \\ -1 \\ 2 \end{pmatrix} \quad \text{und} \quad \vec{b} = \begin{pmatrix} 1 \\ 2 \\ 4 \end{pmatrix} \quad \text{miteinander einschließen:}$$

$$\vec{a} \cdot \vec{b} = \begin{pmatrix} 3 \\ -1 \\ 2 \end{pmatrix} \cdot \begin{pmatrix} 1 \\ 2 \\ 4 \end{pmatrix} = 3 \cdot 1 + (-1) \cdot 2 + 2 \cdot 4 = 9$$

$$|\vec{a}| = \sqrt{3^2 + (-1)^2 + 2^2} = \sqrt{14}, \qquad |\vec{b}| = \sqrt{1^2 + 2^2 + 4^2} = \sqrt{21}$$

$$\cos\varphi = \frac{\vec{a} \cdot \vec{b}}{|\vec{a}| \cdot |\vec{b}|} = \frac{9}{\sqrt{14} \cdot \sqrt{21}} = 0{,}5249$$

$$\Rightarrow \quad \varphi = \arccos 0{,}5249 = 58{,}3^\circ$$

(2) Ein Vektor $\vec{a}$ vom Betrage $|\vec{a}| = 5$ bilde mit der x- und y-Achse jeweils einen Winkel von 60° und mit der z-Achse einen spitzen Winkel $(0^\circ < \gamma < 90^\circ)$. Wie lauten seine *skalaren* Komponenten?

Lösung:

Der Winkel γ wird aus der Beziehung (II-63) berechnet:

$$\cos\gamma = \pm\sqrt{1 - \cos^2\alpha - \cos^2\beta}$$

Es kommt nur die positive Lösung infrage, da γ ein *spitzer* Winkel sein soll. Mit $\alpha = \beta = 60°$ erhält man:

$$\cos\gamma = \sqrt{1 - \cos^2 60° - \cos^2 60°} = 0{,}7071$$

$$\Rightarrow \quad \gamma = \arccos 0{,}7071 = 45°$$

Die *skalaren* Vektorkomponenten von $\vec{a}$ bestimmen wir nach Gleichung (II-64) zu:

$$a_x = |\vec{a}| \cdot \cos\alpha = 5 \cdot \cos 60° = 2{,}5$$

$$a_y = |\vec{a}| \cdot \cos\beta = 5 \cdot \cos 60° = 2{,}5$$

$$a_z = |\vec{a}| \cdot \cos\gamma = 5 \cdot \cos 45° = 3{,}54$$

(3) Wir beweisen den *Satz des Pythagoras: In einem rechtwinkligen Dreieck ist die Summe der beiden Kathetenquadrate gleich dem Quadrat der Hypotenuse.*
Aus Bild II-40 folgt:

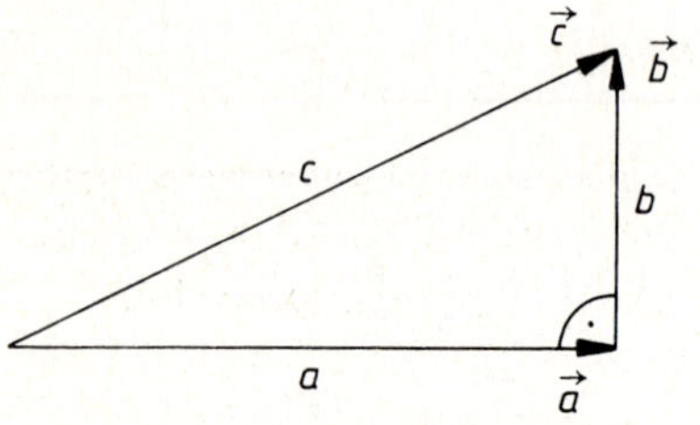

$$\vec{a} \cdot \vec{a} = a^2$$

$$\vec{b} \cdot \vec{b} = b^2$$

$$\vec{c} \cdot \vec{c} = c^2$$

$$\vec{a} \cdot \vec{b} = 0 \qquad (\vec{a} \perp \vec{b})$$

Bild II-40 Zur Herleitung des Satzes von Pythagoras

Der Hypotenusenvektor $\vec{c}$ ist die Summe der beiden Kathetenvektoren $\vec{a}$ und $\vec{b}$:

$$\vec{c} = \vec{a} + \vec{b}$$

Wir bilden nun das *skalare* Produkt von $\vec{c}$ mit sich selbst:

$$\vec{c} \cdot \vec{c} = (\vec{a} + \vec{b}) \cdot (\vec{a} + \vec{b}) = \vec{a} \cdot \vec{a} + \vec{a} \cdot \vec{b} + \vec{b} \cdot \vec{a} + \vec{b} \cdot \vec{b}$$

Wegen der Orthogonalität von $\vec{a}$ und $\vec{b}$ ist $\vec{a} \cdot \vec{b} = \vec{b} \cdot \vec{a} = 0$ und es folgt:

$$\vec{c} \cdot \vec{c} = \vec{a} \cdot \vec{a} + \vec{b} \cdot \vec{b} \quad \Rightarrow \quad c^2 = a^2 + b^2$$

Damit ist der *Lehrsatz des Pythagoras* bewiesen. ■

Wir beschäftigen uns jetzt mit der *Projektion* eines Vektors $\vec{b}$ auf einen Vektor $\vec{a}$ (Bild II-41).

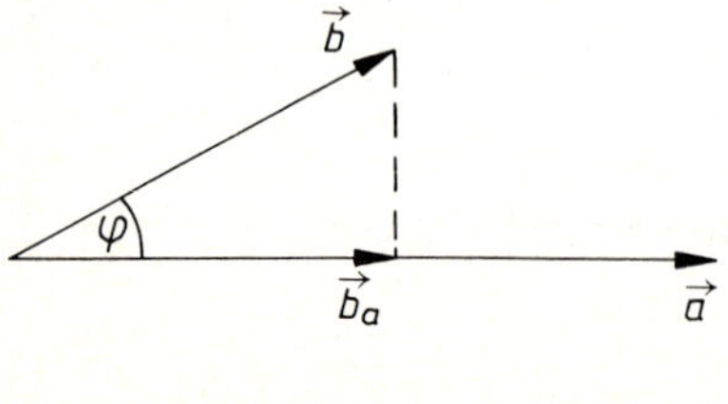

Bild II-41
Komponente eines Vektors $\vec{b}$ in Richtung des Vektors $\vec{a}$

Der durch die Projektion erhaltene Vektor wird mit $\vec{b}_a$ bezeichnet, sein Betrag ist

$$|\vec{b}_a| = |\vec{b}| \cdot \cos\varphi \qquad \text{(II-65)}$$

wobei φ der Winkel zwischen den Vektoren $\vec{b}$ und $\vec{a}$ ist[4]. Aus dem Skalarprodukt

$$\vec{a} \cdot \vec{b} = |\vec{a}| \cdot \underbrace{|\vec{b}| \cdot \cos\varphi}_{= |\vec{b}_a|} = |\vec{a}| \cdot |\vec{b}_a| \qquad \text{(II-66)}$$

folgt dann weiter:

$$|\vec{b}_a| = |\vec{b}| \cdot \cos\varphi = \frac{\vec{a} \cdot \vec{b}}{|\vec{a}|} \qquad \text{(II-67)}$$

Der Vektor $\vec{b}_a$ besitzt die *gleiche* Richtung wie der Vektor $\vec{a}$ und ist somit in der Form

$$\vec{b}_a = |\vec{b}_a| \cdot \vec{e}_a = |\vec{b}_a| \frac{\vec{a}}{|\vec{a}|} = \frac{\vec{a} \cdot \vec{b}}{|\vec{a}|} \frac{\vec{a}}{|\vec{a}|} = \left(\frac{\vec{a} \cdot \vec{b}}{|\vec{a}|^2} \right) \vec{a} \qquad \text{(II-68)}$$

darstellbar ($\vec{e}_a$ ist der *Einheitsvektor* in Richtung von $\vec{a}$).
Zusammenfassend gilt dann:

Projektion eines Vektors $\vec{b}$ auf einen Vektor $\vec{a}$ (Bild II-41)

Durch *Projektion* des Vektors $\vec{b}$ auf den Vektor $\vec{a}$ entsteht der Vektor

$$\vec{b}_a = \left(\frac{\vec{a} \cdot \vec{b}}{|\vec{a}|^2} \right) \vec{a} \qquad \text{(II-69)}$$

(*Komponente* des Vektors $\vec{b}$ in Richtung des Vektors $\vec{a}$)

■ **Beispiel**

Wir *projizieren* den Vektor $\vec{b} = \begin{pmatrix} 4 \\ -1 \\ 7 \end{pmatrix}$ auf den Vektor $\vec{a} = \begin{pmatrix} 3 \\ 0 \\ 4 \end{pmatrix}$:

$$\vec{a} \cdot \vec{b} = \begin{pmatrix} 3 \\ 0 \\ 4 \end{pmatrix} \cdot \begin{pmatrix} 4 \\ -1 \\ 7 \end{pmatrix} = 12 + 0 + 28 = 40$$

$$|\vec{a}|^2 = 3^2 + 0^2 + 4^2 = 25$$

Die *Komponente* des Vektors $\vec{b}$ in Richtung des Vektors $\vec{a}$ lautet dann nach Formel (II-69) wie folgt:

$$\vec{b}_a = \left(\frac{\vec{a} \cdot \vec{b}}{|\vec{a}|^2} \right) \vec{a} = \frac{40}{25} \begin{pmatrix} 3 \\ 0 \\ 4 \end{pmatrix} = 1{,}6 \begin{pmatrix} 3 \\ 0 \\ 4 \end{pmatrix} = \begin{pmatrix} 4{,}8 \\ 0 \\ 6{,}4 \end{pmatrix}$$ ■

---

[4] Für den Winkel φ setzen wir zunächst (wie in Bild II-41 dargestellt) $0° \leqslant \varphi \leqslant 90°$ voraus. Die Endformel gilt aber auch für *beliebige* Winkel.

3.3.2 Ein Anwendungsbeispiel: Arbeit einer Kraft

Wird ein Massenpunkt durch eine *konstante* Kraft $\vec{F}$ um die Strecke $\vec{s}$ verschoben, so ist die an ihm verrichtete *Arbeit* W definitionsgemäß das *skalare* Produkt aus der Kraft $\vec{F}$ und dem Verschiebungsvektor $\vec{s}$ (Bild II-42):

$$W = \vec{F} \cdot \vec{s} = |\vec{F}| \cdot |\vec{s}| \cdot \cos\varphi = F_s \cdot s \qquad \text{(II-70)}$$

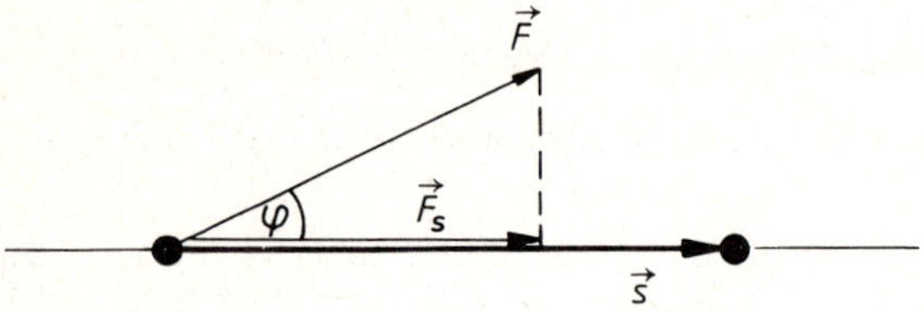

Bild II-42
Zur Definition des Arbeitsbegriffes

$\vec{F}_s$ ist dabei die in der Wegrichtung wirkende Kraftkomponente.

■ **Beispiel**

Die konstante Kraft $\vec{F} = \begin{pmatrix} -10\text{ N} \\ 2\text{ N} \\ 5\text{ N} \end{pmatrix}$ verschiebe einen Massenpunkt vom Punkte $P_1 = (1\text{ m}; -5\text{ m}; 3\text{ m})$ in den Punkt $P_2 = (0\text{ m}; 1\text{ m}; 4\text{ m})$. Welche Arbeit wird dabei verrichtet?

Lösung:

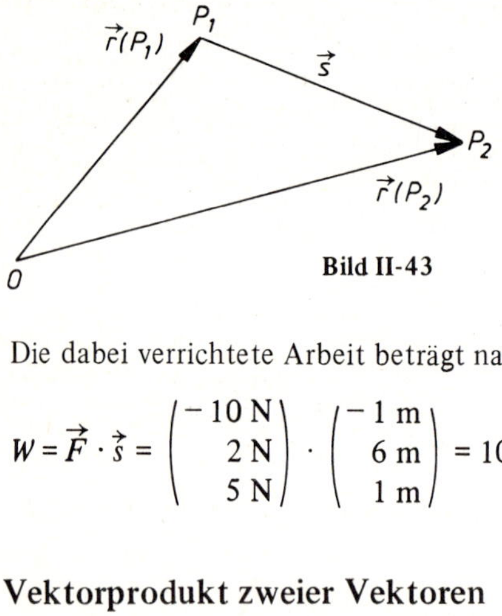

Bild II-43

Der Verschiebungsvektor lautet:

$$\vec{s} = \overrightarrow{P_1 P_2} = \begin{pmatrix} x_2 - x_1 \\ y_2 - y_1 \\ z_2 - z_1 \end{pmatrix} = \begin{pmatrix} -1\text{ m} \\ 6\text{ m} \\ 1\text{ m} \end{pmatrix}$$

Die dabei verrichtete Arbeit beträgt nach Gleichung (II-70)

$$W = \vec{F} \cdot \vec{s} = \begin{pmatrix} -10\text{ N} \\ 2\text{ N} \\ 5\text{ N} \end{pmatrix} \cdot \begin{pmatrix} -1\text{ m} \\ 6\text{ m} \\ 1\text{ m} \end{pmatrix} = 10\text{ Nm} + 12\text{ Nm} + 5\text{ Nm} = 27\text{ Nm} = 27\text{ J}$$ ■

3.4 Vektorprodukt zweier Vektoren

3.4.1 Definition des Vektorproduktes

Neben der Addition und Subtraktion von Vektoren und der Skalarproduktbildung wird in den Anwendungen eine weitere Vektoroperation benötigt, die sog. *vektorielle Multiplikation.* Sie erzeugt aus zwei Vektoren $\vec{a}$ und $\vec{b}$ nach einer bestimmten Vorschrift einen neuen Vektor, der die Bezeichnung *Vektorprodukt* trägt und durch das Symbol $\vec{a} \times \vec{b}$

gekennzeichnet wird (gelesen: *a* Kreuz *b*). So sind beispielsweise die folgenden Größen als Vektorprodukte darstellbar:

1. Das *Drehmoment* $\vec{M}$ einer an einem starren Körper angreifenden Kraft;
2. Der *Drehimpuls* $\vec{L}$ eines rotierenden Körpers;
3. Die *Lorentz-Kraft* $\vec{F}_L$, die ein Ladungsträger (z.B. ein Elektron) beim Durchgang durch ein Magnetfeld erfährt;
4. Die Kraft, die ein stromdurchflossener Leiter in einem Magnetfeld erfährt.

Drehmoment $\vec{M}$ und Lorentz-Kraft $\vec{F}_L$ werden im Rahmen der Anwendungsbeispiele eingehend behandelt (Abschnitt II.3.4.2).

Definition: Unter dem *Vektorprodukt* $\vec{c} = \vec{a} \times \vec{b}$ zweier Vektoren $\vec{a}$ und $\vec{b}$ versteht man den *Vektor* mit den folgenden Eigenschaften (Bild II-44):

(1) $\vec{c}$ ist sowohl zu $\vec{a}$ als auch zu $\vec{b}$ *orthogonal:*

$$\vec{c} \cdot \vec{a} = \vec{c} \cdot \vec{b} = 0 \qquad \text{(II-71)}$$

(2) Der Betrag von $\vec{c}$ ist gleich dem Produkt aus den Beträgen der Vektoren $\vec{a}$ und $\vec{b}$ und dem Sinus des von ihnen eingeschlossenen Winkels φ:

$$|\vec{c}| = |\vec{a}| \cdot |\vec{b}| \cdot \sin\varphi \qquad (0° \leqslant \varphi \leqslant 180°) \qquad \text{(II-72)}$$

(3) Die Vektoren $\vec{a}, \vec{b}, \vec{c}$ bilden in dieser Reihenfolge ein *rechtshändiges* System.

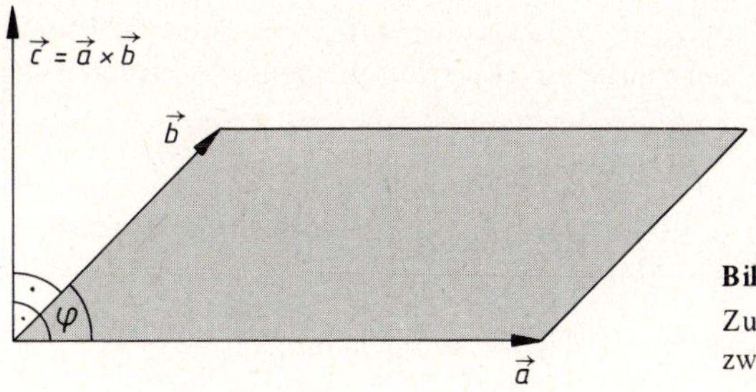

Bild II-44
Zum Begriff des Vektorproduktes zweier Vektoren

Anmerkungen

(1) Das Vektorprodukt ist eine *vektorielle* Größe.

(2) Statt des Symboles $\vec{a} \times \vec{b}$ verwendet man häufig auch $[\vec{a}, \vec{b}]$.

(3) Das Vektorprodukt $\vec{a} \times \vec{b}$ wird auch als *äußeres Produkt* oder *Kreuzprodukt* der Vektoren $\vec{a}$ und $\vec{b}$ bezeichnet.

Für den Flächeninhalt des von den Vektoren $\vec{a}$ und $\vec{b}$ aufgespannten Parallelogramms erhalten wir nach Bild II-45

$$A = (\text{Grundlinie}) \cdot (\text{Höhe}) = a \cdot h = a \cdot b \cdot \sin\varphi \qquad \text{(II-73)}$$

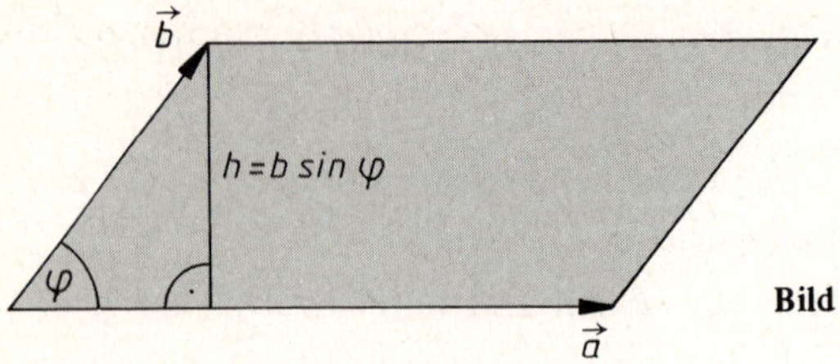

Bild II-45

Dies aber ist genau der *Betrag* des Vektorproduktes $\vec{a} \times \vec{b}$.

> **Geometrische Deutung des Vektorproduktes**
> Der Betrag des Vektorproduktes $\vec{a} \times \vec{b}$ entspricht dem *Flächeninhalt* des von den Vektoren $\vec{a}$ und $\vec{b}$ aufgespannten Parallelogramms.

Rechengesetze

Distributivgesetze

$$\vec{a} \times (\vec{b} + \vec{c}) = \vec{a} \times \vec{b} + \vec{a} \times \vec{c}$$
$$(\vec{a} + \vec{b}) \times \vec{c} = \vec{a} \times \vec{c} + \vec{b} \times \vec{c} \qquad \text{(II-74)}$$

Anti-Kommutativgesetz

$$\vec{a} \times \vec{b} = -(\vec{b} \times \vec{a}) \qquad \text{(II-75)}$$

Ferner gilt für einen beliebigen Skalar λ:

$$\lambda (\vec{a} \times \vec{b}) = (\lambda \vec{a}) \times \vec{b} = \vec{a} \times (\lambda \vec{b}) \qquad \text{(II-76)}$$

Das vektorielle Produkt $\vec{a} \times \vec{b}$ zweier vom Nullvektor *verschiedener* Vektoren $\vec{a}$ und $\vec{b}$ verschwindet für $\varphi = 0^\circ$ und $\varphi = 180^\circ$. Die Vektoren $\vec{a}$ und $\vec{b}$ sind dann zueinander *parallel* oder *anti-parallel*, d.h. *kollinear*.

> **Kriterium für kollineare Vektoren**
> Verschwindet das Vektorprodukt zweier vom Nullvektor verschiedener Vektoren $\vec{a}$ und $\vec{b}$, so sind die Vektoren entweder zueinander *parallel* oder *anti-parallel* orientiert:
>
> $$\vec{a} \times \vec{b} = \vec{0} \Rightarrow \vec{a} \uparrow\uparrow \vec{b} \quad \text{oder} \quad \vec{a} \uparrow\downarrow \vec{b} \qquad \text{(II-77)}$$

Für den Sonderfall $\vec{a} = \vec{b}$ folgt unmittelbar aus der Definitionsgleichung (II-72)

$$|\vec{a} \times \vec{a}| = |\vec{a}| \cdot |\vec{a}| \cdot \sin 0^\circ = 0 \Rightarrow \vec{a} \times \vec{a} = \vec{0} \qquad \text{(II-78)}$$

Zwischen den Basisvektoren $\vec{e}_x, \vec{e}_y, \vec{e}_z$ bestehen die folgenden wichtigen Beziehungen (Bild II-46):

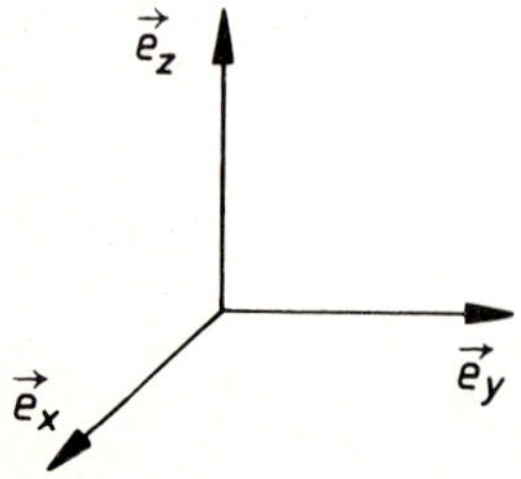

$$\vec{e}_x \times \vec{e}_x = \vec{e}_y \times \vec{e}_y = \vec{e}_z \times \vec{e}_z = \vec{0}$$
$$\vec{e}_x \times \vec{e}_y = \vec{e}_z, \quad \vec{e}_y \times \vec{e}_z = \vec{e}_x, \quad \vec{e}_z \times \vec{e}_x = \vec{e}_y \qquad \text{(II-79)}$$

Bild II-46

Die Komponenten des Vektorproduktes $\vec{a} \times \vec{b}$ lassen sich auch direkt aus den Komponenten der Vektoren $\vec{a}$ und $\vec{b}$ berechnen (wir verwenden bei der Herleitung der Formel das Distributiv- und das Anti-Kommutativgesetz sowie die Beziehung (II-79):

$$\begin{aligned}
\vec{a} \times \vec{b} &= (a_x \vec{e}_x + a_y \vec{e}_y + a_z \vec{e}_z) \times (b_x \vec{e}_x + b_y \vec{e}_y + b_z \vec{e}_z) = \\
&= a_x b_x \underbrace{(\vec{e}_x \times \vec{e}_x)}_{=\vec{0}} + a_x b_y \underbrace{(\vec{e}_x \times \vec{e}_y)}_{=\vec{e}_z} + a_x b_z \underbrace{(\vec{e}_x \times \vec{e}_z)}_{=-\vec{e}_y} + \\
&\quad + a_y b_x \underbrace{(\vec{e}_y \times \vec{e}_x)}_{=-\vec{e}_z} + a_y b_y \underbrace{(\vec{e}_y \times \vec{e}_y)}_{=\vec{0}} + a_y b_z \underbrace{(\vec{e}_y \times \vec{e}_z)}_{=\vec{e}_x} + \\
&\quad + a_z b_x \underbrace{(\vec{e}_z \times \vec{e}_x)}_{=\vec{e}_y} + a_z b_y \underbrace{(\vec{e}_z \times \vec{e}_y)}_{=-\vec{e}_x} + a_z b_z \underbrace{(\vec{e}_z \times \vec{e}_z)}_{=\vec{0}} = \\
&= a_x b_y \vec{e}_z - a_x b_z \vec{e}_y - a_y b_x \vec{e}_z + a_y b_z \vec{e}_x + a_z b_x \vec{e}_y - a_z b_y \vec{e}_x = \\
&= (a_y b_z - a_z b_y) \vec{e}_x + (a_z b_x - a_x b_z) \vec{e}_y + (a_x b_y - a_y b_x) \vec{e}_z = \\
&= \begin{pmatrix} a_y b_z - a_z b_y \\ a_z b_x - a_x b_z \\ a_x b_y - a_y b_x \end{pmatrix}
\end{aligned} \qquad \text{(II-80)}$$

Berechnung des Vektorproduktes aus den skalaren Komponenten (Vektorkoordinaten)

$$\vec{a} \times \vec{b} = \begin{pmatrix} a_x \\ a_y \\ a_z \end{pmatrix} \times \begin{pmatrix} b_x \\ b_y \\ b_z \end{pmatrix} = \begin{pmatrix} a_y b_z - a_z b_y \\ a_z b_x - a_x b_z \\ a_x b_y - a_y b_x \end{pmatrix} \qquad \text{(II-81)}$$

Anmerkungen

(1) Bei der Berechnung der Komponenten des Vektorproduktes beachte man den folgenden Hinweis: Durch *zyklisches* Vertauschen der Indizes erhält man aus der ersten Komponente die zweite und aus dieser schließlich die dritte Komponente.

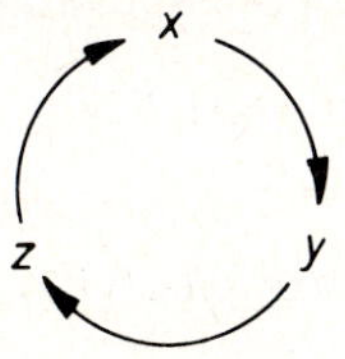

(2) *Formal* läßt sich das Vektorprodukt $\vec{a} \times \vec{b}$ in Form einer dreireihigen Determinante darstellen:

$$\vec{a} \times \vec{b} = \begin{vmatrix} \vec{e}_x & \vec{e}_y & \vec{e}_z \\ a_x & a_y & a_z \\ b_x & b_y & b_z \end{vmatrix} \qquad \text{(II-82)}$$

Definitionsgemäß besitzt dabei eine dreireihige Determinante vom Typ

$$D = \begin{vmatrix} a_{11} & a_{12} & a_{13} \\ a_{21} & a_{22} & a_{23} \\ a_{31} & a_{32} & a_{33} \end{vmatrix} \qquad \text{(II-83)}$$

den Zahlenwert

$$D = a_{11}a_{22}a_{33} + a_{12}a_{23}a_{31} + a_{13}a_{21}a_{32} - a_{31}a_{22}a_{13} - a_{32}a_{23}a_{11} - a_{33}a_{21}a_{12} \qquad \text{(II-84)}$$

Er kann z.B. nach der *Regel von Sarrus* berechnet werden:

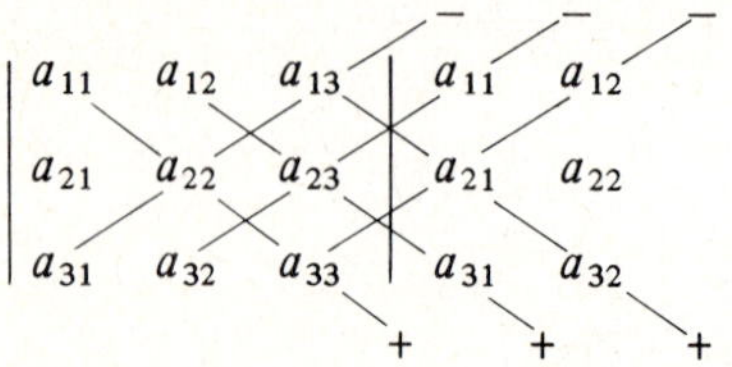

1. und 2. Spalte werden neben die Determinante gesetzt, die durch eine Linie miteinander verbundenen Elemente ergeben insgesamt sechs Produkte mit je drei Faktoren. Die in dem Schema angegebenen Vorzeichen bedeuten eine nachträgliche Multiplikation des Produktes mit dem Faktor (+ 1) oder (− 1). Durch Addition der sechs Produkte erhält man schließlich den Wert der Determinante D.

Eine ausführliche Darstellung der Determinanten erfolgt in Band 2 (Kapitel I).

Rechenbeispiel

$$D = \begin{vmatrix} 3 & 2 & 0 \\ 1 & 3 & 1 \\ 4 & 5 & 4 \end{vmatrix} = ?$$

Berechnung nach der Regel von *Sarrus*:

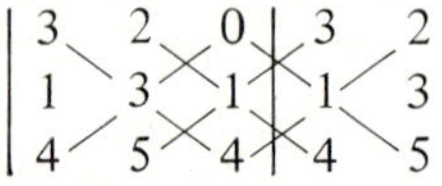

$$D = 3 \cdot 3 \cdot 4 + 2 \cdot 1 \cdot 4 + 0 \cdot 1 \cdot 5 - 4 \cdot 3 \cdot 0 - 5 \cdot 1 \cdot 3 - 4 \cdot 1 \cdot 2 =$$
$$= 36 + 8 + 0 - 0 - 15 - 8 = 21$$

■ **Beispiele**

(1) Wir berechnen den Flächeninhalt A des von den beiden Vektoren

$\vec{a} = \begin{pmatrix} 1 \\ -5 \\ 2 \end{pmatrix}$ und $\vec{b} = \begin{pmatrix} 2 \\ 0 \\ 3 \end{pmatrix}$ aufgespannten Parallelogramms:

$$\vec{a} \times \vec{b} = \begin{pmatrix} 1 \\ -5 \\ 2 \end{pmatrix} \times \begin{pmatrix} 2 \\ 0 \\ 3 \end{pmatrix} = \begin{pmatrix} -15 - 0 \\ 4 - 3 \\ 0 + 10 \end{pmatrix} = \begin{pmatrix} -15 \\ 1 \\ 10 \end{pmatrix}$$

$$A = |\vec{a} \times \vec{b}| = \sqrt{(-15)^2 + 1^2 + 10^2} = 18{,}06$$

(2) *Elektronen,* die mit der Geschwindigkeit $\vec{v}$ in ein Magnetfeld der Flußdichte $\vec{B}$ eintreten, erfahren dort die *Lorentz-Kraft*

$$\vec{F}_L = -e\,(\vec{v} \times \vec{B})$$

(vgl. hierzu das in Abschnitt II.3.4.2.2 beschriebene Anwendungsbeispiel). Wie groß ist die Kraftwirkung auf ein Elektron, wenn $\vec{v}$ und $\vec{B}$ die folgenden Komponenten besitzen? ($e = 1{,}6 \cdot 10^{-19}$ C; 1 T = 1 Vs/m^2).

$$\vec{v} = \begin{pmatrix} 2000 \\ 2000 \\ 0 \end{pmatrix} \text{m/s}, \qquad \vec{B} = \begin{pmatrix} 0 \\ 0 \\ 0{,}1 \end{pmatrix} \text{T}$$

Lösung:

$$\vec{F}_L = -1{,}6 \cdot 10^{-19}\ \text{C}\,\frac{\text{m}}{\text{s}}\,\text{T} \begin{pmatrix} 2000 \\ 2000 \\ 0 \end{pmatrix} \times \begin{pmatrix} 0 \\ 0 \\ 0{,}1 \end{pmatrix} =$$

$$= -1{,}6 \cdot 10^{-19}\ \text{N} \begin{pmatrix} 200 - 0 \\ 0 - 200 \\ 0 - 0 \end{pmatrix} = -1{,}6 \cdot 10^{-19}\ \text{N} \begin{pmatrix} 200 \\ -200 \\ 0 \end{pmatrix} =$$

$$= 3{,}2 \cdot 10^{-17} \begin{pmatrix} -1 \\ 1 \\ 0 \end{pmatrix} \text{N}$$

■

3.4.2 Anwendungsbeispiele

3.4.2.1 Drehmoment (Moment einer Kraft)

Drehmomente sind vektorielle Größen, die bei der Behandlung statischer Systeme von großer Bedeutung sind.

Wir betrachten einen *starren Körper* in Form einer Kreisscheibe, der um seine Symmetrieachse drehbar gelagert ist (Bild II-47).

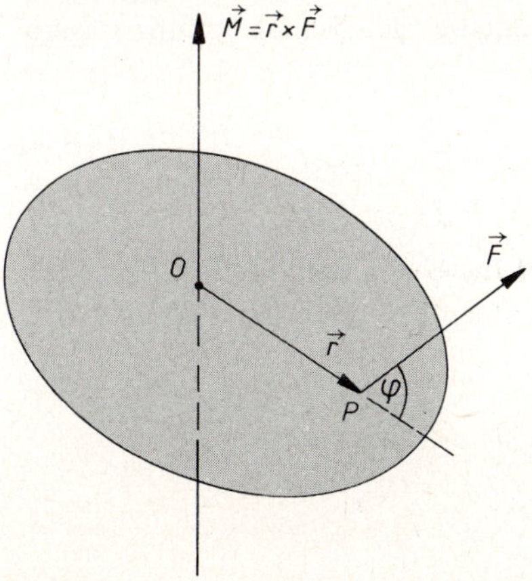

Bild II-47 Zum Begriff des Drehmomentes

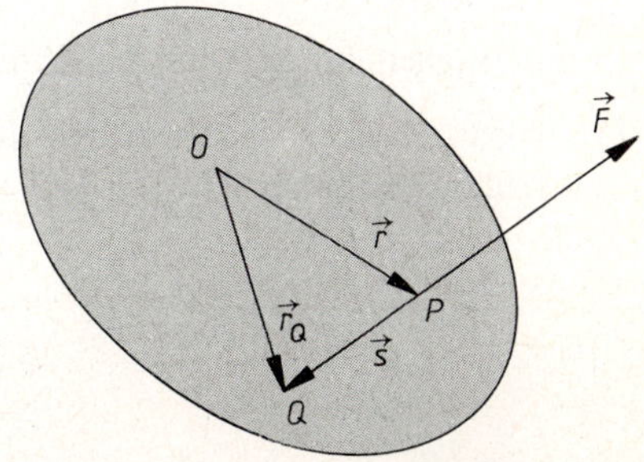

Bild II-48 Die am starren Körper angreifende Kraft als linienflüchtiger Vektor

Eine im Punkt P angreifende (in der Scheibenebene liegende) Kraft $\vec{F}$ erzeugt ein Drehmoment $\vec{M}$, das als Vektorprodukt aus Ortsvektor $\vec{r}$ und Kraftvektor $\vec{F}$ in der Form

$$\vec{M} = \vec{r} \times \vec{F} \tag{II-85}$$

darstellbar ist ($\vec{r}$ ist der Ortsvektor des Angriffpunktes P). Der Betrag von $\vec{M}$ ist

$$|\vec{M}| = M = |\vec{r}| \cdot |\vec{F}| \cdot \sin \varphi \tag{II-86}$$

Der Drehmomentvektor liegt *in* der Drehachse und ist daher so orientiert, daß die drei Vektoren $\vec{r}$, $\vec{F}$ und $\vec{M}$ in dieser Reihenfolge ein *Rechtssystem* bilden. Die physikalische Wirkung von $\vec{M}$ ist eine Drehung um die in Bild II-47 eingezeichnete Drehachse.

Als *linienflüchtiger* Vektor darf die Kraft $\vec{F}$ längs ihrer *Wirkungslinie* verschoben werden; bei dieser Verschiebung bleibt jedoch das Drehmoment $\vec{M}$ *unverändert*. Ist $\vec{s}$ der Verschiebungsvektor von P nach Q, so gilt nach Bild II-48

$$\vec{r}_Q = \vec{r} + \vec{s} \tag{II-87}$$

und aus dem Distributivgesetz für Vektorprodukte folgt weiter

$$\vec{M}_Q = \vec{r}_Q \times \vec{F} = (\vec{r} + \vec{s}) \times \vec{F} = \vec{r} \times \vec{F} + \vec{s} \times \vec{F} = \vec{M} + \vec{s} \times \vec{F} \tag{II-88}$$

Die Vektoren $\vec{s}$ und $\vec{F}$ sind aber *kollinear*, ihr Vektorprodukt $\vec{s} \times \vec{F}$ verschwindet daher: $\vec{s} \times \vec{F} = \vec{0}$. Wir erhalten schließlich:

$$\vec{M}_Q = \vec{M} + \vec{0} = \vec{M} \tag{II-89}$$

3.4.2.2 Bewegung von Ladungsträgern in einem Magnetfeld (Lorentz-Kraft)

Bewegt sich ein geladenes Teilchen mit der Geschwindigkeit $\vec{v}$ durch ein Magnetfeld mit der magnetischen Flußdichte $\vec{B}$, so erfährt es eine Kraft

$$\vec{F}_L = q\,(\vec{v} \times \vec{B}) \qquad (\textit{Lorentz-Kraft}) \tag{II-90}$$

(q: Ladung des Teilchens). Die Kraftwirkung erfolgt senkrecht sowohl zur Bewegungsrichtung als auch zur Richtung des Magnetfeldes. Handelt es sich bei den Ladungsträgern um Elektronen ($q = -e$; e: Elementarladung), so ist

$$\vec{F}_L = -e\,(\vec{v} \times \vec{B}) \tag{II-91}$$

Wir untersuchen nun spezielle Einschußwinkel.

(1) Die Elektronen werden *in* Feldrichtung (oder in der *Gegenrichtung*) in das Magnetfeld eingeschossen:

$$\vec{v} \parallel \vec{B} \quad \Rightarrow \quad \vec{F}_L = \vec{0} \tag{II-92}$$

Sie gehen ungehindert durch das Feld hindurch (Bild II-49).

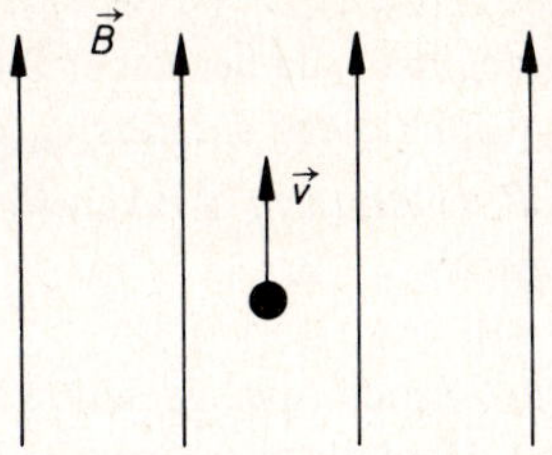

Bild II-49 Parallel zu einem Magnetfeld eintretende Elektronen

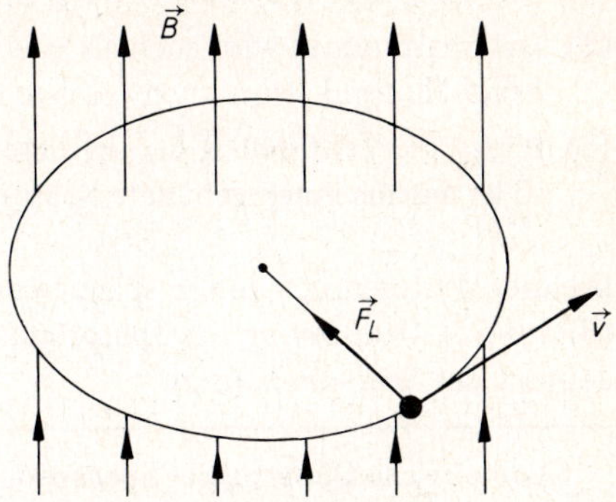

Bild II-50 Senkrecht zu einem Magnetfeld eintretende Elektronen

(2) Bewegen sich die Elektronen *senkrecht* zum Magnetfeld, so wirkt die Lorentz-Kraft als Zentripetalkraft und zwingt die Elektronen auf eine Kreisbahn (Bild II-50).

(3) Die Elektronen werden unter einem Winkel α gegen die Feldrichtung eingeschossen ($0° < \alpha < 180°$, $\alpha \neq 90°$). Die Geschwindigkeitskomponente in Feldrichtung (oder Gegenrichtung) bewirkt eine *Translation* parallel zu den Feldlinien, während gleichzeitig aufgrund der zum Feld senkrechten Geschwindigkeitskomponente eine *Kreisbewegung* um die Feldlinien ausgeführt wird. Die Elektronenbahn ist demnach eine *Schraubenlinie* (Bild II-51).

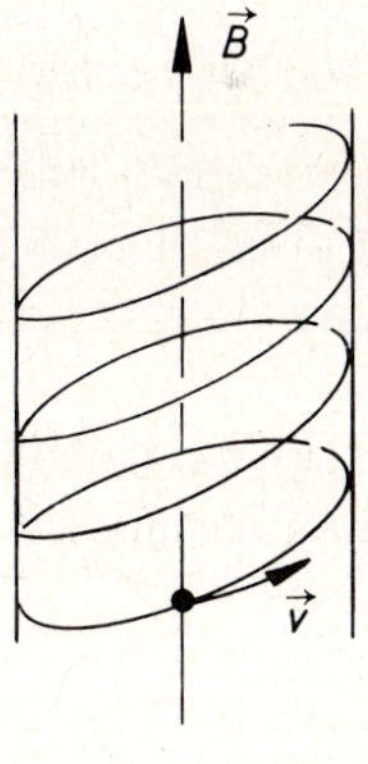

Bild II-51 Schraubenlinienbahn eines Elektrons in einem Magnetfeld

3.5 Spatprodukt (gemischtes Produkt)

Definition: Unter dem *Spatprodukt* $[\vec{a}\,\vec{b}\,\vec{c}]$ versteht man das skalare Produkt aus dem Vektor $\vec{a}$ und dem aus den Vektoren $\vec{b}$ und $\vec{c}$ gebildeten Vektorprodukt $\vec{b} \times \vec{c}$:

$$[\vec{a}\,\vec{b}\,\vec{c}] = \vec{a} \cdot (\vec{b} \times \vec{c}) \qquad \text{(II-93)}$$

Anmerkungen

(1) Das Spatprodukt ist eine *skalare* Größe.

(2) Das Spatprodukt wird auch als *gemischtes Produkt* bezeichnet, da bei seiner Bildung *beide* Multiplikationsarten (skalare und vektorielle Multiplikation) auftreten.

(3) Bilden die Vektoren $\vec{a}, \vec{b}, \vec{c}$ in dieser Reihenfolge ein *Rechtssystem (Linkssystem)*, so ist das aus ihnen gebildete Spatprodukt *positiv (negativ)*.

Die drei Vektoren $\vec{a}, \vec{b}$ und $\vec{c}$ spannen ein sog. *Parallelepiped* (auch *Spat* genannt) auf (Bild II-52). Dem *Betrag* des Spatproduktes $[\vec{a}\,\vec{b}\,\vec{c}]$ kommt dabei die geometrische Bedeutung des *Spatvolumens* zu:

Geometrische Deutung des Spatproduktes

Das *Volumen* des von den Vektoren $\vec{a}$, $\vec{b}$ und $\vec{c}$ aufgespannten Spats ist gleich dem *Betrag* des Spatproduktes $[\vec{a}\,\vec{b}\,\vec{c}]$:

$$V_{Spat} = |[\vec{a}\,\vec{b}\,\vec{c}]| = |\vec{a} \cdot (\vec{b} \times \vec{c})| \qquad \text{(II-94)}$$

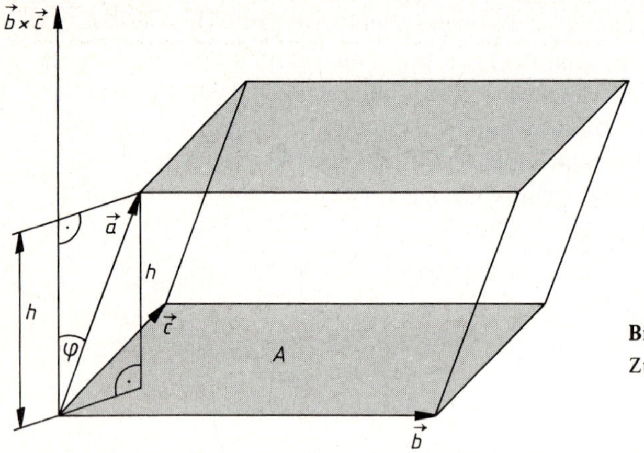

Bild II-52
Zum Begriff des Spatproduktes

Die aus der Elementarmathematik bekannte Formel $V = A \cdot h$ (Volumen = Grundfläche mal Höhe) führt bei Anwendung auf den in Bild II-52 skizzierten Spat zu dem Ergebnis

$$V = A \cdot h = |\vec{b} \times \vec{c}| \cdot |\vec{a}| \cdot \cos\varphi = |\vec{a}| \cdot |\vec{b} \times \vec{c}| \cdot \cos\varphi \qquad \text{(II-95)}$$

Dies aber ist nichts anderes als der *Betrag des Spatproduktes* $\vec{a} \cdot (\vec{b} \times \vec{c})$.

Das Spatprodukt $[\vec{a}\,\vec{b}\,\vec{c}]$ kann direkt aus den Vektorkoordinaten von $\vec{a}$, $\vec{b}$ und $\vec{c}$ berechnet werden:

Berechnung des Spatproduktes aus den skalaren Komponenten (Vektorkoordinaten)

$$[\vec{a}\,\vec{b}\,\vec{c}] = \vec{a} \cdot (\vec{b} \times \vec{c}) =$$
$$= a_x (b_y c_z - b_z c_y) + a_y (b_z c_x - b_x c_z) + a_z (b_x c_y - b_y c_x) \qquad \text{(II-96)}$$

Bei der Herleitung der Formel (II-96) haben wir von den Komponentendarstellungen (II-56) und (II-81) des Skalar- bzw. Vektorproduktes Gebrauch gemacht.

Anmerkung

Das Spatprodukt $[\vec{a}\,\vec{b}\,\vec{c}]$ läßt sich auch in Form einer dreireihigen Determinante darstellen:

$$[\vec{a}\,\vec{b}\,\vec{c}] = \begin{vmatrix} a_x & a_y & a_z \\ b_x & b_y & b_z \\ c_x & c_y & c_z \end{vmatrix} \qquad \text{(II-97)}$$

Verschwindet das Spatprodukt $\vec{a} \cdot (\vec{b} \times \vec{c})$ der drei *vom Nullvektor verschiedenen* Vektoren $\vec{a}, \vec{b}$ und $\vec{c}$, so sind die Vektoren $\vec{a}$ und $\vec{b} \times \vec{c}$ zueinander *orthogonal.* Dies aber bedeutet nichts anderes, als daß der Vektor $\vec{a}$ in der von $\vec{b}$ und $\vec{c}$ aufgespannten Ebene liegt. Die drei Vektoren liegen damit in einer *gemeinsamen Ebene* (sog. *komplanare Vektoren*, vgl. Bild II-53).

Kriterium für komplanare Vektoren

Drei vom Nullvektor verschiedene Vektoren $\vec{a}, \vec{b}$ und $\vec{c}$ sind *komplanar*, wenn das aus ihnen gebildete Spatprodukt verschwindet:

$$[\vec{a}\,\vec{b}\,\vec{c}] = 0 \;\Rightarrow\; \vec{a}, \vec{b}, \vec{c} \text{ sind } \textit{komplanar} \qquad \text{(II-98)}$$

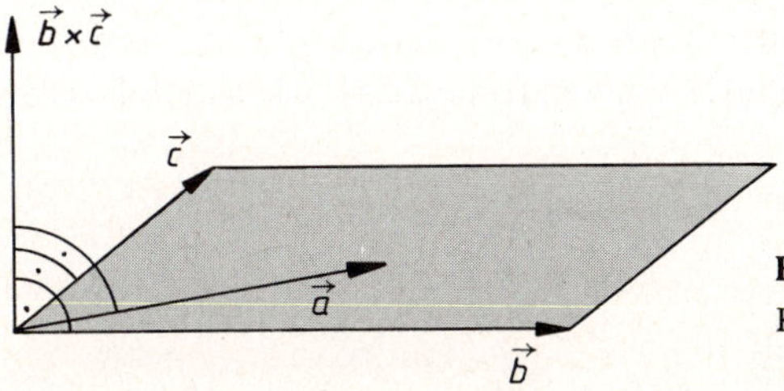

Bild II-53
Komplanare Vektoren

Rechengesetze für Spatprodukte

(1) Bei einer *zyklischen* Vertauschung der drei Vektoren $\vec{a}, \vec{b}$ und $\vec{c}$ ändert sich das Spatvolumen *nicht*:

$$[\vec{a}\,\vec{b}\,\vec{c}] = [\vec{b}\,\vec{c}\,\vec{a}] = [\vec{c}\,\vec{a}\,\vec{b}] \qquad \text{(II-99)}$$

(2) Vertauschen zweier Vektoren bewirkt einen *Vorzeichenwechsel.* Zum Beispiel:

$$[\vec{a}\,\vec{b}\,\vec{c}] = -\,[\vec{a}\,\vec{c}\,\vec{b}] \qquad \text{(II-100)}$$

■ **Beispiel**

Das aus den drei Vektoren

$$\vec{a} = \begin{pmatrix} 1 \\ 4 \\ 2 \end{pmatrix}, \quad \vec{b} = \begin{pmatrix} 0 \\ -1 \\ 3 \end{pmatrix} \quad \text{und} \quad \vec{c} = \begin{pmatrix} 2 \\ 5 \\ 13 \end{pmatrix}$$

gebildete Spatprodukt *verschwindet:*

$$[\vec{a}\,\vec{b}\,\vec{c}] = \begin{vmatrix} 1 & 4 & 2 \\ 0 & -1 & 3 \\ 2 & 5 & 13 \end{vmatrix} = 0$$

Berechnung der Determinante nach der *Regel von Sarrus:*

$$\begin{vmatrix} 1 & 4 & 2 \\ 0 & -1 & 3 \\ 2 & 5 & 13 \end{vmatrix} \begin{matrix} 1 & 4 \\ 0 & -1 \\ 2 & 5 \end{matrix}$$

$$[\vec{a}\,\vec{b}\,\vec{c}] = -13 + 24 + 0 - (-4 + 15 + 0) = 11 - 11 = 0$$

Die drei Vektoren sind daher *komplanar,* d.h. sie liegen in einer gemeinsamen Ebene. ■

4 Anwendungen in der Geometrie

4.1 Vektorielle Darstellung einer Geraden

4.1.1 Punkt-Richtungs-Form einer Geraden

Eine Gerade g soll durch den Punkt P_1 mit dem Ortsvektor $\vec{r}_1$ und *parallel* zu einem (vorgegebenen) Vektor $\vec{a}$ (*Richtungsvektor* genannt) verlaufen (Bild II-54). Wie lautet die Gleichung dieser Geraden in *vektorieller* Form?

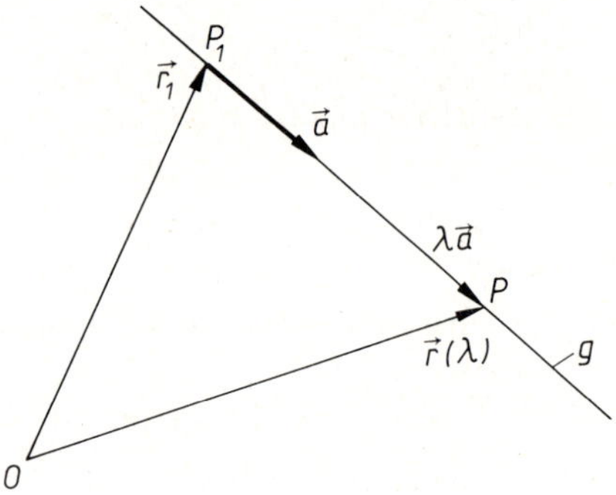

Bild II-54
Zur Punkt-Richtungs-Form einer Geraden

Bezeichnet man den *laufenden* Punkt der Geraden mit P, so ist der zugehörige Ortsvektor $\vec{r}(P)$ die *geometrische (vektorielle)* Summe aus $\vec{r}_1$ und $\overrightarrow{P_1P}$:

$$\vec{r}(P) = \vec{r}_1 + \overrightarrow{P_1P} \qquad \text{(II-101)}$$

Da die Vektoren $\overrightarrow{P_1P}$ und $\vec{a}$ *kollinear* sind (sie liegen beide *in* der Geraden), gilt ferner

$$\overrightarrow{P_1P} = \lambda\vec{a} \qquad \text{(II-102)}$$

λ ist dabei ein geeigneter reeller *Parameter.* Für den Ortsvektor $\vec{r}(P)$ erhält man dann unter Verwendung dieser Beziehung

$$\vec{r}(P) = \vec{r}_1 + \overrightarrow{P_1P} = \vec{r}_1 + \lambda\vec{a} \qquad \text{(II-103)}$$

Die Lage des Punktes P auf der Geraden g ist somit *eindeutig* durch den Parameter λ festgelegt. Wir bringen dies durch die Schreibweise $\vec{r}(P) = \vec{r}(\lambda)$ zum Ausdruck. Die gesuchte Geradengleichung lautet damit in der *vektoriellen Parameterdarstellung* wie folgt:

Vektorielle Punkt-Richtungs-Form einer Geraden (Bild II-54)

$$\vec{r}(P) = \vec{r}(\lambda) = \vec{r}_1 + \lambda \vec{a} \tag{II-104}$$

oder (in der Komponentenschreibweise)

$$\begin{pmatrix} x \\ y \\ z \end{pmatrix} = \begin{pmatrix} x_1 \\ y_1 \\ z_1 \end{pmatrix} + \lambda \begin{pmatrix} a_x \\ a_y \\ a_z \end{pmatrix} = \begin{pmatrix} x_1 + \lambda a_x \\ y_1 + \lambda a_y \\ z_1 + \lambda a_z \end{pmatrix} \tag{II-105}$$

x, y, z: Koordinaten des *laufenden* Punktes P der Geraden
x_1, y_1, z_1: Koordinaten des *vorgegebenen* Punktes P_1 der Geraden
a_x, a_y, a_z: Skalare Vektorkomponenten des *Richtungsvektors* $\vec{a}$ der Geraden

Für $\lambda = 0$ erhält man den Punkt P_1, für $\lambda > 0$ werden alle Punkte *in Richtung* des Richtungsvektors $\vec{a}$ durchlaufen, für $\lambda < 0$ alle Punkte in der *Gegenrichtung*.

■ **Beispiel**

Wir bestimmen die Gleichung der Geraden g, die durch den Punkt $P_1 = (3; -2; 1)$ in Richtung des Vektors $\vec{a} = \begin{pmatrix} 5 \\ 2 \\ 3 \end{pmatrix}$ verläuft:

$$\vec{r}(\lambda) = \vec{r}_1 + \lambda \vec{a} = \begin{pmatrix} 3 \\ -2 \\ 1 \end{pmatrix} + \lambda \begin{pmatrix} 5 \\ 2 \\ 3 \end{pmatrix} = \begin{pmatrix} 3 + 5\lambda \\ -2 + 2\lambda \\ 1 + 3\lambda \end{pmatrix}$$

So gehört beispielsweise zum Parameterwert $\lambda = 3$ der folgende Punkt Q:

$$\vec{r}(Q) = \vec{r}(\lambda = 3) = \begin{pmatrix} 3 + 5 \cdot 3 \\ -2 + 2 \cdot 3 \\ 1 + 3 \cdot 3 \end{pmatrix} = \begin{pmatrix} 18 \\ 4 \\ 10 \end{pmatrix} \Rightarrow Q = (18; 4; 10)$$ ■

4.1.2 Zwei-Punkte-Form einer Geraden

Eine Gerade g soll durch die beiden (voneinander *verschiedenen*) Punkte P_1 und P_2 mit den Ortsvektoren $\vec{r}_1$ und $\vec{r}_2$ verlaufen (Bild II-55).

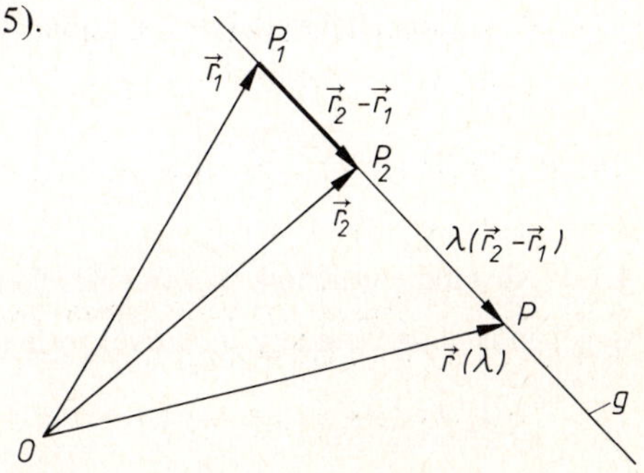

Bild II-55
Zur Zwei-Punkte-Form einer Geraden

Die *vektorielle* Gleichung dieser Geraden erhalten wir durch analoge Überlegungen wie im vorangegangenen Abschnitt II.4.1.1. Der Ortsvektor des *laufenden* Punktes P der Geraden g ist wiederum als *Summenvektor* in der Form

$$\vec{r}(P) = \vec{r}_1 + \overrightarrow{P_1 P} \qquad \text{(II-106)}$$

darstellbar. Da die Vektoren $\overrightarrow{P_1 P}$ und $\overrightarrow{P_1 P_2} = \vec{r}_2 - \vec{r}_1$ *kollinear* sind, gilt

$$\overrightarrow{P_1 P} = \lambda \overrightarrow{P_1 P_2} = \lambda (\vec{r}_2 - \vec{r}_1) \qquad \text{(II-107)}$$

und somit

$$\vec{r}(P) = \vec{r}_1 + \lambda \overrightarrow{P_1 P_2} = \vec{r}_1 + \lambda (\vec{r}_2 - \vec{r}_1) \qquad \text{(II-108)}$$

Dies ist die *Parameterdarstellung* einer Geraden durch zwei vorgegebene Punkte P_1 und P_2 in *vektorieller* Form. Für $\vec{r}(P)$ schreiben wir wieder $\vec{r}(\lambda)$, um die Abhängigkeit vom Parameter λ zum Ausdruck zu bringen. Zusammenfassend gilt somit:

Vektorielle Zwei-Punkte-Form einer Geraden (Bild II-55)

$$\vec{r}(P) = \vec{r}(\lambda) = \vec{r}_1 + \lambda \overrightarrow{P_1 P_2} = \vec{r}_1 + \lambda (\vec{r}_2 - \vec{r}_1) \qquad \text{(II-109)}$$

oder (in der Komponentenschreibweise)

$$\begin{pmatrix} x \\ y \\ z \end{pmatrix} = \begin{pmatrix} x_1 \\ y_1 \\ z_1 \end{pmatrix} + \lambda \begin{pmatrix} x_2 - x_1 \\ y_2 - y_1 \\ z_2 - z_1 \end{pmatrix} = \begin{pmatrix} x_1 + \lambda (x_2 - x_1) \\ y_1 + \lambda (y_2 - y_1) \\ z_1 + \lambda (z_2 - z_1) \end{pmatrix} \qquad \text{(II-110)}$$

x, y, z: Koordinaten des *laufenden* Punktes P der Geraden

x_1, y_1, z_1:
x_2, y_2, z_2: Koordinaten der *vorgegebenen* Punkte P_1 und P_2 der Geraden

■ **Beispiel**

Wie lautet die Gleichung der Geraden g durch die beiden Punkte $P_1 = (1; 1; 1)$ und $P_2 = (2; 0; 4)$?

Lösung:

$$\vec{r}(\lambda) = \vec{r}_1 + \lambda (\vec{r}_2 - \vec{r}_1) = \begin{pmatrix} 1 \\ 1 \\ 1 \end{pmatrix} + \lambda \begin{pmatrix} 2-1 \\ 0-1 \\ 4-1 \end{pmatrix} = \begin{pmatrix} 1+\lambda \\ 1-\lambda \\ 1+3\lambda \end{pmatrix}$$

Zum Parameterwert $\lambda = 2$ beispielsweise gehört demnach der folgende Punkt Q:

$$\vec{r}(Q) = \vec{r}(\lambda = 2) = \begin{pmatrix} 1+2 \\ 1-2 \\ 1+3\cdot 2 \end{pmatrix} = \begin{pmatrix} 3 \\ -1 \\ 7 \end{pmatrix} \Rightarrow Q = (3; -1; 7)$$ ■

4.1.3 Abstand eines Punktes von einer Geraden

Gegeben ist eine Gerade g in der vektoriellen *Punkt-Richtungs-Form*

$$\vec{r}(\lambda) = \vec{r}_1 + \lambda \vec{a} \qquad \text{(II-111)}$$

und ein Punkt Q mit dem Ortsvektor $\vec{r}_Q$ (Bild II-56). Wir stellen uns die Aufgabe, den (senkrechten) *Abstand d* dieses Punktes von der Geraden g zu bestimmen.

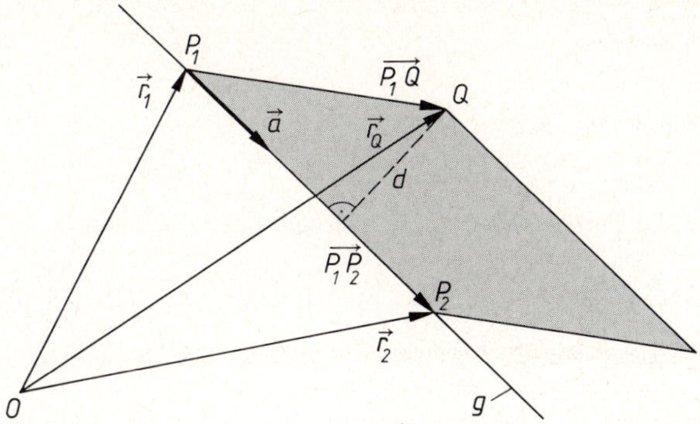

Bild II-56
Zur Berechnung des Abstandes eines Punktes von einer Geraden

Dazu wählen wir auf der Geraden einen weiteren Punkt P_2 im Abstand $|\overrightarrow{P_1P_2}| = 1$ vom Punkte P_1. Der Vektor $\overrightarrow{P_1P_2}$ ist somit der *Einheitsvektor* in Richtung des Vektors $\vec{a}$:

$$\overrightarrow{P_1P_2} = \vec{e}_a = \frac{\vec{a}}{|\vec{a}|} \qquad \text{(II-112)}$$

Dieser Vektor bildet zusammen mit dem Vektor $\overrightarrow{P_1Q} = \vec{r}_Q - \vec{r}_1$ das in Bild II-56 *grau* unterlegte Parallelogramm, dessen Höhe der gesuchte Abstand d des Punktes Q von der Geraden g ist. Für den Flächeninhalt A dieses Parallelogramms gilt dann *einerseits*

$$A = (\text{Grundlinie}) \cdot (\text{Höhe}) = |\overrightarrow{P_1P_2}| \cdot d = 1 \cdot d = d \qquad \text{(II-113)}$$

andererseits

$$A = |\overrightarrow{P_1P_2} \times \overrightarrow{P_1Q}| = \left| \frac{\vec{a}}{|\vec{a}|} \times (\vec{r}_Q - \vec{r}_1) \right| = \frac{|\vec{a} \times (\vec{r}_Q - \vec{r}_1)|}{|\vec{a}|} \qquad \text{(II-114)}$$

Durch *Gleichsetzen* erhält man schließlich die gewünschte Abstandsformel:

$$d = \frac{|\vec{a} \times (\vec{r}_Q - \vec{r}_1)|}{|\vec{a}|} \qquad \text{(II-115)}$$

Wir halten fest:

Abstand eines Punktes von einer Geraden (Bild II-56)

Der *Abstand* eines Punktes Q mit dem Ortsvektors $\vec{r}_Q$ von einer Geraden g mit der Gleichung $\vec{r}(\lambda) = \vec{r}_1 + \lambda \vec{a}$ beträgt

$$d = \frac{|\vec{a} \times (\vec{r}_Q - \vec{r}_1)|}{|\vec{a}|} \qquad \text{(II-116)}$$

Anmerkung

Ist $d = 0$, so liegt der Punkt Q *auf* der Geraden.

■ **Beispiel**

Die Gleichung einer Geraden g laute:

$$\vec{r}(\lambda) = \vec{r}_1 + \lambda \vec{a} = \begin{pmatrix} 1 \\ 0 \\ 1 \end{pmatrix} + \lambda \begin{pmatrix} 2 \\ 5 \\ 2 \end{pmatrix}$$

Wir berechnen den *Abstand d* des Punktes $Q = (5; 3; -2)$ von dieser Geraden:

$$\vec{a} \times (\vec{r}_Q - \vec{r}_1) = \begin{pmatrix} 2 \\ 5 \\ 2 \end{pmatrix} \times \begin{pmatrix} 5 & -1 \\ 3 & -0 \\ -2 & -1 \end{pmatrix} = \begin{pmatrix} 2 \\ 5 \\ 2 \end{pmatrix} \times \begin{pmatrix} 4 \\ 3 \\ -3 \end{pmatrix} = \begin{pmatrix} -15 - 6 \\ 8 + 6 \\ 6 - 20 \end{pmatrix} = \begin{pmatrix} -21 \\ 14 \\ -14 \end{pmatrix}$$

$$|\vec{a} \times (\vec{r}_Q - \vec{r}_1)| = \sqrt{(-21)^2 + 14^2 + (-14)^2} = \sqrt{833}$$

$$|\vec{a}| = \sqrt{2^2 + 5^2 + 2^2} = \sqrt{33}$$

$$d = \frac{|\vec{a} \times (\vec{r}_Q - \vec{r}_1)|}{|\vec{a}|} = \frac{\sqrt{833}}{\sqrt{33}} = 5{,}02$$

■

4.1.4 Abstand zweier paralleler Geraden

Zwei Geraden g_1 und g_2 können folgende Lagen zueinander haben:

1. g_1 und g_2 *fallen zusammen*;
2. g_1 und g_2 sind zueinander *parallel*;
3. g_1 und g_2 *schneiden* sich in *genau einem* Punkt;
4. g_1 und g_2 sind *windschief*, d.h. sie verlaufen *weder* parallel *noch* kommen sie zum Schnitt.

In diesem Abschnitt beschäftigen wir uns mit dem (senkrechten) *Abstand d* zweier *paralleler* Geraden g_1 und g_2 mit den Gleichungen

$$\vec{r}(\lambda_1) = \vec{r}_1 + \lambda_1 \vec{a}_1 \quad \text{und} \quad \vec{r}(\lambda_2) = \vec{r}_2 + \lambda_2 \vec{a}_2 \qquad \text{(II-117)}$$

($\lambda_1, \lambda_2 \in \mathbb{R}$; Bild II-57). Diese Geraden sind genau dann *parallel*, wenn ihre Richtungsvektoren *kollinear* sind, d.h. $\vec{a}_1 \times \vec{a}_2 = \vec{0}$ ist.

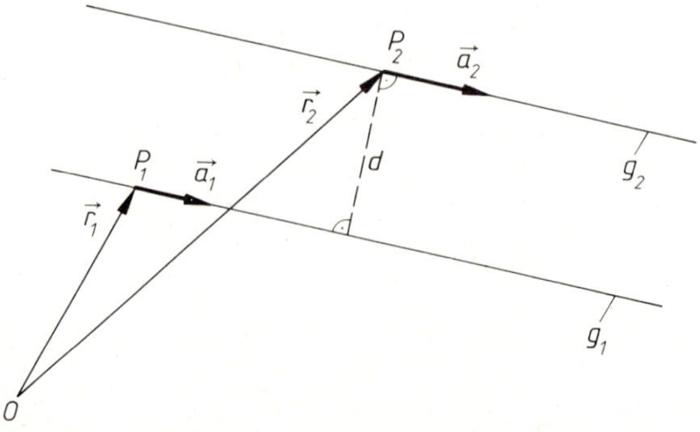

Bild II-57
Zur Berechnung des Abstandes zweier paralleler Geraden

Wir betrachten den auf der Geraden g_2 gelegenen Punkt P_2 mit dem Ortsvektor $\vec{r}_2$. Sein Abstand von der Geraden g_1 beträgt dann nach Formel (II-116):

$$d = \frac{|\vec{a}_1 \times (\vec{r}_2 - \vec{r}_1)|}{|\vec{a}_1|} \qquad \text{(II-118)}$$

(Punkt Q = Punkt P_2 und somit $\vec{r}_Q = \vec{r}_2$). *Dieser Abstand ist zugleich der gesuchte Abstand der beiden parallelen Geraden.*

Abstand zweier paralleler Geraden (Bild II-57)

Der *Abstand* zweier *paralleler* Geraden g_1 und g_2 mit den Gleichungen

$$\vec{r}(\lambda_1) = \vec{r}_1 + \lambda_1 \vec{a}_1 \quad \text{und} \quad \vec{r}(\lambda_2) = \vec{r}_2 + \lambda_2 \vec{a}_2 \qquad \text{(II-119)}$$

beträgt

$$d = \frac{|\vec{a}_1 \times (\vec{r}_2 - \vec{r}_1)|}{|\vec{a}_1|} \qquad \text{(II-120)}$$

Anmerkungen

(1) Die Geraden g_1 und g_2 sind genau dann *parallel*, wenn $\vec{a}_1 \times \vec{a}_2 = \vec{0}$ ist.

(2) Ist $d = 0$, so fallen die beiden Geraden *zusammen*.

■ **Beispiel**

Die Geraden

$$g_1 : \vec{r}(\lambda_1) = \vec{r}_1 + \lambda_1 \vec{a}_1 = \begin{pmatrix} 1 \\ 1 \\ 4 \end{pmatrix} + \lambda_1 \begin{pmatrix} 1 \\ 1 \\ 1 \end{pmatrix}$$

und

$$g_2 : \vec{r}(\lambda_2) = \vec{r}_2 + \lambda_2 \vec{a}_2 = \begin{pmatrix} 4 \\ 0 \\ 3 \end{pmatrix} + \lambda_2 \begin{pmatrix} 3 \\ 3 \\ 3 \end{pmatrix}$$

sind *parallel*. Wir berechnen ihren Abstand:

$$\vec{a}_1 \times (\vec{r}_2 - \vec{r}_1) = \begin{pmatrix} 1 \\ 1 \\ 1 \end{pmatrix} \times \begin{pmatrix} 4-1 \\ 0-1 \\ 3-4 \end{pmatrix} = \begin{pmatrix} 1 \\ 1 \\ 1 \end{pmatrix} \times \begin{pmatrix} 3 \\ -1 \\ -1 \end{pmatrix} = \begin{pmatrix} -1+1 \\ 3+1 \\ -1-3 \end{pmatrix} = \begin{pmatrix} 0 \\ 4 \\ -4 \end{pmatrix}$$

$$|\vec{a}_1 \times (\vec{r}_2 - \vec{r}_1)| = \sqrt{0^2 + 4^2 + (-4)^2} = 4\sqrt{2}$$

$$|\vec{a}_1| = \sqrt{1^2 + 1^2 + 1^2} = \sqrt{3}$$

$$d = \frac{|\vec{a}_1 \times (\vec{r}_2 - \vec{r}_1)|}{|\vec{a}_1|} = \frac{4\sqrt{2}}{\sqrt{3}} = 3{,}27$$

■

4.1.5 Abstand zweier windschiefer Geraden

Wir gehen von zwei *windschiefen* Geraden g_1 und g_2 mit den Gleichungen

$$\vec{r}(\lambda_1) = \vec{r}_1 + \lambda_1 \vec{a}_1 \quad \text{und} \quad \vec{r}(\lambda_2) = \vec{r}_2 + \lambda_2 \vec{a}_2 \tag{II-121}$$

aus (die Geraden verlaufen somit *weder* parallel *noch* kommen sie zum Schnitt, Bild II-58). Ihren Abstand d bestimmen wir wie folgt:

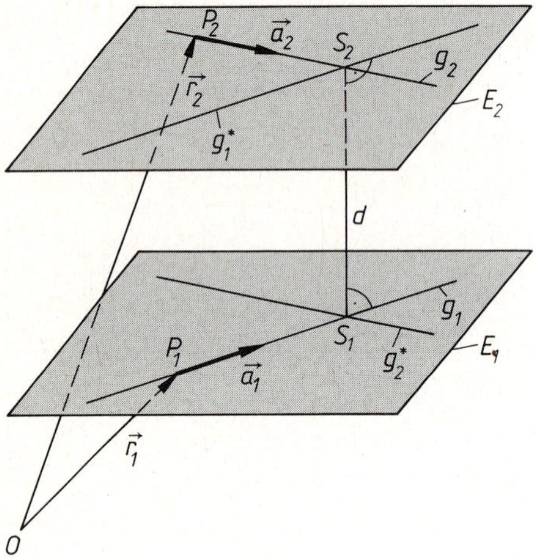

Bild II-58
Zur Berechnung des Abstandes zweier windschiefer Geraden

Zunächst wird die Gerade g_2 so *parallelverschoben*, daß sie mit der Geraden g_1 zum Schnitt kommt (Schnittpunkt S_1). Die durch Parallelverschiebung erhaltene Gerade bezeichnen wir mit g_2^*, sie bildet zusammen mit der Geraden g_1 die (untere) Ebene E_1 in Bild II-58. Jetzt verschieben wir die Gerade g_1 *parallel* zu sich selbst nach „oben", bis sie die Gerade g_2 in S_2 schneidet. Die durch Parallelverschiebung gewonnene Gerade bezeichnen wir mit g_1^*. Die Geraden g_2 und g_1^* bilden die (obere) Ebene E_2 in Bild II-58, die *parallel* zur Ebene E_1 verläuft. *Der Abstand dieser Parallelebenen ist zugleich der gesuchte Abstand d der beiden windschiefen Geraden g_1 und g_2.* Auf die Herleitung der Abstandsformel wollen wir verzichten und teilen nur das Ergebnis mit:

Abstand zweier windschiefer Geraden (Bild II-58)

Der *Abstand* zweier *windschiefer* Geraden g_1 und g_2 mit den Gleichungen

$$\vec{r}(\lambda_1) = \vec{r}_1 + \lambda_1 \vec{a}_1 \quad \text{und} \quad \vec{r}(\lambda_2) = \vec{r}_2 + \lambda_2 \vec{a}_2 \tag{II-122}$$

beträgt

$$d = \frac{|[\vec{a}_1\, \vec{a}_2\, (\vec{r}_2 - \vec{r}_1)]|}{|\vec{a}_1 \times \vec{a}_2|} \tag{II-123}$$

Anmerkung

Die Geraden g_1 und g_2 sind genau dann *windschief*, wenn die beiden Bedingungen $\vec{a}_1 \times \vec{a}_2 \neq \vec{0}$ und $[\vec{a}_1\, \vec{a}_2\, (\vec{r}_2 - \vec{r}_1)] \neq 0$ erfüllt sind.

■ **Beispiel**

Gegeben sind zwei *windschiefe* Geraden g_1 und g_2:

g_1 durch $P_1 = (1; 2; 0)$ mit dem *Richtungsvektor* $\vec{a}_1 = \begin{pmatrix} 1 \\ 1 \\ 1 \end{pmatrix}$

g_2 durch $P_2 = (3; 0; 2)$ mit dem *Richtungsvektor* $\vec{a}_2 = \begin{pmatrix} 2 \\ 0 \\ 1 \end{pmatrix}$

Welchen *Abstand d* besitzen diese Geraden voneinander?

Lösung:

$$[\vec{a}_1 \vec{a}_2 (\vec{r}_2 - \vec{r}_1)] = \begin{vmatrix} 1 & 1 & 1 \\ 2 & 0 & 1 \\ (3-1) & (0-2) & (2-0) \end{vmatrix} = \begin{vmatrix} 1 & 1 & 1 \\ 2 & 0 & 1 \\ 2 & -2 & 2 \end{vmatrix} = -4$$

$$\vec{a}_1 \times \vec{a}_2 = \begin{pmatrix} 1 \\ 1 \\ 1 \end{pmatrix} \times \begin{pmatrix} 2 \\ 0 \\ 1 \end{pmatrix} = \begin{pmatrix} 1-0 \\ 2-1 \\ 0-2 \end{pmatrix} = \begin{pmatrix} 1 \\ 1 \\ -2 \end{pmatrix}$$

$$|\vec{a}_1 \times \vec{a}_2| = \sqrt{1^2 + 1^2 + (-2)^2} = \sqrt{6}$$

$$d = \frac{|[\vec{a}_1 \vec{a}_2 (\vec{r}_2 - \vec{r}_1)]|}{|\vec{a}_1 \times \vec{a}_2|} = \frac{|-4|}{\sqrt{6}} = 1{,}63$$ ■

4.1.6 Schnittpunkt und Schnittwinkel zweier Geraden

Berechnung des Schnittpunktes

Den *Schnittpunkt S* zweier Geraden g_1 und g_2 mit den Gleichungen

$$\vec{r}(\lambda_1) = \vec{r}_1 + \lambda_1 \vec{a}_1 \quad \text{und} \quad \vec{r}(\lambda_2) = \vec{r}_2 + \lambda_2 \vec{a}_2 \qquad \text{(II-124)}$$

$(\lambda_1, \lambda_2 \in \mathbb{R})$ bestimmt man aus der Vektorgleichung

$$\vec{r}_1 + \lambda_1 \vec{a}_1 = \vec{r}_2 + \lambda_2 \vec{a}_2 \qquad \text{(II-125)}$$

die man durch *Gleichsetzen* der Vektoren $\vec{r}(\lambda_1)$ und $\vec{r}(\lambda_2)$ erhält[5]. Diese Vektorgleichung führt – *komponentenweise* geschrieben – zu einem *linearen Gleichungssystem* mit *drei* Gleichungen in den beiden Unbekannten λ_1 und λ_2. Die (eindeutige) Lösung dieses Systems liefert die zum Schnittpunkt S gehörigen Parameterwerte λ_1^*, λ_2^*. Den *Ortsvektor* $\vec{r}_S$ des Schnittpunktes S erhält man dann durch Einsetzen dieser Werte in die Gleichung der Geraden g_1 bzw. g_2:

$$\vec{r}_S = \vec{r}_1 + \lambda_1^* \vec{a}_1 \quad \text{oder} \quad \vec{r}_S = \vec{r}_2 + \lambda_2^* \vec{a}_2 \qquad \text{(II-126)}$$

Berechnung des Schnittwinkels

Definitionsgemäß verstehen wir unter dem *Schnittwinkel* φ zweier Geraden g_1 und g_2 den Winkel zwischen den zugehörigen *Richtungsvektoren* $\vec{a}_1$ und $\vec{a}_2$ (Bild II-59).

---

[5]) Die beiden Geraden schneiden sich genau dann in *einem* Punkt S, wenn die Bedingungen $\vec{a}_1 \times \vec{a}_2 \neq \vec{0}$ und $[\vec{a}_1 \vec{a}_2 (\vec{r}_2 - \vec{r}_1)] = 0$ erfüllt sind (s. Bild II-59).

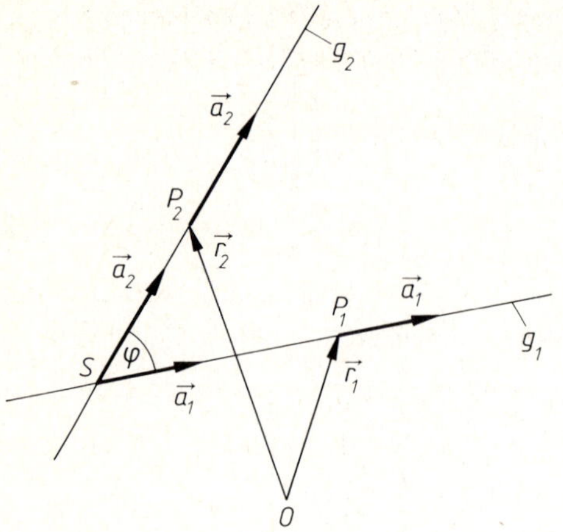

Bild II-59
Zur Berechnung des Schnittpunktes und Schnittwinkels zweier Geraden

Für den Schnittwinkel erhalten wir nach Gleichung (II-58):

Schnittwinkel zweier Geraden (Bild II-59)

$$\varphi = \arccos \left(\frac{\vec{a}_1 \cdot \vec{a}_2}{|\vec{a}_1| \cdot |\vec{a}_2|} \right) \qquad \text{(II-127)}$$

$\vec{a}_1, \vec{a}_2$: Richtungsvektoren der beiden Geraden g_1 und g_2

■ **Beispiel**

Gegeben sind die Geraden

$$g_1 : \vec{r}(\lambda_1) = \vec{r}_1 + \lambda_1 \vec{a}_1 = \begin{pmatrix} 1 \\ 1 \\ 0 \end{pmatrix} + \lambda_1 \begin{pmatrix} 2 \\ 1 \\ 1 \end{pmatrix}$$

und

$$g_2 : \vec{r}(\lambda_2) = \vec{r}_2 + \lambda_2 \vec{a}_2 = \begin{pmatrix} 2 \\ 0 \\ 2 \end{pmatrix} + \lambda_2 \begin{pmatrix} 1 \\ -1 \\ 2 \end{pmatrix}$$

Wir berechnen ihren *Schnittpunkt S* und ihren *Schnittwinkel* φ.

Berechnung des Schnittpunktes S:

Aus $\vec{r}(\lambda_1) = \vec{r}(\lambda_2)$ folgt:

$$\begin{pmatrix} 1 \\ 1 \\ 0 \end{pmatrix} + \lambda_1 \begin{pmatrix} 2 \\ 1 \\ 1 \end{pmatrix} = \begin{pmatrix} 2 \\ 0 \\ 2 \end{pmatrix} + \lambda_2 \begin{pmatrix} 1 \\ -1 \\ 2 \end{pmatrix}$$

oder (*in Komponentenschreibweise*)

$$\begin{array}{lcl} 1 + 2\lambda_1 = 2 + \lambda_2 & & 2\lambda_1 - \lambda_2 = 1 \\ 1 + \lambda_1 = 0 - \lambda_2 & \text{oder} & \lambda_1 + \lambda_2 = -1 \\ 0 + \lambda_1 = 2 + 2\lambda_2 & & \lambda_1 - 2\lambda_2 = 2 \end{array}$$

Dieses lineare Gleichungssystem besitzt *genau eine* Lösung (bitte nachrechnen!): $\lambda_1 = 0$, $\lambda_2 = -1$. Der Ortsvektor $\vec{r}_S$ des gesuchten *Schnittpunktes* S lautet damit:

$$\vec{r}_S = \vec{r}(\lambda_1 = 0) = \begin{pmatrix} 1 \\ 1 \\ 0 \end{pmatrix} + 0 \begin{pmatrix} 2 \\ 1 \\ 1 \end{pmatrix} = \begin{pmatrix} 1 \\ 1 \\ 0 \end{pmatrix}$$

Schnittpunkt: $S = (1; 1; 0)$

Zum *gleichen* Ergebnis kommt man, wenn man in die Gleichung der Geraden g_2 für den Parameter λ_2 den Wert -1 einsetzt:

$$\vec{r}_S = \vec{r}(\lambda_2 = -1) = \begin{pmatrix} 2 \\ 0 \\ 2 \end{pmatrix} - 1 \begin{pmatrix} 1 \\ -1 \\ 2 \end{pmatrix} = \begin{pmatrix} 2-1 \\ 0+1 \\ 2-2 \end{pmatrix} = \begin{pmatrix} 1 \\ 1 \\ 0 \end{pmatrix}$$

Berechnung des Schnittwinkels φ:

$$\vec{a}_1 \cdot \vec{a}_2 = \begin{pmatrix} 2 \\ 1 \\ 1 \end{pmatrix} \cdot \begin{pmatrix} 1 \\ -1 \\ 2 \end{pmatrix} = 2 - 1 + 2 = 3$$

$$|\vec{a}_1| = \sqrt{2^2 + 1^2 + 1^2} = \sqrt{6}, \qquad |\vec{a}_2| = \sqrt{1^2 + (-1)^2 + 2^2} = \sqrt{6}$$

$$\varphi = \arccos\left(\frac{\vec{a}_1 \cdot \vec{a}_2}{|\vec{a}_1| \cdot |\vec{a}_2|}\right) = \arccos\left(\frac{3}{\sqrt{6} \cdot \sqrt{6}}\right) = \arccos\left(\frac{1}{2}\right) = 60°$$ ■

4.2 Vektorielle Darstellung einer Ebene

4.2.1 Punkt-Richtungs-Form einer Ebene

Eine Ebene E soll durch den Punkt P_1 mit dem Ortsvektor $\vec{r}_1$ und *parallel* zu zwei *nicht-kollinearen* Vektoren $\vec{a}$ und $\vec{b}$ (*Richtungsvektoren* genannt) verlaufen (Bild II-60)[6]. Wie lautet die Gleichung dieser Ebene in *vektorieller* Form?

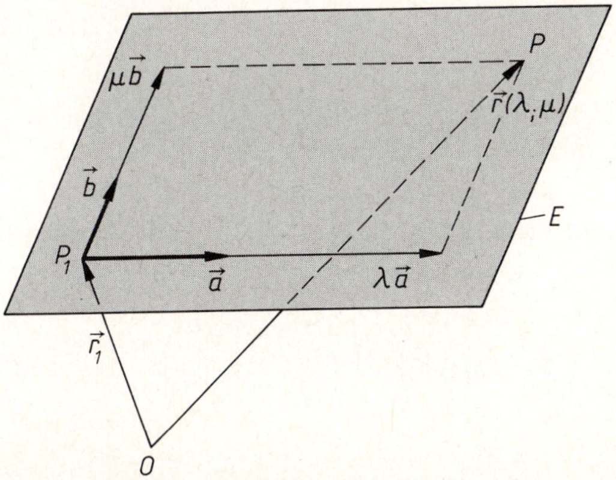

Bild II-60
Zur Punkt-Richtungs-Form einer Ebene

6) Zwei Vektoren $\vec{a}$ und $\vec{b}$ sind *nicht-kollinear*, wenn $\vec{a} \times \vec{b} \neq \vec{0}$ ist.

Bezeichnet man den *laufenden* Punkt der Ebene mit P, so ist der *in* der Ebene liegende Vektor $\overrightarrow{P_1P}$ die vektorielle Summe aus $\lambda \vec{a}$ und $\mu \vec{b}$:

$$\overrightarrow{P_1P} = \lambda \vec{a} + \mu \vec{b} \qquad \text{(II-128)}$$

λ und μ sind dabei zwei geeignete (und voneinander *unabhängige*) reelle *Parameter*. Der Ortsvektor von P ist dann als *Summenvektor*

$$\vec{r}(P) = \vec{r}_1 + \overrightarrow{P_1P} = \vec{r}_1 + \lambda \vec{a} + \mu \vec{b} \qquad \text{(II-129)}$$

darstellbar. Die Lage des laufenden Punktes P auf der Ebene ist somit *eindeutig* durch die Parameter λ und μ festgelegt. Wir bringen dies durch die Schreibweise $\vec{r}(P) = \vec{r}(\lambda; \mu)$ zum Ausdruck. Die Gleichung der Ebene E lautet damit in der *vektoriellen Parameterform* wie folgt:

Vektorielle Punkt-Richtungs-Form einer Ebene (Bild II-60)

$$\vec{r}(P) = \vec{r}(\lambda; \mu) = \vec{r}_1 + \lambda \vec{a} + \mu \vec{b} \qquad \text{(II-130)}$$

oder (in der Komponentenschreibweise)

$$\begin{pmatrix} x \\ y \\ z \end{pmatrix} = \begin{pmatrix} x_1 \\ y_1 \\ z_1 \end{pmatrix} + \lambda \begin{pmatrix} a_x \\ a_y \\ a_z \end{pmatrix} + \mu \begin{pmatrix} b_x \\ b_y \\ b_z \end{pmatrix} = \begin{pmatrix} x_1 + \lambda a_x + \mu b_x \\ y_1 + \lambda a_y + \mu b_y \\ z_1 + \lambda a_z + \mu b_z \end{pmatrix} \qquad \text{(II-131)}$$

x, y, z: Koordinaten des *laufenden* Punktes P der Ebene

x_1, y_1, z_1: Koordinaten des *vorgegebenen* Punktes P_1 der Ebene

a_x, a_y, a_z; b_x, b_y, b_z: Skalare Vektorkomponenten der beiden *nicht-kollinearen Richtungsvektoren* $\vec{a}$ und $\vec{b}$ der Ebene ($\vec{a} \times \vec{b} \neq \vec{0}$)

Anmerkung

Ein auf der Ebene E *senkrecht* stehender Vektor $\vec{n}$ heißt *Normalenvektor* der Ebene. Einen solchen Vektor erhält man beispielsweise aus den beiden *Richtungsvektoren* $\vec{a}$ und $\vec{b}$ durch Bildung des *Vektorproduktes*:

$$\vec{n} = \vec{a} \times \vec{b} \qquad \text{(II-132)}$$

■ **Beispiel**

Die Ebene E verläuft durch den Punkt $P_1 = (3; 5; 1)$, ihre Richtungsvektofen sind $\vec{a} = \begin{pmatrix} 2 \\ 5 \\ 1 \end{pmatrix}$ und $\vec{b} = \begin{pmatrix} 5 \\ 1 \\ 3 \end{pmatrix}$. Die Gleichung dieser Ebene lautet dann in der Parameterform:

$$\vec{r}(\lambda; \mu) = \vec{r}_1 + \lambda \vec{a} + \mu \vec{b} = \begin{pmatrix} 3 \\ 5 \\ 1 \end{pmatrix} + \lambda \begin{pmatrix} 2 \\ 5 \\ 1 \end{pmatrix} + \mu \begin{pmatrix} 5 \\ 1 \\ 3 \end{pmatrix} = \begin{pmatrix} 3 + 2\lambda + 5\mu \\ 5 + 5\lambda + \mu \\ 1 + \lambda + 3\mu \end{pmatrix}$$

So gehört beispielsweise zu den Parameterwerten $\lambda = 1$, $\mu = 2$ der folgende Punkt Q:

$$\vec{r}(Q) = \vec{r}(\lambda = 1; \mu = 2) = \begin{pmatrix} 3 + 2 \cdot 1 + 5 \cdot 2 \\ 5 + 5 \cdot 1 + 1 \cdot 2 \\ 1 + 1 \cdot 1 + 3 \cdot 2 \end{pmatrix} = \begin{pmatrix} 15 \\ 12 \\ 8 \end{pmatrix} \Rightarrow Q = (15; 12; 8)$$

Der Vektor

$$\vec{n} = \vec{a} \times \vec{b} = \begin{pmatrix} 2 \\ 5 \\ 1 \end{pmatrix} \times \begin{pmatrix} 5 \\ 1 \\ 3 \end{pmatrix} = \begin{pmatrix} 15 - 1 \\ 5 - 6 \\ 2 - 25 \end{pmatrix} = \begin{pmatrix} 14 \\ -1 \\ -23 \end{pmatrix}$$

steht *senkrecht* auf der Ebene E (*Normalenvektor*). ■

4.2.2 Drei-Punkte-Form einer Ebene

Eine Ebene E soll durch drei (voneinander *verschiedene*) Punkte P_1, P_2 und P_3 mit den Ortsvektoren $\vec{r}_1, \vec{r}_2$ und $\vec{r}_3$ verlaufen (Bild II-61). Die *vektorielle* Gleichung dieser Ebene erhalten wir durch analoge Überlegungen wie im vorangegangenen Abschnitt II.4.2.1.

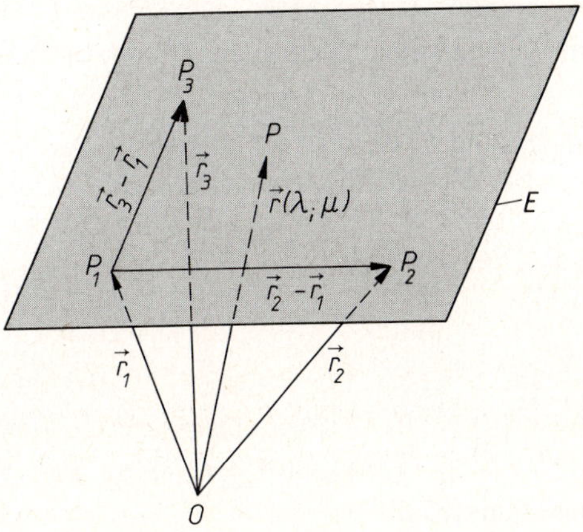

Bild II-61
Zur Drei-Punkte-Form einer Ebene

Der Ortsvektor des *laufenden* Punktes P der Ebene ist der *Summenvektor*

$$\vec{r}(P) = \vec{r}_1 + \lambda \overrightarrow{P_1 P_2} + \mu \overrightarrow{P_1 P_3} \qquad \text{(II-133)}$$

Ferner ist

$$\overrightarrow{P_1 P_2} = \vec{r}_2 - \vec{r}_1 \quad \text{und} \quad \overrightarrow{P_1 P_3} = \vec{r}_3 - \vec{r}_1 \qquad \text{(II-134)}$$

und somit

$$\vec{r}(P) = \vec{r}_1 + \lambda(\vec{r}_2 - \vec{r}_1) + \mu(\vec{r}_3 - \vec{r}_1) \qquad \text{(II-135)}$$

Dies ist die *Parameterdarstellung* einer Ebene durch drei vorgegebene Punkte P_1, P_2 und P_3 in *vektorieller* Form. Für $\vec{r}(P)$ schreiben wir wieder $\vec{r}(\lambda; \mu)$, um zum Ausdruck zu bringen, daß der laufende Punkt P der Ebene durch die beiden Parameterwerte *eindeutig* festgelegt ist. Wir fassen zusammen:

Vektorielle Drei-Punkte-Form einer Ebene (Bild II-61)

$$\vec{r}(P) = \vec{r}(\lambda; \mu) = \vec{r}_1 + \lambda \overrightarrow{P_1P_2} + \mu \overrightarrow{P_1P_3} = \vec{r}_1 + \lambda(\vec{r}_2 - \vec{r}_1) + \mu(\vec{r}_3 - \vec{r}_1) \qquad \text{(II-136)}$$

oder (in der Komponentenschreibweise)

$$\begin{pmatrix} x \\ y \\ z \end{pmatrix} = \begin{pmatrix} x_1 \\ y_1 \\ z_1 \end{pmatrix} + \lambda \begin{pmatrix} x_2 - x_1 \\ y_2 - y_1 \\ z_2 - z_1 \end{pmatrix} + \mu \begin{pmatrix} x_3 - x_1 \\ y_3 - y_1 \\ z_3 - z_1 \end{pmatrix} =$$

$$= \begin{pmatrix} x_1 + \lambda(x_2 - x_1) + \mu(x_3 - x_1) \\ y_1 + \lambda(y_2 - y_1) + \mu(y_3 - y_1) \\ z_1 + \lambda(z_2 - z_1) + \mu(z_3 - z_1) \end{pmatrix} \qquad \text{(II-137)}$$

x, y, z: Koordinaten des *laufenden* Punktes P der Ebene

x_1, y_1, z_1:
x_2, y_2, z_2: Koordinaten der *vorgegebenen* Punkte P_1, P_2 und P_3 der Ebene
x_3, y_3, z_3:

Anmerkungen

(1) Die Punkte P_1, P_2, P_3 dürfen *nicht* in einer gemeinsamen Geraden liegen, d.h. es muß $(\vec{r}_2 - \vec{r}_1) \times (\vec{r}_3 - \vec{r}_1) \neq \vec{0}$ sein.

(2) Die *nicht-kollinearen* Vektoren $\overrightarrow{P_1P_2} = \vec{r}_2 - \vec{r}_1$ und $\overrightarrow{P_1P_3} = \vec{r}_3 - \vec{r}_1$ können als *Richtungsvektoren* der Ebene aufgefaßt werden. Der *Normalenvektor* ist dann als *Vektorprodukt*

$$\vec{n} = \overrightarrow{P_1P_2} \times \overrightarrow{P_1P_3} = (\vec{r}_2 - \vec{r}_1) \times (\vec{r}_3 - \vec{r}_1) \qquad \text{(II-138)}$$

darstellbar.

■ **Beispiel**

Gegeben sind drei Punkte $P_1 = (1; 5; 0)$, $P_2 = (-2; -1; 8)$ und $P_3 = (2; 0; 1)$. Wie lautet die Gleichung der Ebene durch diese Punkte?

Lösung:

Die Ortsvektoren der drei Punkte lauten:

$$\vec{r}_1 = \begin{pmatrix} 1 \\ 5 \\ 0 \end{pmatrix}, \quad \vec{r}_2 = \begin{pmatrix} -2 \\ -1 \\ 8 \end{pmatrix} \quad \text{und} \quad \vec{r}_3 = \begin{pmatrix} 2 \\ 0 \\ 1 \end{pmatrix}$$

Damit erhalten wir die folgenden *Richtungsvektoren*:

$$\overrightarrow{P_1P_2} = \vec{r}_2 - \vec{r}_1 = \begin{pmatrix} -2 \\ -1 \\ 8 \end{pmatrix} - \begin{pmatrix} 1 \\ 5 \\ 0 \end{pmatrix} = \begin{pmatrix} -3 \\ -6 \\ 8 \end{pmatrix}$$

$$\overrightarrow{P_1P_3} = \vec{r}_3 - \vec{r}_1 = \begin{pmatrix} 2 \\ 0 \\ 1 \end{pmatrix} - \begin{pmatrix} 1 \\ 5 \\ 0 \end{pmatrix} = \begin{pmatrix} 1 \\ -5 \\ 1 \end{pmatrix}$$

Die Gleichung der Ebene lautet damit in der *vektoriellen Parameterform* wie folgt:

$$\vec{r}(\lambda;\mu) = \vec{r}_1 + \lambda(\vec{r}_2 - \vec{r}_1) + \mu(\vec{r}_3 - \vec{r}_1) =$$

$$= \begin{pmatrix} 1 \\ 5 \\ 0 \end{pmatrix} + \lambda \begin{pmatrix} -3 \\ -6 \\ 8 \end{pmatrix} + \mu \begin{pmatrix} 1 \\ -5 \\ 1 \end{pmatrix} = \begin{pmatrix} 1 - 3\lambda + \mu \\ 5 - 6\lambda - 5\mu \\ 8\lambda + \mu \end{pmatrix}$$ ■

4.2.3 Gleichung einer Ebene senkrecht zu einem Vektor

Eine Ebene E soll den Punkt P_1 mit dem Ortsvektor $\vec{r}_1$ enthalten und *senkrecht* zu einem Vektor $\vec{n}$ (*Normalenvektor* genannt) verlaufen (Bild II-62).

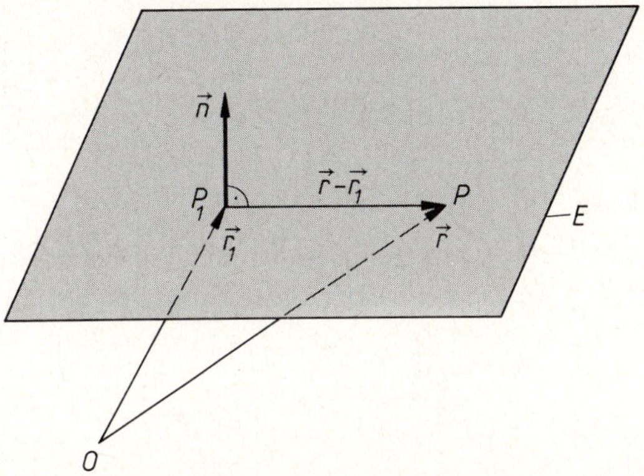

Bild II-62
Ebene senkrecht zu einem Normalenvektor

Ist $\vec{r}$ der Ortsvektor des *laufenden* Punktes P der Ebene, so liegt der Vektor $\overrightarrow{P_1P} = \vec{r} - \vec{r}_1$ *in* der Ebene und steht somit *senkrecht* auf dem Normalenvektor $\vec{n}$. Dies aber bedeutet, daß das *skalare Produkt* der Vektoren $\vec{n}$ und $\vec{r} - \vec{r}_1$ *verschwindet*. Die Gleichung der Ebene lautet daher:

$$\vec{n} \cdot (\vec{r} - \vec{r}_1) = 0 \quad \text{oder} \quad \vec{n} \cdot \vec{r} = \vec{n} \cdot \vec{r}_1 \qquad \text{(II-139)}$$

Wir fassen zusammen:

Gleichung einer Ebene senkrecht zu einem Vektor (Bild II-62)

$$\vec{n} \cdot (\vec{r} - \vec{r}_1) = 0 \qquad \text{(II-140)}$$

oder (ausgeschrieben)

$$n_x(x - x_1) + n_y(y - y_1) + n_z(z - z_1) = 0 \qquad \text{(II-141)}$$

x, y, z: Koordinaten des *laufenden* Punktes P der Ebene
x_1, y_1, z_1: Koordinaten des *vorgegebenen* Punktes P_1 der Ebene
n_x, n_y, n_z: Skalare Vektorkomponenten des *Normalenvektors* (*senkrecht* zur Ebene E)

Anmerkung

Die Gleichung (II-140) bzw. (II-141) ist die *Koordinatendarstellung* der Ebene. Ihre allgemeine Form lautet:

$$ax + by + cz + d = 0 \tag{II-142}$$

■ **Beispiel**

Die Gleichung der Ebene E durch den Punkt $P_1 = (2; -5; 3)$ *senkrecht* zum Vektor $\vec{n} = \begin{pmatrix} 4 \\ 2 \\ 5 \end{pmatrix}$ (*Normalenvektor*) lautet wie folgt:

$$\vec{n} \cdot (\vec{r} - \vec{r}_1) = \begin{pmatrix} 4 \\ 2 \\ 5 \end{pmatrix} \cdot \begin{pmatrix} x - 2 \\ y + 5 \\ z - 3 \end{pmatrix} = 4(x-2) + 2(y+5) + 5(z-3) = 0$$

oder

$$4x + 2y + 5z - 13 = 0$$

■

4.2.4 Abstand eines Punktes von einer Ebene

Gegeben ist eine Ebene E mit der Gleichung $\vec{n} \cdot (\vec{r} - \vec{r}_1) = 0$ und ein Punkt Q mit dem Ortsvektor $\vec{r}_Q$ (Bild II-63). Welchen (senkrechten) *Abstand* d besitzt dieser Punkt von der Ebene E?

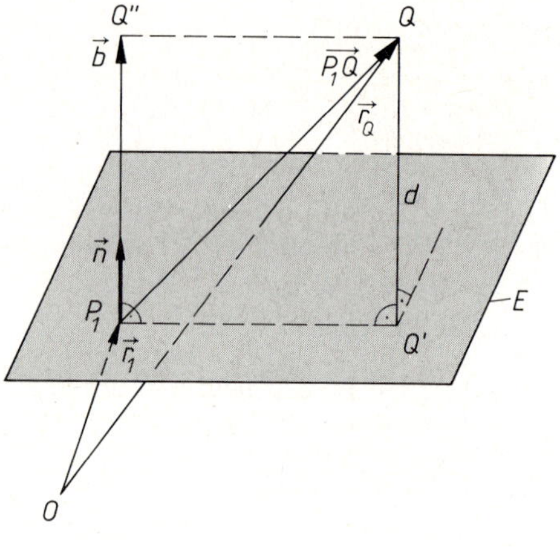

Bild II-63

Zur Berechnung des Abstandes eines Punktes von einer Ebene

Wir bestimmen zunächst den Vektor $\overrightarrow{P_1 Q}$. Er ist als *Differenzvektor* in der Form

$$\overrightarrow{P_1 Q} = \vec{r}_Q - \vec{r}_1 \tag{II-143}$$

darstellbar. Seine *Projektion* in die Richtung des Normalenvektors $\vec{n}$ ergibt den Vektor $\overrightarrow{P_1 Q''} = \vec{b}$, der mit dem Vektor $\overrightarrow{Q'Q}$ der Länge d übereinstimmt[7]. Somit gilt

$$\vec{b} = \overrightarrow{Q'Q} \quad \text{mit} \quad |\vec{b}| = d \tag{II-144}$$

---

[7]) Q' ist der Fußpunkt des Lotes von Q auf die Ebene E.

Andererseits gilt für die *Projektion* von $\overrightarrow{P_1 Q}$ auf $\vec{n}$ nach Gleichung (II-69):

$$\vec{b} = \left(\frac{\vec{n} \cdot \overrightarrow{P_1 Q}}{|\vec{n}|^2} \right) \vec{n} = \left(\frac{\vec{n} \cdot (\vec{r}_Q - \vec{r}_1)}{|\vec{n}|^2} \right) \vec{n} \tag{II-145}$$

Dieser Vektor besitzt den Betrag

$$|\vec{b}| = \left| \frac{\vec{n} \cdot (\vec{r}_Q - \vec{r}_1)}{|\vec{n}|^2} \vec{n} \right| = \frac{|\vec{n} \cdot (\vec{r}_Q - \vec{r}_1)|}{|\vec{n}|^2} |\vec{n}| = \frac{|\vec{n} \cdot (\vec{r}_Q - \vec{r}_1)|}{|\vec{n}|} \tag{II-146}$$

Somit ist

$$|\vec{b}| = d = \frac{|\vec{n} \cdot (\vec{r}_Q - \vec{r}_1)|}{|\vec{n}|} \tag{II-147}$$

Wir fassen zusammen:

Abstand eines Punktes von einer Ebene (Bild II-63)

Der *Abstand* eines Punktes Q mit dem Ortsvektor $\vec{r}_Q$ von einer Ebene E mit der Gleichung $\vec{n} \cdot (\vec{r} - \vec{r}_1) = 0$ beträgt

$$d = \frac{|\vec{n} \cdot (\vec{r}_Q - \vec{r}_1)|}{|\vec{n}|} \tag{II-148}$$

Anmerkung

Ist $d = 0$, so liegt der Punkt Q *in* der Ebene.

■ **Beispiel**

Eine Ebene E enthält den Punkt $P_1 = (1; 0; 9)$, ihr *Normalenvektor* ist $\vec{n} = \begin{pmatrix} 1 \\ 3 \\ 5 \end{pmatrix}$.

Wir berechnen den *Abstand d* des Punktes $Q = (-2; 1; 3)$ von dieser Ebene:

$$\vec{n} \cdot (\vec{r}_Q - \vec{r}_1) = \begin{pmatrix} 1 \\ 3 \\ 5 \end{pmatrix} \cdot \begin{pmatrix} -2-1 \\ 1-0 \\ 3-9 \end{pmatrix} = \begin{pmatrix} 1 \\ 3 \\ 5 \end{pmatrix} \cdot \begin{pmatrix} -3 \\ 1 \\ -6 \end{pmatrix} = -3 + 3 - 30 = -30$$

$$|\vec{n}| = \sqrt{1^2 + 3^2 + 5^2} = \sqrt{35}$$

$$d = \frac{|\vec{n} \cdot (\vec{r}_Q - \vec{r}_1)|}{|\vec{n}|} = \frac{|-30|}{|\sqrt{35}|} = 5{,}07$$ ■

4.2.5 Abstand einer Geraden von einer Ebene

Eine Gerade g und eine Ebene E können folgende Lagen zueinander haben:

1. g liegt *in* der Ebene E;
2. g und E sind zueinander *parallel*;
3. g und E *schneiden* sich in *genau einem* Punkt.

Wir setzen in diesem Abschnitt voraus, daß die Gerade g mit der Gleichung $\vec{r}(\lambda) = \vec{r}_1 + \lambda\vec{a}$ *parallel* zur Ebene E mit der Gleichung $\vec{n} \cdot (\vec{r} - \vec{r}_0) = 0$ verläuft (Bild II-64). Dies ist genau dann der Fall, wenn der Richtungsvektor $\vec{a}$ der Geraden *senkrecht* auf dem Normalenvektor $\vec{n}$ der Ebene steht, d.h. $\vec{n} \cdot \vec{a} = 0$ ist.

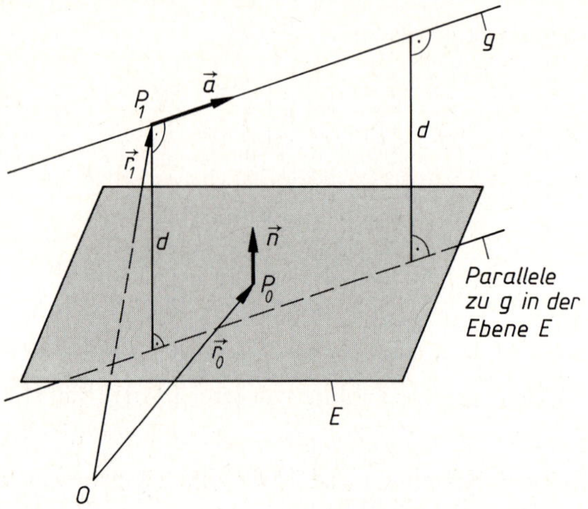

Bild II-64

Zur Berechnung des Abstandes einer Geraden von einer Ebene

Dann hat jeder Punkt der Geraden g den *gleichen* Abstand d von der Ebene E. Wir wählen auf g den Punkt P_1 mit dem Ortsvektor $\vec{r}_1$. Nach den Ergebnissen des vorangegangenen Abschnitts gilt dann (Gleichung (II-148)):

Abstand einer Geraden von einer Ebene (Bild II-64)

Der *Abstand* einer Geraden g mit der Gleichung $\vec{r}(\lambda) = \vec{r}_1 + \lambda\vec{a}$ von einer Ebene E mit der Gleichung $\vec{n} \cdot (\vec{r} - \vec{r}_0) = 0$ beträgt

$$d = \frac{|\vec{n} \cdot (\vec{r}_1 - \vec{r}_0)|}{|\vec{n}|} \qquad \text{(II-149)}$$

Anmerkungen

(1) Gerade und Ebene sind genau dann zueinander *parallel*, wenn $\vec{n} \cdot \vec{a} = 0$ ist.

(2) Ist zusätzlich $d = 0$, so liegt die Gerade g *in* der Ebene E.

■ **Beispiel**

Wir berechnen den *Abstand d* zwischen der Geraden

$$g: P_1 = (0; 1; -1), \quad \textit{Richtungsvektor } \vec{a} = \begin{pmatrix} -1 \\ -4 \\ 2 \end{pmatrix}$$

und der Ebene

$$E: P_0 = (1; 5; 2), \quad \textit{Normalenvektor } \vec{n} = \begin{pmatrix} 2 \\ 1 \\ 3 \end{pmatrix}$$

Zunächst zeigen wir, daß Gerade und Ebene *parallel* verlaufen:

$$\vec{n} \cdot \vec{a} = \begin{pmatrix} 2 \\ 1 \\ 3 \end{pmatrix} \cdot \begin{pmatrix} -1 \\ -4 \\ 2 \end{pmatrix} = -2 - 4 + 6 = 0 \Rightarrow g \parallel E$$

Ferner ist

$$\vec{n} \cdot (\vec{r}_1 - \vec{r}_0) = \begin{pmatrix} 2 \\ 1 \\ 3 \end{pmatrix} \cdot \begin{pmatrix} 0-1 \\ 1-5 \\ -1-2 \end{pmatrix} = \begin{pmatrix} 2 \\ 1 \\ 3 \end{pmatrix} \cdot \begin{pmatrix} -1 \\ -4 \\ -3 \end{pmatrix} = -2 - 4 - 9 = -15$$

$$|\vec{n}| = \sqrt{2^2 + 1^2 + 3^2} = \sqrt{14}$$

und somit

$$d = \frac{|\vec{n} \cdot (\vec{r}_1 - \vec{r}_0)|}{|\vec{n}|} = \frac{|-15|}{\sqrt{14}} = 4{,}01$$ ■

4.2.6 Schnittpunkt und Schnittwinkel einer Geraden mit einer Ebene

Wir setzen in diesem Abschnitt voraus, daß sich die Gerade g mit der Gleichung $\vec{r}(\lambda) = \vec{r}_1 + \lambda \vec{a}$ und die Ebene E mit der Gleichung $\vec{n} \cdot (\vec{r} - \vec{r}_0) = 0$ in einem Punkt S *schneiden* (s. hierzu Abschnitt II.4.2.5). Dies ist genau dann der Fall, wenn $\vec{n} \cdot \vec{a} \neq 0$ ist.

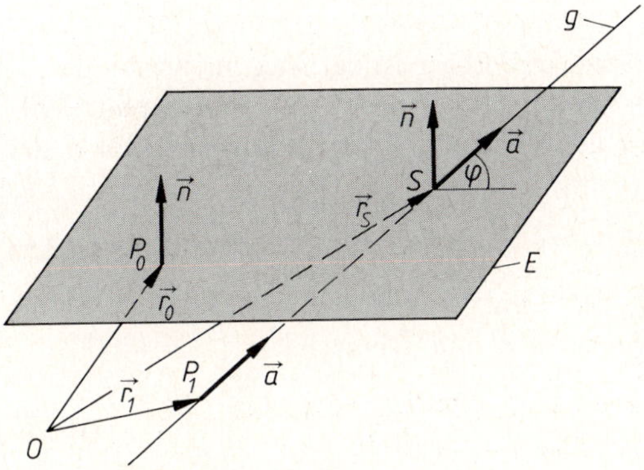

Bild II-65
Zur Berechnung des Schnittpunktes und Schnittwinkels einer Geraden mit einer Ebene

Berechnung des Schnittpunktes

Der Ortsvektor $\vec{r}_S$ des *Schnittpunktes S* erfüllt dann sowohl die Geradengleichung als auch die Gleichung der Ebene (Bild II-65):

$$\vec{r}_S = \vec{r}_1 + \lambda_S \vec{a} \quad \text{und} \quad \vec{n} \cdot (\vec{r}_S - \vec{r}_0) = 0 \qquad \text{(II-150)}$$

Durch Einsetzen der 1. Gleichung in die 2. Gleichung erhalten wir eine Bestimmungsgleichung für den zum Schnittpunkt S gehörigen Parameter λ_S:

$$\vec{n} \cdot (\vec{r}_S - \vec{r}_0) = \vec{n} \cdot (\vec{r}_1 + \lambda_S \vec{a} - \vec{r}_0) = \vec{n} \cdot (\vec{r}_1 - \vec{r}_0 + \lambda_S \vec{a}) =$$
$$= \vec{n} \cdot (\vec{r}_1 - \vec{r}_0) + \lambda_S (\vec{n} \cdot \vec{a}) = 0 \qquad \text{(II-151)}$$

Wir lösen diese Gleichung nach λ_S auf:

$$\lambda_S = -\frac{\vec{n} \cdot (\vec{r}_1 - \vec{r}_0)}{\vec{n} \cdot \vec{a}} = \frac{\vec{n} \cdot (\vec{r}_0 - \vec{r}_1)}{\vec{n} \cdot \vec{a}} \tag{II-152}$$

Diesen Wert setzen wir in die Geradengleichung ein und erhalten den Ortsvektor $\vec{r}_S$ des Schnittpunktes S:

$$\vec{r}_S = \vec{r}_1 + \left(\frac{\vec{n} \cdot (\vec{r}_0 - \vec{r}_1)}{\vec{n} \cdot \vec{a}} \right) \vec{a} \tag{II-153}$$

Wir fassen zusammen:

Schnittpunkt einer Geraden mit einer Ebene (Bild II-65)

Der Ortsvektor des *Schnittpunktes S* der Geraden $g: \vec{r}(\lambda) = \vec{r}_1 + \lambda \vec{a}$ mit der Ebene $E: \vec{n} \cdot (\vec{r} - \vec{r}_0) = 0$ lautet:

$$\vec{r}_S = \vec{r}_1 + \left(\frac{\vec{n} \cdot (\vec{r}_0 - \vec{r}_1)}{\vec{n} \cdot \vec{a}} \right) \vec{a} \tag{II-154}$$

Anmerkungen

(1) Gerade und Ebene *schneiden* sich genau dann in *einem* Punkt S, wenn $\vec{n} \cdot \vec{a} \neq 0$ ist.

(2) Der Schnittpunkt S wird auch als *Durchstoßpunkt* bezeichnet.

Berechnung des Schnittwinkels

Der gesuchte *Schnittwinkel* φ zwischen Gerade und Ebene ist der *Neigungswinkel* der Geraden gegenüber der Ebene (Bild II-65). Für ihn gilt: $0° \leqslant \varphi \leqslant 90°$. Er hängt mit dem Winkel α zwischen dem Richtungsvektor $\vec{a}$ der Geraden und dem Normalenvektor $\vec{n}$ der Ebene wie folgt zusammen:

$$\alpha = 90° + \varphi \quad \text{oder} \quad \alpha = 90° - \varphi \tag{II-155}$$

(abhängig von der *Orientierung (Richtung)* des Normalenvektors $\vec{n}$). Der Winkel α läßt sich dabei aus dem skalaren Produkt der Vektoren $\vec{n}$ und $\vec{a}$ berechnen:

$$\cos \alpha = \frac{\vec{n} \cdot \vec{a}}{|\vec{n}| \cdot |\vec{a}|} \tag{II-156}$$

Wegen $\alpha = 90° \pm \varphi$ gilt nach dem *Additionstheorem der Kosinusfunktion*

$$\cos \alpha = \cos(90° \pm \varphi) = \cos 90° \cdot \cos \varphi \mp \sin 90° \cdot \sin \varphi = \mp \sin \varphi \tag{II-157}$$

Somit ist

$$\mp \sin \varphi = \frac{\vec{n} \cdot \vec{a}}{|\vec{n}| \cdot |\vec{a}|} \quad \text{oder} \quad \sin \varphi = \mp \frac{\vec{n} \cdot \vec{a}}{|\vec{n}| \cdot |\vec{a}|} \tag{II-158}$$

Beachtet man noch, daß der Schnittwinkel φ im Intervall $0° \leqslant \varphi \leqslant 90°$ liegt und daher $\sin \varphi \geqslant 0$ ist, so erhält man schließlich

$$\sin \varphi = \frac{|\vec{n} \cdot \vec{a}|}{|\vec{n}| \cdot |\vec{a}|} \tag{II-159}$$

und durch *Umkehrung*

$$\varphi = \arcsin\left(\frac{|\vec{n}\cdot\vec{a}|}{|\vec{n}|\cdot|\vec{a}|}\right) \tag{II-160}$$

Schnittwinkel einer Geraden mit einer Ebene (Bild II-65)

$$\varphi = \arcsin\left(\frac{|\vec{n}\cdot\vec{a}|}{|\vec{n}|\cdot|\vec{a}|}\right) \tag{II-161}$$

$\vec{n}$: *Normalenvektor* der Ebene
$\vec{a}$: *Richtungsvektor* der Geraden

■ **Beispiel**

Gerade g und Ebene E sind wie folgt gegeben:

$$g: P_1 = (2; 1; 5), \qquad \textit{Richtungsvektor } \vec{a} = \begin{pmatrix} 3 \\ -4 \\ 0 \end{pmatrix}$$

$$E: P_0 = (3; 4; 1), \qquad \textit{Normalenvektor } \vec{n} = \begin{pmatrix} 2 \\ -1 \\ 1 \end{pmatrix}$$

Wir berechnen *Schnittpunkt S* und *Schnittwinkel* φ.

Berechnung des Schnittpunktes S:

$$\vec{n}\cdot(\vec{r}_0 - \vec{r}_1) = \begin{pmatrix} 2 \\ -1 \\ 1 \end{pmatrix} \cdot \begin{pmatrix} 3-2 \\ 4-1 \\ 1-5 \end{pmatrix} = \begin{pmatrix} 2 \\ -1 \\ 1 \end{pmatrix} \cdot \begin{pmatrix} 1 \\ 3 \\ -4 \end{pmatrix} = 2 - 3 - 4 = -5$$

$$\vec{n}\cdot\vec{a} = \begin{pmatrix} 2 \\ -1 \\ 1 \end{pmatrix} \cdot \begin{pmatrix} 3 \\ -4 \\ 0 \end{pmatrix} = 6 + 4 + 0 = 10$$

$$\vec{r}_S = \vec{r}_1 + \left(\frac{\vec{n}\cdot(\vec{r}_0 - \vec{r}_1)}{\vec{n}\cdot\vec{a}}\right)\vec{a} = \begin{pmatrix} 2 \\ 1 \\ 5 \end{pmatrix} + \frac{-5}{10}\begin{pmatrix} 3 \\ -4 \\ 0 \end{pmatrix} = \begin{pmatrix} 2 \\ 1 \\ 5 \end{pmatrix} - 0{,}5\begin{pmatrix} 3 \\ -4 \\ 0 \end{pmatrix} =$$

$$= \begin{pmatrix} 2 - 1{,}5 \\ 1 + 2 \\ 5 + 0 \end{pmatrix} = \begin{pmatrix} 0{,}5 \\ 3 \\ 5 \end{pmatrix}$$

Schnittpunkt: $S = (0{,}5; 3; 5)$

Berechnung des Schnittwinkels φ:

$\vec{n}\cdot\vec{a} = 10$ (s. oben)

$|\vec{n}| = \sqrt{2^2 + (-1)^2 + 1^2} = \sqrt{6}, \quad |\vec{a}| = \sqrt{3^2 + (-4)^2 + 0^2} = 5$

$$\varphi = \arcsin\left(\frac{|\vec{n}\cdot\vec{a}|}{|\vec{n}|\cdot|\vec{a}|}\right) = \arcsin\left(\frac{10}{\sqrt{6}\cdot 5}\right) = \arcsin 0{,}8165 = 54{,}7^\circ$$ ■

4.2.7 Abstand zweier paralleler Ebenen

Zwei Ebenen E_1 und E_2 können folgende Lagen zueinander haben:

1. E_1 und E_2 fallen *zusammen*;
2. E_1 und E_2 sind zueinander *parallel*;
3. E_1 und E_2 *schneiden* sich längs einer *Geraden*.

Wir setzen in diesem Abschnitt voraus, daß die Ebenen E_1 und E_2 mit den Gleichungen $\vec{n}_1 \cdot (\vec{r} - \vec{r}_1) = 0$ und $\vec{n}_2 \cdot (\vec{r} - \vec{r}_2) = 0$ zueinander *parallel* sind. Dies ist genau dann der Fall, wenn die zugehörigen Normalenvektoren $\vec{n}_1$ und $\vec{n}_2$ *kollinear* sind, d.h. $\vec{n}_1 \times \vec{n}_2 = \vec{0}$ ist (Bild II-66).

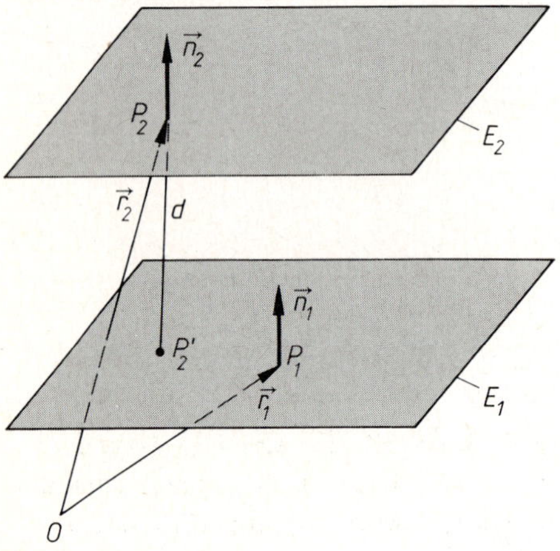

Bild II-66
Zur Berechnung des Abstandes zweier paralleler Ebenen

Dann hat *jeder* Punkt der Ebene E_2 von der Ebene E_1 den *gleichen* (senkrechten) Abstand d und umgekehrt. Wir wählen auf der Ebene E_2 den Punkt P_2 mit dem Ortsvektor $\vec{r}_2$ und erhalten nach der Abstandsformel (II-148)

$$d = \frac{|\vec{n}_1 \cdot (\vec{r}_2 - \vec{r}_1)|}{|\vec{n}_1|} \qquad \text{(II-162)}$$

Abstand zweier paralleler Ebenen (Bild II-66)

Der Abstand zweier *Parallelebenen* $E_1: \vec{n}_1 \cdot (\vec{r} - \vec{r}_1) = 0$ und $E_2: \vec{n}_2 \cdot (\vec{r} - \vec{r}_2) = 0$ beträgt

$$d = \frac{|\vec{n}_1 \cdot (\vec{r}_2 - \vec{r}_1)|}{|\vec{n}_1|} \qquad \text{(II-163)}$$

Anmerkungen

(1) Die beiden Ebenen sind genau dann *parallel*, wenn $\vec{n}_1 \times \vec{n}_2 = \vec{0}$ ist.

(2) In der Abstandsformel (II-163) darf der Normalenvektor $\vec{n}_1$ durch den Normalenvektor $\vec{n}_2$ ersetzt werden.

(3) Ist zusätzlich $d = 0$, so fallen die beiden Ebenen *zusammen*.

■ **Beispiel**

Gegeben sind die folgenden Ebenen:

$$E_1: P_1 = (7; 3; -4), \qquad \textit{Normalenvektor } \vec{n}_1 = \begin{pmatrix} -1 \\ 4 \\ 2 \end{pmatrix}$$

$$E_2: P_2 = (-1; 0; 8), \qquad \textit{Normalenvektor } \vec{n}_2 = \begin{pmatrix} -2 \\ 8 \\ 4 \end{pmatrix}$$

Die Ebenen sind *parallel*, da $\vec{n}_1 \times \vec{n}_2 = \vec{0}$ ist (nachrechnen!). Wir berechnen nun den *Abstand d* der Ebenen:

$$\vec{n}_1 \cdot (\vec{r}_2 - \vec{r}_1) = \begin{pmatrix} -1 \\ 4 \\ 2 \end{pmatrix} \cdot \begin{pmatrix} -1-7 \\ 0-3 \\ 8+4 \end{pmatrix} = \begin{pmatrix} -1 \\ 4 \\ 2 \end{pmatrix} \cdot \begin{pmatrix} -8 \\ -3 \\ 12 \end{pmatrix} = 8 - 12 + 24 = 20$$

$$|\vec{n}_1| = \sqrt{(-1)^2 + 4^2 + 2^2} = \sqrt{21}$$

$$d = \frac{|\vec{n}_1 \cdot (\vec{r}_2 - \vec{r}_1)|}{|\vec{n}_1|} = \frac{20}{\sqrt{21}} = 4{,}36$$ ■

4.2.8 Schnittgerade und Schnittwinkel zweier Ebenen

Wir setzen in diesem Abschnitt voraus, daß sich die Ebenen $E_1: \vec{n}_1 \cdot (\vec{r} - \vec{r}_1) = 0$ und $E_2: \vec{n}_2 \cdot (\vec{r} - \vec{r}_2) = 0$ längs einer *Geraden g* schneiden (Bild II-67). Dies ist genau dann der Fall, wenn die zugehörigen Normalenvektoren $\vec{n}_1$ und $\vec{n}_2$ *nicht-kollinear* sind, d.h. $\vec{n}_1 \times \vec{n}_2 \neq \vec{0}$ ist.

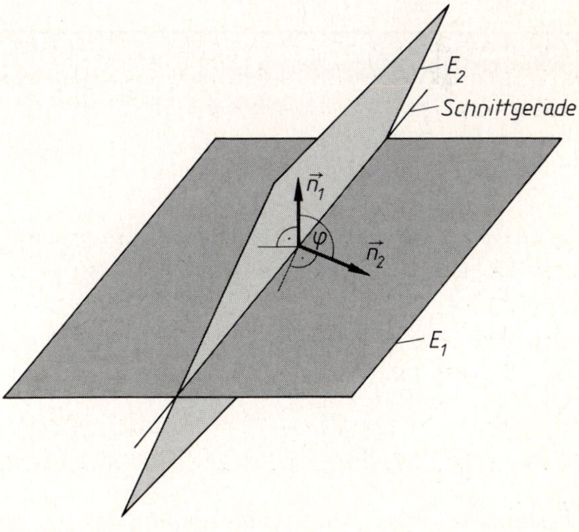

Bild II-67
Zur Berechnung der Schnittgeraden und des Schnittwinkels zweier Ebenen

Bestimmung der Schnittgeraden

Für die Gleichung der *Schnittgeraden g* wählen wir den Lösungsansatz

$$\vec{r}(\lambda) = \vec{r}_0 + \lambda \vec{a} \qquad \text{(II-164)}$$

Da die Normalenvektoren $\vec{n}_1$ und $\vec{n}_2$ der beiden Ebenen jeweils *senkrecht* auf der Schnittgeraden g stehen, läßt sich der Richtungsvektor $\vec{a}$ von g als *Vektorprodukt* dieser beiden Vektoren darstellen:

$$\vec{a} = \vec{n}_1 \times \vec{n}_2 \qquad \text{(II-165)}$$

Den Ortsvektor $\vec{r}_0$ des auf der Schnittgeraden gelegenen Punktes P_0 bestimmen wir wie folgt:

P_0 liegt in *beiden* Ebenen, der zugehörige Ortsvektor $\vec{r}_0$ erfüllt daher die Gleichungen *beider* Ebenen:

$$\left.\begin{aligned} \vec{n}_1 \cdot (\vec{r}_0 - \vec{r}_1) &= 0 \\ \vec{n}_2 \cdot (\vec{r}_0 - \vec{r}_2) &= 0 \end{aligned}\right. \qquad \text{(II-166)}$$

oder (in ausgeschriebener Form)

$$\left.\begin{aligned} n_{1x}(x_0 - x_1) + n_{1y}(y_0 - y_1) + n_{1z}(z_0 - z_1) &= 0 \\ n_{2x}(x_0 - x_2) + n_{2y}(y_0 - y_2) + n_{2z}(z_0 - z_2) &= 0 \end{aligned}\right. \qquad \text{(II-167)}$$

Dies ist ein *lineares Gleichungssystem* mit *zwei* Gleichungen und den *drei* unbekannten Koordinaten x_0, y_0 und z_0 des Punktes P_0. *Eine* der drei Koordinaten ist dabei *frei wählbar*. Wir setzen z.B. $x_0 = 0$ und berechnen die beiden übrigen Koordinaten aus dem linearen Gleichungssystem

$$\left.\begin{aligned} -n_{1x}x_1 + n_{1y}(y_0 - y_1) + n_{1z}(z_0 - z_1) &= 0 \\ -n_{2x}x_2 + n_{2y}(y_0 - y_2) + n_{2z}(z_0 - z_2) &= 0 \end{aligned}\right. \qquad \text{(II-168)}$$

(Gleichungssystem (II-167) für $x_0 = 0$).

Wir fassen die Ergebnisse zusammen:

Schnittgerade zweier Ebenen (Bild II-67)

Die Gleichung der *Schnittgeraden* g zweier Ebenen $E_1: \vec{n}_1 \cdot (\vec{r} - \vec{r}_1) = 0$ und $E_2: \vec{n}_2 \cdot (\vec{r} - \vec{r}_2) = 0$ lautet:

$$\vec{r}(\lambda) = \vec{r}_0 + \lambda \vec{a} \qquad \text{(II-169)}$$

Der *Richtungsvektor* $\vec{a}$ ist dabei das Vektorprodukt der Normalenvektoren:

$$\vec{a} = \vec{n}_1 \times \vec{n}_2 \qquad \text{(II-170)}$$

Der *Ortsvektor* r_0 des Punktes P_0 der Schnittgeraden läßt sich aus dem linearen Gleichungssystem

$$\left.\begin{aligned} \vec{n}_1 \cdot (\vec{r}_0 - \vec{r}_1) &= 0 \\ \vec{n}_2 \cdot (\vec{r}_0 - \vec{r}_2) &= 0 \end{aligned}\right. \qquad \text{(II-171)}$$

bestimmen, wobei *eine* der drei Koordinaten *frei wählbar* ist (z.B. $x_0 = 0$).

Anmerkung

Die beiden Ebenen *schneiden* sich genau dann, wenn $\vec{n}_1 \times \vec{n}_2 \neq \vec{0}$ ist.

Berechnung des Schnittwinkels

Der *Schnittwinkel* φ zweier Ebenen E_1 und E_2 ist der Winkel zwischen den zugehörigen *Normalenvektoren* $\vec{n}_1$ und $\vec{n}_2$. Nach Gleichung (II-58) gilt somit:

Schnittwinkel zweier Ebenen (Bild II-67)

$$\varphi = \arccos\left(\frac{\vec{n}_1 \cdot \vec{n}_2}{|\vec{n}_1| \cdot |\vec{n}_2|}\right) \qquad \text{(II-172)}$$

$\vec{n}_1, \vec{n}_2$: *Normalenvektoren* der beiden Ebenen

- **Beispiel**

Wir bestimmen *Schnittgerade g* und *Schnittwinkel* φ der folgenden Ebenen:

$$E_1: P_1 = (1; 0; 1), \quad \textit{Normalenvektor } \vec{n}_1 = \begin{pmatrix} 1 \\ 5 \\ -3 \end{pmatrix}$$

$$E_2: P_2 = (0; 3; 0), \quad \textit{Normalenvektor } \vec{n}_2 = \begin{pmatrix} 2 \\ 1 \\ 2 \end{pmatrix}$$

Bestimmung der Schnittgeraden g:

$$\vec{r}(\lambda) = \vec{r}_0 + \lambda \vec{a} \quad \text{(Ansatz)}$$

Für den *Richtungsvektor* $\vec{a}$ erhalten wir nach Formel (II-170):

$$\vec{a} = \vec{n}_1 \times \vec{n}_2 = \begin{pmatrix} 1 \\ 5 \\ -3 \end{pmatrix} \times \begin{pmatrix} 2 \\ 1 \\ 2 \end{pmatrix} = \begin{pmatrix} 10 + 3 \\ -6 - 2 \\ 1 - 10 \end{pmatrix} = \begin{pmatrix} 13 \\ -8 \\ -9 \end{pmatrix}$$

Der *Ortsvektor* $\vec{r}_0$ des Punktes P_0 der Schnittgeraden wird aus dem folgenden linearen Gleichungssystem berechnet:

$$\vec{n}_1 \cdot (\vec{r}_0 - \vec{r}_1) = \begin{pmatrix} 1 \\ 5 \\ -3 \end{pmatrix} \cdot \begin{pmatrix} x_0 - 1 \\ y_0 - 0 \\ z_0 - 1 \end{pmatrix} = x_0 - 1 + 5y_0 - 3(z_0 - 1) = 0$$

$$\vec{n}_2 \cdot (\vec{r}_0 - \vec{r}_2) = \begin{pmatrix} 2 \\ 1 \\ 2 \end{pmatrix} \cdot \begin{pmatrix} x_0 - 0 \\ y_0 - 3 \\ z_0 - 0 \end{pmatrix} = 2x_0 + y_0 - 3 + 2z_0 = 0$$

Wir setzen $x_0 = 0$ und ordnen beide Gleichungen:

$$\begin{aligned} 5y_0 - 3z_0 &= -2 \\ y_0 + 2z_0 &= 3 \end{aligned}$$

Diese Gleichungen werden durch $y_0 = \frac{5}{13}$, $z_0 = \frac{17}{13}$ gelöst. Der Punkt P_0 besitzt demnach die Koordinaten

$$x_0 = 0; \quad y_0 = \frac{5}{13}; \quad z_0 = \frac{17}{13}$$

Somit ist

$$\vec{r}(\lambda) = \vec{r}_0 + \lambda \vec{a} = \begin{pmatrix} 0 \\ 5/13 \\ 17/13 \end{pmatrix} + \lambda \begin{pmatrix} 13 \\ -8 \\ -9 \end{pmatrix} = \begin{pmatrix} 13\lambda \\ 5/13 - 8\lambda \\ 17/13 - 9\lambda \end{pmatrix}$$

die Gleichung der gesuchten *Schnittgeraden g*.

Berechnung des Schnittwinkels φ:

$$\vec{n}_1 \cdot \vec{n}_2 = \begin{pmatrix} 1 \\ 5 \\ -3 \end{pmatrix} \cdot \begin{pmatrix} 2 \\ 1 \\ 2 \end{pmatrix} = 2 + 5 - 6 = 1$$

$$|\vec{n}_1| = \sqrt{1^2 + 5^2 + (-3)^2} = \sqrt{35}, \qquad |\vec{n}_2| = \sqrt{2^2 + 1^2 + 2^2} = 3$$

Für den *Schnittwinkel* φ erhalten wir damit nach Gleichung (II-172)

$$\varphi = \arccos\left(\frac{\vec{n}_1 \cdot \vec{n}_2}{|\vec{n}_1| \cdot |\vec{n}_2|}\right) = \arccos\left(\frac{1}{\sqrt{35} \cdot 3}\right) = \arccos 0{,}0563 = 86{,}8^\circ$$ ■

Übungsaufgaben

1) Gegeben sind die Vektoren $\vec{a} = \begin{pmatrix} 3 \\ 2 \\ -4 \end{pmatrix}$, $\vec{b} = \begin{pmatrix} -2 \\ 0 \\ 4 \end{pmatrix}$, $\vec{c} = \begin{pmatrix} -5 \\ 1 \\ 4 \end{pmatrix}$.

Berechnen Sie die skalaren Komponenten und die Beträge der aus ihnen gebildeten Vektoren:

a) $\vec{s}_1 = 3\vec{a} - 5\vec{b} + 3\vec{c}$ b) $\vec{s}_2 = -2(\vec{b} + 5\vec{c}) + 5(\vec{a} - 3\vec{b})$

c) $\vec{s}_3 = 4(\vec{a} - 2\vec{b}) + 10\vec{c}$ d) $\vec{s}_4 = 3(\vec{a} \cdot \vec{b})\vec{c} - 5(\vec{b} \cdot \vec{c})\vec{a}$

2) Welche Gegenkraft $\vec{F}$ hebt die vier Einzelkräfte

$$\vec{F}_1 = \begin{pmatrix} 200 \\ 110 \\ -50 \end{pmatrix} \text{N}, \quad \vec{F}_2 = \begin{pmatrix} -10 \\ 30 \\ -40 \end{pmatrix} \text{N}, \quad \vec{F}_3 = \begin{pmatrix} 40 \\ 85 \\ 120 \end{pmatrix} \text{N}, \quad \vec{F}_4 = -\begin{pmatrix} 30 \\ 50 \\ 40 \end{pmatrix} \text{N}$$

in ihrer physikalischen Wirkung auf?

3) Berechnen Sie die Resultierende der in Bild II-68 skizzierten (ebenen) Kräfte nach Betrag und Richtung (Richtungswinkel).

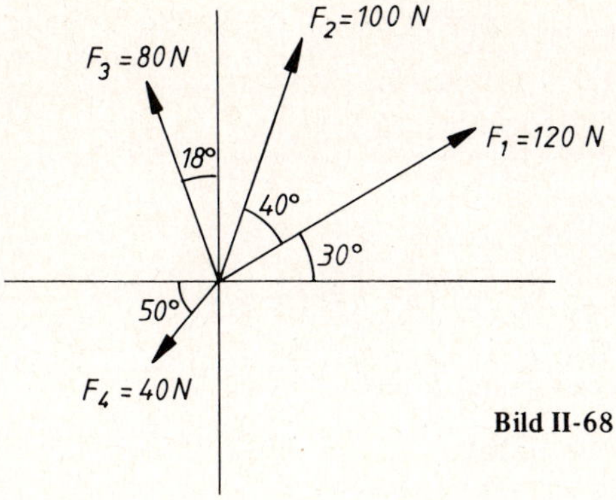

Bild II-68

4) Bestimmen Sie die Ortsvektoren der acht Ecken eines Würfels mit der Kantenlänge a gemäß Bild II-69.

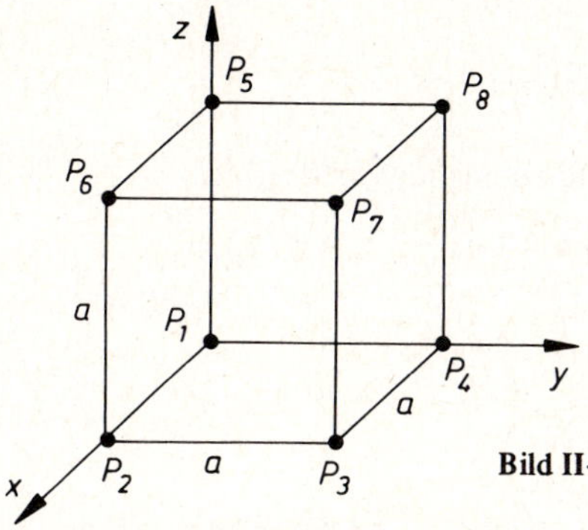

Bild II-69

5) Normieren Sie die folgenden Vektoren:

$$\vec{a} = \begin{pmatrix} 2 \\ 1 \\ 4 \end{pmatrix}, \quad \vec{b} = 3\,\vec{e}_x - 4\,\vec{e}_y + 8\,\vec{e}_z, \quad \vec{c} = \begin{pmatrix} -1 \\ 1 \\ -1 \end{pmatrix}$$

6) Wie lautet der Einheitsvektor $\vec{e}$, der die zum Vektor $\vec{a} = \begin{pmatrix} 1 \\ -4 \\ 3 \end{pmatrix}$ *entgegengesetzte* Richtung hat?

7) Bestimmen Sie die Koordinaten des Punktes Q, der vom Punkte $P = (3; 1; -5)$ in Richtung des Vektors $\vec{a} = \begin{pmatrix} 3 \\ -5 \\ 4 \end{pmatrix}$ 20 Längeneinheiten entfernt ist.

8) Wie lautet die Gleichung der durch die Punkte $P_1 = (10; 5; -1)$ und $P_2 = (1; 2; 5)$ verlaufenden Geraden? Bestimmen Sie die Koordinaten der Mitte Q von $\overrightarrow{P_1 P_2}$.

9) Liegen die drei Punkte $P_1 = (3; 0; 4)$, $P_2 = (1; 1; 1)$ und $P_3 = (-1; 2; -2)$ in einer Geraden?

10) Bilden Sie mit den Vektoren

$$\vec{a} = \begin{pmatrix} 1 \\ 1 \\ 1 \end{pmatrix}, \quad \vec{b} = \begin{pmatrix} -3 \\ 0 \\ 4 \end{pmatrix}, \quad \vec{c} = \begin{pmatrix} 4 \\ 10 \\ -2 \end{pmatrix}$$

die folgenden Skalarprodukte:

a) $\vec{a} \cdot \vec{b}$ b) $(\vec{a} - 3\,\vec{b}) \cdot (4\,\vec{c})$ c) $(\vec{a} + \vec{b}) \cdot (\vec{a} - \vec{c})$

11) Welchen Winkel schließen die Vektoren $\vec{a}$ und $\vec{b}$ ein?

a) $\vec{a} = \begin{pmatrix} 3 \\ 1 \\ -2 \end{pmatrix}, \quad \vec{b} = \begin{pmatrix} 1 \\ 4 \\ 2 \end{pmatrix}$ b) $\vec{a} = \begin{pmatrix} 10 \\ -5 \\ 10 \end{pmatrix}, \quad \vec{b} = \begin{pmatrix} 3 \\ -1 \\ -0{,}5 \end{pmatrix}$

c) $\vec{a} = \vec{e}_x - 2\,\vec{e}_y + 5\,\vec{e}_z, \quad \vec{b} = -\vec{e}_x - 10\,\vec{e}_z$

12) Zeigen Sie: Die Vektoren $\vec{a}$ und $\vec{b}$ sind zueinander *orthogonal:*

a) $\vec{a} = \begin{pmatrix} -1 \\ 2 \\ 5 \end{pmatrix}, \quad \vec{b} = \begin{pmatrix} -4 \\ 8 \\ -4 \end{pmatrix}$ b) $\vec{a} = 3\,\vec{e}_x - 2\,\vec{e}_y + 10\,\vec{e}_z$, $\vec{b} = 4\,\vec{e}_x + \vec{e}_y - \vec{e}_z$

13) Beweisen Sie den Kosinussatz (Bild II-70):

$$c^2 = a^2 + b^2 - 2\,ab \cdot \cos\gamma$$

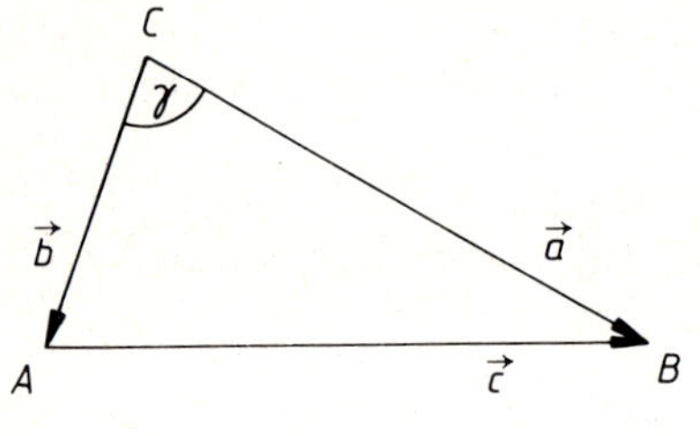

Bild II-70
Zur Herleitung des Kosinussatzes

14) Zeigen Sie: Die Vektoren

$$\vec{e}_1 = \begin{pmatrix} 1/\sqrt{2} \\ 0 \\ 1/\sqrt{2} \end{pmatrix}, \quad \vec{e}_2 = \begin{pmatrix} 1/\sqrt{2} \\ 0 \\ -1/\sqrt{2} \end{pmatrix}, \quad \vec{e}_3 = \begin{pmatrix} 0 \\ -1 \\ 0 \end{pmatrix}$$

bilden ein *orthonormiertes* System, d.h. die Vektoren stehen paarweise senkrecht aufeinander und besitzen jeweils die Länge 1.

15) Zeige: Die drei Vektoren

$$\vec{a} = \begin{pmatrix} 1 \\ 4 \\ -2 \end{pmatrix}, \quad \vec{b} = \begin{pmatrix} -2 \\ 2 \\ 3 \end{pmatrix} \quad \text{und} \quad \vec{c} = \begin{pmatrix} -1 \\ 6 \\ 1 \end{pmatrix}$$

bilden ein *rechtwinkliges* Dreieck.

16) Bestimmen Sie Betrag und Richtung (Richtungswinkel) des Vektors $\vec{a}$:

a) $\vec{a} = \begin{pmatrix} 1 \\ 1 \\ 1 \end{pmatrix}$ b) $\vec{a} = \begin{pmatrix} 1 \\ 4 \\ 0 \end{pmatrix}$ c) $\vec{a} = \begin{pmatrix} 4 \\ 3 \\ -2 \end{pmatrix}$

17) Durch die drei Punkte $A = (1; 4; -2)$, $B = (3; 1; 0)$ und $C = (-1; 1; 2)$ wird ein Dreieck festgelegt. Berechnen Sie die Länge der drei Seiten, die Winkel im Dreieck sowie den Flächeninhalt.

18) Eine Masse wird durch die Kraft $\vec{F} = \begin{pmatrix} 10 \\ -4 \\ -2 \end{pmatrix}$ N geradlinig von $P_1 = (1\,\text{m}; 20\,\text{m}; 3\,\text{m})$ nach $P_2 = (4\,\text{m}; 2\,\text{m}; -1\,\text{m})$ verschoben.
Welche Arbeit leistet die Kraft?
Welchen Winkel bildet sie mit dem Verschiebungsvektor $\vec{s}$?

19) Eine Kraft vom Betrage $F = 85$ N verschiebt einen Massenpunkt um die Strecke $s = 32$ m und verrichtet dabei die Arbeit $W = 1360$ J. Unter welchem Winkel greift die Kraft an?

20) Berechnen Sie die *Komponente* des Vektors $\vec{b}$ in Richtung des Vektors $\vec{a} = \begin{pmatrix} 2 \\ -2 \\ 1 \end{pmatrix}$:

a) $\vec{b} = \begin{pmatrix} 5 \\ 1 \\ 3 \end{pmatrix}$ b) $\vec{b} = \begin{pmatrix} -2 \\ 5 \\ 0 \end{pmatrix}$ c) $\vec{b} = \begin{pmatrix} 10 \\ 4 \\ -2 \end{pmatrix}$

21) Ein Vektor $\vec{a}$ sei durch Betrag und Richtungswinkel wie folgt festgelegt: $|\vec{a}| = 10$, $\alpha = 30°$, $\beta = 60°$, $90° \leqslant \gamma \leqslant 180°$. Wie lauten die Vektorkoordinaten von $\vec{a}$?

22) Bestimmen Sie die Richtungswinkel α, β und γ der folgenden Vektoren:

a) $\vec{a} = \begin{pmatrix} 5 \\ 1 \\ 4 \end{pmatrix}$ b) $\vec{a} = \begin{pmatrix} -3 \\ 5 \\ -8 \end{pmatrix}$ c) $\vec{a} = \begin{pmatrix} 11 \\ -2 \\ 10 \end{pmatrix}$

23) Gegeben sind die Vektoren

$$\vec{a} = \begin{pmatrix} 1 \\ 4 \\ -6 \end{pmatrix}, \quad \vec{b} = \begin{pmatrix} 2 \\ -1 \\ 2 \end{pmatrix}, \quad \vec{c} = \begin{pmatrix} 0 \\ 2 \\ 3 \end{pmatrix}$$

Berechnen Sie mit ihnen die folgenden Vektorprodukte:

a) $\vec{a} \times \vec{b}$ b) $(\vec{a} - \vec{b}) \times (3\,\vec{c})$

c) $(-\vec{a} + 2\,\vec{c}) \times (-\vec{b})$ d) $(2\,\vec{a}) \times (-\vec{b} + 5\,\vec{c})$

24) Bestimmen Sie den Flächeninhalt des von den Vektoren $\vec{a}$ und $\vec{b}$ aufgespannten Parallelogramms:

a) $\vec{a} = \begin{pmatrix} 4 \\ -10 \\ 5 \end{pmatrix}, \quad \vec{b} = \begin{pmatrix} -3 \\ -1 \\ -3 \end{pmatrix}$ b) $\vec{a} = \begin{pmatrix} 1 \\ -4 \\ 0 \end{pmatrix}, \quad \vec{b} = \begin{pmatrix} 3 \\ 1 \\ 12 \end{pmatrix}$

25) Wie muß λ gewählt werden, damit die drei Vektoren

$$\vec{a} = \begin{pmatrix} 1 \\ \lambda \\ 4 \end{pmatrix}, \quad \vec{b} = \begin{pmatrix} -2 \\ 4 \\ 11 \end{pmatrix}, \quad \vec{c} = \begin{pmatrix} -3 \\ 5 \\ 1 \end{pmatrix}$$

komplanar sind?

26) An einem Hebel greifen die in Bild II-71 skizzierten senkrechten Kräfte an. Wie groß muß eine 3. Kraft $\vec{F}$, die im Abstand von 20 cm vom Hebelpunkt angreift, sein, damit Gleichgewicht besteht?

Anleitung: Die Summe aller Drehmomente muß verschwinden.

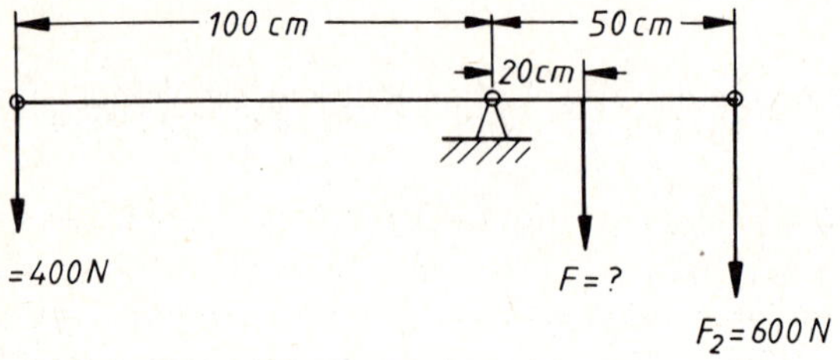

Bild II-71 Zweiseitiger Hebel im Gleichgewicht

27) Zeige: Die Vektoren $\vec{a}, \vec{b}, \vec{c}$ liegen in einer gemeinsamen Ebene:

a) $\vec{a} = \begin{pmatrix} -3 \\ 4 \\ 0 \end{pmatrix}, \quad \vec{b} = \begin{pmatrix} -2 \\ 3 \\ 5 \end{pmatrix}, \quad \vec{c} = \begin{pmatrix} -1 \\ 3 \\ 25 \end{pmatrix}$

b) $\vec{a} = \begin{pmatrix} 1 \\ 1 \\ 1 \end{pmatrix}, \quad \vec{b} = \begin{pmatrix} 1 \\ 0 \\ 2 \end{pmatrix}, \quad \vec{c} = \begin{pmatrix} 1 \\ 4 \\ -2 \end{pmatrix}$

28) Bestimmen Sie das Volumen des von den Vektoren

$$\vec{a} = \begin{pmatrix} -1 \\ 1 \\ -1 \end{pmatrix}, \quad \vec{b} = \begin{pmatrix} 3 \\ 4 \\ 7 \end{pmatrix}, \quad \vec{c} = \begin{pmatrix} 1 \\ 2 \\ -8 \end{pmatrix}$$

gebildeten Spats.

29) Zeige: $(\vec{a} \times \vec{b}) \times \vec{c} = (\vec{a} \cdot \vec{c})\,\vec{b} - (\vec{b} \cdot \vec{c})\,\vec{a}$

Anleitung: Komponentenweise Ausrechnung auf beiden Seiten.

30) Wie lautet die Vektorgleichung der Geraden g durch den Punkt P_1 *parallel* zum Vektor $\vec{a}$? Welche Punkte gehören zu den Parameterwerten $\lambda = 1$, $\lambda = 2$ und $\lambda = -5$?

a) $P_1 = (4; 0; 3)$, $\vec{a} = \begin{pmatrix} -1 \\ 1 \\ -1 \end{pmatrix}$ b) $P_1 = (3; -2; 1)$, $\vec{a} = \begin{pmatrix} 5 \\ 2 \\ 3 \end{pmatrix}$

31) Bestimmen Sie die Gleichung der Geraden g durch die Punkte P_1 und P_2. Welche Punkte ergeben sich für die Parameterwerte $\lambda = -2$, $\lambda = 3$ und $\lambda = 5$?

a) $P_1 = (1; 3; -2)$, $P_2 = (6; 5; 8)$ b) $P_1 = (-2; 3; 1)$, $P_2 = (1; 0; 5)$

32) Wie lautet die Gleichung der durch die Punkte $P_1 = (10; 5; -1)$ und $P_2 = (1; 2; 5)$ verlaufenden Geraden? Bestimmen Sie die Koordinaten der Mitte Q von $\overrightarrow{P_1P_2}$.

33) Liegen die drei Punkte $P_1 = (3; 0; 4)$, $P_2 = (1; 1; 1)$ und $P_3 = (-1; 2; -2)$ in einer Geraden?

34) Von einer Geraden g ist der Punkt $P_1 = (4; 2; 3)$ und der Richtungsvektor $\vec{a} = \begin{pmatrix} 2 \\ 1 \\ 3 \end{pmatrix}$ bekannt. Berechnen Sie den Abstand des Punktes $Q = (4; 1; 1)$ von dieser Geraden.

35) $P_1 = (1; 4; 3)$ sei ein Punkt der Geraden g_1, $P_2 = (5; 3; 0)$ ein solcher der Geraden g_2. Beide Geraden verlaufen außerdem *parallel* zum Vektor $\vec{a}$ mit den Vektorkoordinaten $a_x = 3$, $a_y = -1$ und $a_z = 2$. Welchen Abstand besitzen diese Geraden voneinander?

36) Von einer Geraden g ist der Punkt $P_1 = (1; -2; 8)$ und der Richtungsvektor $\vec{a}$ mit den folgenden Eigenschaften bekannt: $|\vec{a}| = 1$, $\beta = 60°$, $\gamma = 45°$, α mit $\cos\alpha > 0$. Bestimmen Sie die Gleichung der Geraden. In welchen Punkten schneidet die Gerade die drei Koordinatenebenen?

37) Eine Gerade g verlaufe durch den Punkt $P_1 = (5; 3; 1)$ *parallel* zu einem Vektor $\vec{a}$ mit den drei Richtungswinkeln $\alpha = 30°$, $\beta = 90°$, γ mit $\cos\gamma < 0$. Wie lautet die Gleichung dieser Geraden?

38) Welche *Lage* besitzen die folgenden Geradenpaare g_1, g_2 zueinander? Bestimmen Sie *gegebenenfalls* Abstand, Schnittpunkt und Schnittwinkel.

a) g_1 durch $P_1 = (3; 4; 6)$ und $P_2 = (-1; -2; 4)$
g_2 durch $P_3 = (3; 7; -2)$ und $P_4 = (5; 15; -6)$

b) $g_1: \vec{r}(\lambda_1) = \vec{r}_1 + \lambda_1 \vec{a}_1 = \begin{pmatrix} 5 \\ 1 \\ 0 \end{pmatrix} + \lambda_1 \begin{pmatrix} -2 \\ 1 \\ 3 \end{pmatrix}$

$g_2: \vec{r}(\lambda_2) = \vec{r}_2 + \lambda_2 \vec{a}_2 = \begin{pmatrix} 1 \\ 1 \\ 5 \end{pmatrix} + \lambda_2 \begin{pmatrix} 6 \\ -3 \\ -9 \end{pmatrix}$

c) g_1 durch $P_1 = (1; 2; 0)$ mit dem Richtungsvektor $\vec{a}_1 = \begin{pmatrix} 2 \\ 0 \\ 5 \end{pmatrix}$

g_2 durch $P_2 = (6; 0; 13)$ mit dem Richtungsvektor $\vec{a}_2 = \begin{pmatrix} 1 \\ -2 \\ 3 \end{pmatrix}$

39) Zeigen Sie, daß die beiden Geraden g_1 und g_2 mit den folgenden Vektorgleichungen *windschief* sind und berechnen Sie ihren Abstand:

$g_1: \vec{r}(\lambda_1) = \vec{r}_1 + \lambda_1 \vec{a}_1 = \begin{pmatrix} 1 \\ -2 \\ 3 \end{pmatrix} + \lambda_1 \begin{pmatrix} 1 \\ 1 \\ 1 \end{pmatrix}$

$g_2: \vec{r}(\lambda_2) = \vec{r}_2 + \lambda_2 \vec{a}_2 = \begin{pmatrix} 3 \\ 3 \\ 3 \end{pmatrix} + \lambda_2 \begin{pmatrix} 0 \\ 2 \\ 1 \end{pmatrix}$

40) Die in der *x, y-Ebene* verlaufende Gerade g_1 schneidet die beiden Koordinatenachsen jeweils bei 3. Welchen Abstand besitzt diese Gerade von der z-Achse?

41) Zeigen Sie, daß sich die Geraden g_1 und g_2 in genau *einem* Punkt schneiden und bestimmen Sie Schnittpunkt und Schnittwinkel:

g_1 durch $P_1 = (4; 2; 8)$ und $P_2 = (3; 6; 11)$
g_2 durch $P_3 = (5; 8; 21)$ und $P_4 = (7; 10; 31)$

42) Wie lautet die Vektorgleichung der Ebene E, die den Punkt P_1 enthält und *parallel* zu den Richtungsvektoren $\vec{a}$ und $\vec{b}$ verläuft? Bestimmen Sie ferner einen Normalenvektor $\vec{n}$ der Ebene. Welche Punkte gehören zu den Parameterwertepaaren $\lambda = 1$, $\mu = 3$ und $\lambda = -2$, $\mu = 1$?

a) $P_1 = (3; 5; 1)$, $\vec{a} = \begin{pmatrix} 1 \\ 1 \\ 1 \end{pmatrix}$, $\vec{b} = \begin{pmatrix} 2 \\ 1 \\ 3 \end{pmatrix}$

b) $P_1 = (6; 0; -3)$, $\vec{a} = \begin{pmatrix} 2 \\ 8 \\ -3 \end{pmatrix}$, $\vec{b} = \begin{pmatrix} 2 \\ 3 \\ -3 \end{pmatrix}$

43) Bestimmen Sie die Gleichung der Ebene E durch die drei Punkte P_1, P_2 und P_3. Welche Punkte erhält man für die Parameterwertepaare $\lambda = 3$, $\mu = -2$ und $\lambda = -2$, $\mu = 1$?

a) $P_1 = (3; 1; 0)$, $P_2 = (-4; 1; 1)$, $P_3 = (5; 9; 3)$

b) $P_1 = (5; 1; 2)$, $P_2 = (-2; -1; -3)$, $P_3 = (0; 5; 10)$

44) Liegen die vier Punkte $P_1 = (1; 1; 1)$, $P_2 = (3; 2; 0)$, $P_3 = (4; -1; 5)$ und $P_4 = (12; -4; 12)$ in einer Ebene?

45) Wie lautet die Gleichung einer Ebene E, die auf den drei Koordinatenachsen jeweils die *gleiche* Strecke a abschneidet und ferner den Punkt $Q = (3; -4; 7)$ enthält? *Hinweis:* Stellen Sie zunächst die Gleichung der Ebene durch die drei Schnittpunkte mit den Koordinatenachsen in Abhängigkeit von der Strecke a auf.

46) Eine Ebene E verläuft *senkrecht* zum Vektor $\vec{n} = \begin{pmatrix} 4 \\ 3 \\ 1 \end{pmatrix}$ und enthält den Punkt $A = (5; 8; 10)$. Bestimmen Sie die Gleichung dieser Ebene. Berechnen Sie ferner die fehlende Koordinate des *auf* der Ebene gelegenen Punktes $B = (2; y = ?; 1)$.

47) Ein Normalenvektor $\vec{n}$ einer Ebene E besitze die drei Richtungswinkel $\alpha = 60°$, $\beta = 120°$ und γ mit $\cos \gamma < 0$. Wie lautet die Gleichung dieser Ebene, wenn diese den Punkt $P_1 = (3; 5; -2)$ enthält?

48) Welche Lage haben Gerade g und Ebene E zueinander? Bestimmen Sie *gegebenenfalls* Abstand, Schnittpunkt und Schnittwinkel.

a) g durch $P_1 = (5; 1; 2)$ mit dem Richtungsvektor $\vec{a} = \begin{pmatrix} 3 \\ 1 \\ 2 \end{pmatrix}$

E durch $P_0 = (2; 1; 8)$ mit dem Normalenvektor $\vec{n} = \begin{pmatrix} -1 \\ 3 \\ 1 \end{pmatrix}$

b) $g: \vec{r}(\lambda) = \vec{r}_1 + \lambda \vec{a} = \begin{pmatrix} 5 \\ 3 \\ 6 \end{pmatrix} + \lambda \begin{pmatrix} 2 \\ 5 \\ 1 \end{pmatrix}$

$E: \vec{n} \cdot (\vec{r} - \vec{r}_0) = \begin{pmatrix} 3 \\ -1 \\ -1 \end{pmatrix} \cdot \begin{pmatrix} x - 1 \\ y - 1 \\ z - 1 \end{pmatrix} = 0$

c) g durch $P_1 = (2; 0; 3)$ und $P_2 = (5; 6; 18)$

E durch $P_3 (1; -2; -2)$, $P_4 = (0; -1; -1)$ und $P_5 = (-1; 0; -1)$

49) Eine Gerade g durch die Punkte $A = (1; 1; 1)$ und $B = (5; 4; -3)$ verlaufe *senkrecht* zu einer Ebene E. Wie lautet die Gleichung dieser Ebene, wenn $P_1 = (2; 1; 5)$ ein Punkt dieser Ebene ist?

50) Eine Ebene E_1 gehe durch den Punkt $P_1 = (1; 2; 3)$, ihr Normalenvektor sei $\vec{n} = \begin{pmatrix} 2 \\ 1 \\ a \end{pmatrix}$.

Bestimmen Sie den *Parameter a* so, daß der Abstand des Punktes $Q = (0; 2; 5)$ von dieser Ebene $d = 2$ beträgt. Wie lautet die Gleichung der *Parallelebene* E_2 durch den Punkt $A = (5; 1; -2)$?

51) Eine Ebene E enthält den Punkt $P_0 = (2; 1; 8)$ und verläuft *senkrecht* zum Vektor $\vec{n} = \begin{pmatrix} 2 \\ -6 \\ 1 \end{pmatrix}$. Zeigen Sie, daß die Gerade $g: \vec{r}(\lambda) = \vec{r}_1 + \lambda \vec{a} = \begin{pmatrix} 5 \\ 3 \\ 1 \end{pmatrix} + \lambda \begin{pmatrix} 4 \\ 1 \\ -2 \end{pmatrix}$ zu dieser Ebene *parallel* ist. Wie groß ist der Abstand zwischen Gerade und Ebene?

52) Gegeben sind eine Gerade g und eine Ebene E:

$$g: \vec{r}(\lambda) = \vec{r}_1 + \lambda \vec{a} = \begin{pmatrix} 3 \\ 2 \\ 0 \end{pmatrix} + \lambda \begin{pmatrix} 1 \\ 2 \\ -3 \end{pmatrix}$$

$$E: \vec{n} \cdot (\vec{r} - \vec{r}_0) = 2(x-1) + 1 \cdot (y-2) + 1 \cdot (z+3) = 0$$

Zeigen Sie, daß Gerade und Ebene sich *schneiden* und berechnen Sie den Schnittpunkt sowie den Schnittwinkel.

53) Zeigen Sie die *Parallelität* der beiden Ebenen E_1 und E_2 und berechnen Sie ihren Abstand:

E_1 durch $P_1 = (3; 5; 6)$ mit dem Normalenvektor $\vec{n}_1 = \begin{pmatrix} 1 \\ 3 \\ -2 \end{pmatrix}$

E_2 durch $P_2 = (1; 5; -2)$ mit dem Normalenvektor $\vec{n}_2 = \begin{pmatrix} -3 \\ -9 \\ 6 \end{pmatrix}$

54) Bestimmen Sie die Schnittgerade und den Schnittwinkel der beiden Ebenen:

$$E_1: \vec{n}_1 \cdot (\vec{r} - \vec{r}_1) = \begin{pmatrix} 3 \\ 1 \\ 2 \end{pmatrix} \cdot \begin{pmatrix} x-2 \\ y-5 \\ z-6 \end{pmatrix} = 0$$

$$E_2: \vec{n}_2 \cdot (\vec{r} - \vec{r}_2) = \begin{pmatrix} 2 \\ 0 \\ 3 \end{pmatrix} \cdot \begin{pmatrix} x-1 \\ y-5 \\ z-1 \end{pmatrix} = 0$$

III Funktionen und Kurven

1 Definition und Darstellung einer Funktion

1.1 Definition einer Funktion

Funktionen dienen zur Darstellung und Beschreibung von Zusammenhängen und Abhängigkeiten zwischen zwei physikalisch-technischen Meßgrößen. So ist z.B. die Auslenkung einer elastischen Stahlfeder von der Größe der Belastung abhängig. Beim Freien Fall sind Fallweg und Fallgeschwindigkeit zeitabhängig, d.h. Funktionen der Zeit. In elektrischen Stromkreisen ist die Stromstärke abhängig von der angelegten Spannung, d.h. die Stromstärke ist eine Funktion der Spannung.
Allgemein läßt sich der *Funktionsbegriff* wie folgt definieren:

Definition: Unter einer *Funktion* versteht man eine Vorschrift, die jedem Element x aus einer Menge D genau ein Element y aus einer Menge W zuordnet.

Diese (eindeutige!) Zuordnung wird durch das *Funktionszeichen* f in der Form $y = f(x)$ symbolisch ausgedrückt. Dabei sind folgende Bezeichnungen üblich:

x: *unabhängige* Veränderliche (Variable) oder *Argument*
y: *abhängige* Veränderliche (Variable) oder *Funktionswert*
D: *Definitionsbereich* der Funktion
W: *Wertebereich* oder *Wertevorrat* der Funktion

■ **Beispiele**

(1) Fallgeschwindigkeit v als Funktion der Zeit t: $v = gt$
Definitionsbereich: $t \geqslant 0$, Wertebereich: $v \geqslant 0$

(2) Parabel $y = x^2$
Definitionsbereich: $D = (-\infty, \infty)$; Wertebereich: $W = [0, \infty)$ ■

1.2 Darstellungsformen einer Funktion

1.2.1 Analytische Darstellung

Bei dieser Darstellungsart ist die Zuordnungsvorschrift in Form einer *Gleichung* gegeben (*Funktionsgleichung* genannt):

$y = f(x)$: *Explizite* Darstellung (die Funktion ist nach einer Variablen – hier y – aufgelöst)

$F(x; y) = 0$: *Implizite* Darstellung (die Funktion ist *nicht* nach einer der beiden Variablen aufgelöst)

Eine weitere analytische Darstellungsform ist die *Parameterdarstellung*, die wir in Abschnitt III.1.2.4 behandeln.

■ **Beispiele**

Die folgenden Funktionen sind *explizit* dargestellt: $y = x^2$, $y = \sin x$, $v(t) = gt$, $U(I) = RI$ (Ohmsches Gesetz).

Beispiele für *implizit* vorgegebene Funktionen sind $F(x; y) = \ln y + x^2 = 0$ und $F(x; y) = xy - 2 = 0$. ■

1.2.2 Darstellung durch eine Wertetabelle (Funktionstafel)

Funktionen können auch *tabellarisch* in Form einer *Wertetabelle (Funktionstafel)* dargestellt werden.

■ **Beispiel**

In einem Versuch wird der Spannungsabfall U an einem ohmschen Widerstand in Abhängigkeit von der Stromstärke I gemessen. Die Wertetabelle hat dabei das folgende Aussehen:

I/mA	50	100	150	200	250	...
U/V	2,0	3,9	6,0	7,9	10,1	...

■

1.2.3 Graphische Darstellung

Die Funktionsgleichung $y = f(x)$ ordnet jedem x-Wert in *eindeutiger* Weise einen y-Wert zu: $x_0 \mapsto y_0 = f(x_0)$. Das Wertepaar $(x_0; y_0)$ kann als *Punkt P* in einem *rechtwinkligen* Koordinatensystem gedeutet werden (Bild III-1). Dabei sind folgende Bezeichnungen üblich:

x_0, y_0: *rechtwinklige* oder *kartesische* Koordinaten

x_0: *Abszisse* } des Punktes $P = (x_0; y_0)$
y_0: *Ordinate* }

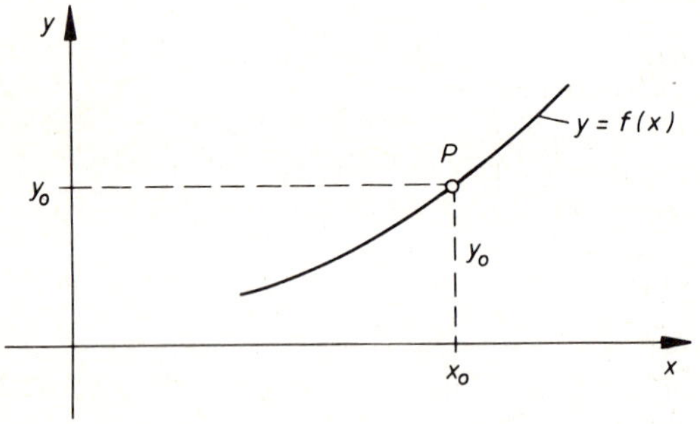

Bild III-1
Graph einer Funktion

Für jedes Wertepaar $(x_0; y_0)$ erhalten wir genau einen Punkt. Die Menge aller Punkte $(x; y = f(x))$ bildet die *Funktionskurve* (auch *Schaubild* oder *Funktionsgraph* genannt), die in anschaulicher Weise den Funktionsverlauf von $y = f(x)$ darstellt (Bild III-1).

■ **Beispiele**

(1) Fallgeschwindigkeit $v = gt$, $t \geqslant 0$ s, $g = 10$ m/s² (gerundet) (Bild III-2)

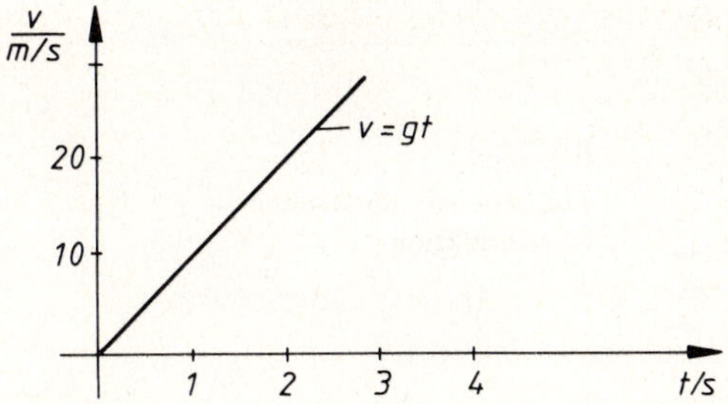

Bild III-2
Fallgeschwindigkeit als Funktion der Zeit

(2) Parabel mit der Funktionsgleichung $y = x^2$, $x \in \mathbb{R}$ (Bild III-3)

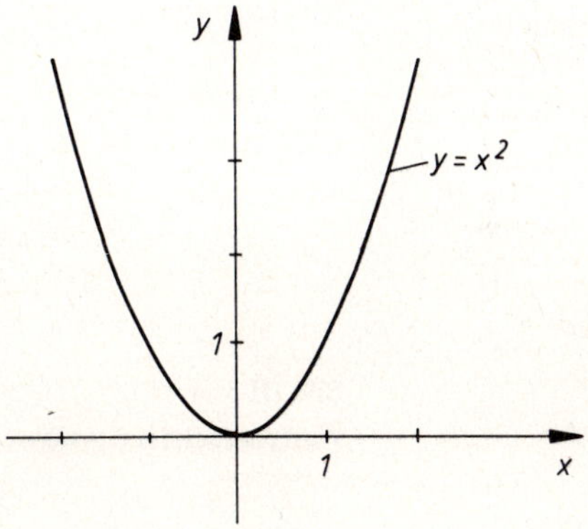

Bild III-3
Normalparabel $y = x^2$

■

1.2.4 Parameterdarstellung einer Funktion

Bei der mathematischen Beschreibung eines Bewegungsablaufes ist es oft zweckmäßig, die augenblickliche Lage des Körpers durch kartesische Koordinaten $(x; y)$ zu beschreiben, die sich mit der *Zeit* t verändern, d.h. *Funktionen der Zeit* sind:

$$x = x(t), \quad y = y(t) \quad (t_1 \leqslant t \leqslant t_2) \tag{III-1}$$

Eine Darstellung dieser Art mit der *Hilfsvariablen* t als *Parameter* heißt *Parameterdarstellung* einer Funktion (im angeführten Beispiel handelt es sich um einen *Zeitparameter*). In den naturwissenschaftlich-technischen Anwendungen bedeutet der Parameter t meist die *Zeit* oder einen *Winkel*.

Für *jeden* Wert des Parameters t aus dem Intervall $t_1 \leqslant t \leqslant t_2$ erhalten wir *genau einen* Kurvenpunkt. Die Parametergleichungen (III-1) beschreiben dann eine *Kurve*, wie in Bild III-4 dargestellt.

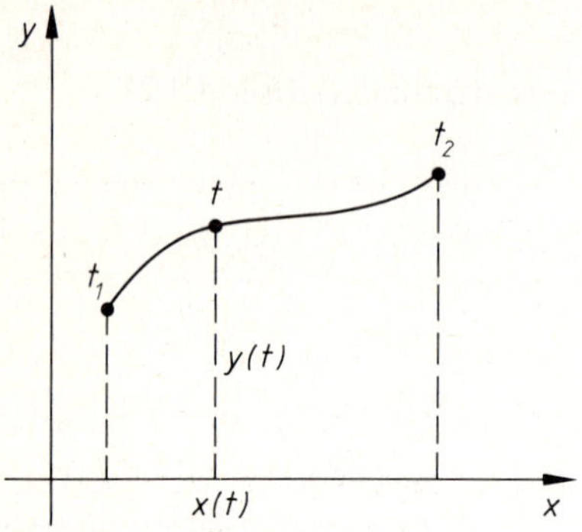

Bild III-4
Zur Parameterdarstellung einer Funktion

■ **Beispiel**

Waagerechter Wurf: Ein Körper wird aus einer gewissen Höhe *waagerecht* mit der *konstanten* Geschwindigkeit vom Betrage v_0 abgeworfen und bewegt sich dabei auf einer *Parabelbahn* (sog. *Wurfparabel*). Die *Parametergleichungen* dieser Bewegung lauten (Bild III-5):

$$x = v_0 t, \quad y = \frac{1}{2} g t^2 \quad (t\text{: Zeitparameter})$$

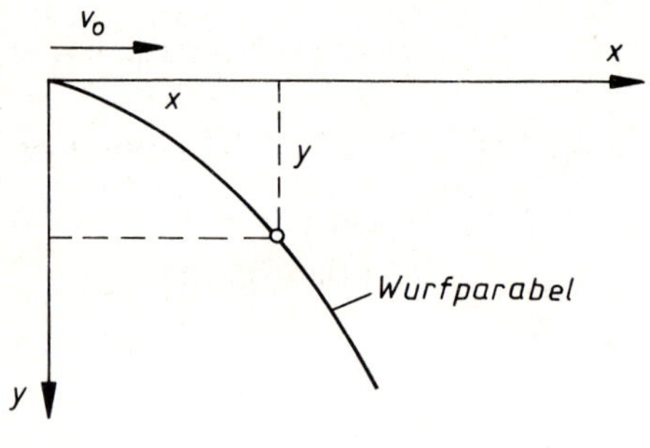

Bild III-5
Wurfparabel beim waagerechten Wurf

Durch Eliminieren des Parameters t erhält man die Gleichung der *Wurfparabel* in expliziter Form:

$$x = v_0 t \quad \Rightarrow \quad t = \frac{x}{v_0} \quad \Rightarrow$$

$$y = \frac{1}{2} g t^2 = \frac{1}{2} g \left(\frac{x}{v_0} \right)^2 = \frac{g}{2 v_0^2} x^2$$

Rechenbeispiel: $v_0 = 15 \text{ m/s}, \; g = 10 \text{ m/s}^2$

$$y = \frac{1}{45 \text{ m}} x^2$$

■

2 Allgemeine Funktionseigenschaften

2.1 Nullstellen

Definition: Eine Funktion $y = f(x)$ besitzt in x_0 eine *Nullstelle*, wenn $f(x_0) = 0$ ist.

In einer Nullstelle x_0 *schneidet* oder *berührt* die Funktionskurve die x-Achse.

■ **Beispiele**

(1) Die lineare Funktion (Gerade) $y = x - 2$ schneidet die x-Achse an der Stelle $x_1 = 2$ (Bild III-6)

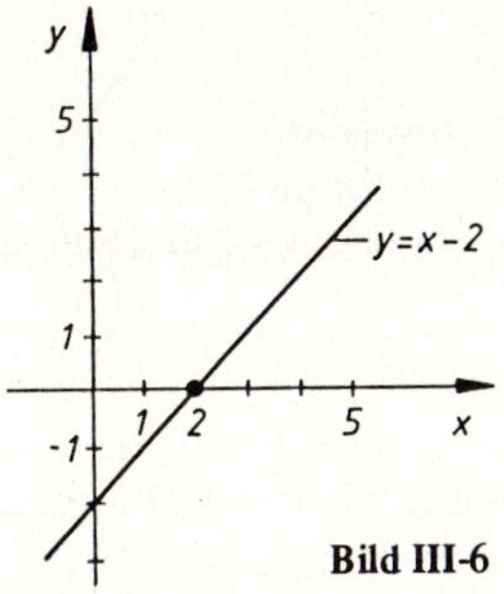

Bild III-6

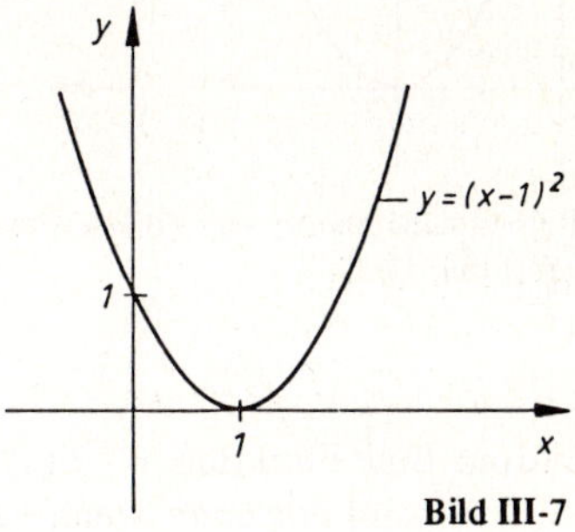

Bild III-7

(2) Die Parabel $y = (x-1)^2$ besitzt in $x_1 = 1$ eine *doppelte* Nullstelle, d.h. einen *Berührpunkt* (Bild III-7).

(3) Ein Beispiel für eine Funktion mit *unendlich* vielen Nullstellen liefert die Sinusfunktion $y = \sin x$ (Bild III-8):

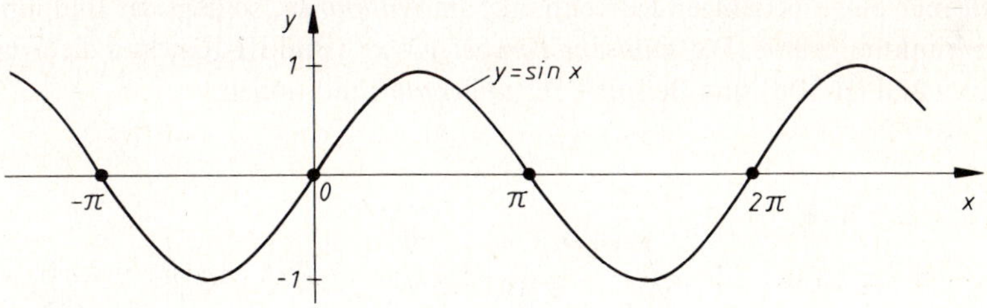

Bild III-8 Nullstellen der Sinusfunktion $y = \sin x$ ■

2.2 Symmetrieverhalten

Wir unterscheiden zwischen *Spiegel- und Punktsymmetrie*.

Definition: Eine Funktion $y = f(x)$ mit einem symmetrischen Definitionsbereich D heißt *gerade*, wenn sie für jedes $x \in D$ die Bedingung

$$f(-x) = f(x) \qquad \text{(III-2)}$$

erfüllt.

Die Funktionskurve einer *geraden* Funktion ist *spiegelsymmetrisch* zur y-Achse angeordnet: *Jeder* auf der Kurve gelegene Punkt geht durch *Spiegelung an der y-Achse* wieder in einen Kurvenpunkt über. Einfache Beispiele für *spiegelsymmetrische* Funktionen liefern die *Parabel* $y = x^2$ (Bild III-9a) und die *Kosinusfunktion* $y = \cos x$ (Bild III-9b).

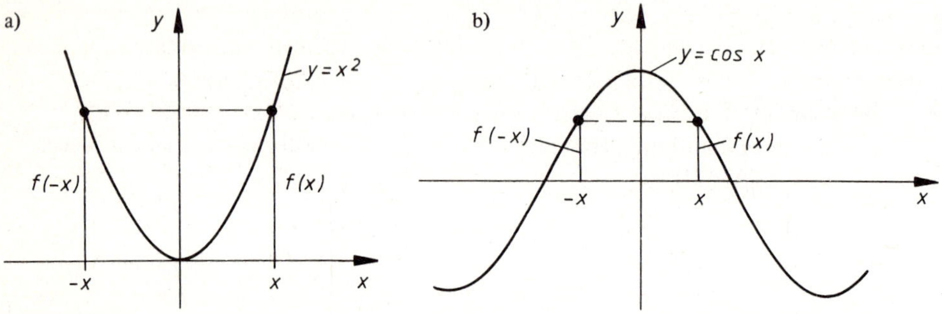

Bild III-9 Normalparabel $y = x^2$ (Bild a)) und Kosinusfunktion $y = \cos x$ (Bild b)) als Beispiele für eine *gerade* Funktion

Definition: Eine Funktion $y = f(x)$ mit einem symmetrischen Definitionsbereich D heißt *ungerade*, wenn sie für jedes $x \in D$ die Bedingung $$f(-x) = -f(x) \qquad \text{(III-3)}$$ erfüllt.

Das Schaubild einer *ungeraden* Funktion ist *punktsymmetrisch* zum Koordinatenursprung: *Spiegelt* man einen beliebigen Kurvenpunkt am *Nullpunkt*, so liegt der Bildpunkt ebenfalls auf der Funktionskurve. Die *kubische Parabel* $y = x^3$ (Bild III-10a) und die *Sinusfunktion* $y = \sin x$ (Bild III-10b) sind Beispiele für *ungerade* Funktionen.

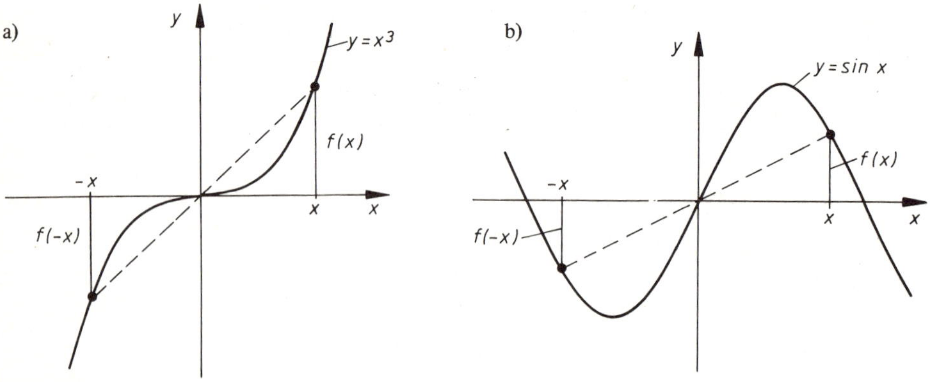

Bild III-10 Kubische Parabel $y = x^3$ (Bild a)) und Sinusfunktion $y = \sin x$ (Bild b)) als Beispiele für eine *ungerade* Funktion

■ **Beispiele**

Jede Potenzfunktion $y = x^n$ mit *geradem* Exponenten ($y = x^2$, $y = x^4$, $y = x^6$ usw.) ist *spiegelsymmetrisch*, jede Potenzfunktion mit *ungeradem* Exponenten ($y = x$, $y = x^3$, $y = x^5$ usw.) *punktsymmetrisch*. ■

2.3 Monotonie

Definition: x_1 und x_2 seien zwei beliebige Werte aus dem Definitionsbereich D einer Funktion $y = f(x)$, die der Bedingung $x_1 < x_2$ genügen. Dann heißt die Funktion

monoton wachsend, falls	$f(x_1) \leqslant f(x_2)$
streng monoton wachsend, falls	$f(x_1) < f(x_2)$
monoton fallend, falls	$f(x_1) \geqslant f(x_2)$
streng monoton fallend, falls	$f(x_1) > f(x_2)$

ist.

Eine *streng monoton wachsende* Funktion besitzt demnach die Eigenschaft, daß zum *kleineren* x-Wert stets auch der *kleinere* y-Wert gehört (Bild III-11). Bei einer *streng monoton fallenden* Funktion ist es genau *umgekehrt*: zum *kleineren* Abszissenwert gehört stets der *größere* Ordinatenwert (Bild III-12).

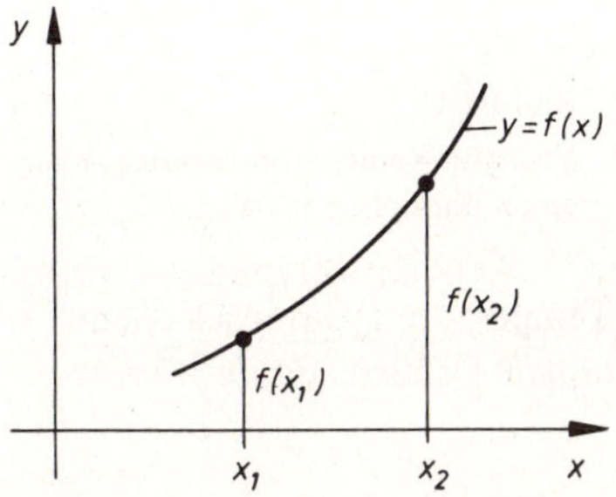

Bild III-11 Graph einer streng monoton wachsenden Funktion

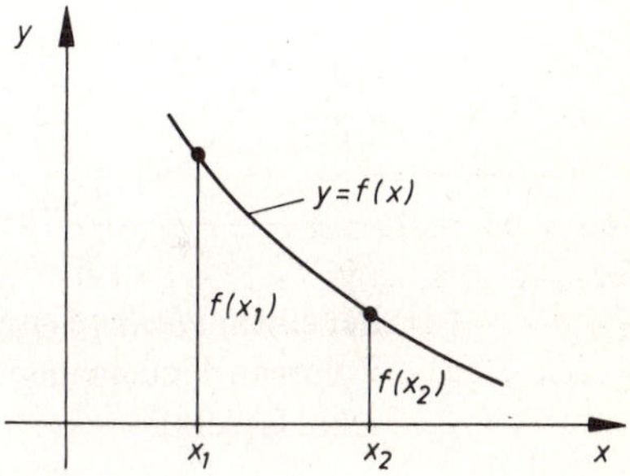

Bild III-12 Graph einer streng monoton fallenden Funktion

Viele Funktionen zeigen in ihrem *gesamten* Definitionsbereich *keine* Monotonie-Eigenschaft, sind jedoch in gewissen *Teilintervallen* monoton wachsend oder fallend (s. hierzu das nachfolgende Beispiel (3) über die *Normalparabel*).

■ **Beispiele**

(1) *Streng monoton wachsende Funktionen:*
 (a) Jede Gerade mit *positiver* Steigung
 (b) Kubische Parabel $y = x^3$ (Bild III-10a)

(2) *Streng monoton fallende Funktionen:*
 (a) Jede Gerade mit *negativer* Steigung

(b) *Radioaktiver Zerfall:* Beim natürlichen radioaktiven Zerfall nimmt die Anzahl der Atomkerne (n) nach einem *Exponentialgesetz* mit der Zeit (t) ab (Bild III-13).

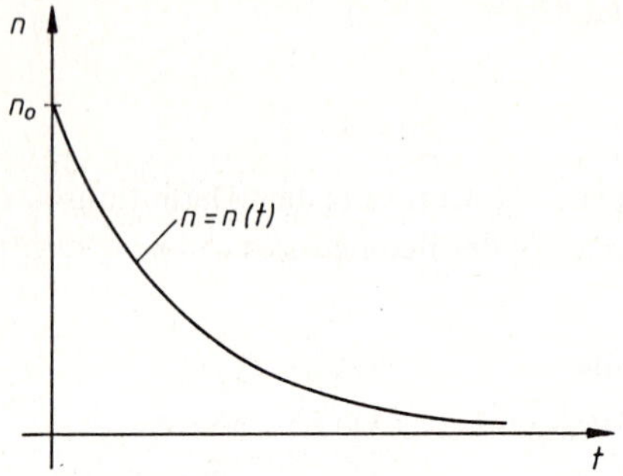

Bild III-13
Zerfallsgesetz beim radioaktiven Zerfall

(c) *Entladung eines Kondensators:* Entlädt man einen Kondensator über einen ohmschen Widerstand, so klingt die Kondensatorspannung *exponentiell* mit der Zeit ab (Bild III-14).

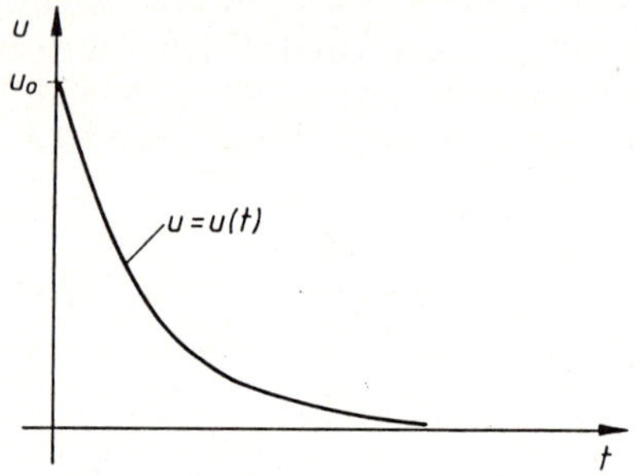

Bild III-14
Entladung eines Kondensators über einen ohmschen Widerstand

(d) Bei einem *idealen* Gas sind bei *konstanter* Temperatur T Gasdruck p und Volumen V zueinander *umgekehrt proportionale* Größen (*Boyle-Mariottesches* Gesetz):

$$p = p(V) = \frac{\text{const.}}{V} \qquad (V > 0) \qquad \text{(Bild III-15)}$$

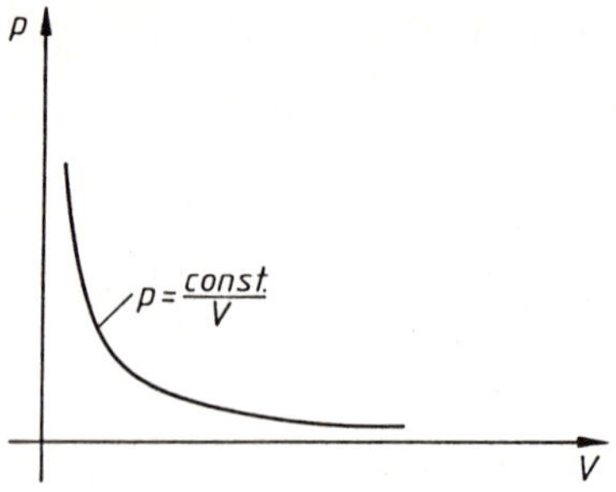

Bild III-15
Boyle-Mariottesches Gesetz für ein ideales Gas

(3) Die Normalparabel $y = x^2$, $x \in \mathbb{R}$ ist in $\mathbb{R}$ *weder monoton fallend noch monoton wachsend*. Beschränkt man sich jedoch auf das Intervall $[0, \infty)$, so verläuft die Parabel dort streng monoton *wachsend*. Im Intervall $(-\infty, 0]$ dagegen *fällt* sie streng monoton (vgl. Bild III-16).

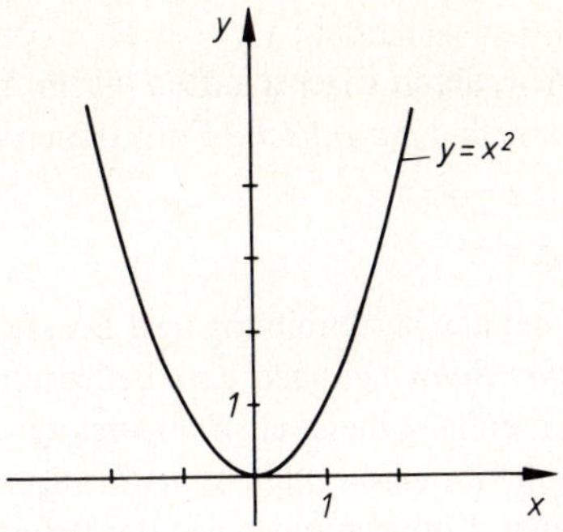

$x \leqslant 0$: streng monoton fallend

$x \geqslant 0$: streng monoton wachsend

Bild III-16
Zur Untersuchung des Monotonieverhaltens der Normalparabel $y = x^2$ in den Intervallen $(-\infty, 0]$ und $[0, \infty)$

■

2.4 Periodizität

Definition: Eine Funktion $y = f(x)$ heißt *periodisch* mit der *Periode p*, wenn mit jedem $x \in D$ auch $x + p$ zum Definitionsbereich der Funktion gehört und

$$f(x + p) = f(x) \qquad \text{(III-4)}$$

ist.

Ein wichtiges Beispiel liefert die Sinusfunktion $y = \sin x$. Sie ist periodisch mit der Periode $p = 2\pi$: $\sin(x + 2\pi) = \sin x$ (Bild III-17):

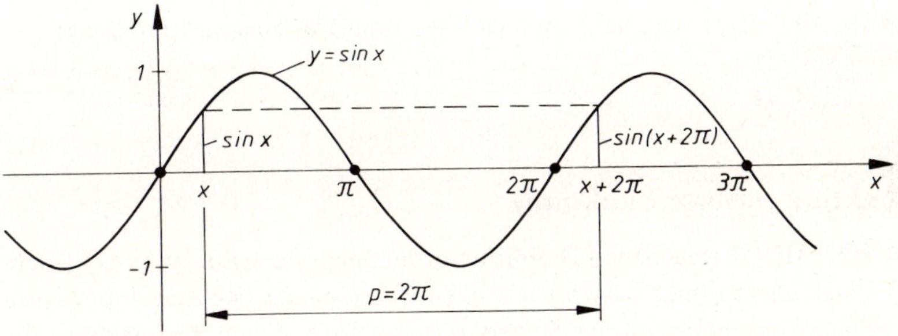

Bild III-17 Die Sinusfunktion $y = \sin x$ als Beispiel für eine periodische Funktion (Periode: $p = 2\pi$)

Periodische Funktionen durchlaufen daher ihren *gesamten* Wertevorrat in jedem *Periodenintervall,* d.h. in jedem Intervall der Länge p. So nimmt beispielsweise die Sinusfunktion in dem Periodenintervall $[0, 2\pi]$ sämtliche Funktionswerte an $(-1 \leqslant y \leqslant 1)$.

Anmerkungen

(1) Mit der Periode p ist auch $\pm k \cdot p$ eine Periode der Funktion $(k \in \mathbb{N})$.

(2) Die *kleinste,* positive Periode $p > 0$ heißt auch *primitive Periode.*

Die Sinusfunktion besitzt die *primitive* Periode $p = 2\pi$. Aber auch -2π, $\pm 4\pi$, $\pm 6\pi$, $\pm 8\pi, \ldots$ sind Perioden von $y = \sin x$.

■ **Beispiele**

(1) Die vier *trigonometrischen* Funktionen, deren Eigenschaften wir in Abschnitt III.9 noch ausführlich erörtern werden, sind *periodische* Funktionen:

$$y = \sin x, \quad y = \cos x: \text{Periode } p = 2\pi$$
$$y = \tan x, \quad y = \cot x: \text{Periode } p = \pi$$

(2) *Periodische* Funktionen spielen u.a. bei der Beschreibung und Darstellung *mechanischer oder elektromagnetischer Schwingungen* eine bedeutende Rolle. Die *Periode p* wird in diesem Zusammenhang meist als *Schwingungsdauer T* bezeichnet. In Bild III-18 ist als Beispiel für einen *nicht-sinusförmigen* Schwingungsvorgang der zeitliche Verlauf einer *Kippspannung* mit der Schwingungsdauer $T = 4$ ms dargestellt.

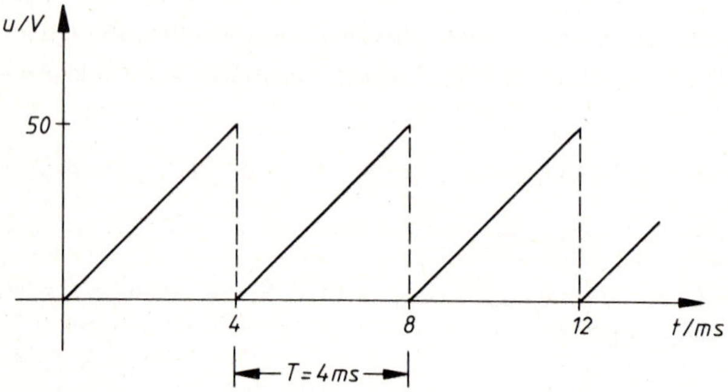

Bild III-18 Die Kippspannung als Beispiel für einen nicht-sinusförmigen Schwingungsvorgang

■

2.5 Umkehrfunktion (inverse Funktion)

Nach der im Abschnitt III.1.1 gegebenen Definition ordnet eine Funktion $y = f(x)$ jedem Argument $x \in D$ genau einen Funktionswert $y \in W$ zu. Diese *eindeutige* Zuordnung ist in Bild III-19 durch Pfeile kenntlich gemacht. So gehört beispielsweise zum Argument x_1 der Funktionswert y_1 und zum Argument x_2 der Funktionswert y_2.

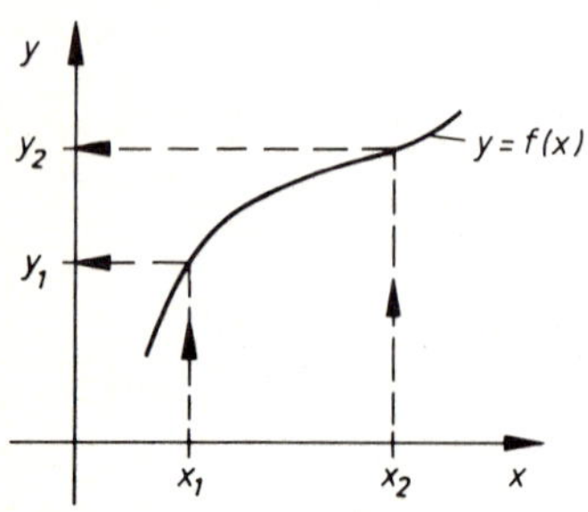

Bild III-19

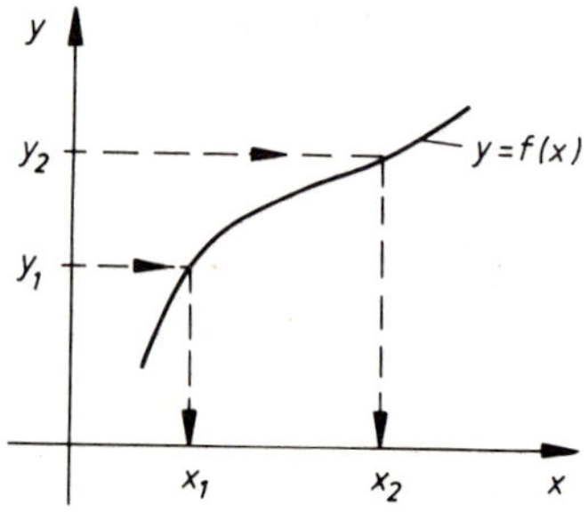

Bild III-20 Zur Umkehrung einer Funktion

Häufig stellt sich das *umgekehrte* Problem: *zu einem vorgegebenen Funktionswert (y-Wert) ist der zugehörige x-Wert zu bestimmen*. Die in Bild III-20 dargestellte Funktion ordnet beispielsweise dem Funktionswert y_1 das Argument x_1 und dem Funktionswert y_2 das Argument x_2 zu. Folgt aus $x_1 \neq x_2$ *stets* $f(x_1) \neq f(x_2)$, d.h. gehören zu *verschiedenen* Abszissenwerten stets auch *verschiedene* Ordinatenwerte, so gehört zu jedem y-Wert auch *genau ein* x-Wert. Eine Funktion $y = f(x)$ mit dieser Eigenschaft heißt *umkehrbar*.

Definition: Eine Funktion $y = f(x)$ heißt *umkehrbar*, wenn aus $x_1 \neq x_2$ stets $f(x_1) \neq f(x_2)$ folgt.

Ist eine Funktion $y = f(x)$ *umkehrbar*, so gehört zu jedem $y \in W$ *genau ein* $x \in D$. Diese durch die *eindeutige* Zuordnung $y \mapsto x$ gewonnene Funktion wird als die „*nach der Variablen x aufgelöste Form von* $y = f(x)$" bezeichnet. Wir verwenden dafür die symbolische Schreibweise $x = f^{-1}(y)$ oder besser $x = g(y)$. Durch *formales Vertauschen* der beiden Variablen x und y erhält man hieraus schließlich die *Umkehrfunktion* oder *inverse* Funktion von $y = f(x)$. Wir schreiben dafür symbolisch $y = f^{-1}(x)$ oder besser $y = g(x)$.

In vielen (aber nicht allen) Fällen gelingt es, die *Funktionsgleichung der Umkehrfunktion* wie folgt zu bestimmen:

Bestimmung der Funktionsgleichung einer Umkehrfunktion

1. Man löst zunächst die Funktionsgleichung $y = f(x)$ nach der Variablen x auf (diese Auflösung muß natürlich *möglich* und *eindeutig* sein!) und erhält so „*die nach der Variablen x aufgelöste Form* $x = g(y)$".
2. Durch *formales Vertauschen* der beiden Variablen x und y gewinnt man hieraus schließlich die *Umkehrfunktion* $y = g(x)$.

Anmerkung

Die beiden Schritte können auch in der *umgekehrten* Reihenfolge ausgeführt werden.

Bei der *Umkehrung* einer Funktion werden Definitionsbereich und Wertebereich miteinander *vertauscht*. *Nicht jede Funktion ist jedoch umkehrbar*, wie bereits das einfache Beispiel der Normalparabel $y = x^2$, $x \in \mathbb{R}$ zeigt. Zu jedem Funktionswert $y_0 > 0$ gehören genau *zwei* verschiedene Werte x_0 und $-x_0$ der Variablen x. Denn jede *oberhalb* der x-Achse verlaufende Parallele zur x-Achse schneidet die Parabel in *zwei* spiegelsymmetrisch zueinander angeordneten Punkten P und P' (Bild III-21). Die Funktion $y = x^2$ ist daher im Intervall $-\infty < x < \infty$ *nicht* umkehrbar.

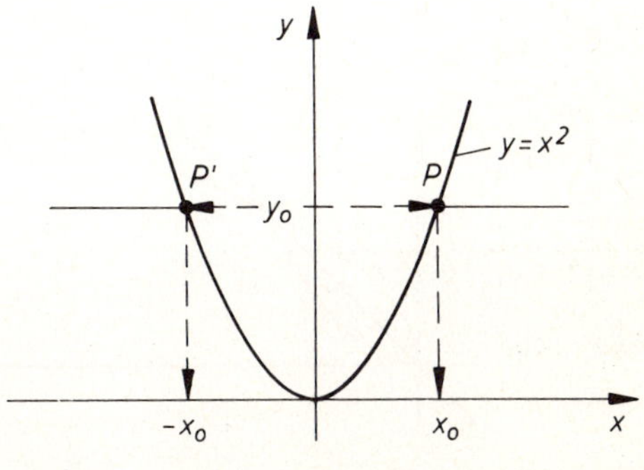

Bild III-21

Die Normalparabel $y = x^2$, $x \in \mathbb{R}$ als Beispiel für eine nicht umkehrbare Funktion

Streng monoton wachsende oder *fallende* Funktionen sind dagegen *stets* umkehrbar, da jede Parallele zur x-Achse die zugehörige Funktionskurve *höchstens einmal* schneidet.

■ **Beispiele**

(1) $y = 2x + 1,\ x \in \mathbb{R}$

Durch Auflösen nach x erhält man $x = g(y) = 0{,}5\,y - 0{,}5$. Formales Vertauschen der beiden Variablen führt zur *Umkehrfunktion* $y = 0{,}5\,x - 0{,}5$ (Bild III-22).

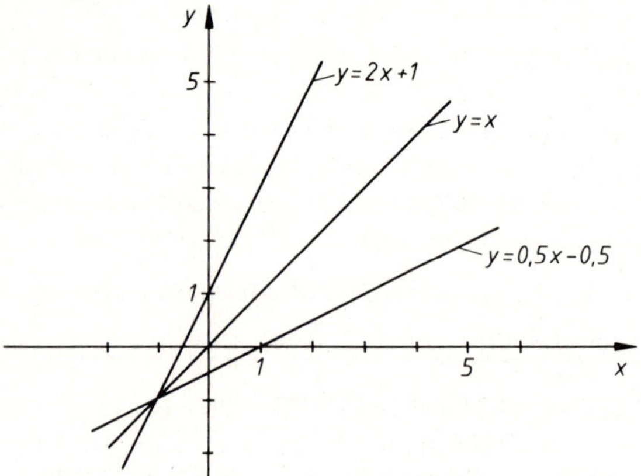

Bild III-22 Gerade $y = 2x + 1$ und ihre Umkehrfunktion $y = 0{,}5\,x - 0{,}5$

(2) $y = x^2,\ x \geqslant 0$

Es handelt sich um den im *1. Quadranten* verlaufenden Teil der *Normalparabel*. Diese Funktion ist *streng monoton wachsend* und daher *umkehrbar*. Die Auflösung der Funktionsgleichung nach der Variablen x liefert die *Wurzelfunktion* $x = \sqrt{y},\ y \geqslant 0$. Durch Vertauschen der beiden Variablen erhält man schließlich die *Umkehrfunktion* $y = \sqrt{x},\ x \geqslant 0$ (Bild III-23).

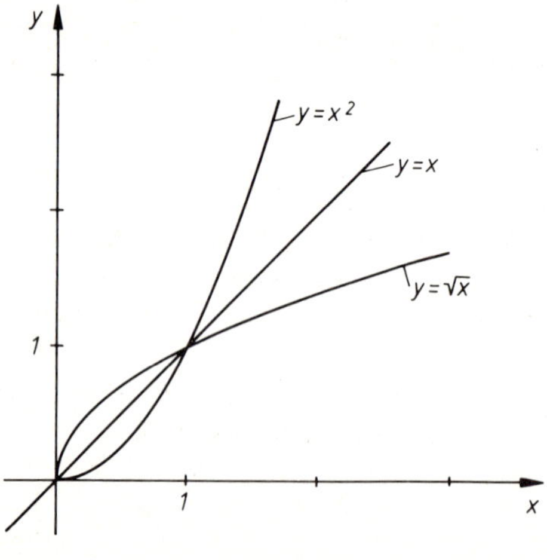

Bild III-23
Die Wurzelfunktion $y = \sqrt{x}$, $x \geqslant 0$ als Umkehrfunktion von $y = x^2,\ x \geqslant 0$

■

Wie die Beispiele zeigen, verlaufen die Schaubilder einer Funktion $y = f(x)$ und ihrer Umkehrfunktion $y = g(x)$ *spiegelsymmetrisch* zur Geraden $y = x$ (*Winkelhalbierende* des 1. und 3. Quadranten). Diese Aussage läßt sich *verallgemeinern*, sofern auf *beiden* Koordinatenachsen der *gleiche* Maßstab verwendet wird (Bild III-24).

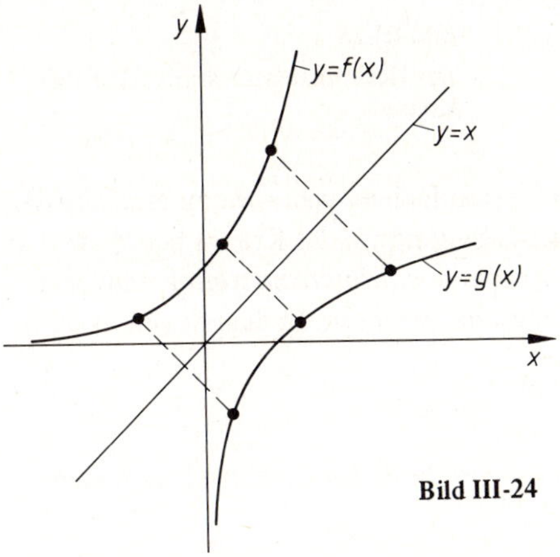

Bild III-24

Wir fassen die wichtigsten Ergebnisse dieses Abschnitts wie folgt zusammen:

Über die Umkehrung einer Funktion

1. Jede *streng monoton wachsende* oder *fallende* Funktion ist *umkehrbar*.
2. Bei der *Umkehrung* einer Funktion werden Definitionsbereich und Wertebereich miteinander *vertauscht*.
3. Zeichnerisch erhält man das Schaubild der Umkehrfunktion durch *Spiegelung* der Funktionskurve an der Geraden $y = x$ (Bild III-24; Voraussetzung: *gleicher* Maßstab auf *beiden* Koordinatenachsen).

3 Koordinatentransformationen

3.1 Ein einführendes Beispiel

Die Gleichung einer Funktion hängt wesentlich von der Wahl des zugrunde gelegten *Koordinatensystems* ab. Besonders einfache Funktionsgleichungen erhält man, wenn man ein *symmetriegerechtes* Koordinatensystem wählt, das den speziellen Symmetrieeigenschaften der Funktion oder der Figur Rechnung trägt. Wir erläutern das Problem an einem Beispiel.

Der in Bild III-25 skizzierte Kreis mit dem Radius $r = 3$ um den Punkt $M = (1; 2)$ wird in dem zugrunde gelegten x, y-Koordinatensystem durch die Gleichung

$$(x-1)^2 + (y-2)^2 = 3^2$$

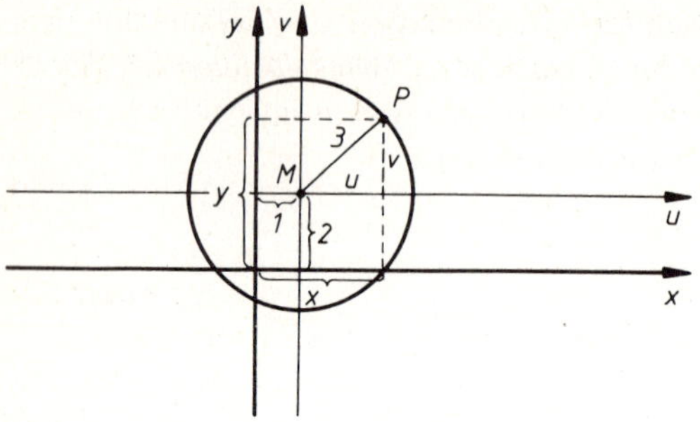

Bild III-25
Zur Koordinatentransformation eines Kreises

beschrieben. Diese Gleichung läßt sich wesentlich vereinfachen, wenn wir zu einem neuen u, v-Koordinatensystem übergehen, das die spezielle Symmetrie des Kreises berücksichtigt. Dazu wählen wir den *Mittelpunkt* des Kreises als neuen *Koordinatenursprung* und legen durch ihn zur x-Achse bzw. y-Achse *parallele* Koordinatenachsen. In dem neuen System nimmt die Kreisgleichung die einfache Gestalt

$$u^2 + v^2 = 3^2$$

an. Zwischen den neuen und alten Koordinaten besteht dabei der folgende Zusammenhang:

$$\begin{aligned} u &= x - 1 \\ v &= y - 2 \end{aligned} \qquad \text{bzw.} \qquad \begin{aligned} x &= u + 1 \\ y &= v + 2 \end{aligned}$$

Der Übergang vom x, y-System zum u, v-System wird als *Koordinatentransformation* bezeichnet. In dem dargestellten Beispiel handelt es sich um eine *Parallelverschiebung* des kartesischen x, y-Koordinatensystems.

3.2 Parallelverschiebung eines kartesischen Koordinatensystems

Wir gehen bei unseren Betrachtungen von einem *rechtwinkligen (kartesischen)* x, y-Koordinatensystem aus. Durch *Parallelverschiebung der Koordinatenachsen* entsteht hieraus ein neues, wiederum kartesisches Koordinatensystem (Bild III-26). Es soll im folgenden als u, v-Koordinatensystem bezeichnet werden. Der *Koordinatenursprung* des *neuen* u, v-Systems falle dabei in den Punkt $O' = (a; b)$, bezogen auf das *alte* x, y-System.

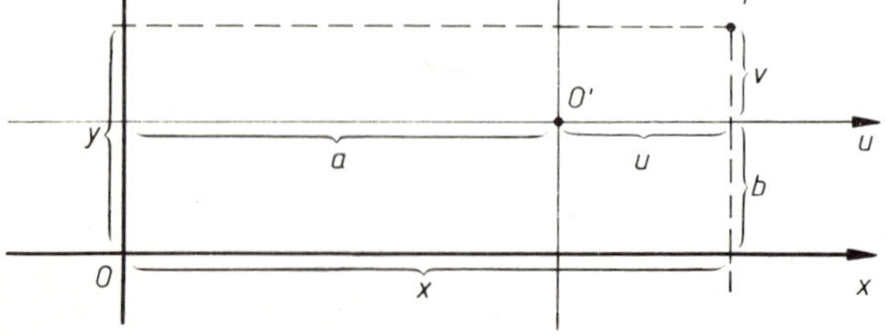

Bild III-26. Parallelverschiebung eines kartesischen Koordinatensystems

Ein *beliebig* herausgegriffener Punkt P besitze im x, y-System die Koordinaten $(x; y)$ und im u, v-System die Koordinaten $(u; v)$. Zwischen ihnen bestehen die folgenden *Transformationsgleichungen:*

$$\begin{aligned} x &= u + a \\ y &= v + b \end{aligned} \quad \text{bzw.} \quad \begin{aligned} u &= x - a \\ v &= y - b \end{aligned} \tag{III-5}$$

Wie verändert sich bei einer solchen Koordinatentransformation die Gleichung einer Funktion $y = f(x)$? Mit Hilfe der Transformationsgleichungen (III-5) finden wir:

$$y = f(x) \xrightarrow[y = v + b]{x = u + a} v + b = f(u + a) \quad \text{oder} \quad v = f(u + a) - b \tag{III-6}$$

Wir fassen diese Ergebnisse zusammen:

Parallelverschiebung eines kartesischen Koordinatensystems

Das kartesische x, y-Koordinatensystem gehe durch eine *Parallelverschiebung der Koordinatenachsen* in das ebenfalls rechtwinklige u, v-Koordinatensystem über (Bild III-26). Ein beliebiger Punkt P besitze im (alten) x, y-System die Koordinaten $(x; y)$ und im (neuen) u, v-System die Koordinaten $(u; v)$. Zwischen ihnen bestehen dann die *Transformationsgleichungen*

$$\begin{aligned} x &= u + a \\ y &= v + b \end{aligned} \quad \text{bzw.} \quad \begin{aligned} u &= x - a \\ v &= y - b \end{aligned} \tag{III-7}$$

$(a; b)$: *Ursprung* des *neuen* u, v-Koordinatensystems, bezogen auf das *alte* x, y-System.

Anmerkung

Die Konstanten a und b besitzen folgende *geometrische* Bedeutung:

$|a|$: *Abstand* der beiden *vertikalen* Koordinatenachsen

$|b|$: *Abstand* der beiden *horizontalen* Koordinatenachsen

$a > 0$: Verschiebung der y-Achse nach *rechts* (sonst nach *links*)

$b > 0$: Verschiebung der x-Achse nach *oben* (sonst nach *unten*)

■ **Beispiele**

(1) Die Parabel $y = x^2 + 2x + 3$ läßt sich durch *quadratische Ergänzung* in die folgende Gestalt bringen:

$$y = x^2 + 2x + 3 = (x^2 + 2x + 1) + 2 = (x + 1)^2 + 2 \quad \Rightarrow$$
$$y - 2 = (x + 1)^2$$

Mit Hilfe der Transformationsgleichungen

$$u = x + 1$$
$$v = y - 2$$

führen wir ein neues, parallelverschobenes u, v-Koordinatensystem ein, dessen Ursprung im *Scheitelpunkt* der Parabel liegt und im x, y-System die Koordinaten $x_0 = -1$, $y_0 = 2$ besitzt[1]. Die Funktionsgleichung der Parabel lautet daher im *neuen* u, v-System wie folgt:

$$y - 2 = (x + 1)^2 \xrightarrow[v = y - 2]{u = x + 1} v = u^2$$

Es handelt sich demnach um die bekannte *Normalparabel* (Bild III-27).

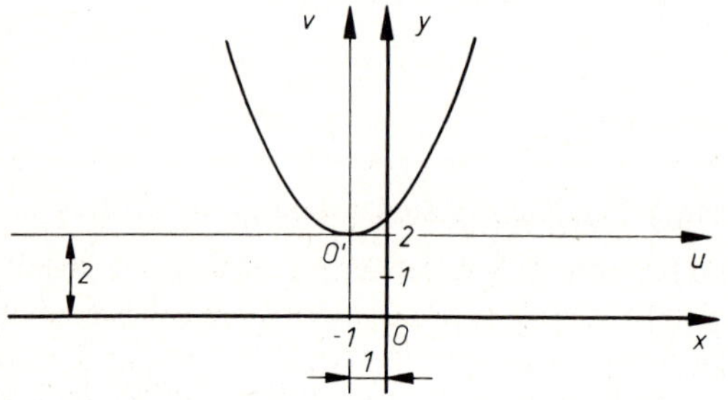

Bild III-27

(2) Wir wollen die Gleichung der Funktion $y = \sin\left(x - \frac{\pi}{2}\right) + 1$ durch eine *geeignete Koordinatentransformation* auf eine möglichst einfache Gestalt bringen. Zunächst formen wir die Funktionsgleichung geringfügig um:

$$y - 1 = \sin\left(x - \frac{\pi}{2}\right)$$

Durch die Transformation

$$u = x - \frac{\pi}{2}$$

$$v = y - 1$$

führen wir ein neues u, v-Koordinatensystem ein, dessen Ursprung im *alten* System die Koordinaten $x = \frac{\pi}{2}$, $y = 1$ besitzt. Diese Werte erhält man, wenn man in den Transformationsgleichungen $u = 0$ und $v = 0$ setzt. In dem *neuen* u, v-System besitzt die gegebene Funktion dann eine besonders einfache Funktionsgleichung:

$$y - 1 = \sin\left(x - \frac{\pi}{2}\right) \xrightarrow[v = y - 1]{u = x - \frac{\pi}{2}} v = \sin u$$

(s. hierzu Bild III-28).

---

[1] Die Koordinaten des *neuen* Koordinatenursprungs im *alten* x, y-System erhält man aus den Transformationsgleichungen für $u = 0$ und $v = 0$.

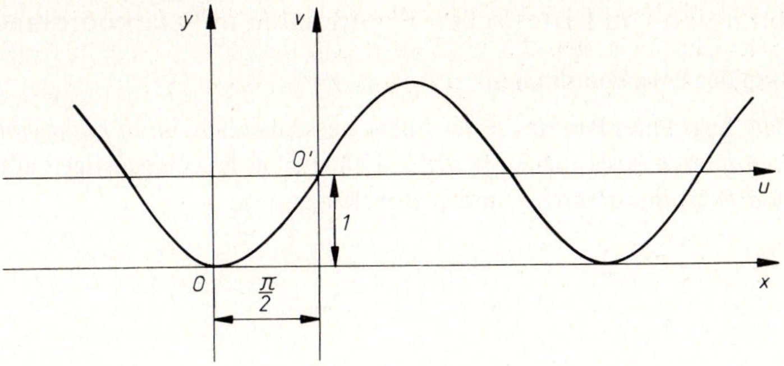

Bild III-28

(3) Die Parabel $y = 0{,}5\,x^2$ soll um zwei Einheiten in Richtung der *positiven* x-Achse und um drei Einheiten in Richtung der *negativen* y-Achse verschoben werden. Wie lautet die Gleichung der *verschobenen* Parabel im x, y-Koordinatensystem?

Lösung: Der Scheitelpunkt S der verschobenen Parabel besitzt die Koordinaten $x_0 = 2$ und $y_0 = -3$. Wir wählen ihn als *Ursprung* eines neuen u, v-Koordinatensystems. In diesem System besitzt die Parabel die Funktionsgleichung $v = 0{,}5\,u^2$. Zwischen den beiden Koordinatensystemen bestehen die Transformationsgleichungen

$$\begin{aligned} x &= u + 2 \\ y &= v - 3 \end{aligned} \quad \text{bzw.} \quad \begin{aligned} u &= x - 2 \\ v &= y + 3 \end{aligned}$$

Die Parabel $v = 0{,}5\,u^2$ besitzt demnach im x, y-System die Funktionsgleichung

$$y + 3 = 0{,}5\,(x - 2)^2 \iff y = 0{,}5\,x^2 - 2x - 1$$

(Bild III-29).

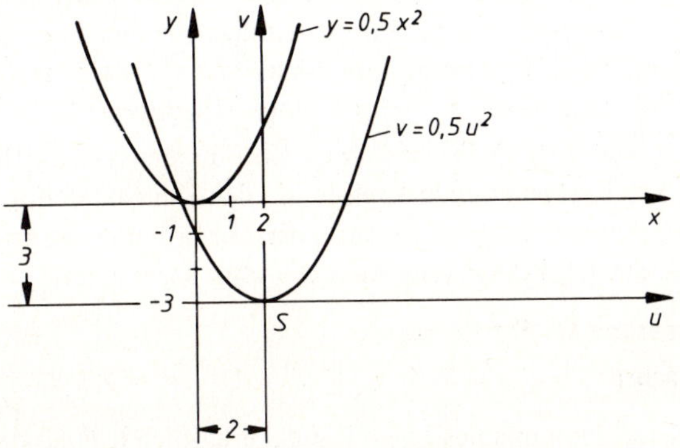

Bild III-29. Parallelverschiebung der Parabel $y = 0{,}5x^2$

■

3.3 Transformation von kartesischen Koordinaten in Polarkoordinaten

3.3.1 Definition der Polarkoordinaten

Bisher wurde die Lage eines Punktes P der Ebene ausschließlich durch *rechtwinklige oder kartesische Koordinaten* beschrieben. In vielen Fällen ist es jedoch günstiger, auf die wie folgt definierten *Polarkoordinaten* r und φ zurückzugreifen:

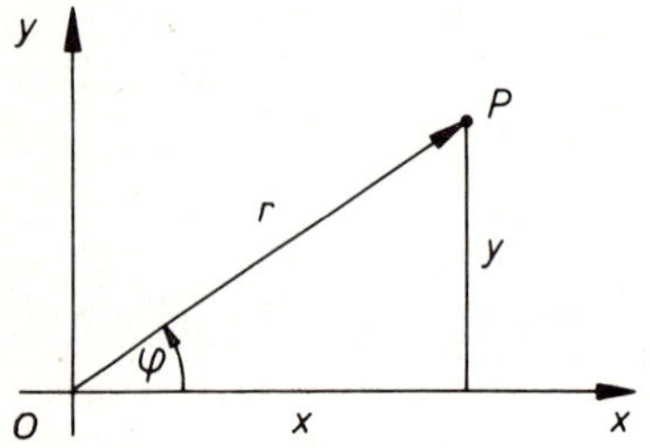

Bild III-30
Polarkoordinaten r, φ eines Punktes $P = (x; y)$

Definition: Die *Polarkoordinaten* $(r; \varphi)$ eines Punktes P der Ebene bestehen aus einer *Abstandskoordinate* r und einer *Winkelkoordinate* φ (Bild III-30):

r: *Abstand* des Punktes P vom Koordinatenursprung;

φ: *Winkel* zwischen dem vom Koordinatenursprung zum Punkt P gerichteten Radiusvektor und der *positiven* x-Achse.

Anmerkungen

(1) Für die Abstandskoordinate r gilt *definitionsgemäß* stets $r \geqslant 0$, d.h. *negative* r-Werte sind *nicht* zugelassen!

(2) Der Winkel φ wird *positiv* gezählt bei Drehung im *Gegenuhrzeigersinn* (mathematisch *positiver* Drehsinn), *negativ* dagegen bei Drehung im *Uhrzeigersinn* (mathematisch *negativer* Drehsinn). Er ist jedoch nur bis auf ganzzahlige Vielfache von 360° (bzw. 2π im Bogenmaß) bestimmt. Meist beschränkt man sich bei der Winkelangabe auf den im Intervall $0° \leqslant \varphi < 360°$ (bzw. $0 \leqslant \varphi < 2\pi$) gelegenen *Hauptwert*.

(3) Das Polarkoordinatensystem ist ein *krummliniges* Koordinatensystem. Die Koordinatenlinien bestehen aus *konzentrischen* Kreisen um den Koordinatenursprung O und *Strahlen*, die *radial* von O nach außen verlaufen. Koordinatenursprung O und x-Achse werden in diesem Zusammenhang auch wie folgt bezeichnet:

Koordinatenursprung O: *Pol*

x-Achse: Polarachse

Ein entsprechendes Koordinatenpapier ist im Handel erhältlich („*Polarkoordinatenpapier*").

(4) Der Koordinatenursprung (Pol) O hat die Abstandskoordinate $r = 0$, die Winkelkoordinate φ ist dagegen *unbestimmt*.

Zwischen den *kartesischen* Koordinaten $(x; y)$ und den *Polarkoordinaten* $(r; \varphi)$ bestehen dabei die folgenden *Transformationsgleichungen*, die sich unmittelbar aus Bild III-30 ergeben:

$$\begin{aligned} x &= r \cdot \cos \varphi \\ y &= r \cdot \sin \varphi \end{aligned} \quad \text{bzw.} \quad \begin{aligned} r &= \sqrt{x^2 + y^2} \\ \tan \varphi &= y/x \end{aligned} \qquad \text{(III-8)}$$

Koordinatentransformation: Kartesische Koordinaten ⇄ Polarkoordinaten

Polarkoordinaten → Kartesische Koordinaten

$$x = r \cdot \cos \varphi, \qquad y = r \cdot \sin \varphi \qquad \text{(III-9)}$$

Kartesische Koordinaten → Polarkoordinaten

$$r = \sqrt{x^2 + y^2}, \qquad \tan \varphi = \frac{y}{x} \qquad \text{(III-10)}$$

Anmerkung

Die Berechnung der *Winkelkoordinate* φ aus den vorgegebenen kartesischen Koordinaten nach Gleichung (III-10) ist häufig mit Schwierigkeiten verbunden, da die Auflösung dieser Gleichung nach φ noch vom *Quadranten* des Winkels abhängt. Wir empfehlen daher, die Winkelberechnung auf *indirektem* Wege wie folgt vorzunehmen:

Zunächst wird anhand einer *Skizze* die Lage des Punktes und damit der *Quadrant* des gesuchten Winkels φ bestimmt, dann erfolgt die Berechnung des Winkels φ über einen geeigneten *Hilfswinkel* α in einem rechtwinkligen Dreieck. Im nachfolgenden Beispiel (1) wird dieses Verfahren näher erläutert.

■ **Beispiele**

(1) Der Punkt $P_1 = (-3; 4)$ liegt im *2. Quadranten* (Bild III-31). Für die Abstandskoordinate r erhalten wir nach Gleichung (III-10):

$$r = \sqrt{(-3)^2 + 4^2} = \sqrt{25} = 5$$

Für den *Hauptwert* der Winkelkoordinate φ gilt:
$90° < \varphi < 180°$. Wir berechnen zunächst den *Hilfswinkel* α $(0° < \alpha < 90°)$ und daraus schließlich den Winkel φ:

$$\tan \alpha = \frac{4}{3} \quad \Rightarrow \quad \alpha = \arctan\left(\frac{4}{3}\right) = 53{,}1°$$

(arctan x ist die *Umkehrfunktion* von $\tan x$, s. hierzu die Abschnitte III.9.3 und III.10.4)

$$\varphi = 180° - \alpha = 180° - 53{,}1° = 126{,}9°$$

Ergebnis: $r = 5, \ \varphi = 126{,}9°$

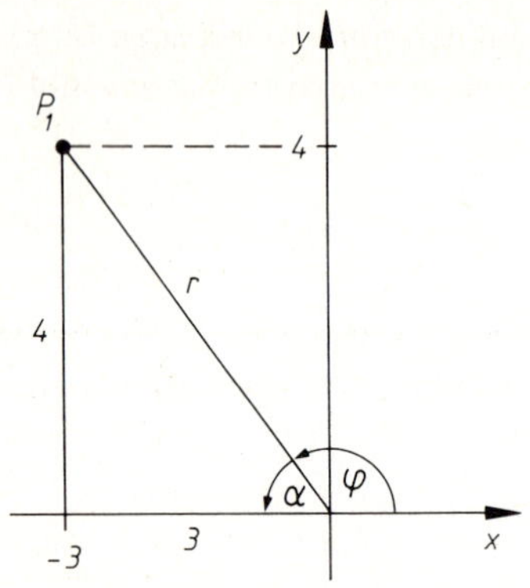

Bild III-31

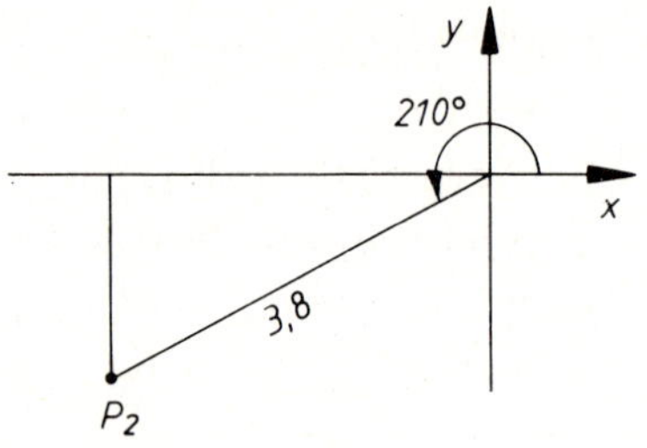

Bild III-32

(2) Die Lage des Punktes P_2 wird eindeutig durch die Polarkoordinaten $r = 3{,}8$ und $\varphi = 210^\circ$ beschrieben. Seine *kartesischen* Koordinaten lauten dann (Bild III-32):

$$x = 3{,}8 \cdot \cos\ 210^\circ = -3{,}29$$
$$y = 3{,}8 \cdot \sin\ 210^\circ = -1{,}9$$

■

3.3.2 Darstellung einer Funktion in Polarkoordinaten

Eine in *Polarkoordinaten* $(r; \varphi)$ dargestellte *Funktion* (Kurve) wird durch eine Gleichung

$$r = f(\varphi) \quad \text{oder} \quad r = r(\varphi) \tag{III-11}$$

beschrieben. Um die Funktionskurve zu zeichnen, erstellen wir eine *Wertetabelle (Funktionstafel)*. Für den Polarwinkel φ werden verschiedene Werte $\varphi_1, \varphi_2, \varphi_3, \ldots$ vorgegeben und aus der Funktionsgleichung $r = r(\varphi)$ die zugehörigen Abstandswerte $r_1 = r(\varphi_1)$, $r_2 = r(\varphi_2)$, $r_3 = r(\varphi_3), \ldots$ berechnet:

φ	φ_1	φ_2	φ_3	...
$r = r(\varphi)$	$r(\varphi_1) = r_1$	$r(\varphi_2) = r_2$	$r(\varphi_3) = r_3$	...

Dabei ist zu beachten, daß definitionsgemäß nur *positive* r-Werte infrage kommen (r ist der *Abstand* des Punktes vom Koordinatenursprung!). Erhält man für einen Winkel φ^* durch formales Einsetzen in die Kurvengleichung $r = r(\varphi)$ einen *negativen* r-Wert $r^* = r(\varphi^*)$, so befindet sich in dieser Winkelrichtung *kein* Kurvenpunkt. Der Winkel φ^* liegt somit *außerhalb* des Definitionsbereiches der Funktion $r = r(\varphi)$.

Die gesuchte Kurve mit der Gleichung $r = r(\varphi)$ erhält man dann, in dem man auf den Strahlen $\varphi = \varphi_1$, $\varphi = \varphi_2$, $\varphi = \varphi_3$, ... die zugehörigen (positiven) Abstandswerte r_1, r_2, r_3, ... abträgt und die so erhaltenen Kurvenpunkte miteinander verbindet (Bild III-33).

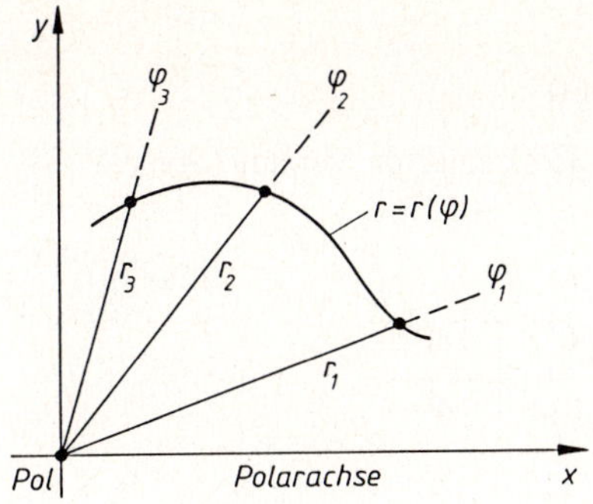

Bild III-33

■ **Beispiele**

(1) Durch die Funktionsgleichung

$$r = r(\varphi) = 2\varphi, \quad 0 \leqslant \varphi < 2\pi$$

wird die in Bild III-34 skizzierte spiralförmige Kurve beschrieben (sog. *Archimedische Spirale*).

Wertetabelle (Schrittweite: $\Delta\varphi = 30° \mathrel{\hat{=}} \pi/6$)

φ	0	$\frac{\pi}{6}$	$\frac{2\pi}{6}$	$\frac{3\pi}{6}$	$\frac{4\pi}{6}$	$\frac{5\pi}{6}$	$\frac{6\pi}{6}$	$\frac{7\pi}{6}$	$\frac{8\pi}{6}$	$\frac{9\pi}{6}$	$\frac{10\pi}{6}$	$\frac{11\pi}{6}$	$\frac{12\pi}{6}$
r	0	1,05	2,09	3,14	4,19	5,24	6,28	7,33	8,38	9,42	10,47	11,52	12,57

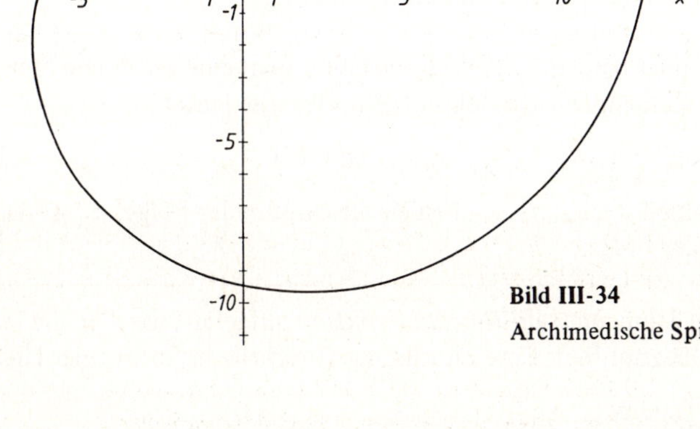

Bild III-34
Archimedische Spirale $r = 2\varphi$, $0 \leqslant \varphi < 2\pi$

(2) Die Kurve mit der Funktionsgleichung

$$r = r(\varphi) = 1 + \cos\varphi, \qquad 0° \leqslant \varphi < 360°$$

heißt *Kardioide* und besitzt den in Bild III-35 skizzierten Verlauf (*Spiegelsymmetrie* zur x-Achse):

Wertetabelle (Schrittweite: $\Delta\varphi = 30°$)

φ	0°	30°	60°	90°	120°	150°	180°
r	2	1,866	1,5	1	0,5	0,134	0

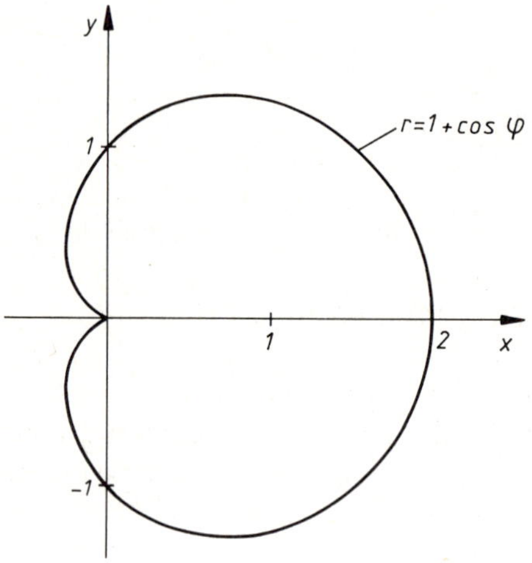

Bild III-35
Kardioide $r = 1 + \cos\varphi$, $0° \leqslant \varphi < 360°$

■

4 Grenzwert und Stetigkeit einer Funktion

4.1 Reelle Zahlenfolgen

4.1.1 Definition und Darstellung einer reellen Zahlenfolge

Definition: Unter einer *reellen Zahlenfolge* versteht man eine *geordnete* Menge reeller Zahlen. Die symbolische Schreibweise lautet:

$$\langle a_n \rangle = a_1, a_2, a_3, \ldots, a_n, \ldots \quad (n \in \mathbb{N}) \qquad \text{(III-12)}$$

Die Zahlen $a_1, a_2, a_3, \ldots$ heißen die *Glieder* der Folge, a_n ist das n-te Glied der Folge.

Eine Zahlenfolge $\langle a_n \rangle$ kann auch als *diskrete Funktion* aufgefaßt werden, die jedem $n \in \mathbb{N}$ genau eine Zahl $a_n \in \mathbb{R}$ zuordnet. Eine Zuordnungsvorschrift in Form einer Gleichung

$$a_n = f(n), \qquad n \in \mathbb{N} \qquad \text{(III-13)}$$

heißt *Bildungsgesetz* der Folge.

■ **Beispiele**

(1) $\langle a_n \rangle = -\frac{1}{2}, -\frac{1}{4}, -\frac{1}{6}, \ldots \qquad a_n = -\frac{1}{2n} \qquad (n \in \mathbb{N})$

(2) $\langle a_n \rangle = 1^3, 2^3, 3^3, \ldots \qquad a_n = n^3 \qquad (n \in \mathbb{N})$

(3) $\langle a_n \rangle = 0, \frac{1}{2}, \frac{2}{3}, \frac{3}{4}, \ldots \qquad a_n = 1 - \frac{1}{n} \qquad (n \in \mathbb{N})$ ■

Die Glieder einer Folge $\langle a_n \rangle$ lassen sich durch *Punkte* auf einer *Zahlengerade* darstellen. Für die Zahlenmenge

$$\langle a_n \rangle = \left\langle 1 - \frac{1}{n} \right\rangle = 0, \frac{1}{2}, \frac{2}{3}, \frac{3}{4}, \ldots \tag{III-14}$$

beispielsweise erhalten wir die in Bild III-36 skizzierte Abbildung.

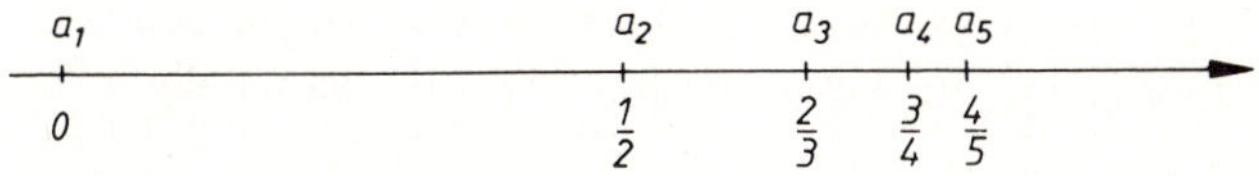

Bild III-36. Darstellung der Zahlenfolge $\langle a_n \rangle = \langle 1 - 1/n \rangle$ auf einer Zahlengerade

Eine weitere anschauliche Darstellungsmöglichkeit ist die Darstellung einer Folge $\langle a_n \rangle$ durch einen *Graph.* Wir interpretieren dabei die Folge $\langle a_n \rangle$ als *diskrete Funktion* und ordnen jedem Wertepaar $(n; a_n)$ einen Punkt P_n in einem rechtwinkligen Koordinatensystem zu. Die Menge aller Punkte $P_n = (n; a_n)$ heißt der *Graph der Folge* $\langle a_n \rangle$.

■ **Beispiel**

Die Folge (III-14) läßt sich durch die *Funktionsgleichung*

$$a_n = f(n) = 1 - \frac{1}{n} \qquad (n \in \mathbb{N})$$

beschreiben. Der zugehörige *Graph* besitzt das in Bild III-37 skizzierte Aussehen.

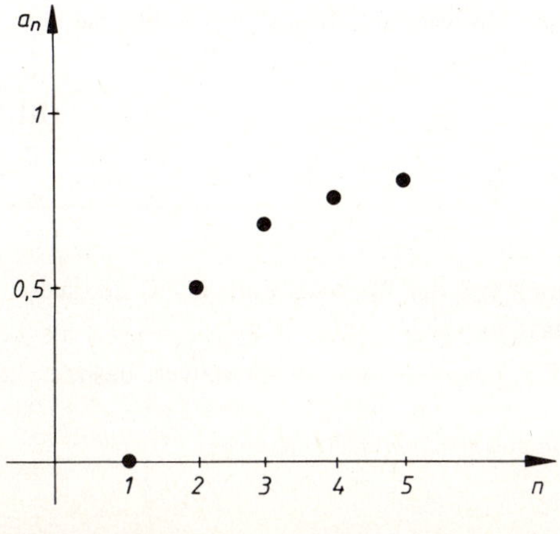

Bild III-37

Darstellung der Zahlenfolge $\langle a_n \rangle = \langle 1 - 1/n \rangle$ durch einen Graph

■

4.1.2 Grenzwert einer Folge

Wir wollen uns zunächst eingehend mit den Eigenschaften der Zahlenfolge $\langle a_n \rangle = \left\langle 1 - \frac{1}{n} \right\rangle$, $n \in \mathbb{N}$ beschäftigen und erstellen zu diesem Zweck eine *Funktionstafel (Wertetabelle)*:

n	1	2	3	…	10	…	100	…	1000	…
a_n	0	$\frac{1}{2}$	$\frac{2}{3}$	…	0,9	…	0,99	…	0,999	…

Aus ihr entnehmen wir die folgenden Eigenschaften[2]:

1. Alle Glieder (Funktionswerte) sind *kleiner* als $1: a_n < 1$, $n \in \mathbb{N}$;
2. Mit *zunehmendem Index n* werden die Glieder der Folge *größer* und unterscheiden sich dabei immer weniger von der Zahl 1.

Wir ziehen daraus die Folgerung, daß in *jeder* noch so *kleinen* Umgebung der Zahl 1 *fast alle* Glieder der Folge liegen. So ist beispielsweise ab dem 11. Glied der Abstand aller Glieder von der Zahl 1 *kleiner* als 0,1, d.h. die Bedingung $|a_n - 1| < 0{,}1$ ist für alle $n \geqslant 11$ erfüllt (Bild III-38):

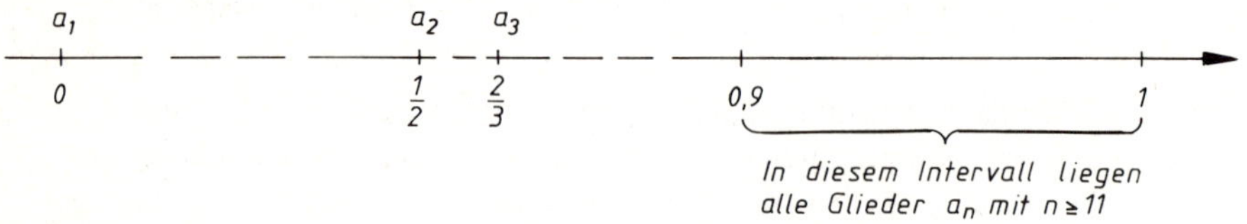

Bild III-38. Die Zahlenfolge $\langle a_n \rangle = \langle 1 - 1/n \rangle$ konvergiert gegen den Grenzwert 1

Vom 101. Glied an ist der Abstand aller Glieder von der Zahl 1 sogar *kleiner* als 0,01, d.h. jedes Glied a_n mit $n \geqslant 101$ erfüllt die Bedingung $|a_n - 1| < 0{,}01$. Die Zahl 1 wird daher als *Grenzwert der Folge* $\langle a_n \rangle = \left\langle 1 - \frac{1}{n} \right\rangle$ bezeichnet.

Definition: Die reelle Zahl g heißt *Grenzwert* oder *Limes* der Zahlenfolge $\langle a_n \rangle$, wenn es zu jedem $\epsilon > 0$ eine natürliche Zahl n_0 gibt, so daß für alle $n \geqslant n_0$ stets

$$|a_n - g| < \epsilon \qquad \text{(III-15)}$$

ist.

Anmerkungen

(1) Die natürliche Zahl n_0 hängt i.a. noch von der Wahl der Zahl $\epsilon > 0$ ab. Daher schreibt man häufig auch $n_0(\epsilon)$ statt n_0.

(2) Es läßt sich zeigen, daß eine Folge $\langle a_n \rangle$ *höchstens einen Grenzwert* besitzen kann.

---

2) Es handelt sich um eine *monoton wachsende* und *beschränkte* Zahlenfolge.

Besitzt eine Folge $\langle a_n \rangle$ den Grenzwert g, so liegen *innerhalb* einer jeden ϵ-Umgebung von g *fast alle* Glieder der Folge, d.h. die Glieder $a_1, a_2, a_3, \ldots, a_{n_0-1}$ liegen *außerhalb*, die darauf folgenden Glieder $a_{n_0}, a_{n_0+1}, a_{n_0+2}, \ldots$ *innerhalb* der Umgebung (vgl. Bild III-39).

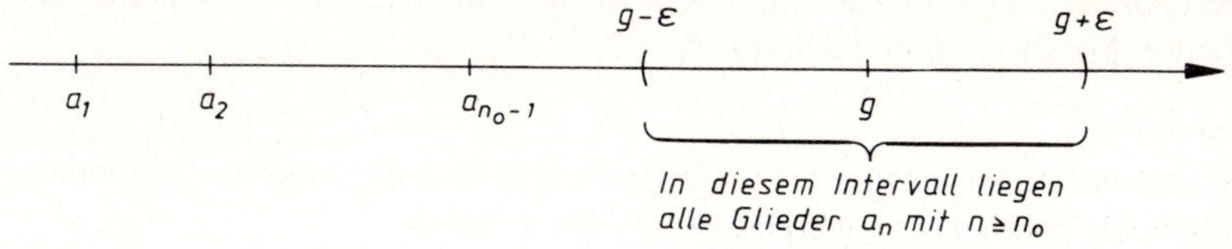

Bild III-39. Zum Begriff des Grenzwertes g einer Zahlenfolge $\langle a_n \rangle$

Definition: (1) Eine Folge $\langle a_n \rangle$ heißt *konvergent*, wenn sie einen *Grenzwert* g besitzt. Symbolische Schreibweise:

$$\lim_{n \to \infty} a_n = g \qquad \text{(III-16)}$$

(gelesen: Limes von a_n für n gegen Unendlich gleich g);

(2) Eine Folge $\langle a_n \rangle$, die *keinen* Grenzwert besitzt, heißt *divergent*.

■ **Beispiele**

(1) Die Folge $\langle a_n \rangle = \left\langle \frac{1}{n} \right\rangle = 1, \frac{1}{2}, \frac{1}{3}, \ldots$ ist *konvergent* mit dem *Grenzwert*

$$g = \lim_{n \to \infty} \frac{1}{n} = 0$$

(sog. *Nullfolge*).

(2) $\langle a_n \rangle = \left\langle 1 - \frac{1}{n} \right\rangle = 0, \frac{1}{2}, \frac{2}{3}, \frac{3}{4}, \ldots$

$$g = \lim_{n \to \infty} \left(1 - \frac{1}{n}\right) = 1$$

Es handelt sich demnach um eine *konvergente* Folge.

(3) Die Folge $\langle a_n \rangle = \left\langle \left(1 + \frac{1}{n}\right)^n \right\rangle = 2, \frac{9}{4}, \frac{64}{27}, \ldots$ ist *konvergent* mit dem *Grenzwert*

$$g = \lim_{n \to \infty} \left(1 + \frac{1}{n}\right)^n = 2{,}71828182\ldots = \mathrm{e}$$

(ohne Beweis). Die Zahl e heißt *Eulersche Zahl*.

(4) $\langle a_n \rangle = \langle n^3 \rangle = 1^3, 2^3, 3^3, \ldots$

$$g = \lim_{n \to \infty} n^3 = \infty \qquad \text{(sog. } \textit{uneigentlicher} \text{ Grenzwert)}$$

Die Zahlenfolge ist *divergent* (sie wird auch als *bestimmt divergente* Folge bezeichnet). ■

4.2 Grenzwert einer Funktion

4.2.1 Grenzwert einer Funktion für $x \to x_0$

Den Begriff des *Grenzwertes einer Funktion* erläutern wir zunächst anhand eines einfachen Beispiels. Wir wählen dazu die Funktion $f(x) = x^2$ aus und untersuchen ihr Verhalten bei einer beliebig feinen Annäherung an die Stelle $x_0 = 2$.

Annäherung von links:
Ausgangspunkt unserer Betrachtung sei die im Definitionsbereich der Funktion liegende und von links gegen die Zahl 2 konvergierende Folge von x-Werten

$$\langle x_n \rangle = 1{,}9;\ 1{,}99;\ 1{,}999;\ 1{,}9999;\ \ldots \tag{III-17}$$

Jedem Glied dieser Folge wird durch die Funktionsgleichung $f(x) = x^2$ genau ein Funktionswert zugeordnet: $f(x_n) = x_n^2$. Die Funktionstafel hat dabei das folgende Aussehen:

x_n	1,9	1,99	1,999	1,9999	...
$f(x_n)$	3,61	3,9601	3,996001	3,99960001	...

Ihr entnehmen wir, daß die Folge der Funktionswerte $\langle f(x_n) \rangle$ gegen den Wert 4 *konvergiert.* Wir hätten auch eine *andere* Auswahl der Zahlenfolge $\langle x_n \rangle$ treffen können. Das Ergebnis wäre jedoch *dasselbe.* Dies aber bedeutet, daß aus $\langle x_n \rangle \to 2\ (x_n < 2)$ stets $\langle f(x_n) \rangle \to 4$ folgt. *Symbolisch* schreibt man dafür

$$\lim_{n \to \infty} f(x_n) = \lim_{n \to \infty} x_n^2 = \lim_{\substack{x \to 2 \\ (x < 2)}} x^2 = 4 \tag{III-18}$$

und bezeichnet diesen Wert als den *linksseitigen Grenzwert* von $f(x) = x^2$ an der Stelle $x_0 = 2$.

Annäherung von rechts:
Nun betrachten wir die von der *rechten* Seite her gegen die Zahl 2 konvergierende Folge von x-Werten

$$\langle x_n \rangle = 2{,}1;\ 2{,}01;\ 2{,}001;\ 2{,}0001;\ \ldots \tag{III-19}$$

Die zugehörigen Funktionswerte entnehmen wir der folgenden Funktionstafel:

x_n	2,1	2,01	2,001	2,0001	...
$f(x_n)$	4,41	4,0401	4,004001	4,00040001	...

Die Folge $\langle f(x_n) \rangle$ strebt wiederum gegen den Wert 4. Dies gilt auch für *jede* andere gegen die Zahl 2 konvergierende Folge $\langle x_n \rangle$ mit $x_n > 2$. Das Ergebnis dieser Grenzwertbildung ist der *rechtsseitige Grenzwert* von $f(x) = x^2$ an der Stelle $x_0 = 2$:

$$\lim_{n \to \infty} f(x_n) = \lim_{n \to \infty} x_n^2 = \lim_{\substack{x \to 2 \\ (x > 2)}} x^2 = 4 \tag{III-20}$$

In unserem Beispiel stimmen die beiden Grenzwerte von links und rechts überein. Daher schreibt man kurz

$$\lim_{x \to 2} x^2 = 4 \qquad \text{(III-21)}$$

und spricht von dem *Grenzwert von* $f(x) = x^2$ *an der Stelle* $x_0 = 2$.

Allgemein läßt sich der *Grenzwertbegriff* wie folgt definieren:

Definition: Eine Funktion $y = f(x)$ sei in einer Umgebung von x_0 definiert. Gilt dann für *jede* im Definitionsbereich der Funktion liegende und gegen die Stelle x_0 konvergierende Zahlenfolge $\langle x_n \rangle$ $(x_n \neq x_0)$ stets

$$\lim_{n \to \infty} f(x_n) = g \qquad \text{(III-22)}$$

so heißt g der *Grenzwert* von $y = f(x)$ für $x \to x_0$. Die symbolische Schreibweise lautet:

$$\lim_{x \to x_0} f(x) = g \qquad \text{(III-23)}$$

(gelesen: Limes von $f(x)$ für x gegen x_0 gleich g).

Wir geben eine *anschauliche,* aber etwas unpräzise Deutung für den Grenzwert g: Der Funktionswert $f(x)$ unterscheidet sich *beliebig wenig* von dem Grenzwert g, wenn man sich nur genügend der Stelle x_0 nähert.

Anmerkungen

(1) Es sei ausdrücklich darauf hingewiesen, daß die Funktion $y = f(x)$ an der Stelle x_0 *nicht definiert* sein muß. Es kann daher der Fall eintreten, daß eine Funktion an einer Stelle x_0 einen *Grenzwert* besitzt, obwohl sie dort *überhaupt nicht* definiert ist (vgl. hierzu das folgende Beispiel (2)).

(2) Der *Grenzübergang* $x \to x_0$ bedeutet: x kommt der Stelle x_0 *beliebig nahe, ohne* sie jedoch jemals zu *erreichen.* Es ist stets $x \neq x_0$.

Gilt für *jede* von *links* her gegen x_0 strebende Folge $\langle x_n \rangle$

$$\lim_{\substack{x \to x_0 \\ (x < x_0)}} f(x) = g_l \qquad \text{(III-24)}$$

so heißt g_l der *linksseitige Grenzwert* von $f(x)$ für $x \to x_0$. Entsprechend ist der *rechtsseitige Grenzwert* von $f(x)$ für $x \to x_0$ erklärt: Für *jede* von *rechts* her gegen x_0 konvergierende Folge gilt dann:

$$\lim_{\substack{x \to x_0 \\ (x > x_0)}} f(x) = g_r \qquad \text{(III-25)}$$

Besitzt $f(x)$ an der Stelle x_0 den Grenzwert g, so ist

$$\lim_{\substack{x \to x_0 \\ (x < x_0)}} f(x) = \lim_{\substack{x \to x_0 \\ (x > x_0)}} f(x) = \lim_{x \to x_0} f(x) = g \qquad (g_l = g_r = g). \qquad \text{(III-26)}$$

■ **Beispiele**

(1) Die Funktion

$$y = f(x) = \begin{Bmatrix} 0 & \text{für} & x < 0 \\ 1 & & x \geqslant 0 \end{Bmatrix} \qquad \text{(Bild III-40)}$$

besitzt an der Stelle $x_0 = 0$ *keinen* Grenzwert, da der linksseitige Grenzwert *nicht* mit dem rechtsseitigen Grenzwert übereinstimmt:

$$g_l = \lim_{\substack{x \to 0 \\ (x<0)}} f(x) = \lim_{\substack{x \to 0 \\ (x<0)}} 0 = 0$$

$$g_r = \lim_{\substack{x \to 0 \\ (x>0)}} f(x) = \lim_{\substack{x \to 0 \\ (x>0)}} 1 = 1$$

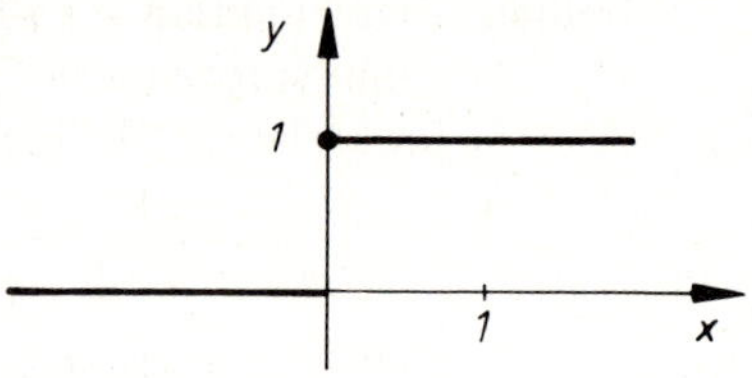

Bild III-40

(2) Die Funktion $y = f(x) = \dfrac{x^2 - 2x}{x - 2}$ ist an der Stelle $x_0 = 2$ *nicht* definiert. Der *Grenzwert* für $x \to 2$ ist jedoch *vorhanden:*

$$\lim_{x \to 2} \frac{x^2 - 2x}{x - 2} = \lim_{x \to 2} \frac{x(x-2)}{x-2} = \lim_{x \to 2} x = 2$$

(der Faktor $x - 2$ ist von *Null verschieden* und kann daher herausgekürzt werden).

(3) Der Grenzwert von $y = f(x) = \dfrac{1}{x}$, $x \neq 0$ an der Stelle $x_0 = 0$ ist *nicht* vorhanden (Bild III-41):

$$g_l = \lim_{\substack{x \to 0 \\ (x<0)}} \frac{1}{x} = -\infty \quad \text{bzw.} \quad g_r = \lim_{\substack{x \to 0 \\ (x>0)}} \frac{1}{x} = +\infty$$

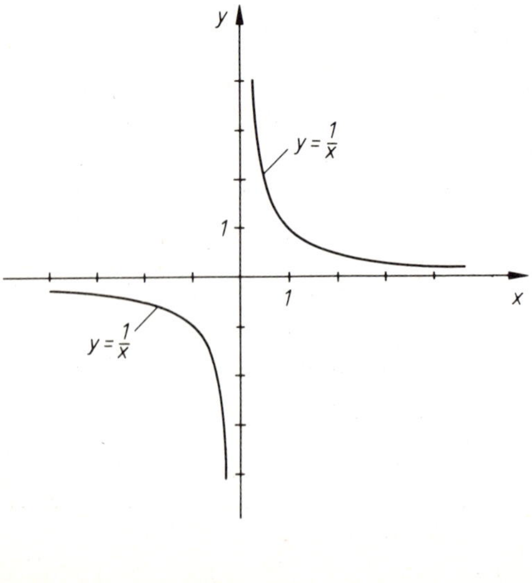

Bild III-41

Verhalten der Funktion $y = 1/x$ für $x \to 0$

■

4.2.2 Grenzwert einer Funktion für $x \to \pm\infty$

In vielen Fällen interessiert das Verhalten einer Funktion für den Fall, daß die x-Werte *unbeschränkt wachsen* ($x \to \infty$).

Wir studieren zunächst das Problem am Beispiel der Funktion $f(x) = \frac{1}{x}$, $x > 0$. Wie verhält sich diese Funktion für immer größer werdende x-Werte? Eine solche Folge ist beispielsweise

$$\langle x_n \rangle = 10,\ 100,\ 1000,\ 10000,\ \ldots \qquad \text{(III-27)}$$

Die ihr zugeordneten Funktionswerte $f(x_n) = \frac{1}{x_n}$ entnehmen wir der folgenden Funktionstafel:

x_n	10	100	1000	10000	...
$f(x_n)$	0,1	0,01	0,001	0,0001	...

Dabei stellen wir fest, daß die Funktionswerte zunehmend *kleiner* werden und sich dabei immer weniger von der Zahl 0 unterscheiden. Diese Aussage bleibt auch für *jede* andere, über alle Grenzen hinaus wachsende Zahlenfolge $\langle x_n \rangle$ gültig. Symbolisch wird das beschriebene Verhalten der Funktion $f(x) = \frac{1}{x}$ für *unbeschränkt* wachsende x-Werte durch den *Grenzwert*

$$\lim_{x \to \infty} \frac{1}{x} = 0 \qquad \text{(III-28)}$$

zum Ausdruck gebracht. Der Funktionsgraph von $y = \frac{1}{x}$, $x > 0$ nähert sich dabei *asymptotisch* der x-Achse (Bild III-42):

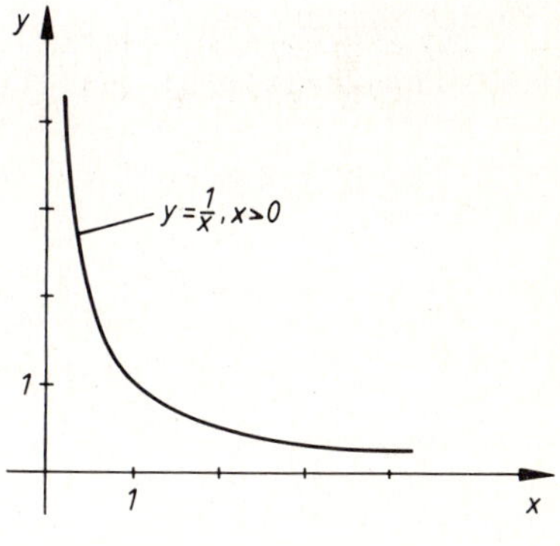

Bild III-42
Asymptotisches Verhalten der Funktion $y = 1/x$, $x > 0$ im Unendlichen

Allgemein geben wir die folgende Definition:

> **Definition:** Besitzt eine Funktion $y = f(x)$ die Eigenschaft, daß die Folge ihrer Funktionswerte $\langle f(x_n) \rangle$ für *jede* über alle Grenzen hinaus wachsende Zahlenfolge $\langle x_n \rangle$ ($x_n \in D$) gegen die Zahl g strebt, so heißt g der *Grenzwert der Funktion für* $x \to \infty$. Wir verwenden dafür die symbolische Schreibweise
>
> $$\lim_{x \to \infty} f(x) = g \qquad \text{(III-29)}$$

Entsprechend wird der Grenzwert einer Funktion $y = f(x)$ für den Fall erklärt, daß die x-Werte *kleiner* werden als *jede* noch so kleine Zahl ($x \to -\infty$). Falls dieser Grenzwert überhaupt vorhanden ist, schreibt man symbolisch

$$\lim_{x \to -\infty} f(x) = g \qquad \text{(III-30)}$$

■ **Beispiele**

Vorbemerkung: Nach *elementaren Umformungen* gelingt die Berechnung der folgenden Grenzwerte:

(1) $\lim\limits_{x \to \infty} \dfrac{2x-1}{x} = \lim\limits_{x \to \infty} \left(2 - \dfrac{1}{x}\right) = 2$

(2) $\lim\limits_{x \to \pm\infty} \dfrac{1+x}{x^2} = \lim\limits_{x \to \pm\infty} \left(\dfrac{1}{x^2} + \dfrac{1}{x}\right) = 0$

(3) $\lim\limits_{x \to \pm\infty} \dfrac{x^3}{x^2+1} = \lim\limits_{x \to \pm\infty} \left(\dfrac{x}{1 + \dfrac{1}{x^2}}\right) = \pm\infty$ (uneigentlicher Grenzwert). ■

4.2.3 Rechenregeln für Grenzwerte

Für den Umgang mit Grenzwerten von Funktionen gelten folgende Regeln (ohne Beweis):

Rechenregeln für Grenzwerte von Funktionen

Unter der Voraussetzung, daß die Grenzwerte $\lim\limits_{x \to x_0} f(x)$ und $\lim\limits_{x \to x_0} g(x)$ existieren, gelten folgende Regeln:

1. $\lim\limits_{x \to x_0} C \cdot f(x) = C \cdot \lim\limits_{x \to x_0} f(x)$ (C: Konstante) (III-31)
2. $\lim\limits_{x \to x_0} [f(x) \pm g(x)] = \lim\limits_{x \to x_0} f(x) \pm \lim\limits_{x \to x_0} g(x)$ (III-32)
3. $\lim\limits_{x \to x_0} [f(x) \cdot g(x)] = \left(\lim\limits_{x \to x_0} f(x)\right) \cdot \left(\lim\limits_{x \to x_0} g(x)\right)$ (III-33)
4. $\lim\limits_{x \to x_0} \dfrac{f(x)}{g(x)} = \dfrac{\lim\limits_{x \to x_0} f(x)}{\lim\limits_{x \to x_0} g(x)}$ $\left(\lim\limits_{x \to x_0} g(x) \neq 0\right)$ (III-34)
5. $\lim\limits_{x \to x_0} \sqrt[n]{f(x)} = \sqrt[n]{\lim\limits_{x \to x_0} f(x)}$ (III-35)
6. $\lim\limits_{x \to x_0} [f(x)]^n = \left[\lim\limits_{x \to x_0} f(x)\right]^n$ (III-36)
7. $\lim\limits_{x \to x_0} (a^{f(x)}) = a^{\left(\lim\limits_{x \to x_0} f(x)\right)}$ (III-37)
8. $\lim\limits_{x \to x_0} (\log_a f(x)) = \log_a \left(\lim\limits_{x \to x_0} f(x)\right)$ (III-38)

Anmerkungen

(1) Diese Regeln gelten auch für Grenzwerte von Funktionen für $x \to \infty$, falls die Grenzwerte $\lim_{x \to \infty} f(x)$ und $\lim_{x \to \infty} g(x)$ vorhanden sind. Entsprechendes gilt für Grenzwerte vom Typ $x \to -\infty$.

(2) Grenzwerte, die zu einem sog. *unbestimmten Ausdruck* vom Typ $\frac{0}{0}$ oder $\frac{\infty}{\infty}$ führen, können nach der Regel von *Bernoulli-L'Hospital* weiterbehandelt werden. Wir kommen darauf an anderer Stelle zurück (s. Abschnitt VI.3.3.3).

■ **Beispiele**

(1) $\lim_{x \to -1} \frac{3(x^2-1)}{x+1} = 3 \cdot \lim_{x \to -1} \frac{(x-1)(x+1)}{x+1} = 3 \cdot \lim_{x \to -1} (x-1) = -6$

(2) $\lim_{x \to 0} \frac{x^2 - 2x + 5}{\cos x} = \frac{\lim_{x \to 0} (x^2 - 2x + 5)}{\lim_{x \to 0} \cos x} = \frac{5}{1} = 5$ ■

4.3 Stetigkeit einer Funktion

Definition: Eine in x_0 und in einer gewissen Umgebung von x_0 definierte Funktion $y = f(x)$ heißt an der Stelle x_0 *stetig*, wenn der Grenzwert der Funktion für $x \to x_0$ vorhanden ist und mit dem dortigen Funktionswert übereinstimmt:

$$\lim_{x \to x_0} f(x) = f(x_0) \qquad \text{(III-39)}$$

Anmerkungen

(1) Die *Stetigkeit* einer Funktion an einer *bestimmten* Stelle setzt voraus, daß die Funktion dort auch *definiert* ist. Stellen, in denen eine Funktion *nicht* definiert ist, werden daher folgerichtig als *Definitionslücken* bezeichnet. In diesen Stellen kann die Funktion *nicht stetig* sein.

(2) Anschaulich (aber etwas unpräzise) läßt sich die Stetigkeit einer Funktion $y = f(x)$ an der Stelle x_0 wie folgt interpretieren: der Funktionswert $f(x)$ unterscheidet sich *beliebig wenig* von $f(x_0)$, wenn x nur *genügend nahe* an der Stelle x_0 liegt.

(3) Eine Funktion, die an *jeder* Stelle ihres Definitionsbereiches *stetig* ist, wird als *stetige Funktion* bezeichnet.

■ **Beispiele**

(1) *Funktionswert* und *Grenzwert* der Funktion $f(x) = x^2$ stimmen an der Stelle $x_0 = 1$ *überein:*

$$\lim_{x \to 1} x^2 = 1 = f(1)$$

Daher ist die Funktion an dieser Stelle *stetig*. Sie ist sogar an *jeder* Stelle ihres Definitionsbereiches $D = (-\infty, \infty)$ *stetig*: $f(x) = x^2$ ist eine *stetige* Funktion.

(2) Die meisten der elementaren Funktionen (wir behandeln sie in den folgenden Abschnitten) sind *stetige* Funktionen. Zu ihnen gehören beispielsweise die *ganzrationalen* Funktionen und die *trigonometrischen* Funktionen.

(3) Die Funktion $f(x) = \frac{1}{x}$ ist an der Stelle $x_0 = 0$ *nicht* definiert und kann demnach dort auch *nicht stetig* sein. Sie besitzt an dieser Stelle eine als *Pol* oder *Unendlichkeitsstelle* bezeichnete *Definitionslücke* (vgl. Bild III-41 sowie den Abschnitt über die *gebrochenrationalen* Funktionen). ■

Stellen, in denen eine Funktion zwar definiert ist, jedoch die Stetigkeitsbedingung (III-39) *nicht* erfüllt, heißen *Unstetigkeitsstellen*. Wir definieren:

Definition: Eine in x_0 und in einer gewissen Umgebung von x_0 definierte Funktion $y = f(x)$ heißt an der Stelle x_0 *unstetig*, wenn eine der beiden folgenden Aussagen zutrifft:

(1) Der Grenzwert von $f(x)$ für $x \to x_0$ ist zwar vorhanden, jedoch vom Funktionswert $f(x_0)$ *verschieden*:

$$\lim_{x \to x_0} f(x) \neq f(x_0) \tag{III-40}$$

(2) Der Grenzwert von $f(x)$ für $x \to x_0$ ist *nicht* vorhanden.

Anmerkung

Wir weisen darauf hin, daß eine in x_0 *unstetige* Funktion nach unserer Definition dort einen *Funktionswert* besitzt! In der mathematischen Literatur werden häufig auch Definitionslücken als Unstetigkeitsstellen bezeichnet.

■ **Beispiele**

(1) Die in Bild III-43 dargestellte Funktion

$$y = f(x) = \begin{Bmatrix} -1 & & x < 0 \\ 0 & \text{für} & x = 0 \\ 1 & & x > 0 \end{Bmatrix}$$

ist in $x_0 = 0$ *unstetig*, da der Grenzwert an dieser Stelle *nicht* existiert. Zwar sind links- und rechtsseitiger Grenzwert vorhanden, sie unterscheiden sich jedoch voneinander:

Linksseitiger Grenzwert:

$$g_l = \lim_{\substack{x \to 0 \\ (x < 0)}} f(x) = \lim_{\substack{x \to 0 \\ (x < 0)}} (-1) = -1$$

Rechtsseitiger Grenzwert:

$$g_r = \lim_{\substack{x \to 0 \\ (x > 0)}} f(x) = \lim_{\substack{x \to 0 \\ (x > 0)}} (1) = 1$$

Eine Unstetigkeit dieser Art bezeichnet man als *Sprungunstetigkeit.* In diesem Beispiel „springt" der Funktionswert von -1 über 0 nach $+1$.

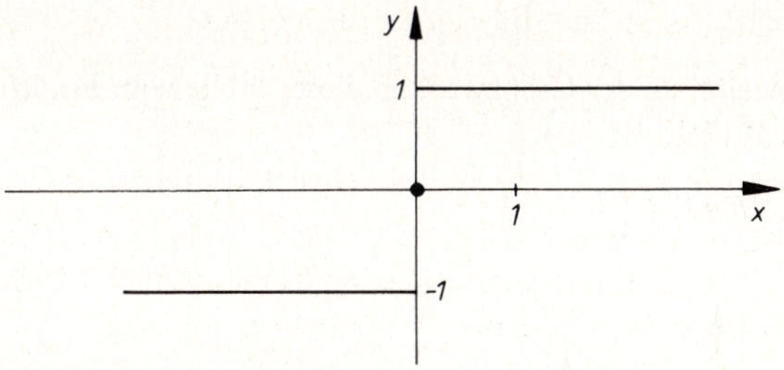

Bild III-43. Ein Beispiel für eine Funktion mit einer Sprungunstetigkeit in $x_0 = 0$

(2) Funktionen mit *Sprungunstetigkeiten* treten z.B. in der Elektrotechnik im Zusammenhang mit periodischen Impulsen auf. Der in Bild III-44 skizzierte „Sägezahnimpuls" besitzt an den Stellen $T, 2T, 3T, \ldots$ jeweils eine *Sprungunstetigkeit.* An diesen Stellen fällt der Impuls von seinem *Maximalwert* y_0 auf den Wert *Null.*

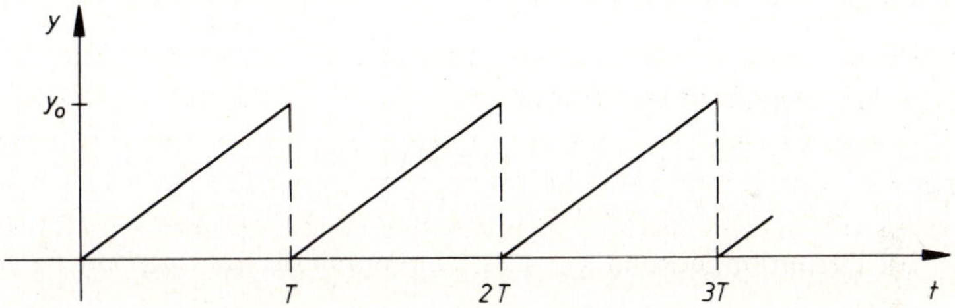

Bild III-44. „Sägezahnimpuls" mit periodischen Sprungunstetigkeiten

(3) Die in der Regelungstechnik benötigte *Sprungfunktion*

$$u = f(t) = \begin{cases} 0 & \text{für } t < 0 \\ u_0 & \text{für } t \geqslant 0 \end{cases} \qquad \text{(Bild III-45)}$$

ist für $t_0 = 0$ zwar definiert: $f(0) = u_0$, besitzt an dieser Stelle jedoch *keinen Grenzwert,* da der linksseitige Grenzwert vom rechtsseitigen Grenzwert abweicht (es findet ein *Sprung* der Größe u_0 statt). Die Funktion ist daher an der Stelle $t_0 = 0$ *unstetig.*

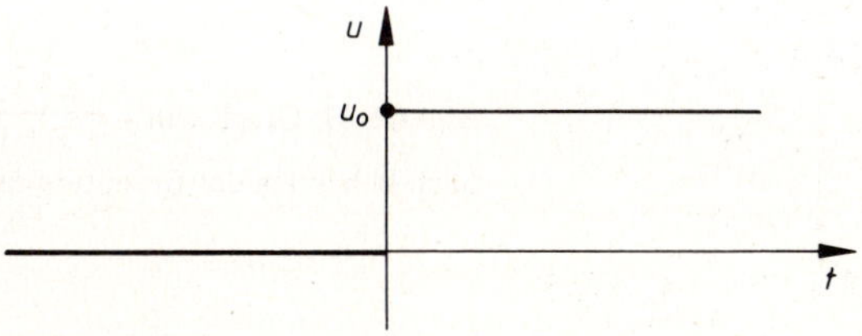

Bild III-45
Sprungfunktion der Regelungstechnik

(4) Die Funktion

$$y = f(x) = \begin{cases} x^2 & \text{für} \quad x \neq 0 \\ 1 & \phantom{\text{für}} \quad x = 0 \end{cases}$$

ist in $x_0 = 0$ *unstetig*, da der Grenzwert an dieser Stelle vom Funktionswert $f(0) = 1$ abweicht (Bild III-46):

$$\lim_{x \to 0} x^2 = 0 \neq f(0) = 1$$

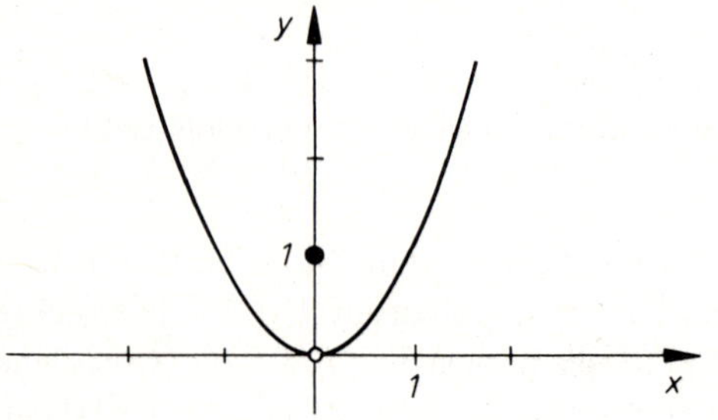

Bild III-46

(5) Die *gebrochenrationale* Funktion $f(x) = \dfrac{x^2 - 1}{x + 1}$ besitzt in $x_0 = -1$ eine *Definitionslücke* und ist daher an dieser Stelle *weder stetig noch unstetig*. Der Grenzwert jedoch ist *vorhanden*:

$$\lim_{x \to -1} \frac{x^2 - 1}{x + 1} = \lim_{x \to -1} \frac{(x + 1)(x - 1)}{x + 1} = \lim_{x \to -1} (x - 1) = -2$$

Die Definitionslücke in $x_0 = -1$ kann durch die *nachträgliche Festsetzung*

$$f(-1) = \lim_{x \to -1} \frac{x^2 - 1}{x + 1} = -2$$

behoben werden (Funktionswert = Grenzwert).

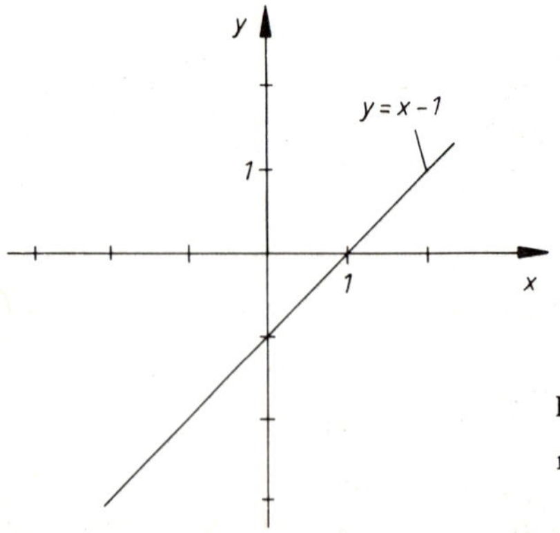

Bild III-47 Graph von $y = \dfrac{x^2 - 1}{x + 1}$ nach Behebung der Definitionslücke $x_0 = -1$

Durch diese *Abänderung* erhalten wir aus $f(x)$ eine *neue* Funktion $g(x)$, die für *alle* $x \in \mathbb{R}$ definiert und *stetig* ist und sich als identisch erweist mit der Funktion $y = x - 1$ (Bild III-47):

$$g(x) = \begin{cases} \dfrac{x^2 - 1}{x + 1} = x - 1 & x \neq -1 \\ & \text{für} \\ -2 & x = -1 \end{cases} \Bigg\} = x - 1$$

Aus dem letzten Beispiel ziehen wir eine Folgerung: *Eine Definitionslücke* x_0 *läßt sich beheben, wenn der Grenzwert an dieser Stelle vorhanden ist.* Man setzt

$$f(x_0) = \lim_{x \to x_0} f(x)$$

und erhält eine in x_0 *stetige* Funktion. ■

5 Ganzrationale Funktionen (Polynomfunktionen)

5.1 Definition einer ganzrationalen Funktion

Definition: Funktionen vom Typ

$$f(x) = a_n x^n + a_{n-1} x^{n-1} + \ldots + a_1 x^1 + a_0, \quad x \in \mathbb{R} \qquad \text{(III-41)}$$

werden als *ganzrationale* Funktionen oder *Polynomfunktionen* bezeichnet. Die (reellen) Koeffizienten $a_0, a_1, \ldots, a_n$ heißen *Polynomkoeffizienten* $(a_n \neq 0)$, der *höchste* Exponent n in der Funktionsgleichung bestimmt den *Polynomgrad.*

■ **Beispiele**

(1)

$y = 4$	Polynom vom Grade 0	(Konstante Funktion)
$y = 2x - 3$	Polynom vom Grade 1	(Lineare Funktion)
$y = 2x^2 - 3x + 5$	Polynom vom Grade 2	(Quadratische Funktion)
$y = x^3 - x$	Polynom vom Grade 3	(Kubische Funktion)
$y = 4x^8 - x^5 + 3x - 10$	Polynom vom Grade 8	

(2) Zu den ganzrationalen Funktionen gehören auch die *Potenzfunktionen* $y = x^n$ mit $n \in \mathbb{N}$. Ihre ersten Vertreter sind: $y = x$, $y = x^2$, $y = x^3$ usw. ■

Polynomfunktionen besitzen in vieler Hinsicht besonders *einfache* und *überschaubare* Eigenschaften und spielen daher in den Anwendungen eine bedeutende Rolle. Gründe hierfür sind u.a.:

(1) Eine Polynomfunktion läßt sich problemlos *differenzieren* und *integrieren*;

(2) Zahlreiche bei der Lösung naturwissenschaftlich-technischer Probleme auftretende Funktionen können zumindest in Teilbereichen durch *ganzrationale* Funktionen *angenähert* werden (s. Abschnitt VI.3.3.1).

5.2 Konstante und lineare Funktionen

Polynomfunktionen vom Grade 0 bezeichnet man als *konstante Funktionen*:

$$y = a_0 \quad \text{oder} \quad y = a \tag{III-42}$$

In der graphischen Darstellung erhält man eine zur x-Achse parallel verlaufende *Gerade* (Bild III-48).

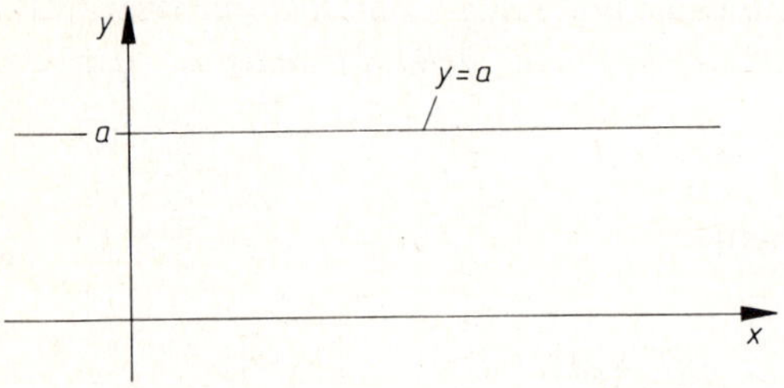

Bild III-48
Konstante Funktion $y = a$

■ **Beispiele**

(1) Bei einer geradlinig gleichförmigen Bewegung ist die Geschwindigkeit v *unabhängig* von der Zeit t : $v = v(t) =$ constant.

(2) Die Gesamtenergie (Schwingungsenergie) E eines reibungsfrei schwingenden *Federpendels* bleibt zeitlich *unverändert*, d.h. $E = E(t) =$ const. ■

Besonders häufig treten in den Anwendungen *lineare Funktionen* (Polynomfunktionen vom Grade 1) auf:

$$y = a_1 x + a_0 \quad \text{oder} \quad y = mx + b \tag{III-43}$$

Die zeichnerische Darstellung ergibt eine *Gerade* mit der Steigung m und dem Achsenabschnitt b auf der y-Achse (Bild III-49).

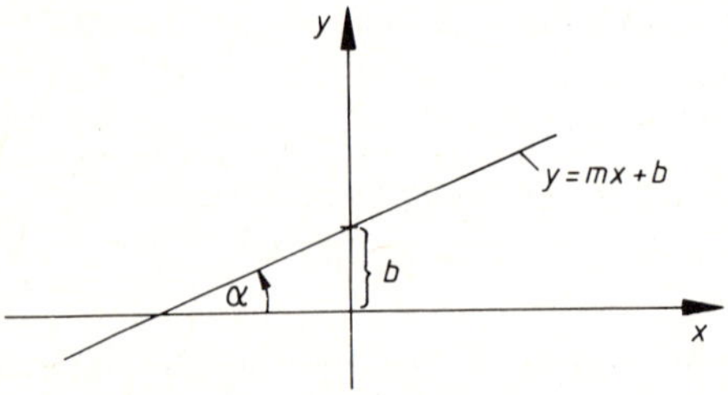

Bild III-49
Gerade $y = mx + b$

Steigung m und Steigungswinkel α sind dabei über die Beziehung

$$m = \tan \alpha \tag{III-44}$$

miteinander verknüpft.

Neben der *Hauptform* $y = mx + b$ sind noch weitere Formen der Geradengleichung von Bedeutung:

Punkt-Steigungs-Form einer Geraden (Bild III-50)

Gegeben sind der Punkt $P_1 = (x_1; y_1)$ und die Steigung m:

$$\frac{y - y_1}{x - x_1} = m \qquad \text{(III-45)}$$

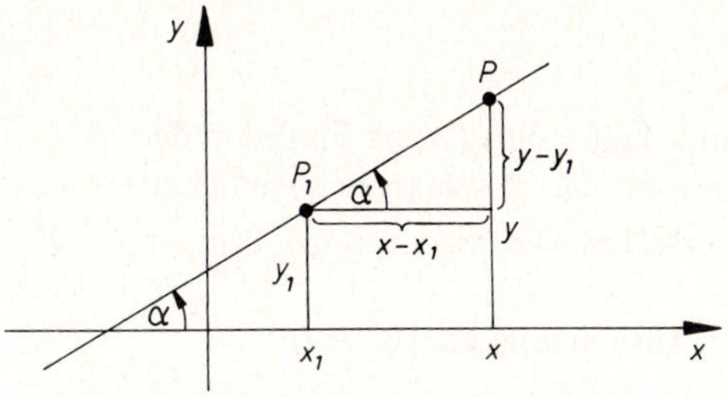

Bild III-50
Zur Punkt-Steigungs-Form einer Geraden

Zwei-Punkte-Form einer Geraden (Bild III-51)

Eine Gerade ist durch zwei Punkte $P_1 = (x_1; y_1)$ und $P_2 = (x_2; y_2)$ eindeutig festgelegt:

$$\frac{y - y_1}{x - x_1} = \frac{y_2 - y_1}{x_2 - x_1} \qquad \text{(III-46)}$$

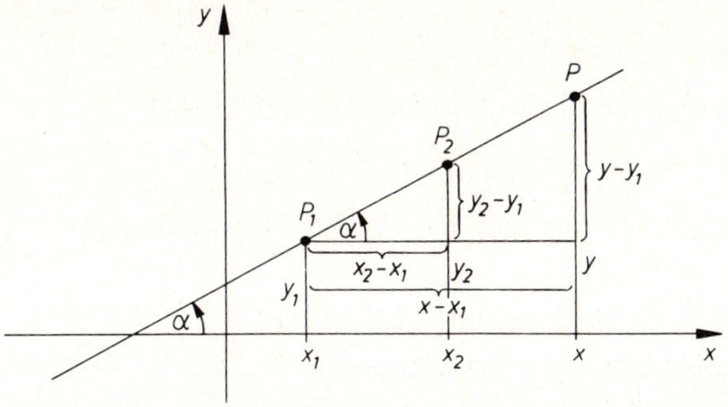

Bild III-51
Zur Zwei-Punkte-Form einer Geraden

Achsenabschnittsform einer Geraden (Bild III-52)

Die Schnittpunkte mit den Koordinatenachsen sind gegeben (a: Achsenabschnitt auf der x-Achse; b: Achsenabschnitt auf der y-Achse):

$$\frac{x}{a} + \frac{y}{b} = 1 \qquad \text{(III-47)}$$

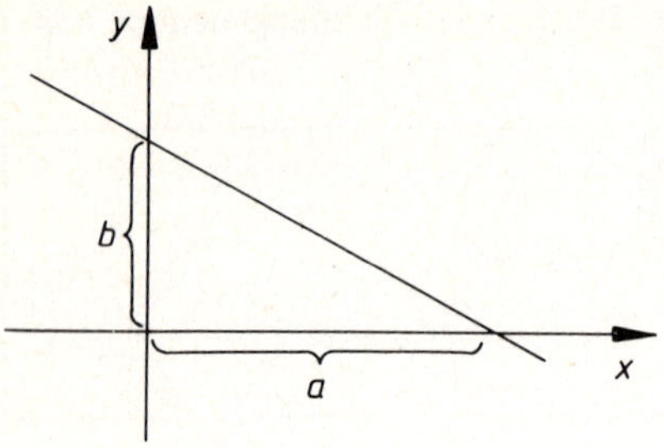

Bild III-52
Zur Achsenabschnittsform einer Geraden

■ **Beispiele**

(1) Beim freien Fall ist die Fallgeschwindigkeit v eine *lineare* Funktion der Zeit $t: v = gt + v_0$ (g: Erdbeschleunigung; v_0: Anfangsgeschwindigkeit).

(2) Die Länge l eines (dünnen) Stabes verändert sich *linear* mit der Temperatur T:
$l = l(T) = l_0 (1 + \alpha T)$
(l_0: Stablänge bei 0 °C; α = linearer Ausdehnungskoeffizient)

(3) Für eine elastische Feder gilt das *lineare* Kraftgesetz $F = -D \cdot s$ (*Hookesches* Gesetz)
(D: Richtkraft der Feder, auch Federkonstante genannt; s: Auslenkung der Feder)

(4) $P_1 = (3; 10)$ und $P_2 = (5; 14)$ sind Punkte auf einer Geraden. Wie lautet die Funktionsgleichung dieser Geraden?
Lösung: Aus der Zwei-Punkte-Form (III-46) folgt unmittelbar:

$$\frac{y-10}{x-3} = \frac{14-10}{5-3} = 2, \quad y - 10 = 2(x-3), \quad y = 2x + 4$$ ■

5.3 Quadratische Funktionen

Quadratische Funktionen sind Polynomfunktionen 2. Grades und in der Form

$$y = a_2 x^2 + a_1 x + a_0 \quad \text{oder} \quad y = ax^2 + bx + c \qquad \text{(III-48)}$$

darstellbar. In der graphischen Darstellung erhält man eine *Parabel*. Der Koeffizient a bestimmt die *Öffnung* der Parabel (Bild III-53):

$a > 0$: Parabel ist nach *oben* geöffnet, Scheitelpunkt ist zugleich *Tiefpunkt (Minimum)*
$a < 0$: Parabel ist nach *unten* geöffnet, Scheitelpunkt ist zugleich *Hochpunkt (Maximum)*

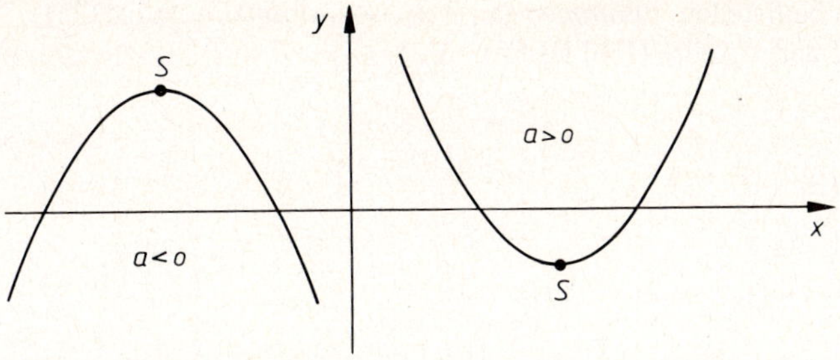

Bild III-53 Nach oben geöffnete Parabel ($a > 0$) bzw. nach unten geöffnete Parabel ($a < 0$)

■ **Beispiele**

(1) Die kinetische Energie E_{kin} eines Körpers der Masse m ist eine *quadratische* Funktion der Geschwindigkeit v: $E_{kin} = \frac{1}{2} m v^2$.

(2) Bei einer geradlinig gleichförmig beschleunigten Bewegung ist der zurückgelegte Weg s eine *quadratische* Funktion der Zeit t:

$$s = \frac{1}{2} a t^2 + v_0 t + s_0$$

(a: Beschleunigung; s_0 und v_0 sind Anfangslage bzw. Anfangsgeschwindigkeit zur Zeit $t_0 = 0$). ■

Spezielle Formen der Parabelgleichung

Produktform einer Parabel (Bild III-54)

$$y = ax^2 + bx + c = a(x - x_1)(x - x_2) \qquad \text{(III-49)}$$

x_1, x_2: Schnittpunkte der Parabel mit der x-Achse (*reelle* Nullstellen)

Die linearen Bestandteile $(x - x_1)$ und $(x - x_2)$ in der Produktform (III-49) werden als *Linearfaktoren* bezeichnet.

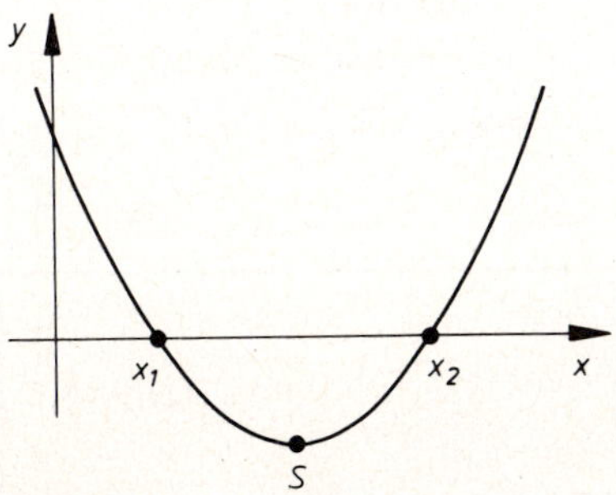

Bild III-54 Zur Produktform einer Parabel

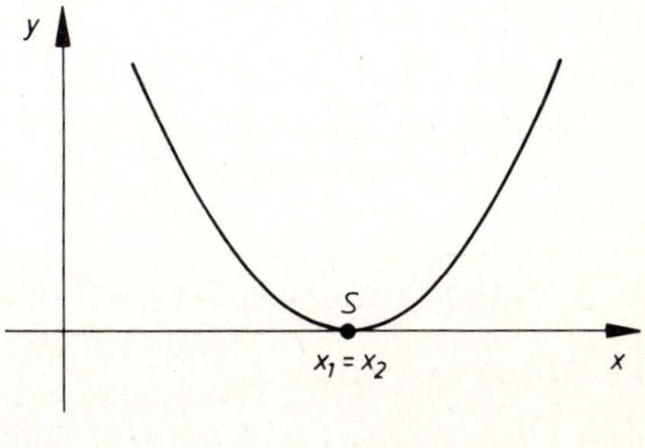

Bild III-55 Doppelte Nullstelle einer Parabel (Berührpunkt = Scheitelpunkt)

Sonderfall: Fallen die beiden Nullstellen *zusammen* ($x_1 = x_2$, sog. *doppelte* Nullstelle), so liegt der Scheitelpunkt auf der x-Achse (Bild III-55).

■ **Beispiele**

(1) $y = 2x^2 - 8x + 6$ (Bild III-56)

Nullstellen: $x_1 = 1, \ x_2 = 3$

Produktform der Parabel: $y = 2(x-1)(x-3)$

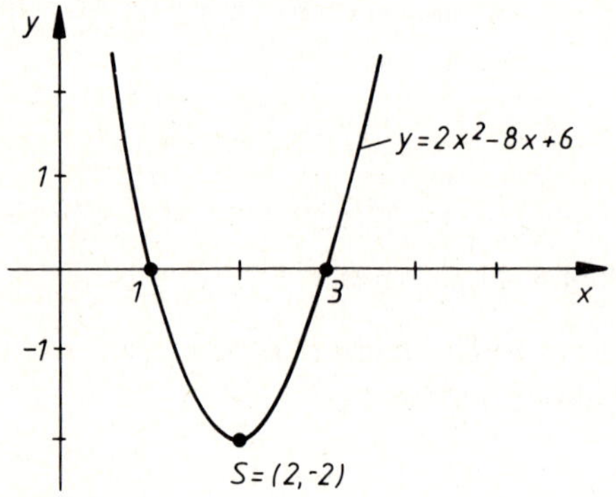

Bild III-56
Schaubild der Parabel $y = 2x^2 - 8x + 6$

(2) $y = -0{,}5\,x^2 - 2x - 2$ (Bild III-57)

Nullstellen: $x_1 = x_2 = -2$ (*doppelte* Nullstelle)

Scheitelpunkt und *Maximum* liegen daher in $S = (-2; 0)$

Produktform der Parabel: $y = -0{,}5\,(x+2)^2$

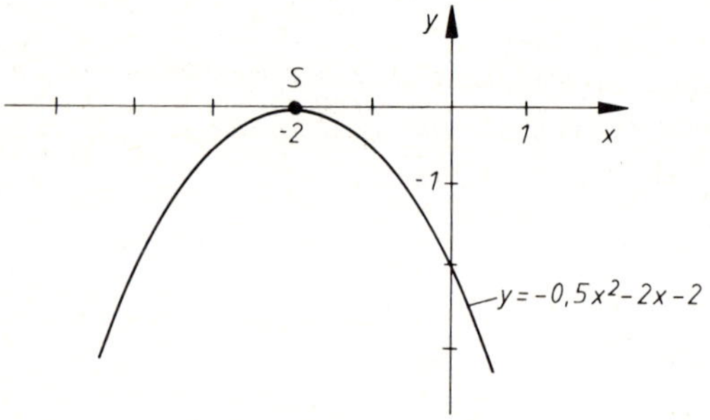

Bild III-57
Schaubild der Parabel
$y = -0{,}5\,x^2 - 2x - 2$

■

Scheitelpunktsform einer Parabel (Bild III-58)

$$y - y_0 = a(x - x_0)^2 \qquad \text{(III-50)}$$

x_0, y_0: Koordinaten des Scheitelpunktes

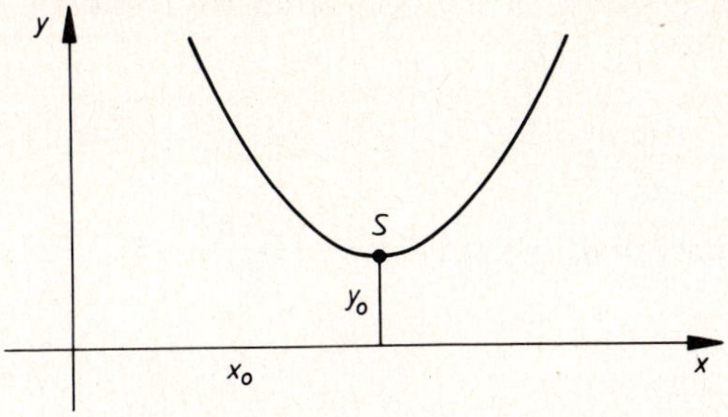

Bild III-58
Zur Scheitelpunktsform einer Parabel

■ **Beispiele**

(1) Wo liegt der *Scheitelpunkt* der Parabel $y = 3x^2 - 6x + 12$?
Wie lautet die *Scheitelpunktsform* dieser Parabel?

Lösung: Durch *quadratische Ergänzung* erhält man

$$y = 3x^2 - 6x + 12 = 3(x^2 - 2x) + 12 = 3(x^2 - 2x + 1 - 1) + 12 =$$
$$= 3(x^2 - 2x + 1) + 3(-1) + 12 = 3(x-1)^2 + 9$$

Scheitelpunktsform: $y - 9 = 3(x-1)^2$

Scheitelpunkt: $S = (1;9)$

(2) *Schiefer Wurf*: Ein Körper wird unter einem Winkel α gegen die Horizontale mit der Geschwindigkeit v_0 schräg nach oben geworfen (Bild III-59).
Die Gleichung der durchlaufenen *Bahnkurve* lautet dann in der *Parameterform* (t ist der Zeitparameter):

$$x = (v_0 \cos\alpha)\, t$$

$$y = (v_0 \sin\alpha)\, t - \frac{1}{2} g t^2$$

Wir suchen die Gleichung der *Wurfparabel* in *expliziter* Form sowie Wurfweite W und Wurfhöhe H für $v_0 = 20$ m/s, $\alpha = 30°$, $g = 10$ m/s^2.

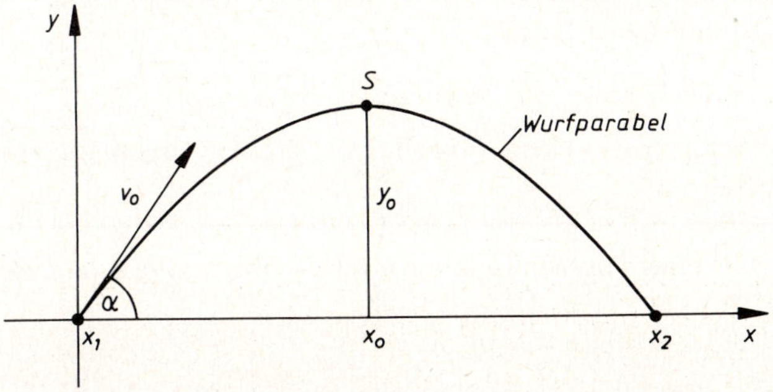

Bild III-59 Wurfparabel beim schiefen Wurf

Lösung:

Parameterdarstellung: $x = 17{,}3205\ \frac{\text{m}}{\text{s}} \cdot t$

$$y = 10\ \frac{\text{m}}{\text{s}} \cdot t - 5\ \frac{\text{m}}{\text{s}^2} \cdot t^2$$

Gleichung der Wurfparabel in expliziter Form: $y = 0{,}5774\,x - \frac{0{,}0167}{\text{m}} \cdot x^2$

Nullstellen: $x_1 = 0\ \text{m}$ (Abwurfort)

$$x_2 = 34{,}58\ \text{m}$$

Der Scheitelpunkt S liegt aus *Symmetriegründen* in der *Mitte* der beiden Nullstellen. Seine Koordinaten lauten daher:

$$x_0 = \frac{x_2 - x_1}{2} = 17{,}29\ \text{m}; \quad y_0 = 4{,}99\ \text{m}$$

Wurfweite: $W = x_2 - x_1 = 34{,}58\ \text{m}$

Wurfhöhe: $H = y_0 = 4{,}99\ \text{m}$ ■

5.4 Polynomfunktionen höheren Grades

Quadratische Funktionen lassen sich unter bestimmten Voraussetzungen in der *Produktform* $y = a\,(x - x_1)\,(x - x_2)$ schreiben, wobei x_1 und x_2 die *reellen* Nullstellen der Parabel bedeuten. *Gibt es für Polynome höheren Grades* ($n \geqslant 3$) *ähnliche Darstellungen?* Diese Frage dürfen wir bejahen. Wir werden im folgenden zeigen, daß auch ganzrationale Funktionen 3., 4. und höheren Grades in Form eines *Produktes* aus lauter *Linearfaktoren* darstellbar sind, sofern gewisse Voraussetzungen erfüllt sind.

Die Eigenschaften von Polynomfunktionen n-ten Grades formulieren wir in den folgenden drei Sätzen und belegen sie durch zahlreiche Beispiele.

Abspaltung eines Linearfaktors

Besitzt das Polynom $f(x)$ vom Grade n an der Stelle x_1 eine *Nullstelle*, $f(x_1) = 0$, so ist die Funktion stets in der Form

$$f(x) = (x - x_1)\, f_1(x) \qquad \text{(III-51)}$$

darstellbar. Der Faktor $(x - x_1)$ heißt *Linearfaktor*, $f_1(x)$ ist das sog. *1. reduzierte Polynom* vom Grade $n - 1$.

Diese Art der Zerlegung einer Polynomfunktion wird als *Abspaltung eines Linearfaktors* bezeichnet.

■ **Beispiel**

$$y = f(x) = x^3 - 2x^2 - 5x + 6$$

Durch *Probieren* findet man eine Nullstelle bei $x_1 = 1$. Die Polynomfunktion ist daher in der Form

$$y = f(x) = x^3 - 2x^2 - 5x + 6 = (x-1)\, f_1(x)$$

darstellbar, wobei das *1. reduzierte Polynom* $f_1(x)$ eine *quadratische* Funktion ist. Durch Polynomdivision erhält man:

$$\begin{array}{l} f_1(x) = (x^3 - 2x^2 - 5x + 6) : (x-1) = x^2 - x - 6 \\ \quad -(x^3 - x^2) \\ \hline \quad\quad -x^2 - 5x + 6 \\ \quad\quad -(-x^2 + x) \\ \hline \quad\quad\quad -6x + 6 \\ \quad\quad\quad -(-6x + 6) \\ \hline \quad\quad\quad\quad 0 \end{array}$$

Daher gilt

$$y = f(x) = x^3 - 2x^2 - 5x + 6 = (x-1)(x^2 - x - 6)$$ ■

Nullstellen einer Polynomfunktion

Eine Polynomfunktion n-ten Grades besitzt *höchstens* n reelle Nullstellen.

■ **Beispiele**

(1) $y = f(x) = x^3 - 2x^2 - 5x + 6, \quad n = 3$
3 *reelle* Nullstellen in $x_1 = -2,\ x_2 = 1,\ x_3 = 3$.

(2) $y = f(x) = x^3 + 0{,}1\,x^2 - 4{,}81\,x - 4{,}225, \quad n = 3$
3 *reelle* Nullstellen bei $x_1 = x_2 = -1{,}3$ (doppelte Nullstelle) und $x_3 = 2{,}5$.

(3) Die Polynomfunktion $y = f(x) = x^3 - x^2 + 4x - 4$ ist vom Grade 3, besitzt jedoch nur *eine* reelle Nullstelle in $x_1 = 1$ (die beiden übrigen Nullstellen sind *konjugiert komplex*).

(4) Die Polynomfunktion $y = f(x) = x^2 + 1$ liefert ein einfaches Beispiel für eine Funktion 2. Grades *ohne* reelle Nullstellen. ■

Produktdarstellung eines Polynoms

Besitzt eine Polynomfunktion n-ten Grades *genau* n reelle Nullstellen $x_1, x_2, \ldots, x_n$, so läßt sich die Funktion in Form eines *Produktes* aus genau n *Linearfaktoren* darstellen:

$$\begin{aligned} f(x) &= a_n x^n + a_{n-1} x^{n-1} + \ldots + a_1 x + a_0 = \\ &= a_n (x - x_1)(x - x_2) \ldots (x - x_n) \end{aligned} \qquad \text{(III-52)}$$

Die Produktdarstellung (III-52) wird auch als *Zerlegung eines Polynoms in Linearfaktoren* bezeichnet.

Anmerkungen

(1) Den Koeffizienten a_n in der Produktform (III-52) nicht vergessen!

(2) Bei *doppelten* Nullstellen tritt der zugehörige Linearfaktor *doppelt*, bei *dreifachen* Nullstellen *dreifach* u.s.w. auf.

■ **Beispiele**

(1) $y = f(x) = 2x^2 + 7x - 22$

Nullstellen: $x_1 = 2,\quad x_2 = -5{,}5$

Produktdarstellung: $y = 2(x-2)(x+5{,}5)$

(2) $y = f(x) = 3x^3 + 3x^2 - 3x - 3$

Nullstellen: $x_1 = -1$ (*doppelte* Nullstelle), $x_2 = 1$

Produktdarstellung: $y = 3(x+1)(x+1)(x-1) = 3(x+1)^2(x-1)$

(3) Die Nullstellenberechnung der Funktion $y = x^4 - 13x^2 + 36$ führt zu der *bi-quadratischen* Gleichung

$$x^4 - 13x^2 + 36 = 0$$

die durch die *Substitution* $z = x^2$ gelöst wird:

$$z^2 - 13z + 36 = 0 \quad\Rightarrow\quad z_1 = 4,\ z_2 = 9$$

$$x^2 = z_1 = 4 \quad\Rightarrow\quad x_1 = 2,\ x_2 = -2$$

$$x^2 = z_2 = 9 \quad\Rightarrow\quad x_3 = 3,\ x_4 = -3$$

Das Polynom besitzt demnach *vier verschiedene reelle Nullstellen* bei $x_1 = 2$, $x_2 = -2$, $x_3 = 3$, $x_4 = -3$. Die *Produktdarstellung* lautet daher:

$$y = (x-2)(x+2)(x-3)(x+3)$$

(4) Eine Polynomfunktion 3. Grades besitze in $x_1 = -5$ eine *doppelte* und in $x_2 = 8$ eine *einfache* Nullstelle und schneide die y-Achse bei $y(0) = 100$. Wie lautet die Gleichung der Funktion?

Lösung: Ansatz der Funktion in der *Produktform:*

$$y = a(x+5)(x+5)(x-8) = a(x+5)^2(x-8)$$

Der Koeffizient a wird aus dem Schnittpunkt mit der y-Achse bestimmt:

$$y(0) = 100 \quad\Rightarrow\quad 100 = a\cdot 5^2\cdot(-8) = -200\,a \quad\Rightarrow\quad a = -0{,}5$$

Die gesuchte Funktion besitzt damit die Funktionsgleichung

$$y = -0{,}5(x+5)^2(x-8) = -0{,}5x^3 - x^2 + 27{,}5x + 100$$ ■

5.5 Horner-Schema und Nullstellenberechnung eines Polynoms

Das *Horner-Schema* ist ein *Rechenverfahren,* das bei der Lösung der folgenden Aufgaben wertvolle Dienste leistet:

(1) Berechnung der *Funktionswerte* einer ganzrationalen Funktion;

(2) Schrittweise *Reduzierung* einer Polynomfunktion *(Nullstellenberechnung).*

Wir wollen das Verfahren am Beispiel einer Polynomfunktion 3. Grades kurz erläutern. Dividiert man die Funktion $f(x) = a_3 x^3 + a_2 x^2 + a_1 x + a_0$ durch die *lineare* Funktion $x - x_0$ (x_0 ist ein *fester* Wert), so erhält man eine Polynomfunktion 2. Grades und eine *Restfunktion* $r(x)$:

$$\frac{f(x)}{x - x_0} = b_2 x^2 + b_1 x + b_0 + r(x) \tag{III-53}$$

Die Koeffizienten b_2, b_1, b_0 sind dabei *eindeutig* durch die Polynomkoeffizienten a_3, a_2, a_1, a_0 und den Wert x_0 bestimmt:

$$b_2 = a_3, \quad b_1 = a_2 + a_3 x_0, \quad b_0 = a_1 + a_2 x_0 + a_3 x_0^2 \tag{III-54}$$

Die *Restfunktion* $r(x)$ ist *echt gebrochen* und von der Form

$$r(x) = \frac{a_0 + a_1 x_0 + a_2 x_0^2 + a_3 x_0^3}{x - x_0} = \frac{f(x_0)}{x - x_0} \tag{III-55}$$

Man beachte, daß im Zähler genau der Funktionswert von $f(x)$ an der Stelle x_0 auftritt. Die Restfunktion $r(x)$ *verschwindet* daher, wenn x_0 eine *Polynomnullstelle* ist (dann ist $f(x_0) = 0$ und damit der ganze Bruch gleich Null). Die Koeffizienten b_2, b_1, b_0 sind in diesem Falle genau die *Koeffizienten des 1. reduzierten Polynoms,* da wir die Polynomfunktion $f(x)$ durch den *Linearfaktor* $x - x_0$ dividiert haben.

Von *Horner* stammt nun das folgende Schema zur Berechnung der Koeffizienten b_2, b_1, b_0 und des Funktionswertes $f(x_0)$:

	a_3	a_2	a_1	a_0
x_0		$a_3 x_0$	$(a_2 + a_3 x_0)\, x_0$	$(a_1 + a_2 x_0 + a_3 x_0^2)\, x_0$
	a_3	$a_2 + a_3 x_0$	$a_1 + a_2 x_0 + a_3 x_0^2$	$a_0 + a_1 x_0 + a_2 x_0^2 + a_3 x_0^3$
	↑ b_2	↑ b_1	↑ b_0	↑ $f(x_0)$

Anleitung zum Horner-Schema

In der 1. Zeile stehen die Polynomkoeffizienten in der Reihenfolge *fallender* Potenzen: a_3, a_2, a_1, a_0. In die 3. Zeile setzt man genau unter a_3 wieder den Koeffizienten a_3. Dieser wird mit dem x-Wert x_0 multipliziert und das Ergebnis $a_3 x_0$ in die 2. Zeile unter den Koeffizienten a_2 gesetzt und schließlich zu diesem addiert. Das Ergebnis dieser Addition $(a_2 + a_3 x_0)$ wird in der 3. Zeile unter dem Koeffizienten a_2 „gespeichert". Jetzt wird die in der 3. Zeile unterhalb von a_2 stehende Zahl $a_2 + a_3 x_0$ mit dem x-Wert x_0 multipliziert und das Ergebnis $(a_2 + a_3 x_0) x_0 = a_2 x_0 + a_3 x_0^2$ in die 2. Zeile unter den Koeffizienten a_1 gesetzt und schließlich zu diesem addiert. Das Ergebnis dieser Addition ist $a_1 + a_2 x_0 + a_3 x_0^2$ und wird wieder in der 3. Zeile unterhalb des Koeffizienten a_1 gespeichert. Sodann wird die in der 3. Zeile unterhalb von a_1 stehende Zahl $a_1 + a_2 x_0 + a_3 x_0^2$ mit dem x-Wert x_0 multipliziert und das Ergebnis in der 2. Zeile unter dem Koeffizienten a_0 gespeichert, schließlich zu diesem addiert und die neue Summe $a_0 + a_1 x_0 + a_2 x_0^2 + a_3 x_0^3$ in die 3. Zeile unterhalb des Koeffizienten a_0 gesetzt. Das Schema ist nun ausgefüllt. Die in der 3. Zeile stehenden Zahlenwerte sind der Reihe nach die Koeffizienten b_2, b_1, b_0 aus (III-53) sowie der Funktionswert $f(x_0)$.

Anmerkungen

(1) Das Horner-Schema ist sinngemäß auch auf Polynomfunktionen *höheren* Grades ($n > 3$) anwendbar (s. folgende Beispiele).

(2) *Fehlt* in der Funktionsgleichung eine Potenz, so ist der entsprechende Koeffizient gleich *Null* zu setzen!

Die praktische Bedeutung des Horner-Schemas liegt in der Nullstellenberechnung von Polynomen. Zweckmäßigerweise geht man dabei wie folgt vor (bei einem Polynom 3. Grades):

1. Zunächst versucht man durch *Probieren, Erraten* oder durch *graphische* oder *numerische Rechenverfahren* eine reelle Nullstelle x_1 zu bestimmen;
2. Über das Horner-Schema wird der zugehörige *Linearfaktor* $x - x_1$ *abgespalten:* man erhält die Koeffizienten des 1. reduzierten Polynoms $f_1(x)$ vom Grade 2;
3. Die restlichen Polynomnullstellen sind die Lösungen der quadratischen Gleichung $f_1(x) = 0$;
4. Bei Polynomen 4. und höheren Grades erfolgt die Nullstellenberechnung analog durch *mehrmaliges Reduzieren* (s. Beispiel (3)).

■ **Beispiele**

(1) Gesucht ist der Funktionswert von $y = f(x) = 4{,}3\,x^4 - 2{,}3\,x^2 + 4{,}1\,x - 14{,}7$ an der Stelle $x_1 = 1{,}2$.

Lösung:

	4,3	0	−2,3	4,1	−14,7
$x_1 = 1{,}2$		5,16	6,192	4,6704	10,52448
	4,3	5,16	3,892	8,7704	−4,17552

Ergebnis: $f(1{,}2) = -4{,}17552$

(2) Unter Verwendung des Horner-Schemas ist zu zeigen, daß die Polynomfunktion $y = 3\,x^3 + 18\,x^2 + 9\,x - 30$ an der Stelle $x_1 = -5$ eine *Nullstelle* besitzt. Wo liegen die übrigen Nullstellen? Wie lautet die Produktdarstellung der Funktion?

Lösung:

	3	18	9	−30
$x_1 = -5$		−15	−15	30
	3	3	−6	0

Koeffizienten des 1. reduzierten Polynoms (3, 3, −6); $f(-5)$ (0)

Die restlichen Nullstellen sind die Nullstellen des *1. reduzierten Polynoms* $f_1(x) = 3x^2 + 3x - 6$:

$$3x^2 + 3x - 6 = 0, \quad x^2 + x - 2 = 0 \quad \Rightarrow \quad x_2 = 1, \quad x_3 = -2$$

Produktdarstellung: $y = 3(x+5)(x-1)(x+2)$

(3) Zerlege das Polynom $y = -x^4 + 6x^3 - 8x^2 - 6x + 9$ in Linearfaktoren.

Lösung:

Durch *Probieren* findet man eine Nullstelle bei $x_1 = 1$. Die Abspaltung des zugehörigen *Linearfaktors* $x - 1$ erfolgt über das Horner-Schema:

	−1	6	−8	−6	9
$x_1 = 1$		−1	5	−3	−9
	−1	5	−3	−9	0

1. reduziertes Polynom: $f_1(x) = -x^3 + 5x^2 - 3x - 9$

Eine weitere Nullstelle liegt bei $x_2 = 3$ (ebenfalls durch *Probieren* gefunden). Wir spalten den zugehörigen *Linearfaktor* $x - 3$ ab:

	−1	5	−3	−9
$x_2 = 3$		−3	6	9
	−1	2	3	0

2. reduziertes Polynom: $f_2(x) = -x^2 + 2x + 3$

Die restlichen beiden Nullstellen erhält man aus der Gleichung

$$-x^2 + 2x + 3 = 0, \quad x^2 - 2x - 3 = 0 \quad \Rightarrow \quad x_3 = -1, \quad x_4 = 3$$

Die *Produktdarstellung* der Funktion lautet damit

$$y = -1 \cdot (x-1)(x-3)(x+1)(x-3) = -(x-1)(x+1)(x-3)^2$$ ■

5.6 Interpolationspolynome

5.6.1 Allgemeine Vorbetrachtung

In den naturwissenschaftlich-technischen Anwendungen stellt sich häufig das folgende Problem:

Von einer *unbekannten* Funktion sind $n + 1$ Kurvenpunkte (sog. *Stützpunkte*) bekannt:

$$P_0 = (x_0; y_0), \quad P_1 = (x_1; y_1), \quad P_2 = (x_2; y_2), \ldots, P_n = (x_n; y_n) \tag{III-56}$$

Diese Punkte können beispielsweise in Form einer durch Messungen gewonnenen *Wertetabelle* vorliegen oder aber als *Meßpunkte* in einer graphischen Darstellung. Die Abszissenwerte $x_0, x_1, x_2, \ldots, x_n$ werden in diesem Zusammenhang als *Stützstellen*, ihre zugehörigen Ordinatenwerte $y_0, y_1, y_2, \ldots, y_n$ als *Stützwerte* bezeichnet. Wir suchen nun eine möglichst einfache *Ersatz-* oder *Näherungsfunktion* $y = f(x)$, die mit der unbekannten Funktion in den $n + 1$ Stützstellen übereinstimmt (Bild III-60).

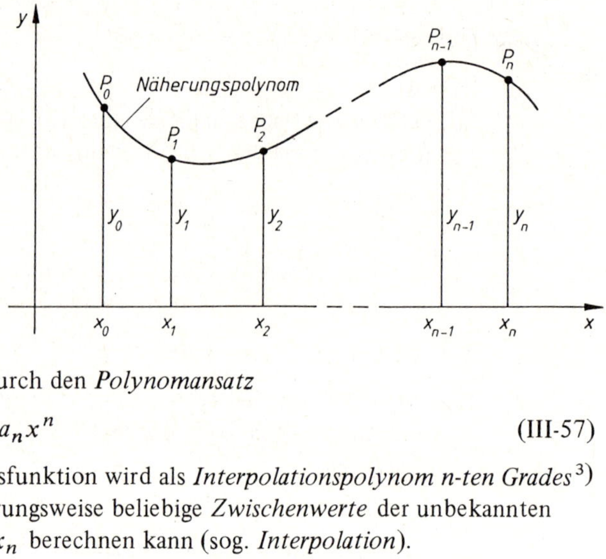

Bild III-60

Eine solche Funktion läßt sich durch den *Polynomansatz*

$$y = a_0 + a_1 x + a_2 x^2 + \ldots + a_n x^n \tag{III-57}$$

leicht gewinnen. Diese Näherungsfunktion wird als *Interpolationspolynom n-ten Grades* [3]) bezeichnet, da man mit ihr näherungsweise beliebige *Zwischenwerte* der unbekannten Funktion im Intervall $x_0 \leqslant x \leqslant x_n$ berechnen kann (sog. *Interpolation*).

Prinzipiell lassen sich die Polynomkoeffizienten des Ansatzes (III-57) wie folgt bestimmen:

Man setzt der Reihe nach die Koordinaten der $n + 1$ Stützpunkte $P_0, P_1, P_2, \ldots, P_n$ in den Lösungsansatz ein und erhält ein *lineares Gleichungssystem* mit $n + 1$ Gleichungen und den $n + 1$ Unbekannten $a_0, a_1, a_2, \ldots, a_n$:

$$\begin{aligned}
a_0 + a_1 x_0 + a_2 x_0^2 + \ldots + a_n x_0^n &= y_0 \\
a_0 + a_1 x_1 + a_2 x_1^2 + \ldots + a_n x_1^n &= y_1 \\
a_0 + a_1 x_2 + a_2 x_2^2 + \ldots + a_n x_2^n &= y_2 \\
&\vdots \\
a_0 + a_1 x_n + a_2 x_n^2 + \ldots + a_n x_n^n &= y_n
\end{aligned} \tag{III-58}$$

3) Das Interpolationspolynom kann auch von *niedrigerem* Grade sein!

Dieses Gleichungssystem besitzt *genau eine* Lösung, wenn *sämtliche* Stützstellen $x_0, x_1, x_2, \dots, x_n$ voneinander *verschieden* sind. Der Rechenaufwand beim Lösen dieses linearen Gleichungssystems ist jedoch *erheblich* (Gaußscher Algorithmus!). Der Lösungsansatz (III-57) ist daher in dieser Form für die Praxis *wenig geeignet*. Im nachfolgenden Abschnitt werden wir einen „*praxisfreundlicheren*" Polynomansatz kennenlernen (Interpolationspolynom von *Newton*).

5.6.2 Interpolationspolynom von Newton

Von *Newton* stammt der folgende Ansatz für ein *Interpolationspolynom n-ten Grades:*

$$y = a_0 + a_1 (x - x_0) + a_2 (x - x_0)(x - x_1) + a_3 (x - x_0)(x - x_1)(x - x_2) + \dots$$
$$\dots + a_n (x - x_0)(x - x_1)(x - x_2) \dots (x - x_{n-1}) \qquad \text{(III-59)}$$

$x_0, x_1, x_2, \dots, x_n$ sind dabei die *Stützstellen* der $n + 1$ vorgegebenen Kurvenpunkte (Stützpunkte), wobei *formal* gesehen die Stützstelle x_n in der Interpolationsformel (III-59) *nicht* enthalten ist. Die Koeffizienten $a_0, a_1, a_2, \dots, a_n$ können dabei bequem nach dem folgenden *Steigungs-* oder *Differenzenschema* berechnet werden:

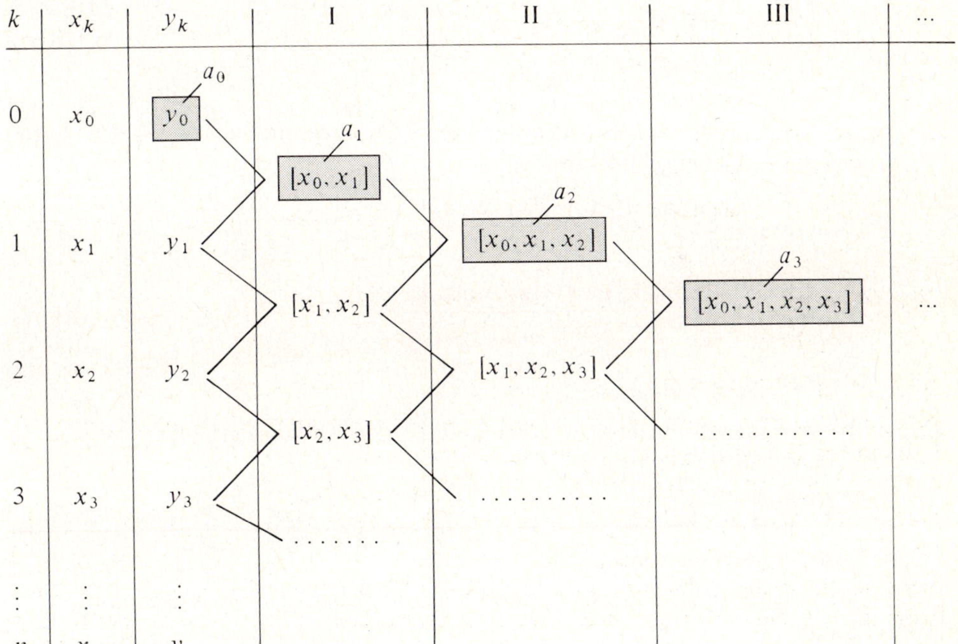

Anleitung zum Steigungs- oder Differenzenschema

Die im Rechenschema gebildeten Größen $[x_0, x_1]$, $[x_0, x_1, x_2]$, $[x_0, x_1, x_2, x_3]$, ... heißen *dividierte Differenzen 1., 2., 3., ... Ordnung*. Sie sind wie folgt definiert:

(1) Spalte I enthält die *dividierten Differenzen 1. Ordnung*, die aus *zwei* aufeinanderfolgenden Stützpunkten gebildet werden[4]:

$$[x_0, x_1] = \frac{y_0 - y_1}{x_0 - x_1}$$

$$[x_1, x_2] = \frac{y_1 - y_2}{x_1 - x_2} \qquad \text{(III-60)}$$

$$\vdots$$

(2) Spalte II enthält die *dividierten Differenzen 2. Ordnung*. Sie werden aus *drei* aufeinanderfolgenden Stützpunkten gebildet:

$$[x_0, x_1, x_2] = \frac{[x_0, x_1] - [x_1, x_2]}{x_0 - x_2}$$

$$[x_1, x_2, x_3] = \frac{[x_1, x_2] - [x_2, x_3]}{x_1 - x_3} \qquad \text{(III-61)}$$

$$\vdots$$

(3) Spalte III enthält die *dividierten Differenzen 3. Ordnung*, die aus *vier* aufeinanderfolgenden Stützpunkten gebildet werden:

$$[x_0, x_1, x_2, x_3] = \frac{[x_0, x_1, x_2] - [x_1, x_2, x_3]}{x_0 - x_3}$$

$$[x_1, x_2, x_3, x_4] = \frac{[x_1, x_2, x_3] - [x_2, x_3, x_4]}{x_1 - x_4} \qquad \text{(III-62)}$$

$$\vdots$$

Entsprechend werden die dividierten Differenzen *höherer* Ordnung gebildet.

Wir fassen zusammen:

Interpolationspolynom von Newton

Das *Interpolationspolynom n-ten Grades* durch $n + 1$ vorgegebene Stützpunkte $P_0 = (x_0; y_0)$, $P_1 = (x_1; y_1)$, $P_2 = (x_2; y_2)$, ... , $P_n = (x_n; y_n)$ lautet:

$$y = a_0 + a_1 (x - x_0) + a_2 (x - x_0)(x - x_1) + a_3 (x - x_0)(x - x_1)(x - x_2) + \ldots$$
$$\ldots + a_n (x - x_0)(x - x_1)(x - x_2) \ldots (x - x_{n-1}) \qquad \text{(III-63)}$$

Die Berechnung der Koeffizienten $a_0, a_1, a_2, \ldots, a_n$ erfolgt dabei zweckmäßigerweise nach dem *Steigungs-* oder *Differenzenschema*.

---

[4] Es handelt sich um *Differenzenquotienten*, d.h. *Steigungswerte*. Dies erklärt auch die Bezeichnung des Rechenschemas.

Anmerkungen

(1) Die Interpolationsformel von *Newton* besitzt gegenüber anderen Polynomansätzen den großen *Vorteil*, daß die Anzahl der Stützpunkte *vergrößert* (oder auch verkleinert) werden kann, *ohne* daß man die Koeffizienten neu berechnen muß. Das Steigungs- oder Differenzenschema ist nur entsprechend zu *ergänzen*.

(2) Ein Nachteil *aller* Polynomansätze ist die „*Welligkeit*" der Näherungsfunktionen. Denn ein Polynom n-ten Grades besitzt bis zu $n-1$ *relative Extremwerte*.

(3) Die *Newtonsche* Interpolationsformel (III-63) wird häufig auch dann angewendet, wenn die Funktionsgleichung *bekannt*, jedoch zu *kompliziert* ist. Man berechnet dann einige Kurvenpunkte und nimmt diese als Stützpunkte des Interpolationspolynoms.

■ **Beispiel**

Das Ergebnis einer Meßreihe liege in Form der folgenden Wertetabelle vor:

k	0	1	2	3
x_k	0	2	5	7
y_k	-12	16	28	-54

Der *Lösungsansatz* lautet (das Interpolationspolynom durch die *vier* vorgegebenen Stützpunkte ist von *höchstens* 3. Grade):

$$y = a_0 + a_1(x - x_0) + a_2(x - x_0)(x - x_1) + a_3(x - x_0)(x - x_1)(x - x_2)$$

Die Berechnung der Koeffizienten a_0, a_1, a_2 und a_3 erfolgt nach dem *Steigungs-* oder *Differenzenschema*:

k	x_k	y_k	I	II	III
0	0	$\boxed{-12}$ (a_0)			
			$\boxed{14}$ (a_1)		
1	2	16		$\boxed{-2}$ (a_2)	
			4		$\boxed{-1}$ (a_3)
2	5	28		-9	
			-41		
3	7	-54			

Die Koeffizienten lauten somit:

$a_0 = -12, \quad a_1 = 14, \quad a_2 = -2, \quad a_3 = -1$

Damit erhalten wir das folgende *Interpolationspolynom*:

$$y = -12 + 14(x - 0) - 2(x - 0)(x - 2) - 1(x - 0)(x - 2)(x - 5) =$$
$$= -x^3 + 5x^2 + 8x - 12$$

■

5.7 Ein Anwendungsbeispiel: Biegelinie (elastische Linie) eines Balkens

Wir wenden uns einem einfachen Beispiel aus der *Festigkeitslehre* zu: Ein homogener Balken der Länge l mit konstanter Querschnittsfläche wird *einseitig* fest eingespannt und am freien Ende durch eine Kraft F auf *Biegung* beansprucht (Bild III-61):

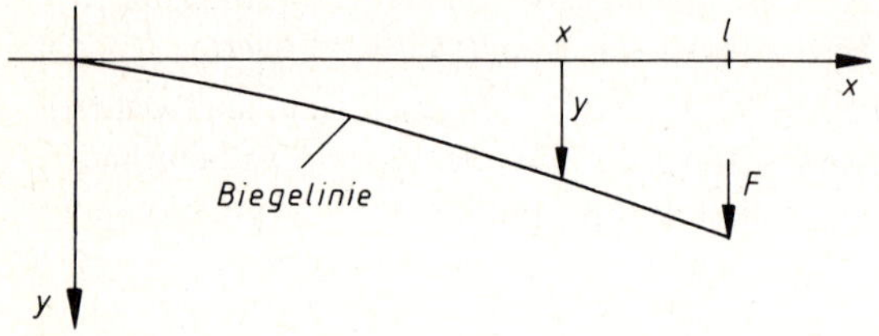

Bild III-61. Biegelinie eines einseitig eingespannten Balkens, der am freien Ende durch eine Kraft F belastet wird

Die Durchbiegung des Balkens (y) ist dabei von Ort zu Ort (x) *verschieden,* d.h. eine Funktion $y = y(x)$ der Ortskoordinate x. Man bezeichnet diese Funktion als *Biegelinie* oder *elastische Linie.* Sie ist die Funktionsgleichung der *neutralen Faser.* In unserem Beispiel wird die Biegelinie durch die folgende Polynomfunktion 3. Grades beschrieben:

$$y = y(x) = \frac{F}{2EI}\left(l x^2 - \frac{1}{3}x^3\right) \qquad 0 \leqslant x \leqslant l \qquad \text{(III-64)}$$

(E: Elastizitätsmodul; I: Flächenmoment des Balkenquerschnitts). In den Anwendungen der Differentialrechnung (Kap. IV) und der Integralrechnung (Kap. V) kommen wir auf dieses Beispiel nochmals zurück.

6 Gebrochenrationale Funktionen

6.1 Definition einer gebrochenrationalen Funktion

Definition: Funktionen, die als *Quotient* zweier Polynomfunktionen (ganzrationaler Funktionen) $g(x)$ und $h(x)$ darstellbar sind, heißen *gebrochenrationale* Funktionen:

$$y = \frac{g(x)}{h(x)} = \frac{a_m x^m + a_{m-1} x^{m-1} + \ldots + a_1 x + a_0}{b_n x^n + b_{n-1} x^{n-1} + \ldots + b_1 x + b_0} \qquad \text{(III-65)}$$

Eine *gebrochenrationale* Funktion ist für jedes $x \in \mathbb{R}$ definiert *mit Ausnahme der Nullstellen des Nennerpolynoms.* Man unterscheidet noch zwischen *echt* und *unecht* gebrochenrationalen Funktionen:

$n > m$: *echt* gebrochenrationale Funktion

$n \leqslant m$: *unecht* gebrochenrationale Funktion

■ **Beispiele**

(1) Zu den *echt* gebrochenrationalen Funktionen zählen alle *Potenzfunktionen* mit einem *negativen* ganzzahligen Exponenten:

$$y = x^{-n} = \frac{1}{x^n} \qquad (n \in \mathbb{N})$$

Die ersten Vertreter sind die Funktionen $y = \frac{1}{x}$ (Bild III-62) und $y = \frac{1}{x^2}$ (Bild III-63).

(2) *Echt* gebrochen sind auch folgende Funktionen (die *höchste* Potenz tritt jeweils im *Nennerpolynom* auf):

$$y = \frac{x^2 - 3x + 2}{x^3 - 4x + 1}, \quad y = \frac{x - 1}{(x + 2)(x + 5)}, \quad y = \frac{4x}{x^4 - 1}$$

(3) *Unecht* gebrochenrationale Funktionen sind:

$$y = \frac{x^2 - 1}{x^2 + 1}$$ (Zähler- und Nennerpolynom besitzen den *gleichen* Grad)

$$y = \frac{4x^4 - 2x + 5}{x^2 - 3x - 10}$$ (Das Zählerpolynom ist von *höherem* Grade) ■

6.2 Nullstellen, Definitionslücken, Pole

Eine gebrochenrationale Funktion besitzt überall dort eine *Nullstelle* x_0, wo das Zählerpolynom $g(x)$ den Wert *Null*, das Nennerpolynom $h(x)$ jedoch einen *von Null verschiedenen* Wert annimmt:

$$\textit{Nullstelle } x_0: \; g(x_0) = 0 \; \textit{ und } \; h(x_0) \neq 0 \qquad \text{(III-66)}$$

■ **Beispiel**

Die Nullstellen der Funktion $y = \frac{x^2 - 1}{x^2 + 1}$ liegen bei $x_1 = 1$ und $x_2 = -1$ (an diesen Stellen ist der Zähler Null, der Nenner ungleich Null). ■

In den Nullstellen des Nennerpolynoms ist eine gebrochenrationale Funktion *nicht definiert,* da die Division durch die Zahl Null nicht erlaubt ist. Stellen dieser Art werden daher folgerichtig als *Definitionslücken* der Funktion bezeichnet. So ist beispielsweise die echt gebrochenrationale Funktion $y = 1/x$ an der Stelle $x_0 = 0$ *nicht* definiert. In der unmittelbaren Umgebung dieser Stelle zeigt die Funktion jedoch ein charakteristisches Verhalten: bei Annäherung von der linken Seite her werden die Funktionswerte *kleiner* als jede noch so *kleine* Zahl, bei Annäherung von rechts her *wachsen* die Funktionswerte über *jede* Grenze hinaus (Bild III-62). Definitionslücken dieser Art werden als *Pole* oder *Unendlichkeitsstellen* bezeichnet.

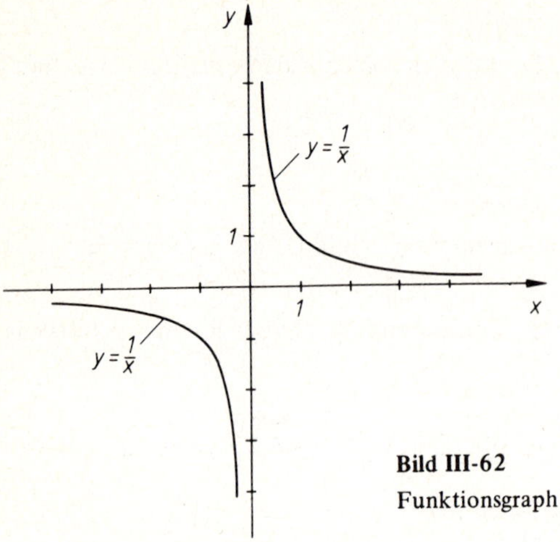

Bild III-62
Funktionsgraph von $y = 1/x$

Wir definieren daher:

Definition: Stellen, in deren unmittelbarer Umgebung die Funktionswerte über alle Grenzen hinaus *fallen* oder *wachsen*, heißen *Pole* oder *Unendlichkeitsstellen* der Funktion.

Polstellen sind demnach Stellen, in denen das *Nennerpolynom* $h(x)$ *verschwindet*, das *Zählerpolynom* $g(x)$ jedoch einen *von Null verschiedenen* Wert annimmt:

$$\textit{Polstelle } x_0\text{: } h(x_0) = 0 \textit{ und } g(x_0) \neq 0 \tag{III-67}$$

Die Funktionskurve schmiegt sich dabei *asymptotisch* an die in der Polstelle errichtete Parallele zur y-Achse an (sog. *vertikale Asymptote*, auch *Polgerade* genannt). Verhält sich die Funktion bei der Annäherung von beiden Seiten her *gleichartig*, so liegt ein *Pol ohne Vorzeichenwechsel* vor. Es ist dann

$$\lim_{x \to x_0} f(x) = +\infty \quad (\text{oder } -\infty) \tag{III-68}$$

Bei einem *Pol mit Vorzeichenwechsel* führt die Annäherung von rechts und links in *entgegengesetzte* Richtungen.

■ **Beispiele**

(1) Die Funktion $y = \frac{1}{x}$ besitzt an der Stelle $x_1 = 0$ einen Pol *mit* Vorzeichenwechsel (Bild III-62), die Funktion $y = \frac{1}{x^2}$ dagegen an der gleichen Stelle einen Pol *ohne* Vorzeichenwechsel (Bild III-63).

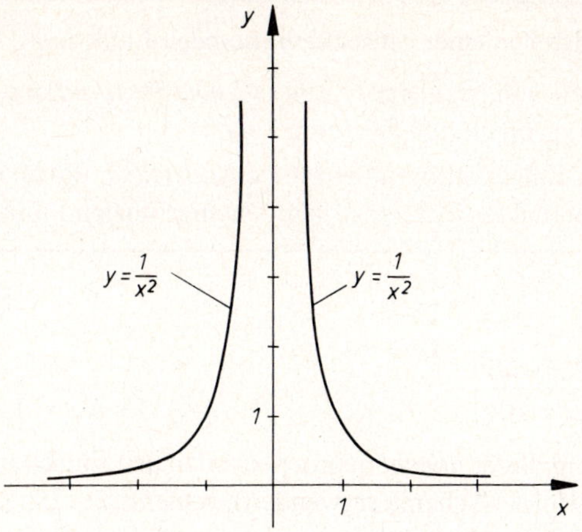

Bild III-63
Funktionsgraph von $y = 1/x^2$

(2) Die *echt* gebrochenrationale Funktion $y = \dfrac{x}{x^2 - 4}$ besitzt in $x_1 = 0$ eine *Nullstelle* und in $x_2 = 2$, $x_3 = -2$ jeweils einen *Pol mit Vorzeichenwechsel* (die Annäherung von links und rechts führt jeweils in *verschiedene* Richtungen, vgl. Bild III-64).

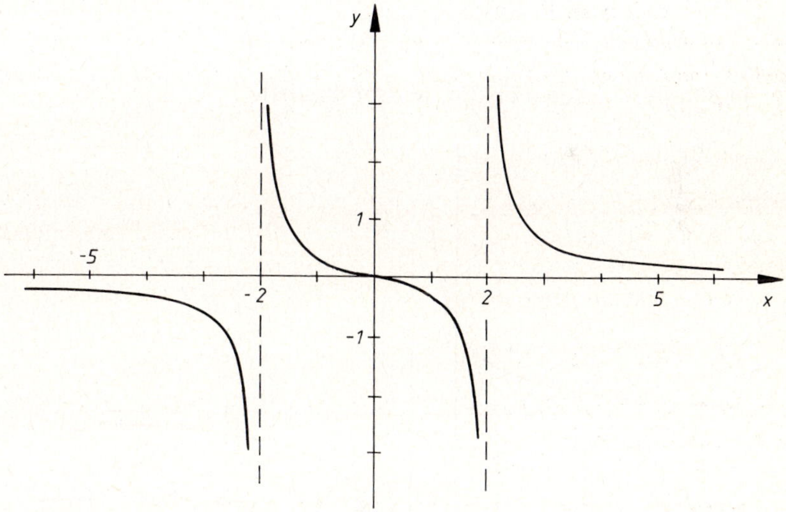

Bild III-64. Funktionsgraph von $y = \dfrac{x}{x^2 - 4}$

■

Ein *Sonderfall* tritt ein, wenn Zähler- und Nennerpolynom *gemeinsame Nullstellen* besitzen. In diesem Falle verfährt man so, daß man beide Polynome in *Linearfaktoren* zerlegt und gemeinsame Faktoren, soweit vorhanden, *herauskürzt.* Auf diese Weise können u.U. Definitionslücken *behoben* und der Definitionsbereich einer gebrochenrationalen Funktion damit *erweitert* werden.

Bestimmung der Null- und Polstellen einer gebrochenrationalen Funktion

1. Man zerlege zunächst Zähler- und Nennerpolynom in *Linearfaktoren* und kürze (falls überhaupt vorhanden) *gemeinsame* Faktoren heraus;
2. Die im *Zähler* verbliebenen Linearfaktoren liefern die *Nullstellen*, die im *Nenner* verbliebenen Linearfaktoren die *Polstellen* der gebrochenrationalen Funktion.

■ **Beispiel**

$$y = \frac{2x^3 + 2x^2 - 32x + 40}{x^3 + 2x^2 - 13x + 10}$$

Zähler- und Nennerpolynom dieser *unecht* gebrochenrationalen Funktion werden in Linearfaktoren zerlegt (Horner-Schema verwenden), *gemeinsame* Linearfaktoren herausgekürzt:

$$y = \frac{2x^3 + 2x^2 - 32x + 40}{x^3 + 2x^2 - 13x + 10} = \frac{2(x-2)^2(x+5)}{(x-1)(x-2)(x+5)} = \frac{2(x-2)}{x-1}$$

Die zunächst vorhandenen Definitionslücken an den Stellen $x = 2$ und $x = -5$ wurden somit *behoben*! Die Linearfaktoren des *Zählers* liefern die *Nullstellen*, die Linearfaktoren des *Nenners* die *Polstellen* der Funktion:

Nullstelle: $x_1 = 2$, *Polstelle:* $x_2 = 1$

In Bild III-65 ist der Funktionsverlauf skizziert.

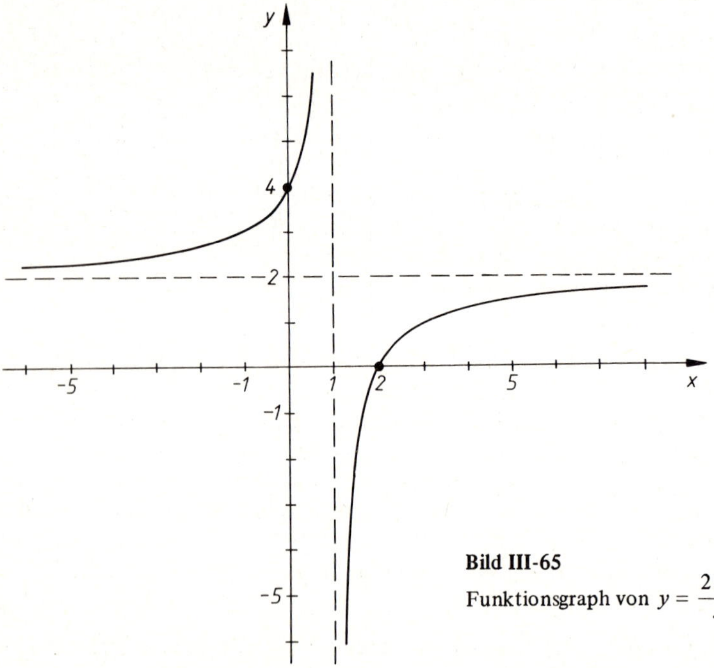

Bild III-65
Funktionsgraph von $y = \frac{2(x-2)}{x-1}$ ■

6.3 Asymptotisches Verhalten einer gebrochenrationalen Funktion im Unendlichen

Eine *echt* gebrochenrationale Funktion nähert sich für große x-Werte stets *asymptotisch* der *x-Achse*, da das Nennerpolynom infolge der höheren Potenz *schneller* wächst als das Zählerpolynom. Die Gleichung der Asymptote im Unendlichen ($x \to \pm\infty$) lautet daher $y = 0$ (x-Achse).

■ **Beispiele**

Die *echt* gebrochenrationalen Funktionen $y = \frac{1}{x}$ (Bild III-62), $y = \frac{1}{x^2}$ (Bild III-63), $y = \frac{x}{x^2 - 4}$ (Bild III-64) nähern sich jeweils für $x \to \pm\infty$ *asymptotisch* der *x-Achse*. ■

Bei einer *unecht* gebrochenrationalen Funktion verfährt man folgendermaßen:

Durch *Polynomdivision* wird die *unecht* gebrochene Funktion zunächst in eine *ganzrationale* Funktion (Polynomfunktion) und eine *echt gebrochene* Funktion zerlegt. Diese Zerlegung ist stets möglich und eindeutig! Für $x \to \pm\infty$ verschwindet der echt gebrochenrationale Anteil der Zerlegung und die gegebene Funktion zeigt daher in diesem Bereich ein *ähnliches* Verhalten wie die verbleibende Polynomfunktion. Diese ist somit *Asymptote im Unendlichen.* Wir fassen die Ergebnisse dieses Abschnitts zusammen:

Bestimmung der Asymptote einer gebrochenrationalen Funktion im Unendlichen

1. Jede *echt* gebrochenrationale Funktion nähert sich für $x \to \pm\infty$ *beliebig* der *x-Achse*. Daher ist $y = 0$ die Gleichung ihrer *Asymptote im Unendlichen*;
2. Eine *unecht* gebrochenrationale Funktion $y = f(x)$ wird zunächst durch Polynomdivision in eine *ganzrationale* Funktion (Polynomfunktion) $p(x)$ und eine *echt* gebrochenrationale Funktion $r(x)$ zerlegt:

$$f(x) = p(x) + r(x) \tag{III-69}$$

Für $x \to \pm\infty$ strebt $r(x) \to 0$ und die Funktion $f(x)$ nähert sich *asymptotisch* der Polynomfunktion $p(x)$, d.h. $y = p(x)$ ist die Gleichung der *Asymptote im Unendlichen*.

Anmerkungen

(1) Die Division eines Polynoms $g(x)$ durch eine *lineare* Funktion $h(x) = x - a$ läßt sich auch mit Hilfe des *Horner-Schemas* durchführen (Berechnung des Funktionswertes $g(a)$). Die *3. Zeile* des Horner-Schemas enthält dann (nach *fallenden* Potenzen geordnet) die Polynomkoeffizienten der Asymptotengleichung $y = p(x)$ sowie an *letzter* Stelle den Funktionswert $g(a)$. Die echt gebrochenrationale *Restfunktion* $r(x)$ lautet dann wie folgt:

$$r(x) = \frac{g(a)}{x - a} \tag{III-70}$$

(2) Die Asymptote $y = p(x)$ schneidet die Kurve $y = f(x) = p(x) + r(x)$ überall dort, wo die Restfunktion $r(x)$ *verschwindet*. Die *Schnittpunkte* werden somit aus der Gleichung $r(x) = 0$ berechnet.

■ **Beispiel**

$$y = \frac{0{,}5\,x^3 - 1{,}5\,x + 1}{x^2 + 3\,x + 2}$$

Zähler- und Nennerpolynom werden in *Linearfaktoren* zerlegt, *gemeinsame* Faktoren herausgekürzt:

$$y = \frac{0{,}5\,x^3 - 1{,}5\,x + 1}{x^2 + 3\,x + 2} = \frac{0{,}5\,(x-1)^2\,(x+2)}{(x+1)\,(x+2)} = \frac{0{,}5\,(x-1)^2}{x+1}$$

Nullstellen: $x_{1/2} = 1$ (*doppelte* Nullstelle, d.h. *Extremwert*)

Polstelle: $x_3 = -1$

Wir zerlegen nun die *unecht* gebrochene Funktion durch Polynomdivision in einen *ganzrationalen* und einen *echt* gebrochenrationalen Anteil:

$$\begin{array}{l} y = (0{,}5\,x^2 - \quad x + 0{,}5) : (x + 1) = 0{,}5\,x - 1{,}5 + \dfrac{2}{x+1} \\ \underline{\;-(0{,}5\,x^2 + 0{,}5\,x)\qquad\qquad\qquad} \\ \qquad\qquad -1{,}5\,x + 0{,}5 \\ \qquad\;\; \underline{-(-1{,}5\,x - 1{,}5)} \\ \qquad\qquad\qquad 2 \end{array}$$

Die Gleichung der *Asymptote im Unendlichen* lautet somit:

$$y = 0{,}5\,x - 1{,}5$$

Kurve und Asymptote besitzen *keine* Schnittpunkte. In Bild III-66 ist der Funktionsverlauf graphisch dargestellt.

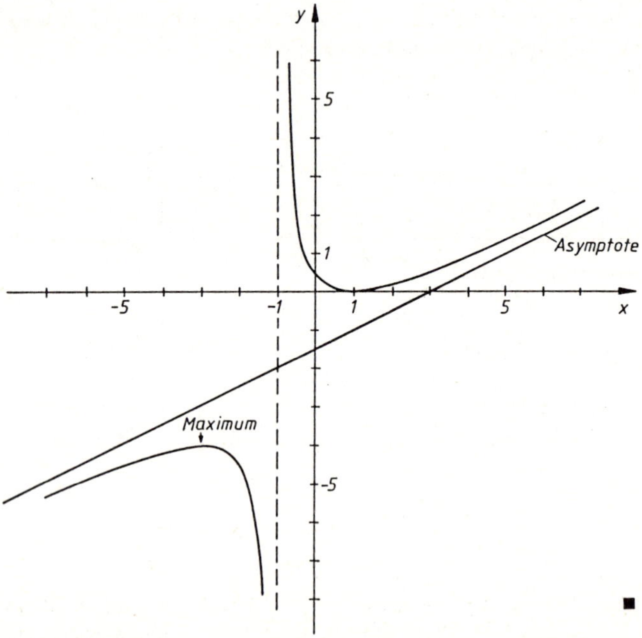

Bild III-66
Funktionsgraph von
$y = \dfrac{0{,}5\,(x-1)^2}{x+1}$

■

6.4 Ein Anwendungsbeispiel: Kapazität eines Kugelkondensators

Wir betrachten einen aus zwei konzentrischen, leitenden Kugelschalen mit den Radien r_1 und r_2 bestehenden *Kugelkondensator* ($r_1 < r_2$; Bild III-67). Seine Kapazität beträgt:

$$C = \frac{4\pi\,\epsilon_0\,\epsilon\,r_1 r_2}{r_2 - r_1} \qquad \text{(III-71)}$$

(ϵ_0: elektrische Feldkonstante; ϵ: Dielektrizitätskonstante der Kondensatorfüllung (Dielektrikum)).

Die Differenz zwischen Außen- und Innenradius bezeichnen wir mit x:

$$x = r_2 - r_1 > 0 \qquad \text{(III-72)}$$

Die Kapazitätsformel (III-71) geht dann über in:

$$C = \frac{4\pi\,\epsilon_0\,\epsilon\,r_1 (r_1 + x)}{x}, \qquad x > 0 \qquad \text{(III-73)}$$

Bei *fest* vorgegebenem Innenradius $r_1 = \text{const.} = R$ ist die Kapazität C nur noch von der Größe x abhängig:

$$C = C(x) = \frac{4\pi\,\epsilon_0\,\epsilon\,R\,(R + x)}{x} = 4\pi\,\epsilon_0\,\epsilon\,R\left(1 + \frac{R}{x}\right), \qquad x > 0 \qquad \text{(III-74)}$$

Die Größen C und x sind über eine *unecht gebrochenrationale* Funktion miteinander verknüpft, die für $x \to \infty$ gegen den Grenzwert

$$\lim_{x \to \infty} C(x) = \lim_{x \to \infty} 4\pi\,\epsilon_0\,\epsilon\,R\left(1 + \frac{R}{x}\right) = 4\pi\,\epsilon_0\,\epsilon\,R \qquad \text{(III-75)}$$

strebt (Bild III-68). Aus dem Kugelkondensator mit zwei konzentrischen Kugelschalen ist eine *freistehende Kugel* mit der Kapazität

$$C_{\text{Kugel}} = 4\pi\,\epsilon_0\,\epsilon\,R \qquad \text{(III-76)}$$

geworden.

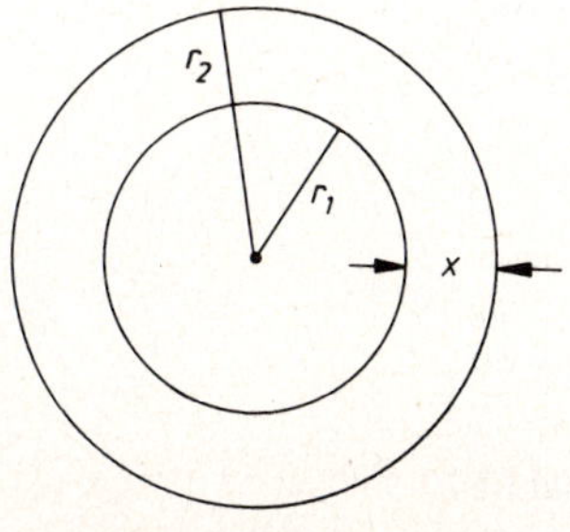

Bild III-67. Kugelkondensator

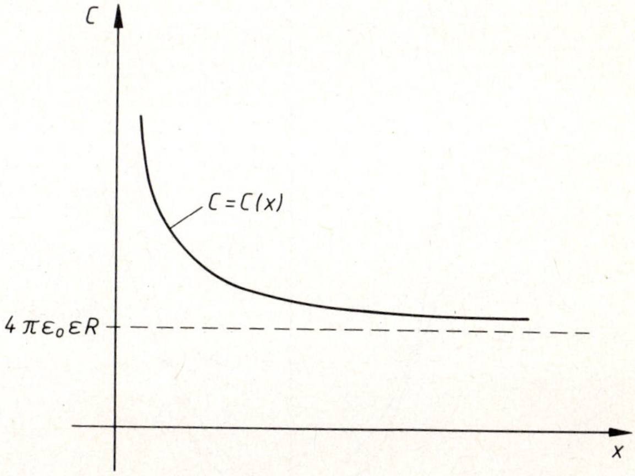

Bild III-68. Kapazität eines Kugelkondensators in Abhängigkeit vom Abstand der beiden Kugelschalen

7 Potenz- und Wurzelfunktionen

7.1 Potenzfunktionen mit ganzzahligen Exponenten

Die einfachsten *Potenzfunktionen* sind vom Typ

$$y = f(x) = x^n, \qquad n \in \mathbb{N} \tag{III-77}$$

und gehören zu den *ganzrationalen* Funktionen. Sie sind überall in $\mathbb{R}$ definiert und stetig und *abwechselnd* gerade und ungerade:

$$f(-x) = \begin{Bmatrix} f(x) & \text{für} & \text{n = gerade} \\ -f(x) & & \text{n = ungerade} \end{Bmatrix} \tag{III-78}$$

■ **Beispiele**

In Bild III-69 sind die Graphen der *ungeraden* Potenzfunktionen $y = x$ und $y = x^3$, in Bild III-70 die Graphen der *geraden* Funktionen $y = x^2$ und $y = x^4$ dargestellt.

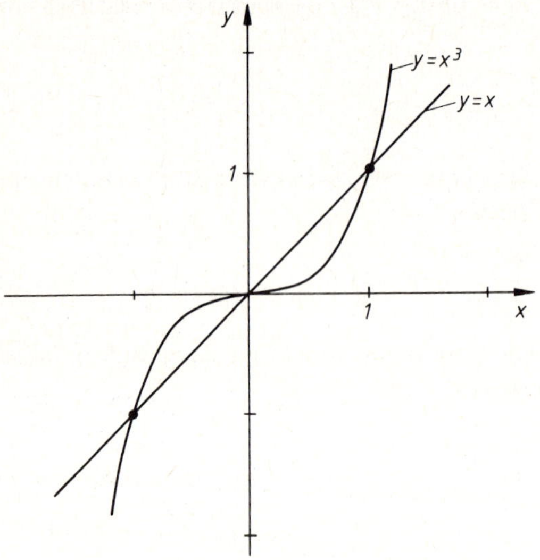

Bild III-69
Ungerade Potenzfunktionen

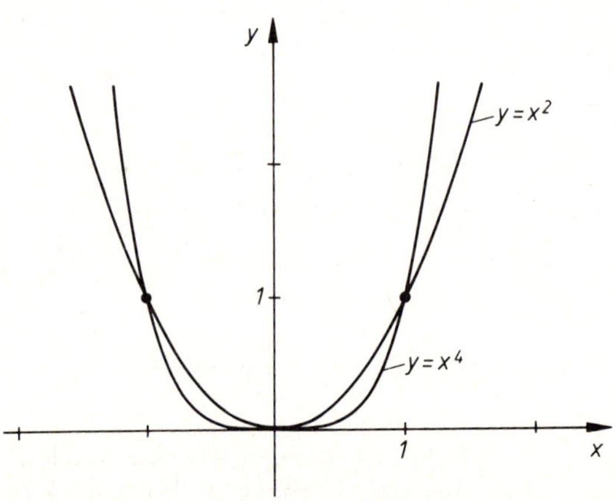

Bild III-70
Gerade Potenzfunktionen

■

Für *negativ-ganzzahlige* Exponenten erhält man *gebrochenrationale* Funktionen vom Typ

$$y = x^{-n} = \frac{1}{x^n}, \qquad n \in \mathbb{N} \qquad \text{(III-79)}$$

Sie sind für jedes reelle $x \neq 0$ definiert und stetig und besitzen an der Stelle $x_0 = 0$ einen *Pol* mit oder ohne Vorzeichenwechsel, je nachdem ob n eine *ungerade* oder *gerade* Zahl ist. Für *gerades* n sind die Potenzfunktionen *gerade*, für *ungerades* n *ungerade*.

■ **Beispiele**

Die ersten Vertreter dieser Funktionen lauten:

$$y = \frac{1}{x} \text{ (Bild III-71)}, \qquad y = \frac{1}{x^2} \text{ (Bild III-72)}$$

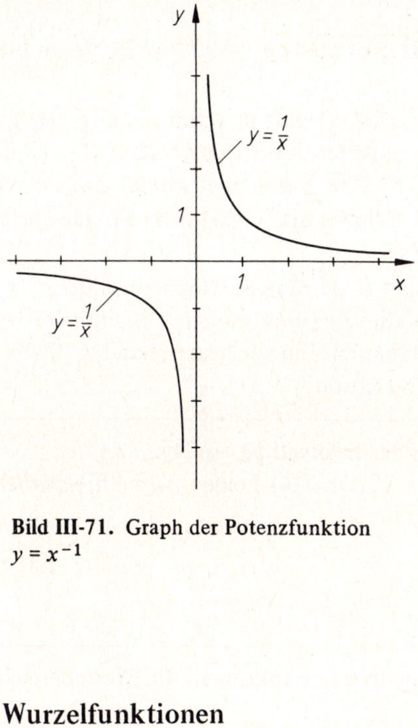

Bild III-71. Graph der Potenzfunktion $y = x^{-1}$

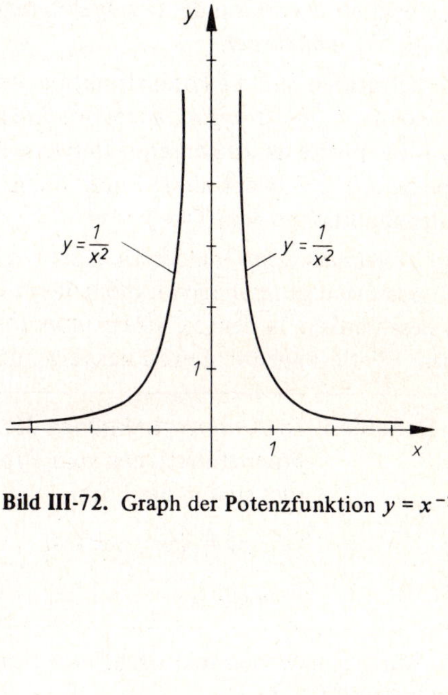

Bild III-72. Graph der Potenzfunktion $y = x^{-2}$

■

7.2 Wurzelfunktionen

Die Potenzfunktion $y = x^2$ ist im Intervall $[0, \infty)$ *streng monoton wachsend* und daher dort *umkehrbar*. Ihre *Umkehrfunktion* ist die als *Wurzelfunktion* bezeichnete Funktion

$$y = \sqrt{x}, \quad x \geqslant 0 \qquad \text{(III-80)}$$

(Bild III-73).

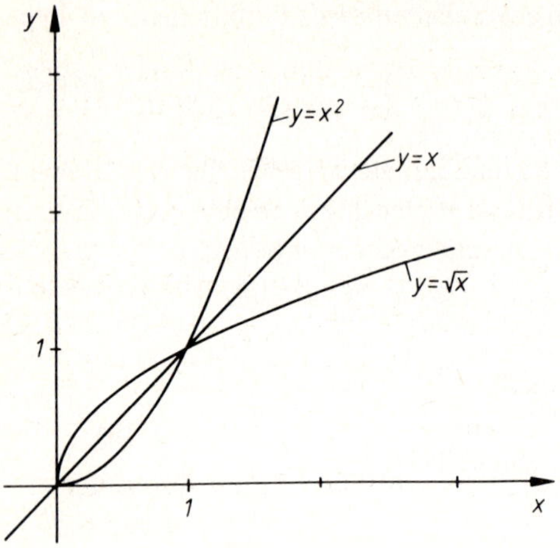

Bild III-73
Zum Begriff einer Wurzelfunktion als Umkehrfunktion einer auf das Intervall $[0, \infty)$ beschränkten Potenzfunktion

Aus dem gleichen Grunde ist jede Potenzfunktion vom Typ $y = x^{2k}$ $(k \in \mathbb{N})$ im Intervall $[0, \infty)$ *umkehrbar.*

Wir betrachten nun die Potenzfunktion $y = x^3$. Sie verläuft in ihrem gesamten Definitionsbereich $(-\infty, \infty)$ *streng monoton wachsend* und ist somit dort *umkehrbar.* Ihre Umkehrfunktion müßte daher konsequenterweise mit $y = \sqrt[3]{x}$ bezeichnet werden und wäre damit eine für *alle* $x \in \mathbb{R}$ definierte Funktion. Ähnlich liegen die Verhältnisse bei den übrigen Potenzfunktionen vom Typ $y = x^{2k-1}$ $(k \in \mathbb{N})$.

Aus *systematischen* Gründen ist es sinnvoll, die Umkehrung der Potenzfunktionen $y = x^n$ mit positivem ganzzahligen Exponenten n auf ein *allen* Funktionen *gemeinsames* Intervall zu beschränken, in dem sie *streng monoton* verlaufen. Ein solches Intervall ist $0 \leqslant x < \infty$. Diese Überlegungen führen zu der folgenden Definition:

Definition: Die *Umkehrfunktionen* der auf das Intervall $[0, \infty)$ *beschränkten* Potenzfunktionen vom Typ $y = x^n$ $(n \in \mathbb{N})$ heißen *Wurzelfunktionen* und sind in der Form

$$y = \sqrt[n]{x}, \quad x \geqslant 0 \qquad \text{(III-81)}$$

darstellbar.

Die Wurzelfunktionen sind *streng monoton wachsende* Funktionen. Ihr Wertebereich ist das Intervall $[0, \infty)$.

Anmerkung

Die Definition des Begriffs „*Wurzelfunktion*" erfolgt in der mathematischen Literatur keineswegs einheitlich. Nach unserer Definition (III-81) sind die Wurzelfunktionen nur für *positive* Argumente, d.h. für $x \geqslant 0$ erklärt.

■ **Beispiele**

(1) Die *Umkehrfunktion* der auf das Intervall $[0, \infty)$ beschränkten *Normalparabel* $y = x^2$ ist die für $x \geqslant 0$ definierte *Wurzelfunktion* $y = \sqrt{x}$ (Bild III-73).

(2) Die *kubische Parabel* $y = x^3$ verläuft in ihrem Definitionsbereich $(-\infty, \infty)$ *streng monoton wachsend*, ist dort also *umkehrbar*. Wie lautet ihre *Umkehrfunktion*?

Lösung: Die Wurzelfunktion $y = \sqrt[3]{x}$, $x \geqslant 0$ ist definitionsgemäß die Umkehrfunktion der auf den *1. Quadranten* beschränkten kubischen Parabel. Die Funktionsgleichung der Umkehrfunktion für $x < 0$ lautet:

$$y = -\sqrt[3]{-x} = -\sqrt[3]{|x|} \qquad (x < 0)$$

Insgesamt erhält man damit im Intervall $(-\infty, \infty)$ die folgende Darstellung:

$$y = \left\{ \begin{matrix} \sqrt[3]{x} \\ -\sqrt[3]{-x} \end{matrix} \quad \text{für} \quad \begin{matrix} x \geqslant 0 \\ x < 0 \end{matrix} \right\} \qquad \text{(Bild III-74)}$$

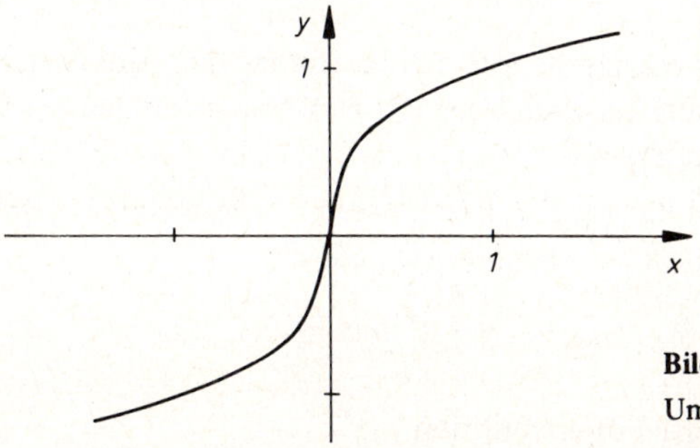

Bild III-74
Umkehrfunktion der kubischen Parabel

Berechnung einiger Funktionswerte:

$$f(125) = \sqrt[3]{125} = 5$$

$$f(-1) = -\sqrt[3]{|-1|} = -\sqrt[3]{1} = -(1) = -1$$

$$f(-82{,}5) = -\sqrt[3]{|-82{,}5|} = -\sqrt[3]{82{,}5} = -(4{,}3533) = -4{,}3533$$ ■

7.3 Potenzfunktionen mit rationalen Exponenten

Unter Verwendung der für alle $x \geqslant 0$ definierten *Wurzelfunktionen* sind wir nun in der Lage, den Begriff der *Potenzfunktion* auch auf *rationale* Exponenten auszudehnen:

Definition: Unter einer *Potenzfunktion* mit *rationalem* Exponenten verstehen wir die Funktion

$$y = f(x) = x^{\frac{m}{n}} = \sqrt[n]{x^m}, \qquad x > 0 \qquad \text{(III-82)}$$

$(m \in \mathbb{Z},\ n \in \mathbb{N})$

Die *Potenzfunktion* $x^{\frac{m}{n}}$ ist definitionsgemäß die n-te Wurzel aus x^m.

Man beachte, daß diese *Potenzfunktionen* zunächst nur für $x > 0$ erklärt sind. Für *positive* Exponenten läßt sich jedoch der Definitionsbereich auf $x \geqslant 0$ erweitern.

Die *Wurzelfunktionen* $y = \sqrt[n]{x}$, $x \geqslant 0$ sind daher auch in Form einer *Potenzfunktion* darstellbar:

$$y = \sqrt[n]{x} = x^{\frac{1}{n}}, \qquad x \geqslant 0 \tag{III-83}$$

Anmerkungen

(1) Der Begriff der *Potenzfunktion* läßt sich auch auf *reelle* Exponenten a ausdehnen. Man setzt in diesem Falle

$$y = x^a = e^{\ln x^a} = e^{a \cdot \ln x} \qquad (x > 0) \tag{III-84}$$

Dies erklärt auch, warum der Definitionsbereich einer allgemeinen Potenzfunktion auf das Intervall $x > 0$ beschränkt werden muß (die *Logarithmusfunktion* $\ln x$ ist nur für $x > 0$ definiert!).

(2) Bei einem Taschenrechner erfolgt die *interne* Berechnung der Funktionswerte von y^x bzw. $\sqrt[x]{y}$ unter Verwendung der Beziehung (III-84). Daher sind beide Funktionen nur für *positive* y-Werte definiert.

(3) Die Potenzfunktionen sind für *positive* Exponenten *streng monoton wachsend*, für *negative* Exponenten dagegen *streng monoton fallend*.

■ **Beispiele**

(1) Die für $x \geqslant 0$ definierte Potenzfunktion

$$y = x^{\frac{2}{3}} = \sqrt[3]{x^2}$$

besitzt den in Bild III-75 dargestellten Verlauf.

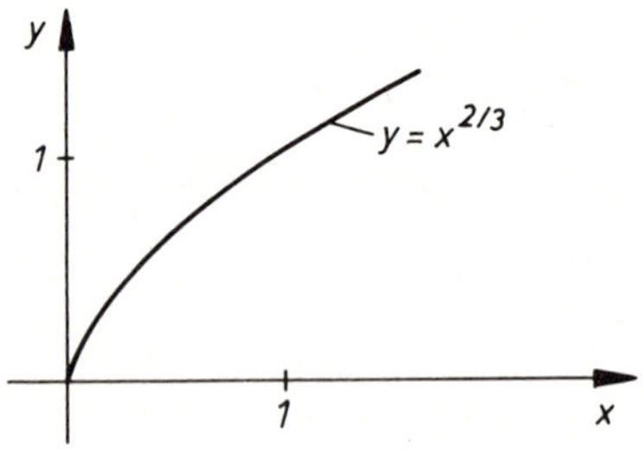

Bild III-75. Graph der Potenzfunktion $y = x^{2/3}$, $x \geqslant 0$

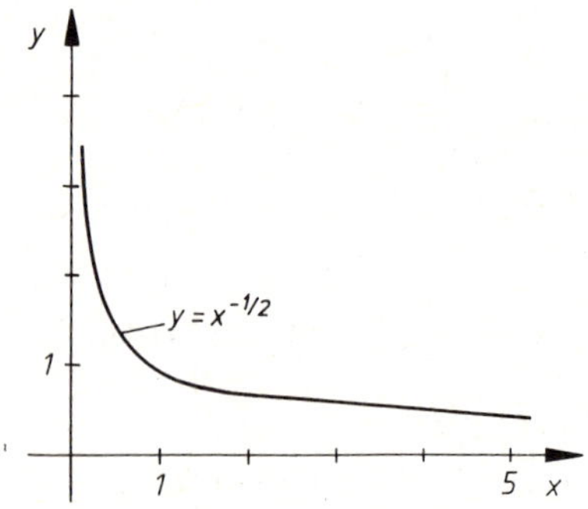

Bild III-76. Graph der Potenzfunktion $y = x^{-1/2}$, $x > 0$

(2) Die für $x > 0$ erklärte Funktion

$$y = x^{-1/2} = \frac{1}{x^{1/2}} = \frac{1}{\sqrt{x}}$$

ist in Bild III-76 graphisch dargestellt. ■

7.4 Ein Anwendungsbeispiel: Beschleunigung eines Elektrons in einem elektrischen Feld

Ein Elektron erfährt in einem elektrischen Feld der Feldstärke E die Kraft $F = eE$ *entgegen* der Feldrichtung (e: Elementarladung). Es wird daher beschleunigt und nimmt dabei kinetische Energie auf. Die vom Feld verrichtete Arbeit beträgt $W = eU$, wobei U die vom Elektron durchlaufene Spannung ist. Nach dem Energiesatz gilt dann:

$$\frac{1}{2} m_0 v^2 = eU \tag{III-85}$$

(m_0: Ruhemasse des Elektrons). Das Elektron erreicht damit nach Durchlaufen der Spannung U die Endgeschwindigkeit

$$v = \sqrt{2 \frac{e}{m_0} U} \tag{III-86}$$

Die Größen v und U sind demnach über eine *Wurzelfunktion* miteinander verknüpft.

Anmerkung

Nach der *Relativitätstheorie* ist die Elektronenmasse m noch von der Geschwindigkeit v abhängig:

$$m = \frac{m_0}{\sqrt{1 - (v/c)^2}} \tag{III-87}$$

(c: Lichtgeschwindigkeit). Nur für $v \ll c$ ist $m \approx m_0$.

8 Algebraische Funktionen

8.1 Definition einer algebraischen Funktion

Algebraische Funktionen sind Lösungen einer *algebraischen Gleichung n-ten Grades*[5]) in der Variablen y vom allgemeinen Typ

$$a_n(x) \cdot y^n + a_{n-1}(x) \cdot y^{n-1} + \ldots + a_1(x) \cdot y + a_0(x) = 0 \tag{III-88}$$

Die in dieser Gleichung auftretenden *Koeffizientenfunktionen* $a_k(x)$ ($k = 0, 1, \ldots, n$) sind dabei *Polynome* der Variablen x.

---

[5]) *Algebraisch* heißt eine Gleichung, wenn die in ihr auftretenden Größen *ausschließlich* durch die vier *Grundrechnenoperationen* miteinander verknüpft sind.

Definition: *Jede* Funktion, die als Lösung einer *algebraischen* Gleichung vom Typ (III-88) auftritt, heißt eine *algebraische Funktion.*

Zu den *algebraischen Funktionen* zählen beispielsweise die *ganzrationalen Funktionen (Polynomfunktionen)* und die *gebrochenrationalen Funktionen.* Sie werden unter dem Begriff *rationale Funktionen* zusammengefaßt.

■ **Beispiele**

(1) Die Lösung der *algebraischen* Gleichung 1. Grades

$$2y + 4x^2 - 3x - 10 = 0$$

ist die *ganzrationale* Funktion

$$y = -2x^2 + 1{,}5x + 5$$

(2) Durch Auflösen der *algebraischen* Gleichung 1. Grades

$$(x^2 + 1)y - 2x = 0$$

nach der Variablen y erhält man die *gebrochenrationale* Funktion

$$y = \frac{2x}{x^2 + 1}$$ ■

Neben den *rationalen* Funktionen können beispielsweise auch *Wurzelfunktionen* als Lösungegen einer *algebraischen* Gleichung auftreten:

■ **Beispiel**

Durch Auflösen der Gleichung $y^2 - x = 0$ nach y erhält man die beiden *Wurzelfunktionen* $y = \pm\sqrt{x}$, $x \geqslant 0$. ■

Alle *nicht-rationalen* Funktionen, die als Lösungen einer *algebraischen* Gleichung auftreten, werden als *irrationale algebraische* Funktionen bezeichnet. Zu ihnen gehören u.a. die *Wurzelfunktionen* $y = \sqrt[n]{x}$ und die *Potenzfunktionen* $y = x^{m/n}$, aber auch Funktionen, die man beispielsweise durch Auflösung einer *Kegelschnittgleichung* erhält[6]).

■ **Beispiele**

Die im folgenden aufgeführten Funktionen gewinnt man durch Auflösung einer *algebraischen* Gleichung. Es handelt sich dabei um *irrationale* Funktionen:

(1) $y = \sqrt{x - 2}$, $x \geqslant 2$, $y \geqslant 0$ (Bild III-77)

(2) $y = \sqrt{1 + x^2}$, $x \in \mathbb{R}$, $y \geqslant 1$ (Bild III-78)

---

[6]) Zu den *Kegelschnitten* zählen: Kreis, Ellipse, Hyperbel und Parabel.

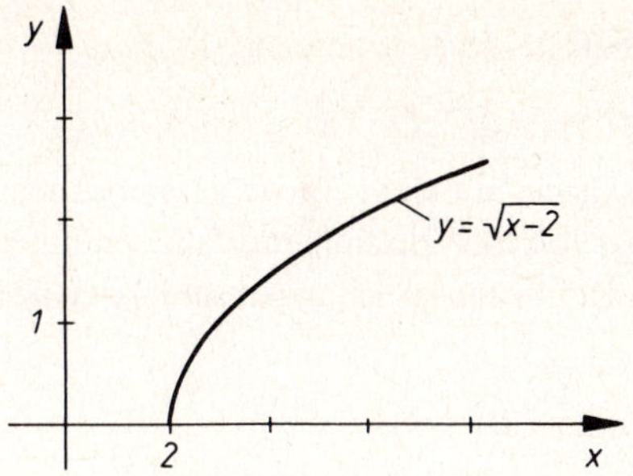

Bild III-77
Funktionskurve von $y = \sqrt{x-2}$, $x \geqslant 2$

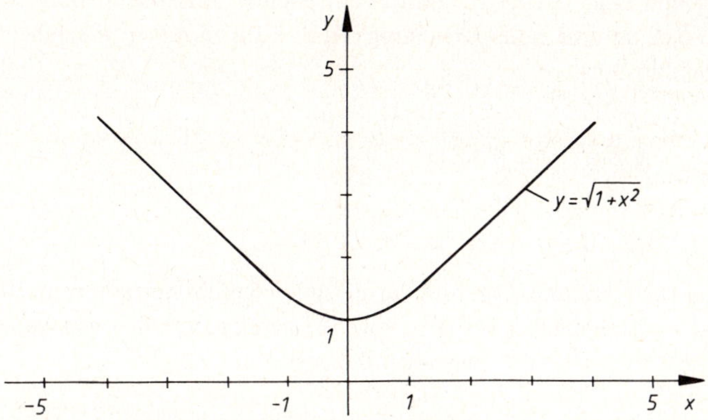

Bild III-78. Funktionskurve von $y = \sqrt{1+x^2}$, $x \in \mathbb{R}$

(3) Durch Auflösen der *Kreisgleichung* $x^2 + y^2 = 1$ nach der Variablen y erhält man *zwei* Funktionen:

$$y = \sqrt{1-x^2}, \quad -1 \leqslant x \leqslant 1, \quad 0 \leqslant y \leqslant 1$$

(*Oberer* Teil des Einheitskreises)

$$y = -\sqrt{1-x^2}, \quad -1 \leqslant x \leqslant 1, \quad -1 \leqslant y \leqslant 0$$

(*Unterer* Teil des Einheitskreises, vgl. Bild III-79).

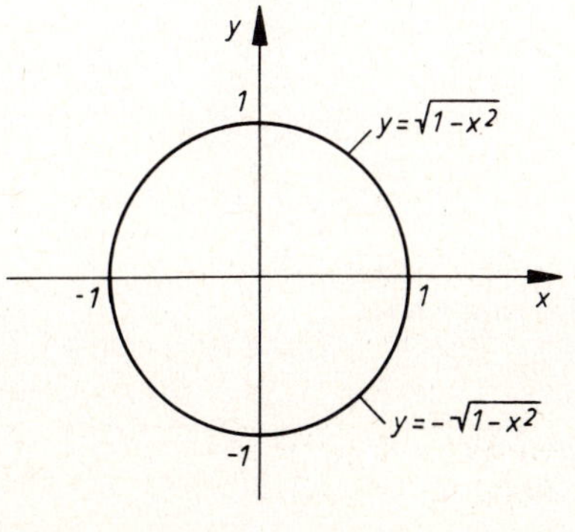

Bild III-79
Mittelpunktskreis mit der Gleichung $x^2 + y^2 = 1$

■

8.2 Die Gleichungen der Kegelschnitte

8.2.1 Algebraische Gleichungen 2. Grades

Die durch den *Schnitt* eines geraden *Kreiskegels* mit einer *Ebene* entstehenden (ebenen) Kurven werden unter der Bezeichnung *Kegelschnitte* zusammengefaßt. Zu ihnen gehören *Kreis, Ellipse, Hyperbel* und *Parabel*. Ihre Definitionsgleichungen sind *algebraische Gleichungen 2. Grades* vom allgemeinen Typ

$$Ax^2 + By^2 + Cx + Dy + E = 0 \qquad (A^2 + B^2 \neq 0) \qquad \text{(III-89)}$$

wobei die *Symmetrieachsen* der Kegelschnitte *parallel* zu den Koordinatenachsen verlaufen. Über die *Art* und *Lage* des Kegelschnittes entscheiden ausschließlich die konstanten Koeffizienten A, B, C, D und E der Gleichung (III-89). Im einzelnen gilt dabei (sog. *Entartungsfälle* eingeschlossen):

Kreis: $A = B$

Ellipse: $A \cdot B > 0, \quad A \neq B$

Hyperbel: $A \cdot B < 0$

Parabel: $A = 0, \quad B \neq 0 \quad \text{oder} \quad B = 0, \quad A \neq 0$

Im konkreten Fall wird *Art* und *Lage* des betreffenden Kegelschnittes ermittelt, indem man die von x bzw. y abhängigen Terme – *jeweils für sich getrennt* – *quadratisch* ergänzt (s. hierzu die in Abschnitt III.8.2.6 folgenden Beispiele).

In den folgenden Abschnitten geben wir einen kurzen *Überblick* über die *Gleichungen* der einzelnen Kegelschnitte (Mittelpunktsgleichung bzw. Scheitelgleichung, Hauptform, Funktionsgleichungen). Weitere Informationen findet der Leser in der Formelsammlung.

8.2.2 Kreis

Der *Kreis* ist definitionsgemäß der geometrische Ort aller (ebenen) Punkte, die von einem *festen* Punkt, dem *Kreismittelpunkt* M, den *gleichen* Abstand r (*Radius* genannt) haben (Bild III-80):

$$\overline{MP} = \text{const.} = r \qquad \text{(III-90)}$$

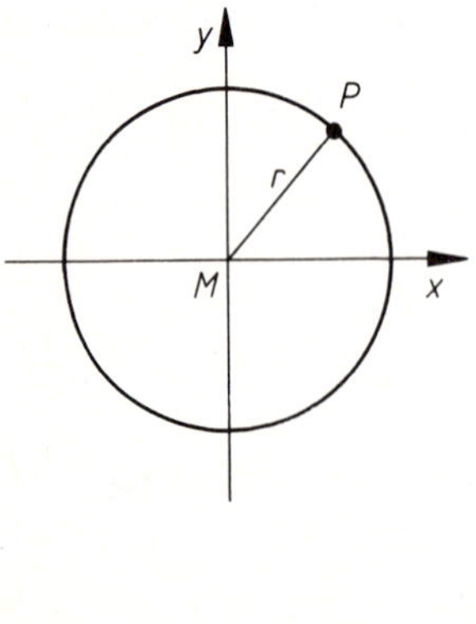

Bild III-80

Zur Definition eines Kreises

Gleichungen des Kreises

M: Mittelpunkt des Kreises; r: Radius

Mittelpunktsgleichung (Bild III-81):

$$x^2 + y^2 = r^2; \qquad M = (0; 0) \tag{III-91}$$

$$y = \pm \sqrt{r^2 - x^2}; \qquad -r \leqslant x \leqslant r \tag{III-92}$$

(Oberer und unterer Halbkreis)

Hauptform der Kreisgleichung (Bild III-82):

$$(x - x_0)^2 + (y - y_0)^2 = r^2; \qquad M = (x_0; y_0) \tag{III-93}$$

$$y = y_0 \pm \sqrt{r^2 - (x - x_0)^2}; \qquad x_0 - r \leqslant x \leqslant x_0 + r \tag{III-94}$$

(Oberer und unterer Halbkreis)

Anmerkungen

(1) Der Mittelpunktskreis wird auch als *Ursprungskreis* bezeichnet.

(2) *Jede* durch den Mittelpunkt M gehende Gerade ist zugleich *Symmetrieachse*.

(3) Der *verschobene* Kreis läßt sich stets durch eine Koordinatentransformation (Parallelverschiebung des Koordinatensystems) auf den *Mittelpunktskreis* zurückführen.

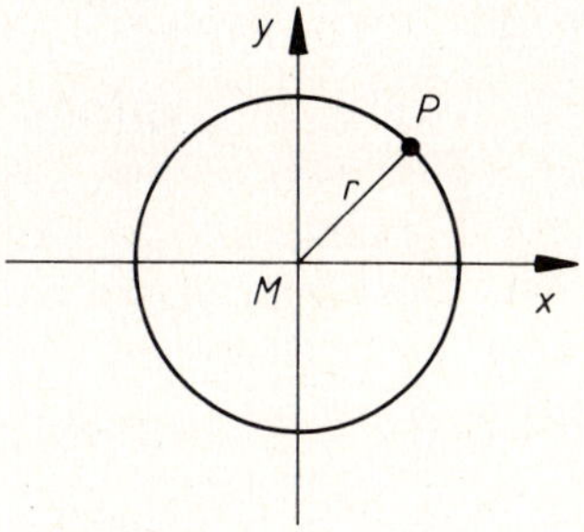

Bild III-81. Mittelpunktskreis

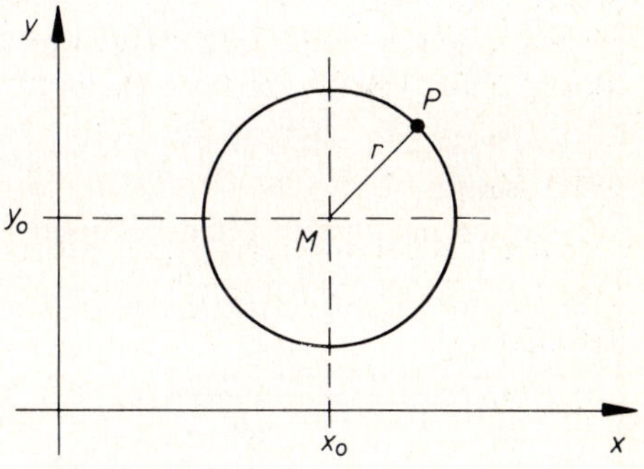

Bild III-82 Zur Hauptform der Kreisgleichung (verschobener Kreis)

8.2.3 Ellipse

Die *Ellipse* ist definitionsgemäß die Menge aller (ebenen) Punkte, für die die *Summe* der Entfernungen von zwei festen Punkten, den sog. *Brennpunkten* F_1 und F_2, *konstant* ist (Bild III-83):

$$\overline{F_1 P} + \overline{F_2 P} = \text{const.} = 2a \tag{III-95}$$

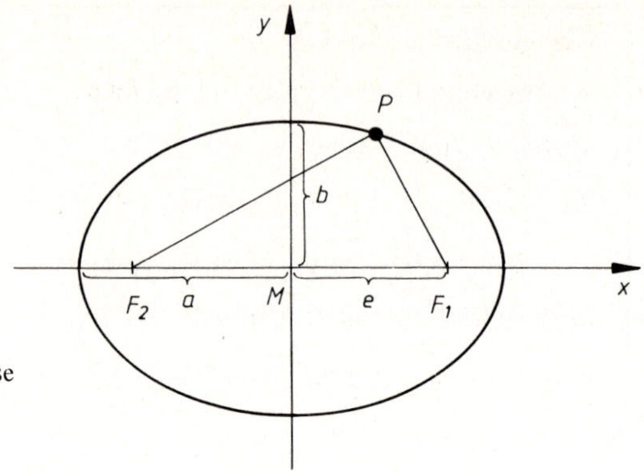

Bild III-83
Zur Definition einer Ellipse

Bezeichnungen:

M:	Mittelpunkt	
F_1, F_2:	Brennpunkte	
a:	große Halbachse	
b:	kleine Halbachse	$a^2 = e^2 + b^2$
e:	Brennweite	

Gleichungen der Ellipse

M: Mittelpunkt; a: große Halbachse; b: kleine Halbachse

Mittelpunktsgleichung (Bild III-84):

$$\frac{x^2}{a^2} + \frac{y^2}{b^2} = 1 \quad \text{oder} \quad b^2 x^2 + a^2 y^2 = a^2 b^2; \qquad M = (0; 0) \tag{III-96}$$

$$y = \pm \frac{b}{a} \sqrt{a^2 - x^2}; \quad -a \leqslant x \leqslant a \tag{III-97}$$

(Oberer und unterer Teil der Ellipse)

Hauptform der Ellipsengleichung (Bild III-85):

$$\frac{(x - x_0)^2}{a^2} + \frac{(y - y_0)^2}{b^2} = 1; \qquad M = (x_0; y_0) \tag{III-98}$$

$$y = y_0 \pm \frac{b}{a} \sqrt{a^2 - (x - x_0)^2}; \qquad x_0 - a \leqslant x \leqslant x_0 + a \tag{III-99}$$

(Oberer und unterer Teil der Ellipse)

Anmerkungen

(1) Die Mittelpunktsellipse wird auch als *Ursprungsellipse* bezeichnet.

(2) Die durch den Mittelpunkt M gehenden Parallelen zu den Koordinatenachsen sind zugleich *Symmetrieachsen*.

(3) Die *verschobene* Ellipse läßt sich stets durch eine Koordinatentransformation (Parallelverschiebung des Koordinatensystems) auf die *Mittelpunktsellipse* zurückführen.

(4) Für den *Sonderfall* $a = b$ erhält man einen *Kreis* mit dem Radius $r = a$.

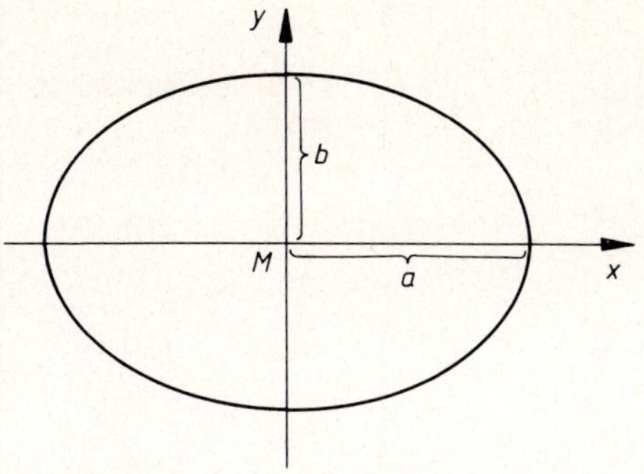

Bild III-84. Mittelpunktsellipse

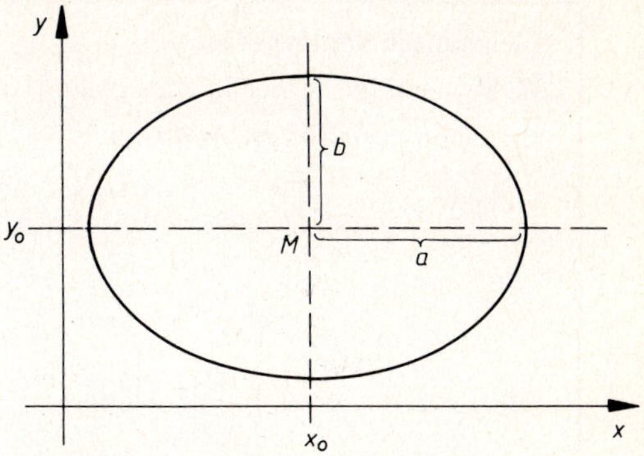

Bild III-85 Zur Hauptform der Ellipsengleichung (verschobene Ellipse)

8.2.4 Hyperbel

Die *Hyperbel* ist die Menge aller (ebenen) Punkte, für die die *Differenz* der Entfernungen von zwei festen Punkten, den *Brennpunkten* F_1 und F_2, *konstant* ist (Bild III-86):

$$|\overline{F_1P} - \overline{F_2P}| = \text{const.} = 2a \qquad \text{(III-100)}$$

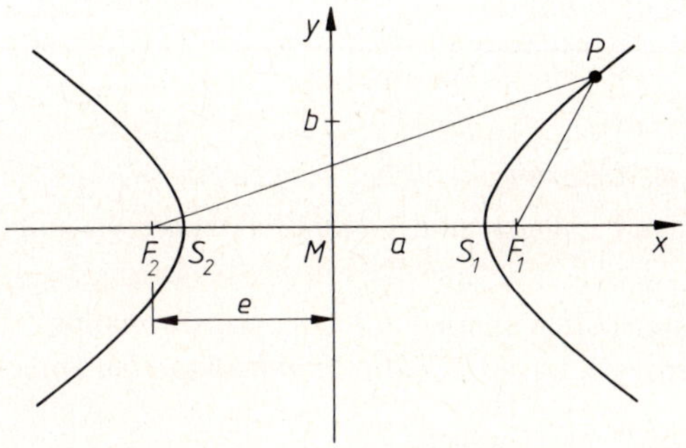

Bild III-86. Zur Definition einer Hyperbel

Bezeichnungen:

M:	Mittelpunkt	
F_1, F_2:	Brennpunkte	
S_1, S_2:	Scheitelpunkte	
a:	große oder reelle Halbachse	
b:	kleine oder imaginäre Halbachse	$e^2 = a^2 + b^2$
e:	Brennweite	

Gleichungen der Hyperbel

M: Mittelpunkt; a: reelle oder große Halbachse; b: imaginäre oder kleine Halbachse

Mittelpunktsgleichung (Bild III-87):

$$\frac{x^2}{a^2} - \frac{y^2}{b^2} = 1 \quad \text{oder} \quad b^2x^2 - a^2y^2 = a^2b^2; \quad M = (0; 0) \tag{III-101}$$

$$y = \pm \frac{b}{a}\sqrt{x^2 - a^2}; \quad |x| \geqslant a \tag{III-102}$$

(Oberer und unterer Teil der Hyperbel)

Asymptoten im Unendlichen: $y = \pm \frac{b}{a} x$ (III-103)

Hauptform der Hyperbelgleichung (Bild III-88):

$$\frac{(x - x_0)^2}{a^2} - \frac{(y - y_0)^2}{b^2} = 1; \quad M = (x_0; y_0) \tag{III-104}$$

$$y = y_0 \pm \frac{b}{a}\sqrt{(x - x_0)^2 - a^2}; \quad |x - x_0| \geqslant a \tag{III-105}$$

(Oberer und unterer Teil der Hyperbel)

Asymptoten im Unendlichen: $y = y_0 \pm \frac{b}{a}(x - x_0)$ (III-106)

Anmerkungen

(1) Die Mittelpunktshyperbel wird auch als *Ursprungshyperbel* bezeichnet.

(2) Die durch den Mittelpunkt M gehenden Parallelen zu den Koordinatenachsen sind zugleich *Symmetrieachsen*.

(3) Die *verschobene* Hyperbel läßt sich stets durch eine Koordinatentransformation (Parallelverschiebung des Koordinatensystems) auf die *Mittelpunktshyperbel* zurückführen.

(4) Im *Sonderfall* $a = b$ stehen die beiden Asymptoten *senkrecht* aufeinander. Die *Mittelpunktshyperbel* besitzt dann die *spezielle* Gleichung

$$\frac{x^2}{a^2} - \frac{y^2}{a^2} = 1 \quad \text{oder} \quad x^2 - y^2 = a^2 \tag{III-107}$$

und wird als *rechtwinklige* Hyperbel bezeichnet. Die Gleichungen der beiden *Asymptoten* lauten $y = \pm x$.

(5) Der *ungefähre* Verlauf einer vorgegebenen Hyperbel läßt sich aus den beiden *Scheitelpunkten* und *Asymptoten* leicht ermitteln.

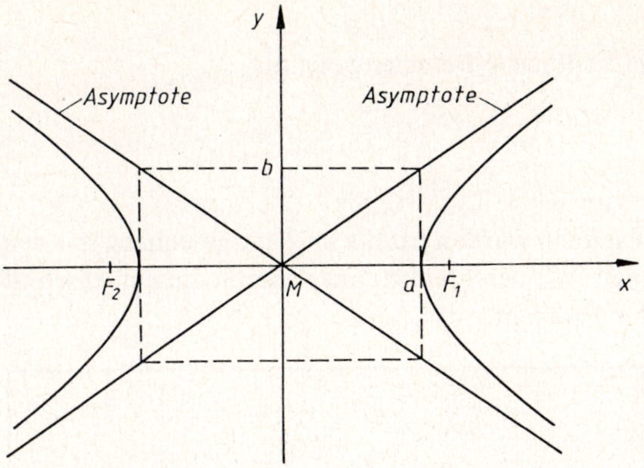

Bild III-87
Mittelpunktshyperbel

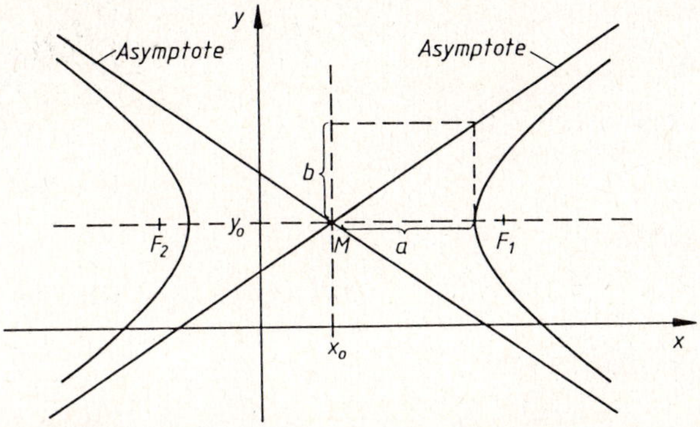

Bild III-88 Zur Hauptform der Hyperbelgleichung (verschobene Hyperbel)

8.2.5 Parabel

Die *Parabel* ist als geometrischer Ort aller (ebenen) Punkte definiert, die von einem festen Punkt, dem *Brennpunkt F*, und einer festen Geraden, *Leitlinie* genannt, *gleich weit* entfernt sind (Bild III-89):

$$\overline{AP} = \overline{FP} \tag{III-108}$$

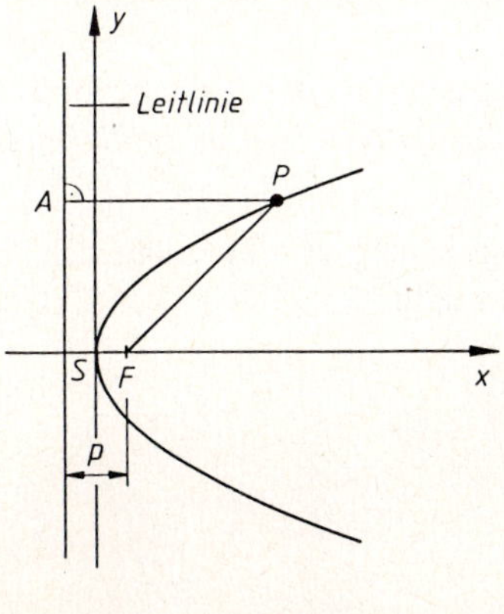

Bild III-89
Zur Definition einer Parabel

Bezeichnungen:

p: Abstand zwischen Brennpunkt und Leitlinie (*Parameter* genannt)
S: Scheitelpunkt der Parabel
F: Brennpunkt

Hinweis

Die nach *oben* bzw. *unten* geöffneten Parabeln wurden bereits im Zusammenhang mit den Polynomfunktionen ausführlich behandelt. Wir beschränken uns daher in diesem Abschnitt auf die nach *rechts* bzw. *links* geöffneten Parabeln.

Gleichungen der Parabel

S: Scheitelpunkt; p: Parameter

Scheitelgleichung (Bild III-90):

$$y^2 = 2px; \qquad S = (0; 0) \tag{III-109}$$

$p > 0$: Parabel ist nach *rechts* geöffnet (Bild III-90)

$$y = \pm\sqrt{2px}; \qquad x \geqslant 0 \tag{III-110}$$

$p < 0$: Parabel ist nach *links* geöffnet

$$y = \pm\sqrt{2px}; \qquad x \leqslant 0 \tag{III-111}$$

Hauptform der Parabelgleichung (Bild III-91):

$$(y - y_0)^2 = 2p(x - x_0); \qquad S = (x_0; y_0) \tag{III-112}$$

$p > 0$: Parabel ist nach *rechts* geöffnet (Bild III-91)

$$y = y_0 \pm \sqrt{2p(x - x_0)}; \qquad x \geqslant x_0 \tag{III-113}$$

$p < 0$: Parabel ist nach *links* geöffnet

$$y = y_0 \pm \sqrt{2p(x - x_0)}; \qquad x \leqslant x_0 \tag{III-114}$$

Anmerkungen

(1) Die durch den Scheitelpunkt S gehende Parallele zur x-Achse ist zugleich *Symmetrieachse*.

(2) Die *Hauptform* (bei einer *verschobenen* Parabel) läßt sich stets durch eine Koordinatentransformation (Parallelverschiebung des Koordinatensystems) auf die *Scheitelgleichung* zurückführen.

(3) Der *ungefähre* Verlauf einer Parabel mit der Scheitelgleichung $y^2 = 2px$ läßt sich mit Hilfe der folgenden fünf Parabelpunkte leicht ermitteln:

$$S = (0; 0), \quad P_{1/2} = \left(\frac{p}{2}; \pm p\right), \quad P_{3/4} = (2p; \pm 2p)$$

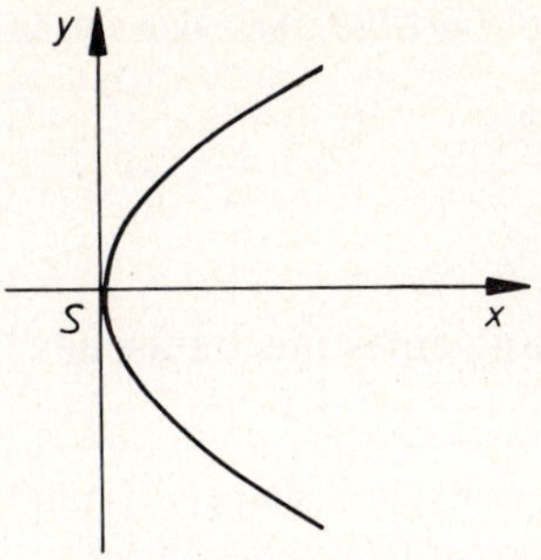

Bild III-90. Zur Scheitelgleichung der Parabel

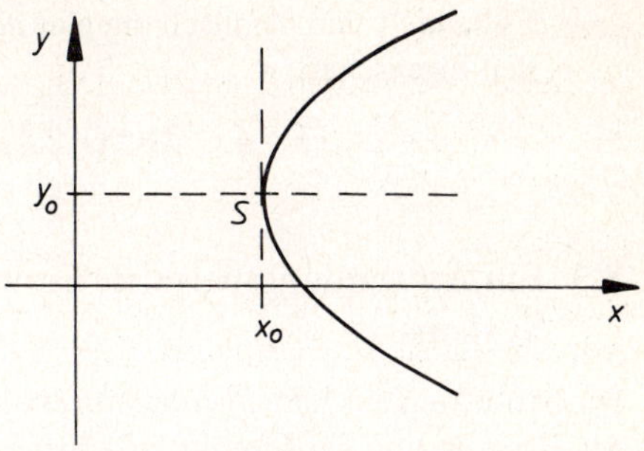

Bild III-91 Zur Hauptform der Parabelgleichung (verschobene Parabel)

8.2.6 Beispiele

(1) Die *algebraische* Gleichung

$$2x^2 - 6x + 2y^2 + 4y = 11{,}5$$

repräsentiert einen *Kreis* (die Koeffizienten der quadratischen Glieder stimmen überein). Durch *quadratische Ergänzung* erhalten wir:

$$2x^2 - 6x + 2y^2 + 4y = 11{,}5\,, \quad 2(x^2 - 3x) + 2(y^2 + 2y) = 11{,}5$$

$$2(x^2 - 3x + 2{,}25 - 2{,}25) + 2(y^2 + 2y + 1 - 1) = 11{,}5$$

$$2(x - 1{,}5)^2 - 4{,}5 + 2(y + 1)^2 - 2 = 11{,}5$$

$$2(x - 1{,}5)^2 + 2(y + 1)^2 = 18$$

$$(x - 1{,}5)^2 + (y + 1)^2 = 9$$

Dies ist die Gleichung eines *Kreises* mit dem Radius $r = 3$ um den Mittelpunkt $M = (1{,}5;\, -1)$.

(2) Wir bestimmen *Art* und *Gleichung* des *Kegelschnittes*, der durch die *algebraische* Gleichung

$$16x^2 + 4y^2 + 76{,}8x - 24y + 64{,}16 = 0$$

beschrieben wird.

Zunächst ordnen wir die Glieder:

$$16x^2 + 76{,}8x + 4y^2 - 24y = -64{,}16$$

Durch *quadratische Ergänzung* folgt dann weiter:

$$16(x^2 + 4{,}8x) + 4(y^2 - 6y) = -64{,}16$$

$$16(x + 2{,}4)^2 + 4(y - 3)^2 = -64{,}16 + 16 \cdot 2{,}4^2 + 4 \cdot 3^2 = 64$$

$$\frac{16(x + 2{,}4)^2}{64} + \frac{4(y - 3)^2}{64} = 1$$

$$\frac{(x + 2{,}4)^2}{4} + \frac{(y - 3)^2}{16} = 1$$

Es handelt sich demnach um eine *achsenparallel* verschobene *Ellipse* mit den folgenden Eigenschaften:

$$a = 2, \quad b = 4, \quad M = (-2{,}4; 3)$$

8.3 Ein Anwendungsbeispiel: Erzwungene Schwingung eines mechanischen Systems

Wir betrachten ein *schwingungsfähiges mechanisches System* (z.B. ein Federpendel) mit der Masse m und der Eigenkreisfrequenz ω_0 [7]. Durch eine *periodische* äußere Kraft $F(t) = F_0 \cdot \sin(\omega t)$ wird es zu *erzwungenen Schwingungen* erregt, d.h. nach Ablauf einer gewissen *Einschwingphase* tritt ein *stationärer* Zustand ein, in dem das System mit der von außen aufgezwungenen Kreisfrequenz ω schwingt. Die *Schwingungsamplitude A* hängt dabei wie folgt von der *Erregerkreisfrequenz* ω ab:

$$A = A(\omega) = \frac{F_0/m}{\sqrt{(\omega^2 - \omega_0^2)^2 + 4\delta^2\omega^2}}, \qquad \omega \geqslant 0 \qquad \text{(III-115)}$$

(δ: Dämpfungsfaktor). $A(\omega)$ ist demnach eine *irrationale algebraische Funktion*. Sie zeigt den in Bild III-92 dargestellten typischen Verlauf und wird allgemein als *Resonanzkurve* bezeichnet. Von kleinen Erregerkreisfrequenzen ausgehend, nimmt die Schwingungsamplitude zunächst mit größer werdender Kreisfrequenz zu und erreicht für

$$\omega_r = \sqrt{\omega_0^2 - 2\delta^2} \qquad \text{(III-116)}$$

ihr *Maximum* (sog. *Resonanzfall*). Diese Kreisfrequenz heißt daher *Resonanzkreisfrequenz*: Sie liegt *unterhalb* der Eigenkreisfrequenz ω_0 ($\omega_r < \omega_0$). Bei weiterer Steigerung der Erregerkreisfrequenz wird die Schwingungsamplitude wieder kleiner und strebt für $\omega \to \infty$ selbst gegen den *Grenzwert* 0. Das System ist dann nicht mehr in der Lage, den raschen Änderungen der äußeren Kraft zu folgen.

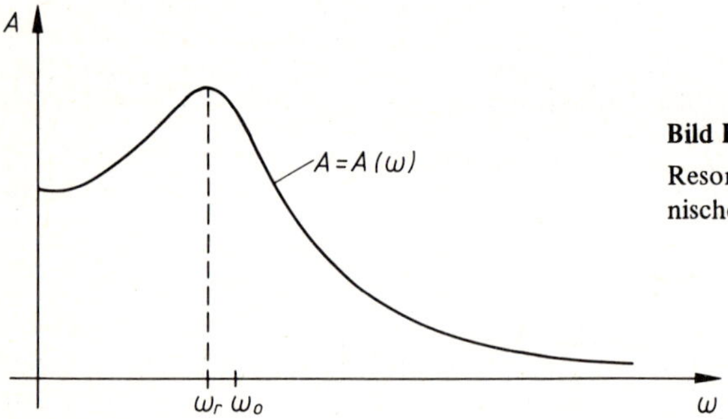

Bild III-92
Resonanzkurve bei einer erzwungenen mechanischen Schwingung

[7] Unter der Eigenkreisfrequenz ω_0 wird die Kreisfrequenz des *frei* und *ungedämpft* schwingenden Systems verstanden.

9 Trigonometrische Funktionen

9.1 Definitionen und Grundbegriffe

Trigonometrische Funktionen (auch *Winkelfunktionen* genannt) sind *periodische* Funktionen und daher zur Beschreibung und Darstellung *periodischer Bewegungsabläufe* besonders geeignet. Als Beispiele hierfür führen wir an:

- Mechanische und elektromagnetische Schwingungen (z.B. Federpendel, elektromagnetischer Schwingkreis)
- Biegeschwingungen, Torsionsschwingungen
- Schwingungen bei Maschinenanlagen
- Gekoppelte Schwingungen
- Ausbreitung von Wellen

Die vier *trigonometrischen* Funktionen *Sinus, Kosinus, Tangens* und *Kotangens* sind zunächst nur für Winkel zwischen 0° und 90° als gewisse Seitenverhältnisse in einem *rechtwinkligen* Dreieck definiert (Bild III-93):

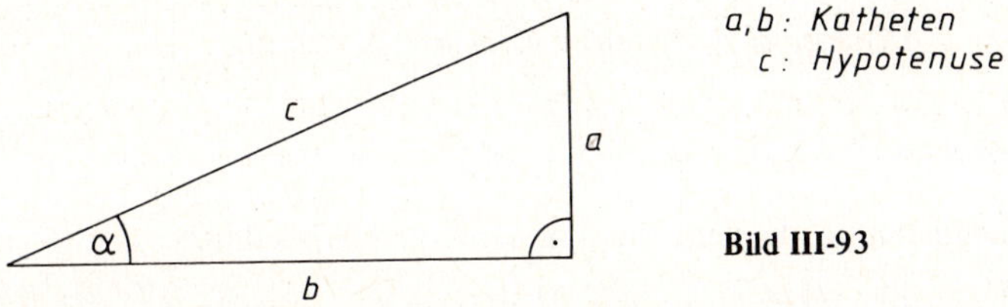

Bild III-93

$$\sin \alpha = \frac{\text{Gegenkathete}}{\text{Hypotenuse}} = \frac{a}{c} \qquad \text{(III-117)}$$

$$\cos \alpha = \frac{\text{Ankathete}}{\text{Hypotenuse}} = \frac{b}{c} \qquad \text{(III-118)}$$

$$\tan \alpha = \frac{\text{Gegenkathete}}{\text{Ankathete}} = \frac{a}{b} = \frac{a/c}{b/c} = \frac{\sin \alpha}{\cos \alpha} \qquad \text{(III-119)}$$

$$\cot \alpha = \frac{\text{Ankathete}}{\text{Gegenkathete}} = \frac{b}{a} = \frac{b/c}{a/c} = \frac{\cos \alpha}{\sin \alpha} = \frac{1}{\tan \alpha} \qquad \text{(III-120)}$$

Winkelmaße

Winkel werden im *Grad-* oder *Bogenmaß* gemessen. Als *Gradmaß* verwenden wir das sog. *Altgrad*, d.h. eine Unterteilung des Kreises in 360 Grade. Das *Bogenmaß* definieren wir wie folgt:

> **Definition:** Unter dem *Bogenmaß* x eines Winkel α (im Gradmaß) verstehen wir die Länge desjenigen Bogens, der dem Winkel α im Einheitskreis (Radius $r = 1$) gegenüberliegt (Bild III-94)

Anmerkung

Das *Bogenmaß* x läßt sich auch etwas allgemeiner definieren. Ist b die Länge des Bogens, der in einem Kreis vom Radius r dem Winkel α gegenüber liegt, so gilt:

$$x = \frac{\text{Bogenlänge}}{\text{Radius}} = \frac{b}{r} \qquad \text{(III-121)}$$

Das Bogenmaß ist demnach eine *dimensionslose* Größe, die „Einheit" *Radiant* (rad) wird meist weggelassen.

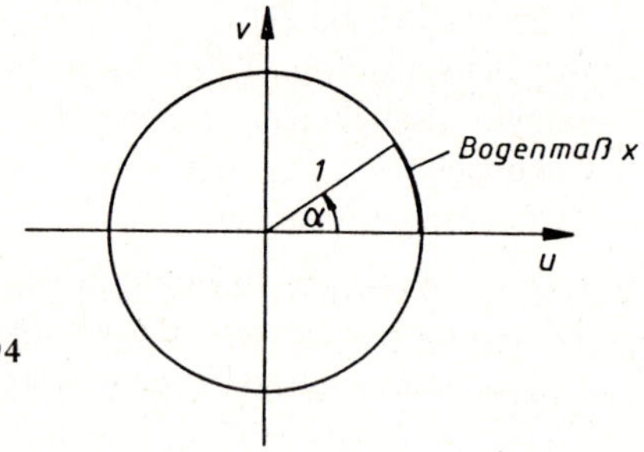

Bild III-94

Zwischen Bogenmaß x und Gradmaß α besteht die *lineare* Beziehung

$$\frac{x}{\alpha} = \frac{2\pi}{360°} = \frac{\pi}{180°} \qquad \text{(III-122)}$$

Sie ermöglicht eine *Umrechnung* aus dem einen in das andere Winkelmaß:

Vom Grad- ins Bogenmaß: $x = \frac{\pi}{180°}\,\alpha$ (III-123)

Vom Bogen- ins Gradmaß: $\alpha = \frac{180°}{\pi}\,x$ (III-124)

■ **Beispiele**

(1) Umrechnung vom Gradmaß (α) ins Bogenmaß (x):

α	30°	45°	90°	180°	225°	127,5°
x	$\pi/6$	$\pi/4$	$\pi/2$	π	$\frac{5}{4}\pi$	2,2253

(2) Umrechnung vom Bogenmaß (x) ins Gradmaß (α):

x	0,43	0,98	1,61	2,08	4,12	π
α	24,64°	56,15°	92,25°	119,18°	236,06°	180°

■

Drehsinn

Beim Abtragen der Winkel im Einheitskreis wird der folgende *Drehsinn* zugrunde gelegt: Im *Gegenuhrzeigersinn* überstrichene Winkel werden *positiv (positiver Drehsinn)*, im *Uhrzeigersinn* überstrichene Winkel *negativ* gezählt (*negativer Drehsinn*) (Bild III-95).

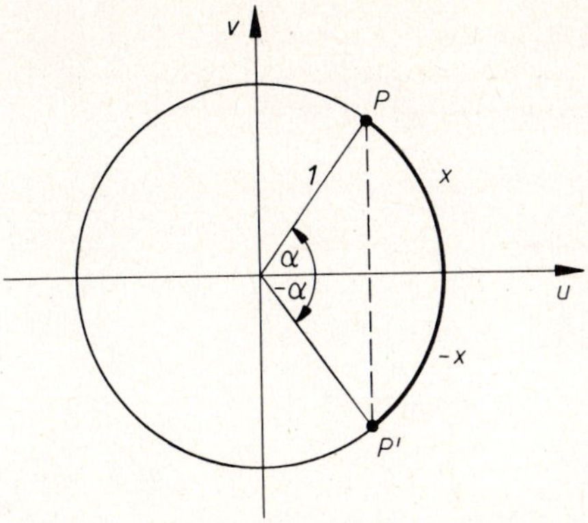

Bild III-95
Zur Festlegung des Drehsinns

Darstellung der Sinusfunktion im Einheitskreis

Wir sind nun in der Lage, die *Sinusfunktion* für *beliebige* positive und negative Winkel zu definieren. Ist P der zum Winkel α gehörende Punkt auf dem Einheitskreis (Bild III-96), so gilt per Definition (III-117) für den Sinus von α die Beziehung

$$\sin \alpha = \frac{\text{Gegenkathete}}{\text{Hypotenuse}} = \frac{\text{Ordinate von } P}{1} = \text{Ordinate von } P \qquad \text{(III-125)}$$

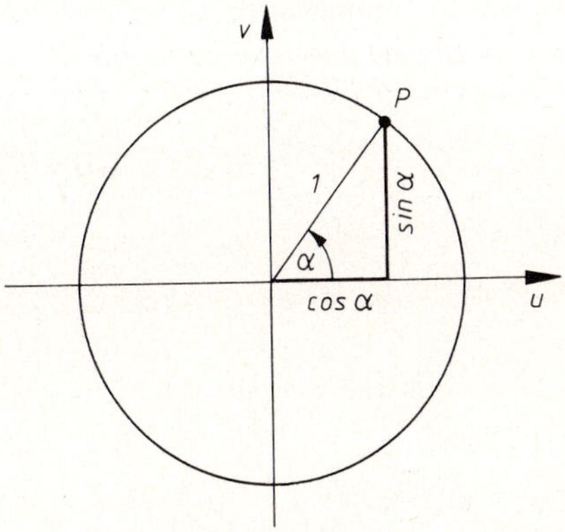

Bild III-96
Darstellung von Sinus und Kosinus im Einheitskreis

Der Sinus eines zwischen 0° und 90° gelegenen Winkels stellt sich somit im Einheitskreis als *Ordinatenwert* des Punktes P dar. Wir verallgemeinern diesen Sachverhalt für beliebige (positive oder negative) Winkel und gelangen damit zu der folgenden allgemeingültigen Definition der Sinusfunktion:

Definition: Unter dem *Sinus* eines beliebigen Winkels α versteht man den *Ordinatenwert* des zu α gehörenden Punktes P auf dem Einheitskreis (Bild III-96).

■ **Beispiel**

In Bild III-97 sind die Funktionswerte $\sin 30°$, $\sin 150°$ und $\sin(-70°)$ dargestellt.

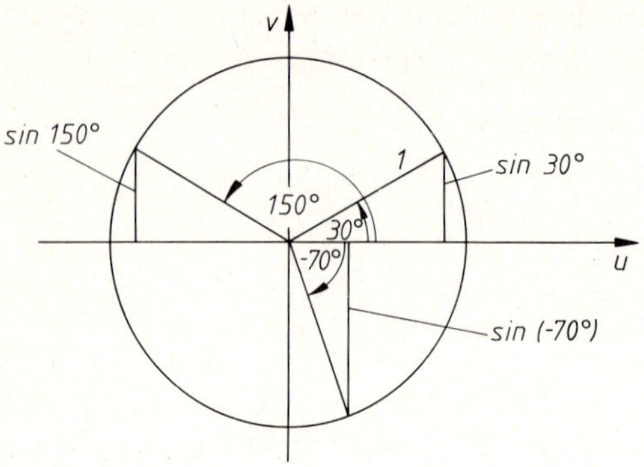

Bild III-97

■

Bei einem *vollen* Umlauf auf dem Einheitskreis durchläuft der Winkel α alle Werte zwischen 0° und 360° und die Sinusfunktion $\sin \alpha$ dabei alle zwischen -1 und $+1$ gelegenen Werte. Bei nochmaligem Umlauf *wiederholen* sich diese Funktionswerte: die Sinusfunktion ist daher eine *periodische* Funktion mit der Periode $p = 360^\circ$ (bzw. $p = 2\pi$ im Bogenmaß):

$$\sin(\alpha + 360^\circ) = \sin \alpha \qquad \text{(III-126)}$$

Wird der Einheitskreis im *negativen* Drehsinn *(Uhrzeigersinn)* durchlaufen, so tritt bei den Funktionswerten ein *Vorzeichenwechsel* ein, d.h. $\sin \alpha$ ist eine *ungerade* Funktion (Bild III-98):

$$\sin(-\alpha) = -\sin \alpha \qquad \text{(III-127)}$$

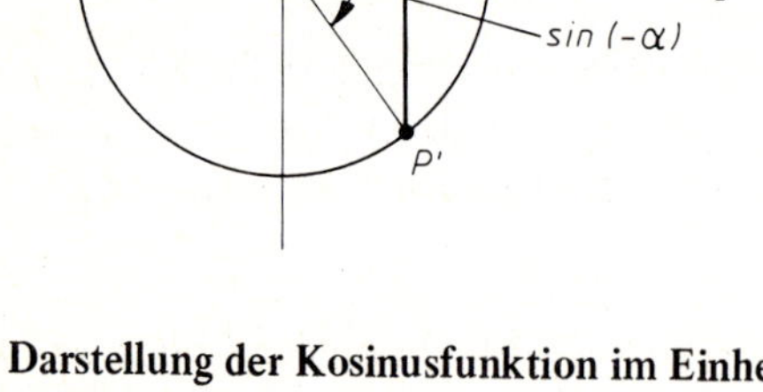

Bild III-98

Darstellung der Kosinusfunktion im Einheitskreis

Den Kosinus eines Winkel α findet man als *Abszissenwert* des Punktes P auf dem Einheitskreis wieder (Bild III-96). Dies folgt unmittelbar aus der Definition (III-118) des Kosinus:

$$\cos \alpha = \frac{\text{Ankathete}}{\text{Hypotenuse}} = \frac{\text{Abszisse von } P}{1} = \text{Abszisse von } P \qquad \text{(III-128)}$$

Analoge Überlegungen wie beim Sinus führen schließlich zu der für *beliebige* Winkel α definierten *Kosinusfunktion* $\cos \alpha$. Sie ist ebenfalls *periodisch* mit der Periode $p = 360°$ (im Bogenmaß $p = 2\pi$):

$$\cos(\alpha + 360°) = \cos \alpha \qquad \text{(III-129)}$$

im Gegensatz zur Sinusfunktion jedoch eine *gerade* Funktion:

$$\cos(-\alpha) = \cos \alpha \qquad \text{(III-130)}$$

9.2 Sinus- und Kosinusfunktion

In den Anwendungen (z.B. bei Schwingungen) treten *Sinus*- und *Kosinusfunktion* fast ausschließlich als Funktionen eines im *Bogenmaß* x dargestellten Winkels auf: $y = \sin x$, $y = \cos x$. Die Eigenschaften beider Funktionen lassen sich unmittelbar aus dem Schaubild Bild III-99 ablesen und sind in der folgenden Tabelle 1 im einzelnen aufgeführt.

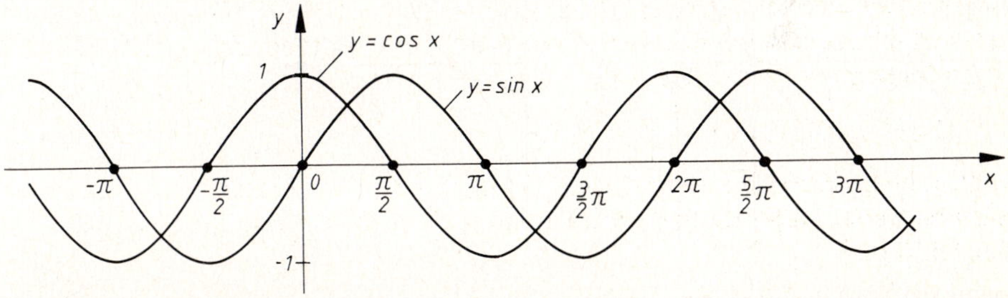

Bild III-99. Funktionsgraphen der Sinus- und Kosinusfunktion

Tabelle 1: Eigenschaften der Sinus- und Kosinusfunktion ($k \in \mathbb{Z}$)

	$y = \sin x$	$y = \cos x$
Definitionsbereich	$-\infty < x < \infty$	$-\infty < x < \infty$
Wertebereich	$-1 \leqslant y \leqslant 1$	$-1 \leqslant y \leqslant 1$
Periode	2π	2π
Symmetrie	ungerade	gerade
Nullstellen	$x_k = k \cdot \pi$	$x_k = \frac{\pi}{2} + k \cdot \pi$
Relative Maxima	$x_k = \frac{\pi}{2} + k \cdot 2\pi$	$x_k = k \cdot 2\pi$
Relative Minima	$x_k = \frac{3}{2}\pi + k \cdot 2\pi$	$x_k = \pi + k \cdot 2\pi$

9.3 Tangens- und Kotangensfunktion

Die *Tangens-* und *Kotangensfunktion* definieren wir in Verallgemeinerung der Beziehungen (III-119) bzw. (III-120) durch die Gleichungen

$$\tan x = \frac{\sin x}{\cos x}, \qquad \cot x = \frac{\cos x}{\sin x} = \frac{1}{\tan x} \tag{III-131}$$

Ihre in Tabelle 2 zusammengestellten Eigenschaften lassen sich daher aus den Eigenschaften der Sinus- und Kosinusfunktion herleiten. In den Bildern III-100 und III-101 sind die Funktionsgraphen von $y = \tan x$ und $y = \cot x$ skizziert.

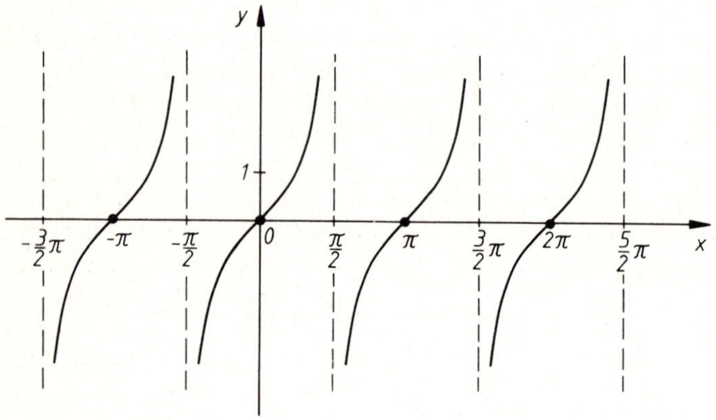

Bild III-100. Funktionsgraph von $y = \tan x$

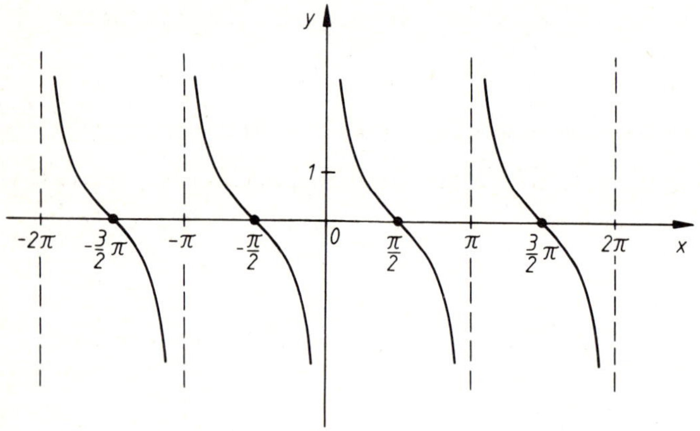

Bild III-101. Funktionsgraph von $y = \cot x$

Tabelle 2: Eigenschaften der Tangens- und Kotangensfunktion $(k \in \mathbb{Z})$

	$y = \tan x$	$y = \cot x$
Definitionsbereich	$x \in \mathbb{R}$ mit Ausnahme der Stellen $x_k = \frac{\pi}{2} + k \cdot \pi$	$x \in \mathbb{R}$ mit Ausnahme der Stellen $x_k = k \cdot \pi$
Wertebereich	$-\infty < y < \infty$	$-\infty < y < \infty$
Periode	π	π
Symmetrie	ungerade	ungerade
Nullstellen	$x_k = k \cdot \pi$	$x_k = \frac{\pi}{2} + k \cdot \pi$
Pole	$x_k = \frac{\pi}{2} + k \cdot \pi$	$x_k = k \cdot \pi$
Vertikale Asymptoten	$x = \frac{\pi}{2} + k \cdot \pi$	$x = k \cdot \pi$

9.4 Wichtige Beziehungen zwischen den trigonometrischen Funktionen

Zwischen den vier trigonometrischen Funktionen bestehen zahlreiche *Beziehungen*, von denen wir an dieser Stelle nur einige besonders *häufig* auftretende anführen können[8]).

Aus Bild III-99 folgt unmittelbar, daß die *Kosinuskurve* als eine um $\pi/2$ nach *links* verschobene *Sinuskurve* aufgefaßt werden kann. Daher ist

$$\cos x = \sin\left(x + \frac{\pi}{2}\right) \qquad \text{(III-132)}$$

Umgekehrt geht die *Sinuskurve* aus der *Kosinuskurve* durch Verschiebung um $\pi/2$ nach *rechts* hervor. Dies entspricht der Beziehung

$$\sin x = \cos\left(x - \frac{\pi}{2}\right) \qquad \text{(III-133)}$$

Zwischen der Sinus- und Kosinusfunktion besteht ferner die folgende wichtige Relation (vgl. Bild III-102):

Trigonometrischer Pythagoras

$$(\sin x)^2 + (\cos x)^2 = \sin^2 x + \cos^2 x = 1 \qquad \text{(III-134)}$$

---

8) Alle wesentlichen trigonometrischen Formeln findet der Leser in der Formelsammlung (Kap. III.7).

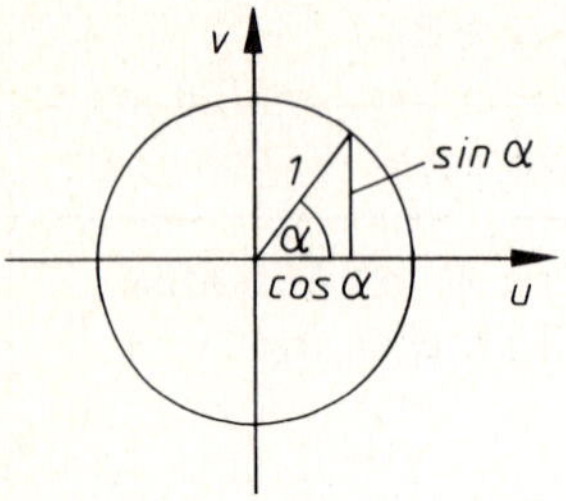

Bild III-102
Zur Herleitung des trigonometrischen Pythagoras

Weitere häufig benutzte Zusammenhänge liefern die sog. *Additionstheoreme* für Sinus, Kosinus und Tangens (x_1, x_2 sind Winkel):

Additionstheoreme für die Sinus-, Kosinus- und Tangensfunktion

$$\sin(x_1 \pm x_2) = \sin x_1 \cdot \cos x_2 \pm \cos x_1 \cdot \sin x_2 \qquad \text{(III-135)}$$

$$\cos(x_1 \pm x_2) = \cos x_1 \cdot \cos x_2 \mp \sin x_1 \cdot \sin x_2 \qquad \text{(III-136)}$$

$$\tan(x_1 \pm x_2) = \frac{\tan x_1 \pm \tan x_2}{1 \mp \tan x_1 \cdot \tan x_2} \qquad \text{(III-137)}$$

Aus ihnen erhält man leicht die folgenden Beziehungen:

$$\sin(2x) = 2 \cdot \sin x \cdot \cos x \qquad \text{(III-138)}$$

$$\cos(2x) = \cos^2 x - \sin^2 x \qquad \text{(III-139)}$$

$$\sin^2 x = \frac{1}{2}(1 - \cos(2x)) \qquad \text{(III-140)}$$

$$\cos^2 x = \frac{1}{2}(1 + \cos(2x)) \qquad \text{(III-141)}$$

9.5 Anwendungen

9.5.1 Harmonische Schwingungen (Sinusschwingungen)

9.5.1.1 Die allgemeine Sinus- und Kosinusfunktion

Bei der Beschreibung von *Schwingungsvorgängen* benötigt man *Sinus*- und *Kosinusfunktionen* in der *allgemeinsten Form*

$$y = a \cdot \sin(bx + c) \qquad y = a \cdot \cos(bx + c) \qquad (a > 0,\ b > 0) \qquad \text{(III-142)}$$

Die Bedeutung der Konstanten a, b und c und die von ihnen verursachten Veränderungen in den Funktionseigenschaften gegenüber den Ausgangsfunktionen $y = \sin x$ bzw. $y = \cos x$ werden im folgenden beschrieben, wobei wir uns zunächst auf die *Sinusfunktion* beschränken.

Bedeutung der Konstanten *a*

Der Faktor a in der Funktion $y = a \cdot \sin x$ bewirkt eine *Veränderung der Funktionswerte* gegenüber der Ausgangsfunktion $y = \sin x$. Der *neue Wertebereich* lautet: $-a \leqslant y \leqslant a$.

■ **Beispiel**

$y = 2 \cdot \sin x$: Die Ordinatenwerte werden um den Faktor 2 vergrößert.

Wertebereich: $-2 \leqslant y \leqslant 2$ (vgl. Bild III-103).

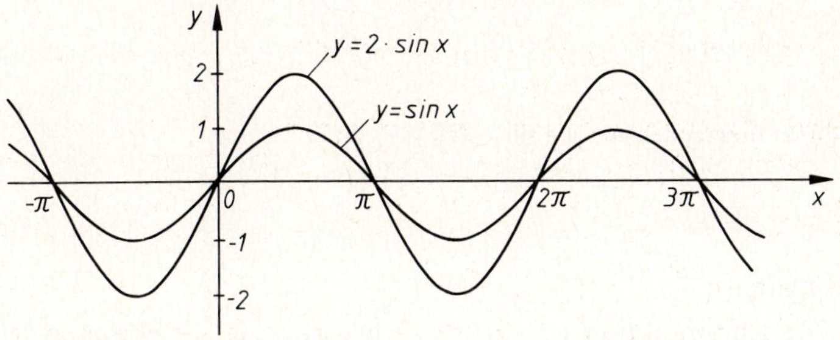

Bild III-103. Funktionsgraphen von $y = \sin x$ und $y = 2 \cdot \sin x$

■

Bedeutung der Konstanten *b*

Der Faktor b im *Argument* der Sinusfunktion $y = \sin(bx)$ verändert gegenüber der Ausgangsfunktion $y = \sin x$ die *Periode*:

$y = \sin x$: *Periode* $p = 2\pi$

$y = \sin(bx)$: *Periode* $p = \dfrac{2\pi}{b}$

Denn es gilt:

$$\sin[b(x+p)] = \sin\left[b\left(x + \frac{2\pi}{b}\right)\right] = \sin(bx + 2\pi) = \sin(bx)$$

$b > 1$ bewirkt eine *Verkleinerung*, $b < 1$ eine *Vergrößerung* der Periode.

■ **Beispiele**

(1) $y = \sin(2x)$, Periode $p = \pi$ (vgl. Bild III-104)

(2) $y = \sin(\pi x)$, $p = 2$

$y = \sin(4x)$, $p = \pi/2$

$y = \sin(0{,}2x)$, $p = 10\pi$

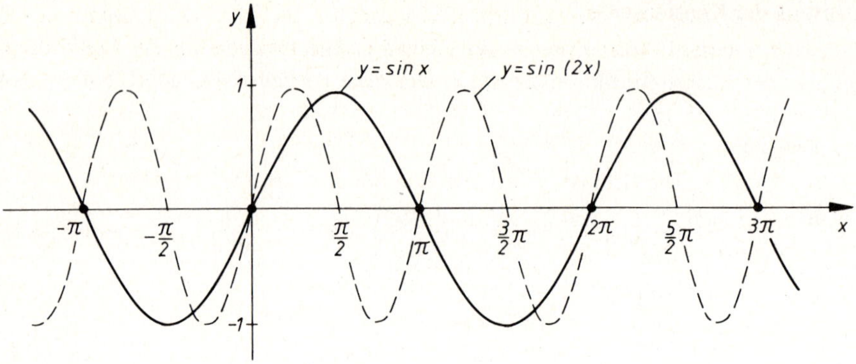

Bild III-104. Funktionsgraphen von $y = \sin x$ und $y = \sin(2x)$

■

Bedeutung der Konstanten c

Die Konstante c in der Sinusfunktion $y = \sin(x + c)$ bewirkt eine *Verschiebung* der Sinuskurve $y = \sin x$ längs der x-Achse. Die 1. *positive Nullstelle* von $y = \sin x$ liegt bekanntlich an der Stelle $x_0 = 0$, die entsprechende Nullstelle von $y = \sin(x + c)$ liegt an der Stelle $x_0 = -c$ (man setzt das Argument der Funktion gleich Null):

$$y = \sin(x_0 + c) = 0 \quad \Rightarrow \quad x_0 + c = 0, \quad x_0 = -c \qquad \text{(III-143)}$$

Die Kurve $y = \sin(x + c)$ *„beginnt"* also nicht in $x_0 = 0$, sondern an der Stelle $x_0 = -c$. Für $c > 0$ ist die Kurve nach *links*, für $c < 0$ nach *rechts* verschoben (s. Beispiele).

■ **Beispiele**

(1) $y = \sin(x + \pi)$. Diese Funktion ist gegenüber der Sinusfunktion $y = \sin x$ um π Einheiten nach *links* verschoben (die Kurve „beginnt" an der Stelle $x_0 = -\pi$, vgl. Bild III-105).

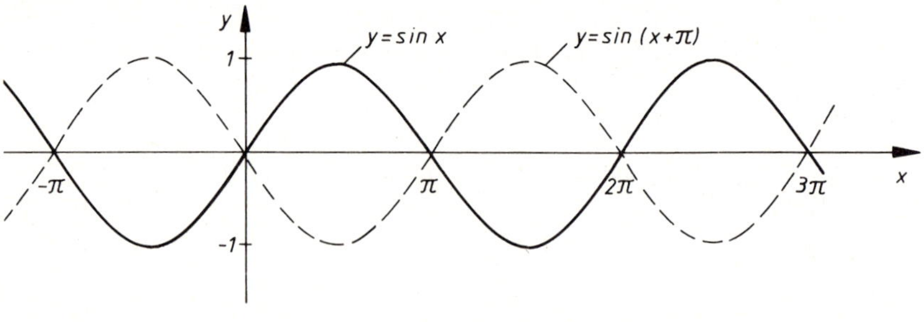

Bild III-105. Funktionsgraphen von $y = \sin x$ und $y = \sin(x + \pi)$

(2) $y = \sin(x - 1)$: Diese Funktion ist gegenüber der Funktion $y = \sin x$ um eine Einheit nach rechts verschoben: die 1. Nullstelle liegt bei $x_0 = 1$ (Bild III-106).

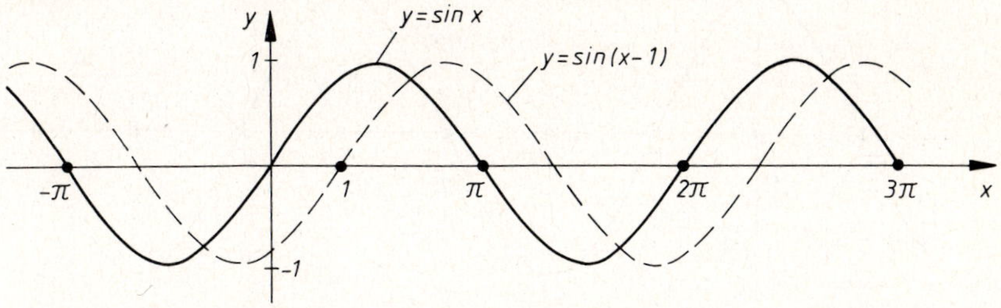

Bild III-106. Funktionsgraphen von $y = \sin x$ und $y = \sin(x - 1)$

■

Allgemeine Sinusfunktion $y = a \cdot \sin(bx + c)$

Die *allgemeine Sinusfunktion* $y = a \cdot \sin(bx + c)$ ist gegenüber der Funktion $y = \sin x$ wie folgt verändert (Bild III-107):

Eigenschaften der allgemeinen Sinusfunktion $y = a \cdot \sin(bx + c)$

Periode: $p = 2\pi/b$

„1. *Nullstelle*" *(Phasenverschiebung)*: $x_0 = -c/b$

Wertebereich: $-a \leqslant y \leqslant a$

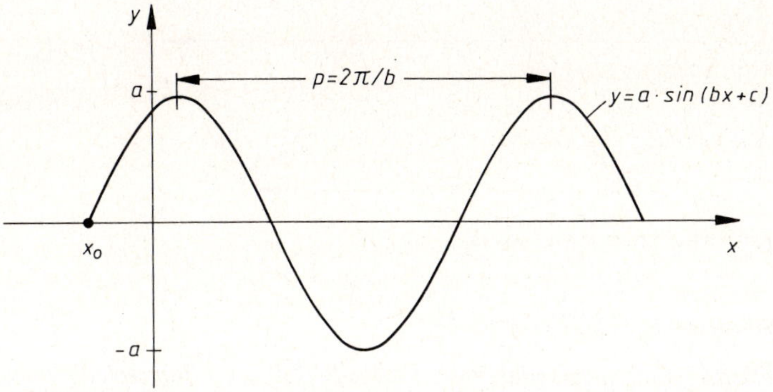

Bild III-107. Allgemeine Sinusfunktion $y = a \cdot \sin(bx + c)$

■ **Beispiel**

$y = 2 \cdot \sin(0{,}5\,x + 0{,}5\,\pi)$ (Bild III-108)

Periode: $p = 4\pi$

Wertebereich: $-2 \leqslant y \leqslant 2$

„*1. Nullstelle*": $0{,}5\,x_0 + 0{,}5\,\pi = 0 \;\Rightarrow\; x_0 = -\pi$

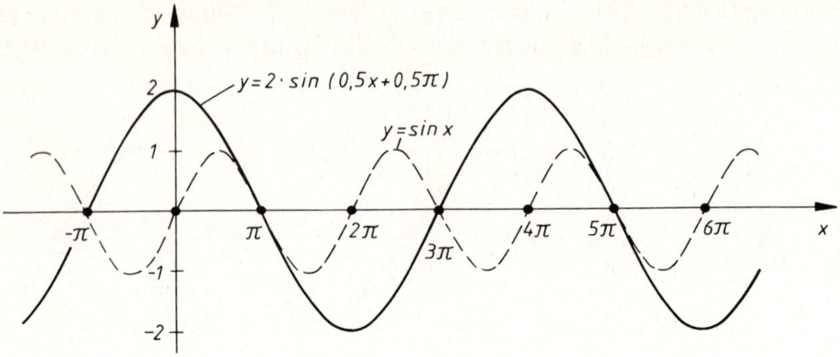

Bild III-108. Verlauf der Funktion $y = 2 \cdot \sin(0{,}5\,x + 0{,}5\,\pi)$

■

Allgemeine Kosinusfunktion $y = a \cdot \cos(bx + c)$

Analoge Überlegungen lassen sich für die *allgemeine Kosinusfunktion* $y = a \cdot \cos(bx + c)$ anstellen. Diese Funktion besitzt ihr „*1. Maximum*" nicht mehr an der Stelle $x_0 = 0$, sondern in $x_0 = -c/b$. Ihre *Periode* beträgt $p = \dfrac{2\pi}{b}$, ihr Wertebereich ist $-a \leqslant y \leqslant a$ (vgl. Bild III-109).

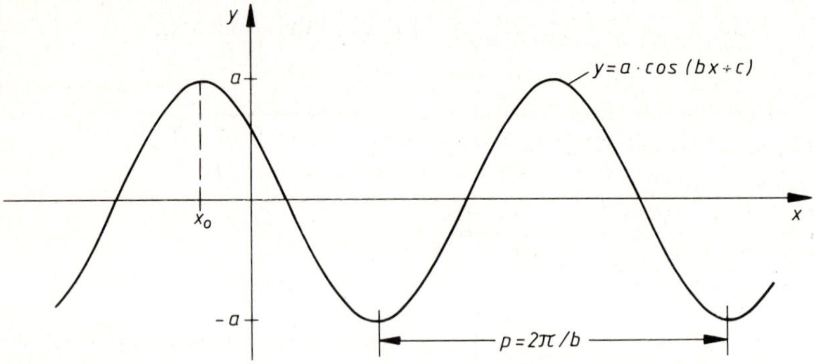

Bild III-109. Allgemeine Kosinusfunktion $y = a \cdot \cos(bx + c)$

9.5.1.2 Harmonische Schwingung eines Federpendels

Die *Schwingung* eines *elastischen Federpendels* kann als Modellfall einer *Sinusschwingung* (auch *harmonische Schwingung* genannt) betrachtet werden (Bild III-110). Schwingungen dieser Art treten auf, wenn ein *lineares Kraftgesetz* vorliegt (wie beispielsweise das *Hookesche* Gesetz bei einer Feder). Die *Auslenkung* y ist dann eine *periodische* Funktion der Zeit t und kann in der Form

$$y = A \cdot \sin(\omega t + \varphi) \qquad (A > 0;\ \omega > 0) \tag{III-144}$$

dargestellt werden. Darin bedeuten:

A: *Maximale* Auslenkung, *Amplitude* genannt
ω: *Kreisfrequenz* der Schwingung
φ: *Phase* (auch *Phasen-* oder *Nullphasenwinkel* genannt)

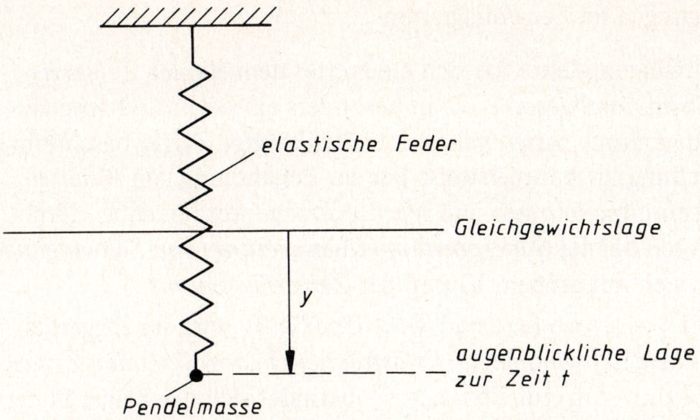

Bild III-110
Federpendel

Die Periodendauer der Funktion ist $p = \frac{2\pi}{\omega}$ und wird in diesem Zusammenhang als *Schwingungsdauer* T bezeichnet. Dabei besteht zwischen Kreisfrequenz ω, Frequenz f und Schwingungsdauer T die folgende Beziehung:

$$\omega = 2\pi f = \frac{2\pi}{T} \qquad \left(f = \frac{1}{T}\right) \tag{III-145}$$

Die Sinusschwingung *„beginnt"* zur Zeit $t = -\frac{\varphi}{\omega}$ (sog. *Phasenverschiebung*). Für $\varphi > 0$ ist die Kurve nach *links*, für $\varphi < 0$ nach *rechts* auf der Zeitachse verschoben.

■ **Beispiel**

Schwingung mit der Funktionsgleichung $y = 5\text{ cm} \cdot \sin\left(2\text{ s}^{-1} \cdot t + \frac{\pi}{2}\right)$

$$A = 5\text{ cm}, \quad \omega = 2\text{ s}^{-1}, \quad T = \frac{2\pi}{2\text{ s}^{-1}} = \pi\text{ s}$$

Phasenverschiebung: $2\text{ s}^{-1} \cdot t_0 + \frac{\pi}{2} = 0 \;\Rightarrow\; t_0 = -\frac{\pi}{4}\text{ s}$

Aus physikalischen Gründen ist die Funktion nur für $t \geqslant 0$ s sinnvoll (vgl. Bild III-111).

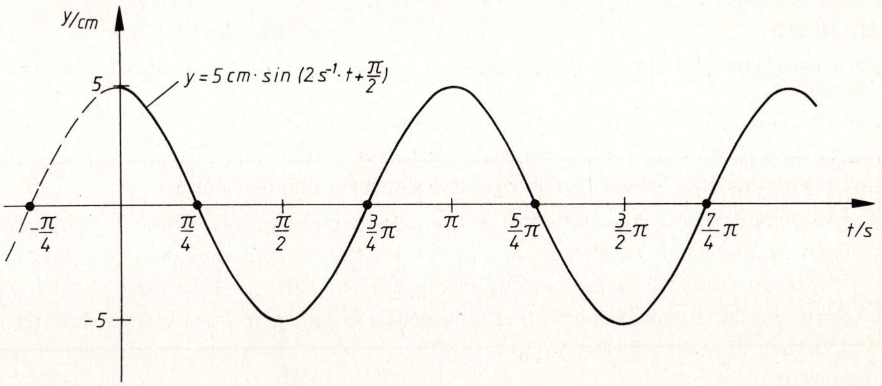

Bild III-111. Darstellung der Schwingung $y = 5\text{ cm} \cdot \sin(2\,s^{-1} \cdot t + \pi/2)$ ■

9.5.2 Darstellung von Schwingungen im Zeigerdiagramm

Im Bereich der allgemeinen Schwingungslehre hat sich eine unter dem Namen *Zeigerdiagramm* bekannte Darstellungsform durchgesetzt, die in besonders einfacher und anschaulicher Weise Schwingungsvorgänge durch *rotierende,* d.h. *zeitabhängige Zeiger* beschreibt. Anwendung findet diese Darstellungsart beispielsweise bei der Behandlung von *Wechselstromkreisen: Sinusförmige Wechselspannungen* und *Wechselströme* werden dabei durch *rotierende Zeiger* dargestellt. Auch bei der *Superposition (Überlagerung) von Schwingungen gleicher Frequenz* bedient man sich mit großem Vorteil des *Zeigerdiagramms.*

Eine *Sinusschwingung* vom Typ $y = A \cdot \sin(\omega t + \varphi)$ $(A > 0,\ \omega > 0)$ wird im Zeigerdiagramm durch einen mit der *Winkelgeschwindigkeit (Kreisfrequenz)* ω *rotierenden Zeiger* der Länge A beschrieben. Zu Beginn (d.h. zur Zeit $t_0 = 0$) befindet sich der Zeiger in der Lage 1 (Winkel gegen die Horinzontale: φ). Die Phase φ bestimmt somit die *Ausgangslage* des Zeigers (Bild III-112). In den folgenden t Sekunden hat sich der Zeiger um den Winkel ωt in *positiver* Richtung weitergedreht und nimmt die Lage 2 ein (Drehwinkel *insgesamt:* $\varphi + \omega t$, Bild III-112). Dabei entspricht die *Ordinate* der Zeigerspitze dem *augenblicklichen* Funktionswert von $y = A \cdot \sin(\omega t + \varphi)$. Bei der Rotation des Zeigers mit der Winkelgeschwindigkeit ω durchläuft die Ordinate *sämtliche* Funktionswerte der Sinusfunktion.

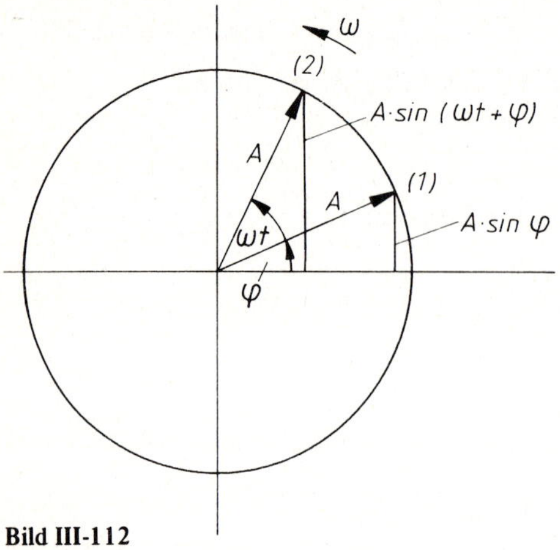

Bild III-112
Darstellung einer Sinusschwingung im Zeigerdiagramm

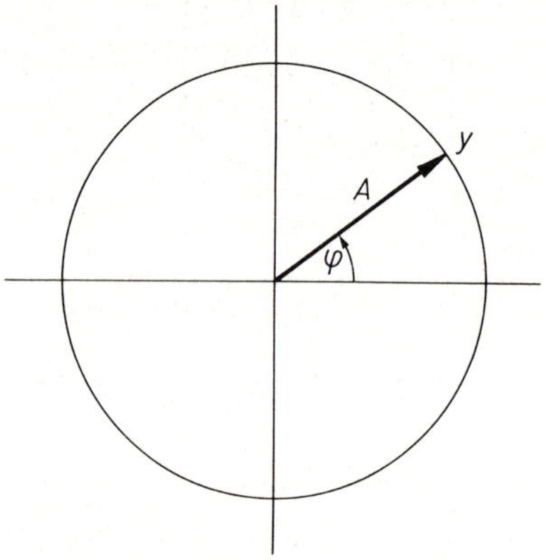

Bild III-113
Anfangslage eines Sinuszeigers

> **Darstellung einer Sinusschwingung durch einen rotierenden Zeiger**
> Die *sinusförmige Schwingung* $y = A \cdot \sin(\omega t + \varphi)$ läßt sich im Zeigerdiagramm durch einen im mathematisch positiven Sinn mit der Winkelgeschwindigkeit ω *rotierenden Zeiger* der Länge A darstellen. Zu Beginn, d.h. zur Zeit $t_0 = 0$ befindet sich der Zeiger in der durch den Phasenwinkel φ eindeutig festgelegten Position (vgl. Bild III-113).

Anmerkung

Im Zeigerdiagramm wird stets die *Anfangslage* des Zeigers bildlich dargestellt.

■ **Beispiel**

Die durch die folgenden Funktionsgleichungen beschriebenen *harmonischen Schwingungen* sind im *Zeigerdiagramm* darzustellen:

$$y_1 = 4 \cdot \sin(2t)$$

$$y_2 = 4 \cdot \sin\left(2t + \frac{\pi}{4}\right)$$

$$y_3 = 4 \cdot \sin\left(2t + \frac{2\pi}{3}\right)$$

$$y_4 = -4 \cdot \sin(2t) = 4 \cdot \sin(2t + \pi)$$

$$y_5 = 4 \cdot \sin\left(2t - \frac{\pi}{6}\right)$$

Die Zeiger y_2, y_3, y_4 und y_5 werden durch Drehung des Zeigers $y_1 = 4 \cdot \sin(2t)$ um die folgenden Winkel gewonnen (Bild III-114):

Zeiger	y_2	y_3	y_4	y_5
Drehwinkel (Bogenmaß)	$\frac{\pi}{4}$	$\frac{2\pi}{3}$	π	$-\frac{\pi}{6}$
Drehwinkel (Gradmaß)	45°	120°	180°	−30°

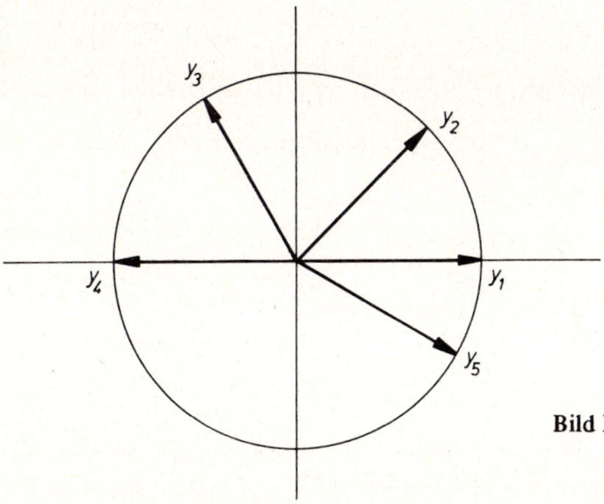

Bild III-114

■

Kosinusschwingungen vom Typ $y = A \cdot \cos(\omega t + \varphi)$ $(A > 0,\ \omega > 0)$ sind als *Sinusschwingungen* in der Form

$$y = A \cdot \cos(\omega t + \varphi) = A \cdot \sin\Big(\omega t + \underbrace{\varphi + \frac{\pi}{2}}_{\varphi^*}\Big) = A \cdot \sin(\omega t + \varphi^*) \qquad \text{(III-146)}$$

darstellbar und werden daher durch einen mit der Winkelgeschwindigkeit ω rotierenden Sinuszeiger der Länge A beschrieben, der zu *Beginn* die durch die Phase $\varphi^* = \varphi + \frac{\pi}{2}$ festgelegte Position einnimmt (Bild III-115).

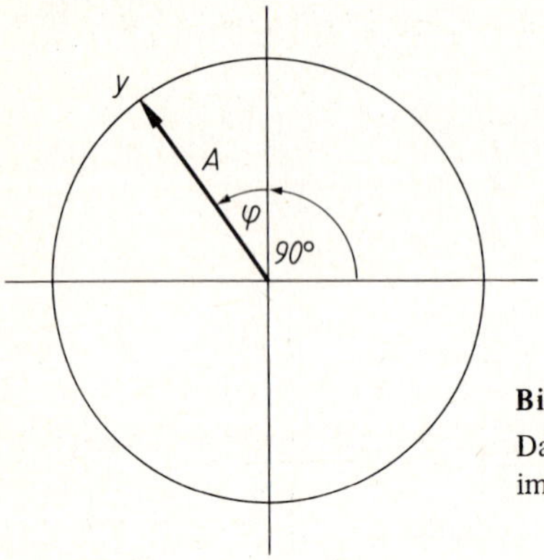

Bild III-115
Darstellung einer Kosinusschwingung im Zeigerdiagramm (Anfangslage)

■ **Beispiel**

$$y_1 = 3 \cdot \cos(5t) = 3 \cdot \sin\left(5t + \frac{\pi}{2}\right)$$

$$y_2 = -3 \cdot \cos(5t) = 3 \cdot \cos(5t + \pi)$$

$$y_3 = 3 \cdot \cos\left(5t + \frac{\pi}{3}\right)$$

$$y_4 = 3 \cdot \cos(5t - 0{,}5)$$

Die *Anfangslage* der drei Zeiger y_2, y_3, y_4 erhält man durch Drehung des Zeigers y_1 $\left(\text{Phase } \varphi = \frac{\pi}{2}\right)$ um die Winkel $\pi, \frac{\pi}{3}, -0{,}5$ (im Gradmaß: 180°, 60°, − 28,6°) (Bild III-116):

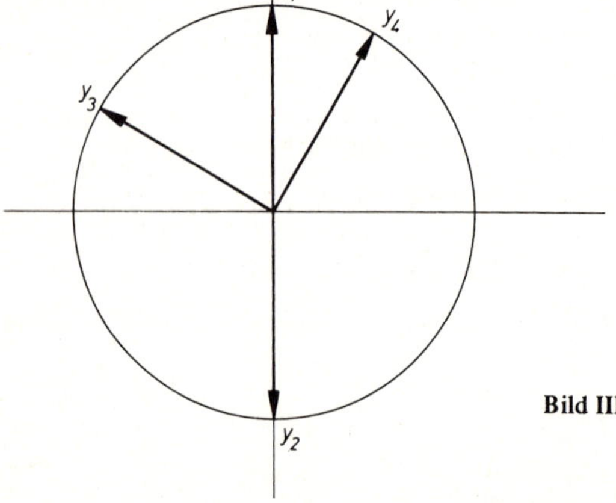

Bild III-116

■

Allgemein ergibt sich somit das folgende *Zeigerdiagramm* für *Sinus*- und *Kosinusschwingungen*:

Eine *unverschobene Sinusschwingung* $y = A \cdot \sin(\omega t)$ wird im Zeigerdiagramm durch einen nach *rechts* gerichteten Zeiger (Phasenwinkel: $\varphi = 0°$), eine *unverschobene Kosinusschwingung* $y = A \cdot \cos(\omega t)$ durch einen nach *oben* gerichteten Zeiger (Phasenwinkel: $\varphi = 90°$) dargestellt (Bild III-117).

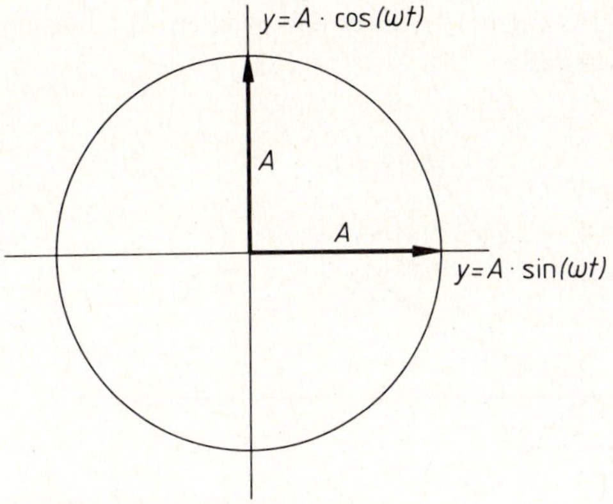

Bild III-117 Zeigerdarstellung einer unverschobenen Sinus- bzw. Kosinusschwingung (Anfangslagen)

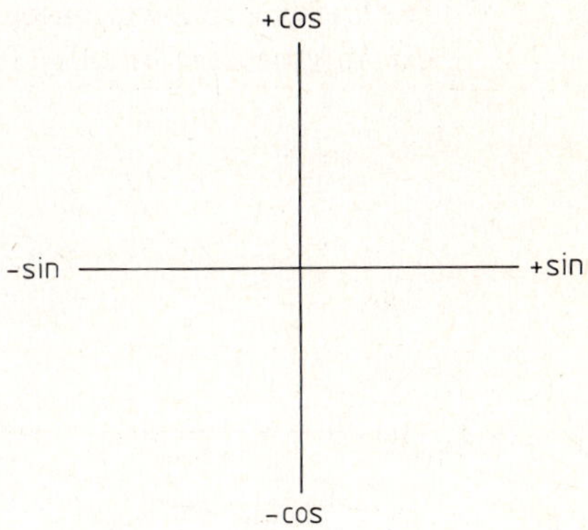

Bild III-118

Läßt man auch einen *negativen* „Amplitudenfaktor" A zu, so bedeutet $A < 0$ eine *Vergrößerung* des Phasenwinkels um 180°, d.h. eine *zusätzliche* Drehung des Zeigers um 180° im Gegenuhrzeigersinn. *Unverschobene Sinus- und Kosinusschwingungen mit einem negativen „Amplitudenfaktor" werden demnach in der jeweiligen Gegenrichtung d.h. nach links bzw. nach unten abgetragen* (Bild III-118). Somit gelten allgemein für die Zeigerdarstellung von Sinus- und Kosinusschwingungen folgende *Regeln*:

Schwingungstyp	$A > 0$	$A < 0$
$y = A \cdot \sin(\omega t)$	nach rechts	nach links
$y = A \cdot \cos(\omega t)$	nach oben	nach unten

Bei *phasenverschobenen* Schwingungen der allgemeinen Form $y = A \cdot \sin(\omega t + \varphi)$ bzw. $y = A \cdot \cos(\omega t + \varphi)$ erfolgt noch eine *zusätzliche* Drehung um den Winkel φ. Die Drehung erfolgt dabei für $\varphi > 0$ im *Gegenuhrzeigersinn*, für $\varphi < 0$ dagegen im *Uhrzeigersinn*.

■ **Beispiele**

(1) Die durch die Funktionen

$$y_1 = 3 \cdot \sin\left(2t + \frac{\pi}{6}\right) \qquad y_4 = -4 \cdot \sin\left(2t + \frac{\pi}{12}\right)$$

$$y_2 = 2 \cdot \cos(2t - \pi) \qquad y_5 = 4 \cdot \sin(2t + 1)$$

$$y_3 = 4 \cdot \cos\left(2t + \frac{3\pi}{4}\right) \qquad y_6 = -3 \cdot \cos\left(2t + \frac{\pi}{4}\right)$$

beschriebenen Schwingungen sind im *Zeigerdiagramm* darzustellen. Die Lösung der Aufgabe ist in Bild III-119 dargestellt.

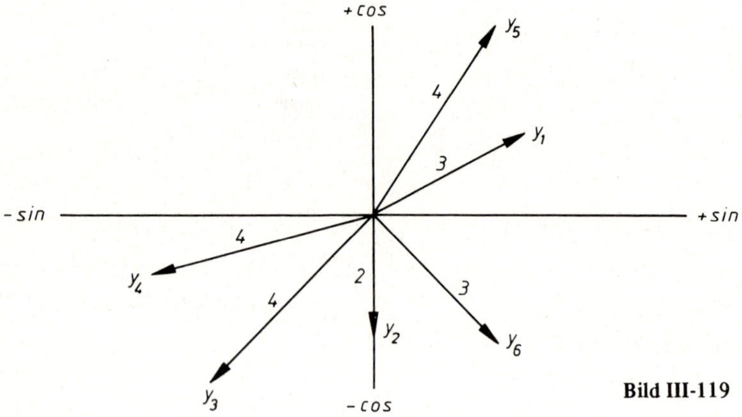

Bild III-119

(2) Die Schwingungen $y_1 = 3 \cdot \cos\left(\omega t - \frac{\pi}{4}\right)$ und $y_2 = -3 \cdot \sin\left(\omega t - \frac{\pi}{6}\right)$ sind durch *Sinusfunktionen* vom Typ $y = A \cdot \sin(\omega t + \varphi)$ $(A > 0)$ darzustellen.

Lösung:
y_1 entsteht durch Drehung des Zeigers $y_0 = 3 \cdot \sin(\omega t)$ um $45° \mathrel{\widehat{=}} \frac{\pi}{4}$ im *positiven* Drehsinn (Bild III-120). Daher ist

$$y_1 = 3 \cdot \cos\left(\omega t - \frac{\pi}{4}\right) = 3 \cdot \sin\left(\omega t + \frac{\pi}{4}\right)$$

Analog erhält man den Zeiger y_2 durch Drehung des Zeigers y_0 um $150° \mathrel{\widehat{=}} \frac{5\pi}{6}$ im *positiven* Drehsinn. Es gilt daher

$$y_2 = -3 \cdot \sin\left(\omega t - \frac{\pi}{6}\right) = 3 \cdot \sin\left(\omega t + \frac{5\pi}{6}\right).$$

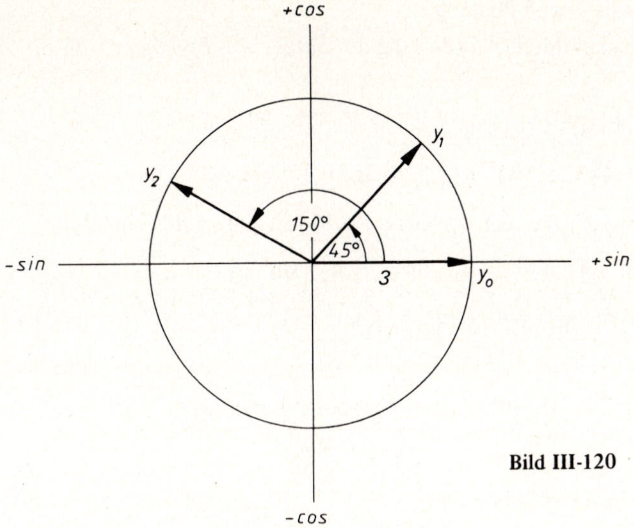

Bild III-120

■

9.5.3 Superposition (Überlagerung) von gleichfrequenten Schwingungen

Nach dem *Superpositionsprinzip* der Physik entsteht durch ungestörte *Überlagerung* zweier *gleichfrequenter* Schwingungen $y_1 = A_1 \cdot \sin(\omega t + \varphi_1)$ und $y_2 = A_2 \cdot \sin(\omega t + \varphi_2)$ eine *resultierende* Schwingung *gleicher* Frequenz:

$$y = y_1 + y_2 = A \cdot \sin(\omega t + \varphi) \qquad \text{(III-147)}$$

Amplitude A und Phase φ der Resultierenden sind dabei *eindeutig* durch die Amplituden A_1, A_2 und die Phasen φ_1, φ_2 der beiden Einzelschwingungen y_1 und y_2 bestimmt.

Zeichnerische Lösung

Im *Zeigerdiagramm* werden die Zeiger von y_1 und y_2 zu einem *Parallelogramm* zusammengesetzt, dessen *Diagonale* die resultierende Schwingung nach Bild III-121 darstellt. Amplitude A und Phase φ lassen sich unmittelbar ablesen.

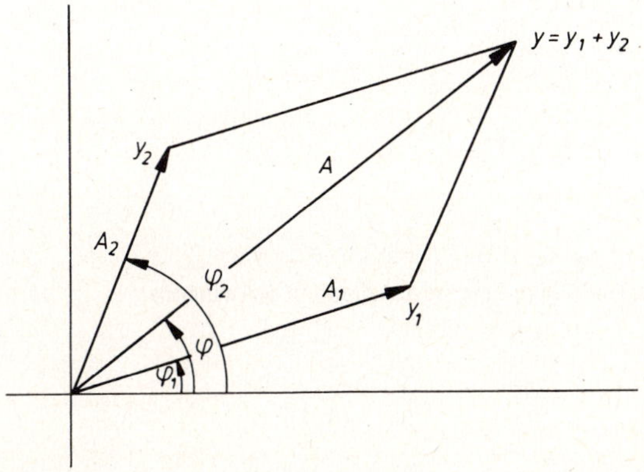

Bild III-121
Geometrische Addition zweier gleichfrequenter Schwingungen im Zeigerdiagramm

Berechnung von Amplitude *A* und Phase φ

Aus Bild III-122 gewinnt man durch Anwendung des *Satzes von Pythagoras* für die *Amplitude A* die Beziehung

$$\begin{aligned} A^2 &= u^2 + v^2 = (u_1 + u_2)^2 + (v_1 + v_2)^2 = \\ &= (A_1 \cdot \cos\varphi_1 + A_2 \cdot \cos\varphi_2)^2 + (A_1 \cdot \sin\varphi_1 + A_2 \cdot \sin\varphi_2)^2 = \\ &= A_1^2 \cdot \cos^2\varphi_1 + 2\,A_1\,A_2 \cdot \cos\varphi_1 \cdot \cos\varphi_2 + A_2^2 \cdot \cos^2\varphi_2 + A_1^2 \cdot \sin^2\varphi_1 + \\ &\qquad + 2\,A_1\,A_2 \cdot \sin\varphi_1 \cdot \sin\varphi_2 + A_2^2 \cdot \sin^2\varphi_2 = \\ &= A_1^2 \underbrace{(\cos^2\varphi_1 + \sin^2\varphi_1)}_{=1} + A_2^2 \underbrace{(\cos^2\varphi_2 + \sin^2\varphi_2)}_{=1} + \\ &\qquad + 2\,A_1\,A_2 \underbrace{(\sin\varphi_1 \cdot \sin\varphi_2 + \cos\varphi_1 \cdot \cos\varphi_2)}_{=\cos(\varphi_2 - \varphi_1)} = \\ &= A_1^2 + A_2^2 + 2\,A_1\,A_2 \cdot \cos(\varphi_2 - \varphi_1) \end{aligned} \qquad \text{(III-148)}$$

$$A = \sqrt{A_1^2 + A_2^2 + 2\,A_1\,A_2 \cdot \cos(\varphi_2 - \varphi_1)} \qquad \text{(III-149)}$$

Die *Phase* φ der resultierenden Schwingung wird aus der Formel

$$\tan\varphi = \frac{v}{u} = \frac{v_1 + v_2}{u_1 + u_2} = \frac{A_1 \cdot \sin\varphi_1 + A_2 \cdot \sin\varphi_2}{A_1 \cdot \cos\varphi_1 + A_2 \cdot \cos\varphi_2} \qquad \text{(III-150)}$$

berechnet.

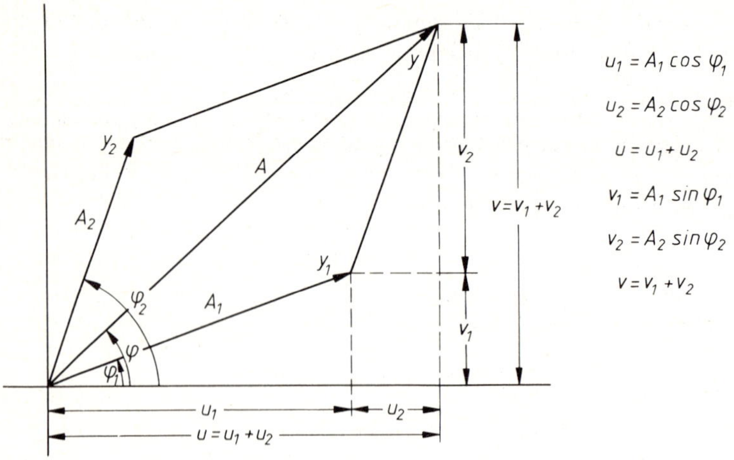

Bild III-122 Zur Bestimmung von Amplitude und Phase einer resultierenden Schwingung

Superposition zweier gleichfrequenter Schwingungen

$$y = A_1 \cdot \sin(\omega t + \varphi_1) + A_2 \cdot \sin(\omega t + \varphi_2) = A \cdot \sin(\omega t + \varphi) \qquad \text{(III-151)}$$

$$A = \sqrt{A_1^2 + A_2^2 + 2\,A_1\,A_2 \cdot \cos(\varphi_2 - \varphi_1)} \qquad \text{(III-152)}$$

$$\tan\varphi = \frac{A_1 \cdot \sin\varphi_1 + A_2 \cdot \sin\varphi_2}{A_1 \cdot \cos\varphi_1 + A_2 \cdot \cos\varphi_2} \qquad \text{(III-153)}$$

Anmerkung

Es ist ratsam, sich zunächst anhand einer *Skizze* über die *Lage* des *resultierenden* Zeigers zu informieren. Den Phasenwinkel φ erhält man dann aus Gleichung (III-153) unter Berücksichtigung des *Quadranten* (s. hierzu auch das nachfolgende Beispiel (3)). Die dabei zu lösende Gleichung $\tan\varphi = \text{const.} = c$ besitzt in *Abhängigkeit vom Quadranten* die folgende Lösung (*Hauptwert* im Gradmaß) [9]:

Quadrant	I	II, III	IV
$\varphi =$	$\arctan c$	$\arctan c + 180°$	$\arctan c + 360°$

■ **Beispiele**

(1) Wie lautet die durch *Superposition* der beiden *mechanischen* Schwingungen

$$y_1 = 4\text{ cm} \cdot \sin(2\text{ s}^{-1} \cdot t) \quad \text{und} \quad y_2 = 3\text{ cm} \cdot \cos\left(2\text{ s}^{-1} \cdot t - \frac{\pi}{6}\right)$$

entstehende *resultierende* Schwingung?

Lösung:

Zunächst wird die Kosinusschwingung y_2 in eine *Sinusschwingung* verwandelt (Bild III-123):

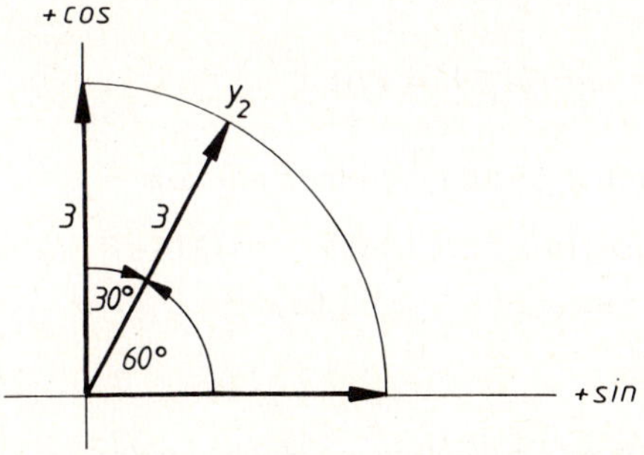

Bild III-123

$$y_2 = 3\text{ cm} \cdot \cos\left(2\text{ s}^{-1} \cdot t - \frac{\pi}{6}\right) = 3\text{ cm} \cdot \sin\left(2\text{ s}^{-1} \cdot t + \frac{\pi}{3}\right)$$

---

9) Die Funktion $y = \arctan x$ ist die *Umkehrfunktion* der auf das Intervall $\left(-\frac{\pi}{2}, \frac{\pi}{2}\right)$ beschränkten *Tangensfunktion* und wird im Abschnitt III.10.4 ausführlich behandelt.

Mit $A_1 = 4$ cm, $A_2 = 3$ cm, $\varphi_1 = 0$ und $\varphi_2 = \frac{\pi}{3}$ erhält man aus den Gleichungen (III-152) und (III-153) *Amplitude* und *Phase* der resultierenden Schwingung zu (der resultierende Zeiger liegt im 1. Quadrant):

$$A = 6{,}08 \text{ cm}$$

$$\tan\varphi = 0{,}4724 \quad \Rightarrow \quad \varphi = 25{,}29° \mathrel{\hat{=}} 0{,}44$$

Die *resultierende* Schwingung lautet damit

$$y = y_1 + y_2 = 4 \text{ cm} \cdot \sin(2 \text{ s}^{-1} \cdot t) + 3 \text{ cm} \cdot \cos\left(2 \text{ s}^{-1} \cdot t - \frac{\pi}{6}\right) =$$
$$= 6{,}08 \text{ cm} \cdot \sin(2 \text{ s}^{-1} \cdot t + 0{,}44)$$

(2) Die *gleichfrequenten Wechselspannungen*

$$u_1 = 50 \text{ V} \cdot \sin(314 \text{ s}^{-1} \cdot t) \quad \text{und} \quad u_2 = 80 \text{ V} \cdot \cos(314 \text{ s}^{-1} \cdot t)$$

werden zur *Überlagerung* gebracht. Die durch *Superposition* entstehende *resultierende* Wechselspannung $u = u_0 \cdot \sin(314 \text{ s}^{-1} \cdot t + \varphi)$ kann unmittelbar aus dem *Zeigerdiagramm* berechnet werden (Bild III-124):

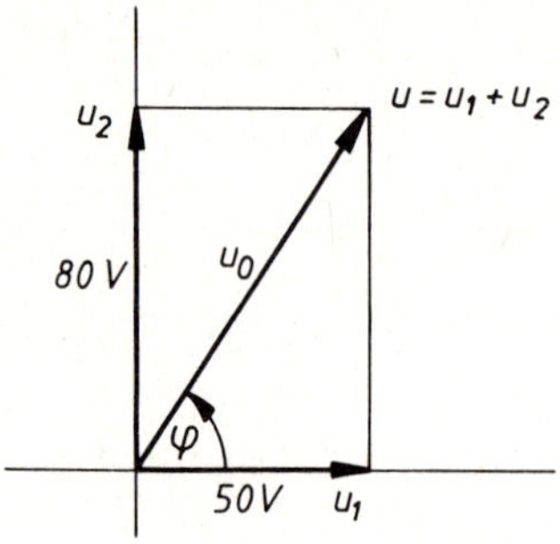

Bild III-124

$$u_0 = \sqrt{(50 \text{ V})^2 + (80 \text{ V})^2} = 94{,}34 \text{ V}$$

$$\tan\varphi = \frac{80 \text{ V}}{50 \text{ V}} = 1{,}6 \quad \Rightarrow \quad \varphi = 57{,}99° \mathrel{\hat{=}} 1{,}01$$

Die *resultierende* Wechselspannung wird durch die Funktion

$$u = u_1 + u_2 = 50 \text{ V} \cdot \sin(314 \text{ s}^{-1} \cdot t) + 80 \text{ V} \cdot \cos(314 \text{ s}^{-1} \cdot t) =$$
$$= 94{,}34 \text{ V} \cdot \sin(314 \text{ s}^{-1} \cdot t + 1{,}01)$$

beschrieben.

(3) Wir bringen die *gleichfrequenten* mechanischen Schwingungen

$$y_1 = 6 \text{ cm} \cdot \sin\left(\omega t + \frac{\pi}{6}\right) \quad \text{und} \quad y_2 = 10 \text{ cm} \cdot \sin\left(\omega t + \frac{5}{6}\pi\right)$$

zur Überlagerung. Der Zeiger der *resultierenden* Schwingung $y = A \cdot \sin(\omega t + \varphi)$ liegt nach Bild III-125 im 2. Quadranten!

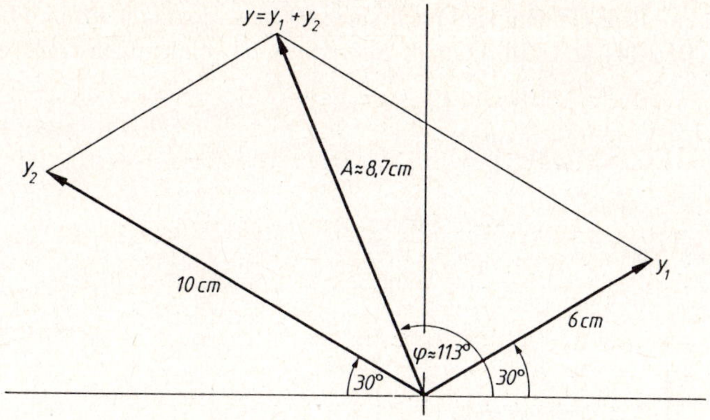

Bild III-125

Für die *Amplitude A* erhalten wir nach Formel (III-152) den folgenden Wert:

$$A = \sqrt{(6\text{ cm})^2 + (10\text{ cm})^2 + 2 \cdot 6\text{ cm} \cdot 10\text{ cm} \cdot \cos\left(\frac{5}{6}\pi - \frac{\pi}{6}\right)} = 8{,}72\text{ cm}$$

Der *Phasenwinkel* φ genügt der Gleichung

$$\tan\varphi = \frac{6\text{ cm} \cdot \sin\left(\frac{\pi}{6}\right) + 10\text{ cm} \cdot \sin\left(\frac{5}{6}\pi\right)}{6\text{ cm} \cdot \cos\left(\frac{\pi}{6}\right) + 10\text{ cm} \cdot \cos\left(\frac{5}{6}\pi\right)} = -2{,}3094$$

und besitzt wegen $90^\circ < \varphi < 180^\circ$ die Lösung

$$\varphi = \arctan(-2{,}3094) + 180^\circ = 113{,}41^\circ \mathrel{\hat{=}} 1{,}98$$

Die *resultierende* Schwingung wird somit durch die Gleichung

$$y = 8{,}72\text{ cm} \cdot \sin(\omega t + 1{,}98)$$

beschrieben. ■

9.5.4 Lissajous-Figuren

Lissajous-Figuren entstehen durch *Überlagerung zweier aufeinander senkrecht stehender Schwingungen,* deren Frequenzen in einem *rationalen* Verhältnis stehen. Sie lassen sich z.B. auf einem Kathodenstrahloszillograph (Braunsche Röhre) durch Anlegen von (sinusförmigen) Wechselspannungen an die beiden Kondensatorplattenpaare realisieren. Eine Sinusspannung am *horizontal* ablenkenden Plattenpaar (x-Richtung) bewirkt, daß der Elektronenstrahl eine Schwingung in *waagerechter* Richtung nach der Gleichung $x = a \cdot \sin(\omega t)$ ausführt. Eine Kosinusspannung *gleicher* Frequenz am *vertikal* ablenkenden Plattenpaar (y-Richtung) veranlaßt den Elektronenstrahl zu einer periodischen Bewegung in *vertikaler* Richtung gemäß der Gleichung $y = b \cdot \cos(\omega t)$. Die *augenblickliche* Lage des Strahls bei *gleichzeitigem* Anlegen *beider* Spannungen wird dann durch die *Parameter-Gleichungen*

$$\begin{aligned} x &= a \cdot \sin(\omega t) \\ y &= b \cdot \cos(\omega t) \end{aligned} \qquad \text{(III-154)}$$

beschrieben. Löst man diese Gleichungen nach $\sin(\omega t)$ bzw. $\cos(\omega t)$ auf und berücksichtigt die Beziehung (III-134), so erhält man als *Bahnkurve* des Elektronenstrahls eine *Ellipse* (Bild III-126):

$$\sin(\omega t) = \frac{x}{a}, \qquad \cos(\omega t) = \frac{y}{b}$$

$$\sin^2(\omega t) + \cos^2(\omega t) = 1 \quad \Rightarrow \quad \frac{x^2}{a^2} + \frac{y^2}{b^2} = 1 \tag{III-155}$$

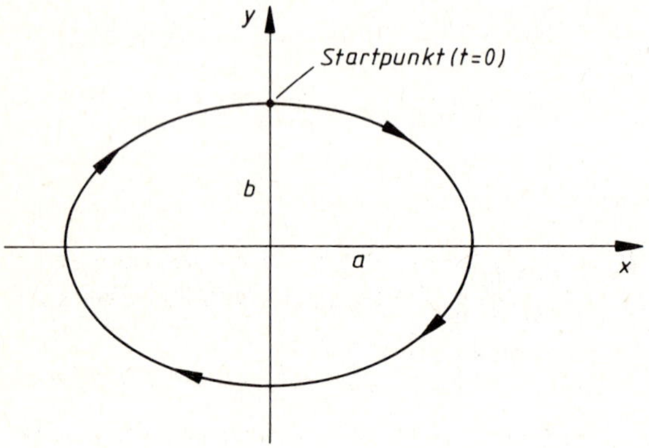

Bild III-126
Lissajous-Figur (Ellipse): Pfeilrichtung kennzeichnet den Durchlaufsinn des Elektronenstrahls

10 Arkusfunktionen

10.1 Das Problem der Umkehrung trigonometrischer Funktionen

Die *trigonometrischen* Funktionen ordnen einem Winkel x in *eindeutiger* Weise einen Funktionswert zu. In der Praxis stellt sich jedoch häufig (z.B. beim Lösen trigonometrischer Gleichungen) genau das *umgekehrte* Problem: der *Funktionswert* einer trigonometrischen Funktion ist bekannt, zu bestimmen sind die zugehörigen *Winkel*. So besitzt beispielsweise die Gleichung $\tan x = 1$ *unendlich* viele Lösungen, d.h. es gibt *unendlich* viele Winkel, deren Tangens gleich Eins ist. Die Lösungen dieser Gleichung können bequem auf zeichnerischem Wege als Schnittpunkte der Tangensfunktion $y = \tan x$ mit der Geraden $y = 1$ (Parallele zur x-Achse) ermittelt werden (Bild III-127). Sie lauten:

$$x_k = \frac{\pi}{4} + k \cdot \pi \qquad (k \in \mathbb{Z}) \tag{III-156}$$

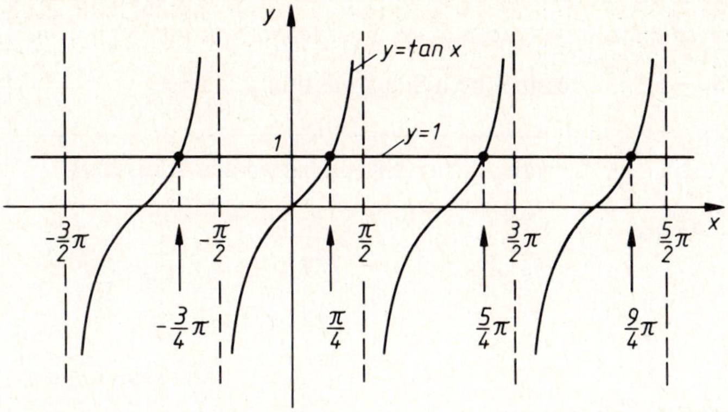

Bild III-127 Zur Umkehrung einer trigonometrischen Funktion: Die Gleichung $\tan x = 1$ besitzt unendlich viele Lösungen

Die *Umkehrung* der Tangensfunktion ist demnach *nicht eindeutig:* offensichtlich eine Folge der *fehlenden* Monotonieeigenschaft. Ganz ähnlich liegen die Verhältnisse bei den übrigen trigonometrischen Funktionen.

Beschränken wir uns jedoch bei der Lösung der Gleichung $\tan x = 1$ auf den Winkelbereich $-\frac{\pi}{2} < x < \frac{\pi}{2}$ (hier ist der Tangens *streng monoton wachsend*), so erhält man genau *eine* Lösung:

$$\tan x = 1 \left(-\frac{\pi}{2} < x < \frac{\pi}{2}\right) \Rightarrow x_0 = \frac{\pi}{4} \qquad \text{(III-157)}$$

Wir halten folgendes fest:

> **Zur Umkehrung der trigonometrischen Funktionen**
>
> Grundsätzlich lassen sich die trigonometrischen Funktionen infolge fehlender Monotonieeigenschaft *nicht* umkehren. Beschränkt man sich jedoch auf gewisse Intervalle, in denen die Funktionen *streng monoton* verlaufen und dabei *sämtliche* Funktionswerte annehmen, so ist *jede* der vier Winkelfunktionen *umkehrbar.* Die Umkehrfunktionen bezeichnet man als *Arkusfunktionen* (auch *zyklometrische* Funktionen genannt). Ihre Funktionswerte sind im Bogen- oder Gradmaß dargestellte *Winkel.*

10.2 Arkussinusfunktion

Die *Umkehrung* der auf das Intervall $\left[-\frac{\pi}{2}, \frac{\pi}{2}\right]$ beschränkten und dort *streng monoton wachsenden* Sinusfunktion führt zur *Arkussinusfunktion* (vgl. die Bilder III-128a) und b)).

Definition: Die *Arkussinusfunktion* $y = \arcsin x$ ist die *Umkehrfunktion* der auf das Intervall $\left[-\frac{\pi}{2}, \frac{\pi}{2}\right]$ beschränkten Sinusfunktion $y = \sin x$.

In der folgenden Tabelle 3 haben wir die wesentlichen Eigenschaften der Arkussinusfunktion zusammengestellt.

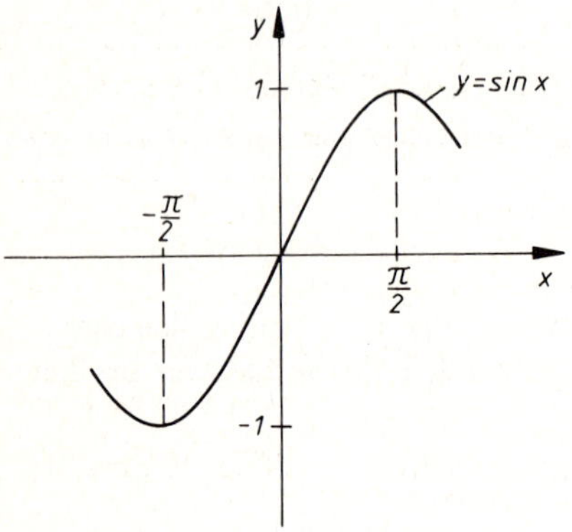

Bild III-128a) Zur Umkehrung der Sinusfunktion

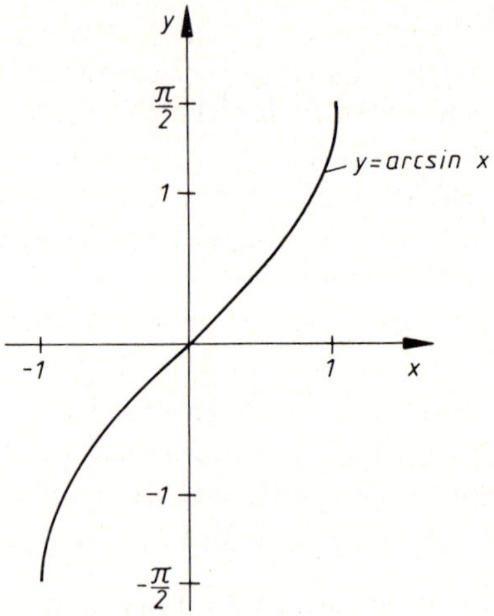

Bild III-128b) Funktionsgraph von $y = \arcsin x$

Tabelle 3: Eigenschaften der Arkussinusfunktion $y = \arcsin x$

	$y = \sin x$ $-\frac{\pi}{2} \leqslant x \leqslant \frac{\pi}{2}$	$y = \arcsin x$
Definitionsbereich	$-\frac{\pi}{2} \leqslant x \leqslant \frac{\pi}{2}$	$-1 \leqslant x \leqslant 1$
Wertebereich	$-1 \leqslant y \leqslant 1$	$-\frac{\pi}{2} \leqslant y \leqslant \frac{\pi}{2}$
Nullstellen	$x_0 = 0$	$x_0 = 0$
Symmetrie	ungerade	ungerade
Monotonie	streng monoton wachsend	streng monoton wachsend

■ **Beispiele**

$\arcsin 0 = 0$

$\arcsin 0{,}5 = \pi/6 \mathrel{\hat{=}} 30^\circ$

$\arcsin(-0{,}75) = -0{,}8481$ ■

10.3 Arkuskosinusfunktion

Die Kosinusfunktion ist im Intervall $[0, \pi]$ *streng monoton fallend*, durchläuft dabei ihren gesamten Wertevorrat und ist daher *umkehrbar* (Bild III-129a)). Ihre Umkehrung führt zur *Arkuskosinusfunktion* (Bild III-129b)).

Definition: Die *Arkuskosinusfunktion* $y = \arccos x$ ist die *Umkehrfunktion* der auf das Intervall $[0, \pi]$ beschränkten Kosinusfunktion $y = \cos x$.

Ihre Eigenschaften entnimmt man Tabelle 4.

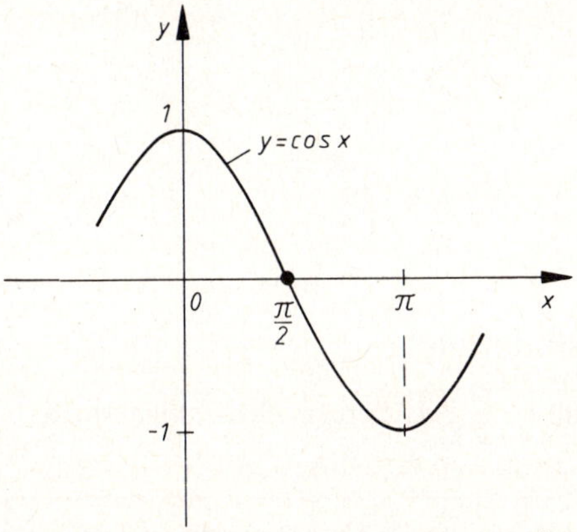

Bild III-129a) Zur Umkehrung der Kosinusfunktion

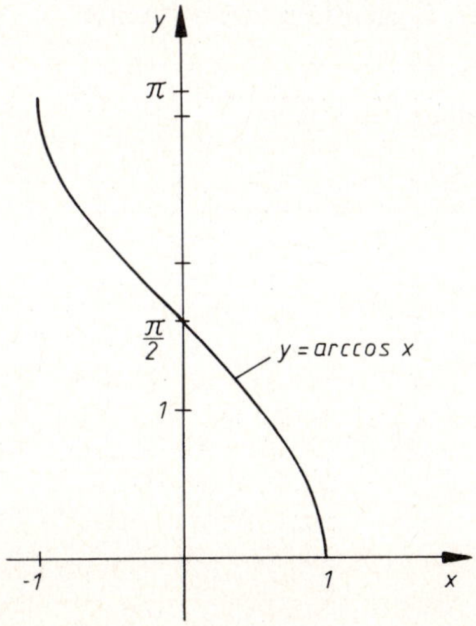

Bild III-129b) Funktionsgraph von $y = \arccos x$

Tabelle 4: Eigenschaften der Arkuskosinusfunktion $y = \arccos x$

	$y = \cos x$ $0 \leqslant x \leqslant \pi$	$y = \arccos x$
Definitionsbereich	$0 \leqslant x \leqslant \pi$	$-1 \leqslant x \leqslant 1$
Wertebereich	$-1 \leqslant y \leqslant 1$	$0 \leqslant y \leqslant \pi$
Nullstellen	$x_0 = \frac{\pi}{2}$	$x_0 = 1$
Monotonie	streng monoton fallend	streng monoton fallend

■ **Beispiele**

$\arccos 0 = \frac{\pi}{2}$

$\arccos 0{,}5 = \frac{\pi}{3} \mathrel{\hat{=}} 60°$

$\arccos(-0{,}237) = 1{,}8101$ ■

10.4 Arkustangens- und Arkuskotangensfunktion

Die Umkehrung der Tangensfunktion im Intervall $\left(-\frac{\pi}{2}, \frac{\pi}{2}\right)$ führt zur *Arkustangensfunktion* (vgl. die Bilder III-130a) und b)).

Definition: Die *Arkustangensfunktion* $y = \arctan x$ ist die *Umkehrfunktion* der auf das Intervall $\left(-\frac{\pi}{2}, \frac{\pi}{2}\right)$ beschränkten Tangensfunktion $y = \tan x$.

Ihre Funktionseigenschaften sind in Tabelle 5 im einzelnen beschrieben.

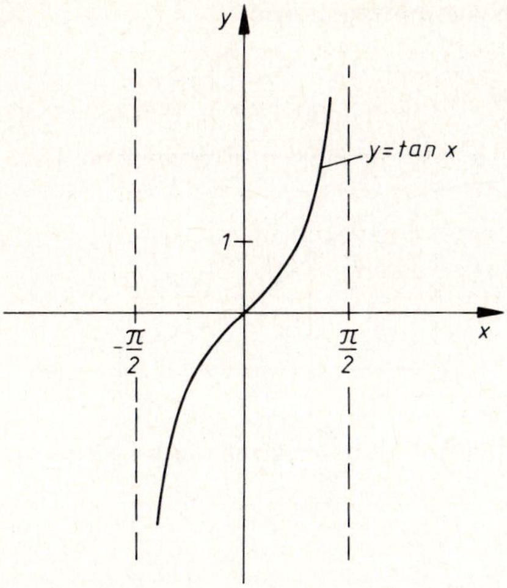

Bild III-130a) Zur Umkehrung der Tangensfunktion

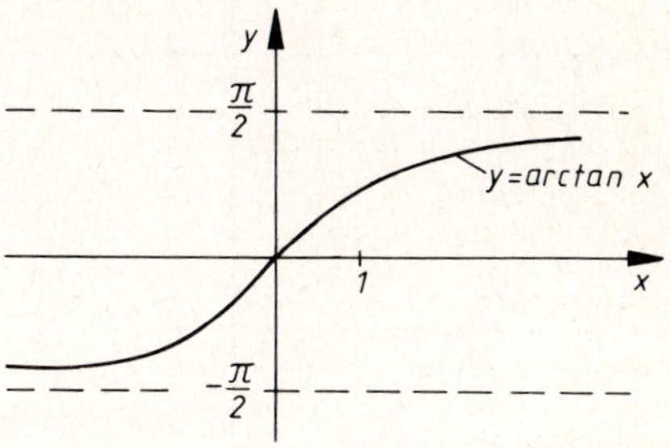

Bild III-130b) Funktionsgraph von $y = \arctan x$

Tabelle 5: Eigenschaften der Arkustangensfunktion $y = \arctan x$

	$y = \tan x$ $-\frac{\pi}{2} < x < \frac{\pi}{2}$	$y = \arctan x$
Definitionsbereich	$-\frac{\pi}{2} < x < \frac{\pi}{2}$	$-\infty < x < \infty$
Wertebereich	$-\infty < y < \infty$	$-\frac{\pi}{2} < y < \frac{\pi}{2}$
Nullstellen	$x_0 = 0$	$x_0 = 0$
Symmetrie	ungerade	ungerade
Monotonie	streng monoton wachsend	streng monoton wachsend
Asymptoten	$x = \pm \frac{\pi}{2}$	$y = \pm \frac{\pi}{2}$

Die *Kotangensfunktion* ist im Intervall $(0, \pi)$ *umkehrbar* (Bild III-131a)). Ihre Umkehrfunktion heißt *Arkuskotangensfunktion* (Bild III-131b)).

Definition: Die *Arkuskotangensfunktion* $y = \operatorname{arccot} x$ ist die *Umkehrfunktion* der auf das Intervall $(0, \pi)$ beschränkten *Kotangensfunktion* $y = \cot x$.

In Tabelle 6 sind die Eigenschaften dieser Funktion zusammengetragen.

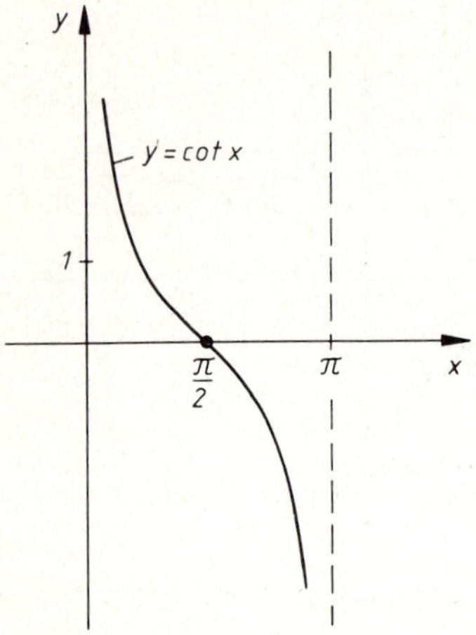

Bild III-131a) Zur Umkehrung der Kotangensfunktion

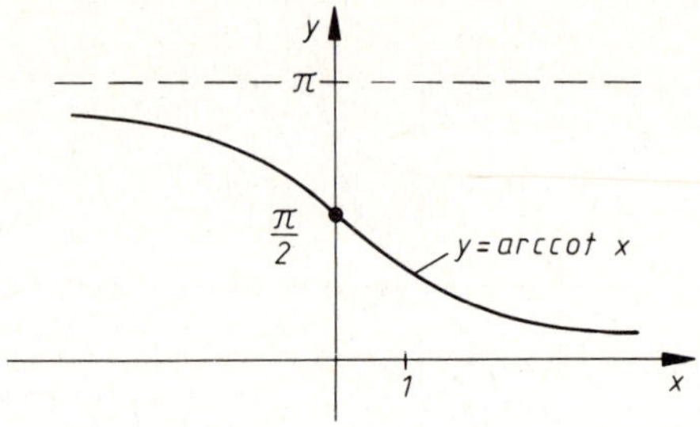

Bild III-131b) Funktionsgraph von $y = \operatorname{arccot} x$

Tabelle 6: Eigenschaften der Arkuskotangensfunktion $y = \operatorname{arccot} x$

	$y = \cot x$ $0 < x < \pi$	$y = \operatorname{arccot} x$
Definitionsbereich	$0 < x < \pi$	$-\infty < x < \infty$
Wertebereich	$-\infty < y < \infty$	$0 < y < \pi$
Nullstellen	$x_0 = \frac{\pi}{2}$	———
Monotonie	streng monoton fallend	streng monoton fallend
Asymptoten	$x = 0$ $x = \pi$	$y = 0$ $y = \pi$

Anmerkung

Die *Arkuskotangensfunktion* spielt in der Praxis *keine* nennenswerte Rolle. Sie fehlt daher auf den Taschenrechnern. Ihre Funktionswerte werden meist unter Verwendung der Beziehung

$$\operatorname{arccot} x = \frac{\pi}{2} - \arctan x \qquad \text{(III-158)}$$

über die *Arkustangensfunktion* berechnet (x im Bogenmaß; bei Verwendung des Gradmaßes ist $\pi/2$ durch 90° zu ersetzen).

■ **Beispiele**

(1) $\arctan 1 = \pi/4$

$\arctan 125{,}3 = 1{,}5628$

$\arctan(-3\pi) = -1{,}4651$

(2) $\operatorname{arccot} 0 = \frac{\pi}{2} - \arctan 0 = \frac{\pi}{2}$

$\operatorname{arccot} 1{,}51 = \frac{\pi}{2} - \arctan 1{,}51 = 0{,}5849$

$\operatorname{arccot}(-23{,}5) = \frac{\pi}{2} - \arctan(-23{,}5) = 3{,}0991$

(3) Die *Superposition* der beiden mechanischen Schwingungen

$$y_1 = 5\text{ cm} \cdot \sin(3\text{ s}^{-1} \cdot t) \quad \text{und} \quad y_2 = 6\text{ cm} \cdot \cos(3\text{ s}^{-1} \cdot t)$$

führt zu einer resultierenden Schwingung, deren Amplitude A und Phase φ direkt aus dem Zeigerdiagramm (Bild III-132) berechnet werden kann:

$$A = \sqrt{(5\text{ cm})^2 + (6\text{ cm})^2} = 7{,}81\text{ cm}$$

$$\tan\varphi = \frac{6\text{ cm}}{5\text{ cm}} = 1{,}2 \quad \Rightarrow$$

$$\varphi = \arctan 1{,}2 = 0{,}8761$$

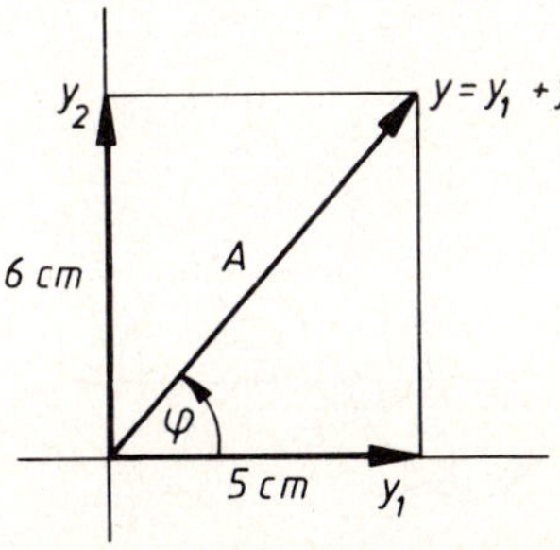

Bild III-132

Die Gleichung der *resultierenden Schwingung* lautet damit:

$$y = y_1 + y_2 = 5\text{ cm} \cdot \sin(3\text{ s}^{-1} \cdot t) + 6\text{ cm} \cdot \cos(3\text{ s}^{-1} \cdot t) =$$
$$= 7{,}81\text{ cm} \cdot \sin(3\text{ s}^{-1} \cdot t + 0{,}8761)$$ ■

10.5 Trigonometrische Gleichungen

Unter einer *trigonometrischen Gleichung* versteht man eine Gleichung, bei der die Unbekannte x in den *Argumenten* trigonometrischer Funktionen auftritt. Den Lösungsmechanismus zeigen wir anhand eines ausgewählten Beispiels, da sich ein allgemeines Lösungsverfahren für Gleichungen dieser Art *nicht* angeben läßt.

■ **Beispiel**

$$\sin(2x) = 1{,}5 \cdot \cos x \qquad \text{(III-159)}$$

Unter Verwendung der Formel $\sin(2x) = 2 \cdot \sin x \cdot \cos x$ läßt sich diese Gleichung wie folgt umformen:

$$2 \cdot \sin x \cdot \cos x = 1{,}5 \cdot \cos x, \quad 2 \cdot \sin x \cdot \cos x - 1{,}5 \cdot \cos x = 0,$$

$$\cos x\,(2 \cdot \sin x - 1{,}5) = 0 \begin{cases} \cos x = 0 \\ 2 \cdot \sin x - 1{,}5 = 0 \end{cases} \qquad \text{(III-160)}$$

(ein Produkt ist Null, wenn *mindestens* ein Faktor Null ist!). Die Ausgangsgleichung zerfällt damit in die beiden Gleichungen $\cos x = 0$ und $2 \cdot \sin x - 1{,}5 = 0$, mit deren Lösung wir uns jetzt beschäftigen wollen.

Lösung der Gleichung $\cos x = 0$

Die Lösungen dieser Gleichung sind die *Nullstellen* der Kosinusfunktion. Sie liegen nach Bild III-133 bei

$$x_{1k} = \frac{\pi}{2} + k\pi \qquad (k \in \mathbb{Z}) \qquad \text{(III-161)}$$

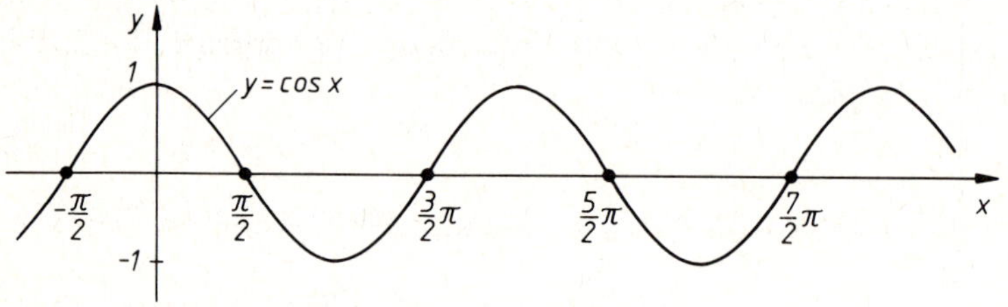

Bild III-133. Zur Lösung der Gleichung $\cos x = 0$

Lösung der Gleichung $2 \cdot \sin x - 1{,}5 = 0$

$$2 \cdot \sin x - 1{,}5 = 0 \quad \Longleftrightarrow \quad \sin x = 0{,}75 \qquad \text{(III-162)}$$

Die Lösungen dieser trigonometrischen Gleichung ergeben sich als Schnittpunkte zwischen der Sinuskurve $y = \sin x$ und der Parallelen zur x-Achse mit der Gleichung $y = 0{,}75$ (Bild III-134):

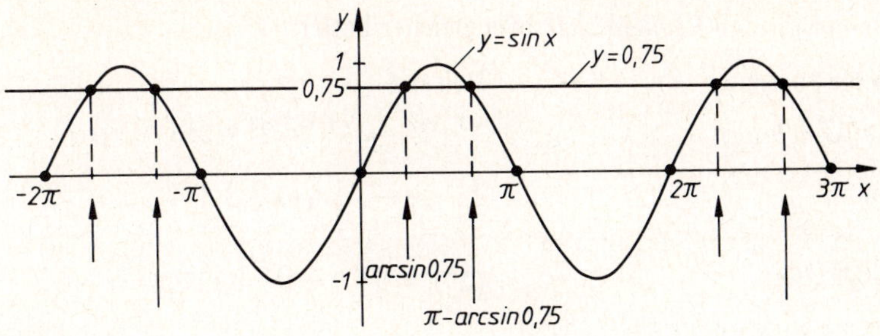

Bild III-134. Zur Lösung der Gleichung $\sin x = 0{,}75$

Anhand der Skizze erkennt man, daß die Gleichung *unendlich viele* Lösungen besitzt. Die im Intervall $-\frac{\pi}{2} \leqslant x \leqslant +\frac{\pi}{2}$ liegende Lösung findet man durch *Umkehrung:*

$$\sin x = 0{,}75 \quad \Rightarrow \quad x_2 = \arcsin 0{,}75 = 0{,}848 \tag{III-163}$$

Weitere Lösungen folgen offensichtlich wegen der *Periodizität* der Sinusfunktion im Abstand jeweils einer Periode 2π:

$$x_{2k} = \arcsin 0{,}75 + k \cdot 2\pi = 0{,}848 + k \cdot 2\pi \qquad (k \in \mathbb{Z}) \tag{III-164}$$

Sie sind in Bild III-134 durch *kurze Pfeile* gekennzeichnet. Eine *weitere Lösung* liegt nach der Skizze aus *Symmetriegründen* bei $x_3 = \pi - \arcsin 0{,}75 = 2{,}294$. Wegen der *Periodizität* sind auch

$$x_{3k} = \pi - \arcsin 0{,}75 + k \cdot 2\pi = 2{,}294 + k \cdot 2\pi \qquad (k \in \mathbb{Z}) \tag{III-165}$$

Lösungen der Gleichung $\sin x = 0{,}75$. Sie entsprechen den *langen Pfeilen* in Bild III-134.

Damit besitzt die Ausgangsgleichung $\sin(2x) = 1{,}5 \cdot \cos x$ insgesamt folgende Lösungen:

$$\left.\begin{aligned} x_{1k} &= \frac{\pi}{2} + k \cdot \pi \\ x_{2k} &= 0{,}848 + k \cdot 2\pi \\ x_{3k} &= 2{,}294 + k \cdot 2\pi \end{aligned}\right\} (k \in \mathbb{Z}) \tag{III-166}$$

■

11 Exponentialfunktionen

11.1 Grundbegriffe

Zu den *Exponentialfunktionen* gelangt man durch Verallgemeinerung des Begriffes *Potenz*. Potenzen sind dabei Ausdrücke vom Typ a^n:

a: *Grundzahl* oder *Basiszahl* (kurz *Basis* genannt)
n: *Hochzahl* oder *Exponent*

Sie genügen den folgenden *Rechenregeln* (bei gleicher Basis):

Rechenregeln für Potenzen	**Beispiel**
(1) $a^m \cdot a^n = a^{m+n}$	$2^3 \cdot 2^5 = 2^{3+5} = 2^8 = 256$
(2) $\frac{a^m}{a^n} = a^{m-n}$	$\frac{3^5}{3^7} = 3^{5-7} = 3^{-2} = \frac{1}{9}$
(3) $(a^m)^n = a^{m \cdot n}$	$(2^3)^5 = 2^{3 \cdot 5} = 2^{15} = 32768$

11.2 Definition und Eigenschaften einer Exponentialfunktion

Läßt man für den Exponenten in einer Potenz a^n mit *positiver* Basis a *beliebige reelle* Werte zu, so gelangt man zu den *Exponentialfunktionen.*

> **Definition**: Funktionen vom Typ $y = a^x$ mit positiver Basis $a > 0$ und $a \neq 1$ heißen *Exponentialfunktionen.*

Ihre Eigenschaften haben wir in Tabelle 7 zusammengetragen, wobei wir noch zwischen den Fällen $0 < a < 1$ und $a > 1$ unterscheiden.

Tabelle 7: Eigenschaften der Exponentialfunktionen

	$y = a^x$, $0 < a < 1$ (Bild III-135)	$y = a^x$, $a > 1$ (Bild III-135)
Definitionsbereich	$-\infty < x < \infty$	$-\infty < x < \infty$
Wertebereich	$0 < y < \infty$	$0 < y < \infty$
Monotonie	streng monoton fallend	streng monoton wachsend
Asymptote	$y = 0$ (für $x \to \infty$)	$y = 0$ (für $x \to -\infty$)

Exponentialfunktionen besitzen *weder* Nullstellen *noch* Extremwerte. Ihre Funktionsgraphen schneiden die y-Achse bei $y = 1 : y(0) = 1$. In Bild III-135 ist je ein Vertreter der *streng monoton fallenden* und der *streng monoton wachsenden* Exponentialfunktionen skizziert.

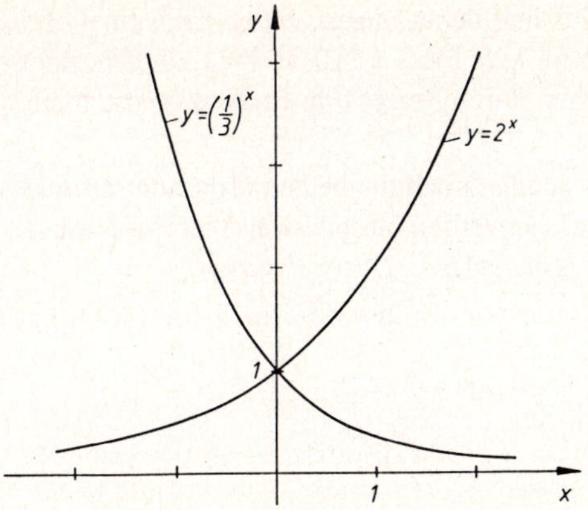

Bild III-135
Funktionsgraphen von $y = 2^x$ und $y = (1/3)^x$

■ **Beispiele**

(1) *Streng monoton wachsende* Exponentialfunktionen sind beispielsweise

$$y = 2^x \text{ (Bild III-135)}, \quad y = 5^x, \quad y = 10^x.$$

(2) *Streng monoton fallend* sind die folgenden Exponentialfunktionen:

$$y = \left(\frac{1}{2}\right)^x, \quad y = \left(\frac{1}{3}\right)^x \text{ (Bild III-135)}, \quad y = 0{,}1^x.$$ ■

Von *besonderer Bedeutung* sind die Exponentialfunktionen

$$y = \mathrm{e}^x \quad \text{und} \quad y = \left(\frac{1}{\mathrm{e}}\right)^x = \mathrm{e}^{-x} \tag{III-167}$$

(Bild III-136). Dabei ist e die durch den *Grenzwert*

$$\mathrm{e} = \lim_{n \to \infty} \left(1 + \frac{1}{n}\right)^n = 2{,}718281\ldots \tag{III-168}$$

definierte *Eulersche* Zahl. Die Funktion $y = \mathrm{e}^x$ wird auch kurz als e-*Funktion* bezeichnet.

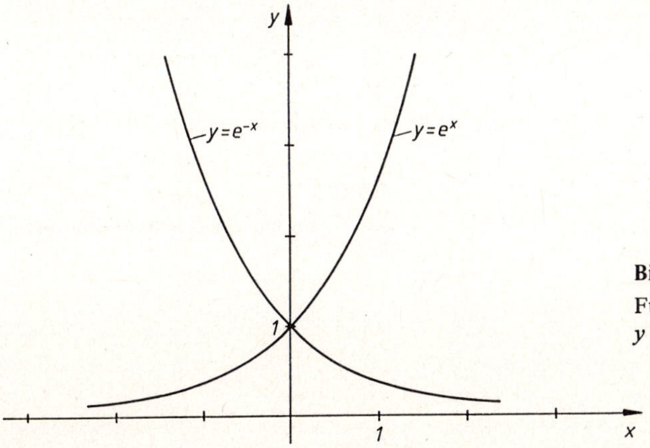

Bild III-136
Funktionsgraphen der e-Funktionen $y = \mathrm{e}^x$ und $y = \mathrm{e}^{-x}$

Die Funktionsgraphen von $y = e^x$ und $y = e^{-x}$ sind dabei *spiegelsymmetrisch zur y-Achse* angeordnet. Diese Eigenschaft trifft allgemein für *jede* Basis $a > 0$ $(a \neq 1)$ zu, d.h. die Funktionskurven von $y = a^x$ und $y = a^{-x}$ gehen durch *Spiegelung an der y-Achse* ineinander über.

Neben den e-Funktionen $y = e^x$ und $y = e^{-x}$ spielen noch die beiden Exponentialfunktionen $y = 2^x$ und $y = 10^x$ eine gewisse Rolle. Sie werden beispielsweise im Zusammenhang mit der Darstellung von Zahlen benötigt *(Dualsystem, Dezimalsystem)*.

Jede Exponentialfunktion vom allgemeinen Typ $y = a^x$ ist in der Form $y = e^{\lambda x}$ $(\lambda = \ln a)$, d.h. als e-*Funktion* darstellbar, wobei gilt:

$\lambda > 0$: streng monoton *wachsende* Funktion

$\lambda < 0$: streng monoton *fallende* Funktion

11.3 Spezielle, in den Anwendungen häufig auftretende Funktionstypen

Wir beschreiben in diesem Abschnitt einige in den Anwendungen besonders *häufig* auftretende Funktionstypen, an denen e-*Funktionen* beteiligt sind.

11.3.1 Abklingfunktionen

Dieser in den Anwendungen meist in der *zeitabhängigen* Form

$$y = a \cdot e^{-\lambda t} \quad \text{oder} \quad y = a \cdot e^{-\frac{t}{\tau}} \qquad \text{(III-169)}$$

mit $a > 0$, $\lambda > 0$, $\tau = \frac{1}{\lambda} > 0$ auftretende Funktionstyp ist *streng monoton fallend* und strebt für $t \to \infty$ *asymptotisch* gegen die t-Achse (Bild III-137). Die Kurventangente in $t_0 = 0$ schneidet dabei die t-Achse an der Stelle $t_1 = 1/\lambda = \tau$. Der Funktionswert an dieser Stelle beträgt rund 37 % des „Anfangswertes" $y(0) = a$, d.h. es ist $y(t_1) = y(\tau) = 0{,}37\,a$.

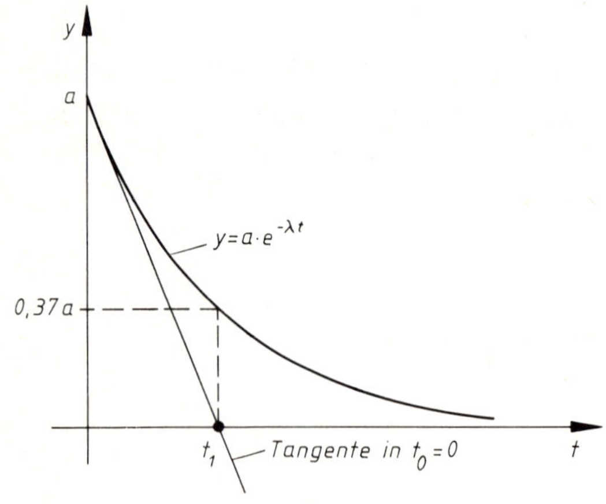

Bild III-137

Darstellung einer Abklingfunktion vom Typ $y = a \cdot e^{-\lambda t}$

■ **Beispiele**

(1) *Radioaktiver Zerfall:* Die radioaktive Substanz zerfällt auf natürliche Weise nach dem *exponentiellen* Zerfallsgesetz

$$n(t) = n_0 \cdot e^{-\lambda t} \qquad (t \geqslant 0) \qquad \text{(Bild III-138)}$$

Darin bedeuten:

n_0: Anzahl der zu Beginn vorhandenen Atomkerne
$n(t)$: Anzahl der Atomkerne zur Zeit t
$\lambda > 0$: Zerfallskonstante

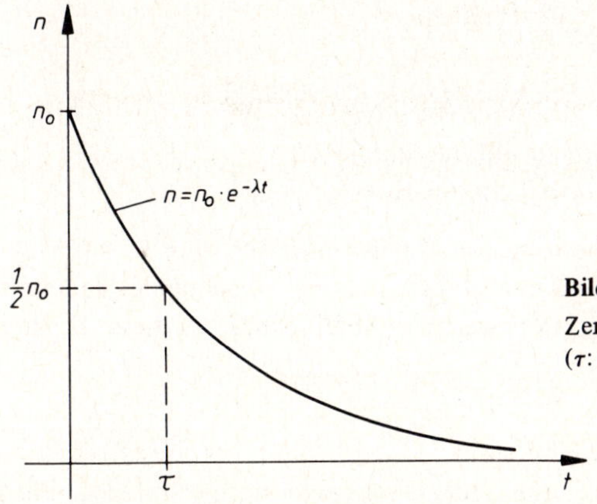

Bild III-138
Zerfallsgesetz beim radioaktiven Zerfall (τ: Halbwertszeit)

(2) Ein weiteres Beispiel liefert die *Entladung eines Kondensators* (Kapazität C) über einen ohmschen Widerstand R. Die Kondensatorspannung u klingt dabei *exponentiell* mit der Zeit t ab:

$$u(t) = u_0 \cdot e^{-\frac{t}{RC}} \qquad (t \geqslant 0) \qquad \text{(Bild III-139)}$$

(u_0: Kondensatorspannung zu Beginn; RC: Zeitkonstante).

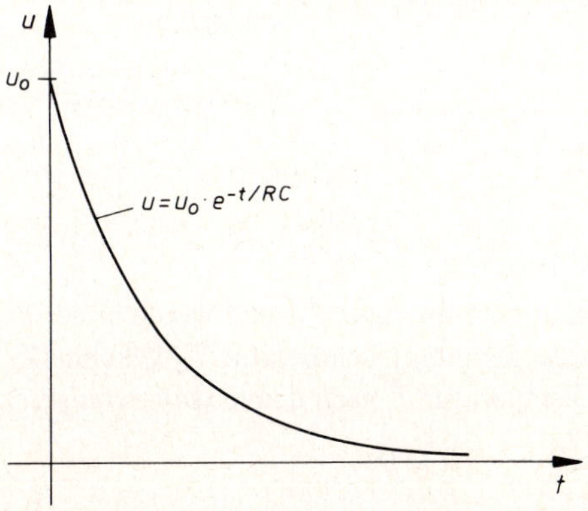

Bild III-139
Entladung eines Kondensators über einen ohmschen Widerstand

(3) Zwischen *Luftdruck p* und *Höhe h* (gemessen gegenüber dem Meeresniveau) gilt unter der Annahme *konstanter* Lufttemperatur der folgende Zusammenhang (sog. *barometrische Höhenformel*):

$$p(h) = p_0 \cdot e^{-\frac{h}{7991\,\text{m}}} \qquad (h \geqslant 0\,\text{m})$$

($p_0 = 1{,}013$ bar). Der Luftdruck nimmt mit zunehmender Höhe *exponentiell* ab. ■

Einen etwas *allgemeineren* Typ einer *Abklingfunktion* erhält man durch Hinzufügen einer additiven Konstanten b:

$$y = a \cdot e^{-\lambda t} + b \quad \text{oder} \quad y = a \cdot e^{-\frac{t}{\tau}} + b \tag{III-170}$$

Diese Konstante beschreibt eine *Verschiebung* der Kurve längs der *y-Achse:*

$b > 0$: Verschiebung nach *oben* um die Strecke b
$b < 0$: Verschiebung nach *unten* um die Strecke $|b|$

Funktionen von diesem Typ besitzen für $t \to \infty$ den *Grenzwert* b, d.h. $y = b$ ist *Asymptote im Unendlichen* (Bild III-140). Die Kurventangente in $t_0 = 0$ schneidet dabei die Asymptote an der Stelle $t_1 = 1/\lambda = \tau$. Der Funktionswert der Abklingkurve an dieser Stelle beträgt $y(t_1) = y(\tau) = 0{,}37\,a + b$.

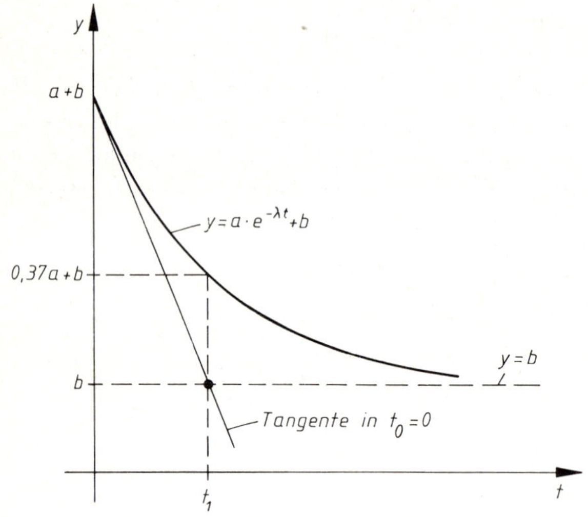

Bild III-140
Darstellung einer Abklingfunktion vom Typ $y = a \cdot e^{-\lambda t} + b$

■ **Beispiel**

Ein Körper besitze zur Zeit $t = 0$ die Temperatur T_0 und werde in der Folgezeit durch vorbeiströmende Luft der (konstanten) Temperatur T_L gekühlt ($T_L < T_0$). Mit der Zeit nimmt dabei seine Temperatur T nach dem *Exponentialgesetz*

$$T(t) = (T_0 - T_L) \cdot e^{-kt} + T_L \qquad (t \geqslant 0)$$

ab *(Abkühlungsgesetz nach Newton).* Die Körpertemperatur T strebt dabei *asymptotisch* dem Grenzwert

$$T_\infty = \lim_{t \to \infty} T(t) = T_L$$

zu, d.h. der Körper kühlt im Laufe der Zeit ab, bis er die Temperatur der Luft erreicht hat (Bild III-141).

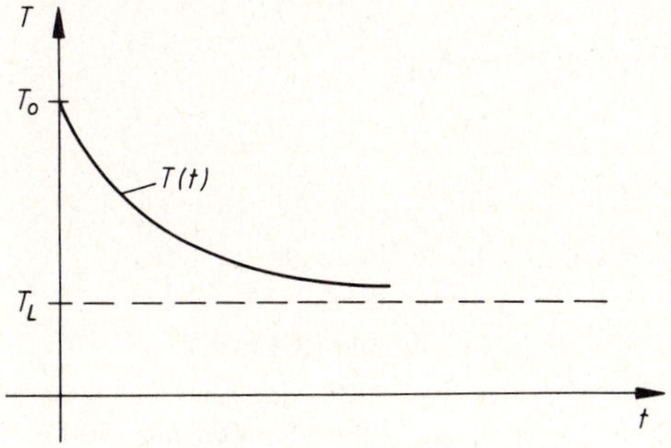

Bild III-141
Abkühlungsgesetz nach Newton

■

11.3.2 Sättigungsfunktionen

Dieser in den Anwendungen weit verbreitete Funktionstyp tritt meist in der *zeitabhängigen* Form

$$y = a\,(1 - e^{-\lambda t}) \quad \text{oder} \quad y = a\left(1 - e^{-\frac{t}{\tau}}\right) \tag{III-171}$$

auf und verläuft für $a > 0$, $\lambda > 0$, $\tau = 1/\lambda > 0$ *streng monoton wachsend* (Bild III-142). Der Funktionswert strebt dabei für $t \to \infty$ *asymptotisch* gegen den *Grenzwert* a, d.h. $y = a$ ist *Asymptote im Unendlichen*. Die Kurventangente in $t_0 = 0$ schneidet die Asymptote an der Stelle $t_1 = 1/\lambda = \tau$. Der Funktionswert an dieser Stelle beträgt rund 63 % des „Endwertes" a (Grenzwert im Unendlichen), d.h. es ist $y(t_1) = y(\tau) = 0{,}63\,a$.

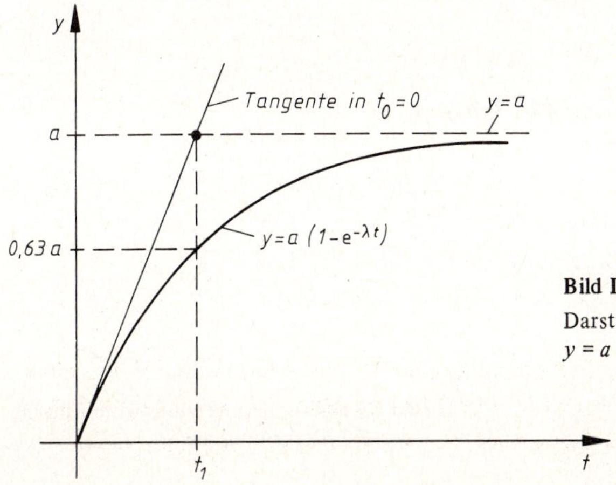

Bild III-142
Darstellung einer Sättigungsfunktion vom Typ $y = a\,(1 - e^{-\lambda t})$

Wir führen einige Beispiele an:

■ **Beispiele**

(1) Die *Aufladung eines Kondensators* (Kapazität C) über einen ohmschen Widerstand R erfolgt nach der Gleichung

$$u(t) = u_0 \cdot \left(1 - e^{-\frac{t}{RC}}\right) \qquad (t \geqslant 0) \qquad \text{(Bild III-143)}$$

(u_0: Endwert der Kondensatorspannung)

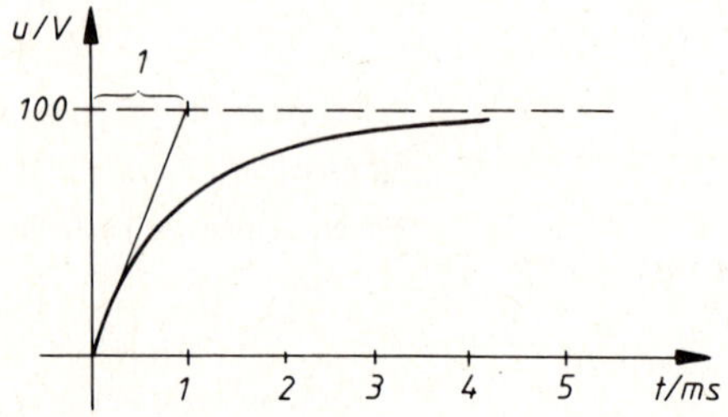

Bild III-143
Aufladung eines Kondensators (gezeichnet für $u_0 = 100$ V, $RC = 1$ ms)

(2) Bei einem *KFZ-Stoßdämpfer* legt der Kolben beim Einschieben einen Weg y nach dem Zeitgesetz

$$y = y_0 \left(1 - e^{-kt}\right) \qquad (t \geqslant 0)$$

zurück ($y_0 > 0$, $k > 0$).

(3) Wir behandeln noch ein einfaches Beispiel aus der *Regelungstechnik*.
Ein sog. P-T_1-*Regelkreisglied* zeigt das folgende Zeitverhalten: Ist das *Eingangssignal u* eine *Sprungfunktion* (Bild III-144a)), so erhält man als *Sprungantwort* im Ausgang das Signal

$$v(t) = K \cdot \hat{u} \cdot \left(1 - e^{-\frac{t}{T}}\right) \qquad (t \geqslant 0)$$

(K, T: Konstanten; vgl. Bild III-144b)).

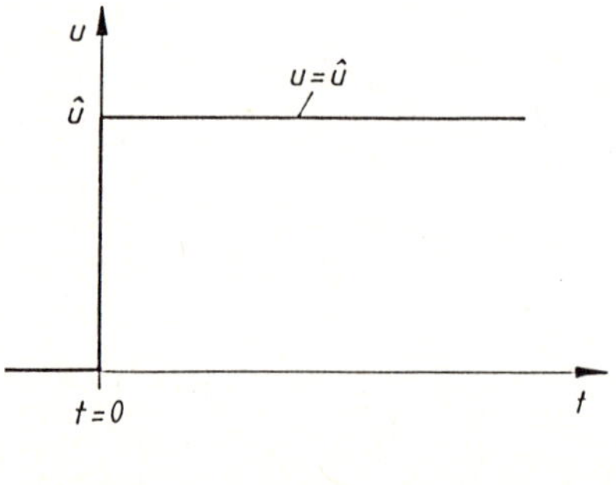

Bild III-144a) Sprungfunktion am Eingang eines P-T_1-Regelkreisgliedes

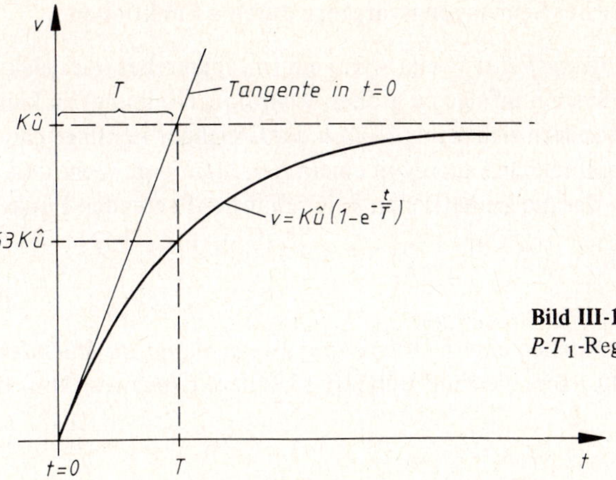

Bild III-144b) Sprungantwort bei einem P-T_1-Regelkreisglied

■

Etwas *allgemeiner* ist der folgende Typ einer *Sättigungsfunktion*:

$$y = a\,(1 - \mathrm{e}^{-\lambda t}) + b \quad \text{oder} \quad y = a\left(1 - \mathrm{e}^{-\frac{t}{\tau}}\right) + b \qquad \text{(III-172)}$$

Die additive Konstante b beschreibt eine *Verschiebung* der Kurve in Richtung der *y-Achse:*

$b > 0$: Verschiebung nach *oben* um die Strecke b
$b < 0$: Verschiebung nach *unten* um die Strecke $|b|$

Für $t \to \infty$ streben diese Funktionen gegen den *Grenzwert* $a + b$, d.h. $y = a + b$ ist *Asymptote im Unendlichen* (Bild III-145). Die Kurventangente in $t_0 = 0$ schneidet dabei die Asymptote an der Stelle $t_1 = 1/\lambda = \tau$. Der Funktionswert der Sättigungskurve an dieser Stelle beträgt $y(t_1) = y(\tau) = 0{,}63\,a + b$.

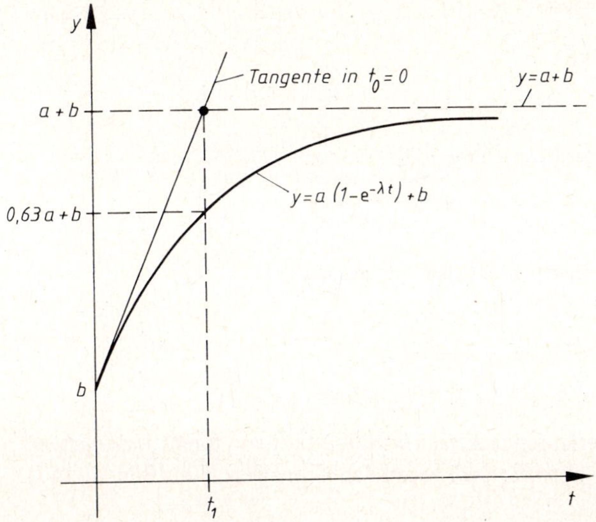

Bild III-145

11.3.3 Darstellung aperiodischer Schwingungsvorgänge durch e-Funktionen

Der sog. *aperiodische Schwingungsfall* tritt ein, wenn ein (mechanisches oder elektromagnetisches) schwingungsfähiges System infolge zu großer *Dämpfung* (Reibung) zu keiner echten Schwingung mehr fähig ist, sondern sich *asymptotisch* der Gleichgewichtslage nähert. Man spricht daher in diesem Zusammenhang auch von einem *Kriechfall* (vgl. hierzu die Bilder III-146 und III-147). Die bei der mathematischen Behandlung auftretenden Funktionen sind vom Typ

$$y = A \cdot e^{-\lambda_1 t} + B \cdot e^{-\lambda_2 t} \qquad \text{(III-173)}$$

$(\lambda_1 \neq \lambda_2,\ \lambda_1 > 0,\ \lambda_2 > 0)$ und stellen eine *Überlagerung* zweier *monoton fallender* e-Funktionen dar. Für $t \to \infty$ strebt dabei die Funktion (III-173) dem *Grenzwert* Null zu:

$$\lim_{t \to \infty} y(t) = 0 \qquad \text{(III-174)}$$

Wir behandeln in den folgenden Beispielen zwei typische Fälle.

■ **Beispiele**

(1) $y = 10 \cdot e^{-2t} - 10 \cdot e^{-4t} = 10\,(e^{-2t} - e^{-4t}),\quad t \geqslant 0 \quad (B = -A)$

Die Funktion beginnt bei $y(0) = 0$, erreicht für $t_1 = 0{,}347$ ihr *Maximum* und strebt für $t \to \infty$ *asymptotisch* gegen die Zeitachse (Bild III-146).

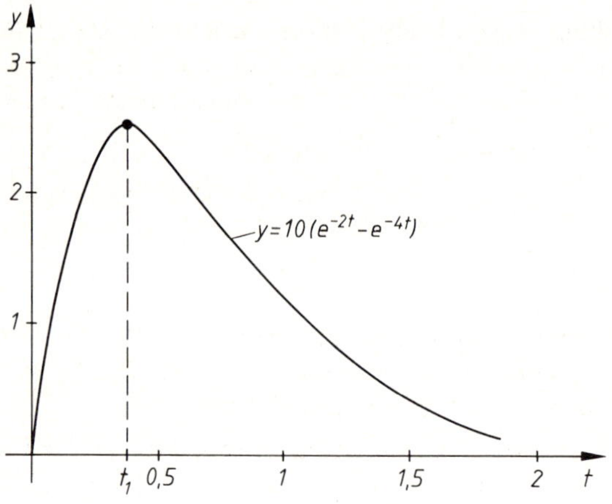

Bild III-146. Darstellung einer aperiodischen Schwingung

(2) $y = 2 \cdot e^{-2t} + 2 \cdot e^{-4t} = 2\,(e^{-2t} + e^{-4t}),\quad t \geqslant 0 \quad (A = B)$

Die *streng monoton* verlaufende *Kriechfunktion* fällt von ihrem *Maximalwert* zu Beginn $(y(0) = 4)$ *asymptotisch* gegen den Grenzwert Null (Bild III-147).

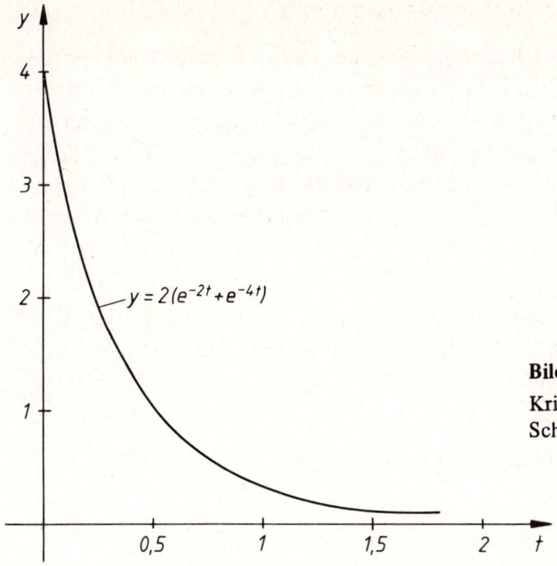

Bild III-147
Kriechfunktion bei einem aperiodischen Schwingungsfall

■

Der Übergang vom aperiodischen Schwingungsfall zur eigentlichen Schwingung wird als *aperiodischer Grenzfall* bezeichnet. Er wird durch die folgende Funktion beschrieben:

$$y = (A + Bt)\,e^{-\lambda t}, \quad t \geqslant 0 \quad (\lambda > 0) \tag{III-175}$$

Auch diese Funktion „kriecht" für $t \to \infty$ *asymptotisch* gegen die Zeitachse:

$$\lim_{t \to \infty} y(t) = 0 \tag{III-176}$$

Wir geben ein typisches Beispiel.

■ **Beispiel**

$$y = (2 - 10\,t)\,e^{-3t}, \qquad t \geqslant 0$$

Diese *Kriechfunktion* fällt zunächst *monoton* von ihrem *Maximalwert* $y(0) = 2$, schneidet bei $t_1 = 0{,}2$ die Zeitachse und erreicht für $t_2 = 0{,}53$ ihr *Minimum*, von wo aus sie *asymptotisch* gegen die Zeitachse strebt (Bild III-148).

Physikalische Interpretation (bei einer mechanischen Schwingung): Der Körper schwingt zunächst durch die Gleichgewichtslage hindurch bis zu seinem *Umkehrpunkt* und von dort *asymptotisch* zur Gleichgewichtslage zurück.

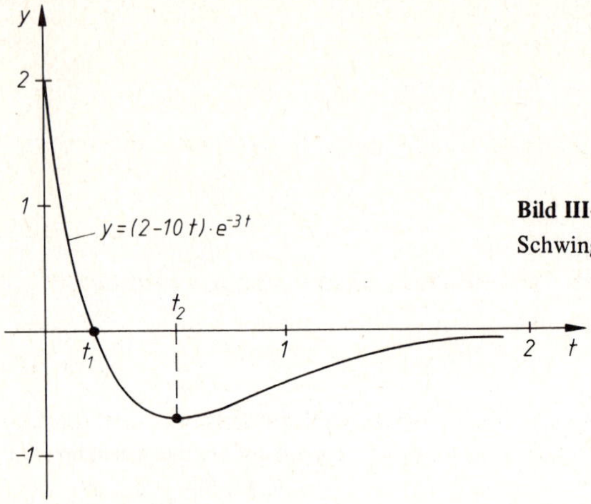

Bild III-148
Schwingungstyp beim aperiodischen Grenzfall

■

11.3.4 Gauß-Funktionen

Als *Gauß-Funktionen* bezeichnet man Exponentialfunktionen vom Typ

$$y = \mathrm{e}^{-x^2}, \qquad x \in \mathbb{R} \tag{III-177}$$

bzw. vom etwas allgemeineren Typ

$$y = A \cdot \mathrm{e}^{-b(x - x_0)^2} \quad (A > 0,\, b > 0), \qquad x \in \mathbb{R} \tag{III-178}$$

Sie spielen insbesondere in der *Statistik*, in der *Wahrscheinlichkeits-* und in der *Fehlerrechnung* eine bedeutende Rolle. Ihr Funktionsverlauf ist in den Bildern III-149 und III-150 dargestellt.

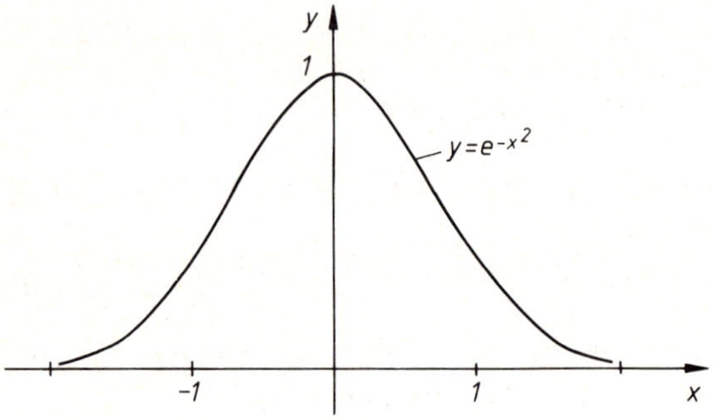

Bild III-149
Graph der Gauß-Funktion $y = \mathrm{e}^{-x^2}$

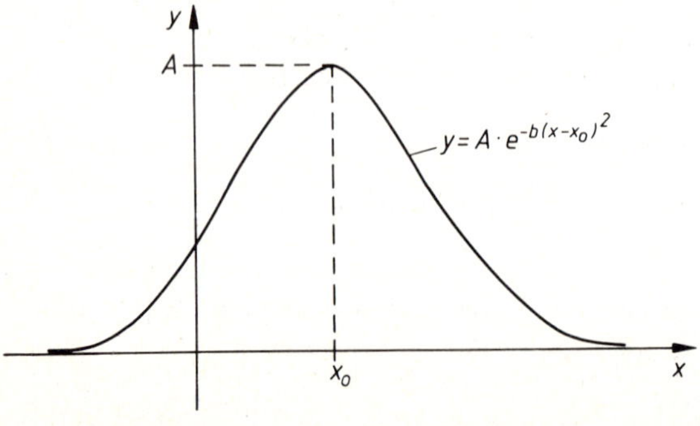

Bild III-150
Graph einer allgemeinen Gauß-Funktion

12 Logarithmusfunktionen

12.1 Grundbegriffe

Jede *positive* reelle Zahl ($r > 0$) ist als *Potenz* einer beliebigen *positiven* Basiszahl ($a > 0,\ a \neq 1$) darstellbar:

$$r = a^x \qquad \text{(III-179)}$$

Für den Exponenten x führt man die Bezeichnung „*Logarithmus von r zur Basis* a" ein und kennzeichnet ihn durch das Symbol

$$x = \log_a r \qquad \text{(III-180)}$$

Der Logarithmus von r zur Basis a ist demnach derjenige *Exponent*, mit dem die Basiszahl a zu *potenzieren* ist, um die Zahl r zu erhalten. Daher gilt:

$$r = a^x \iff x = \log_a r \qquad \text{(III-181)}$$

■ **Beispiele**

(1) Wegen $1000 = 10^3$ ist $\log_{10} 1000 = 3$

(2) $\log_2 32 = 5$, da $2^5 = 32$ ist

(3) $0{,}01 = 10^{-2} \iff \log_{10} 0{,}01 = -2$ ■

Für Logarithmen gelten folgende *Rechenregeln:*

Rechenregeln für Logarithmen	**Beispiel**
(1) $\log_a (u \cdot v) = \log_a u + \log_a v$	$\log_2 (8 \cdot 4) = \log_2 8 + \log_2 4 = 3 + 2 = 5$
(2) $\log_a \left(\frac{u}{v}\right) = \log_a u - \log_a v$	$\log_3 \left(\frac{81}{27}\right) = \log_3 81 - \log_3 27 = 4 - 3 = 1$
(3) $\log_a u^n = n \cdot \log_a u$	$\log_5 125^4 = 4 \cdot \log_5 125 = 4 \cdot 3 = 12$

Von besonderer Bedeutung in den Anwendungen ist der *natürliche Logarithmus:* Basiszahl ist die *Eulersche* Zahl e. Er wird durch das Symbol

$$\log_e r \equiv \ln r \qquad \textit{(Logarithmus naturalis)} \qquad \text{(III-182)}$$

gekennzeichnet (gelesen: *Natürlicher Logarithmus* von r). Daneben spielen auch noch die Logarithmen für die Basiszahlen $a = 10$ und $a = 2$ eine gewisse Rolle:

$$\log_{10} r \equiv \lg r \qquad \textit{(Zehnerlogarithmus)} \qquad \text{(III-183)}$$

(*Briggscher* oder *Dekadischer* Logarithmus. Gelesen: *Zehnerlogarithmus* von r);

$$\log_2 r \equiv \text{lb}\, r \qquad \textit{(Zweierlogarithmus)} \qquad \text{(III-184)}$$

(auch *Binärlogarithmus* genannt. Gelesen: *Zweierlogarithmus* von r).

Anmerkung

Logarithmen können definitionsgemäß nur für *positive* reelle Zahlen und eine *positive* Basiszahl a ($a > 0;\ a \neq 1$) gebildet werden.

■ **Beispiele**

$\ln 50{,}3 = 3{,}9180$ $\qquad$ $\ln 0{,}014 = -4{,}2687$

$\lg 108{,}56 = 2{,}0357$ $\qquad$ $\lg 0{,}783 = -0{,}1062$

$\mathrm{lb}\, 328{,}9 = 8{,}3615$ $\qquad$ $\mathrm{lb}\, 1{,}772 = 0{,}8254$ ■

Logarithmen lassen sich von einer Basis a in eine andere Basis b wie folgt *umrechnen:*

$$\log_b r = \frac{\log_a r}{\log_a b} \qquad \text{(III-185)}$$

So gilt beispielsweise für die *Umrechnung zwischen Zehnerlogarithmus und natürlichem Logarithmus:*

$$\ln r = \frac{\lg r}{\lg e} = \frac{\lg r}{0{,}4343} = 2{,}3026 \cdot \lg r \qquad \text{(III-186)}$$

$$\lg r = \frac{\ln r}{\ln 10} = \frac{\ln r}{2{,}3026} = 0{,}4343 \cdot \ln r \qquad \text{(III-187)}$$

■ **Beispiele**

(1) $\ln 4{,}765 = 1{,}5613$, $\quad \lg 4{,}765 = ?$
$\lg 4{,}765 = 0{,}4343 \cdot \ln 4{,}765 = 0{,}4343 \cdot 1{,}5613 = 0{,}6781$

(2) $\lg 144{,}08 = 2{,}1586$, $\quad \ln 144{,}08 = ?$
$\ln 144{,}08 = 2{,}3026 \cdot \lg 144{,}08 = 2{,}3026 \cdot 2{,}1586 = 4{,}9704$ ■

12.2 Definition und Eigenschaften einer Logarithmusfunktion

Definition: Unter der *Logarithmusfunktion* $y = \log_a x$ versteht man die *Umkehrfunktion* der *Exponentialfunktion* $y = a^x$ $(a > 0,\ a \neq 1)$.

Die Eigenschaften der Logarithmusfunktionen sind in Tabelle 8 im einzelnen aufgeführt. Sie ergeben sich unmittelbar aus den Eigenschaften der zugehörigen Exponentialfunktionen. Die Funktionsgraphen erhält man durch *Spiegelung* der entsprechenden Exponentialfunktion an der Winkelhalbierenden des 1. und 3. Quadranten (vgl. hierzu Bild III-152).

Tabelle 8: Eigenschaften der Logarithmusfunktionen

	$y = a^x$	$y = \log_a x$
Definitionsbereich	$-\infty < x < \infty$	$0 < x < \infty$
Wertebereich	$0 < y < \infty$	$-\infty < y < \infty$
Nullstellen		$x_0 = 1$
Monotonie	$0 < a < 1$: streng monoton *fallend* $a > 1$: streng monoton *wachsend* (vgl. hierzu Bild III-151)	
Asymptoten	$y = 0$	$x = 0$

Man beachte, daß die Logarithmusfunktionen *unabhängig* von der Basis genau *eine* Nullstelle in $x_0 = 1$ besitzen:

$$\log_a 1 = 0 \qquad \text{(III-188)}$$

■ **Beispiele**

In Bild III-151 sind die Schaubilder der Logarithmusfunktionen $y = \log_{0,5} x$ (Umkehrfunktion von $y = 0{,}5^x$) und $y = \ln x$ (Umkehrfunktion von $y = e^x$) skizziert.

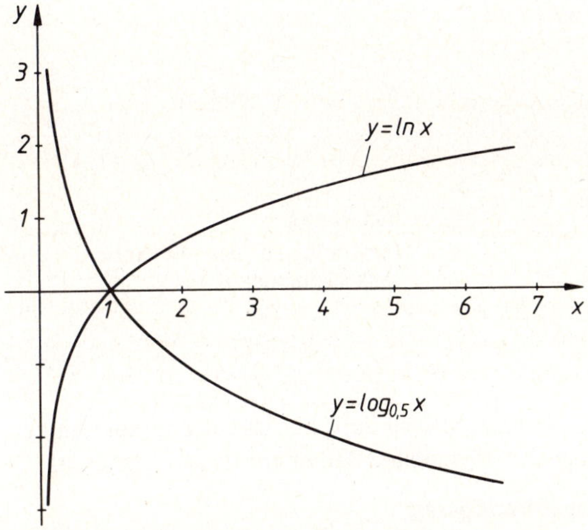

Bild III-151. Funktionsgraphen von $y = \log_{0,5} x$ und $y = \ln x$

■

Von großer praktischer Bedeutung ist die *Umkehrfunktion der* e-*Funktion:*

$$y = \log_e x \equiv \ln x, \qquad x > 0 \qquad \text{(III-189)}$$

(natürliche Logarithmusfunktion). Sie wird auch kurz als ln-*Funktion* bezeichnet. Daneben spielen die Umkehrfunktionen von $y = 10^x$ und $y = 2^x$ nur eine untergeordnete Rolle. Auch sie werden durch eigene Symbole gekennzeichnet:

$$\begin{aligned} y &= \log_{10} x \equiv \lg x, \qquad x > 0 \\ y &= \log_2 x \equiv \operatorname{lb} x, \qquad x > 0 \end{aligned} \qquad \text{(III-190)}$$

In Bild III-152 zeigen wir, wie man die Funktionskurve von $y = \ln x$ durch *Spiegelung* der e-Funktion $y = e^x$ an der Winkelhalbierenden des 1. und 3. Quadranten erhält.

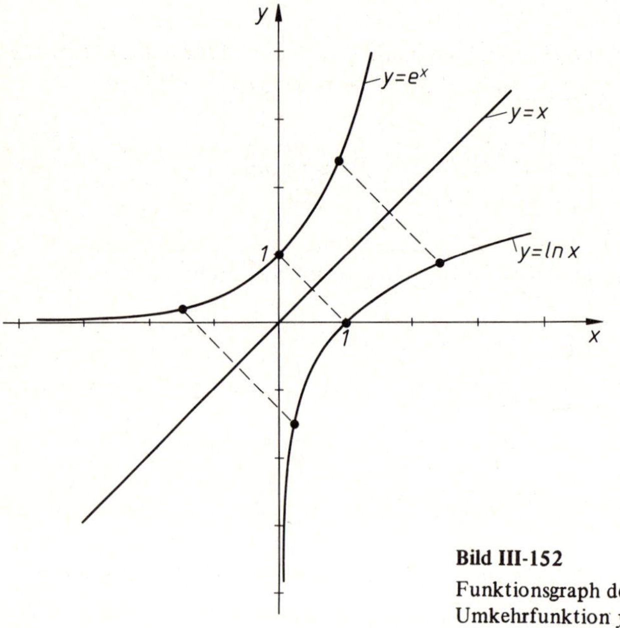

Bild III-152
Funktionsgraph der e-Funktion $y = e^x$ und ihrer Umkehrfunktion $y = \ln x$

■ **Beispiele**

(1) Die *Halbwertszeit* τ einer *radioaktiven* Substanz ist der Zeitraum, in dem genau die *Hälfte* der ursprünglich vorhandenen Atomkerne (n_0) zerfallen ist: $n(\tau) = \frac{1}{2} n_0$. Aus dem *Zerfallsgesetz*

$$n(t) = n_0 \cdot e^{-\lambda t}$$

folgt dann (vgl. hierzu Bild III-138):

$$\frac{1}{2} n_0 = n_0 \cdot e^{-\lambda \tau}, \qquad \frac{1}{2} = e^{-\lambda \tau}$$

Durch *Logarithmieren* auf beiden Seiten erhält man schließlich

$$\ln e^{-\lambda\tau} = \ln \frac{1}{2}, \quad -(\lambda\tau) \cdot \underbrace{\ln e}_{=1} = \underbrace{\ln 1}_{=0} - \ln 2, \quad -\lambda\tau = -\ln 2$$

$$\Rightarrow \quad \tau = \frac{\ln 2}{\lambda} = \frac{0{,}693}{\lambda}$$

Die Halbwertszeit τ einer radioaktiven Substanz ist somit zur Zerfallskonstanten λ *umgekehrt proportional.*

(2) Beim *Aufladen eines Kondensators* über einen ohmschen Widerstand R gilt (vgl. hierzu Bild III-143):

$$u(t) = u_0 \left(1 - e^{-\frac{t}{RC}}\right)$$

Berechne für $R = 100\ \Omega$, $C = 10\ \mu F$, $u_0 = 50\ V$ den Zeitpunkt, in dem die Kondensatorspannung genau 90 % ihres Endwertes u_0 erreicht hat.

Lösung: $u(t) = 90\ \%$ von $50\ V = 45\ V$

Zeitkonstante $RC = 100\ \Omega \cdot 10^{-5}\ F = 10^{-3}\ s = 1\ ms$

$$45\ V = 50\ V \left(1 - e^{-\frac{t}{1\ ms}}\right)$$

Die e-Funktion wird *isoliert:*

$$0{,}9 = 1 - e^{-\frac{t}{1\ ms}}, \qquad e^{-\frac{t}{1\ ms}} = 0{,}1$$

Beide Seiten werden nun *logarithmiert:*

$$\ln e^{-\frac{t}{1\ ms}} = \ln 0{,}1\,, \quad -\frac{t}{1\ ms} \ln e = \ln 0{,}1\,, \quad -\frac{t}{1\ ms} = -2{,}3026$$

$$\Rightarrow \quad t = 2{,}3026\ ms$$

Nach rund 2,3 ms erreicht die Kondensatorspannung 90 % ihres Endwertes.

(3) Wie lautet die *Umkehrfunktion* zu $y = 3 \cdot e^{2x-1}$?

Lösung: Wir lösen die Funktionsgleichung nach x auf:

$$e^{2x-1} = \frac{y}{3}, \quad \ln e^{2x-1} = \ln \frac{y}{3}, \quad (2x-1) \cdot \underbrace{\ln e}_{=1} = \ln y - \ln 3\,,$$

$$2x - 1 = \ln y - \ln 3, \quad x = 0{,}5 \cdot \ln y + 0{,}5\,(1 - \ln 3),$$
$$x = 0{,}5 \cdot \ln y - 0{,}0493$$

Die *Umkehrfunktion* erhält man durch formales Vertauschen der beiden Variablen:

Umkehrfunktion zu $y = 3 \cdot e^{2x-1}$: $y = 0{,}5 \cdot \ln x - 0{,}0493$ ■

12.3 Exponential- und Logarithmusgleichungen

Eine *Exponentialgleichung* liegt vor, wenn die unbekannte Größe nur im *Exponenten* von *Potenzausdrücken* auftritt. Ein allgemeines Lösungsverfahren für Gleichungen dieser Art läßt sich leider nicht angeben. In vielen Fällen gelingt es jedoch, die Exponentialgleichung nach *elementaren Umformungen* und anschließendem *Logarithmieren* zu lösen. Wir geben zwei Beispiele.

■ **Beispiele**

(1) Die *Exponentialgleichung* $e^{\cos x} = 1$ kann durch *Logarithmieren* gelöst werden:

$$\ln e^{\cos x} = \ln 1 = 0$$

$$\cos x = 0 \quad \Rightarrow \quad x_k = \frac{\pi}{2} + k \cdot \pi \qquad (k \in \mathbb{Z})$$

Die Gleichung besitzt demnach *unendlich* viele Lösungen.

(2) $2^x + 4 \cdot 2^{-x} - 5 = 0$

Wir lösen diese *Exponentialgleichung* durch die *Substitution* $z = 2^x$ und erhalten eine quadratische Gleichung mit zwei reellen Lösungen:

$$z + \frac{4}{z} - 5 = 0 \mid \cdot z$$

$$z^2 + 4 - 5z = 0$$

$$z^2 - 5z + 4 = 0 \quad \Rightarrow \quad z_{1/2} = \frac{5}{2} \pm \sqrt{\frac{25}{4} - 4} = \frac{5}{2} \pm \frac{3}{2}$$

$$z_1 = 4, \quad z_2 = 1$$

Nach *Rücksubstitution* und anschließendem *Logarithmieren* folgt schließlich:

$$2^x = z_1 = 4 \quad \Rightarrow \quad \ln 2^x = \ln 4$$

$$x \cdot \ln 2 = \ln 4$$

$$x_1 = \frac{\ln 4}{\ln 2} = 2$$

$$2^x = z_2 = 1 \quad \Rightarrow \quad \ln 2^x = \ln 1 = 0$$

$$x \cdot \ln 2 = 0$$

$$x_2 = 0$$

Die Exponentialgleichung besitzt die Lösungen $x_1 = 2$ und $x_2 = 0$. ■

Gleichungen, in denen die Unbekannte nur im *Argument* von *Logarithmusfunktionen* auftritt, werden als *logarithmische* Gleichungen bezeichnet. Sie können häufig nach *elementaren Umformungen* und einer sich anschließenden *Entlogarithmierung* gelöst werden, wie die folgenden Beispiele zeigen.

■ **Beispiele**

(1) $\lg(4x-5) = 1{,}5$

Diese *logarithmische* Gleichung kann durch *Entlogarithmierung* gelöst werden:

$$10^{\lg(4x-5)} = 10^{1{,}5}$$
$$4x-5 = 10^{1{,}5} = 31{,}6228$$
$$x_1 = 9{,}1557$$

Die Logarithmusgleichung besitzt genau *eine* Lösung für $x_1 = 9{,}1557$.

(2) $\ln(x^2-1) = \ln x + 1 \qquad (x > 1)$

Da $1 = \ln \mathrm{e}$ ist, erhält man unter Verwendung der Rechenregeln für Logarithmen:

$$\ln(x^2-1) = \ln x + \ln \mathrm{e} = \ln \mathrm{e}x \quad \Rightarrow \quad x^2 - 1 = \mathrm{e}x$$
$$x^2 - \mathrm{e}x - 1 = 0$$
$$x_{1/2} = \frac{\mathrm{e}}{2} \pm \sqrt{\frac{\mathrm{e}^2}{4} + 1} = 1{,}3591 \pm 1{,}6874$$

Es kommt nur die *positive* Lösung $x_1 = 3{,}0465$ infrage. ■

13 Hyperbel- und Areafunktionen

13.1 Hyperbelfunktionen

13.1.1 Definition der Hyperbelfunktionen

In den Anwendungen treten vereinzelt Funktionen auf, die in der mathematischen Literatur unter der Bezeichnung *Hyperbelfunktionen* bekannt sind. Sie setzen sich aus den beiden e-Funktionen $y = \mathrm{e}^x$ und $y = \mathrm{e}^{-x}$ definitionsgemäß wie folgt zusammen:

Definition: Die Definitionsgleichungen der *Hyperbelfunktionen* lauten:

Sinus hyperbolicus: $$y = \sinh x = \frac{1}{2}(\mathrm{e}^x - \mathrm{e}^{-x}) \qquad \text{(III-191)}$$

Kosinus hyperbolicus: $$y = \cosh x = \frac{1}{2}(\mathrm{e}^x + \mathrm{e}^{-x}) \qquad \text{(III-192)}$$

Tangens hyperbolicus: $$y = \tanh x = \frac{\mathrm{e}^x - \mathrm{e}^{-x}}{\mathrm{e}^x + \mathrm{e}^{-x}} \qquad \text{(III-193)}$$

Kotangens hyperbolicus: $$y = \coth x = \frac{\mathrm{e}^x + \mathrm{e}^{-x}}{\mathrm{e}^x - \mathrm{e}^{-x}} \qquad \text{(III-194)}$$

Anmerkung

Die Bezeichnungen der *Hyperbelfunktionen* lassen auf eine gewisse *Verwandschaft* mit den *trigonometrischen* Funktionen schließen: Zwischen ihnen bestehen weitgehend *analoge*

Beziehungen wie zwischen den Winkelfunktionen. Durch eine formale Substitution gewinnt man aus einer trigonometrischen Beziehung eine entsprechende hyperbolische Beziehung. Im *Gegensatz* zu den *trigonometrischen* Funktionen sind die *Hyperbelfunktionen* jedoch *nicht-periodische* Funktionen.

13.1.2 Die Hyperbelfunktionen $y = \sinh x$ und $y = \cosh x$

Die Eigenschaften der in Bild III-153 skizzierten *Hyperbelfunktionen* $y = \sinh x$ und $y = \cosh x$ sind in Tabelle 9 zusammengestellt.

Tabelle 9: Eigenschaften der Hyperbelfunktionen $y = \sinh x$ und $y = \cosh x$

	$y = \sinh x$	$y = \cosh x$
Definitionsbereich	$-\infty < x < \infty$	$-\infty < x < \infty$
Wertebereich	$-\infty < y < \infty$	$1 \leqslant y < \infty$
Symmetrie	ungerade	gerade
Nullstellen	$x_0 = 0$	———
Extremwerte	———	$x_0 = 0$ (Minimum)
Monotonie	streng monoton wachsend	———

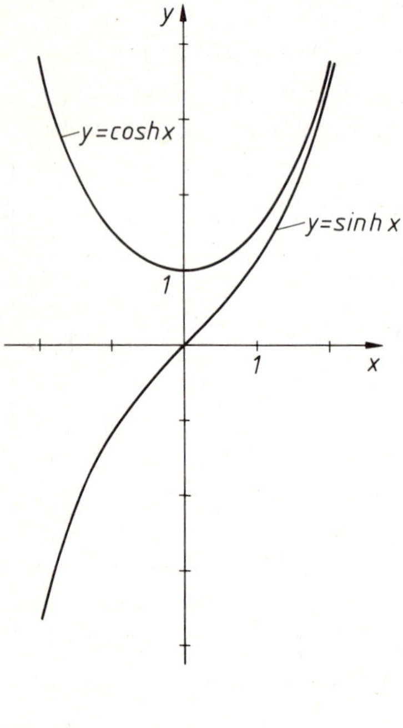

Bild III-153
Funktionsgraphen der Hyperbelfunktionen $y = \sinh x$ und $y = \cosh x$

■ **Beispiel**

Eine an zwei Punkten P_1 und P_2 in gleicher Höhe befestigte, freihängende Kette nimmt unter dem Einfluß der Schwerkraft die geometrische Form einer sog. *Kettenlinie* an, deren Funktionsgleichung durch die *hyperbolische* Funktion

$$y = c \cdot \cosh(a x) \qquad (a, c\text{: Parameter})$$

beschrieben wird (Bild III-154).

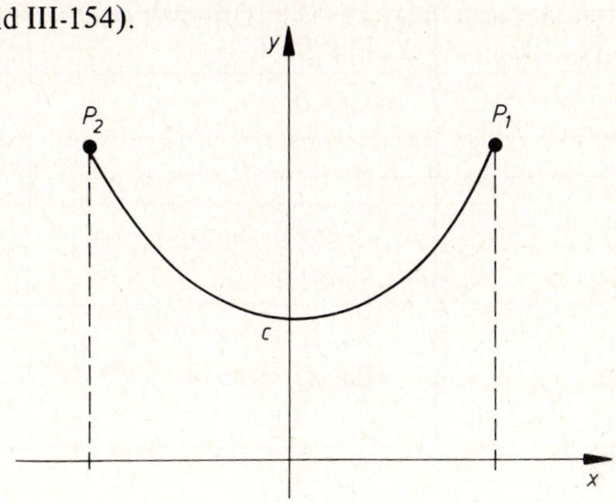

Bild III-154
Kettenlinie

■

13.1.3 Die Hyperbelfunktionen $y = \tanh x$ und $y = \coth x$

Die *Hyperbelfunktionen* $y = \tanh x$ und $y = \coth x$ besitzen die in Tabelle 10 aufgeführten Eigenschaften. Ihre Funktionskurven sind in Bild III-155 dargestellt.

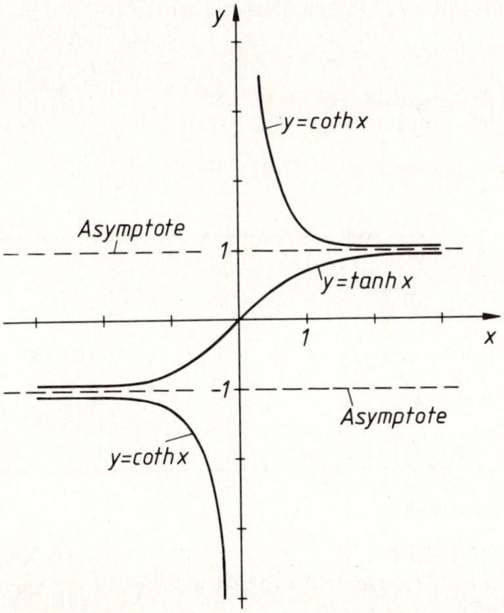

Bild III-155
Funktionsgraphen der Hyperbelfunktionen $y = \tanh x$ und $y = \coth x$

Tabelle 10: Eigenschaften der Hyperbelfunktionen $y = \tanh x$ und $y = \coth x$

	$y = \tanh x$	$y = \coth x$
Definitionsbereich	$-\infty < x < \infty$	$\lvert x\rvert > 0$
Wertebereich	$-1 < y < 1$	$\lvert y\rvert > 1$
Symmetrie	ungerade	ungerade
Nullstellen	$x_0 = 0$	———
Pole	———	$x_0 = 0$
Monotonie	streng monoton wachsend	———
Asymptoten	für $x \to \infty$: $y = 1$ für $x \to -\infty$: $y = -1$	für $x \to 0$: $x = 0$ für $x \to \infty$: $y = 1$ für $x \to -\infty$: $y = -1$

■ **Beispiele**

$\tanh 2 = 0{,}9640$ $\qquad$ $\coth 1{,}2 = 1{,}1995$

$\tanh(-1{,}4) = -0{,}8854$ $\qquad$ $\coth(-2{,}3) = -1{,}0203$ ■

13.1.4 Wichtige Beziehungen zwischen den hyperbolischen Funktionen

Aus den Definitionsgleichungen (III-170) bis (III-173) folgen unmittelbar die folgenden Beziehungen:

$$\tanh x = \frac{\sinh x}{\cosh x}, \qquad \coth x = \frac{\cosh x}{\sinh x} = \frac{1}{\tanh x} \qquad \text{(III-195)}$$

Von Bedeutung sind die sog. *Additionstheoreme* für $\sinh x$, $\cosh x$ und $\tanh x$. Sie lauten:

Additionstheoreme der Hyperbelfunktionen

$$\sinh(x_1 \pm x_2) = \sinh x_1 \cdot \cosh x_2 \pm \cosh x_1 \cdot \sinh x_2 \qquad \text{(III-196)}$$

$$\cosh(x_1 \pm x_2) = \cosh x_1 \cdot \cosh x_2 \pm \sinh x_1 \cdot \sinh x_2 \qquad \text{(III-197)}$$

$$\tanh(x_1 \pm x_2) = \frac{\tanh x_1 \pm \tanh x_2}{1 \pm \tanh x_1 \cdot \tanh x_2} \qquad \text{(III-198)}$$

Aus ihnen gewinnt man weitere wichtige Beziehungen:

$$\cosh^2 x - \sinh^2 x = 1 \qquad \text{(III-199)}$$

$$\sinh(2x) = 2 \cdot \sinh x \cdot \cosh x \qquad \text{(III-200)}$$

$$\cosh(2x) = \sinh^2 x + \cosh^2 x \qquad \text{(III-201)}$$

13.2 Areafunktionen

13.2.1 Definition der Areafunktionen

Die *hyperbolischen* Funktionen $y = \sinh x$ und $y = \tanh x$ sind in ihrem *gesamten* Definitionsbereich *streng monoton wachsende* Funktionen und daher dort *umkehrbar*. Bei der Hyperbelfunktion $y = \cosh x$ müssen wir uns jedoch auf ein Teilintervall beschränken, in dem die Funktion ein *streng monotones* Verhalten zeigt und dabei *sämtliche* Funktionswerte durchläuft. Wir wählen das Intervall $[0, \infty)$. Die hyperbolische Funktion $y = \coth x$ ist in den Teilintervallen $(-\infty, 0)$ und $(0, \infty)$ jeweils *streng monoton fallend*, durchläuft dabei den *gesamten* Wertevorrat und ist daher *umkehrbar*. Die Umkehrung der Hyperbelfunktionen in den genannten Bereichen führt zu den *Areafunktionen*.

Wir definieren daher:

Definition: Die *Umkehrfunktionen* der *Hyperbelfunktionen* heißen *Areafunktionen*. Bezeichnung und Schreibweise dieser Funktionen lauten:

Areasinus hyperbolicus:	$y = \operatorname{arsinh} x$
Areakosinus hyperbolicus:	$y = \operatorname{arcosh} x$
Areatangens hyperbolicus:	$y = \operatorname{artanh} x$
Areakotangens hyperbolicus:	$y = \operatorname{arcoth} x$

13.2.2 Die Areafunktionen $y = \operatorname{arsinh} x$ und $y = \operatorname{arcosh} x$

Die wesentlichen Eigenschaften der *Areafunktionen* $y = \operatorname{arsinh} x$ und $y = \operatorname{arcosh} x$ sind in Tabelle 11 zusammengestellt. Ihren Kurvenverlauf erhält man aus den Funktionsbildern der entsprechenden Hyperbelfunktionen durch *Spiegelung* an der Winkelhalbierenden des 1. und 3. Quadranten (Bild III-156).

Tabelle 11: Eigenschaften der Areafunktionen $y = \operatorname{arsinh} x$ und $y = \operatorname{arcosh} x$

	$y = \operatorname{arsinh} x$	$y = \operatorname{arcosh} x$
Definitionsbereich	$-\infty < x < \infty$	$1 \leqslant x < \infty$
Wertebereich	$-\infty < y < \infty$	$0 \leqslant y < \infty$
Symmetrie	ungerade	———
Nullstellen	$x_0 = 0$	$x_0 = 1$
Monotonie	streng monoton wachsend	streng monoton wachsend

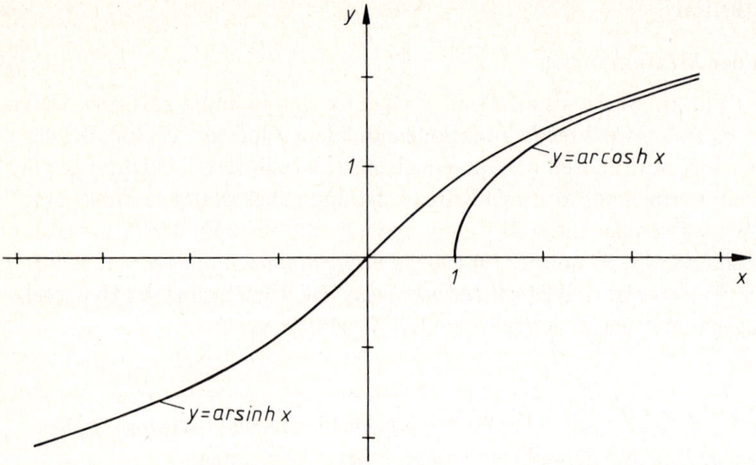

Bild III-156. Funktionsgraphen der Areafunktionen y = arsinh x und y = arcosh x

13.2.3 Die Areafunktionen y = artanh x und y = arcoth x

Die *Areafunktionen* y = artanh x und y = arcoth x besitzen die in Tabelle 12 angeführten Eigenschaften und den in Bild III-157 skizzierten Funktionsverlauf.

Tabelle 12: Eigenschaften der Areafunktionen y = artanh x und y = arcoth x

	y = artanh x	y = arcoth x
Definitionsbereich	$-1 < x < 1$	$\lvert x \rvert > 1$
Wertebereich	$-\infty < y < \infty$	$\lvert y \rvert > 0$
Symmetrie	ungerade	ungerade
Nullstellen	$x_0 = 0$	———
Pole	$x_{1/2} = \pm 1$	$x_{1/2} = \pm 1$
Monotonie	streng monoton wachsend	———
Asymptoten	$x = \pm 1$	$x = \pm 1$ für $x \rightarrow \pm\infty$: $y = 0$

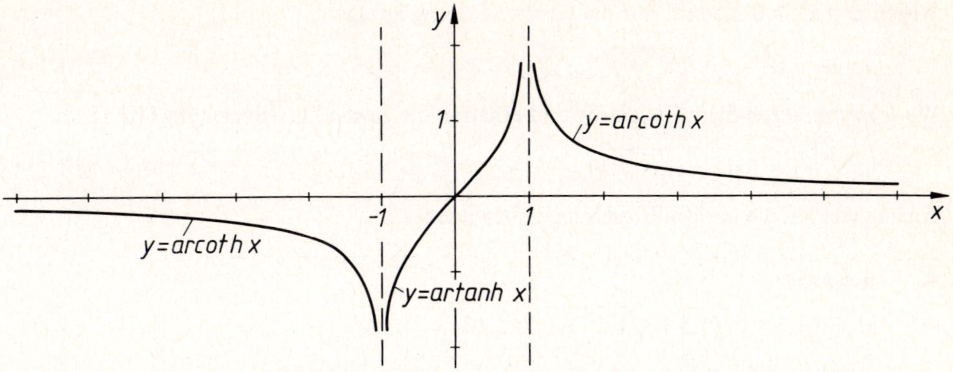

Bild III-157. Funktionsgraphen der Areafunktionen $y = \text{artanh}\, x$ und $y = \text{arcoth}\, x$

13.2.4 Darstellung der Areafunktionen durch Logarithmusfunktionen

Die *Areafunktionen* lassen sich unter Verwendung der ln-*Funktion* wie folgt als *logarithmische* Funktionen darstellen:

Darstellung der Areafunktionen durch Logarithmusfunktionen

$$y = \text{arsinh}\, x = \ln\left(x + \sqrt{x^2 + 1}\right), \qquad -\infty < x < \infty \tag{III-202}$$

$$y = \text{arcosh}\, x = \ln\left(x + \sqrt{x^2 - 1}\right), \qquad 1 \leqslant x < \infty \tag{III-203}$$

$$y = \text{artanh}\, x = \frac{1}{2} \ln \frac{1 + x}{1 - x}, \qquad |x| < 1 \tag{III-204}$$

$$y = \text{arcoth}\, x = \frac{1}{2} \ln \frac{x + 1}{x - 1}, \qquad |x| > 1 \tag{III-205}$$

Wir beweisen die Richtigkeit der Beziehung (III-181): $y = \text{arsinh}\, x$ ist *gleichbedeutend* mit $x = \sinh y$. Nach der Definitionsgleichung (III-170) folgt weiter:

$$x = \sinh y = \frac{1}{2}\left(e^{y} - e^{-y}\right) \tag{III-206}$$

Wir multiplizieren diese Gleichung mit $2\, e^{y}$:

$$2\, x\, e^{y} = e^{y}\left(e^{y} - e^{-y}\right) = \left(e^{y}\right)^2 - 1 \tag{III-207}$$

Mittels der *Substitution* $u = e^{y}$ erhält man hieraus die quadratische Gleichung

$$u^2 - 2\, x\, u - 1 = 0 \tag{III-208}$$

mit den Lösungen

$$u_{1/2} = x \pm \sqrt{x^2 + 1} \tag{III-209}$$

Wegen $u = e^y > 0$ kommt nur die *positive* Lösung infrage:

$$u = u_1 = e^y = x + \sqrt{x^2 + 1} \qquad \text{(III-210)}$$

Wir *logarithmieren* diese Gleichung und erhalten die gewünschte Beziehung (III-181):

$$\ln e^y = y = \ln(x + \sqrt{x^2 + 1}) \qquad \text{(III-211)}$$

Analog werden die übrigen Beziehungen bewiesen.

■ **Beispiele**

$$\operatorname{arsinh} 1{,}5 = \ln(1{,}5 + \sqrt{1{,}5^2 + 1}) = 1{,}1948$$

$$\operatorname{arsinh}(-3{,}47) = \ln(-3{,}47 + \sqrt{(-3{,}47)^2 + 1}) = -1{,}9574$$

$$\operatorname{arcosh} 12{,}8 = \ln(12{,}8 + \sqrt{12{,}8^2 - 1}) = 3{,}2411$$

$$\operatorname{arcosh} 1{,}03 = \ln(1{,}03 + \sqrt{1{,}03^2 - 1}) = 0{,}2443$$

$$\operatorname{artanh} 0{,}72 = \frac{1}{2} \ln \frac{1 + 0{,}72}{1 - 0{,}72} = 0{,}9076$$

$$\operatorname{artanh}(-0{,}29) = \frac{1}{2} \ln \frac{1 - 0{,}29}{1 + 0{,}29} = -0{,}2986$$

$$\operatorname{arcoth} 14{,}7 = \frac{1}{2} \ln \frac{14{,}7 + 1}{14{,}7 - 1} = 0{,}0681$$

■

13.2.5 Ein Anwendungsbeispiel: Freier Fall unter Berücksichtigung des Luftwiderstandes

Im *luftleeren* Raum erfährt jeder Körper die *gleiche* konstante Fallbeschleunigung g, so daß die Fallgeschwindigkeit v *proportional* zur Fallzeit t wächst:

$$v = v(t) = gt \qquad \text{(III-212)}$$

In einem t, v-Diagramm erhält man den in Bild III-158 skizzierten *linearen* Verlauf.

Wesentlich anders liegen die Verhältnisse bei Berücksichtigung des *Luftwiderstandes.* Wir behandeln dieses Problem ausführlich in den Anwendungen der Integralrechnung (Kap. V) sowie im Zusammenhang mit den Differentialgleichungen (Band 2). An dieser Stelle wollen wir nur das *Ergebnis* mitteilen. Wird die Reibungskraft R proportional zum *Quadrat* der Geschwindigkeit angenommen, $R = k \cdot v^2$ (k: Konstante), so erhält man für die Abhängigkeit der Fallgeschwindigkeit v von der Fallzeit t eine *hyperbolische* Funktion:

$$v = v(t) = v_E \cdot \tanh\left(\frac{g}{v_E}\,t\right), \qquad t \geqslant 0 \qquad \text{(III-213)}$$

$\left(v_E = \sqrt{\frac{mg}{k}}\right)$. Für $t \to \infty$ nähert sich die Fallgeschwindigkeit *asymptotisch* dem *Grenzwert* v_E (Bild III-159):

$$v_\infty = \lim_{t \to \infty} \left[v_E \cdot \tanh\left(\frac{g}{v_E}\,t\right)\right] = v_E \qquad \text{(III-214)}$$

v_E ist demnach die *konstante Endgeschwindigkeit* nach (theoretisch) *unendlich* langer Zeit.

Anmerkung

Die Endgeschwindigkeit v_E wird erreicht, wenn sich Gewichtskraft $G = mg$ und Luftwiderstand $R = k \cdot v^2$ das *Gleichgewicht* halten und die Fallbewegung damit *kräftefrei* geworden ist:

$$k \cdot v_E^2 = mg \quad \Rightarrow \quad v_E = \sqrt{\frac{mg}{k}} \qquad \text{(III-215)}$$

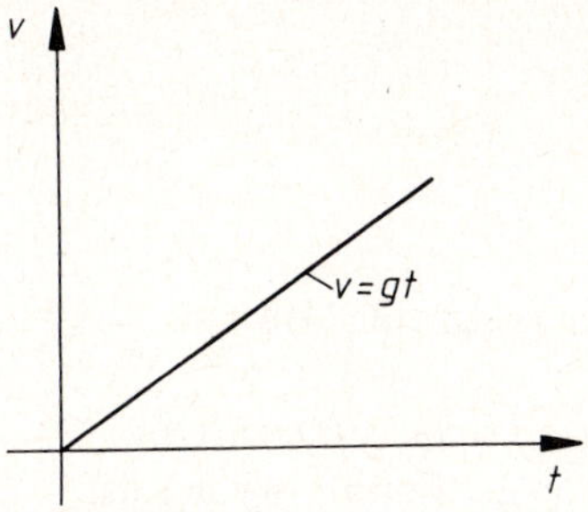

Bild III-158. Abhängigkeit der Fallgeschwindigkeit von der Fallzeit ohne Berücksichtigung des Luftwiderstandes

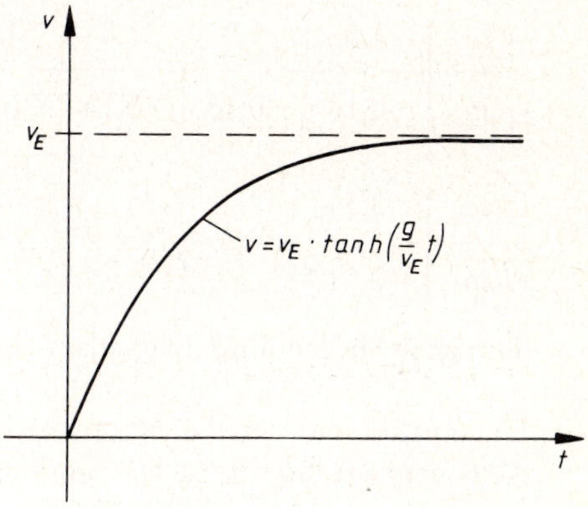

Bild III-159. Abhängigkeit der Fallgeschwindigkeit von der Fallzeit bei Berücksichtigung des Luftwiderstandes

Übungsaufgaben

1) Bestimmen Sie für die folgenden Funktionen den *größtmöglichen* Definitionsbereich sowie den Wertebereich:

a) $y = \dfrac{x}{x^2 + 1}$ b) $y = \sqrt{x^2 - 1}$ c) $y = \ln |x|$

d) $y = \dfrac{x^2}{4x^2 - 16}$ e) $y = \sqrt{x^2 - 0{,}5\,x - 3}$ f) $y = \dfrac{x - 1}{x + 1}$

2) Bestimmen Sie den jeweils *größtmöglichen* Definitionsbereich und zeichnen Sie anschließend den Funktionsgraphen:

a) $y = -\sqrt{2x + 6}$ b) $y = \dfrac{1}{|x - 1|}$ c) $y = e^{|x|}$

3) Bei der *aperiodischen* Schwingung eines mechanischen Systems werden folgende Werte gemessen:

t/s	0	0,1	0,2	0,3	0,4	0,5	0,6	0,7
y/cm	4	2,87	2,01	1,37	0,90	0,55	0,30	0,12

t/s	0,8	0,9	1	1,1	1,2	1,3	1,4	1,5
y/cm	0	− 0,08	− 0,14	− 0,17	− 0,18	− 0,19	− 0,18	− 0,17

t/s	1,6	1,7	1,8	1,9	2	2,3	2,5	3
y/cm	− 0,16	− 0,15	− 0,14	− 0,12	− 0,11	− 0,08	− 0,06	− 0,03

t/s	3,5
y/cm	− 0,01

Skizzieren Sie den Funktionsverlauf $y = y(t)$ in einem geeigneten Maßstab.

4) Eine Funktion ist durch die Parametergleichungen $x(t) = 0{,}5\,t$, $y(t) = \sqrt{t} + t - 2$, $t \geqslant 0$ definiert. Stellen Sie die Funktion *explizit*, d.h. in der Form $y = y(x)$ dar und skizzieren Sie den Funktionsverlauf im Intervall $0 \leqslant t \leqslant 15$ (Schrittweite: $\Delta t = 1$). Welche Koordinaten gehören zu den Parameterwerten $t_1 = 1{,}5$ und $t_2 = 5$?

5) Bestimmen Sie das *Symmetrieverhalten* der folgenden Funktionen in ihrem *maximalen* Definitionsbereich:

a) $y = 4x^2 - 16$ b) $y = \dfrac{x^3}{x^2 + 1}$ c) $y = \sin x \cdot \cos x$

d) $y = |x^2 - 4|$ e) $y = \dfrac{x^2 - 1}{1 + x^2}$ f) $y = \sqrt{x^2 - 25}$

g) $y = \dfrac{1}{x - 1}$ h) $y = 4 \cdot \sin^2 x$

6) Untersuchen Sie die folgenden Funktionen auf *Monotonie:*

a) $y = x^4$ b) $y = \sqrt{x - 1}$, $x \geqslant 1$ c) $y = x^3 + 2x$

d) $y = |x^2 - 2x + 1|$, $x \geqslant 1$ e) $y = \mathrm{e}^{2x}$

f) $y = -2 \cdot \ln(2x - 4)$, $x > 2$

7) Zeigen Sie: Die Funktion $y = 2 \cdot \sin t - 4 \cdot \cos t$ besitzt die Periode $p = 2\pi$.

8) Wie lauten die *Umkehrfunktionen* von:

a) $y = \frac{1}{2x}, \quad x > 0$ b) $y = \sqrt{3x}, \quad x > 0$

c) $y = 2 \cdot e^{x-0,5}$

9) Wie ändert sich die Funktionsgleichung von $y = x^2 - \sin x + 3$

a) bei Verschieben der Kurve um drei Einheiten in *positiver* x-Richtung und zwei Einheiten in *negativer* y-Richtung,

b) bei Verschieben der Kurve um jeweils fünf Einheiten in *positiver* x-Richtung und y-Richtung?

10) Führen Sie die Parabel mit der Funktionsgleichung $y = 2x^2 - 16x + 28,5$ durch eine geeignete *Koordinatentransformation (Parallelverschiebung)* auf die Parabel $y = 2x^2$ zurück.

11) Zeigen Sie, daß die Sinuskurve mit der Funktionsgleichung $y = \sin\left(x - \frac{\pi}{4}\right) - 2$ durch *Parallelverschiebung* der Sinuskurve $y = \sin x$ entsteht.

12) Der Mittelpunktskreis $x^2 + y^2 = 16$ soll *parallel* zu den Koordinatenachsen so verschoben werden, daß sein Mittelpunkt in den Punkt $M = (-2; 5)$ fällt. Wie verändert sich die Kreisgleichung?

13) Wo besitzen die folgenden Funktionen *Nullstellen?*

a) $y = \frac{x^2 - 9}{x + 1}$ b) $y = \sin\left(x - \frac{\pi}{4}\right)$

c) $y = x^4 - 4x^2 - 45$ d) $y = (x - 1)\, e^x$

14) Wie lauten die *Polarkoordinaten* folgender Punkte?

$P_1 = (4; -12)$ $P_2 = (-3; -3)$ $P_3 = (5; -4)$

15) Von einem Punkt P sind die Polarkoordinaten r, φ bekannt. Wie lauten seine *kartesischen* Koordinaten?

a) P_1: $r = 10, \ \varphi = 35°$ b) P_2: $r = 3,56, \ \varphi = 256,5°$

16) Skizzieren Sie den Verlauf der folgenden, in *Polarkoordinaten* dargestellten Funktionen:

a) $r(\varphi) = 1 + \sin\varphi, \quad 0 \leqslant \varphi < 2\pi$ b) $r(\varphi) = e^{0,5\varphi}, \quad 0 \leqslant \varphi \leqslant \pi$

17) Gegeben ist die in kartesischen Koordinaten dargestellte Kurve mit der (impliziten!) Funktionsgleichung $(x^2 + y^2)^2 - 2xy = 0$.

a) Wie lautet die Funktionsgleichung in *Polarkoordinaten*?

b) Skizzieren Sie den Kurvenverlauf.

18) Bestimmen Sie das *Bildungsgesetz* der unendlichen Folgen:

a) 0,2; 0,04; 0,008; ... b) $\frac{1}{2}$; $\frac{4}{3}$; $\frac{9}{4}$; ... c) $\frac{1}{2}$; $\frac{2}{4}$; $\frac{3}{8}$; ...

19) Zeichnen Sie den *Graph* der Zahlenfolge

$$\langle a_n \rangle = \left\langle \frac{n^2}{n^2+10} \right\rangle \qquad (n \in \mathbb{N})$$

20) Bestimmen Sie den *Grenzwert* der Zahlenfolgen für $n \to \infty$:

a) $\langle a_n \rangle = \left\langle \frac{2n+1}{4n} \right\rangle$ b) $\langle a_n \rangle = \left\langle \frac{n^2+4}{n} \right\rangle$

c) $\langle a_n \rangle = \left\langle \frac{n^2+4n-1}{n^2-3n} \right\rangle$ $(n \in \mathbb{N})$

21) Berechnen Sie (gegebenenfalls nach *elementaren* Umformungen) die folgenden Grenzwerte:

a) $\lim\limits_{x \to 1} \frac{x^2-1}{x^2+1}$ b) $\lim\limits_{x \to -3} \frac{x^2-x-12}{x+3}$ c) $\lim\limits_{x \to 0} \frac{\sin(2x)}{\sin x}$

d) $\lim\limits_{x \to 2} \frac{(x-2)(3x+1)}{4x-8}$ e) $\lim\limits_{x \to \infty} \frac{x^3-2x+3}{x^2+1}$

f) $\lim\limits_{x \to 0} \frac{\sqrt{1+x}-1}{x}$ g) $\lim\limits_{x \to \infty} \frac{x^2}{x^2-4x+1}$ h) $\lim\limits_{x \to 1} \frac{x^4-1}{x-1}$

22) Welchen Grenzwert besitzt die Funktion

$$f(x) = \frac{1-x}{1-\sqrt{x}} \quad \text{für } x \to 1$$

Anleitung: Erweiterung der Funktionsgleichung mit $1+\sqrt{x}$.

23) Zeige: Die Funktion $f(x) = \sqrt{x+2} - \sqrt{x}$ besitzt für $x \to \infty$ den Grenzwert $g = 0$.

24) An welchen Stellen besitzen die folgenden Funktionen *Definitionslücken?*

a) $y = \frac{x+2}{x-4}$ b) $y = \frac{x^2+4x+8}{x^2+3x+2}$ c) $y = \frac{\sin x}{x}$

d) $y = \frac{1}{\sin x}$

25) Zeigen Sie, daß die Funktion

$$f(x) = \begin{Bmatrix} x & \text{für} & x \leqslant 0 \\ x-2 & & x > 0 \end{Bmatrix}$$

an der Stelle $x_0 = 0$ *unstetig* ist.

26) Zeigen Sie: Die für alle $x \in \mathbb{R}$ definierte Funktion

$$f(x) = \begin{Bmatrix} \dfrac{x^2-1}{x-1} & \text{für} & x \neq 1 \\ 2 & & x = 1 \end{Bmatrix}$$

ist an der Stelle $x_0 = 1$ *stetig.*

27) Lassen sich die Definitionslücken der Funktion

$$y = \frac{x^2 - x}{x^3 - x^2 + x - 1}$$

beheben?

28) Geben Sie die Funktionsgleichung der durch $P_1 = (1{,}5;\ 2)$ und $P_2 = (-3;\ 3)$ verlaufenden Gerade in der *Hauptform* und in der *Achsenabschnittsform* an.

29) Der elektrische *Widerstand* eines Leiters ist *temperaturabhängig:* $R = R_0(1 + \alpha\, \Delta\vartheta)$ (R_0: Widerstand bei 20 °C; α: Temperaturkoeffizient; $\Delta\vartheta$: Temperaturänderung). Welchen Widerstand besitzt eine Kupferleitung bei 50 °C, wenn ihr Widerstand bei 20 °C $R_0 = 100\ \Omega$ beträgt ($\alpha_{Cu} = 4 \cdot 10^{-3}/°C$)?

30) Bringen Sie die folgenden Parabelgleichungen in die *Produkt-* und *Scheitelpunktsform:*

a) $y = -2x^2 - 4x + 3$ b) $y = 5x^2 + 20x + 20$

c) $y = 2x^2 + 10x$ d) $y = 4x^2 + 8x - 60$

31) Gegeben sind die drei Punkte $P = (1; 2)$, $Q = (4; 3)$ und $R = (8; 0)$. Wie lautet die Gleichung der durch die drei Punkte verlaufenden *Parabel* in der Normal-, Produkt- und Scheitelpunktsform? Wo liegt der Scheitelpunkt S der Parabel?

32) Die Flugbahn eines Geschosses laute (der Luftwiderstand bleibt *unberücksichtigt*): $y(x) = -x^2 + 5x + 4$.

a) Welche Höhe y_{max} erreicht das Geschoß?

b) Wie weit fliegt es in *waagerechter* Richtung vom Abwurfort $x = 0$?

33) Bestimmen Sie die Gleichung der *Parabel* mit den folgenden Funktionseigenschaften:

a) Nullstellen in $x_1 = 1$ und $x_2 = -5$;

b) Ordinate des Scheitelpunktes: $y_0 = 18$

34) Zerlegen Sie die folgenden Polynomfunktionen in *Linearfaktoren*. Wie lautet die Produktdarstellung?

a) $y = x^3 - 4x^2 + 4x - 16$ b) $y = 0{,}5\,(3x^2 - 1)$

c) $y = -3x^3 + 18x^2 - 33x$ d) $y = -2x^3 + 8x^2 - 8x$

e) $y = -x^3 - 6x^2 - 12x - 8$

35) Skizzieren Sie den Funktionsgraph von $z = 4t^3 - 16t^2 + 16t$ unter *ausschließlicher* Verwendung der Lage und Vielfachheit der Polynomnullstellen.

36) Die folgenden Polynomfunktionen besitzen *mindestens eine ganzzahlige* Nullstelle. Bestimmen Sie die übrigen Nullstellen und geben Sie die Funktionen in der Produktform an:

a) $y = x^3 - 2x^2 - 5x + 6$ b) $z = -2t^4 - 2t^3 - 4t + 8$

37) Berechnen Sie den Funktionswert des Polynoms $f(x)$ an der Stelle x_0 unter Verwendung des Horner-Schemas:

a) $f(x) = 4{,}5x^3 - 5{,}1x^2 + 4x - 3,$ $x_0 = -1{,}51$

b) $f(x) = -9{,}32x^3 - 2{,}54x + 10{,}56,$ $x_0 = 3{,}56$

38) Zeigen Sie: Die Polynomfunktion $y = 3x^3 + 18x^2 + 9x - 30$ besitzt an der Stelle $x_1 = -5$ eine Nullstelle. Bestimmen Sie unter Verwendung des Horner-Schemas das 1. reduzierte Polynom, die übrigen Nullstellen sowie den Funktionswert an der Stelle $x_0 = -3{,}25$. Skizzieren Sie grob den Funktionsverlauf.

39) Von einer ganzrationalen Funktion 4. Grades sind folgende Eigenschaften bekannt:

a) $y(x)$ ist eine *gerade* Funktion;

b) Nullstellen liegen in $x_1 = 3$ und $x_2 = 6$;

c) Der Funktionsgraph schneidet die y-Achse an der Stelle $y(0) = -3$.

Wie lautet die Funktionsgleichung?

40) Die folgenden Polynomfunktionen besitzen *mindestens zwei* ganzzahlige Nullstellen. Berechnen Sie unter Verwendung des Horner-Schemas sämtliche Nullstellen der Funktionen.

a) $y = x^4 - x^3 - x^2 - x - 2$ b) $y = 2x^4 + 8x^3 - 12x^2 - 8x + 10$

41) Bestimmen Sie das jeweilige Interpolationspolynom von Newton durch die vorgegebenen Stützpunkte:

a) $P_0 = (-1; -2)$, $P_1 = (1; 10)$, $P_2 = (2; 11)$, $P_3 = (5; -10)$

b) $P_0 = (-1; -13{,}1)$, $P_1 = (2; -17{,}9)$, $P_2 = (4; 32{,}9)$, $P_3 = (6; 322{,}9)$

c) $A = (-4; 50{,}05)$, $B = (1; 7{,}8)$, $C = (2; -4{,}55)$, $D = (5; 91)$

d) $P_0 = (-4; 594)$, $P_1 = (-2; -252)$, $P_2 = (1; -96)$, $P_3 = (3; 48)$, $P_4 = (8; 198)$

42) Von der logarithmischen Funktion $y = \ln(1 + x^2)$ sind im Intervall $1 \leqslant x \leqslant 2$ folgende fünf Werte bekannt:

k	0	1	2	3	4
x_k	1	1,25	1,5	1,75	2
y_k	0,693147	0,940983	1,178655	1,401799	1,609438

Bestimmen Sie das Newtonsche Interpolationspolynom 4. Grades durch diese Punkte und berechnen Sie mit dieser Näherungsfunktion den Funktionswert an den Stellen $x_1 = 1{,}1$ und $x_2 = 1{,}62$. Vergleichen Sie die *berechneten* Werte mit den *exakten* Funktionswerten.

43) Wo besitzen die folgenden *gebrochenrationalen* Funktionen Nullstellen, wo Pole?

a) $y = \dfrac{x^2 + x - 2}{x - 2}$ b) $y = \dfrac{x^3 - 5x^2 - 2x + 24}{x^3 + 3x^2 + 2x}$ c) $y = \dfrac{x^2 - 2x + 1}{x^2 - 1}$

d) $y = \dfrac{x^3 - 4x^2 - 4x}{x^4 - 4}$ e) $y = \dfrac{(x^2 - 1)(x^2 - 25)}{x^3 + 4x^2 - 5x}$

44) Bestimmen Sie für die folgenden *gebrochenrationalen* Funktionen Nullstellen, Pole und ihre Asymptote im Unendlichen und skizzieren Sie grob den Funktionsverlauf:

a) $y = \dfrac{x^2 - 4}{x^2 + 1}$ b) $y = \dfrac{x^3 - 6x^2 + 12x - 8}{x^2 - 4}$

c) $y = \dfrac{x^3 - 5x^2 + 8x - 4}{x^3 - 6x^2 + 12x - 8}$ d) $y = \dfrac{(x - 1)^2}{(x + 1)^2}$

45) Eine *gebrochenrationale* Funktion besitzt die folgenden Eigenschaften:

a) Nullstellen: $x_1 = 2$ (einfach); $x_2 = -4$ (doppelt)

b) Pole: $x_3 = -1$; $x_4 = 1$

c) $y(0) = 4$

Weitere Nullstellen und Pole liegen *nicht* vor. Wie lautet die Funktionsgleichung?

46) Ein vom Strom I durchflossener Leiter ist von einem Magnetfeld umgeben, dessen Feldlinien in Form konzentrischer Kreise um die Leiterachse verlaufen. Für den Betrag der magnetischen Feldstärke H gilt dabei in Abhängigkeit vom Abstand r von der Leiterachse:

$$H(r) = \frac{I}{2\pi r}, \qquad r > 0$$

Skizzieren Sie diese Funktion für $I = 10\,A$.

47) Skizzieren Sie die Potenzfunktion $y = x^{-3/2}$ im Intervall $0 < x \leqslant 3$ (Schrittweite: $\Delta x = 0{,}2$).

48) Beim freien Fall *ohne* Berücksichtigung des Luftwiderstandes erreicht ein Körper nach Durchfallen der Strecke h die Geschwindigkeit $v = v(h) = \sqrt{2gh}$. Skizzieren Sie diese Funktion im Intervall $0 \leqslant h \leqslant 100$ m ($g = 9{,}81$ m/s^2).

49) $A = (2; 1)$, $B = (-5; 0)$ und $C = (8; 2)$ sind Punkte eines *Kreises*. Bestimmen Sie die Kreisgleichung. Welchen Radius besitzt der Kreis und wo liegt sein Mittelpunkt?

50) Bestimmen Sie die Gleichung eines *Kreises*, der die x-Achse in $P_1 = (3; 0)$ berührt und durch den Punkt $P_2 = (0; 1)$ geht.

51) Welche *Kegelschnitte* werden durch die folgenden *algebraischen* Gleichungen 2. Grades dargestellt? Wo liegt der Mittelpunkt bzw. Scheitelpunkt? *Anleitung:* Durch *quadratische Ergänzung* bringe man die Kegelschnittgleichung auf die jeweilige Hauptform:

a) $x^2 - 2x + y^2 + 4y - 20 = 0$ b) $x^2 - y^2 - 4 = 0$

c) $9x^2 + 16y^2 - 18x = 135$ d) $2x^2 + 2y^2 + 12x - 6y = 0$

e) $2y^2 - 9x + 12y = 0$ f) $x^2 - 2x + 4y^2 + 8y = 2$

g) $4x^2 + 9y^2 - 4x + 24y = 127$ h) $y^2 + 2x = 4y$

52) Ein *parabolischer* Brückenträger besitzt die Spannweite 200 m. Die Fahrbahn liegt 10 m über den Auflagern und 20 m unterhalb des Scheitelpunktes des Trägers (Bild III-160). Bestimmen Sie die Gleichung des Brückenbogens und die Schnittpunkte von Fahrbahn und Bogen.

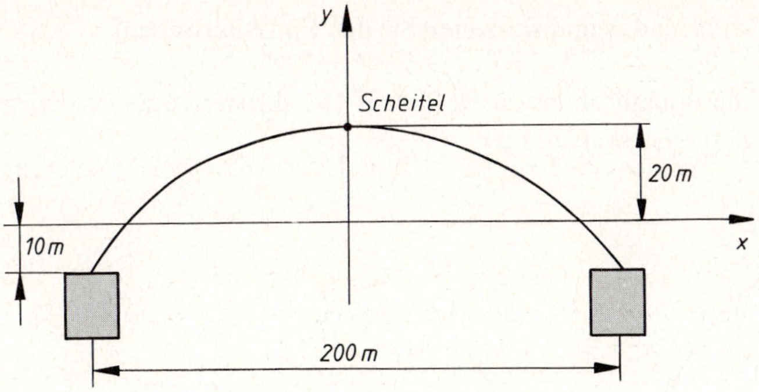

Bild III-160

53) Rechnen Sie die folgenden Winkel vom Grad- ins Bogenmaß bzw. vom Bogen- ins Gradmaß um:

Gradmaß	40,36°			278,19°	− 78,46°		118,6°
Bogenmaß		1,4171	− 5,6213			0,0843	

54) Berechnen Sie die folgenden Funktionswerte:

a) $\sin 12{,}5°$ b) $\cos 128{,}3°$ c) $\cos 5{,}2$ d) $\tan(-3{,}18)$

e) $\cos 1{,}4°$ f) $\cot 120°$ g) $\tan 14{,}8$ h) $\sin(-3{,}56)$

i) $\cot(-1{,}46)$ j) $\sin\left(\frac{3}{8}\pi\right)$

55) Leiten Sie aus dem *Additionstheorem* der Kosinusfunktion die wichtige trigonometrische Beziehung $\sin^2 x + \cos^2 x = 1$ her *(trigonometrischer Pythagoras)*.

56) Die Sinusfunktion $y = \sin x$ ist im Intervall $0 \leqslant x \leqslant \pi$ durch eine Parabel zu ersetzen, die mit ihr in den beiden Nullstellen und dem Extremwert (Maximum) übereinstimmt. Wie lautet die Funktionsgleichung der Parabel?

57) Bestimmen Sie für die folgenden Funktionen Amplitude A, Periode p und Phasenverschiebung x_0:

a) $y = 2 \cdot \sin\left(3x - \frac{\pi}{6}\right)$ b) $y = 5 \cdot \cos(2x + 4{,}2)$

c) $y = 10 \cdot \sin(\pi x - 3\pi)$ d) $y = 2{,}4 \cdot \cos\left(4x - \frac{\pi}{2}\right)$

58) Skizzieren Sie den Funktionsverlauf von:

a) $y = 4 \cdot \sin(3x + 2)$ b) $y = 2 \cdot \cos(2x - \pi)$

59) Von einer Sinusschwingung der Form $y(t) = A \cdot \sin(\omega t + \varphi)$ $(A > 0,\ \omega > 0)$ sind folgende Daten bekannt:

a) Das 1. Maximum $y_{max} = 5$ cm wird nach $t_1 = 3$ s,

b) das 1. Minimum $y_{min} = -5$ cm nach $t_2 = 10$ s erreicht.

Bestimmen Sie A, ω und φ und skizzieren Sie den Funktionsverlauf.

60) Wie lautet die Funktionsgleichung des in Bild III-161 skizzierten *sinusförmigen* Wechselstroms $i(t) = i_0 \cdot \sin(\omega t + \varphi)$?

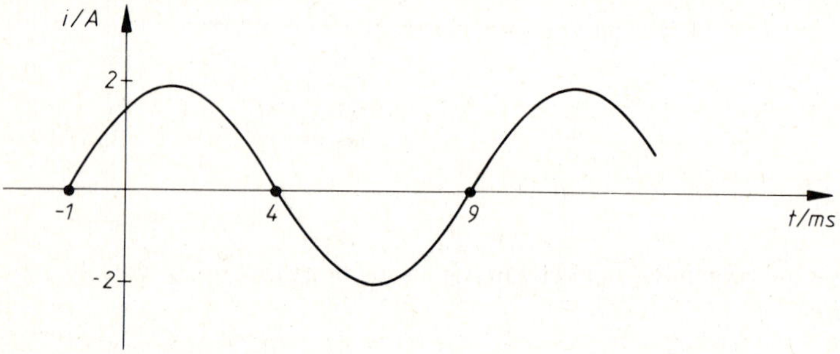

Bild III-161

61) Skizzieren Sie den Funktionsverlauf der folgenden *harmonischen* Schwingungen:

a) $y = 2 \cdot \sin(2t - 4)$ b) $y = 3 \cdot \cos\left(0{,}5\,t - \frac{\pi}{8}\right)$

62) Skizzieren Sie die Funktion $y = 1 - \sin^2 x$. Wie groß ist ihre Periode, wo liegen ihre Nullstellen und relativen Extremwerte?

63) Die folgenden Schwingungen sind durch eine *Sinusschwingung* vom Typ $y(t) = A \cdot \sin(\omega t + \varphi)$ $(A > 0,\ \omega > 0)$ darzustellen (Zeigerdiagramm verwenden!):

a) $y = 5 \cdot \cos(3t + \pi)$ b) $y = 3 \cdot \cos(\pi t - \pi)$

c) $y = -3 \cdot \cos\left(2t - \frac{\pi}{4}\right)$ d) $y = -4 \cdot \sin(0{,}5\,t + 3)$

64) Zeigen Sie anhand des *Zeigerdiagramms* die Richtigkeit der folgenden trigonometrischen Beziehungen:

a) $\cos t = \sin\left(t + \frac{\pi}{2}\right)$ b) $\sin t = \cos\left(t - \frac{\pi}{2}\right)$

65) Berechnen Sie die folgenden Funktionswerte:

a) $\arcsin 0{,}563$ b) $\arctan(-3{,}128)$ c) $\arccos 0{,}473$

d) $5 \cdot \arcsin \sqrt{0{,}6}$ e) $\arctan \pi/3$ f) $\operatorname{arccot} \pi$

g) $\arcsin 0{,}926$ h) $\arccos(-3 \cdot \sqrt{0{,}1})$

66) Gegeben sind die beiden *gleichfrequenten* Wechselspannungen $u_1(t)$ und $u_2(t)$. Berechnen Sie die durch *Superposition* entstehende resultierende Wechselspannung $u(t) = u_1(t) + u_2(t)$.

a) $u_1(t) = 100\ \text{V} \cdot \sin(\omega t)$

$u_2(t) = 160\ \text{V} \cdot \cos\left(\omega t - \frac{\pi}{4}\right)$ $(\omega = 500\ \text{s}^{-1})$

b) $u_1(t) = 380\ \text{V} \cdot \sin\left(\omega t - \frac{\pi}{6}\right)$

$u_2(t) = 200\ \text{V} \cdot \sin\left(\omega t + \frac{\pi}{8}\right)$ $(\omega = 1000\ \text{s}^{-1})$

67) Bringen Sie die beiden mechanischen Schwingungen *gleicher* Frequenz

$$y_1(t) = 12\ \text{cm} \cdot \sin\left(4{,}5\ \text{s}^{-1} \cdot t + \frac{\pi}{5}\right)$$

$$y_2(t) = 20\ \text{cm} \cdot \cos\left(4{,}5\ \text{s}^{-1} \cdot t + \frac{\pi}{3}\right)$$

zur Überlagerung und berechnen Sie Amplitude A und Phase φ der resultierenden Schwingung. Skizzieren Sie ferner beide Einzelschwingungen sowie die resultierende Schwingung im Zeigerdiagramm.

68) Bestimmen Sie *sämtliche* reellen Lösungen der folgenden *trigonometrischen* Gleichungen:

a) $\sin(2x + 5) = 0{,}4$ b) $\tan 2(x + 1) = 1$

c) $\sqrt{\cos(x - 1)} = \frac{1}{\sqrt{2}}$ d) $\sin x = \sqrt{1 - \sin^2 x}$

69) Beweisen Sie: $\sin(\arccos x) = \sqrt{1 - x^2}$

70) $x(t)$ und $y(t)$ seien zwei aufeinander *senkrecht* stehende Schwingungen *gleicher* Frequenz. Bestimmen Sie die durch ungestörte Überlagerung entstehenden *Lissajous-Figuren* für:

a) $x(t) = 3\ \text{cm} \cdot \sin(5\ \text{s}^{-1} \cdot t)$
$y(t) = -4\ \text{cm} \cdot \cos(5\ \text{s}^{-1} \cdot t)$

b) $x(t) = -5\ \text{cm} \cdot \cos(2\ \text{s}^{-1} \cdot t)$
$y(t) = -5\ \text{cm} \cdot \sin(2\ \text{s}^{-1} \cdot t)$

71) Eine *radioaktive* Substanz zerfällt *exponentiell* nach dem Zerfallgesetz $n(t) = n_0 \cdot e^{-\lambda t},\ t \geqslant 0$.

Für das Element Radon $^{222}_{86}Rn$ besitzt die Zerfallskonstante λ den Wert $\lambda = 2{,}0974 \cdot 10^{-6}\ \text{s}^{-1}$. Berechnen Sie die Halbwertszeit τ.

72) Wird ein Kondensator mit der Kapazität C über einen Ohmschen Widerstand R entladen, so nimmt seine Ladung q *exponentiell* mit der Zeit t nach der Gleichung $q(t) = q_0 \cdot e^{-\frac{t}{RC}}$ ab. Berechnen Sie den Zeitpunkt, ab dem die Kondensatorladung *unter* 10 % ihres Anfangswertes $q(0) = q_0$ gesunken ist (Zeitkonstante $RC = 0{,}3$ ms).

73) Bestimmen Sie aus der *barometrischen Höhenformel* $p(h) = 1{,}013\ \text{bar} \cdot e^{-\frac{h}{7991\,\text{m}}}$ den Luftdruck in den Höhen $h_1 = 500$ m, $h_2 = 1000$ m, $h_3 = 2000$ m, $h_4 = 5000$ m und $h_5 = 8000$ m.

74) Durch die Gleichung $y(t) = 2 \cdot e^{-0{,}2\,t} \cdot \cos(\pi t)$ wird eine *gedämpfte Schwingung* beschrieben. Skizzieren Sie den Schwingungsvorgang im Periodenintervall $0 \leqslant t \leqslant 2$ (Schrittweite: $\Delta t = 0{,}1$).

75) Wir betrachten einen Stromkreis mit einer Induktivität L und einem Ohmschen Widerstand R. Beim Einschalten der Gleichspannungsquelle erreicht der Strom infolge der *Selbstinduktion* erst nach einiger Zeit den nach dem Ohmschen Gesetz erwarteten Endwert i_0. Dabei gilt:

$$i(t) = i_0 \left(1 - e^{-\frac{R}{L}t}\right)$$

Berechnen Sie für $i_0 = 4$ A, $R = 5\ \Omega$ und $L = 2{,}5$ H den Zeitpunkt, in dem die Stromstärke 95 % ihres Endwertes erreicht hat. Skizzieren Sie die Strom-Zeit-Funktion.

76) Bestimmen Sie die Parameter a und b der Funktion $y = a \cdot e^{-bx} + 2$ so, daß die Punkte $A = (0; 10)$ und $B = (5; 3)$ auf der Kurve liegen.

77) Wie sind die Parameter a und b zu wählen, damit der Funktionsgraph von $y = a \cdot e^{-bx^2}$ durch die Punkte $A = (3{,}5; 12)$ und $B = (8; 2{,}4)$ verläuft?

78) Eine Flüssigkeit mit der Anfangstemperatur T_0 wird durch ein Kühlmittel mit der (konstanten) Temperatur T_1 gekühlt. Die Temperaturabnahme verläuft dabei *exponentiell* nach der Gleichung

$$T(t) = (T_0 - T_1) \cdot e^{-kt} + T_1$$

wobei $T(t)$ die Temperatur der Flüssigkeit zur Zeit t ist. In einem Versuch mit Öl werden bei einer Kühltemperatur von $T_1 = 20$ °C folgende Werte gemessen: Nach 50 min beträgt die Öltemperatur 85 °C, nach 150 min dagegen nur noch 30 °C. Bestimmen Sie T_0 und k und berechnen Sie anschließend, nach welcher Zeit t_1 das Öl eine Temperatur von 60 °C erreicht hatte.

79) Der Kolben eines *KFZ-Stoßdämpfers* lege beim Einschieben einen Weg x nach dem Zeitgesetz

$$x(t) = 30\ \text{cm} \left(1 - e^{-\frac{t}{0{,}5\ \text{s}}}\right)$$

zurück. Nach welcher Zeit ist der Kolben um 15,2 cm eingeschoben?

80) Der *aperiodische Grenzfall* einer (gedämpften) Schwingung wird durch eine Funktion vom Typ $y(t) = (A + B\,t)\,e^{-\lambda t}$ beschrieben. Skizzieren Sie für $A = 3$, $B = 8$, $\lambda = 2$ diese „*Kriechfunktion*" im Intervall $0 \leqslant t \leqslant 3$.

81) Ein durchhängendes Seil genüge der Funktionsgleichung $y = a \cdot \cosh\left(\frac{x}{a}\right)$ *(Kettenlinie)*. Berechnen Sie gemäß der Skizze (Bild III-162) den Durchhang H für $a = 20$ m und $l = 90$ m.

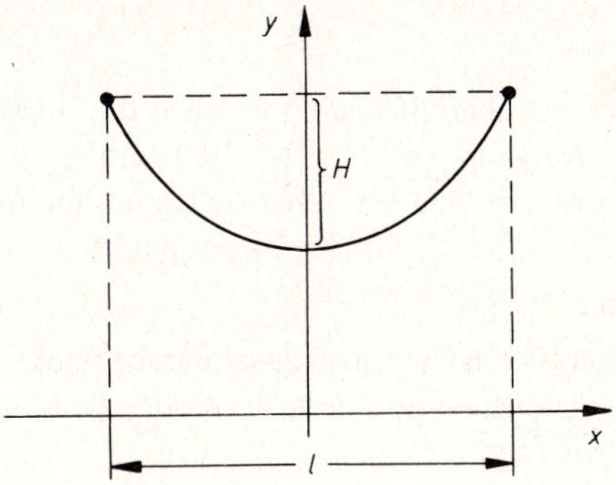

Bild III-162

82) Lösen Sie die folgenden *Exponentialgleichungen:*

a) $e^{x^2 - 2x} = 2$ b) $e^x + 2\,e^{-x} = 3$

83) Welche Lösungen besitzen die folgenden *logarithmischen* Gleichungen?

a) $\ln\sqrt{x} + 1{,}5 \cdot \ln x = \ln(2x)$ b) $(\lg x)^2 - \lg x = 2$

IV Differentialrechnung

1 Differenzierbarkeit einer Funktion

1.1 Das Tangentenproblem

Zunächst wollen wir anhand eines einfachen und überschaubaren Beispiels die *Problemstellung der Differentialrechnung* aufzeigen. Ausgangspunkt unserer Betrachtung ist dabei die Normalparabel mit der Funktionsgleichung $y = f(x) = x^2$. Wir stellen uns die Aufgabe, die Steigung der Kurventangente an der Stelle $x_0 = 0{,}5$, d.h. im Kurvenpunkte $P = (0{,}5;\, 0{,}25)$ zu bestimmen, und lösen dieses Problem wie folgt:

(1) In der Umgebung von P wird ein weiterer, von P *verschiedener* Parabelpunkt Q ausgewählt (Bild IV-1). Bezeichnen wir die Abszissendifferenz der beiden Punkte mit Δx, so lauten ihre Koordinaten wie folgt:

$$\begin{aligned} P &= (0{,}5;\, 0{,}25) \\ Q &= (0{,}5 + \Delta x;\, (0{,}5 + \Delta x)^2) \end{aligned} \qquad \text{(IV-1)}$$

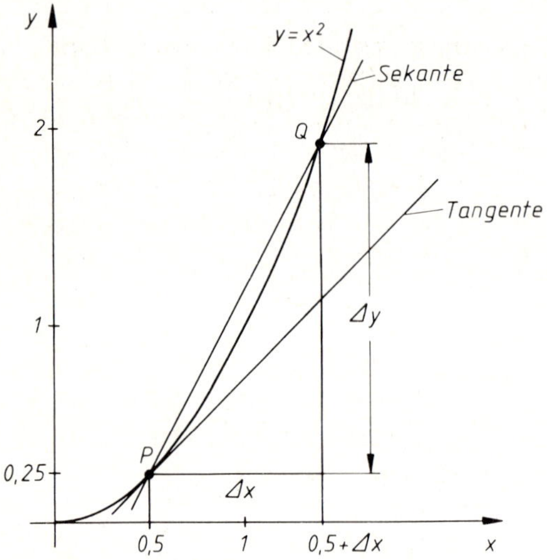

Bild IV-1

Die durch P und Q verlaufende *Sekante* besitzt damit die Steigung

$$\begin{aligned} m_s &= \frac{\Delta y}{\Delta x} = \frac{(0{,}5 + \Delta x)^2 - 0{,}25}{\Delta x} = \frac{0{,}25 + \Delta x + (\Delta x)^2 - 0{,}25}{\Delta x} = \\ &= \frac{\Delta x + (\Delta x)^2}{\Delta x} = 1 + \Delta x \end{aligned} \qquad \text{(IV-2)}$$

und stellt eine *erste Näherung* der gesuchten Tangente dar. Die Sekantensteigung m_s hängt dabei erwartungsgemäß noch von Δx, d.h. der Lage des Parabelpunktes Q ab.

(2) Wir lassen nun den Punkt Q *längs* der Parabel auf den Punkt P zuwandern ($Q \rightarrow P$). Dabei strebt die Abszissendifferenz Δx gegen Null ($\Delta x \rightarrow 0$). Beim Grenzübergang geht die *Sekante* in die *Tangente* und die *Sekantensteigung* m_s damit in die *Tangentensteigung* m_t über. In unserem Beispiel erhalten wir:

$$m_t = \lim_{\Delta x \to 0} \frac{\Delta y}{\Delta x} = \lim_{\Delta x \to 0} (1 + \Delta x) = 1 \qquad \text{(IV-3)}$$

Die Kurventangente in $P = (0{,}5;\ 0{,}25)$ besitzt somit den Steigungswert $m_t = 1$. Symbolisch schreiben wir dafür:

$$y'(0{,}5) = f'(0{,}5) = 1 \qquad \text{(IV-4)}$$

(gelesen: y Strich an der Stelle 0,5 bzw. f Strich an der Stelle 0,5). Man bezeichnet diesen Grenzwert als *Ableitung der Funktion* $y = f(x) = x^2$ *an der Stelle 0,5* und nennt die Funktion an dieser Stelle *differenzierbar*.

1.2 Ableitung einer Funktion

Wir formulieren nun das im vorangegangenen Abschnitt dargestellte *Tangentenproblem* in allgemeiner Form: *Gegeben sei* eine Funktion $y = f(x)$, *gesucht* wird die *Steigung der Kurventangente* an der Stelle x_0, d.h. im Kurvenpunkt $P = (x_0;\ y_0)$ ($y_0 = f(x_0)$).

Die Lösung der gestellten Aufgabe erfolgt dabei in zwei Schritten:

(1) Zunächst wählen wir auf der Funktionskurve in der Nachbarschaft von $P = (x_0; y_0)$ einen weiteren, von P *verschiedenen* Kurvenpunkt Q (Bild IV-2). Wird die Abszissendifferenz der beiden Punkte wieder mit Δx bezeichnet, so besitzen P und Q die folgenden Koordinaten:

$$\begin{aligned} P &= (x_0; y_0) \quad \text{mit} \quad y_0 = f(x_0) \\ Q &= (x_0 + \Delta x;\ f(x_0 + \Delta x)) \end{aligned} \qquad \text{(IV-5)}$$

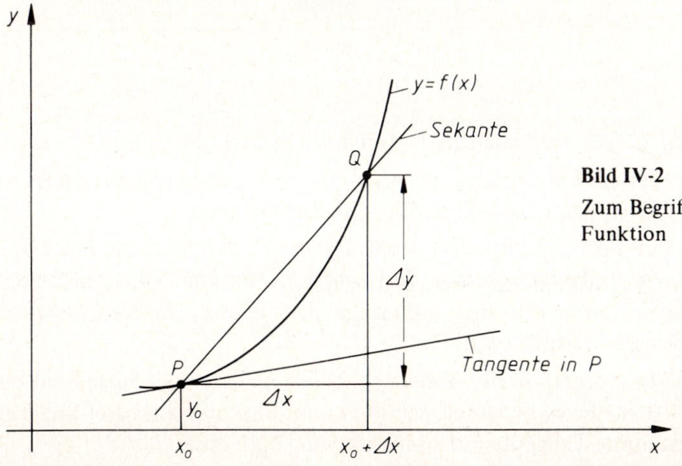

Bild IV-2
Zum Begriff der Ableitung einer Funktion

Die Steigung der durch die Punkte P und Q verlaufenden *Sekante* ist dann durch den sog. *Differenzenquotienten*

$$m_s = \frac{\Delta y}{\Delta x} = \frac{f(x_0 + \Delta x) - f(x_0)}{\Delta x} \tag{IV-6}$$

gegeben.

(2) Wandert nun der Punkt Q *längs* der Kurve auf den Punkt P zu ($Q \to P$), so strebt *gleichzeitig* die Abszissendifferenz $\Delta x \to 0$ und beim *Grenzübergang* fällt die *Sekante* in die (gesuchte) *Tangente. Die Tangentensteigung m_t ist somit der Grenzwert der Sekantensteigung* m_s, d.h. der Grenzwert des Differenzenquotienten (IV-6) für $\Delta x \to 0$:

$$m_t = \lim_{\Delta x \to 0} \frac{\Delta y}{\Delta x} = \lim_{\Delta x \to 0} \frac{f(x_0 + \Delta x) - f(x_0)}{\Delta x} \tag{IV-7}$$

Man nennt diesen Grenzwert, falls er vorhanden ist, die *Ableitung der Funktion $y = f(x)$ an der Stelle x_0* und kennzeichnet ihn durch eines der folgenden Symbole:

$$y'(x_0), \; f'(x_0), \; \left.\frac{dy}{dx}\right|_{x = x_0} \tag{IV-8}$$

Der formale Quotient $\left.\frac{dy}{dx}\right|_{x = x_0}$ wird als *Differentialquotient* der Funktion $y = f(x)$ an der Stelle $x = x_0$ bezeichnet (gelesen: dy nach dx an der Stelle $x = x_0$); wir kommen später darauf zurück.

Definition: Eine Funktion $y = f(x)$ heißt an der Stelle x_0 *differenzierbar*, wenn der Grenzwert (IV-7) vorhanden ist. Man bezeichnet ihn als *Ableitung von $y = f(x)$ an der Stelle x_0* oder als *Differentialquotient von $y = f(x)$ an der Stelle $x = x_0$* und kennzeichnet ihn durch das Symbol

$$y'(x_0), \quad f'(x_0) \quad \text{oder} \quad \left.\frac{dy}{dx}\right|_{x = x_0} \tag{IV-9}$$

Anmerkungen

(1) Die Ableitung $y'(x_0)$ wird auch als *1. Ableitung* bezeichnet.

(2) Der Vorgang, der zur Bestimmung der Ableitung, d.h. zur Berechnung des Grenzwertes (IV-7) führt, heißt *Differentiation* oder *Differenzieren.*

(3) Wählt man den Punkt Q *rechts (links)* vom Punkte P, so erhält man beim Grenzübergang $Q \to P$ die *rechtsseitige (linksseitige) Ableitung.* Nur wenn beide Ableitungen *übereinstimmen,* ist die Funktion an der Stelle x_0 *differenzierbar* (vgl. hierzu das folgende Beispiel (4)).

(4) *Geometrische Interpretation der Ableitung:* Differenzierbarkeit einer Funktion $y = f(x)$ an der Stelle x_0 bedeutet, daß die Funktionskurve an dieser Stelle eine *eindeutig* bestimmte Tangente mit *endlicher* Steigung besitzt.

(5) Die *Ableitungsfunktion* $y'(x) = f'(x)$ ordnet jeder Stelle x aus einem Intervall I als Funktionswert den *Steigungswert* (Grenzwert) (IV-7) zu. Man spricht dann kurz von der *Ableitung* von $y = f(x)$.

Eine weitere sehr nützliche Schreibweise für die Ableitung einer Funktion erhält man unter Verwendung des sog. *Differentialoperators* $\frac{d}{dx}$. Dieser erzeugt aus der Funktion $y = f(x)$ die *Ableitungsfunktion* $y' = f'(x)$:

$$\frac{d}{dx}[f(x)] = y' = f'(x) \tag{IV-10}$$

■ **Beispiele**

(1) $y = f(x) = \text{const.} = a \quad \Rightarrow \quad y' = f'(x) = 0$

Differenzenquotient: $\dfrac{\Delta y}{\Delta x} = \dfrac{f(x + \Delta x) - f(x)}{\Delta x} = \dfrac{a - a}{\Delta x} = 0$

1. Ableitung: $y' = \lim\limits_{\Delta x \to 0} \dfrac{\Delta y}{\Delta x} = \lim\limits_{\Delta x \to 0} (0) = 0$

(2) $y = f(x) = x \quad \Rightarrow \quad y' = f'(x) = 1$

Differenzenquotient: $\dfrac{\Delta y}{\Delta x} = \dfrac{f(x + \Delta x) - f(x)}{\Delta x} = \dfrac{x + \Delta x - x}{\Delta x} = \dfrac{\Delta x}{\Delta x} = 1$

1. Ableitung: $y' = \lim\limits_{\Delta x \to 0} \dfrac{\Delta y}{\Delta x} = \lim\limits_{\Delta x \to 0} (1) = 1$

(3) $y = f(x) = x^2 \quad \Rightarrow \quad y' = f'(x) = 2x$

Differenzenquotient: $\dfrac{\Delta y}{\Delta x} = \dfrac{f(x + \Delta x) - f(x)}{\Delta x} = \dfrac{(x + \Delta x)^2 - x^2}{\Delta x} =$

$$= \frac{x^2 + 2x \cdot \Delta x + (\Delta x)^2 - x^2}{\Delta x} =$$

$$= \frac{2x \cdot \Delta x + (\Delta x)^2}{\Delta x} = 2x + \Delta x$$

1. Ableitung: $y' = \lim\limits_{\Delta x \to 0} \dfrac{\Delta y}{\Delta x} = \lim\limits_{\Delta x \to 0} (2x + \Delta x) = 2x$

Unter Verwendung des *Differentialoperators* können wir auch schreiben:

$$y' = \frac{d}{dx}(x^2) = 2x$$

So beträgt beispielsweise die Steigung der Tangente an der Stelle $x_1 = 0{,}5$:

$$y'(0{,}5) = 2 \cdot 0{,}5 = 1$$

an der Stelle $x_2 = 1$:

$$y'(1) = 2 \cdot 1 = 2$$

(4) Die *Betragsfunktion*

$$y = f(x) = |x| = \begin{cases} x \\ -x \end{cases} \text{für} \begin{cases} x \geqslant 0 \\ x < 0 \end{cases} \qquad \text{(Bild IV-3)}$$

liefert ein Beispiel für eine Funktion, die *nicht* überall in ihrem Definitionsbereich differenzierbar ist. Diese Funktion ist in $x_0 = 0$ *nicht differenzierbar,* da sie an dieser Stelle *keine* eindeutig bestimmte Tangente besitzt.

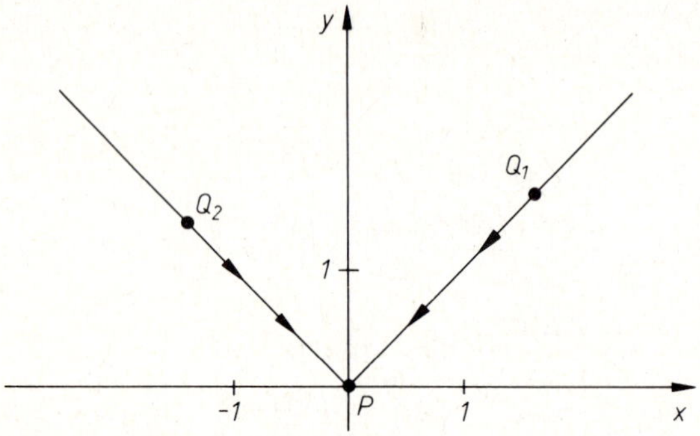

Bild IV-3

Rechts- und *linksseitige* Ableitung in $x_0 = 0$ sind zwar vorhanden, weichen jedoch voneinander ab:

Rechtsseitige Ableitung ($Q_1 \rightarrow P$):

$$\lim_{\Delta x \to 0} \frac{f(0 + \Delta x) - f(0)}{\Delta x} = \lim_{\Delta x \to 0} \frac{\Delta x - 0}{\Delta x} = \lim_{\Delta x \to 0} (1) = 1$$

Linksseitige Ableitung ($Q_2 \rightarrow P$):

$$\lim_{\Delta x \to 0} \frac{f(0 + \Delta x) - f(0)}{\Delta x} = \lim_{\Delta x \to 0} \frac{-\Delta x - 0}{\Delta x} = \lim_{\Delta x \to 0} (-1) = -1$$ ■

1.3 Ableitung der elementaren Funktionen

In der folgenden Tabelle 1 sind die *Ableitungen* der wichtigsten *elementaren* Funktionen dargestellt. Sie lassen sich auf direktem Wege als Grenzwert des Differenzenquotienten nach der Definitionsgleichung (IV-7) gewinnen, wie wir am Beispiel der Potenzfunktion $f(x) = x^n$ zeigen werden.

Tabelle 1: Ableitung der elementaren Funktionen

Funktion $f(x)$		Ableitung $f'(x)$
Potenzfunktion	x^n	$n x^{n-1}$
Trigonometrische Funktionen	$\sin x$	$\cos x$
	$\cos x$	$-\sin x$
	$\tan x$	$\frac{1}{\cos^2 x}$
	$\cot x$	$-\frac{1}{\sin^2 x}$
Arkusfunktionen	$\arcsin x$	$\frac{1}{\sqrt{1-x^2}}$
	$\arccos x$	$-\frac{1}{\sqrt{1-x^2}}$
	$\arctan x$	$\frac{1}{1+x^2}$
	$\operatorname{arccot} x$	$-\frac{1}{1+x^2}$
Exponentialfunktionen	e^x	e^x
	a^x	$(\ln a) \cdot a^x$
Logarithmusfunktionen	$\ln x$	$\frac{1}{x}$
	$\log_a x$	$\frac{1}{(\ln a) \cdot x}$
Hyperbelfunktionen	$\sinh x$	$\cosh x$
	$\cosh x$	$\sinh x$
	$\tanh x$	$\frac{1}{\cosh^2 x}$
	$\coth x$	$-\frac{1}{\sinh^2 x}$
Areafunktionen	$\operatorname{arsinh} x$	$\frac{1}{\sqrt{x^2+1}}$
	$\operatorname{arcosh} x$	$\frac{1}{\sqrt{x^2-1}}$
	$\operatorname{artanh} x$	$\frac{1}{1-x^2}$
	$\operatorname{arcoth} x$	$\frac{1}{1-x^2}$

Wir beweisen nun exemplarisch die sog. *Potenzregel*

$$\frac{d}{dx}(x^n) = n \cdot x^{n-1} \qquad \text{(IV-11)}$$

für *natürliche* Exponenten ($n \in \mathbb{N}$). Dabei machen wir Gebrauch vom *Binomischen Lehrsatz* in der Form

$$(a+b)^n = a^n + \binom{n}{1} a^{n-1} \cdot b^1 + \binom{n}{2} a^{n-2} \cdot b^2 + \ldots + b^n \qquad \text{(IV-12)}$$

(s. hierzu Abschnitt I.6). Für den *Differenzenquotienten* der Potenzfunktion $f(x) = x^n$ folgt dann unter Verwendung dieser Entwicklungsformel mit $a = x$ und $b = \Delta x$:

$$\frac{\Delta y}{\Delta x} = \frac{f(x+\Delta x) - f(x)}{\Delta x} = \frac{(x+\Delta x)^n - x^n}{\Delta x} =$$

$$= \frac{x^n + \binom{n}{1} x^{n-1} \cdot \Delta x + \binom{n}{2} x^{n-2} \cdot (\Delta x)^2 + \ldots + (\Delta x)^n - x^n}{\Delta x} =$$

$$= \frac{\binom{n}{1} x^{n-1} \cdot \Delta x + \binom{n}{2} x^{n-2} \cdot (\Delta x)^2 + \ldots + (\Delta x)^n}{\Delta x} =$$

$$= \binom{n}{1} x^{n-1} + \binom{n}{2} x^{n-2} \cdot \Delta x + \ldots + (\Delta x)^{n-1} \qquad \text{(IV-13)}$$

Beim Grenzübergang $\Delta x \rightarrow 0$ dürfen wir nach der Grenzwertregel (III-32) *gliedweise* vorgehen. Dabei verschwinden alle Glieder bis auf den ersten Summanden. Folglich ist

$$\frac{d}{dx}(x^n) = \lim_{\Delta x \to 0} \left[\binom{n}{1} x^{n-1} + \binom{n}{2} x^{n-2} \cdot \Delta x + \ldots + (\Delta x)^{n-1} \right] =$$

$$= \binom{n}{1} x^{n-1} = n\,x^{n-1} \qquad \text{(IV-14)}$$

Damit ist die Potenzregel für *natürliche* Exponenten bewiesen. Sie gilt allgemein für *beliebige reelle* Exponenten. Auf den Beweis verzichten wir.

2 Ableitungsregeln

Wir behandeln in diesem Abschnitt eine Reihe von *Ableitungsregeln*, die das Differenzieren einer Funktion wesentlich erleichtern. Bei ihrer Herleitung benötigen wir die in Abschnitt III.4.2.3 dargestellten *Rechenregeln für Grenzwerte* und setzen ferner voraus, daß alle in den Formelausdrücken auftretenden Funktionen auch *differenzierbar* sind.

2.1 Faktorregel

Faktorregel

Ein *konstanter* Faktor bleibt beim Differenzieren erhalten:

$$y = C \cdot f(x) \quad \Rightarrow \quad y' = C \cdot f'(x) \qquad \text{(IV-15)}$$

Beweis:

Unter Verwendung der Grenzwertregel (III-31) gilt:

$$y' = \lim_{\Delta x \to 0} \frac{C \cdot f(x + \Delta x) - C \cdot f(x)}{\Delta x} = \lim_{\Delta x \to 0} C \, \frac{f(x + \Delta x) - f(x)}{\Delta x} =$$

$$= C \cdot \lim_{\Delta x \to 0} \frac{f(x + \Delta x) - f(x)}{\Delta x} = C \cdot f'(x) \qquad \text{(IV-16)}$$

■ **Beispiele**

(1) $y = 10\,x^4 \quad \Rightarrow \quad y' = 10 \, \frac{d}{dx}(x^4) = 10 \cdot 4\,x^3 = 40\,x^3$

(2) $y = -3 \cdot e^x \quad \Rightarrow \quad y' = -3 \, \frac{d}{dx}(e^x) = -3 \cdot e^x$

(3) $x = 4 \cdot \sin t \quad \Rightarrow \quad \frac{dx}{dt} = 4 \, \frac{d}{dt}(\sin t) = 4 \cdot \cos t$ ■

2.2 Summenregel

Summenregel

Bei einer *endlichen* Summe von Funktionen darf *gliedweise* differenziert werden:

$$y = f_1(x) + f_2(x) + \ldots + f_n(x) \quad \Rightarrow$$
$$y' = f_1'(x) + f_2'(x) + \ldots + f_n'(x) \qquad \text{(IV-17)}$$

Beweis:

Wir beweisen diese Ableitungsregel für eine Summe aus *zwei* Funktionen: $f(x) = f_1(x) + f_2(x)$. Unter Verwendung der Grenzwertregel (III-32) ist

$$y' = \lim_{\Delta x \to 0} \frac{f_1(x + \Delta x) + f_2(x + \Delta x) - f_1(x) - f_2(x)}{\Delta x} =$$

$$= \lim_{\Delta x \to 0} \left[\frac{f_1(x + \Delta x) - f_1(x)}{\Delta x} + \frac{f_2(x + \Delta x) - f_2(x)}{\Delta x} \right] =$$

$$= \lim_{\Delta x \to 0} \frac{f_1(x + \Delta x) - f_1(x)}{\Delta x} + \lim_{\Delta x \to 0} \frac{f_2(x + \Delta x) - f_2(x)}{\Delta x} =$$

$$= f_1'(x) + f_2'(x) \qquad \text{(IV-18)}$$

■ **Beispiele**

(1) $y = 4x^7 + 3 \cdot \cos x - 5 \cdot e^x + \ln x \quad \Rightarrow \quad y' = 28x^6 - 3 \cdot \sin x - 5 \cdot e^x + \frac{1}{x}$

(2) $y = 4 \cdot \arctan x - 2 \cdot \arccos x + 10 \cdot \sinh x + 3x \quad \Rightarrow$

$$y' = \frac{4}{1+x^2} + \frac{2}{\sqrt{1-x^2}} + 10 \cdot \cosh x + 3$$ ■

2.3 Produktregel

Produktregel

Die Ableitung einer in der *Produktform* $y = u(x) \cdot v(x)$ darstellbaren Funktion erhält man nach der *Produktregel*

$$y' = u'(x) \cdot v(x) + v'(x) \cdot u(x) \qquad \text{(IV-19)}$$

Beweis:

Wir addieren und subtrahieren gleichzeitig in dem Differenzenquotienten

$$\frac{\Delta y}{\Delta x} = \frac{u(x+\Delta x) \cdot v(x+\Delta x) - u(x) \cdot v(x)}{\Delta x} \qquad \text{(IV-20)}$$

den Term $u(x) \cdot v(x + \Delta x)$ und erhalten nach einer Umordnung der Glieder:

$$\frac{\Delta y}{\Delta x} = \frac{u(x+\Delta x) \cdot v(x+\Delta x) - u(x) \cdot v(x+\Delta x) + u(x) \cdot v(x+\Delta x) - u(x) \cdot v(x)}{\Delta x} =$$

$$= \frac{[u(x+\Delta x) - u(x)] \cdot v(x+\Delta x) + u(x) \cdot [v(x+\Delta x) - v(x)]}{\Delta x} =$$

$$= \frac{u(x+\Delta x) - u(x)}{\Delta x} v(x+\Delta x) + u(x) \frac{v(x+\Delta x) - v(x)}{\Delta x} \qquad \text{(IV-21)}$$

Beim Grenzübergang $\Delta x \to 0$ beachten wir die Grenzwertregeln (III-31) bis (III-33) und erhalten schließlich

$$y' = \lim_{\Delta x \to 0} \frac{u(x+\Delta x) - u(x)}{\Delta x} v(x+\Delta x) + \lim_{\Delta x \to 0} u(x) \frac{v(x+\Delta x) - v(x)}{\Delta x} =$$

$$= \left(\lim_{\Delta x \to 0} \frac{u(x+\Delta x) - u(x)}{\Delta x} \right) \cdot \left(\lim_{\Delta x \to 0} v(x+\Delta x) \right)$$

$$+ u(x) \left(\lim_{\Delta x \to 0} \frac{v(x+\Delta x) - v(x)}{\Delta x} \right) =$$

$$= u'(x) \cdot v(x) + u(x) \cdot v'(x) = u'(x) \cdot v(x) + v'(x) \cdot u(x) \qquad \text{(IV-22)}$$

■ **Beispiele**

(1) $y = (4x^3 - 3x)(2e^x - \sin x)$

$u = 4x^3 - 3x, \quad u' = 12x^2 - 3$

$v = 2e^x - \sin x, \quad v' = 2e^x - \cos x$

$$y' = u'v + v'u = (12x^2 - 3)(2e^x - \sin x) + (2e^x - \cos x)(4x^3 - 3x) =$$
$$= (8x^3 + 24x^2 - 6x + 6)e^x - (12x^2 + 3)\sin x - (4x^3 - 3x)\cos x$$

(2) $y = 4 \cdot \arctan x \cdot \ln x$

$u = 4 \cdot \arctan x, \quad u' = \dfrac{4}{1 + x^2}$

$v = \ln x, \quad v' = \dfrac{1}{x}$

$$y' = u'v + v'u = \frac{4 \cdot \ln x}{1 + x^2} + \frac{4 \cdot \arctan x}{x}$$ ■

Die Produktregel läßt sich auch für Produktfunktionen, die aus *mehr* als zwei Faktorfunktionen bestehen, formulieren. Für *drei Faktoren* $u = u(x)$, $v = v(x)$, $w = w(x)$ gilt beispielsweise:

Produktregel bei drei Faktorfunktionen

$$\frac{d}{dx}(uvw) = u'vw + uv'w + uvw' \qquad \text{(IV-23)}$$

■ **Beispiel**

$y = 5x^3 \cdot \sin x \cdot e^x$

$u = 5x^3, \quad u' = 15x^2$

$v = \sin x, \quad v' = \cos x$

$w = e^x, \quad w' = e^x$

$$y' = u'vw + uv'w + uvw' = 15x^2 \cdot \sin x \cdot e^x + 5x^3 \cdot \cos x \cdot e^x + 5x^3 \cdot \sin x \cdot e^x =$$
$$= 5x^2 \cdot e^x (3 \cdot \sin x + x \cdot \cos x + x \cdot \sin x)$$ ■

2.4 Quotientenregel

Quotientenregel

Die Ableitung einer Funktion, die als *Quotient* zweier Funktionen in der Form $y = \dfrac{u(x)}{v(x)}$ darstellbar ist, erhält man nach der *Quotientenregel*

$$y' = \frac{u'(x) \cdot v(x) - v'(x) \cdot u(x)}{v^2(x)} \qquad \text{(IV-24)}$$

Der Beweis dieser Regel verläuft analog zum Beweis der Produktregel.

■ **Beispiele**

(1) $y = \frac{x^3 - 4x + 5}{2x^2 - 4x + 1}$

$u = x^3 - 4x + 5, \quad u' = 3x^2 - 4$

$v = 2x^2 - 4x + 1, \quad v' = 4x - 4$

$$y' = \frac{u'v - v'u}{v^2} = \frac{(3x^2 - 4)(2x^2 - 4x + 1) - (4x - 4)(x^3 - 4x + 5)}{(2x^2 - 4x + 1)^2} =$$

$$= \frac{2x^4 - 8x^3 + 11x^2 - 20x + 16}{(2x^2 - 4x + 1)^2}$$

(2) $y = \frac{\ln x + x}{e^x}$

$u = \ln x + x, \quad u' = \frac{1}{x} + 1 = \frac{1 + x}{x} = \frac{x + 1}{x}$

$v = e^x, \quad v' = e^x$

$$y' = \frac{u'v - v'u}{v^2} = \frac{\frac{x+1}{x} e^x - e^x (\ln x + x)}{e^{2x}} = \frac{\frac{x+1}{x} - (\ln x + x)}{e^x} =$$

$$= \frac{x + 1 - x(\ln x + x)}{x\, e^x}$$ ■

2.5 Kettenregel

Die bisher bekannten Ableitungsregeln (Faktor-, Summen-, Produkt- und Quotientenregel) versetzen uns in die Lage, *einfache* Funktionen problemlos zu differenzieren. Diese Ableitungsregeln reichen jedoch *nicht* mehr aus, wenn es um die Ableitung *zusammengesetzter* oder *ineinander geschachtelter* Funktionen geht. Mit den bislang bekannten Regeln wird es uns beispielsweise kaum gelingen, die Ableitung der Funktion $y = \sin(3x - 4)$ oder $y = 2 \cdot e^{4x^2}$ zu bilden. Dazu benötigen wir die Kenntnis einer weiteren Ableitungsregel, die unter der Bezeichnung *Kettenregel* bekannt ist. Wir lassen uns dabei von den folgenden Überlegungen leiten:

Mit Hilfe einer geeigneten *Substitution* $u = u(x)$ versuchen wir, die vorgegebene Funktion $y = f(x)$ in eine einfacher gebaute, *elementare* Funktion $y = F(u)$ zu überführen. Für die Funktionen $u = u(x)$ und $y = F(u)$ haben sich dabei die Bezeichnungen

$u = u(x)$: *Innere* Funktion

$y = F(u)$: *Äußere* Funktion

eingebürgert. Zwischen ihnen besteht der folgende Zusammenhang:

$$y = F(u) = F(u(x)) = f(x) \qquad \text{(IV-25)}$$

Die gesuchte Ableitung der Funktion $y = f(x)$ nach der Variablen x läßt sich dann als *Produkt* aus den *Ableitungen* der *äußeren* und der *inneren* Funktion gewinnen:

$$y' = \frac{dy}{dx} = \frac{dy}{du} \cdot \frac{du}{dx} \qquad \text{(IV-26)}$$

(sog. *Kettenregel*). Wir haben somit unsere Aufgabe gelöst, falls äußere und innere Funktion *elementar*, d.h. unter Verwendung der bekannten Ableitungsregeln *differenzierbar* sind. Mit den Bezeichnungen

$\frac{dy}{du}$: *Äußere Ableitung* (Ableitung der äußeren Funktion $y = F(u)$)

$\frac{du}{dx}$: *Innere Ableitung* (Ableitung der inneren Funktion $u = u(x)$)

läßt sich die Kettenregel allgemein wie folgt formulieren:

Kettenregel

Die Ableitung einer *zusammengesetzten (verketteten)* Funktion $y = F(u(x)) = f(x)$ erhält man als Produkt aus äußerer und innerer Ableitung:

$$y' = \frac{dy}{dx} = \frac{dy}{du} \cdot \frac{du}{dx} \qquad \text{(IV-27)}$$

Beweis

Wir wollen den Beweis dieser wichtigen Regel nur andeuten. Der Differenzenquotient läßt sich in der Form

$$\frac{\Delta y}{\Delta x} = \frac{\Delta y}{\Delta u} \cdot \frac{\Delta u}{\Delta x} \qquad \text{(IV-28)}$$

darstellen und setzt sich somit aus dem Differenzenquotienten der *äußeren* und der *inneren* Funktion zusammen. Beim Grenzübergang $\Delta x \rightarrow 0$ strebt auch $\Delta u \rightarrow 0$ und es gilt:

$$\frac{dy}{dx} = \lim_{\Delta x \rightarrow 0} \left(\frac{\Delta y}{\Delta u} \cdot \frac{\Delta u}{\Delta x} \right) = \left(\lim_{\Delta u \rightarrow 0} \frac{\Delta y}{\Delta u} \right) \cdot \left(\lim_{\Delta x \rightarrow 0} \frac{\Delta u}{\Delta x} \right) = \frac{dy}{du} \cdot \frac{du}{dx} \qquad \text{(IV-29)}$$

Anmerkungen

(1) Für die *erfolgreiche* Anwendung der Kettenregel ist von entscheidender Bedeutung, daß es mit Hilfe einer *geeigneten Substitution* $u = u(x)$ gelingt, die vorgegebene Funktion $y = f(x)$ in eine *elementar differenzierbare* Funktion $y = F(u)$ zu überführen. Die folgenden Beispiele werden dies unterstreichen.

(2) Man beachte, daß die innere Funktion $u = u(x)$ mit der Substitutionsgleichung identisch ist.

■ **Beispiele**

(1) $y = 3 \cdot \sin(5x)$

Substitution: $u = u(x) = 5x$

Äußere Funktion: $y = F(u) = 3 \cdot \sin u$

Innere Funktion: $u = u(x) = 5x$

Äußere Ableitung: $\frac{dy}{du} = 3 \cdot \cos u = 3 \cdot \cos(5x)$

Innere Ableitung: $\frac{du}{dx} = 5$

$$y' = \frac{dy}{dx} = \frac{dy}{du} \cdot \frac{du}{dx} = 3 \cdot \cos(5x) \cdot 5 = 15 \cdot \cos(5x)$$

(2) $y = (3x - 4)^8$

Substitution: $u = u(x) = 3x - 4$

Äußere Funktion: $y = F(u) = u^8 \quad \Rightarrow \quad \frac{dy}{du} = 8u^7$

Innere Funktion: $u = u(x) = 3x - 4 \quad \Rightarrow \quad \frac{du}{dx} = 3$

$$y' = \frac{dy}{dx} = \frac{dy}{du} \cdot \frac{du}{dx} = 8u^7 \cdot 3 = 24u^7 = 24(3x - 4)^7$$

(3) $y = e^{4x^2 - 3x + 2}$

Substitution: $u = u(x) = 4x^2 - 3x + 2$

Äußere Funktion: $y = F(u) = e^u \quad \Rightarrow \quad \frac{dy}{du} = e^u$

Innere Funktion: $u = u(x) = 4x^2 - 3x + 2 \quad \Rightarrow \quad \frac{du}{dx} = 8x - 3$

$$y' = \frac{dy}{dx} = \frac{dy}{du} \cdot \frac{du}{dx} = e^u (8x - 3) = (8x - 3)\, e^{4x^2 - 3x + 2}$$

(4) $y = 10 \cdot \ln(1 + x^2)$

Substitution: $u = u(x) = 1 + x^2$

Äußere Funktion: $y = F(u) = 10 \cdot \ln u \quad \Rightarrow \quad \frac{dy}{du} = \frac{10}{u}$

Innere Funktion: $u = u(x) = 1 + x^2 \quad \Rightarrow \quad \frac{du}{dx} = 2x$

$$y' = \frac{dy}{dx} = \frac{dy}{du} \cdot \frac{du}{dx} = \frac{10}{u}\, 2x = \frac{20x}{u} = \frac{20x}{1 + x^2}$$

(5) $x = A \cdot \sin(\omega t + \varphi)$

Substitution: $u = u(t) = \omega t + \varphi$

Äußere Funktion: $x = F(u) = A \cdot \sin u \;\Rightarrow\; \frac{dx}{du} = A \cdot \cos u$

Innere Funktion: $u = u(t) = \omega t + \varphi \;\Rightarrow\; \frac{du}{dt} = \omega$

$$\frac{dx}{dt} = \frac{dx}{du} \cdot \frac{du}{dt} = (A \cdot \cos u)\,\omega = A\,\omega \cdot \cos(\omega t + \varphi)$$

(6) $y = \sqrt[3]{(x^2 - 4x + 10)^2} = (x^2 - 4x + 10)^{2/3}$

Substitution: $u = u(x) = x^2 - 4x + 10$

Äußere Funktion: $y = F(u) = u^{2/3} \;\Rightarrow\; \frac{dy}{du} = \frac{2}{3} u^{-1/3}$

Innere Funktion: $u = u(x) = x^2 - 4x + 10 \;\Rightarrow\; \frac{du}{dx} = 2x - 4$

$$y' = \frac{dy}{dx} = \frac{dy}{du} \cdot \frac{du}{dx} = \frac{2}{3} u^{-1/3}(2x - 4) = \frac{2(2x-4)}{3\sqrt[3]{u}} = \frac{4x - 8}{3\sqrt[3]{x^2 - 4x + 10}}$$ ■

In einigen Fällen müssen *mehrere Substitutionen hintereinander* ausgeführt werden (stets von *innen* nach *außen*), um die vorgegebene Funktion in eine elementar differenzierbare Funktion zu überführen. Wir geben hierfür ein Beispiel:

■ $y = \ln(\sin(2x - 3))$

1. Substitution: $u = u(x) = 2x - 3 \;\Rightarrow\; y = \ln(\sin u)$

Diese Funktion ist noch *nicht* elementar differenzierbar. Erst eine weitere Substitution $z = z(u)$ führt zu einer *elementaren* Funktion:

2. Substitution: $z = z(u) = \sin u \;\Rightarrow\; y = \ln z$

Die *Kettenregel* besitzt jetzt die folgende Gestalt:

$$y' = \frac{dy}{dx} = \frac{dy}{dz} \cdot \frac{dz}{du} \cdot \frac{du}{dx}$$

Dabei ist:

$$y = \ln z \;\Rightarrow\; \frac{dy}{dz} = \frac{1}{z}$$

$$z = \sin u \;\Rightarrow\; \frac{dz}{du} = \cos u$$

$$u = 2x - 3 \;\Rightarrow\; \frac{du}{dx} = 2$$

$$y' = \frac{dy}{dz} \cdot \frac{dz}{du} \cdot \frac{du}{dx} = \frac{1}{z}(\cos u)\,2 = \frac{2 \cdot \cos u}{z} = \frac{2 \cdot \cos u}{\sin u} = 2 \cdot \cot u = 2 \cdot \cot(2x - 3)$$ ■

2.6 Logarithmische Ableitung

Bei der Bildung der Ableitung von $f(x) = x^x$, $x > 0$ ist *keine* der bisher bekannten Ableitungsregeln direkt anwendbar, da die Variable x sowohl in der *Basis* als auch im *Exponenten* auftritt [1]. Dennoch gelingt die Differentiation dieser Funktion, wenn man die Funktionsgleichung zunächst *logarithmiert:*

$$\ln f(x) = \ln x^x = x \cdot \ln x \tag{IV-30}$$

und anschließend – unter Verwendung der *Kettenregel* – *differenziert:*

$$\frac{1}{f(x)} f'(x) = 1 \cdot \ln x + x \frac{1}{x} = \ln x + 1 \quad \Rightarrow$$

$$f'(x) = f(x)(\ln x + 1) = x^x (\ln x + 1) \tag{IV-31}$$

Man bezeichnet diese Art des Differenzierens als *logarithmische Differentiation* und die dabei auftretende Ableitung der Funktion $\ln f(x)$ als *logarithmische Ableitung* von $f(x)$, wobei gilt:

$$\frac{d}{dx}[\ln f(x)] = \frac{1}{f(x)} f'(x) \tag{IV-32}$$

Logarithmische Differentiation

In vielen Fällen, beispielsweise bei Funktionen vom Typ $f(x) = [u(x)]^{v(x)}$ $(u(x) > 0)$, gelingt die Differentiation nach dem folgenden Schema:

1. *Logarithmieren* der Funktionsgleichung;
2. *Differenzieren* der *logarithmierten* Gleichung unter Verwendung der Kettenregel.

■ **Beispiele**

(1) $y = x^{\sin x}$, $x > 0$

Logarithmieren: $\ln y = \ln x^{\sin x} = \sin x \cdot \ln x$

Differenzieren, wobei zu beachten ist, daß y eine Funktion von x ist (*Kettenregel* anwenden):

$$\frac{1}{y} y' = \cos x \cdot \ln x + \frac{1}{x} \sin x = \frac{x \cdot \cos x \cdot \ln x + \sin x}{x}$$

$$y' = \frac{y(x \cdot \cos x \cdot \ln x + \sin x)}{x} = \frac{x^{\sin x}(x \cdot \cos x \cdot \ln x + \sin x)}{x} =$$

$$= x^{(\sin x - 1)}(x \cdot \cos x \cdot \ln x + \sin x)$$

(2) Wir beweisen die *Quotientenregel* mit Hilfe der *logarithmischen* Differentiation:

$$y = \frac{u}{v} \quad \Rightarrow \quad \ln y = \ln \frac{u}{v} = \ln u - \ln v$$

---

[1] Man beachte, daß $f(x) = x^x$ *weder* eine Potenzfunktion *noch* eine Exponentialfunktion ist.

Beim Differenzieren ist zu beachten, daß y, u und v Funktionen von x sind (*Kettenregel* anwenden!):

$$\frac{1}{y}\,y' = \frac{1}{u}\,u' - \frac{1}{v}\,v' = \frac{u'v - v'u}{uv} \quad \Rightarrow$$

$$y' = y\,\frac{u'v - v'u}{uv} = \frac{u}{v} \cdot \frac{u'v - v'u}{uv} = \frac{u'v - v'u}{v^2}$$ ■

2.7 Ableitung der Umkehrfunktion

Gegeben sei eine *umkehrbare* Funktion $y = f(x)$ und ihre Ableitung $y' = f'(x)$. Wir suchen die *Ableitung der Umkehrfunktion* $y = f^{-1}(x) = g(x)$. Bei der Lösung des Problems schlagen wir den folgenden Weg ein:

Zunächst lösen wir die Funktionsgleichung $y = f(x)$ nach der Variablen x auf und erhalten *die nach x aufgelöste Funktionsgleichung* $x = f^{-1}(y) = g(y)$. Zwischen den Funktionen $y = f(x)$ und $x = g(y)$ besteht dann der folgende Zusammenhang:

$$f(x) = f(g(y)) = y \qquad \text{(IV-33)}$$

Die Funktion $f(g(y))$ ist dabei eine aus den beiden Funktionen f und g *zusammengesetzte (verkettete)* Funktion, wobei f die *äußere* und g die *innere* Funktion ist. *Differenziert* man die Gleichung $f(g(y)) = y$ unter Verwendung der *Kettenregel* beiderseits nach der Variablen y, so erhält man:

$$f'(x) \cdot g'(y) = 1 \qquad \text{(IV-34)}$$

Diese Beziehung lösen wir nach $g'(y)$ auf:

$$g'(y) = \frac{1}{f'(x)} \qquad (f'(x) \neq 0) \qquad \text{(IV-35)}$$

Hieraus erhält man die gewünschte *Ableitung der Umkehrfunktion*, in dem man zunächst in der Ableitung $f'(x)$ die Variable x durch $g(y)$ *ersetzt* ($x = g(y)$) und anschließend auf *beiden* Seiten der Gleichung die Variablen x und y miteinander *vertauscht* (*Umbenennung* der beiden Variablen).

Wir fassen die Ergebnisse wie folgt zusammen:

Ableitung der Umkehrfunktion

Eine Funktion $y = f(x)$ sei *umkehrbar*, $x = g(y)$ die nach der Variablen x aufgelöste Form dieser Funktion. Dann besteht zwischen diesen beiden Funktionen der folgende Zusammenhang:

$$g'(y) = \frac{1}{f'(x)} \qquad (f'(x) \neq 0) \qquad \text{(IV-36)}$$

Hieraus erhält man durch die beiden folgenden Schritte die gesuchte *Ableitung der Umkehrfunktion* $y = g(x)$:

1. In der Ableitung $f'(x)$ wird zunächst die Variable x durch $g(y)$ *ersetzt* $(x = g(y))$;
2. Anschließend werden auf *beiden* Seiten die Variablen x und y miteinander *vertauscht* (formale Umbenennung der beiden Variablen).

■ **Beispiele**

(1) *Gegeben:* $y = f(x) = e^x$, $f'(x) = e^x$

Gesucht: Ableitung der Umkehrfunktion $y = g(x) = \ln x$

Wir lösen zunächst die Funktionsgleichung $y = e^x$ nach der Variablen x auf und erhalten $x = g(y) = \ln y$. Die Ableitung dieser Funktion ist nach Gleichung (IV-36):

$$g'(y) = \frac{1}{f'(x)} = \frac{1}{e^x} = \frac{1}{y}$$

$(e^x = y)$. Durch *Vertauschung* der Variablen erhalten wir hieraus die gewünschte *Ableitung der Umkehrfunktion* $y = g(x) = \ln x$. Sie lautet:

$$g'(x) = \frac{d}{dx}(\ln x) = \frac{1}{x}$$

(2) *Gegeben:* $y = f(x) = \tan x$, $f'(x) = \dfrac{1}{\cos^2 x} = \tan^2 x + 1$

Gesucht: Ableitung der Umkehrfunktion $y = g(x) = \arctan x$

Die nach der Variablen x aufgelöste Form von $y = \tan x$ lautet:

$$x = g(y) = \arctan y$$

Wir bestimmen ihre Ableitung nach Gleichung (IV-36):

$$g'(y) = \frac{1}{f'(x)} = \frac{1}{\tan^2 x + 1} = \frac{1}{y^2 + 1}$$

$(\tan x = y)$. Durch *Vertauschung* der Variablen erhalten wir die gewünschte *Ableitung der Umkehrfunktion* $y = g(x) = \arctan x$:

$$g'(x) = \frac{d}{dx}(\arctan x) = \frac{1}{x^2 + 1} = \frac{1}{1 + x^2}$$ ■

2.8 Implizite Differentiation

Wir gehen von einer in der *impliziten* Form $F(x; y) = 0$ dargestellten Funktion aus. Gelingt es, diese Gleichung in eindeutiger Weise nach einer der beiden Variablen aufzulösen, so läßt sich die Ableitung der Funktion mit Hilfe der bekannten Ableitungsregeln meist ohne Schwierigkeiten bilden.

■ **Beispiel**

Durch Auflösen der *Kreisgleichung* $x^2 + y^2 = 1$ oder $F(x; y) = x^2 + y^2 - 1 = 0$ nach der Variablen y erhalten wir zwei *Wurzelfunktionen:*

$$y = \pm \sqrt{1 - x^2}, \qquad -1 \leqslant x \leqslant 1$$

Unter Verwendung der *Kettenregel* ergeben sich hieraus die Ableitungen

$$y' = \frac{d}{dx}\left(\pm \sqrt{1 - x^2}\right) = \mp \frac{x}{\sqrt{1 - x^2}}$$ ■

In vielen Fällen ist die Auflösung der Funktionsgleichung $F(x; y) = 0$ nicht möglich oder nur mit großem Aufwand zu erreichen. Die Ableitung der Funktion nach der Variablen x kann dann durch *gliedweise Differentiation der impliziten Funktionsgleichung nach* x gewonnen werden. Dabei ist jedoch zu berücksichtigen, daß die Variable y eine von x abhängige Größe darstellt. *Bei der Differentiation ist daher jeder* y *enthaltende Term nach der Kettenregel zu differenzieren.* Durch Auflösen dieser Gleichung nach $y' = \frac{dy}{dx}$ erhält man die gewünschte Ableitung. Diese Art des Differenzierens wird daher *implizite Differentiation* genannt.

Implizite Differentiation

Der *Anstieg* einer in der *impliziten* Form $F(x; y) = 0$ dargestellten Funktionskurve läßt sich wie folgt bestimmen:

1. *Gliedweise Differentiation* der Funktionsgleichung $F(x; y) = 0$ nach x, wobei die Variable y als Funktion von x anzusehen ist. Jeder Term, der y enthält, ist daher unter Verwendung der *Kettenregel* zu differenzieren.
2. Auflösung der differenzierten Funktionsgleichung nach $y' = \frac{dy}{dx}$ führt zur gesuchten Ableitung (Anstieg der Kurventangente).

Anmerkung

Die Ableitung $y' = \frac{dy}{dx}$ enthält meist *beide* Variable. x und y sind jedoch nicht unabhängig voneinander, sondern über die implizite Funktionsgleichung $F(x; y) = 0$ miteinander verknüpft.

■ **Beispiele**

(1) Gegeben ist die in der *impliziten* Form $F(x; y) = 2y^3 + 6x^3 - 24x + 6y = 0$ dargestellte Funktion. Wir berechnen die Steigung der Kurventangente in den Schnittpunkten der Kurve mit der x-Achse.

Schnittpunkte mit der x-Achse: $y = 0$

$$6x^3 - 24x = 0 \quad \Rightarrow \quad 6x(x^2 - 4) = 0 \quad \Rightarrow \quad x_1 = 0, \quad x_{2/3} = \pm 2$$

$$S_1 = (0; 0), \quad S_2 = (2; 0), \quad S_3 = (-2; 0)$$

Implizite Differentiation:

$$\frac{d}{dx} F(x; y) = \frac{d}{dx} (2y^3 + 6x^3 - 24x + 6y) = 6y^2 \cdot y' + 18x^2 - 24 + 6y' = 0$$

Die Terme $2y^3$ und $6y$ wurden dabei nach der *Kettenregel* differenziert! Wir lösen nun die Gleichung nach y' auf und erhalten:

$$(6y^2 + 6)y' = 24 - 18x^2 \quad \Rightarrow \quad y' = \frac{24 - 18x^2}{6y^2 + 6} = \frac{4 - 3x^2}{y^2 + 1}$$

Damit ergeben sich die folgenden Steigungswerte für die Kurventangente in den drei Schnittpunkten mit der x-Achse:

$$y'(S_1) = 4, \quad y'(S_2) = -8, \quad y'(S_3) = -8$$

(2) Wir bestimmen den Anstieg der Kurventangente im Punkte $P = (x; y)$ des Mittelpunktskreises $F(x; y) = x^2 + y^2 - 25 = 0$ durch *implizite Differentiation*:

$$\frac{d}{dx}(F(x; y)) = \frac{d}{dx}(x^2 + y^2 - 25) = 2x + 2y \cdot y' = 0 \quad \Rightarrow \quad y' = -\frac{x}{y}$$

Für den Kreispunkt $P_1 = (3; 4)$ beispielsweise erhalten wir damit den Steigungswert $y'(P_1) = -\frac{3}{4} = -0{,}75$. ■

2.9 Differential einer Funktion

Wir betrachten auf dem Graphen einer *differenzierbaren* Funktion $y = f(x)$ einen beliebigen Punkt $P = (x_0; y_0)$. Eine *Änderung des Abszissenwertes* um Δx zieht eine *Änderung des Ordinatenwertes* (Funktionswertes) um Δy nach sich und wir gelangen zu dem ebenfalls auf der Kurve gelegenen Punkt Q (Bild IV-4). P und Q besitzen dabei die folgenden Koordinaten:

$$P = (x_0; y_0 = f(x_0)), \quad Q = (x_0 + \Delta x; f(x_0 + \Delta x)) \qquad \text{(IV-37)}$$

Für die *Änderung des Funktionswertes* (auch *Zuwachs* genannt) gilt daher:

$$\Delta y = f(x_0 + \Delta x) - f(x_0) \qquad \text{(IV-38)}$$

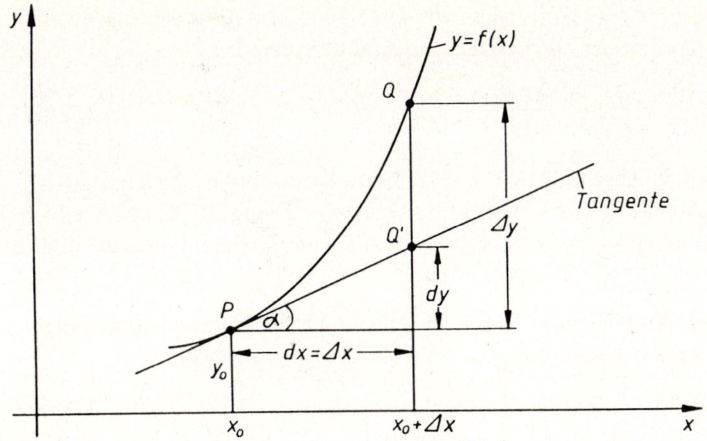

Bild IV-4. Zum Begriff des Differentials einer Funktion

Die entsprechenden Koordinatenänderungen auf der in P errichteten *Kurventangente* bezeichnen wir als *Differentiale:*

dx: *Unabhängiges* Differential

dy: *Abhängiges* Differential, auch Differential df von $f(x)$ genannt.

dy ist die *Änderung des Ordinatenwertes,* wenn man von P aus längs der dortigen *Tangente* um $dx = \Delta x$ in der x-Richtung fortschreitet. Dabei wird der Punkt Q' erreicht, der zwar ein Punkt der Tangente, i.a. jedoch *kein* Punkt der Kurve ist. Aus dem in Bild IV-4 eingezeichneten Tangentendreieck ergibt sich unmittelbar der folgende Zusammenhang zwischen den beiden Differentialen:

$$\tan\alpha = f'(x_0) = \frac{dy}{dx} \quad \Rightarrow \quad dy = f'(x_0)\,dx \qquad \text{(IV-39)}$$

Wir fassen zusammen:

Differential einer Funktion

Das *Differential*

$$dy = df = f'(x)\,dx \qquad \text{(IV-40)}$$

einer Funktion $y = f(x)$ beschreibt den *Zuwachs* der Ordinate auf der an der Stelle x errichteten *Kurventangente* bei einer Änderung der Abszisse x um dx.

Anmerkungen

(1) Wir weisen nochmals der großen Bedeutung wegen darauf hin, daß die Koordinatenänderungen auf der *Funktionskurve* mit Δx und Δy, die entsprechenden Veränderungen auf der *Kurventangente* mit dx und dy bezeichnet werden, wobei $\Delta x = dx$ angenommen wird. Die Differenz $\Delta y - dy$ mißt daher die *Ordinaten-Abweichung* zwischen der Kurve und ihrer Tangente bei einer Argumentsänderung um Δx.

(2) Aus der Beziehung $dy = f'(x)\,dx$ ziehen wir den Schluß, daß die Ableitung einer Funktion als *Quotient zweier Differentiale* aufgefaßt werden darf:

$$y' = f'(x) = \frac{dy}{dx} = \lim_{\Delta x \to 0} \frac{\Delta y}{\Delta x} \qquad \text{(IV-41)}$$

Dies rechtfertigt die in Abschnitt IV.1.2 eingeführte Bezeichnung „*Differentialquotient*" für die Ableitung einer Funktion. Aus der Gleichung (IV-41) darf jedoch *keinesfalls* der Schluß gezogen werden, daß es sich bei den Differentialen dx und dy stets um „*unendlich kleine*" Größen handelt.

Zum Abschluß wollen wir aus Gleichung (IV-40) noch eine für die Praxis wichtige Folgerung ziehen. Für *kleine* Argumentsänderungen $\Delta x = dx$ gilt *näherungsweise:*

$$\Delta y = dy = f'(x_0)\,dx = f'(x_0)\,\Delta x \qquad \text{(IV-42)}$$

Dies bedeutet: Die Funktion $y = f(x)$ darf in guter Näherung in der *unmittelbaren* Umgebung des Punktes $P = (x_0;\, y_0)$ durch die dortige *Kurventangente,* d.h. durch eine *lineare* Funktion ersetzt werden. Anwendung findet diese Näherung u.a. bei der *Linearisierung von Funktionen* (z.B. von Kennlinien) sowie in der *Fehlerrechnung*. Beide Probleme werden an anderer Stelle eingehend behandelt (s. Abschnitt IV.3.2 sowie Band 2, Kap. VI).

■ **Beispiel**

$y = f(x) = x^2 + e^{x-1} \qquad P = (1;\, 2)$

Wie groß ist die Ordinatenänderung längs der *Kurve* bzw. längs der in $P = (1;\, 2)$ errichteten *Tangente,* wenn man in *positiver* x-Richtung um $\Delta x = dx = 0{,}1$ fortschreitet?

Lösung:

Zuwachs auf der Kurve: $\Delta y = f(1{,}1) - f(1) = 2{,}3152 - 2 = 0{,}3152$

Zuwachs auf der Kurventangente: $dy = f'(1) \cdot 0{,}1$

$f'(x) = 2x + e^{x-1}, \quad f'(1) = 3 \quad \Rightarrow \quad dy = 3 \cdot 0{,}1 = 0{,}3$ ■

2.10 Höhere Ableitungen

Durch Differenzieren gewinnt man aus einer (differenzierbaren) Funktion $y = f(x)$ die 1. Ableitung $y' = f'(x)$. Falls auch $f'(x)$ eine *differenzierbare* Funktion darstellt, erhält man aus ihr durch *nochmaliges* Differenzieren die als *2. Ableitung* bezeichnete Funktion

$$y'' = f''(x) = \frac{d}{dx} f'(x) = \frac{d}{dx}\left(\frac{dy}{dx}\right) \qquad \text{(IV-43)}$$

Sie ist die *1. Ableitung der 1. Ableitung* $y' = f'(x)$. Durch wiederholtes Differenzieren gelangt man schließlich zu den *Ableitungen höherer Ordnung:*

1. Ableitung: $\quad y' = f'(x) = \frac{d}{dx} f(x)$

2. Ableitung: $\quad y'' = f''(x) = \frac{d}{dx} f'(x)$

3. Ableitung: $y''' = f'''(x) = \frac{d}{dx} f''(x)$

$\vdots$

n-te Ableitung: $y^{(n)} = f^{(n)}(x) = \frac{d}{dx} f^{(n-1)}(x)$

$\vdots$

(gelesen: y n Strich bzw. f n Strich).
Sie werden der Reihe nach als *Ableitungen 1., 2., 3., ..., n-ter Ordnung* usw. bezeichnet.
Daneben ist die Schreibweise in Form *höherer Differentialquotienten* möglich:

$$y' = \frac{dy}{dx}, \quad y'' = \frac{d^2 y}{dx^2}, \quad y''' = \frac{d^3 y}{dx^3}, \ldots, \quad y^{(n)} = \frac{d^n y}{dx^n}, \ldots \qquad \text{(IV-44)}$$

$\frac{d^n y}{dx^n}$ ist dabei der *Differentialquotient n-ter Ordnung* (gelesen: d n y durch d x hoch n).

■ **Beispiele**

(1) $y = 4x^3 + x \cdot \cos x$

Die ersten drei Ableitungen lauten:

$$y' = \frac{d}{dx}(4x^3 + x \cdot \cos x) = 12x^2 + \cos x - x \cdot \sin x$$

$$y'' = \frac{d}{dx}(12x^2 + \cos x - x \cdot \sin x) = 24x - 2 \cdot \sin x - x \cdot \cos x$$

$$y''' = \frac{d}{dx}(24x - 2 \cdot \sin x - x \cdot \cos x) = 24 - 3 \cdot \cos x + x \cdot \sin x$$

(2) Die e-Funktion $y = e^x$ ist *beliebig oft* differenzierbar. Alle Ableitungen sind *gleich:*

$$y' = y'' = y''' = \ldots = y^{(n)} = \ldots = e^x$$ ■

2.11 Ableitung einer in der Parameterform dargestellten Funktion (Kurve)

Wir gehen von einer in der *Parameterform*

$$x = x(t), \quad y = y(t) \qquad \text{(IV-45)}$$

gegebenen Funktion aus und interessieren uns für den *Anstieg der Kurventangente* in dem zum Parameter t gehörenden Kurvenpunkt $P = (x(t);\ y(t))$. Dabei soll zunächst vorausgesetzt werden, daß es durch Elimination des Parameters t möglich ist, die Gleichung der Funktionskurve in der expliziten Form $y = f(x)$ darzustellen. y ist dann eine Funktion von x, wobei x wiederum vom Parameter t abhängt, d.h. y kann als *mittelbare* (*verkettete*) Funktion von t aufgefaßt werden: $y = f(x(t))$. Nach der *Kettenregel* gilt dann:

$$\frac{dy}{dt} = \frac{dy}{dx} \cdot \frac{dx}{dt} \quad \text{oder} \quad \dot{y} = y' \cdot \dot{x} \qquad \text{(IV-46)}$$

Die Ableitungen nach dem Parameter t werden üblicherweise durch *Punkte* $(\dot{x},\ \dot{y})$, die Ableitungen nach der Variablen x weiterhin durch *Striche* gekennzeichnet. Durch Auflösen der Gleichung (IV-46) nach y' erhalten wir die wichtige Beziehung

$$y' = \frac{\dot{y}}{\dot{x}} \tag{IV-47}$$

die auch dann ihre Gültigkeit unverändert beibehält, wenn eine explizite Darstellung der in der Parameterform (IV-45) gegebenen Funktion *nicht* möglich ist. Wir fassen zusammen:

Ableitung einer in der Parameterform gegebenen Funktion (Kurve)

Die Ableitung einer Funktion mit der Parameterdarstellung $x = x(t)$, $y = y(t)$ kann aus den Ableitungen der Parametergleichungen wie folgt bestimmt werden:

$$y' = \frac{\dot{y}}{\dot{x}} \tag{IV-48}$$

Anmerkungen

(1) Die Ableitung $y' = \frac{dy}{dx}$ ist eine Funktion des *Parameters* t.

(2) In den naturwissenschaftlich-technischen Anwendungen bedeutet der Parameter t häufig die *Zeit* oder einen *Winkel*.

■ **Beispiele**

(1) Die Parameterdarstellung eines *Mittelpunktkreises* mit dem Radius $r = 5$ lautet:

$$x(t) = 5 \cdot \cos t, \quad y(t) = 5 \cdot \sin t \quad (0 \leqslant t < 2\pi)$$

(t: Winkelparameter, vgl. Bild IV-5). Wir bestimmen Steigung m und Steigungswinkel α der Kreistangente im zum Parameterwert $t_0 = \pi/4$ gehörenden Kurvenpunkt $P_0 = (x_0;\ y_0)$.

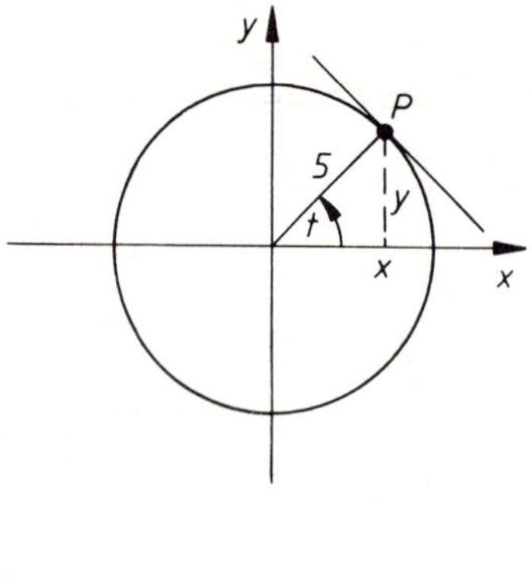

$$x_0 = 5 \cdot \cos \frac{\pi}{4} = 3{,}54$$

$$y_0 = 5 \cdot \sin \frac{\pi}{4} = 3{,}54$$

$$P_0 = (3{,}54;\ 3{,}54)$$

Bild IV-5

Parameterdarstellung eines Mittelpunktskreises

Für den *Anstieg* der Kreistangente erhält man nach Gleichung (IV-48):

$$y' = \frac{\dot{y}}{\dot{x}} = \frac{5 \cdot \cos t}{-5 \cdot \sin t} = -\cot t$$

$$m = y'(P_0) = y'(t_0 = \pi/4) = -\cot(\pi/4) = -1$$

$$m = \tan \alpha = -1 \quad \Rightarrow \quad \alpha = 180^\circ + \arctan(-1) = 135^\circ$$

Die in $P_0 = (3{,}54;\ 3{,}54)$ errichtete Kurventangente besitzt die Steigung $m = -1$ und den Steigungswinkel $\alpha = 135^\circ$.

(2) Ein Punkt eines Kreises, der auf einer Geraden *abrollt,* beschreibt eine als *Rollkurve* oder *Zykloide* bezeichnete *periodische* Bahnkurve (Bild IV-6). Sie ist in der Parameterform

$$\begin{aligned} x(t) &= R(t - \sin t) \\ y(t) &= R(1 - \cos t) \end{aligned} \qquad (t \geqslant 0)$$

darstellbar (t: Parameter; R: Radius des Kreises).

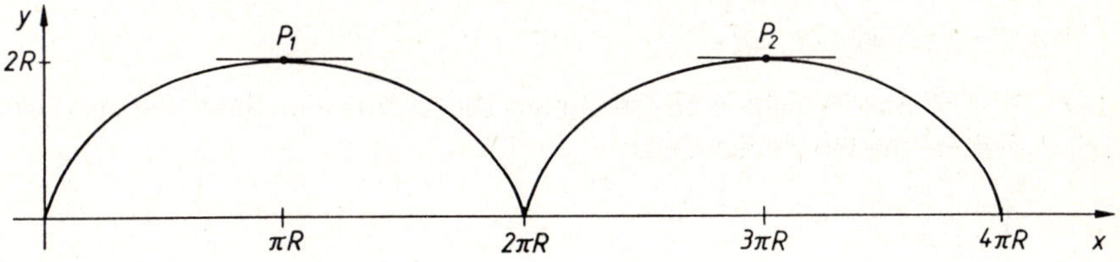

Bild IV-6. Zykloide (Rollkurve)

Wir wollen nun zeigen, daß die Zykloide für die Parameterwerte $t_1 = \pi,\ t_2 = 3\pi,\ t_3 = 5\pi, \ldots,$ d.h. $t_n = (2n - 1)\pi,\ n \in \mathbb{N}$ *waagerechte* Tangenten besitzt. Mit

$$\dot{x} = R(1 - \cos t), \quad \dot{y} = R \cdot \sin t$$

erhalten wir für den *Kurvenanstieg* nach Gleichung (IV-48):

$$y' = \frac{\dot{y}}{\dot{x}} = \frac{R \cdot \sin t}{R(1 - \cos t)} = \frac{\sin t}{1 - \cos t}$$

und damit weiter:

$$y'(t_n) = \frac{\sin t_n}{1 - \cos t_n} = \frac{\sin(2n - 1)\pi}{1 - \cos(2n - 1)\pi} = \frac{0}{2} = 0$$

Den Parameterwerten t_n entsprechen dabei die Kurvenpunkte

$$t_1 = \pi: \quad P_1 = (\pi R; 2R)$$
$$t_2 = 3\pi: \quad P_2 = (3\pi R; 2R)$$
$$t_3 = 5\pi: \quad P_3 = (5\pi R; 2R)$$

usw., die im regelmäßigen Abstand von jeweils *einer* Periodendauer $2\pi R$ aufeinander folgen (vgl. Bild IV-6). ■

2.12 Ableitung einer in Polarkoordinaten dargestellten Funktion (Kurve)

$r = r(\varphi)$ sei die Gleichung einer in *Polarkoordinaten* dargestellten Funktion (Kurve). Wir bringen diese Funktion zunächst in die *Parameterform*. Bekanntlich bestehen zwischen den kartesischen Koordinaten x, y und den Polarkoordinaten r, φ die Transformationsgleichungen $x = r \cdot \cos\varphi$ und $y = r \cdot \sin\varphi$ (s. hierzu Abschnitt III.3.3). Setzt man nun in diese Gleichungen für die Abstandskoordinate r die Funktionsgleichung $r(\varphi)$ ein, so erhält man die gewünschte *Parameterdarstellung* der Funktion $r = r(\varphi)$ in der Form

$$\begin{aligned} x &= x(\varphi) = r(\varphi) \cdot \cos\varphi \\ y &= y(\varphi) = r(\varphi) \cdot \sin\varphi \end{aligned} \qquad \text{(IV-49)}$$

mit der Winkelkoordinate φ als Parameter. Die Ableitungen dieser Parametergleichungen nach dem Parameter φ führen zu:

$$\begin{aligned} \dot{x} &= \dot{r}(\varphi) \cdot \cos\varphi - r(\varphi) \cdot \sin\varphi \\ \dot{y} &= \dot{r}(\varphi) \cdot \sin\varphi + r(\varphi) \cdot \cos\varphi \end{aligned} \qquad \text{(IV-50)}$$

Mit diesen Beziehungen erhalten wir für den *Anstieg der Kurventangente* nach Gleichung (IV-48):

$$y' = \frac{\dot{y}}{\dot{x}} = \frac{\dot{r}(\varphi) \cdot \sin\varphi + r(\varphi) \cdot \cos\varphi}{\dot{r}(\varphi) \cdot \cos\varphi - r(\varphi) \cdot \sin\varphi} \qquad \text{(IV-51)}$$

Wir fassen dieses Ergebnis zusammen:

Ableitung einer in Polarkoordinaten gegebenen Funktion (Kurve)

Eine in *Polarkoordinaten* gegebene Funktion (Kurve) $r = r(\varphi)$ läßt sich in der *Parameterform* $x = r(\varphi) \cdot \cos\varphi$, $y = r(\varphi) \cdot \sin\varphi$ darstellen. Der *Anstieg* der Kurve, d.h. die *Steigung der Kurventangente* wird dann nach der Formel

$$y' = \frac{\dot{y}}{\dot{x}} = \frac{\dot{r}(\varphi) \cdot \sin\varphi + r(\varphi) \cdot \cos\varphi}{\dot{r}(\varphi) \cdot \cos\varphi - r(\varphi) \cdot \sin\varphi} \qquad \text{(IV-52)}$$

berechnet.

Anmerkung

Die Ableitung $y' = \dfrac{dy}{dx}$ ist eine Funktion der *Winkelkoordinate* φ.

■ **Beispiel**

Wir untersuchen die als *Kardioide* bezeichnete Kurve mit der Funktionsgleichung $r(\varphi) = 1 + \cos\varphi,\ 0 \leqslant \varphi < 2\pi$ auf Stellen mit *waagerechter* bzw. *senkrechter* Tangente. Aus der Parameterdarstellung

$$x(\varphi) = r(\varphi) \cdot \cos\varphi = (1 + \cos\varphi)\cos\varphi = \cos\varphi + \cos^2\varphi$$
$$y(\varphi) = r(\varphi) \cdot \sin\varphi = (1 + \cos\varphi)\sin\varphi = \sin\varphi + \sin\varphi \cdot \cos\varphi$$

erhalten wir durch Differentiation nach dem Parameter φ die benötigten Ableitungen $\dot{x}$ und $\dot{y}$:

$$\dot{x} = -\sin\varphi - 2 \cdot \sin\varphi \cdot \cos\varphi = -\sin\varphi\,(1 + 2 \cdot \cos\varphi)$$
$$\dot{y} = \cos\varphi + \cos^2\varphi - \sin^2\varphi = 2 \cdot \cos^2\varphi + \cos\varphi - 1$$

Der *Anstieg der Kurve* ist daher nach Gleichung (IV-52)

$$y' = \frac{\dot{y}}{\dot{x}} = \frac{2 \cdot \cos^2\varphi + \cos\varphi - 1}{-\sin\varphi(1 + 2 \cdot \cos\varphi)}$$

Bestimmung der Kurvenpunkte mit waagerechter Tangente:
In einem solchen Punkt ist $y' = 0$, d.h. $\dot{y} = 0$ und $\dot{x} \neq 0$:

$$\dot{y} = 0 \quad\Rightarrow\quad 2 \cdot \cos^2\varphi + \cos\varphi - 1 = 0$$

Diese Gleichung lösen wir durch die *Substitution* $z = \cos\varphi$:

$$2z^2 + z - 1 = 0 \quad\Rightarrow\quad z_1 = 0{,}5, \quad z_2 = -1$$

Rücksubstitution führt zu den folgenden trigonometrischen Gleichungen, deren im Intervall $0 \leqslant \varphi < 2\pi$ gelegene Lösungen wir bestimmen:

$$\cos\varphi = 0{,}5 \quad\Rightarrow\quad \varphi_1 = \arccos 0{,}5 = \frac{\pi}{3}$$
$$\varphi_2 = 2\pi - \arccos 0{,}5 = \frac{5}{3}\pi \qquad \text{(Bild IV-7)}$$

$$\cos\varphi = -1 \quad\Rightarrow\quad \varphi_3 = \arccos(-1) = \pi \qquad \text{(Bild IV-8)}$$

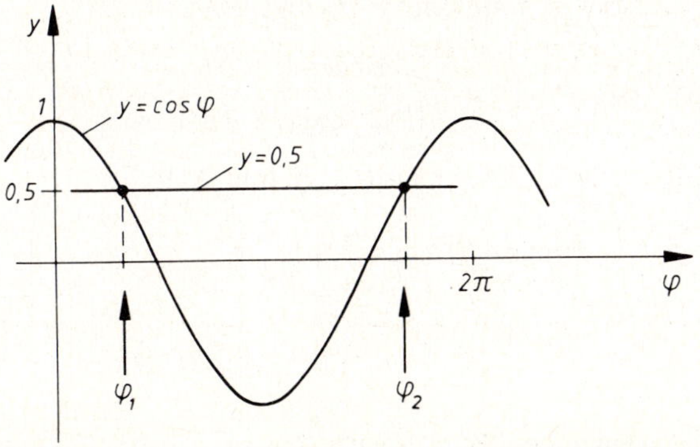

Bild IV-7. Lösungen der Gleichung $\cos\varphi = 0{,}5$ im Intervall $[0, 2\pi)$

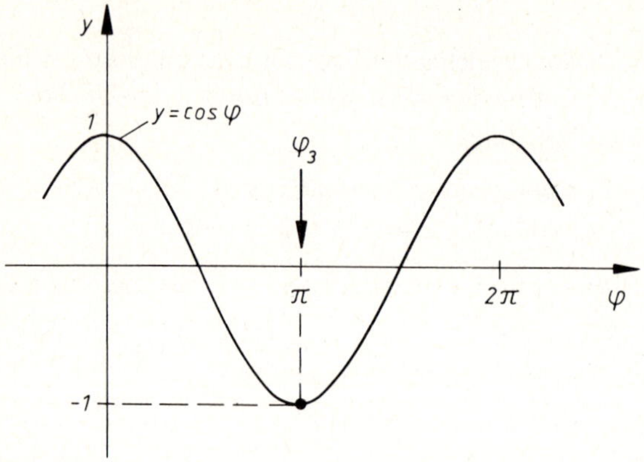

Bild IV-8. Lösungen der Gleichung $\cos \varphi = -1$ im Intervall $[0, 2\pi)$

Für $\varphi_3 = \pi$ wird allerdings auch $\dot{x}$ gleich Null: $\dot{x}(\pi) = 0$ und die Ableitung y' ist an dieser Stelle zunächst *unbestimmt:*

$$y'(\pi) = \frac{\dot{y}(\pi)}{\dot{x}(\pi)} = \frac{0}{0} \qquad (\textit{unbestimmter}\ \text{Ausdruck})$$

Eine Grenzwertbetrachtung, auf die wir jetzt nicht näher eingehen können, zeigt jedoch, daß die Kardioide auch für $\varphi_3 = \pi$ eine *waagerechte* Tangente besitzt[2]). Damit gibt es insgesamt drei Kurvenpunkte mit *waagerechter* Tangente. Es sind dies:

$$\varphi_1 = \frac{\pi}{3}: \quad A_1 = (0{,}75;\ 1{,}299)$$

$$\varphi_2 = \frac{5}{3}\pi: \ A_2 = (0{,}75;\ -1{,}299)$$

$$\varphi_3 = \pi: \quad A_3 = (0;0)$$

Bestimmung der Kurvenpunkte mit vertikaler Tangente:
In diesen Punkten ist der Anstieg $y' = \infty$, d.h. $\dot{x} = 0$ und $\dot{y} \neq 0$:

$$\dot{x} = 0 \quad \Rightarrow \quad -\sin\varphi\,(2 \cdot \cos\varphi + 1) = 0 \begin{cases} \sin\varphi = 0 \\ 2 \cdot \cos\varphi + 1 = 0 \end{cases}$$

Wir lösen zunächst die Gleichung $2 \cdot \cos\varphi + 1 = 0$ (vgl. Bild IV-9):

$$\cos\varphi = -0{,}5 \quad \Rightarrow \quad \varphi_1 = \arccos(-0{,}5) = \frac{2}{3}\pi, \ \varphi_2 = \frac{4}{3}\pi$$

---

[2]) Der zunächst *unbestimmte Ausdruck* $\frac{0}{0}$ läßt sich mit Hilfe der *Grenzwertregel von Bernoulli und de L'Hospital* berechnen und führt zu dem Wert 0 (s. hierzu Beispiel (5) in Abschnitt VI.3.3.3).

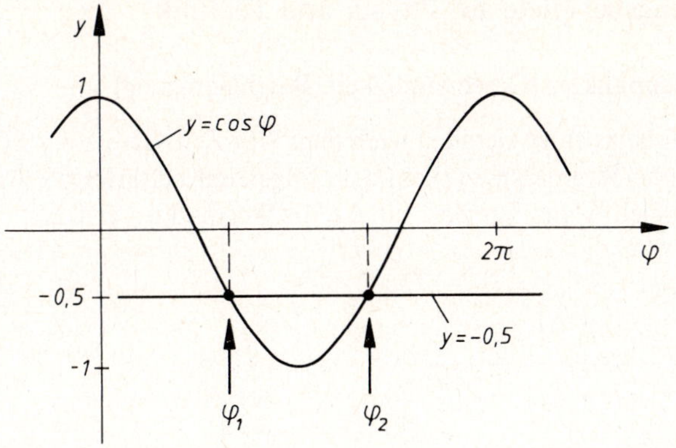

Bild IV-9. Lösungen der Gleichung $2 \cdot \cos\varphi + 1 = 0$ im Intervall $[0, 2\pi)$

Die 2. Gleichung $\sin\varphi = 0$ besitzt im Intervall $0 \leqslant \varphi < 2\pi$ die Lösungen $\varphi_3 = 0$ und $\varphi_4 = \pi$. Für $\varphi_4 = \pi$ tritt der bereits bei der Bestimmung der waagerechten Tangenten diskutierte *Sonderfall* ein. An dieser Stelle liegt *keine* vertikale, sondern eine *horizontale* Tangente (Bild IV-10). *Vertikale* Tangenten besitzt die *Kardioide* demnach in den folgenden drei Punkten:

$$\varphi_1 = \frac{2}{3}\pi: \quad B_1 = (-0{,}25; 0{,}433)$$

$$\varphi_2 = \frac{4}{3}\pi: \quad B_2 = (-0{,}25; -0{,}433)$$

$$\varphi_3 = 0: \quad B_3 = (2; 0)$$

In Bild IV-10 ist die Kardioide mit ihren waagerechten und senkrechten Tangenten skizziert.

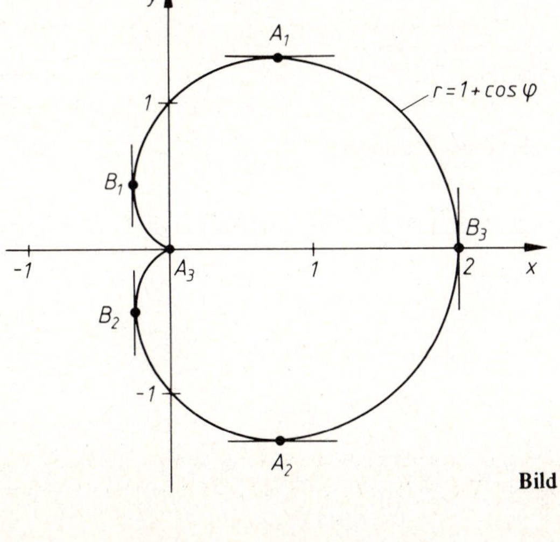

Bild IV-10. Kardioide ■

2.13 Einfache Anwendungsbeispiele aus Physik und Technik

2.13.1 Bewegung eines Massenpunktes (Geschwindigkeit, Beschleunigung)

Ein Massenpunkt bewege sich längs einer Geraden nach dem Weg-Zeit-Gesetz $s = s(t)$. Zur Zeit t befinde er sich an der Wegmarke $s(t)$, in dem folgenden Zeitintervall Δt lege er den Weg Δs zurück. Er erreicht somit zur Zeit $t + \Delta t$ die Wegmarke $s(t + \Delta t) = s(t) + \Delta s$ (Bild IV-11):

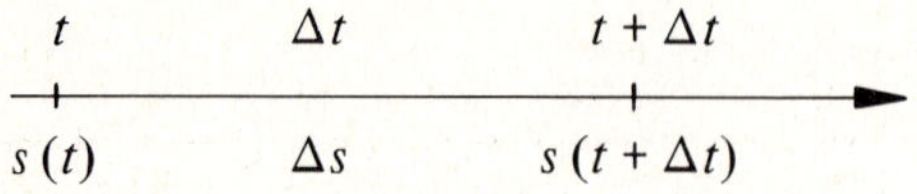

Bild IV-11. Zum Begriff der Momentangeschwindigkeit

Seine *durchschnittliche* Geschwindigkeit in diesem Zeitraum beträgt definitionsgemäß:

$$\bar{v} = \frac{\Delta s}{\Delta t} = \frac{s(t + \Delta t) - s(t)}{\Delta t} \qquad \text{(IV-53)}$$

Die zur Zeit t erreichte sog. *Momentangeschwindigkeit* erhält man aus Gleichung (IV-53) für ein genügend kleines Zeitintervall Δt, d.h. für den *Grenzübergang* $\Delta t \rightarrow 0$:

$$v = \lim_{\Delta t \rightarrow 0} \frac{\Delta s}{\Delta t} = \lim_{\Delta t \rightarrow 0} \frac{s(t + \Delta t) - s(t)}{\Delta t} \qquad \text{(IV-54)}$$

Die Momentangeschwindigkeit ist daher die 1. Ableitung des Weges nach der Zeit:

$$v = \dot{s} = \frac{ds}{dt} \qquad \text{(IV-55)}$$

Die *Beschleunigung* einer Bewegung mißt die Geschwindigkeitsänderung Δv in dem Zeitintervall Δt (Bild IV-12):

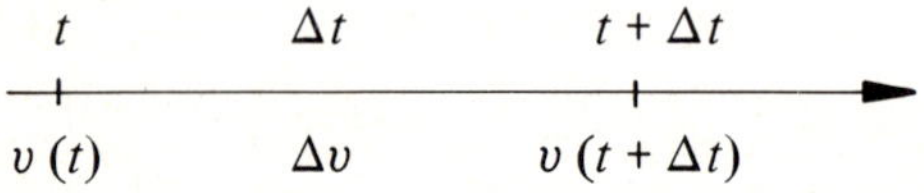

Bild IV-12. Zum Begriff der Momentanbeschleunigung

Die *durchschnittliche* Beschleunigung zwischen den Zeitmarken t und $t + \Delta t$ beträgt daher:

$$\bar{a} = \frac{\Delta v}{\Delta t} = \frac{v(t + \Delta t) - v(t)}{\Delta t} \qquad \text{(IV-56)}$$

Für $\Delta t \to 0$, d.h. für ein genügend kleines Zeitintervall Δt, erhalten wir hieraus die *Momentanbeschleunigung* a:

$$a = \lim_{\Delta t \to 0} \frac{\Delta v}{\Delta t} = \lim_{\Delta t \to 0} \frac{v(t + \Delta t) - v(t)}{\Delta t} \tag{IV-57}$$

Die Momentanbeschleunigung ist daher die 1. Ableitung der Geschwindigkeit nach der Zeit und damit die 2. Ableitung des Weges nach der Zeit:

$$a = \dot{v} = \ddot{s} \tag{IV-58}$$

Wir fassen die Ergebnisse zusammen:

Bestimmung der Geschwindigkeit und der Beschleunigung aus der Weg-Zeit-Funktion

Geschwindigkeit v und Beschleunigung a erhält man als 1. bzw. 2. Ableitung der Weg-Zeit-Funktion $s = s(t)$ nach der Zeit t:

$$v(t) = \dot{s}(t) = \frac{ds}{dt} \tag{IV-59}$$

$$a(t) = \ddot{s}(t) = \frac{d^2 s}{dt^2} = \dot{v}(t) = \frac{dv}{dt} \tag{IV-60}$$

Wir wenden diese Beziehungen auf zwei Beispiele an.

■ **1. Beispiel: Freier Fall (ohne Reibung)**

Das *Weg-Zeit-Gesetz* lautet: $s(t) = \frac{1}{2} g t^2$

Geschwindigkeit und Beschleunigung erhält man durch ein- bzw. zweimaliges Differenzieren:

$$v(t) = \dot{s} = \frac{1}{2} g \cdot 2t = gt$$

$$a(t) = \ddot{s} = g = \text{const.}$$

2. Beispiel: Harmonische Schwingung eines Federpendels (vgl. Bild III-110)

Weg-Zeit-Gesetz: $y = A \cdot \sin(\omega t + \varphi)$

Unter Verwendung der *Kettenregel* erhalten wir:

$$v(t) = \dot{y} = A\,\omega \cdot \cos(\omega t + \varphi)$$

$$a(t) = \ddot{y} = -A\,\omega^2 \cdot \sin(\omega t + \varphi) = -\omega^2 \cdot \underbrace{A \cdot \sin(\omega t + \varphi)}_{= y} = -\omega^2 y$$

Die *Rückstellkraft* der Feder ist $F = ma = -m\,\omega^2 \cdot y$ und somit der Auslenkung y *proportional* (*Hookesches Gesetz* $F = -D \cdot y$). Die Federkonstante (Richtkraft) D genügt daher der Gleichung $D = m\,\omega^2$, aus der man für Kreisfrequenz ω und Schwingungsdauer T die folgenden Beziehungen gewinnt:

$$\omega = \sqrt{\frac{D}{m}} \quad \text{und} \quad T = \frac{2\pi}{\omega} = 2\pi \sqrt{\frac{m}{D}}$$ ■

2.13.2 Induktionsgesetz

Das *Induktionsgesetz* der Physik lautet: *Ein zeitlich veränderlicher Induktionsfluß* Φ *erzeugt in einem elektrischen Leiter eine Spannung nach der Gleichung*

$$u_i = -n \frac{d\Phi}{dt} = -n\,\dot{\Phi} \qquad \text{(IV-61)}$$

Die Induktionsspannung ist also der *Ableitung des Induktionsflusses nach der Zeit* direkt proportional (n: Anzahl der Windungen). Wir wenden nun dieses Gesetz auf eine in einem konstanten Magnetfeld rotierende Spule an und zeigen, daß in ihr durch elektromagnetische Induktion *Wechselspannung* induziert wird (Bild IV-13):

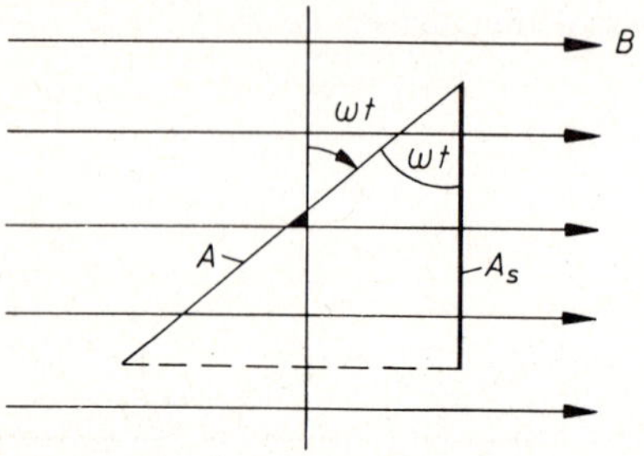

ω: Winkelgeschwindigkeit
B: Magnetische Flußdichte
A: Querschnittsfläche der Spule
n: Anzahl der Windungen
Φ: Induktionsfluß ($\Phi = B A_s$)

Bild IV-13. Zum Induktionsgesetz

Nach t Sekunden hat sich die Spule um den Winkel ωt aus der Anfangsstellung (senkrecht zu den Feldlinien) herausgedreht. Die wirksame Spulenfläche A_s ist dann $A_s = A \cdot \cos(\omega t)$. Nach dem Induktionsgesetz erhält man die folgende *sinusförmige Wechselspannung:*

$$u_i = -n \frac{d\Phi}{dt} = -n \frac{d}{dt}(BA_s) = -n \frac{d}{dt}(BA \cdot \cos(\omega t)) =$$

$$= -nBA \frac{d}{dt}(\cos(\omega t)) = nBA\,\omega \cdot \sin(\omega t) = u_0 \cdot \sin(\omega t) \qquad \text{(IV-62)}$$

($u_0 = nBA\,\omega$: *Scheitelwert* der Induktionsspannung, Bild IV-14)

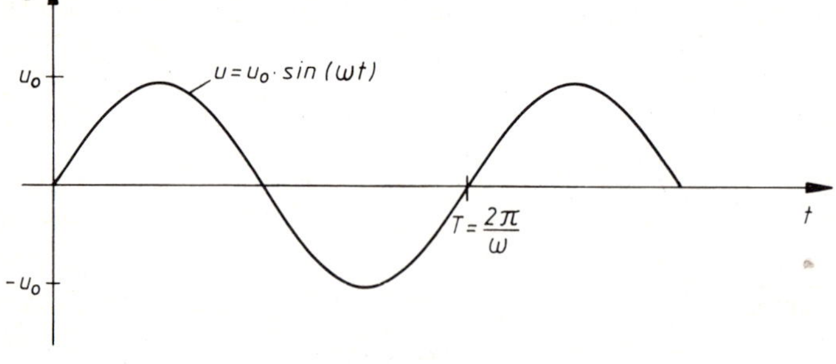

Bild IV-14. Induzierte Wechselspannung

2.13.3 Elektromagnetischer Schwingkreis

Wir betrachten einen aus Kondensator (Kapazität C) und Spule (Induktivität L) bestehenden Schwingkreis (Bild IV-15). Führen wir dem Kondensator durch kurzzeitiges Aufladen auf die Spannung u_0 elektrische Feldenergie zu, so entstehen in dem Kreis *ungedämpfte elektromagnetische Schwingungen* (der ohmsche Widerstand sei vernachlässigbar klein): Spannung, Strom, elektrisches und magnetisches Feld ändern sich *periodisch* mit der Schwingungsdauer $T = 2\pi\sqrt{LC}$ *(Thomsonsche Schwingungsgleichung).*

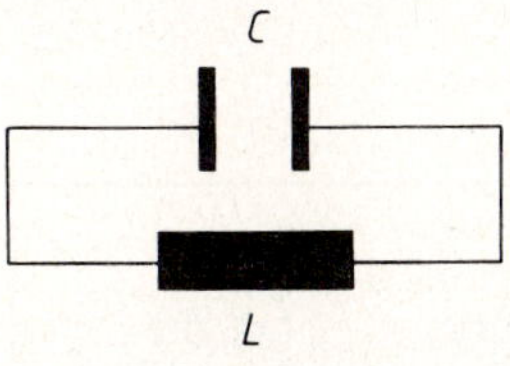

Bild IV-15
Elektromagnetischer Schwingkreis

Die am Kondensator liegende *Spannung* ist

$$u = u_0 \cdot \cos(\omega t) \qquad (\omega = 2\pi/T = 1/\sqrt{LC}) \qquad \text{(IV-63)}$$

Für die auf den Kondensatorplatten befindliche *Ladung* gilt ($q = Cu$):

$$q = q_0 \cdot \cos(\omega t) \qquad (q_0 = Cu_0) \qquad \text{(IV-64)}$$

In dem Schwingkreis fließt somit der folgende *sinusförmige Wechselstrom:*

$$i = -\frac{dq}{dt} = -\frac{d}{dt}[q_0 \cdot \cos(\omega t)] = q_0\,\omega \cdot \sin(\omega t) = i_0 \cdot \sin(\omega t) \qquad \text{(IV-65)}$$

$$(i_0 = q_0\,\omega = Cu_0\,\omega)$$

3 Anwendungen der Differentialrechnung

3.1 Tangente und Normale

$P = (x_0; y_0)$ sei ein Punkt auf der Kurve mit der Funktionsgleichung $y = f(x)$. Der *Anstieg der Kurventangente* in P ist dann $m_t = f'(x_0)$. Die *Tangentengleichung* lautet damit (in der Punkt-Steigungs-Form (III-45)):

$$\frac{y - y_0}{x - x_0} = f'(x_0) \qquad (y_0 = f(x_0)) \qquad \text{(IV-66)}$$

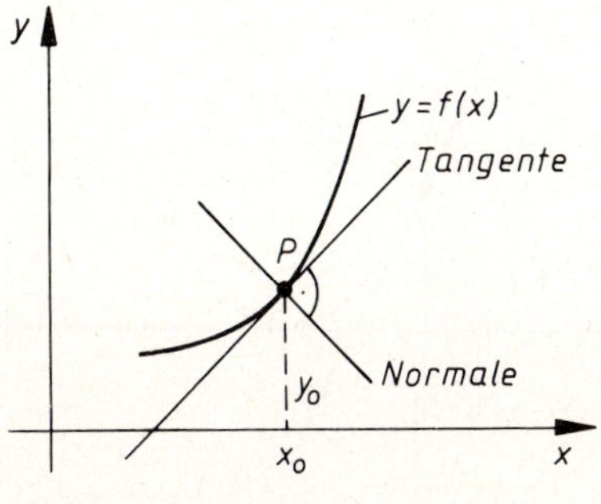

Bild IV-16
Tangente und Normale

Die *Normale* im Kurvenpunkt P ist eine Gerade, die *senkrecht* zur Kurventangente verläuft (Bild IV-16). Ihre Steigung m_n ist daher das *negativ Reziproke* der Tangentensteigung m_t:

$$m_n = -\frac{1}{m_t} = -\frac{1}{f'(x_0)} \tag{IV-67}$$

Die *Gleichung der Normale* läßt sich somit in der Punkt-Steigungs-Form

$$\frac{y - y_0}{x - x_0} = -\frac{1}{f'(x_0)} \tag{IV-68}$$

darstellen $(f'(x_0) \neq 0)$.

Tangenten- und Normalengleichung

Tangente und *Normale* besitzen im Punkte $P = (x_0; y_0)$ der Kurve $y = f(x)$ die folgenden Gleichungen:

Tangente: $$\frac{y - y_0}{x - x_0} = f'(x_0) \tag{IV-69}$$

Normale: $$\frac{y - y_0}{x - x_0} = -\frac{1}{f'(x_0)} \tag{IV-70}$$

■ **Beispiel**

Wie lauten die Funktionsgleichungen der *Tangente* und *Normale* im Schnittpunkt der Parabel $y = x^2 - 2x + 1$ mit der y-Achse (Bild IV-17)?

Lösung:

Schnittpunkt: $P = (0; 1)$

$y' = 2x - 2 \quad \Rightarrow \quad y'(0) = -2$

Tangente: $\dfrac{y - 1}{x - 0} = -2 \quad \Rightarrow \quad y = -2x + 1$

Normale: $\dfrac{y - 1}{x - 0} = \dfrac{1}{2} \quad \Rightarrow \quad y = \dfrac{1}{2}x + 1$

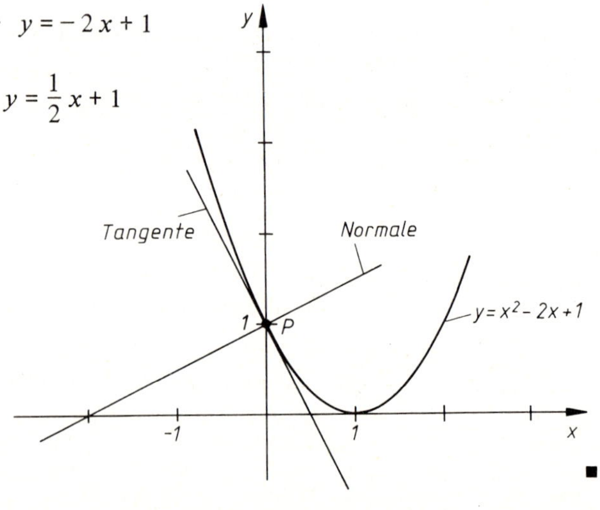

Bild IV-17
Funktionsgraph von $y = x^2 - 2x + 1$ mit Tangente und Normale in $P = (0; 1)$

■

3.2 Linearisierung einer Funktion

Eine Funktion $y = f(x)$ läßt sich in der Umgebung eines Kurvenpunktes $P = (x_0; y_0)$ *näherungsweise* durch die dortige *Tangente*, d.h. durch eine *lineare Funktion* ersetzen. Diesen Vorgang bezeichnet man als *Linearisierung einer Funktion*. Die Funktionsgleichung der in P errichteten *Tangente* ist nach Gleichung (IV-69)

$$\frac{y - y_0}{x - x_0} = f'(x_0) \quad \text{oder} \quad \Delta y = f'(x_0)\,\Delta x \qquad \text{(IV-71)}$$

wobei $x - x_0 = \Delta x$ und $y - y_0 = \Delta y$ gesetzt wurde. Sie liefert in der *unmittelbaren* Umgebung des Kurvenpunktes P (in den technischen Anwendungen meist als *„Arbeitspunkt"* bezeichnet) eine brauchbare *lineare Näherung* für den tatsächlichen Funktionsverlauf.

Wir fassen zusammen:

Linearisierung einer Funktion

In der Umgebung des Kurvenpunktes (*„Arbeitspunktes"*) $P = (x_0; y_0)$ kann die *nichtlineare* Funktion $y = f(x)$ *näherungsweise* durch die *lineare* Funktion (Kurventangente)

$$y - y_0 = f'(x_0) \cdot (x - x_0) \quad \text{oder} \quad \Delta y = f'(x_0)\,\Delta x \qquad \text{(IV-72)}$$

ersetzt werden.

$\Delta x, \Delta y$: *Relativkoordinaten*, bezogen auf den Arbeitspunkt P

■ **Beispiele**

(1) *Aufgabe:* Die e-Funktion $y = e^x$ ist in der Umgebung von $x_0 = 0$ durch eine *lineare* Funktion anzunähern (Bild IV-18).

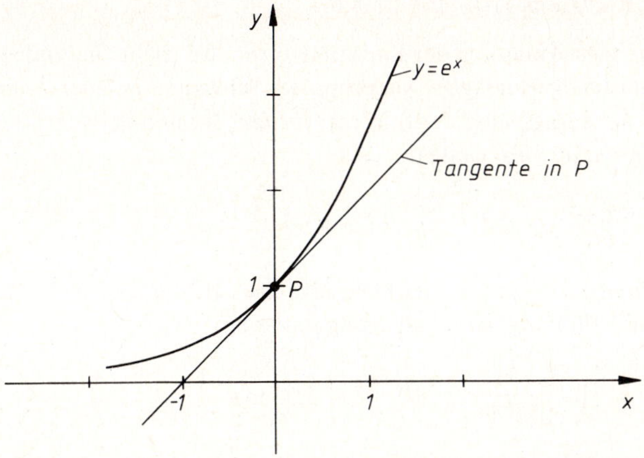

Bild IV-18. Zur Linearisierung der e-Funktion in der Umgebung des Punktes $P = (0; 1)$

Lösung:

Tangentenberührungspunkt $P = (0; 1)$

$y' = e^x \Rightarrow y'(0) = 1$

Tangente: $\frac{y - 1}{x - 0} = 1 \Rightarrow y = x + 1$

In der unmittelbaren Umgebung der Stelle $x_0 = 0$ darf die e-Funktion *näherungsweise* durch die *lineare* Funktion $y = x + 1$ ersetzt werden:

$$y = e^x \approx x + 1$$

Mit dieser Näherungsfunktion berechnen wir einige Funktionswerte und vergleichen sie mit den *exakten* Werten:

x	0,01	0,05	0,1	0,2
Näherungswert $y = x + 1$	1,010000	1,050000	1,100000	1,200000
Exakter Wert $y = e^x$	1,010050	1,051271	1,105171	1,221403

Folgerung: Die Näherung ist umso *besser,* je *weniger* wir uns vom „*Entwicklungszentrum*“ $x_0 = 0$ entfernen.

(2) Die Schwingungsdauer T einer *ungedämpften elektromagnetischen Schwingung* wird nach der *Thomsonschen Formel*

$$T = 2\pi \sqrt{LC}$$

berechnet (L: Eigeninduktivität; C: Kapazität). Für $L = 0{,}1\,\text{H}$ und $C = 10\,\mu\text{F} = 10^{-5}\,\text{F}$ erhält man beispielsweise

$$T = 2\pi \sqrt{0{,}1\,\text{H} \cdot 10^{-5}\,\text{F}} = 6{,}28\,\text{ms}\,.$$

Eine *geringfügige* Änderung der Kapazität C um ΔC zieht (bei *unveränderter* Induktivität) eine *geringfügige* Änderung der Schwingungsdauer T um ΔT nach sich, wobei näherungsweise der folgende *lineare* Zusammenhang gilt (wir ersetzen die Kurve durch ihre Tangente):

$$\frac{\Delta T}{\Delta C} = \frac{dT}{dC} \Rightarrow \Delta T = \frac{dT}{dC}\,\Delta C = \pi \cdot \sqrt{\frac{L}{C}}\,\Delta C$$

Eine *Zunahme der Kapazität* um beispielsweise $\Delta C = 0{,}2\,\mu\text{F} = 2 \cdot 10^{-7}\,\text{F}$ bewirkt eine *Erhöhung der Schwingungsdauer* um

$$\Delta T = \pi \cdot \sqrt{\frac{0{,}1\,\text{H}}{10^{-5}\,\text{F}}} \cdot 2 \cdot 10^{-7}\,\text{F} = 0{,}06\,\text{ms}\,.$$

Die Schwingungsdauer beträgt somit bei einer Kapazität von $C = 10{,}2\,\mu\text{F}$ *näherungsweise* $T = 6{,}34$ ms. Der *exakte* Wert ist $T = 6{,}35$ ms. ■

3.3 Charakteristische Kurvenpunkte

3.3.1 Geometrische Vorbetrachtungen

Das Verhalten einer (differenzierbaren) Funktion $y = f(x)$ in der Umgebung eines Kurvenpunktes $P = (x_0; y_0)$ wird im wesentlichen durch die *ersten beiden Ableitungen* y' *und* y'' bestimmt:

(1) Die *1. Ableitung* $y' = f'(x)$ gibt die *Steigung der Kurventangente* an und gestattet daher Aussagen über das *Monotonie*-Verhalten der Funktion an der betreffenden Stelle:

$f'(x_0) > 0$: Die Funktionskurve *wächst monoton* beim Durchgang durch den Kurvenpunkt P (Bild IV-19);

$f'(x_0) < 0$: Die Funktionskurve *fällt monoton* beim Durchgang durch den Kurvenpunkt P (Bild IV-20).

Dabei wird die Kurve stets im Sinne *zunehmender* x-Werte durchlaufen.

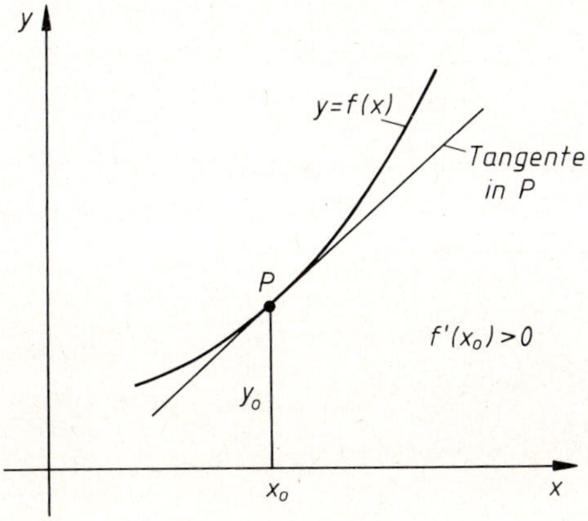

Bild IV-19

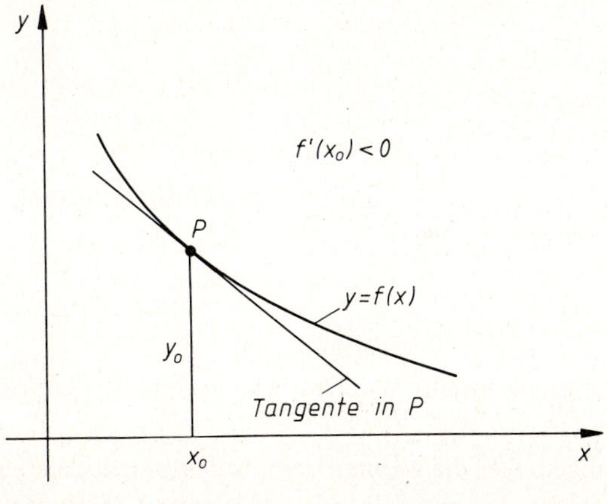

Bild IV-20

(2) Die *2. Ableitung* $y'' = f''(x)$ ist die Ableitungsfunktion der 1. Ableitung $y' = f'(x)$. Sie beschreibt daher das *Monotonie*-Verhalten von $f'(x)$ und bestimmt damit das *Krümmungsverhalten* der Funktionskurve:

$f''(x_0) > 0$: Die Steigung der Kurventangente nimmt beim Durchgang durch den Kurvenpunkt *P zu,* d.h. die Tangente dreht sich im *positiven* Drehsinn *(Gegenuhrzeigersinn).* Die Kurve besitzt daher in *P Linkskrümmung* (Bild IV-21);

$f''(x_0) < 0$: Die Steigung der Kurventangente nimmt beim Durchgang durch den Kurvenpunkt *P ab,* d.h. die Tangente dreht sich im *negativen* Drehsinn *(Uhrzeigersinn).* Die Kurve besitzt daher in *P Rechtskrümmung* (Bild IV-22).

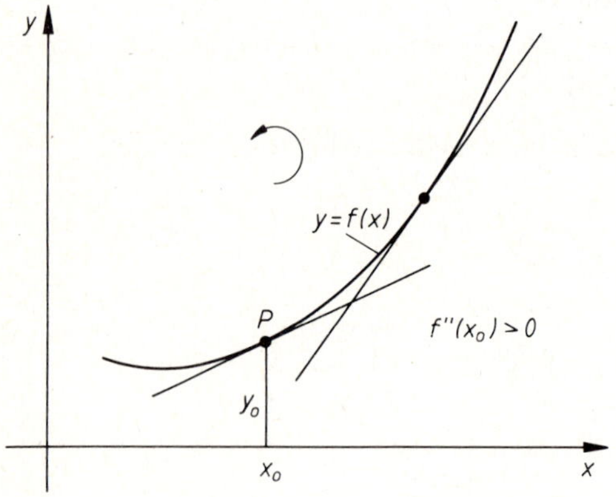

Bild IV-21
Zum Begriff der Linkskrümmung einer Kurve

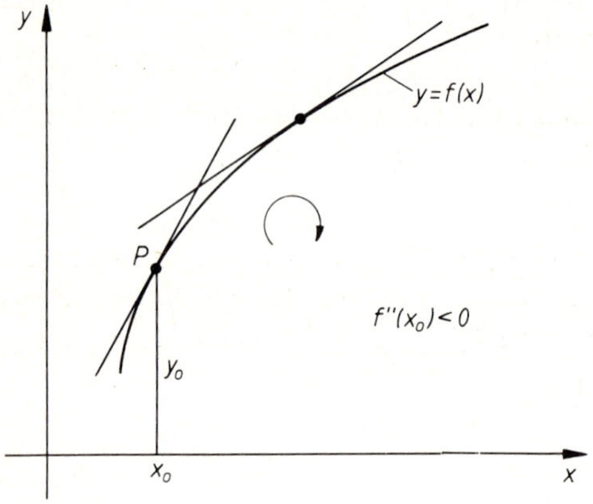

Bild IV-22
Zum Begriff der Rechtskrümmung einer Kurve

Anmerkung

Anstatt von Links- bzw. Rechtskrümmung spricht man häufig auch von einer *konvex* bzw. *konkav* gekrümmten Kurve.

Nach diesen allgemeinen Betrachtungen über die *geometrische* Bedeutung der ersten beiden Ableitungsfunktionen wenden wir uns in den nun folgenden Abschnitten jenen speziellen Kurvenpunkten zu, in denen die 1. bzw. 2. Ableitung *verschwindet.*

3.3.2 Relative oder lokale Extremwerte

Wir beschäftigen uns jetzt mit jenen Stellen, in denen eine Funktion einen *größten* bzw. *kleinsten* Funktionswert, bezogen auf die unmittelbare Umgebung, annimmt.

Definition: Eine Funktion $y = f(x)$ besitzt an der Stelle x_0 ein *relatives Maximum* bzw. *relatives Minimum*, wenn in einer gewissen Umgebung von x_0

$$f(x_0) > f(x) \quad \text{bzw.} \quad f(x_0) < f(x) \qquad \text{(IV-73)}$$

ist $(x \neq x_0)$.

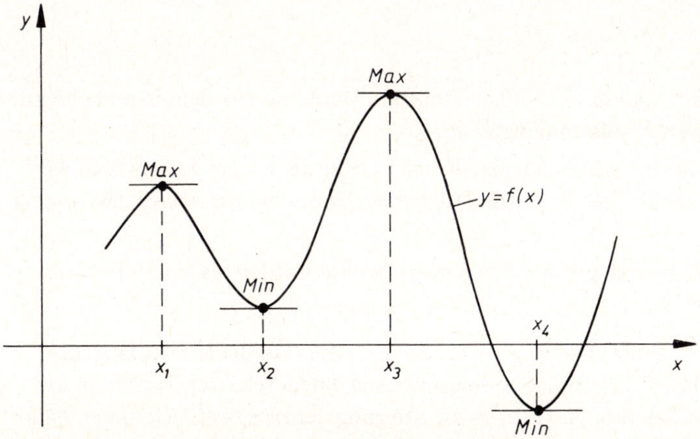

Bild IV-23. Zum Begriff eines relativen Extremwertes

So besitzt beispielsweise die in Bild IV-23 skizzierte Funktion in x_1 und x_3 jeweils ein *relatives Maximum*, an den Stellen x_2 und x_4 jeweils ein *relatives Minimum*.

Anmerkungen

(1) Eine Funktion kann durchaus *mehrere* relative Maxima und Minima besitzen. So hat beispielsweise die Sinusfunktion $y = \sin x$ infolge ihrer Periodizität sogar *unendlich* viele relative Maxima und Minima (Bild IV-24). Sie liegen an den Stellen

$$x_k = \frac{\pi}{2} + k \cdot 2\pi \qquad \textit{(Relative Maxima)}$$

$$x_k = \frac{3}{2}\pi + k \cdot 2\pi \qquad \textit{(Relative Minima)}$$

$(k \in \mathbb{Z})$.

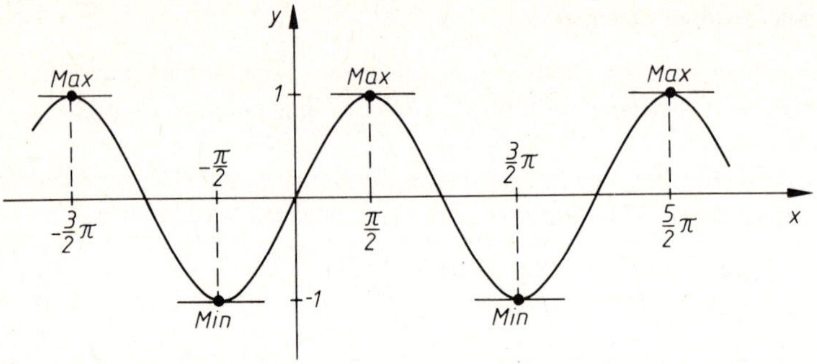

Bild IV-24. Die Sinusfunktion als Beispiel für eine Funktion mit unendlich vielen relativen Extremwerten

(2) Die relativen Maxima und Minima einer Funktion werden unter dem Sammelbegriff „*Relative Extremwerte*" zusammengefaßt.

(3) Ein *relativer* Extremwert wird auch als *lokaler* Extremwert bezeichnet. Darin wird zum Ausdruck gebracht, daß die extreme Lage nur in der *unmittelbaren Umgebung* zutrifft.

(4) Die den Extremwerten entsprechenden Kurvenpunkte werden als *Hoch-* bzw. *Tiefpunkte* bezeichnet.

Bei einer *differenzierbaren* Funktion verläuft in einem *Extremum* die Kurventangente stets *waagerecht* (vgl. Bild IV-23). So ist beispielsweise in einem relativen Minimum die Steigung der *linksseitigen* Sekante *nie positiv,* die Steigung der *rechtsseitigen* Sekante dagegen *nie negativ.* Beim Grenzübergang fallen links- und rechtsseitige Sekante in die *gemeinsame* Tangente, deren Steigung daher der Bedingung $0 \leqslant f'(x) \leqslant 0$ genügt, woraus unmittelbar $f'(x) = 0$ folgt.

Notwendige Bedingung für einen relativen Extremwert

Eine differenzierbare Funktion $y = f(x)$ besitzt in einem *relativen Extremum* x_0 stets eine *waagerechte* Tangente. Die Bedingung $f'(x_0) = 0$ ist daher eine *notwendige* Voraussetzung für die Existenz eines relativen Extremwertes an der Stelle x_0.

Dieses Kriterium ist zwar *notwendig,* jedoch *keinesfalls hinreichend.* Mit anderen Worten: in einem Hoch- oder Tiefpunkt verläuft die Kurventangente *stets waagerecht,* jedoch ist *nicht jeder* Kurvenpunkt mit waagerechter Tangente ein Extremwert, wie das folgende Beispiel zeigt.

■ **Beispiel**

Die kubische Parabel $y = x^3$ besitzt in $P = (0; 0)$ zwar eine *waagerechte* Tangente: $f'(0) = 0$, jedoch *keinen* Extremwert. In jeder noch so kleinen Umgebung dieses Punktes gibt es nämlich Kurvenpunkte mit *positiver* und solche mit *negativer* Ordinate (Bild IV-25).

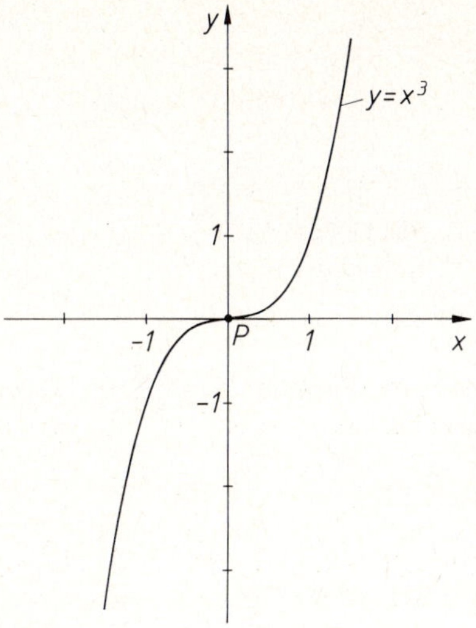

Bild IV-25
Kubische Parabel $y = x^3$

■

Die Bedingung $y' = 0$ reicht daher für die Existenz eines relativen Extremwertes noch *nicht* aus. Eine Funktion $y = f(x)$ besitzt jedoch *mit Sicherheit* in x_0 ein relatives Maximum bzw. Minimum, wenn die dortige Kurventangente *waagerecht* verläuft und die Kurve an dieser Stelle *Rechts-* bzw. *Linkskrümmung* besitzt. Dies führt zu dem folgenden *hinreichenden Kriterium* für eine (mindestens) zweimal differenzierbare Funktion:

> **Hinreichende Bedingung für einen relativen Extremwert**
>
> Eine Funktion $y = f(x)$ besitzt an der Stelle x_0 einen *relativen Extremwert*, wenn die Bedingungen
>
> $$f'(x_0) = 0 \quad \textit{und} \quad f''(x_0) \neq 0 \qquad \text{(IV-74)}$$
>
> erfüllt sind.
>
> Für $f''(x_0) > 0$ liegt ein *relatives Minimum*, für $f''(x_0) < 0$ ein *relatives Maximum* vor.

■ **Beispiele**

(1) Die Normalparabel $y = x^2$ besitzt in $x_0 = 0$ ein *relatives* (und sogar absolutes) *Minimum* (vgl. Bild IV-26):

$$y = x^2, \quad y' = 2x, \quad y'' = 2$$

$$y'(0) = 0, \quad y''(0) = 2 > 0 \quad \Rightarrow \quad \textit{Relatives Minimum} \text{ in } (0; 0)$$

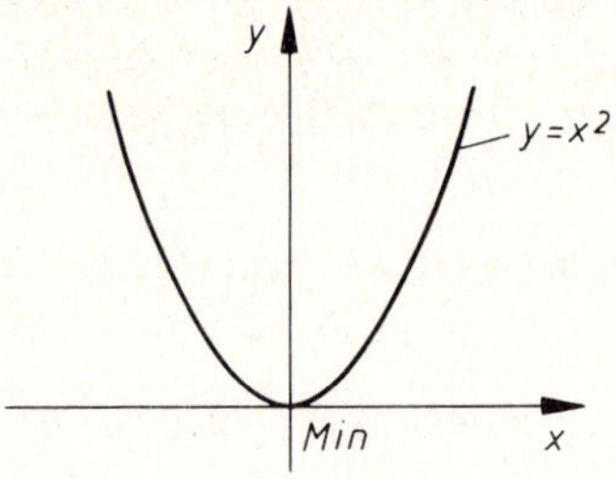

Bild IV-26
Normalparabel $y = x^2$

(2) Wir bestimmen die *relativen Extremwerte* der Funktion $y = \frac{x^2}{1+x^2}$. Dazu benötigen wir die ersten beiden Ableitungen:

$$y' = \frac{2x(1+x^2) - 2x \cdot x^2}{(1+x^2)^2} = \frac{2x}{(1+x^2)^2}$$

$$y'' = \frac{2(1+x^2)^2 - 2(1+x^2)(2x)\,2x}{(1+x^2)^4} = \frac{2-6x^2}{(1+x^2)^3}$$

Aus der Bedingung $y' = 0$ berechnen wir zunächst die Stellen mit *waagerechter* Kurventangente:

$$y' = 0 \;\Rightarrow\; 2x = 0 \;\Rightarrow\; x_1 = 0, \; y_1 = 0$$

Der Kurvenpunkt (0; 0) ist ein *Tiefpunkt,* da die Kurve an dieser Stelle *Linkskrümmung* besitzt:

$y''(0) = 2 > 0 \;\Rightarrow\;$ *Relatives Minimum* in (0; 0)

Der Verlauf der Kurve ist in Bild IV-27 skizziert.

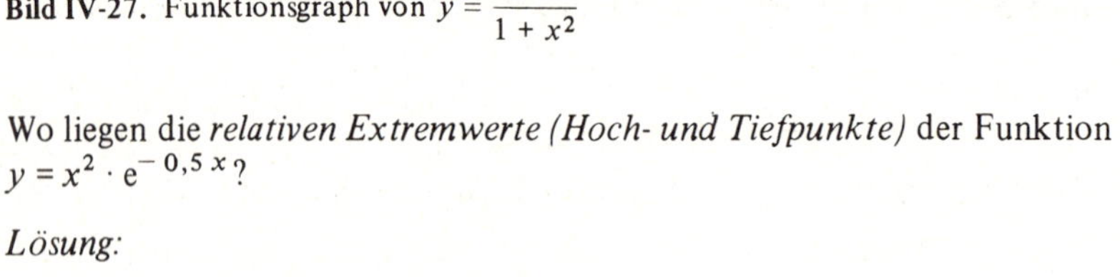

Bild IV-27. Funktionsgraph von $y = \frac{x^2}{1+x^2}$

(3) Wo liegen die *relativen Extremwerte (Hoch- und Tiefpunkte)* der Funktion $y = x^2 \cdot e^{-0{,}5x}$?

Lösung:

$$y' = (2x - 0{,}5\,x^2)\,e^{-0{,}5x}$$

$$y'' = (0{,}25\,x^2 - 2x + 2)\,e^{-0{,}5x}$$

Aus der *notwendigen* Bedingung $y' = 0$ folgt:

$$(2x - 0{,}5\,x^2)\,e^{-0{,}5x} = 0 \;\Rightarrow\; 2x - 0{,}5\,x^2 = 0 \;\Rightarrow\; x_1 = 0, \; x_2 = 4$$

An diesen Stellen besitzt die Kurve *waagerechte* Tangenten. Die zugehörigen Ordinatenwerte sind $y_1 = 0$ und $y_2 = 2{,}165$. Wir setzen nun die x-Werte in die 2. Ableitung ein und prüfen, ob die *hinreichende* Bedingung für einen relativen Extremwert erfüllt ist:

$$y''(x_1 = 0) = 2 > 0 \quad \Rightarrow \quad \textit{Relatives Minimum} \text{ in } (0; 0)$$
$$y''(x_2 = 4) = -0{,}271 < 0 \quad \Rightarrow \quad \textit{Relatives Maximum} \text{ in } (4; 2{,}165)$$

Die Funktionskurve besitzt daher einen *Tiefpunkt* in (0; 0) und einen *Hochpunkt* in (4; 2,165). Ihr Verlauf ist in Bild IV-28 skizziert.

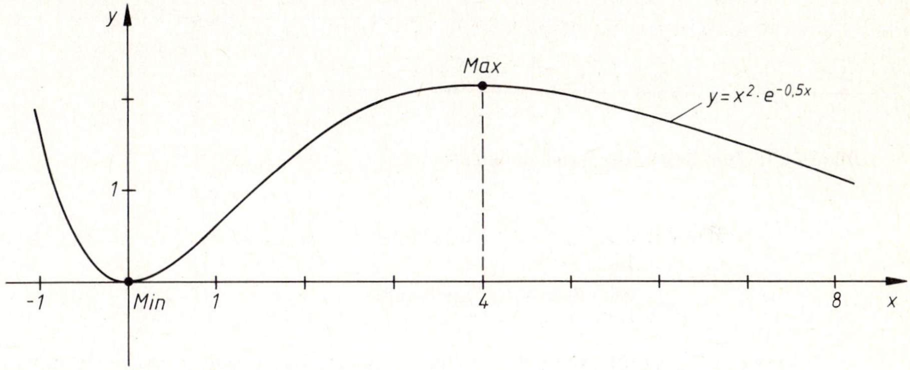

Bild IV-28. Funktionsgraph von $y = x^2 \cdot e^{-0{,}5\,x}$ ■

3.3.3 Wendepunkte, Sattelpunkte

Definition: (1) Kurvenpunkte, in denen sich der Drehsinn der Tangente ändert, heißen *Wendepunkte* (Bild IV-29).

(2) Wendepunkte mit *waagerechter* Tangente werden als *Sattelpunkte* bezeichnet (Bild IV-30).

In den *Wendepunkten* einer Funktion findet demnach eine *Änderung der Kurvenkrümmung* statt: die Kurve geht von einer *Rechtskurve* in eine *Linkskurve* über (oder *umgekehrt*; Bild IV-29). Daher ist in solchen Punkten *notwendigerweise* $y'' = 0$. Diese Bedingung reicht jedoch *nicht* aus. Mit *Sicherheit* liegt ein Wendepunkt erst dann vor, wenn die *2. Ableitung* an der betreffenden Stelle ihr Vorzeichen *ändert*. Dies aber ist genau dann der Fall, wenn die *3. Ableitung* y''' an dieser Stelle einen *von Null verschiedenen* Wert annimmt.

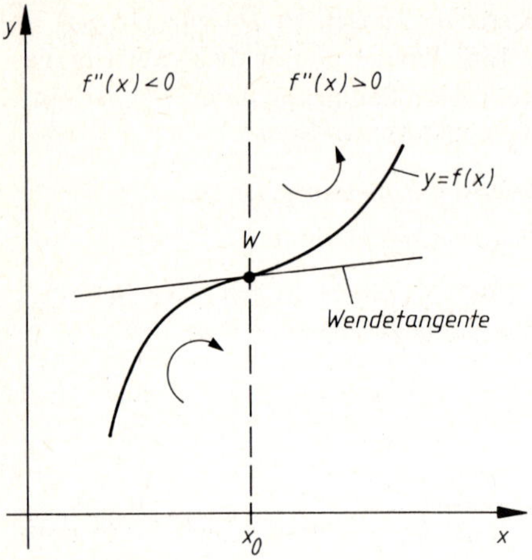

Bild IV-29. Zum Begriff des Wendepunktes

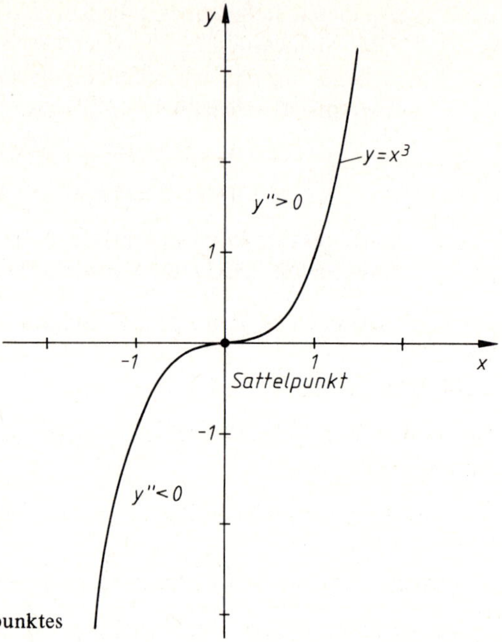

Bild IV-30
Zum Begriff des Sattelpunktes

Wir fassen diese Aussagen zusammen:

> **Hinreichende Bedingung für einen Wendepunkt**
>
> Eine Funktion $y = f(x)$ besitzt an der Stelle x_0 einen *Wendepunkt,* wenn dort die Bedingungen
>
> $$f''(x_0) = 0 \quad und \quad f'''(x_0) \neq 0 \qquad \text{(IV-75)}$$
>
> erfüllt sind.

Anmerkung

Die im *Wendepunkt* errichtete Tangente heißt *Wendetangente* (s. Bild IV-29).

■ **Beispiele**

(1) Die kubische Parabel $y = x^3$ besitzt an der Stelle $x_0 = 0$ einen *Sattelpunkt* (auch *Terassenpunkt* genannt; Bild IV-30):

$$y = x^3, \quad y' = 3x^2, \quad y'' = 6x, \quad y''' = 6$$

$$y'' = 0 \;\Rightarrow\; 6x = 0 \;\Rightarrow\; x_0 = 0$$

$$y'''(x_0 = 0) = 6 \neq 0 \;\Rightarrow\; \textit{Wendepunkt} \text{ in } (0; 0)$$

Wegen $y'(x_0 = 0) = 0$ liegt ein *Wendepunkt mit waagerechter Tangente,* d.h. ein *Sattelpunkt* vor.

(2) Bei den *trigonometrischen* Funktionen fallen die *Wendepunkte* mit den jeweiligen *Nullstellen* zusammen (vgl. hierzu die Bilder III-99, III-100 und III-101).

(3) *Behauptung:* Die Funktion $y = -\frac{2}{3} x^3 + 2x^2 - 2x + 2$ besitzt an der Stelle $x_0 = 1$ einen *Sattelpunkt.*

Beweis: Es ist zu zeigen, daß folgende Bedingungen erfüllt sind:

$$y'(1) = 0, \quad y''(1) = 0, \quad y'''(1) \neq 0$$

$$y' = -2x^2 + 4x - 2 \quad \Rightarrow \quad y'(1) = 0$$
$$y'' = -4x + 4 \quad \Rightarrow \quad y''(1) = 0$$
$$y''' = -4 \quad \Rightarrow \quad y'''(1) = -4 \neq 0$$

Damit ist die Behauptung bewiesen. ∎

3.3.4 Ergänzungen

Die Bestimmung der *relativen Extremwerte* einer Funktion $y = f(x)$ erfolgte bisher nach dem folgenden Schema:

1. Berechnung der Stellen mit *waagerechter* Tangente aus der *notwendigen* Bedingung $f'(x) = 0$.
2. Prüfen anhand der *2. Ableitung,* ob ein Extremwert vorliegt (Kriterium (IV-74)).

In einigen Fällen *versagt* dieses Verfahren, wenn nämlich an der betreffenden Stelle x_0 neben der 1. Ableitung auch die *2. Ableitung* verschwindet: $f'(x_0) = 0$ *und* $f''(x_0) = 0$. Jetzt prüft man, ob an dieser Stelle ein *Sattelpunkt* liegt. Dies ist der Fall, wenn $f'''(x_0) \neq 0$ ist. *Verschwindet* jedoch auch die 3. Ableitung, so muß man auf das folgende allgemeine Kriterium zurückgreifen:

Allgemeines Kriterium für einen relativen Extremwert

Eine Funktion $y = f(x)$ besitze an der Stelle x_0 eine *waagerechte* Tangente: $f'(x_0) = 0$. Die *nächstfolgende, nichtverschwindende* Ableitung sei $f^{(n)}(x_0)$. Dann liegt an der Stelle x_0 ein *relativer Extremwert,* falls die Ordnung n dieser Ableitung *geradzahlig* ist und zwar

ein *relatives Minimum* für $f^{(n)}(x_0) > 0$

ein *relatives Maximum* für $f^{(n)}(x_0) < 0$ (IV-76)

Ist die Ordnung n jedoch *ungeradzahlig,* so besitzt die Funktion in x_0 einen *Sattelpunkt.*

■ **Beispiele**

(1) Wir zeigen, daß die Funktion $y = x^4$ an der Stelle $x_0 = 0$ einen (sogar absoluten) *Extremwert* besitzt (Bild IV-31):

$$y' = 4x^3 \quad \Rightarrow \quad y'(0) = 0 \quad \text{(waagerechte Tangente)}$$
$$y'' = 12x^2 \quad \Rightarrow \quad y''(0) = 0$$
$$y''' = 24x \quad \Rightarrow \quad y'''(0) = 0$$
$$y^{(4)} = 24 \quad \Rightarrow \quad y^{(4)}(0) = 24 \neq 0$$

Die nach y' *nächstfolgende* an der Stelle $x_0 = 0$ *nichtverschwindende* Ableitung $y^{(4)}$ ist von 4. und damit *geradzahliger* Ordnung. Daher hat die Funktion an dieser Stelle einen *relativen Extremwert* und zwar wegen $y^{(4)}(0) = 24 > 0$ ein *relatives Minimum.*

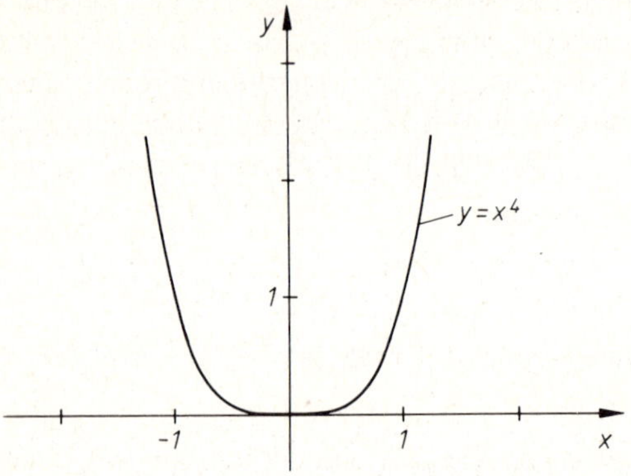

Bild IV-31. Funktionsgraph von $y = x^4$

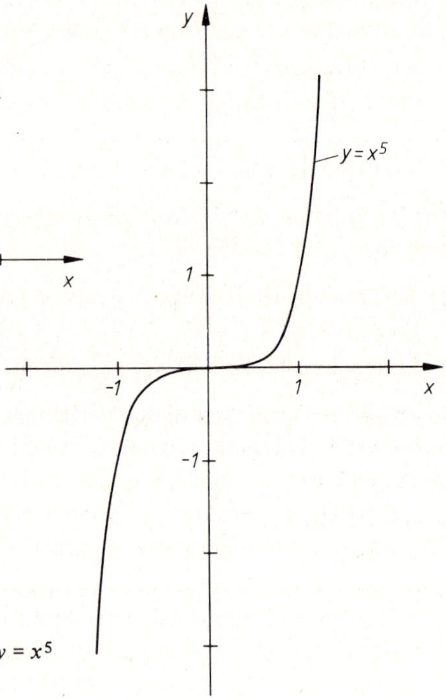

Bild IV-32
Funktionsgraph von $y = x^5$

(2) Besitzt die Funktion $y = x^5$ *relative Extremwerte*?

Um diese Frage zu beantworten, bestimmen wir zunächst die Stellen mit *waagerechter* Tangente:

$$y' = 5x^4: \; y' = 0 \;\Rightarrow\; 5x^4 = 0 \;\Rightarrow\; x_1 = 0$$

Die Ordnung der *nächsten*, an der Stelle $x_1 = 0$ *nichtverschwindenden* Ableitung entscheidet darüber, ob ein *relativer Extremwert* oder ein *Sattelpunkt* vorliegt:

$$\begin{aligned} y'' &= 20x^3 &&\Rightarrow\; y''(0) = 0 \\ y''' &= 60x^2 &&\Rightarrow\; y'''(0) = 0 \\ y^{(4)} &= 120x &&\Rightarrow\; y^{(4)}(0) = 0 \\ y^{(5)} &= 120 &&\Rightarrow\; y^{(5)}(0) = 120 \neq 0 \end{aligned}$$

Die Ordnung der letzten Ableitung ist *ungeradzahlig*, d.h. die Funktion $y = x^5$ besitzt an der Stelle $x_1 = 0$ einen *Sattelpunkt. Relative Extremwerte* sind bei dieser Funktion *nicht* vorhanden (vgl. hierzu Bild IV-32). ■

3.4 Extremwertaufgaben

In zahlreichen Anwendungen stellt sich das folgende Problem: Von einer vorgegebenen Funktion $y = f(x)$ ist der *größte* (oder *kleinste*) Funktionswert in einem gewissen *Intervall I* zu bestimmen. Problemstellungen dieser Art werden als *Extremwertaufgaben* bezeichnet. Bei der Lösung einer solchen Aufgabe geht man so vor, daß man zunächst mit Hilfe der Differentialrechnung die im Intervallinnern gelegenen *relativen* Extremwerte berechnet. Das gesuchte *absolute Maximum* (oder *absolute Minimum*) kann aber auch in einem *Randpunkt* des Intervalls I liegen (vgl. hierzu das folgende Beispiel (3)). *Durch einen Vergleich der Randwerte mit den relativen Extremwerten erhält man die Lösung der gestellten Aufgabe.*

Lösungsverfahren für Extremwertaufgaben

Von einer Funktion $y = f(x)$ läßt sich der *größte* (oder *kleinste*) Wert in einem Intervall I wie folgt bestimmen:

1. Zunächst werden mit Hilfe der Differentialrechnung die im Intervall I liegenden *relativen Maxima* (oder *relativen Minima*) berechnet.
2. Durch Vergleich dieser Werte mit den Funktionswerten in den *Randpunkten* des Intervalls erhält man den gesuchten *größten* (oder *kleinsten*) Wert der Funktion $y = f(x)$ im Intervall I.

Anmerkungen

(1) Die Funktion $y = f(x)$, deren absolutes Maximum oder Minimum im Intervall I bestimmt werden soll, heißt in diesem Zusammenhang auch *Zielfunktion*.

(2) Bei zahlreichen Extremwertaufgaben ist die Gleichung der Zielfunktion $y = f(x)$ zunächst *nicht bekannt* und muß daher erst aufgestellt werden. Dabei *kann* die Größe y von *mehr* als einer Variablen abhängen; diese sind jedoch nicht unabhängig voneinander, sondern durch sog. *Neben-* oder *Kopplungsbedingungen* miteinander verknüpft. *Das Aufstellen dieser Nebenbedingungen ist oft das eigentliche Problem bei der Lösung der Extremwertaufgabe.* Man findet diese Bedingungen häufig durch Anwenden *elementarer geometrischer Lehrsätze* (Satz des Pythagoras, Strahlensätze, Höhensatz usw.; s. hierzu auch Abschnitt I.5 in der Formelsammlung).

■ **Beispiele**

(1) *Problemstellung:* Einem *Quadrat* mit der vorgegebenen Seitenlänge a ist ein *Rechteck* mit *größtem* Flächeninhalt einzubeschreiben (Bild IV-33).

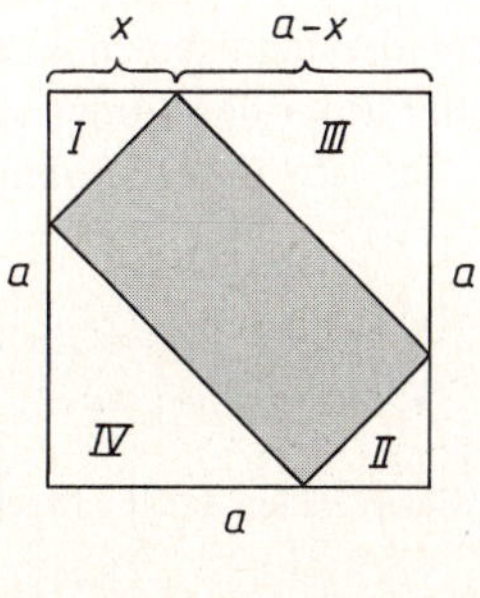

Bild IV-33

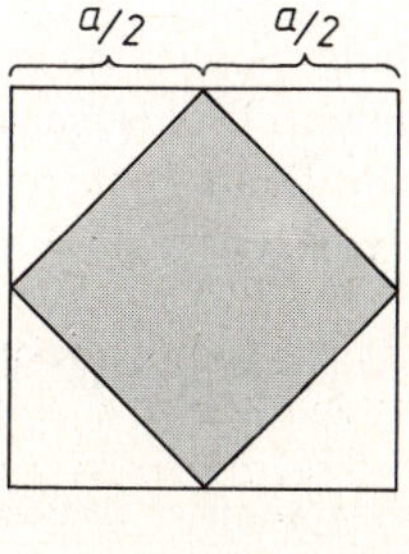

Bild IV-34

Lösung: Zielfunktion ist der Flächeninhalt A als Funktion der Strecke x (Bild IV-33). Diese Funktion bestimmen wir wie folgt: Vom Quadrat mit dem Flächeninhalt a^2 ziehen wir die Flächen der vier Dreiecke I, II, III und IV ab. Die Dreiecke I und II ergänzen sich dabei zu einem Quadrat vom Flächeninhalt x^2, ebenso die Dreiecke III und IV zu einem Quadrat vom Flächeninhalt $(a-x)^2$. Daher gilt:

$$A(x) = a^2 - x^2 - (a-x)^2 = 2ax - 2x^2$$

Wir ermitteln nun das im Intervall $0 < x < a$ gelegene *absolute* Maximum[3]:

$$A' = 2a - 4x, \quad A'' = -4$$

$$A' = 0 \;\Rightarrow\; 2a - 4x = 0 \;\Rightarrow\; x_1 = a/2$$

$$A''(x_1 = a/2) = -4 < 0$$

Lösung der Aufgabe ist demnach ein *Quadrat* vom Flächeninhalt $A(x_1 = a/2) = a^2/2$, dessen Ecken auf den Seitenmitten des gegebenen Quadrates liegen (Bild IV-34).

(2) In einem *Wechselstromkreis* sind ein ohmscher Widerstand R, eine Spule mit der Induktivität L und ein Kondensator mit der Kapazität C in *Reihe* geschaltet (Bild IV-35). Beim Anlegen einer Wechselspannung $u = u_0 \cdot \sin(\omega t)$ fließt in dem Kreis ein Wechselstrom $i = i_0 \cdot \sin(\omega t + \varphi)$, dessen Scheitelwert i_0 nach der Formel

$$i_0 = \frac{u_0}{\sqrt{R^2 + \left(\omega L - \dfrac{1}{\omega C}\right)^2}} \qquad (\omega > 0)$$

berechnet wird ($Z = \sqrt{R^2 + \left(\omega L - \dfrac{1}{\omega C}\right)^2}$ ist der *Scheinwiderstand* des Kreises). Bei welcher Kreisfrequenz ω_r besitzt i_0 seinen *größten* Wert?

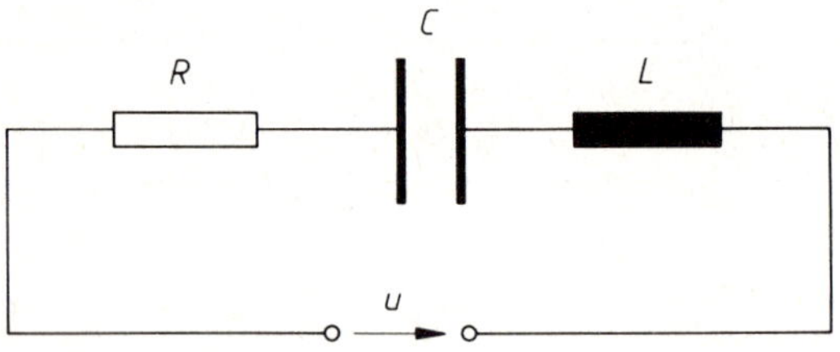

Bild IV-35
Wechselstromkreis in Reihenschaltung

Lösung: i_0 wird am *größten,* wenn der Scheinwiderstand seinen *kleinsten* Wert annimmt. Dies ist genau dann der Fall, wenn der unter der Wurzel stehende Ausdruck am *kleinsten* wird. Es genügt daher, das (absolute) *Minimum der Zielfunktion*

$$y = f(\omega) = R^2 + \left(\omega L - \frac{1}{\omega C}\right)^2$$

[3] $x = 0$ bzw. $x = a$ kommen als Lösungen *nicht* infrage, da in diesen Fällen das Rechteck *entartet* ist.

im Intervall $0 < \omega < \infty$ zu bestimmen:

$$y'(\omega) = 2\left(\omega L - \frac{1}{\omega C}\right)\left(L + \frac{1}{\omega^2 C}\right)$$

$$y''(\omega) = 2\left(L + \frac{1}{\omega^2 C}\right)^2 - \frac{4}{\omega^3 C}\left(\omega L - \frac{1}{\omega C}\right)$$

Aus der *notwendigen* Bedingung $y'(\omega) = 0$ folgt:

$$2\left(\omega L - \frac{1}{\omega C}\right)\underbrace{\left(L + \frac{1}{\omega^2 C}\right)}_{\neq 0} = 0 \quad \Rightarrow$$

$$\left(\omega L - \frac{1}{\omega C}\right) = 0 \quad \Rightarrow \quad \omega_r = \frac{1}{\sqrt{LC}}$$

Auch die *hinreichende* Bedingung ist für diesen Wert erfüllt:

$$y''\left(\omega_r = \frac{1}{\sqrt{LC}}\right) = 8L^2 > 0$$

Der Scheitelwert i_0 des Stromes erreicht daher sein *absolutes Maximum* bei der Kreisfrequenz $\omega_r = 1/\sqrt{LC}$ (sog. *Resonanzkreisfrequenz*). Der Scheinwiderstand Z ist dann gleich dem ohmschen Widerstand R und es gilt $i_0 = u_0/R$.

(3) Die *Biegelinie* eines einseitig eingespannten und am freien Ende durch eine Kraft F auf Biegung beanspruchten Balkens der Länge l lautet:

$$y(x) = \frac{F}{2EI}\left(l x^2 - \frac{1}{3}x^3\right) \qquad 0 \leqslant x \leqslant l$$

(vgl. hierzu Abschnitt III.5.7, in dem dieses Anwendungsbeispiel behandelt wurde). An welcher Stelle des Balkens ist die Durchbiegung am *größten*?

Lösung: Zunächst ermitteln wir die im Intervall $0 \leqslant x \leqslant l$ gelegenen *relativen* Extremwerte:

$$y' = \frac{F}{2EI}(2lx - x^2), \quad y'' = \frac{F}{2EI}(2l - 2x)$$

$$y' = 0 \quad \Rightarrow \quad 2lx - x^2 = 0 \quad \Rightarrow \quad x_1 = 0, \; x_2 = 2l$$

Die zweite Lösung ($x_2 = 2l$) liegt *außerhalb* des Intervalles. Für $x_1 = 0$, d.h. an der *Einspannstelle* wird die Durchbiegung am *kleinsten* ($y(0) = 0$):

$$y''(x_1 = 0) = \frac{Fl}{EI} > 0$$

Die *maximale* Durchbiegung des Balkens findet am anderen Randpunkt $x = l$, d.h. am *freien* Ende statt:

$$y_{max} = y(l) = \frac{Fl^3}{3EI}$$

Wir haben es hier mit dem eingangs geschilderten Fall eines *Randextremwertes* zu tun. Mit Hilfe der Differentialrechnung können nur relative Extremwerte mit *waagerechter* Tangente bestimmt werden. Dies aber trifft in dem am freien Ende liegenden Randpunkt gerade *nicht* zu. Die dortige Tangente an die Biegelinie verläuft gegen die Horizontale geneigt (Bild IV-36).

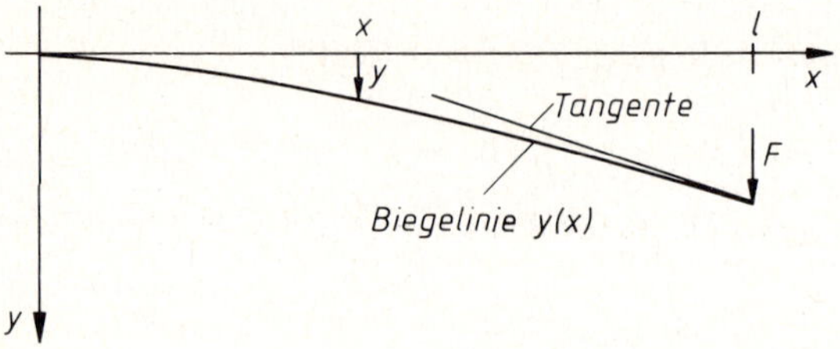

Bild IV-36. Randextremwert bei der Durchbiegung eines einseitig eingespannten Balkens

(4) Wir behandeln ein weiteres Beispiel aus der *Festigkeitslehre:* Aus einem Baumstamm soll ein Balken mit rechteckigem Querschnitt so ausgeschnitten werden, daß sein *Widerstandsmoment* $W = \frac{1}{6}\,b\,h^2$ einen *größten* Wert annimmt (b: Breite des Balkens; h: Dicke des Balkens; vgl. Bild IV-37).

Lösung: Das Widerstandsmoment W hängt von den Größen b *und* h ab, die jedoch *nicht* unabhängig voneinander sind, sondern über den Satz von Pythagoras mit dem Radius R des Baumstammes verknüpft sind:

$$b^2 + h^2 = (2\,R)^2 = 4\,R^2 \quad \Rightarrow \quad h^2 = 4\,R^2 - b^2$$

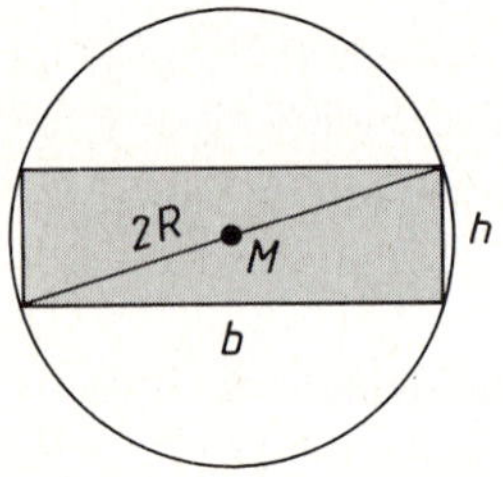

Bild IV-37

Mit Hilfe dieser als *Nebenbedingung* oder auch *Kopplungsbedingung* bezeichneten Beziehung läßt sich das Widerstandsmoment W als eine *nur* von der Größe b abhängige Funktion darstellen:

$$W(b) = \frac{1}{6}\,b\,h^2 = \frac{1}{6}\,b\,(4\,R^2 - b^2) = \frac{1}{6}\,(4\,R^2\,b - b^3)$$

Wir bestimmen nun das *Maximum* der *Zielfunktion* $W(b)$ im Intervall $0 < b < 2\,R$:

$$\frac{dW}{db} = \frac{1}{6}\,(4\,R^2 - 3\,b^2)\,, \qquad \frac{d^2\,W}{db^2} = -\,b$$

Aus $\frac{dW}{db} = 0$ folgt:

$$\frac{1}{6}(4R^2 - 3b^2) = 0 \quad \Rightarrow \quad b_{1/2} = \pm \frac{2}{3}\sqrt{3}\,R$$

Der *negative* Wert scheidet als Lösung aus, für den *positiven* Wert erhalten wir wegen

$$\frac{d^2 W}{db^2}\left(b_1 = \frac{2}{3}\sqrt{3}\,R\right) = -\frac{2}{3}\sqrt{3}\,R < 0$$

das gesuchte *Maximum*. Der Balkenbreite $b = \frac{2}{3}\sqrt{3}\,R$ entspricht eine Höhe von $h = \frac{2}{3}\sqrt{6}\,R$.

Für diese Werte ist das Widerstandsmoment des Balkens am *größten*. Es beträgt dann $W_{max} = \frac{8}{27}\sqrt{3}\,R^3$. ■

3.5 Kurvendiskussion

Der Verlauf einer Funktion läßt sich in seinen *wesentlichen* Zügen aus bestimmten charakteristischen Kurvenpunkten und Funktionsmerkmalen wie beispielsweise Nullstellen, Symmetrie, relativen Extremwerten, Wendepunkten und Asymptoten erschließen. *Kurvendiskussion* bedeutet daher hier: *Untersuchung und Feststellung der Funktionseigenschaften und des Funktionsverlaufs mit den Hilfsmitteln der Differentialrechnung.* Wir empfehlen, die Diskussion einer Funktion nach dem folgenden Schema vorzunehmen:

- Definitionsbereich / Definitionslücken
- Symmetrie
- Nullstellen
- Pole, vertikale Asymptoten
- Ableitungen (in der Regel bis zur 3. Ordnung)
- Relative Extremwerte (Maxima und Minima)
- Wendepunkte
- Verhalten der Funktion für $x \to \pm\infty$, Asymptoten im Unendlichen
- Wertebereich der Funktion
- Zeichnung der Funktion in einem geeigneten Maßstab

■ **Beispiele**

(1) $y = \frac{-5x^2 + 5}{x^3}$ (Echt gebrochenrationale Funktion)

Definitionsbereich: Die Funktion ist für jedes reelle $x \neq 0$ definiert. An der Stelle $x_0 = 0$ besitzt sie eine *Definitionslücke.*

Symmetrie: Der Zähler ist eine *gerade,* der Nenner eine *ungerade* Funktion. Daher ist die Funktion selbst *ungerade (Punktsymmetrie).*

Nullstellen, Pole: Zähler und Nenner werden in *Linearfaktoren* zerlegt, aus denen sich die Nullstellen bzw. Pole der Funktion unmittelbar ablesen lassen:

$$y = \frac{-5x^2 + 5}{x^3} = \frac{-5(x^2 - 1)}{x^3} = \frac{-5(x + 1)(x - 1)}{x^3}$$

Nullstellen: $x_1 = -1, \; x_2 = 1$

Pole: $x_3 = 0$ (Pol *mit* Vorzeichenwechsel)

Vertikale Asymptote: $x = 0$ (y-Achse)

Ableitungen der Funktion:

$$y' = \frac{5(x^2 - 3)}{x^4}, \quad y'' = \frac{-10(x^2 - 6)}{x^5}, \quad y''' = \frac{30(x^2 - 10)}{x^6}$$

Relative Extremwerte: $y' = 0$ *und* $y'' \neq 0$

$$y' = 0 \;\Rightarrow\; x^2 - 3 = 0 \;\Rightarrow\; x_{4/5} = \pm\sqrt{3}$$

$$y''(x_4 = \sqrt{3}) = \frac{10}{9}\sqrt{3} > 0 \;\Rightarrow\; \textit{Relatives Minimum} \text{ in } x_4 = \sqrt{3}$$

$$Min = \left(\sqrt{3};\; -\frac{10}{9}\sqrt{3}\right) = (1{,}73;\; -1{,}92)$$

$$y''(x_5 = -\sqrt{3}) = -\frac{10}{9}\sqrt{3} < 0 \;\Rightarrow\; \textit{Relatives Maximum} \text{ in } x_5 = -\sqrt{3}$$

$$Max = \left(-\sqrt{3};\; \frac{10}{9}\sqrt{3}\right) = (-1{,}73;\; 1{,}92)$$

Wendepunkte: $y'' = 0$ *und* $y''' \neq 0$

$$y'' = 0 \;\Rightarrow\; x^2 - 6 = 0 \;\Rightarrow\; x_{6/7} = \pm\sqrt{6}$$

$$y'''(x_{6/7} = \pm\sqrt{6}) = -\frac{5}{9} \neq 0 \;\Rightarrow\; \textit{Wendepunkte} \text{ in } x_{6/7} = \pm\sqrt{6}$$

$$W_1 = \left(\sqrt{6};\; -\frac{25}{36}\sqrt{6}\right) = (2{,}45;\; -1{,}70),$$

$$W_2 = \left(-\sqrt{6};\; \frac{25}{36}\sqrt{6}\right) = (-2{,}45;\; 1{,}70)$$

Verhalten der Funktion im Unendlichen:

Die Funktion ist *echt* gebrochen und strebt daher für $x \to \pm\infty$ *asymptotisch* gegen die x-Achse:

Asymptote im Unendlichen: $y = 0$

Wertebereich: $-\infty < y < \infty$

Der Funktionsverlauf ist in Bild IV-38 dargestellt.

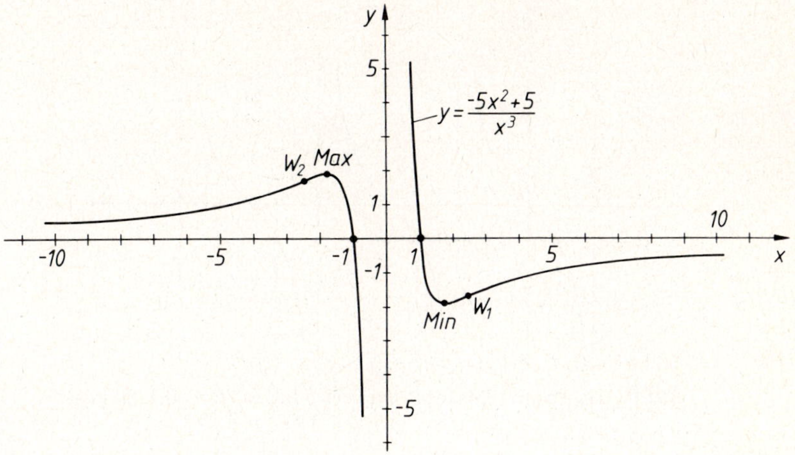

Bild IV-38. Funktionsgraph von $y = \frac{-5x^2+5}{x^3}$

(2) Wir untersuchen den Verlauf einer durch die Funktionsgleichung

$$y = y(t) = 3 \cdot e^{-0{,}1t} \cdot \cos t, \qquad t \geqslant 0$$

beschriebenen *gedämpften Schwingung.*

Definitionsbereich: $0 \leqslant t < \infty$ (aus physikalischen Gründen)

Nullstellen: $y = 0$

$$3 \cdot e^{-0{,}1t} \cdot \cos t = 0 \quad \Rightarrow \quad \cos t = 0$$

Lösungen sind die *positiven* Nullstellen der Kosinusfunktion:

$$t_k = \frac{\pi}{2} + k \cdot \pi \qquad (k \in \mathbb{N}_0)$$

Ableitungen der Funktion:

$$\dot{y} = -3 \cdot e^{-0{,}1t} \cdot (\sin t + 0{,}1 \cdot \cos t)$$

$$\ddot{y} = 3 \cdot e^{-0{,}1t} \cdot (0{,}2 \cdot \sin t - 0{,}99 \cdot \cos t)$$

$$\dddot{y} = 3 \cdot e^{-0{,}1t} \cdot (0{,}97 \cdot \sin t + 0{,}299 \cdot \cos t)$$

Relative Extremwerte: $\dot{y} = 0$ *und* $\ddot{y} \neq 0$

$$\dot{y} = 0 \quad \Rightarrow \quad -3 \cdot e^{-0{,}1t} \cdot (\sin t + 0{,}1 \cdot \cos t) = 0 \quad \Rightarrow$$

$$\sin t + 0{,}1 \cdot \cos t = 0 \quad \Rightarrow \quad \sin t = -0{,}1 \cdot \cos t \quad \Rightarrow \quad \tan t = -0{,}1$$

Die im Intervall $t \geqslant 0$ gelegenen Lösungen dieser trigonometrischen Gleichung lassen sich anhand der folgenden Skizze (Bild IV-39) leicht bestimmen:

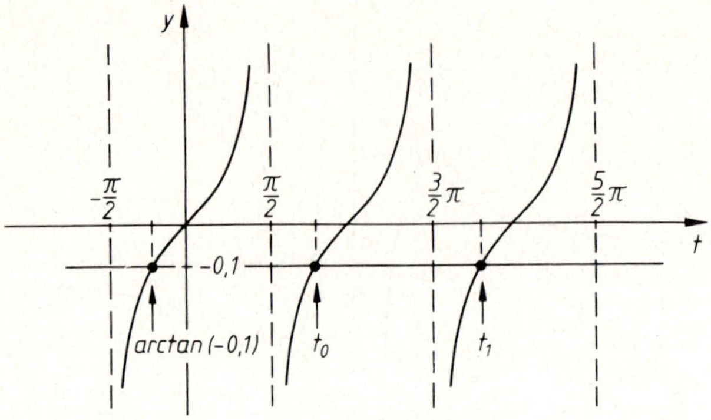

Bild IV-39. Positive Lösungen der Gleichung $\tan t = -0{,}1$ (Skizze)

Die erste *positive* Lösung liegt bei $t_0 = \arctan(-0{,}1) + \pi = 3{,}04$, die weiteren Lösungen in Abständen von jeweils einer Periode (π):

$$t_k = 3{,}04 + k \cdot \pi \qquad (k \in \mathbb{N}_0)$$

Wie verhält sich die 2. Ableitung an diesen Stellen? Für *geradzahliges k* ist $\ddot{y}$ *positiv:*

$$\ddot{y}\,(3{,}04 + k \cdot \pi) = 3{,}016 \cdot e^{-0{,}1\,(3{,}04 + k \cdot \pi)} > 0 \qquad (k = 0, 2, 4, \ldots)$$

An diesen Stellen liegen daher *relative Minima.* Sie beginnen mit

$$Min_1 = (3{,}04;\ -2{,}20)$$
$$Min_2 = (9{,}32;\ -1{,}17)$$
$$Min_3 = (15{,}61;\ -0{,}63)$$

Für *ungeradzahliges k* ist die 2. Ableitung jedoch *negativ:*

$$\ddot{y}\,(3{,}04 + k \cdot \pi) = -3{,}016 \cdot e^{-0{,}1\,(3{,}04 + k \cdot \pi)} < 0 \qquad (k = 1, 3, 5, \ldots)$$

und wir erhalten an diesen Stellen *relative Maxima:*

$$Max_1 = (6{,}18;\ 1{,}61)$$
$$Max_2 = (12{,}47;\ 0{,}86)$$
$$Max_3 = (18{,}75;\ 0{,}46) \qquad \text{usw.}$$

Minima und Maxima folgen daher abwechselnd aufeinander im Abstand einer halben Periode.

Wendepunkte: $\ddot{y} = 0$ *und* $\dddot{y} \neq 0$

$$\ddot{y} = 0 \quad \Rightarrow \quad 3 \cdot e^{-0{,}1\,t}\,(0{,}2 \cdot \sin t - 0{,}99 \cdot \cos t) = 0 \quad \Rightarrow$$

$$0{,}2 \cdot \sin t - 0{,}99 \cdot \cos t = 0 \quad \Rightarrow \quad 0{,}2 \cdot \sin t = 0{,}99 \cdot \cos t \quad \Rightarrow \quad \tan t = 4{,}95$$

Die *positiven* Lösungen dieser Gleichung sind nach Bild IV-40:

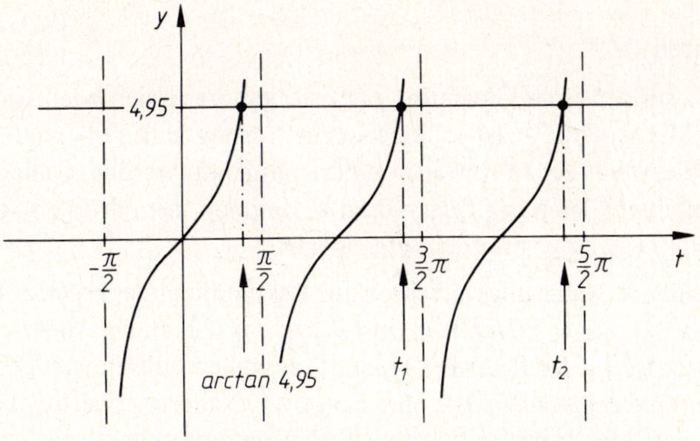

Bild IV-40. Positive Lösungen der Gleichung $\tan t = 4{,}95$ (Skizze)

$$t_k = \arctan 4{,}95 + k \cdot \pi = 1{,}37 + k \cdot \pi \qquad (k \in \mathbb{N}_0)$$

Die 3. Ableitung ist an diesen Stellen *abwechselnd positiv und negativ* und damit von Null verschieden, so daß tatsächlich *Wendepunkte* vorliegen. Sie beginnen mit:

$W_1 = (1{,}37;\ 0{,}52)$ $\qquad$ $W_2 = (4{,}51;\ -0{,}38)$

$W_3 = (7{,}65;\ 0{,}28)$ $\qquad$ $W_4 = (10{,}80;\ -0{,}20)$

$W_5 = (13{,}94;\ 0{,}15)$ $\qquad$ usw.

Wertebereich: $-2{,}20 \leqslant y \leqslant 3$

(der größte Wert wird für $t = 0$, der kleinste im 1. Minimum angenommen!)

Der Funktionsverlauf ist in Bild IV-41 skizziert.

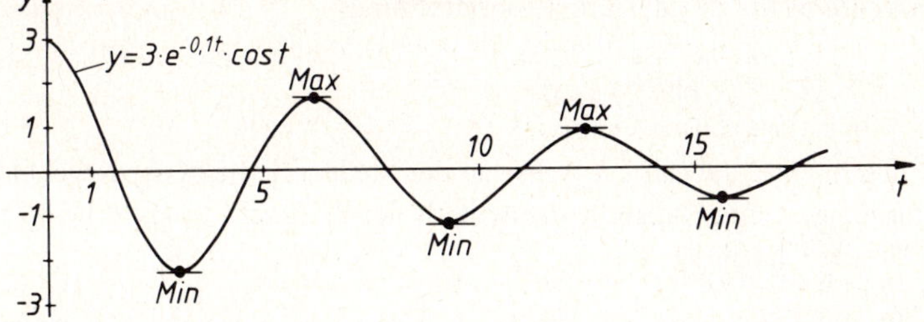

Bild IV-41. Gedämpfte Schwingung, dargestellt am Beispiel der Funktion $y = 3 \cdot e^{-0{,}1t} \cdot \cos t$

■

3.6 Näherungsweise Lösung einer Gleichung nach dem Tangentenverfahren von Newton

3.6.1 Iterationsverfahren

Die Bestimmung der Lösungen einer Gleichung $f(x) = 0$ gehört zu den wichtigsten Aufgaben der praktischen Mathematik[4]). Ist x_1 eine solche Lösung, d.h. $f(x_1) = 0$, so kann der Wert x_1 auch als *Nullstelle* der Funktion $y = f(x)$ aufgefaßt werden. Daher ist das Problem, die Lösungen einer Gleichung $f(x) = 0$ zu bestimmen, dem Problem, die Nullstellen der Funktion $y = f(x)$ zu bestimmen, *gleichwertig*.

Das von *Newton* stammende Näherungsverfahren zur Bestimmung der *reellen* Nullstellen einer Funktion $y = f(x)$ ist ein sog. *Iterationsverfahren*, das von einem *Näherungswert* x_0 (auch *Anfangswert, Startwert* oder *Rohwert* genannt) ausgehend durch *wiederholtes* Anwenden einer bestimmten *Rechenvorschrift* eine Folge von Näherungswerten $x_0, x_1, x_2, \ldots, x_n, \ldots$ konstruiert, die unter bestimmten Voraussetzungen gegen die exakte Lösung ξ konvergiert:

$$x_0, x_1, x_2, \ldots, x_n, \ldots \rightarrow \xi \qquad \text{(IV-77)}$$

Diese Rechenvorschrift *(Iterationsvorschrift)* ist in der Form

$$x_n = F(x_{n-1}) \qquad (n = 1, 2, 3, \ldots) \qquad \text{(IV-78)}$$

darstellbar. Durch Einsetzen des Startwertes x_0 in die Rechenvorschrift erhält man die *1. Näherung* $x_1 = F(x_0)$. Faßt man nun x_1 als neuen „Anfangswert" für die exakte Lösung (Nullstelle) auf, so erhält man durch Einsetzen von x_1 in die Iterationsgleichung (IV-78) die *2. Näherung* $x_2 = F(x_1)$. Die so konstruierte Folge von Näherungswerten konvergiert unter *gewissen Voraussetzungen* gegen die exakte Lösung ξ.

3.6.2 Tangentenverfahren von Newton

Das *Newtonsche Tangentenverfahren* geht nun von folgenden Überlegungen aus. Ist x_0 irgendein geeigneter Näherungswert für die Nullstelle ξ einer Funktion $y = f(x)$, so ersetzt man den Funktionsgraphen von $y = f(x)$ durch die im Kurvenpunkt $P_0 = (x_0; y_0)$ errichtete *Kurventangente* mit der Funktionsgleichung

$$\frac{y - y_0}{x - x_0} = f'(x_0) \qquad (y_0 = f(x_0)) \qquad \text{(IV-79)}$$

Die Tangente schneidet dabei die x-Achse an der Stelle x_1, die in der Regel eine *bessere* Näherung für die gesuchte Nullstelle darstellt als der Startwert x_0 (Bild IV-42). Der Wert x_1 wird dabei aus der Gleichung

$$\frac{0 - y_0}{x_1 - x_0} = f'(x_0) \qquad \text{(IV-80)}$$

---

4) In den Anwendungen sind in der Regel nur die *reellen* Lösungen einer Gleichung von Bedeutung. Daher beschränken wir uns auf diesen wichtigsten Fall.

berechnet. Durch Auflösen dieser Gleichung nach x_1 erhält man den 1. Näherungswert

$$x_1 = x_0 - \frac{y_0}{f'(x_0)} = x_0 - \frac{f(x_0)}{f'(x_0)} \qquad \text{(IV-81)}$$

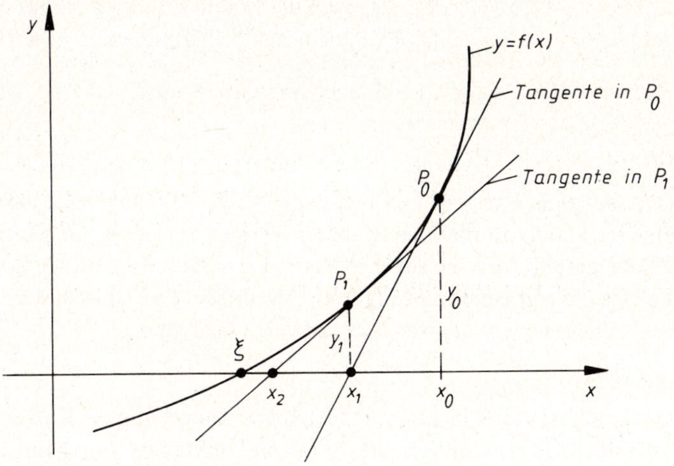

Bild IV-42. Zum Tangentenverfahren von Newton

Dabei muß ausdrücklich $f'(x_0) \neq 0$ vorausgesetzt werden. Auf diesen Fall gehen wir später noch ein.

Den Näherungswert x_1 fassen wir nun als Anfangswert eines weiteren Iterationsschrittes auf. Die in $P_1 = (x_1; y_1)$ errichtete *Kurventangente* besitzt die Gleichung

$$\frac{y - y_1}{x - x_1} = f'(x_1) \qquad \text{(IV-82)}$$

Ihr Schnittpunkt $S_2 = (x_2; 0)$ mit der x-Achse liefert die *2. Näherung* x_2 für die gesuchte Nullstelle der Funktion:

$$\frac{0 - y_1}{x_2 - x_1} = f'(x_1) \quad \Rightarrow \quad x_2 = x_1 - \frac{y_1}{f'(x_1)} = x_1 - \frac{f(x_1)}{f'(x_1)} \qquad \text{(IV-83)}$$

Jetzt wird x_2 als Startwert betrachtet und das beschriebene Verfahren wiederholt. Nach n Schritten gelangen wir schließlich zur *n-ten Näherung* x_n, die aus der *allgemeinen Iterationsvorschrift*

$$x_n = x_{n-1} - \frac{f(x_{n-1})}{f'(x_{n-1})} \qquad (n = 1, 2, 3, \ldots) \qquad \text{(IV-84)}$$

berechnet wird (*Newtonsches Tangentenverfahren*).

Bevor wir das Newtonsche Iterationsverfahren auf konkrete Beispiele anwenden, wollen wir noch auf drei wichtige Punkte näher eingehen:

(1) *Konvergenzkriterium*

Die *Konvergenz* der nach dem Newtonschen Tangentenverfahren konstruierten Folge von Näherungswerten $x_0, x_1, x_2, \ldots, x_n, \ldots$ gegen die exakte Lösung ξ ist mit *Sicherheit* gewährleistet, wenn im Intervall $[a, b]$, in dem *alle* Näherungswerte liegen sollen, die Bedingung

$$\left| \frac{f(x) \cdot f''(x)}{[f'(x)]^2} \right| < 1 \qquad \text{(IV-85)}$$

stets erfüllt ist (*hinreichende* Konvergenzbedingung). Ist diese Bedingung jedoch bereits für den Startwert x_0 *nicht* erfüllt, so ist dieser Wert als Startwert „*ungeeignet*", d.h. es ist *nicht* sichergestellt, daß die aus dem Startwert x_0 resultierende Folge von Näherungswerten gegen die gesuchte Lösung strebt. In diesem Fall ist es in der Regel günstiger, sich nach einem neuen, „*besseren*" Startwert umzusehen.

(2) *Ungeeignete Startwerte*

Völlig ungeeignet sind Startwerte, in deren unmittelbarer Umgebung die Kurventangente *nahezu parallel* zur x-Achse verläuft. In diesen Punkten ist $f'(x)$ nur wenig von Null verschieden: Der Schnittpunkt zwischen der nur schwach geneigten Kurventangente und der x-Achse liegt daher in großer Entfernung vom Startwert x_0. Die Folge der nach dem Newtonschen Iterationsverfahren berechneten Näherungswerte konvergiert daher in diesem Falle im allgemeinen *nicht* gegen die gesuchte Lösung. Dies folgt auch unmittelbar aus dem Konvergenzkriterium (IV-85).

(3) *Beschaffung eines geeigneten Startwertes* x_0

Zu Beginn dieses Abschnittes hatten wir darauf hingewiesen, daß die Lösung ξ einer Gleichung $f(x) = 0$ auch als *Nullstelle* der Funktion $y = f(x)$ aufgefaßt werden kann. Die ungefähre Lage der (reellen) Nullstellen einer Funktion $y = f(x)$ kann nun in vielen Fällen auf *graphischem* Wege durch Zeichnen des zugehörigen Funktionsgraphen ermittelt werden.

Bei komplizierter gebauten Gleichungen kann man versuchen, diese durch *Termumstellungen* auf die folgende Form zu bringen:

$$f(x) = 0 \iff f_1(x) = f_2(x) \qquad \text{(IV-86)}$$

(*Aufspalten der Funktion* $f(x)$ in zwei einfacher gebaute Funktionen $f_1(x)$ und $f_2(x)$). Die Lösungen dieser Gleichung finden wir graphisch als *Schnittpunkte* zwischen den Funktionenkurven von $y = f_1(x)$ und $y = f_2(x)$. Da die Funktionen $y = f_1(x)$ und $y = f_2(x)$ in der Regel wesentlich *einfacher* gebaut sind als die Ausgangsfunktion $y = f(x)$, ist das Zeichnen ihrer Funktionskurve i.a. ohne großen Rechen- und damit Arbeitsaufwand möglich. Die Abszissenwerte ihrer Schnittpunkte liefern die *Rohwerte* für die gesuchten Lösungen der Gleichung $f(x) = 0$.

Tangentenverfahren von Newton

Ausgehend von einem *geeigneten* Startwert x_0, der die *Konvergenzbedingung*

$$\left| \frac{f(x_0) \cdot f''(x_0)}{[f'(x_0)]^2} \right| < 1 \qquad \text{(IV-87)}$$

erfüllt, erhält man aus der *Iterationsvorschrift*

$$x_n = x_{n-1} - \frac{f(x_{n-1})}{f'(x_{n-1})} \qquad (n = 1, 2, 3, \ldots) \qquad \text{(IV-88)}$$

eine Folge von Näherungswerten $x_0, x_1, x_2, \ldots$, die gegen die gesuchte Lösung der Gleichung $f(x) = 0$ konvergiert.

Anmerkungen

(1) Die Folge der Näherungswerte $x_0, x_1, x_2, \ldots$ konvergiert *mit Sicherheit* gegen die (gesuchte) Lösung, wenn die Bedingung (IV-87) für *jeden* dieser Näherungswerte erfüllt ist.

(2) Die Anzahl der *gültigen* Dezimalstellen der Näherungslösungen *verdoppelt* sich mit jedem Iterationsschritt.

(3) Besitzt die Gleichung $f(x) = 0$ *mehrere* Lösungen, so muß man zu *jeder* (gesuchten) Lösung einen geeigneten Startwert bestimmen und dann das Newton-Verfahren für die einzelnen Startwerte *getrennt* anwenden.

Wir werden nun die Brauchbarkeit des Newtonschen Tangentenverfahrens an zwei ausgewählten Beispielen demonstrieren.

■ **Beispiele**

(1) $f(x) = 2{,}2\,x^3 - 7{,}854\,x^2 + 6{,}23\,x - 22{,}2411 = 0$

Um uns einen *Überblick* über die Lage der Nullstellen von $f(x)$ zu verschaffen, berechnen wir einige Funktionswerte und skizzieren in diesem Bereich *grob* den Funktionsverlauf (Bild IV-43):

x	y
2	− 23,60
3	− 14,84
4	17,81

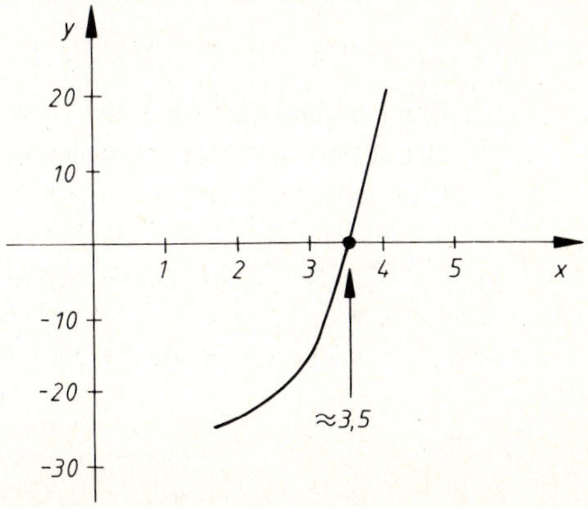

Bild IV-43

Anhand der Skizze erkennt man, daß eine Lösung der Gleichung zwischen $x = 3$ und $x = 4$ liegt. Wir wählen als *Startwert* $x_0 = 3{,}5$.

Für das Konvergenzkriterium (IV-87) benötigen wir noch den Funktionswert $f(3{,}5)$ sowie die Ableitungswerte $f'(3{,}5)$ und $f''(3{,}5)$:

$$f(x) = 2{,}2\,x^3 - 7{,}854\,x^2 + 6{,}23\,x - 22{,}2411 \quad \Rightarrow \quad f(3{,}5) = -2{,}3226$$

$$f'(x) = 6{,}6\,x^2 - 15{,}708\,x + 6{,}23 \quad \Rightarrow \quad f'(3{,}5) = 32{,}102$$

$$f''(x) = 13{,}2\,x - 15{,}708 \quad \Rightarrow \quad f''(3{,}5) = 30{,}492$$

$$\left| \frac{f(3{,}5) \cdot f''(3{,}5)}{[f'(3{,}5)]^2} \right| = \left| \frac{(-2{,}3226) \cdot 30{,}492}{32{,}102^2} \right| = 0{,}0687 < 1$$

Folgerung: Der Startwert $x_0 = 3{,}5$ ist *geeignet.*

Wir berechnen nun nach der Iterationsformel (IV-88) die ersten *Näherungswerte:*

n	x_{n-1}	$f(x_{n-1})$	$f'(x_{n-1})$	x_n
1	3,5	−2,3226	32,102	3,5724
2	3,5724	0,0823	34,3442	3,5700
3	3,5700	0,0000	—	—

Bereits nach *zwei* Iterationsschritten erhält man die (exakte) Lösung $x_1 = 3{,}5700$.

Anmerkung

Hätten wir als Startwert den *gröberen* Wert $x_0 = 4$ gewählt, so wäre *ein* weiterer Iterationsschritt nötig gewesen. Daher gilt die *Faustregel: Je genauer der Startwert* x_0, *umso weniger Iterationsschritte.*

Besitzt die Gleichung 3. Grades noch *weitere* reelle Lösungen? Um dies zu entscheiden, spalten wir über das Horner-Schema den Linearfaktor $x - 3{,}57$ ab:

	2,2	−7,854	6,23	−22,2411
$x_1 = 3{,}57$		7,854	0	22,2411
	2,2	0	6,23	0

Das 1. reduzierte Polynom $f_1(x) = 2{,}2\,x^2 + 6{,}23$ hat *keine* reellen Nullstellen. Damit besitzt die Ausgangsgleichung *genau eine reelle Lösung* in $x_1 = 3{,}57$.

(2) Die Lösungen der *transzendenten* Gleichung $x^2 + 2 = e^x$ können als Abszissenwerte der Schnittpunkte von $y_1 = x^2 + 2$ und $y_2 = e^x$ aufgefaßt werden. Aus der graphischen Darstellung in Bild IV-44 folgt, daß *genau eine* Lösung in der Nähe von $x_0 = 1{,}5$ existiert.

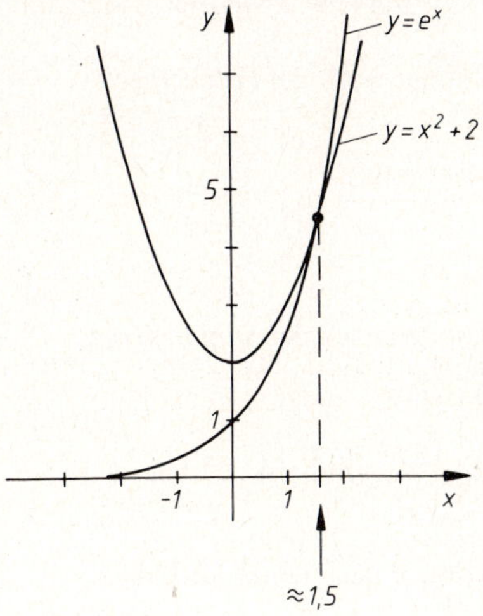

Bild IV-44
Graphische Ermittlung einer Näherungslösung der Gleichung $x^2 + 2 = e^x$

Dieser Wert ist als Startwert *geeignet:*

$$f(x) = x^2 + 2 - e^x \quad \Rightarrow \quad f(1{,}5) = -0{,}2317$$
$$f'(x) = 2x - e^x \quad \Rightarrow \quad f'(1{,}5) = -1{,}4817$$
$$f''(x) = 2 - e^x \quad \Rightarrow \quad f''(1{,}5) = -2{,}4817$$

$$\left| \frac{f(1{,}5) \cdot f''(1{,}5)}{[f'(1{,}5)]^2} \right| = \left| \frac{(-0{,}2317) \cdot (-2{,}4817)}{(-1{,}4817)^2} \right| = 0{,}2619 < 1$$

Mit der Iterationsvorschrift (IV-88) berechnen wir die ersten *Näherungswerte:*

n	x_{n-1}	$f(x_{n-1})$	$f'(x_{n-1})$	x_n
1	1,5	−0,2317	−1,4817	1,3436
2	1,3436	−0,0276	−1,1456	1,3195
3	1,3195	−0,0005	−1,1026	1,3190
4	1,3190	+0,0000	—	—

Die *einzige* Lösung der *transzendenten* Gleichung $x^2 + 2 = e^x$ liegt daher bei $x_1 = 1{,}3190$. ∎

Übungsaufgaben

1) Berechnen Sie auf dem *direkten* Wege über den *Differenzenquotienten* die Ableitung der Funktion $f(x) = x^3$

a) an der Stelle $x_0 = 1$ b) an der Stelle x_0

2) Differenzieren Sie die folgenden Funktionen nach der *Potenzregel:*

a) $y = 4x^5$ b) $y = 2 \cdot x^{a+1}$ c) $y = \sqrt[4]{x^3}$

d) $y = \dfrac{x^2}{\sqrt[3]{x}}$ e) $y = \sqrt[3]{x^4}$ f) $y = x^{\frac{1}{2}}$

3) Differenzieren Sie die folgenden Funktionen nach der *Summenregel:*

a) $y = -10x^4 + 2x^3 - 2$ b) $z(t) = a \cdot \cos t - t^2 + e^t + 1$

c) $y = \dfrac{10}{x^3} - 3 \cdot \lg x + \tan x$ d) $y = 4 \cdot \sqrt[3]{x^5} - 4 \cdot e^x + \sin x$

4) Differenzieren Sie die folgenden Funktionen nach der *Produktregel:*

a) $y = (4x^3 - 2x + 1)(x^2 - 2x + 5)$ b) $y = \tan^2 x$

c) $y = \sin x \cdot \cos x$ d) $y = (3x + 5x^2 - 1)^2$ e) $y = 2x \cdot \ln x$

f) $y = e^t \cdot \cos t$ g) $y = x^n \cdot e^x$ h) $y = \ln x \cdot \cosh x$

i) $y = x^2 \cdot \arcsin x$ j) $y = 2x \cdot e^x \cdot \cos x$

5) Differenzieren Sie die folgenden Funktionen nach der *Quotientenregel:*

a) $y = \dfrac{5x^5 - 6x^2 + 1}{x^2 + 2x + 1}$ b) $y = \dfrac{10x}{x^2 + 1}$ c) $y = \dfrac{\ln x}{x^2}$

d) $y = \dfrac{2x^3 - 6x^2 + x - 3}{x^3 - 5x}$ e) $y = e^{-x} \cdot \ln x$ f) $y = \dfrac{x^{1/2} - x^2}{x^2 + 1}$

g) $y = \cot x = \dfrac{\cos x}{\sin x}$ h) $y = \tanh x = \dfrac{\sinh x}{\cosh x}$ i) $y = \dfrac{1 + \cos x}{1 - \sin x}$

j) $y = \dfrac{\arctan x}{e^x}$ k) $y = \dfrac{\ln x}{x}$

6) Differenzieren Sie die folgenden Funktionen nach der *Kettenregel:*

a) $y = 5\,(4\,x^3 - x^2 + 1)^5$
b) $y = \dfrac{10}{x^3 - 2\,x + 5}$
c) $y = \sin\,(x + 2)$
d) $y = 2 \cdot \cos\,(10\,t - \pi/3)$
e) $y = 3 \cdot e^{-4x}$
f) $y = \sin^2\,(2\,x - 4)$
g) $y = 2 \cdot \ln\,(x^3 - 2\,x)$
h) $y = e^{x^2 - 2x + 5}$
i) $y = \arccos \sqrt{x^2 - 1}$
j) $y = \arctan\,(x^2 + 1)$
k) $y = \sqrt[3]{(x^2 - 4\,x + 10)^2}$
l) $y = (x^3 - 4\,x + 5)^{-5/3}$
m) $y = 5 \cdot \cos\,(x^2 + 2\,x - 1)^2$
n) $y = \ln\,|\cos x|$

7) Differenzieren Sie die folgenden Funktionen unter Verwendung der *Kettenregel:*

a) $y = e^{-2t} \cdot \cos t$
b) $u = e^{x \cdot \sin x}$
c) $y = (x^2 - 1)^2 \cdot (x + 5)^3$
d) $y = (2\,x^2 - 4\,x + 5) \cdot \sin\,(2\,x)$
e) $y = e^{2x} \cdot \arcsin\,(x - 1)$
f) $z = (2 - 3\,t) \cdot e^{-5t}$
g) $y = x \cdot \ln\,(x + e^x)^2$
h) $y = 4^{x \cdot \ln x}$
i) $y = \sin\,(x^2 + 1) \cdot \cos\,(4\,x)$
j) $y = 4 \cdot \cos\,(x - 4) + \sin\,(2\,x + 3)$
k) $y = \ln \dfrac{1}{x^2} + \ln \dfrac{x + 4}{x}$
l) $y = \ln\,(\tanh t)$
m) $y = \left(\dfrac{1 + x}{x}\right)^n$
n) $y = 2\,x \cdot \sqrt{x^2 - 1}$
o) $y = \sqrt{\sin x}$
p) $y\,(t) = A \cdot e^{-at} + B \cdot e^{-bt}$
q) $y = A \cdot \sin\,(\omega t + \varphi)$

8) Bestimmen Sie die jeweiligen Kurvenpunkte mit *waagerechter* Tangente:

a) $y = 5 \cdot e^{-x^2}$
b) $y = 3\,(x - 2)^2\,(x - 1)$
c) $y = \sin x \cdot \cos x$
d) $y = [1 - e^{-x+2}]^2$
e) $y = 4\,x^3 - 6\,x^2 - 9\,x$

9) In welchen Punkten der Kurve mit der Funktionsgleichung $y = \frac{1}{3}x^3 - x$ verlaufen die Tangenten *parallel* zur Geraden $y = \frac{1}{4}x - 2$?

10) Bestimmen Sie für die folgenden Funktionen diejenigen Kurvenpunkte, in denen die Tangenten *parallel* zur x-Achse verlaufen:

a) $y = x \cdot e^{-x^2}$ b) $y = 5 + 3x^2 - \frac{1}{2}x^4$

11) Bestimmen Sie den auf der Kurve $y = 2 \cdot e^{3t}$ gelegenen Punkt, dessen Tangente mit der positiven t-Achse einen Winkel von $30°$ bildet.

12) Bilden Sie die 1. Ableitung der nachstehenden Funktionen durch *logarithmische Differentiation:*

a) $y = x^{\cos x}$ b) $y = e^{x \cdot \cos x}$

13) Beweisen Sie die *Potenzregel* mit Hilfe der *logarithmischen Differentiation.* Hinweis: $y = x^n$ logarithmieren, dann differenzieren.

14) Bilden Sie die 1. Ableitung über die jeweilige *Umkehrfunktion:*

a) $y = \arcsin x$ b) $y = \sqrt{x+1}$ c) $y = \ln x$

15) Durch *implizite Differentiation* gewinne man die Ableitung $y' = \frac{dy}{dx}$ der folgenden Funktionen:

a) *Kreis:* $x^2 + y^2 = r^2$

b) *Ellipse:* $b^2 x^2 + a^2 y^2 = a^2 b^2$

c) *Kardioide:* $(x^2 + y^2)^2 - 2x(x^2 + y^2) = y^2$

d) $x^2 = y^3$ e) $y^3 - 2xy^2 = \frac{1}{x}$

16) Bestimmen Sie durch *implizite Differentiation* den Anstieg der Kreistangente im Punkte $P_0 = (4; y_0 > 0)$ des Kreises $(x-2)^2 + (y-1)^2 = 25$.

17) Differenzieren Sie die folgenden Funktionen *zweimal:*

a) $y = e^{-0,8\,t} \cdot \cos t$ b) $y = x^3 \cdot \ln x - x \cdot \arctan x$

c) $y = \dfrac{x^2}{1 + x^2}$ d) $y = A \cdot \sin(\omega t + \varphi)$

e) $y = 4^{x \cdot \sin x}$ f) $y = \dfrac{(x-2)(x+5)}{x^3 + x^2 - 2}$

18) Bilden Sie die jeweils verlangte *höhere* Ableitung:

a) $y = e^{-2t} \cdot \sin(4\,t + 5), \quad \dddot{y}(0) = ?$

b) $y = x \cdot \ln x, \quad y'''(x) = ?, \quad y'''(1) = ?$

c) $y = \left(\dfrac{x-1}{x+1}\right)^2, \quad y'(0) = ?, \quad y''(0) = ?, \quad y'''(0) = ?$

19) Bilden Sie den 1. Differentialquotienten $\dfrac{dy}{dx} = y'$ für die folgenden in der *Parameterform* dargestellten Funktionen:

a) $x = \sqrt{t}, \quad y = \sqrt{t+1}, \quad t \geqslant 0, \quad y'(t_0 = 1) = ?$

b) *Astroide:* $x = \cos^3 t, \quad y = \sin^3 t, \quad -\infty < t < \infty$

c) $x = \arcsin t, \quad y = t^2, \quad -1 < t < 1$

d) $x = t^2, \quad y = t^3, \quad -\infty < t < \infty, \quad y'(t_0 = 3) = ?$

20) Die *Ellipse* besitzt die Parameterdarstellung $x = a \cdot \cos t,\ y = b \cdot \sin t,\ 0 \leqslant t < 2\pi$. Bestimmen Sie den Anstieg der zum Parameterwert $t_1 = \pi/4$ gehörenden Ellipsentangente. Wo besitzt die Ellipse *waagerechte* bzw. *vertikale* Tangenten?

21) Die durch die Parameterdarstellung

$$x = \frac{t^2 - 1}{t^2 + 1}, \quad y = \frac{t\,(t^2 - 1)}{t^2 + 1}, \quad -\infty < t < \infty$$

definierte Kurve heißt *Strophoide.* Bestimmen Sie die Kurvenpunkte mit *waagerechter* bzw. *vertikaler* Tangente und skizzieren Sie den Kurvenverlauf.

22) Bilden Sie die 1. Ableitung $y' = \dfrac{dy}{dx}$ der nachstehenden in *Polarkoordinaten* dargestellten Funktionen:

a) $r = e^{\varphi}$ b) $r = e^{\varphi} \cdot \sin \varphi$ c) $r = \dfrac{1}{\varphi}$

23) Bestimmen Sie die *waagerechten* und *vertikalen* Tangenten der in *Polarkoordinaten* dargestellten *Lemniskate* $r = \sqrt{\cos(2\,\varphi)}$ und skizzieren Sie den Funktionsverlauf.

24) Für die *logarithmische Spirale* $r = e^{\varphi}$ bestimme man alle im Intervall $0 \leqslant \varphi \leqslant 2\pi$ gelegenen Punkte mit *waagerechter* bzw. *vertikaler* Tangente.

25) Ein Massenpunkt bewege sich nach der Weg-Zeit-Funktion $s(t) = 1{,}8\ \text{ms}^{-2} \cdot t^2 + 4\ \text{ms}^{-1} \cdot t + 10\ \text{m}$. Berechnen Sie Weg s, Geschwindigkeit v und Beschleunigung a nach $t = 10\ \text{s}$.

26) Die *gedämpfte Schwingung* eines Federpendels werde durch die Gleichung $y(t) = 2 \cdot e^{-0{,}1\,t} \cdot \sin(4\,t)$ beschrieben. Berechnen Sie Auslenkung y, Geschwindigkeit v und Beschleunigung a zur Zeit $t = 3$ (in willkürlichen Einheiten).

27) Eine *mechanische Schwingung* unterliege dem Weg-Zeit-Gesetz $y(t) = 10\ \text{cm} \cdot \cos(2\ \text{s}^{-1} \cdot t - \pi/3)$. Bestimmen Sie die Geschwindigkeit-Zeit-Funktion $v = v(t)$ und die Beschleunigung-Zeit-Funktion $a = a(t)$ und berechnen Sie ihre Werte nach 3,2 s.

28) Bestimmen Sie die *Tangenten-* und *Normalengleichung* für:

a) $y = 10\,(1 - e^{-0{,}2\,t})$ in $t_0 = 2$

b) $y = \sqrt{16 - x^2}$ in $x_0 = 1{,}2$

c) $y = 4 \cdot \ln(x^2 - 4\,x + 3)$ in $x_0 = 4$

29) *Zeigen Sie:* Die an der Stelle $t_0 = 0$ errichtete Kurventangente von $y = A \cdot (1 - e^{-t/T})$ schneidet die Asymptote $y = A$ an der Stelle $t_1 = T$.

30) *Linearisieren* Sie die folgenden Funktionen in der Umgebung des jeweils genannten Kurvenpunktes:

a) $y = \sqrt{1 + x^4}, \quad x_0 = 1$

b) $y = 3 \cdot \ln(1 + 3\,x^5), \quad x_0 = 3$

c) $r = 2 \cdot \cos\varphi, \quad \varphi_0 = \dfrac{\pi}{4}$

31) Die Funktion $y = \ln x$ ist in der unmittelbaren Umgebung von $x_0 = 5$ zu *linearisieren,* d.h. durch die dortige Kurventangente zu ersetzen. Berechnen Sie mit dieser Näherungsfunktion die Funktionswerte an den Stellen $x_1 = 4{,}8$ und $x_2 = 5{,}3$ und vergleichen Sie das Ergebnis mit den *exakten* Werten.

32) Wie lautet die Gleichung der Tangente, die vom Punkte $A = (-1; 0)$ aus an den Funktionsgraphen von $y = \sqrt{x}$ gelegt wird?

33) Zeigen Sie, daß die Funktion $V(r) = -D\left(\dfrac{2a}{r} - \dfrac{a^2}{r^2}\right)$, $r > 0$ an der Stelle $r_0 = a$ ein *relatives* (und sogar *absolutes*) *Minimum* besitzt (a und D sind *positive* Konstanten).

34) Wo besitzen die folgenden Funktionen *relative Extremwerte*?

a) $y = -8x^3 + 12x^2 + 18x$

b) $z = t^4 - 8t^2 + 16$

c) $u = \sqrt{1+z} + \sqrt{1-z}$

d) $y = x \cdot e^{-x}$

e) $y = \sin x \cdot \cos x$

f) $y = \dfrac{2x - 2x^2}{x^2 - x - 6}$

35) Es ist zu zeigen, daß die Funktion

$y = x^6 - 16x^5 + 105x^4 - 360x^3 + 675x^2 - 648x + 243$

an der Stelle $x_1 = 3$ einen *Sattelpunkt* besitzt.

36) Zeigen Sie, daß bei den vier *trigonometrischen* Funktionen die *Wendepunkte* mit den *Nullstellen* zusammenfallen und berechnen Sie die Steigung der Wendetangenten.

37) Ein Balken auf zwei Stützen (Stützweite l) hat bei gleichmäßig verteilter Last q im Abstand x vom linken Auflager das *Biegemoment*

$$M(x) = \frac{q}{2}(l - x)x, \qquad 0 \leqslant x \leqslant l.$$

An welcher Stelle ist das Biegemoment am *größten*?

38) Die Bremskraft einer *Wirbelstromscheibenbremse* ist durch

$$K(v) = \frac{a^2 v}{v^2 + b^2}$$

als Funktion der Umfangsgeschwindigkeit v gegeben (a, b: Konstanten).

a) Bei welcher Umfangsgeschwindigkeit ist die Bremskraft am größten?
b) Wie groß ist dann die Bremskraft?

39) Die *Leistungsaufnahme* eines Verbrauchers vom Widerstand R, der durch eine Zweipolquelle (Innenwiderstand R_i; Quellspannung U_0) gespeist wird, beträgt

$$P(R) = U_0^2 \frac{R}{(R + R_i)^2}$$

Zeige, daß der Verbraucherwiderstand R die *größtmögliche* Leistung aufnimmt, wenn $R = R_i$ gewählt wird (sog. *Leistungsanpassung*).

40) Einem Kreis vom Radius R soll ein Rechteck mit *größtem Flächenmoment* $I_a = \dfrac{1}{12} a b^3$ einbeschrieben werden.

Hinweis: Das Flächenmoment ist bezogen auf eine zur Rechtecksseite a parallele, durch den Flächenschwerpunkt verlaufende Bezugsachse.

41) Wie ist der rechteckige Querschnitt eines Kanals zu dimensionieren, damit der Materialverbrauch am *kleinsten* wird?
(Querschnittsfläche des Kanals: $A = 4\ \text{m}^2$).

42) Einer Kugel vom Radius $R = 2$ m ist ein senkrechter Kreiszylinder *größten* Volumens einzubeschreiben.

43) Zwei Massenpunkte A und B bewegen sich längs der beiden Koordinatenachsen gleichförmig mit den Geschwindigkeiten $v_A = 0{,}5$ m/s bzw. $v_B = 0{,}6$ m/s in Richtung Koordinatenursprung. Zu Beginn ($t = 0$ s) befinden sie sich an den Orten $x(0) = 15$ m bzw. $y(0) = 12$ m. Nach welcher Zeit ist ihr gegenseitiger Abstand am *kleinsten*?

44) Unter sämtlichen Kreiszylindern vom Rauminhalt $V = 1000\ \text{cm}^3$ ist derjenige mit *minimaler* Gesamtoberfläche zu bestimmen.

45) Diskutieren Sie unter Verwendung der Hilfsmittel der Differentialrechnung den Verlauf der folgenden Funktionen:

a) $y = \dfrac{x^2 + 1}{x - 3}$ b) $y = \dfrac{(x-1)^2}{x+1}$ c) $y = \dfrac{1}{2}x + \sqrt{9 - x^2}$

d) $y = \dfrac{\ln x}{x}$ e) $y = \sin^2 x$ f) $y = \sin x + \cos x$

g) $y = (1 - e^{-2x})^2$

46) Diskutieren Sie den Verlauf der folgenden *aperiodischen Schwingungen:*

a) $y = 4\,(e^{-t} - e^{-3t}), \quad t \geqslant 0$

b) $y = 5\,(1 - 3t) \cdot e^{-2t}, \quad t \geqslant 0$

47) Eine Parabel 3. Ordnung vom Typ $y = ax^3 + bx^2 + cx + d$ geht durch den Koordinatenursprung und besitzt in $(1; -2)$ einen *Wendepunkt*! Die *Wendetangente* schneidet dabei die x-Achse an der Stelle $x_1 = 2$. Bestimmen Sie aus diesen Funktionseigenschaften die vier Koeffizienten a, b, c und d.

48) Bestimmen Sie nach dem *Tangentenverfahren von Newton* sämtliche (reellen) Lösungen der folgenden Gleichungen mit einer Genauigkeit von *vier* Dezimalstellen:

a) $x^2 - 2 \cdot \cos x = 0$ b) $\ln \sqrt{x} = 4 \cdot e^{-0{,}3x}$

c) $u^3 = 1{,}5\,u + 1$ d) $x \cdot e^{-x} = -0{,}5$

49) Bestimmen Sie nach dem *Newtonschen Tangentenverfahren* die im Intervall $\left(-\dfrac{\pi}{2}; \dfrac{\pi}{2}\right)$ liegenden Lösungen der Gleichung $\tan x = x + 2$.

V Integralrechnung

1 Problemstellung: Integration als Umkehrung der Differentiation

Das *Grundproblem* der in Kapitel IV behandelten Differentialrechnung besteht in der Bestimmung der *Ableitung* einer vorgegebenen Funktion $y = f(x)$. Dieser Vorgang wird als *Differentiation* bezeichnet und läßt sich schematisch wie folgt darstellen:

$$y = f(x) \xrightarrow{\text{Differentiation}} y' = f'(x) \qquad \text{(V-1)}$$

In den naturwissenschaftlich-technischen Anwendungen stellt aber auch häufig das *umgekehrte* Problem: von einer zunächst *unbekannten* Funktion ist die *Ableitung* $y' = f'(x)$ bekannt und die Funktion selbst ist zu bestimmen. *Die Aufgabe besteht also darin, von der gegebenen Ableitung auf die Funktion zu schließen:*

$$y' = f'(x) \longrightarrow y = f(x)$$

Ein solches Problem kommt häufig in der *Mechanik* vor, wenn beispielsweise von der Bewegung eines Massenpunktes das *Geschwindigkeits-Zeit-Gesetz* $v = v(t)$ bekannt ist und das *Weg-Zeit-Gesetz* $s = s(t)$ ermittelt werden soll. Denn bekanntlich ist die Geschwindigkeit v die *1. Ableitung* des Weges nach der Zeit : $v = \dot{s}$ (s. hierzu Abschnitt IV.2.13.1).

■ **Beispiele**

(1) *Gegeben:* $y' = 1$

Gesucht: *Sämtliche* Funktionen $y = f(x)$ mit $y' = 1$

Lösung:

Jede lineare Funktion vom Typ $y = x + C$ (*parallele Geradenschar,* vgl. Bild V-1) ist wegen

$$y' = \frac{d}{dx}(x + C) = 1$$

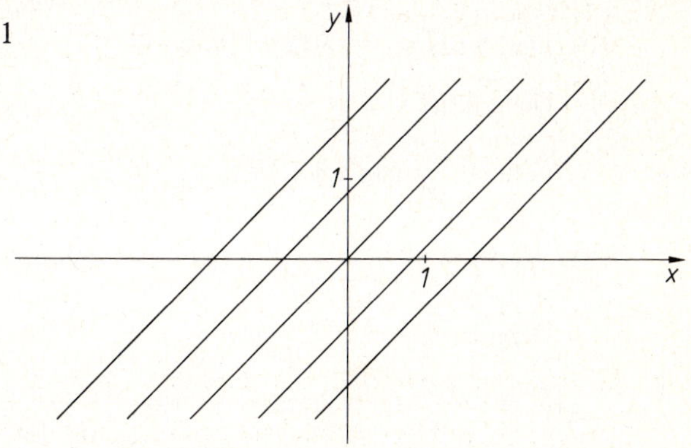

Bild V-1
Geradenschar $y = x + C$

eine Lösung der gestellten Aufgabe (C: beliebige reelle Zahl). Für *jeden* Wert des Parameters C erhält man genau *eine* Gerade.

(2) *Gegeben:* $y' = 2x$

Gesucht: *Sämtliche* Funktionen $y = f(x)$ mit der 1. Ableitung $y' = 2x$

Lösung:

$y = x^2 + C$ (*Parabelschar*, vgl. Bild V-2).

Denn für jedes (reelle) C ist

$$y' = \frac{d}{dx}(x^2 + C) = 2x$$

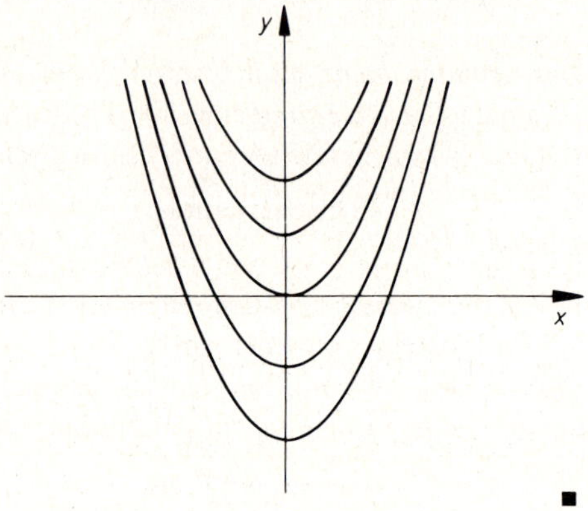

Bild V-2
Parabelschar $y = x^2 + C$

■

Wir führen noch folgende *Umbenennungen* ein:

$f(x)$: Vorgegebene *1. Ableitung* einer (zunächst unbekannten) Funktion

$F(x)$: *Jede* Funktion mit der 1. Ableitung $F'(x) = f(x)$. Sie werden als *Stammfunktionen* zu $f(x)$ bezeichnet.

> **Definition**: *Jede* Funktion $F(x)$ mit $F'(x) = f(x)$ heißt eine *Stammfunktion* zu $f(x)$.

■ **Beispiele**

(1) $f(x) = 2x \quad \Rightarrow \quad F(x) = x^2 + C$ (vgl. Bild V-2)

(2) $f(x) = \cos x \quad \Rightarrow \quad F(x) = \sin x + C$

Denn es ist:

$$F'(x) = \frac{d}{dx}(\sin x + C) = \cos x = f(x)$$

(3) $f(x) = e^x + \dfrac{1}{1 + x^2} \quad \Rightarrow \quad F(x) = e^x + \arctan x + C$

Denn es gilt:

$$F'(x) = \frac{d}{dx}(e^x + \arctan x + C) = e^x + \frac{1}{1 + x^2} = f(x)$$ ■

Anhand dieser Beispiele lassen sich die *wesentlichen Eigenschaften der Stammfunktionen* erkennen. Wir fassen sie wie folgt zusammen:

Eigenschaften der Stammfunktionen

1. Es gibt zu jeder *stetigen* Funktion $f(x)$ *unendlich* viele Stammfunktionen.
2. Zwei beliebige Stammfunktionen zu $f(x)$ unterscheiden sich durch eine additive Konstante:

$$F_1(x) - F_2(x) = \text{const.} \tag{V-2}$$

3. Ist $F_1(x)$ eine *beliebige* Stammfunktion zu $f(x)$, so ist auch $F_1(x) + C$ eine Stammfunktion zu $f(x)$. Daher läßt sich die *Gesamtheit aller Stammfunktionen* in der Form

$$F(x) = F_1(x) + C \tag{V-3}$$

darstellen (C ist eine *beliebige* reelle Konstante).

Der zum Auffinden *sämtlicher* Stammfunktionen führende Prozeß heißt *Integration:*

Definition: Das Aufsuchen *sämtlicher* Stammfunktionen $F(x)$ zu einer vorgegebenen Funktion $f(x)$ wird als *Integration* bezeichnet:

$$f(x) \xrightarrow{\text{Integration}} F(x) \quad \text{mit} \quad F'(x) = f(x) \tag{V-4}$$

Wir dürfen daher die Integration als Umkehrung der Differentiation auffassen: Während der *Differentiationsprozeß* aus einer vorgegebenen Funktion die *Ableitung* erzeugt, wird durch den Prozeß der *Integration* aus einer vorgegebenen Ableitungsfunktion die *Gesamtheit der Stammfunktionen* ermittelt.

2 Das Flächenproblem: das bestimmte Integral als Flächeninhalt

2.1 Darstellung des Flächenproblems anhand eines Beispiels

Wir stellen uns die Aufgabe, den *Flächeninhalt* zwischen der Parabel $y = f(x) = x^2$ und der x-Achse im Intervall $1 \leqslant x \leqslant 2$ zu berechnen (Bild V-3).

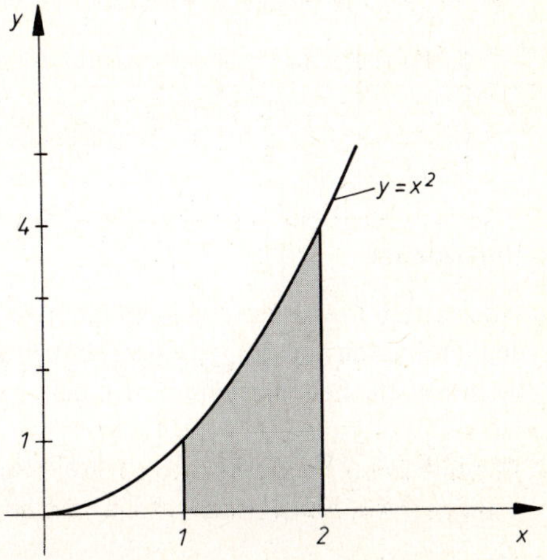

Bild V-3

Zur Darstellung des Flächenproblems: Bestimmung der Fläche zwischen der Parabel $y = x^2$ und der x-Achse im Intervall $1 \leqslant x \leqslant 2$

Dabei verfahren wir folgendermaßen:

(1) Das Flächenstück wird in eine große Anzahl (n) von *Streifen gleicher Breite* Δx zerlegt;

(2) Jeder Streifen wird dabei durch ein geeignetes *Rechteck* ersetzt;

(3) Der Flächeninhalt A ist dann *näherungsweise* gleich der Summe der Rechtecksflächen;

(4) Dabei gilt: *Je größer die Anzahl der Streifen, umso besser die Näherung*! Für den *Grenzübergang* $n \to \infty$ strebt die Summe der Rechtecksflächen gegen den Flächeninhalt A.

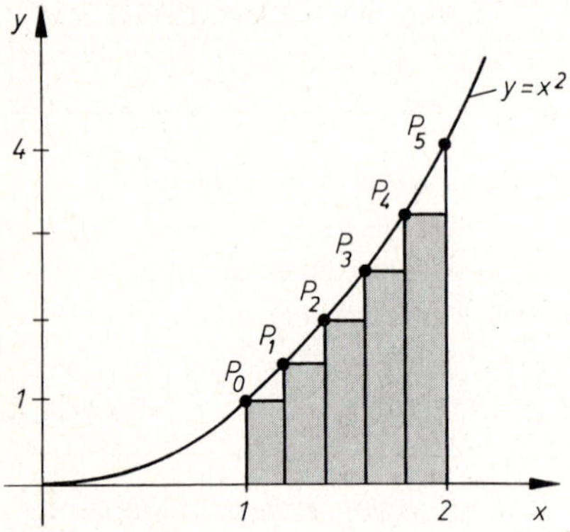

Bild V-4. Zum Begriff der Untersumme

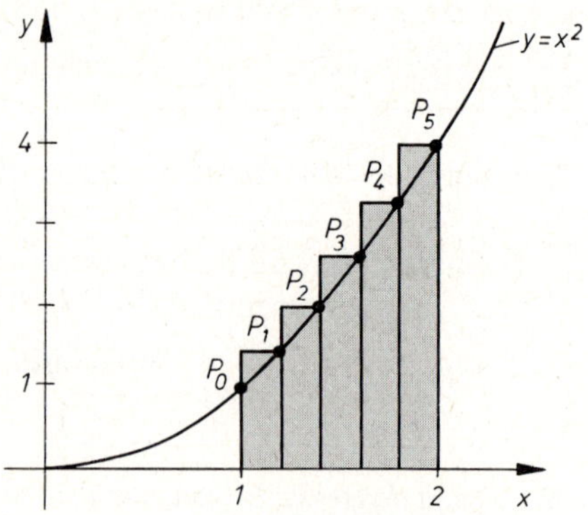

Bild V-5. Zum Begriff der Obersumme

Wir studieren nun das beschriebene Verfahren für eine Zerlegung in 5, 10 bzw. 20 Streifen.

Zerlegung in $n = 5$ Streifen

Streifenbreite: $\Delta x = 0{,}2$

Die Teilpunkte $P_0, P_1, \ldots, P_5$ auf der Parabel besitzen die folgenden Koordinaten (vgl. Bild V-4 und Bild V-5):

	P_0	P_1	P_2	P_3	P_4	P_5
x	1	1,2	1,4	1,6	1,8	2
y	1^2	$1{,}2^2$	$1{,}4^2$	$1{,}6^2$	$1{,}8^2$	2^2

Untersumme

Jeder Streifen wird durch ein zu *klein* ausfallendes Rechteck ersetzt (die Höhe entspricht dem Ordinatenwert im jeweiligen *linken* Randpunkt, vgl. Bild V-4). Die Summe dieser Rechtecksflächen bezeichnet man daher als *Untersumme* U_5. Es ist:

$$U_5 = 1^2 \cdot 0{,}2 + 1{,}2^2 \cdot 0{,}2 + 1{,}4^2 \cdot 0{,}2 + 1{,}6^2 \cdot 0{,}2 + 1{,}8^2 \cdot 0{,}2 = \\ = (1^2 + 1{,}2^2 + 1{,}4^2 + 1{,}6^2 + 1{,}8^2) \cdot 0{,}2 = 2{,}04 \qquad \text{(V-5)}$$

Obersumme

Jetzt ersetzen wir jeden Streifen durch ein zu *groß* ausfallendes Rechteck (als Höhe wählen wir den Ordinatenwert im jeweiligen *rechten* Randpunkt, vgl. Bild V-5). Die Summe dieser Rechtecksflächen heißt daher *Obersumme* O_5. Es ist:

$$O_5 = 1{,}2^2 \cdot 0{,}2 + 1{,}4^2 \cdot 0{,}2 + 1{,}6^2 \cdot 0{,}2 + 1{,}8^2 \cdot 0{,}2 + 2^2 \cdot 0{,}2 =$$
$$= (1{,}2^2 + 1{,}4^2 + 1{,}6^2 + 1{,}8^2 + 2^2) \cdot 0{,}2 = 2{,}64 \qquad \text{(V-6)}$$

Der gesuchte Flächeninhalt A liegt dabei *zwischen* Unter- und Obersumme:

$$U_5 \leqslant A \leqslant O_5, \quad \text{d.h.} \quad 2{,}04 \leqslant A \leqslant 2{,}64 \qquad \text{(V-7)}$$

Die Abweichung zwischen den beiden Summen beträgt 0,6, d.h. diese Näherung ist noch viel zu *grob.*

Zerlegung in $n = 10$ Streifen

Streifenbreite: $\Delta x = 0{,}1$

Für *Unter-* und *Obersumme* ergeben sich jetzt folgende Werte:

$$U_{10} = 1^2 \cdot 0{,}1 + 1{,}1^2 \cdot 0{,}1 + 1{,}2^2 \cdot 0{,}1 + \ldots + 1{,}9^2 \cdot 0{,}1 =$$
$$= (1^2 + 1{,}1^2 + 1{,}2^2 + \ldots + 1{,}9^2) \cdot 0{,}1 = 2{,}185 \qquad \text{(V-8)}$$

$$O_{10} = 1{,}1^2 \cdot 0{,}1 + 1{,}2^2 \cdot 0{,}1 + 1{,}3^2 \cdot 0{,}1 + \ldots + 2^2 \cdot 0{,}1 =$$
$$= (1{,}1^2 + 1{,}2^2 + 1{,}3^2 + \ldots + 2^2) \cdot 0{,}1 = 2{,}485 \qquad \text{(V-9)}$$

Es gilt dabei:

$$U_{10} \leqslant A \leqslant O_{10}, \quad \text{d.h.} \quad 2{,}185 \leqslant A \leqslant 2{,}485 \qquad \text{(V-10)}$$

Die Abweichung zwischen Ober- und Untersumme beträgt nur noch 0,3. Eine weitere Verbesserung erhält man durch abermalige Verdoppelung der Streifenanzahl.

Zerlegung in $n = 20$ Streifen

Streifenbreite: $\Delta x = 0{,}05$

$$U_{20} = (1^2 + 1{,}05^2 + 1{,}10^2 + \ldots + 1{,}95^2) \cdot 0{,}05 = 2{,}25875 \qquad \text{(V-11)}$$

$$O_{20} = (1{,}05^2 + 1{,}10^2 + 1{,}15^2 + \ldots + 2^2) \cdot 0{,}05 = 2{,}40875 \qquad \text{(V-12)}$$

$$U_{20} \leqslant A \leqslant O_{20}, \quad \text{d.h.} \quad 2{,}25875 \leqslant A \leqslant 2{,}40875 \qquad \text{(V-13)}$$

Die *Differenz* zwischen Ober- und Untersumme ist *kleiner* geworden und beträgt nur noch 0,15.

Grenzübergang für $n \to \infty$

Bei einer *Vergrößerung* der Streifenzahl n nehmen die Untersummen *zu* und die Obersummen *ab*, die *Differenz* zwischen Ober- und Untersumme wird dabei gleichzeitig *kleiner,* wie die folgenden Rechenergebnisse für Zerlegungen in 5, 10, 20, 50, 100 und 1000 Streifen deutlich zeigen:

n	5	10	20	50	100	1000
U_n	2,04	2,185	2,25875	2,3034	2,31835	2,3318335
O_n	2,64	2,485	2,40875	2,3634	2,34835	2,3348335
$O_n - U_n$	0,6	0,3	0,15	0,06	0,03	0,003

Bei *beliebig feiner Zerlegung*, d.h. für den *Grenzübergang* $n \to \infty$ streben Ober- und Untersumme gegen einen *gemeinsamen* Grenzwert, der *geometrisch* den gesuchten *Flächeninhalt A* darstellt. In unserem Beispiel ergibt sich dabei, wie wir später noch zeigen werden, der folgende Wert:

$$A = \lim_{n \to \infty} U_n = \lim_{n \to \infty} O_n = \frac{7}{3} = 2{,}3\overline{3}\ldots \qquad \text{(V-14)}$$

2.2 Das bestimmte Integral

Wir *verallgemeinern* nun das im vorangegangenen Abschnitt V.2.1 dargestellte *Flächenproblem*. Um zu einer möglichst *anschaulichen* Deutung des Integralbegriffes zu gelangen, setzen wir zunächst von der Funktion $y = f(x)$ voraus, daß sie überall im Intervall $a \leqslant x \leqslant b$ *stetig* ist, *monoton wächst* und *oberhalb* der x-Achse bleibt (Bild V-6).
Die Aufgabe besteht nun darin, den *Flächeninhalt A* zwischen der Kurve $y = f(x)$ und der x-Achse im Intervall $a \leqslant x \leqslant b$ zu berechnen. Dabei verfahren wir wie folgt:

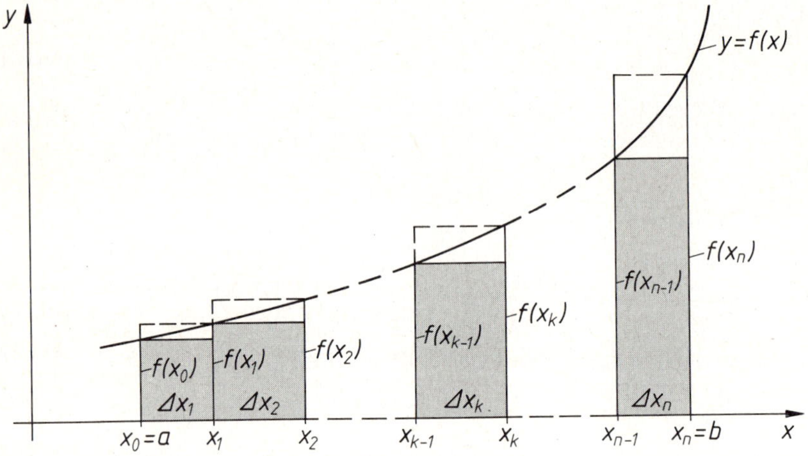

Bild V-6. Zum Flächenproblem der Integralrechnung

(1) Zunächst wird das zu berechnende Flächenstück in n Streifen zerlegt (Bild V-6). Die *Streifenbreiten* bezeichnen wir der Reihe nach mit $\Delta x_1, \Delta x_2, \ldots, \Delta x_n$.

(2) Jetzt ersetzen wir jeden Streifen durch ein *Rechteck*. Wählt man als Höhe des Rechtecks den jeweils *kleinsten* Funktionswert (Ordinate im *linken* Randpunkt), so besitzen die *grau* unterlegten Rechtecke der Reihe nach die folgenden Flächeninhalte:

$$\begin{aligned} \underline{A_1} &= f(x_0)\,\Delta x_1 \\ \underline{A_2} &= f(x_1)\,\Delta x_2 \\ &\vdots \\ \underline{A_k} &= f(x_{k-1})\,\Delta x_k \\ &\vdots \\ \underline{A_n} &= f(x_{n-1})\,\Delta x_n \end{aligned} \tag{V-15}$$

Der Flächeninhalt A ist dann gewiß *nicht kleiner* als die als *Untersumme* U_n bezeichnete Summe dieser Rechtecksflächen:

$$U_n = \underline{A_1} + \underline{A_2} + \ldots + \underline{A_n} = f(x_0)\,\Delta x_1 + f(x_1)\,\Delta x_2 + \ldots + f(x_{n-1})\,\Delta x_n =$$

$$= \sum_{k=1}^{n} f(x_{k-1})\,\Delta x_k \leqslant A \tag{V-16}$$

Wählt man jedoch als Höhe des Rechtecks den jeweils *größten* Funktionswert (Ordinate des *rechten* Randpunktes), so ist der Flächeninhalt dieser zu *groß* ausfallenden Rechtecke der Reihe nach

$$\begin{aligned} \overline{A_1} &= f(x_1)\,\Delta x_1 \\ \overline{A_2} &= f(x_2)\,\Delta x_2 \\ &\vdots \\ \overline{A_k} &= f(x_k)\,\Delta x_k \\ &\vdots \\ \overline{A_n} &= f(x_n)\,\Delta x_n \end{aligned} \tag{V-17}$$

Der Flächeninhalt A ist dann gewiß *nicht größer* als die als *Obersumme* O_n bezeichnete Summe dieser Rechtecksflächen:

$$O_n = \overline{A_1} + \overline{A_2} + \ldots + \overline{A_n} = f(x_1)\,\Delta x_1 + f(x_2)\,\Delta x_2 + \ldots + f(x_n)\,\Delta x_n =$$

$$= \sum_{k=1}^{n} f(x_k)\,\Delta x_k \geqslant A \tag{V-18}$$

Damit liegt die Fläche A *zwischen* Unter- und Obersumme:

$$U_n \leqslant A \leqslant O_n \tag{V-19}$$

(3) Mit *zunehmender Verfeinerung* der Zerlegung nehmen die Untersummen *zu*, die Obersummen jedoch *ab*. Beim Grenzübergang $n \to \infty$ streben Unter- und Obersumme gegen einen *gemeinsamen Grenzwert*, wenn *zugleich* die Breite Δx_k *sämtlicher* Streifen gegen Null geht. Diesen Grenzwert bezeichnet man als das *bestimmte*

Integral der Funktion $f(x)$ *in den Grenzen von* $x = a$ *bis* $x = b$ und schreibt dafür symbolisch:

$$\lim_{n \to \infty} U_n = \lim_{n \to \infty} O_n = \int_a^b f(x)\,dx \qquad \text{(V-20)}$$

In unserer *geometrischen* Betrachtungsweise bedeutet er den *Flächeninhalt* A zwischen der Kurve mit der Funktionsgleichung $y = f(x)$ und der x-Achse im Intervall $a \leqslant x \leqslant b$. Es gilt daher:

$$A = \lim_{n \to \infty} \sum_{k=1}^{n} f(x_k)\,\Delta x_k = \int_a^b f(x)\,dx \qquad \text{(V-21)}$$

Wir führen noch folgende, allgemein übliche Bezeichnungen ein:

x: *Integrationsvariable*

$f(x)$: *Integrandfunktion* (kurz: *Integrand*)

a: *Untere Integrationsgrenze*

b: *Obere Integrationsgrenze*

Definition: Der Grenzwert

$$\lim_{n \to \infty} \sum_{k=1}^{n} f(x_k)\,\Delta x_k \qquad \text{(V-22)}$$

heißt, falls er vorhanden ist, das *bestimmte Integral der Funktion* $f(x)$ *in den Grenzen von* $x = a$ *bis* $x = b$ und wird durch das Symbol

$\int_a^b f(x)\,dx$ gekennzeichnet.

Anmerkungen

(1) Der Grenzwert (V-22) ist *vorhanden*, wenn der Integrand $f(x)$ im Integrationsintervall $a \leqslant x \leqslant b$ *stetig* ist. Der Integralwert ist dabei *unabhängig* von der vorgenommenen Streifenzerlegung, sofern nur die Breite eines *jeden* Streifens gegen Null strebt ($\Delta x_k \to 0$ für $n \to \infty$).

(2) Wir weisen noch auf eine zwar nicht ganz präzise, dafür jedoch sehr *anschauliche* Interpretation der in der Integralrechnung verwendeten Symbolik hin: Der in Bild V-7 skizzierte *infinitesimal* schmale Streifen der Breite dx besitzt einen Flächeninhalt, der *näherungsweise* mit dem Flächeninhalt $dA = f(x)\,dx$ des eingezeichneten (*grau* unterlegten) rechteckigen *Flächenelementes* übereinstimmt. Deutet man noch das Integralzeichen $\int$ selbst als eine Art *verstümmeltes Summenzeichen*, so kann das bestimmte Integral $\int_a^b f(x)\,dx$ als *formale* Summe sämtlicher zwischen $x = a$ und $x = b$ gelegenen *infinitesimal schmalen* Streifenflächen aufgefaßt werden.

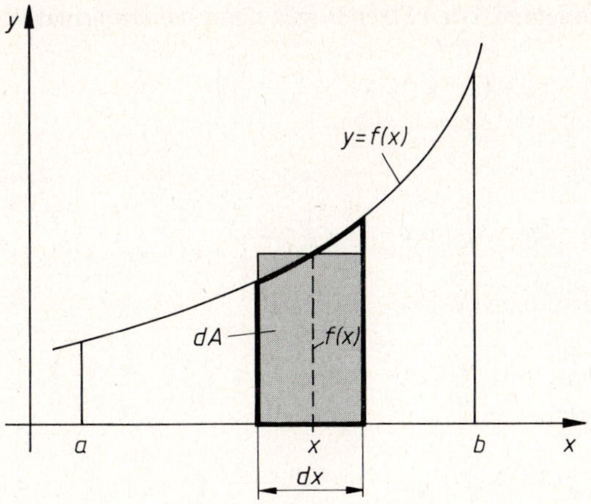

Bild V-7
Zur anschaulichen geometrischen Interpretation des bestimmten Integrals

■ **Beispiel**

Wir kehren zu dem Beispiel des vorangegangenen Abschnitts zurück und berechnen den Flächeninhalt zwischen der Parabel $y = f(x) = x^2$ und der x-Achse im Intervall $1 \leqslant x \leqslant 2$ als *Grenzwert der Obersumme* O_n. Da nach der obigen Anmerkung der Integralwert *unabhängig* von der Art der Zerlegung ist, wählen wir hier eine Unterteilung in Streifen *gleicher* Breite Δx (sog. *äquidistante* Zerlegung, Bild V-8).

Bei n Streifen beträgt die *Streifenbreite* $\Delta x = \frac{2-1}{n} = \frac{1}{n}$. Die Abszissenwerte der insgesamt $n + 1$ Teilpunkte sind der Reihe nach

$$x_0 = 1, \; x_1 = 1 + \Delta x, \ldots, x_k = 1 + k \cdot \Delta x, \ldots, x_n = 2 \,.$$

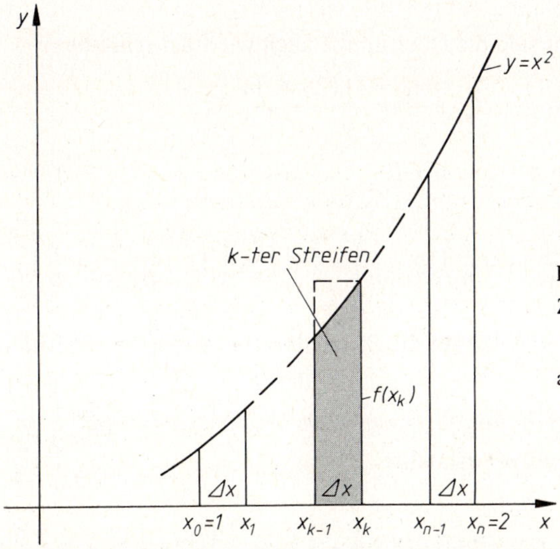

Bild V-8
Zur Berechnung des Integrals $\int_1^2 x^2 \, dx$ als Grenzwert der Obersumme

Für den in Bild V-8 *grau* unterlegten *k-ten Streifen* gilt dann *näherungsweise:*

Streifenhöhe: $f(x_k) = x_k^2 = (1 + k \cdot \Delta x)^2 = \left(1 + \frac{k}{n}\right)^2$

Streifenbreite: $\Delta x = \frac{1}{n}$

Streifenfläche: $f(x_k) \cdot \Delta x = x_k^2 \cdot \Delta x = (1 + k \cdot \Delta x)^2 \cdot \Delta x = \left(1 + \frac{k}{n}\right)^2 \cdot \frac{1}{n}$

Damit erhält man für die Obersumme (V-18):

$$O_n = \sum_{k=1}^{n} f(x_k)\,\Delta x = \sum_{k=1}^{n} \left(1 + \frac{k}{n}\right)^2 \cdot \frac{1}{n} = \sum_{k=1}^{n} \left(1 + \frac{2k}{n} + \frac{k^2}{n^2}\right) \cdot \frac{1}{n} =$$

$$= \sum_{k=1}^{n} \left(\frac{1}{n} + \frac{2k}{n^2} + \frac{k^2}{n^3}\right) = \sum_{k=1}^{n} \frac{1}{n} + \frac{2}{n^2} \cdot \sum_{k=1}^{n} k + \frac{1}{n^3} \cdot \sum_{k=1}^{n} k^2$$

Die dabei auftretenden endlichen Summen werden unter Verwendung der folgenden Formelausdrücke berechnet (s. Formelsammlung, Abschnitt I.3.4):

$$\sum_{k=1}^{n} \frac{1}{n} = \frac{1}{n} + \frac{1}{n} + \ldots + \frac{1}{n} = n \cdot \frac{1}{n} = 1$$

$$\sum_{k=1}^{n} k = 1 + 2 + 3 + \ldots + n = \frac{n(n+1)}{2}$$

$$\sum_{k=1}^{n} k^2 = 1^2 + 2^2 + 3^2 + \ldots + n^2 = \frac{n(n+1)(2n+1)}{6}$$

Mit diesen Ausdrücken läßt sich die Obersumme auch wie folgt schreiben:

$$O_n = 1 + \frac{2}{n^2} \cdot \frac{n(n+1)}{2} + \frac{1}{n^3} \cdot \frac{n(n+1)(2n+1)}{6} =$$

$$= 1 + \frac{n+1}{n} + \frac{1}{6} \cdot \frac{n+1}{n} \cdot \frac{2n+1}{n} =$$

$$= 1 + \left(1 + \frac{1}{n}\right) + \frac{1}{6}\left(1 + \frac{1}{n}\right)\left(2 + \frac{1}{n}\right) = 2 + \frac{1}{n} + \frac{1}{6}\left(1 + \frac{1}{n}\right)\left(2 + \frac{1}{n}\right)$$

Beim *Grenzübergang* $n \to \infty$ strebt die Streifenbreite $\Delta x = \frac{1}{n}$ gegen *Null* und die *Obersumme* O_n geht dabei *definitionsgemäß* in das *bestimmte Integral* $\int_1^2 x^2\,dx$ über, das den gesuchten *Flächeninhalt* darstellt:

$$A = \int_1^2 x^2\,dx = \lim_{n \to \infty} O_n = \lim_{n \to \infty} \left\{2 + \frac{1}{n} + \frac{1}{6}\left(1 + \frac{1}{n}\right)\left(2 + \frac{1}{n}\right)\right\} =$$

$$= 2 + 0 + \frac{1}{6} \cdot 1 \cdot 2 = 2 + \frac{1}{3} = \frac{7}{3}$$

■

2.3 Analytische Definition des bestimmten Integrals

Der *Integralbegriff* läßt sich auch *unabhängig von der geometrischen Anschauung* auf rein *analytischem* Wege definieren. Von der Funktion $y = f(x)$ wird dabei lediglich die *Stetigkeit* im Intervall $a \leqslant x \leqslant b$ vorausgesetzt.

Zum *allgemein-gültigen* Begriff des bestimmten Integrals gelangt man wie folgt:

(1) Zunächst wird das Intervall $a \leqslant x \leqslant b$ in n Teilintervalle mit den Längen Δx_1, $\Delta x_2, \ldots, \Delta x_k, \ldots, \Delta x_n$ zerlegt.

(2) Stellvertretend für alle Teilintervalle greifen wir *wahllos* das k-te Teilintervall heraus. In diesem wählen wir einen *beliebigen* x-Wert x_k aus, berechnen den Funktionswert $f(x_k)$ an dieser Stelle und bilden schließlich das Produkt $f(x_k)\,\Delta x_k$ (vgl. Bild V-9). Falls die Funktionskurve in diesem Teilintervall *oberhalb* der x-Achse verläuft, kann dieses Produkt als Näherungswert für den Flächeninhalt des k-ten Streifens gedeutet werden (im Bild *grau* unterlegt)! In den übrigen Teilintervallen gehen wir analog vor.

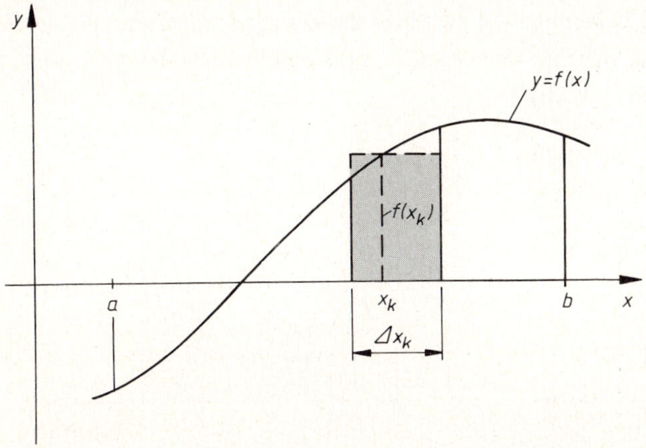

Bild V-9. Zur analytischen Definition des bestimmten Integrals

(3) Die Beiträge der n Teilintervalle werden aufsummiert und führen zur sog. *Zwischensumme*

$$Z_n = f(x_1)\,\Delta x_1 + f(x_2)\,\Delta x_2 + \ldots + f(x_n)\,\Delta x_n = \sum_{k=1}^{n} f(x_k)\,\Delta x_k \qquad \text{(V-23)}$$

Für $n \to \infty$ strebt diese Summe unter bestimmten Voraussetzungen gegen einen *Grenzwert,* der als *bestimmtes Integral von $f(x)$ in den Grenzen von $x = a$ bis $x = b$* bezeichnet wird. Die Voraussetzungen sind: $f(x)$ ist eine im Intervall $a \leqslant x \leqslant b$ *stetige* Funktion und mit $n \to \infty$ geht auch die Länge *sämtlicher* Teilintervalle gegen Null ($\Delta x_k \to 0$ für $n \to \infty$).

Definition: Unter dem *bestimmten Integral einer stetigen Funktion* $f(x)$ *in den Grenzen von* $x = a$ *bis* $x = b$ wird der *Grenzwert der Zwischensumme* Z_n aus Gleichung (V-23) für $n \to \infty$ verstanden.
Symbolische Schreibweise:

$$\int_a^b f(x)\,dx = \lim_{n \to \infty} Z_n = \lim_{n \to \infty} \sum_{k=1}^{n} f(x_k)\,\Delta x_k \qquad \text{(V-24)}$$

3 Unbestimmtes Integral und Flächenfunktion

Unter den in Abschnitt V.2.2 genannten Voraussetzungen repräsentiert das *bestimmte Integral* $\int_a^b f(t)\,dt$ den Flächeninhalt A zwischen der Kurve $y = f(t)$ und der t-Achse im Intervall $a \leqslant t \leqslant b$ (Bild V-10)[1].

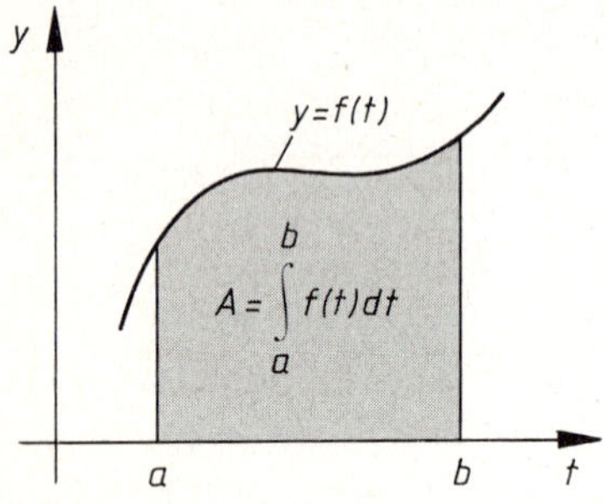

Bild V-10

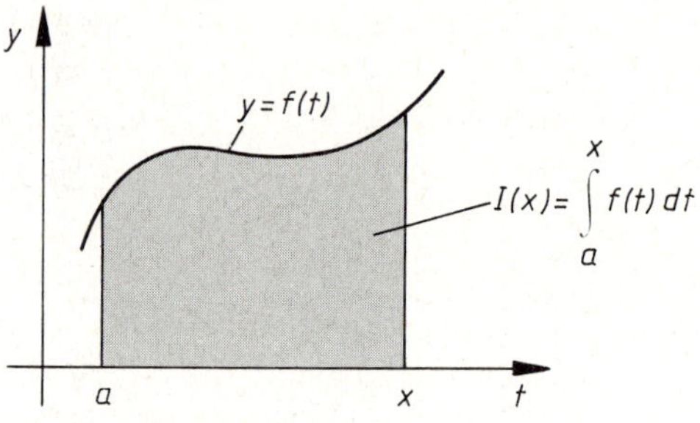

Bild V-11. Zum Begriff des unbestimmten Integrals (Flächenfunktion)

Betrachtet man in diesem Integral die *untere* Integrationsgrenze a als *fest*, die *obere* Integrationsgrenze b dagegen als *variabel*, so hängt der Integralwert nur noch von der *oberen* Grenze ab: *Der Integralwert ist daher eine Funktion der oberen Grenze.* Um auch nach außen hin zu dokumentieren, daß die obere Grenze *variabel* ist, ersetzen wir b durch x und erhalten die Funktion

$$I(x) = \int_a^x f(t)\,dt \qquad \text{(V-25)}$$

(vgl. Bild V-11). Sie wird als ein *unbestimmtes Integral von* $f(t)$ bezeichnet, da die obere Grenze *unbestimmt* (im Sinne von *variabel*) ist.

---

[1] Die *Kennzeichnung* der Integrationsvariablen ist *ohne* jede Bedeutung. Um im folgenden Mißverständnisse zu vermeiden, kennzeichnen wir in diesem Abschnitt die Integrationsvariable durch das Buchstabensymbol t (anstatt von x).

Geometrische Deutung des unbestimmten Integrals

Das *unbestimmte Integral* $I(x) = \int_a^x f(t)\,dt$ beschreibt den *Flächeninhalt* zwischen der Kurve $y = f(t)$ und der t-Achse im Intervall $a \leqslant t \leqslant x$ in Abhängigkeit von der oberen Grenze x und wird daher auch als *Flächenfunktion* bezeichnet (Bild V-11). Für *verschiedene* x-Werte erhält man i.a. *verschiedene* Flächeninhalte: Aus dem *unbestimmten* Integral wird dabei ein *bestimmtes* Integral (die obere Integrationsgrenze besitzt dann einen *festen* Wert). In Bild V-12 sind die Funktionswerte der Flächenfunktion $I(x)$ für zwei verschiedene obere Grenzen x_1 und x_2 geometrisch als Flächeninhalte dargestellt.

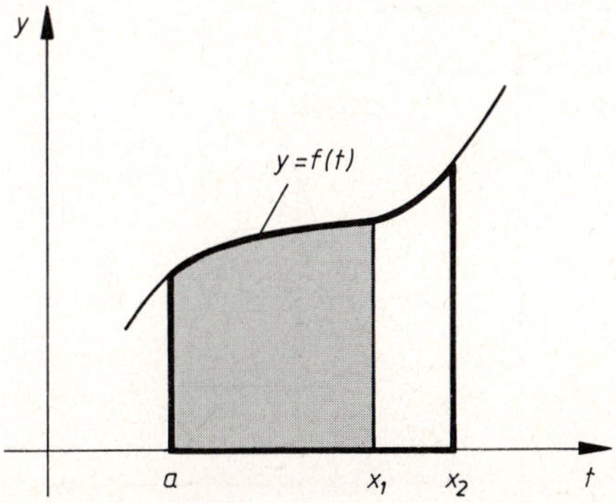

$I(x_1) = \int_a^{x_1} f(t)\,dt$: *Grau* unterlegte Fläche

$I(x_2) = \int_a^{x_2} f(t)\,dt$: *Stark umrandete* Fläche

Bild V-12
Das unbestimmte Integral als Funktion der oberen Integrationsgrenze

Wählt man als *untere* Grenze a^* (anstatt von a), so ist auch

$$I^*(x) = \int_{a^*}^{x} f(t)\,dt \qquad \text{(V-26)}$$

ein *unbestimmtes Integral* (eine *Flächenfunktion*) von $f(t)$. Zwischen $I(x)$ und $I^*(x)$ besteht dabei der folgende Zusammenhang (Bild V-13):

$$I(x) - I^*(x) = \int_a^x f(t)\,dt - \int_{a^*}^{x} f(t)\,dt = \int_a^{a^*} f(t)\,dt \qquad \text{(V-27)}$$

Die beiden Flächenfunktionen unterscheiden sich demnach durch das *bestimmte* Integral $\int_a^{a^*} f(t)\,dt$, d.h. durch eine *Konstante*. Ihr Wert ist nichts anderes als der Flächeninhalt zwischen Kurve und t-Achse im Intervall $a \leqslant t \leqslant a^*$ (*grau* unterlegte Fläche in Bild V-13). Damit können wir den folgenden Satz aussprechen:

Eigenschaften der unbestimmten Integrale

1. Das *unbestimmte* Integral $I(x) = \int_a^x f(t)\,dt$ repräsentiert den *Flächeninhalt* zwischen der Funktion $y = f(t)$ und der t-Achse im Intervall $a \leqslant t \leqslant x$ in Abhängigkeit von der *oberen Grenze* x;
2. Zu *jeder stetigen* Funktion $f(x)$ gibt es *unendlich* viele unbestimmte Integrale, die sich in ihrer *unteren Grenze* voneinander unterscheiden;
3. Die Differenz zweier unbestimmter Integrale ist eine *Konstante*.

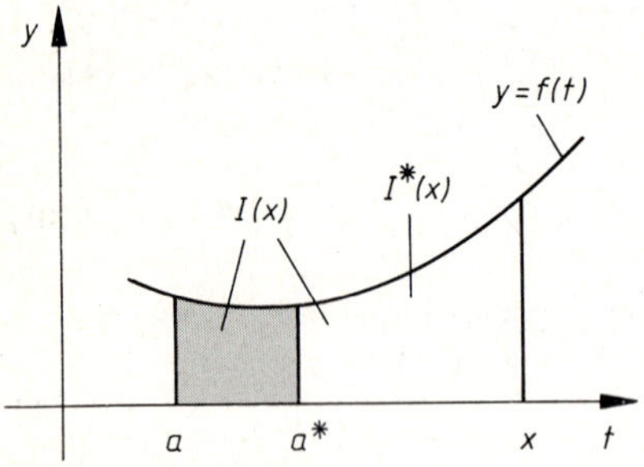

Bild V-13

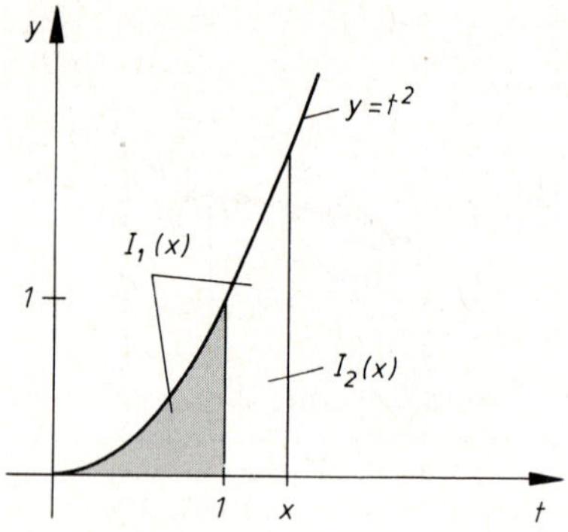

Bild V-14

■ **Beispiel**

$I_1(x) = \int_0^x t^2\,dt$ und $I_2(x) = \int_1^x t^2\,dt$ sind zwei *unbestimmte Integrale* von

$f(t) = t^2$ (Normalparabel) und repräsentieren die in Bild V-14 dargestellten Flächen.

Sie unterscheiden sich dabei durch das *bestimmte Integral* $\int_0^1 t^2\,dt$ (*grau* unterlegte Fläche in Bild V-14). ■

4 Der Fundamentalsatz der Differential- und Integralrechnung

Wird die *obere* Grenze x im unbestimmten Integral $I(x) = \int_a^x f(x)\,dx$ um Δx *vergrößert*, so wächst der Flächeninhalt nach Bild V-15 um

$$\Delta I = I(x + \Delta x) - I(x) \tag{V-28}$$

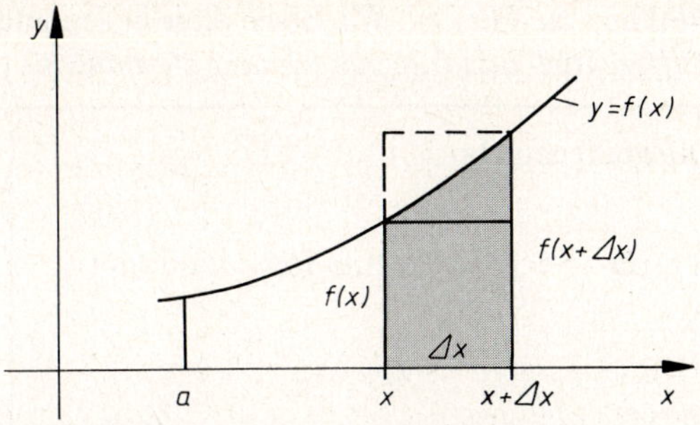

Bild V-15
Zur Herleitung des Fundamentalsatzes der Differential- und Integralrechnung

(*grau* unterlegte Fläche in Bild V-15)[2]). Dieser *Flächenzuwachs* liegt zwischen den Flächeninhalten der beiden eingezeichneten Rechtecke der Breite Δx. Das *kleinere* Rechteck besitzt die Höhe $f(x)$ und damit den Flächeninhalt $f(x)\,\Delta x$, das *größere* Rechteck die Höhe $f(x+\Delta x)$ und damit den Flächeninhalt $f(x+\Delta x)\,\Delta x$. Zwischen den drei Flächeninhalten besteht daher die Beziehung

$$f(x)\,\Delta x \leqslant \Delta I \leqslant f(x+\Delta x)\,\Delta x \qquad \text{(V-29)}$$

und nach Division durch Δx:

$$f(x) \leqslant \frac{\Delta I}{\Delta x} \leqslant f(x+\Delta x) \qquad \text{(V-30)}$$

Beim *Grenzübergang* $\Delta x \rightarrow 0$ bleibt die Ungleichung *erhalten:*

$$\lim_{\Delta x \to 0} f(x) \leqslant \lim_{\Delta x \to 0} \frac{\Delta I}{\Delta x} \leqslant \lim_{\Delta x \to 0} f(x+\Delta x) \qquad \text{(V-31)}$$

Der in der *Mitte* eingeschlossene Grenzwert ist dabei *definitionsgemäß* die *1. Ableitung* $I'(x)$ der Flächenfunktion $I(x)$, während die beiden äußeren Grenzwerte wegen der vorausgesetzten *Stetigkeit* von $f(x)$ gegen den Funktionswert $f(x)$ streben:

$$\lim_{\Delta x \to 0} \frac{\Delta I}{\Delta x} = I'(x) \qquad \text{(V-32)}$$

$$\lim_{\Delta x \to 0} f(x) = \lim_{\Delta x \to 0} f(x+\Delta x) = f(x) \qquad \text{(V-33)}$$

Damit erhält man die *Ungleichung*

$$f(x) \leqslant I'(x) \leqslant f(x) \qquad \text{(V-34)}$$

die nur bestehen kann, wenn

$$I'(x) = f(x) \qquad \text{(V-35)}$$

ist. Wir haben somit nachgewiesen, daß die 1. Ableitung eines unbestimmten Integrals $I(x) = \int_a^x f(x)\,dx$ zum Integranden $f(x)$ führt.

---

2) Wir lassen die unterschiedliche Kennzeichnung zwischen der *Integrationsvariablen* und der *oberen* Grenze *fallen.* Ferner nehmen wir der Einfachheit halber an, daß die Funktion $f(x)$ im gesamten Integrationsbereich *monoton wächst.*

Dies aber bedeutet, daß $I(x)$ eine Stammfunktion zu $f(x)$ ist. Wir fassen diese bedeutende Aussage in dem sog. *Fundamentalsatz der Differential- und Integralrechnung zusammen:*

Fundamentalsatz der Differential- und Integralrechnung

Jedes unbestimmte Integral $I(x) = \int_a^x f(x)\,dx$ von $f(x)$ ist eine *Stammfunktion* zu $f(x)$:

$$I(x) = \int_a^x f(x)\,dx \quad \Rightarrow \quad I'(x) = f(x) \qquad \text{(V-36)}$$

Wir ziehen noch einige *Folgerungen:*

(1) *Jedes* unbestimmte Integral $I(x)$ läßt sich in der Form

$$I(x) = \int_a^x f(x)\,dx = F(x) + C_1 \qquad \text{(V-37)}$$

darstellen, wobei $F(x)$ *irgendeine* Stammfunktion zu $f(x)$ und C_1 eine *geeignete* (reelle) Konstante bedeutet.

(2) Da es zu einer *stetigen* Funktion $f(x)$ *unendlich* viele unbestimmte Integrale gibt, kennzeichnet man diese *Funktionenschar* durch Weglassen der Integrationsgrenzen:

$\int f(x)\,dx$: *Menge sämtlicher unbestimmten Integrale von* $f(x)$

Sie ist in der Form

$$\int f(x)\,dx = F(x) + C \qquad (F'(x) = f(x)) \qquad \text{(V-38)}$$

darstellbar, wobei $F(x)$ *irgendeine* Stammfunktion zu $f(x)$ bedeutet und der Parameter C *alle reellen* Werte durchläuft. Die Konstante C heißt in diesem Zusammenhang auch *Integrationskonstante.*

■ **Beispiele**

(1) $\int (2x + 1)\,dx = ?$

Wir wissen: Es genügt, *irgendeine* Stammfunktion $F(x)$ zu $f(x) = 2x + 1$ zu finden. Die Funktion $F(x) = x^2 + x$ *erfüllt* diese Bedingung:

$$F'(x) = \frac{d}{dx}(x^2 + x) = 2x + 1 = f(x)$$

Daher gilt:

$$\int (2x + 1)\,dx = F(x) + C = x^2 + x + C$$

(2) $\int e^x \, dx = ?$

Eine Stammfunktion zum Integranden $f(x) = e^x$ ist $F(x) = e^x$:

$$F'(x) = \frac{d}{dx}(e^x) = e^x = f(x)$$

Daher ist

$$\int e^x \, dx = F(x) + C = e^x + C$$

die *Gesamtheit der unbestimmten Integrale zu* $f(x) = e^x$.

(3) $\int \frac{4}{1+x^2} \, dx = ?$

$F(x) = 4 \cdot \arctan x$ ist *eine* Stammfunktion des Integranden $f(x) = \frac{4}{1+x^2}$:

$$F'(x) = \frac{d}{dx}(4 \cdot \arctan x) = 4 \frac{1}{1+x^2} = \frac{4}{1+x^2} = f(x)$$

Daraus folgt:

$$\int \frac{4}{1+x^2} \, dx = F(x) + C = 4 \cdot \arctan x + C$$

(4) Aus einer *Integraltafel* entnehmen wir die folgende Integralformel:

$$\int \ln x \, dx = x \cdot \ln x - x + C$$

Wir *überprüfen* diese Formel und zeigen, daß die *Ableitung* der auf der rechten Seite stehenden Funktion zum Integranden $\ln x$ führt:

$$\frac{d}{dx}(x \cdot \ln x - x + C) = 1 \cdot \ln x + x \frac{1}{x} - 1 = \ln x + 1 - 1 = \ln x$$

Die Integralformel ist somit *richtig*. ■

5 Grund- oder Stammintegrale

In Abschnitt IV.1.3 wurden die *Ableitungen der elementaren Funktionen* in tabellarischer Form zusammengestellt. Die dortige Tabelle 1 enthält in der *linken* Spalte die *Funktionen* $f(x)$ und in der *rechten* Spalte die jeweilige *Ableitung* $f'(x)$. Nach dem *Fundamentalsatz der Differential- und Integralrechnung* gilt nun:

$$\int f'(x) \, dx = f(x) + C \tag{V-39}$$

So ist beispielsweise:

$$\int \cos x \, dx = \sin x + C$$
$$\int e^x \, dx = e^x + C \tag{V-40}$$

Mit anderen Worten: Die in der *linken* Spalte aufgeführte Funktion ist eine *Stammfunktion oder ein unbestimmtes Integral* der in der *rechten* Spalte stehenden Funktion. Die so erhaltenen Integrale heißen *Grund- oder Stammintegrale.* Wir haben sie in der nun folgenden Tabelle 1 zusammengetragen.

Tabelle 1: Grund- oder Stammintegrale $\int f(x)\,dx$

$$\int x^n\,dx = \frac{x^{n+1}}{n+1} + C \qquad (n \neq -1)$$

$$\int \frac{1}{x}\,dx = \ln|x| + C$$

$$\int e^x\,dx = e^x + C$$

$$\int a^x\,dx = \frac{a^x}{\ln a} + C$$

$$\int \sin x\,dx = -\cos x + C$$

$$\int \cos x\,dx = \sin x + C$$

$$\int \frac{1}{\cos^2 x}\,dx = \tan x + C$$

$$\int \frac{1}{\sin^2 x}\,dx = -\cot x + C$$

$$\int \frac{1}{\sqrt{1-x^2}}\,dx = \begin{cases} \arcsin x + C_1 \\ -\arccos x + C_2 \end{cases}$$

$$\int \frac{1}{1+x^2}\,dx = \begin{cases} \arctan x + C_1 \\ -\operatorname{arccot} x + C_2 \end{cases}$$

$$\int \sinh x\,dx = \cosh x + C$$

$$\int \cosh x\,dx = \sinh x + C$$

$$\int \frac{1}{\cosh^2 x}\,dx = \tanh x + C$$

$$\int \frac{1}{\sinh^2 x}\,dx = -\coth x + C$$

$$\int \frac{1}{\sqrt{x^2+1}}\,dx = \operatorname{arsinh} x + C = \ln\left|\,x + \sqrt{x^2+1}\,\right| + C$$

$$\int \frac{1}{\sqrt{x^2-1}}\,dx = \operatorname{arcosh} x + C = \ln|x + \sqrt{x^2-1}| + C \qquad (|x| > 1)$$

$$\int \frac{1}{1-x^2}\,dx = \begin{cases} \operatorname{artanh} x + C_1 = \frac{1}{2}\ln\frac{1+x}{1-x} + C_1 & \\ & \text{für} \\ \operatorname{arcoth} x + C_2 = \frac{1}{2}\ln\frac{x+1}{x-1} + C_2 & \end{cases} \quad \begin{matrix} |x| < 1 \\ \\ |x| > 1 \end{matrix}$$

6 Berechnung bestimmter Integrale unter Verwendung einer Stammfunktion

Zur Berechnung eines *bestimmten* Integrals $\int_a^b f(x)\,dx$ genügt die Kenntnis *einer beliebigen* Stammfunktion des Integranden. Zunächst betrachten wir das *unbestimmte* Integral $I(x) = \int_a^x f(x)\,dx$. Es ist bekanntlich in der Form

$$I(x) = \int_a^x f(x)\,dx = F(x) + C \tag{V-41}$$

darstellbar, wobei $F(x)$ *irgendeine* Stammfunktion zu $f(x)$ bedeutet ($F'(x) = f(x)$). Die Konstante C wird dabei aus der Gleichung

$$I(a) = \int_a^a f(x)\,dx = F(a) + C = 0 \tag{V-42}$$

zu $C = -F(a)$ bestimmt[3]. Somit ist:

$$I(x) = \int_a^x f(x)\,dx = F(x) - F(a) \tag{V-43}$$

Für $x = b$ erhält man hieraus den Wert des gesuchten *bestimmten* Integrals als *Differenz*

$$\int_a^b f(x)\,dx = F(b) - F(a) \tag{V-44}$$

Ein *bestimmtes* Integral wird daher nach dem folgenden Schema berechnet:

Berechnung eines bestimmten Integrals $\int_a^b f(x)\,dx$

Die Berechnung erfolgt in zwei Schritten:

1. Zunächst wird *irgendeine* Stammfunktion $F(x)$ zum Integranden $f(x)$ bestimmt;
2. Mit dieser Stammfunktion berechnet man die *Differenz* $F(b) - F(a)$. Dann ist:

$$\int_a^b f(x)\,dx = [F(x)]_a^b = F(b) - F(a) \tag{V-45}$$

Dabei ist $[F(x)]_a^b$ eine *verkürzte* (symbolische) Schreibweise für die Differenz $F(b) - F(a)$.

Anmerkung

Das Hauptproblem bei der *praktischen* Berechnung eines *bestimmten* Integrals liegt in der Bestimmung einer (beliebigen) *Stammfunktion* des Integranden. Gelingt dieses Vorhaben, so hat man das Integral in „*geschlossener Form*" dargestellt. In vielen Fällen ist dies jedoch *nicht* möglich. Man ist dann auf andere Verfahren (z.B. numerische Integrationsmethoden) angewiesen. In Abschnitt V.8 kommen wir auf dieses Problem ausführlich zurück.

---

3) Fallen die Integrationsgrenzen *zusammen*, so ist der Integralwert (Flächeninhalt!) gleich Null:

$$\int_a^a f(x)\,dx = 0$$

■ **Beispiele**

(1) $\int_1^2 (x^3 - 2x^2 + 5)\,dx = ?$

Eine *Stammfunktion* $F(x)$ läßt sich leicht unter Verwendung der *Potenzregel* $\int x^n\,dx = \frac{x^{n+1}}{n+1} + C$ bestimmen (wir setzen $C = 0$):

$$F(x) = \frac{1}{4}x^4 - \frac{2}{3}x^3 + 5x$$

Für den Integralwert erhält man dann nach Gleichung (V-45):

$$\int_1^2 (x^3 - 2x^2 + 5)\,dx = \left[\frac{1}{4}x^4 - \frac{2}{3}x^3 + 5x\right]_1^2 =$$

$$= \left(4 - \frac{16}{3} + 10\right) - \left(\frac{1}{4} - \frac{2}{3} + 5\right) = \frac{26}{3} - \frac{55}{12} = \frac{49}{12}$$

(2) Der *Flächeninhalt* unter der Sinuskurve $y = \sin x$ im Bereich der *ersten Halbperiode* läßt sich über das bestimmte Integral $A = \int_0^{\pi} \sin x\,dx$ berechnen (Bild V-16). Eine *Stammfunktion* des Integranden ist $F(x) = -\cos x$ ($F'(x) = \sin x = f(x)$). Daher gilt:

$$A = \int_0^{\pi} \sin x\,dx = [-\cos x]_0^{\pi} = (-\cos\pi) - (-\cos 0) = 1 - (-1) = 2$$

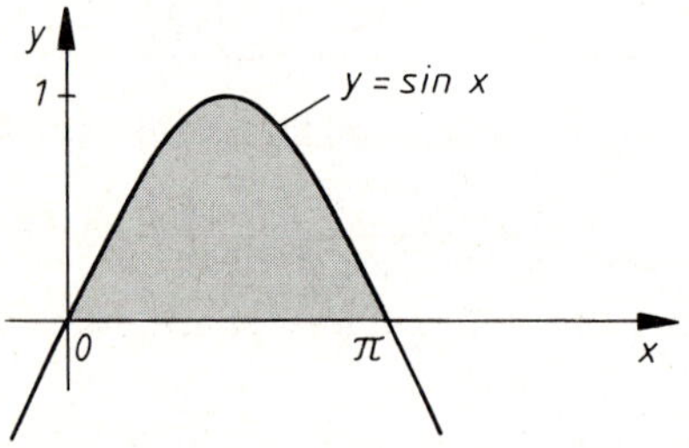

Bild V-16
Zur Berechnung der Fläche unter der Sinuskurve im Intervall $[0, \pi]$

(3) Die Stirnflächen eines Rohres der Länge l besitzen die (konstanten) Temperaturen T_1 bzw. T_2 (Bild V-17). Wie sieht die *Temperaturverteilung* $T(x)$ längs des Rohres aus, wenn die *2. Ableitung* $T''(x)$ dieser Funktion *verschwindet*?

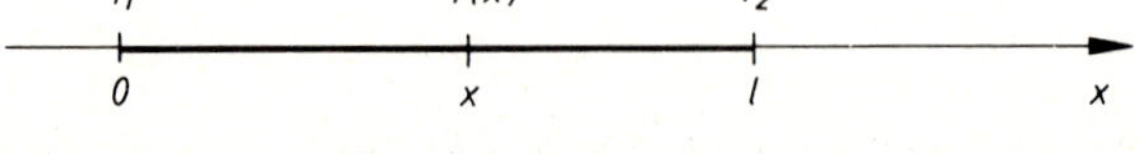

Bild V-17

Lösung:

Die *Temperaturverteilungsfunktion* $T(x)$ erhält man aus $T''(x) = 0$ durch *zweimalige* (unbestimmte) Integration:

$$T'(x) = \int T''(x)\,dx = \int 0\,dx = C_1$$

$$T(x) = \int T'(x)\,dx = \int C_1\,dx = C_1 x + C_2$$

Die beiden Integrationskonstanten C_1 und C_2 werden aus den vorgegebenen Temperaturwerten an den beiden Stirnflächen des Rohres folgendermaßen berechnet:

$$T(0) = T_1 \quad\Rightarrow\quad C_1 \cdot 0 + C_2 = T_1 \quad\Rightarrow\quad C_2 = T_1$$

$$T(x) = C_1 x + T_1$$

$$T(l) = T_2 \quad\Rightarrow\quad C_1 \cdot l + T_1 = T_2 \quad\Rightarrow\quad C_1 = \frac{T_2 - T_1}{l}$$

Die Temperaturverteilung $T(x)$ längs des Rohres verläuft *linear* nach der Funktion

$$T(x) = \frac{T_2 - T_1}{l}\,x + T_1\,, \qquad 0 \leqslant x \leqslant l \qquad \text{(Bild V-18).}$$

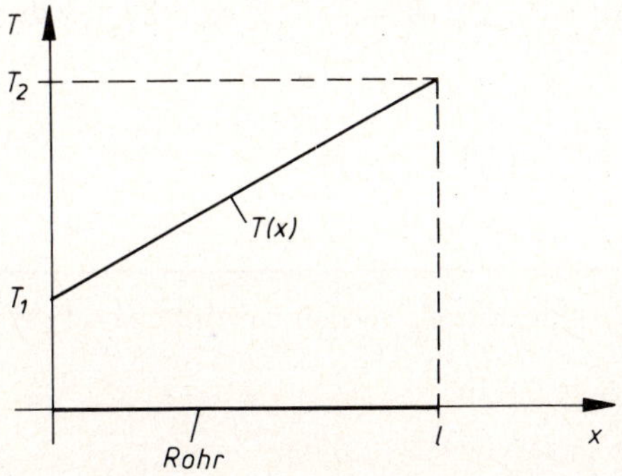

Bild V-18
Temperaturverteilung längs eines Rohres ($T_2 > T_1$)

■

7 Elementare Integrationsregeln

Für den Umgang mit *bestimmten* Integralen gelten bestimmte Rechenregeln, die wir im folgenden mitteilen. Sie ergeben sich unmittelbar aus der Definition des bestimmten Integrals als Grenzwert der Zwischensumme.

REGEL 1: Faktorregel

Ein *konstanter Faktor* darf *vor* das Integral gezogen werden:

$$\int_a^b C \cdot f(x)\,dx = C \cdot \int_a^b f(x)\,dx \qquad \text{(V-46)}$$

Anmerkung

Die *Faktorregel* gilt sinngemäß auch für *unbestimmte* Integrale.

■ **Beispiel**

$$\int_0^{\pi} 4 \cdot \sin x \, dx = 4 \cdot \int_0^{\pi} \sin x \, dx = 4 \, [-\cos x]_0^{\pi} = 4 \, (-\cos \pi + \cos 0) = 8$$ ■

REGEL 2: Summenregel

Eine *endliche* Summe von Funktionen darf *gliedweise* integriert werden:

$$\int_a^b (f_1(x) + \ldots + f_n(x)) \, dx = \int_a^b f_1(x) \, dx + \ldots + \int_a^b f_n(x) \, dx \qquad \text{(V-47)}$$

Anmerkung

Die *Summenregel* gilt sinngemäß auch für *unbestimmte* Integrale.

■ **Beispiel**

$$\int_0^1 (3 \cdot e^x - 2x) \, dx = \int_0^1 3 \cdot e^x \, dx + \int_0^1 -2x \, dx = 3 \cdot \int_0^1 e^x \, dx - 2 \cdot \int_0^1 x \, dx =$$

$$= 3 \, [e^x]_0^1 - 2 \left[\frac{1}{2} x^2 \right]_0^1 = 3 \, (e - 1) - 2 \left(\frac{1}{2} \right) = 4{,}1548$$ ■

REGEL 3: *Vertauschen* der beiden Integrationsgrenzen bewirkt einen *Vorzeichenwechsel* des Integrals:

$$\int_b^a f(x) \, dx = -\int_a^b f(x) \, dx \qquad \text{(V-48)}$$

■ **Beispiel**

$$\int_{\pi}^{0} \cos x \, dx = -\int_0^{\pi} \cos x \, dx = -[\sin x]_0^{\pi} = -(\sin \pi - \sin 0) = 0$$ ■

REGEL 4: Fallen die Integrationsgrenzen *zusammen* ($a = b$), so ist der Integralwert gleich *Null*:

$$\int_a^a f(x) \, dx = 0 \qquad \text{(V-49)}$$

■ **Beispiel**

$$\int_1^1 \frac{2}{x}\,dx = 2 \cdot \int_1^1 \frac{1}{x}\,dx = 2\,[\ln|x|]_1^1 = 2\,(\ln 1 - \ln 1) = 0$$ ■

REGEL 5: Zerlegung des Integrationsintervalls in zwei Teilintervalle

Für jede Stelle c aus dem Integrationsintervall $a \leqslant x \leqslant b$ gilt (vgl. Bild V-19):

$$\int_a^b f(x)\,dx = \int_a^c f(x)\,dx + \int_c^b f(x)\,dx \qquad \text{(V-50)}$$

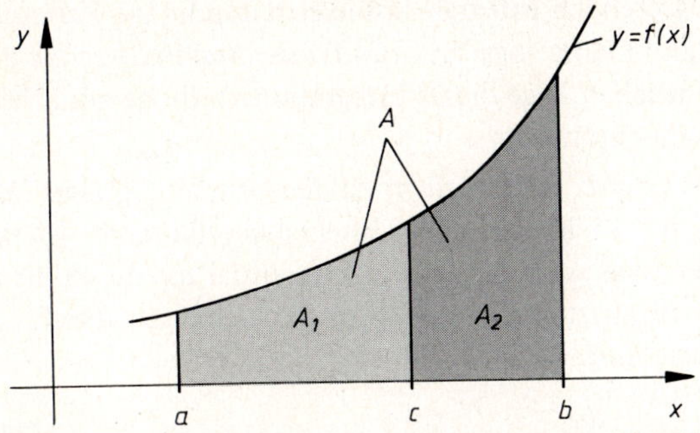

Bild V-19
Zur Zerlegung des Integrationsintervalls in zwei Teilintervalle

■ **Beispiel**

Die in Bild V-20 skizzierte Fläche wird als *Summe* zweier Flächen berechnet: $A = A_1 + A_2$.

$$A = \int_0^1 x^2\,dx + \int_1^2 (-x+2)\,dx = \left[\frac{1}{3}x^3\right]_0^1 + \left[-\frac{1}{2}x^2 + 2x\right]_1^2 = \frac{1}{3} + \frac{1}{2} = \frac{5}{6}$$

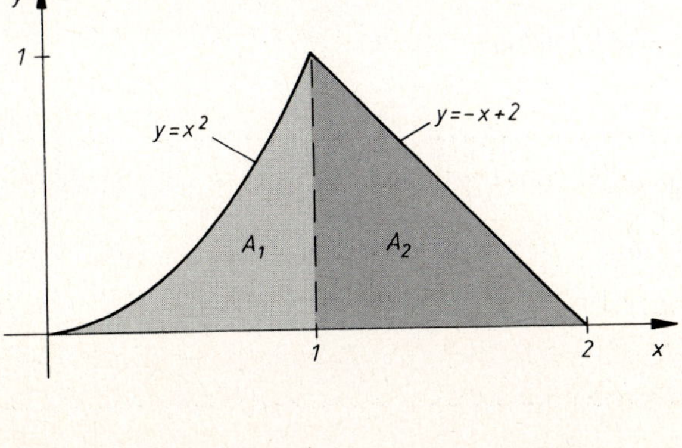

Bild V-20 ■

8 Integrationsmethoden

In diesem Abschnitt werden die wichtigsten *Methoden zur Berechnung von unbestimmten und bestimmten Integralen* dargestellt. Zu diesen Integrationstechniken gehören:

- Die Integration durch *Substitution*
- Die Methode der *Partiellen Integration*
- Die Integration *echt* gebrochenrationaler Funktionen durch *Partialbruchzerlegung*
- Die *numerische Integration*

Den ersten drei angeführten Integrationstechniken liegt dabei das gemeinsame Ziel zugrunde, komplizierter gebaute Integrale auf *einfachere* Integrale, im Idealfall auf die in Abschnitt V.5 behandelten *Grund- oder Stammintegrale* zurückzuführen.

8.1 Integration durch Substitution

Viele der in den Anwendungen auftretenden Integrale lassen sich durch eine *Variablen-Substitution* in *einfacher* gebaute und häufig sogar in *Grund- oder Stammintegrale* überführen. Wir werden dabei die wesentlichen Züge dieser Integrationsmethode zunächst anhand eines einfachen Beispiels näher erläutern.

Das unbestimmte Integral $\int x \cdot \cos(x^2)\,dx$ gehört *nicht* zu den Grundintegralen, läßt sich jedoch durch die *Substitution* $u = x^2$ in ein solches Integral überführen (u ist eine *Hilfsvariable*). Dabei ist zu beachten, daß auch das *„alte"* Differential dx durch die *neue* Variable u und deren Differential du auszudrücken ist. Dies geschieht stets durch *Differentiation der Substitutionsgleichung:*

$$u = x^2 \quad \Rightarrow \quad \frac{du}{dx} = 2x\,, \qquad dx = \frac{du}{2x} \tag{V-51}$$

Die *vollständigen Substitutionsgleichungen* lauten daher:

$$u = x^2 \quad \textit{und} \quad dx = \frac{du}{2x} \tag{V-52}$$

Unter Verwendung dieser Beziehungen geht das unbestimmte Integral $\int x \cdot \cos(x^2)\,dx$ in ein *elementar lösbares* Integral *(Grundintegral)* über:

$$\int x \cdot \cos(x^2)\,dx = \int x \cdot \cos u\,\frac{du}{2x} = \frac{1}{2} \cdot \int \cos u\,du = \frac{1}{2}\sin u + C \tag{V-53}$$

Nach *Rücksubstitution* erhält man schließlich:

$$\int x \cdot \cos(x^2)\,dx = \frac{1}{2}\sin(x^2) + C \tag{V-54}$$

Die gestellte Aufgabe ist damit *gelöst.*

Der anhand des Beispiels dargestellte *Lösungsmechanismus* besteht demnach aus vier *hintereinander* ausgeführten Schritten:

Berechnung eines Integrals mittels einer Substitution

1. *Aufstellung der Substitutionsgleichungen:*

$$u = g(x), \qquad du = g'(x)\,dx, \qquad dx = \frac{du}{g'(x)} \tag{V-55}$$

bzw.

$$x = h(u), \qquad dx = h'(u)\,du \tag{V-56}$$

2. *Durchführung der Integralsubstitution* durch Einsetzen der Substitutionsgleichungen in das vorgegebene Integral $\int f(x)\,dx$:

$$\int f(x)\,dx = \int \varphi(u)\,du \tag{V-57}$$

Das *neue Integral* enthält nur noch die *neue Variable u* und deren Differential *du*.

3. *Berechnung des neuen Integrals:*

$$\int \varphi(u)\,du = \Phi(u) \tag{V-58}$$

4. *Rücksubstitution:*

$$\int f(x)\,dx = \Phi(u) = \Phi(g(x)) = F(x) \tag{V-59}$$

Anmerkung

Bei einem *bestimmten Integral* kann man auf die *Rücksubstitution* ganz *verzichten,* wenn man die *Integrationsgrenzen* unter Verwendung der Substitutionsgleichung $u = g(x)$ bzw. $x = h(u)$ *mitsubstituiert.*

In der folgenden Tabelle 2 geben wir eine *Übersicht* über einige besonders *häufig auftretende Integraltypen,* die unter Verwendung einer *geeigneten* Substitution gelöst werden können. Zu jedem Integraltyp wird eine Reihe von Beispielen angeführt.

Tabelle 2: Integralsubstitutionen

Integraltyp	Substitution	Lösung	Beispiele	
(A) $\int f(ax+b)\,dx$	$u = ax+b$ $du = a\,dx$ $dx = \frac{du}{a}$		1. $\int (2x-3)^6\,dx$ 2. $\int \sqrt{4x+5}\,dx$ 3. $\int e^{4x+2}\,dx$	$(u = 2x-3)$ $(u = 4x+5)$ $(u = 4x+2)$
(B) $\int f(x)\cdot f'(x)\,dx$	$u = f(x)$ $du = f'(x)\,dx$ $dx = \frac{du}{f'(x)}$	$\frac{1}{2}f^2(x)+C$	1. $\int \sin x\cdot\cos x\,dx$ 2. $\int \frac{\ln x}{x}\,dx$	$(u = \sin x)$ $(u = \ln x)$
(C) $\int \frac{f'(x)}{f(x)}\,dx$	$u = f(x)$ $du = f'(x)\,dx$ $dx = \frac{du}{f'(x)}$	$\ln\lvert f(x)\rvert + C$	1. $\int \frac{2x-3}{x^2-3x+1}\,dx$ 2. $\int \frac{e^x}{e^x+5}\,dx$	$(u = x^2-3x+1)$ $(u = e^x+5)$
(D) $\int f(x;\sqrt{a^2-x^2})\,dx$	$x = a\cdot\sin u$ $dx = a\cdot\cos u\,du$ $\sqrt{a^2-x^2} = a\cdot\cos u$		1. $\int \sqrt{r^2-x^2}\,dx$ 2. $\int x\sqrt{r^2-x^2}\,dx$ 3. $\int \frac{x}{\sqrt{4-x^2}}\,dx$	$(x = r\cdot\sin u)$ $(x = r\cdot\sin u)$ $(x = 2\cdot\sin u)$
(E) $\int f(x;\sqrt{x^2+a^2})\,dx$	$x = a\cdot\sinh u$ $dx = a\cdot\cosh u\,du$ $\sqrt{x^2+a^2} = a\cdot\cosh u$		1. $\int \sqrt{x^2+1}\,dx$ 2. $\int \frac{dx}{\sqrt{4+x^2}}$	$(x = \sinh u)$ $(x = 2\cdot\sinh u)$
(F) $\int f(x;\sqrt{x^2-a^2})\,dx$	$x = a\cdot\cosh u$ $dx = a\cdot\sinh u\,du$ $\sqrt{x^2-a^2} = a\cdot\sinh u$		1. $\int \sqrt{x^2-9}\,dx$ 2. $\int \frac{x}{\sqrt{x^2-25}}\,dx$	$(x = 3\cdot\cosh u)$ $(x = 5\cdot\cosh u)$

Anmerkung

Weitere Integralsubstitutionen s. Formelsammlung (Abschnitt V.3.1).

■ **Beispiel**

Wir berechnen den *Flächeninhalt eines Kreises* mit dem Radius r (Bild V-21). Aus *Symmetriegründen* beschränken wir uns auf den im *1. Quadranten* liegenden *Viertelkreis:*

$$A_{\text{Kreis}} = 4\cdot\int_0^r \sqrt{r^2-x^2}\,dx$$

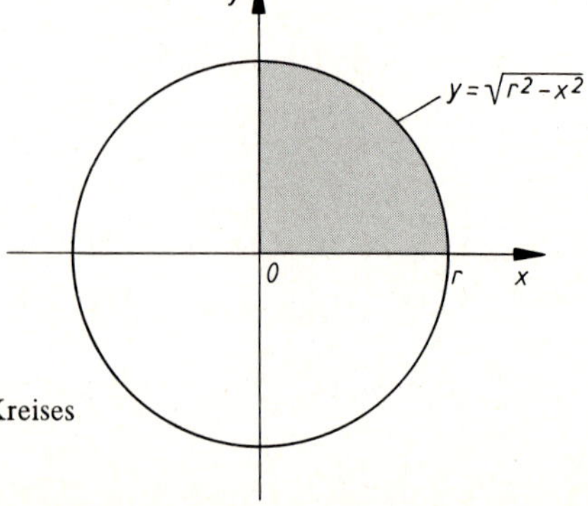

Bild V-21

Zur Berechnung des Flächeninhaltes eines Kreises

Dieses Integral ist vom Typ (D) und wird durch die *Substitution*

$$x = r \cdot \sin u, \quad dx = r \cdot \cos u \, du, \quad \sqrt{r^2 - x^2} = r \cdot \cos u$$

gelöst, wobei wir die Integrationsgrenzen *mitsubstituieren.* Wir lösen daher die Substitutionsgleichung $x = r \cdot \sin u$ zunächst nach u auf:

$$x = r \cdot \sin u \quad \Rightarrow \quad \sin u = \frac{x}{r} \quad \Rightarrow \quad u = \arcsin \frac{x}{r}$$

und berechnen mit dieser Beziehung die *neuen* Integrationsgrenzen:

Untere Grenze: $x = 0 \quad \Rightarrow \quad u = \arcsin 0 = 0$

Obere Grenze: $x = r \quad \Rightarrow \quad u = \arcsin 1 = \frac{\pi}{2}$

Nach Durchführung der Substitution erhält man:

$$A_{\text{Kreis}} = 4 \cdot \int_0^r \sqrt{r^2 - x^2} \, dx = 4 \, r^2 \cdot \int_0^{\frac{\pi}{2}} \cos^2 u \, du$$

und weiter – unter Verwendung der trigonometrischen Beziehung $\cos^2 u = \frac{1}{2} (1 + \cos 2 u)$ –:

$$A_{\text{Kreis}} = 2 \, r^2 \cdot \int_0^{\frac{\pi}{2}} (1 + \cos (2 u)) \, du = 2 \, r^2 \cdot \int_0^{\frac{\pi}{2}} du + 2 \, r^2 \cdot \int_0^{\frac{\pi}{2}} \cos (2 u) \, du =$$

$$= 2 \, r^2 \, [u]_0^{\frac{\pi}{2}} + 2 \, r^2 \cdot \underbrace{\int_0^{\frac{\pi}{2}} \cos (2 u) \, du}_{= 0} = \pi \, r^2$$

Wir zeigen noch, daß $\int_0^{\frac{\pi}{2}} \cos (2 u) \, du$ *verschwindet.* Dieses Integral ist vom Typ (A)

und wird durch die *Substitution*

$$t = 2 u, \quad \frac{dt}{du} = 2, \quad du = \frac{1}{2} \, dt$$

gelöst. Die *neuen* Integrationsgrenzen in t sind dabei $(t = 2 u)$:

Untere Grenze: $u = 0 \quad \Rightarrow \quad t = 0$

Obere Grenze: $u = \frac{\pi}{2} \quad \Rightarrow \quad t = \pi$

Daher ist:

$$\int_0^{\frac{\pi}{2}} \cos(2u)\,du = \frac{1}{2} \cdot \int_0^{\pi} \cos t\,dt = \frac{1}{2}[\sin t]_0^{\pi} = \frac{1}{2}(\sin \pi - \sin 0) = 0$$

■

8.2 Partielle Integration

Aus der *Produktregel* der Differentialrechnung

$$\frac{d}{dx}[u(x) \cdot v(x)] = u'(x) \cdot v(x) + v'(x) \cdot u(x) \qquad \text{(V-60)}$$

gewinnt man durch Umformung und anschließende Integration eine unter der Bezeichnung *Partielle Integration* bekannte Integrationsmethode. Zunächst wird Gleichung (V-60) folgendermaßen umgestellt:

$$u(x) \cdot v'(x) = \frac{d}{dx}[u(x) \cdot v(x)] - u'(x) \cdot v(x) \qquad \text{(V-61)}$$

Integration führt zu:

$$\int u(x) \cdot v'(x)\,dx = \int \frac{d}{dx}[u(x) \cdot v(x)]\,dx - \int u'(x) \cdot v(x)\,dx \qquad \text{(V-62)}$$

Dabei gilt:

$$\int \frac{d}{dx}[u(x) \cdot v(x)]\,dx = \int d\,[u(x) \cdot v(x)] = u(x) \cdot v(x) \qquad \text{(V-63)}$$

(die Integration ist die *Umkehrung* der Differentiation; die Integrationskonstante darf an dieser Stelle *weggelassen* werden). Gleichung (V-62) kann daher auch in der Form

$$\int u(x) \cdot v'(x)\,dx = u(x) \cdot v(x) - \int u'(x) \cdot v(x)\,dx \qquad \text{(V-64)}$$

geschrieben werden. Diese Beziehung wird in der mathematischen Literatur als *Formel der partiellen Integration* bezeichnet (auch *Produktintegration* genannt) und ermöglicht unter *gewissen* Voraussetzungen die Integration einer Funktion $f(x)$.

Bei der Berechnung eines Integrals $\int f(x)\,dx$ nach der Integrationstechnik *Partielle Integration* wird der Integrand $f(x)$ in „*geeigneter*" Weise in *zwei Faktorfunktionen* zerlegt, die wir mit $u(x)$ und $v'(x)$ bezeichnen. Die Anwendung der Integrationsformel (V-64) liefert dann:

Formel der Partiellen Integration

$$\int f(x)\,dx = \int u(x) \cdot v'(x)\,dx = u(x) \cdot v(x) - \int u'(x) \cdot v(x)\,dx \qquad \text{(V-65)}$$

Die Integration *gelingt*, wenn die Faktorfunktionen $u(x)$ und $v'(x)$ die folgenden Voraussetzungen erfüllen:

1. Von der Faktorfunktion $v'(x)$ läßt sich eine *Stammfunktion* $v(x)$ bestimmen;
2. Das auf der *rechten* Seite der Integrationsformel auftretende Integral $\int u'(x) \cdot v(x)\,dx$ ist *lösbar*.

Anmerkungen

(1) Ob die Integration nach der Formel (V-65) gelingt, hängt im wesentlichen von der „*richtigen*", d.h. *sinnvollen Zerlegung des Integranden* $f(x)$ in die beiden Faktorfunktionen $u(x)$ und $v'(x)$ ab. Insbesondere $v'(x)$ muß so gewählt werden, daß sich ohne Schwierigkeiten eine Stammfunktion $v(x)$ angeben läßt.

(2) In vielen Fällen muß das Integrationsverfahren *mehrmals* hintereinander angewendet werden, ehe man auf ein Grundintegral stößt (vgl. hierzu das folgende Beispiel (3)).

(3) Die Formel der partiellen Integration gilt sinngemäß auch für *bestimmte* Integrale. Sie lautet:

$$\int_a^b f(x)\,dx = \int_a^b u(x) \cdot v'(x)\,dx = [u(x) \cdot v(x)]_a^b - \int_a^b u'(x) \cdot v(x)\,dx \qquad \text{(V-66)}$$

■ **Beispiele**

(1) $\int x \cdot e^x\,dx = ?$

Wir *zerlegen* den Integranden $f(x) = x \cdot e^x$ wie folgt:

$$u(x) = x, \quad v'(x) = e^x \;\Rightarrow\; u'(x) = 1, \quad v(x) = e^x$$

Die *Formel der partiellen Integration* liefert dann unmittelbar ein *elementar* lösbares Integral:

$$\int x \cdot e^x\,dx = x \cdot e^x - \int 1 \cdot e^x\,dx = x \cdot e^x - \int e^x\,dx = x \cdot e^x - e^x + C$$

(2) Das *bestimmte* Integral $\int_1^2 \ln x\,dx$ läßt sich auch in der Form

$$\int_1^2 \ln x\,dx = \int_1^2 (\ln x) \cdot 1\,dx$$

darstellen. Wir nehmen dabei folgende *Zerlegung des Integranden* vor:

$$u(x) = \ln x, \quad v'(x) = 1 \;\Rightarrow\; u'(x) = \frac{1}{x}, \quad v(x) = x$$

Damit ist:

$$\int_1^2 \ln x\,dx = [x \cdot \ln x]_1^2 - \int_1^2 \frac{1}{x} \cdot x\,dx = [x \cdot \ln x]_1^2 - \int_1^2 dx =$$

$$= [x \cdot \ln x]_1^2 - [x]_1^2 = [x \cdot \ln x - x]_1^2 =$$

$$= (2 \cdot \ln 2 - 2) - (1 \cdot \ln 1 - 1) = 0{,}3863$$

(3) $\int x^2 \cdot \cos x \, dx = ?$

Mit der *Zerlegung*

$$u(x) = x^2, \; v'(x) = \cos x \quad \Rightarrow \quad u'(x) = 2x, \; v(x) = \sin x$$

erhält man:

$$\int x^2 \cdot \cos x \, dx = x^2 \cdot \sin x - \int 2x \cdot \sin x \, dx = x^2 \cdot \sin x - 2 \cdot \int x \cdot \sin x \, dx$$

Das dabei auftretende Integral $\int x \cdot \sin x \, dx$ ist noch *kein* Grundintegral und wird nach der gleichen Integrationstechnik weiterbehandelt. Wir zerlegen nun wie folgt:

$$u(x) = x, \; v'(x) = \sin x \quad \Rightarrow \quad u'(x) = 1, \; v(x) = -\cos x$$

Dann gilt weiter:

$$\int x \cdot \sin x \, dx = -x \cdot \cos x - \int 1 \cdot (-\cos x) \, dx = -x \cdot \cos x + \int \cos x \, dx = \\ = -x \cdot \cos x + \sin x + C_1$$

Damit ist das Ausgangsintegral $\int x^2 \cdot \cos x \, dx$ gelöst:

$$\int x^2 \cdot \cos x \, dx = x^2 \cdot \sin x - 2(-x \cdot \cos x + \sin x + C_1) = \\ = x^2 \cdot \sin x + 2x \cdot \cos x - 2 \cdot \sin x - 2C_1 = \\ = x^2 \cdot \sin x + 2x \cdot \cos x - 2 \cdot \sin x + C$$

$(C = -2C_1)$

(4) $\int x^n \cdot e^{ax} \, dx = ?$

Wir nehmen zuerst die folgende *Zerlegung* vor:

$$u(x) = x^n, \; v'(x) = e^{ax} \quad \Rightarrow \quad u'(x) = n x^{n-1}, \; v(x) = \frac{1}{a} e^{ax}$$

und erhalten nach der *Formel der Partiellen Integration:*

$$\int x^n \cdot e^{ax} \, dx = \frac{1}{a} x^n \cdot e^{ax} - \frac{n}{a} \cdot \int x^{n-1} \cdot e^{ax} \, dx$$

Damit haben wir das Ausgangsintegral $\int x^n \cdot e^{ax} \, dx$ gegen ein *einfacher* gebautes Integral vom *gleichen* Typ eingetauscht (der Exponent ist um 1 *verkleinert*!). Formeln dieser Art bezeichnet man als *Rekursionsformeln.* Durch *mehrmaliges* Anwenden dieser Formel (hier: n-mal) gelangt man schließlich zu dem Grundintegral $\int e^{ax} \, dx$.

Rechenbeispiel

$\int x^2 \cdot e^{4x} \, dx = ?$ $\qquad n = 2, \; a = 4$

Der *1. Schritt* führt zu:

$$\int x^2 \cdot e^{4x} \, dx = \frac{1}{4} x^2 \cdot e^{4x} - \frac{1}{2} \cdot \int x \cdot e^{4x} \, dx$$

Nochmalige Anwendung der obigen *Rekursionsformel* für $n = 1$, $a = 4$ ergibt schließlich:

$$\begin{aligned}\int x^2 \cdot e^{4x}\,dx &= \frac{1}{4}x^2 \cdot e^{4x} - \frac{1}{2}\left(\frac{1}{4}x \cdot e^{4x} - \frac{1}{4} \cdot \int e^{4x}\,dx\right) = \\ &= \frac{1}{4}x^2 \cdot e^{4x} - \frac{1}{2}\left(\frac{1}{4}x \cdot e^{4x} - \frac{1}{16}e^{4x} + C_1\right) = \\ &= \frac{1}{4}x^2 \cdot e^{4x} - \frac{1}{8}x \cdot e^{4x} + \frac{1}{32}e^{4x} - \frac{1}{2}C_1 = \\ &= \frac{1}{4}e^{4x}\left(x^2 - \frac{1}{2}x + \frac{1}{8}\right) + C\end{aligned}$$

$\left(C = -\frac{1}{2}C_1\right)$. ■

8.3 Integration gebrochenrationaler Funktionen durch Partialbruchzerlegung

Für *echt* gebrochenrationale Funktionen ist eine spezielle Integrationstechnik unter der Bezeichnung „*Integration durch Partialbruchzerlegung*" entwickelt worden. Wir werden sie im folgenden ausführlich behandeln.

Ist die Funktion *unecht* gebrochen, so wird sie zunächst in eine *ganzrationale* und eine *echt* gebrochenrationale Funktion zerlegt. Diese Zerlegung ist *eindeutig* und *stets* möglich (vgl. hierzu Abschnitt III.6.3). Wir geben ein Beispiel:

■ **Beispiel**

Die *unecht* gebrochenrationale Funktion $y = \dfrac{2x^3 - 14x^2 + 14x + 30}{x^2 - 4}$

wird durch *Polynomdivision* in einen *ganzrationalen* und einen *echt* gebrochenrationalen Anteil zerlegt:

$$\begin{array}{l}(2x^3 - 14x^2 + 14x + 30) : (x^2 - 4) = 2x - 14 + \dfrac{22x - 26}{x^2 - 4} \\ \underline{-(2x^3 \qquad\qquad - 8x)\qquad\qquad\qquad\qquad} \\ \qquad -14x^2 + 22x + 30 \\ \quad \underline{-(-14x^2 \qquad\quad + 56)\qquad\qquad} \\ \qquad\qquad 22x - 26\end{array}$$

Ganzrationaler Anteil: $p(x) = 2x - 14$

Echt gebrochenrationaler Anteil: $r(x) = \dfrac{22x - 26}{x^2 - 4}$ ■

8.3.1 Partialbruchzerlegung

Jede *echt* gebrochenrationale Funktion vom Typ $f(x) = \frac{Z(x)}{N(x)}$ läßt sich mit Hilfe *algebraischer* Methoden in eindeutiger Weise in eine endliche Summe aus sog. *Partialbrüchen* zerlegen, die ohne große Schwierigkeiten gliedweise integrierbar sind. Wir gehen dabei wie folgt vor:

(1) Zunächst werden die (reellen) *Nullstellen des Nennerpolynoms* $N(x)$ nach *Lage* und *Vielfachheit* bestimmt[4];

(2) *Jeder* Nullstelle des Nennerpolynoms wird ein *Partialbruch* in folgender Weise zugeordnet:

$$x_1: \text{ Einfache Nullstelle } \rightarrow \frac{A}{x - x_1}$$

$$x_1: \text{ Zweifache Nullstelle } \rightarrow \frac{A_1}{x - x_1} + \frac{A_2}{(x - x_1)^2}$$

$$\vdots$$

$$x_1: \text{ r-fache Nullstelle } \rightarrow \frac{A_1}{x - x_1} + \frac{A_2}{(x - x_1)^2} + \ldots + \frac{A_r}{(x - x_1)^r}$$

(3) Die *echt* gebrochenrationale Funktion $f(x) = \frac{Z(x)}{N(x)}$ ist dann als *Summe sämtlicher Partialbrüche* darstellbar (Anzahl der Partialbrüche = Anzahl der Nullstellen des Nennerpolynoms $N(x)$);

(4) *Bestimmung der in den Partialbrüchen auftretenden Konstanten:* Zunächst werden alle Brüche auf einen *gemeinsamen* Nenner *(Hauptnenner)* gebracht. Durch Einsetzen bestimmter x-Werte (z.B. der Nennernullstellen) erhält man ein einfaches *lineares Gleichungssystem* für die unbekannten Konstanten (s. hierzu die nachfolgenden Beispiele).

Eine andere Methode, die ebenfalls zu einem linearen Gleichungssystem führt, ist der *Koeffizientenvergleich*!

8.3.2 Integration der Partialbrüche

Die in der *Partialbruchzerlegung* einer *echt* gebrochenrationalen Funktion auftretenden Funktionen sind vom Typ

$$\frac{1}{x - x_1} \quad \text{bzw.} \quad \frac{1}{(x - x_1)^n} \qquad (n \geqslant 2) \tag{V-67}$$

---

[4]) Wir setzen voraus, daß der Nenner *ausschließlich* reelle Nullstellen besitzt (zum Vorgehen bei *komplexen* Nullstellen s. *Formelsammlung*, Abschnitt V.3.3).

Mit Hilfe der *Substitution* $u = x - x_1$, $dx = du$ ist ihre Integration *elementar* durchführbar und liefert:

$$\int \frac{dx}{x - x_1} = \ln |x - x_1| + C_1 \qquad \text{(V-68)}$$

$$\int \frac{dx}{(x - x_1)^n} = \frac{1}{(1-n)(x - x_1)^{n-1}} + C_2 \qquad (n \geqslant 2) \qquad \text{(V-69)}$$

Bevor wir das hier beschriebene Verfahren der *Integration gebrochenrationaler Funktionen durch Partialbruchzerlegung* auf konkrete Beispiele anwenden, fassen wir die einzelnen Schritte, die zur *Integration* führen, wie folgt zusammen:

Integration einer gebrochenrationalen Funktion durch Partialbruchzerlegung

Die *Integration einer gebrochenrationalen Funktion* $f(x) = \dfrac{Z(x)}{N(x)}$ wird nach dem folgenden Schema durchgeführt:

1. Zerlegung von $f(x)$ in eine *ganzrationale* Funktion $p(x)$ und eine *echt* gebrochenrationale Funktion $r(x)$[5]:

   $$f(x) = p(x) + r(x) \qquad \text{(V-70)}$$

2. Darstellung des *echt* gebrochenrationalen Anteils $r(x)$ als *Summe von Partialbrüchen* (sog. *Partialbruchzerlegung*);
3. *Integration* des *ganzrationalen* Anteils $p(x)$ und *sämtlicher* Partialbrüche.

■ **Beispiele**

(1) $\displaystyle\int \frac{2x^3 - 14x^2 + 14x + 30}{x^2 - 4}\, dx = ?$

Der Integrand ist *unecht* gebrochenrational und wird durch *Polynomdivision* in einen *ganzrationalen* und einen *echt* gebrochenrationalen Anteil zerlegt (diese Zerlegung wurde bereits zu Beginn dieses Abschnitts durchgeführt):

$$f(x) = \frac{2x^3 - 14x^2 + 14x + 30}{x^2 - 4} = 2x - 14 + \frac{22x - 26}{x^2 - 4}$$

Zerlegung des echt gebrochenrationalen Anteils in Partialbrüche:

Nullstellen des Nenners: $x^2 - 4 = 0 \quad \Rightarrow \quad x_1 = 2, \; x_2 = -2$

Zuordnung der Partialbrüche:

$x_1 = 2$ (*einfache* Nullstelle) $\rightarrow \dfrac{A}{x-2}$

$x_2 = -2$ (*einfache* Nullstelle) $\rightarrow \dfrac{B}{x+2}$

5) Diese Zerlegung *entfällt*, wenn die Funktion $f(x)$ bereits *echt* gebrochenrational ist.

Partialbruchzerlegung:

$$\frac{22\,x-26}{x^2-4}=\frac{22\,x-26}{(x-2)\,(x+2)}=\frac{A}{x-2}+\frac{B}{x+2}$$

Bestimmung der Konstanten A und B:

$$\frac{22\,x-26}{(x-2)\,(x+2)}=\frac{A\,(x+2)+B\,(x-2)}{(x-2)\,(x+2)} \Rightarrow 22x-26=A\,(x+2)+B\,(x-2)$$

Wir setzen für x der Reihe nach die Werte der beiden Nennernullstellen ein:

$$x=2 \Rightarrow 18=4\,A, \qquad A=4{,}5$$
$$x=-2 \Rightarrow -70=-4\,B, \qquad B=17{,}5$$

Die *Partialbruchzerlegung* ist damit *abgeschlossen:*

$$\frac{22\,x-26}{x^2-4}=\frac{4{,}5}{x-2}+\frac{17{,}5}{x+2}$$

Durchführung der Integration:

$$\int\frac{2\,x^3-14\,x^2+14\,x+30}{x^2-4}\,dx=\int(2\,x-14)\,dx+\int\frac{22\,x-26}{x^2-4}\,dx=$$

$$=x^2-14\,x+\int\frac{4{,}5}{x-2}\,dx+\int\frac{17{,}5}{x+2}\,dx=$$

$$=x^2-14\,x+4{,}5\cdot\ln|x-2|+17{,}5\cdot\ln|x+2|+C$$

(2) $\displaystyle\int\frac{x^2-5\,x+8}{x^4-6\,x^2+8\,x-3}\,dx=\,?$

Der Integrand ist bereits *echt* gebrochenrational. Wir zerlegen ihn in *Partialbrüche.* Zunächst werden die *Nullstellen des Nenners* ermittelt:

$$x^4-6\,x^2+8\,x-3=0 \Rightarrow x_1=1\ \text{(3-fach)},\ x_2=-3$$

(Berechnung über das Horner-Schema). Die zugehörigen *Partialbrüche* lauten daher:

$$x_1=1\ (\textit{3-fache}\ \text{Nullstelle}) \rightarrow \frac{A_1}{x-1}+\frac{A_2}{(x-1)^2}+\frac{A_3}{(x-1)^3}$$

$$x_2=-3\ (\textit{einfache}\ \text{Nullstelle}) \rightarrow \frac{B}{x+3}$$

Die Funktion ist daher in der Form

$$\frac{x^2-5\,x+8}{x^4-6\,x^2+8\,x-3}=\frac{x^2-5\,x+8}{(x-1)^3\,(x+3)}=$$

$$=\frac{A_1}{x-1}+\frac{A_2}{(x-1)^2}+\frac{A_3}{(x-1)^3}+\frac{B}{x+3}$$

darstellbar.

Bestimmung der Konstanten:

$$\frac{x^2-5x+8}{(x-1)^3(x+3)} = \frac{A_1(x-1)^2(x+3)+A_2(x-1)(x+3)+A_3(x+3)+B(x-1)^3}{(x-1)^3(x+3)} \Rightarrow$$

$$x^2-5x+8 = A_1(x-1)^2(x+3)+A_2(x-1)(x+3)+A_3(x+3)+B(x-1)^3$$

$$\begin{aligned}
x=1 \quad &\Rightarrow \quad 4 = 4A_3, \qquad A_3 = 1 \\
x=-3 \quad &\Rightarrow \quad 32 = -64B, \qquad B = -0{,}5 \\
x=0 \quad &\Rightarrow \quad 8 = 3A_1 - 3A_2 + 3A_3 - B \\
& \qquad 8 = 3A_1 - 3A_2 + 3 + 0{,}5 \\
& \qquad 4{,}5 = 3A_1 - 3A_2 \\
\text{(I)} \quad & \qquad 1{,}5 = A_1 - A_2 \\
x=-1 \quad &\Rightarrow \quad 14 = 8A_1 - 4A_2 + 2A_3 - 8B \\
& \qquad 14 = 8A_1 - 4A_2 + 2 + 4 \\
& \qquad 8 = 8A_1 - 4A_2 \\
\text{(II)} \quad & \qquad 2 = 2A_1 - A_2
\end{aligned}$$

Aus den Gleichungen (I) und (II) folgt:

$$\left.\begin{aligned}
\text{(I)} \quad A_1 - A_2 &= 1{,}5 \\
\text{(II)} \quad 2A_1 - A_2 &= 2
\end{aligned}\right\} -$$

$$-A_1 = -0{,}5$$

$$\underline{A_1 = 0{,}5}$$

$$\underline{A_2 = -1}$$

Die *Partialbruchzerlegung* ist damit vollzogen:

$$\frac{x^2-5x+8}{x^4-6x^2+8x-3} = \frac{0{,}5}{x-1} - \frac{1}{(x-1)^2} + \frac{1}{(x-1)^3} - \frac{0{,}5}{x+3}$$

Durchführung der Integration:

$$\int \frac{x^2-5x+8}{x^4-6x^2+8x-3}\,dx = \int \frac{0{,}5}{x-1}\,dx - \int \frac{dx}{(x-1)^2} + \int \frac{dx}{(x-1)^3} - \int \frac{0{,}5}{x+3}\,dx =$$

$$= 0{,}5 \cdot \ln|x-1| + \frac{1}{x-1} - \frac{1}{2(x-1)^2} - 0{,}5 \cdot \ln|x+3| + C =$$

$$= 0{,}5 \cdot \ln\left|\frac{x-1}{x+3}\right| + \frac{1}{x-1} - \frac{1}{2(x-1)^2} + C$$

■

8.4 Numerische Integrationsmethoden

In vielen Fällen ist die Integration einer stetigen Funktion in geschlossener Form *nicht* möglich oder aber vom Arbeits- und Rechenaufwand her nicht vertretbar. So sind wir beispielsweise nicht in der Lage, das in der *Wahrscheinlichkeitsrechnung und Statistik* so bedeutende Integral $F(x) = \int_0^x e^{-t^2}\, dt$ durch einen analytischen Funktionsausdruck zu beschreiben. In diesem Falle ist man dann auf die *punktweise Berechnung der Stammfunktion* unter Verwendung spezieller *Näherungsverfahren* angewiesen (sog. *numerische Integration*)[6]. *Numerische* Integrationstechniken sind daher ihrem Charakter nach stets *Näherungsverfahren* und können in den folgenden Fällen zur Lösung des Problems herangezogen werden:

- Das Integral ist elementar, d.h. in geschlossener Form *nicht* lösbar;
- Der Integrand ist in Form einer *Wertetabelle* gegeben;
- Der Integrand liegt als *Funktionskurve* (Funktionsgraph) vor;
- Die Integration ist in geschlossener Form zwar durchführbar, jedoch zu *aufwendig.*

Wir behandeln in diesem Abschnitt zwei Näherungsverfahren zur Berechnung bestimmter Integrale *(Trapezformel, Simpsonsche Formel).* In beiden Fällen setzen wir bei der *Herleitung* der Formelausdrücke voraus, daß die *stetige* Funktion $y = f(x)$ im Integrationsintervall $a \leqslant x \leqslant b$ *oberhalb* der x-Achse verläuft, so daß das bestimmte Integral $\int_a^b f(x)\, dx$ als *Flächeninhalt* interpretiert werden darf.

8.4.1 Trapezformel

Wir zerlegen das Integrationsintervall $[a, b]$ in n Teilintervalle *gleicher* Länge h (auch *Schrittweite* genannt):

$$h = \frac{b-a}{n} \tag{V-71}$$

Die Randpunkte der Teilintervalle werden als *Stützstellen* bezeichnet. Sie lauten der Reihe nach (Bild V-22):

$$\begin{aligned} &x_0 = a,\ x_1,\ x_2, \ldots, x_n = b \\ &x_k = x_0 + k \cdot h = a + k \cdot h \qquad (k = 0, 1, 2, \ldots, n) \end{aligned} \tag{V-72}$$

Die zugehörigen Funktionswerte y_k heißen *Stützwerte:*

$$y_k = f(x_k) = f(x_0 + k \cdot h) = f(a + k \cdot h) \qquad (k = 0, 1, 2, \ldots, n) \tag{V-73}$$

---

[6]) Eine weitere Möglichkeit besteht in der *Potenzreihenentwicklung* des Integranden und anschließender (gliedweiser) Integration (vgl. hierzu den Abschnitt VI.3.3.2).

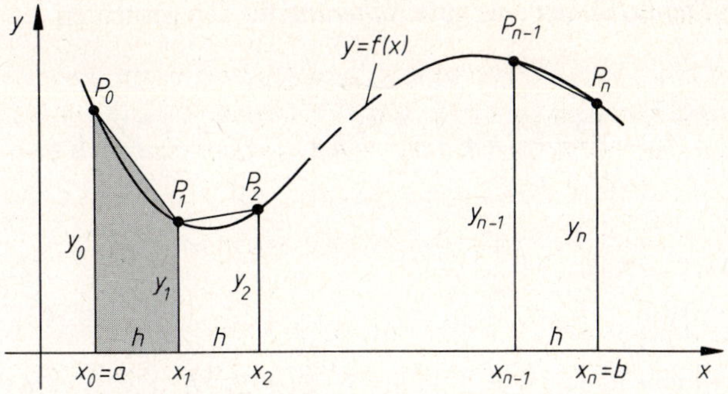

Bild V-22. Zur Herleitung der Trapezformel

Ersetzt man in *jedem* Streifen den dortigen *Kurvenbogen* durch die *Sehne* (diese verläuft durch die beiden Randpunkte), so erhält man eine Näherung in Form eines *Trapezes*. So wird beispielsweise der *1. Streifen* durch das in Bild V-23 *grau* unterlegte *Trapez vom Flächeninhalt*

$$A_1 = \frac{y_0 + y_1}{2}\, h \qquad \text{(V-74)}$$

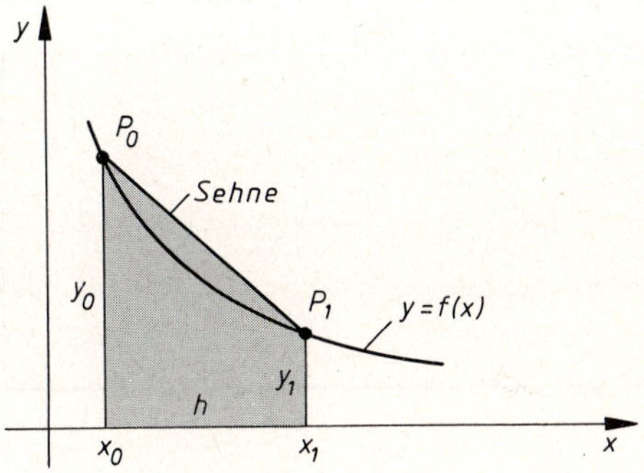

Bild V-23
Zur näherungsweisen Berechnung des 1. Flächenstreifens bei der Trapezformel

ersetzt[7]. Analog erhält man für die Flächeninhalte der übrigen $n - 1$ Streifen *näherungsweise*

$$A_2 = \frac{y_1 + y_2}{2}\, h,\ A_3 = \frac{y_2 + y_3}{2}\, h, \ldots,\ A_n = \frac{y_{n-1} + y_n}{2}\, h \qquad \text{(V-75)}$$

---

[7] Der Flächeninhalt eines *Trapezes* wird nach der Formel

$$A = \frac{a + b}{2}\, h$$

berechnet (vgl. Bild V-24).

Bild V-24

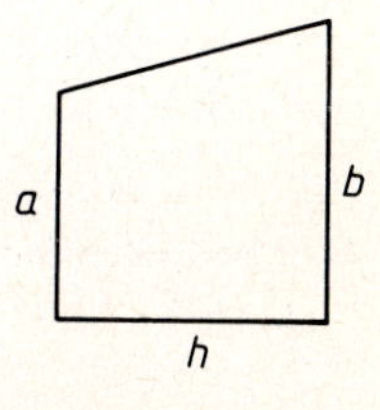

Für *großes* n ist die *Summe aller Trapezflächen* eine gute *Näherung* für den gesuchten Flächeninhalt:

$$\int_a^b f(x)\,dx \approx A_1 + A_2 + \ldots + A_n = \frac{y_0 + y_1}{2}\,h + \frac{y_1 + y_2}{2}\,h + \ldots + \frac{y_{n-1} + y_n}{2}\,h =$$

$$= \left[\frac{1}{2}\,y_0 + y_1 + y_2 + \ldots + y_{n-1} + \frac{1}{2}\,y_n\right] h =$$

$$= \left[\frac{1}{2}\underbrace{(y_0 + y_n)}_{\Sigma_1} + \underbrace{(y_1 + y_2 + \ldots + y_{n-1})}_{\Sigma_2}\right] h = \left[\frac{1}{2}\,\Sigma_1 + \Sigma_2\right] h \qquad \text{(V-76)}$$

mit den Abkürzungen

$$\Sigma_1 = y_0 + y_n \quad \text{und} \quad \Sigma_2 = y_1 + y_2 + \ldots + y_{n-1} \qquad \text{(V-77)}$$

Diese Formel gestattet eine *näherungsweise* Berechnung des bestimmten Integrals $\int_a^b f(x)\,dx$, wenn von der Integrandfunktion $n + 1$ *Stützwerte* (Funktionswerte) $y_k = f(x_k)$ $(k = 0, 1, 2, \ldots, n)$ bekannt sind (sog. *Trapezformel*).

Trapezformel

$$\int_a^b f(x)\,dx \approx \left[\frac{1}{2}(y_0 + y_n) + (y_1 + y_2 + \ldots + y_{n-1})\right] h = \left[\frac{1}{2}\,\Sigma_1 + \Sigma_2\right] h \qquad \text{(V-78)}$$

h: Streifenbreite; y_k: Stützwerte $(k = 0, 1, \ldots, n)$

Anmerkungen

(1) Die Näherung durch die Trapezformel (V-78) ist umso *besser*, je *feiner* die Intervallunterteilung ist. Sie liefert für $n \to \infty$ den *exakten* Integralwert.

(2) Die Trapezformel gilt *unabhängig* von der *geometrischen* Interpretation, solange der Integrand $f(x)$ eine *stetige* Funktion ist.

■ **Beispiel**

Wir berechnen das Integral $\int_0^1 e^{-x^2}\,dx$ *näherungsweise* für $n = 5$ bzw. $n = 10$ Streifen.

Zerlegung in $n = 5$ Streifen

$$\int_0^1 e^{-x^2}\,dx \approx \left[\frac{1}{2}y_0 + y_1 + y_2 + y_3 + y_4 + \frac{1}{2}y_5\right] h = \left[\frac{1}{2}\Sigma_1 + \Sigma_2\right] h$$

Streifenbreite (Schrittweite): $h = 0{,}2$

k	Stützstellen x_k	Stützwerte $y_k = e^{-x_k^2}$	
0	0	1	
1	0,2		0,9608
2	0,4		0,8521
3	0,6		0,6977
4	0,8		0,5273
5	1	0,3679	
		$\Sigma_1 = 1{,}3679$	$\Sigma_2 = 3{,}0379$

$$\int_0^1 e^{-x^2}\,dx \approx \left[\frac{1}{2}\Sigma_1 + \Sigma_2\right] h = \left(\frac{1}{2}\cdot 1{,}3679 + 3{,}0379\right)\cdot 0{,}2 = 0{,}7444$$

Die Abweichung vom *exakten* Wert 0,7468 (auf vier Stellen genau) beträgt rund 0,3 %.

Zerlegung in $n = 10$ Streifen

$$\int_0^1 e^{-x^2}\,dx \approx \left[\frac{1}{2}y_0 + y_1 + y_2 + \ldots + y_9 + \frac{1}{2}y_{10}\right] h = \left[\frac{1}{2}\Sigma_1 + \Sigma_2\right] h$$

Streifenbreite: $h = 0{,}1$

k	Stützstellen x_k	Stützwerte $y_k = e^{-x_k^2}$	
0	0	1	
1	0,1		0,9900
2	0,2		0,9608
3	0,3		0,9139
4	0,4		0,8521
5	0,5		0,7788
6	0,6		0,6977
7	0,7		0,6126
8	0,8		0,5273
9	0,9		0,4449
10	1	0,3679	
		$\Sigma_1 = 1{,}3679$	$\Sigma_2 = 6{,}7781$

$$\int_0^1 e^{-x^2}\,dx \approx \left[\frac{1}{2}\,\Sigma_1 + \Sigma_2\right] h = \left(\frac{1}{2} \cdot 1{,}3679 + 6{,}7781\right) \cdot 0{,}1 = 0{,}7462$$

Dieser Näherungswert liegt nur noch rund 0,1 % unter dem *exakten* Wert. ■

8.4.2 Simpsonsche Formel

Die nach der *Trapezformel* (V-78) berechneten Näherungswerte konvergieren *relativ langsam* gegen den exakten Integralwert: die *geradlinige* Berandung der Streifen durch die *Sehne* ist offenbar eine zu *grobe* Näherung. Zu wesentlich besseren Ergebnissen gelangt man, wenn man nach *Simpson* die krummlinige obere Begrenzung der einzelnen Flächenstreifen durch *parabelförmige* Berandungen ersetzt.

Das numerische Integrationsverfahren nach *Simpson* geht dabei von den folgenden Überlegungen aus: Zunächst wird das Integrationsintervall $[a, b]$ in eine *gerade* Anzahl $2n$ von Teilintervallen *gleicher* Länge *(Schrittweite)*

$$h = \frac{b-a}{2n} \qquad \text{(V-79)}$$

zerlegt. Das führt zu $2n + 1$ *Stützstellen*

$$x_0 = a,\ x_1,\ x_2, \ldots, x_{2n-1},\ x_{2n} = b$$
$$x_k = x_0 + k \cdot h = a + k \cdot h \qquad (k = 0, 1, 2, \ldots, 2n) \qquad \text{(V-80)}$$

mit den *Stützwerten* (Funktionswerten)

$$y_k = f(x_k) = f(x_0 + k \cdot h) = f(a + k \cdot h) \qquad (k = 0, 1, 2, \ldots, 2n) \qquad \text{(V-81)}$$

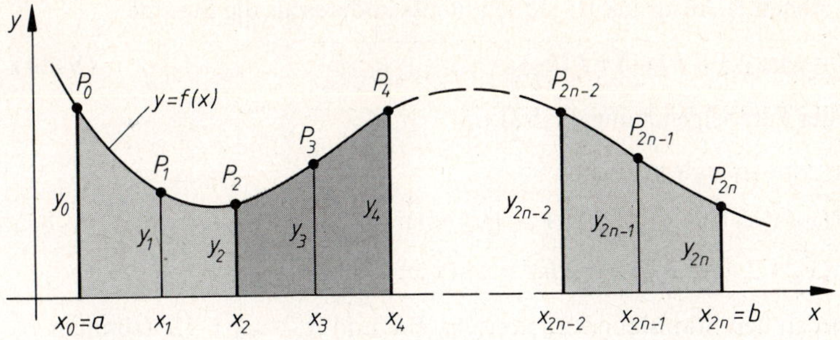

Bild V-25
Zur Herleitung der Simpsonschen Formel

(Bild V-25). Dann werden jeweils *zwei benachbarte* Streifen zu einem *Doppelstreifen* zusammengefaßt. Aus $2n$ *einfachen* Streifen entstehen daher genau n *Doppelstreifen* und es ist unmittelbar einleuchtend, warum das Integrationsintervall $[a, b]$ in eine *gerade* Anzahl von Teilintervallen zerlegt werden muß.

Wir gehen nun zur *näherungsweisen* Berechnung des Flächeninhalts der *Doppelstreifen* über. In dem *1. Doppelstreifen* (*grau* unterlegt) wird die *krummlinige* Berandung durch eine durch die drei Kurvenpunkte P_0, P_1 und P_2 verlaufende *Parabel* mit der Funktionsgleichung

$$y = a_2 x^2 + a_1 x + a_0 \tag{V-82}$$

ersetzt (Bild V-26). Die Koeffizienten a_2, a_1, a_0 in der Parabelgleichung (V-82) sind dabei *eindeutig* durch die Koordinaten der drei Punkte bestimmt.

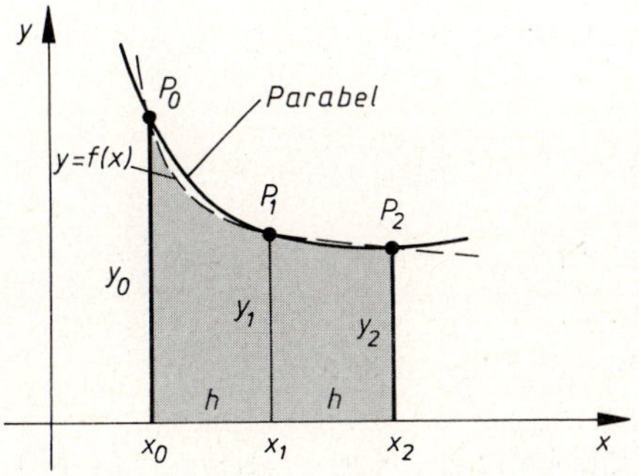

Bild V-26
Zur näherungsweisen Berechnung des 1. Flächenstreifens bei der Simpsonschen Formel

Der *Flächeninhalt zwischen Parabel und x-Achse* im Teilintervall $[x_0, x_2]$ liefert einen *Näherungswert* für den tatsächlichen Flächeninhalt des 1. Doppelstreifens:

$$A_1 = \int\limits_{x_0}^{x_2} (a_2 x^2 + a_1 x + a_0)\, dx = \left[\frac{1}{3} a_2 x^3 + \frac{1}{2} a_1 x^2 + a_0 x\right]_{x_0}^{x_2} =$$

$$= \left[\frac{1}{3} a_2 x^3 + \frac{1}{2} a_1 x^2 + a_0 x\right]_{x_0}^{x_0 + 2h} =$$

$$= \frac{1}{3} a_2 (x_0 + 2h)^3 + \frac{1}{2} a_1 (x_0 + 2h)^2 + a_0 (x_0 + 2h) - \frac{1}{3} a_2 x_0^3 - \frac{1}{2} a_1 x_0^2 - a_0 x_0 =$$

$$= (6 a_2 x_0^2 + 12 a_2 x_0 h + 8 a_2 h^2 + 6 a_1 x_0 + 6 a_1 h + 6 a_0) \frac{h}{3} \tag{V-83}$$

Der in der Klammer stehende Ausdruck ist jedoch nichts anderes als die Summe

$$y_0 + 4\,y_1 + y_2 = f(x_0) + 4\,f(x_1) + f(x_2) \tag{V-84}$$

berechnet mit Hilfe der Parabelgleichung (V-82):

$$\begin{aligned} y_0 &= f(x_0) = a_2\,x_0^2 + a_1\,x_0 + a_0 \\ y_1 &= f(x_1) = f(x_0 + h) = a_2\,(x_0 + h)^2 + a_1\,(x_0 + h) + a_0 \\ y_2 &= f(x_2) = f(x_0 + 2\,h) = a_2\,(x_0 + 2\,h)^2 + a_1\,(x_0 + 2\,h) + a_0 \end{aligned} \tag{V-85}$$

(nachrechnen!). Denn an den Stützstellen $x_0, x_1 = x_0 + h$ und $x_2 = x_0 + 2\,h$ stimmen die Funktionswerte von *Kurve* und *Parabel* (V-82) überein. Der *1. Doppelstreifen* besitzt daher *näherungsweise* den Flächeninhalt

$$A_1 = (y_0 + 4\,y_1 + y_2)\,\frac{h}{3} \tag{V-86}$$

Analog erhält man für die übrigen $n-1$ Doppelstreifen näherungsweise:

$$\begin{aligned} A_2 &= (y_2 + 4\,y_3 + y_4)\,\frac{h}{3}\,, \quad A_3 = (y_4 + 4\,y_5 + y_6)\,\frac{h}{3}\,, \\ &\ldots \qquad\qquad , \quad A_n = (y_{2n-2} + 4\,y_{2n-1} + y_{2n})\,\frac{h}{3} \end{aligned} \tag{V-87}$$

Durch Summation über *sämtliche* Doppelstreifen erhält man schließlich den folgenden *Näherungswert* für den Flächeninhalt:

$$\begin{aligned} \int_a^b f(x)\,dx &\approx A_1 + A_2 + \ldots + A_n = \\ &= (y_0 + 4\,y_1 + y_2)\,\frac{h}{3} + (y_2 + 4\,y_3 + y_4)\,\frac{h}{3} + \ldots + (y_{2n-2} + 4\,y_{2n-1} + y_{2n})\,\frac{h}{3} = \\ &= (y_0 + 4\,y_1 + 2\,y_2 + 4\,y_3 + 2\,y_4 + \ldots + 2\,y_{2n-2} + 4\,y_{2n-1} + y_{2n})\,\frac{h}{3} = \\ &= [(y_0 + y_{2n}) + 4\,(y_1 + y_3 + \ldots + y_{2n-1}) + 2\,(y_2 + y_4 + \ldots + y_{2n-2})]\,\frac{h}{3} \end{aligned} \tag{V-88}$$

Mit den Abkürzungen

$$\begin{aligned} \Sigma_0 &= y_0 + y_{2n} \\ \Sigma_1 &= y_1 + y_3 + \ldots + y_{2n-1} \\ \Sigma_2 &= y_2 + y_4 + \ldots + y_{2n-2} \end{aligned} \tag{V-89}$$

läßt sich diese als *Simpsonsche Formel* bezeichnete Näherung auch wie folgt schreiben:

Simpsonsche Formel

$$\int_a^b f(x)\,dx \approx [(y_0 + y_{2n}) + 4(y_1 + y_3 + \ldots + y_{2n-1}) + 2(y_2 + y_4 + \ldots + y_{2n-2})]\frac{h}{3} =$$

$$= [\Sigma_0 + 4 \cdot \Sigma_1 + 2 \cdot \Sigma_2]\frac{h}{3} \qquad \text{(V-90)}$$

h: Breite eines *einfachen* Streifens; y_k: Stützwerte $(k = 0, 1, \ldots, 2n)$

Anmerkungen

(1) Auch diese Formel gilt *unabhängig* von der *geometrischen* Interpretation für jede *stetige* Funktion $f(x)$.

(2) Beim Grenzübergang $n \to \infty$ streben die Näherungswerte gegen den *exakten* Integralwert.

(3) *Nachteil* der Simpsonschen Formel: Sie ist nur anwendbar für eine Zerlegung in eine *geradzahlige* Anzahl von Streifen, d.h. man benötigt stets eine *ungerade Anzahl von Stützwerten.*

(4) Einen *verbesserten* Näherungswert I_v erhält man folgendermaßen: Ist I_h der Näherungswert bei der Schrittweite h, I_{2h} der Näherungswert bei der *doppelten* Schrittweite $2h$, so ist der *Fehler* ΔI von I_h *näherungsweise:*

$$\Delta I = \frac{1}{15}(I_h - I_{2h}) \qquad \text{(V-91)}$$

Einen gegenüber der Schrittweite h *verbesserten* Wert I_v erzielt man nach der Formel

$$I_v = I_h + \Delta I \qquad \text{(V-92)}$$

(Voraussetzung: $2n$ ist durch 4 teilbar)

■ **Beispiel**

Wir berechnen *näherungsweise* den Flächeninhalt unter der Kurve $y = f(x) = \sqrt{1 + e^{0,5\,x^2}}$ im Intervall $1 \leqslant x \leqslant 2,6$ für $2n = 8$ Streifen (Bild V-27).

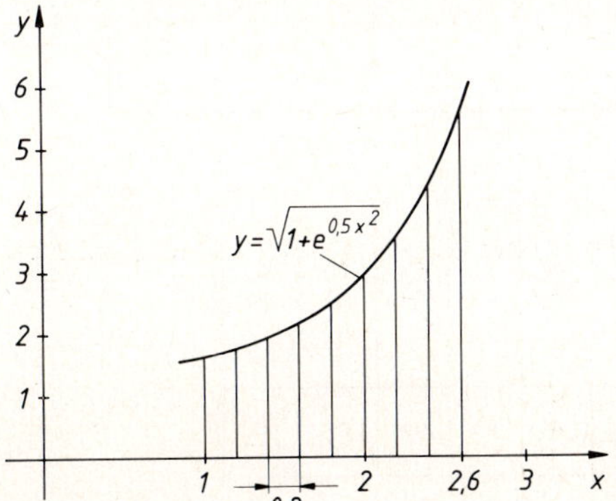

Bild V-27. Zur Berechnung des Flächeninhaltes unter der Kurve $y = \sqrt{1 + e^{0,5\,x^2}}$ im Intervall $1 \leqslant x \leqslant 2,6$

Streifenbreite (Schrittweite): $h = 0{,}2$

k	Stützstellen x_k	Stützwerte $y_k = \sqrt{1 + e^{0{,}5\, x_k^2}}$ (Schrittweite: $h = 0{,}2$)			Stützwerte $y_k = \sqrt{1 + e^{0{,}5\, x_k^2}}$ (Schrittweite: $h^* = 2h = 0{,}4$)		
0	1	1,6275			1,6275		
1	1,2		1,7477				
2	1,4			1,9143		1,9143	
3	1,6		2,1440				
4	1,8			2,4603			2,4603
5	2		2,8964				
6	2,2			3,4994		3,4994	
7	2,4		4,3375				
8	2,6	5,5110			5,5110		
		$\Sigma_0 = 7{,}1385$	$\Sigma_1 = 11{,}1256$	$\Sigma_2 = 7{,}8740$	$\Sigma_0^* = 7{,}1385$	$\Sigma_1^* = 5{,}4137$	$\Sigma_2^* = 2{,}4603$

$$I_h = \int_1^{2,6} \sqrt{1 + e^{0,5\,x^2}}\, dx = (\Sigma_0 + 4 \cdot \Sigma_1 + 2 \cdot \Sigma_2)\, \frac{h}{3} =$$

$$= (7{,}1385 + 4 \cdot 11{,}1256 + 2 \cdot 7{,}8740)\, \frac{0{,}2}{3} = 4{,}4926$$

$$I_{2h} = (\Sigma_0^* + 4 \cdot \Sigma_1^* + 2 \cdot \Sigma_2^*)\, \frac{h^*}{3} = (\Sigma_0^* + 4 \cdot \Sigma_1^* + 2 \cdot \Sigma_2^*)\, \frac{2h}{3} =$$

$$= (7{,}1385 + 4 \cdot 5{,}4137 + 2 \cdot 2{,}4603)\, \frac{0{,}4}{3} = 4{,}4952$$

Der Fehler beträgt rund

$$\Delta I = \frac{1}{15}\,(I_h - I_{2h}) = -0{,}0002$$

Einen *verbesserten* Wert liefert die Formel (V-92):

$$I_v = I_h + \Delta I = 4{,}4926 - 0{,}0002 = 4{,}4924$$ ■

9 Uneigentliche Integrale

In den Anwendungen treten vereinzelt Integrale mit einem *unendlichen Integrationsintervall* auf. Sie sind zunächst *nicht* definiert (vgl. hierzu die Integraldefinition (V-24)) und werden daher im Gegensatz zu den bisher behandelten *„eigentlichen Integralen"* als *„uneigentliche Integrale"* bezeichnet. *Formal* lassen sie sich auf einen der folgenden Integraltypen zurückführen:

$$\int_a^{\infty} f(x)\, dx, \quad \int_{-\infty}^{a} f(x)\, dx, \quad \int_{-\infty}^{\infty} f(x)\, dx \qquad \text{(V-93)}$$

Wir geben zunächst zwei anschauliche Beispiele.

■ **Beispiele**

(1) Im *Gravitationsfeld der Erde* soll eine Masse m aus der Entfernung r_0 ins *Unendliche* ($r = \infty$) gebracht werden (Bild V-28; vgl. hierzu auch Beispiel (3) in Abschnitt V.10.6).

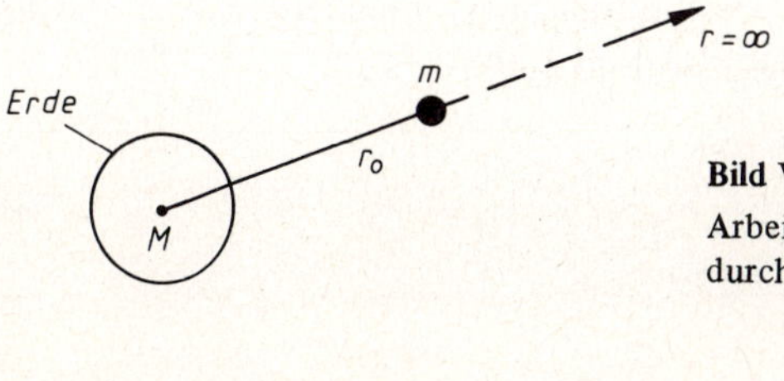

Bild V-28
Arbeit im Gravitationsfeld der Erde, durch ein uneigentliches Integral dargestellt

Die Berechnung der dabei aufzuwendenden *Arbeit* W führt zu dem *uneigentlichen Integral*

$$W = \int_{r_0}^{\infty} f\,\frac{mM}{r^2}\,dr = fmM \cdot \int_{r_0}^{\infty} \frac{1}{r^2}\,dr$$

(f: Gravitationskonstante; M: Erdmasse).

(2) Bei der Bestimmung des *Flächeninhaltes* A zwischen der Kurve mit der Funktionsgleichung $y = \frac{1}{1+x^2}$ und der x-Achse stößt man auf das folgende *uneigentliche Integral* (Bild V-29):

$$A = \int_{-\infty}^{\infty} \frac{1}{1+x^2}\,dx$$

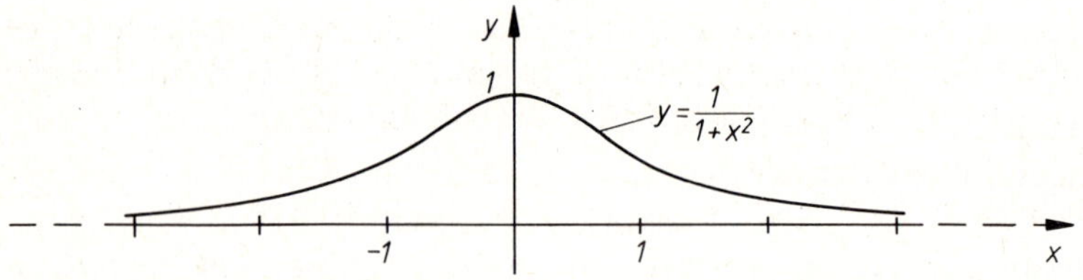

Bild V-29. Zur Berechnung der unterhalb der Kurve $y = \frac{1}{1+x^2}$ gelegenen Fläche

■

Um einem *uneigentlichen* Integral einen *Wert* zuweisen zu können, muß der in Abschnitt V.2 erklärte Integralbegriff *erweitert* werden. Wir beschränken uns dabei auf Integrale vom Typ $\int_a^{\infty} f(x)\,dx$, wobei die *Stetigkeit* des Integranden im Integrationsintervall $[a, \infty)$ vorausgesetzt wird. Im einzelnen wird wie folgt verfahren:

Berechnung eines uneigentlichen Integrals vom Typ $\int_a^{\infty} f(x)\,dx$

1. Zunächst wird über das *endliche* Intervall $[a, \lambda]$ integriert ($\lambda > a$). Das Integral ist *vorhanden*, sein Wert hängt noch von λ ab:

$$I(\lambda) = \int_a^{\lambda} f(x)\,dx \qquad \text{(V-94)}$$

2. Nun wird der *Grenzwert* von $I(\lambda)$ für $\lambda \to \infty$ berechnet. Ist er vorhanden, so setzt man definitionsgemäß

$$\int_a^{\infty} f(x)\,dx = \lim_{\lambda \to \infty} I(\lambda) = \lim_{\lambda \to \infty} \int_a^{\lambda} f(x)\,dx \qquad \text{(V-95)}$$

und nennt das uneigentliche Integral *konvergent*. Andernfalls spricht man von einem *divergenten* uneigentlichen Integral.

Anmerkungen

(1) Analog werden die *uneigentlichen Integrale* $\int_{-\infty}^{a} f(x)\,dx$ und $\int_{-\infty}^{\infty} f(x)\,dx$ durch *Grenzwerte* erklärt.

(2) Neben den besprochenen uneigentlichen Integralen mit einem *unendlichen Integrationsintervall* gibt es noch weitere Arten von uneigentlichen Integralen, beispielsweise solche, bei denen die Integrandfunktion im (endlichen) Integrationsintervall *Definitionslücken* oder *Polstellen* besitzt. Sie können im Rahmen dieses Buches leider nicht behandelt werden (s. Formelsammlung, Abschnitt V.4.2).

■ **Beispiele**

(1) $\int_1^{\infty} \frac{1}{x^3}\,dx = ?$

Wir integrieren zunächst von $x = 1$ bis hin zu $x = \lambda$ und erhalten nach der *Potenzregel:*

$$I(\lambda) = \int_1^{\lambda} \frac{1}{x^3}\,dx = \int_1^{\lambda} x^{-3}\,dx = \left[-\frac{1}{2}x^{-2}\right]_1^{\lambda} = \left[-\frac{1}{2x^2}\right]_1^{\lambda} = \frac{1}{2} - \frac{1}{2\lambda^2}$$

Im *zweiten* Schritt vollziehen wir den *Grenzübergang* für $\lambda \to \infty$ und erhalten:

$$\lim_{\lambda \to \infty} I(\lambda) = \lim_{\lambda \to \infty} \left[\frac{1}{2} - \frac{1}{2\lambda^2}\right] = \frac{1}{2}$$

Das *uneigentliche* Integral ist daher *konvergent* und besitzt den Wert 1/2:

$$\int_1^{\infty} \frac{1}{x^3}\,dx = \lim_{\lambda \to \infty} \int_1^{\lambda} \frac{1}{x^3}\,dx = \frac{1}{2}$$

(2) Wir berechnen das zu Beginn erwähnte *Arbeitsintegral*

$$W = fmM \cdot \int_{r_0}^{\infty} \frac{1}{r^2}\,dr$$

und erhalten zunächst mit der *oberen* Grenze $r = \lambda$:

$$W(\lambda) = fmM \cdot \int_{r_0}^{\lambda} \frac{1}{r^2}\, dr = fmM \left[-\frac{1}{r}\right]_{r_0}^{\lambda} = fmM \left(\frac{1}{r_0} - \frac{1}{\lambda}\right)$$

Der *Grenzwert* für $\lambda \to \infty$ ist *vorhanden* und führt zu:

$$\lim_{\lambda \to \infty} W(\lambda) = \lim_{\lambda \to \infty} fmM \left(\frac{1}{r_0} - \frac{1}{\lambda}\right) = \frac{fmM}{r_0}$$

Die aufzuwendende *Arbeit gegen die Gravitationskraft* beträgt daher:

$$W = \int_{r_0}^{\infty} f \frac{mM}{r^2}\, dr = \frac{fmM}{r_0}$$

(3) Das *uneigentliche* Integral $\int_0^{\infty} \sqrt{x}\, dx$ ist *divergent:*

$$I(\lambda) = \int_0^{\lambda} \sqrt{x}\, dx = \int_0^{\lambda} x^{1/2}\, dx = \frac{2}{3}\, [x^{3/2}]_0^{\lambda} = \frac{2}{3}\, \lambda^{3/2} = \frac{2}{3} \sqrt{\lambda^3}$$

Beim *Grenzübergang* $\lambda \to \infty$ strebt der Integralwert *über alle Grenzen:*

$$\lim_{\lambda \to \infty} I(\lambda) = \lim_{\lambda \to \infty} \frac{2}{3} \sqrt{\lambda^3} = \infty$$

Geometrische Interpretation: Die von der Kurve $y = \sqrt{x}$ und der x-Achse eingeschlossene Fläche ist *unendlich* groß (vgl. Bild V-30):

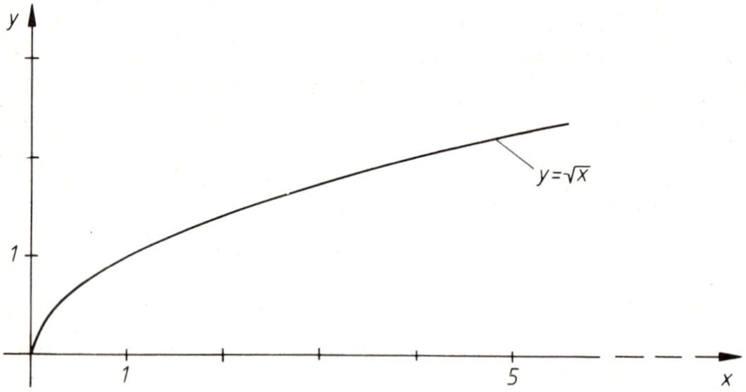

Bild V-30. Zur geometrischen Interpretation des divergenten uneigentlichen Integrals $\int_0^{\infty} \sqrt{x}\, dx$

(4) Für die *Fläche* zwischen der Kurve $y = \frac{1}{1+x^2}$ und der x-Achse (vgl. Bild V-29) erhalten wir den folgenden Wert:

$$\int_{-\infty}^{\infty} \frac{dx}{1+x^2} = 2 \cdot \int_{0}^{\infty} \frac{dx}{1+x^2} = 2 \cdot \lim_{\lambda \to \infty} \int_{0}^{\lambda} \frac{dx}{1+x^2} = 2 \cdot \lim_{\lambda \to \infty} [\arctan x]_0^{\lambda} =$$

$$= 2 \cdot \lim_{\lambda \to \infty} \arctan \lambda = 2 \cdot \frac{\pi}{2} = \pi$$

Bei der Flächenberechnung haben wir die *Achsensymmetrie* von Kurve und Fläche berücksichtigt. ■

10 Anwendungen

10.1 Einfache Beispiele aus Physik und Technik

10.1.1 Integration der Bewegungsgleichung

Im Abschnitt IV.2.13.1 haben wir uns mit der Bewegung eines Massenpunktes beschäftigt und gezeigt, daß man *Geschwindigkeit* v und *Beschleunigung* a durch *ein- bzw. zweimaliges Differenzieren* der als bekannt vorausgesetzten *Weg-Zeit-Funktion* $s = s(t)$ erhält:

$$v = \frac{ds}{dt} = \dot{s} \qquad a = \frac{dv}{dt} = \dot{v} = \ddot{s} \tag{V-96}$$

Umgekehrt lassen sich *Weg* s und *Geschwindigkeit* v einer Bewegung durch *Integration der Beschleunigung-Zeit-Funktion* $a = a(t)$ gewinnen. Unterliegt ein Körper der Masse m einer *zeitlich veränderlichen* Kraft $F = F(t)$, so folgt aus der *Newtonschen Bewegungsgleichung* $F = ma$ für die *Beschleunigung-Zeit-Funktion:*

$$a = a(t) = \frac{F(t)}{m} \tag{V-97}$$

Ist $F(t)$ und damit $a(t)$ bekannt, so erhält man aus (V-97) durch *Integration* die *Geschwindigkeit-Zeit-Funktion*

$$v = v(t) = \int a(t)\, dt \tag{V-98}$$

und hieraus durch *nochmalige Integration* die *Weg-Zeit-Funktion*

$$s = s(t) = \int v(t)\, dt \tag{V-99}$$

Die dabei auftretenden *Integrationskonstanten* werden in der Regel durch die *Anfangswerte* $s(0) = s_0$ und $v(0) = v_0$ festgelegt. s_0 bedeutet die *Wegmarke zu Beginn* ($t = 0$), v_0 die *Anfangsgeschwindigkeit*.

Integration der Bewegungsgleichung $F = F(t)$ bzw. $a = a(t)$ $(F = ma)$

Geschwindigkeit und *Weg* erhält man durch *ein-* bzw. *zweimalige Integration* der Beschleunigung-Zeit-Funktion $a = a(t)$:

$$v = \int a(t)\,dt \qquad s = \int v(t)\,dt \qquad \text{(V-100)}$$

■ **Beispiele**

(1) **Bewegung mit konstanter Beschleunigung**

Eine Bewegung erfolge mit *konstanter* Beschleunigung a längs einer Geraden. Weg und Geschwindigkeit zu Beginn ($t = 0$) seien $s(0) = s_0$, $v(0) = v_0$. Dann gilt für die *Geschwindigkeit* v:

$$v = \int a\,dt = at + C_1$$

Die Integrationskonstante C_1 wird aus dem *Anfangswert* $v(0) = v_0$ berechnet:

$$v(0) = v_0 \quad \Rightarrow \quad C_1 = v_0$$
$$v = at + v_0$$

Durch *nochmalige Integration* erhalten wir das *Weg-Zeit-Gesetz*

$$s = \int v(t)\,dt = \int (at + v_0)\,dt = \frac{1}{2}at^2 + v_0 t + C_2$$

Aus dem *Anfangswert* $s(0) = s_0$ folgt $C_2 = s_0$, und das *Weg-Zeit-Gesetz* nimmt damit die folgende Gestalt an:

$$s = \frac{1}{2}at^2 + v_0 t + s_0$$

(2) **Freier Fall unter Berücksichtigung des Luftwiderstandes**

Wir untersuchen die *Fallgeschwindigkeit v als Funktion der Fallzeit t unter Berücksichtigung der Reibung* (vgl. hierzu auch Abschnitt III.13.2.5). Der Schwerkraft (dem Gewicht) mg wirkt die *Reibungskraft* kv^2 entgegen (k: Reibungskoeffizient). Nach den *Grundgesetzen der Mechanik* erhält man damit die folgende *Bewegungsgleichung für den Freien Fall:*

$$ma = mg - kv^2 \quad \Rightarrow \quad a = g - \frac{k}{m}v^2$$

Bevor wir diese Gleichung integrieren, bringen wir sie auf eine etwas andere Form $\left(a = \dfrac{dv}{dt}\right)$:

$$\frac{dv}{dt} = g - \frac{k}{m}v^2 = g\left(1 - \frac{k}{mg}v^2\right) \quad \Rightarrow \quad \frac{dv}{g\left(1 - \frac{k}{mg}v^2\right)} = dt$$

Mit Hilfe der *Substitution*

$$x = \sqrt{\frac{k}{mg}}\,v, \quad dv = \sqrt{\frac{mg}{k}}\,dx$$

erhalten wir schließlich:

$$\sqrt{\frac{m}{gk}} \cdot \frac{dx}{1-x^2} = dt$$

Integration auf beiden Seiten führt zu:

$$\sqrt{\frac{m}{gk}} \cdot \int \frac{dx}{1-x^2} = \int dt \quad \Rightarrow \quad \sqrt{\frac{m}{gk}} \cdot \operatorname{artanh} x = t + C$$

Nach *Rücksubstitution* ergibt sich hieraus:

$$\sqrt{\frac{m}{gk}} \cdot \operatorname{artanh}\left(\sqrt{\frac{k}{mg}}\, v\right) = t + C$$

Der *Freie Fall* erfolge aus der *Ruhe* heraus, d.h. zur Zeit $t = 0$ sei $v(0) = 0$. Aus diesem *Anfangswert* erhält man für die Integrationskonstante den Wert $C = 0$ (artanh 0 = 0):

$$\sqrt{\frac{m}{gk}} \cdot \operatorname{artanh}\left(\sqrt{\frac{k}{mg}}\, v\right) = t$$

$$\operatorname{artanh}\left(\sqrt{\frac{k}{mg}}\, v\right) = \sqrt{\frac{gk}{m}}\, t$$

Durch *Umkehrung* folgt schließlich:

$$\sqrt{\frac{k}{mg}}\, v = \tanh\left(\sqrt{\frac{gk}{m}}\, t\right)$$

$$v = v(t) = \sqrt{\frac{mg}{k}} \cdot \tanh\left(\sqrt{\frac{gk}{m}}\, t\right) \qquad (t \geqslant 0)$$

Für $t \to \infty$ strebt die Fallgeschwindigkeit gegen die *konstante Endgeschwindigkeit*

$$v_E = \lim_{t \to \infty} v(t) = \sqrt{\frac{mg}{k}}$$

Gewichtskraft und Reibungskraft sind jetzt im *Gleichgewicht* und der Körper fällt *kräftefrei,* d.h. mit *konstanter* Geschwindigkeit. Die *Geschwindigkeit-Zeit-Funktion* läßt sich jetzt auch in der Form

$$v(t) = v_E \cdot \tanh\left(\frac{g}{v_E}\, t\right) \qquad (t \geqslant 0)$$

darstellen. Ihr Verlauf ist in Bild V-31 skizziert.

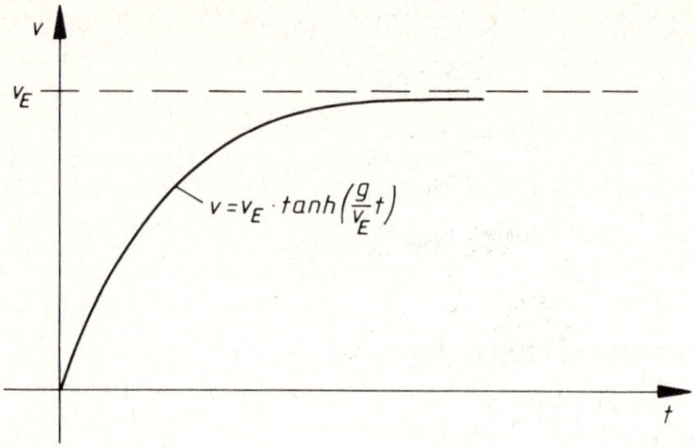

Bild V-31
Fallgeschwindigkeit v als Funktion der Fallzeit t bei Berücksichtigung des Luftwiderstandes

■

10.1.2 Biegelinie (elastische Linie) eines einseitig eingespannten Balkens

Wir beschäftigen uns nun mit einem wichtigen Problem aus der *Festigkeitslehre* (vgl. hierzu auch die Abschnitte III.5.7 und IV.3.4). Ein einseitig fest eingespannter homogener Balken der Länge l mit konstanter Querschnittsfläche werde durch eine am freien Balkenende einwirkende Kraft F auf *Biegung* beansprucht (Bild V-32):

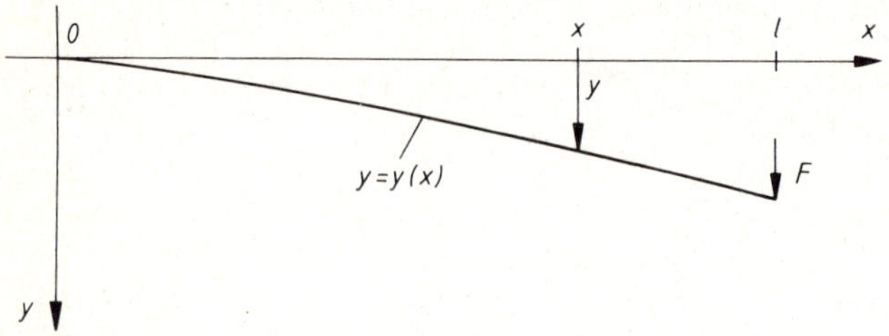

Bild V-32. Biegelinie $y = y(x)$ eines einseitig eingespannten Balkens unter dem Einfluß einer konstanten Kraft F

Die *Durchbiegung* y ist dabei *von Ort zu Ort verschieden,* d.h. *eine Funktion* $y = y(x)$ *der Ortskoordinate* x (wir messen x vom *eingespannten* Balkenende aus). In der Festigkeitslehre wird gezeigt, daß die 2. Ableitung der elastischen Linie der *Biegegleichung*[8)]

$$y'' = -\frac{M_b}{EI} \qquad \text{(V-101)}$$

genügt. Darin bedeuten:

E: *Elastizitätsmodul* (Materialkonstante)
I: *Flächenmoment* des Balkenquerschnitts
M_b: *Biegemoment* (von Ort zu Ort verschieden)

---

8) Die Biegegleichung ist eine sog. *Differentialgleichung 2. Ordnung.* Wir kommen im Kapitel über Differentialgleichungen darauf zurück (Band 2). Die *vorliegende* Biegegleichung gilt nur *näherungsweise* unter der Voraussetzung, daß die Durchbiegungen *klein* gegen die Balkenlänge sind ($y \ll l$).

In unserem Beispiel ist das Produkt EI (*Biegesteifigkeit* genannt) eine Konstante. Für das *Biegemoment* an der Stelle x gilt dann:

$$M_b = -F(l-x) \tag{V-102}$$

(die konstante Kraft wirkt im Abstand $l-x$ von der betrachteten Stelle). Damit nimmt die *Biegegleichung* die folgende Gestalt an:

$$y'' = \frac{F}{EI}(l-x) \qquad (0 \leqslant x \leqslant l) \tag{V-103}$$

Die Gleichung der gesuchten *Biegelinie* $y = y(x)$ erhält man nach *zweimaliger Integration der Biegegleichung* (V-103):

$$y' = \int y''\,dx = \frac{F}{EI} \cdot \int (l-x)\,dx = \frac{F}{EI}\left(lx - \frac{1}{2}x^2 + C_1\right) \tag{V-104}$$

$$y = \int y'\,dx = \frac{F}{EI} \cdot \int \left(lx - \frac{1}{2}x^2 + C_1\right)dx =$$

$$= \frac{F}{EI}\left[\frac{1}{2}lx^2 - \frac{1}{6}x^3 + C_1 x + C_2\right] \tag{V-105}$$

Die Integrationskonstanten C_1 und C_2 bestimmen wir aus den *Randwerten*

$$\begin{aligned} &y(0) = 0 && (\textit{keine} \text{ Durchbiegung am eingespannten Ende}) \\ &y'(0) = 0 && (\textit{waagerechte} \text{ Tangente am eingespannten Ende}) \end{aligned} \tag{V-106}$$

wie folgt:

$$\begin{aligned} y'(0) = 0 \quad &\Rightarrow \quad C_1 = 0 \\ y(0) = 0 \quad &\Rightarrow \quad C_2 = 0 \end{aligned} \tag{V-107}$$

Die *Biegelinie* lautet damit:

$$y = \frac{F}{2EI}\left(lx^2 - \frac{1}{3}x^3\right) \qquad (0 \leqslant x \leqslant l) \tag{V-108}$$

Die Durchbiegung ist am *freien* Ende ($x = l$) am *größten*. Sie beträgt

$$y_{\max} = y(l) = \frac{Fl^3}{3EI} \tag{V-109}$$

Es handelt sich dabei um ein *Randmaximum* (vgl. hierzu das Beispiel (3) in Abschnitt IV.3.4).

10.1.3 Spannung zwischen zwei Punkten eines elektrischen Feldes

Wir betrachten das *elektrostatische Feld* in der Umgebung einer *positiven Punktladung* Q. Es besitzt die in Bild V-33 skizzierte *radiale* Struktur.

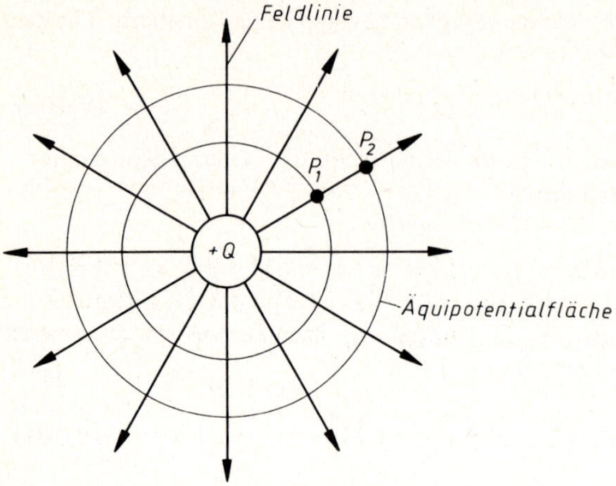

Bild V-33
Elektrostatisches Feld in der Umgebung einer positiven Punktladung (*ebener* Schnitt durch Q)

Die *elektrische Feldstärke E* hängt dabei aus *Symmetriegründen* nur vom *Abstand r* von der Punktladung ab. In unserem Beispiel ist

$$E = E(r) = \frac{Q}{4\pi\epsilon_0\epsilon r^2} \tag{V-110}$$

(ϵ_0: elektrische Feldkonstante; ϵ: *relative* Dielektrizitätskonstante des Mediums). Auch das *Potential* eines Punktes des elektrischen Feldes ist *kugelsymmetrisch: die Äquipotentialflächen sind konzentrische Kugelschalen.* Zwischen zwei Punkten P_1 und P_2 des Feldes mit den Abständen r_1 bzw. r_2 von der felderzeugenden Ladung Q besteht dann definitionsgemäß die folgende *Potentialdifferenz (Spannung):*

$$U_{12} = \int_{r_1}^{r_2} E(r)\,dr \tag{V-111}$$

Für die *Feldstärke E (r)* setzen wir den Ausdruck (V-110) ein und erhalten schließlich:

$$U_{12} = \int_{r_1}^{r_2} E(r)\,dr = \int_{r_1}^{r_2} \frac{Q}{4\pi\epsilon_0\epsilon r^2}\,dr = \frac{Q}{4\pi\epsilon_0\epsilon} \cdot \int_{r_1}^{r_2} \frac{dr}{r^2} =$$

$$= \frac{Q}{4\pi\epsilon_0\epsilon}\left[-\frac{1}{r}\right]_{r_1}^{r_2} = \frac{Q}{4\pi\epsilon_0\epsilon}\left(\frac{1}{r_1} - \frac{1}{r_2}\right) \tag{V-112}$$

10.2 Flächeninhalt

10.2.1 Bestimmtes Integral und Flächeninhalt. Ergänzungen

In Abschnitt V.2 wurde das bestimmte Integral $\int_a^b f(x)\,dx$ als Flächeninhalt zwischen der Kurve $y = f(x)$, der x-Achse und den Parallelen $x = a$ und $x = b$ eingeführt (Bild V-34). Diese *geometrische* Interpretation ist jedoch nur zulässig, wenn die (stetige) Integrandfunktion $f(x)$ *überall* im Integrationsbereich die Bedingung $f(x) \geqslant 0$ erfüllt.

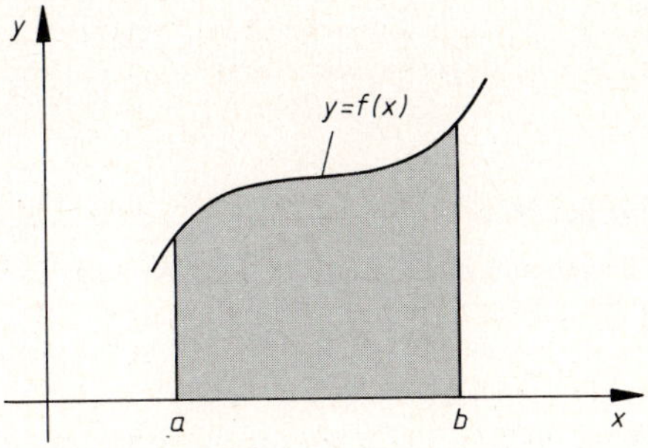

Bild V-34
Das bestimmte Integral als Flächeninhalt

■ **Beispiel**

Wir suchen den *Flächeninhalt A*, der von der Parabel $y = x^2 - 2x + 3$, der x-Achse und den Parallelen $x = 0$ und $x = 3$ begrenzt wird (Bild V-35).

Lösung:
Im Intervall [0, 3] verläuft die Parabel *oberhalb* der x-Achse. Daher ist:

$$A = \int_0^3 (x^2 - 2x + 3)\,dx = \left[\frac{1}{3}x^3 - x^2 + 3x\right]_0^3 = 9$$

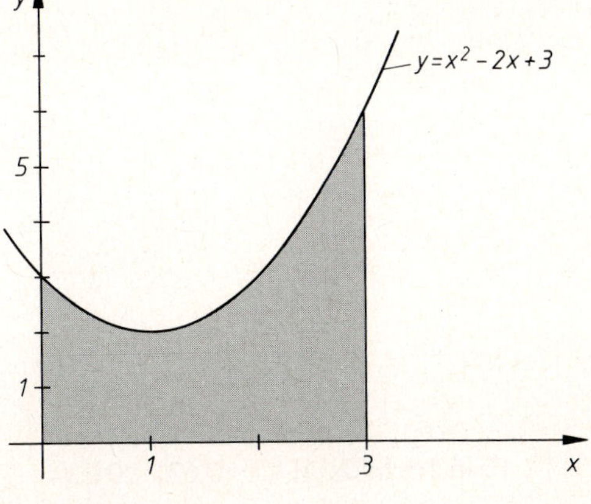

Bild V-35
Zur Berechnung der Fläche unter der Kurve $y = x^2 - 2x + 3$ im Intervall [0, 3]

■

Falls das Flächenstück jedoch *vollständig unterhalb* der x-Achse liegt (Bild V-36), ist der Integralwert $\int_a^b f(x)\,dx$ *negativ*. Der Flächeninhalt A ist in diesem Falle durch den *Betrag des Integrales* gegeben:

$$A = \left| \int_a^b f(x)\,dx \right| = -\int_a^b f(x)\,dx \qquad (f(x) \leqslant 0 \quad \text{in} \quad [a, b]) \tag{V-113}$$

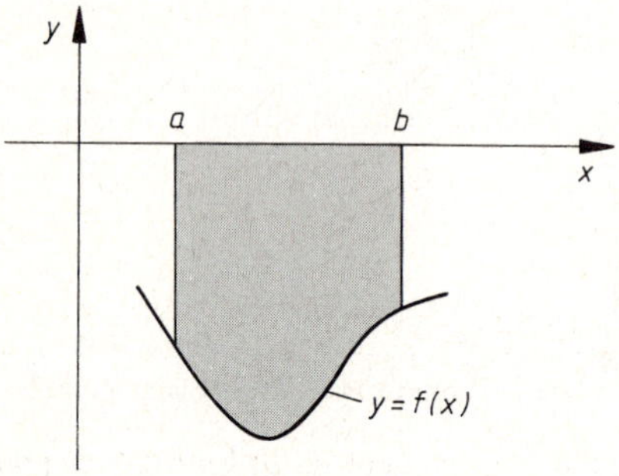

Bild V-36

Zur Berechnung einer unterhalb der x-Achse gelegenen Fläche

■ **Beispiel**

Welchen *Flächeninhalt* schließt die Tangensfunktion $y = \tan x$ im Intervall $[-1, 0]$ mit der x-Achse ein (Bild V-37)?

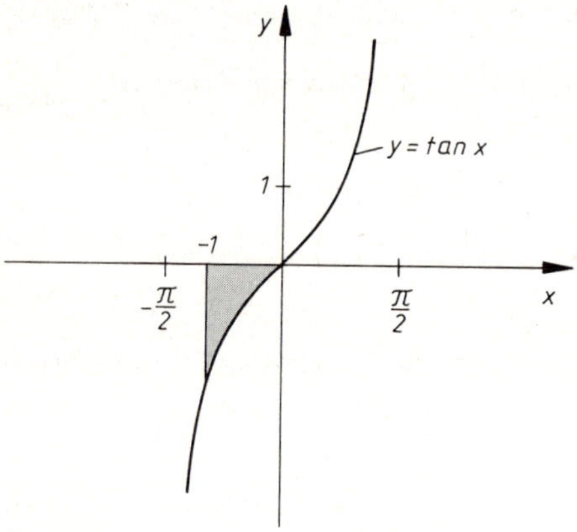

Bild V-37

Lösung:

Es ist:

$$A = \left| \int_{-1}^{0} \tan x\,dx \right| = \left| [-\ln |\cos x|]_{-1}^{0} \right| =$$

$$= \left| -\ln |\cos 0| + \ln |\cos 1| \right| = |-\ln 1 + \ln 0{,}54| = |-0{,}62| = 0{,}62$$ ■

Der *allgemeinste* Fall tritt ein, wenn die Fläche *teils oberhalb* und *teils unterhalb* der x-Achse liegt. Wir müssen in diesem Fall die Fläche so in *Teilflächen* zerlegen, daß diese entweder *vollständig oberhalb* oder *vollständig unterhalb* der x-Achse liegen (Bild V-38). Die entsprechenden Integralbeiträge sind daher *positiv* oder *negativ*, je nachdem, ob die Kurve gerade *oberhalb* oder *unterhalb* der x-Achse verläuft (die *positiven* Beiträge sind in Bild V-38 *dunkelgrau*, die *negativen* Beiträge *hellgrau* unterlegt).

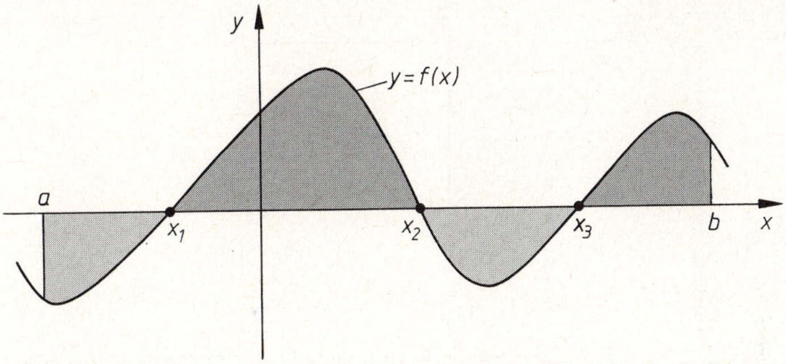

Bild V-38. Zur Berechnung des Flächeninhaltes im allgemeinsten Fall

Als zusätzliche Information benötigen wir dann die im Integrationsintervall $[a, b]$ liegenden *Nullstellen* der Funktionskurve $f(x)$. So besitzt z.B. die in Bild V-38 skizzierte Funktion genau drei *im* Integrationsintervall liegende Nullstellen x_1, x_2, x_3 (nach steigender Größe geordnet). In den Teilintervallen $[a, x_1]$ und $[x_2, x_3]$ liegt die Kurve *unterhalb* der x-Achse: die entsprechenden Integralbeiträge sind daher *negativ*. In den Teilintervallen $[x_1, x_2]$ und $[x_3, b]$ verläuft die Kurve dagegen *oberhalb* der x-Achse: die entsprechenden Integralbeiträge sind *positiv*. Die Gesamtfläche A ist daher als *Summe der Beträge aller Teilintegrale* darstellbar:

$$A = A_1 + A_2 + A_3 + A_4 =$$

$$= \left| \int_a^{x_1} f(x)\,dx \right| + \left| \int_{x_1}^{x_2} f(x)\,dx \right| + \left| \int_{x_2}^{x_3} f(x)\,dx \right| + \left| \int_{x_3}^{b} f(x)\,dx \right| \qquad \text{(V-114)}$$

(das 2. und 4. Integral ist *positiv:* daher dürfen hier die Betragsstriche weggelassen werden).

■ **Beispiel**

Wir berechnen den in Bild V-39 skizzierten Flächeninhalt zwischen der Polynomfunktion $y = x^3 - 3x^2 - 6x + 8$, der x-Achse und den Parallelen $x = -2{,}5$ und $x = 3$:

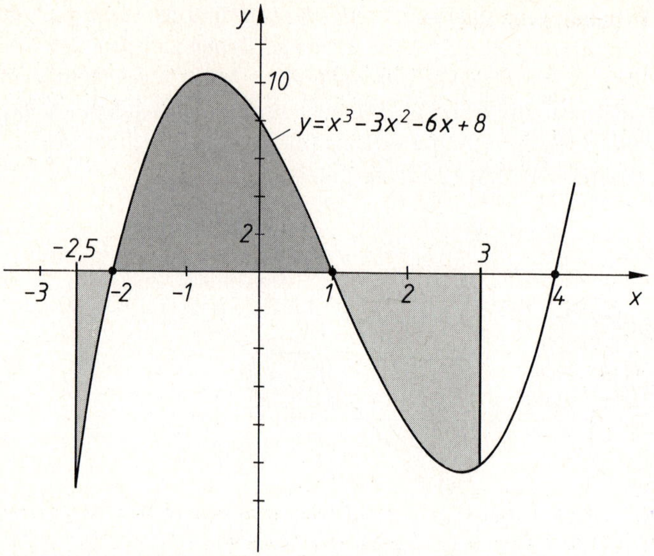

Bild V-39. Zur Berechnung der Fläche zwischen der Kurve $y = x^3 - 3x^2 - 6x + 8$, der x-Achse und den Parallelen $x = -2{,}5$ und $x = 3$

Die *Nullstellen* der Funktion sind der Reihe nach $x_1 = -2$, $x_2 = 1$, $x_3 = 4$ und liegen bis auf $x_3 = 4$ im Intervall $[-2{,}5; 3]$ (vgl. Bild V-39). Die Fläche zerfällt damit in genau *drei Teilflächen*, die jeweils *abwechselnd unter- und oberhalb* der x-Achse liegen. Es sind daher die folgenden drei Teilintegrale zu berechnen:

$$I_1 = \int_{-2,5}^{-2} (x^3 - 3x^2 - 6x + 8)\,dx = \left[\frac{1}{4}x^4 - x^3 - 3x^2 + 8x\right]_{-2,5}^{-2} = -2{,}64$$

$$I_2 = \int_{-2}^{1} (x^3 - 3x^2 - 6x + 8)\,dx = \left[\frac{1}{4}x^4 - x^3 - 3x^2 + 8x\right]_{-2}^{1} = 20{,}25$$

$$I_3 = \int_{1}^{3} (x^3 - 3x^2 - 6x + 8)\,dx = \left[\frac{1}{4}x^4 - x^3 - 3x^2 + 8x\right]_{1}^{3} = -14$$

Der gesuchte *Flächeninhalt* beträgt damit

$$A = A_1 + A_2 + A_3 = |I_1| + |I_2| + |I_3| = |-2{,}64| + |20{,}25| + |-14| =$$
$$= 2{,}64 + 20{,}25 + 14 = 36{,}89$$

■

10.2.2 Flächeninhalt zwischen zwei Kurven

Wir betrachten ein Flächenstück, das von den Kurven $y_o = f_o(x)$ und $y_u = f_u(x)$ sowie den beiden Parallelen $x = a$ und $x = b$ berandet wird (Bild V-40). Dabei soll *überall* im Intervall $a \leqslant x \leqslant b$ die Bedingung $f_o(x) \geqslant f_u(x)$ erfüllt sein, d.h. die Kurve $y_o = f_o(x)$ verläuft *oberhalb* der Kurve $y_u = f_u(x)$ (dieses Verhalten wird durch die Indizes zum Ausdruck gebracht: o = oben, u = unten).

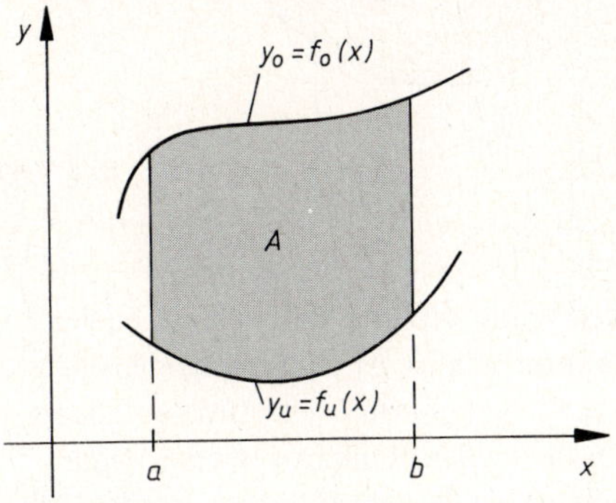

Bild V-40
Zur Berechnung der zwischen zwei Kurven gelegenen Fläche

Wir berechnen den Flächeninhalt A als *Differenz zweier Flächen.* Nach Bild V-40 ist

$$A = \int_a^b f_o(x)\,dx - \int_a^b f_u(x)\,dx \tag{V-115}$$

Das *erste* Integral beschreibt dabei die *unterhalb* der Kurve $y_o = f_o(x)$ liegende Fläche, das zweite Integral entsprechend den Flächeninhalt *unterhalb* der Kurve $y_u = f_u(x)$, jeweils auf das Intervall $[a, b]$ bezogen. Die Integraldifferenz (V-115) läßt sich zu *einem* Integral zusammenfassen:

Flächeninhalt zwischen zwei Kurven

$$A = \int_a^b [f_o(x) - f_u(x)]\,dx \qquad (f_o(x) \geqslant f_u(x)) \tag{V-116}$$

Anmerkungen

(1) Die Lage des Flächenstücks spielt dabei *keine* Rolle, solange *überall* im Intervall $[a, b]$ $f_0(x) \geqslant f_u(x)$ ist. Der Formelausdruck (V-116) bleibt daher auch für die in den Bildern V-41a) und V-41b) skizzierten Flächen *gültig*.

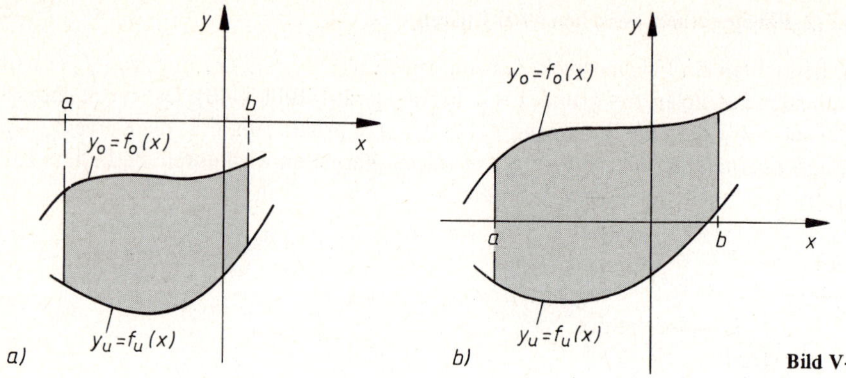

Bild V-41

(2) Die Integralformel (V-116) gilt *nur* unter der Voraussetzung, daß sich die beiden Randkurven der Fläche an *keiner* Stelle des Intervalls $[a, b]$ durchschneiden, d.h. überall im Intervall $[a, b]$ die Bedingung $f_0(x) \geqslant f_u(x)$ *erfüllt* ist. Anderenfalls ist die Fläche so in *Teilflächen* zu zerlegen, daß die beiden Randkurven einer *jeden* Teilfläche diese Bedingung erfüllen. Zur Berechnung dieser Teilflächen werden daher die im Intervall $[a, b]$ gelegenen *Schnittpunkte* beider Kurven benötigt. Bild V-42 verdeutlicht das Vorgehen bei *zwei* Teilflächen A_1 und A_2, d.h. bei *einem* im Intervall $[a,b]$ gelegenen *Schnittpunkt* mit dem Abszissenwert x_1. Für die beiden Teilintervalle gelten dann folgende Bedingungen:

Im Intervall $[a, x_1] : f_2(x) \geqslant f_1(x)$

Im Intervall $[x_1, b] : f_1(x) \geqslant f_2(x)$

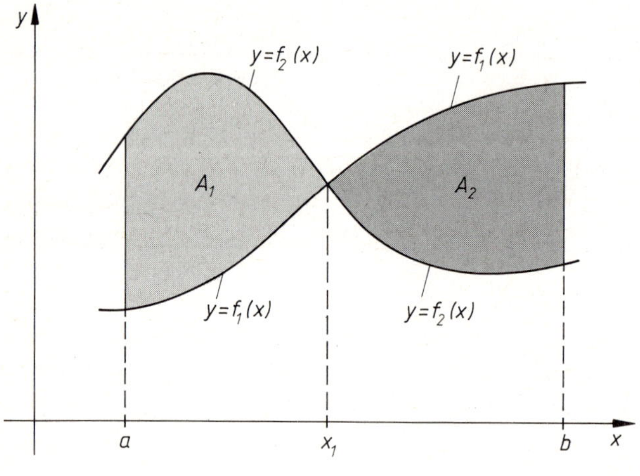

Bild V-42

Die *Gesamtfläche A* berechnet sich daher wie folgt:

$$A = A_1 + A_2 = \int_a^{x_1} [f_2(x) - f_1(x)]\, dx + \int_{x_1}^{b} [f_1(x) - f_2(x)]\, dx =$$

$$= \int_a^{x_1} [f_2(x) - f_1(x)]\, dx + \left| \int_{x_1}^{b} [f_2(x) - f_1(x)]\, dx \right| \qquad \text{(V-117)}$$

■ **Beispiele**

(1) Man bestimme den *Flächeninhalt* zwischen der Parabel $y = -0{,}5\,x^2 + 6$ und der Geraden $y = 1{,}5\,x + 2$ (Bild V-43).

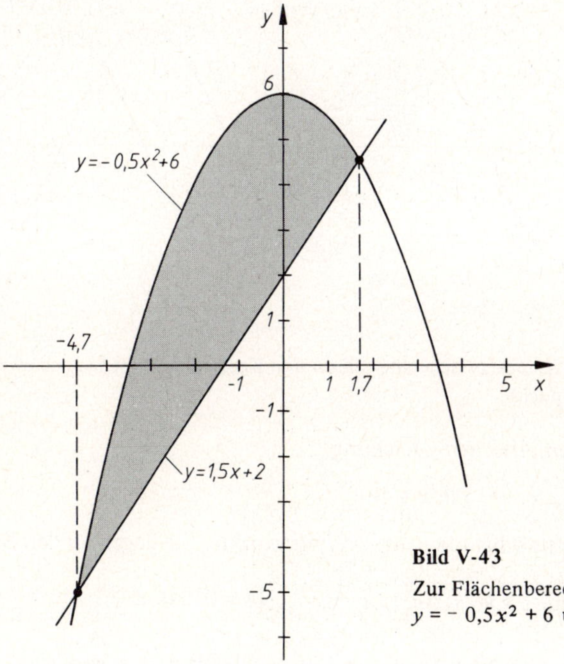

Bild V-43
Zur Flächenberechnung zwischen der Parabel $y = -0{,}5x^2 + 6$ und der Geraden $y = 1{,}5x + 2$

Lösung:
Zunächst berechnen wir die *Kurvenschnittpunkte:*

$$-0{,}5\,x^2 + 6 = 1{,}5\,x + 2 \iff x^2 + 3\,x - 8 = 0$$

$$\Rightarrow \; x_1 = -4{,}7,\; x_2 = 1{,}7$$

Das Flächenstück wird im Intervall $-4{,}7 \leqslant x \leqslant 1{,}7$ *oben* von der *Parabel* und *unten* von der *Geraden* begrenzt. Daher ist der Flächeninhalt:

$$A = \int_{-4,7}^{1,7} (-0{,}5\,x^2 + 6 - 1{,}5\,x - 2)\,dx = \int_{-4,7}^{1,7} (-0{,}5\,x^2 - 1{,}5\,x + 4)\,dx =$$

$$= \left[-\frac{1}{6}x^3 - \frac{3}{4}x^2 + 4\,x\right]_{-4,7}^{1,7} = 3{,}81 - (-18{,}06) = 21{,}87$$

(2) Wir berechnen die zwischen der Sinus- und Kosinuskurve liegende *Fläche* im Bereich zweier *aufeinanderfolgender* Schnittpunkte (Bild V-44).

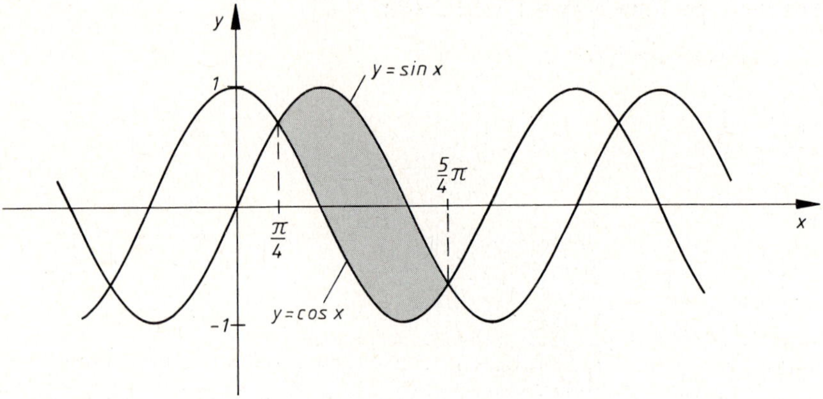

Bild V-44. Flächenstück zwischen der Sinus- und Kosinuskurve im Bereich zweier aufeinander folgender Schnittpunkte

Aus der *trigonometrischen* Gleichung

$$\sin x = \cos x \quad \Rightarrow \quad \tan x = 1$$

berechnen wir zunächst die *Kurvenschnittpunkte.* Sie liegen an den Stellen

$$x_k = \arctan 1 + k \cdot \pi = \frac{\pi}{4} + k \cdot \pi \qquad (k = 0, \pm 1, \pm 2, \ldots)$$

Wir entscheiden uns dabei für den in Bild V-44 skizzierten Bereich zwischen den ersten beiden *positiven* Schnittpunkten: $\frac{\pi}{4} \leqslant x \leqslant \frac{5}{4}\pi$. In diesem Intervall verläuft die Sinuskurve *oberhalb* der Kosinuskurve. Der gesuchte *Flächeninhalt* wird daher über das folgende Integral berechnet:

$$A = \int_{\frac{\pi}{4}}^{\frac{5}{4}\pi} (\sin x - \cos x)\,dx = \Big[-\cos x - \sin x\Big]_{\frac{\pi}{4}}^{\frac{5}{4}\pi} = 2 \cdot \sqrt{2} = 2{,}83 \qquad \blacksquare$$

10.3 Volumen eines Rotationskörpers (Rotationsvolumen)

Rotationskörper entstehen durch Drehung einer ebenen Kurve um eine in der Kurvenebene liegende Achse. Zu ihnen gehören beispielsweise die *Kugel,* der *Kreiskegel,* der *Zylinder,* das *Rotationsparaboloid,* der *Torus.*

Rotation um die x-Achse

Die über dem Intervall $[a, b]$ gelegene Kurve mit der Funktionsgleichung $y = f(x)$ erzeuge bei *Rotation um die x-Achse* den in Bild V-45 skizzierten *Rotationskörper.* Dieser wird nun in eine große Anzahl n von Scheiben *gleicher* Dicke Δx zerlegt. Im folgenden betrachten wir eine *wahllos* herausgegriffene Scheibe (vgl. Bild V-45). Sie wird durch eine *kreisförmige Zylinderscheibe* gleicher Dicke ersetzt, die durch *Rotation* des in Bild V-46 skizzierten *Rechtecks* mit den Seitenlängen $y = f(x)$ und Δx um die *x-Achse* entsteht. Das Volumen dieser zylindrischen Scheibe ist

$$\Delta V_x = (\text{Grundfläche}) \cdot (\text{Höhe}) = \pi y^2 \Delta x \qquad \text{(V-118)}$$

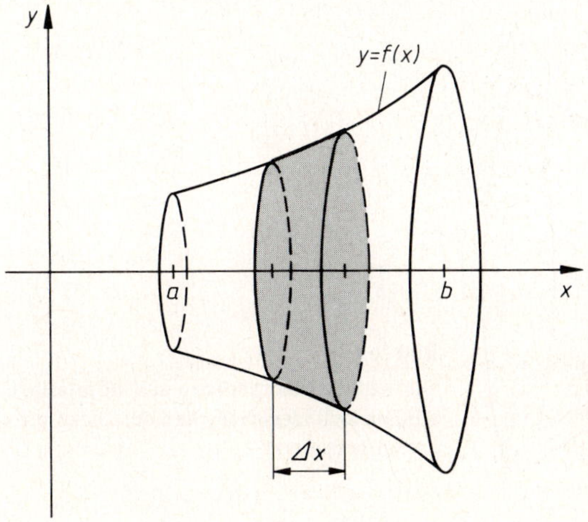

Bild V-45
Zerlegung eines Rotationskörpers in Zylinderscheiben

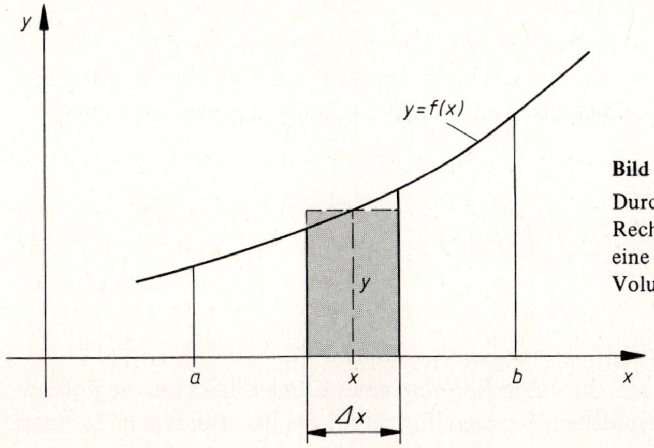

Bild V-46
Durch Rotation des eingezeichneten Rechtecks um die x-Achse entsteht eine kreisförmige Zylinderscheibe vom Volumen $\Delta V_x = \pi y^2 \Delta x$

(y ist dabei ein beliebiger zum Intervall gehöriger Funktionswert). Ebenso verfährt man mit den übrigen Scheiben. Die *Summation* über *sämtliche* Zylindervolumen liefert einen *Näherungswert* für das Rotationsvolumen V_x, der bei *beliebiger* Verfeinerung der Zerlegung gegen den *exakten* Wert strebt. Beim *Grenzübergang* $n \to \infty$ geht die Scheibendicke $\Delta x \to 0$ und man erhält für V_x die folgende Integralformel:

Rotationsvolumen bei Drehung um die x-Achse

$$V_x = \pi \cdot \int_a^b y^2 \, dx = \pi \cdot \int_a^b f^2(x) \, dx \qquad \text{(V-119)}$$

Zu diesem Ergebnis gelangt man auch durch eine in den Anwendungen in Physik und Technik übliche und beliebte *formale* Betrachtungsweise. Wir gehen dabei von einer *infinitesimal dünnen Scheibe* der Dicke dx aus (Bild V-47):

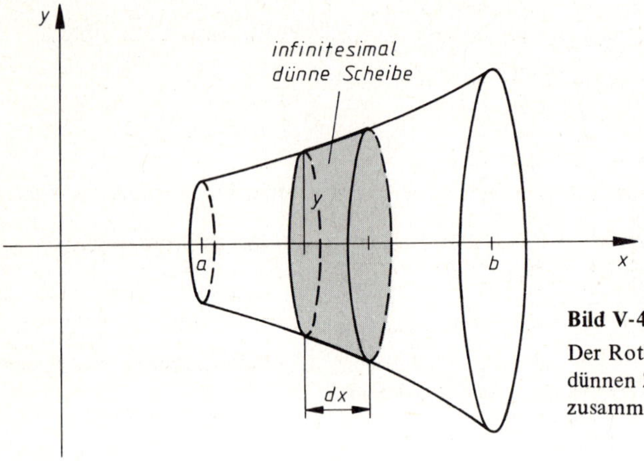

Bild V-47
Der Rotationskörper wird aus infinitesimal dünnen Zylinderscheibchen der Dicke dx zusammengesetzt

Das *Volumen* einer solchen Scheibe (auch *Volumenelement* genannt) beträgt

$$dV_x = \pi y^2 \, dx \qquad \text{(V-120)}$$

Nun *summieren*, d.h. *integrieren* wir über *sämtliche* zwischen $x = a$ und $x = b$ gelegenen *infinitesimal dünnen Scheiben* und erhalten schließlich für das *Rotationsvolumen* die bereits bekannte Formel

$$V_x = \int_{(V)} dV_x = \pi \cdot \int_a^b y^2 \, dx = \pi \cdot \int_a^b f^2(x) \, dx \qquad \text{(V-121)}$$

Rotation um die y-Achse

Analog verfährt man bei Körpern, die durch *Rotation* eines Kurvenstücks um die *y-Achse* entstehen (Bild V-48). Die entsprechende Integralformel für das Rotationsvolumen lautet:

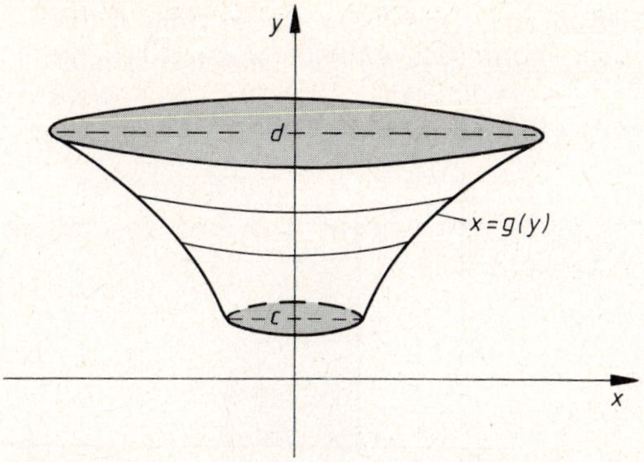

Bild V-48
Zur y-Achse rotationssymmetrischer Körper

Rotationsvolumen bei Drehung um die y-Achse

$$V_y = \pi \cdot \int_c^d x^2\,dy = \pi \cdot \int_c^d g^2(y)\,dy \qquad \text{(V-122)}$$

Dabei ist $x = g(y)$ die nach x *aufgelöste* Form von $y = f(x)$.

■ **Beispiele**

(1) Durch Drehung der über dem Intervall $\left[0, \frac{\pi}{2}\right]$ gelegenen *Kosinuskurve* $y = \cos x$ um die *x-Achse* entsteht der in Bild V-49 skizzierte *Rotationskörper*. Sein Volumen beträgt nach (V-119):

$$V_x = \pi \cdot \int_0^{\frac{\pi}{2}} \cos^2 x\,dx = \pi \cdot \left[\frac{1}{2}x + \frac{1}{4}\sin(2x)\right]_0^{\frac{\pi}{2}} = \frac{\pi^2}{4}$$

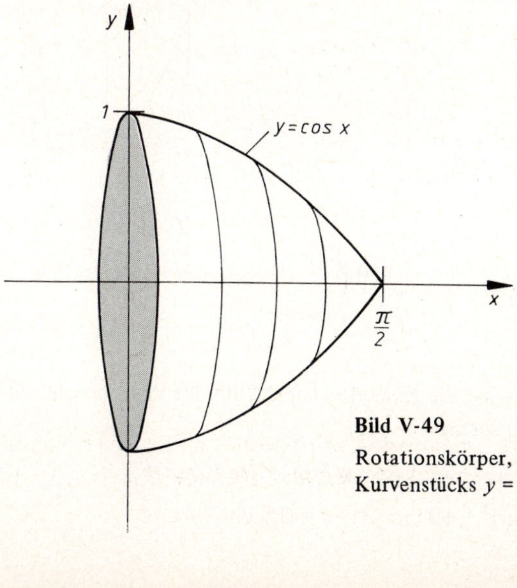

Bild V-49
Rotationskörper, entstanden durch Drehung des Kurvenstücks $y = \cos x$, $0 \leqslant x \leqslant \pi/2$ um die x-Achse

(2) Durch Rotation des in Bild V-50 skizzierten Kreisabschnitts der Höhe h um die *x-Achse* entsteht ein sog. *Kugelabschnitt*, dessen *Volumen* sich folgendermaßen berechnet:

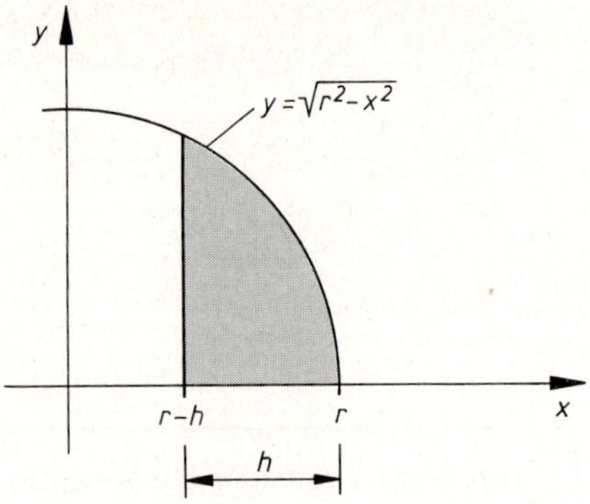

Bild V-50
Der grau unterlegte Kreisabschnitt erzeugt bei Rotation um die x-Achse einen Kugelabschnitt

$$V_x = \pi \cdot \int_{r-h}^{r} \left(\sqrt{r^2 - x^2}\right)^2 dx = \pi \cdot \int_{r-h}^{r} (r^2 - x^2)\, dx = \pi \cdot \left[r^2 x - \frac{1}{3} x^3\right]_{r-h}^{r} =$$

$$= \pi \cdot \left[r^3 - \frac{1}{3} r^3 - r^2 (r-h) + \frac{1}{3} (r-h)^3\right] = \pi h^2 \left(r - \frac{1}{3} h\right)$$

Für $h = 2r$ erhält man eine *Vollkugel* mit dem Volumen

$$V_{\text{Kugel}} = \pi (2r)^2 \left(r - \frac{1}{3}\, 2r\right) = \frac{4}{3} \pi r^3$$

(3) Welchen *Rauminhalt* besitzt der Körper, der durch Drehung der in Bild V-51 skizzierten Fläche um die *y-Achse* entsteht?

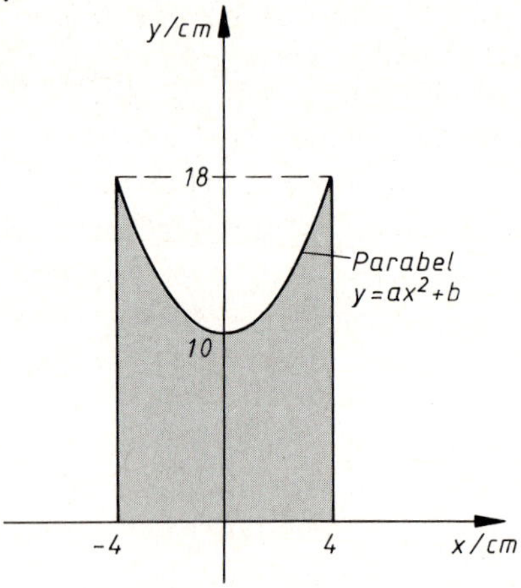

Bild V-51

Lösung:

Zunächst bestimmen wir die *Funktionsgleichung* der Parabel, die wir in der Form $y = ax^2 + b$ ansetzen:

$b = 10$ cm; $P = (4\text{ cm}; 18\text{ cm})$ ist ein *Punkt der Parabel*

$\Rightarrow \quad 18\text{ cm} = a \cdot (4\text{ cm})^2 + 10\text{ cm} \quad \Rightarrow \quad a = 0{,}5\text{ cm}^{-1}$

Parabelgleichung: $y = 0{,}5\ \text{cm}^{-1} \cdot x^2 + 10\ \text{cm}$

Durch Rotation der über dem Intervall $10 \leqslant y/\text{cm} \leqslant 18$ gelegenen Parabel um die *y-Achse* entsteht ein *Rotationsparaboloid*, dessen Volumen nach Formel (V-122) zu berechnen ist. Dazu lösen wir zunächst die Parabelgleichung nach x^2 auf:

$$x^2 = 2\ \text{cm} \cdot (y - 10\ \text{cm})$$

und erhalten weiter:

$$V_{\text{Paraboloid}} = \pi \cdot \int_{10\ \text{cm}}^{18\ \text{cm}} x^2\, dy = 2\,\pi \cdot \text{cm} \cdot \int_{10\ \text{cm}}^{18\ \text{cm}} (y - 10\ \text{cm})\, dy =$$

$$= 2\,\pi \cdot \text{cm} \left[\frac{1}{2} y^2 - 10\ \text{cm} \cdot y\right]_{10\ \text{cm}}^{18\ \text{cm}} = 201{,}06\ \text{cm}^3$$

Das *gesuchte Rotationsvolumen* berechnen wir nach der Formel

$$V = V_{\text{Zylinder}} - V_{\text{Paraboloid}}$$

Dabei ist V_{Zylinder} das Volumen des *Zylinders* mit dem Radius $r = 4$ cm und der Höhe $h = 18$ cm. Wir erhalten:

$$V = \pi\,(4\ \text{cm})^2 \cdot 18\ \text{cm} - 201{,}06\ \text{cm}^3 = 904{,}78\ \text{cm}^3 - 201{,}06\ \text{cm}^3 =$$
$$= 703{,}72\ \text{cm}^3$$

■

10.4 Bogenlänge einer ebenen Kurve

Wir stellen uns die Aufgabe, die *Länge* einer über dem Intervall $[a, b]$ gelegenen Kurve mit der Funktionsgleichung $y = f(x)$ zu berechnen, und bedienen uns dabei der bereits in Abschnitt V.10.3 erwähnten *formalen* Betrachtungsweise. Wahllos greifen wir ein von den beiden Randpunkten P und Q begrenztes, *infinitesimal kurzes Kurvenstück* heraus und ersetzen den Kurvenbogen durch das *Linienelement* ds, d.h. durch die entsprechende Strecke auf der in P errichteten *Tangente* (Bild V-52).

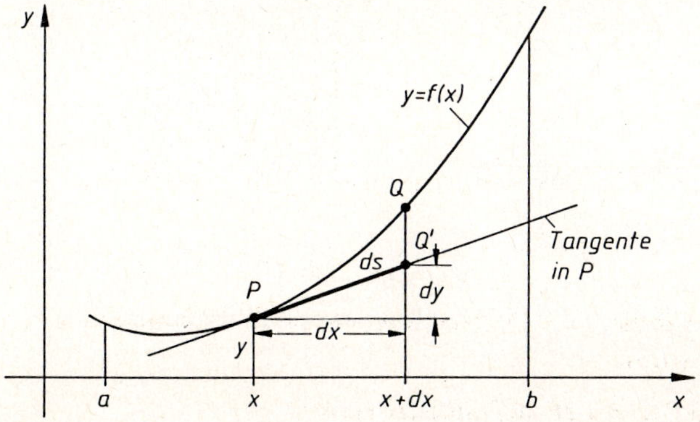

Bild V-52
Zur Bestimmung der Bogenlänge eines ebenen Kurvenstücks

Aus dem Steigungsdreieck folgt dann unmittelbar nach dem Satz des Pythagoras:

$$(ds)^2 = (dx)^2 + (dy)^2 = \left[1 + \frac{(dy)^2}{(dx)^2}\right](dx)^2 =$$

$$= \left[1 + \left(\frac{dy}{dx}\right)^2\right](dx)^2 = [1 + (y')^2]\,(dx)^2 \qquad \text{(V-123)}$$

und weiter:

$$ds = \sqrt{1 + (y')^2}\,dx = \sqrt{1 + [f'(x)]^2}\,dx \qquad \text{(V-124)}$$

Durch Integration über sämtliche Linienelemente[9] erhält man schließlich die folgende Integralformel für die Bogenlänge der Kurve $y = f(x)$:

Bogenlänge eines ebenen Kurvenstücks

$$s = \int_a^b \sqrt{1 + (y')^2}\,dx = \int_a^b \sqrt{1 + [f'(x)]^2}\,dx \qquad \text{(V-125)}$$

Anmerkung

Die Berechnung der Bogenlänge einer Kurve $y = f(x)$ setzt die *Stetigkeit* der 1. Ableitung $y' = f'(x)$ voraus.

■ **Beispiel**

Wir berechnen den *Umfang eines Kreises* vom Radius r (Bild V-53):

$$y = \sqrt{r^2 - x^2}, \qquad y' = -\frac{x}{\sqrt{r^2 - x^2}}$$

$$1 + (y')^2 = 1 + \frac{x^2}{r^2 - x^2} = \frac{r^2}{r^2 - x^2} \Rightarrow \sqrt{1 + (y')^2} = \frac{r}{\sqrt{r^2 - x^2}}$$

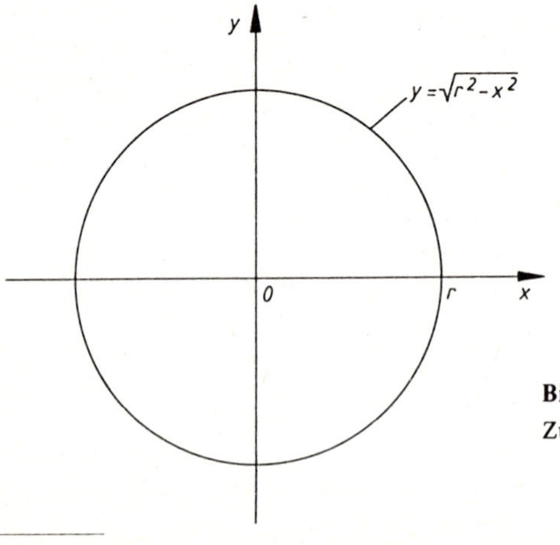

Bild V-53
Zur Berechnung des Kreisumfangs

9) Andere übliche Bezeichnungen für das *Linienelement* sind *Bogenelement* oder *Bogendifferential*.

Bei der Integration beschränken wir uns auf den im 1. Quadranten gelegenen *Viertelkreis* und multiplizieren den Integralwert mit 4:

$$s = 4 \cdot \int_0^r \frac{r}{\sqrt{r^2 - x^2}}\, dx = 4r \cdot \int_0^r \frac{dx}{\sqrt{r^2 - x^2}}$$

Dieses Integral wird durch eine *Substitution vom Typ (D)* aus Abschnitt V.8.1 gelöst:

$$x = r \cdot \sin u, \quad dx = r \cdot \cos u\, du, \quad \sqrt{r^2 - x^2} = r \cdot \cos u$$

Untere Grenze: $x = 0 \quad \Rightarrow \quad u = \arcsin 0 = 0$

Obere Grenze: $x = r \quad \Rightarrow \quad u = \arcsin 1 = \frac{\pi}{2}$

Wir erhalten schließlich:

$$s = 4r \cdot \int_0^r \frac{dx}{\sqrt{r^2 - x^2}} = 4r \cdot \int_0^{\frac{\pi}{2}} \frac{r \cdot \cos u\, du}{r \cdot \cos u} = 4r \cdot \int_0^{\frac{\pi}{2}} du = 4r\,[u]_0^{\frac{\pi}{2}} = 2\pi r$$ ■

10.5 Mantelfläche eines Rotationskörpers (Rotationsfläche)

Die durch Drehung einer ebenen Kurve um eine in der Kurvenebene liegende Achse entstehende Fläche heißt *Mantelfläche* oder *Rotationsfläche* des Drehkörpers.

Rotation um die x-Achse

Der Rotationskörper entstehe durch *Drehung* der Kurve $y = f(x)$, $a \leqslant x \leqslant b$ um die *x-Achse* (Bild V-54). Wir zerlegen ihn wiederum in eine große Anzahl zylindrischer Scheiben.

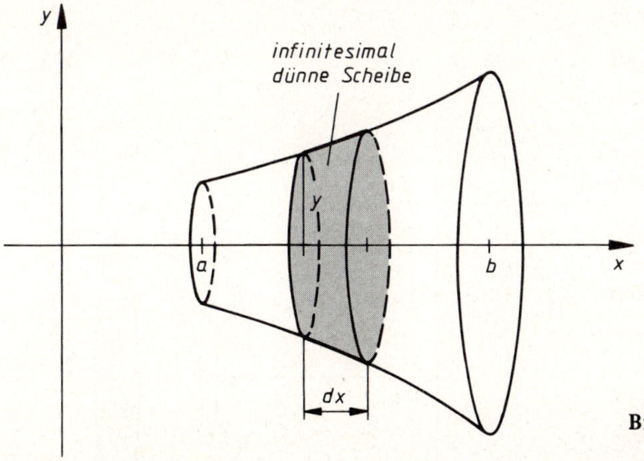

Bild V-54

Eine solche *infinitesimal dünne* Zylinderscheibe der Dicke dx erhalten wir durch Drehung des in Bild V-55 skizzierten Bogens $\widehat{PQ}$ um die x-Achse. Ersetzen wir diesen Bogen durch das zugehörige *Linienelement* ds, so erzeugt dieses bei Rotation um die x-Achse einen *Kegelstumpf*, dessen Mantelfläche einen *Näherungswert* für die Mantelfläche der Zylinderscheibe darstellt.

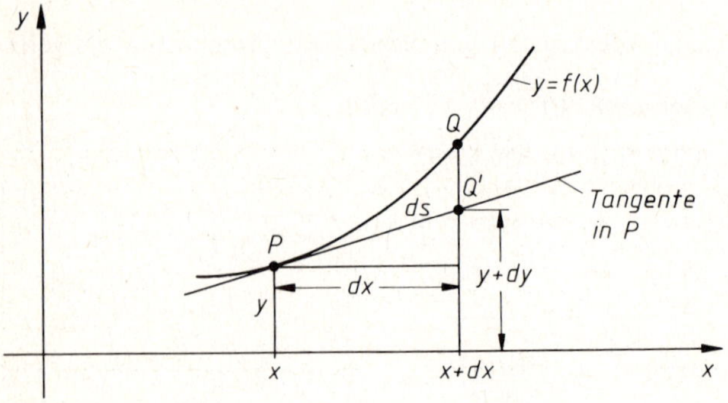

Bild V-55 Zur Bestimmung der Mantelfläche eines zur x-Achse symmetrischen Rotationskörpers

Für die *Mantelfläche eines Kegelstumpfes* liefert uns die Elementarmathematik die bekannte Formel[10])

$$M_{\text{Kegelstumpf}} = \pi (r_1 + r_2) s \tag{V-126}$$

Wir übertragen diese Formel auf unseren durch Drehung des Linienelementes ds um die x-Achse erzeugten infinitesimal dünnen Kegelstumpf. Für diesen ist

$$r_1 = y \qquad r_2 = y + dy \qquad s = ds \tag{V-127}$$

Seine Mantelfläche beträgt somit

$$dM_x = \pi [y + (y + dy)] \, ds = \pi (2y + dy) \, ds \tag{V-128}$$

10) Die Mantelfläche eines Kegelstumpfes wird nach der Formel

$$M_{\text{Kegelstumpf}} = \pi (r_1 + r_2) s$$

berechnet (vgl. hierzu Bild V-56).

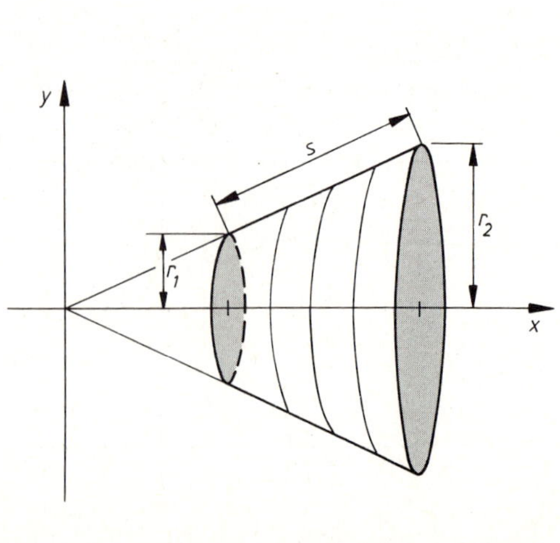

Bild V-56 Kegelstumpf

und weiter, da $dy \ll y$ angenommen werden darf:

$$dM_x = \pi \cdot 2y\, ds = 2\pi y\, ds \qquad \text{(V-129)}$$

Berücksichtigt man noch die Beziehung (V-124), so ist die Mantelfläche des Kegelstumpfes und damit auch (näherungsweise) die *Mantelfläche der infinitesimal dünnen Scheibe* durch das *Differential*

$$dM_x = 2\pi y \cdot \sqrt{1 + (y')^2}\, dx = 2\pi f(x) \cdot \sqrt{1 + [f'(x)]^2}\, dx \qquad \text{(V-130)}$$

gegeben. Durch *Integration* erhält man schließlich:

Mantelfläche eines Rotationskörpers bei Drehung um die x-Achse

$$M_x = 2\pi \cdot \int_a^b y \cdot \sqrt{1 + (y')^2}\, dx = 2\pi \cdot \int_a^b f(x) \cdot \sqrt{1 + [f'(x)]^2}\, dx \qquad \text{(V-131)}$$

Rotation um die y-Achse

Bei *Rotation* einer Kurve $x = g(y)$, $c \leqslant y \leqslant d$ um die *y-Achse* erhält man nach analogen Überlegungen den folgenden Formelausdruck für die *Rotationsfläche* M_y (vgl. hierzu Bild V-48):

Mantelfläche eines Rotationskörpers bei Drehung um die y-Achse

$$M_y = 2\pi \cdot \int_c^d x \cdot \sqrt{1 + (x')^2}\, dy = 2\pi \cdot \int_c^d g(y) \cdot \sqrt{1 + [g'(y)]^2}\, dy \qquad \text{(V-132)}$$

Anmerkungen

(1) $x = g(y)$ ist die nach x *aufgelöste* Form von $y = f(x)$.

(2) In den Integralformeln (V-131) und (V-132) wird die *Stetigkeit* von Funktion und Ableitung vorausgesetzt.

■ **Beispiele**

(1) Die Aufgabe besteht in der Berechnung der *Oberfläche (Mantelfläche) einer Kugel* vom Radius r. Die Kugeloberfläche wird dabei durch Drehung des in Bild V-57 skizzierten *Halbkreises* um die *x-Achse* erzeugt.

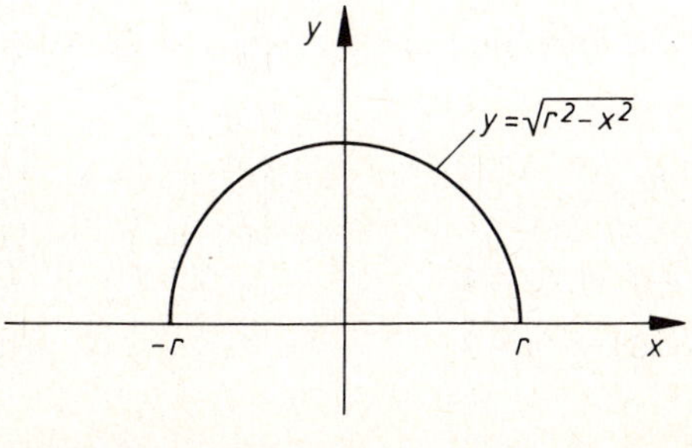

Bild V-57

Wir erhalten mit

$$y = \sqrt{r^2 - x^2}, \quad y' = -\frac{x}{\sqrt{r^2 - x^2}}, \quad \sqrt{1 + (y')^2} = \frac{r}{\sqrt{r^2 - x^2}}$$

nach Formel (V-131), wobei wir die Integration auf das Intervall $0 \leqslant x \leqslant r$ beschränken (Faktor 2):

$$M_x = 2 \cdot 2\pi \cdot \int_0^r \sqrt{r^2 - x^2} \cdot \frac{r}{\sqrt{r^2 - x^2}}\, dx = 4\pi r \cdot \int_0^r dx = 4\pi r\, [x]_0^r = 4\pi r^2$$

(2) Durch Rotation der Normalparabel $y = x^2$ um die *y-Achse* entsteht ein *Rotationsparaboloid.* Es ist die Mantelfläche dieses Drehkörpers für den Fall zu berechnen, daß das Paraboloid in der Höhe $h = 2$ abgeschnitten wird (Bild V-58).

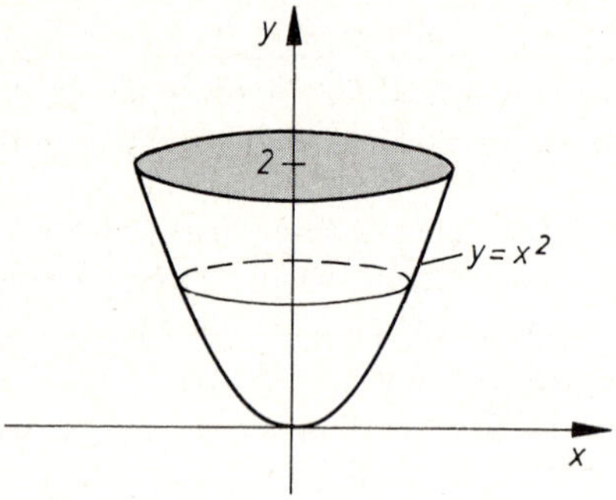

Bild V-58. Rotationsparaboloid

Lösung:

Zunächst lösen wir die Parabelgleichung nach x auf und erhalten:

$$y = x^2 \quad \Rightarrow \quad x = g(y) = \sqrt{y}$$

Ferner ist:

$$x' = g'(y) = \frac{1}{2\sqrt{y}}, \quad 1 + [g'(y)]^2 = 1 + \frac{1}{4y} = \frac{4y + 1}{4y}$$

und damit nach Formel (V-132):

$$M_y = 2\pi \cdot \int_0^2 \sqrt{y} \sqrt{\frac{4y+1}{4y}}\, dy = 2\pi \cdot \int_0^2 \sqrt{y}\, \frac{\sqrt{4y+1}}{2\sqrt{y}}\, dy = \pi \cdot \int_0^2 \sqrt{4y+1}\, dy$$

Dieses Integral wird durch die folgende *Substitution* gelöst (Typ (A) aus Abschnitt V.8.1):

$$u = 4y + 1, \quad dy = \frac{1}{4}\, du$$

Untere Grenze: $y = 0 \Rightarrow u = 1$

Obere Grenze: $y = 2 \Rightarrow u = 9$

Für die *Mantelfläche des Rotationsparaboloids* ergibt sich damit:

$$M_y = \pi \cdot \int_0^2 \sqrt{4y+1}\,dy = \frac{\pi}{4} \cdot \int_1^9 \sqrt{u}\,du = \frac{\pi}{4}\left[\frac{2}{3}u^{3/2}\right]_1^9 =$$

$$= \frac{\pi}{6}\left[\sqrt{u^3}\right]_1^9 = \frac{13}{3}\pi = 13{,}61$$

■

10.6 Arbeits- und Energiegrößen

Wird ein Massenpunkt durch eine *konstante* Kraft $\vec{F}$ längs einer Geraden um die Strecke $\vec{s} = \vec{s}_2 - \vec{s}_1$ verschoben, so ist die dabei verrichtete *Arbeit* definitionsgemäß gleich dem *Skalarprodukt* aus Kraft und Weg:

$$W = \vec{F} \cdot \vec{s} = F_s \cdot s = F \cdot s \cdot \cos\varphi \qquad \text{(V-133)}$$

(vgl. hierzu die Definitionsformel (II-70) aus Abschnitt II.3.3.2). F_s ist die *Kraftkomponente in der Wegrichtung,* φ bedeutet den Winkel zwischen der *Kraft-* und der *Wegrichtung* (Bild V-59).

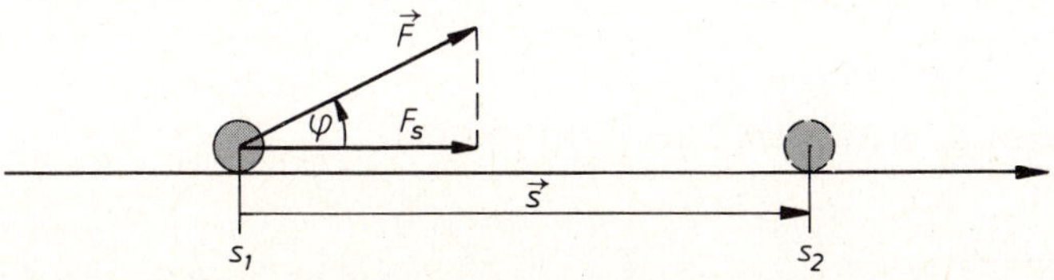

Bild V-59. Zum Begriff der Arbeit

Im *allgemeinen* Fall ist jedoch die Kraft *nicht* konstant, sondern noch *von Ort zu Ort verschieden,* d.h. *eine Funktion des Ortes s:* $F = F(s)$. Als Beispiel sei die *Gravitationskraft* genannt (vgl. hierzu das folgende Beispiel (3)). Bei der Berechnung der *Arbeit,* die eine *ortsabhängige* Kraft $F(s)$ mit der in der Wegrichtung wirkenden Komponente $F_s(s)$ bei einer Verschiebung des Massenpunktes längs einer Geraden von s_1 nach s_2 verrichtet, gehen wir wie folgt vor. Die Wegstrecke wird so in eine *große* Anzahl von *Teilstrecken* zerlegt, daß die Kraft in *jedem* Teilintervall als *nahezu konstant* angenommen werden kann. Die in dem *infinitesimal kleinen Wegintervall* von s bis $s + ds$ verrichtete *Arbeit* ist dann definitionsgemäß durch das *Differential*

$$dW = \vec{F} \cdot d\vec{s} = F_s(s)\,ds \qquad \text{(V-134)}$$

gegeben (vgl. hierzu Bild V-60).

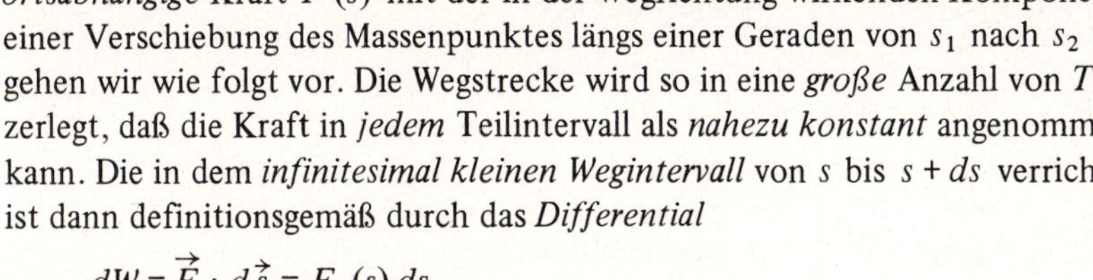

Bild V-60. Zur Herleitung des Arbeitsintegrals

Die längs des Weges von s_1 nach s_2 geleistete *Arbeit* W erhält man durch Integration:

Arbeit einer ortsabhängigen Kraft

$$W = \int_{s_1}^{s_2} dW = \int_{s_1}^{s_2} F_s(s)\,ds \qquad \text{(V-135)}$$

($F_s(s)$: Kraftkomponente in Wegrichtung)

Anmerkung

Das durch (V-135) definierte *Arbeitsintegral* wird auch als *Wegintegral der Kraft* bezeichnet.

■ **Beispiele**

(1) **Spannungsarbeit an einer elastischen Feder**

Um eine *elastische Feder* aus der Gleichgewichtslage heraus um die Strecke s_0 zu *dehnen*, muß man mit einer Kraft $F(s)$ einwirken, die in *jeder* Lage der Rückstellkraft $F^* = -ks$ *(Hookesches Gesetz)* das Gleichgewicht hält (Bild V-61):

$$F(s) = -F^* = ks$$

(*k: Federkonstante,* auch *Richtkraft* der Feder genannt).

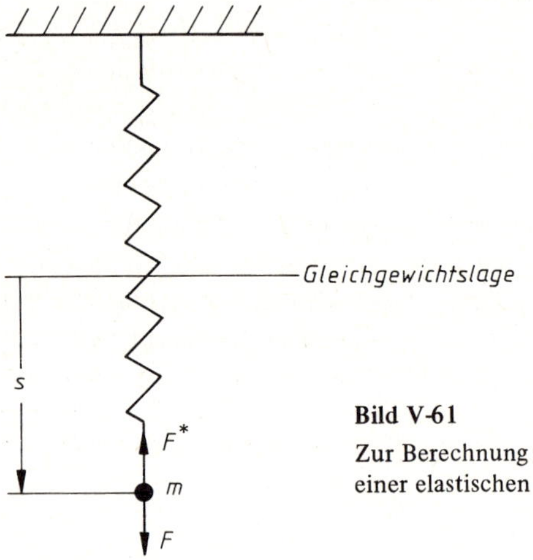

Bild V-61
Zur Berechnung der Spannungsarbeit an einer elastischen Feder

Die dabei verrichtete *Arbeit* beträgt ($F_s(s) = F(s) = ks$):

$$W = \int_0^{s_0} F_s(s)\,ds = k \cdot \int_0^{s_0} s\,ds = \left[\frac{1}{2}ks^2\right]_0^{s_0} = \frac{1}{2}ks_0^2$$

Die gespannte Feder besitzt jetzt *Spannungsenergie* vom gleichen Betrage.

(2) **Kinetische Energie einer Masse**

Wir wollen die *kinetische Energie* eines Körpers der Masse m berechnen, der durch eine Kraft aus der Ruhe heraus auf die *Endgeschwindigkeit* v_0 beschleunigt wird.

Die beschleunigende Kraft ist nach den *Grundgesetzen der Mechanik*

$$F = ma = m \frac{dv}{dt}$$

und verrichtet dabei auf der *infinitesimal kleinen Wegstrecke* ds die Arbeit

$$dW = F\,ds = m \frac{dv}{dt}\,ds = m \frac{ds}{dt}\,dv = m\,v\,dv$$

$\left(v = \frac{ds}{dt}\right)$. Durch *Integration* erhält man schließlich die Beschleunigungsarbeit

$$W = \int_0^{v_0} dW = m \cdot \int_0^{v_0} v\,dv = \frac{1}{2}\,[m\,v^2]_0^{v_0} = \frac{1}{2}\,m\,v_0^2$$

Definitionsgemäß besitzt die Masse jetzt *kinetische Energie* vom gleichen Betrage.

(3) **Arbeit im Gravitationsfeld der Erde**

Wir berechnen die *Arbeit*, die man aufwenden muß, um eine auf der *Erdoberfläche* liegende Masse m *entgegen* der Schwerkraft um die Strecke h anzuheben (Bild V-62).

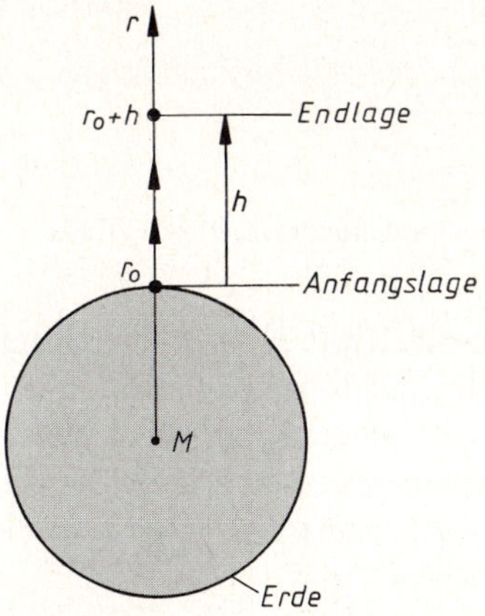

r_0: Erdradius

Bild V-62
Arbeit im Gravitationsfeld der Erde

Dazu benötigen wir eine Kraft $F(r)$, die der in Richtung Erdmittelpunkt wirkenden *Gravitationskraft*

$$F^*(r) = -f\,\frac{m M}{r^2}$$

das *Gleichgewicht* hält (f: Gravitationskonstante; M: Erdmasse): $F(r) = -F^*(r)$.

Beim *Anheben* um die Strecke h wird dabei die *Arbeit*

$$W = \int_{r_0}^{r_0+h} F(r)\,dr = fmM \cdot \int_{r_0}^{r_0+h} \frac{1}{r^2}\,dr = fmM\left[-\frac{1}{r}\right]_{r_0}^{r_0+h} =$$

$$= fmM\left[\frac{1}{r_0} - \frac{1}{r_0+h}\right] = fmM\,\frac{h}{r_0(r_0+h)}$$

verrichtet. Für $h \ll r_0$, d.h. in *Erdnähe,* erhält man hieraus die aus der Physik bekannte Formel für die *Hubarbeit (potentielle Energie):*

$$W \approx fmM\,\frac{h}{r_0^2} = m\left(f\,\frac{M}{r_0^2}\right)h = mgh$$

($g = f\,\dfrac{M}{r_0^2}$ ist die *Fallbeschleunigung an der Erdoberfläche*).

(4) **Arbeit eines Gases**

Wir betrachten eine in einem zylindrischen Gefäß eingeschlossene *Gasmenge,* deren *Zustand* durch die drei *Zustandsvariablen p (Druck), V (Volumen)* und *T (absolute Temperatur)* beschrieben wird. Das Gefäß sei dabei durch einen (beweglichen) Kolben abgeschlossen (Bild V-63). Der Gasdruck p erzeugt

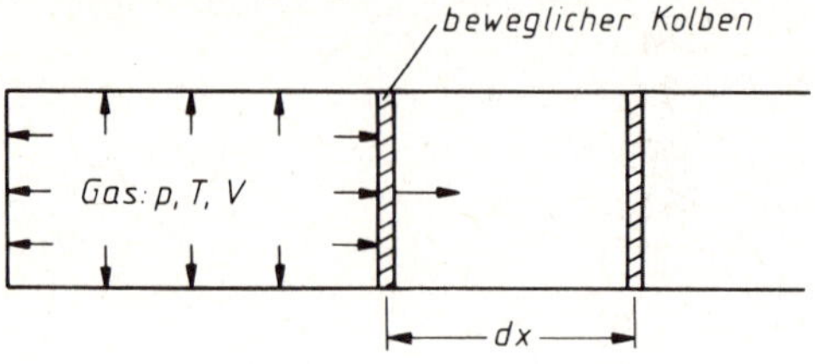

Bild V-63. Zur Berechnung der isothermen Ausdehnungsarbeit eines Gases

eine auf den Kolben nach *außen* wirkende Kraft $F = pA$ (A: Querschnittsfläche des Kolbens). Durch eine gleich große *Gegenkraft* werde zunächst eine Ausdehnung des Gases verhindert. Ist die äußere Kraft jedoch etwas *kleiner* als die Druckkraft des Gases, so dehnt sich dieses aus und verrichtet dabei bei einer Verschiebung des Kolbens um die *infinitesimal kleine Strecke dx* die *Arbeit*

$$dW = F\,dx = p\,A\,dx = p\,dV$$

($dV = A\,dx$ ist die *differentielle Zunahme des Gasvolumens*). Die bei einer *Ausdehnung* vom Anfangsvolumen V_1 auf das Endvolumen V_2 *insgesamt* vom Gas verrichtete *Arbeit* erhält man durch *Integration:*

$$W = \int_{V_1}^{V_2} dW = \int_{V_1}^{V_2} p(V)\,dV$$

Wir berechnen nun mit dieser Integralformel die *isotherme Ausdehnungsarbeit eines realen Gases,* dessen Verhalten in vielen Fällen in guter Näherung durch die *van der Waalsche Zustandsgleichung*

$$\left(p + \frac{a}{V^2}\right)(V - b) = nRT$$

beschrieben werden kann (a und b sind zwei *stoffabhängige* Konstanten; n = Molzahl; R = *allgemeine Gaskonstante*). Durch Auflösen dieser Gleichung nach p erhält man:

$$p = \frac{nRT}{V - b} - \frac{a}{V^2}$$

und damit bei *isothermer* Prozeßführung ($T = constant$):

$$W = \int_{V_1}^{V_2} p(V)\,dV = \int_{V_1}^{V_2} \left(\frac{nRT}{V - b} - \frac{a}{V^2}\right) dV =$$

$$= \left[nRT \cdot \ln(V - b) + \frac{a}{V}\right]_{V_1}^{V_2} =$$

$$= nRT \cdot \ln \frac{V_2 - b}{V_1 - b} + a\left(\frac{1}{V_2} - \frac{1}{V_1}\right)$$

Für ein *ideales* Gas ist $a = b = 0$ und die *van der Waalsche Zustandsgleichung* geht in die bekannte *Zustandsgleichung eines idealen Gases* über:

$$pV = nRT$$

Die *isotherme Ausdehnungsarbeit* eines *idealen* Gases ist dann:

$$W = nRT \cdot \ln \frac{V_2}{V_1}$$

■

10.7 Lineare und quadratische Mittelwerte

Mittelwerte spielen insbesondere in der Fachrichtung Elektrotechnik eine bedeutende Rolle. Wir unterscheiden dabei zwischen *linearen* und *quadratischen Mittelwerten.*

Linearer Mittelwert

Definition: Unter dem *linearen Mittelwert einer Funktion* $y = f(x)$ im Intervall $[a, b]$ wird die Größe

$$\bar{y}_{\text{linear}} = \frac{1}{b - a} \cdot \int_a^b f(x)\,dx \qquad \text{(V-136)}$$

verstanden.

Der *lineare Mittelwert* einer Funktion läßt die folgende *geometrische Interpretation* zu: Konstruiert man über dem Intervall $[a, b]$ ein *Rechteck* von der Höhe h und vom *gleichen* Flächeninhalt wie das Flächenstück, das von der Kurve $y = f(x)$, der x-Achse und den Parallelen $x = a$ und $x = b$ begrenzt wird, dann gilt (vgl. Bild V-64):

$$h(b-a) = \int_a^b f(x)\,dx \quad \Rightarrow \quad h = \frac{1}{b-a} \cdot \int_a^b f(x)\,dx \qquad \text{(V-137)}$$

Die *Höhe des Rechtecks* repräsentiert daher den *linearen Mittelwert der Funktion* $y = f(x)$ im Intervall $[a, b]$. $\bar{y}_{\text{linear}}$ ist somit eine Art *mittlere Ordinate* im Intervall $[a, b]$.

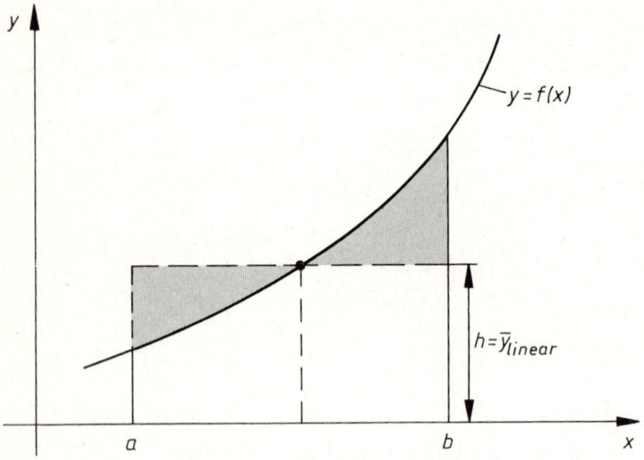

Bild V-64. Zum Begriff des linearen Mittelwertes einer Funktion im Intervall [a, b]

Quadratischer Mittelwert

Definition: Unter dem *quadratischen Mittelwert einer Funktion* $y = f(x)$ im Intervall $[a, b]$ versteht man die Größe

$$\bar{y}_{\text{quadratisch}} = \sqrt{\frac{1}{b-a} \cdot \int_a^b f^2(x)\,dx} \qquad \text{(V-138)}$$

Zeitliche Mittelwerte

In der *Elektrotechnik* werden lineare und quadratische Mittelwerte von *zeitabhängigen* periodischen Funktionen $y = f(t)$ benötigt. Sie werden jeweils über eine Periodendauer T gebildet. Beispiele dafür sind: *Effektivwert* eines Wechselstroms bzw. einer Wechselspannung, *durchschnittliche Wirkleistung* eines Wechselstroms.

Linearer und quadratischer zeitlicher Mittelwert einer periodischen Funktion $y = f(t)$ (T: Periodendauer)

$$\overline{y}_{\text{linear}} = \frac{1}{T} \cdot \int_{(T)} f(t)\,dt \qquad \text{(V-139)}$$

$$\overline{y}_{\text{quadratisch}} = \sqrt{\frac{1}{T} \cdot \int_{(T)} f^2(t)\,dt} \qquad \text{(V-140)}$$

■ **Beispiele**

(1) Wir berechnen den *linearen Mittelwert* der Logarithmusfunktion $y = \ln x$ im Intervall $1 \leqslant x \leqslant 5$ (Bild V-65):

$$\overline{y}_{\text{linear}} = \frac{1}{5-1} \cdot \int_1^5 \ln x\,dx = \frac{1}{4}\,[x(\ln x - 1)]_1^5 =$$

$$= \frac{1}{4}\,[5(\ln 5 - 1) - 1 \cdot (\ln 1 - 1)] = 1{,}012$$

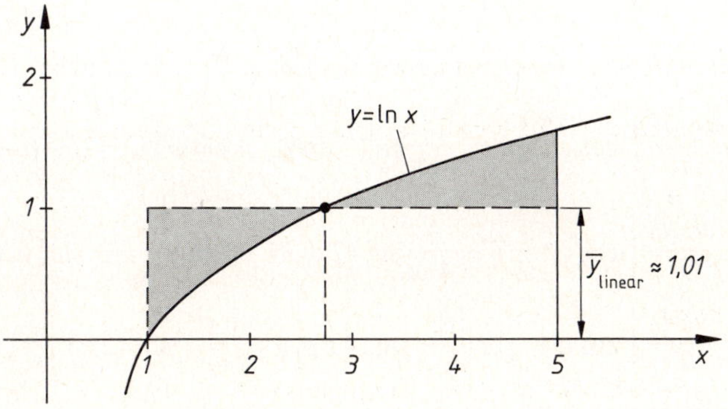

Bild V-65

(2) **Durchschnittliche Leistung P eines sinusförmigen Wechselstroms (linearer Mittelwert)**

In einem *Wechselstromkreis* erzeuge die sinusförmige Wechselspannung $u = u_0 \cdot \sin(\omega t)$ den phasenverschobenen Wechselstrom $i = i_0 \cdot \sin(\omega t + \varphi)$. Die *momentane (zeitabhängige) Leistung* p ist dann:

$$p = p(t) = u\,i = u_0\,i_0 \cdot \sin(\omega t) \cdot \sin(\omega t + \varphi) =$$
$$= u_0\,i_0 \cdot \sin(\omega t)\,(\sin(\omega t) \cdot \cos\varphi + \cos(\omega t) \cdot \sin\varphi) =$$
$$= u_0\,i_0\,\{\cos\varphi \cdot \sin^2(\omega t) + \sin\varphi \cdot \sin(\omega t) \cdot \cos(\omega t)\}$$

(wir haben hierbei das *Additionstheorem der Sinusfunktion* benutzt). Den *linearen zeitlichen Mittelwert* berechnet man definitionsgemäß aus (V-139), wobei $\overline{p}_{\text{linear}} = P$ gesetzt wird:

$$P = \frac{1}{T} \cdot \int_0^T p(t)\,dt =$$

$$= \frac{u_0\, i_0}{T} \cdot \int_0^T [\cos\varphi \cdot \sin^2(\omega t) + \sin\varphi \cdot \sin(\omega t) \cdot \cos(\omega t)]\,dt =$$

$$= \frac{u_0\, i_0}{T} \left\{ \cos\varphi \cdot \int_0^T \sin^2(\omega t)\,dt + \sin\varphi \cdot \int_0^T \sin(\omega t) \cdot \cos(\omega t)\,dt \right\}$$

In der *Integraltafel* der Formelsammlung finden wir für die beiden Integrale die folgenden Lösungen:

$$\int \sin^2(\omega t)\,dt = \frac{1}{2}\,t - \frac{1}{4\,\omega} \sin(2\,\omega t)$$

$$\int \sin(\omega t) \cdot \cos(\omega t)\,dt = \frac{1}{2\,\omega} \sin^2(\omega t)$$

Die *durchschnittliche Wirkleistung* während einer Periode ist daher ($\omega T = 2\,\pi$):

$$P = \frac{u_0\, i_0}{T} \left\{ \cos\varphi \left[\frac{1}{2}\,t - \frac{1}{4\,\omega} \sin(2\,\omega t) \right]_0^T + \sin\varphi \left[\frac{1}{2\,\omega} \sin^2(\omega t) \right]_0^T \right\} =$$

$$= \frac{u_0\, i_0}{T} \left\{ \cos\varphi \left[\frac{1}{2}\,T - \frac{1}{4\,\omega} \sin(2\,\omega T) \right] + \sin\varphi \cdot \frac{1}{2\,\omega} \sin^2(\omega T) \right\} =$$

$$= \frac{u_0\, i_0}{T} \left\{ \cos\varphi \left[\frac{T}{2} - \frac{1}{4\,\omega} \sin(4\,\pi) \right] + \frac{\sin\varphi}{2\,\omega} \cdot \sin^2(2\,\pi) \right\} =$$

$$= \frac{u_0\, i_0}{T} \cos\varphi \cdot \frac{T}{2} = \frac{u_0\, i_0}{2} \cos\varphi$$

Die *Scheitelwerte* u_0 und i_0 lassen sich noch wie folgt durch die *Effektivwerte* U bzw. I ausdrücken (s. hierzu auch das folgende Beispiel):

$$u_0 = U\sqrt{2}\,, \qquad i_0 = I\sqrt{2}$$

Unter Berücksichtigung dieser Beziehungen erhält man für den *Mittelwert der Wirkleistung:*

$$P = UI \cdot \cos\varphi$$

(3) **Effektivwerte von Strom und Spannung (quadratischer Mittelwert)**

Der *Effektivwert* eines Wechselstroms (einer Wechselspannung) ist der *quadratische zeitliche Mittelwert* während einer Periode:

$$I = \sqrt{\frac{1}{T} \cdot \int_0^T i^2(t)\, dt}\,, \qquad U = \sqrt{\frac{1}{T} \cdot \int_0^T u^2(t)\, dt}$$

Für einen *sinusförmigen* Wechselstrom $i = i_0 \cdot \sin(\omega t)$ erhält man $(\omega T = 2\pi)$:

$$\int_0^T i^2(t)\, dt = i_0^2 \cdot \int_0^T \sin^2(\omega t)\, dt = i_0^2 \left[\frac{1}{2} t - \frac{1}{4\omega} \sin(2\omega t)\right]_0^T =$$

$$= i_0^2 \left[\frac{T}{2} - \frac{1}{4\omega} \sin(2\omega T)\right] = i_0^2 \left[\frac{T}{2} - \frac{1}{4\omega} \sin(4\pi)\right] =$$

$$= \frac{i_0^2\, T}{2}$$

und weiter:

$$I = \sqrt{\frac{1}{T} \cdot \int_0^T i^2(t)\, dt} = \sqrt{\frac{1}{T} \cdot \frac{i_0^2\, T}{2}} = \frac{i_0}{\sqrt{2}} = 0{,}707\, i_0$$

Analog berechnet sich der *Effektivwert* einer sinusförmigen Wechselspannung $u = u_0 \cdot \sin(\omega t)$ zu:

$$U = \frac{u_0}{\sqrt{2}} = 0{,}707\, u_0$$ ■

10.8 Schwerpunkte von Flächen und räumlichen Körpern

10.8.1 Grundlegende Begriffe

Statisches Moment einer Kraft

Ein Massenpunkt der Masse m besitze von einer Drehachse den *senkrechten* Abstand r (Bild V-66). Dann erzeugt die Gewichtskraft $G = mg$ definitionsgemäß ein *statisches Moment*[11]) vom Betrage

$$M = Gr = mgr \qquad \text{(V-141)}$$

---

[11]) Andere, übliche Bezeichnungen sind *Drehmoment* oder *Moment 1. Ordnung*.

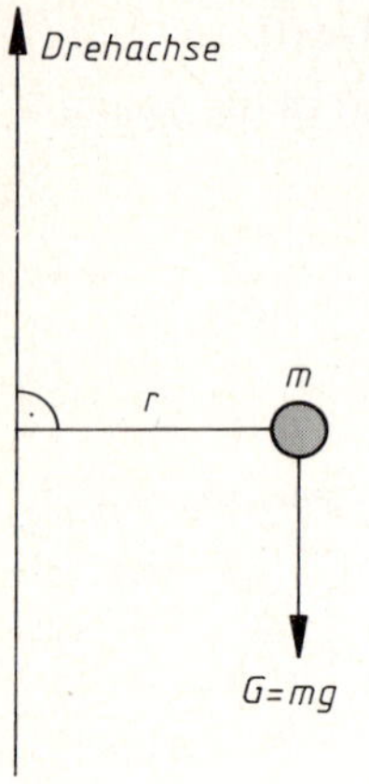

Bild V-66

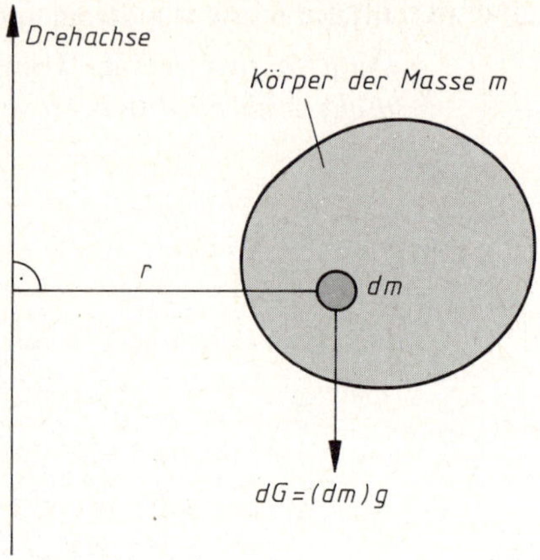

Bild V-67

Bei *räumlichen* Körpern wird die Masse m zunächst in eine *große Anzahl von Teilmassen* zerlegt. Wir betrachten nun ein solches *infinitesimal kleines Massenelement dm* im senkrechten Abstand r von der Drehachse (Bild V-67). Der Beitrag dieses Massenelementes zum *Gesamtmoment M* beträgt dann:

$$dM = (dm)\,gr = gr\,dm \qquad \text{(V-142)}$$

Durch Aufsummieren *sämtlicher* Teilbeträge dM, d.h. durch *Integration* erhält man schließlich das *Gesamtmoment M:*

$$M = \int\limits_{(m)} dM = \int\limits_{(m)} gr\,dm \qquad \text{(V-143)}$$

Anmerkung

Das unter dem Integralzeichen stehende Symbol (m) ist als Hinweis darauf zu verstehen, daß über die *Gesamtmasse m* zu integrieren ist.

Schwerpunkt oder Massenmittelpunkt

Unter dem *Schwerpunkt S* eines Körpers (auch *Massenmittelpunkt* genannt) wird definitionsgemäß derjenige Punkt verstanden, in dem die *Gesamtmasse* des Körpers vereinigt gedacht werden muß, um ein *gleich großes* statisches Moment zu erzeugen wie der reale Körper selbst (Bild V-68). Ist r_S der *senkrechte* Abstand des *Schwerpunktes S* von der Drehachse (bzw. Bezugsebene), so gilt:

$$M = mg\,r_S = \int\limits_{(m)} gr\,dm \qquad \text{(V-144)}$$

und weiter (nach Kürzen durch g):

$$m r_S = \int_{(m)} r \, dm \qquad \text{(V-145)}$$

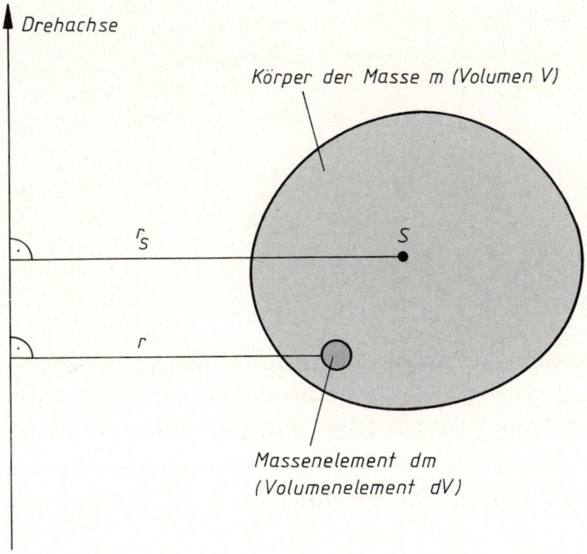

Bild V-68

Bei allen weiteren Betrachtungen gehen wir von *homogenen* Körpern *konstanter* Dichte ρ aus. Da $m = \rho V$ und $dm = \rho \, dV$ ist, läßt sich die Beziehung (V-145) auch auf die Form

$$\rho V r_S = \rho \cdot \int_{(V)} r \, dV \quad \Rightarrow \quad V r_S = \int_{(V)} r \, dV \qquad \text{(V-146)}$$

bringen. dV ist dabei der *Rauminhalt des Massenelementes dm*, V das *Gesamtvolumen.* Die Integration ist über das *gesamte* Volumen zu erstrecken. Aus dieser Gleichung gewinnt man für den *Schwerpunktsabstand* r_S die wichtige Integralformel

$$r_S = \frac{1}{V} \cdot \int_{(V)} r \, dV \qquad \text{(V-147)}$$

Durch Wahl einer geeigneten Drehachse in *jeder* der drei Koordinatenebenen erhält man schließlich aus dieser Beziehung die folgenden *Integralformeln für die Schwerpunktskoordinaten* x_S, y_S und z_S:

Schwerpunktskoordinaten eines homogenen räumlichen Körpers

$$x_S = \frac{1}{V} \cdot \int_{(V)} x \, dV, \quad y_S = \frac{1}{V} \cdot \int_{(V)} y \, dV, \quad z_S = \frac{1}{V} \cdot \int_{(V)} z \, dV \qquad \text{(V-148)}$$

10.8.2 Schwerpunkt einer ebenen Fläche

Bei *flächenhaften* Körpern mit *konstanter* Dicke h wie z.B. *dünnen Scheiben oder Platten* liegt der Schwerpunkt im Abstand $\frac{h}{2}$ oberhalb der (ebenen) Grundfläche vom Flächeninhalt A. Die *Schwerpunktskoordinaten* x_S, y_S, z_S lassen sich dann aus den folgenden Formeln berechnen ($V = A\,h$, $dV = (dA)\,h$):

$$x_S = \frac{1}{V} \cdot \int\limits_{(V)} x\,dV = \frac{h}{hA} \cdot \int\limits_{(A)} x\,dA = \frac{1}{A} \cdot \int\limits_{(A)} x\,dA$$

$$y_S = \frac{1}{V} \cdot \int\limits_{(V)} y\,dV = \frac{h}{hA} \cdot \int\limits_{(A)} y\,dA = \frac{1}{A} \cdot \int\limits_{(A)} y\,dA \qquad \text{(V-149)}$$

$$z_S = \frac{h}{2}$$

Dabei ist die Integration über die *gesamte Grundfläche* zu erstrecken. Für $h \to 0$ erhält man eine *in der x, y-Ebene liegende Fläche* vom Flächeninhalt A, deren *Schwerpunktskoordinaten* x_S und y_S wie folgt berechnet werden ($z_S = 0$; vgl. Bild V-69):

Schwerpunktskoordinaten einer homogenen ebenen Fläche

$$x_S = \frac{1}{A} \cdot \int\limits_{(A)} x\,dA, \quad y_S = \frac{1}{A} \cdot \int\limits_{(A)} y\,dA \qquad \text{(V-150)}$$

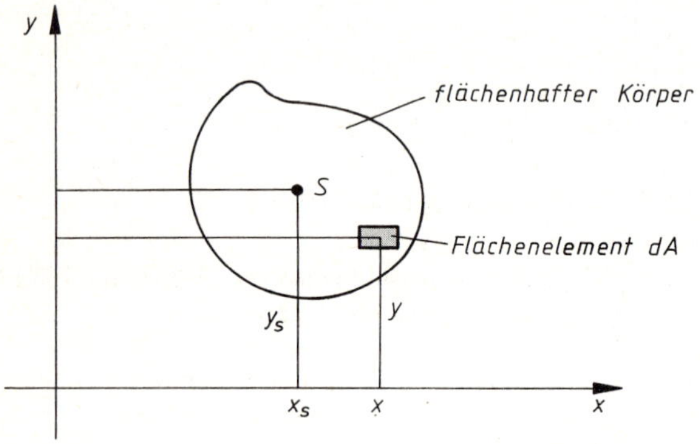

Bild V-69
Schwerpunkt eines flächenhaften Körpers

Anmerkung

Die in den Gleichungen (V-150) auftretenden Integrale sind die sog. *statischen Momente der Fläche A:*

$$M_x = \int_{(A)} dM_x = \int_{(A)} y\,dA = y_S A: \quad \textit{Statisches Moment bezüglich der x-Achse}$$

$$M_y = \int_{(A)} dM_y = \int_{(A)} x\,dA = x_S A: \quad \textit{Statisches Moment bezüglich der y-Achse}$$

($dM_x = y\,dA$ und $dM_y = x\,dA$ sind die *statischen Momente* des Flächenelementes dA bezüglich der x-Achse bzw. y-Achse).

Wir gehen jetzt zur Berechnung der *Schwerpunktskoordinaten* x_S, y_S einer *homogenen, ebenen Fläche* über, die von der Kurve $y = f(x)$, der x-Achse und den Geraden $x = a$ und $x = b$ berandet wird (Bild V-70). In der bereits bekannten Weise zerlegen wir die Fläche in eine große Anzahl von *rechteckigen* Streifen. Das in Bild V-70 skizzierte Flächenelement besitzt die Breite dx, die Höhe y und somit den Flächeninhalt $dA = y\,dx$. Der Schwerpunkt R dieses Streifens ist der *Schnittpunkt der beiden Flächendiagonalen*. Seine Koordinaten x_0 und y_0 lauten daher:

$$x_0 = x, \quad y_0 = \frac{1}{2}\,y \tag{V-151}$$

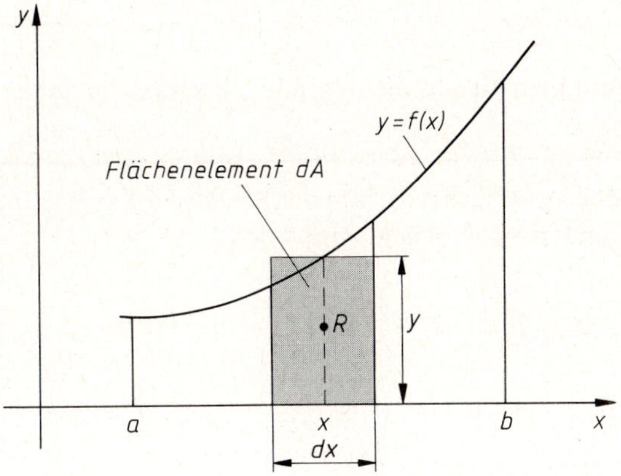

Bild V-70

Zur Berechnung der Schwerpunktskoordinaten einer Fläche

Zu den *statischen Momenten* M_x und M_y der *Gesamtfläche* A liefert dieses Flächenelement die folgenden Beiträge:

$$\begin{aligned} dM_x &= y_0\, dA = \frac{1}{2}\, y\, (y\, dx) = \frac{1}{2}\, y^2\, dx \\ dM_y &= x_0\, dA = xy\, dx \end{aligned} \qquad \text{(V-152)}$$

Durch *Summation* über *sämtliche* in der Fläche liegende Flächenelemente, d.h. durch *Integration* erhalten wir schließlich:

$$\begin{aligned} M_x &= \int_{(A)} dM_x = \frac{1}{2} \cdot \int_a^b y^2\, dx = \frac{1}{2} \cdot \int_a^b f^2(x)\, dx \\ M_y &= \int_{(A)} dM_y = \int_a^b xy\, dx = \int_a^b x \cdot f(x)\, dx \end{aligned} \qquad \text{(V-153)}$$

Andererseits ist $M_x = y_S A$ und $M_y = x_S A$. Unter Berücksichtigung dieser Beziehungen gehen die Gleichungen (V-153) über in:

$$\begin{aligned} y_S A &= \frac{1}{2} \cdot \int_a^b y^2\, dx = \frac{1}{2} \cdot \int_a^b f^2(x)\, dx \\ x_S A &= \int_a^b xy\, dx = \int_a^b x \cdot f(x)\, dx \end{aligned} \qquad \text{(V-154)}$$

Durch Auflösen nach x_S bzw. y_S gewinnt man hieraus die folgenden *Integralformeln für die Koordinaten des Schwerpunktes S:*

Schwerpunktskoordinaten einer homogenen Fläche, die von der Kurve $y = f(x)$, der x-Achse und den Geraden $x = a$ und $x = b$ berandet wird

$$\begin{aligned} x_S &= \frac{1}{A} \cdot \int_a^b xy\, dx = \frac{1}{A} \cdot \int_a^b x \cdot f(x)\, dx \\ y_S &= \frac{1}{2A} \cdot \int_a^b y^2\, dx = \frac{1}{2A} \cdot \int_a^b f^2(x)\, dx \end{aligned} \qquad \text{(V-155)}$$

Auf analoge Art und Weise lassen sich Formelausdrücke für die Schwerpunktskoordinaten x_S, y_S einer Fläche herleiten, die von den beiden Kurven mit den Funktionsgleichungen $y_o = f_o(x)$ und $y_u = f_u(x)$ und den beiden Geraden $x = a$ und $x = b$ berandet wird (Bild

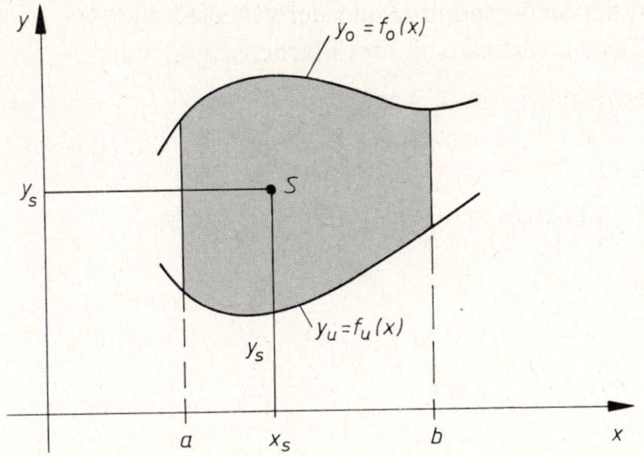

Bild V-71
Schwerpunkt einer von zwei Kurven berandeten Fläche

V-71). Wir setzen dabei voraus, daß *überall* im Intervall $[a, b]$ die Bedingung $f_o(x) \geqslant f_u(x)$ erfüllt ist. Die Integralformeln für die Koordinaten des *Flächenschwerpunktes* lauten dann:

Schwerpunktskoordinaten einer homogenen ebenen Fläche, die von den Kurven $y_o = f_o(x)$ und $y_u = f_u(x)$ sowie den Geraden $x = a$ und $x = b$ berandet wird ($f_o(x) \geqslant f_u(x)$)

$$x_S = \frac{1}{A} \cdot \int_a^b x\,(y_o - y_u)\,dx = \frac{1}{A} \cdot \int_a^b x\,[f_o(x) - f_u(x)]\,dx$$

$$y_S = \frac{1}{2A} \cdot \int_a^b (y_o^2 - y_u^2)\,dx = \frac{1}{2A} \cdot \int_a^b [f_o^2(x) - f_u^2(x)]\,dx \qquad \text{(V-156)}$$

■ **Beispiele**

(1) Wir berechnen die *Schwerpunktskoordinaten* eines *oberhalb* der x-Achse liegenden *Halbkreises* vom Radius R (Bild V-72).

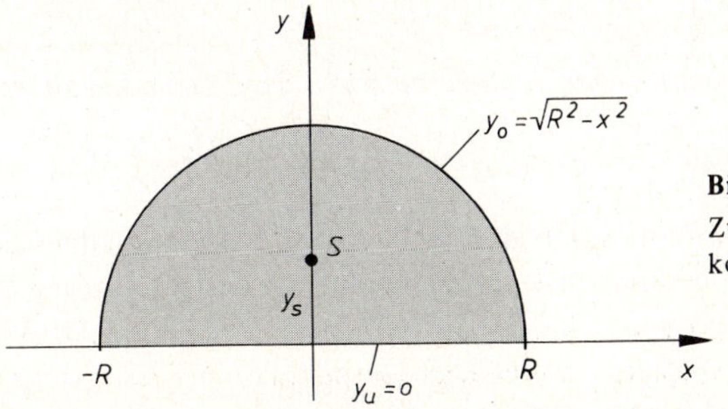

Bild V-72
Zur Berechnung der Schwerpunktskoordinaten eines Halbkreises

Aus *Symmetriegründen* liegt der Schwerpunkt S auf der *y-Achse:* $x_S = 0$ (Rechnung ist überflüssig). Für die Ordinate y_S des Flächenschwerpunktes erhalten wir nach Formel (V-156) mit $A = \frac{1}{2} \pi R^2$:

$$y_S = \frac{1}{2A} \cdot \int_a^b [f_o^2(x) - f_u^2(x)]\, dx = \frac{1}{\pi R^2} \cdot \int_{-R}^{R} (R^2 - x^2)\, dx =$$

$$= \frac{1}{\pi R^2} \cdot 2 \cdot \int_0^R (R^2 - x^2)\, dx = \frac{2}{\pi R^2} \left[R^2 x - \frac{1}{3} x^3 \right]_0^R =$$

$$= \frac{2}{\pi R^2} \left(R^3 - \frac{1}{3} R^3 \right) = \frac{2}{\pi R^2} \cdot \frac{2}{3} R^3 = \frac{4}{3\pi} R = 0{,}424\, R$$

(2) Die Aufgabe besteht in der Berechnung des *Flächenschwerpunktes* des in Bild V-73 skizzierten flächenhaften *Werkstückes.*

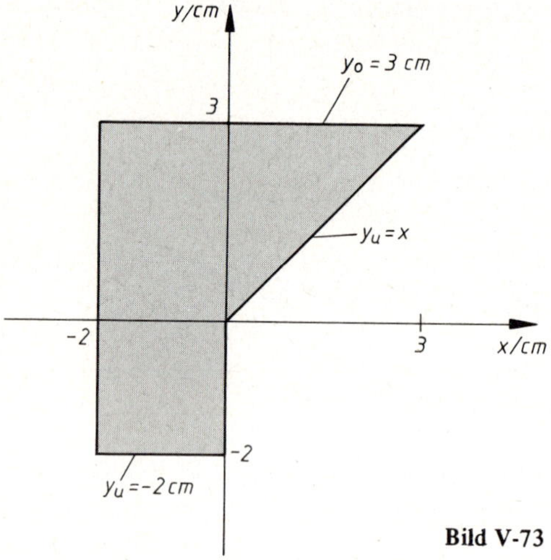

Bild V-73

Wir berechnen zunächst *(elementargeometrisch)* den Flächeninhalt A. Er beträgt:

$$A = 2 \text{ cm} \cdot 5 \text{ cm} + \frac{1}{2} \cdot 3 \text{ cm} \cdot 3 \text{ cm} = 10 \text{ cm}^2 + 4{,}5 \text{ cm}^2 = 14{,}5 \text{ cm}^2$$

Das Flächenstück wird im Intervall $-2 \leqslant x/\text{cm} \leqslant 3$ *oben* von der Geraden $y_o = f_o(x) = 3$ cm berandet. Die *untere* Berandung besteht dagegen aus *zwei* Teilstücken:

$$y_u = f_u(x) = \begin{cases} -2 \text{ cm} & \text{für} \quad -2 \leqslant x/\text{cm} \leqslant 0 \\ x & \phantom{\text{für}} \quad 0 \leqslant x/\text{cm} \leqslant 3 \end{cases}$$

Wir berechnen zunächst die *Schwerpunktskoordinate* x_S, wobei wir das Integral in *zwei* Teilintegrale aufspalten müssen:

$$x_S = \frac{1}{14{,}5 \text{ cm}^2} \left\{ \int_{-2 \text{ cm}}^{0 \text{ cm}} x\,(3 \text{ cm} + 2 \text{ cm})\, dx + \int_{0 \text{ cm}}^{3 \text{ cm}} x\,(3 \text{ cm} - x)\, dx \right\} =$$

$$= \frac{1}{14{,}5 \text{ cm}^2} \left\{ \int_{-2 \text{ cm}}^{0 \text{ cm}} 5 \text{ cm} \cdot x\, dx + \int_{0 \text{ cm}}^{3 \text{ cm}} (3 \text{ cm} \cdot x - x^2)\, dx \right\} =$$

$$= \frac{1}{14{,}5 \text{ cm}^2} \left\{ [2{,}5 \text{ cm} \cdot x^2]_{-2 \text{ cm}}^{0 \text{ cm}} + \left[1{,}5 \text{ cm} \cdot x^2 - \frac{1}{3} x^3 \right]_{0 \text{ cm}}^{3 \text{ cm}} \right\} =$$

$$= \frac{1}{14{,}5 \text{ cm}^2} (-10 \text{ cm}^3 + 4{,}5 \text{ cm}^3) = -0{,}38 \text{ cm}$$

Für die *Schwerpunktskoordinate* y_S erhält man analog:

$$y_S = \frac{1}{29 \text{ cm}^2} \left\{ \int_{-2 \text{ cm}}^{0 \text{ cm}} (9 \text{ cm}^2 - 4 \text{ cm}^2)\, dx + \int_{0 \text{ cm}}^{3 \text{ cm}} (9 \text{ cm}^2 - x^2)\, dx \right\} =$$

$$= \frac{1}{29 \text{ cm}^2} \left\{ \int_{-2 \text{ cm}}^{0 \text{ cm}} 5 \text{ cm}^2\, dx + \int_{0 \text{ cm}}^{3 \text{ cm}} (9 \text{ cm}^2 - x^2)\, dx \right\} =$$

$$= \frac{1}{29 \text{ cm}^2} \left\{ [5 \text{ cm}^2 \cdot x]_{-2 \text{ cm}}^{0 \text{ cm}} + \left[9 \text{ cm}^2 \cdot x - \frac{1}{3} x^3 \right]_{0 \text{ cm}}^{3 \text{ cm}} \right\} =$$

$$= \frac{1}{29 \text{ cm}^2} (10 \text{ cm}^3 + 18 \text{ cm}^3) = 0{,}97 \text{ cm}$$

Der *Flächenschwerpunkt S* besitzt damit die folgenden Koordinaten:

$$x_S = -0{,}38 \text{ cm}, \quad y_S = 0{,}97 \text{ cm}\,.$$

■

10.8.3 Schwerpunkt eines Rotationskörpers

Bei einem *Rotationskörper* liegt der *Schwerpunkt* stets *auf der Drehachse*. Fällt ferner die Rotationsachse in eine der Koordinatenachsen, so besitzen *zwei* der drei Schwerpunktskoordinaten den Wert *Null*.

Rotation um die *x*-Achse

Der Rotationskörper wird durch Drehung des Kurvenstücks $y = f(x)$, $a \leqslant x \leqslant b$ um die *x-Achse* erzeugt (Bild V-74). Der *Schwerpunkt S* liegt daher auf der *x-Achse*: $y_S = z_S = 0$.

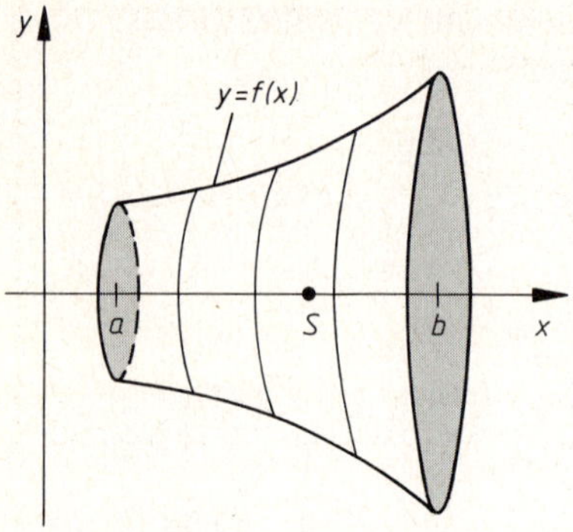

Bild V-74

Zur Berechnung des Schwerpunktes eines zur x-Achse symmetrischen Rotationskörpers

Für die x-Koordinate folgt aus Gleichung (V-148) unter Berücksichtigung des Volumenelementes $dV = \pi y^2 \, dx$:

$$x_S = \frac{1}{V} \cdot \int_{(V)} x \, dV = \frac{\pi}{V} \cdot \int_a^b x y^2 \, dx \tag{V-157}$$

Schwerpunkt eines Rotationskörpers bei Drehung um die x-Achse

$$x_S = \frac{\pi}{V} \cdot \int_a^b x y^2 \, dx = \frac{\pi}{V} \cdot \int_a^b x \cdot f^2(x) \, dx \tag{V-158}$$

$$y_S = 0$$

$$z_S = 0$$

Rotation um die y-Achse

Analog erhält man bei Drehung einer Kurve $y = f(x)$ um die *y-Achse* (Bild V-75):

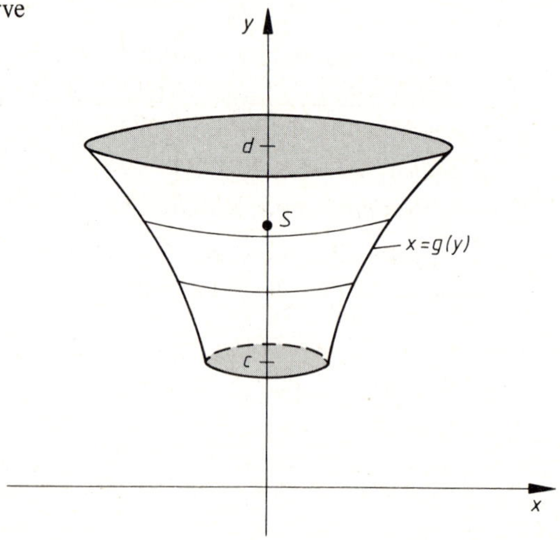

Bild V-75

Zur Berechnung des Schwerpunktes eines zur y-Achse symmetrischen Rotationskörpers

Schwerpunkt eines Rotationskörpers bei Drehung um die y-Achse

$$x_S = 0$$

$$y_S = \frac{\pi}{V} \cdot \int_c^d y x^2 \, dy = \frac{\pi}{V} \cdot \int_c^d y \cdot g^2(y) \, dy \qquad \text{(V-159)}$$

$$z_S = 0$$

Anmerkung

$x = g(y)$ ist die nach x *aufgelöste* Form von $y = f(x)$.

■ **Beispiele**

(1) Wo liegt der *Schwerpunkt* des Drehkörpers, der durch Rotation der in Bild V-76 *grau* unterlegten Fläche um die *x-Achse* entsteht?

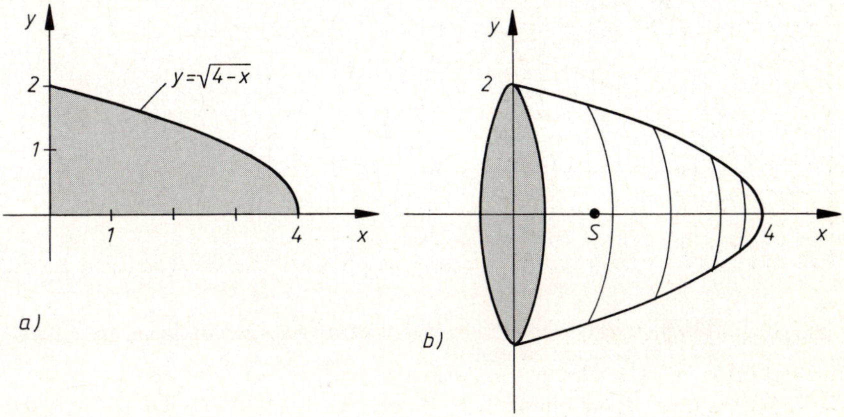

Bild V-76 Durch Drehung der Kurve $y = \sqrt{4 - x}$, $0 \leqslant x \leqslant 4$ (Bild a)) um die x-Achse entsteht der in b) skizzierte Drehkörper

Lösung:

Aus *Symmetriegründen* ist $y_S = z_S = 0$. Für x_S erhält man:

$$x_S = \frac{\pi}{V} \cdot \int_0^4 x \left(\sqrt{4-x}\right)^2 dx = \frac{\pi}{V} \cdot \int_0^4 x\,(4-x)\, dx =$$

$$= \frac{\pi}{V} \cdot \int_0^4 (4x - x^2)\, dx = \frac{\pi}{V} \left[2x^2 - \frac{1}{3} x^3 \right]_0^4 = \frac{32\,\pi}{3\,V}$$

Für das *Rotationsvolumen* erhalten wir nach Gleichung (V-119):

$$V = \pi \cdot \int_0^4 (\sqrt{4-x})^2\, dx = \pi \cdot \int_0^4 (4-x)\, dx = \pi \cdot \left[4x - \frac{1}{2}x^2\right]_0^4 = 8\pi$$

Somit ist:

$$x_S = \frac{32\,\pi}{3\,V} = \frac{32\,\pi}{3 \cdot 8\,\pi} = \frac{4}{3}$$

Der *Schwerpunkt des Rotationskörpers* besitzt demnach die Koordinaten
$x_S = \frac{4}{3}$, $y_S = 0$, $z_S = 0$.

(2) Durch Rotation des in Bild V-77 skizzierten Geradenstücks um die *x-Achse* entsteht ein (gerader) *Kreiskegel* mit dem Grundflächenradius r und der Höhe h.

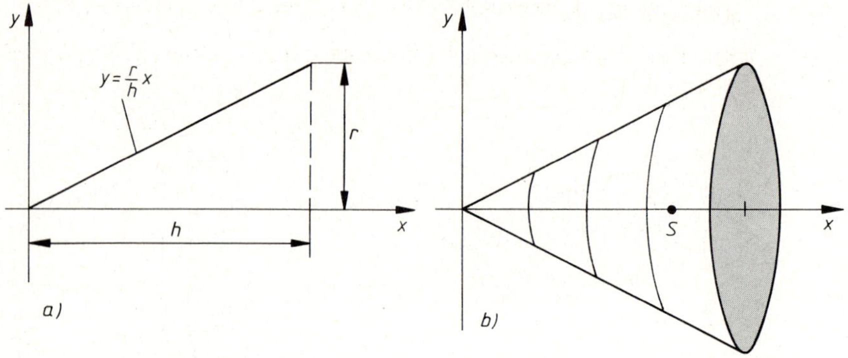

Bild V-77 Durch Drehung des in a) skizzierten Geradenstücks um die *x-Achse* entsteht der in b) gezeichnete Kegel

Der Schwerpunkt S liegt aus *Symmetriegründen* auf der *x-Achse*, d.h. $y_S = z_S = 0$. Für die Abszisse x_S erhalten wir nach Formel (V-158) den folgenden Wert (das Kegelvolumen beträgt $V = \frac{1}{3}\pi r^2 h$):

$$x_S = \frac{\pi}{V} \cdot \int_0^h x\left(\frac{r}{h}x\right)^2 dx = \frac{\pi}{\frac{1}{3}\pi r^2 h} \cdot \frac{r^2}{h^2} \cdot \int_0^h x^3\, dx =$$

$$= \frac{3}{h^3} \cdot \left[\frac{1}{4}x^4\right]_0^h = \frac{3}{h^3} \cdot \frac{h^4}{4} = \frac{3}{4}h$$

Der *Schwerpunkt des Kegels* liegt im Abstand von $\frac{3}{4}h$ *unterhalb* der Kegelspitze (von der Grundfläche aus gemessen beträgt der Abstand $\frac{h}{4}$).

(3) Wir berechnen die Lage des *Schwerpunktes einer homogenen Halbkugel* vom Radius r. Dieser Rotationskörper läßt sich durch Drehung der in Bild V-78 skizzierten *Viertelkreisfläche* um die *y-Achse* erzeugen. Die Funktionsgleichung der rotierenden Kreislinie erhält man durch Auflösen der Kreisgleichung $x^2 + y^2 = r^2$ nach x: $x = g(y) = \sqrt{r^2 - y^2}$. Wegen der *Rotationssymmetrie* liegt der Schwerpunkt diesmal auf der *y-Achse:* $x_S = z_S = 0$. Für y_S liefert die Integralformel (V-159) den Wert

$$y_S = \frac{\pi}{V} \cdot \int_0^r y\left(\sqrt{r^2 - y^2}\right)^2 dy = \frac{\pi}{\frac{2}{3}\pi r^3} \cdot \int_0^r y\,(r^2 - y^2)\,dy =$$

$$= \frac{3}{2r^3} \cdot \int_0^r (r^2 y - y^3)\,dy = \frac{3}{2r^3}\left[\frac{1}{2}r^2 y^2 - \frac{1}{4}y^4\right]_0^r = \frac{3}{2r^3} \cdot \frac{r^4}{4} = \frac{3}{8}r$$

(das Volumen einer Halbkugel ist $V = \frac{2}{3}\pi r^3$). Der *Schwerpunkt einer Halbkugel* liegt daher auf der *Symmetrieachse* im Abstand von $\frac{3}{8}r$ *oberhalb* der Grundfläche.

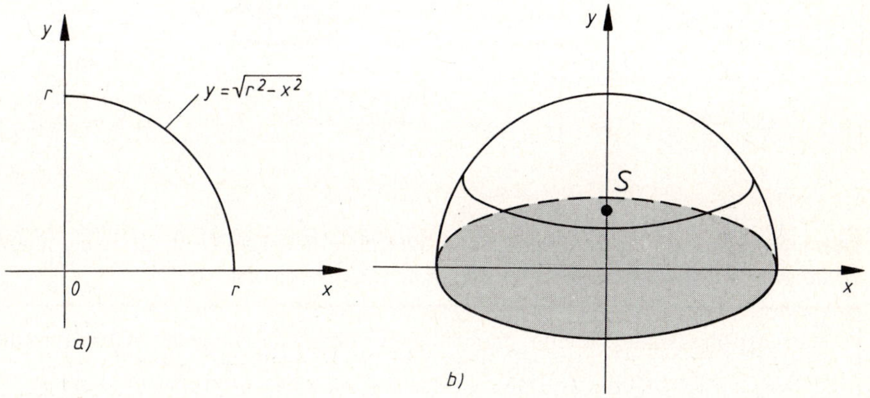

Bild V-78 Durch Rotation der in a) gezeichneten Viertelkreislinie um die *y-Achse* entsteht eine Halbkugel b)

■

10.9 Massenträgheitsmomente

10.9.1 Grundbegriffe und einfache Beispiele

Massenträgheitsmomente treten im Zusammenhang mit *Drehbewegungen* von punktförmigen, flächenhaften oder räumlichen Massen auf. Sie spielen dort eine ähnliche Rolle wie *Massen* bei *Translationsbewegungen*.

Ein Massenpunkt der Masse m besitze bezüglich einer vorgegebenen Drehachse (Bezugsachse) den *senkrechten* Abstand r (Bild V-79). Dann versteht man definitionsgemäß unter dem *Massenträgheitsmoment* J das Produkt

$$J = r^2 m \tag{V-160}$$

Bei *kontinuierlichen* Massen wird der Körper in eine *große* Anzahl *infinitesimal kleiner Massenelemente* dm zerlegt. *Jedes* Massenelement dm steuert dann den Beitrag

$$dJ = r^2 \, dm \tag{V-161}$$

zum *Gesamtmassenträgheitsmoment* J des Körpers bei (r ist der senkrechte Abstand des Massenelementes von der Bezugsachse, vgl. Bild V-80).

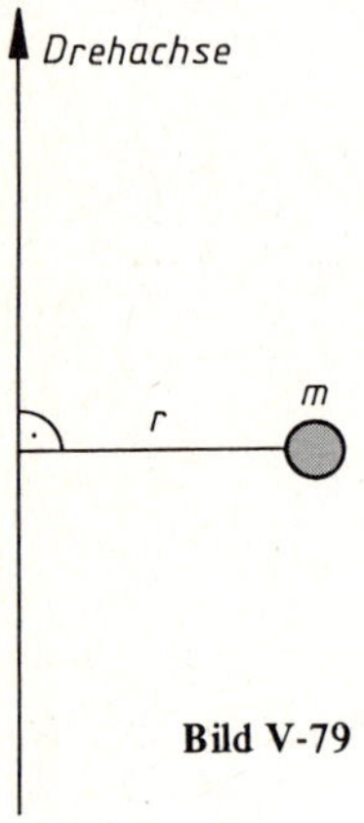

Bild V-79

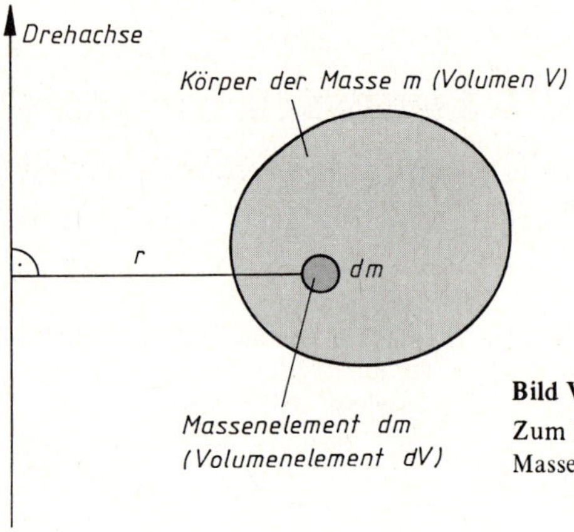

Bild V-80
Zum Begriff des Massenträgheitsmomentes

Durch *Summation*, d.h. *Integration* über *sämtliche* Beiträge dJ erhält man schließlich bei *homogener Massenverteilung* unter Berücksichtigung von $dm = \rho \, dV$:

Massenträgheitsmoment eines räumlichen Körpers bei homogener Massenverteilung

$$J = \int\limits_{(m)} r^2 \, dm = \rho \cdot \int\limits_{(V)} r^2 \, dV \tag{V-162}$$

■ **Beispiele**

(1) Für eine *homogene kreisförmige Scheibe* vom Radius R und der Dicke h ist das *Massenträgheitsmoment* J bezüglich der *Symmetrieachse* (Zylinderachse) zu berechnen (die konstante Dichte sei ρ).

Lösung:

Wir zerlegen die Scheibe in eine große Anzahl *konzentrischer Ringe* (Bild V-81).

Ein solcher *infinitesimal schmaler Ring* vom Innenradius r und der Breite dr besitzt die Querschnittsfläche

$$dA = 2\pi r\, dr$$

und damit den Masseninhalt

$$dm = \rho\, dV = \rho\,(dA)\,h = \rho\,(2\pi r\, dr)\,h = 2\pi \rho h r\, dr$$

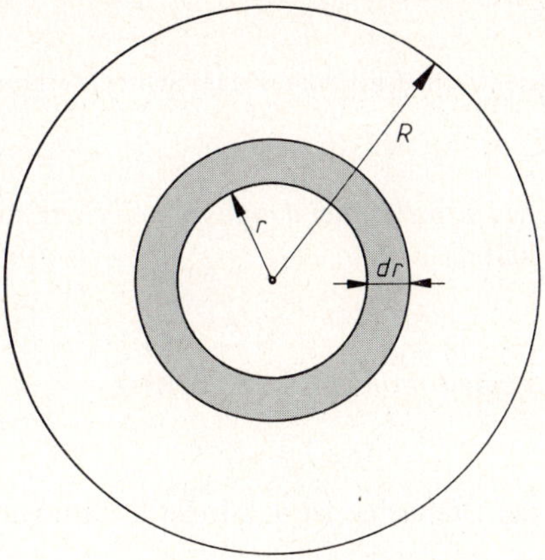

Bild V-81
Zur Berechnung des Massenträgheitsmomentes einer kreisförmigen Scheibe (Zerlegung in ringförmige Elemente)

Sein Beitrag zum *Trägheitsmoment* J der Scheibe beträgt

$$dJ = r^2\, dm = 2\pi \rho h r^3\, dr$$

Durch *Integration* über alle zwischen $r = 0$ und $r = R$ gelegenen Ringelemente erhält man schließlich:

$$J = \int_{(m)} dJ = 2\pi \rho h \cdot \int_0^R r^3\, dr = 2\pi \rho h \left[\frac{1}{4} r^4\right]_0^R = \frac{1}{2}\pi \rho h R^4$$

Beachtet man, daß die Scheibenmasse durch $m = \rho V = \rho \pi R^2 h$ gegeben ist, so läßt sich das Massenträgheitsmoment der Scheibe auch wie folgt durch Masse m und Radius R ausdrücken:

$$J = \frac{1}{2}\pi \rho h R^4 = \frac{1}{2} m R^2$$

(2) Es ist das *Massenträgheitsmoment* eines *homogenen zylindrischen Stabes* bezüglich einer *Schwerpunktsachse* zu bestimmen, die *senkrecht* zur Stabachse verläuft (l: Stablänge, A: Querschnittsfläche des Stabes, ρ: *konstante* Dichte des Materials; Durchmesser des Querschnittes klein gegenüber der Stablänge).

Lösung:

Aus *Symmetriegründen* liegt der *Schwerpunkt* S in der Stabmitte. Wir wählen ihn daher als *Ursprung* des Koordinatensystems (Bild V-82). Die y-Achse ist dann die *Bezugsachse*. Der Stab wird nun in eine *große* Anzahl von *Zylinder-*

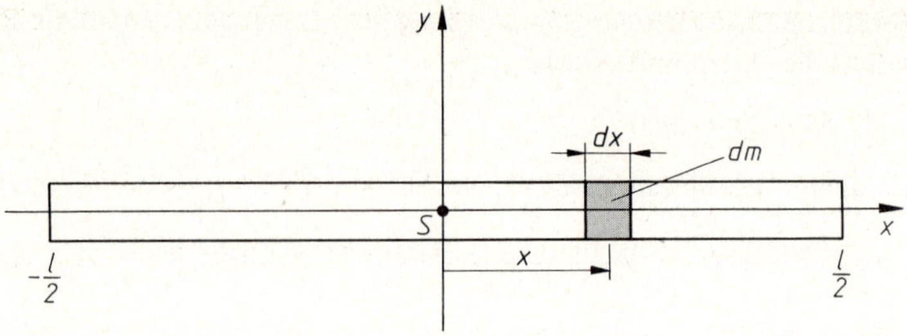

Bild V-82 Zur Berechnung des Massenträgheitsmomentes eines Stabes (Zerlegung in Zylinderscheiben)

scheiben zerschnitten. Ein solches *infinitesimal dünnes Scheibchen* von der Dicke dx besitzt den Masseninhalt

$$dm = \rho \, dV = \rho \, A \, dx$$

und liefert damit zum *Gesamtträgheitsmoment* J den Beitrag

$$dJ = x^2 \, dm = \rho \, A x^2 \, dx$$

(der *Abstand* der Scheibe von der Drehachse ist durch die Koordinate x gegeben). Durch *Integration* sämtlicher zwischen $x = -\frac{l}{2}$ und $x = \frac{l}{2}$ gelegener Elemente erhält man schließlich das gesuchte *Massenträgheitsmoment:*

$$J = \int_{(m)} dJ = \rho \, A \cdot \int_{-l/2}^{l/2} x^2 \, dx = \rho \, A \left[\frac{1}{3} x^3 \right]_{-l/2}^{l/2} = \frac{1}{12} \rho \, A \, l^3$$

Wir drücken J noch durch die Zylindermasse $m = \rho \, V = \rho \, A \, l$ und die Stablänge l aus und bekommen die bekannte Formel

$$J = \frac{1}{12} \rho \, A \, l^3 = \frac{1}{12} m \, l^2$$ ■

10.9.2 Satz von Steiner

Von besonderer Bedeutung sind in den Anwendungen Massenträgheitsmomente, die auf eine durch den *Körperschwerpunkt S* verlaufende Drehachse bezogen werden (sog. *Schwerpunktsachsen*). Trägheitsmomente dieser Art werden im folgenden durch das Symbol J_S gekennzeichnet. Ist nun das Trägheitsmoment J_S eines Körpers bekannt, so läßt sich daraus mit Hilfe einer von *Steiner* stammenden Beziehung das Trägheitsmoment J_A, bezogen auf eine zur Schwerpunktsachse *parallel* verlaufende Bezugsachse A, wie folgt berechnen (Bild V-83):

Satz von Steiner

$$J_A = J_S + ma^2 \qquad \text{(V-163)}$$

A ist dabei eine zur Schwerpunktsachse S *parallel* verlaufende Bezugsachse, a der *Abstand* der beiden Achsen, m die Masse des Körpers (vgl. Bild V-83).

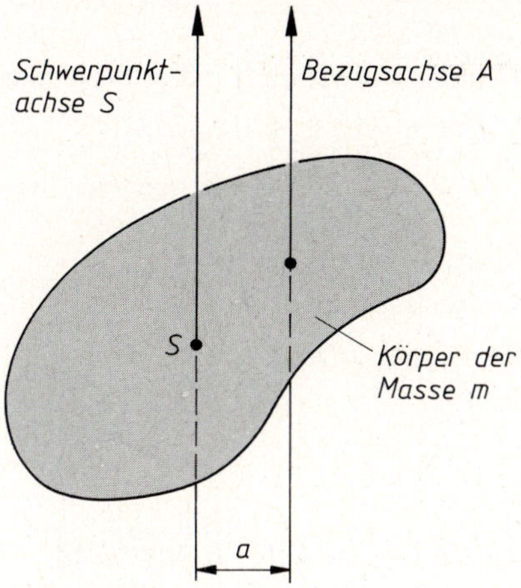

Bild V-83 Zum Satz von Steiner

Anmerkung

Der Summand ma^2 im *Steinerschen Satz* ist das Massenträgheitsmoment der im *Schwerpunkt* vereinigten *Gesamtmasse* m bezüglich der *neuen* Achse A.

Herleitung des Steinerschen Satzes

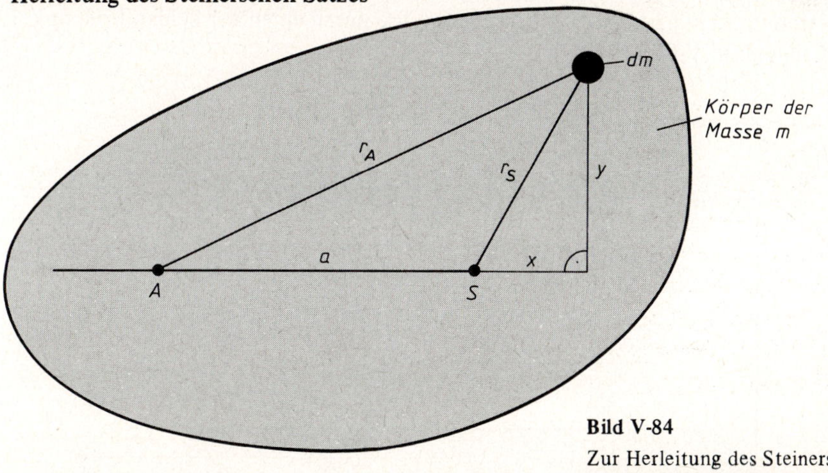

Bild V-84

Zur Herleitung des Steinerschen Satzes (S: Schwerpunktachse; A: zur Schwerpunktachse *parallel* verlaufende Bezugsachse; beide Achsen *senkrecht* zur Zeichenebene)

Für ein beliebiges *infinitesimal kleines Massenelement dm* im Abstand r_S bzw. r_A von S bzw. A gilt (Bild V-84):

$$r_S^2 = x^2 + y^2$$

$$r_A^2 = (a + x)^2 + y^2 = a^2 + 2ax + \underbrace{x^2 + y^2}_{= r_S^2} = a^2 + 2ax + r_S^2$$

$$r_A^2 = r_S^2 + a^2 + 2ax \qquad \text{(V-164)}$$

Für das *Massenträgheitsmoment* J_A erhält man damit unter Verwendung dieser Beziehung:

$$J_A = \int\limits_{(m)} r_A^2 \, dm = \int\limits_{(m)} (r_S^2 + a^2 + 2\,ax)\, dm =$$

$$= \int\limits_{(m)} r_S^2 \, dm + a^2 \cdot \int\limits_{(m)} dm + 2\,a \cdot \int\limits_{(m)} x \, dm =$$

$$= J_S + a^2 m + 2\,a \cdot \int\limits_{(m)} x \, dm \qquad \text{(V-165)}$$

Das *statische Moment* $\int\limits_{(m)} x \, dm$ *verschwindet* bekanntlich für eine *Schwerpunktsachse* (eine solche liegt hier vor), und die Gleichung (V-165) geht damit über in:

$$J_A = J_S + a^2 m \qquad \text{(V-166)}$$

■ **Beispiel**

Wir bestimmen unter Verwendung des *Steinerschen Satzes* das *Massenträgheitsmoment* J_A eines *homogenen zylindrischen Stabes* der Länge l bezüglich einer zur Schwerpunktsachse *parallel* verlaufenden Achse durch einen der beiden Endpunkte des Stabes (Bild V-85):

$$J_A = J_S + a^2 m\,, \qquad J_S = \frac{1}{12}\, m\, l^2\,, \qquad a = \frac{1}{2}\, l$$

$$J_A = \frac{1}{12}\, ml^2 + \left(\frac{1}{2}\, l\right)^2 m = \frac{1}{12}\, ml^2 + \frac{1}{4}\, ml^2 = \frac{1}{3}\, ml^2$$

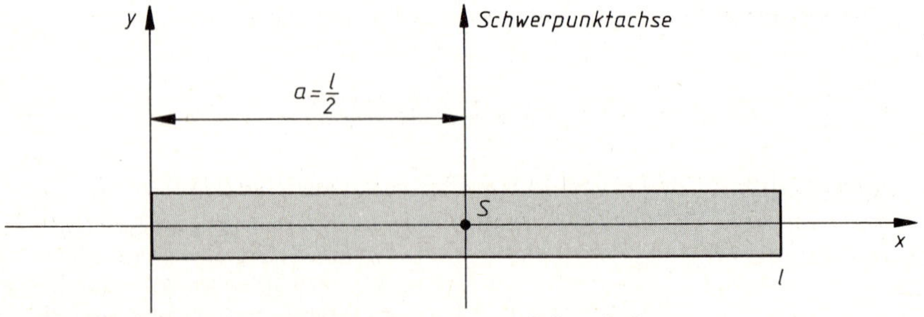

Bild V-85 Anwendung des Steinerschen Satzes auf einen Stab ■

10.9.3 Massenträgheitsmoment eines Rotationskörpers

Rotation um die x-Achse

Wir betrachten einen *homogenen Rotationskörper*, der durch Drehung des Kurvenstücks $y = f(x)$, $a \leqslant x \leqslant b$ um die *x-Achse* entsteht (Bild V-45) und zerlegen ihn wiederum in eine *große* Anzahl von Scheiben. Ein solches *infinitesimal dünnes Zylinderscheibchen* der Dicke dx entstehe durch Rotation des in Bild V-86 skizzierten *Rechtecks* mit den Seitenlängen y und dx. Für das *Massenträgheitsmoment einer Zylinderscheibe* hatten wir im Beispiel (1) aus Abschnitt V.10.9.1 den Formelausdruck

$$J_{\text{Zylinder}} = \frac{1}{2} m R^2 \qquad \text{(V-167)}$$

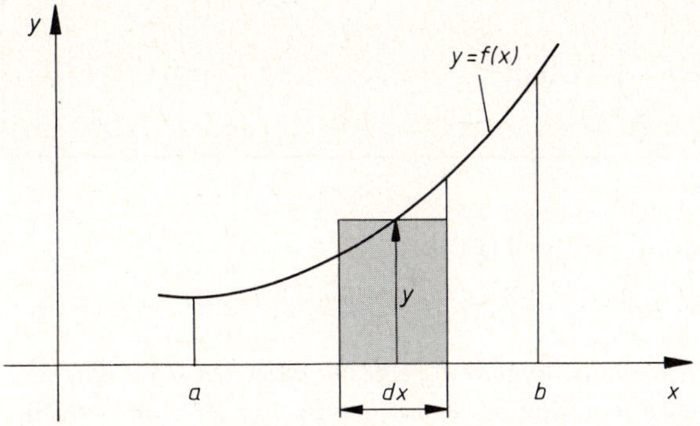

Bild V-86

Zur Bestimmung des Massenträgheitsmomentes eines zur x-Achse symmetrischen Rotationskörpers

hergeleitet (m: Zylindermasse; R: Radius der Grundfläche). Aus dieser Formel erhält man den Beitrag dJ_x, den unser *Zylinderscheibchen* zum Trägheitsmoment J_x des *Rotationskörpers* beisteuert, durch die *formale Substitution*

$$\begin{aligned} R &\rightarrow y = f(x) \\ m &\rightarrow dm \end{aligned} \qquad \text{(V-168)}$$

Es ist dann:

$$dJ_x = \frac{1}{2}(dm)\,y^2 = \frac{1}{2} y^2\, dm \qquad \text{(V-169)}$$

wobei sich das Massenelement dm noch durch das Volumenelement $dV = \pi y^2\, dx$ ausdrücken läßt:

$$dJ_x = \frac{1}{2} y^2\, dm = \frac{1}{2} y^2 \rho\, dV = \frac{1}{2} y^2 \rho\, \pi y^2\, dx = \frac{1}{2} \pi \rho\, y^4\, dx \qquad \text{(V-170)}$$

Durch *Summation,* d.h. *Integration* über die Beiträge *sämtlicher* zwischen $x = a$ und $x = b$ liegender Scheibchen erhält man schließlich für das *Massenträgheitsmoment* J_x *des Rotationskörpers:*

Massenträgheitsmoment eines homogenen Rotationskörpers bezüglich der x-Achse

$$J_x = \frac{1}{2}\pi\rho \cdot \int_a^b y^4\, dx = \frac{1}{2}\pi\rho \cdot \int_a^b f^4(x)\, dx \qquad \text{(V-171)}$$

Rotation um die y-Achse

Ein analoger Ausdruck läßt sich herleiten für das *Massenträgheitsmoment* J_y von Körpern, die zur *y-Achse* rotationssymmetrisch sind (vgl. hierzu Bild V-48):

Massenträgheitsmoment eines homogenen Rotationskörpers bezüglich der y-Achse

$$J_y = \frac{1}{2}\pi\rho \cdot \int_c^d x^4\, dy = \frac{1}{2}\pi\rho \cdot \int_c^d g^4(y)\, dy \qquad \text{(V-172)}$$

Anmerkung

$x = g(y)$ ist die nach x *aufgelöste* Form von $y = f(x)$.

■ **Beispiele**

(1) Man berechne das *Massenträgheitsmoment* J_x *eines homogenen stromlinienförmigen* Körpers, der durch Rotation der Kurve $y = (4 - x)\sqrt{2x}$ im Bereich ihrer beiden Nullstellen um die *x-Achse* entsteht (Bild V-87).

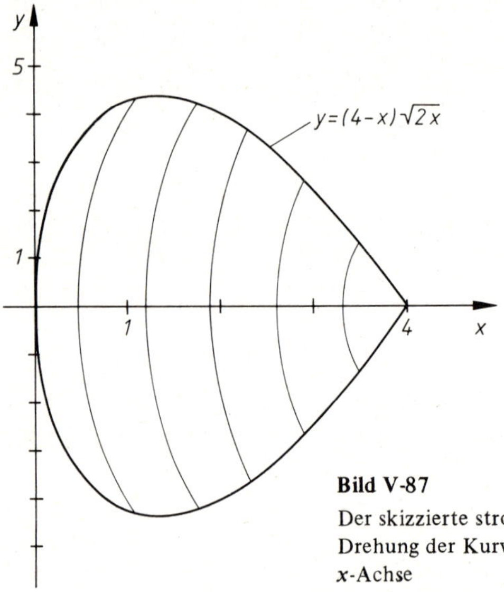

Bild V-87

Der skizzierte stromlinienförmige Körper entsteht durch Drehung der Kurve $y = (4 - x)\sqrt{2x}$, $0 \leqslant x \leqslant 4$ um die x-Achse

Lösung:

Unter Verwendung der Formel (V-171) erhalten wir:

$$J_x = \frac{1}{2}\pi\rho \cdot \int_0^4 [(4-x)\sqrt{2x}]^4\,dx = \frac{1}{2}\pi\rho \cdot \int_0^4 (4-x)^4 \cdot 4x^2\,dx =$$

$$= 2\pi\rho \cdot \int_0^4 (4-x)^4 \cdot x^2\,dx = 2\pi\rho \cdot \int_0^4 (x^6 - 16x^5 + 96x^4 - 256x^3 + 256x^2)\,dx =$$

$$= 2\pi\rho \left[\frac{1}{7}x^7 - \frac{8}{3}x^6 + \frac{96}{5}x^5 - 64x^4 + \frac{256}{3}x^3\right]_0^4 = 2\pi\rho \cdot 156{,}04 = 980{,}42\,\rho$$

(2) Die Aufgabe besteht in der Berechnung des *Massenträgheitsmomentes einer homogenen Kugel* bezüglich eines Kugeldurchmessers als Drehachse (Radius der Kugel: R).

Lösung:

Der Kugeldurchmesser falle in die Richtung der *y-Achse*. Aus *Symmetriegründen* können wir uns bei der Rechnung auf die in Bild V-78 skizzierte *Halbkugel* beschränken. Diese entsteht durch Rotation der im *1. Quadranten* liegenden Kreislinie mit der nach der Variablen x aufgelösten Funktionsgleichung

$$x = g(y) = \sqrt{R^2 - y^2}$$

um die *y-Achse*. Für das Massenträgsheitmoment J_y der *Vollkugel* erhält man somit nach der Integralformel (V-172):

$$J_y = 2 \cdot \frac{1}{2}\pi\rho \cdot \int_0^R (\sqrt{R^2 - y^2})^4\,dy = \pi\rho \cdot \int_0^R (R^2 - y^2)^2\,dy =$$

$$= \pi\rho \cdot \int_0^R (R^4 - 2R^2y^2 + y^4)\,dy = \pi\rho\left[R^4 y - \frac{2}{3}R^2y^3 + \frac{1}{5}y^5\right]_0^R =$$

$$= \frac{8}{15}\pi\rho R^5$$

(der Faktor 2 tritt auf, da wir uns bei der Integration auf eine *Halbkugel* beschränken). Berücksichtigt man, daß Kugelvolumen und Kugelmasse durch

$$V_{\text{Kugel}} = \frac{4}{3}\pi R^3 \quad \text{und} \quad m = \rho V = \frac{4}{3}\pi\rho R^3$$

gegeben sind, so erhält man schließlich für das gesuchte *Massenträgheitsmoment einer Kugel* die aus der Physik bekannte Formel

$$J_y = \frac{8}{15}\pi\rho R^5 = \frac{2}{5}mR^2$$

■

Übungsaufgaben

1) Bestimmen Sie *sämtliche* Stammfunktionen zu:

a) $f(x) = 4x^5 - 6x^3 + 8x^2 - 3x + 5$

b) $f(t) = 3 \cdot \sin t - 4 \cdot \cos t$

c) $f(t) = 2 \cdot e^t - \frac{5}{t} + 1$

d) $f(x) = \frac{1 - 2x^2 - 4x^3}{2x} + 3$

e) $f(z) = \frac{5}{3 + 3z^2} - \frac{1}{4} z^4$

f) $f(x) = \frac{-2}{\sqrt{1 - x^2}} - \frac{1}{\cos^2 x}$

g) $f(u) = 3 \cdot \sin u - \frac{6}{u} + 7u^2$

h) $f(x) = -3 \cdot e^x - \cos x$

2) Lösen Sie die nachstehenden unbestimmten Integrale (Grundintegrale):

a) $\int (e^x + x^2 - 2x + \sin x)\,dx$

b) $\int \left(10^x - \frac{1}{\sin^2 x}\right) dx$

c) $\int (2x - 3)^2\,dx$

d) $\int 2 \cdot \cosh x\,dx$

e) $\int \left(-\frac{3}{1 + t^2} - \frac{1}{t}\right) dt$

f) $\int \left(\frac{10}{\cosh^2 x} - 3 \cdot a^x - b \cdot \sin x\right) dx$

g) $\int \frac{5}{\sqrt{u^2 - 1}}\,du$

h) $\int \left(5 \cdot 3^x - \frac{1}{2\sqrt{x}}\right) dx$

i) $\int \frac{\sqrt[3]{x^5} \cdot \sqrt{x}}{\sqrt[5]{x^4}}\,dx$

j) $\int \sqrt{x\sqrt{x}}\,dx$

k) $\int \frac{\tan x}{\sin(2x)}\,dx$

3) Welchen Wert besitzen die folgenden bestimmten Integrale?

a) $\int_0^4 (x^3 - 5x^2 + 1{,}5x - 10)\,dx$

b) $\int_1^e \frac{dt}{t}$

c) $\int_0^\pi (a \cdot \sin t - b \cdot \cos t)\,dt$

d) $\int_1^4 \frac{1 - z^2}{z}\,dz$

e) $\int_1^2 5 \cdot \sqrt{x}\,dx$

f) $\int_\pi^2 \cos\varphi\,d\varphi$

g) $\int_0^2 3\,(1-e^x)\,dx$ h) $\int_{0,5}^5 \frac{4}{t}\,dt$ i) $\int_0^{0,5} \frac{3}{\sqrt{1-x^2}}\,dx$

j) $\int_0^{\pi/4} \frac{1-\cos^2 x}{2\cdot\cos^2 x}\,dx$ k) $\int_1^4 \frac{1-u^2}{\sqrt{u}}\,du$ l) $\int_1^9 \sqrt{x}\,(2-x)\,dx$

4) Wie lautet die Funktionsgleichung der durch den Punkt $P_1 = (0; 2)$ verlaufenden Kurve mit der Ableitung

$$y' = \sin x + 3\cdot e^x - \frac{1}{3}x^2 + \frac{4}{1+x^2}\ ?$$

5) Berechnen Sie das bestimmte Integral $\int_0^a x^3\,dx$ als *Grenzwert der Obersumme* nach (V-18). *Anleitung:* Man unterteile das Integrationsintervall $[0, a]$ mit Hilfe der Teilpunkte $x_k = k\,\frac{a}{n}$ $(k = 0, 1, \ldots, n)$ in n gleiche Teile und verwende die Formel

$$\sum_{k=1}^{n} k^3 = 1^3 + 2^3 + \ldots + n^3 = \frac{n^2\,(n+1)^2}{4}$$

6) Die im folgenden aufgeführten Integralformeln haben wir einer *Integraltafel* entnommen. Zeigen Sie nach dem sog. „*Verifizierungsprinzip*" die Gültigkeit dieser Beziehungen (die Ableitung der auf der rechten Seite stehenden Funktion $F(x)$ muß zum Integranden $f(x)$ führen, d.h. $F'(x) = f(x)$):

a) $\int e^{-x}\,(1-x)\,dx = x\cdot e^{-x} + C$

b) $\int \frac{\sqrt{x^2-4}}{x}\,dx = \sqrt{x^2-4} - 2\cdot\arccos\left(\frac{2}{x}\right) + C$

c) $\int \cos x\cdot e^{\sin x}\,dx = e^{\sin x} + C$

d) $\int \sin(3x)\cdot\cos(3x)\,dx = \frac{1}{6}\sin^2(3x) + C$

7) Zeigen Sie, daß $F_1(x) = x^2\cdot e^x + 2$ *eine* Stammfunktion von $f(x) = (x^2 + 2x)\,e^x$ ist. Wie lautet die *Gesamtheit* der Stammfunktionen?

8) Welchen Flächeninhalt schließt der Funktionsgraph von $y = -0{,}25\,x^2 + 4$ mit der x-Achse ein?

9) Berechnen Sie die im Intervall $-\frac{\pi}{2} \leqslant x \leqslant \frac{\pi}{2}$ unter der Kosinuskurve liegende Fläche.

10) Berechnen Sie die Fläche zwischen der Parabel $y = -3(x-2)^2 + 5$ und der x-Achse.

11) Lösen Sie die folgenden Integrale unter Verwendung einer *geeigneten Substitution:*

a) $\int \frac{x^2}{\sqrt{1+x^3}}\,dx$
b) $\int (5x+12)^{0,5}\,dx$

c) $\int \sqrt[3]{1-t}\,dt$
d) $\int_0^{\pi} \cos^3 x \cdot \sin x\,dx$

e) $\int \frac{\arctan z}{1+z^2}\,dz$
f) $\int \frac{2x+6}{x^2+6x-12}\,dx$

g) $\int \frac{dx}{x \cdot \ln x}$
h) $\int x \cdot \sin(x^2)\,dx$

i) $\int \frac{3x^2-2}{2x^3-4x+2}\,dx$
j) $\int_{-1}^{1} \frac{t\,dt}{\sqrt{1+t^2}}$

k) $\int_0^{\pi/2} \sin(3t - \pi/4)\,dt$
l) $\int_{-1}^{1} \frac{5+x}{5-x}\,dx$

m) $\int x^2 \cdot e^{x^3-2}\,dx$
n) $\int \frac{\tan(z+5)}{\cos^2(z+5)}\,dz$

o) $\int \frac{\sqrt{4-x^2}}{x^2}\,dx$

12) Lösen Sie das bestimmte Integral $\int_0^{0,5} x \cdot \sqrt{1-x^2}\,dx$ mit Hilfe der *Variablensubstitution* $x = \sin u$.

13) Welchen Flächeninhalt schließt die Kurve mit der Funktionsgleichung $y = \sqrt{6-2x}$ mit den beiden Koordinatenachsen ein?

14) Zeigen Sie, daß sich das Integral $\int \frac{2-x}{1+\sqrt{x}}\,dx$ mit Hilfe der *Substitution* $u = 1 + \sqrt{x}$ lösen läßt.

15) Für den *Zerfall einer radioaktiven Substanz* gilt:

$$\frac{dn}{dt} = -\lambda n$$

Dabei ist n die Anzahl der zur Zeit t noch vorhandenen Kerne, λ die sog. *Zerfallskonstante.* Wie lautet das *Zerfallsgesetz* $n = n(t)$, wenn zu Beginn $(t = 0)$ n_0 Atomkerne vorhanden sind?

16) Lösen Sie die folgenden Integrale durch „*Partielle Integration*“:

a) $\int x \cdot \ln x \, dx$ b) $\int x \cdot \cos x \, dx$ c) $\int\limits_1^5 \ln t \, dt$

d) $\int x \cdot \sin(3x) \, dx$ e) $\int\limits_0^{0,8} x \cdot e^x \, dx$ f) $\int \arctan x \, dx$

g) $\int \sin^2(\omega t) \, dt$

17) Lösen Sie die Integrale

a) $\int e^x \cdot \cos x \, dx$ b) $\int x^2 \cdot e^{-x} \, dx$

durch *zweimalige partielle Integration.*

18) Lösen Sie die folgenden Integrale durch *Partialbruchzerlegung* des Integranden:

a) $\int \frac{1}{x^2 - a^2} \, dx$ b) $\int \frac{4x^3}{x^3 + 2x^2 - x - 2} \, dx$

c) $\int \frac{3z}{z^3 + 3z^2 - 4} \, dz$ d) $\int \frac{4x - 2}{x^2 - 2x - 63} \, dx$

e) $\int \frac{2x + 1}{x^3 - 6x^2 + 9x} \, dx$

19) Berechnen Sie die zwischen den Kurven $y = \ln x$, $y = 0$ und $x = 5$ liegende Fläche.

20) Welchen Flächeninhalt schließt die Kurve mit der Funktionsgleichung $y = \frac{x^2 - 4}{x - 5}$ mit der x-Achse ein (Skizze)?

21) Lösen Sie die folgenden Integrale unter Verwendung einer *geeigneten* Integrationsmethode:

a) $\int \frac{\sqrt{\ln x}}{x} \, dx$ b) $\int \cot x \, dx$ c) $\int x \cdot \cosh x \, dx$

d) $\int \sin x \cdot e^{\cos x} \, dx$ e) $\int \frac{x^3}{(x^2 - 1)(x + 1)} \, dx$

f) $\int\limits_0^2 \frac{x - 4}{x + 1} \, dx$ g) $\int \frac{(\ln x)^3}{x} \, dx$ h) $\int \frac{12x^2}{2x^3 - 1} \, dx$

i) $\int x \cdot \arctan x \, dx$ j) $\int \sqrt{x^2 - 2x} \, dx$

k) $\int \frac{x^2}{x^3 - 8x^2 + 21x - 18} \, dx$

22) Zeigen Sie: Der Flächeninhalt der Ellipse $\frac{x^2}{a^2} + \frac{y^2}{b^2} = 1$ beträgt $A = \pi a b$.

23) Welchen Wert besitzt das Integral $\int_{-\pi}^{\pi} \sin(mx) \cdot \sin(nx)\,dx$ für

a) $m = n$ b) $m \neq n$ $(m, n \in \mathbb{N})$

Anleitung: Umformung des Integranden mit Hilfe der Beziehung
$\sin\alpha \cdot \sin\beta = \frac{1}{2}[\cos(\alpha - \beta) - \cos(\alpha + \beta)]$.

24) Berechnen Sie das Integral $\int_{1}^{2} \frac{1 - e^{-x}}{x}\,dx$ näherungsweise

a) nach der *Trapezformel,*
b) nach der *Simpsonschen* Formel für jeweils 10 (einfache) Streifen.

25) Berechnen Sie die folgenden Integrale näherungsweise nach *Simpson:*

a) $\int_{1}^{4} \sqrt{1 + 2t^4}\,dt$, $n = 10$ b) $\int_{0,5}^{1} \frac{x^3}{e^x - 1}\,dx$, $n = 5$

c) $\int_{1}^{3} \frac{e^x}{x^2}\,dx$, $n = 5$

26) Bestimmen Sie den Wert der folgenden *(konvergenten) uneigentlichen* Integrale:

a) $\int_{0}^{\infty} e^{-x}\,dx$ b) $\int_{0}^{\infty} x \cdot e^{-x}\,dx$ c) $\int_{-\infty}^{2} e^x\,dx$

27) Zeigen Sie, daß das uneigentliche Integral $\int_{0}^{\infty} x^2 \cdot e^{-ax}\,dx$ $(a > 0)$ *konvergent* ist und den Wert $2/a^3$ besitzt.

28) Berechnen Sie den Flächeninhalt, den die drei Kurven mit den Funktionsgleichungen $y = e^{ax}$, $y = e^{-bx}$ und $y = 0$ miteinander einschließen ($a > 0$, $b > 0$; Skizze anfertigen).

29) Bestimmen Sie das *Weg-Zeit-Gesetz* $s = s(t)$ und das *Geschwindigkeit-Zeit-Gesetz* $v = v(t)$ eines Fahrzeugs für den Fall

a) einer *konstanten* Bremsverzögerung $a = -2\ \text{m/s}^2$,

b) einer *periodischen* Bremsverzögerung $a = -(1 + \cos(\pi\, s^{-1} \cdot t))\ m/s^2$, wenn in beiden Fällen die Anfangsbedingungen wie folgt lauten: $s(0) = 0$ m, $v(0) = 30$ m/s.

30) Die Bewegungsgleichung eines Federpendels laute: $a(t) = -\omega^2 \cdot \cos(\omega t)$. Gewinnen Sie hieraus durch *Integration* die Geschwindigkeit-Zeit-Funktion $v = v(t)$ und die Weg-Zeit-Funktion $s = s(t)$ für die Anfangswerte $s(0) = 1$ und $v(0) = 0$.

31) Die Biegegleichung eines Balkens der Länge l, der in den beiden Endpunkten unterstützt wird, lautet bei *gleichmäßiger* Streckenlast F wie folgt:

$$y'' = -\frac{F}{2EI}(lx - x^2)$$

(E: Elastizitätsmodul; I: Flächenmoment). Bestimmen Sie durch Integration dieser Gleichung die *Biegelinie* für die Randwerte $y(0) = 0$ und $y'(\frac{1}{2}l) = 0$.

32) Die Fallgeschwindigkeit eines aus der Ruhe heraus *frei* fallenden Körpers hängt bei Berücksichtigung des Luftwiderstandes wie folgt von der Fallzeit ab:

$$v = v_E \cdot \tanh\left(\frac{g}{v_E}t\right), \qquad t \geqslant 0$$

(vgl. hierzu Abschnitt III.13.2.5; g: Erdbeschleunigung; v_E: Endgeschwindigkeit). Bestimmen Sie durch *Integration* den Fallweg s als Funktion der Fallzeit t (zu Beginn sei $s(0) = 0$).

33) Welche Fläche schließt die Kurve $y = 4x(x^2 - 4)$ mit der x-Achse im Intervall $-4 \leqslant x \leqslant 4$ ein?

34) Bestimmen Sie die von den Funktionsgraphen von $y = x^2 - 2$ und $y = -x^2 + 2x + 2$ eingeschlossene Fläche.

35) Berechnen Sie den Flächeninhalt zwischen der Parabel $y = x^2 - 2x - 1$ und der Geraden $y = 3x - 1$.

36) Berechnen Sie die von den beiden Kurven mit den Funktionsgleichungen $y = 2 \cdot \cosh x - 2$ und $y = -x^2 + 3$ eingeschlossene Fläche. *Hinweis:* Bestimmung der Kurvenschnittpunkte *näherungsweise* nach dem *Newtonschen Tangentenverfahren.*

37) Berechnen Sie den Flächeninhalt zwischen dem Kreis $(x - 2)^2 + y^2 = 4$ und der Parabel $y = x^2$.

38) Zeigen Sie, daß das durch Rotation einer Ellipse mit der Funktionsgleichung $b^2x^2 + a^2y^2 = a^2b^2$ um die *y-Achse* entstehende *Rotationsellipsoid* das Volumen $V_y = \frac{4}{3}\pi a^2 b$ besitzt.

39) Welches Volumen besitzt der Drehkörper, der durch Rotation des von der Kurve $y = (x-2)^2 \cdot \sqrt{3\,x}$ und der x-Achse berandeten Flächenstücks um die *x-Achse* entsteht?

40) Durch Rotation der Kurve $y = \sqrt{x}$ um die *y-Achse* entsteht ein *trichterförmiger* Drehkörper. Bestimmen Sie sein Volumen, wenn er in der Höhe $y = 5$ abgeschnitten wird.

41) Bestimmen Sie das Rotationsvolumen eines Körpers, der durch Drehung des Kurvenstücks $y = \sqrt{x^2 - 9},\ 3 \leqslant x \leqslant 5$

a) um die *x-Achse,*
b) um die *y-Achse* entsteht.

42) Welche Länge besitzt ein Drahtseil, das gemäß der Funktion $y = 5 \cdot \cosh\left(\frac{x}{5}\right)$ *(Kettenlinie)* durchhängt, wenn beide Aufhängepunkte die gleiche Höhe und einen Abstand von 14,3 voneinander besitzen?

43) Berechnen Sie die Bogenlänge der Kurve $y = 4{,}2 \cdot \ln x^3$ im Intervall von $x = 1$ bis $x = e$.

44) Wie lang ist der Bogen des Graphen von $y = x^{3/2}$ über dem Intervall $1 \leqslant x \leqslant 7{,}45$?

45) Bestimmen Sie die Länge des *Sinusbogens* über dem Intervall $[0, \pi]$.
Anleitung: Berechnung des Integrals nach der *Simpsonschen* Formel für $n = 10$.

46) Berechnen Sie die Mantelfläche, die durch Rotation der Kurve $y = \sqrt{x},\ 0 \leqslant x \leqslant 4$ um die *y-Achse* entsteht.

47) Welche Rotationsfläche (Mantelfläche) erzeugt die Kurve $y = \ln \sqrt{x},\ 1 \leqslant x \leqslant 3$ bei Drehung um die *x-Achse*? (Näherungsweise Berechnung des Integrals nach *Simpson* für $n = 10$ Streifen.)

48) Zeigen Sie: Durch Rotation des in Bild V-88 skizzierten Kreisabschnittes der Breite h um die x-Achse entsteht eine *Kugelschicht* der Dicke h mit der Mantelfläche $O = 2\,\pi\,r\,h$.

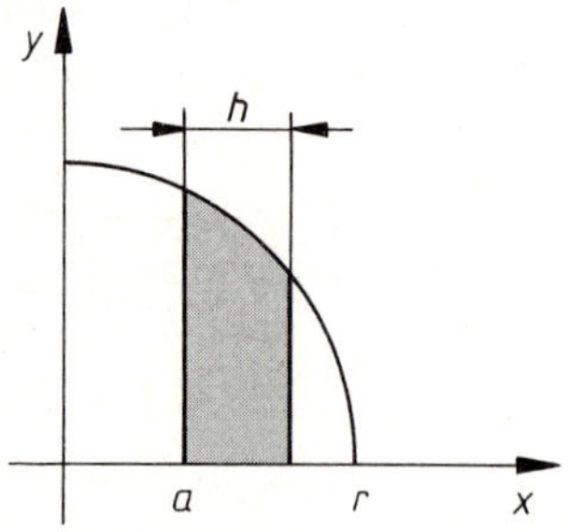

Bild V-88

49) Welche Arbeit muß aufgebracht werden, um eine dem *Hookeschen Gesetz* genügende elastische Stahlfeder mit der Federkonstanten (Richtkraft) $k = 8{,}45 \cdot 10^5$ N/m um 17,3 cm zusammenzudrücken?

50) Für eine *adiabatische* Zustandsänderung eines *idealen* Gases gilt die *Poissonsche* Gleichung $p \cdot V^k = p_0 \cdot V_0^k = \text{const.}$ Berechnen Sie die Ausdehnungsarbeit

$$W = \int_{V_0}^{V_1} p(V)\, dV$$ für ein solches Gas.

51) Ein *ideales* Gas besitzt im Ausgangszustand das Volumen $V_1 = 2{,}75\ \text{m}^3$ und den Druck $p_1 = 1250\ \text{N/m}^2$. Es wird *isotherm*, d.h. unter Konstanthaltung der Temperatur auf das Volumen $V_2 = 0{,}76\ \text{m}^3$ komprimiert. Welche Arbeit wurde am Gas verrichtet?

52) Durch Rotation der Kurve $y = \sqrt{1\,\text{m} \cdot x}$ um die *y-Achse* entsteht ein trichterförmiger Behälter (vgl. hierzu Aufgabe 40). Er soll von einem Wasserreservoir aus bis zu einer Höhe von 5 m gefüllt werden. Berechnen Sie die erforderliche *Mindestarbeit* (Dichte des Wassers: $\rho = 1\ \text{g/cm}^3 = 1000\ \text{Kg/m}^3$).
Anleitung: Der Wasserpegel im Trichter habe die Höhe y erreicht. Um den Pegel um dy zu erhöhen, muß die Wassermenge dm aus dem Reservoir ($y = 0$) in diese Höhe gebracht werden. Die dabei verrichtete Hubarbeit beträgt $dW = (dm)\, gy$ (vgl. hierzu Bild V-89).

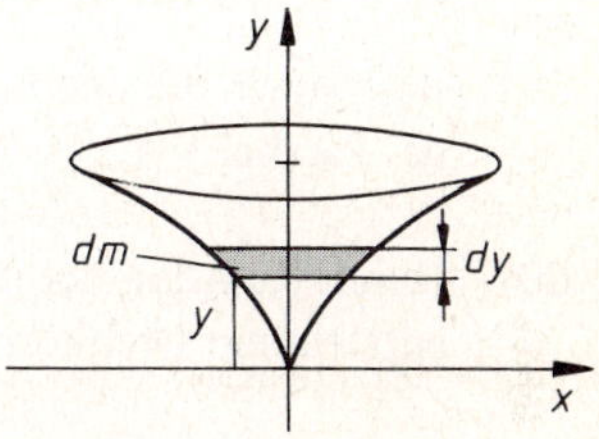

Bild V-89

53) Berechnen Sie den *linearen* und den *quadratischen Mittelwert* der Sinusfunktion im Intervall $0 \leqslant x \leqslant \pi$.

54) Ein *Einweggleichrichter* erzeuge den in Bild V-90 skizzierten Strom mit der Periodendauer $T = 2\,\pi/\omega$. Berechnen Sie den *linearen Mittelwert* während einer Periode (er wird als *Gleichrichtwert* bezeichnet).

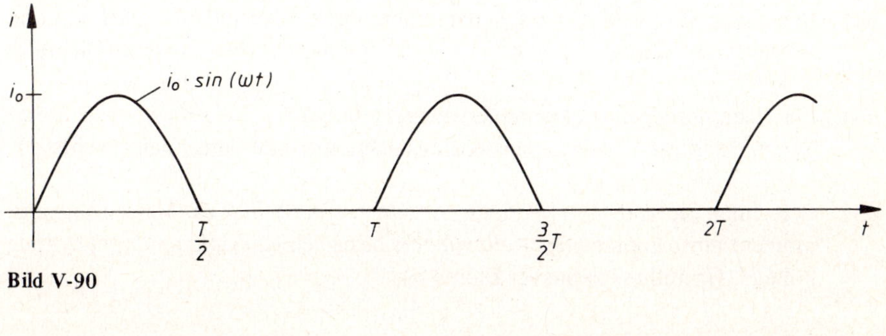

Bild V-90

55) In einem *Wechselstromkreis* erzeuge die Wechselspannung $u = u_0 \cdot \sin(\omega t)$ den Wechselstrom $i = i_0 \cdot \cos(\omega t)$. Berechnen Sie die *mittlere Leistung P* während einer Periode $T = \frac{2\pi}{\omega}$ *(linearer Mittelwert). Hinweis:* Für die *momentane* Leistung gilt definitionsgemäß $p = u \cdot i$.

56) Berechnen Sie die Lage des Schwerpunktes der Fläche, die von den beiden Parabeln mit den Funktionsgleichungen $y = -x^2$ und $y = x^2 - 4$ eingeschlossen wird.

57) Bestimmen Sie den Flächenschwerpunkt der in Bild V-91 skizzierten Figur (Quadrat mit aufgesetztem Halbkreis).

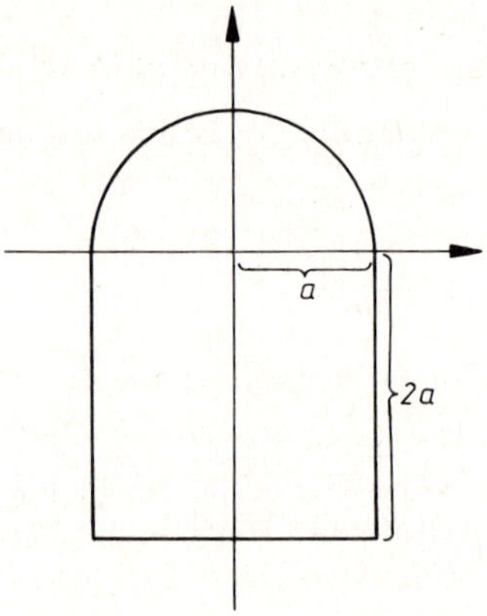

Bild V-91

58) Wo liegt der Schwerpunkt eines Viertelkreises (Radius R)?

59) Bestimmen Sie den Schwerpunkt der Fläche, die von der Geraden $y = x + 2$ und der Parabel $y = x^2 - 4$ berandet wird.

60) Durch Rotation der im 1. Quadranten gelegenen Kurve $y = \sqrt{\cos x}$ um die *x-Achse* entsteht ein Drehkörper. Wo befindet sich der Schwerpunkt?

61) Für den durch Drehung des im 1. Quadranten gelegenen Teils der Ellipse mit der Funktionsgleichung $b^2 x^2 + a^2 y^2 = a^2 b^2$ um die y-Achse entstandenen Rotationskörper ist der Schwerpunkt zu bestimmen.

62) Wo liegt der Schwerpunkt des Rotationskörpers, der durch Drehung der Kurve $y = \ln x$, $1 \leqslant x \leqslant \mathrm{e}$ um die *x-Achse* entsteht?

63) Berechnen Sie das Massenträgheitsmoment eines *Rotationsellipsoids,* das durch Drehung der Ellipse $b^2 x^2 + a^2 y^2 = a^2 b^2$ um die *y-Achse* entsteht (Dichte ρ).

64) Für einen homogenen geraden *Kreiskegel* (Radius R, Höhe H) ist das auf die Symmetrieachse bezogene Massenträgheitsmoment zu berechnen (Dichte ρ).

65) Berechnen Sie unter Verwendung des *Satzes von Steiner* das Massenträgheitsmoment eines homogenen *Vollzylinders* bezüglich einer *Mantellinie* (Zylinderhöhe H, Grundkreisradius R, Dichte ρ).

VI Unendliche Reihen und Taylor-Reihen

1 Unendliche Reihen

1.1 Ein einführendes Beispiel

Wir betrachten die unendliche *geometrische* Zahlenfolge

$$\langle a_n \rangle = 1;\ 0{,}2;\ 0{,}2^2;\ 0{,}2^3;\ \ldots \qquad \text{(VI-1)}$$

mit dem *Bildungsgesetz*

$$a_n = 0{,}2^{n-1}, \qquad n \in \mathbb{N} \qquad \text{(VI-2)}$$

Aus den Gliedern dieser Folge bilden wir sog. *Partial-* oder *Teilsummen*, indem wir Glied für Glied aufsummieren. Die ersten *Partialsummen* lauten dann:

$$\begin{aligned} s_1 &= 1 \\ s_2 &= 1 + 0{,}2 = 1{,}2 \\ s_3 &= 1 + 0{,}2 + 0{,}2^2 = 1{,}24 \\ s_4 &= 1 + 0{,}2 + 0{,}2^2 + 0{,}2^3 = 1{,}248 \\ &\vdots \end{aligned} \qquad \text{(VI-3)}$$

Wir fassen sie zu einer neuen Folge, der sog. *Partialsummenfolge*

$$\langle s_n \rangle = s_1,\ s_2,\ s_3,\ s_4,\ \ldots \qquad \text{(VI-4)}$$

mit dem *Bildungsgesetz*

$$s_n = 1 + 0{,}2 + 0{,}2^2 + \ldots + 0{,}2^{n-1} = \sum_{k=1}^{n} 0{,}2^{k-1} \qquad \text{(VI-5)}$$

zusammen. s_n ist dabei die *n-te Partialsumme*, d.h. die Summe der ersten n Glieder der Zahlenfolge (VI-1). Für die Partialsummenfolge $\langle s_n \rangle$ führen wir die neue Bezeichnung „*Unendliche Reihe*" ein und schreiben dafür symbolisch:

$$1 + 0{,}2 + 0{,}2^2 + 0{,}2^3 + \ldots + 0{,}2^{n-1} + \ldots = \sum_{n=1}^{\infty} 0{,}2^{n-1} \qquad \text{(VI-6)}$$

Die *unendliche Reihe* kann demnach auch als *formale* Summe der Glieder einer Zahlenfolge $\langle a_n \rangle$ aufgefaßt werden. Es stellt sich nun die Frage nach dem „*Summenwert*" einer unendlichen Reihe. Bei einer *endlichen* Reihe wird dieser durch Addition der endlich vielen Reihenglieder ermittelt. Bei einer *unendlichen* Reihe dagegen bilden wir den *Grenzwert der Partialsummenfolge* $\langle s_n \rangle$ und fassen ihn (falls er überhaupt vorhanden ist) als *Summenwert* der Reihe auf.

Wir kehren nun zu unserem Beispiel zurück und untersuchen, ob die Partialsummenfolge (VI-4) für $n \to \infty$ konvergiert. Zunächst jedoch leiten wir eine *Berechnungsformel* für den *Summenwert* der n-ten Partialsumme

$$s_n = 1 + 0{,}2 + 0{,}2^2 + \ldots + 0{,}2^{n-1} \qquad \text{(VI-7)}$$

her, die wir für die Grenzwertbildung benötigen. Dazu wird die Partialsumme s_n gliedweise mit 0,2 multipliziert und anschließend die Differenz $s_n - 0{,}2 \cdot s_n$ gebildet:

$$\begin{array}{rl} s_n = & 1 + 0{,}2 + 0{,}2^2 + \ldots + 0{,}2^{n-1} \\ 0{,}2 \cdot s_n = & \phantom{1 +{}} 0{,}2 + 0{,}2^2 + \ldots + 0{,}2^{n-1} + 0{,}2^n \end{array} \Bigg\} -$$

$$s_n - 0{,}2 \cdot s_n = 1 + 0 \quad + 0 \quad + \ldots + 0 \qquad - 0{,}2^n$$

$$0{,}8 \cdot s_n = 1 - 0{,}2^n$$

$$s_n = 1{,}25\,(1 - 0{,}2^n) \qquad \text{(VI-8)}$$

Für $n \to \infty$ strebt diese Folge gegen den *Grenzwert*

$$\lim_{n \to \infty} s_n = \lim_{n \to \infty} 1{,}25\,(1 - 0{,}2^n) = 1{,}25 \qquad \text{(VI-9)}$$

da $\lim\limits_{n \to \infty} 0{,}2^n = 0$ ist. Die unendliche Reihe (VI-6) besitzt somit den *Summenwert* $s = 1{,}25$.

Wir schreiben dafür:

$$\sum_{n=1}^{\infty} 0{,}2^{n-1} = 1 + 0{,}2 + 0{,}2^2 + 0{,}2^3 + \ldots = 1{,}25 \qquad \text{(VI-10)}$$

1.2 Grundlegende Begriffe

1.2.1 Definition einer unendlichen Reihe

Wir gehen von einer *unendlichen Zahlenfolge*

$$\langle a_n \rangle = a_1, a_2, a_3, \ldots, a_n, \ldots \qquad \text{(VI-11)}$$

aus und bilden wie folgt *Partial-* oder *Teilsummen:*

$$\begin{aligned} s_1 &= a_1 \\ s_2 &= a_1 + a_2 \\ s_3 &= a_1 + a_2 + a_3 \\ &\vdots \\ s_n &= a_1 + a_2 + a_3 + \ldots + a_n = \sum_{k=1}^{n} a_k \\ &\vdots \end{aligned} \qquad \text{(VI-12)}$$

Die Folge $\langle s_n \rangle$ dieser Teilsummen heißt dann „*Unendliche Reihe*“.

Definition: Die Folge $\langle s_n \rangle$ der Partialsummen einer Folge $\langle a_n \rangle$ heißt *unendliche Reihe.* Symbolische Schreibweise:

$$\sum_{n=1}^{\infty} a_n = a_1 + a_2 + a_3 + \ldots + a_n + \ldots \qquad \text{(VI-13)}$$

Anmerkungen

(1) a_n ist das *n-te* Reihenglied.

(2) Der Laufindex n im Summensymbol kann auch bei der Zahl 0 oder einer anderen natürlichen Zahl beginnen.

■ **Beispiele**

(1) Gegeben ist die unendliche Zahlenfolge

$$\langle a_n = n \rangle = 1, 2, 3, \ldots, n, \ldots \qquad (n \in \mathbb{N})$$

Ihre *Partialsummenfolge* $\langle s_n \rangle$ lautet:

$$s_1 = 1, \; s_2 = 1 + 2, \; s_3 = 1 + 2 + 3, \ldots, \; s_n = 1 + 2 + 3 + \ldots + n, \; \ldots$$

Wir erhalten daraus die unendliche Reihe

$$\sum_{n=1}^{\infty} n = 1 + 2 + 3 + \ldots + n + \ldots$$

(2) Aus der unendlichen Zahlenfolge

$$\left\langle a_n = \frac{1}{n} \right\rangle = 1, \frac{1}{2}, \frac{1}{3}, \ldots, \frac{1}{n}, \ldots \qquad (n \in \mathbb{N})$$

entsteht durch Partialsummenbildung die sog. *harmonische Reihe*

$$\sum_{n=1}^{\infty} \frac{1}{n} = 1 + \frac{1}{2} + \frac{1}{3} + \ldots + \frac{1}{n} + \ldots$$

(3) Aus der *geometrischen Folge*

$$\langle a_n = aq^{n-1} \rangle = a, \; aq, \; aq^2, \; \ldots, \; aq^{n-1}, \; \ldots \qquad (n \in \mathbb{N})$$

erhalten wir durch Partialsummenbildung die sog. *geometrische Reihe*

$$\sum_{n=1}^{\infty} aq^{n-1} = a + aq + aq^2 + \ldots + aq^{n-1} + \ldots$$

■

1.2.2 Konvergenz und Divergenz einer unendlichen Reihe

Definition: Eine unendliche Reihe $\sum_{n=1}^{\infty} a_n$ heißt *konvergent*, wenn die Folge ihrer Partialsummen $s_n = \sum_{k=1}^{n} a_k$ einen Grenzwert s besitzt:

$$\lim_{n \to \infty} s_n = \lim_{n \to \infty} \sum_{k=1}^{n} a_k = s \qquad \text{(VI-14)}$$

Die Zahl s wird als *Summenwert* der unendlichen Reihe bezeichnet. Symbolische Schreibweise:

$$s = \sum_{n=1}^{\infty} a_n = a_1 + a_2 + a_3 + \ldots + a_n + \ldots \qquad \text{(VI-15)}$$

Besitzt die Partialsummenfolge $\langle s_n \rangle$ jedoch *keinen* Grenzwert, so heißt die unendliche Reihe *divergent.*

Anmerkungen

(1) Der *Summenwert* einer unendlichen Reihe ist definitionsgemäß der *Grenzwert einer Folge*, nämlich der Grenzwert der *Partialsummenfolge* $\langle s_n \rangle$. Die Konvergenz einer *unendlichen Reihe* wird damit auf die Konvergenz einer *unendlichen Folge* zurückgeführt (vgl. hierzu Abschnitt III.4.1).

(2) Eine *konvergente* unendliche Reihe besitzt *stets* einen (endlichen!) Summenwert, einer *divergenten* unendlichen Reihe läßt sich dagegen *kein* Summenwert zuordnen. Ist $s = +\infty$ oder $s = -\infty$, so nennt man die unendliche Reihe auch *bestimmt divergent.*

(3) Eine unendliche Reihe $\sum_{n=1}^{\infty} a_n$ heißt *absolut konvergent,* wenn die aus den *Beträgen* ihrer Glieder gebildeten Reihe $\sum_{n=1}^{\infty} |a_n|$ *konvergiert.* Eine absolut konvergente Reihe ist stets konvergent, d.h. aus der Konvergenz der Reihe $\sum_{n=1}^{\infty} |a_n|$ folgt stets die Konvergenz der Reihe $\sum_{n=1}^{\infty} a_n$ (die Umkehrung gilt *nicht*).

■ **Beispiele**

(1) Wir wollen zeigen, daß die unendliche *geometrische Reihe*

$$\sum_{n=1}^{\infty} q^{n-1} = 1 + q + q^2 + \ldots + q^{n-1} + \ldots$$

für $|q| < 1$ *konvergiert* und für $|q| \geqslant 1$ *divergiert.*

Zunächst bilden wir mit der *n-ten Partialsumme*

$$s_n = 1 + q + q^2 + q^3 + \ldots + q^{n-1}$$

die Differenz $s_n - q \cdot s_n$ und erhalten daraus eine einfache Formel für den Summenwert von s_n:

$$\left.\begin{aligned} s_n &= 1 + q + q^2 + q^3 + \ldots + q^{n-2} + q^{n-1} \\ q \cdot s_n &= \quad\;\; q + q^2 + q^3 + \ldots + q^{n-2} + q^{n-1} + q^n \end{aligned}\right\} -$$

$$s_n - q \cdot s_n = 1 - q^n$$

$$s_n (1 - q) = 1 - q^n$$

$$s_n = \frac{1 - q^n}{1 - q} \qquad (q \neq 1)$$

Die Folge der Partialsummen s_n besitzt für $|q| < 1$ den *Grenzwert (Summenwert)*

$$s = \lim_{n \to \infty} s_n = \lim_{n \to \infty} \frac{1 - q^n}{1 - q} = \frac{1}{1 - q}$$

da in diesem Fall $\lim\limits_{n \to \infty} q^n = 0$ ist. Für $|q| \geqslant 1$ dagegen *divergiert* die Folge $\langle q^n \rangle$.

Die unendliche *geometrische* Reihe besitzt somit für $|q| < 1$ den *Summenwert*

$$\sum_{n=1}^{\infty} q^{n-1} = 1 + q + q^2 + \ldots + q^{n-1} + \ldots = \frac{1}{1 - q}$$

Zahlenbeispiele

$$q = \frac{1}{3}: \sum_{n=1}^{\infty} \left(\frac{1}{3}\right)^{n-1} = 1 + \frac{1}{3} + \frac{1}{9} + \frac{1}{27} + \ldots = \frac{1}{1 - \frac{1}{3}} = \frac{3}{2}$$

$$q = -\frac{1}{2}: \sum_{n=1}^{\infty} \left(-\frac{1}{2}\right)^{n-1} = 1 - \frac{1}{2} + \frac{1}{4} - \frac{1}{8} + - \ldots = \frac{1}{1 + \frac{1}{2}} = \frac{2}{3}$$

(2) Wir zeigen daß die unendliche Reihe

$$\sum_{n=1}^{\infty} n = 1 + 2 + 3 + \ldots + n + \ldots$$

bestimmt divergent ist.

Die n-te Partialsumme s_n kann dabei nach der Formel

$$s_n = \sum_{k=1}^{n} k = 1 + 2 + 3 + \ldots + n = \frac{n(n+1)}{2}$$

berechnet werden[1]. Beim Grenzübergang $n \to \infty$ erhalten wir hieraus:

$$s = \sum_{n=1}^{\infty} n = \lim_{n \to \infty} s_n = \lim_{n \to \infty} \frac{n(n+1)}{2} = \infty$$

Die Reihe ist somit – wie behauptet – *bestimmt divergent.* ■

1.3 Konvergenzkriterien

Konvergenzkriterien ermöglichen eine *Entscheidung* darüber, ob eine vorgegebene unendliche Zahlenreihe *konvergiert* oder *divergiert*. Für die *Konvergenz* der unendlichen Reihe $\sum_{n=1}^{\infty} a_n$ ist die Bedingung

$$\lim_{n \to \infty} a_n = 0 \qquad \text{(VI-16)}$$

zwar *notwendig*, keinesfalls aber hinreichend. Mit anderen Worten: Damit die unendliche Reihe *konvergiert, muß* diese Bedingung erfüllt sein. Jedoch darf man aus $\lim_{n \to \infty} a_n = 0$ *nicht* folgern, daß die unendliche Reihe konvergiert.

Wir beschränken uns im folgenden auf zwei in der Praxis besonders wichtige *hinreichende* Kriterien, nämlich das *Quotientenkriterium* und das *Leibnizsche Konvergenzkriterium* für *alternierende* Reihen.

1.3.1 Quotientenkriterium

Bei der Untersuchung des *Konvergenzverhaltens* einer unendlichen Reihe erweist sich das folgende als *Quotientenkriterium* bezeichnete Konvergenzkriterium als besonders geeignet:

Quotientenkriterium

Erfüllen die Glieder einer unendlichen Reihe $\sum_{n=1}^{\infty} a_n$ die Bedingung

$$\lim_{n \to \infty} \left| \frac{a_{n+1}}{a_n} \right| = q < 1 \qquad \text{(VI-17)}$$

so ist die Reihe *konvergent.*

Ist aber $q > 1$, so ist die Reihe mit Sicherheit *divergent.*

---

1) Diese Formel haben wir der Formelsammlung entnommen (s. Abschnitt I.3.4). Sie kann z.B. durch „*Vollständige Induktion*“ bewiesen werden.

Anmerkungen

(1) Für $q = 1$ *versagt* das *Quotientenkriterium.* Die Reihe *kann* dann konvergieren *oder* auch divergieren. In einem solchen Fall muß das Konvergenzverhalten der Reihe mit Hilfe *anderer* Kriterien untersucht werden.

(2) Das *Quotientenkriterium* liefert eine *hinreichende* Bedingung für die Reihenkonvergenz. Sie ist jedoch *nicht notwendig,* d.h. es gibt Reihen, für die der Grenzwert

$\lim_{n \to \infty} \left| \frac{a_{n+1}}{a_n} \right|$ *nicht* vorhanden ist und die trotzdem konvergieren.

■ **Beispiele**

(1) Wir zeigen anhand des *Quotientenkriteriums,* daß die unendliche Reihe

$$\sum_{n=1}^{\infty} \frac{1}{(2n)!} = \frac{1}{2!} + \frac{1}{4!} + \frac{1}{6!} + \ldots + \frac{1}{(2n)!} + \frac{1}{(2n+2)!} + \ldots$$

konvergiert.

Es ist $a_n = \frac{1}{(2n)!}$ und $a_{n+1} = \frac{1}{(2n+2)!}$ und somit nach (VI-17):

$$\lim_{n \to \infty} \left| \frac{a_{n+1}}{a_n} \right| = \lim_{n \to \infty} \frac{\frac{1}{(2n+2)!}}{\frac{1}{(2n)!}} = \lim_{n \to \infty} \frac{(2n)!}{(2n+2)!} =$$

$$= \lim_{n \to \infty} \frac{(2n)!}{(2n)!\,(2n+1)\,(2n+2)} = \lim_{n \to \infty} \frac{1}{(2n+1)\,(2n+2)} = 0$$

Wir haben dabei von der „Zerlegung“ $(2n+2)! = (2n)!\,(2n+1)\,(2n+2)$ Gebrauch gemacht. Die Reihe ist daher wegen $q = 0 < 1$ *konvergent.*

(2) Das Quotientenkriterium *versagt* bei der sog. *harmonischen Reihe*

$$\sum_{n=1}^{\infty} \frac{1}{n} = 1 + \frac{1}{2} + \frac{1}{3} + \ldots + \frac{1}{n} + \frac{1}{n+1} + \ldots$$

Mit $a_n = \frac{1}{n}$ und $a_{n+1} = \frac{1}{n+1}$ erhalten wir nämlich nach (VI-17):

$$\lim_{n \to \infty} \left| \frac{a_{n+1}}{a_n} \right| = \lim_{n \to \infty} \frac{\frac{1}{n+1}}{\frac{1}{n}} = \lim_{n \to \infty} \frac{n}{n+1} = 1$$

Wir zeigen nun mit Hilfe einer *Vergleichsreihe,* daß die harmonische Reihe *divergiert.* Dazu betrachten wir diejenigen Glieder der Reihe, deren Nenner Potenzen von 2 sind und somit in der allgemeinen Form $\frac{1}{2^n}$ mit $n \in \mathbb{N}$ darstellbar sind. Es sind dies der Reihe nach die Glieder $\frac{1}{2}, \frac{1}{4}, \frac{1}{8}, \frac{1}{16}, \ldots$
Wir kennzeichnen sie in der harmonischen Reihe durch einen *Pfeil:*

$$1 + \underset{\uparrow}{\frac{1}{2}} + \frac{1}{3} + \underset{\uparrow}{\frac{1}{4}} + \frac{1}{5} + \frac{1}{6} + \frac{1}{7} + \underset{\uparrow}{\frac{1}{8}} + \ldots$$

Die Glieder der Reihe fassen wir nun mit Hilfe von Klammern wie folgt zu Gruppen zusammen:

$$1 + \underset{\uparrow}{\frac{1}{2}} + \left(\frac{1}{3} + \underset{\uparrow}{\frac{1}{4}}\right) + \left(\frac{1}{5} + \frac{1}{6} + \frac{1}{7} + \underset{\uparrow}{\frac{1}{8}}\right) + \ldots$$

Die Klammern beginnen dabei jeweils *nach* einem Pfeil und enden *nach* dem unmittelbar darauffolgenden Pfeil. In jeder Klammer ersetzen wir nun *jedes* Glied durch das jeweils *kleinste* (mit einem *Pfeil* versehene) Glied und erhalten damit die folgende *Vergleichsreihe:*

$$1 + \frac{1}{2} + \left(\frac{1}{4} + \frac{1}{4}\right) + \left(\frac{1}{8} + \frac{1}{8} + \frac{1}{8} + \frac{1}{8}\right) + \ldots$$

Jedes Glied dieser Reihe ist dann *höchstens* so groß wie das entsprechende Glied der *harmonischen Reihe.* Der Summenwert der harmonischen Reihe ist daher *mindestens* so groß wie der Summenwert der Vergleichsreihe, den wir nun bestimmen wollen. Dabei beachten wir, daß der Wert einer jeden Klammer $\frac{1}{2}$ beträgt. Es ist somit

$$1 + \frac{1}{2} + \underbrace{\left(\frac{1}{4} + \frac{1}{4}\right)}_{\frac{1}{2}} + \underbrace{\left(\frac{1}{8} + \frac{1}{8} + \frac{1}{8} + \frac{1}{8}\right)}_{\frac{1}{2}} + \ldots = 1 + \frac{1}{2} + \frac{1}{2} + \frac{1}{2} + \ldots = \infty$$

Die Vergleichsreihe ist daher *divergent.* Folglich *divergiert* auch die harmonische Reihe, da ihre Glieder *mindestens* so groß sind wie die entsprechenden Glieder der divergenten Vergleichsreihe. ■

1.3.2 Leibnizsches Konvergenzkriterium für alternierende Reihen

Wir beschäftigen uns nun mit *alternierenden* Reihen, d.h. Reihen, deren Glieder *abwechselnd* positiv und negativ sind. Eine solche Reihe ist in der Form

$$\sum_{n=1}^{\infty} (-1)^{n+1} \cdot a_n = a_1 - a_2 + a_3 - a_4 + - \ldots \qquad \text{(VI-18)}$$

mit $a_n > 0$ darstellbar. Der Faktor $(-1)^{n+1}$ ist dabei abwechselnd positiv und negativ und bestimmt somit das *Vorzeichen* der Glieder. Es wird daher auch als *Vorzeichenfaktor* bezeichnet.

Für *alternierende* Reihen existiert ein spezielles von *Leibniz* stammendes Konvergenzkriterium. Es lautet:

Leibnizsches Konvergenzkriterium für alternierende Reihen

Eine *alternierende* Reihe $\sum_{n=1}^{\infty} (-1)^{n+1} \cdot a_n = a_1 - a_2 + a_3 - a_4 + - \ldots$ ist *konvergent*, wenn sie die folgenden Bedingungen erfüllt:

1. $a_1 > a_2 > a_3 > \ldots > a_n > a_{n+1} > \ldots$
2. $\lim\limits_{n \to \infty} a_n = 0$

(VI-19)

Anmerkungen

(1) Eine alternierende Reihe ist demnach *konvergent*, wenn die Beträge der Glieder eine *monoton fallende Nullfolge* bilden.

(2) Das *Leibnizsche Konvergenzkriterium* stellt eine *hinreichende* Bedingung für die Konvergenz einer alternierenden Reihe dar.

■ **Beispiele**

(1) Die alternierende Reihe

$$\sum_{n=1}^{\infty} (-1)^{n+1} \cdot \frac{1}{n!} = \frac{1}{1!} - \frac{1}{2!} + \frac{1}{3!} - \frac{1}{4!} + - \ldots$$

ist *konvergent*, da die Beträge ihrer Glieder eine *monoton fallende Nullfolge* bilden:

$$\frac{1}{1!} > \frac{1}{2!} > \frac{1}{3!} > \ldots > \frac{1}{n!} > \frac{1}{(n+1)!} > \ldots$$

und

$$\lim_{n \to \infty} a_n = \lim_{n \to \infty} \frac{1}{n!} = 0$$

(2) Auch die sog. *alternierende harmonische Reihe*

$$\sum_{n=1}^{\infty} (-1)^{n+1} \cdot \frac{1}{n} = 1 - \frac{1}{2} + \frac{1}{3} - \frac{1}{4} + - \ldots$$

konvergiert, da sie die *Konvergenzbedingungen* (VI-19) erfüllt:

$$1 > \frac{1}{2} > \frac{1}{3} > \ldots > \frac{1}{n} > \frac{1}{n+1} > \ldots$$

$$\lim_{n \to \infty} a_n = \lim_{n \to \infty} \frac{1}{n} = 0$$

(3) Die *alternierende geometrische Reihe*

$$\sum_{n=1}^{\infty} (-1)^{n+1} = 1 - 1 + 1 - 1 + - \ldots$$

dagegen ist *divergent*, da *keine* der im *Leibnizschen Konvergenzkriterium* genannten Bedingungen erfüllt ist:

$$\left. \begin{array}{l} a_n = 1 \quad \text{für alle } n \in \mathbb{N} \\ \lim\limits_{n \to \infty} a_n = \lim\limits_{n \to \infty} 1 = 1 \end{array} \right\} \Rightarrow \quad \langle a_n \rangle \text{ ist } \textit{keine} \text{ monoton fallende Nullfolge!}$$

■

2 Potenzreihen

2.1 Definition einer Potenzreihe

Potenzreihen unterscheiden sich von den bisher behandelten *Zahlenreihen* dadurch, daß ihre Glieder *Potenzen* und somit *Funktionen* einer unabhängigen Variablen x darstellen.

Definition: Unter einer *Potenzreihe* $P(x)$ versteht man eine unendliche Reihe vom Typ

$$P(x) = \sum_{n=0}^{\infty} a_n x^n = a_0 + a_1 x^1 + a_2 x^2 + \ldots + a_n x^n + \ldots \qquad \text{(VI-20)}$$

Anmerkungen

(1) Die reellen Zahlen $a_0, a_1, a_2, \ldots$ sind die *Koeffizienten* der Potenzreihe.

(2) Zu einer etwas *allgemeineren* Darstellungsform der Potenzreihen gelangt man durch die Definitionsvorschrift

$$P(x) = \sum_{n=0}^{\infty} a_n (x - x_0)^n = a_0 + a_1 (x - x_0)^1 + a_2 (x - x_0)^2 + \ldots + a_n (x - x_0)^n + \ldots \qquad \text{(VI-21)}$$

Die Stelle x_0 heißt „*Entwicklungspunkt*" oder auch „*Entwicklungszentrum*". Für $x_0 = 0$ erhalten wir die in den Anwendungen meist auftretende *spezielle* Form $\sum_{n=0}^{\infty} a_n x^n$. Die *allgemeine* Form (VI-21) kann dabei stets mit Hilfe der *formalen Substitution* $z = x - x_0$ auf die spezielle Form (VI-20) zurückgeführt werden, so daß wir uns auf diesen Potenzreihentyp beschränken können.

■ **Beispiele**

(1) $P(x) = \sum_{n=0}^{\infty} x^n = 1 + x^1 + x^2 + \ldots + x^n + \ldots$

(2) $P(x) = \sum_{n=0}^{\infty} \frac{x^n}{n!} = 1 + \frac{x^1}{1!} + \frac{x^2}{2!} + \ldots + \frac{x^n}{n!} + \ldots$ ■

2.2 Konvergenzverhalten einer Potenzreihe

Bei einer Potenzreihe $P(x) = \sum_{n=0}^{\infty} a_n x^n$ hängt der Wert eines jeden Gliedes und damit auch der *Summenwert* (falls er überhaupt vorhanden ist) noch vom Wert der unabhängigen Variablen x ab. Wir beschäftigen uns daher in diesem Abschnitt mit dem *Konvergenzverhalten* einer Potenzreihe und untersuchen insbesondere, für *welche* x-Werte die Reihe *konvergiert*.

Nach den Ausführungen in Abschnitt VI.1.2.2 konvergiert dabei eine Potenzreihe $P(x)$ definitionsgemäß an einer Stelle x_1, wenn die Partialsummenfolge

$$\begin{aligned} &P_0(x_1) = a_0 \\ &P_1(x_1) = a_0 + a_1 x_1 \\ &P_2(x_1) = a_0 + a_1 x_1 + a_2 x_1^2 \\ &\vdots \\ &P_n(x_1) = a_0 + a_1 x_1 + a_2 x_1^2 + \ldots + a_n x_1^n \\ &\vdots \end{aligned} \qquad \text{(VI-22)}$$

einem *Grenzwert*, dem sog. *Summenwert* $P(x_1)$, zustrebt. Besitzt diese Folge jedoch *keinen* Grenzwert, so ist die Potenzreihe an der Stelle x_1 *divergent*.

> **Definition:** Die Menge aller x-Werte, für die eine Potenzreihe $\sum_{n=0}^{\infty} a_n x^n$ konvergiert, heißt *Konvergenzbereich* der Potenzreihe.

Für $x = 0$ konvergiert *jede* Potenzreihe und besitzt dort den Summenwert $P(0) = a_0$. Es gibt Potenzreihen, die *nur* für $x = 0$ konvergieren und solche, die für *alle* $x \in \mathbb{R}$ konvergieren. Beispiele hierzu werden wir später noch kennenlernen. Allgemein läßt sich nun zeigen, daß eine Potenzreihe stets in einem bestimmten, zum Nullpunkt *symmetrisch* angeordneten Intervall $|x| < r$ *konvergiert* und außerhalb dieses Intervalls *divergiert*, wobei wir zunächst einmal vom Konvergenzverhalten der Reihe in den beiden Randpunkten $|x| = r$ absehen wollen (Bild VI-1).

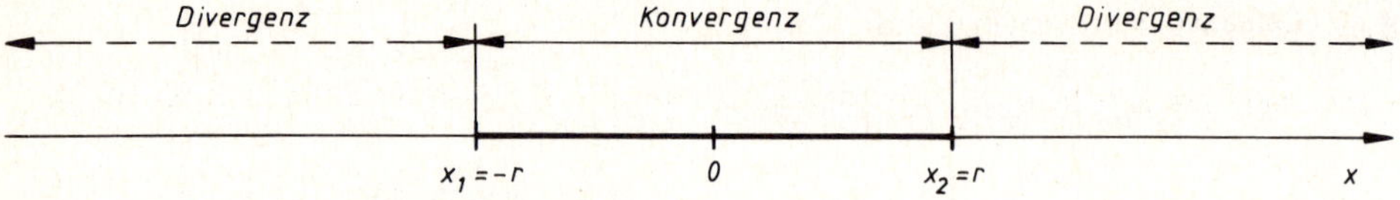

Bild VI-1 Konvergenzbereich einer Potenzreihe

Geometrische Deutung des Konvergenzbereiches

Der *Konvergenzbereich* einer Potenzreihe läßt sich *geometrisch* wie folgt konstruieren (vgl. hierzu Bild VI-1):

Wir schlagen um den Nullpunkt der Zahlengerade (x-Achse) einen Kreis mit dem Radius r, den sog. *Konvergenzkreis.* Er schneidet die Zahlengerade an den Stellen $x_1 = -r$ und $x_2 = r$. Der *Konvergenzbereich* der Potenzreihe ist dann der im *Innern* des Konvergenzkreises liegende Bereich der Zahlengerade. *Außerhalb* dieses Bereiches *divergiert* die Reihe. Der Radius r des Konvergenzkreises heißt in diesem Zusammenhang auch *Konvergenzradius.*

Über das Konvergenzverhalten einer Potenzreihe in den beiden *Randpunkten* lassen sich jedoch *keine* allgemein-gültigen Aussagen machen. Es gibt Potenzreihen, die in *einem* der beiden Randpunkte oder sogar in *beiden* Randpunkten konvergieren, und solche, die in *keinem* der beiden Randpunkte konvergieren. Zur Feststellung des *Konvergenzverhaltens* einer Potenzreihe in ihren *Randpunkten* bedarf es daher stets weiterer Untersuchungen.

Wir fassen diese wichtigen Aussagen zusammen:

Über das Konvergenzverhalten einer Potenzreihe

Zu jeder Potenzreihe $\sum_{n=0}^{\infty} a_n x^n$ gibt es eine *positive* Zahl r, *Konvergenzradius* genannt, mit den folgenden Eigenschaften:

1. Die Potenzreihe *konvergiert* überall im Intervall $|x| < r$.
2. Die Potenzreihe *divergiert* dagegen für $|x| > r$.
3. Über das Konvergenzverhalten der Potenzreihe in den *Randpunkten* $|x| = r$ lassen sich jedoch *keine* allgemein-gültigen Aussagen machen. Es bedarf hierzu weiterer Untersuchungen.

Anmerkungen

(1) Der *Konvergenzbereich* einer Potenzreihe besteht somit aus dem offenen Intervall $|x| < r$, zu dem *gegebenenfalls* noch ein oder sogar beide Randpunkte hinzukommen.

(2) Konvergiert eine Potenzreihe *nur* an der Stelle $x = 0$, so setzt man $r = 0$.

(3) Eine *beständig,* d.h. für *alle* $x \in \mathbb{R}$ konvergierende Potenzreihe besitzt den Konvergenzradius $r = \infty$.

Berechnung des Konvergenzradius

Wir wollen nun eine Formel herleiten, mit der wir den *Konvergenzradius* r einer Potenzreihe $\sum_{n=0}^{\infty} a_n x^n$ berechnen können. Dabei gehen wir folgendermaßen vor:

Nach dem *Quotientenkriterium* (VI-17) konvergiert eine Reihe $\sum_{n=0}^{\infty} b_n$, wenn sie die Bedingung

$$\lim_{n \to \infty} \left| \frac{b_{n+1}}{b_n} \right| < 1 \tag{VI-23}$$

erfüllt. Mit $b_n = a_n x^n$ und $b_{n+1} = a_{n+1} x^{n+1}$ erhalten wir hieraus die folgende *Konvergenzbedingung* für unsere Potenzreihe:

$$\lim_{n \to \infty} \left| \frac{b_{n+1}}{b_n} \right| = \lim_{n \to \infty} \left| \frac{a_{n+1} x^{n+1}}{a_n x^n} \right| = \lim_{n \to \infty} \left| \frac{a_{n+1}}{a_n} x \right| < 1 \tag{VI-24}$$

Diese Ungleichung schreiben wir noch etwas um:

$$\lim_{n \to \infty} \left| \frac{a_{n+1}}{a_n} x \right| = \lim_{n \to \infty} |x| \cdot \left| \frac{a_{n+1}}{a_n} \right| = |x| \cdot \lim_{n \to \infty} \left| \frac{a_{n+1}}{a_n} \right| < 1 \tag{VI-25}$$

Durch Auflösen nach $|x|$ erhalten wir schließlich

$$|x| < \frac{1}{\lim\limits_{n \to \infty} \left| \frac{a_{n+1}}{a_n} \right|} = \lim_{n \to \infty} \left| \frac{a_n}{a_{n+1}} \right| = r \tag{VI-26}$$

wobei wir noch

$$r = \lim_{n \to \infty} \left| \frac{a_n}{a_{n+1}} \right| \tag{VI-27}$$

gesetzt haben. Die Potenzreihe $\sum_{n=0}^{\infty} a_n x^n$ *konvergiert* somit für $|x| < r$, d.h. r ist der gesuchte *Konvergenzradius* der Reihe.

Konvergenzradius einer Potenzreihe

Der *Konvergenzradius* r einer Potenzreihe $\sum_{n=0}^{\infty} a_n x^n$ wird nach der Formel

$$r = \lim_{n \to \infty} \left| \frac{a_n}{a_{n+1}} \right| \tag{VI-28}$$

berechnet. Die Reihe *konvergiert* dann für $|x| < r$ und *divergiert* für $|x| > r$ (vgl. hierzu auch Bild VI-1). In den beiden Randpunkten $x_1 = -r$ und $x_2 = r$ ist das Konvergenzverhalten der Potenzreihe zunächst *unbestimmt*. Es bedarf hier weiterer Untersuchungen.

Anmerkung

Die Formel (VI-28) gilt auch für eine Potenzreihe vom *allgemeinen* Typ $\sum_{n=0}^{\infty} a_n (x - x_0)^n$.

Diese Reihe *konvergiert* dann für $|x - x_0| < r$, d.h. im Intervall $(x_0 - r, x_0 + r)$ und *divergiert* für $|x - x_0| > r$, während das Konvergenzverhalten der Reihe in den Randpunkten $|x - x_0| = r$ zunächst unbestimmt ist (Bild VI-2).

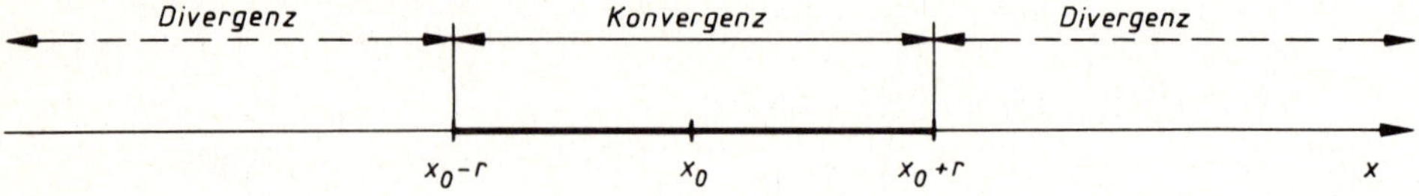

Bild VI-2 Konvergenzbereich einer Potenzreihe vom Typ $\sum_{n=0}^{\infty} a_n (x - x_0)^n$

■ **Beispiele**

(1) Wir untersuchen das Konvergenzverhalten der *geometrischen Reihe*

$$\sum_{n=0}^{\infty} x^n = 1 + x + x^2 + \ldots + x^n + x^{n+1} + \ldots$$

Mit $a_n = a_{n+1} = 1$ erhalten wir für den *Konvergenzradius* dieser Reihe nach Formel (VI-28):

$$r = \lim_{n \to \infty} \left| \frac{a_n}{a_{n+1}} \right| = \lim_{n \to \infty} \frac{1}{1} = \lim_{n \to \infty} 1 = 1$$

Die geometrische Reihe *konvergiert* damit für $|x| < 1$ und *divergiert* für $|x| > 1$. Wir untersuchen nun das Konvergenzverhalten der Reihe in den beiden *Randpunkten:*

Randpunkt $x_1 = -1 : 1 - 1 + 1 - 1 + - \ldots$

Randpunkt $x_2 = 1 : 1 + 1 + 1 + 1 + \ldots$

Beide Zahlenreihen sind *divergent*. Die erste Reihe wurde bereits im Anschluß an das *Leibnizsche Konvergenzkriterium* untersucht und dort als *divergent* erkannt (Abschnitt VI.1.3.2). Die zweite Reihe besitzt den „*Summenwert*" $s = \infty$ und ist daher *bestimmt divergent*. Die geometrische Reihe *konvergiert* demnach im Intervall $-1 < x < 1$.

(2) Der *Konvergenzradius* der Potenzreihe

$$\sum_{n=0}^{\infty} \frac{x^n}{n!} = 1 + \frac{x^1}{1!} + \frac{x^2}{2!} + \ldots + \frac{x^n}{n!} + \frac{x^{n+1}}{(n+1)!} + \ldots$$

beträgt nach Formel (VI-28):

$$r = \lim_{n \to \infty} \left| \frac{a_n}{a_{n+1}} \right| = \lim_{n \to \infty} \frac{\frac{1}{n!}}{\frac{1}{(n+1)!}} = \lim_{n \to \infty} \frac{(n+1)!}{n!} =$$

$$= \lim_{n \to \infty} \frac{n!\,(n+1)}{n!} = \lim_{n \to \infty} (n+1) = \infty$$

$\left(a_n = \frac{1}{n!},\ a_{n+1} = \frac{1}{(n+1)!}\right)$. Die Reihe ist daher *beständig* konvergent.

(3) Wir untersuchen die Potenzreihe

$$\sum_{n=1}^{\infty} (-1)^{n+1} \cdot \frac{(x-1)^n}{n} = \frac{(x-1)^1}{1} - \frac{(x-1)^2}{2} + \frac{(x-1)^3}{3} - + \ldots$$

auf Konvergenz. Zunächst bringen wir die Reihe mit Hilfe der Substitution $z = x - 1$ in die etwas „bequemere" Form

$$\sum_{n=1}^{\infty} (-1)^{n+1} \cdot \frac{z^n}{n} = z - \frac{z^2}{2} + \frac{z^3}{3} - + \ldots$$

Der *Konvergenzradius* dieser *alternierenden* Reihe beträgt mit $a_n = (-1)^{n+1} \cdot \frac{1}{n}$ und $a_{n+1} = (-1)^{n+2} \cdot \frac{1}{n+1}$ nach Formel (VI-28):

$$r = \lim_{n \to \infty} \left| \frac{a_n}{a_{n+1}} \right| = \lim_{n \to \infty} \frac{\frac{1}{n}}{\frac{1}{n+1}} = \lim_{n \to \infty} \frac{n+1}{n} = 1$$

Die Reihe *konvergiert* daher mit Sicherheit für $|z| < 1$. Wir untersuchen nun das Konvergenzverhalten in den *Randpunkten:*

Randpunkt $z_1 = -1: -1 - \frac{1}{2} - \frac{1}{3} - \ldots = -\left(1 + \frac{1}{2} + \frac{1}{3} + \ldots\right)$

Die Reihe *divergiert* für $z = -1$, da die harmonische Reihe *divergiert.*

Randpunkt $z_2 = 1 : \ 1 - \frac{1}{2} + \frac{1}{3} - + \ldots$

Wir erhalten im *rechten* Randpunkt *Konvergenz*, da die alternierende harmonische Reihe *konvergiert* (vgl. hierzu Abschnitt VI.1.3.2). Damit *konvergiert* die Reihe für $-1 < z \leqslant 1$. Nach *Rücksubstitution* ergibt sich damit für die ursprüngliche Potenzreihe der *Konvergenzbereich*

$$-1 < x - 1 \leqslant 1, \quad \text{d.h.} \quad 0 < x \leqslant 2$$

■

2.3 Eigenschaften der Potenzreihen

Eine Potenzreihe $P(x)$ kann im *Innern* ihres Konvergenzkreises als eine *Funktion* aufgefaßt werden, die jedem x aus dem Konvergenzintervall $(-r, r)$ mit Hilfe der Definitionsvorschrift $P(x) = \sum_{n=0}^{\infty} a_n x^n$ genau einen Funktionswert zuordnet.

Potenzreihen besitzen eine Reihe bemerkenswerter Eigenschaften, von denen wir an dieser Stelle nur einige besonders wichtige aufzählen wollen:

Wichtige Eigenschaften der Potenzreihen

1. Eine Potenzreihe konvergiert *innerhalb* ihres Konvergenzbereiches *absolut*.
2. Eine Potenzreihe darf *innerhalb* ihres Konvergenzbereiches *gliedweise* differenziert und integriert werden. Die neuen Potenzreihen besitzen dabei *denselben* Konvergenzradius wie die ursprüngliche Reihe.
3. Zwei Potenzreihen dürfen im *gemeinsamen* Konvergenzbereich der Reihen *gliedweise* addiert und multipliziert werden. Die neuen Potenzreihen konvergieren dann *mindestens* im gemeinsamen Konvergenzbereich der beiden Ausgangsreihen.

Anmerkungen

(1) Die *gliedweise* Integration einer Potenzreihe ist nur möglich, wenn der Integrationsbereich im *Innern* des Konvergenzbereiches liegt.

(2) Unter den genannten Voraussetzungen läßt sich eine Potenzreihe *beliebig oft* gliedweise differenzieren und integrieren. Alle Reihen haben dabei *denselben* Konvergenzradius!

(3) Potenzreihen dürfen somit *innerhalb* ihres Konvergenzbereiches wie *Polynomfunktionen* behandelt werden, d.h. sie dürfen *gliedweise* addiert, multipliziert, differenziert und integriert werden.

(4) Anwendungsbeispiele findet der Leser in dem nachfolgenden Abschnitt über Taylor-Reihen.

3 Taylor-Reihen

Aus dem vorherigen Abschnitt ist bekannt, daß *Potenzreihen* in vieler Hinsicht ähnlich einfache Eigenschaften besitzen wie *Polynomfunktionen.* Wir werden in diesem Abschnitt zeigen, daß es unter gewissen Voraussetzungen *grundsätzlich* möglich ist, eine vorgegebene Funktion $f(x)$ in eine *Potenzreihe* zu „*entwickeln*". Aus einer solchen Reihenentwicklung lassen sich dann beispielsweise durch Abbruch der Reihe einfache *Näherungsfunktionen* von $f(x)$ in Form von *Polynomen* gewinnen.

Die *Potenzreihenentwicklung* einer Funktion erweist sich in den naturwissenschaftlich-technischen Anwendungen als ein außerordentlich brauchbares mathematisches *Hilfsmittel* und kann u.a. bei der Lösung der folgenden Problemstellungen herangezogen werden:

- *Annäherung* einer Funktion durch eine *Polynomfunktion* (z.B. durch eine *lineare* oder *quadratische* Funktion)
- Näherungsweise Berechnung von *Funktionswerten*
- Herleitung von *Näherungsformeln* für die „praktische" Mathematik
- *Integration* einer Funktion (durch Potenzreihenentwicklung des Integranden und anschließender gliedweiser Integration)

3.1 Ein einführendes Beispiel

Als einführendes Beispiel betrachten wir die besonders einfach gebaute *Potenzreihe*

$$P(x) = 1 + x + x^2 + x^3 + \ldots = \sum_{n=0}^{\infty} x^n \qquad \text{(VI-29)}$$

Es handelt sich dabei um die bereits aus Abschnitt VI.1.2.2 bekannte *geometrische Reihe* mit den folgenden Eigenschaften:

1. Die Potenzreihe konvergiert *nur* für $|x| < 1$;
2. Die Reihe besitzt in diesem Konvergenzbereich den „*Summenwert*" $\dfrac{1}{1-x}$.

Daher gilt im Intervall $-1 < x < 1$:

$$1 + x + x^2 + x^3 + \ldots = \frac{1}{1-x} \qquad \text{(VI-30)}$$

Diese Gleichung läßt sich aber auch als „*Gleichheit*" zweier Funktionen interpretieren. Auf der rechten Seite der Gleichung steht die *gebrochenrationale* Funktion $f(x) = \dfrac{1}{1-x}$, auf der linken Seite die *Potenzreihe* $P(x) = \sum\limits_{n=0}^{\infty} x^n$. Beide Funktionen stimmen *überall* im Intervall $-1 < x < 1$ in ihren Funktionswerten miteinander überein. Wir können daher in diesem Intervall die Potenzreihe $P(x) = \sum\limits_{n=0}^{\infty} x^n$ als eine *spezielle Darstellungsform* der gebrochenrationalen Funktion $f(x) = \frac{1}{1-x}$ ansehen. Man bezeichnet allgemein diese Art der Funktionsdarstellung als *Potenzreihenentwicklung*. Dabei ist jedoch zu beachten, daß die Darstellung einer Funktion durch eine Potenzreihe stets auf ein bestimmtes Intervall *beschränkt* bleibt. In unserem Beispiel gilt die *Potenzreihenentwicklung*

$$f(x) = \frac{1}{1-x} = 1 + x + x^2 + x^3 + \ldots \qquad \text{(VI-31)}$$

nur für das Intervall $-1 < x < 1$, obwohl die Funktion $f(x) = \frac{1}{1-x}$ mit Ausnahme von $x = 1$ auch *außerhalb* dieses Intervalls definiert ist (vgl. hierzu Bild VI-3).

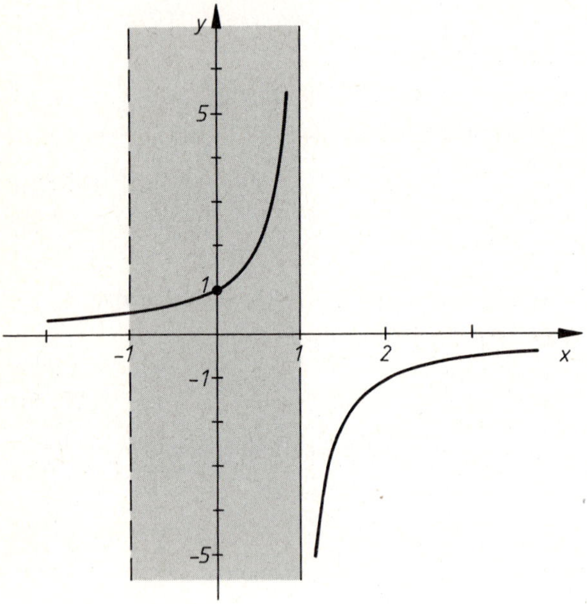

Bild VI-3
Zur Potenzreihenentwicklung der gebrochenrationalen Funktion $f(x) = \frac{1}{1-x}$

3.2 Potenzreihenentwicklung einer Funktion

3.2.1 Mac Laurinsche Reihe

Bei unseren Überlegungen gehen wir zunächst von den folgenden *Annahmen* aus:

1. Die Entwicklung der Funktion $f(x)$ in eine *Potenzreihe* vom Typ

$$f(x) = a_0 + a_1 x + a_2 x^2 + a_3 x^3 + \ldots \qquad \text{(VI-32)}$$

ist grundsätzlich *möglich* und *eindeutig;*

2. Die Funktion $f(x)$ ist in einer gewissen Umgebung von $x = 0$ *beliebig oft* differenzierbar und die Funktions- bzw. Ableitungswerte $f(0), f'(0), f''(0), f'''(0), \ldots$ sind bekannt (oder können zumindest berechnet werden).

Wir wollen nun zeigen, daß unter diesen Voraussetzungen die Koeffizienten $a_0, a_1, a_2, a_3, \ldots$ in der Potenzreihenentwicklung (VI-32) *eindeutig* durch die Funktions- und Ableitungswerte $f(0), f'(0), f''(0), f'''(0), \ldots$ bestimmt sind. Ist r der *Konvergenzradius* der Potenzreihe, so konvergieren auch sämtliche durch *gliedweise* Differentiation gewonnenen Reihenentwicklungen für $|x| < r$. Die ersten Ableitungen lauten dabei:

$$\begin{aligned} f'(x) &= a_1 + 2a_2 x + 3a_3 x^2 + 4a_4 x^3 + \ldots \\ f''(x) &= 1 \cdot 2 \cdot a_2 + 2 \cdot 3 \cdot a_3 x + 3 \cdot 4 \cdot a_4 x^2 + \ldots \\ f'''(x) &= 1 \cdot 2 \cdot 3 \cdot a_3 + 2 \cdot 3 \cdot 4 \cdot a_4 x + \ldots \\ &\vdots \end{aligned} \qquad \text{(VI-33)}$$

An der Stelle $x = 0$ gilt dann:

$$\begin{aligned} f(0) &= a_0 = (0!)\,a_0 \\ f'(0) &= a_1 = 1 \cdot a_1 = (1!)\,a_1 \\ f''(0) &= 1 \cdot 2 \cdot a_2 = (2!)\,a_2 \\ f'''(0) &= 1 \cdot 2 \cdot 3 \cdot a_3 = (3!)\,a_3 \\ &\vdots \end{aligned} \qquad \text{(VI-34)}$$

Aus diesen Beziehungen lassen sich die *Koeffizienten* wie folgt berechnen:

$$a_0 = \frac{f(0)}{0!}, \quad a_1 = \frac{f'(0)}{1!}, \quad a_2 = \frac{f''(0)}{2!}, \quad a_3 = \frac{f'''(0)}{3!}, \ldots \qquad \text{(VI-35)}$$

Offensichtlich genügen die Koeffizienten der Potenzreihenentwicklung (VI-32) dem allgemeinen *Bildungsgesetz*

$$a_n = \frac{f^{(n)}(0)}{n!} \qquad (n = 0, 1, 2, \ldots) \qquad \text{(VI-36)}$$

und sind somit durch die *Funktions-* und *Ableitungswerte* von $f(x)$ an der Stelle $x = 0$ *eindeutig* bestimmt. Für die Potenzreihenentwicklung einer Funktion gilt daher unter den genannten Voraussetzungen:

Entwicklung einer Funktion in eine Potenzreihe (Mac Laurinsche Reihe)

Unter bestimmten Voraussetzungen läßt sich eine Funktion $f(x)$ in eine *Potenzreihe* der Form

$$f(x) = f(0) + \frac{f'(0)}{1!}x + \frac{f''(0)}{2!}x^2 + \ldots = \sum_{n=0}^{\infty} \frac{f^{(n)}(0)}{n!}x^n \qquad \text{(VI-37)}$$

entwickeln (sog. *Mac Laurinsche Reihe*).

Anmerkungen

(1) *Nicht jede* Funktion ist in eine *Mac Laurinsche Reihe* entwickelbar. Eine für die Potenzreihenentwicklung *notwendige* Bedingung haben wir jedoch bereits erkannt: Die zu entwickelnde Funktion $f(x)$ muß in der Umgebung der Entwicklungsstelle $x = 0$ *beliebig* oft differenzierbar sein. Diese Bedingung ist jedoch *keinesfalls hinreichend*, d.h. nicht jede beliebig oft differenzierbare Funktion ist in Form einer Potenzreihe darstellbar. Im Rahmen dieses Werkes können wir auf Einzelheiten nicht näher eingehen und verweisen den Leser auf die mathematische Literatur. Im Zusammenhang mit der *Restgliedabschätzung* bei Näherungspolynomen werden wir dieses Thema aber nochmals kurz streifen (vgl. hierzu Abschnitt VI.3.3.1).

(2) Die *Mac Laurinsche Reihe* von $f(x)$ ist die Potenzreihenentwicklung von $f(x)$ um den *Nullpunkt* $x = 0$, der daher in diesem Zusammenhang auch als *Entwicklungspunkt* oder *Entwicklungszentrum* bezeichnet wird. Sie ist ein *Sonderfall* einer allgemeineren Potenzreihenentwicklung nach *Taylor*, mit der wir uns noch in Abschnitt VI.3.2.2 beschäftigen werden.

(3) Der *Konvergenzradius r* der *Mac Laurinschen Reihe* von $f(x)$ wird nach der Formel (VI-28) berechnet. *Innerhalb* des Konvergenzbereiches, d.h. für $|x| < r$ wird die Funktion $f(x)$ dabei durch ihre *Mac Laurinsche Reihe* dargestellt.

(4) Die *Symmetrieeigenschaften* einer Funktion spiegeln sich auch in ihrer *Mac Laurinschen Reihe* wider: In der Reihenentwicklung einer *geraden* Funktion treten nur *gerade*, in der Reihenentwicklung einer *ungeraden* Funktion nur *ungerade* Potenzen auf.

■ **Beispiele**

(1) **Mac Laurinsche Reihe von $f(x) = e^x$ und $f(x) = e^{-x}$**

Für die e-Funktion ist

$$f^{(n)}(x) = e^x \quad \text{und somit} \quad f^{(n)}(0) = 1$$

($n = 0, 1, 2, \ldots$). Die *Mac Laurinsche Reihe* von $f(x) = e^x$ lautet demnach:

$$e^x = \sum_{n=0}^{\infty} \frac{x^n}{n!} = 1 + \frac{x^1}{1!} + \frac{x^2}{2!} + \frac{x^3}{3!} + \ldots$$

Ihr Konvergenzradius beträgt $r = \infty$, d.h. die Reihe konvergiert *beständig* (vgl. hierzu Beispiel (2) aus Abschnitt VI.2.2).

Ersetzen wir in der Reihenentwicklung von $f(x) = e^x$ die Variable x durch $-x$, so erhalten wir die *Mac Laurinsche Reihe* von $f(x) = e^{-x}$:

$$e^{-x} = 1 + \frac{(-x)^1}{1!} + \frac{(-x)^2}{2!} + \frac{(-x)^3}{3!} + \ldots = 1 - \frac{x^1}{1!} + \frac{x^2}{2!} - \frac{x^3}{3!} + - \ldots =$$

$$= \sum_{n=0}^{\infty} (-1)^n \cdot \frac{x^n}{n!}$$

Sie konvergiert ebenfalls für *alle* $x \in \mathbb{R}$. Selbstverständlich erhält man diese Reihe auch auf dem *direkten* Wege über die *MacLaurinsche Formel* (VI-37).

(2) **Mac Laurinsche Reihe von $f(x) = \sin x$ und $f(x) = \cos x$**

Wir entwickeln zunächst die *Sinusfunktion* $f(x) = \sin x$ in eine *Mac Laurinsche Reihe.* Es ist:

$$\begin{array}{lll} f(x) = \sin x & \Rightarrow & f(0) = \sin 0 = 0 \\ f'(x) = \cos x & \Rightarrow & f'(0) = \cos 0 = 1 \\ f''(x) = -\sin x & \Rightarrow & f''(0) = -\sin 0 = 0 \\ f'''(x) = -\cos x & \Rightarrow & f'''(0) = -\cos 0 = -1 \\ f^{(4)}(x) = \sin x & \Rightarrow & f^{(4)}(0) = \sin 0 = 0 \\ \vdots & & \end{array}$$

Ab der *vierten* Ableitung wiederholen sich die Ableitungswerte. In einem *regelmäßigen Zyklus* werden dabei die Werte $0, 1, 0$ und -1 durchlaufen. Die *Mac Laurinsche Reihe* der Sinusfunktion besitzt demnach die folgende Gestalt:

$$\sin x = \frac{x}{1!} - \frac{x^3}{3!} + \frac{x^5}{5!} - \frac{x^7}{7!} + - \ldots = \sum_{n=0}^{\infty} (-1)^n \cdot \frac{x^{2n+1}}{(2n+1)!}$$

Für ihren *Konvergenzradius* erhalten wir nach Formel (VI-28):

$$r = \lim_{n \to \infty} \left| \frac{a_n}{a_{n+1}} \right| = \lim_{n \to \infty} \frac{\dfrac{1}{(2n+1)!}}{\dfrac{1}{(2n+3)!}} = \lim_{n \to \infty} \frac{(2n+3)!}{(2n+1)!} =$$

$$= \lim_{n \to \infty} \frac{(2n+1)!\,(2n+2)\,(2n+3)}{(2n+1)!} = \lim_{n \to \infty} (2n+2)(2n+3) = \infty$$

Die Reihe konvergiert daher *beständig,* d.h. für *alle* $x \in \mathbb{R}$.

Die *Mac Laurinsche Reihe* der *Kosinusfunktion* erhalten wir am bequemsten durch *gliedweise* Differentiation der soeben hergeleiteten Potenzreihe von $f(x) = \sin x$:

$$\cos x = \frac{d}{dx}(\sin x) = \frac{d}{dx}\left[\frac{x}{1!} - \frac{x^3}{3!} + \frac{x^5}{5!} - \frac{x^7}{7!} + - \ldots\right] =$$

$$= 1 - \frac{3x^2}{3!} + \frac{5x^4}{5!} - \frac{7x^6}{7!} + - \ldots = 1 - \frac{x^2}{2!} + \frac{x^4}{4!} - \frac{x^6}{6!} + - \ldots =$$

$$= \sum_{n=0}^{\infty} (-1)^n \cdot \frac{x^{2n}}{(2n)!}$$

Sie konvergiert ebenso wie die Mac Laurinsche Reihe der Sinusfunktion *beständig.*

(3) **Binomische Reihe $(1 \pm x)^n$**

Wir entwickeln zunächst die Funktion $f(x) = (1+x)^n$ mit $n \in \mathbb{R}$ nach *Mac Laurin.* Die benötigten Ableitungen und ihre Werte an der Stelle $x = 0$ lauten:

$$\begin{array}{ll} f(x) = (1+x)^n & \Rightarrow f(0) = 1 \\ f'(x) = n(1+x)^{n-1} & \Rightarrow f'(0) = n \\ f''(x) = n(n-1)(1+x)^{n-2} & \Rightarrow f''(0) = n(n-1) \\ f'''(x) = n(n-1)(n-2)(1+x)^{n-3} & \Rightarrow f'''(0) = n(n-1)(n-2) \\ \vdots & \end{array}$$

Die *Mac Laurinsche Reihenentwicklung* nach Formel (VI-37) beginnt daher wie folgt:

$$(1+x)^n = 1 + \frac{n}{1!}x + \frac{n(n-1)}{2!}x^2 + \frac{n(n-1)(n-2)}{3!}x^3 + \ldots =$$

$$= 1 + \frac{n}{1}x + \frac{n(n-1)}{1 \cdot 2}x^2 + \frac{n(n-1)(n-2)}{1 \cdot 2 \cdot 3}x^3 + \ldots$$

Die Koeffizienten dieser Reihe sind die aus Abschnitt I.6 bekannten *Binomialkoeffizienten*

$$\binom{n}{k} = \frac{n(n-1)(n-2)\ldots(n-k+1)}{1 \cdot 2 \cdot 3 \ldots k}$$

Die *Mac Laurinsche Reihe* von $f(x) = (1+x)^n$ ist dann in der Form

$$(1+x)^n = 1 + \binom{n}{1}x^1 + \binom{n}{2}x^2 + \binom{n}{3}x^3 + \ldots = \sum_{k=0}^{\infty} \binom{n}{k} x^k$$

darstellbar und wird als *Binomische Reihe* oder auch *Binomialreihe* bezeichnet.

Bei der Berechnung des Konvergenzradius r dieser Reihe müssen wir die Fälle $n \in \mathbb{N}$ und $n \notin \mathbb{N}$ unterscheiden.

1. Fall: $n \in \mathbb{N}$

Die *Binomische Reihe* bricht nach der n-ten Potenz, d.h. nach dem $(n+1)$-ten Glied ab, da $(1+x)^n$ in diesem Fall ein *Polynom n-ten Grades* darstellt. Die „Reihenentwicklung" konvergiert selbstverständlich für *jedes* $x \in \mathbb{R}$.

2. Fall: $n \notin \mathbb{N}$

Wir erhalten jetzt eine *echte* Potenzreihe mit dem Konvergenzradius $r = 1$:

$$r = \lim_{k \to \infty} \left| \frac{a_k}{a_{k+1}} \right| = \lim_{k \to \infty} \left| \frac{\binom{n}{k}}{\binom{n}{k+1}} \right| =$$

$$= \lim_{k \to \infty} \left| \frac{\dfrac{n(n-1)(n-2)\ldots(n-k+1)}{1 \cdot 2 \cdot 3 \ldots k}}{\dfrac{n(n-1)(n-2)\ldots(n-k+1)(n-k)}{1 \cdot 2 \cdot 3 \ldots k \cdot (k+1)}} \right| =$$

$$= \lim_{k \to \infty} \left| \frac{k+1}{n-k} \right| = \lim_{k \to \infty} \left| \frac{1 + \frac{1}{k}}{\frac{n}{k} - 1} \right| = 1$$

Die *Binomialreihe* konvergiert daher für $|x| < 1$ und im Falle $n > 0$ sogar für $|x| \leqslant 1$ (vgl. hierzu auch Tabelle 1).

Die Potenzreihenentwicklung von $f(x) = (1-x)^n$ erhalten wir auf *formalem* Wege aus der Binomischen Reihe $(1+x)^n$, indem wir x durch $-x$ ersetzen:

$$(1-x)^n = 1 + \binom{n}{1}(-x)^1 + \binom{n}{2}(-x)^2 + \binom{n}{3}(-x)^3 + \ldots =$$

$$= 1 - \binom{n}{1} x + \binom{n}{2} x^2 - \binom{n}{3} x^3 + - \ldots =$$

$$= \sum_{k=0}^{\infty} (-1)^k \cdot \binom{n}{k} x^k$$

Wir fassen die Potenzreihenentwicklungen von $(1+x)^n$ und $(1-x)^n$ noch in *einer* Formel zusammen:

$$(1 \pm x)^n = 1 \pm \binom{n}{1} x + \binom{n}{2} x^2 \pm \binom{n}{3} x^3 + \ldots$$

Für $n = \frac{1}{2}$ erhalten wir beispielsweise die *Binomischen Reihen*

$$(1 \pm x)^{\frac{1}{2}} = \sqrt{1 \pm x} = 1 \pm \frac{1}{2} x - \frac{1}{8} x^2 \pm \frac{1}{16} x^3 - \ldots$$

Sie konvergieren im Intervall $|x| \leqslant 1$.

Für $n = -1$ lauten die *Binomischen Reihen* wie folgt:

$$(1 \pm x)^{-1} = \frac{1}{1 \pm x} = 1 \mp x + x^2 \mp x^3 + x^4 \mp \ldots$$

Beide Reihen konvergieren für $|x| < 1$.

Anmerkung

Das etwas allgemeinere *Binom* $(a \pm b)^n$ mit $n \in \mathbb{R}$ läßt sich stets wie folgt auf die *Binomische Reihe* $(1 \pm x)^n$ zurückführen:

$$(a \pm b)^n = \left[a\left(1 \pm \frac{b}{a}\right)\right]^n = a^n\left(1 \pm \frac{b}{a}\right)^n = a^n\,(1 \pm x)^n$$

wobei $\frac{b}{a} = x$ gesetzt wurde.

(4) Mac Laurinsche Reihe von $f(x) = \frac{e^x}{1-x}$

Wir gehen von den bekannten *Mac Laurinschen* Reihen der Funktionen $f(x) = e^x$ und $f(x) = \frac{1}{1-x} = (1-x)^{-1}$ aus:

$$e^x = 1 + \frac{x}{1!} + \frac{x^2}{2!} + \frac{x^3}{3!} + \frac{x^4}{4!} + \ldots \qquad (|x| < \infty)$$

$$\frac{1}{1-x} = (1-x)^{-1} = 1 + x + x^2 + x^3 + x^4 + \ldots \qquad (|x| < 1)$$

Durch *gliedweise Multiplikation* erhalten wir hieraus die gewünschte Reihenentwicklung der Funktion $f(x) = \frac{e^x}{1-x}$. Sie beginnt wie folgt:

$$\frac{e^x}{1-x} = e^x\,(1-x)^{-1} =$$

$$= \left(1 + \frac{x}{1!} + \frac{x^2}{2!} + \frac{x^3}{3!} + \frac{x^4}{4!} + \ldots\right)(1 + x + x^2 + x^3 + x^4 + \ldots) =$$

$$= 1 + 2x + \frac{5}{2}x^2 + \frac{8}{3}x^3 + \frac{65}{24}x^4 + \ldots \qquad (|x| < 1)$$

■

3.2.2 Taylorsche Reihe

Die Potenzreihenentwicklung einer Funktion $f(x)$ um den *Nullpunkt* $x_0 = 0$ führte uns zur *Mac Laurinschen Reihe* von $f(x)$. Sie ist ein in den Anwendungen besonders wichtiger *Sonderfall* einer allgemeineren, nach *Taylor* benannten Reihenentwicklung. Denn grundsätzlich kann man eine Funktion $f(x)$ um eine *beliebige* Stelle x_0 entwickeln, wenn dort die *gleichen* Voraussetzungen wie bei der *Mac Laurinschen Reihe* vorliegen. Die dann als *Taylorsche Reihe* von $f(x)$ bezeichnete Potenzreihenentwicklung von $f(x)$ besitzt dabei die folgende Gestalt:

Taylorsche Reihe einer Funktion

$$f(x) = f(x_0) + \frac{f'(x_0)}{1!}(x-x_0)^1 + \frac{f''(x_0)}{2!}(x-x_0)^2 + \ldots =$$

$$= \sum_{n=0}^{\infty} \frac{f^{(n)}(x_0)}{n!}(x-x_0)^n \qquad \text{(VI-38)}$$

x_0: Entwicklungszentrum oder Entwicklungspunkt

Anmerkungen

(1) Für das Entwicklungszentrum $x_0 = 0$ geht die *Taylorsche Reihe* (VI-38) in die *Mac Laurinsche Reihe* (VI-37) über, die somit nichts anderes als eine *spezielle* Form der Taylorschen Reihe darstellt.

(2) Der Konvergenzradius r der *Taylorschen Reihe* wird nach der Formel (VI-28) bestimmt. Die Reihe *konvergiert* dann für $|x - x_0| < r$, d.h. im Intervall $x_0 - r < x < x_0 + r$.

■ **Beispiel**

Die Entwicklung der logarithmischen Funktion $f(x) = \ln x$ in eine *Mac Laurinsche Reihe* ist *nicht* möglich, da der Logarithmus an der Stelle $x = 0$ bekanntlich nicht definiert ist. Wir wählen daher $x_0 = 1$ als *Entwicklungszentrum*. Für die Funktions- und Ableitungswerte an dieser Stelle erhalten wir:

$$\begin{array}{lcl}
f(x) = \ln x & \Rightarrow & f(1) = \ln 1 = 0 \\
f'(x) = \frac{1}{x} = x^{-1} & \Rightarrow & f'(1) = 1 \\
f''(x) = -x^{-2} & \Rightarrow & f''(1) = -1 \\
f'''(x) = 2 \cdot x^{-3} & \Rightarrow & f'''(1) = 2 \\
f^{(4)}(x) = -2 \cdot 3 \cdot x^{-4} & \Rightarrow & f^{(4)}(1) = -2 \cdot 3 \\
\vdots & & \vdots
\end{array}$$

Die *Taylorsche Reihe* von $f(x) = \ln x$ lautet somit:

$$\ln x = \frac{1}{1!}(x-1)^1 + \frac{-1}{2!}(x-1)^2 + \frac{2}{3!}(x-1)^3 + \frac{-2 \cdot 3}{4!}(x-1)^4 + \ldots =$$

$$= \frac{(x-1)}{1} - \frac{(x-1)^2}{2} + \frac{(x-1)^3}{3} - \frac{(x-1)^4}{4} + - \ldots = \sum_{n=1}^{\infty} (-1)^{n+1} \cdot \frac{(x-1)^n}{n}$$

Die *sehr langsam* konvergierende Potenzreihe besitzt den Konvergenzradius $r = 1$ und den Konvergenzbereich $0 < x \leqslant 2$. ■

3.2.3 Tabellarische Zusammenstellung wichtiger Potenzreihenentwicklungen

Der Leser findet in der nachfolgenden Tabelle 1 eine Zusammenstellung der Potenzreihenentwicklungen einiger besonders wichtiger Funktionen.

Tabelle 1: Potenzreihenentwicklungen einiger besonders wichtiger Funktionen

Funktion	Potenzreihenentwicklung	Konvergenzbereich
	Allgemeine Binomische Reihe[2]	
$(1 \pm x)^n$	$1 \pm \binom{n}{1} x + \binom{n}{2} x^2 \pm \binom{n}{3} x^3 + \binom{n}{4} x^4 \pm \ldots$	$n > 0$: $\lvert x \rvert \leqslant 1$ $n < 0$: $\lvert x \rvert < 1$
	Spezielle Binomische Reihen	
$(1 \pm x)^{\frac{1}{2}}$	$1 \pm \frac{1}{2} x - \frac{1 \cdot 1}{2 \cdot 4} x^2 \pm \frac{1 \cdot 1 \cdot 3}{2 \cdot 4 \cdot 6} x^3 - \frac{1 \cdot 1 \cdot 3 \cdot 5}{2 \cdot 4 \cdot 6 \cdot 8} x^4 \pm \ldots$	$\lvert x \rvert \leqslant 1$
$(1 \pm x)^{-\frac{1}{2}}$	$1 \mp \frac{1}{2} x + \frac{1 \cdot 3}{2 \cdot 4} x^2 \mp \frac{1 \cdot 3 \cdot 5}{2 \cdot 4 \cdot 6} x^3 + \frac{1 \cdot 3 \cdot 5 \cdot 7}{2 \cdot 4 \cdot 6 \cdot 8} x^4 \mp \ldots$	$\lvert x \rvert < 1$
$(1 \pm x)^{-1}$	$1 \mp x + x^2 \mp x^3 + x^4 \mp \ldots$	$\lvert x \rvert < 1$
$(1 \pm x)^{-2}$	$1 \mp 2x + 3x^2 \mp 4x^3 + 5x^4 \mp \ldots$	$\lvert x \rvert < 1$
	Trigonometrische Reihen	
$\sin x$	$x - \frac{x^3}{3!} + \frac{x^5}{5!} - \frac{x^7}{7!} + \frac{x^9}{9!} - + \ldots$	$\lvert x \rvert < \infty$
$\cos x$	$1 - \frac{x^2}{2!} + \frac{x^4}{4!} - \frac{x^6}{6!} + \frac{x^8}{8!} - + \ldots$	$\lvert x \rvert < \infty$
$\tan x$	$x + \frac{1}{3} x^3 + \frac{2}{15} x^5 + \frac{17}{315} x^7 + \frac{62}{2835} x^9 + \ldots$	$\lvert x \rvert < \frac{\pi}{2}$
	Exponential – und logarithmische Reihen	
e^x	$1 + \frac{x}{1!} + \frac{x^2}{2!} + \frac{x^3}{3!} + \frac{x^4}{4!} + \ldots$	$\lvert x \rvert < \infty$
$\ln x$	$\frac{(x-1)^1}{1} - \frac{(x-1)^2}{2} + \frac{(x-1)^3}{3} - \frac{(x-1)^4}{4} + \frac{(x-1)^5}{5} - + \ldots$	$0 < x \leqslant 2$
$\ln\left(\frac{1+x}{1-x}\right)$	$2\left[x + \frac{x^3}{3} + \frac{x^5}{5} + \frac{x^7}{7} + \frac{x^9}{9} + \ldots\right]$	$\lvert x \rvert < 1$

[2] Für den Sonderfall $n \in \mathbb{N}$ erhalten wir ein *Polynom n-ten Grades*, das selbstverständlich für jedes $x \in \mathbb{R}$ „konvergiert".

Funktion	Potenzreihenentwicklung	Konvergenz-bereich
	Reihen der Arkusfunktionen	
arcsin x	$x+\frac{1}{2\cdot 3}x^3+\frac{1\cdot 3}{2\cdot 4\cdot 5}x^5+\frac{1\cdot 3\cdot 5}{2\cdot 4\cdot 6\cdot 7}x^7+\frac{1\cdot 3\cdot 5\cdot 7}{2\cdot 4\cdot 6\cdot 8\cdot 9}x^9+\ldots$	$\|x\|<1$
arccos x	$\frac{\pi}{2}-\left[x+\frac{1}{2\cdot 3}x^3+\frac{1\cdot 3}{2\cdot 4\cdot 5}x^5+\frac{1\cdot 3\cdot 5}{2\cdot 4\cdot 6\cdot 7}x^7+\ldots\right]$	$\|x\|<1$
arctan x	$x-\frac{x^3}{3}+\frac{x^5}{5}-\frac{x^7}{7}+\frac{x^9}{9}-+\ldots$	$\|x\|\leqslant 1$
	Reihen der Hyperbelfunktionen	
sinh x	$x+\frac{x^3}{3!}+\frac{x^5}{5!}+\frac{x^7}{7!}+\frac{x^9}{9!}+\ldots$	$\|x\|<\infty$
cosh x	$1+\frac{x^2}{2!}+\frac{x^4}{4!}+\frac{x^6}{6!}+\frac{x^8}{8!}+\ldots$	$\|x\|<\infty$
tanh x	$x-\frac{1}{3}x^3+\frac{2}{15}x^5-\frac{17}{315}x^7+\frac{62}{2835}x^9-+\ldots$	$\|x\|<\frac{\pi}{2}$

3.3 Anwendungen

3.3.1 Näherungspolynome einer Funktion

In den praktischen Anwendungen besteht häufig der Wunsch, eine vorgegebene Funktion $f(x)$ durch eine *Polynomfunktion* anzunähern bzw. zu ersetzen. Denn Polynomfunktionen besitzen bekanntlich besonders *einfache* und *überschaubare* Eigenschaften. Mit Hilfe der *Potenzreihenentwicklung* läßt sich dieses Problem in vielen Fällen lösen.

Wir entwickeln dabei zunächst die Funktion $f(x)$ in eine *Mac Laurinsche Reihe*[3]:

$$f(x)=f(0)+\frac{f'(0)}{1!}x+\frac{f''(0)}{2!}x^2+\ldots+\frac{f^{(n)}(0)}{n!}x^n+\ldots \qquad \text{(VI-39)}$$

Durch *Abbruch* dieser Reihe nach der n-ten Potenz erhalten wir das folgende *Näherungspolynom n-ten Grades* für $f(x)$ (auch *Mac Laurinsches Polynom* genannt):

$$f_n(x)=f(0)+\frac{f'(0)}{1!}x+\frac{f''(0)}{2!}x^2+\ldots+\frac{f^{(n)}(0)}{n!}x^n \qquad \text{(VI-40)}$$

[3] Wir gehen davon aus, daß eine solche Entwicklung *möglich* ist. Die folgenden Überlegungen gelten auch für den allgemeineren Fall einer Potenzreihenentwicklung um die Stelle x_0, wobei wir dann von der *Taylorschen Reihe* von $f(x)$ ausgehen müssen.

Die dabei vernachlässigten Glieder fassen wir zu einem sog. *Restglied* $R_n(x)$ zusammen:

$$R_n(x) = \frac{f^{(n+1)}(0)}{(n+1)!} x^{n+1} + \frac{f^{(n+2)}(0)}{(n+2)!} x^{n+2} + \ldots \qquad \text{(VI-41)}$$

Das Restglied erfaßt somit alle Reihenglieder der Entwicklung (VI-39) *ab* der $(n+1)$-ten Potenz. Die Funktion $f(x)$ unterscheidet sich also von ihrem Näherungspolynom $f_n(x)$ durch das *Restglied* $R_n(x)$. Daher gilt:

$$f(x) = f_n(x) + R_n(x) =$$
$$= f(0) + \frac{f'(0)}{1!} x + \frac{f''(0)}{2!} x^2 + \ldots + \frac{f^{(n)}(0)}{n!} x^n + R_n(x) \qquad \text{(VI-42)}$$

Diese Darstellungsform der Funktion $f(x)$ als *Summe* aus einem *Polynom* n-ten Grades und einem *Restglied* wird allgemein als *Taylorsche Formel* bezeichnet.

Die *Güte* der Mac Laurinschen Näherungspolynome läßt sich dabei durch Hinzunahme weiterer Glieder stets noch *verbessern.* Gleichzeitig verliert das Restglied $R_n(x)$ immer mehr an Bedeutung und wird schließlich *vernachlässigbar* klein[4]. Das Restglied beschreibt somit den *Fehler*, den man begeht, wenn man die Funktion $f(x)$ durch ihr Näherungspolynom $f_n(x)$ *ersetzt*. Es ist in der Praxis jedoch nahezu *unmöglich*, den *exakten* Wert des Restgliedes $R_n(x)$ zu bestimmen. Der durch die Vernachlässigung des Restgliedes entstandene Fehler kann daher in der Regel nur *abgeschätzt* werden. Meist wird hierzu die folgende von *Lagrange* stammende Form des Restgliedes $R_n(x)$ herangezogen:

Restglied nach Lagrange

$$R_n(x) = \frac{f^{(n+1)}(\vartheta x)}{(n+1)!} x^{n+1} \qquad (0 < \vartheta < 1) \qquad \text{(VI-43)}$$

Anmerkung

Neben der *Lagrangeschen* Form kennt man noch weitere Formen des Restgliedes, z.B. die nach *Cauchy* und *Euler* benannten Formen. Wir gehen jedoch hierauf nicht näher ein.

Geometrische Deutung

Das Restglied $R_n(x)$ verschwindet für $x = 0: R_n(0) = 0$. Daher stimmen Funktion $f(x)$ und Näherungspolynom $f_n(x)$ an dieser Stelle in ihren Funktions- und Ableitungswerten bis zur *n-ten Ordnung* überein. Es gilt somit:

1. $f(0) = f_n(0)$ (VI-44)
2. $f^{(k)}(0) = f_n^{(k)}(0) \qquad (k = 1, 2, \ldots, n)$ (VI-45)

---

[4] Bei einer *konvergenten* Reihe werden die Glieder mit zunehmender „Platzziffer" *n kleiner*: Sie bilden eine sog. *Nullfolge*. Dies ist eine *notwendige* Bedingung für die Reihenkonvergenz!

Wir deuten diese Gleichungen *geometrisch* wie folgt:

Die erste Gleichung (VI-44) besagt, daß *alle* Näherungspolynome durch den Kurvenpunkt $P = (0; f(0))$ verlaufen. Aus der zweiten Gleichung (VI-45) folgern wir speziell für $n = 1$ bzw. $n = 2$:

Für $n = 1$:

Die Kurve $y = f(x)$ wird in der Umgebung von P näherungsweise durch ihre *Kurventangente*, d.h. durch die *lineare* Funktion

$$f_1(x) = f(0) + \frac{f'(0)}{1!}\, x \qquad \text{(VI-46)}$$

ersetzt (Bild VI-4). Man bezeichnet diesen Vorgang auch als „*Linearisierung einer Funktion*"[5].

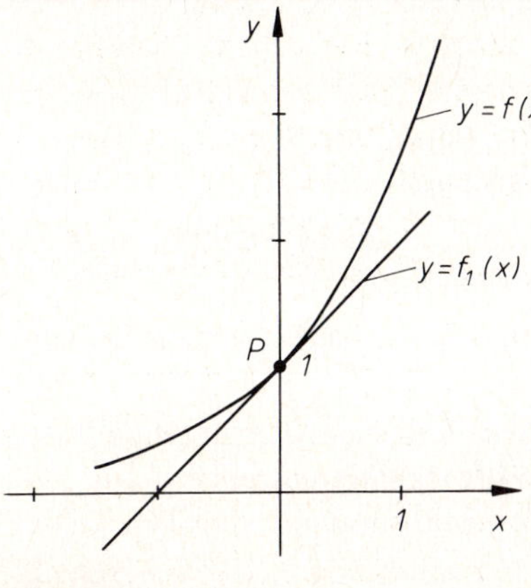

Bild VI-4
Zur Linearisierung einer Funktion (gezeichnet: e-Funktion und ihre Tangente in $P = (0; 1)$)

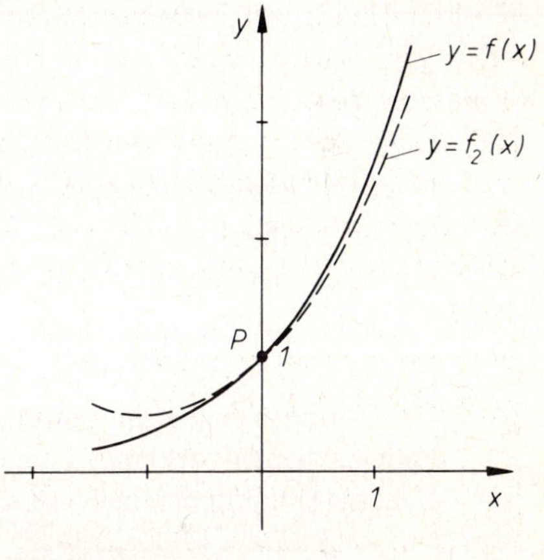

Bild VI-5
Näherungspolynom 2. Grades (Parabel) (gezeichnet: e-Funktion und ihre Näherungsparabel in $P = (0; 1)$)

Für $n = 2$:

Die Kurve $y = f(x)$ wird jetzt durch eine *quadratische* Funktion, d.h. durch eine *Parabel* mit der Funktionsgleichung

$$f_2(x) = f(0) + \frac{f'(0)}{1!}\, x + \frac{f''(0)}{2!}\, x^2 \qquad \text{(VI-47)}$$

angenähert (Bild VI-5). Kurve und Parabel besitzen dabei in P eine *gemeinsame* Tangente und *gleiche* Kurvenkrümmung.

---

[5] Das Problem der *Linearisierung einer Funktion* wurde bereits in Abschnitt IV.3.2 eingehend behandelt.

Wir fassen die Ergebnisse zusammen:

Näherungspolynome einer Funktion (Mac Laurinsche Polynome)

Von einer Funktion $f(x)$ lassen sich mit Hilfe der Potenzreihenentwicklung wie folgt *Näherungspolynome* gewinnen (sog. *Mac Laurinsche Polynome*):

1. $f(x)$ wird zunächst um den Nullpunkt $x_0 = 0$ in eine *Mac Laurinsche Reihe* entwickelt.
2. Durch *Abbruch* der Reihe nach der *n-ten* Potenz erhält man dann ein Polynom $f_n(x)$ n-ten Grades, das in der Umgebung des Nullpunktes *näherungsweise* das Verhalten der Funktion $f(x)$ beschreibt.
3. **Fehlerabschätzung:** Der durch Abbruch der Potenzreihe entstehende *Fehler* läßt sich anhand der *Lagrangeschen* Restgliedformel (VI-43) *abschätzen*. Er liegt in der Größenordnung des *größten* Reihengliedes, das in der Näherung nicht mehr berücksichtigt wurde.

Anmerkungen

(1) Grundsätzlich gilt: Die 1. Näherung von $f(x)$ erhalten wir durch Abbruch der Potenzreihe nach dem *ersten* nicht-konstanten Glied usw.

(2) Wird $f(x)$ durch ein Polynom 1. Grades, d.h. durch eine *lineare* Funktion angenähert, so sagt man, man habe die Funktion $f(x)$ *linearisiert*.

(3) Allgemein gilt: Die *Güte* einer Näherungsfunktion ist umso besser, je mehr Reihenglieder berücksichtigt werden.

(4) Alle Aussagen gelten sinngemäß auch für *Taylorsche* Reihenentwicklungen, d.h. Potenzreihenentwicklungen um ein (beliebiges) Entwicklungszentrum x_0. Die Näherungsfunktionen heißen dann *Taylorsche Polynome* und sind vom Typ

$$f_n(x) = f(x_0) + \frac{f'(x_0)}{1!}(x - x_0) + \frac{f''(x_0)}{2!}(x - x_0)^2 + \dots$$
$$\dots + \frac{f^{(n)}(x_0)}{n!}(x - x_0)^n \qquad \text{(VI-48)}$$

(5) Eine Funktion $f(x)$ ist unter den folgenden Voraussetzungen in eine (unendliche) *Mac Laurinsche Reihe* entwickelbar:

1. $f(x)$ ist in der Umgebung des Nullpunktes $x_0 = 0$ *beliebig oft* differenzierbar;
2. Das (Lagrangesche) Restglied *verschwindet* für $n \to \infty$, d.h.

$$\lim_{n \to \infty} R_n(x) = 0 \qquad \text{(VI-49)}$$

■ **Beispiele**

(1) Wir kehren zu unserem einführenden Beispiel, der gebrochenrationalen Funktion $f(x) = \frac{1}{1-x}$, zurück. Aus ihrer Potenzreihenentwicklung

$$f(x) = \frac{1}{1-x} = 1 + x + x^2 + x^3 + \ldots + x^n + \ldots \qquad (|x| < 1)$$

erhalten wir die folgenden *Näherungspolynome* 1., 2. und 3. Grades:

$$\left.\begin{array}{ll} \text{1. Näherung:} & f_1(x) = 1 + x \\ \text{2. Näherung:} & f_2(x) = 1 + x + x^2 \\ \text{3. Näherung:} & f_3(x) = 1 + x + x^2 + x^3 \end{array}\right\} |x| < 1$$

Bild VI-6 zeigt deutlich, wie die Güte der Näherungsfunktion mit zunehmendem Polynomgrad *wächst*.

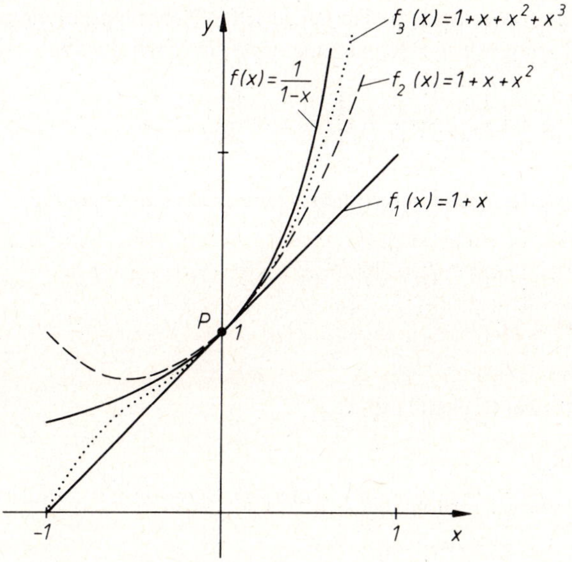

Bild VI-6

Die ersten Näherungspolynome der gebrochenrationalen Funktion $f(x) = \frac{1}{1-x}$

(2) **Berechnung der Eulerschen Zahl e**

Wir gehen von der *Mac Laurinschen Reihe* der e-Funktion aus:

$$e^x = \sum_{n=0}^{\infty} \frac{x^n}{n!} = 1 + \frac{x}{1!} + \frac{x^2}{2!} + \frac{x^3}{3!} + \ldots + \frac{x^n}{n!} + \ldots$$

Durch *Abbruch* der Reihe nach der *n-ten* Potenz erhalten wir das folgende *Näherungspolynom n-ten* Grades für e^x:

$$e^x \approx \sum_{k=0}^{n} \frac{x^k}{k!} = 1 + \frac{x}{1!} + \frac{x^2}{2!} + \frac{x^3}{3!} + \ldots + \frac{x^n}{n!}$$

Der dabei begangene *Fehler* ist durch das *Lagrangesche Restglied* gegeben. Es lautet:

$$R_n(x) = \frac{f^{(n+1)}(\vartheta x)}{(n+1)!} x^{n+1} = \frac{e^{\vartheta x}}{(n+1)!} x^{n+1} \qquad (0 < \vartheta < 1)$$

Für $x = 1$ erhalten wir aus dem Mac Laurinschen Näherungspolynom eine *Formel* zur näherungsweisen Berechnung der *Eulerschen Zahl* e:

$$e \approx \sum_{k=0}^{n} \frac{1}{k!} = 1 + \frac{1}{1!} + \frac{1}{2!} + \frac{1}{3!} + \ldots + \frac{1}{n!}$$

Das *Lagrangesche Restglied* liefert die folgende *Fehlerabschätzung:*

$$R_n(1) = \frac{e^{\vartheta}}{(n+1)!} < \frac{e}{(n+1)!} < \frac{3}{(n+1)!}$$

(wegen $e^{\vartheta} < e^1 < 3$).

Wir geben nun zwei Rechenbeispiele.

Rechenbeispiel 1

Wir berechnen die *Eulersche Zahl* e *näherungsweise* für $n = 5$ und erhalten:

$$e \approx \sum_{k=0}^{5} \frac{1}{k!} = 1 + \frac{1}{1!} + \frac{1}{2!} + \frac{1}{3!} + \frac{1}{4!} + \frac{1}{5!} =$$

$$= 1 + 1 + \frac{1}{2} + \frac{1}{6} + \frac{1}{24} + \frac{1}{120} = 2{,}716667$$

Die *Fehlerabschätzung* liefert:

$$R_5(1) < \frac{3}{(5+1)!} = \frac{3}{6!} = 0{,}0042 < 0{,}5 \cdot 10^{-2}$$

Wir haben damit die *Eulersche* Zahl auf *zwei* Dezimalstellen nach dem Komma genau berechnet: $e \approx 2{,}71$.

Rechenbeispiel 2

Wir wollen nun die *Eulersche* Zahl auf *vier* Dezimalstellen nach dem Komma genau berechnen. Für das Restglied $R_n(1)$ gilt dann die *Abschätzung*

$$R_n(1) < 0{,}5 \cdot 10^{-4}, \quad \text{d.h.} \quad \frac{3}{(n+1)!} < 0{,}5 \cdot 10^{-4}$$

Durch Auflösen nach $(n+1)!$ folgt weiter:

$$(n+1)! > \frac{3}{0{,}5 \cdot 10^{-4}} = 2 \cdot 10^4 \cdot 3 = 60000$$

$$(n+1)! > 60000 \quad \Rightarrow \quad n \geqslant 8$$

Wir müssen somit $n = 8$ wählen, um eine Genauigkeit von *vier* Dezimalstellen nach dem Komma zu erreichen:

$$e \approx \sum_{k=0}^{8} \frac{1}{k!} = 1 + \frac{1}{1!} + \frac{1}{2!} + \frac{1}{3!} + \frac{1}{4!} + \frac{1}{5!} + \frac{1}{6!} + \frac{1}{7!} + \frac{1}{8!} =$$

$$= 1 + 1 + \frac{1}{2} + \frac{1}{6} + \frac{1}{24} + \frac{1}{120} + \frac{1}{720} + \frac{1}{5040} + \frac{1}{40320} = 2{,}718279$$

Damit ist $e \approx 2{,}7182$.

(3) Aus der Mac Laurinschen Reihe der *Kosinusfunktion* (s. Tabelle 1) erhalten wir der Reihe nach die folgenden *Näherungspolynome* 2., 4., 6., ... Grades für $f(x) = \cos x$ (Bild VI-7):

1. Näherung: $f_2(x) = 1 - \frac{x^2}{2!} = 1 - \frac{x^2}{2}$

2. Näherung: $f_4(x) = 1 - \frac{x^2}{2!} + \frac{x^4}{4!} = 1 - \frac{x^2}{2} + \frac{x^4}{24}$

3. Näherung: $f_6(x) = 1 - \frac{x^2}{2!} + \frac{x^4}{4!} - \frac{x^6}{6!} = 1 - \frac{x^2}{2} + \frac{x^4}{24} - \frac{x^6}{720}$

⋮

Anmerkung: Wegen der *Achsensymmetrie* der Kosinusfunktion treten in der Mac Laurinschen Reihe von $\cos x$ nur *gerade* Potenzen auf; Näherungspolynome 1., 3., 5., ... Grades kann es daher *nicht* geben.

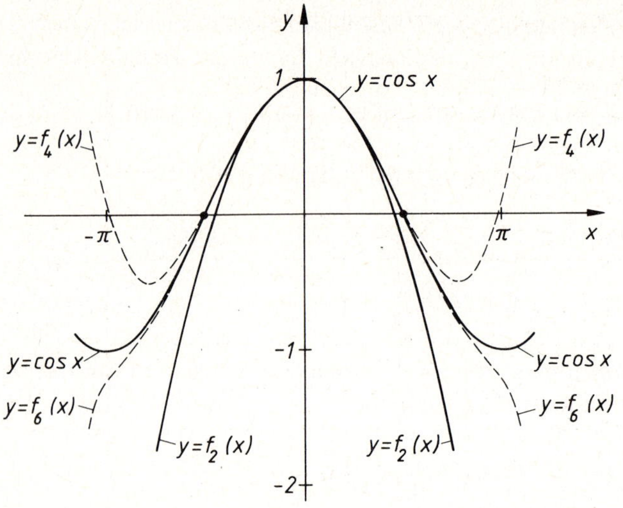

Bild VI-7
Näherungspolynome der Kosinusfunktion

Die mit diesen Näherungsfunktionen an den Stellen $x = 0{,}1$, $x = 0{,}5$ und $x = 1$ berechneten Werte lauten:

Näherung	$x = 0{,}1$	$x = 0{,}5$	$x = 1$
$f_2(x)$	0,995000	0,875000	0,500000
$f_4(x)$	0,995004	0,877604	0,541667
$f_6(x)$	0,995004	0,877582	0,540278
⋮			
Exakter Funktionswert ($\cos x$)	0,995004	0,877583	0,540302

Wir stellen fest: Je *weiter* wir uns vom Entwicklungszentrum (hier $x_0 = 0$) *entfernen,* umso *mehr* Reihenglieder müssen berücksichtigt werden, um vergleichbare Genauigkeit zu erreichen. ■

In der nachfolgenden Tabelle 2 findet der Leser eine Zusammenstellung der ersten beiden Näherungen für einige besonders wichtige Funktionen.

Tabelle 2: Näherungspolynome wichtiger Funktionen

Funktion	1. Näherung	2. Näherung
$(1 \pm x)^n$	$1 \pm nx$	$1 \pm nx + \frac{n(n-1)}{2} x^2$
$\sin x$	x	$x - \frac{x^3}{6}$
$\cos x$	$1 - \frac{x^2}{2}$	$1 - \frac{x^2}{2} + \frac{x^4}{24}$
$\tan x$	x	$x + \frac{x^3}{3}$
e^x	$1 + x$	$1 + x + \frac{x^2}{2}$
$\ln x$	$x - 1$	$x - 1 - \frac{1}{2}(x-1)^2$
$\arcsin x$	x	$x + \frac{x^3}{6}$
$\arccos x$	$\frac{\pi}{2} - x$	$\frac{\pi}{2} - x - \frac{x^3}{6}$
$\arctan x$	x	$x - \frac{x^3}{3}$
$\sinh x$	x	$x + \frac{x^3}{6}$
$\cosh x$	$1 + \frac{x^2}{2}$	$1 + \frac{x^2}{2} + \frac{x^4}{24}$
$\tanh x$	x	$x - \frac{x^3}{3}$

■ **Beispiel**

Näherungsformeln für $\sqrt{1 \pm x} = (1 \pm x)^{\frac{1}{2}}$ $(|x| \ll 1)$

1. Näherung: $\sqrt{1 \pm x} \approx 1 \pm \frac{1}{2} x$

2. Näherung: $\sqrt{1 \pm x} \approx 1 \pm \frac{1}{2} x - \frac{1}{8} x^2$ ■

3.3.2 Integration durch Potenzreihenentwicklung des Integranden

Bei der Behandlung der *numerischen Integrationsmethoden* (s. Abschnitt V.8.4) hatten wir bereits darauf hingewiesen, daß es eine Reihe wichtiger Integrale gibt, die mit den herkömmlichen Integrationstechniken wie beispielsweise der *Substitutionsmethode* oder der *Partiellen Integration* in geschlossener Form *nicht* lösbar sind. Zu diesen Integralen gehört auch das im Zusammenhang mit statistischen Problemen auftretende und häufig als *Gaußsches Fehlerintegral* bezeichnete (unbestimmte) Integral $F(x) = \int_0^x e^{-t^2}\,dt$. In diesem und auch in zahlreichen anderen Fällen gelingt die Integration, indem man die Integrandfunktion zunächst in eine *Potenzreihe* entwickelt und anschließend *gliedweise* integriert.

Integration durch Potenzreihenentwicklung des Integranden

In zahlreichen Fällen läßt sich ein Integral $\int f(x)\,dx$ schrittweise wie folgt lösen:

1. Die Integrandfunktion $f(x)$ wird zunächst in eine *Mac Laurinsche* oder *Taylorsche Potenzreihe* entwickelt.
2. Die Reihe wird anschließend *gliedweise* unter Verwendung der Potenzregel integriert.

Anmerkung

Die *gliedweise* Integration ist nur *zulässig*, wenn die Potenzreihe des Integranden im Integrationsbereich *konvergiert*. In diesem Falle konvergiert auch die durch *gliedweise* Integration entstandene Reihe.

Das beschriebene Integrationsverfahren soll nun am Beispiel des *Gaußschen Fehlerintegrals* näher erläutert werden.

■ **Beispiel**

Wir lösen das *Gaußsche Fehlerintegral*

$$F(x) = \int_0^x e^{-t^2}\,dt$$

wie folgt:

Ausgehend von der (bekannten) *Mac Laurinschen Reihe* der Exponentialfunktion $f(z) = e^z$ in der Form

$$e^z = 1 + \frac{z^1}{1!} + \frac{z^2}{2!} + \frac{z^3}{3!} + \frac{z^4}{4!} + \frac{z^5}{5!} + \ldots \qquad (|z| < \infty)$$

erhalten wir mit Hilfe der formalen *Substitution* $z = -t^2$ die Potenzreihe des Integranden $f(t) = e^{-t^2}$:

$$e^{-t^2} = 1 - \frac{t^2}{1!} + \frac{t^4}{2!} - \frac{t^6}{3!} + \frac{t^8}{4!} - \frac{t^{10}}{5!} + - \ldots$$

Diese Reihe konvergiert *beständig* und darf daher *gliedweise* integriert werden. Wir gewinnen schließlich für das *Gaußsche Fehlerintegral* die folgende *Potenzreihenentwicklung:*

$$F(x) = \int_0^x e^{-t^2}\,dt = \int_0^x \left(1 - \frac{t^2}{1!} + \frac{t^4}{2!} - \frac{t^6}{3!} + \frac{t^8}{4!} - \frac{t^{10}}{5!} + - \ldots\right) dt =$$

$$= \left[t - \frac{t^3}{3\cdot 1!} + \frac{t^5}{5\cdot 2!} - \frac{t^7}{7\cdot 3!} + \frac{t^9}{9\cdot 4!} - \frac{t^{11}}{11\cdot 5!} + - \ldots\right]_0^x$$

$$= x - \frac{x^3}{3\cdot 1!} + \frac{x^5}{5\cdot 2!} - \frac{x^7}{7\cdot 3!} + \frac{x^9}{9\cdot 4!} - \frac{x^{11}}{11\cdot 5!} + - \ldots$$

Rechenbeispiel

Mit dieser Potenzreihe berechnen wir die unter der *Gaußschen Glockenkurve* $y = e^{-x^2}$ im Intervall $0 \leqslant x \leqslant 1$ gelegene Fläche A (Bild VI-8):

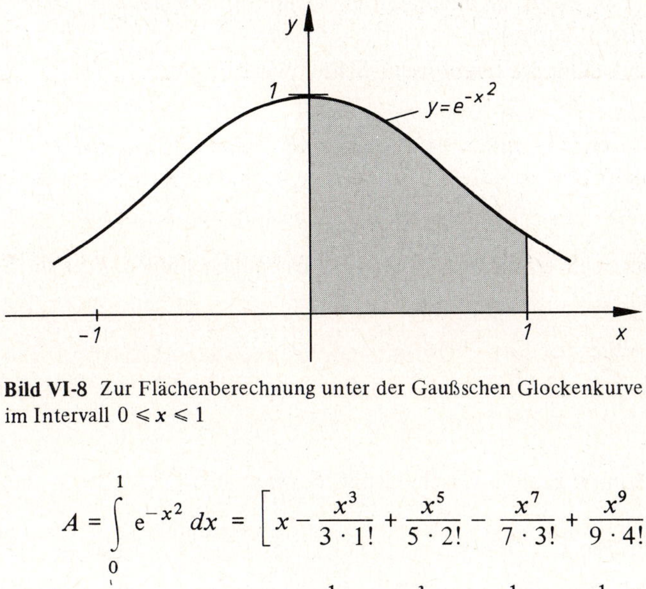

Bild VI-8 Zur Flächenberechnung unter der Gaußschen Glockenkurve $y = e^{-x^2}$ im Intervall $0 \leqslant x \leqslant 1$

$$A = \int_0^1 e^{-x^2}\,dx = \left[x - \frac{x^3}{3\cdot 1!} + \frac{x^5}{5\cdot 2!} - \frac{x^7}{7\cdot 3!} + \frac{x^9}{9\cdot 4!} - \frac{x^{11}}{11\cdot 5!} + - \ldots\right]_0^1 =$$

$$= 1 - \frac{1}{3\cdot 1!} + \frac{1}{5\cdot 2!} - \frac{1}{7\cdot 3!} + \frac{1}{9\cdot 4!} - \frac{1}{11\cdot 5!} + - \ldots =$$

$$= 1 - \frac{1}{3} + \frac{1}{10} - \frac{1}{42} + \frac{1}{216} - \frac{1}{1320} + - \ldots$$

Durch Abbruch dieser unendlichen Zahlenreihe nach dem 1., 2., ..., 6. Glied erhalten wir der Reihe nach die folgenden *Näherungswerte* für den gesuchten Flächeninhalt:

1; 0,6667; 0,7667; 0,7429; 0,7475; 0,7467

Der „exakte" Flächeninhalt beträgt $A = 0{,}7468$ (auf *vier* Dezimalstellen genau). ■

3.3.3 Grenzwertregel von Bernoulli und de L'Hospital

Mit dem Begriff des *Grenzwertes einer Funktion* hatten wir uns bereits ausführlich in Abschnitt III.4.2 auseinandergesetzt und dabei die wichtigsten Rechenregeln für Grenzwerte kennengelernt. In diesem Abschnitt werden wir uns speziell mit solchen Grenzwerten vom Typ

$$\lim_{x \to x_0} \frac{f(x)}{g(x)} \quad \text{und} \quad \lim_{x \to \pm\infty} \frac{f(x)}{g(x)} \tag{VI-50}$$

beschäftigen, die auf einen in seinem Wert zunächst *„unbestimmten Ausdruck"* wie beispielsweise $„\frac{0}{0}"$ oder $„\frac{\infty}{\infty}"$ führen.

■ **Beispiele**

(1) Der Grenzwert $\lim\limits_{x \to 0} \dfrac{e^x - 1}{x}$ bleibt zunächst *unbestimmt*, da sowohl die Zählerfunktion $f(x) = e^x - 1$ als auch die Nennerfunktion $g(x) = x$ für $x \to 0$ dem Grenzwert 0 zustrebt.

Wir verwenden dafür die *symbolische* Schreibweise

$$\lim_{x \to 0} \frac{e^x - 1}{x} \to \frac{0}{0}$$

(2) Der Grenzwert $\lim\limits_{x \to \infty} \dfrac{\ln x}{e^x}$ führt zu dem unbestimmten Ausdruck $„\frac{\infty}{\infty}"$, da sowohl $\ln x$ als auch e^x für $x \to \infty$ gegen Unendlich streben. *Formale* Schreibweise:

$$\lim_{x \to \infty} \frac{\ln x}{e^x} \to \frac{\infty}{\infty}$$ ■

Ein *unbestimmter Ausdruck* kann in verschiedenen *Formen* auftreten:

$$\frac{0}{0},\ \frac{\infty}{\infty},\ 0 \cdot \infty,\ \infty - \infty,\ 1^{\infty},\ 0^0,\ \infty^0 \tag{VI-51}$$

Grenzwerte vom Typ (VI-50), die zu einem *unbestimmten Ausdruck* der Form $„\frac{0}{0}"$ oder $„\frac{\infty}{\infty}"$ führen, lassen sich in vielen (jedoch nicht in allen) Fällen nach einer von *Bernoulli* und *de L'Hospital* stammenden Regel berechnen, die wir jetzt für den Fall $„\frac{0}{0}"$ herleiten wollen.

Es sei $f(x_0) = g(x_0) = 0$ und somit

$$\lim_{x \to x_0} \frac{f(x)}{g(x)} \to \frac{0}{0} \tag{VI-52}$$

Wir *entwickeln* nun beide Funktionen um die Stelle x_0 nach *Taylor* und beachten dabei, daß $f(x_0) = g(x_0) = 0$ ist. Der Quotient $\frac{f(x)}{g(x)}$ besitzt dann die folgende Gestalt:

$$\frac{f(x)}{g(x)} = \frac{f(x_0) + \frac{f'(x_0)}{1!}(x - x_0) + \frac{f''(x_0)}{2!}(x - x_0)^2 + \ldots}{g(x_0) + \frac{g'(x_0)}{1!}(x - x_0) + \frac{g''(x_0)}{2!}(x - x_0)^2 + \ldots} =$$

$$= \frac{\frac{f'(x_0)}{1!}(x - x_0) + \frac{f''(x_0)}{2!}(x - x_0)^2 + \ldots}{\frac{g'(x_0)}{1!}(x - x_0) + \frac{g''(x_0)}{2!}(x - x_0)^2 + \ldots} \qquad \text{(VI-53)}$$

Jedes Glied der rechten Seite wird noch durch den Term $(x - x_0)$ dividiert:

$$\frac{f(x)}{g(x)} = \frac{f'(x_0) + \frac{f''(x_0)}{2!}(x - x_0) + \ldots}{g'(x_0) + \frac{g''(x_0)}{2!}(x - x_0) + \ldots} \qquad \text{(VI-54)}$$

Beim *Grenzübergang* $x \to x_0$ verschwinden in Zähler und Nenner sämtliche Terme bis auf den jeweils 1. Term und wir erhalten:

$$\lim_{x \to x_0} \frac{f(x)}{g(x)} = \lim_{x \to x_0} \frac{f'(x_0) + \frac{f''(x_0)}{2!}(x - x_0) + \ldots}{g'(x_0) + \frac{g''(x_0)}{2!}(x - x_0) + \ldots} = \frac{f'(x_0)}{g'(x_0)} \qquad \text{(VI-55)}$$

Dies aber ist die sog. *Bernoulli – de L'Hospitalsche Grenzwertregel*

$$\lim_{x \to x_0} \frac{f(x)}{g(x)} = \lim_{x \to x_0} \frac{f'(x)}{g'(x)} = \frac{f'(x_0)}{g'(x_0)} \qquad \text{(VI-56)}$$

Sie zeigt uns, wie man bei einem *unbestimmten Ausdruck* der Form „$\frac{0}{0}$" zu verfahren hat: Zunächst werden Zählerfunktion $f(x)$ und Nennerfunktion $g(x)$ für sich getrennt nach x differenziert und anschließend der Grenzwert von $\frac{f'(x)}{g'(x)}$ für $x \to x_0$ berechnet. Ist dieser vorhanden, so ist er gleich dem gesuchten Grenzwert $\lim_{x \to x_0} \frac{f(x)}{g(x)}$.

Wir fassen zusammen:

Grenzwertregel von Bernoulli und de L'Hospital

Für Grenzwerte, die auf einen *unbestimmten Ausdruck* der Form „$\frac{0}{0}$" oder „$\frac{\infty}{\infty}$" führen, gilt die *Bernoulli- de L'Hospital Regel:*

$$\lim_{x \to x_0} \frac{f(x)}{g(x)} = \lim_{x \to x_0} \frac{f'(x)}{g'(x)} \qquad \text{(VI-57)}$$

Anmerkungen

(1) Die *Bernoulli – de L'Hospitalsche Regel* setzt voraus, daß die Funktionen $f(x)$ und $g(x)$ in der Umgebung von x_0 *differenzierbar* sind.

(2) Die *Bernoulli – de L'Hospitalsche Regel* gilt sinngemäß auch für Grenzübergänge vom Typ $x \to \infty$ oder $x \to -\infty$.

(3) In einigen Fällen führt erst eine *mehrmalige* Anwendung der Grenzwertregel zum Ziel (vgl. hierzu das nachfolgende Beispiel (3)).

(4) Es gibt jedoch auch Fälle, in denen die Regel *versagt*.

(5) Wir weisen nochmals darauf hin, daß diese Grenzwertregel *nur* auf unbestimmte Ausdrücke der Form „$\frac{0}{0}$" oder „$\frac{\infty}{\infty}$" anwendbar ist. Alle anderen Formen lassen sich jedoch wie folgt durch *elementare Umformungen* auf eine dieser beiden speziellen Formen zurückführen:

Funktion $\varphi(x)$	$\lim\limits_{x \to x_0} \varphi(x)$	Elementare Umformung
(A) $u(x) \cdot v(x)$	$0 \cdot \infty$	$\dfrac{u(x)}{\frac{1}{v(x)}}$ oder $\dfrac{v(x)}{\frac{1}{u(x)}}$
(B) $u(x) - v(x)$	$\infty - \infty$	$\dfrac{\frac{1}{v(x)} - \frac{1}{u(x)}}{\frac{1}{u(x) \cdot v(x)}}$
(C) $u(x)^{v(x)}$	$0^0,\ \infty^0,\ 1^\infty$	$e^{v(x) \cdot \ln u(x)}$

■ **Beispiele**

(1) $\lim\limits_{x \to 0} \dfrac{e^x - 1}{x} \to \dfrac{0}{0}$

Wir dürfen die *Bernoulli – de L'Hospitalsche Regel* anwenden und erhalten schließlich:

$$\lim_{x \to 0} \frac{e^x - 1}{x} = \lim_{x \to 0} \frac{(e^x - 1)'}{(x)'} = \lim_{x \to 0} \frac{e^x}{1} = 1$$

(2) $\lim\limits_{x \to \infty} \frac{\ln(2x-1)}{e^x} \rightarrow \frac{\infty}{\infty}$

Durch Anwendung der *Grenzwertregel von Bernoulli – de L'Hospital* folgt:

$$\lim_{x \to \infty} \frac{\ln(2x-1)}{e^x} = \lim_{x \to \infty} \frac{[\ln(2x-1)]'}{(e^x)'} = \lim_{x \to \infty} \frac{\frac{2}{2x-1}}{e^x} =$$

$$= \lim_{x \to \infty} \frac{2}{(2x-1) \cdot e^x} = 0$$

(3) $\lim\limits_{x \to 0} \left[\frac{1}{x} - \frac{1}{\sin x}\right] \rightarrow \infty - \infty$ (Typ (B))

Die *Bernoulli – de L'Hospitalsche Regel* ist zunächst *nicht* anwendbar. Nach einer *elementaren Umformung* folgt:

$$\lim_{x \to 0} \left[\frac{1}{x} - \frac{1}{\sin x}\right] = \lim_{x \to 0} \frac{\sin x - x}{x \cdot \sin x} \rightarrow \frac{0}{0}$$

Die Grenzwertregel darf nun angewandt werden, führt jedoch wiederum zu einem *unbestimmten Ausdruck* der Form „$\frac{0}{0}$“:

$$\lim_{x \to 0} \frac{\sin x - x}{x \cdot \sin x} = \lim_{x \to 0} \frac{(\sin x - x)'}{(x \cdot \sin x)'} = \lim_{x \to 0} \frac{\cos x - 1}{\sin x + x \cdot \cos x} \rightarrow \frac{0}{0}$$

Durch *abermalige* Anwendung der *Bernoulli – de L'Hospitalschen Regel* erhalten wir schließlich:

$$\lim_{x \to 0} \frac{\cos x - 1}{\sin x + x \cdot \cos x} = \lim_{x \to 0} \frac{(\cos x - 1)'}{(\sin x + x \cdot \cos x)'} =$$

$$= \lim_{x \to 0} \frac{-\sin x}{2 \cdot \cos x - x \cdot \sin x} = \frac{0}{2} = 0$$

Somit ist

$$\lim_{x \to 0} \left[\frac{1}{x} - \frac{1}{\sin x}\right] = 0$$

(4) $\lim\limits_{x \to \infty} \left(1 + \frac{1}{x}\right)^x \rightarrow 1^\infty$ (Typ (C))

Unter Verwendung der *Identität*

$$z = e^{\ln z} \qquad (z > 0)$$

läßt sich der Funktionsausdruck wie folgt umformen:

$$\left(1 + \frac{1}{x}\right)^x = e^{\ln\left(1 + \frac{1}{x}\right)^x} = e^{x \cdot \ln\left(1 + \frac{1}{x}\right)}$$

Daher ist

$$\lim_{x \to \infty} \left(1 + \frac{1}{x}\right)^x = \lim_{x \to \infty} e^{x \cdot \ln\left(1 + \frac{1}{x}\right)}$$

Der *Grenzübergang* darf dabei im *Exponenten* der e-Funktion vollzogen werden, d.h. es ist

$$\lim_{x \to \infty} e^{x \cdot \ln\left(1 + \frac{1}{x}\right)} = e^{\left[\lim\limits_{x \to \infty} \left(x \cdot \ln\left(1 + \frac{1}{x}\right)\right)\right]}$$

Wir formen den Exponenten noch geringfügig um:

$$x \cdot \ln\left(1 + \frac{1}{x}\right) = \frac{\ln\left(1 + \frac{1}{x}\right)}{\frac{1}{x}}$$

Für $x \to \infty$ geht dieser Ausdruck gegen die *unbestimmte Form* $\frac{„0“}{„0“}$. Wir dürfen daher die *Bernoulli – de L'Hospitalsche Grenzwertregel* anwenden. Sie führt zu:

$$\lim_{x \to \infty} \frac{\ln\left(1 + \frac{1}{x}\right)}{\frac{1}{x}} = \lim_{x \to \infty} \frac{\left(\ln\left(1 + \frac{1}{x}\right)\right)'}{\left(\frac{1}{x}\right)'} =$$

$$= \lim_{x \to \infty} \frac{\left(\frac{1}{1 + \frac{1}{x}}\right) \cdot \left(-\frac{1}{x^2}\right)}{\left(-\frac{1}{x^2}\right)} = \lim_{x \to \infty} \frac{1}{1 + \frac{1}{x}} = 1$$

Somit ist

$$\lim_{x \to \infty} \left(1 + \frac{1}{x}\right)^x = e^1 = e$$

(5) Die *Kardioide* mit der Gleichung $r = 1 + \cos\varphi$, $0 \leqslant \varphi < 2\pi$ besitzt den folgenden *Kurvenanstieg* (*Steigung der Kurventangente*):

$$y' = \frac{dy}{dx} = \frac{2 \cdot \cos^2\varphi + \cos\varphi - 1}{-\sin\ \varphi(1 + 2 \cdot \cos\varphi)} = \frac{2 \cdot \cos^2\varphi + \cos\varphi - 1}{-\sin\varphi - \sin(2\varphi)}$$

(vgl. hierzu das Beispiel in Abschnitt IV.2.12 sowie Bild IV-10; $2 \cdot \sin\varphi \cdot \cos\varphi = \sin(2\varphi)$). Die Berechnung des Kurvenanstiegs in dem zum Polarwinkel $\varphi = \pi$ gehörigen Kurvenpunkt führt zu dem *unbestimmten Ausdruck*

$$y'(\varphi = \pi) = \lim_{\varphi \to \pi} \frac{2 \cdot \cos^2\varphi + \cos\varphi - 1}{-\sin\varphi - \sin(2\varphi)} \to \frac{0}{0}$$

Wir wenden die *Grenzwertregel von Bernoulli und de L'Hospital* an und erhalten:

$$y'(\varphi = \pi) = \lim_{\varphi \to \pi} \frac{2 \cdot \cos^2 \varphi + \cos \varphi - 1}{-\sin \varphi - \sin (2\varphi)} = \lim_{\varphi \to \pi} \frac{(2 \cdot \cos^2 \varphi + \cos \varphi - 1)'}{(-\sin \varphi - \sin (2\varphi))'} =$$

$$= \lim_{\varphi \to \pi} \frac{-4 \cdot \cos \varphi \cdot \sin \varphi - \sin \varphi}{-\cos \varphi - 2 \cdot \cos (2\varphi)} = \frac{0}{-1} = 0$$

Die Kardioide besitzt demnach für $\varphi = \pi$ eine *waagerechte* Tangente. ■

3.4 Ein Anwendungsbeispiel: Freier Fall unter Berücksichtigung des Luftwiderstandes

Wir haben uns bereits an verschiedenen Stellen mit dem physikalischen Problem des *Freien Falls unter Berücksichtigung des Luftwiderstandes* beschäftigt[6] und dabei für die Fallgeschwindigkeit v die folgende Zeitabhängigkeit hergeleitet:

$$v = v(t) = v_E \cdot \tanh\left(\frac{g}{v_E}\, t\right), \qquad t \geqslant 0 \tag{VI-58}$$

(g: Erdbeschleunigung; v_E: Endgeschwindigkeit). Die Fallgeschwindigkeit nähert sich dabei *asymptotisch* ihrem Endwert v_E (Bild VI-9).

Einfache *Näherungsfunktionen* für die relativ komplizierte Geschwindigkeit-Zeit-Funktion (VI-58) erhalten wir durch eine Potenzreihenentwicklung der hyperbolischen Funktion. Wir gehen dabei zunächst von der Funktion $\tanh x$ aus. Ihre *Mac Laurinsche Reihe* entnehmen wir der Tabelle 1:

$$\tanh x = x - \frac{1}{3} x^3 + \frac{2}{15} x^5 - + \ldots \qquad \left(|x| < \frac{\pi}{2}\right) \tag{VI-59}$$

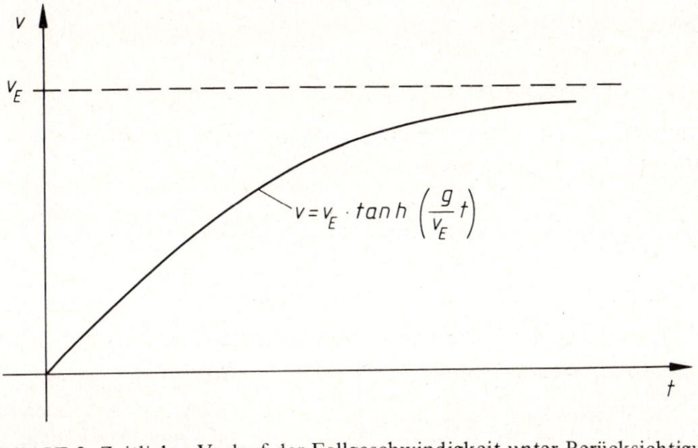

Bild VI-9 Zeitlicher Verlauf der Fallgeschwindigkeit unter Berücksichtigung des Luftwiderstandes

[6] Vgl. hierzu die Abschnitte III.13.2.5 und V.10.1.1.

In unserem Beispiel ist $x = \frac{g}{v_E}\,t$ zu setzen und wir erhalten schließlich aus (VI-58) und (VI-59) die folgende Reihenentwicklung für $v(t)$:

$$v(t) = v_E \cdot \tanh\left(\frac{g}{v_E}\,t\right) = v_E\left[\frac{g}{v_E}\,t - \frac{1}{3}\left(\frac{g}{v_E}\,t\right)^3 + \frac{2}{15}\left(\frac{g}{v_E}\,t\right)^5 - + \ldots\right] =$$

$$= gt - \left(\frac{g^3}{3\,v_E^2}\right)t^3 + \left(\frac{2\,g^5}{15\,v_E^4}\right)t^5 - + \ldots \qquad \text{(VI-60)}$$

Durch *Abbruch* der Reihe nach dem 1., 2. bzw. 3. Glied erhalten wir die folgenden einfachen *Näherungspolynome* für die Zeitabhängigkeit der Fallgeschwindigkeit:

1. Näherung: $v_1 = gt$

2. Näherung: $v_2 = gt - \left(\frac{g^3}{3\,v_E^2}\right)t^3$ (VI-61)

3. Näherung: $v_3 = gt - \left(\frac{g^3}{3\,v_E^2}\right)t^3 + \left(\frac{2\,g^5}{15\,v_E^4}\right)t^5$

Die *1. Näherung* liefert dabei das für den *luftleeren* Raum gültige *lineare* Geschwindigkeit-Zeit-Gesetz $v = gt$. In Bild VI-10 haben wir den Verlauf dieser Näherungspolynome für eine Endgeschwindigkeit von $v_E = 60$ m/s (= 216 km/h) dargestellt. Man erkennt deutlich, daß diese Näherungen nur für *kleine* Fallzeiten sinnvoll sind. Durch Hinzunahme weiterer Reihenglieder lassen sich diese Näherungsfunktionen jedoch verbessern.

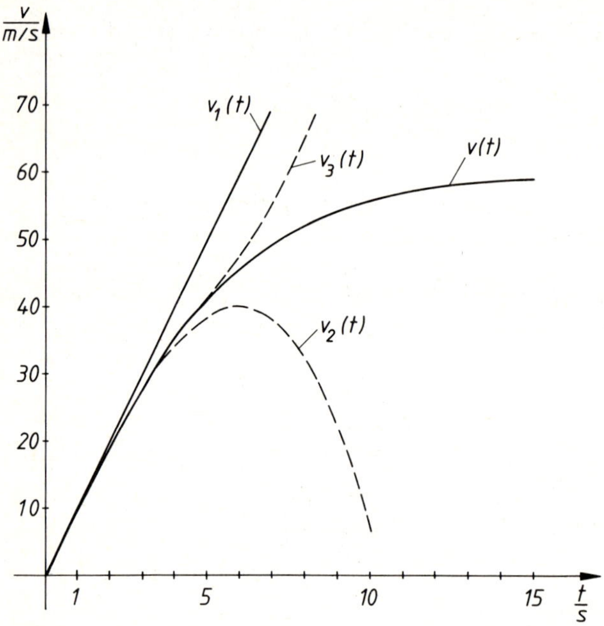

Bild VI-10

Näherungsfunktionen für den zeitlichen Verlauf der Fallgeschwindigkeit

Durch *gliedweise* Integration der Geschwindigkeit-Zeit-Funktion (VI-60) erhalten wir das *Weg-Zeit-Gesetz* des Freien Falls in Form einer Reihenentwicklung:

$$s(t) = \int_0^t \left[gt - \left(\frac{g^3}{3\,v_E^2} \right) t^3 + \left(\frac{2\,g^5}{15\,v_E^4} \right) t^5 - + \ldots \right] dt =$$

$$= \frac{1}{2}\,gt^2 - \left(\frac{g^3}{12\,v_E^2} \right) t^4 + \left(\frac{g^5}{45\,v_E^4} \right) t^6 - + \ldots \qquad \text{(VI-62)}$$

In *1. Näherung* gewinnen wir hieraus das bekannte *Fallgesetz* für den *luftleeren* Raum:

$$s(t) = \frac{1}{2}\,gt^2 \qquad \text{(VI-63)}$$

Übungsaufgaben

1) Berechnen Sie den *Summenwert* der folgenden geometrischen Reihen:

a) $\sum_{n=1}^{\infty} \left(-\frac{1}{8} \right)^{n-1}$ b) $\sum_{n=1}^{\infty} 0{,}3^{n-1}$ c) $\sum_{n=1}^{\infty} 4 \left(-\frac{2}{3} \right)^{n-1}$

2) Welchem allgemeinem *Bildungsgesetz* unterliegen die folgenden Reihen? Untersuchen Sie diese Reihen mit Hilfe des *Quotientenkriteriums* auf *Konvergenz* bzw. *Divergenz:*

a) $1 + \frac{10}{1!} + \frac{100}{2!} + \frac{1000}{3!} + \ldots$ b) $\frac{1}{1 \cdot 2^1} + \frac{1}{3 \cdot 2^3} + \frac{1}{5 \cdot 2^5} + \frac{1}{7 \cdot 2^7} + \ldots$

c) $\frac{1}{2} + \frac{3}{2^2} + \frac{5}{2^3} + \frac{7}{2^4} + \ldots$ d) $\frac{\ln 2}{1!} + \frac{(\ln 2)^2}{2!} + \frac{(\ln 2)^3}{3!} + \ldots$

3) Untersuchen Sie mit Hilfe des *Quotientenkriteriums,* ob die folgenden Reihen *konvergieren* oder *divergieren:*

a) $\frac{1}{11} + \frac{1}{101} + \frac{1}{1001} + \frac{1}{10001} + \ldots$ b) $\sum_{n=1}^{\infty} \frac{n}{5^n}$

c) $1 + \frac{1}{2^2} + \frac{1}{2^4} + \frac{1}{2^6} + \ldots$ d) $\sum_{n=1}^{\infty} n \left(\frac{1}{2} \right)^{n-1}$

e) $\frac{2^1}{1} - \frac{2^2}{2} + \frac{2^3}{3} - \frac{2^4}{4} + - \ldots$ f) $\sum_{n=1}^{\infty} \frac{3^{2n}}{(2n)!}$

4) Welche der folgenden *alternierenden* Reihen *konvergieren*, welche *divergieren*? Verwenden Sie bei der Untersuchung das Konvergenzkriterium von *Leibniz*.

a) $1 - \frac{1}{1!} + \frac{1}{2!} - \frac{1}{3!} + - \ldots$ b) $1 - \frac{1}{3} + \frac{1}{5} - \frac{1}{7} + - \ldots$

c) $\sum_{n=1}^{\infty} (-1)^{n+1} \cdot \frac{1}{n^2}$ d) $\sum_{n=1}^{\infty} (-1)^{n+1} \cdot \frac{1}{n \cdot 5^{2n-1}}$

5) Bestimmen Sie den *Konvergenzradius* und *Konvergenzbereich* der folgenden Potenzreihen:

a) $P(x) = x + 2x^2 + 3x^3 + 4x^4 + \ldots$ b) $P(x) = \sum_{n=1}^{\infty} (-1)^n \cdot \frac{x^n}{n}$

c) $P(x) = \frac{x^1}{1^2} + \frac{x^2}{2^2} + \frac{x^3}{3^2} + \ldots$ d) $P(x) = \sum_{n=0}^{\infty} \frac{x^n}{2^n}$

e) $P(x) = \sum_{n=0}^{\infty} \frac{n}{n+1} x^{n+1}$ f) $P(x) = \sum_{n=0}^{\infty} \frac{n+1}{n!} x^n$

6) Berechnen Sie den *Konvergenzradius* und *Konvergenzbereich* der Potenzreihe

$P(x) = 1 - x^2 + x^4 - x^6 + - \ldots$

Anleitung: Setzen Sie zunächst $z = x^2$ und untersuchen Sie anschließend das Konvergenzverhalten der neuen (z-abhängigen) Reihe.

7) Entwickeln Sie die folgenden Funktionen in eine *Mac Laurinsche Reihe:*

a) $f(x) = \sinh x$ b) $f(x) = \arctan x$ c) $f(x) = \ln(1 + x^2)$

8) Bestimmen Sie die *Mac Laurinsche Reihe* der Funktion $f(x) = \cosh x$

a) auf *direktem* Wege nach Formel (VI-37),

b) aus den *Potenzreihenentwicklungen* von e^x und e^{-x} unter Berücksichtigung der Definitionsformel $\cosh x = \frac{1}{2}(e^x + e^{-x})$.

9) Entwickeln Sie die Wurzelfunktion $f(x) = \frac{1}{\sqrt{1 - x^3}}$ unter Verwendung der Binomischen Reihe in ein *Mac Laurinsches Polynom* (Abbruch nach dem 3. Glied). Berechnen Sie anschließend mit dieser Näherungsfunktion den Funktionswert an der Stelle $x = 0{,}2$ und schätzen Sie den Fehler ab.

10) Bestimmen Sie die *Mac Laurinschen Reihen* der folgenden Funktionen, indem Sie die Potenzreihen der beiden Faktoren *gliedweise* multiplizieren. In welchem Bereich konvergieren die Reihen?

a) $f(x) = e^{-2x} \cdot \cos x$ b) $f(x) = \sin^2 x$ c) $f(x) = \dfrac{\sinh x}{1 + x^2}$

11) Entwickeln Sie die folgenden Funktionen um die Stelle x_0 in eine *Taylor-Reihe:*

a) $f(x) = \cos x, \; x_0 = \dfrac{\pi}{3}$ b) $f(x) = \sqrt{x}, \; x_0 = 1$

c) $f(x) = \dfrac{1}{x^2} - \dfrac{2}{x}, \; x_0 = 1$

12) Die Funktion $f(x) = x \cdot e^{-x}$ soll in der Umgebung des Nullpunktes durch einfache Polynomfunktionen bis *maximal* 3. Grades angenähert werden. Bestimmen Sie diese Näherungsfunktionen mit Hilfe der *Mac Laurinschen* Reihenentwicklung und skizzieren Sie ihren Verlauf.

13) Berechnen Sie den Funktionswert von $f(x) = \sqrt{1-x}$ an der Stelle $x = 0{,}05$ auf sechs Dezimalstellen genau.

14) Berechnen Sie $\cos 8^\circ$ mit Hilfe der *Mac Laurinschen* Reihenentwicklung von $\cos x$ auf vier Dezimalstellen genau.
Hinweis: Winkel erst ins *Bogenmaß* umrechnen!

15) Ersetzen Sie die Sinusfunktion in der Umgebung ihres 1. Maximums durch eine *Parabel.*
Anleitung: Taylor-Reihe von $f(x) = \sin x$ um die Stelle $x_0 = \frac{\pi}{2}$ (1. Maximum!) bestimmen und nach dem quadratischen Glied abbrechen.

16) Lösen Sie die Gleichung $\cosh x = 4 - x^2$ *näherungsweise* durch Potenzreihenentwicklung von $\cosh x$ und Abbruch dieser Reihe nach der 4. Potenz.

17) Lösen Sie das (unbestimmte) Integral $F(x) = \int\limits_0^x \dfrac{1}{1+t^2}\,dt$, indem Sie den Integranden zunächst in eine *Mac Laurinsche Reihe* entwickeln (Binomische Reihe verwenden!) und diese anschließend *gliedweise* integrieren. Bestimmen Sie den Konvergenzbereich der durch Integration gewonnenen Potenzreihe, die eine Ihnen bekannte elementare Funktion darstellt. Um welche Funktion handelt es sich?

18) Die folgenden bestimmten Integrale sind elementar, d.h. in geschlossener Form *nicht* lösbar. Sie lassen sich jedoch durch *Potenzreihenentwicklung* des Integranden und anschließender *gliedweiser Integration* berechnen. Bestimmen Sie den Wert dieser Integrale auf *vier* Dezimalstellen genau.

a) $\int_0^{0,5} \cos(\sqrt{x})\, dx$ b) $\int_0^{0,2} \frac{e^x}{x+1}\, dx$ c) $\int_0^{1} \frac{\sin x}{x}\, dx$

19) Zeigen Sie, wie man aus der als *bekannt* vorausgesetzten Potenzreihe von $\ln(1-x)$ durch *Differentiation* die Mac Laurinsche Reihe von $\frac{1}{1-x}$ gewinnen kann.
Anleitung: Gehen Sie von der folgenden Entwicklung aus:

$$\ln(1-x) = -x - \frac{x^2}{2} - \frac{x^3}{3} - \frac{x^4}{4} - \ldots \qquad (-1 \leqslant x < 1)$$

20) Zwischen Luftdruck p und Höhe h (gemessen gegenüber dem Meeresniveau) besteht unter der Annahme konstanter Lufttemperatur der folgende Zusammenhang (sog. *barometrische Höhenformel*):

$$p(h) = p_0 \cdot e^{-\frac{h}{7991\,\mathrm{m}}} \qquad (h \geqslant 0\ \mathrm{m})$$

Leiten Sie mit Hilfe der Potenzreihenentwicklung einen *linearen* Zusammenhang zwischen den Größen p und h her. Bis zu welcher Höhe h_{max} liefert diese Näherung Werte, die um *maximal* 1 % vom tatsächlichen Luftdruck abweichen?

21) Die Schwingungsdauer T eines *konischen Pendels* (Bild VI-11) hängt bei gegebener Fadenlänge l und festem Ort nur noch vom Winkel φ zwischen Faden und Vertikale ab:

$$T = T(\varphi) = 2\pi \cdot \sqrt{\frac{l}{g} \cdot \cos\varphi}$$

(g: Erdbeschleunigung). Zeigen Sie: Für *kleine* Winkel φ ist die Schwingungsdauer nahezu winkelunabhängig.

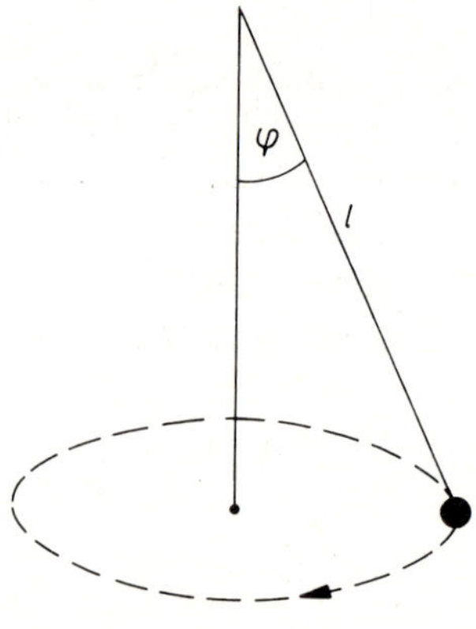

Bild VI-11. Konisches Pendel

22) Die Schwingungsdauer T einer ungedämpften *elektromagnetischen Schwingung* läßt sich nach der Beziehung $T = 2\pi \cdot \sqrt{LC}$ aus der Induktivität L und der Kapazität C berechnen (Bild VI-12).

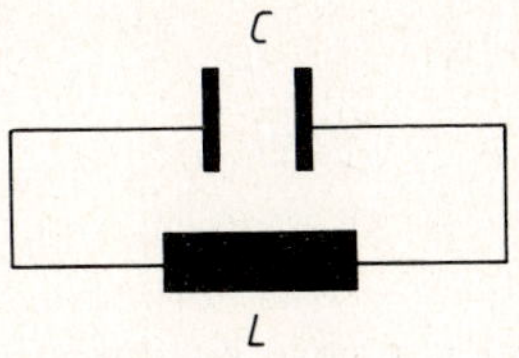

Bild VI-12. Elektromagnetischer Schwingkreis

a) Berechnen Sie die Schwingungsdauer für die Werte $L_0 = 0{,}1\ \mathrm{H}$ und $C_0 = 10\ \mu\mathrm{F}$.

b) Bei einer Kapazitätsänderung um ΔC ändert sich die Schwingungsdauer um ΔT (die Induktivität bleibe *konstant*). Leiten Sie mit Hilfe der Potenzreihenentwicklung einen *linearen* Zusammenhang zwischen diesen Größen her.

c) Berechnen Sie mit dieser *linearen Näherungsformel* die Änderung ΔT der Schwingungsdauer für den Fall einer *Kapazitätszunahme* um $\Delta C = 0{,}6\ \mu\mathrm{F}$ und vergleichen Sie diesen Wert mit dem *exakten* Wert.

23) In der Relativitätstheorie wird gezeigt, daß die Elektronenmasse m mit der Elektronengeschwindigkeit v nach der Formel

$$m = m(v) = \frac{m_0}{\sqrt{1 - (v/c)^2}}$$

zunimmt (m_0: Ruhemasse des Elektrons; c: Lichtgeschwindigkeit). Zeigen Sie mit Hilfe der Potenzreihenentwicklung, daß zwischen den Größen m und v in *1. Näherung* der folgende Zusammenhang besteht:

$$m \approx m_0 \left(1 + \frac{v^2}{2c^2}\right)$$

24) Die folgenden Grenzwerte führen zunächst auf einen *unbestimmten Ausdruck* vom Typ $\frac{0}{0}$ bzw. $\frac{\infty}{\infty}$. Berechnen Sie diese Grenzwerte unter Anwendung der Regel von *Bernoulli* und *de L'Hospital:*

a) $\lim\limits_{x \to 0} \frac{\tan x}{x}$ b) $\lim\limits_{x \to 0} \frac{\cos x - 1}{x}$ c) $\lim\limits_{x \to 0} \frac{\sin x}{x}$

d) $\lim\limits_{x \to 0} \frac{x \cdot e^x}{1 - e^x}$ e) $\lim\limits_{x \to a} \frac{x^n - a^n}{x - a}$ f) $\lim\limits_{x \to \infty} \frac{\ln x}{x^2}$

g) $\lim\limits_{x \to \pi} \frac{3 \cdot \tan x}{\sin(2x)}$ h) $\lim\limits_{x \to 0} \frac{\ln(1 + x)}{x}$ i) $\lim\limits_{x \to \infty} \frac{\ln x}{e^x}$

j) $\lim\limits_{x \to \infty} \frac{x^3 - 2}{e^{2x}}$ k) $\lim\limits_{x \to 0} \frac{\tanh(\sqrt{x})}{\sqrt{x}}$

25) Berechnen Sie die folgenden Grenzwerte:

a) $\lim\limits_{x \to 0} (2x)^x$ b) $\lim\limits_{x \to 0} \left(\frac{1}{x}\right)^x$ c) $\lim\limits_{x \to 0} (x^2 \cdot \ln x)$

d) $\lim\limits_{x \to \infty} (e^{-x} \cdot \sqrt{x})$ e) $\lim\limits_{x \to \pi} (x - \pi) \cdot \tan\left(\frac{x}{2}\right)$

f) $\lim\limits_{x \to 0} \left(\frac{1}{\sin x} - \frac{1}{x}\right)$

Anleitung: Die Grenzwerte sind von einem Typ, auf den die Regel von Bernoulli und de L'Hospital zunächst *nicht* anwendbar ist. Mit Hilfe *elementarer* Umformungen gelingt es jedoch, die unbestimmte Form $\frac{0}{0}$ bzw. $\frac{\infty}{\infty}$ herzustellen, auf die man dann die Grenzwertregel anwenden darf.

26) Berechnen Sie die folgenden Grenzwerte mit Hilfe einer geeigneten Potenzreihenentwicklung:

a) $\lim\limits_{x \to 0} \frac{1 - \cos x}{x^2}$ b) $\lim\limits_{x \to 0} \frac{2(x - \sin x)}{e^x - 1 + \sin x}$

c) $\lim\limits_{x \to 0} \frac{\cosh x - 1}{x}$ d) $\lim\limits_{x \to 0} \frac{\sin^2 x}{x}$

Anhang: Lösungen der Übungsaufgaben

I Allgemeine Grundlagen

1) $M_1 = \{1, 2, 3, 4\}$; $M_2 = \{2, 3, 5, 7, 11, 13, 17, 19, 23, 29, 31\}$;
$\mathbb{L}_1 = \{-2; 0{,}5\}$; $\mathbb{L}_2 = \{0, 4\}$

2) $M_1 \cup M_2 = (-2, 4)$; $M_1 \cap M_2 = [0, 2)$; $M_1 \setminus M_2 = [2, 4)$

3) $\mathbb{L} = \{1, 2, 3, 4, 5, 6\} = \{n \mid n \in \mathbb{N} \text{ und } n \leqslant 6\}$

4) 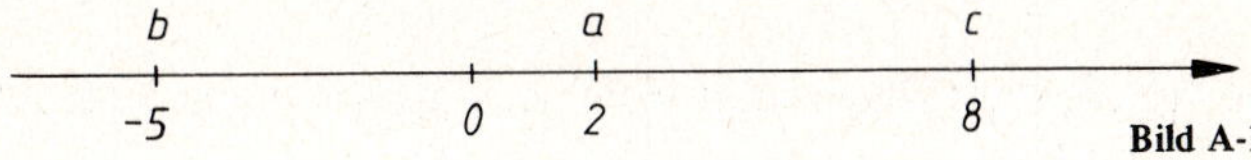

$b < a < c$

Bild A-1

5) a) 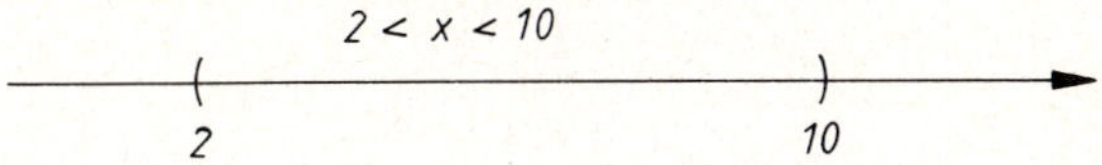

Bild A-2

b) 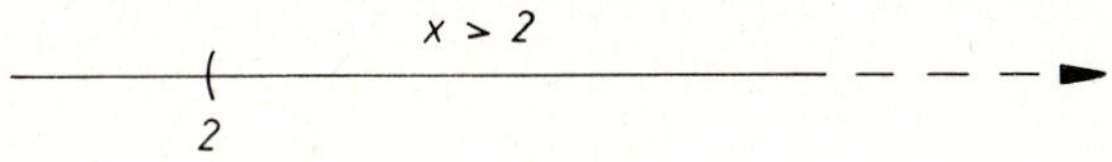

Bild A-3

c) 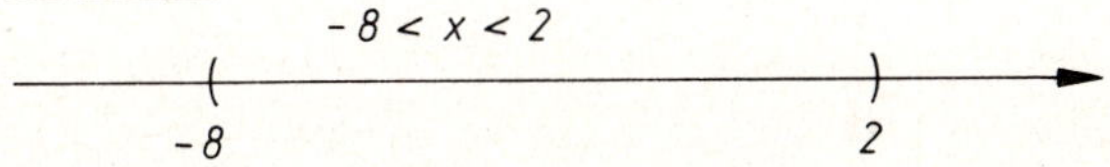

Bild A-4

d) 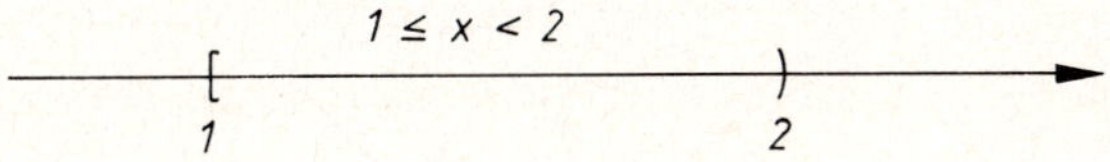

Bild A-5

6) a) $x_1 = 1{,}31$, $x_2 = 0{,}19$; b) $x_1 = 3$, $x_2 = -5$; c) $x_1 = 14{,}95$, $x_2 = -4{,}95$;
d) $\mathbb{L} = \emptyset$; e) $\mathbb{L} = \left\{\frac{5}{3}, \frac{7}{3}\right\}$;
f) $x_1 = -3{,}38$, $x_2 = -5{,}62$; g) $x_1 = x_2 = -2$; h) $\mathbb{L} = \{-1\}$

7) $c = -2$

8) a) $x_1 = 0$, $x_2 = x_3 = 2$; b) $t_1 = 2$, $t_2 = -2$, $t_3 = 3$, $t_4 = -3$
c) $x_1 = 0$; d) $x_1 = 0$, $x_{2/3} = \pm 1{,}618$, $x_{4/5} = \pm 0{,}618$;
e) $x_{1/2} = \pm \sqrt{6}$; f) $x_1 = -2$, $x_2 = 3$, $x_3 = -1$;
g) $x_1 = -3$, $x_{2/3} = \pm \sqrt{2}$, $x_{4/5} = \pm 5$

9) a) $x_1 = 3{,}5$; b) *Keine* reelle Lösung; c) *Keine* reelle Lösung; d) $x_1 = -1$

10) a) Nach Bild A-6 erhält man die Lösung als Schnittpunkte der Parabel $y_1 = x^2 - x$ mit der Geraden $y_2 = 24$:

$x_1 = -4{,}424, \; x_2 = 5{,}424$

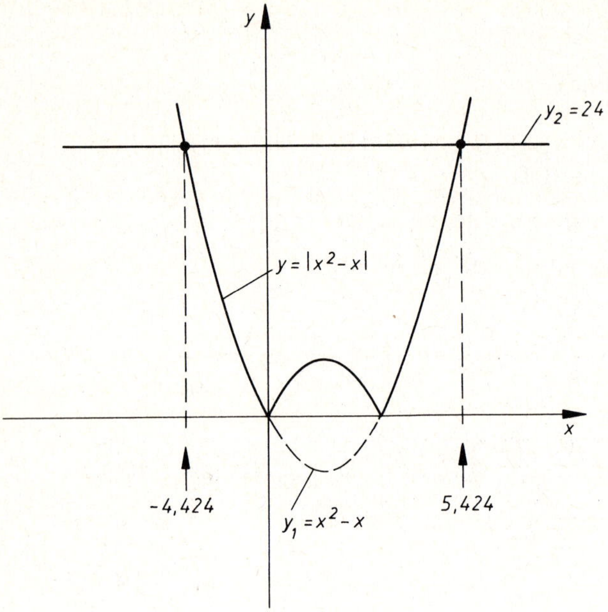

Bild A-6

b) $x_1 = 0$ (s. Bild A-7)

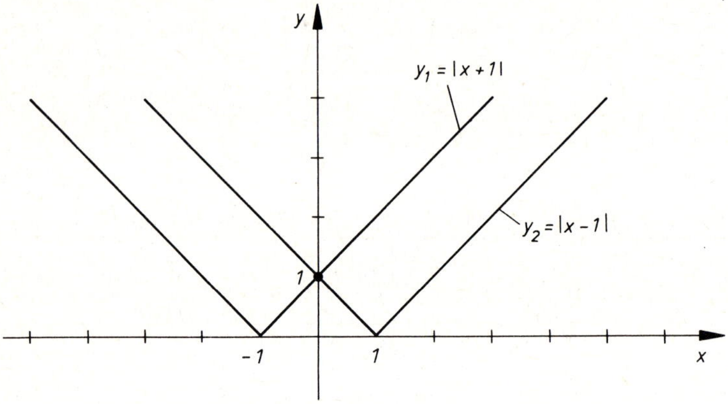

Bild A-7

c) Die Lösungen ergeben sich nach Bild A-8 als Schnittpunkte der Parabel $y_1 = -x^2 + x + 6$ mit der Geraden $y_2 = 2x + 4$:

$x_1 = -2, \; x_2 = 1$

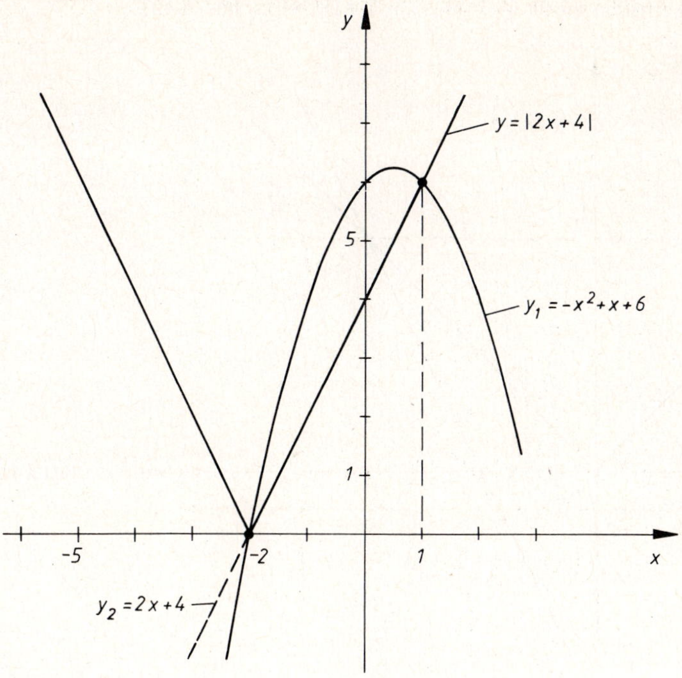

Bild A-8

d) Nach Bild A-9 ergeben sich vier Schnittpunkte (Lösungen):

$x_1 = -3{,}303,\ x_2 = -1{,}618,\ x_3 = 0{,}303,\ x_4 = 0{,}618$

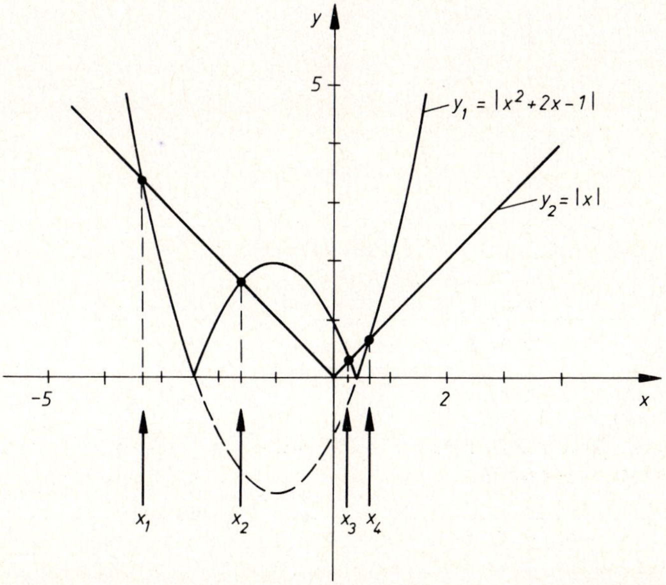

Bild A-9

11) a) Lösungen erhalten wir für $y_1 > y_2$, d.h. $\mathbb{L} = (8, \infty)$ (s. Bild A-10).

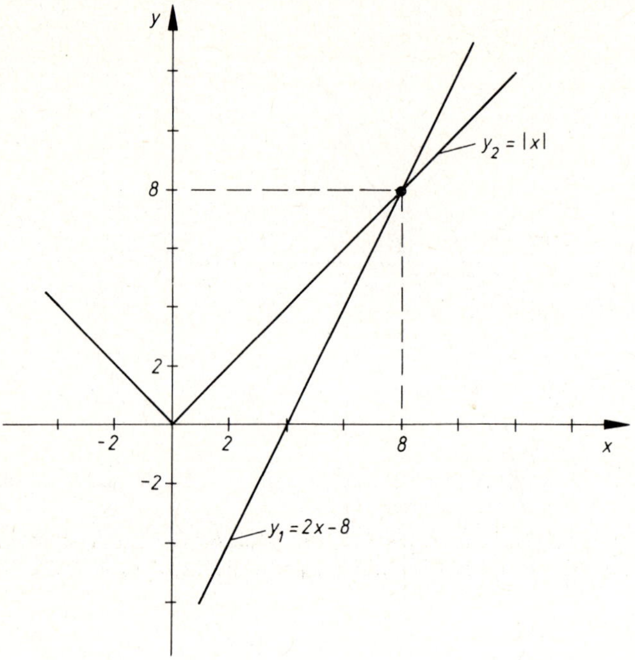

Bild A-10

b) Die Parabel $y_1 = x^2 + x + 1$ verläuft nach Bild A-11 überall im Intervall $(-\infty, \infty)$ *oberhalb* der x-Achse ($y_2 = 0$). Daher gilt: $\mathbb{L} = (-\infty, \infty)$.

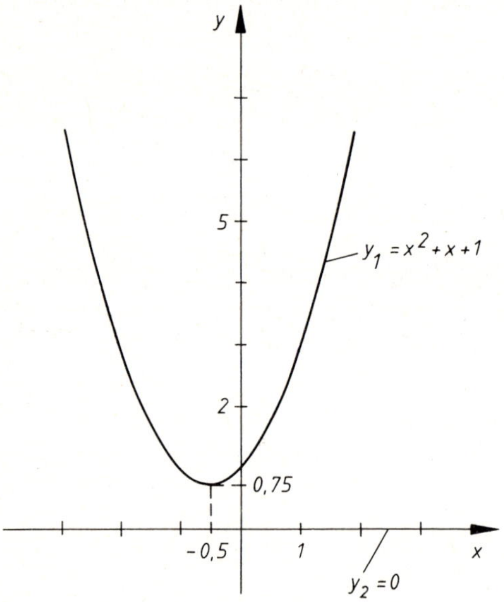

Bild A-11

c) *Keine* Lösungen, da $y_1 = |x|$ für $x \geqslant 0$ *parallel* zur Geraden $y_2 = x - 2$ verläuft: $\mathbb{L} = \emptyset$ (s. Bild A-12)

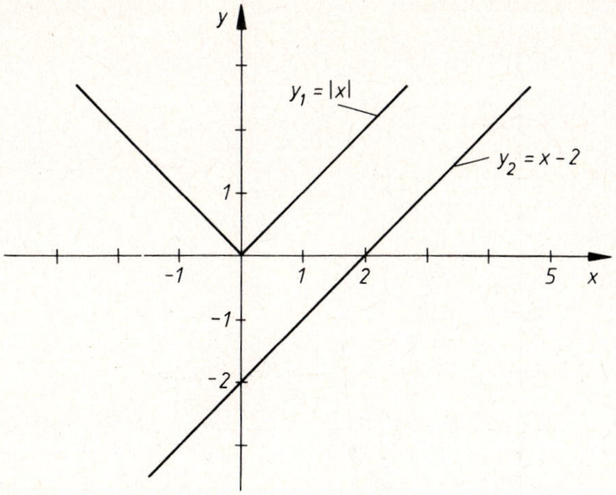

Bild A-12

d) Aus Bild A-13 folgt: $\mathbb{L} = \{x \mid -2{,}562 < x < 1{,}562\}$ (die Parabel $y_1 = x^2$ schneidet die Gerade $y = -(x-4) = -x + 4$ an den Stellen $x_1 = -2{,}562$ und $x_2 = 1{,}562$).

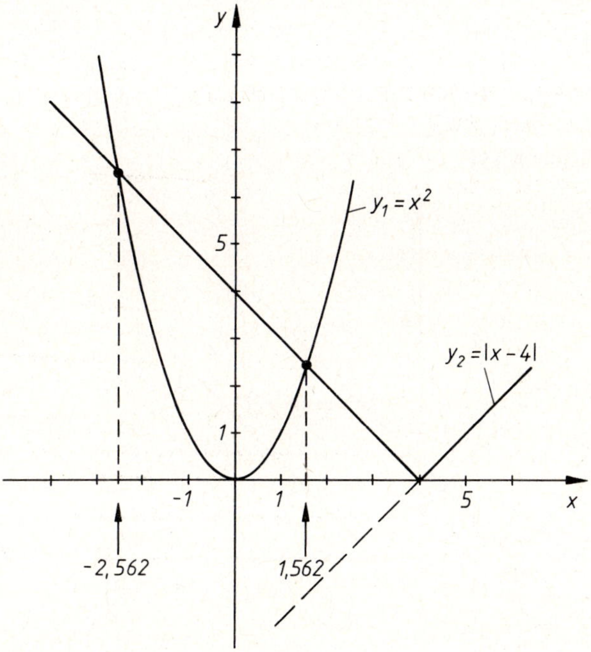

Bild A-13

e) Die Kurven $y_1 = |x^2 - 9|$ und $y_2 = |x - 1|$ schneiden sich an den Stellen $x_1 = -3{,}702$, $x_2 = -2{,}372$, $x_3 = 2{,}702$ und $x_4 = 3{,}372$ (s. Bild A-14). Die Lösungsmenge lautet daher:

$\mathbb{L} = (-3{,}702; -2{,}372) \cup (2{,}702; 3{,}372)$

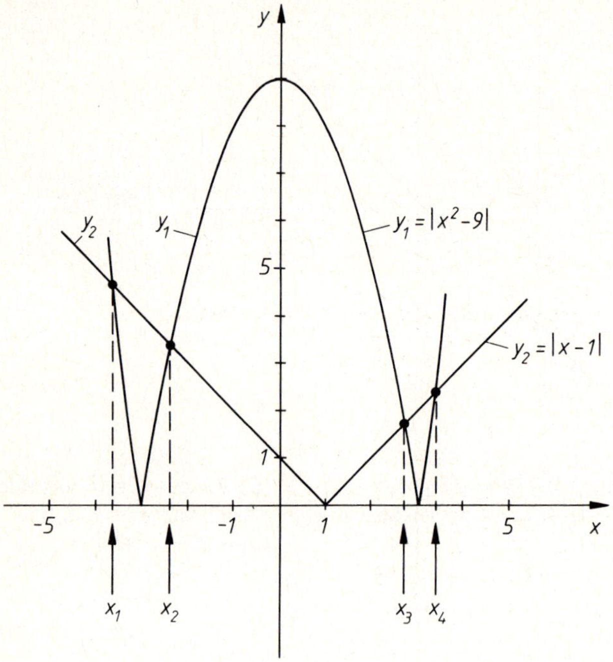

Bild A-14

f) $\mathbb{L} = (-\infty; -0{,}5]$ (s. Bild A-15)

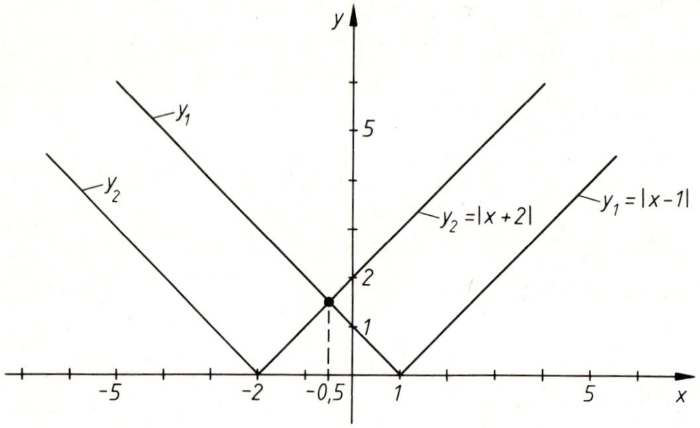

Bild A-15

g) Die Parabel $y_1 = -x^2$ verläuft im gesamten Intervall $(-\infty, \infty)$ *unterhalb* der Geraden $y_2 = x + 4$ (s. Bild A-16). Daher ist: $\mathbb{L} = (-\infty, \infty)$.

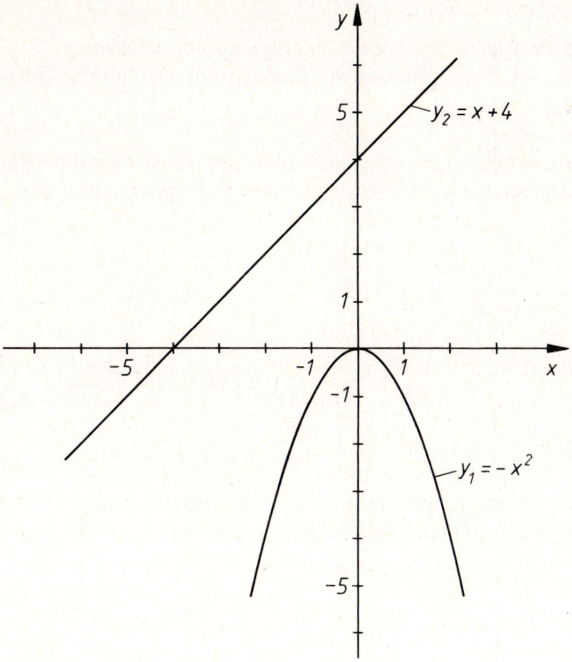

Bild A-16

h) *Fallunterscheidung:*

1. Fall: $x + 1 > 0$ *und* $x - 1 < x + 1 \Rightarrow \mathbb{L}_1 = (-1, \infty)$

2. Fall: $x + 1 < 0$ *und* $x - 1 > x + 1 \Rightarrow \mathbb{L}_2 = \emptyset$

Lösung: $\mathbb{L} = \mathbb{L}_1 \cup \mathbb{L}_2 = (-1, \infty)$

12) a) $x \leqslant 2$; b) $x \in \mathbb{R}$; c) $-2 \leqslant x \leqslant 2$;

d) $(1 - x)(x + 2) \geqslant 0$ *Fallunterscheidung:*

1. Fall: $1 - x \geqslant 0$ *und* $x + 2 \geqslant 0 \Rightarrow \mathbb{L}_1 = [-2, 1]$

2. Fall: $1 - x < 0$ *und* $x + 2 < 0 \Rightarrow \mathbb{L}_2 = \emptyset$

Lösung: $\mathbb{L} = \mathbb{L}_1 \cup \mathbb{L}_2 = [-2, 1]$, d.h. $-2 \leqslant x \leqslant 1$;

e) $x \in \mathbb{R}$;

f) $\dfrac{4 - x}{x + 2} > 0$ *Fallunterscheidung:*

1. Fall: $4 - x > 0$ *und* $x + 2 > 0 \Rightarrow \mathbb{L}_1 = (-2, 4)$

2. Fall: $4 - x < 0$ *und* $x + 2 < 0 \Rightarrow \mathbb{L}_2 = \emptyset$

Lösung: $\mathbb{L} = \mathbb{L}_1 \cup \mathbb{L}_2 = (-2, 4)$, d.h. $-2 < x < 4$

13) a) $x_1 = 3,\ x_2 = -1,\ x_3 = -4$; b) $x = -0{,}6463,\ y = 2{,}0769,\ z = 1{,}0615$;

c) $u = 1,\ v = -3,\ w = 4$; d) $x = 1{,}23,\ y = 3{,}57,\ z = -0{,}51$

14) Addiert man zur 3. Zeile das *2-fache* der 2. Zeile, so erhält man die Gleichung $0 \cdot x_1 + 0 \cdot x_2 + 0 \cdot x_3 = 6$, die einen *Widerspruch* enthält $(0 = 6)$. Das lineare Gleichungssystem ist daher *unlösbar.*

15) Das lineare Gleichungssystem besitzt *unendlich* viele Lösungen, da *eine* der drei Größen *frei wählbar* ist. Mit dem Parameter $z = \lambda$ erhält man *sämtliche* Lösungen in der Form

$$x = \frac{5}{3}\lambda,\ y = -\frac{2}{3}\lambda,\ z = \lambda.$$

16) $x_1 = 2,\ x_2 = -4,\ x_3 = 6,\ x_4 = -8$

17) *Eine* Größe ist *frei wählbar* (Parameter). Wir setzen $x_2 = \lambda$ und erhalten *sämtliche* Lösungen in der Form

$$x_1 = \frac{1}{2}\lambda,\ x_2 = \lambda,\ x_3 = 2\lambda.$$

18) a) Es gibt *unendlich* viele, von *zwei* Parametern λ und μ abhängige Lösungen. Wir wählen $x_3 = \lambda$ und $x_4 = \mu$ und erhalten *sämtliche* Lösungen in der Form

$$x_1 = -\lambda + 2\mu + 7,\ x_2 = \lambda - 4,\ x_3 = \lambda,\ x_4 = \mu.$$

Beispiel: Für $\lambda = 0,\ \mu = 1$ lautet die Lösung:

$x_1 = 9,\ x_2 = -4,\ x_3 = 0,\ x_4 = 1$

b) $x = 3,\ y = 4,\ z = -1$

19) a) 715 b) 252 c) 78

20) $$\binom{n+k}{k+1} = \frac{(n+k)(n+k-1)(n+k-2)\ldots(n+1)n}{(k+1)!}$$

21) a) $102^4 = (100+2)^4 = 108243216$
b) $99^5 = (100-1)^5 = 9509900499$
c) $996^3 = (1000-4)^3 = 988047936$

22) a) $(x+4)^5 = x^5 + 20x^4 + 160x^3 + 640x^2 + 1280x + 1024$
b) $(1-5y)^4 = 1 - 20y + 150y^2 - 500y^3 + 625y^4$
c) $(a^2-2b)^3 = a^6 - 6a^4b + 12a^2b^2 - 8b^3$

23) a) $1{,}03^{12} = (1+0{,}03)^{12} = 1{,}4257$
b) $0{,}99^{20} = (1-0{,}01)^{20} = 0{,}8179$
c) $2{,}01^8 = (2+0{,}01)^8 = 266{,}4210$

24) $(2+3x)^{10} = 2^{10} + \binom{10}{1} \cdot 2^9 \cdot (3x)^1 + \binom{10}{2} \cdot 2^8 \cdot (3x)^2 + \binom{10}{3} \cdot 2^7 \cdot (3x)^3 +$

$+ \binom{10}{4} \cdot 2^6 \cdot (3x)^4 + \ldots = 1024 + 15360x + 103680x^2 +$

$+ 414720x^3 + 1088640x^4 + \ldots$

25) a) $(1-4x)^8 = \sum_{k=0}^{8} \binom{8}{k} \cdot 1^{8-k} \cdot (-4x)^k = \sum_{k=0}^{8} \binom{8}{k} \cdot (-4x)^k$

5. Potenz von x für $k = 5$:

$$\binom{8}{5} \cdot (-4x)^5 = \binom{8}{5} \cdot (-4)^5 \cdot x^5 = \underbrace{-57344}_{\text{Koeffizient}} \cdot x^2$$

b) $(x + 0{,}5a)^{12} = \sum_{k=0}^{12} \binom{12}{k} \cdot x^{12-k} \cdot (0{,}5a)^k$

5. Potenz von x für $k = 7$:

$$\binom{12}{7} \cdot x^{12-7} \cdot (0{,}5a)^7 = \binom{12}{7} \cdot (0{,}5a)^7 \cdot x^5 = \underbrace{6{,}1875a^7}_{\text{Koeffizient}} \cdot x^5$$

II Vektoralgebra

1) a) $\vec{s}_1 = \begin{pmatrix} 4 \\ 9 \\ -20 \end{pmatrix}$, $|\vec{s}_1| = 22{,}29$; b) $\vec{s}_2 = \begin{pmatrix} 99 \\ 0 \\ -128 \end{pmatrix}$, $|\vec{s}_2| = 161{,}82$;

c) $\vec{s}_3 = \begin{pmatrix} -22 \\ 18 \\ -8 \end{pmatrix}$, $|\vec{s}_3| = 29{,}53$; d) $\vec{s}_4 = \begin{pmatrix} -60 \\ -326 \\ 256 \end{pmatrix}$, $|\vec{s}_4| = 418{,}82$

2) $\vec{F} = -(\vec{F}_1 + \vec{F}_2 + \vec{F}_3 + \vec{F}_4) = \begin{pmatrix} -200 \\ -175 \\ 10 \end{pmatrix}$ N

3) $\vec{F} = \begin{pmatrix} 87{,}69 \\ 199{,}41 \end{pmatrix}$ N, $|\vec{F}| = 217{,}84$ N, Winkel gegen die Horizontale: $\alpha = 66{,}26°$

4) $\vec{r}(P_1) = \begin{pmatrix} 0 \\ 0 \\ 0 \end{pmatrix}$, $\vec{r}(P_2) = \begin{pmatrix} a \\ 0 \\ 0 \end{pmatrix}$, $\vec{r}(P_3) = \begin{pmatrix} a \\ a \\ 0 \end{pmatrix}$, $\vec{r}(P_4) = \begin{pmatrix} 0 \\ a \\ 0 \end{pmatrix}$,

$\vec{r}(P_5) = \begin{pmatrix} 0 \\ 0 \\ a \end{pmatrix}$, $\vec{r}(P_6) = \begin{pmatrix} a \\ 0 \\ a \end{pmatrix}$, $\vec{r}(P_7) = \begin{pmatrix} a \\ a \\ a \end{pmatrix}$, $\vec{r}(P_8) = \begin{pmatrix} 0 \\ a \\ a \end{pmatrix}$

5) $\vec{e}_a = \frac{1}{\sqrt{21}} \begin{pmatrix} 2 \\ 1 \\ 4 \end{pmatrix} = \begin{pmatrix} 0{,}436 \\ 0{,}218 \\ 0{,}873 \end{pmatrix}, \quad \vec{e}_b = \frac{1}{\sqrt{89}} \begin{pmatrix} 3 \\ -4 \\ 8 \end{pmatrix} = \begin{pmatrix} 0{,}318 \\ -0{,}424 \\ 0{,}848 \end{pmatrix},$

$\vec{e}_c = \frac{1}{\sqrt{3}} \begin{pmatrix} -1 \\ 1 \\ -1 \end{pmatrix} = \begin{pmatrix} -0{,}577 \\ 0{,}577 \\ -0{,}577 \end{pmatrix}$

6) $\vec{e} = -\frac{\vec{a}}{|\vec{a}|} = -\frac{1}{\sqrt{26}} \begin{pmatrix} 1 \\ -4 \\ 3 \end{pmatrix} = \begin{pmatrix} -0{,}196 \\ 0{,}784 \\ -0{,}588 \end{pmatrix}$

7) $\vec{r}(Q) = \vec{r}(P) + 20 \frac{\vec{a}}{|\vec{a}|} = \begin{pmatrix} 3 \\ 1 \\ -5 \end{pmatrix} + 2\sqrt{2} \begin{pmatrix} 3 \\ -5 \\ 4 \end{pmatrix} = \begin{pmatrix} 11{,}49 \\ -13{,}14 \\ 6{,}31 \end{pmatrix}$

$\Rightarrow \quad Q = (11{,}49; -13{,}14; 6{,}31)$

8) $\vec{r}(P) = \vec{r}(P_1) + \lambda \overrightarrow{P_1 P_2} = \begin{pmatrix} 10 - 9\lambda \\ 5 - 3\lambda \\ -1 + 6\lambda \end{pmatrix}$

Zum Punkt Q gehört der Parameterwert $\lambda = 0{,}5$:

$\vec{r}(Q) = \begin{pmatrix} 5{,}5 \\ 3{,}5 \\ 2 \end{pmatrix} \quad \Rightarrow \quad Q = (5{,}5; 3{,}5; 2)$

9) Ja. Die Geradengleichung lautet: $\vec{r}(P) = \begin{pmatrix} 3 - 2\lambda \\ \lambda \\ 4 - 3\lambda \end{pmatrix}$

10) a) $\vec{a} \cdot \vec{b} = 1$; b) $(\vec{a} - 3\vec{b}) \cdot (4\vec{c}) = 288$; c) $(\vec{a} + \vec{b}) \cdot (\vec{a} - \vec{c}) = 12$

11) a) $\varphi = 79{,}92^\circ$; b) $\varphi = 51{,}34^\circ$; c) $\varphi = 157{,}90^\circ$

12) Aus $\vec{a} \cdot \vec{b} = 0$ folgt $\vec{a} \perp \vec{b}$ $(\vec{a}, \vec{b} \neq \vec{0})$.

13) Es ist $\vec{b} + \vec{c} = \vec{a}$, d.h. $\vec{c} = \vec{a} - \vec{b}$. Durch *skalare Multiplikation* von $\vec{c}$ mit sich selbst folgt:

$\vec{c} \cdot \vec{c} = (\vec{a} - \vec{b}) \cdot (\vec{a} - \vec{b}) = \vec{a} \cdot \vec{a} - \vec{a} \cdot \vec{b} - \vec{b} \cdot \vec{a} + \vec{b} \cdot \vec{b} = \vec{a} \cdot \vec{a} + \vec{b} \cdot \vec{b} - 2\vec{a} \cdot \vec{b} =$

$= a^2 + b^2 - 2ab \cdot \cos\gamma$

14) Es ist: $\vec{e}_1 \cdot \vec{e}_1 = \vec{e}_2 \cdot \vec{e}_2 = \vec{e}_3 \cdot \vec{e}_3 = 1$ *(Einheitsvektoren)* und $\vec{e}_1 \cdot \vec{e}_2 = \vec{e}_2 \cdot \vec{e}_3 = \vec{e}_3 \cdot \vec{e}_1 = 0$ (*orthogonale* Vektoren).

15) Es ist $\vec{c} = \vec{a} + \vec{b}$ (nachrechnen) und ferner $\vec{a} \cdot \vec{b} = 0$, d.h. $\vec{a} \perp \vec{b}$.

16) a) $|\vec{a}| = \sqrt{3}$, $\alpha = \beta = \gamma = 54{,}74^\circ$;

b) $|\vec{a}| = \sqrt{17}$, $\alpha = 75{,}96^\circ$, $\beta = 14{,}04^\circ$, $\gamma = 90^\circ$;

c) $|\vec{a}| = \sqrt{29}$, $\alpha = 42{,}03^\circ$, $\beta = 56{,}15^\circ$, $\gamma = 111{,}80^\circ$

17) $|\vec{a}| = \overline{BC} = \sqrt{20}$, $|\vec{b}| = \overline{AC} = \sqrt{29}$, $|\vec{c}| = \overline{AB} = \sqrt{17}$

$\alpha = 54{,}16°$, $\beta = 77{,}47°$, $\gamma = 48{,}37°$, $A = 9$

18) $\vec{s} = \overrightarrow{P_1P_2} = \begin{pmatrix} 3 \\ -18 \\ -4 \end{pmatrix}$ m, $W = \vec{F} \cdot \vec{s} = 110$ Nm, $\varphi = 57{,}49°$

19) $\varphi = 60°$

20) a) $\vec{b}_a = \begin{pmatrix} 22/9 \\ -22/9 \\ 11/9 \end{pmatrix}$ b) $\vec{b}_a = \begin{pmatrix} -28/9 \\ 28/9 \\ -14/9 \end{pmatrix}$ c) $\vec{b}_a = \begin{pmatrix} 20/9 \\ -20/9 \\ 10/9 \end{pmatrix}$

21) $\gamma = 90°$, $a_x = 8{,}66$, $a_y = 5$, $a_z = 0$

Der Vektor $\vec{a}$ liegt daher in der *x, y-Ebene*.

22) a) $\alpha = 39{,}51°$, $\beta = 81{,}12°$, $\gamma = 51{,}89°$

b) $\alpha = 107{,}64°$, $\beta = 59{,}66°$, $\gamma = 143{,}91°$

c) $\alpha = 42{,}83°$, $\beta = 97{,}66°$, $\gamma = 48{,}19°$

23) a) $\vec{a} \times \vec{b} = \begin{pmatrix} 2 \\ -14 \\ -9 \end{pmatrix}$; b) $(\vec{a} - \vec{b}) \times (3\,\vec{c}) = \begin{pmatrix} 93 \\ 9 \\ -6 \end{pmatrix}$;

c) $(-\vec{a} + 2\,\vec{c}) \times (-\vec{b}) = \begin{pmatrix} -12 \\ -26 \\ -1 \end{pmatrix}$; d) $(2\,\vec{a}) \times (-\vec{b} + 5\,\vec{c}) = \begin{pmatrix} 236 \\ -2 \\ 38 \end{pmatrix}$

24) a) $A = |\vec{a} \times \vec{b}| = 48{,}89$; b) $A = |\vec{a} \times \vec{b}| = 51{,}16$

25) Aus $(\vec{a}\,\vec{b}\,\vec{c}) = 0$ folgt $\lambda = -43/31$.

26) $0{,}2\text{ m} \cdot F + 0{,}5\text{ m} \cdot 600\text{ N} = 1\text{ m} \cdot 400\text{ N} \Rightarrow F = 500\text{ N}$

27) Die drei Vektoren sind *komplanar,* wenn ihr Spatprodukt *verschwindet.* Dies ist in beiden Teilaufgaben der Fall.

28) $V_{\text{Spat}} = |(\vec{a}\,\vec{b}\,\vec{c})| = 75$

29) Beide Seiten der Gleichung führen zu dem Vektor

$$\begin{pmatrix} (a_z b_x - a_x b_z)\,c_z - (a_x b_y - a_y b_x)\,c_y \\ (a_x b_y - a_y b_x)\,c_x - (a_y b_z - a_z b_y)\,c_z \\ (a_y b_z - a_z b_y)\,c_y - (a_z b_x - a_x b_z)\,c_x \end{pmatrix}$$

30) a) $\vec{r}(P) = \vec{r}(\lambda) = \vec{r}_1 + \lambda\vec{a} = \begin{pmatrix} 4-\lambda \\ \lambda \\ 3-\lambda \end{pmatrix}$

$\lambda = 1: Q_1 = (3; 1; 2)$
$\lambda = 2: Q_2 = (2; 2; 1)$
$\lambda = -5: Q_3 = (9; -5; 8)$

b) $\vec{r}(P) = \vec{r}(\lambda) = \vec{r}_1 + \lambda\vec{a} = \begin{pmatrix} 3+5\lambda \\ -2+2\lambda \\ 1+3\lambda \end{pmatrix}$

$\lambda = 1: Q_1 = (8; 0; 4)$
$\lambda = 2: Q_2 = (13; 2; 7)$
$\lambda = -5: Q_3 = (-22; -12; -14)$

31) a) $\vec{r}(P) = \vec{r}(\lambda) = \vec{r}_1 + \lambda(\vec{r}_2 - \vec{r}_1) = \begin{pmatrix} 1+5\lambda \\ 3+2\lambda \\ -2+10\lambda \end{pmatrix}$

$\lambda = -2: Q_1 = (-9; -1; -22)$
$\lambda = 3: Q_2 = (16; 9; 28)$
$\lambda = 5: Q_3 = (26; 13; 48)$

b) $\vec{r}(P) = \vec{r}(\lambda) = \vec{r}_1 + \lambda(\vec{r}_2 - \vec{r}_1) = \begin{pmatrix} -2+3\lambda \\ 3-3\lambda \\ 1+4\lambda \end{pmatrix}$

$\lambda = -2: Q_1 = (-8; 9; -7)$
$\lambda = 3: Q_2 = (7; -6; 13)$
$\lambda = 5: Q_3 = (13; -12; 21)$

32) $\vec{r}(P) = \vec{r}(\lambda) = \vec{r}_1 + \lambda(\vec{r}_2 - \vec{r}_1) = \begin{pmatrix} 10-9\lambda \\ 5-3\lambda \\ -1+6\lambda \end{pmatrix}$

Zur Mitte Q von $\overrightarrow{P_1 P_2}$ gehört der Parameterwert $\lambda = 0{,}5$. Somit ist $Q = (5{,}5; 3{,}5; 2)$.

33) Ja. Die *Geradengleichung* lautet: $\vec{r}(P) = \vec{r}(\lambda) = \begin{pmatrix} 3-2\lambda \\ \lambda \\ 4-3\lambda \end{pmatrix}$

Die vorgegebenen Punkte P_1, P_2 und P_3 gehören der Reihe nach zu den Parameterwerten $\lambda = 0, \lambda = 1$ und $\lambda = 2$.

34) $d = \dfrac{|\vec{a} \times (\vec{r}_Q - \vec{r}_1)|}{|\vec{a}|} = 1{,}22$

35) $d = \dfrac{|\vec{a} \times (\vec{r}_2 - \vec{r}_1)|}{|\vec{a}|} = 4{,}74$

36) $\cos\alpha = \sqrt{1-\cos^2\beta-\cos^2\gamma} = 0{,}5 \Rightarrow \alpha = 60°$

Richtungsvektor: $\vec{a} = \begin{pmatrix} 0{,}5 \\ 0{,}5 \\ 1/\sqrt{2} \end{pmatrix}$

Geradengleichung: $\vec{r}(P) = \vec{r}(\lambda) = \vec{r}_1 + \lambda\vec{a} = \begin{pmatrix} 1+0{,}5\,\lambda \\ -2+0{,}5\,\lambda \\ 8+\lambda/\sqrt{2} \end{pmatrix}$

Schnittpunkt mit der x, y-Ebene: $S_{xy} = (-4{,}66; -7{,}66; 0)$
Schnittpunkt mit der y, z-Ebene: $S_{yz} = (0; -3; 6{,}59)$
Schnittpunkt mit der x, z-Ebene: $S_{xz} = (3; 0; 10{,}83)$

37) $\cos\gamma = -\sqrt{1-\cos^2\alpha-\cos^2\beta} = -0{,}5 \Rightarrow \gamma = 120°$

Der Betrag des Richtungsvektors $\vec{a}$ ist *frei wählbar*. Wir setzen $|\vec{a}| = a = 1$ und erhalten

$$\vec{a} = \begin{pmatrix} a\cdot\cos\alpha \\ a\cdot\cos\beta \\ a\cdot\cos\gamma \end{pmatrix} = \begin{pmatrix} \sqrt{3}/2 \\ 0 \\ -0{,}5 \end{pmatrix}$$

Geradengleichung: $\vec{r}(P) = \vec{r}(\lambda) = \vec{r}_1 + \lambda\vec{a} = \begin{pmatrix} 5+\frac{\sqrt{3}}{2}\lambda \\ 3 \\ 1-0{,}5\,\lambda \end{pmatrix}$

38) a) Die *Gleichungen* der beiden *Geraden* lauten:

$$g_1: \vec{r}(\lambda_1) = \vec{r}_1 + \lambda_1\overrightarrow{P_1P_2} = \begin{pmatrix} 3-4\lambda_1 \\ 4-6\lambda_1 \\ 6-2\lambda_1 \end{pmatrix}$$

$$g_2: \vec{r}(\lambda_2) = \vec{r}_3 + \lambda_2\overrightarrow{P_3P_4} = \begin{pmatrix} 3+2\lambda_2 \\ 7+8\lambda_2 \\ -2-4\lambda_2 \end{pmatrix}$$

g_1 und g_2 sind *windschief* zueinander, da

$$\vec{a}_1 \times \vec{a}_2 = \begin{pmatrix} 40 \\ -20 \\ -20 \end{pmatrix} \neq \vec{0} \quad \text{und} \quad [\vec{a}_1\,\vec{a}_2\,(\vec{r}_3-\vec{r}_1)] = 100 \neq 0$$

ist. Ihr Abstand beträgt

$$d = \frac{|[\vec{a}_1\,\vec{a}_2\,(\vec{r}_3-\vec{r}_1)]|}{|\vec{a}_1\times\vec{a}_2|} = 2{,}04$$

b) Die beiden Geraden sind *parallel*, da $\vec{a}_1 \times \vec{a}_2 = \vec{0}$ ist (*kollineare* Richtungsvektoren!). Ihr Abstand beträgt

$$d = \frac{|\vec{a}_1\times(\vec{r}_2-\vec{r}_1)|}{|\vec{a}_1|} = 1{,}79$$

c) Die beiden Geraden *schneiden* sich, da

$$\vec{a}_1 \times \vec{a}_2 = \begin{pmatrix} 10 \\ -1 \\ -4 \end{pmatrix} \neq \vec{0} \quad \text{und} \quad [\vec{a}_1 \, \vec{a}_2 \, (\vec{r}_2 - \vec{r}_1)] = 0$$

ist, in genau einem Punkt S.

Schnittpunkt ($\lambda_1 = 2$, $\lambda_2 = -1$): $S = (5; 2; 10)$

Schnittwinkel: $\varphi = \arccos\left(\dfrac{\vec{a}_1 \cdot \vec{a}_2}{|\vec{a}_1| \cdot |\vec{a}_2|}\right) = 32{,}47°$

39) g_1 und g_2 sind *windschief* zueinander, da

$$\vec{a}_1 \times \vec{a}_2 = \begin{pmatrix} -1 \\ -1 \\ 2 \end{pmatrix} \neq \vec{0} \quad \text{und} \quad [\vec{a}_1 \, \vec{a}_2 \, (\vec{r}_2 - \vec{r}_1)] = -7 \neq 0$$

ist. Ihr Abstand beträgt

$$d = \frac{|[\vec{a}_1 \, \vec{a}_2 \, (\vec{r}_2 - \vec{r}_1)]|}{|\vec{a}_1 \times \vec{a}_2|} = 2{,}86$$

40) Die Gleichung der Geraden durch $P_1 = (3; 0; 0)$ und $P_2 = (0; 3; 0)$ lautet:

$$g_1: \vec{r}(\lambda_1) = \vec{r}_1 + \lambda_1 \overrightarrow{P_1P_2} = \vec{r}_1 + \lambda_1 \vec{a}_1 = \begin{pmatrix} 3 \\ 0 \\ 0 \end{pmatrix} + \lambda_1 \begin{pmatrix} -3 \\ 3 \\ 0 \end{pmatrix}$$

Die Gleichung der z-Achse durch $P_3 = (0; 0; 0)$ und $P_4 = (0; 0; 1)$ lautet:

$$g_2: \vec{r}(\lambda_2) = \vec{r}_3 + \lambda_2 \overrightarrow{P_3P_4} = \vec{r}_3 + \lambda_2 \vec{a}_2 = \begin{pmatrix} 0 \\ 0 \\ 0 \end{pmatrix} + \lambda_2 \begin{pmatrix} 0 \\ 0 \\ 1 \end{pmatrix}$$

Die beiden Geraden sind *windschief* zueinander, da

$$\vec{a}_1 \times \vec{a}_2 = \begin{pmatrix} 3 \\ 3 \\ 0 \end{pmatrix} \neq \vec{0} \quad \text{und} \quad [\vec{a}_1 \, \vec{a}_2 \, (\vec{r}_3 - \vec{r}_1)] = -9 \neq 0$$

ist. Ihr Abstand beträgt

$$d = \frac{|[\vec{a}_1 \, \vec{a}_2 \, (\vec{r}_3 - \vec{r}_1)]|}{|\vec{a}_1 \times \vec{a}_2|} = 2{,}12$$

41) $g_1: \vec{r}(\lambda_1) = \vec{r}_1 + \lambda_1 \overrightarrow{P_1P_2} = \vec{r}_1 + \lambda_1 \vec{a}_1 = \begin{pmatrix} 4 \\ 2 \\ 8 \end{pmatrix} + \lambda_1 \begin{pmatrix} -1 \\ 4 \\ 3 \end{pmatrix}$

$$g_2: \vec{r}(\lambda_2) = \vec{r}_3 + \lambda_2 \overrightarrow{P_3P_4} = \vec{r}_3 + \lambda_2 \vec{a}_2 = \begin{pmatrix} 5 \\ 8 \\ 21 \end{pmatrix} + \lambda_2 \begin{pmatrix} 2 \\ 2 \\ 10 \end{pmatrix}$$

g_1 und g_2 *schneiden* sich, da

$$\vec{a}_1 \times \vec{a}_2 = \begin{pmatrix} 34 \\ 16 \\ -10 \end{pmatrix} \neq \vec{0} \quad \text{und} \quad [\vec{a}_1\, \vec{a}_2\, (\vec{r}_3 - \vec{r}_1)] = 0$$

ist, in genau einem Punkt S.

Schnittpunkt ($\lambda_1 = 1,\ \lambda_2 = -1$): $S = (3; 6; 11)$

Schnittwinkel: $\varphi = \arccos \left(\dfrac{\vec{a}_1 \cdot \vec{a}_2}{|\vec{a}_1| \cdot |\vec{a}_2|} \right) = 47{,}21°$

42) a) $\vec{r}(P) = \vec{r}(\lambda; \mu) = \vec{r}_1 + \lambda \vec{a} + \mu \vec{b} = \begin{pmatrix} 3 + \lambda + 2\mu \\ 5 + \lambda + \mu \\ 1 + \lambda + 3\mu \end{pmatrix}$

Normalenvektor: $\vec{n} = \vec{a} \times \vec{b} = \begin{pmatrix} 2 \\ -1 \\ -1 \end{pmatrix}$

$\lambda = 1,\ \mu = 3: Q_1 = (10; 9; 11)$
$\lambda = -2,\ \mu = 1: Q_2 = (3; 4; 2)$

b) $\vec{r}(P) = \vec{r}(\lambda; \mu) = \vec{r}_1 + \lambda \vec{a} + \mu \vec{b} = \begin{pmatrix} 6 + 2\lambda + 2\mu \\ 8\lambda + 3\mu \\ -3 - 3\lambda - 3\mu \end{pmatrix}$

Normalenvektor: $\vec{n} = \vec{a} \times \vec{b} = \begin{pmatrix} -15 \\ 0 \\ -10 \end{pmatrix}$

$\lambda = 1,\ \mu = 3: Q_1 = (14; 17; -15)$
$\lambda = -2,\ \mu = 1: Q_2 = (4; -13; 0)$

43) a) $\vec{r}(P) = \vec{r}(\lambda; \mu) = \vec{r}_1 + \lambda (\vec{r}_2 - \vec{r}_1) + \mu (\vec{r}_3 - \vec{r}_1) = \begin{pmatrix} 3 - 7\lambda + 2\mu \\ 1 + 8\mu \\ \lambda + 3\mu \end{pmatrix}$

$\lambda = 3,\ \mu = -2: Q_1 = (-22; -15; -3)$
$\lambda = -2,\ \mu = 1: Q_2 = (19; 9; 1)$

b) $\vec{r}(P) = \vec{r}(\lambda; \mu) = \vec{r}_1 + \lambda (\vec{r}_2 - \vec{r}_1) + \mu (\vec{r}_3 - \vec{r}_1) = \begin{pmatrix} 5 - 7\lambda - 5\mu \\ 1 - 2\lambda + 4\mu \\ 2 - 5\lambda + 8\mu \end{pmatrix}$

$\lambda = 3,\ \mu = -2: Q_1 = (-6; -13; -29)$
$\lambda = -2,\ \mu = 1: Q_2 = (14; 9; 20)$

44) Die Gleichung der Ebene E durch P_1, P_2 und P_3 lautet:

$$\vec{r}(P) = \vec{r}(\lambda;\mu) = \vec{r}_1 + \lambda\overrightarrow{P_1P_2} + \mu\overrightarrow{P_1P_3} = \begin{pmatrix} 1+2\lambda+3\mu \\ 1+\lambda-2\mu \\ 1-\lambda+4\mu \end{pmatrix}$$

P_4 liegt *in* dieser Ebene, wenn das lineare Gleichungssystem

$$\begin{aligned} 1+2\lambda+3\mu &= 12 \\ 1+\lambda-2\mu &= -4 \\ 1-\lambda+4\mu &= 12 \end{aligned} \qquad \text{oder} \qquad \begin{aligned} 2\lambda+3\mu &= 11 \\ \lambda-2\mu &= -5 \\ -\lambda+4\mu &= 11 \end{aligned}$$

genau *eine* Lösung besitzt. Dies ist der Fall: $\lambda = 1$, $\mu = 3$. *Die vier Punkte liegen daher in einer Ebene.*

45) Die Gleichung der Ebene E durch $P_1 = (a; 0; 0)$, $P_2 = (0; a; 0)$ und $P_3 = (0; 0; a)$ lautet:

$$\vec{r}(P) = \vec{r}(\lambda;\mu) = \vec{r}_1 + \lambda\overrightarrow{P_1P_2} + \mu\overrightarrow{P_1P_3} = \begin{pmatrix} a-\lambda a-\mu a \\ \lambda a \\ \mu a \end{pmatrix}$$

Der Punkt $Q = (3; -4; 7)$ liegt *in* dieser Ebene, wenn das Gleichungssystem

$$\begin{aligned} a-\lambda a-\mu a &= 3 \\ \lambda a &= -4 \\ \mu a &= 7 \end{aligned}$$

genau *eine* Lösung besitzt. Dies ist der Fall: $a = 6$, $\lambda = -\frac{2}{3}$, $\mu = \frac{7}{6}$. Die *Gleichung der Ebene E* lautet somit:

$$\vec{r}(P) = \vec{r}(\lambda;\mu) = \begin{pmatrix} 6-6\lambda-6\mu \\ 6\lambda \\ 6\mu \end{pmatrix}$$

46) $\vec{n}\cdot(\vec{r}-\vec{r}_A) = 4(x-5)+3(y-8)+1\cdot(z-10) = 0$

$4x+3y+z = 54$

$B = (2; 15; 1)$

47) $\cos\gamma = -\sqrt{1-\cos^2\alpha-\cos^2\beta} = -\frac{1}{2}\sqrt{2} \Rightarrow \gamma = 135°$

Der *Betrag* des Normalenvektor $\vec{n}$ ist *frei wählbar*. Wir wählen $|\vec{n}| = n = 2$. Dann ist

$$\vec{n} = \begin{pmatrix} n\cdot\cos\alpha \\ n\cdot\cos\beta \\ n\cdot\cos\gamma \end{pmatrix} = \begin{pmatrix} 1 \\ -1 \\ -\sqrt{2} \end{pmatrix}$$

ein *Normalenvektor* der Ebene E. Die *Gleichung der Ebene* lautet dann:

$\vec{n}\cdot(\vec{r}-\vec{r}_1) = 1\cdot(x-3)-1\cdot(y-5)-\sqrt{2}(z+2) = 0$

oder $x-y-\sqrt{2}z = 2\sqrt{2}-2 = 0{,}8284$

48) a) Gerade g und Ebene E *schneiden* sich, da $\vec{n} \cdot \vec{a} = 2 \neq 0$ ist.

Schnittpunkt ($\lambda_S = 4{,}5$):

$$\vec{r}_S = \vec{r}_1 + \left(\frac{\vec{n} \cdot (\vec{r}_0 - \vec{r}_1)}{\vec{n} \cdot \vec{a}}\right)\vec{a} = \begin{pmatrix} 18{,}5 \\ 5{,}5 \\ 11 \end{pmatrix} \Rightarrow S = (18{,}5;\ 5{,}5;\ 11)$$

Schnittwinkel: $\varphi = \arcsin\left(\frac{\vec{n} \cdot \vec{a}}{|\vec{n}| \cdot |\vec{a}|}\right) = 9{,}27°$

b) Gerade g und Ebene E sind *parallel*, da $\vec{n} \cdot \vec{a} = 0$ ist. Ihr Abstand beträgt

$$d = \frac{|\vec{n} \cdot (\vec{r}_1 - \vec{r}_0)|}{|\vec{n}|} = 1{,}51$$

c) Die *Gleichung der Geraden* g lautet:

$$g: \vec{r}(\lambda) = \vec{r}_1 + \lambda \overrightarrow{P_1P_2} = \vec{r}_1 + \lambda \vec{a} = \begin{pmatrix} 2 \\ 0 \\ 3 \end{pmatrix} + \lambda \begin{pmatrix} 3 \\ 6 \\ 15 \end{pmatrix}$$

Die *Gleichung der Ebene* E lautet:

$$E: \vec{r}(\lambda; \mu) = \vec{r}_3 + \lambda \overrightarrow{P_3P_4} + \mu \overrightarrow{P_3P_5} = \begin{pmatrix} 1 \\ -2 \\ -2 \end{pmatrix} + \lambda \begin{pmatrix} -1 \\ 1 \\ 1 \end{pmatrix} + \mu \begin{pmatrix} -2 \\ 2 \\ 1 \end{pmatrix}$$

Normalenvektor der Ebene E: $\vec{n} = (\overrightarrow{P_3P_4}) \times (\overrightarrow{P_3P_5}) = \begin{pmatrix} -1 \\ -1 \\ 0 \end{pmatrix}$

Gerade g und Ebene E *schneiden* sich, da $\vec{n} \cdot \vec{a} = -9 \neq 0$ ist.

Schnittpunkt $\left(\lambda_S = -\frac{1}{3}\right)$:

$$\vec{r}_S = \vec{r}_1 + \left(\frac{\vec{n} \cdot (\vec{r}_3 - \vec{r}_1)}{\vec{n} \cdot \vec{a}}\right)\vec{a} = \begin{pmatrix} 1 \\ -2 \\ -2 \end{pmatrix} \Rightarrow S = (1;\ -2;\ -2)$$

Schnittwinkel: $\varphi = \arcsin\left(\frac{|\vec{n} \cdot \vec{a}|}{|\vec{n}| \cdot |\vec{a}|}\right) = 22{,}79°$

49) Der Vektor $\overrightarrow{AB}$ verläuft *senkrecht* zur Ebene E und ist somit ein *Normalenvektor* dieser Ebene:

$$\vec{n} = \overrightarrow{AB} = \begin{pmatrix} 4 \\ 3 \\ -4 \end{pmatrix}$$

Die Gleichung der *Ebene* E lautet somit:

$\vec{n} \cdot (\vec{r} - \vec{r}_1) = 4(x-2) + 3(y-1) - 4(z-5) = 0$

oder $4x + 3y - 4z = -9$

50) Aus der Abstandsformel $d = \dfrac{|\vec{n} \cdot (\vec{r}_Q - \vec{r}_1)|}{|\vec{n}|}$ folgt durch Einsetzen der gegebenen Werte die Betragsgleichung $|a - 1| = \sqrt{5 + a^2}$ mit der Lösung $a = -2$. Die Gleichung der *Parallelebene* E_2 lautet:

$$\vec{n} \cdot (\vec{r} - \vec{r}_A) = 2(x - 5) + 1 \cdot (y - 1) - 2(z + 2) = 0$$

oder $2x + y - 2z = 15$

51) Gerade g und Ebene E sind *parallel*, da $\vec{n} \cdot \vec{a} = 0$ ist. Ihr Abstand beträgt

$$d = \frac{|\vec{n} \cdot (\vec{r}_1 - \vec{r}_0)|}{|\vec{n}|} = 4{,}53$$

52) Die *Ebene E* geht durch den Punkt $P_0 = (1; 2; -3)$ und hat den *Normalenvektor* $\vec{n} = \begin{pmatrix} 2 \\ 1 \\ 1 \end{pmatrix}$. Gerade g und Ebene E *schneiden* sich, da $\vec{n} \cdot \vec{a} = 1 \neq 0$ ist.

Schnittpunkt ($\lambda_S = -7$):

$$\vec{r}_S = \vec{r}_1 + \left(\frac{\vec{n} \cdot (\vec{r}_0 - \vec{r}_1)}{\vec{n} \cdot \vec{a}} \right) \vec{a} = \begin{pmatrix} 4 \\ -12 \\ 21 \end{pmatrix} \quad \Rightarrow \quad S = (-4; -12; 21)$$

Schnittwinkel: $\varphi = \arcsin \left(\dfrac{\vec{n} \cdot \vec{a}}{|\vec{n}| \cdot |\vec{a}|} \right) = 6{,}26°$

53) Die Ebenen E_1 und E_2 sind *parallel*, da $\vec{n}_1 \times \vec{n}_2 = \vec{0}$ ist. Ihr Abstand beträgt

$$d = \frac{|\vec{n}_1 \cdot (\vec{r}_2 - \vec{r}_1)|}{|\vec{n}_1|} = 3{,}74$$

54) Die Ebenen E_1 und E_2 *schneiden* sich, da $\vec{n}_1 \times \vec{n}_2 = \begin{pmatrix} 3 \\ -5 \\ -2 \end{pmatrix} \neq \vec{0}$ ist.

Schnittgerade g: $\vec{r}(\lambda) = \vec{r}_0 + \lambda \vec{a}$

$$\vec{a} = \vec{n}_1 \times \vec{n}_2 = \begin{pmatrix} 3 \\ -5 \\ -2 \end{pmatrix}$$

Die Koordinaten des Punktes P_0 mit dem Ortsvektor $\vec{r}_0$ werden aus dem linearen Gleichungssystem

$$\vec{n}_1 \cdot (\vec{r}_0 - \vec{r}_1) = 3(x_0 - 2) + 1 \cdot (y_0 - 5) + 2(z_0 - 6) = 0$$
$$\vec{n}_2 \cdot (\vec{r}_0 - \vec{r}_2) = 2(x_0 - 1) + 0 \cdot (y_0 - 5) + 3(z_0 - 1) = 0$$

bestimmt. Man erhält ($x_0 = 0$ gesetzt): $P_0 = \left(0; \frac{59}{3}; \frac{5}{3}\right)$. Die Gleichung der *Schnittgeraden* lautet somit:

$$\vec{r}(\lambda) = \begin{pmatrix} 0 \\ 59/3 \\ 5/3 \end{pmatrix} + \lambda \begin{pmatrix} 3 \\ -5 \\ -2 \end{pmatrix}$$

Schnittwinkel: $\varphi = \arccos \left(\frac{\vec{n}_1 \cdot \vec{n}_2}{|\vec{n}_1| \cdot |\vec{n}_2|} \right) = 27{,}20°$

III Funktionen und Kurven

1) a) $D = (-\infty, \infty)$, $W = [-0{,}5; 0{,}5]$;

   b) $D = \{x \mid |x| \geqslant 1\}$, $W = [0, \infty)$;

   c) $D = (-\infty, \infty) \setminus \{0\}$, $W = (-\infty, \infty)$;

   d) $D = (-\infty, \infty) \setminus \{-2, 2\}$, $W = (-\infty, 0] \cup (0{,}25; \infty)$;

   e) $D = (-\infty; -1{,}5) \cup (2, \infty)$, $W = [0, \infty)$;

   f) $D = (-\infty, \infty) \setminus \{-1\}$, $W = (-\infty, \infty) \setminus \{1\}$

2) a) $D = \{x \mid x \geqslant -3\}$; Funktionsverlauf: s. Bild A-17

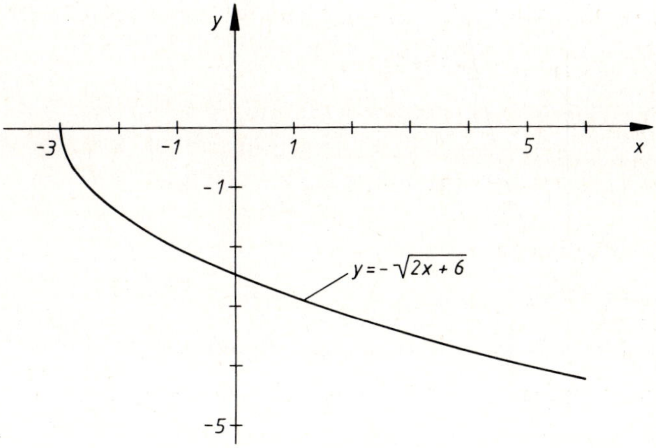

Bild A-17

b) $D = (-\infty, \infty) \setminus \{1\}$; Funktionsverlauf: s. Bild A-18

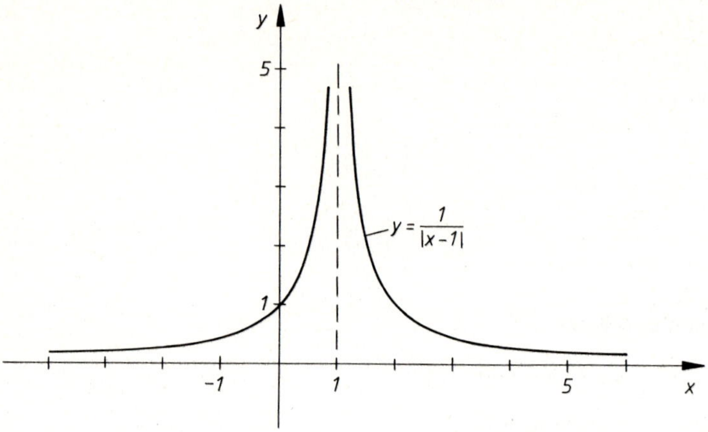

Bild A-18

c) $D = (-\infty, \infty)$; Funktionsverlauf: s. Bild A-19

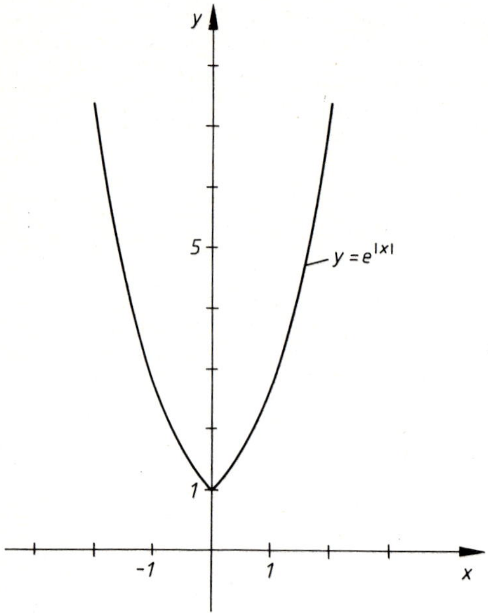

Bild A-19

3) Der Funktionsverlauf ist in Bild A-20 skizziert.

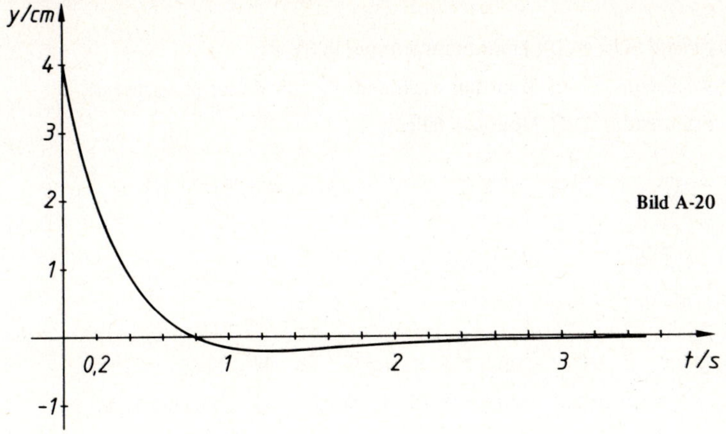

Bild A-20

4) *Explizite* Form: $y(x) = \sqrt{2x} + 2x - 2, \; x \geqslant 0$ (Bild A-21)
$t_1 = 1{,}5$: $P_1 = (0{,}75; 0{,}725)$; $t_2 = 5$: $P_2 = (2{,}5; 5{,}236)$

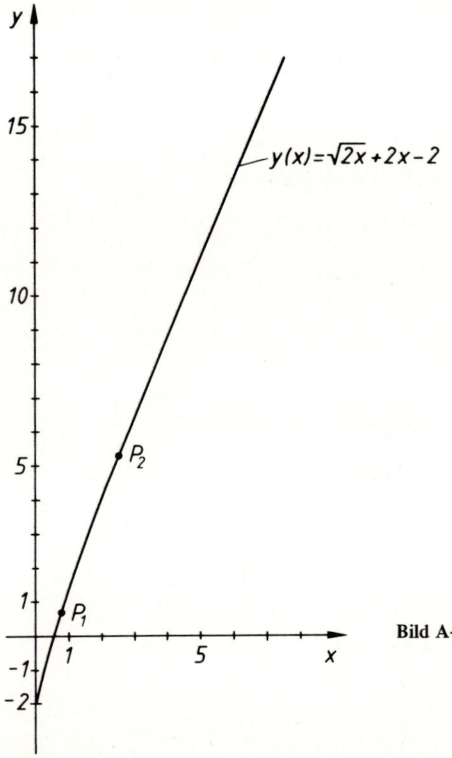

Bild A-21

5) a) gerade; b) ungerade; c) ungerade; d) gerade; e) gerade; f) gerade;
g) Bezüglich des Punktes $(1; 0)$ ungerade; h) gerade

6) a) Monoton *fallend* in $(-\infty, 0)$, monoton *wachsend* in $(0, \infty)$;
b) Monoton wachsend; c) Monoton wachsend; d) Monoton wachsend;
e) Monoton wachsend; f) Monoton fallend

7) $y(t + 2\pi) = 2 \cdot \sin(t + 2\pi) - 4 \cdot \cos(t + 2\pi) = 2 \cdot \sin t - 4 \cdot \cos t = y(t)$

8) a) $y = \frac{1}{2x}, \quad x > 0$; b) $y = \frac{1}{3} x^2, \quad x > 0$;
c) $y = \ln x + 0{,}5 - \ln 2, \; x > 0$

9) a) $x = u + 3, \; y = v - 2 : v = u^2 - \sin u + 3 \;\Rightarrow\; y + 2 = (x - 3)^2 - \sin(x - 3) + 3$;
b) $x = u + 5, \; y = v + 5 : v = u^2 - \sin u + 3 \;\Rightarrow\; y - 5 = (x - 5)^2 - \sin(x - 5) + 3$

10) $v = 2u^2 \;\Rightarrow\; y = 2x^2 - 16x + 28{,}5 = 2(x - 4)^2 - 3{,}5 \;\Rightarrow\; u = x - 4, \; v = y + 3{,}5$, d.h. die Parabel $y = 2x^2$ wurde um vier Einheiten nach *rechts* und um 3,5 Einheiten nach *unten* verschoben.

11) $v = \sin u \;\Rightarrow\; y = \sin\left(x - \frac{\pi}{4}\right) - 2 \;\Rightarrow\; u = x - \frac{\pi}{4}, \; v = y + 2$, d.h. die Sinuskurve $y = \sin x$ wurde um $\frac{\pi}{4}$ Einheiten nach *rechts* und um 2 Einheiten nach *unten* verschoben.

12) $(x + 2)^2 + (y - 5)^2 = 16$

13) a) $x_1 = -3, \; x_2 = 3$; b) $x_k = \frac{\pi}{4} + k \cdot \pi \; (k \in \mathbb{Z})$;
c) $x_1 = -3, \; x_2 = 3$; d) $x_1 = 1$

14) $P_1 : r = \sqrt{160} = 12{,}649, \quad \varphi = 288{,}43°$;
$P_2 : r = \sqrt{18} = 4{,}243, \quad \varphi = 225°$;
$P_3 : r = \sqrt{41} = 6{,}403, \quad \varphi = 321{,}34°$

15) a) $P_1 = (8{,}192; 5{,}736)$; b) $P_2 = (-0{,}831; -3{,}462)$

16) a) Funktionsverlauf: s. Bild A-22; b) Funktionsverlauf: s. Bild A-23

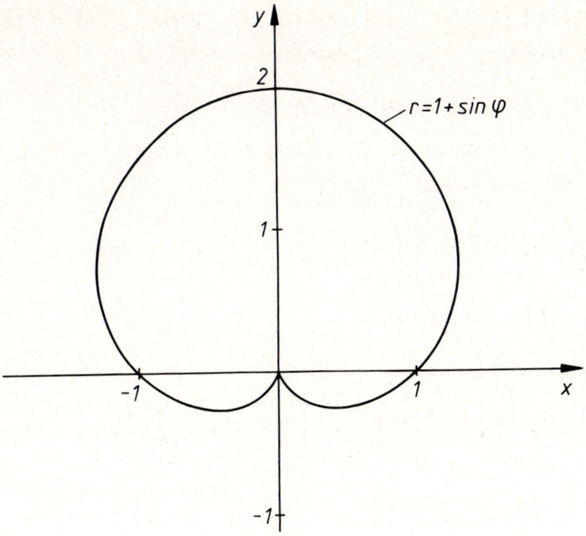

Bild A-22

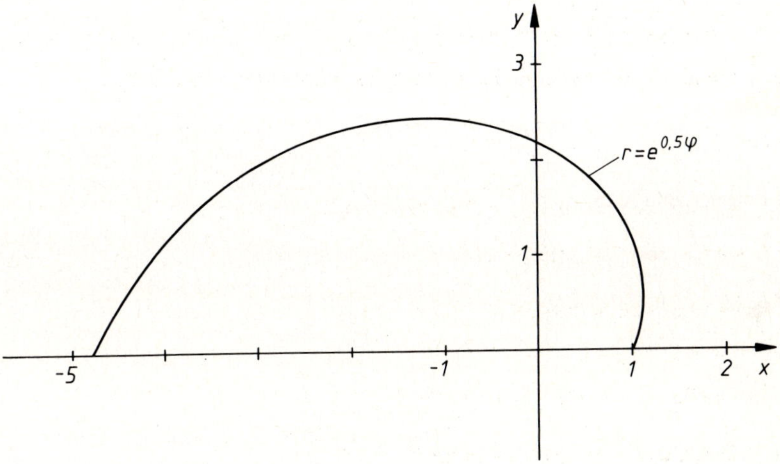

Bild A-23

17) a) $r = \sqrt{2 \cdot \sin\varphi \cdot \cos\varphi} = \sqrt{\sin(2\varphi)}$

b) Bild A-24

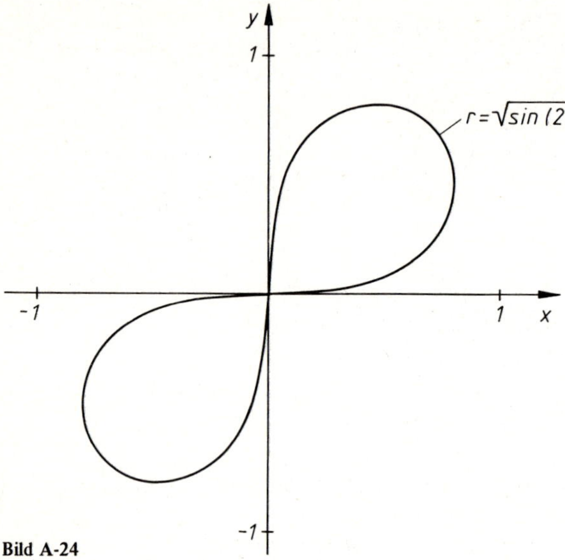

Bild A-24

18) a) $a_n = 0{,}2^n \quad (n \in \mathbb{N})$; b) $a_n = \frac{n^2}{n+1} \quad (n \in \mathbb{N})$; c) $a_n = \frac{n}{2^n} \quad (n \in \mathbb{N})$

19) Graph der Folge: s. Bild A-25

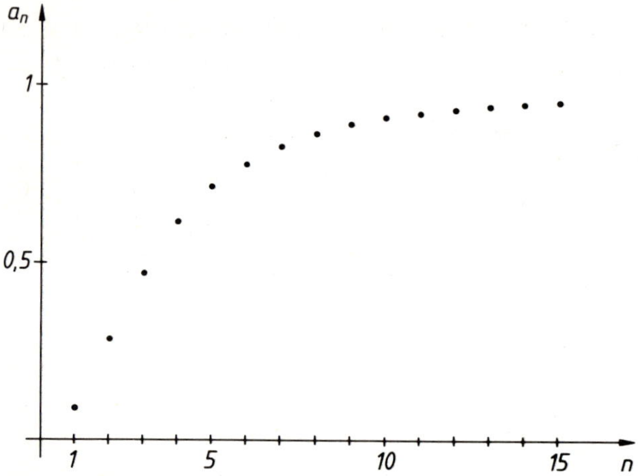

Bild A-25

20) a) 0,5; b) ∞; c) 1

21) a) 0; b) -7; c) 2; d) 7/4; e) ∞;

f) $$\lim_{x \to 0} \frac{\sqrt{1+x}-1}{x} = \lim_{x \to 0} \frac{(\sqrt{1+x}-1)(\sqrt{1+x}+1)}{x(\sqrt{1+x}+1)} = \lim_{x \to 0} \frac{1+x-1}{x(\sqrt{1+x}+1)} =$$

$$= \lim_{x \to 0} \frac{1}{\sqrt{1+x}+1} = 0{,}5;$$

g) 1; h) 4

22) 2

23) $$\lim_{x \to \infty} (\sqrt{x+2}-\sqrt{x}) = \lim_{x \to \infty} \frac{(\sqrt{x+2}-\sqrt{x})(\sqrt{x+2}+\sqrt{x})}{\sqrt{x+2}+\sqrt{x}} =$$

$$= \lim_{x \to \infty} \frac{x+2-x}{\sqrt{x+2}+\sqrt{x}} = \lim_{x \to \infty} \frac{2}{\sqrt{x+2}+\sqrt{x}} = 0$$

24) a) $x_1 = 4$; b) $x_1 = -2,\ x_2 = -1$; c) $x_1 = 0$; d) $x_k = k \cdot \pi \ (k \in \mathbb{Z})$

25) Der Grenzwert an der Stelle $x_0 = 0$ ist *nicht* vorhanden $(g_l \neq g_r)$:

$$g_l = \lim_{\substack{x \to 0 \\ (x<0)}} f(x) = \lim_{x \to 0} x = 0 \qquad g_r = \lim_{\substack{x \to 0 \\ (x>0)}} f(x) = \lim_{x \to 0} (x-2) = -2$$

26) Der Grenzwert von $f(x)$ an der Stelle $x_0 = 1$ ist *vorhanden* und stimmt mit dem dortigen Funktionswert $f(1) = 2$ überein:

$$\lim_{x \to 1} \frac{x^2-1}{x-1} = \lim_{x \to 1} \frac{(x-1)(x+1)}{x-1} = \lim_{x \to 1} (x+1) = 2$$

27) Die Funktion besitzt zunächst an der Stelle $x_1 = 1$ eine *Definitionslücke* (*unbestimmter Ausdruck* 0/0). Sie läßt sich jedoch *beheben,* da der Grenzwert an dieser Stelle *existiert:*

$$\lim_{x \to 1} \frac{x^2-x}{x^3-x^2+x-1} = \lim_{x \to 1} \frac{x(x-1)}{(x-1)(x^2+1)} = \lim_{x \to 1} \frac{x}{x^2+1} = \frac{1}{2}$$

Wir setzen $f(1) = \frac{1}{2}$.

28) *Hauptform:* $y = -\frac{2}{9}x + \frac{7}{3}$; *Achsenabschnittsform:* $\frac{x}{21/2} + \frac{y}{7/3} = 1$

29) $R = 112\ \Omega$

30) a) $y = -2(x+2{,}581)(x-0{,}581)$ bzw. $y-5 = -2(x+1)^2$;

b) $y = 5(x+2)(x+2) = 5(x+2)^2$;

c) $y = 2x(x+5)$ bzw. $y + 12{,}5 = 2(x+2{,}5)^2$;

d) $y = 4(x+5)(x-3)$ bzw. $y + 64 = 4(x+1)^2$

31) $y = -\frac{13}{84}x^2 + \frac{31}{28}x + \frac{22}{21} = -\frac{13}{84}(x-8)(x+0{,}8462)$ bzw.

$y - 3{,}028 = -0{,}1548\,(x - 3{,}577)^2$; $S = (3{,}577;\ 3{,}028)$

32) a) $y_{max} = 10{,}25$; b) 5,702

33) $y = -2x^2 - 8x + 10$

34) a) $y = (x-4)(x^2+4)$; b) $y = 1{,}5\left(x - \sqrt{\frac{1}{3}}\right)\left(x + \sqrt{\frac{1}{3}}\right)$;

c) $y = -3x(x^2 - 6x + 11)$; d) $y = -2x(x-2)^2$; e) $y = -(x+2)^3$

35) *Nullstellen:* $t_1 = 0$, $t_2 = 2$ (*doppelte* Nullstelle, d.h. *Extremwert,* vgl. Bild A-26)

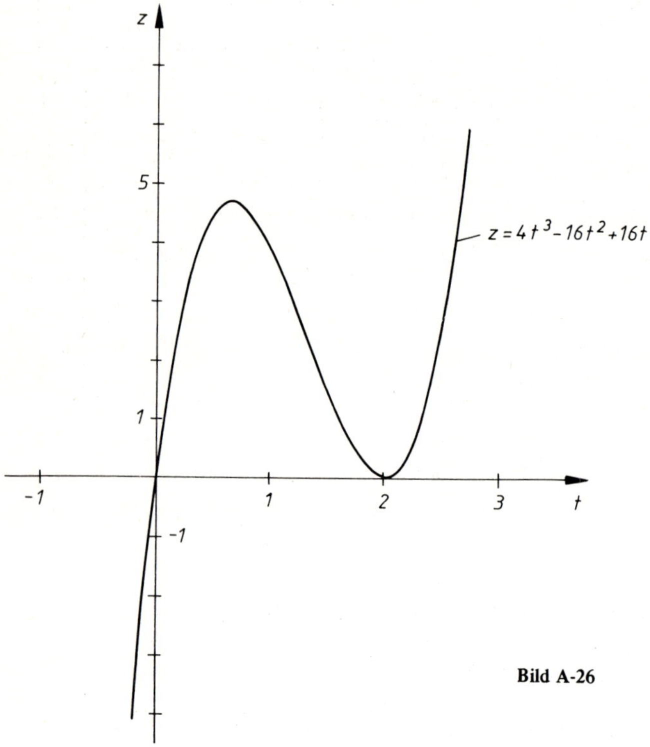

Bild A-26

36) a) $x_1 = -2$, $x_2 = 1$, $x_3 = 3$: $y = (x+2)(x-1)(x-3)$;
b) $t_1 = -2$, $t_2 = 1$: $z = -2(t+2)(t-1)(t^2+2)$

37) a) $f(-1{,}51) = -36{,}162$; b) $f(3{,}56) = -418{,}982$

38) *Nullstellen:* $x_1 = -5,\ x_2 = -2,\ x_3 = 1;\ f(-3{,}25) = 27{,}891$

Funktionsverlauf: s. Bild A-27

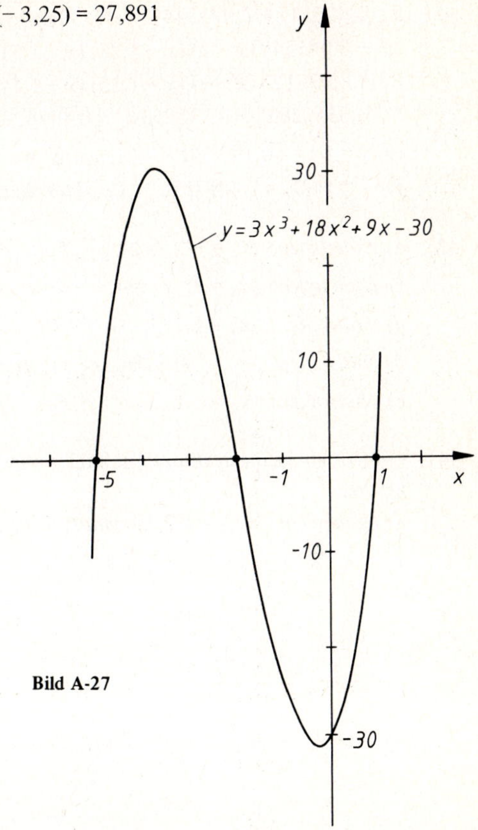

Bild A-27

39) $y = -\frac{1}{108}(x-3)(x+3)(x-6)(x+6) = -\frac{1}{108}x^4 + \frac{5}{12}x^2 - 3$

40) a) $x_1 = -1,\ x_2 = 2;$ b) $x_1 = -5,\ x_2 = -1,\ x_{3/4} = 1$

41) a) $y = -2 + 6(x+1) - \frac{5}{3}(x+1)(x-1) - \frac{1}{18}(x+1)(x-1)(x-2) =$

$= -\frac{1}{18}(x^3 - 28x^2 + 109x + 100)$

b) $y = -13{,}1 - 1{,}6(x+1) + 5{,}4(x+1)(x-2) + 3{,}5(x+1)(x-2)(x-4) =$
$= 3{,}5x^3 - 12{,}1x^2 + 2{,}5$

c) $y = 50{,}05 - 8{,}45(x+4) - 0{,}65(x+4)(x-1) + 1{,}3(x+4)(x-1)(x-2) =$
$= 1{,}3x^3 + 0{,}65x^2 - 23{,}4x + 29{,}25$

d) $y = 594 - 423(x+4) + 95(x+4)(x+2) - 13(x+4)(x+2)(x-1) +$
$+ 1 \cdot (x+4)(x+2)(x-1)(x-3) = x^4 - 11x^3 + 17x^2 + 107x - 210$

42) $y = 0{,}693147 + 0{,}991344\,(x-1) - 0{,}081312\,(x-1)\,(x-1{,}25) -$
$- 0{,}046549\,(x-1)\,(x-1{,}25)\,(x-1{,}5) +$
$+ 0{,}036128\,(x-1)\,(x-1{,}25)\,(x-1{,}5)\,(x-1{,}75) =$
$= 0{,}036128x^4 - 0{,}245253x^3 + 0{,}497429x^2 + 0{,}598856x - 0{,}194013$

$y\,(x_1 = 1{,}1) = 0{,}793080$ (*exakter* Wert: 0,792993)

$y\,(x_2 = 1{,}62) = 1{,}287717$ (*exakter* Wert: 1,287689)

43) a) *Nullstellen:* $x_1 = -2,\ x_2 = 1;$ *Pol:* $x_3 = 2;$

b) *Nullstellen:* $x_1 = 3,\ x_2 = 4;$ *Pole:* $x_3 = -1,\ x_4 = 0$

c) *Nullstelle:* $x_1 = 1;$ *Pol:* $x_2 = -1$

d) *Nullstellen:* $x_1 = -0{,}8284,\ x_2 = 0,\ x_3 = 4{,}8284$ *Pole:* $x_{4/5} = \pm\sqrt{2}$

e) *Nullstellen:* $x_1 = -1,\ x_2 = 5;$ *Pol:* $x_3 = 0$

44) *Gemeinsame Linearfaktoren* in Zähler und Nenner werden, so weit dies möglich ist, *herausgekürzt:*

a) *Nullstellen:* $x_{1/2} = \pm 2$; *Asymptote im Unendlichen:* $y = 1$; *Funktionsverlauf:* s. Bild A-28

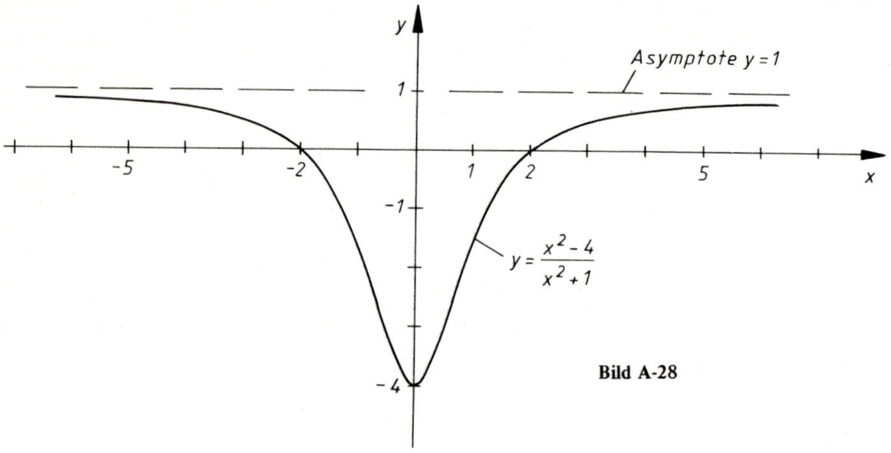

Bild A-28

b) *Nullstellen:* $x_{1/2} = 2$; *Pol:* $x_3 = -2$; *Asymptote im Unendlichen:* $y = x - 6$; *Funktionsverlauf:* s. Bild A-29

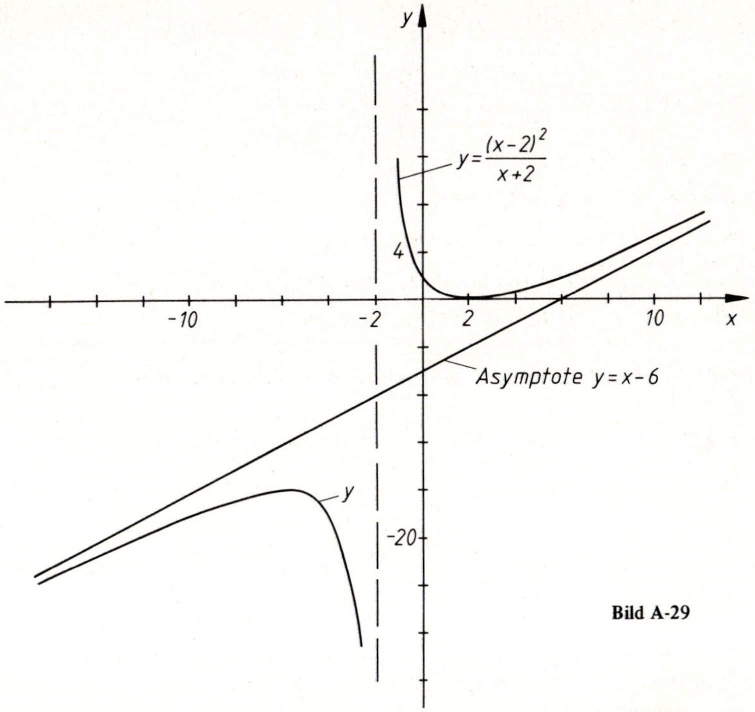

Bild A-29

c) *Nullstelle:* $x_1 = 1$; *Pol:* $x_2 = 2$; *Asymptote im Unendlichen:* $y = 1$; *Funktionsverlauf:* s. Bild A-30

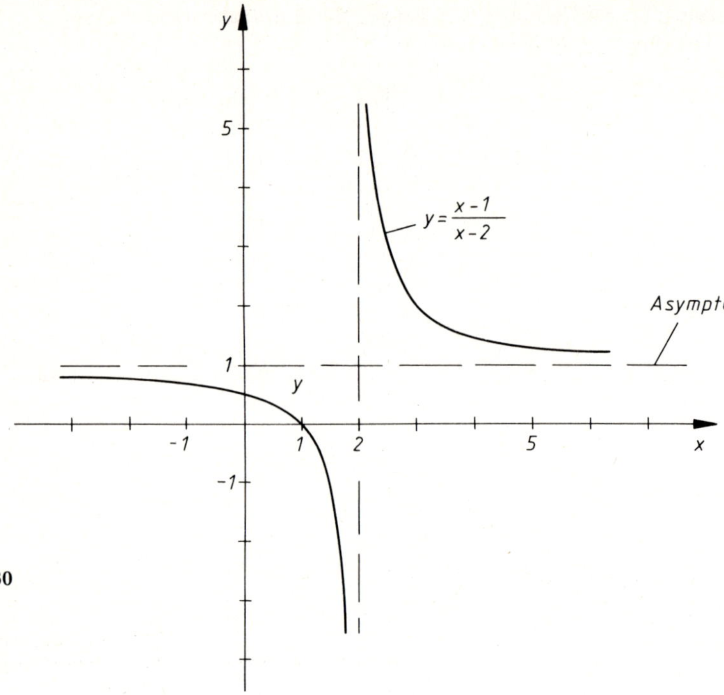

Bild A-30

d) *Nullstellen:* $x_{1/2} = 1$; *Pole:* $x_{3/4} = -1$;
Asymptote im Unendlichen: $y = 1$;
Funktionsverlauf: s. Bild A-31

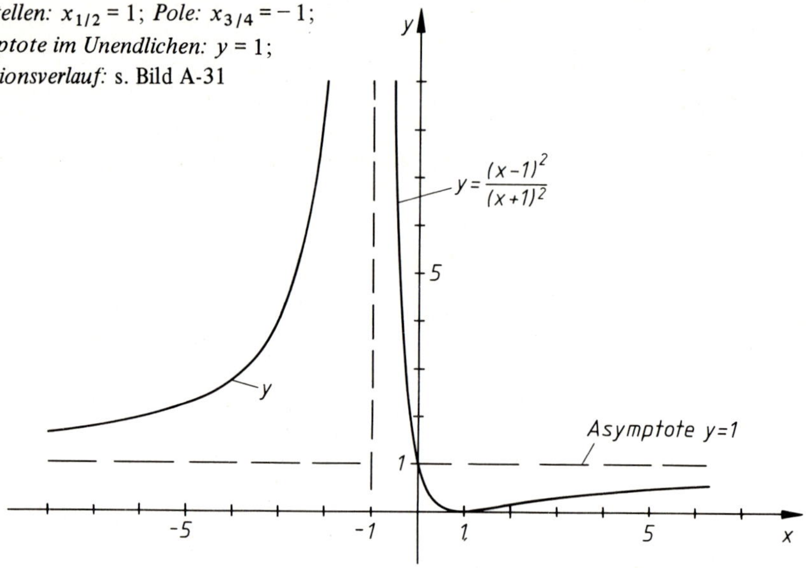

Bild A-31

45) $y = \frac{1}{8} \cdot \frac{(x-2)(x+4)^2}{(x+1)(x-1)} = \frac{x^3 + 6x^2 - 32}{8x^2 - 8}$

46) Funktionsverlauf: s. Bild A-32

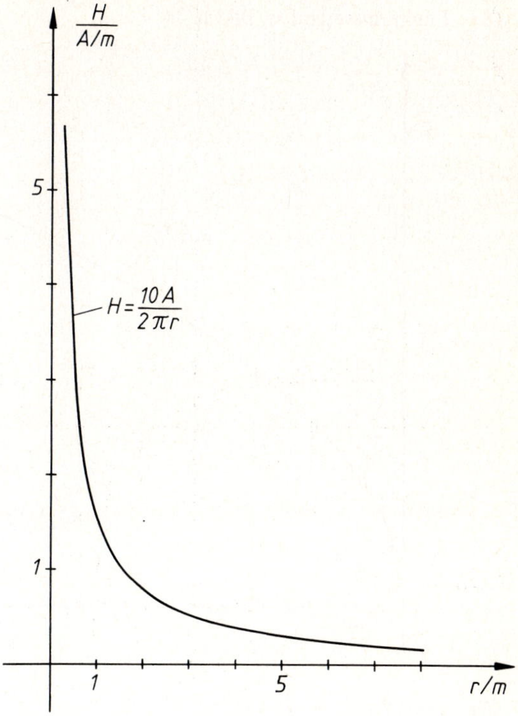

Bild A-32

47) Funktionsverlauf: s. Bild A-33

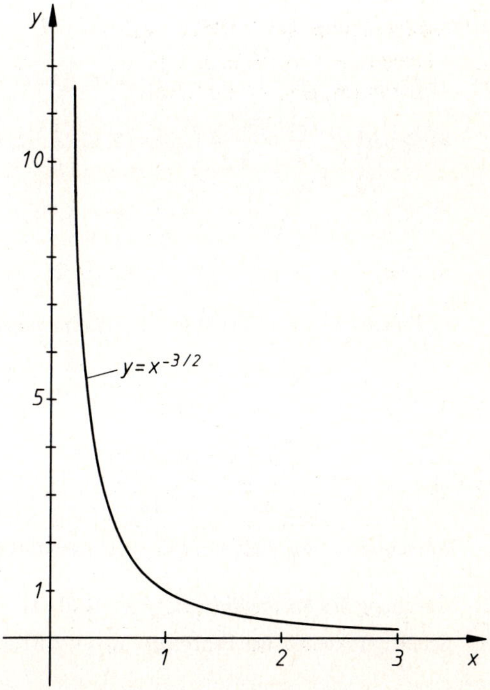

Bild A-33

48) Funktionsverlauf: s. Bild A-34

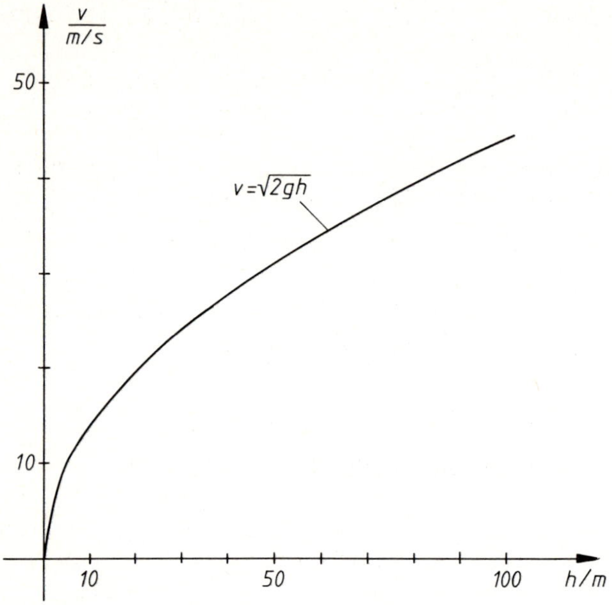

Bild A-34

49) *Kreisgleichung:* $(x + 41{,}5)^2 + (y - 280{,}5)^2 = 80.012{,}5$; $M = (-41{,}5;\ 280{,}5)$, $r = 282{,}86$

50) *Kreisgleichung:* $(x - 3)^2 + (y - 5)^2 = 25$; $M = (3;\ 5)$, $r = 5$;

51) a) *Kreis:* $(x - 1)^2 + (y + 2)^2 = 25$; $M = (1;\ -2)$, $r = 5$;

b) *Hyperbel:* $\frac{x^2}{4} - \frac{y^2}{4} = 1$; $M = (0;\ 0)$; $a = 2$, $b = 2$;

c) *Ellipse:* $\frac{(x-1)^2}{16} + \frac{y^2}{9} = 1$; $M = (1;\ 0)$; $a = 4$, $b = 3$;

d) *Kreis:* $(x + 3)^2 + (y - 1{,}5)^2 = 11{,}25$; $M = (-3;\ 1{,}5)$; $r = 3{,}354$;

e) *Parabel:* $(y + 3)^2 = \frac{9}{2}(x + 2)$, nach *rechts* geöffnet, $S = (-2;\ -3)$;

f) *Ellipse:* $\frac{(x-1)^2}{7} + \frac{(y+1)^2}{7/4} = 1$; $M = (1;\ -1)$; $a = \sqrt{7}$, $b = \sqrt{7/4}$;

g) *Ellipse:* $\frac{\left(x - \frac{1}{2}\right)^2}{36} + \frac{\left(y + \frac{4}{3}\right)^2}{16} = 1$; $M = \left(\frac{1}{2};\ -\frac{4}{3}\right)$; $a = 6$, $b = 4$;

h) *Parabel:* $(y - 2)^2 = -2\,(x - 2)$, nach *links* geöffnet, $S = (2;\ 2)$

52) Gleichung des *Brückenbogens:* $y = -0{,}003\ \text{m}^{-1} \cdot x^2 + 20\ \text{m}$

Schnittpunkte mit der Fahrbahn: $x_{1/2} = \pm\ 81{,}65\ \text{m}$

53)

Gradmaß	40,36°	81,19°	−322,08°	278,19°	−78,46°	4,83°	118,6°
Bogenmaß	0,7044	1,4171	−5,6213	4,8553	−1,3694	0,0843	2,0700

54) a) 0,2164; b) −0,6198; c) 0,4685; d) −0,0384; e) 0,9997;
f) −0,5774; g) −1,2810; h) 0,4063; i) −0,1113; j) 0,9239

55) Der *trigonometrische Pythagoras* folgt unmittelbar aus dem *Additionstheorem* (III-119) für $x_1 = x_2 = x$: $\cos 0 = \cos x \cdot \cos x + \sin x \cdot \sin x \quad \Rightarrow \quad \sin^2 x + \cos^2 x = 1$.

56) $y = -\frac{4}{\pi^2} x (x - \pi) = -\frac{4}{\pi^2} x^2 + \frac{4}{\pi} x$

57) a) $A = 2,\ p = \frac{2}{3}\pi,\ x_0 = \frac{\pi}{18}$; b) $A = 5,\ p = \pi,\ x_0 = -2{,}1$;
c) $A = 10,\ p = 2,\ x_0 = 3$; d) $A = 2{,}4,\ p = \frac{\pi}{2},\ x_0 = \frac{\pi}{8}$

58) a) Funktionsverlauf: s. Bild A-35;

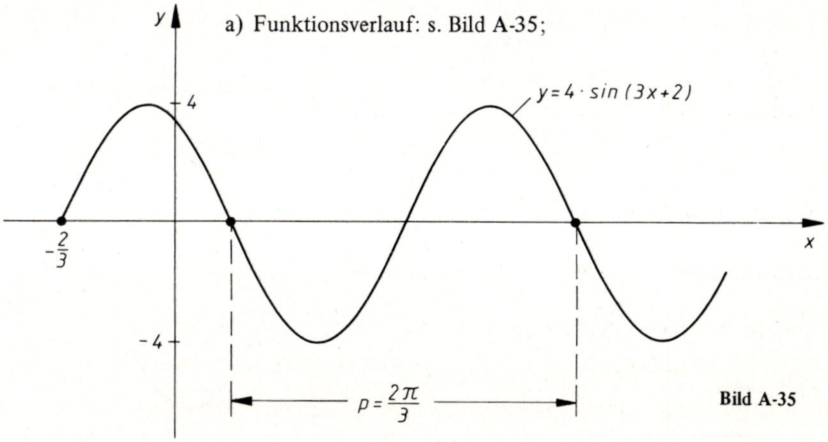

Bild A-35

b) Funktionsverlauf: s. Bild A-36

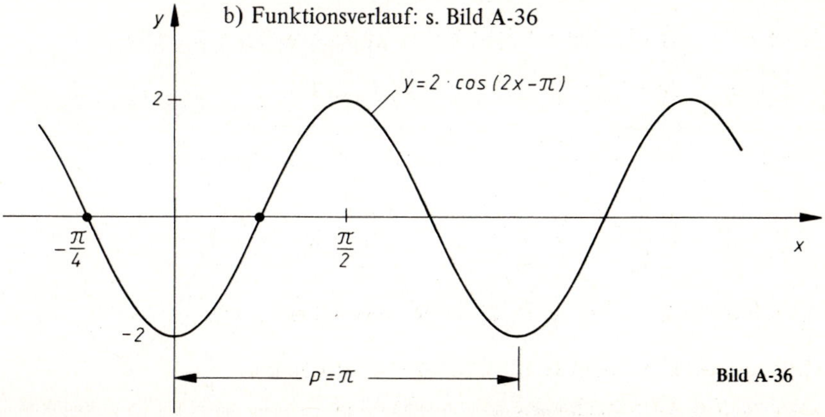

Bild A-36

59) $A = 5\text{ cm},\ T = 14\text{ s},\ \omega = \frac{\pi}{7}\text{s}^{-1},\ \varphi = \frac{\pi}{14};\qquad y(t) = 5\text{ cm}\cdot\sin\left(\frac{\pi}{7}\text{s}^{-1}\cdot t + \frac{\pi}{14}\right)$

Funktionsverlauf: s. Bild A-37

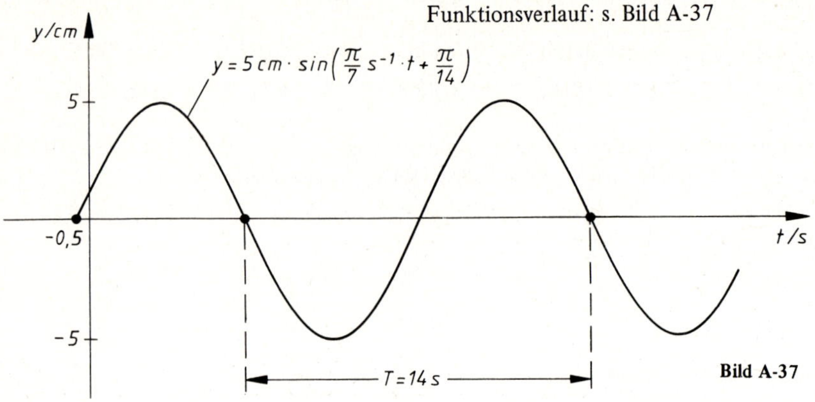

Bild A-37

60) $i_0 = 2\text{ A},\ p = T = 10\text{ ms},\ \omega = \frac{\pi}{5\text{ ms}},\ \varphi = \frac{\pi}{5};\qquad i(t) = 2\text{ A}\cdot\sin\left(\frac{\pi}{5\text{ ms}}\cdot t + \frac{\pi}{5}\right)$

61) a) Funktionsverlauf: s. Bild A-38;

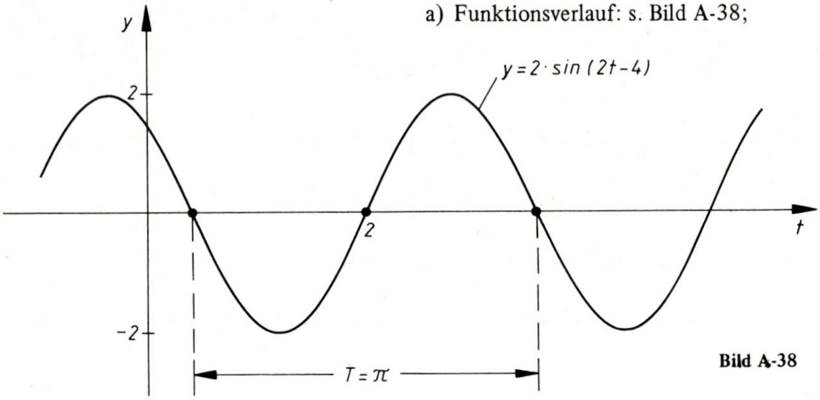

Bild A-38

b) Funktionsverlauf: s. Bild A-39

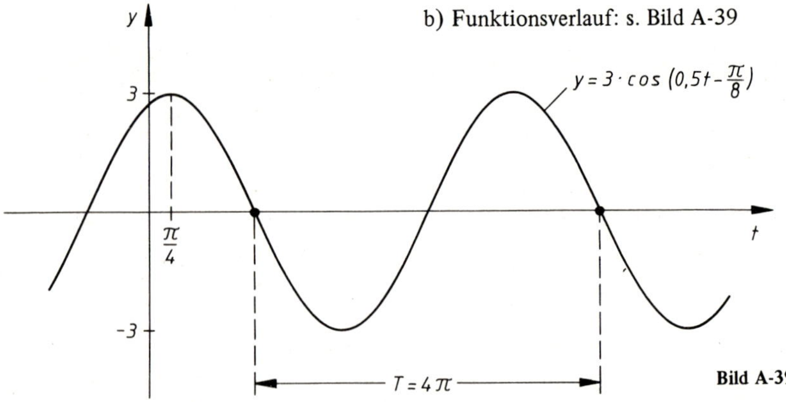

Bild A-39

62) *Periodendauer:* $p = \pi$;

Nullstellen (= relative Minima): $x_k = \frac{\pi}{2} + k \cdot \pi \quad (k \in \mathbb{Z})$

Relative Maxima: $x_k = k \cdot \pi \quad (k \in \mathbb{Z})$

Funktionsverlauf: s. Bild A-40

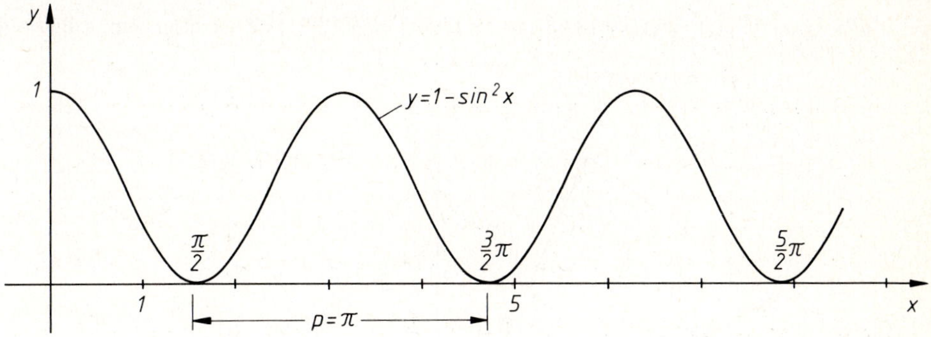

Bild A-40

63) a) $y = 5 \cdot \sin\left(3\,t + \frac{3}{2}\pi\right)$ *oder* $y = 5 \cdot \sin\left(3\,t - \frac{\pi}{2}\right)$;

b) $y = 3 \cdot \sin\left(\pi\,t + \frac{3}{2}\pi\right)$ *oder* $y = 3 \cdot \sin\left(\pi\,t - \frac{\pi}{2}\right)$;

c) $y = 3 \cdot \sin\left(2\,t + \frac{5}{4}\pi\right)$ *oder* $y = 3 \cdot \sin\left(2\,t - \frac{3}{4}\pi\right)$;

d) $y = 4 \cdot \sin(0{,}5\,t + 6{,}142)$ *oder* $y = 4 \cdot \sin(0{,}5\,t - 0{,}142)$

64) a) Zeigerdiagramm: s. Bild A-41; b) Zeigerdiagramm: s. Bild A-42

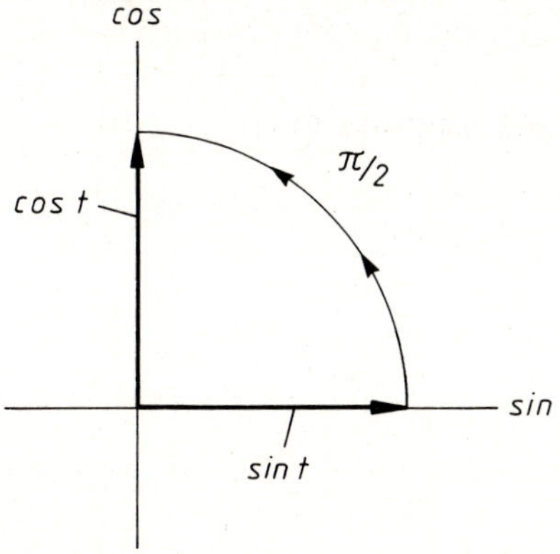

Bild A-41

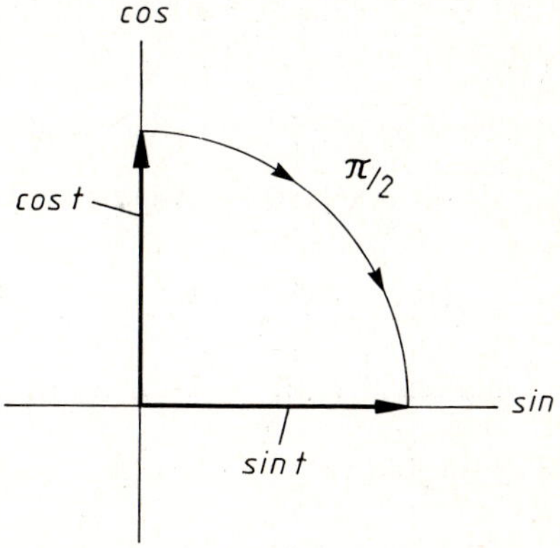

Bild A-42

65) a) 0,5980; b) − 1,2614; c) 1,0781; d) 4,4304; e) 0,8084;
f) 0,3082; g) 1,1837; h) 2,8198

66) a) $u(t) = 241{,}3\ \text{V} \cdot \sin(500\ \text{s}^{-1} \cdot t + 0{,}488)$;
b) $u(t) = 526{,}2\ \text{V} \cdot \sin(1000\ \text{s}^{-1} \cdot t - 0{,}217)$

67) $y(t) = y_1(t) + y_2(t) = 18{,}68\ \text{cm} \cdot \sin(4{,}5\ \text{s}^{-1} \cdot t + 1{,}991)$; Zeigerdiagramm: s. Bild A-43

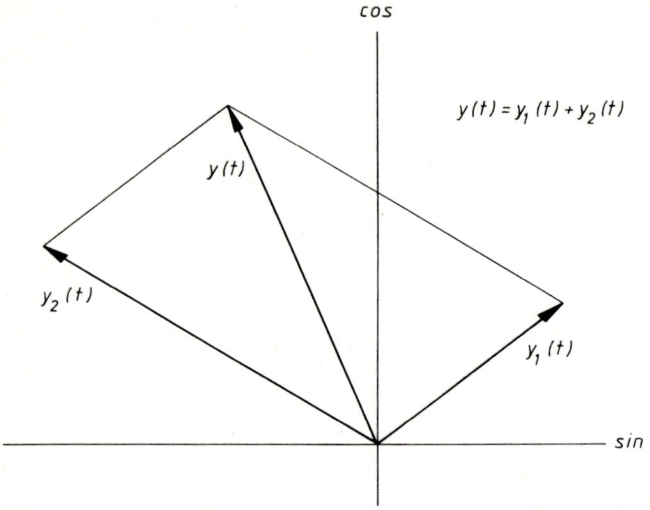

Bild A-43

68) a) $\left.\begin{array}{l} x_{1k} = -2{,}2943 + k \cdot \pi \\ x_{2k} = -1{,}1350 + k \cdot \pi \end{array}\right\} (k \in \mathbb{Z})$; b) $x_k = -0{,}6073 + k \cdot \frac{\pi}{2} \quad (k \in \mathbb{Z})$;

c) $\left.\begin{array}{l} x_{1k} = 2{,}0472 + k \cdot 2\pi \\ x_{2k} = -0{,}0472 + k \cdot 2\pi \end{array}\right\} (k \in \mathbb{Z})$; d) $\left.\begin{array}{l} x_{1k} = \frac{\pi}{4} + k \cdot 2\pi \\ x_{2k} = \frac{3}{4}\pi + k \cdot 2\pi \end{array}\right\} (k \in \mathbb{Z})$

69) Wir setzen $y = \arccos x$. Dann folgt: $x = \cos y$ und weiter:
$\sqrt{1 - x^2} = \sqrt{1 - \cos^2 y} = \sin y = \sin(\arccos x)$

70) a) *Ellipse:* $\frac{x^2}{(3\ \text{cm})^2} + \frac{y^2}{(4\ \text{cm})^2} = 1$; $a = 3$ cm, $b = 4$ cm;
b) *Kreis:* $x^2 + y^2 = (5\ \text{cm})^2$; $r = 5$ cm.

71) $\tau = 3{,}305 \cdot 10^5\ \text{s} = 3{,}825$ Tage

72) $t = 0{,}691\ \text{ms} = 6{,}91 \cdot 10^{-4}\ \text{s}$

73)

h/m	500	1000	2000	5000	8000
p/bar	0,952	0,894	0,789	0,542	0,372

74) Funktionsverlauf: s. Bild A-44

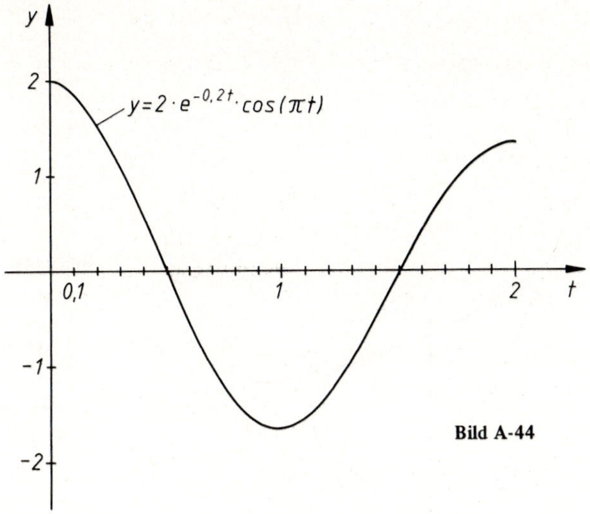

Bild A-44

75) Nach $t = 1{,}50$ s hat der Strom den Wert 3,8 A, d.h. 95 % seines Endwertes $i_0 = 4$ A erreicht. Der Funktionsverlauf ist in Bild A-45 skizziert.

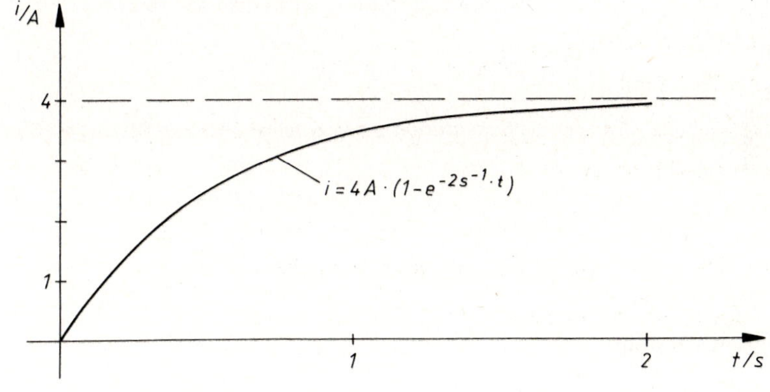

Bild A-45

76) $a = 8,\ b = 0{,}4159;\ y = 8 \cdot e^{-0{,}4159\,x} + 2$

77) $a = 17{,}565,\ b = 0{,}0311;\ y = 17{,}565 \cdot e^{-0{,}0311\,x^2}$

78) $T_0 = 185{,}57\ °C,\ k = 0{,}0187\ \text{min}^{-1};$

$T(t) = 165{,}57\ °C \cdot e^{-0{,}0187\ \text{min}^{-1} \cdot t} + 20\ °C$

$T(t_1) = 60\ °C \Rightarrow t_1 = 75{,}96\ \text{min}$

79) $x(t_1) = 15{,}2$ cm $\Rightarrow$ $t_1 = 0{,}353$ s

80) Funktionsverlauf: s. Bild A-46

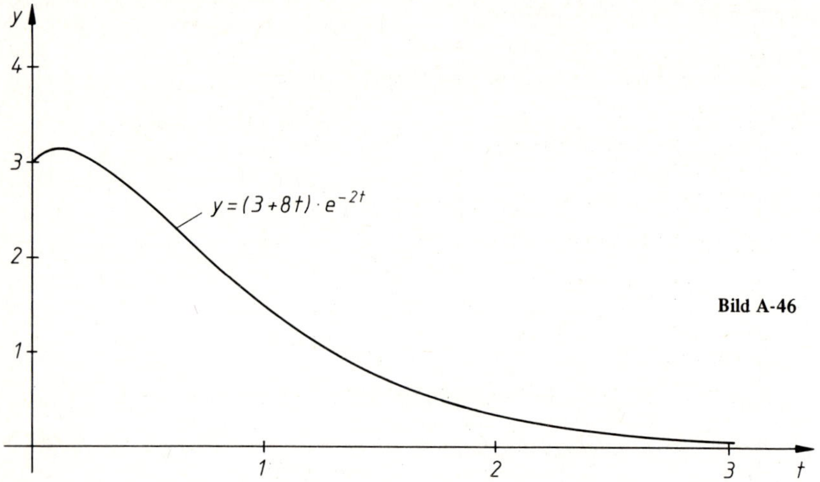

Bild A-46

81) $H = 75{,}93$ m

82) a) $x_1 = -0{,}3012$, $x_2 = 2{,}3012$;

b) Die *Substitution* $t = e^x$ führt zu der quadratischen Gleichung $t^2 - 3t + 2 = 0$ mit den Lösungen $t_1 = 1$, $t_2 = 2$. Durch *Rücksubstitution* erhält man schließlich: $x_1 = 0$, $x_2 = 0{,}693$

83) a) $x_1 = 2$;

b) Diese Gleichung wird über die *Substitution* $z = \lg x$ gelöst $\Rightarrow$ $x_1 = 0{,}1$, $x_2 = 100$.

IV Differentialrechnung

1) a) $$\frac{\Delta y}{\Delta x} = \frac{f(1 + \Delta x) - f(1)}{\Delta x} = \frac{(1 + \Delta x)^3 - 1}{\Delta x} = 3 + 3 \cdot \Delta x + (\Delta x)^2$$

$$f'(1) = \lim_{\Delta x \to 0} (3 + 3 \cdot \Delta x + (\Delta x)^2) = 3;$$

b) $$\frac{\Delta y}{\Delta x} = \frac{f(x_0 + \Delta x) - f(x_0)}{\Delta x} = \frac{(x_0 + \Delta x)^3 - x_0^3}{\Delta x} = 3x_0^2 + 3x_0 \cdot \Delta x + (\Delta x)^2$$

$$f'(x_0) = \lim_{\Delta x \to 0} (3x_0^2 + 3x_0 \cdot \Delta x + (\Delta x)^2) = 3x_0^2$$

2) a) $y' = 20\,x^4$; b) $y' = 2\,(a+1)\,x^a$; c) $y' = \dfrac{3}{4 \cdot \sqrt[4]{x}}$;

d) $y' = \dfrac{5}{3} \cdot \sqrt[3]{x^2}$; e) $y' = \dfrac{4}{3} \cdot \sqrt[3]{x}$; f) $y' = \dfrac{1}{2 \cdot \sqrt{x}}$

3) a) $y' = -40\,x^3 + 6\,x^2$; b) $z' = -a \cdot \sin t - 2\,t + e^t$;

c) $y' = -\dfrac{30}{x^4} - \dfrac{3}{(\ln 10)\,x} + \dfrac{1}{\cos^2 x}$; d) $y' = \dfrac{20}{3} \cdot \sqrt[3]{x^2} - 4 \cdot e^x + \cos x$

4) a) $y' = (12\,x^2 - 2)\,(x^2 - 2\,x + 5) + (2\,x - 2)\,(4\,x^3 - 2\,x + 1) =$
$= 20\,x^4 - 32\,x^3 + 54\,x^2 + 10\,x - 12$;

b) $y' = 2\,\dfrac{\tan x}{\cos^2 x} = 2\,\dfrac{\sin x}{\cos^3 x}$;

c) $y' = \cos x \cdot \cos x - \sin x \cdot \sin x = \cos^2 x - \sin^2 x$;

d) $y' = 2\,(3 + 10\,x)\,(3\,x + 5\,x^2 - 1) = 100\,x^3 + 90\,x^2 - 2\,x - 6$;

e) $y' = 2 \cdot \ln x + 2\,x \cdot \dfrac{1}{x} = 2 \cdot \ln x + 2$;

f) $y' = e^t \cdot \cos t - \sin t \cdot e^t = e^t\,(\cos t - \sin t)$;

g) $y' = n \cdot x^{n-1} \cdot e^x + e^x \cdot x^n = x^{n-1} \cdot e^x\,(n + x)$;

h) $y' = \dfrac{1}{x} \cdot \cosh x + \sinh x \cdot \ln x$;

i) $y' = 2\,x \cdot \arcsin x + \dfrac{x^2}{\sqrt{1 - x^2}}$;

j) $y' = 2 \cdot e^x \cdot \cos x + 2\,x \cdot e^x \cdot \cos x - 2\,x \cdot e^x \cdot \sin x = 2 \cdot e^x\,(\cos x + x \cdot \cos x - x \cdot \sin x)$

5) a) $y' = \dfrac{(25\,x^4 - 12\,x)\,(x^2 + 2\,x + 1) - (2\,x + 2)\,(5\,x^5 - 6\,x^2 + 1)}{(x^2 + 2\,x + 1)^2}$;

b) $y' = \dfrac{10\,(x^2 + 1) - 2\,x \cdot 10\,x}{(x^2 + 1)^2} = \dfrac{-10\,x^2 + 10}{(x^2 + 1)^2}$;

c) $y' = \dfrac{\frac{1}{x} \cdot x^2 - 2\,x \cdot \ln x}{x^4} = \dfrac{1 - 2 \cdot \ln x}{x^3}$;

d) $y' = \dfrac{(6\,x^2 - 12\,x + 1)\,(x^3 - 5\,x) - (3\,x^2 - 5)\,(2\,x^3 - 6\,x^2 + x - 3)}{(x^3 - 5\,x)^2}$;

e) $y' = \dfrac{\frac{1}{x} \cdot e^x - e^x \cdot \ln x}{(e^x)^2} = \dfrac{\frac{1}{x} - \ln x}{e^x} = \dfrac{1 - x \cdot \ln x}{x \cdot e^x}$;

f) $y' = \dfrac{\left(\frac{1}{2}x^{-1/2} - 2\,x\right)(x^2 + 1) - 2\,x\,(x^{1/2} - x^2)}{(x^2 + 1)^2} = \dfrac{-1{,}5 \cdot x^{3/2} - 2\,x + 0{,}5 \cdot x^{-1/2}}{(x^2 + 1)^2}$;

g) $y' = \dfrac{-\sin x \cdot \sin x - \cos x \cdot \cos x}{\sin^2 x} = \dfrac{-1}{\sin^2 x}$;

h) $y' = \dfrac{\cosh x \cdot \cosh x - \sinh x \cdot \sinh x}{\cosh^2 x} = \dfrac{1}{\cosh^2 x}$;

i) $y' = \dfrac{-\sin x\,(1 - \sin x) + \cos x\,(1 + \cos x)}{(1 - \sin x)^2} = \dfrac{\cos x - \sin x + 1}{(1 - \sin x)^2}$;

j) $y' = \dfrac{\dfrac{1}{1 + x^2}\,e^x - e^x \cdot \arctan x}{(e^x)^2} = \dfrac{1 - (1 + x^2) \cdot \arctan x}{(1 + x^2) \cdot e^x}$;

k) $y' = \dfrac{\dfrac{1}{x} \cdot x - \ln x}{x^2} = \dfrac{1 - \ln x}{x^2}$

6) a) $y' = 25\,(4\,x^3 - x^2 + 1)^4 \cdot (12\,x^2 - 2\,x)$;

b) $y' = -10\,(x^3 - 2\,x + 5)^{-2} \cdot (3\,x^2 - 2) = -10 \cdot \dfrac{3\,x^2 - 2}{(x^3 - 2\,x + 5)^2}$;

c) $y' = [\cos(x + 2)] \cdot 1 = \cos(x + 2)$;

d) $y' = 2\,[-\sin(10\,t - \pi/3)] \cdot 10 = -20 \cdot \sin(10\,t - \pi/3)$;

e) $y' = 3 \cdot e^{-4x} \cdot (-4) = -12 \cdot e^{-4x}$;

f) $y' = 2 \cdot \sin(2\,x - 4) \cdot \cos(2\,x - 4) \cdot 2 = 4 \cdot \sin(2\,x - 4) \cdot \cos(2\,x - 4)$;

g) $y' = 2\,\dfrac{1}{x^3 - 2\,x}\,(3\,x^2 - 2) = 2\,\dfrac{3\,x^2 - 2}{x^3 - 2\,x}$;

h) $y' = (2\,x - 2) \cdot e^{x^2 - 2x + 5}$;

i) $y' = -\dfrac{1}{\sqrt{1 - (x^2 - 1)}} \cdot \dfrac{1}{2 \cdot \sqrt{x^2 - 1}} \cdot 2\,x = -\dfrac{x}{\sqrt{(2 - x^2)(x^2 - 1)}}$;

j) $y' = \dfrac{1}{1 + (x^2 + 1)^2} \cdot 2\,x = \dfrac{2\,x}{1 + (x^2 + 1)^2}$;

k) $y' = \dfrac{2}{3}\,(x^2 - 4\,x + 10)^{-1/3} \cdot (2\,x - 4) = \dfrac{4}{3} \cdot \dfrac{x - 2}{\sqrt[3]{x^2 - 4\,x + 10}}$;

l) $y' = -\dfrac{5}{3}\,(x^3 - 4\,x + 5)^{-8/3} \cdot (3\,x^2 - 4)$;

m) $y' = 5 \cdot [-\sin(x^2 + 2\,x - 1)^2] \cdot 2\,(x^2 + 2\,x - 1)\,(2\,x + 2) =$
$= -20\,(x^2 + 2\,x - 1)\,(x + 1) \cdot \sin(x^2 + 2\,x - 1)^2$;

n) $y' = \dfrac{1}{\cos x}\,(-\sin x) = -\tan x$

7) a) $y' = -2 \cdot e^{-2t} \cdot \cos t - \sin t \cdot e^{-2t} = -e^{-2t}\,(2 \cdot \cos t + \sin t)$;

b) $u' = e^{x \cdot \sin x} \cdot (1 \cdot \sin x + x \cdot \cos x) = (\sin x + x \cdot \cos x) \cdot e^{x \cdot \sin x}$;

c) $y' = 2(x^2-1)(2x)(x+5)^3 + 3(x+5)^2(x^2-1)^2 = (x^2-1)(x+5)(7x^2+20x-3)$

d) $y' = (4x-4)\cdot\sin(2x) + 2\cdot\cos(2x)\cdot(2x^2-4x+5) =$

$= 4(x-1)\cdot\sin(2x) + 2(2x^2-4x+5)\cdot\cos(2x)$;

e) $y' = 2\cdot e^{2x}\cdot\arcsin(x-1) + \dfrac{1}{\sqrt{1-(x-1)^2}}\cdot e^{2x} =$

$= e^{2x}\left[2\cdot\arcsin(x-1) + \dfrac{1}{\sqrt{1-(x-1)^2}}\right]$;

f) $z' = -3\cdot e^{-5t} + e^{-5t}\cdot(-5)(2-3t) = (15t-13)\cdot e^{-5t}$;

g) $y = x\cdot\ln(x+e^x)^2 = 2x\cdot\ln(x+e^x)$

$y' = 2\cdot\ln(x+e^x) + \dfrac{1}{x+e^x}(1+e^x)\,2x = 2\cdot\ln(x+e^x) + \dfrac{2x(1+e^x)}{x+e^x}$;

h) $y' = 4^{x\cdot\ln x}(\ln 4)\left(1\cdot\ln x + x\cdot\dfrac{1}{x}\right) = (\ln 4)\cdot(\ln x + 1)\cdot 4^{x\cdot\ln x}$;

i) $y' = 2x\cdot\cos(x^2+1)\cdot\cos(4x) - 4\cdot\sin(4x)\cdot\sin(x^2+1)$;

j) $y' = -4\cdot\sin(x-4) + 2\cdot\cos(2x+3)$;

k) $y = \ln\dfrac{1}{x^2} + \ln\dfrac{x+4}{x} = -3\cdot\ln x + \ln(x+4) \Rightarrow$

$y' = -\dfrac{3}{x} + \dfrac{1}{x+4}$;

l) $\dot{y} = \dfrac{1}{\tanh t}\cdot\dfrac{1}{\cosh^2 t} = \dfrac{1}{\sinh t\cdot\cosh t}$;

m) $y' = n\left(\dfrac{1+x}{x}\right)^{n-1}\cdot\dfrac{1\cdot x - 1\cdot(1+x)}{x^2} = -\dfrac{n}{x^2}\left(\dfrac{1+x}{x}\right)^{n-1}$;

n) $y' = 2\cdot\sqrt{x^2-1} + \dfrac{1}{2\cdot\sqrt{x^2-1}}\,2x\cdot 2x = \dfrac{4x^2-2}{\sqrt{x^2-1}}$;

o) $y' = \dfrac{1}{2\cdot\sqrt{\sin x}}\cos x = \dfrac{\cos x}{2\cdot\sqrt{\sin x}}$;

p) $\dot{y} = -aA\cdot e^{-at} - bB\cdot e^{-bt}$;

q) $\dot{y} = \omega A\cdot\cos(\omega t + \varphi)$

8) a) $P_1 = (0;5)$; b) $P_1 = (2;0)$, $P_2 = \left(\dfrac{4}{3};\dfrac{4}{9}\right)$;

c) $x_{1k} = \dfrac{\pi}{4} + k\cdot\pi$, $y_{1k} = 0{,}5$ $(k \in \mathbb{Z})$

$x_{2k} = \dfrac{3}{4}\pi + k\cdot\pi$, $y_{2k} = -0{,}5$ $(k \in \mathbb{Z})$;

d) $P_1 = (2;0)$; e) $P_1 = (-0{,}5;\,2{,}5)$, $P_2 = (1{,}5;\,-13{,}5)$

9) $P_1 = (1{,}118;\ -0{,}652),\ P_2 = (-1{,}118;\ 0{,}652)$

10) a) $P_1 = (0{,}707;\ 0{,}429),\ P_2 = (-0{,}707;\ -0{,}429)$;

b) $P_1 = (0;\ 5),\ P_2 = (\sqrt{3};\ 9{,}5),\ P_3 = (-\sqrt{3};\ 9{,}5)$

11) $P_1 = (-0{,}780;\ 0{,}193)$

12) a) $y' = \left(-\sin x \cdot \ln x + \dfrac{\cos x}{x}\right) x^{\cos x}$; b) $y' = (\cos x - x \cdot \sin x)\, e^{x \cdot \cos x}$

13) Aus $\ln y = \ln x^n = n \cdot \ln x$ folgt:

$\dfrac{1}{y}\, y' = n\, \dfrac{1}{x},\quad y' = \dfrac{n}{x}\, y = \dfrac{n}{x}\, x^n = n \cdot x^{n-1}$

14) a) $\dfrac{dy}{dx} = \dfrac{1}{\sqrt{1-x^2}}$; b) $\dfrac{dy}{dx} = \dfrac{1}{2\sqrt{x+1}}$; c) $\dfrac{dy}{dx} = \dfrac{1}{x}$

15) a) $2x + 2y \cdot y' = 0 \Rightarrow y' = -\dfrac{x}{y}$;

b) $2b^2 x + 2a^2 y \cdot y' = 0 \Rightarrow y' = -\dfrac{b^2 x}{a^2 y}$;

c) $2(x^2+y^2)(2x + 2y \cdot y') - 2(x^2+y^2) - 2x(2x + 2y \cdot y') = 2y \cdot y'$

$\Rightarrow y' = \dfrac{(x^2+y^2)(2x-1) - 2x^2}{-2y(x^2+y^2) + 2xy + y}$;

d) $2x = 3y^2 \cdot y' \Rightarrow y' = \dfrac{2x}{3y^2}$;

e) $3y^2 \cdot y' - 2y^2 - 4xy \cdot y' = -\dfrac{1}{x^2} \Rightarrow y' = \dfrac{2x^2y^2 - 1}{3x^2y^2 - 4x^3y}$

16) $P_0 = (4;\ 5{,}583)$; $y' = -\dfrac{x-2}{y-1}$; $y'(P_0) = -0{,}436$

17) a) $\dot{y} = -e^{-0{,}8t}(0{,}8 \cdot \cos t + \sin t),\ \ddot{y} = e^{-0{,}8t}(1{,}6 \cdot \sin t - 0{,}34 \cdot \cos t)$

b) $y' = 3x^2 \cdot \ln x + x^2 - \arctan x - \dfrac{x}{1+x^2},\quad y'' = 6x \cdot \ln x + 5x - \dfrac{1}{1+x^2} - \dfrac{1-x^2}{(1+x^2)^2}$;

c) $y' = \dfrac{2x}{(1+x^2)^2},\quad y'' = \dfrac{2-6x^2}{(1+x^2)^3}$;

d) $\dot{y} = A\omega \cdot \cos(\omega t + \varphi),\ \ddot{y} = -A\omega^2 \cdot \sin(\omega t + \varphi)$;

e) $y' = (\ln 4)(\sin x + x \cdot \cos x) \cdot 4^{x \cdot \sin x}$,

$y'' = (\ln 4) \cdot 4^{x \cdot \sin x}\,[\ln 4\,(\sin x + x \cdot \cos x)^2 + 2 \cdot \cos x - x \cdot \sin x]$;

f) $y' = \dfrac{-x^4 - 6x^3 + 27x^2 + 16x - 6}{(x^3+x^2-2)^2}$,

$y'' = \dfrac{(-4x^3 - 18x^2 + 54x + 16)(x^3+x^2-2) - 2(3x^2+2x)(-x^4 - 6x^3 + 27x^2 + 16x - 6)}{(x^3+x^2-2)^3}$

18) a) $\ddot{y} = -4 \cdot e^{-2t}(4 \cdot \cos(4t+5) + 3 \cdot \sin(4t+5))$, $\ddot{y}(0) = 6{,}968$

b) $y'''(x) = -\dfrac{1}{x^2}$, $y'''(1) = -1$;

c) $y'(x) = \dfrac{4x-4}{(x+1)^3}$, $y''(x) = \dfrac{16-8x}{(x+1)^4}$,

$y'''(x) = \dfrac{24x-72}{(x+1)^5}$; $y'(0) = -4$, $y''(0) = 16$, $y'''(0) = -72$

19) a) $y' = \sqrt{\dfrac{t}{t+1}}$, $y'(t_0 = 1) = 0{,}707$; b) $y' = -\tan t$; c) $y' = 2t \cdot \sqrt{1-t^2}$;

d) $y' = 1{,}5\,t$, $y'(t_0 = 3) = 4{,}5$

20) $y' = -\dfrac{b}{a} \cdot \cot t$, $y'\left(t_1 = \dfrac{\pi}{4}\right) = -\dfrac{b}{a}$

Waagerechte Tangenten: $t_1 = \dfrac{\pi}{2}$, $t_2 = \dfrac{3\pi}{2}$: $P_1 = (0; b)$, $P_2 = (0; -b)$

Vertikale Tangenten: $t_3 = 0$, $t_4 = \pi$: $P_3 = (a; 0)$, $P_4 = (-a; 0)$

21) $y' = \dfrac{t^4 + 4t^2 - 1}{4t}$

Waagerechte Tangenten:

$t_{1/2} = \mp 0{,}486$; $P_{1/2} = (-0{,}618; \pm 0{,}3)$

Vertikale Tangente: $t_3 = 0 : P_3 = (-1; 0)$

Funktionsverlauf: s. Bild A-47

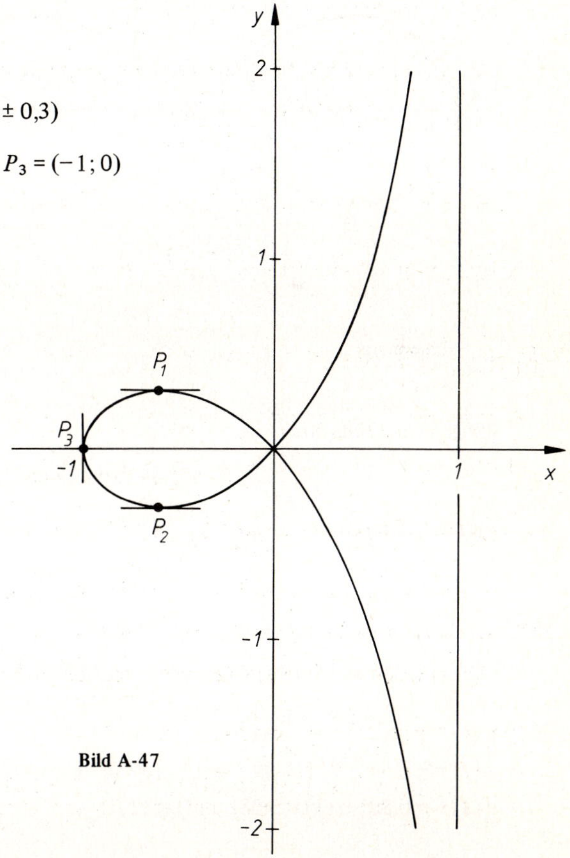

Bild A-47

22) a) $y' = \dfrac{\sin\varphi + \cos\varphi}{\cos\varphi - \sin\varphi} = \dfrac{\tan\varphi + 1}{1 - \tan\varphi}$; b) $y' = \dfrac{\sin^2\varphi + 2\cdot\sin\varphi\cdot\cos\varphi}{\sin\varphi\cdot\cos\varphi + \cos^2\varphi - \sin^2\varphi}$;

c) $y' = \dfrac{\sin\varphi - \varphi\cdot\cos\varphi}{\cos\varphi + \varphi\cdot\sin\varphi}$

23) $y' = \dfrac{\sin\varphi\cdot\sin(2\varphi) - \cos\varphi\cdot\cos(2\varphi)}{\cos\varphi\cdot\sin(2\varphi) + \sin\varphi\cdot\cos(2\varphi)}$

Waagerechte Tangenten: $\varphi_1 = \pi/6,\ \varphi_2 = \frac{5}{6}\pi,\ \varphi_3 = \frac{7}{6}\pi,\ \varphi_4 = \frac{11}{6}\pi$.

Das entspricht den folgenden Kurvenpunkten: $P_1 = (0{,}612;\ 0{,}354)$, $P_2 = (-0{,}612;\ 0{,}354)$, $P_3 = (-0{,}612;\ -0{,}354)$, $P_4 = (0{,}612;\ -0{,}354)$.

Vertikale Tangenten: $\varphi_5 = 0,\ \varphi_6 = \pi : P_5 = (1;0),\ P_6 = (-1;0)$

Funktionsverlauf: s. Bild A-48

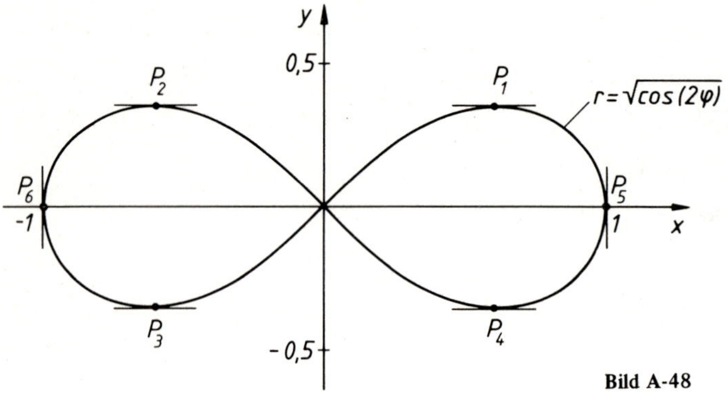

Bild A-48

24) $y' = \dfrac{\sin\varphi + \cos\varphi}{\cos\varphi - \sin\varphi}$

Waagerechte Tangenten: $\varphi_1 = \frac{3}{4}\pi,\ \varphi_2 = \frac{7}{4}\pi : P_1 = (-7{,}460;\ 7{,}460)$,

$P_2 = (172{,}641;\ -172{,}641)$.

Vertikale Tangenten: $\varphi_3 = \frac{\pi}{4},\ \varphi_4 = \frac{5}{4}\pi : P_3 = (1{,}551;\ 1{,}551)$,

$P_4 = (-35{,}889;\ -35{,}889)$

25) $v(t) = 3{,}6\ \text{ms}^{-2}\cdot t + 4\ \text{ms}^{-1}$, $a(t) = 3{,}6\ \text{ms}^{-2}$

$s(10\ \text{s}) = 230\ \text{m}$, $v(10\ \text{s}) = 40\ \text{ms}^{-1}$, $a(10\ \text{s}) = 3{,}6\ \text{ms}^{-2}$

26) $v(t) = 2\cdot e^{-0{,}1t}(4\cdot\cos(4t) - 0{,}1\cdot\sin(4t))$,

$a(t) = -2\cdot e^{-0{,}1t}(15{,}99\cdot\sin(4t) + 0{,}8\cdot\cos(4t))$,

$y(3) = -0{,}80;\ v(3) = 5{,}08;\ a(3) = 11{,}71$

27) $v(t) = -20 \text{ cm s}^{-1} \cdot \sin(2 \text{ s}^{-1} \cdot t - \pi/3)$,

$a(t) = -40 \text{ cm s}^{-2} \cdot \cos(2 \text{ s}^{-1} \cdot t - \pi/3)$,

$v(3{,}2 \text{ s}) = 16{,}04 \text{ cm s}^{-1}$, $a(3{,}2 \text{ s}) = -23{,}90 \text{ cm s}^{-2}$

28) a) *Tangente:* $y = 1{,}3406 \cdot t + 0{,}616$,
Normale: $y = -0{,}746 \cdot t + 4{,}789$;

b) *Tangente:* $y = -0{,}3145\,x + 4{,}193$,
Normale: $y = 3{,}1797\,x$;

c) *Tangente:* $y = 5{,}333\,x - 16{,}939$,
Normale: $y = -0{,}1875\,x + 5{,}144$

29) Tangente in $t_0 = 0: y = \frac{A}{T}\,t$, $y(t_1 = T) = A$ (s. Bild A-49)

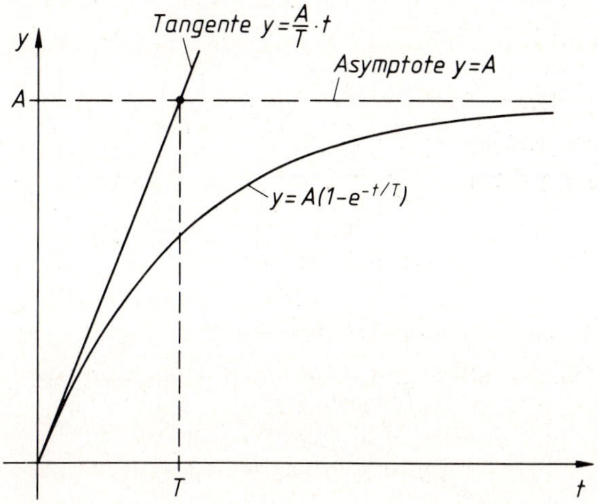

Bild A-49

30) Die Funktion wird durch die jeweilige *Kurventangente* ersetzt:

a) $y = \sqrt{2} \cdot x$; b) $y = 4{,}993\,x + 4{,}800$;

c) Die Funktion $r = 2 \cdot \cos\varphi$ repräsentiert den *Kreis* $(x-1)^2 + y^2 = 1$ (nachrechnen: es ist $\cos\varphi = x/r$ und $r^2 = x^2 + y^2$). Dem Polarwinkel $\varphi_0 = \pi/4$ entspricht der Punkt $P_0 = (1; 1)$. Die dortige Kurventangente verläuft *waagerecht* und besitzt daher die Funktionsgleichung $y = 1$ (s. Bild A-50).

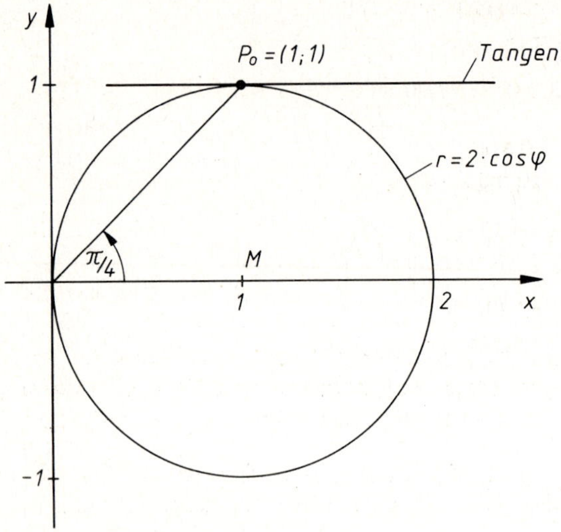

Bild A-50

31) Tangente in $P_0 = (5; \ln 5)$: $y = 0{,}2\,x + 0{,}6094$

$y\,(x_1 = 4{,}8) = 1{,}5694$ (*exakt:* 1,5686)

$y\,(x_2 = 5{,}3) = 1{,}6694$ (*exakt:* 1,6677)

32) $y = \frac{1}{2}\,x + \frac{1}{2}$ (Tangentenberührpunkt: $P_0 = (1; 1)$) (s. Bild A-51)

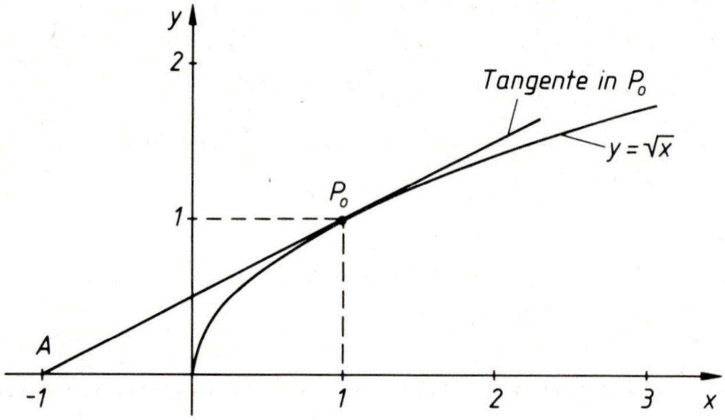

Bild A-51

33) $V'(r) = -D\left(-\frac{2\,a}{r^2} + \frac{2\,a^2}{r^3}\right), \quad V''(r) = -D\left(\frac{4\,a}{r^3} - \frac{6\,a^2}{r^4}\right)$

Es ist: $V'(r_0 = a) = 0$ *und* $V''(r_0 = a) = \frac{2\,D}{a^2} > 0$

34) a) Minimum: $(-0{,}5; -5)$; Maximum: $(1{,}5; 27)$;

b) Maximum: $(0; 16)$; Minima: $(\pm 2; 0)$;

c) Maximum: $(0; 2)$;

d) Maximum: $(1; 0{,}368)$;

e) Maxima für $x_k = \frac{\pi}{4} + k \cdot \pi$, $y_k = 0{,}5$ $(k \in \mathbb{Z})$;

Minima für $x_k = \frac{3}{4}\pi + k \cdot \pi$, $y_k = -0{,}5$ $(k \in \mathbb{Z})$;

f) Minimum: $(0{,}5; -0{,}08)$

35) Es ist $y'(3) = y''(3) = y'''(3) = y^{(4)}(3) = 0$, aber $y^{(5)}(3) = 240 \neq 0$. Da die letzte Ableitung von *ungerader* Ordnung ist, besitzt die Funktion an der Stelle $x_1 = 3$ einen *Sattelpunkt.*

36) Für jede der vier trigonometrischen Funktionen gilt: In den *Nullstellen* x_k ist $y''(x_k) = 0$ *und* $y'''(x_k) \neq 0$ (nachrechnen)! Für die *Steigung der Wendetangenten* erhält man:

Sinusfunktion: abwechselnd 1 und -1

Kosinusfunktion: abwechselnd -1 und 1

Tangensfunktion: 1

Kotangensfunktion: -1

37) $x = \frac{l}{2}$ (Maximum des Biegemoments in der Balkenmitte)

38) a) Maximum für $v = b$; b) $K_{\max} = K(b) = \frac{a^2}{2b}$

39) Es ist $\left.\frac{dP}{dR}\right|_{R = R_i} = 0$ und $\left.\frac{d^2P}{dR^2}\right|_{R = R_i} < 0$; $P_{\max} = P(R_i) = \frac{U_0^2}{4R_i}$

40) *Nebenbedingung* (Satz des Pythagoras): $a^2 + b^2 = 4R^2$

$\Rightarrow a = \sqrt{4R^2 - b^2} \Rightarrow I_a(b) = \frac{1}{12}\sqrt{4R^2 b^6 - b^8}$

I_a wird *maximal* für $b = R\sqrt{3}$, $a = R$: $I_{a_{\max}} = \frac{1}{4}\sqrt{3}\,R^4$

41) Der *Umfang* $U = 2x + 2y$ (und damit der *Materialverbrauch*) wird am *kleinsten,* wenn die Rechtecksseiten x und y gleich groß werden: $x = y = 2$ m.

42) $V = \pi r^2 h$; *Nebenbedingung:* $4r^2 + h^2 = 16\ \text{m}^2$

$\Rightarrow V(h) = \frac{\pi}{4}(16\ \text{m}^2 \cdot h - h^3)$

Maximum für $h = \frac{4}{3}\sqrt{3}$ m, $r = \frac{2}{3}\sqrt{6}$ m; $V_{\max} = \frac{32}{9}\sqrt{3}\,\pi\ \text{m}^3$

43) Nach Bild A-52 befinden sich die Massenpunkte zur Zeit t an den folgenden Orten:

$A: x(t) = 15\ \text{m} - 0{,}5\ \text{ms}^{-1} \cdot t$

$B: y(t) = 12\ \text{m} - 0{,}6\ \text{ms}^{-1} \cdot t$

Der gegenseitige Abstand ist dann:

$$d(t) = \sqrt{x^2 + y^2} = \sqrt{(15\ \text{m} - 0{,}5\ \text{ms}^{-1} \cdot t)^2 + (12\ \text{m} - 0{,}6\ \text{ms}^{-1} \cdot t)^2}$$

Er ist nach $t_1 = 24{,}1\ \text{s}$ am *kleinsten:*

$d_{\min} = d(24{,}1\ \text{s}) = 3{,}84\ \text{m}$

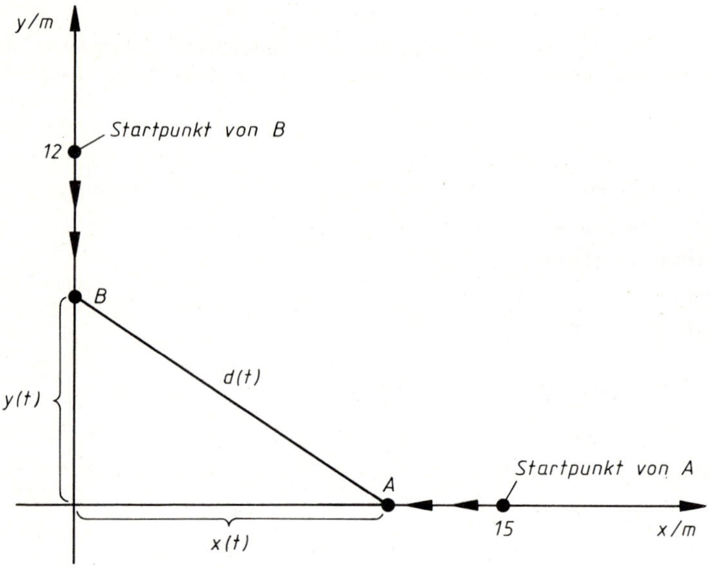

Bild A-52

44) $A = 2\pi r h + 2\pi r^2$; *Nebenbedingung:* $V = \pi r^2 h = 1000\ \text{cm}^3$

$$\Rightarrow \quad A(r) = \frac{2000\ \text{cm}^3}{r} + 2\pi r^2$$

Minimale Oberfläche für $r = 5{,}42\ \text{cm}$, $h = 10{,}84\ \text{cm}$; $A_{\min} = 553{,}73\ \text{cm}^2$

45) a) *Definitionsbereich:* $D = \mathbb{R} \setminus \{3\}$

Pol: $x_1 = 3$; *Vertikale Asymptote:* $x = 3$

Extremwerte: *Maximum* in $(-0{,}162;\ -0{,}325)$

Minimum in $(6{,}162;\ 12{,}325)$

Asymptote im Unendlichen: $y = x + 3$

Wertebereich: $W = (-\infty;\ -0{,}325] \cup [12{,}325;\ \infty)$

Funktionsverlauf: s. Bild A-53

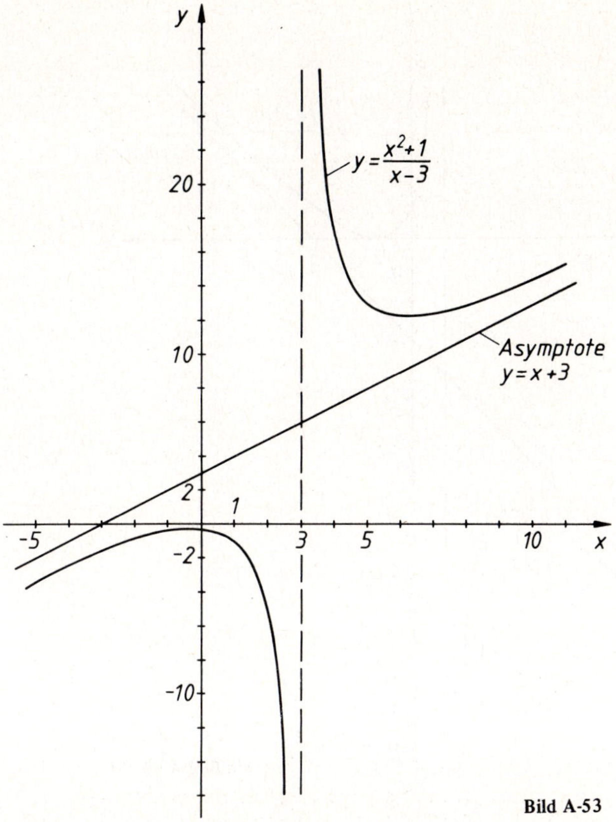

Bild A-53

b) *Definitionsbereich:* $D = \mathbb{R} \setminus \{-1\}$

Nullstellen: $x_1 = 1$ (*doppelte* Nullstelle, d.h. *Berührpunkt*)

Pol: $x_2 = -1$; *Vertikale Asymptote:* $x = -1$

Extremwerte: Relatives *Maximum* in $(-3; -8)$,
Relatives *Minimum* in $(1; 0)$

Asymptote im Unendlichen: $y = x - 3$

Wertebereich: $W = (-\infty; -8] \cup [0; \infty)$

Funktionsverlauf: s. Bild A-54

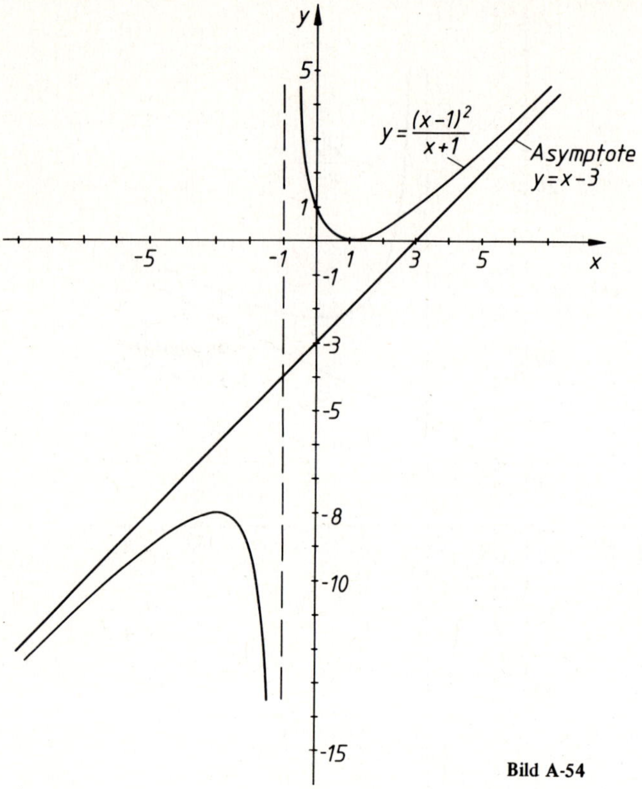

Bild A-54

c) *Definitionsbereich:* $-3 \leqslant x \leqslant 3$

Nullstelle: $x_1 = -2{,}683$

Extremwert: Relatives *Maximum* in (1,342; 3,354)

Wertebereich: $-1{,}5 \leqslant y \leqslant 3{,}354$

Funktionsverlauf: s. Bild A-55

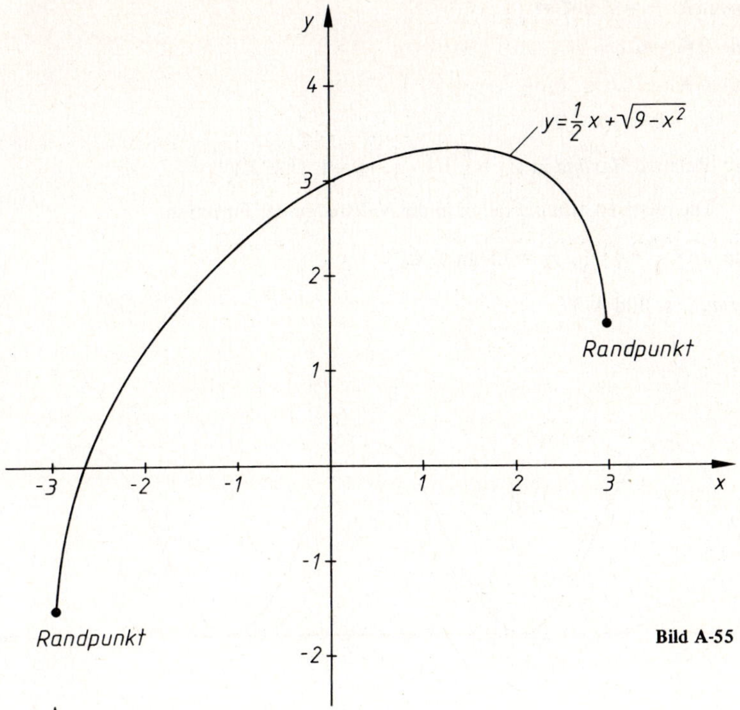

Bild A-55

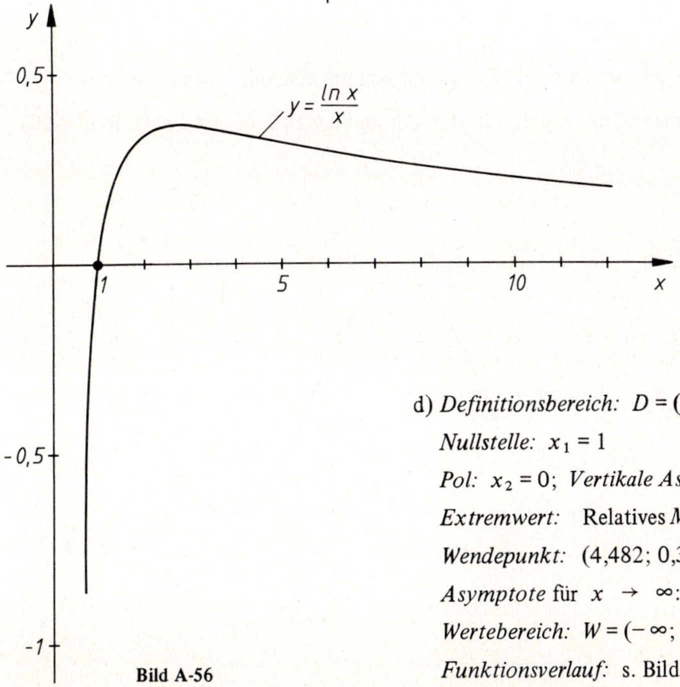

Bild A-56

d) *Definitionsbereich:* $D = (0, \infty)$

Nullstelle: $x_1 = 1$

Pol: $x_2 = 0$; *Vertikale Asymptote:* $x = 0$

Extremwert: Relatives *Maximum* in (2,718; 0,368)

Wendepunkt: (4,482; 0,335)

Asymptote für $x \rightarrow \infty$: $y = 0$

Wertebereich: $W = (-\infty; 0{,}368]$

Funktionsverlauf: s. Bild A-56

e) *Definitionsbereich:* $-\infty < x < \infty$

Wertebereich: $0 \leqslant y \leqslant 1$

Periodizität: $p = \pi$

Nullstellen: $x_k = k \cdot \pi \quad (k \in \mathbb{Z})$

Extremwerte: Relative *Maxima* in $x_k = \frac{\pi}{2} + k \cdot \pi, \; y_k = 1 \quad (k \in \mathbb{Z})$

Die relativen *Minima* fallen in die *Nullstellen* der Funktion.

Wendepunkte: $x_k = \frac{\pi}{4} + k \cdot \frac{\pi}{2}, \; y_k = 0{,}5 \quad (k \in \mathbb{Z})$

Funktionsverlauf: s. Bild A-57

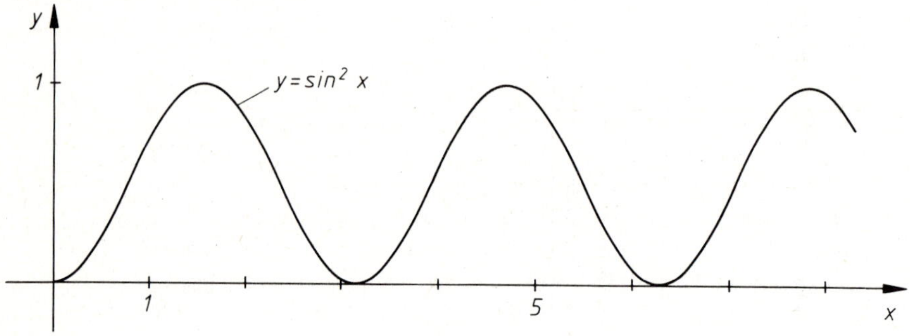

Bild A-57

f) $y = \sin x + \cos x = \sqrt{2} \cdot \sin\left(x + \frac{\pi}{4}\right)$: Es handelt sich um eine um $\frac{\pi}{4}$ nach *links* verschobene Sinuskurve mit der Amplitude $A = \sqrt{2}$ und der Periode $p = 2\pi$ (s. Bild A-58).

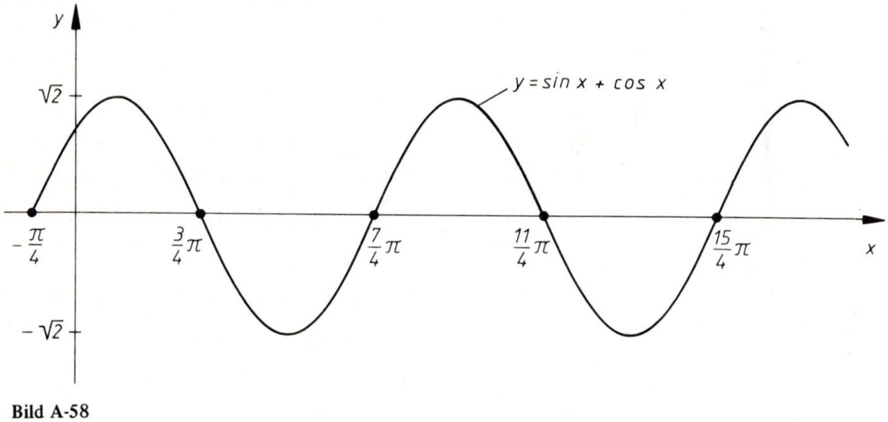

Bild A-58

g) *Definitionsbereich:* $D = (-\infty, \infty)$

Wertebereich: $W = [0, \infty)$

Nullstelle: $x_1 = 0$

Extremwert: Relatives *Minimum* in (0; 0)

Wendepunkt: (0,347; 0,25)

Verhalten der Funktion im Unendlichen:

Für $x \rightarrow -\infty$ folgt: $y \rightarrow \infty$

Für $x \rightarrow +\infty$ folgt: $y \rightarrow 1$, d.h. $y = 1$ ist *Asymptote*

Funktionsverlauf: s. Bild A-59

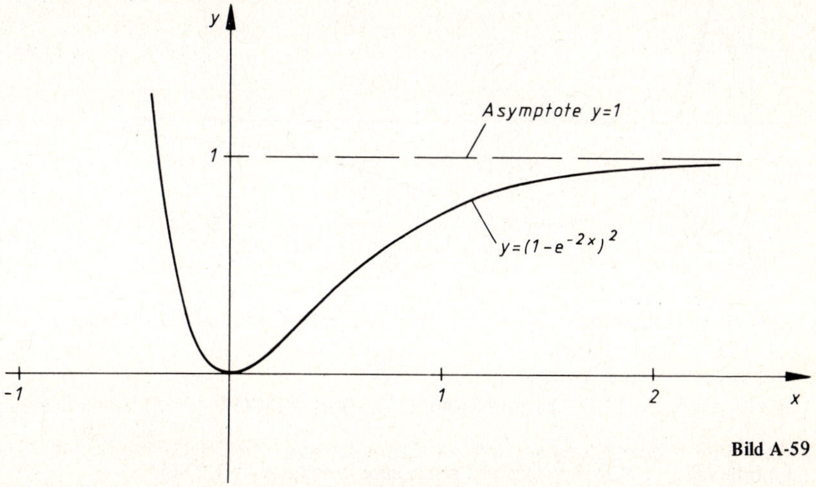

Bild A-59

46)

a) *Definitionsbereich:* $t \geqslant 0$

Nullstelle: $t_1 = 0$

Extremwert: Relatives *Maximum* in (0,549; 1,540)

Wendepunkt: (1,099; 1,185)

Wertebereich: $0 \leqslant y \leqslant 1{,}540$

Asymptote im Unendlichen: $y = 0$

Funktionsverlauf: s. Bild A-60

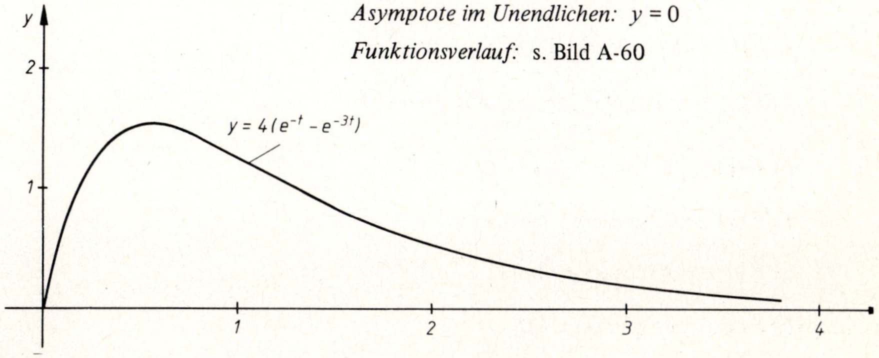

Bild A-60

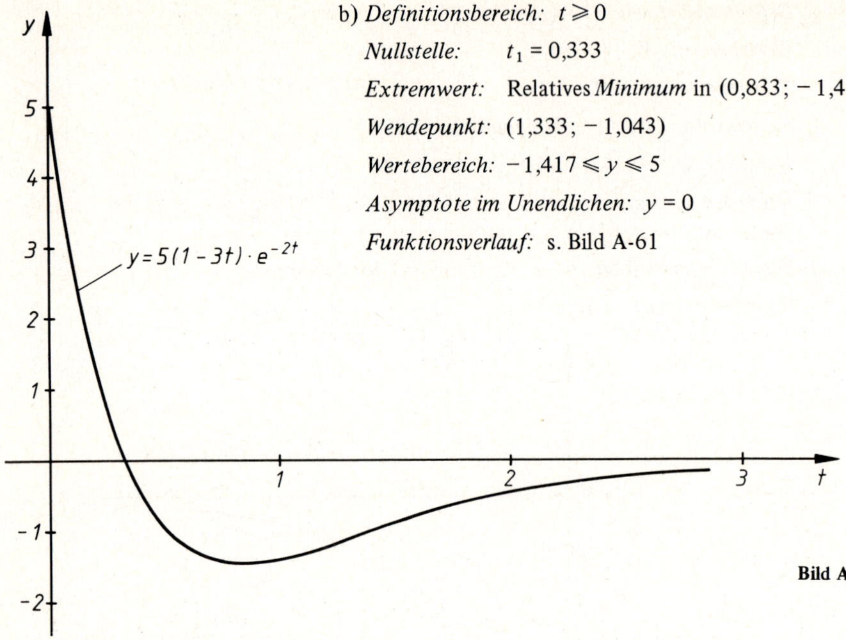

Bild A-61

b) *Definitionsbereich:* $t \geqslant 0$

Nullstelle: $t_1 = 0{,}333$

Extremwert: Relatives *Minimum* in $(0{,}833; -1{,}417)$

Wendepunkt: $(1{,}333; -1{,}043)$

Wertebereich: $-1{,}417 \leqslant y \leqslant 5$

Asymptote im Unendlichen: $y = 0$

Funktionsverlauf: s. Bild A-61

47) Aus den Eigenschaften $y(0) = 0$, $y(1) = -2$, $y'(1) = 2$ und $y''(1) = 0$ folgt: $y = -4x^3 + 12x^2 - 10x$.

48) a) $x_{1/2} = \pm 1{,}0217$; b) $x_1 = 5{,}2468$; c) $u_1 = 1{,}4757$; d) $x_1 = -0{,}3517$

49) Im Intervall $-\frac{\pi}{2} < x < \frac{\pi}{2}$ existiert genau *eine* Lösung: $x_1 = 1{,}2744$.

V Integralrechnung

1) a) $F(x) = \frac{2}{3}x^6 - \frac{3}{2}x^4 + \frac{8}{3}x^3 - \frac{3}{2}x^2 + 5x + C$;

b) $F(t) = -3 \cdot \cos t - 4 \cdot \sin t + C$;

c) $F(t) = 2 \cdot e^t - 5 \cdot \ln |t| + t + C$;

d) $F(x) = \frac{1}{2} \cdot \ln |x| - \frac{1}{2}x^2 - \frac{2}{3}x^3 + 3x + C$;

e) $F(z) = \frac{5}{3} \arctan z - \frac{1}{20}z^5 + C$;

f) $F(x) = -2 \cdot \arcsin x - \tan x + C$;

g) $F(u) = -3 \cdot \cos u - 6 \cdot \ln |u| + \frac{7}{3}u^3 + C$;

h) $F(x) = -3 \cdot e^x - \sin x + C$

2) a) $F(x) = e^x + \frac{1}{3}x^3 - x^2 - \cos x + C$; b) $F(x) = \frac{10^x}{\ln 10} + \cot x + C$;

c) $F(x) = \frac{4}{3}x^3 - 6x^2 + 9x + C$; d) $F(x) = 2 \cdot \sinh x + C$;

e) $F(t) = -3 \cdot \arctan t - \ln|t| + C$; f) $F(x) = 10 \cdot \tanh x - \frac{3}{\ln a} a^x + b \cdot \cos x + C$;

g) $F(u) = 5 \cdot \operatorname{arcosh} u + C$; h) $F(x) = \frac{5}{\ln 3} 3^x - \sqrt{x} + C$;

i) $F(x) = \frac{30}{71} x^{71/30} + C$

j) $F(x) = \frac{4}{7} x^{7/4} + C$; k) $F(x) = \frac{1}{2} \tan x + C$

3) a) $-70{,}667$; b) 1; c) $2a$; d) $-6{,}114$;
e) 6,095; f) 0,909; g) $-13{,}167$; h) 9,210;
i) $\pi/2$; j) 0,107; k) $-10{,}4$; l) $-62{,}133$

4) $y = -\cos x + 3 \cdot e^x - \frac{1}{9}x^3 + 4 \cdot \arctan x$

5) $O_n = \sum_{k=1}^{n} x_k^3 \cdot \Delta x = \sum_{k=1}^{n} k^3 \cdot \frac{a^3}{n^3} \cdot \frac{a}{n} = \frac{a^4}{n^4} \cdot \sum_{k=1}^{n} k^3 = \frac{a^4}{n^4} \cdot \frac{n^2(n+1)^2}{4} = \frac{a^4}{4}\left(1 + \frac{1}{n}\right)^2$

$$\int_0^a x^3\,dx = \lim_{n \to \infty} O_n = \lim_{n \to \infty} \frac{a^4}{4}\left(1 + \frac{1}{n}\right)^2 = \frac{a^4}{4}$$

6) Die Ableitung der auf der rechten Seite stehenden Funktion ergibt die Integrandfunktion:

Beispiel a): $\frac{d}{dx}(x \cdot e^{-x} + C) = 1 \cdot e^{-x} - e^{-x} \cdot x = e^{-x}(1 - x)$

7) Wir zeigen, daß $F_1' = f(x)$ ist:

$F_1'(x) = \frac{d}{dx}(x^2 \cdot e^x + 2) = 2x \cdot e^x + x^2 \cdot e^x = (x^2 + 2x)\,e^x = f(x)$

Gesamtheit der Stammfunktionen: $F(x) = F_1(x) + C_1 = x^2 \cdot e^x + 2 + C_1 =$
$= x^2 \cdot e^x + C \quad (C = C_1 + 2)$

8) $A = 2 \cdot \int_0^4 (-0{,}25\,x^2 + 4)\,dx = 21{,}33$

9) $A = 2 \cdot \int_0^{\pi/2} \cos x\,dx = 2$

10) $A = \int_{0{,}709}^{3{,}291} (-3x^2 + 12x - 7)\,dx = 8{,}61$

11) Die Substitutionen sind jeweils in *Klammern* angegeben:

a) $F(x) = \frac{2}{3} \cdot \sqrt{1 + x^3} + C \qquad (u = 1 + x^3)$;

b) $F(x) = \frac{2}{15} \cdot \sqrt{(5x + 12)^3} + C \qquad (u = 5x + 12)$;

c) $F(t) = -\frac{3}{4} \cdot \sqrt[3]{(1 - t)^4} + C \qquad (u = 1 - t)$; d) 0 $(u = \cos x)$;

e) $F(z) = \frac{1}{2} (\arctan z)^2 + C \qquad (u = \arctan z)$;

f) $F(x) = \ln |x^2 + 6x - 12| + C \qquad (u = x^2 + 6x - 12)$;

g) $F(x) = \ln |\ln x| + C \qquad (u = \ln x)$;

h) $F(x) = -\frac{1}{2} \cdot \cos(x^2) + C \qquad (u = x^2)$;

i) $F(x) = \frac{1}{2} \ln |2x^3 - 4x + 2| + C \qquad (u = 2x^3 - 4x + 2)$;

j) 0 $(u = 1 + t^2)$; k) 0,471 $(u = 3t - \pi/4)$;

l) 2,055 $(u = 5 - x)$; m) $F(x) = \frac{1}{3} \cdot e^{x^3 - 2} + C \qquad (u = x^3 - 2)$;

n) $F(z) = \frac{1}{2} \tan^2(z + 5) + C \qquad (u = \tan(z + 5))$;

o) $F(x) = -\frac{\sqrt{4 - x^2}}{x} - \arcsin\left(\frac{x}{2}\right) + C \qquad (x = 2 \cdot \sin u)$

12) 0,117

13) $A = \int_0^3 \sqrt{6 - 2x}\, dx = 2\sqrt{6} = 4{,}899$

14) $F(x) = -\frac{2}{3} x \sqrt{x} + x + 2\sqrt{x} - 2 \cdot \ln(1 + \sqrt{x}) + C$

15) $n(t) = n_0 \cdot e^{-\lambda t}$

16) Die Zerlegung des Integranden ist jeweils in *Klammern* angegeben:

a) $F(x) = \frac{1}{2} x^2 \left(\ln x - \frac{1}{2}\right) + C \qquad (u = \ln x,\ v' = x)$;

b) $F(x) = x \cdot \sin x + \cos x + C \qquad (u = x,\ v' = \cos x)$;

c) $\int_1^5 \ln t\, dt = [t \cdot \ln |t| - t]_1^5 = 4{,}047 \qquad (u = \ln t,\ v' = 1)$;

d) $F(x) = -\frac{1}{3} x \cdot \cos(3x) + \frac{1}{9} \cdot \sin(3x) + C \qquad (u = x,\ v' = \sin(3x))$;

e) $\int\limits_0^{0,8} x \cdot e^x \, dx = [e^x (x-1)]_0^{0,8} = 0{,}555 \qquad (u = x,\ v' = e^x);$

f) $F(x) = x \cdot \arctan x - \frac{1}{2} \ln(1 + x^2) + C \qquad (u = \arctan x,\ v' = 1);$

g) $F(t) = \frac{1}{2} t - \frac{1}{4\omega} \cdot \sin(2\omega t) + C \qquad (u = \sin(\omega t),\ v' = \sin(\omega t))$

17) a) $F(x) = \frac{1}{2} e^x (\sin x + \cos x) + C;$ b) $F(x) = -e^{-x}(x^2 + 2x + 2) + C$

18) a) $F(x) = \frac{1}{2a} (\ln|x - a| - \ln|x + a|) + C;$

b) $F(x) = \frac{2}{3} \cdot \ln|x - 1| + 2 \cdot \ln|x + 1| - \frac{32}{3} \cdot \ln|x + 2| + 4x + C;$

c) $F(z) = \frac{1}{3} \cdot \ln\left|\frac{z-1}{z+2}\right| - \frac{2}{z+2} + C;$

d) $F(x) = \frac{17}{8} \cdot \ln|x - 9| + \frac{15}{8} \cdot \ln|x + 7| + C;$

e) $F(x) = \frac{1}{9} \cdot \ln\left|\frac{x}{x-3}\right| - \frac{7}{3(x-3)} + C$

19) $A = \int\limits_1^5 \ln x \, dx = 4{,}047$

20) $A = \int\limits_{-2}^{2} \frac{x^2 - 4}{x - 5} \, dx = \int\limits_{-2}^{2} \left(x + 5 + \frac{21}{x-5}\right) dx = 2{,}207$ (s. Bild A-62)

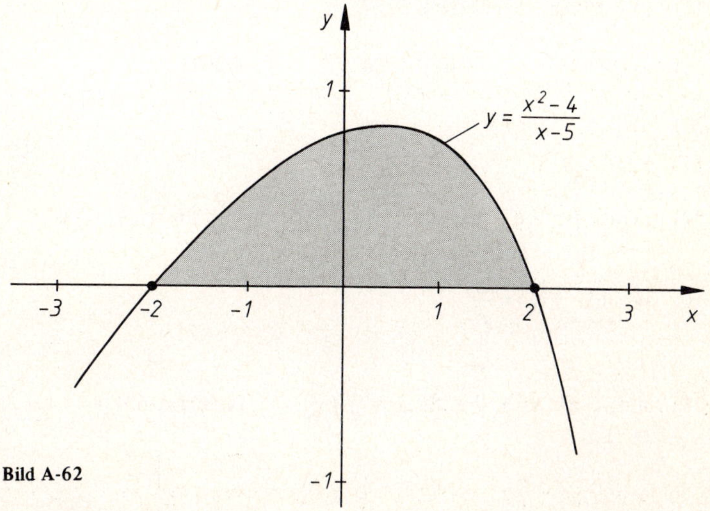

Bild A-62

21) a) $F(x) = \frac{2}{3}(\ln x)^{3/2} + C$ (Substitution: $u = \ln x$);

b) $F(x) = \ln|\sin x| + C$ (Substitution: $u = \sin x$);

c) $F(x) = x \cdot \sinh x - \cosh x + C$ (Partielle Integration: $u = x$, $v' = \cosh x$);

d) $F(x) = -\mathrm{e}^{\cos x} + C$ (Substitution: $u = \cos x$);

e) $F(x) = x + \frac{1}{4} \cdot \ln|x-1| - \frac{5}{4} \cdot \ln|x+1| - \frac{1}{2(x+1)} + C$ (Partialbruchzerlegung);

f) $\int\limits_0^2 \frac{x-4}{x+1}\,dx = \int\limits_0^2 \left(1 - \frac{5}{x+1}\right) dx = -3{,}493$ (Polynomdivision);

g) $F(x) = \frac{1}{4}(\ln x)^4 + C$ (Substitution: $u = \ln x$);

h) $F(x) = 2 \cdot \ln|2x^3 - 1| + C$ (Substitution: $u = 2x^3 - 1$);

i) $F(x) = \frac{1}{2}(x^2+1) \cdot \arctan x - \frac{1}{2}x + C$ (Partielle Integration: $u = \arctan x$, $v' = x$);

j) $F(x) = \frac{1}{2}(x-1) \cdot \sqrt{x^2 - 2x} - \frac{1}{2} \cdot \operatorname{arcosh}(x-1) + C$ (Substitution: $x - 1 = \cosh u$);

k) $F(x) = 4 \cdot \ln|x-2| - 3 \cdot \ln|x-3| - \frac{9}{x-3} + C$ (Partialbruchzerlegung)

22) $A = 4\frac{b}{a} \cdot \int\limits_0^a \sqrt{a^2 - x^2}\,dx = \pi a b$

23) a) π; b) 0

24) a) 0,5228; b) 0,5227

25) a) 29,9558; b) 0,1904; c) 4,0621

26) a) 1; b) 1; c) e^2

27) $I(\lambda) = \int\limits_0^\lambda x^2 \cdot \mathrm{e}^{-ax}\,dx = \mathrm{e}^{-a\lambda}\left(-\frac{\lambda^2}{a} - \frac{2\lambda}{a^2} - \frac{2}{a^3}\right) + \frac{2}{a^3}$

$\Rightarrow \lim\limits_{\lambda \to \infty} I(\lambda) = \frac{2}{a^3}$

28) $A = \int\limits_{-\infty}^0 \mathrm{e}^{ax}\,dx + \int\limits_0^\infty \mathrm{e}^{-bx}\,dx = \frac{1}{a} + \frac{1}{b}$ (s. Bild A-63)

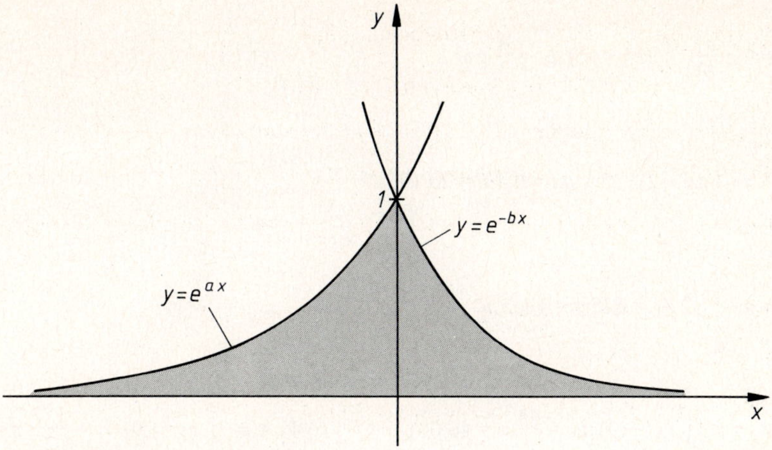

Bild A-63

29) a) $s = -t^2 + 30\,t,\ v = -2\,t + 30;$

b) $s = -\frac{1}{2}t^2 + \frac{1}{\pi^2} \cdot \cos(\pi\,t) + 30\,t - \frac{1}{\pi^2},\ v = -t - \frac{1}{\pi} \cdot \sin(\pi\,t) + 30$

(s in m, v in m/s, t in s)

30) $s = \cos(\omega t),\ v = -\omega \cdot \sin(\omega t)$

31) $y(x) = -\frac{F}{24\,EI}(2\,lx^3 - x^4 - l^3\,x)$

32) $s(t) = \frac{v_E^2}{g} \cdot \ln\left(\cosh \frac{g}{v_E}\,t\right) \qquad (t \geqslant 0)$

33) $A = 2 \cdot \left| \int\limits_0^2 (4\,x^3 - 16\,x)\,dx \right| + 2 \cdot \left| \int\limits_2^4 (4\,x^3 - 16\,x)\,dx \right| = 320$

34) $A = \int\limits_{-1}^{2} [-x^2 + 2\,x + 2 - (x^2 - 2)]\,dx = 9$

35) $A = \int\limits_0^5 [3\,x - 1 - (x^2 - 2\,x - 1)]\,dx = 125/6 = 20{,}83$

36) $A = 2 \cdot \int\limits_0^{1{,}1886} [-x^2 + 3 - (2 \cdot \cosh x - 2)]\,dx = 4{,}811$

37) $A = \int\limits_0^{1{,}3788} (\sqrt{-x^2 + 4\,x} - x^2)\,dx = 1{,}0457$

38) $V_y = 2\pi \frac{a^2}{b^2} \cdot \int\limits_0^b (b^2 - y^2)\,dy = \frac{4}{3}\pi a^2 b$

39) $V_x = \pi \cdot \int\limits_0^2 (x-2)^4 \cdot 3x\,dx = 6{,}4\,\pi = 20{,}106$

40) $V_y = \pi \cdot \int\limits_0^5 y^4\,dy = 625\,\pi = 1963{,}5$

41) a) $V_x = \pi \cdot \int\limits_3^5 (x^2 - 9)\,dx = \frac{44}{3}\pi = 46{,}08$; b) $V_y = \pi \cdot \int\limits_0^4 (y^2 + 9)\,dy = \frac{172}{3}\pi = 180{,}1$

42) $s = 2 \cdot \int\limits_0^{7,15} \cosh\left(\frac{x}{5}\right) dx = 19{,}70$

43) $s = \int\limits_1^{e} \frac{\sqrt{x^2 + 12{,}6^2}}{x}\,dx = 12{,}73$

44) $s = \int\limits_1^{7,45} \sqrt{1 + 2{,}25\,x}\,dx = 20{,}45$

45) $s = \int\limits_0^{\pi} \sqrt{1 + \cos^2 x}\,dx \approx 3{,}82$

46) $O_y = 4\pi \cdot \int\limits_0^2 y^2 \cdot \sqrt{y^2 + 0{,}25}\,dy = 53{,}23$

47) $O_x = \frac{1}{2}\pi \cdot \int\limits_1^3 \frac{\ln x \cdot \sqrt{4x^2 + 1}}{x}\,dx \approx 4{,}187$

48) $O_x = 2\pi \cdot \int\limits_a^{a+h} r\,dx = 2\pi r h$

49) $W = \int_{0}^{0{,}173\,\text{m}} ks\,ds = 12645\ \text{Nm}$

50) $W = \frac{p_0 V_0^k}{1-k} (V_1^{1-k} - V_0^{1-k})$

51) $W = \int_{V_1}^{V_2} \frac{p_1 V_1}{V}\,dV \Rightarrow W = -4420{,}8\ \text{Nm}$

52) $W = \pi \rho g \cdot \int_{0\text{m}}^{5\text{m}} y^5\,dy \Rightarrow W = 8{,}026 \cdot 10^7\ \text{Nm}$

53) $\bar{y}_{\text{linear}} = \frac{2}{\pi} = 0{,}637;\ \bar{y}_{\text{quadratisch}} = \frac{1}{2}\sqrt{2} = 0{,}707$

54) $\bar{i} = \frac{\omega}{2\pi} \cdot \int_{0}^{\pi/\omega} i_0 \cdot \sin(\omega t)\,dt = \frac{i_0}{\pi}$

55) $P = \frac{1}{T} \cdot \int_{0}^{T} ui\,dt = \frac{\omega u_0 i_0}{2\pi} \cdot \int_{0}^{2\pi/\omega} \sin(\omega t) \cdot \cos(\omega t)\,dt = 0$ (sog. *wattloser* Strom)

56) $x_s = 0,\ y_s = -2$ (aus Symmetriegründen)

57) $x_s = 0$ (aus Symmetriegründen)

$$y_s = \frac{1}{2A} \cdot \int_{-a}^{a} [a^2 - x^2 - 4a^2]\,dx = -0{,}598\,a \left(A = 4a^2 + \frac{1}{2}\pi a^2\right)$$

58) $x_s = y_s = \frac{1}{2A} \cdot \int_{0}^{R} (R^2 - x^2)\,dx = \frac{4}{3\pi} R = 0{,}424\,R$

(aus Symmetriegründen ist $x_s = y_s$; $A = \frac{1}{4}\pi R^2$)

59) $A = \int_{-2}^{3} [(x+2) - (x^2 - 4)]\,dx = 125/6,$

$$x_s = \frac{1}{A} \cdot \int_{-2}^{3} x\,[(x+2) - (x^2 - 4)]\,dx = 0{,}5$$

$$y_s = \frac{1}{2A} \cdot \int_{-2}^{3} [(x+2)^2 - (x^2-4)^2]\, dx = 0$$

60) $V_x = \pi,\ x_s = \frac{\pi}{2} - 1 = 0{,}571,\ y_s = z_s = 0$

61) $V_y = \frac{2}{3} \pi a^2 b,\ y_s = \frac{3}{8} b,\ x_s = z_s = 0$

62) $V_x = \pi \cdot \int_{1}^{e} (\ln x)^2\, dx = \pi (e - 2) = 2{,}257,\ x_s = 2{,}224,\ y_s = z_s = 0$

63) $J_y = \pi \rho \cdot \int_{0}^{b} \frac{a^4}{b^4} (b^2 - y^2)^2\, dy = \frac{8}{15} \pi \rho a^4 b = \frac{2}{5} m a^2$

(m: Masse des Rotationsellipsoids; $m = \rho V = \frac{4}{3} \pi \rho a^2 b$).

64) Nach Bild A-64 ist:

$$J_x = \frac{1}{2} \pi \rho \cdot \int_{0}^{H} \left(\frac{R}{H} x\right)^4 dx = \frac{1}{10} \pi \rho R^4 H = \frac{3}{10} m R^2$$

(m: Masse des Kegels; $m = \rho V = \frac{1}{3} \pi \rho R^2 H$)

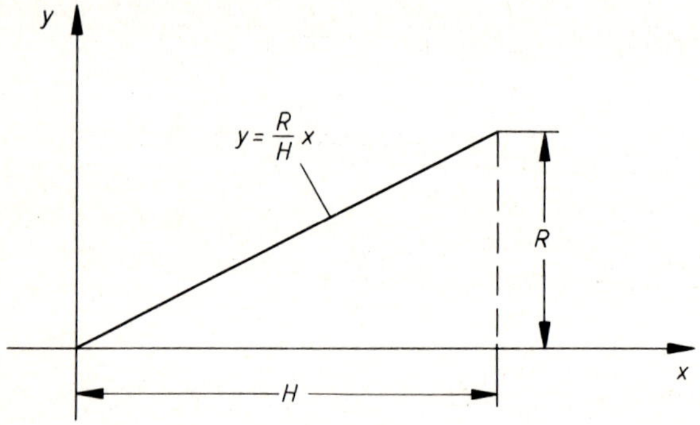

Bild A-64

65) Nach Beispiel 1 aus Abschnitt 34.9.1 ist $J_s = \frac{1}{2} m R^2$. Nach *Steiner* ist dann (vgl. Bild A-65):

$$J_M = J_s + R^2 m = \frac{3}{2} m R^2$$

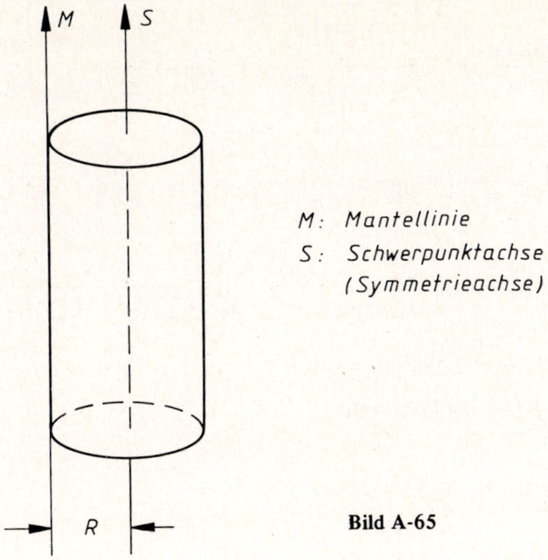

Bild A-65

VI Unendliche Reihen und Taylor-Reihen

1) a) $q = -\frac{1}{8}$, $s = \frac{8}{9}$ b) $q = 0{,}3$, $s = \frac{10}{7}$ c) $q = -\frac{2}{3}$, $s = 4 \cdot \frac{3}{5} = 2{,}4$

2) a) $\sum_{n=0}^{\infty} \frac{10^n}{n!}$ *konvergiert:* $\lim_{n \to \infty} \left| \frac{a_{n+1}}{a_n} \right| = \lim_{n \to \infty} \frac{10}{n+1} = 0 < 1$

b) $\sum_{n=0}^{\infty} \frac{1}{(2n+1) \cdot 2^{2n+1}}$ *konvergiert:* $\lim_{n \to \infty} \left| \frac{a_{n+1}}{a_n} \right| = \lim_{n \to \infty} \frac{2n+1}{4(2n+3)} = \frac{1}{4} < 1$

c) $\sum_{n=1}^{\infty} \frac{2n-1}{2^n}$ *konvergiert:* $\lim_{n \to \infty} \left| \frac{a_{n+1}}{a_n} \right| = \lim_{n \to \infty} \frac{2n+1}{2(2n-1)} = \frac{1}{2} < 1$

d) $\sum_{n=1}^{\infty} \frac{(\ln 2)^n}{n!}$ *konvergiert:* $\lim_{n \to \infty} \left| \frac{a_{n+1}}{a_n} \right| = \lim_{n \to \infty} \frac{\ln 2}{n+1} = 0 < 1$

3) a) $\sum_{n=1}^{\infty} \frac{1}{10^n + 1}$ *konvergiert:* $\lim_{n \to \infty} \left| \frac{a_{n+1}}{a_n} \right| = \lim_{n \to \infty} \frac{10^n + 1}{10^{n+1} + 1} = \lim_{n \to \infty} \frac{1 + 10^{-n}}{10 + 10^{-n}} = \frac{1}{10} < 1$

b) $\sum_{n=1}^{\infty} \frac{n}{5^n}$ *konvergiert:* $\lim_{n \to \infty} \left| \frac{a_{n+1}}{a_n} \right| = \lim_{n \to \infty} \frac{(n+1) \cdot 5^n}{5^{n+1} \cdot n} = \lim_{n \to \infty} \frac{n+1}{5n} = \frac{1}{5} < 1$

c) $\sum_{n=0}^{\infty} \frac{1}{2^{2n}}$ *konvergiert:* $\lim_{n \to \infty} \left| \frac{a_{n+1}}{a_n} \right| = \lim_{n \to \infty} \frac{2^{2n}}{2^{2n+2}} = \lim_{n \to \infty} \frac{1}{4} = \frac{1}{4} < 1$

d) $\sum_{n=1}^{\infty} n\left(\frac{1}{2}\right)^{n-1}$ *konvergiert:* $\lim_{n\to\infty}\left|\frac{a_{n+1}}{a_n}\right| = \lim_{n\to\infty}\frac{(n+1)\left(\frac{1}{2}\right)^n}{n\left(\frac{1}{2}\right)^{n-1}} = \lim_{n\to\infty}\frac{n+1}{2n} = \frac{1}{2} < 1$

e) $\sum_{n=1}^{\infty}(-1)^{n+1}\cdot\frac{2^n}{n}$ *divergiert:* $\lim_{n\to\infty}\left|\frac{a_{n+1}}{a_n}\right| = \lim_{n\to\infty}\frac{2^{n+1}\cdot n}{(n+1)\cdot 2^n} = \lim_{n\to\infty}\frac{2n}{n+1} = 2 > 1$

f) $\sum_{n=1}^{\infty}\frac{3^{2n}}{(2n)!}$ *konvergiert:* $\lim_{n\to\infty}\left|\frac{a_{n+1}}{a_n}\right| = \lim_{n\to\infty}\frac{3^{2n+2}\cdot(2n)!}{(2n+2)!\,3^{2n}} = \lim_{n\to\infty}\frac{9}{(2n+1)(2n+2)} =$
$= 0 < 1$

4) a) $\frac{1}{1!} > \frac{1}{2!} > \frac{1}{3!} > \ldots$ und $\lim_{n\to\infty}\frac{1}{n!} = 0$: Reihe *konvergiert.*

b) $1 > \frac{1}{3} > \frac{1}{5} > \ldots$ und $\lim_{n\to\infty}\frac{1}{2n-1} = 0$: Reihe *konvergiert.*

c) $\frac{1}{1} > \frac{1}{4} > \frac{1}{9} > \ldots$ und $\lim_{n\to\infty}\frac{1}{n^2} = 0$: Reihe *konvergiert.*

d) $\frac{1}{5} > \frac{1}{2\cdot 5^3} > \frac{1}{3\cdot 5^5}\ \ldots$ und $\lim_{n\to\infty}\frac{1}{n\cdot 5^{2n-1}} = 0$: Reihe *konvergiert.*

5) a) $r = \lim_{n\to\infty}\left|\frac{a_n}{a_{n+1}}\right| = \lim_{n\to\infty}\frac{n}{n+1} = 1$

Die Reihe *divergiert* in *beiden* Randpunkten. *Konvergenzbereich:* $|x| < 1$.

b) $r = \lim_{n\to\infty}\left|\frac{a_n}{a_{n+1}}\right| = \lim_{n\to\infty}\frac{n+1}{n} = 1$

Die Reihe *divergiert* für $x = -1$ (harmonische Reihe) und *konvergiert* für $x = 1$ (alternierende harmonische Reihe). *Konvergenzbereich:* $-1 < x \leqslant 1$

c) $r = \lim_{n\to\infty}\left|\frac{a_n}{a_{n+1}}\right| = \lim_{n\to\infty}\frac{(n+1)^2}{n^2} = \lim_{n\to\infty}\left(\frac{n+1}{n}\right)^2 = 1$

Die Reihe *konvergiert* in *beiden* Randpunkten. *Konvergenzbereich:* $|x| \leqslant 1$

d) $r = \lim_{n\to\infty}\left|\frac{a_n}{a_{n+1}}\right| = \lim_{n\to\infty}\frac{2^{n+1}}{2^n} = \lim_{n\to\infty} 2 = 2$

Die Reihe *divergiert* in *beiden* Randpunkten. *Konvergenzbereich:* $|x| < 2$

e) $r = \lim_{n\to\infty}\left|\frac{a_n}{a_{n+1}}\right| = \lim_{n\to\infty}\frac{n(n+2)}{(n+1)(n+1)} = 1$

Die Reihe *divergiert* in *beiden* Randpunkten. *Konvergenzbereich:* $|x| < 1$

f) $r = \lim_{n\to\infty}\left|\frac{a_n}{a_{n+1}}\right| = \lim_{n\to\infty}\frac{(n+1)(n+1)!}{n!\,(n+2)} = \lim_{n\to\infty}\frac{(n+1)^2}{n+2} = \infty$

Die Reihe *konvergiert beständig,* d.h. für jedes $x \in \mathbb{R}$.

6) $r = 1$. *Konvergenzbereich:* $|x| < 1$

7) a) $\sinh x = \sum_{n=0}^{\infty} \frac{x^{2n+1}}{(2n+1)!}$, *Konvergenzbereich:* $|x| < \infty$

b) $\arctan x = \sum_{n=0}^{\infty} (-1)^n \cdot \frac{x^{2n+1}}{2n+1}$, *Konvergenzbereich:* $|x| \leqslant 1$

c) $\ln(1+x^2) = x^2 - \frac{x^4}{2} + \frac{x^6}{3} - + \ldots = \sum_{n=1}^{\infty} (-1)^{n+1} \cdot \frac{x^{2n}}{n}$, *Konvergenzbereich:* $|x| \leqslant 1$

8) a) $\cosh x = 1 + \frac{x^2}{2!} + \frac{x^4}{4!} + \ldots = \sum_{n=0}^{\infty} \frac{x^{2n}}{(2n)!}$, $|x| < \infty$

b) $\cosh x = \frac{1}{2}(e^x + e^{-x}) = \frac{1}{2}\left[\left(1 + x + \frac{x^2}{2!} + \frac{x^3}{3!} + \frac{x^4}{4!} + \ldots\right) + \left(1 - x + \frac{x^2}{2!} - \frac{x^3}{3!} + \frac{x^4}{4!} - + \ldots\right)\right] =$

$= \frac{1}{2}\left(2 + 2\,\frac{x^2}{2!} + 2\,\frac{x^4}{4!} + \ldots\right) = 1 + \frac{x^2}{2!} + \frac{x^4}{4!} + \ldots$

9) $f(x) = \frac{1}{\sqrt{1-x^3}} = (1-x^3)^{-\frac{1}{2}} = \underbrace{1 + \frac{1}{2}x^3 + \frac{3}{8}x^6}_{\text{Näherungsfunktion}} + \underbrace{\frac{5}{16}x^9}_{\text{Fehler}} + \ldots$

$f(0{,}2) \approx 1 + \frac{1}{2}(0{,}2)^3 + \frac{3}{8}(0{,}2)^6 = 1{,}004024$ (auf 6 Dezimalstellen genau)

Fehler: $\approx \frac{5}{16}(0{,}2)^9 = 0{,}16 \cdot 10^{-6}$

10) a) $f(x) = e^{-2x} \cdot \cos x = 1 - 2x + \frac{3}{2}x^2 - \frac{1}{3}x^3 - \frac{7}{24}x^4 + \ldots$

Konvergenzbereich: $|x| < \infty$

b) $f(x) = \sin^2 x = x^2 - \frac{x^4}{3} + \frac{2}{45}x^6 - + \ldots$ *Konvergenzbereich:* $|x| < \infty$

c) Der Faktor $(1+x^2)^{-1}$ wird nach der *Binomischen Formel* entwickelt ($x \rightarrow x^2$, $n = -1$):

$f(x) = \frac{\sinh x}{1+x^2} = (1+x^2)^{-1} \cdot \sinh x = x - \frac{5}{6}x^3 + \frac{101}{120}x^5 - + \ldots$

Konvergenzbereich: $|x| < 1$

11) a) $f(x) = \cos x = \frac{1}{2} - \frac{1}{2}\sqrt{3}\left(x - \frac{\pi}{3}\right) - \frac{1}{4}\left(x - \frac{\pi}{3}\right)^2 + \frac{1}{12}\sqrt{3}\left(x - \frac{\pi}{3}\right)^3 + \ldots$

Konvergenzbereich: $|x| < \infty$

b) $f(x) = \sqrt{x} = 1 + \frac{1}{2}(x-1) - \frac{1}{8}(x-1)^2 + \frac{1}{16}(x-1)^3 + \ldots$

Konvergenzbereich: $0 \leqslant x \leqslant 2$

c) $f(x) = \frac{1}{x^2} - \frac{2}{x} = -1 + 1\,(x-1)^2 - 2\,(x-1)^3 + 3\,(x-1)^4 - + \ldots$

Konvergenzbereich: $0 < x < 2$

12) $f(x) = x \cdot e^{-x} = x\left(1 - x + \frac{x^2}{2!} - + \ldots\right) = x - x^2 + \frac{x^3}{2!} - + \ldots$

Näherungsfunktionen (Bild A-66)

$f_1(x) = x, \quad f_2(x) = x - x^2,$

$f_3(x) = x - x^2 + \frac{x^3}{2}$

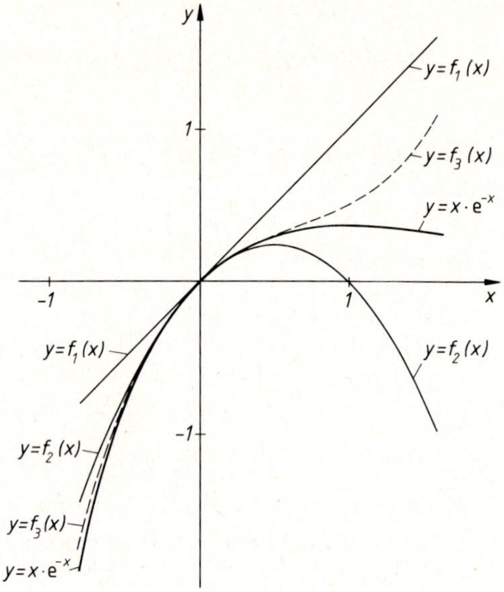

Bild A-66

13) $f(x) = \sqrt{1-x} = (1-x)^{1/2}$ wird nach der *Binomischen Formel* entwickelt $(n = 1/2)$:

$$\sqrt{1-0{,}05} = (1-0{,}05)^{1/2} =$$

$$= 1 - \frac{1}{2}(0{,}05) - \frac{1 \cdot 1}{2 \cdot 4}(0{,}05)^2 - \frac{1 \cdot 1 \cdot 3}{2 \cdot 4 \cdot 6}(0{,}05)^3 - \frac{1 \cdot 1 \cdot 3 \cdot 5}{2 \cdot 4 \cdot 6 \cdot 8}(0{,}05)^4 - \ldots =$$

$$= 1 - 0{,}025 - 0{,}0003125 - 0{,}00000781 - \underbrace{0{,}00000024}_{< 0{,}5 \cdot 10^{-6}} - \ldots$$

Abbruch der Reihe nach dem *4. Glied:* $\sqrt{1-0{,}05} \approx 0{,}974679$ (auf 6 Dezimalstellen genau).

14) $8^\circ \mathrel{\hat{=}} 0{,}139626$

$$\cos 8^\circ = \cos 0{,}139626 = 1 - \frac{1}{2!}(0{,}139626)^2 + \frac{1}{4!}(0{,}139626)^4 - + \ldots =$$

$$= 1 - 0{,}009748 + \underbrace{0{,}000016}_{< 0{,}5 \cdot 10^{-4}} - + \ldots$$

Abbruch nach dem *2. Glied:* $\cos 8^\circ \approx 0{,}9902$ (auf 4 Dezimalstellen genau).

15) $\sin x = 1 - \frac{1}{2!}\left(x - \frac{\pi}{2}\right)^2 + \frac{1}{4!}\left(x - \frac{\pi}{2}\right)^4 - + \ldots$

Näherungsparabel: $\sin x \approx 1 - \frac{1}{2!}\left(x - \frac{\pi}{2}\right)^2 = -\frac{1}{2}x^2 + \frac{\pi}{2}x + 1 - \frac{\pi^2}{8}$

16) Man erhält die *bi-quadratische* Gleichung

$$1 + \frac{x^2}{2!} + \frac{x^4}{4!} = 4 - x^2, \quad \text{d.h.} \quad x^4 + 36\,x^2 - 72 = 0$$

mit den reellen Lösungen $x_{1/2} = \pm\, 1{,}378$.

17) $$F(x) = \int\limits_0^x (1 - t^2 + t^4 - t^6 + - \ldots)\, dt =$$

$$= \left[t - \frac{1}{3} t^3 + \frac{1}{5} t^5 - \frac{1}{7} t^7 + - \ldots \right]_0^x = x - \frac{1}{3} x^3 + \frac{1}{5} x^5 - \frac{1}{7} x^7 + - \ldots$$

Wegen

$$\int\limits_0^x \frac{1}{1 + t^2}\, dt = [\arctan t]_0^x = \arctan x$$

handelt es sich um die *Mac Laurinsche Reihe* von $f(x) = \arctan x$. Sie *konvergiert* für $|x| \leqslant 1$.

18) a) In der Mac Laurinschen Reihe von $\cos z$ wird $z = \sqrt{x}$ gesetzt und anschließend *gliedweise* integriert:

$$\int\limits_0^{0,5} \cos(\sqrt{x})\, dx = \int\limits_0^{0,5} \left(1 - \frac{x}{2!} + \frac{x^2}{4!} - \frac{x^3}{6!} + - \ldots \right) dx =$$

$$= 0{,}5 - \frac{0{,}5^2}{2 \cdot 2!} + \frac{0{,}5^3}{3 \cdot 4!} - \frac{0{,}5^4}{4 \cdot 6!} + - \ldots = 0{,}5 - 0{,}0625 + 0{,}001736 - \underbrace{0{,}000021}_{< 0{,}5 \cdot 10^{-4}} + - \ldots$$

Durch Abbruch der Reihe nach dem *3. Glied* folgt:

$$\int\limits_0^{0,5} \cos(\sqrt{x})\, dx = 0{,}4392 \quad \text{(auf 4 Dezimalstellen genau)}$$

b) Die Mac Laurinschen Reihen von e^x und $\frac{1}{x + 1} = (x + 1)^{-1}$ werden *gliedweise* ausmultipliziert, anschließend wird integriert:

$$\int\limits_0^{0,2} \frac{e^x}{x + 1}\, dx = \int\limits_0^{0,2} e^x (1 + x)^{-1}\, dx = \int\limits_0^{0,2} \left(1 + \frac{1}{2} x^2 - \frac{1}{3} x^3 + \frac{9}{24} x^4 + \ldots \right) dx =$$

$$= 0{,}2 + \frac{1}{6}(0{,}2)^3 - \frac{1}{12}(0{,}2)^4 + \frac{9}{120}(0{,}2)^5 + \ldots =$$

$$= 0{,}2 + 0{,}001333 - 0{,}000133 + \underbrace{0{,}000024}_{< 0{,}5 \cdot 10^{-4}} + \ldots$$

Durch Abbruch nach dem *3. Glied* folgt:

$$\int_0^{0,2} \frac{e^x}{x+1}\,dx = 0{,}2012 \quad \text{(auf 4 Dezimalstellen genau).}$$

c) Die Mac Laurinsche Reihe von $\sin x$ wird zunächst *gliedweise* durch x dividiert und anschließend integriert.

$$\int_0^1 \frac{\sin x}{x}\,dx = \int_0^1 \left(1 - \frac{x^2}{3!} + \frac{x^4}{5!} - \frac{x^6}{7!} + - \ldots\right) dx = 1 - \frac{1}{3 \cdot 3!} + \frac{1}{5 \cdot 5!} - \frac{1}{7 \cdot 7!} + - \ldots =$$

$$= 1 - 0{,}055555 + 0{,}001666 - \underbrace{0{,}000028}_{< 0{,}5 \cdot 10^{-4}} + - \ldots$$

Durch Abbruch der Reihe nach dem *3. Glied* folgt:

$$\int_0^1 \frac{\sin x}{x}\,dx = 0{,}9461 \quad \text{(auf 4 Dezimalstellen genau).}$$

19) Es ist

$$\frac{1}{1-x} = -\frac{d}{dx}(\ln(1-x)) = -\frac{d}{dx}\left(-x - \frac{x^2}{2} - \frac{x^3}{3} - \frac{x^4}{4} - \ldots\right) = 1 + x + x^2 + x^3 + \ldots$$

(*konvergent* für $|x| < 1$)

20) $p(h) = p_0 \left[1 - \frac{h}{7991\text{ m}} + \frac{1}{2}\left(\frac{h}{7991\text{ m}}\right)^2 + \ldots\right]$

Lineare Näherung: $p(h) = p_0 \left(1 - \frac{h}{7991\text{ m}}\right)$

Der (absolute) Fehler Δp liegt in der *Größenordnung* des vernachlässigten *quadratischen* Gliedes, für den relativen Fehler gilt dann (mit p in der *linearen* Näherung):

$$\frac{\Delta p}{p} = \frac{\frac{1}{2}\left(\frac{h}{7991\text{ m}}\right)^2}{1 - \frac{h}{7991\text{ m}}} \leqslant 0{,}01 \quad \Rightarrow \quad h \leqslant 1053\text{ m}, \text{ d.h. } h_{max} = 1053\text{ m}$$

Eine *bessere* Abschätzung für den relativen Fehler erhält man, wenn man für den Druck p die exakte *Exponentialformel* verwendet. Dies führt allerdings zu einer transzendenten Gleichung (bzw. Ungleichung), die sich jedoch mit dem *Tangentenverfahren von Newton* leicht lösen läßt. Man erhält:

$$\frac{\Delta p}{p} = \frac{\frac{1}{2}\left(\frac{h}{7991\text{ m}}\right)^2}{e^{-\frac{h}{7991\text{ m}}}} \leqslant 0{,}01 \quad \Rightarrow \quad h = 1058\text{ m}, \text{ d.h. } h_{max} = 1058\text{ m}$$

21) $\cos\varphi$ wird in eine Mac Laurinsche Reihe entwickelt:

$$T = 2\pi \sqrt{\frac{l}{g}\cos\varphi} = 2\pi \sqrt{\frac{l}{g}\Big(1 \underbrace{- \frac{\varphi^2}{2!} + \frac{\varphi^4}{4!} - + \ldots}_{\substack{\text{vernachlässigbar} \\ \text{in 0. Näherung!}}}\Big)} \approx 2\pi \sqrt{\frac{l}{g}}$$

Die Schwingungsdauer entspricht jetzt der Schwingungsdauer eines *Fadenpendels* ($\varphi = 0$)!

22) a) $T_0 = 2\pi\sqrt{L_0 C_0} = 6{,}283 \cdot 10^{-3}\,\text{s} = 6{,}283\,\text{ms}$

b) $T(C) = 2\pi\sqrt{L_0 C} = 2\pi\sqrt{L_0}\cdot\sqrt{C}$

Die Funktion $f(C) = \sqrt{C}$ wird um die Stelle C_0 in eine *Taylor-Reihe* entwickelt:

$$f(C) = \sqrt{C} = \sqrt{C_0} + \frac{1}{2\sqrt{C_0}}(C - C_0) + \ldots$$

$$T(C) = 2\pi\sqrt{L_0}\cdot\sqrt{C} = 2\pi\sqrt{L_0}\left(\sqrt{C_0} + \frac{1}{2\sqrt{C_0}}(C - C_0) + \ldots\right) =$$

$$= \underbrace{2\pi\sqrt{L_0 C_0}}_{= T_0} + \pi\sqrt{\frac{L_0}{C_0}}(C - C_0) + \ldots = T_0 + \pi\sqrt{\frac{L_0}{C_0}}(C - C_0) + \ldots$$

Lineare Näherung (*linearisierte* Funktion):

$$T - T_0 = \pi\sqrt{\frac{L_0}{C_0}}(C - C_0) \quad \text{oder} \quad \Delta T = \pi\sqrt{\frac{L_0}{C_0}}\,\Delta C$$

c) $\Delta T = 1{,}89 \cdot 10^{-4}\,\text{s} = 0{,}189\,\text{ms}$, $\Delta T_{\text{exakt}} = 1{,}86 \cdot 10^{-4}\,\text{s} = 0{,}186\,\text{ms}$

23) Mit $x = \left(\frac{v}{c}\right)^2$ erhält man aus der *Binomischen Formel* ($n = -1/2$):

$$m = m_0\left[1 - \left(\frac{v}{c}\right)^2\right]^{-1/2} = m_0(1 - x)^{-1/2} = m_0\left(1 + \frac{1}{2}x + \ldots\right) =$$

$$= m_0\left(1 + \frac{1}{2}\left(\frac{v}{c}\right)^2 + \ldots\right) \approx m_0\left(1 + \frac{v^2}{2c^2}\right)$$

24) a) 1 b) 0 c) 1 d) -1 e) $n \cdot a^{n-1}$ f) 0

g) $\frac{3}{2}$ h) 1 i) 0

j) Nach *dreimaliger* Anwendung der Bernoulli-de L'Hospitalschen Regel folgt:

$$\lim_{n \to \infty} \frac{x^3 - 2}{e^{2x}} = \lim_{n \to \infty} \frac{3}{4 \cdot e^{2x}} = 0$$

k) $\lim\limits_{x \to 0} \dfrac{\tanh(\sqrt{x})}{\sqrt{x}} = \lim\limits_{x \to 0} \dfrac{1}{\cosh^2(\sqrt{x})} = 1$

25) a) Typ 0^0

$(2x)^x = e^{\ln(2x)^x} = e^{x \cdot \ln(2x)}$

Der Grenzwert wird im *Exponenten* gebildet:

$$\lim_{x \to 0} x \cdot \ln(2x) = \lim_{x \to 0} \frac{\ln(2x)}{1/x} = \lim_{x \to 0} (-x) = 0$$

$$\lim_{x \to 0} (2x)^x = e^{\left(\lim\limits_{x \to 0} x \cdot \ln(2x)\right)} = e^0 = 1$$

b) Typ ∞^0

$$\left(\frac{1}{x}\right)^x = e^{\ln\left(\frac{1}{x}\right)^x} = e^{x \cdot \ln\left(\frac{1}{x}\right)} = e^{x(\ln 1 - \ln x)} = e^{-x \cdot \ln x}$$

Weiterer Lösungsweg wie in a):

$$\lim_{x \to 0} (-x \cdot \ln x) = 0$$

$$\lim_{x \to 0} \left(\frac{1}{x}\right)^x = e^{\left(\lim\limits_{x \to 0} (-x \cdot \ln x)\right)} = e^0 = 1$$

c) Typ $0 \cdot (-\infty)$

$$\lim_{x \to 0} (x^2 \cdot \ln x) = \lim_{x \to 0} \frac{\ln x}{\frac{1}{x^2}} = \lim_{x \to 0} \left(-\frac{x^2}{2}\right) = 0$$

d) Typ $0 \cdot \infty$

$$\lim_{x \to \infty} (e^{-x} \cdot \sqrt{x}) = \lim_{x \to \infty} \frac{\sqrt{x}}{e^x} = \lim_{x \to \infty} \frac{1}{2\sqrt{x} \cdot e^x} = 0$$

e) Typ $0 \cdot \infty$

$$\lim_{x \to \pi} (x - \pi) \cdot \tan\left(\frac{x}{2}\right) = \lim_{x \to \pi} \frac{\tan\left(\frac{x}{2}\right)}{\frac{1}{x - \pi}} =$$

$$= \lim_{x \to \pi} \frac{(x - \pi)^2}{-2 \cdot \cos^2\left(\frac{x}{2}\right)} = \lim_{x \to \pi} \frac{x - \pi}{\frac{1}{2} \cdot \sin x} = \lim_{x \to \pi} \frac{2}{\cos x} = -2$$

(nach *3-maliger* Anwendung der Grenzwertregel von Bernoulli-de L'Hospital).

f) Typ $\infty - \infty$

$$\lim_{x \to 0} \left(\frac{1}{\sin x} - \frac{1}{x}\right) = \lim_{x \to 0} \frac{x - \sin x}{x \cdot \sin x} = 0$$

(nach *2-maliger* Anwendung der Grenzwertregel von Bernoulli-de L'Hospital).

26) a) $$\lim_{x \to 0} \frac{1 - \cos x}{x^2} = \lim_{x \to 0} \frac{1 - \left(1 - \frac{x^2}{2!} + \frac{x^4}{4!} - + \ldots\right)}{x^2} = \lim_{x \to 0} \left(\frac{1}{2!} - \frac{x^2}{4!} + - \ldots\right) = \frac{1}{2}$$

b) $$\lim_{x \to 0} \frac{2\,(x - \sin x)}{e^x - 1 + \sin x} = \lim_{x \to 0} \frac{2\left(\frac{x^3}{3!} - \frac{x^5}{5!} + \frac{x^7}{7!} - + \ldots\right)}{2x + \frac{x^2}{2!} + \frac{x^4}{4!} + \ldots} = \lim_{x \to 0} \frac{2\left(\frac{x^2}{3!} - \frac{x^4}{5!} + \frac{x^6}{7!} - + \ldots\right)}{2 + \frac{x}{2!} + \frac{x^3}{4!} + \ldots} = 0$$

c) $$\lim_{x \to 0} \frac{\cosh x - 1}{x} = \lim_{x \to 0} \frac{\left(1 + \frac{x^2}{2!} + \frac{x^4}{4!} + \frac{x^6}{6!} + \ldots\right) - 1}{x} =$$

$$= \lim_{x \to 0} \frac{\frac{x^2}{2!} + \frac{x^4}{4!} + \frac{x^6}{6!} + \ldots}{x} = \lim_{x \to 0} \left(\frac{x}{2!} + \frac{x^3}{4!} + \frac{x^5}{6!} + \ldots\right) = 0$$

d) $$\lim_{x \to 0} \frac{\sin^2 x}{x} = \lim_{x \to 0} \frac{\left(x - \frac{x^3}{3!} + \frac{x^5}{5!} - + \ldots\right)^2}{x} =$$

$$= \lim_{x \to 0} \frac{\left[x\left(1 - \frac{x^2}{3!} + \frac{x^4}{5!} - + \ldots\right)\right]^2}{x} = \lim_{x \to 0} x \left(1 - \frac{x^2}{3!} + \frac{x^4}{5!} - + \ldots\right)^2 = 0$$

Literaturhinweise

Formelsammlungen

1. *Bronstein/Semendjajew:* Taschenbuch der Mathematik, Band I. Deutsch, Thun und Frankfurt/M. 1982.
2. *Papula:* Mathematische Formelsammlung für Ingenieure und Naturwissenschaftler. Vieweg, Braunschweig–Wiesbaden 1986.

Handbücher

1. *Dreszer:* Mathematik-Handbuch für Technik und Naturwissenschaft. Deutsch, Thun und Frankfurt/M. 1975.
2. *Meschkowski* (Hrsg.): Meyers Handbuch über die Mathematik. Bibliographisches Institut, Mannheim–Wien–Zürich. 1972.

Weiterführende Literatur

1. *Blatter:* Analysis (Band I). HTB. Springer, Berlin–Heidelberg–New York. 1980.
2. *Böhme:* Anwendungsorientierte Mathematik (Bd. I und II). Springer, Berlin–Heidelberg–New York. 1974/75.
3. *Courant:* Vorlesungen über Differential- und Integralrechnung (2 Bd.). Springer, Berlin–Heidelberg–New York. 1971/72.
4. *Fetzer/Fränkel:* Mathematik (Bd. I und II). Schroedel, Darmstadt–Hannover. 1977/78.
5. *Jeffrey:* Mathematik für Naturwissenschaftler und Ingenieure (Bd. I). Verlag Chemie, Weinheim. 1973.
6. *Rudin:* Analysis. Physik Verlag, Weinheim. 1980.
7. *Sirk/Rang:* Vektorrechnung. Steinkopf, Darmstadt. 1974.
8. *Smirnow:* Lehrgang der Höheren Mathematik (5 Bd.). Deutscher Verlag der Wissenschaften, Berlin (Ost). 1979.
9. *Stein:* Einführungskurs Höhere Mathematik. Vieweg, Braunschweig–Wiesbaden. 1981.

Sachwortverzeichnis